第2版

计算机科学丛书

编译原理

(美) Alfred V. Aho 哥伦比亚大学 Monica S. Lam 斯坦福大学 Ravi Sethi 亚利桑那大学 Jeffrey D. Ullman 斯坦福大学 著
赵建华 郑滔 戴新宇 南京大学 译

Compilers

Principles, Techniques and Tools

Second Edition

机械工业出版社
CHINA MACHINE PRESS

本书全面、深入地探讨了编译器设计方面的重要主题，包括词法分析、语法分析、语法制导定义和语法制导翻译、运行时刻环境、目标代码生成、代码优化技术、并行性检测以及过程间分析技术，并在相关章节中给出大量的实例。与上一版相比，本书进行了全面修订，涵盖了编译器开发方面最新进展。每章中都提供了大量的实例及参考文献。

本书是编译原理课程方面的经典教材，内容丰富，适合作为高等院校计算机及相关专业本科生及研究生的编译原理课程的教材，也是广大技术人员的极佳参考读物。

北京市版权局著作权合同登记　图字：01-2006-6521 号。

图书在版编目（CIP）数据

编译原理　第 2 版/(美) 阿霍 (Alfred, V. A.) 等著；赵建华等译. —北京：机械工业出版社，2009.1(2024.11 重印)

(计算机科学丛书)

书名原文：Compilers: Principles, Techniques and Tools, Second Edition

ISBN 978-7-111-25121-7

Ⅰ. 编…　Ⅱ. ①阿…　②赵…　Ⅲ. 编译程序-程序设计　Ⅳ. TP314

中国版本图书馆 CIP 数据核字(2008)第 173435 号

机械工业出版社（北京市西城区百万庄大街 22 号　邮政编码　100037）

责任编辑：朱　劼

北京铭成印刷有限公司印刷

2024 年 11 月第 2 版第 38 次印刷

184mm×260mm · 40.5 印张

标准书号：ISBN 978-7-111-25121-7

定价：89.00 元

客服电话：(010) 88361066　68326294

译者序

绝大部分软件是使用高级程序设计语言来编写的。用这些语言编写的软件必须经过编译器的编译，才能转换为可以在计算机上运行的机器代码。编译器所生成代码的正确性和质量会直接影响成千上万个软件。因此，编译器构造原理和技术是计算机科学技术领域中的一个非常重要的组成部分。不仅如此，编译技术在当前已经广泛应用于编译器构造之外的其他领域，比如程序分析/验证、模型转换、语言处理等领域。因此，虽然大部分读者不会参与设计商用编译器，但拥有编译的相关知识仍然会对他们的研究开发生涯产生有益的影响。

A. V. Aho 等人撰写的《Compilers：Principles，Techniques，and Tools》被誉为编译教科书中的"龙书"。这说明这本书具有很高的权威性。我们有幸受机械工业出版社的委托，翻译龙书的第 2 版。

本书不仅包含了词法分析、语法分析、语义分析、代码生成等传统、经典的编译知识，还详细介绍了一些最新研究成果，比如过程间指针分析的最新进展。这使得本书不仅适用于编译原理的初学者，还可以作为研究人员的参考书目。本书不仅介绍编译器构造的基本原理和技术，还详细介绍一些有用的编译器构造工具，比如对 Lex 和 Yacc 的介绍使得读者可以了解这些工具的工作原理和使用方法。除此之外，读者还可以看到很多其他领域的概念在编译器构造中的应用。比如在第 9 章，读者可以看到群论中的抽象概念"格"被完美地应用于数据流分析算法的设计。而在第 11 章，线性规划和整数规划技术被成功地应用于程序并行化技术。这些内容对拓展读者的视野和思路有很大的好处。

由于本书覆盖的范围非常广，不可能在一个学期内讲完本书的全部内容。因此我建议采用本书作为本科生教材的老师只选择讲授其中的基础部分，即第 1 章到第 9 章中的大部分内容。第 2 章是对后面各章内容的介绍，可以在讲授相应内容之前指导学生预习。

最后感谢机械工业出版社的温莉芳女士以及姚蕾和朱劼两位编辑在本书的翻译过程中给予我们的有力帮助，也感谢其他给予我们支持的同事。由于水平有限，翻译中的错漏之处在所难免，欢迎读者批评指正。

译者

2008 年 6 月于南京

前言

从本书的1986版出版到现在，编译器设计领域已经发生了很大的改变。随着程序设计语言的发展，提出了新的编译问题。计算机体系结构提供了多种多样的资源，而编译器设计者必须能够充分利用这些资源。最有意思的事情可能是，古老的代码优化技术已经在编译器之外找到了新的应用。现在，有些工具利用这些技术来寻找软件中的缺陷，以及（最重要的是）寻找现有代码中的安全漏洞。而且，很多“前端”技术——文法、正则表达式、语法分析器以及语法制导翻译器等——仍然被广泛应用。

因此，本书先前的版本所体现的我们的价值观一直没有改变。我们知道，只有很少的读者将会去构建甚至维护一个主流程序设计语言的编译器。但是，和编译器相关的模型、理论和算法可以被应用到软件设计和开发中出现的各种各样的问题上。因此，我们会关注那些在设计一个语言处理器时常常会碰到的问题，而不考虑具体的源语言和目标机器究竟是什么。

使用本书

要学完本书的全部或大部分内容至少需要两个学季（quarter），甚至两个学期（semester）[⊖]。通常会在一门本科课程中讲授本书的前半部分内容；而本书的后半部分（强调代码优化）会在研究生层面或另一门小范围的课程中讲授。下面是各章的概要介绍：

- 第1章给出一些关于学习动机的资料，同时也将给出一些关于计算机体系结构和程序设计语言原则的背景知识。
- 第2章会开发一个小型的编译器，并介绍很多重要概念。这些概念将在后面的各章中深入介绍。这个编译器本身将在附录中给出。
- 第3章将讨论词法分析、正则表达式、有穷状态自动机和词法分析器的生成器工具。这些内容是各种文本处理的基础。
- 第4章将讨论主流的语法分析方法，包括自顶向下方法（递归下降法、LL技术）和自底向上方法（LR技术和它的变体）。
- 第5章将介绍语法制导定义和语法制导翻译的基本思想。
- 第6章将使用第5章中的理论，并说明如何使用这些理论为一个典型的程序设计语言生成中间代码。
- 第7章将讨论运行时刻环境，特别是运行时刻栈的管理和垃圾回收机制。
- 第8章将主要讨论目标代码生成技术。该章会讨论基本块的构造，从表达式和基本块生成代码的方法，以及寄存器分配技术。
- 第9章将介绍代码优化技术，包括流图、数据流分析框架以及求解这些框架的迭代算法。

⊖ 美国大学的学制大致可以分为两种：quarter（学季）和semester（学期）。前者是把一年分为4个quarter，每个quarter 3个月，原则上是上3个quarter修一个quarter的假；而后者则类似我国国内的寒暑假制的大学学制，大概4个月一个semester。——编辑注

- 第 10 章将讨论指令级优化。该章的重点是从小段指令代码中抽取并行性，并在那些可以同时做多件事情的单处理器上调度这些指令。
- 第 11 章将介绍大规模并行性的检测和利用。这里的重点是数值计算代码。这些代码具有对多维数组进行遍历的紧致循环。
- 第 12 章将介绍过程间分析技术。它将讨论指针分析、别名和数据流分析。这些分析都考虑了到达代码中某个给定点时的过程调用序列。

哥伦比亚大学、哈佛大学、斯坦福大学已经开设了讲授本书内容的课程。哥伦比亚大学定期开设一门关于程序设计语言和翻译器的课程，使用了本书前 8 章的内容。该课程常年面向高年级本科生/一年级研究生讲授，这门课程的亮点是一个长达一个学期的课程实践项目。在该项目中，学生分成小组，创建并实现一个他们自己设计的小型语言。学生创建的语言涉及多个应用领域，包括量子计算、音乐合成、计算机图形学、游戏、矩阵运算和很多其他领域。在构建他们自己的编译器时，学生们使用了很多种可以生成编译器组件的工具，比如 ANTLR、Lex 和 Yacc；他们还使用了第 2 章和第 5 章中讨论的语法制导翻译技术。后续的研究生课程的重点是本书第 9 章到第 12 章的内容，着重强调适用于当代计算机（包括网络处理器和多处理器体系结构）的代码生成和优化技术。

斯坦福大学开设了一门历时一个学季的入门课程，大致涵盖了本书第 1 章到第 8 章的内容，同时还会简介本书第 9 章中全局代码优化的相关内容。第二门编译器课程包括本书第 9 章到第 12 章的内容，另外还包括第 7 章中更为深入的有关垃圾收集的内容。学生使用一个该校开发的、基于 Java 的系统 Joeq 来实现数据流分析算法。

预备知识

学习本书的读者应该拥有一些“计算机科学的综合知识”，至少学过两门程序设计课程，以及数据结构和离散数学的课程。具备多种程序设计语言的知识对学习本书会有所帮助。

练习

本书包含内容广泛的练习，几乎每一节都有一些练习。我们用感叹号来表示较难的练习或练习中的一部分。难度最大的练习有两个感叹号。

万维网上的支持

在本书的主页（http：//dragonbook. stanford. edu）[⊖]上可以找到本书已知错误的勘误表以及一些支持性资料。我们希望将我们讲授的每一门与编译器相关的课程的可用讲义（包括家庭作业、答案和练习等）都提供出来。我们也计划公布由一些重要编译器的作者撰写的关于这些编译器的描述。

致谢

本书封面由 Strange Tonic Productions 的 S. D. Ullman 设计。

Jon Bentley 针对本书的初稿中的多章内容与我们进行了广泛深入的讨论。我们收到了来自下列人员的有帮助的评价和勘误：Domenico Bianculli、Peter Bosch、Marcio Buss、Marc Eaddy、

⊖ 读者可以从 http：//infolab. stanford. edu/~ullman/dragon/errata. html 找到本书的勘误表，并可以从 http：//infolab. stanford. edu/~ullman/dragon. html 处找到本书的一些支持资料。

Stephen Edwards、Vibhav Garg、Kim Hazelwood、Gaurav Kc、Wei Li、Mike Smith、Art Stamness、Krysta Svore、Olivier Tardieu 和 Jia Zeng。我们衷心感谢这些人的帮助。当然，书中还可能有错漏之处，希望得到指正和反馈。

另外，Monica 希望能够向她在 SUIF 编译器团队的同事表示感谢，感谢他们在 18 年的时间里给予她的支持和帮助，他们是：Gerald Aigner、Dzintars Avots、Saman Amarasinghe、Jennifer Anderson、Michael Carbin、Gerald Cheong、Amer Diwan、Robert French、Anwar Ghuloum、Mary Hall、John Hennessy、David Heine、Shih-Wei Liao、Amy Lim、Benjamin Livshits、Michael Martin、Dror Maydan、Todd Mowry、Brian Murphy、Jeffrey Oplinger、Karen Pieper、Martin Rinard、Olatunji Ruwase、Constantine Sapuntzakis、Patrick Sathyanathan、Michael Smith、Steven Tjiang、Chau-Wen Tseng、Christopher Unkel、John Whaley、Robert Wilson、Christopher Wilson 和 Michael Wolf。

A. V. A. , Chatham NJ
M. S. L. , Menlo Park CA
R. S. , Far Hills NJ
J. D. U. , Stanford CA
2006 年 6 月

目录

译者序
前言

第1章　引论 …… 1
1.1　语言处理器 …… 1
1.2　一个编译器的结构 …… 2
1.2.1　词法分析 …… 3
1.2.2　语法分析 …… 4
1.2.3　语义分析 …… 5
1.2.4　中间代码生成 …… 5
1.2.5　代码优化 …… 5
1.2.6　代码生成 …… 6
1.2.7　符号表管理 …… 6
1.2.8　将多个步骤组合成趟 …… 6
1.2.9　编译器构造工具 …… 7
1.3　程序设计语言的发展历程 …… 7
1.3.1　走向高级程序设计语言 …… 7
1.3.2　对编译器的影响 …… 8
1.3.3　1.3节的练习 …… 8
1.4　构建一个编译器的相关科学 …… 8
1.4.1　编译器设计和实现中的建模 …… 9
1.4.2　代码优化的科学 …… 9
1.5　编译技术的应用 …… 10
1.5.1　高级程序设计语言的实现 …… 10
1.5.2　针对计算机体系结构的优化 …… 11
1.5.3　新计算机体系结构的设计 …… 12
1.5.4　程序翻译 …… 13
1.5.5　软件生产率工具 …… 14
1.6　程序设计语言基础 …… 15
1.6.1　静态和动态的区别 …… 15
1.6.2　环境与状态 …… 15
1.6.3　静态作用域和块结构 …… 17
1.6.4　显式访问控制 …… 18
1.6.5　动态作用域 …… 19
1.6.6　参数传递机制 …… 20
1.6.7　别名 …… 21
1.6.8　1.6节的练习 …… 22
1.7　第1章总结 …… 22
1.8　第1章参考文献 …… 23
第2章　一个简单的语法制导翻译器 …… 24
2.1　引言 …… 24
2.2　语法定义 …… 25
2.2.1　文法定义 …… 26
2.2.2　推导 …… 27
2.2.3　语法分析树 …… 28
2.2.4　二义性 …… 29
2.2.5　运算符的结合性 …… 29
2.2.6　运算符的优先级 …… 30
2.2.7　2.2节的练习 …… 31
2.3　语法制导翻译 …… 32
2.3.1　后缀表示 …… 33
2.3.2　综合属性 …… 33
2.3.3　简单语法制导定义 …… 35
2.3.4　树的遍历 …… 35
2.3.5　翻译方案 …… 35
2.3.6　2.3节的练习 …… 37
2.4　语法分析 …… 37
2.4.1　自顶向下分析方法 …… 38
2.4.2　预测分析法 …… 39
2.4.3　何时使用ϵ产生式 …… 41
2.4.4　设计一个预测分析器 …… 41
2.4.5　左递归 …… 42
2.4.6　2.4节的练习 …… 42
2.5　简单表达式的翻译器 …… 43
2.5.1　抽象语法和具体语法 …… 43
2.5.2　调整翻译方案 …… 43
2.5.3　非终结符号的过程 …… 44
2.5.4　翻译器的简化 …… 45
2.5.5　完整的程序 …… 46

2.6 词法分析 …… 47
2.6.1 剔除空白和注释 …… 48
2.6.2 预读 …… 48
2.6.3 常量 …… 49
2.6.4 识别关键字和标识符 …… 49
2.6.5 词法分析器 …… 50
2.6.6 2.6节的练习 …… 53
2.7 符号表 …… 53
2.7.1 为每个作用域设置一个符号表 …… 54
2.7.2 符号表的使用 …… 56
2.8 生成中间代码 …… 57
2.8.1 两种中间表示形式 …… 57
2.8.2 语法树的构造 …… 58
2.8.3 静态检查 …… 61
2.8.4 三地址码 …… 62
2.8.5 2.8节的练习 …… 66
2.9 第2章总结 …… 66
第3章 词法分析 …… 68
3.1 词法分析器的作用 …… 68
3.1.1 词法分析及语法分析 …… 69
3.1.2 词法单元、模式和词素 …… 69
3.1.3 词法单元的属性 …… 70
3.1.4 词法错误 …… 71
3.1.5 3.1节的练习 …… 71
3.2 输入缓冲 …… 71
3.2.1 缓冲区对 …… 72
3.2.2 哨兵标记 …… 72
3.3 词法单元的规约 …… 73
3.3.1 串和语言 …… 74
3.3.2 语言上的运算 …… 75
3.3.3 正则表达式 …… 75
3.3.4 正则定义 …… 77
3.3.5 正则表达式的扩展 …… 78
3.3.6 3.3节的练习 …… 78
3.4 词法单元的识别 …… 80
3.4.1 状态转换图 …… 82
3.4.2 保留字和标识符的识别 …… 83
3.4.3 完成我们的例子 …… 84
3.4.4 基于状态转换图的词法分析器的体系结构 …… 84
3.4.5 3.4节的练习 …… 86
3.5 词法分析器生成工具Lex …… 89
3.5.1 Lex的使用 …… 89
3.5.2 Lex程序的结构 …… 89
3.5.3 Lex中的冲突解决 …… 91
3.5.4 向前看运算符 …… 92
3.5.5 3.5节的练习 …… 92
3.6 有穷自动机 …… 93
3.6.1 不确定的有穷自动机 …… 93
3.6.2 转换表 …… 94
3.6.3 自动机中输入字符串的接受 …… 94
3.6.4 确定的有穷自动机 …… 95
3.6.5 3.6节的练习 …… 96
3.7 从正则表达式到自动机 …… 96
3.7.1 从NFA到DFA的转换 …… 96
3.7.2 NFA的模拟 …… 99
3.7.3 NFA模拟的效率 …… 99
3.7.4 从正则表达式构造NFA …… 100
3.7.5 字符串处理算法的效率 …… 103
3.7.6 3.7节的练习 …… 105
3.8 词法分析器生成工具的设计 …… 105
3.8.1 生成的词法分析器的结构 …… 105
3.8.2 基于NFA的模式匹配 …… 106
3.8.3 词法分析器使用的DFA …… 107
3.8.4 实现向前看运算符 …… 108
3.8.5 3.8节的练习 …… 109
3.9 基于DFA的模式匹配器的优化 …… 109
3.9.1 NFA的重要状态 …… 109
3.9.2 根据抽象语法树计算得到的函数 …… 110
3.9.3 计算nullable、firstpos及lastpos …… 111
3.9.4 计算followpos …… 112
3.9.5 根据正则表达式构建DFA …… 113
3.9.6 最小化一个DFA的状态数 …… 114
3.9.7 词法分析器的状态最小化 …… 116
3.9.8 DFA模拟中的时间和空间权衡 …… 116
3.9.9 3.9节的练习 …… 117
3.10 第3章总结 …… 118
3.11 第3章参考文献 …… 119
第4章 语法分析 …… 121
4.1 引论 …… 121

4.1.1 语法分析器的作用 …………… 121
4.1.2 代表性的文法 ………………… 122
4.1.3 语法错误的处理 ……………… 123
4.1.4 错误恢复策略 ………………… 123
4.2 上下文无关文法 ………………… 124
4.2.1 上下文无关文法的正式定义 … 125
4.2.2 符号表示的约定 ……………… 125
4.2.3 推导……………………………… 126
4.2.4 语法分析树和推导 …………… 127
4.2.5 二义性…………………………… 128
4.2.6 验证文法生成的语言 ………… 129
4.2.7 上下文无关文法和正则表达式………………………… 130
4.2.8 4.2节的练习 ………………… 130
4.3 设计文法…………………………… 132
4.3.1 词法分析和语法分析 ………… 132
4.3.2 消除二义性 …………………… 133
4.3.3 左递归的消除 ………………… 134
4.3.4 提取左公因子 ………………… 135
4.3.5 非上下文无关语言的构造 …… 136
4.3.6 4.3节的练习 ………………… 137
4.4 自顶向下的语法分析 …………… 137
4.4.1 递归下降的语法分析 ………… 139
4.4.2 FIRST和FOLLOW …………… 140
4.4.3 LL(1)文法 ………………… 141
4.4.4 非递归的预测分析 …………… 144
4.4.5 预测分析中的错误恢复 ……… 145
4.4.6 4.4节的练习 ………………… 147
4.5 自底向上的语法分析 …………… 148
4.5.1 归约……………………………… 149
4.5.2 句柄剪枝 ……………………… 149
4.5.3 移入-归约语法分析技术 …… 150
4.5.4 移入-归约语法分析中的冲突………………………………… 151
4.5.5 4.5节的练习 ………………… 152
4.6 LR语法分析技术介绍：简单LR技术 ……………………………… 153
4.6.1 为什么使用LR语法分析器 …… 153
4.6.2 项和LR(0)自动机 ………… 154
4.6.3 LR语法分析算法……………… 158
4.6.4 构造SLR语法分析表 ………… 161
4.6.5 可行前缀………………………… 163
4.6.6 4.6节的练习 ………………… 164
4.7 更强大的LR语法分析器………… 165
4.7.1 规范LR(1)项 ……………… 165
4.7.2 构造LR(1)项集 …………… 166
4.7.3 规范LR(1)语法分析表 …… 169
4.7.4 构造LALR语法分析表 ……… 170
4.7.5 高效构造LALR语法分析表的方法………………………… 173
4.7.6 LR语法分析表的压缩 ………… 176
4.7.7 4.7节的练习 ………………… 177
4.8 使用二义性文法 ………………… 178
4.8.1 用优先级和结合性解决冲突 …… 178
4.8.2 “悬空-else”的二义性 ……… 179
4.8.3 LR语法分析中的错误恢复 …… 181
4.8.4 4.8节的练习 ………………… 182
4.9 语法分析器生成工具 …………… 183
4.9.1 语法分析器生成工具Yacc …… 183
4.9.2 使用带有二义性文法的Yacc规约……………………………… 185
4.9.3 用Lex创建Yacc的词法分析器……………………………… 187
4.9.4 Yacc中的错误恢复 …………… 188
4.9.5 4.9节的练习 ………………… 189
4.10 第4章总结 ……………………… 189
4.11 第4章参考文献 ………………… 191
第5章 语法制导的翻译 ………… 194
5.1 语法制导定义 …………………… 194
5.1.1 继承属性和综合属性 ………… 195
5.1.2 在语法分析树的结点上对SDD求值 ……………………… 196
5.1.3 5.1节的练习 ………………… 198
5.2 SDD的求值顺序 ………………… 198
5.2.1 依赖图…………………………… 198
5.2.2 属性求值的顺序 ……………… 199
5.2.3 S属性的定义 ………………… 200
5.2.4 L属性的定义 ………………… 200
5.2.5 具有受控副作用的语义规则 …… 201
5.2.6 5.2节的练习 ………………… 202
5.3 语法制导翻译的应用 …………… 203
5.3.1 抽象语法树的构造 …………… 203

5.3.2 类型的结构 …………………… 206
5.3.3 5.3 节的练习 …………………… 207
5.4 语法制导的翻译方案 …………………… 207
5.4.1 后缀翻译方案 …………………… 207
5.4.2 后缀 SDT 的语法分析栈实现 … 208
5.4.3 产生式内部带有语义动作的 SDT …………………… 209
5.4.4 从 SDT 中消除左递归 ………… 210
5.4.5 L 属性定义的 SDT …………… 212
5.4.6 5.4 节的练习 …………………… 216
5.5 实现 L 属性的 SDD …………………… 216
5.5.1 在递归下降语法分析过程中进行翻译 …………………… 217
5.5.2 边扫描边生成代码 …………… 219
5.5.3 L 属性的 SDD 和 LL 语法分析 …………………… 220
5.5.4 L 属性的 SDD 的自底向上语法分析 …………………… 224
5.5.5 5.5 节的练习 …………………… 226
5.6 第 5 章总结 …………………… 227
5.7 第 5 章参考文献 …………………… 228
第 6 章 中间代码生成 …………………… 229
6.1 语法树的变体 …………………… 230
6.1.1 表达式的有向无环图 ………… 230
6.1.2 构造 DAG 的值编码方法 ……… 231
6.1.3 6.1 节的练习 …………………… 232
6.2 三地址代码 …………………… 233
6.2.1 地址和指令 …………………… 233
6.2.2 四元式表示 …………………… 235
6.2.3 三元式表示 …………………… 235
6.2.4 静态单赋值形式 …………………… 237
6.2.5 6.2 节的练习 …………………… 237
6.3 类型和声明 …………………… 237
6.3.1 类型表达式 …………………… 238
6.3.2 类型等价 …………………… 239
6.3.3 声明 …………………… 239
6.3.4 局部变量名的存储布局 ……… 239
6.3.5 声明的序列 …………………… 241
6.3.6 记录和类中的字段 …………… 242
6.3.7 6.3 节的练习 …………………… 242
6.4 表达式的翻译 …………………… 243
6.4.1 表达式中的运算 …………………… 243
6.4.2 增量翻译 …………………… 244
6.4.3 数组元素的寻址 …………………… 245
6.4.4 数组引用的翻译 …………………… 246
6.4.5 6.4 节的练习 …………………… 247
6.5 类型检查 …………………… 248
6.5.1 类型检查规则 …………………… 248
6.5.2 类型转换 …………………… 249
6.5.3 函数和运算符的重载 ………… 250
6.5.4 类型推导和多态函数 ………… 251
6.5.5 一个合一算法 …………………… 254
6.5.6 6.5 节的练习 …………………… 256
6.6 控制流 …………………… 256
6.6.1 布尔表达式 …………………… 257
6.6.2 短路代码 …………………… 257
6.6.3 控制流语句 …………………… 257
6.6.4 布尔表达式的控制流翻译 …… 259
6.6.5 避免生成冗余的 goto 指令 …… 261
6.6.6 布尔值和跳转代码 …………… 262
6.6.7 6.6 节的练习 …………………… 263
6.7 回填 …………………… 263
6.7.1 使用回填技术的一趟式目标代码生成 …………………… 263
6.7.2 布尔表达式的回填 …………… 264
6.7.3 控制转移语句 …………………… 266
6.7.4 break 语句、continue 语句和 goto 语句 …………………… 267
6.7.5 6.7 节的练习 …………………… 268
6.8 switch 语句 …………………… 269
6.8.1 switch 语句的翻译 …………… 269
6.8.2 switch 语句的语法制导翻译 …… 270
6.8.3 6.8 节的练习 …………………… 271
6.9 过程的中间代码 …………………… 271
6.10 第 6 章总结 …………………… 272
6.11 第 6 章参考文献 …………………… 273
第 7 章 运行时刻环境 …………………… 275
7.1 存储组织 …………………… 275
7.2 空间的栈式分配 …………………… 276
7.2.1 活动树 …………………… 277
7.2.2 活动记录 …………………… 279
7.2.3 调用代码序列 …………………… 280

7.2.4 栈中的变长数据 …… 282
7.2.5 7.2节的练习 …… 283
7.3 栈中非局部数据的访问 …… 284
7.3.1 没有嵌套过程时的数据访问 …… 284
7.3.2 和嵌套过程相关的问题 …… 284
7.3.3 一个支持嵌套过程声明的语言 …… 285
7.3.4 嵌套深度 …… 285
7.3.5 访问链 …… 286
7.3.6 处理访问链 …… 287
7.3.7 过程型参数的访问链 …… 288
7.3.8 显示表 …… 289
7.3.9 7.3节的练习 …… 290
7.4 堆管理 …… 291
7.4.1 存储管理器 …… 291
7.4.2 一台计算机的存储层次结构 …… 292
7.4.3 程序中的局部性 …… 293
7.4.4 碎片整理 …… 295
7.4.5 人工回收请求 …… 297
7.4.6 7.4节的练习 …… 299
7.5 垃圾回收概述 …… 299
7.5.1 垃圾回收器的设计目标 …… 299
7.5.2 可达性 …… 301
7.5.3 引用计数垃圾回收器 …… 302
7.5.4 7.5节的练习 …… 303
7.6 基于跟踪的回收的介绍 …… 304
7.6.1 基本的标记-清扫式回收器 …… 304
7.6.2 基本抽象 …… 305
7.6.3 标记-清扫式算法的优化 …… 306
7.6.4 标记并压缩的垃圾回收器 …… 307
7.6.5 拷贝回收器 …… 309
7.6.6 开销的比较 …… 311
7.6.7 7.6节的练习 …… 311
7.7 短停顿垃圾回收 …… 311
7.7.1 增量式垃圾回收 …… 312
7.7.2 增量式可达性分析 …… 313
7.7.3 部分回收概述 …… 314
7.7.4 世代垃圾回收 …… 315
7.7.5 列车算法 …… 316
7.7.6 7.7节的练习 …… 318
7.8 垃圾回收中的高级论题 …… 319
7.8.1 并行和并发垃圾回收 …… 319
7.8.2 部分对象重新定位 …… 321
7.8.3 类型不安全的语言的保守垃圾回收 …… 321
7.8.4 弱引用 …… 322
7.8.5 7.8节的练习 …… 322
7.9 第7章总结 …… 322
7.10 第7章参考文献 …… 324
第8章 代码生成 …… 326
8.1 代码生成器设计中的问题 …… 327
8.1.1 代码生成器的输入 …… 327
8.1.2 目标程序 …… 327
8.1.3 指令选择 …… 328
8.1.4 寄存器分配 …… 329
8.1.5 求值顺序 …… 330
8.2 目标语言 …… 330
8.2.1 一个简单的目标机模型 …… 330
8.2.2 程序和指令的代价 …… 332
8.2.3 8.2节的练习 …… 332
8.3 目标代码中的地址 …… 334
8.3.1 静态分配 …… 334
8.3.2 栈分配 …… 335
8.3.3 名字的运行时刻地址 …… 337
8.3.4 8.3节的练习 …… 337
8.4 基本块和流图 …… 338
8.4.1 基本块 …… 339
8.4.2 后续使用信息 …… 340
8.4.3 流图 …… 340
8.4.4 流图的表示方式 …… 341
8.4.5 循环 …… 341
8.4.6 8.4节的练习 …… 342
8.5 基本块的优化 …… 342
8.5.1 基本块的DAG表示 …… 342
8.5.2 寻找局部公共子表达式 …… 343
8.5.3 消除死代码 …… 344
8.5.4 代数恒等式的使用 …… 344
8.5.5 数组引用的表示 …… 345
8.5.6 指针赋值和过程调用 …… 346
8.5.7 从DAG到基本块的重组 …… 347
8.5.8 8.5节的练习 …… 348
8.6 一个简单的代码生成器 …… 348

8.6.1 寄存器和地址描述符 …………… 349
8.6.2 代码生成算法 …………………… 349
8.6.3 函数 getReg 的设计 …………… 352
8.6.4 8.6 节的练习 ………………… 352
8.7 窥孔优化………………………… 353
8.7.1 消除冗余的加载和保存指令 …… 353
8.7.2 消除不可达代码 ……………… 354
8.7.3 控制流优化……………………… 354
8.7.4 代数化简和强度消减 ………… 355
8.7.5 使用机器特有的指令 ………… 355
8.7.6 8.7 节的练习 ………………… 355
8.8 寄存器分配和指派 ……………… 355
8.8.1 全局寄存器分配 ……………… 356
8.8.2 使用计数………………………… 356
8.8.3 外层循环的寄存器指派 ……… 358
8.8.4 通过图着色方法进行寄存器分配…………………………… 358
8.8.5 8.8 节的练习 ………………… 359
8.9 通过树重写来选择指令 ………… 359
8.9.1 树翻译方案 …………………… 359
8.9.2 通过覆盖一个输入树来生成代码…………………………… 361
8.9.3 通过扫描进行模式匹配 ……… 362
8.9.4 用于语义检查的例程 ………… 363
8.9.5 通用的树匹配方法 …………… 363
8.9.6 8.9 节的练习 ………………… 364
8.10 表达式的优化代码的生成 ……… 365
8.10.1 Ershov 数 ………………… 365
8.10.2 从带标号的表达式树生成代码 ……………………… 365
8.10.3 寄存器数量不足时的表达式求值 ……………………… 366
8.10.4 8.10 节的练习 …………… 368
8.11 使用动态规划的代码生成 ……… 368
8.11.1 连续求值 ………………… 368
8.11.2 动态规划的算法…………… 369
8.11.3 8.11 节的练习 …………… 371
8.12 第 8 章总结 …………………… 371
8.13 第 8 章参考文献 ……………… 372
第 9 章 机器无关优化 ……………… 374
9.1 优化的主要来源 ………………… 374
9.1.1 冗余的原因 ……………………… 374
9.1.2 一个贯穿本章的例子：快速排序…………………………… 375
9.1.3 保持语义不变的转换 ………… 377
9.1.4 全局公共子表达式 …………… 377
9.1.5 复制传播………………………… 378
9.1.6 死代码消除……………………… 379
9.1.7 代码移动………………………… 379
9.1.8 归纳变量和强度消减 ………… 380
9.1.9 9.1 节的练习 ………………… 381
9.2 数据流分析简介 ………………… 382
9.2.1 数据流抽象……………………… 382
9.2.2 数据流分析模式 ……………… 383
9.2.3 基本块上的数据流模式 ……… 384
9.2.4 到达定值………………………… 385
9.2.5 活跃变量分析 ………………… 390
9.2.6 可用表达式 …………………… 391
9.2.7 小结……………………………… 393
9.2.8 9.2 节的练习 ………………… 394
9.3 数据流分析基础 ………………… 395
9.3.1 半格……………………………… 396
9.3.2 传递函数………………………… 399
9.3.3 通用框架的迭代算法 ………… 400
9.3.4 数据流解的含义 ……………… 402
9.3.5 9.3 节的练习 ………………… 404
9.4 常量传播………………………… 404
9.4.1 常量传播框架的数据流值 …… 404
9.4.2 常量传播框架的交汇运算 …… 405
9.4.3 常量传播框架的传递函数 …… 405
9.4.4 常量传递框架的单调性 ……… 406
9.4.5 常量传播框架的不可分配性 …… 406
9.4.6 对算法结果的解释 …………… 407
9.4.7 9.4 节的练习 ………………… 408
9.5 部分冗余消除 …………………… 408
9.5.1 冗余的来源 …………………… 408
9.5.2 可能消除所有冗余吗 ………… 410
9.5.3 懒惰代码移动问题 …………… 411
9.5.4 表达式的预期执行 …………… 412
9.5.5 懒惰代码移动算法 …………… 413
9.5.6 9.5 节的练习 ………………… 418
9.6 流图中的循环…………………… 419

9.6.1 支配结点 …… 419
9.6.2 深度优先排序 …… 421
9.6.3 深度优先生成树中的边 …… 423
9.6.4 回边和可归约性 …… 423
9.6.5 流图的深度 …… 424
9.6.6 自然循环 …… 424
9.6.7 迭代数据流算法的收敛速度 …… 425
9.6.8 9.6节的练习 …… 427
9.7 基于区域的分析 …… 428
9.7.1 区域 …… 429
9.7.2 可归约流图的区域层次结构 …… 429
9.7.3 基于区域的分析技术概述 …… 431
9.7.4 有关传递函数的必要假设 …… 431
9.7.5 一个基于区域的分析算法 …… 433
9.7.6 处理不可归约流图 …… 436
9.7.7 9.7节的练习 …… 437
9.8 符号分析 …… 437
9.8.1 参考变量的仿射表达式 …… 438
9.8.2 数据流问题的公式化 …… 440
9.8.3 基于区域的符号化分析 …… 442
9.8.4 9.8节的练习 …… 445
9.9 第9章总结 …… 445
9.10 第9章参考文献 …… 448
第10章 指令级并行性 …… 450
10.1 处理器体系结构 …… 450
10.1.1 指令流水线和分支延时 …… 451
10.1.2 流水线执行 …… 451
10.1.3 多指令发送 …… 451
10.2 代码调度约束 …… 452
10.2.1 数据依赖 …… 452
10.2.2 寻找内存访问之间的依赖关系 …… 453
10.2.3 寄存器使用和并行性之间的折衷 …… 454
10.2.4 寄存器分配阶段和代码调度阶段之间的顺序 …… 455
10.2.5 控制依赖 …… 455
10.2.6 对投机执行的支持 …… 456
10.2.7 一个基本的机器模型 …… 457
10.2.8 10.2节的练习 …… 458
10.3 基本块调度 …… 459
10.3.1 数据依赖图 …… 459
10.3.2 基本块的列表调度方法 …… 460
10.3.3 带优先级的拓扑排序 …… 461
10.3.4 10.3节的练习 …… 461
10.4 全局代码调度 …… 462
10.4.1 基本的代码移动 …… 462
10.4.2 向上的代码移动 …… 463
10.4.3 向下的代码移动 …… 464
10.4.4 更新数据依赖关系 …… 465
10.4.5 全局调度算法 …… 465
10.4.6 高级代码移动技术 …… 467
10.4.7 和动态调度器的交互 …… 468
10.4.8 10.4节的练习 …… 468
10.5 软件流水线化 …… 468
10.5.1 引言 …… 468
10.5.2 循环的软件流水线化 …… 470
10.5.3 寄存器分配和代码生成 …… 471
10.5.4 Do-Across循环 …… 472
10.5.5 软件流水线化的目标和约束 …… 472
10.5.6 一个软件流水线化算法 …… 474
10.5.7 对无环数据依赖图进行调度 …… 475
10.5.8 对有环数据依赖图进行调度 …… 476
10.5.9 对流水线化算法的改进 …… 480
10.5.10 模数变量扩展 …… 480
10.5.11 条件语句 …… 482
10.5.12 软件流水线化的硬件支持 …… 483
10.5.13 10.5节的练习 …… 483
10.6 第10章总结 …… 484
10.7 第10章参考文献 …… 485
第11章 并行性和局部性优化 …… 487
11.1 基本概念 …… 488
11.1.1 多处理器 …… 488
11.1.2 应用中的并行性 …… 490
11.1.3 循环层次上的并行性 …… 491
11.1.4 数据局部性 …… 492
11.1.5 仿射变换理论概述 …… 493
11.2 矩阵乘法：一个深入的例子 …… 495
11.2.1 矩阵相乘算法 …… 495
11.2.2 优化 …… 497
11.2.3 高速缓存干扰 …… 499
11.2.4 11.2节的练习 …… 499

11.3 迭代空间 …… 499
11.3.1 从循环嵌套结构中构建迭代空间 …… 499
11.3.2 循环嵌套结构的执行顺序 …… 501
11.3.3 不等式组的矩阵表示方法 …… 501
11.3.4 混合使用符号常量 …… 502
11.3.5 控制执行的顺序 …… 502
11.3.6 坐标轴的变换 …… 505
11.3.7 11.3 节的练习 …… 506
11.4 仿射的数组下标 …… 507
11.4.1 仿射访问 …… 507
11.4.2 实践中的仿射访问和非仿射访问 …… 508
11.4.3 11.4 节的练习 …… 508
11.5 数据复用 …… 509
11.5.1 数据复用的类型 …… 509
11.5.2 自复用 …… 510
11.5.3 自空间复用 …… 513
11.5.4 组复用 …… 514
11.5.5 11.5 节的练习 …… 515
11.6 数组数据依赖关系分析 …… 516
11.6.1 数组访问的数据依赖关系的定义 …… 517
11.6.2 整数线性规划 …… 518
11.6.3 GCD 测试 …… 518
11.6.4 解决整数线性规划的启发式规则 …… 520
11.6.5 解决一般性的整数线性规划问题 …… 522
11.6.6 小结 …… 523
11.6.7 11.6 节的练习 …… 523
11.7 寻找无同步的并行性 …… 524
11.7.1 一个介绍性的例子 …… 525
11.7.2 仿射空间分划 …… 526
11.7.3 空间分划约束 …… 527
11.7.4 求解空间分划约束 …… 529
11.7.5 一个简单的代码生成算法 …… 531
11.7.6 消除空迭代 …… 533
11.7.7 从最内层循环中消除条件测试 …… 535
11.7.8 源代码转换 …… 537
11.7.9 11.7 节的练习 …… 539
11.8 并行循环之间的同步 …… 541
11.8.1 固定多个同步运算 …… 541
11.8.2 程序依赖图 …… 542
11.8.3 层次结构化的时间 …… 543
11.8.4 并行化算法 …… 544
11.8.5 11.8 节的练习 …… 545
11.9 流水线化技术 …… 545
11.9.1 什么是流水线化 …… 545
11.9.2 连续过松弛方法：一个例子 …… 546
11.9.3 完全可交换循环 …… 547
11.9.4 把完全可交换循环流水线化 …… 548
11.9.5 一般性的理论 …… 549
11.9.6 时间分划约束 …… 549
11.9.7 用 Farkas 引理求解时间分划约束 …… 552
11.9.8 代码转换 …… 554
11.9.9 具有最小同步量的并行性 …… 557
11.9.10 11.9 节的练习 …… 559
11.10 局部性优化 …… 560
11.10.1 计算结果数据的时间局部性 …… 560
11.10.2 数组收缩 …… 560
11.10.3 分划单元的交织 …… 562
11.10.4 合成 …… 565
11.10.5 11.10 节的练习 …… 566
11.11 仿射转换的其他用途 …… 566
11.11.1 分布式内存计算机 …… 566
11.11.2 多指令发送处理器 …… 567
11.11.3 向量和 SIMD 指令 …… 567
11.11.4 数据预取 …… 567
11.12 第 11 章总结 …… 568
11.13 第 11 章参考文献 …… 570
第 12 章 过程间分析 …… 573
12.1 基本概念 …… 573
12.1.1 调用图 …… 573
12.1.2 上下文相关 …… 574
12.1.3 调用串 …… 576
12.1.4 基于克隆的上下文相关分析 …… 577
12.1.5 基于摘要的上下文相关分析 …… 578
12.1.6 12.1 节的练习 …… 579

12.2 为什么需要过程间分析 …………… 580
12.2.1 虚方法调用 …………………… 580
12.2.2 指针别名分析 ………………… 581
12.2.3 并行化 ………………………… 581
12.2.4 软件错误和漏洞的检测 ……… 581
12.2.5 SQL 注入 ……………………… 581
12.2.6 缓冲区溢出 …………………… 582
12.3 数据流的一种逻辑表示方式 ……… 583
12.3.1 Datalog 简介 ………………… 583
12.3.2 Datalog 规则 ………………… 584
12.3.3 内涵断言和外延断言 ………… 585
12.3.4 Datalog 程序的执行 ………… 587
12.3.5 Datalog 程序的增量计算 …… 588
12.3.6 有问题的 Datalog 规则 ……… 589
12.3.7 12.3 节的练习 ……………… 590
12.4 一个简单的指针分析算法 ………… 591
12.4.1 为什么指针分析有难度 ……… 591
12.4.2 一个指针和引用的模型 ……… 592
12.4.3 控制流无关性 ………………… 592
12.4.4 在 Datalog 中的表示方法 …… 593
12.4.5 使用类型信息 ………………… 594
12.4.6 12.4 节的练习 ……………… 595
12.5 上下文无关的过程间分析 ………… 595
12.5.1 一个方法调用的效果 ………… 595
12.5.2 在 Datalog 中发现调用图 …… 596
12.5.3 动态加载和反射 ……………… 597
12.5.4 12.5 节的练习 ……………… 597
12.6 上下文相关指针分析 ……………… 598
12.6.1 上下文和调用串 ……………… 598
12.6.2 在 Datalog 规则中加入上下文信息 ……………………………… 600
12.6.3 关于相关性的更多讨论 ……… 600
12.6.4 12.6 节的练习 ……………… 600
12.7 使用 BDD 的 Datalog 的实现 ……… 601
12.7.1 二分决策图 …………………… 601
12.7.2 对 BDD 的转换 ……………… 602
12.7.3 用 BDD 表示关系 …………… 603
12.7.4 用 BDD 操作实现关系运算 …… 603
12.7.5 在指针指向分析中使用 BDD …………………………… 605
12.7.6 12.7 节的练习 ……………… 605
12.8 第 12 章总结 ……………………… 606
12.9 第 12 章参考文献 ………………… 607
附录 A 一个完整的编译器前端 ……… 611
附录 B 寻找线性独立解 ……………… 630

第1章 引　论

程序设计语言是向人以及计算机描述计算过程的记号。如我们所知，这个世界依赖于程序设计语言，因为在所有计算机上运行的所有软件都是用某种程序设计语言编写的。但是，在一个程序可以运行之前，它首先需要被翻译成一种能够被计算机执行的形式。

完成这项翻译工作的软件系统称为*编译器*(compiler)。

本书介绍的是设计和实现编译器的方法。我们将介绍用于构建面向多种语言和机器的翻译器的一些基本思想。编译器设计的原理和技术还可以用于编译器设计之外的众多领域。因此，这些原理和技术通常会在一个计算机科学家的职业生涯中多次被用到。研究编译器的编写将涉及程序设计语言、计算机体系结构、形式语言理论、算法和软件工程。

在本章中，我们将介绍语言翻译器的不同形式，在高层次上概述一个典型编译器的结构，并讨论了程序设计语言和硬件体系结构的发展趋势。这些趋势将影响编译器的形式。我们还将介绍关于编译器设计和计算机科学理论的关系的一些事实，并给出编译技术在编译领域之外的一些应用。最后，我们将简单论述在我们研究编译器时需要用到的重要的程序设计语言概念。

1.1　语言处理器

简单地说，一个编译器就是一个程序，它可以阅读以某一种语言(源语言)编写的程序，并把该程序翻译成为一个等价的、用另一种语言(*目标语言*)编写的程序，参见图1-1。编译器的重要任务之一是报告它在翻译过程中发现的源程序中的错误。

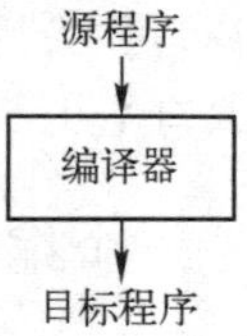

图1-1　一个编译器

如果目标程序是一个可执行的机器语言程序，那么它就可以被用户调用，处理输入并产生输出。参见图1-2。

图1-2　运行目标程序

解释器(interpreter)是另一种常见的语言处理器。它并不通过翻译的方式生成目标程序。从用户的角度看，解释器直接利用用户提供的输入执行源程序中指定的操作。参见图1-3。

在把用户输入映射成为输出的过程中，由一个编译器产生的机器语言目标程序通常比一个解释器快很多。然而，解释器的错误诊断效果通常比编译器更好，因为它逐个语句地执行源程序。

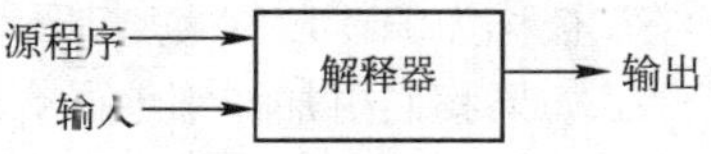

图1-3　一个解释器

例1.1　Java语言处理器结合了编译和解释过程，如图1-4所示。一个Java源程序首先被编译成一个称为*字节码*(bytecode)的中间表示形式。然后由一个虚拟机对得到的字节码加以解释执行。这样安排的好处之一是在一台机器上编译得到的字节码可以在另一台机器上解释执行。通过网络就可以完成机器之间的迁移。

为了更快地完成输入到输出的处理，有些被称为*即时*(just in time)编译器的Java编译器在运行中间程序处理输入的前一刻首先把字节码翻译成为机器语言，然后再执行程序。□

如图1-5所示，除了编译器之外，创建一个可执行的目标程序还需要一些其他程序。一个源程序可能被分割成为多个模块，并存放于独立的文件中。把源程序聚合在一起的任务有时会由一个被称为预处理器(preprocessor)的程序独立完成。预处理器还负责把那些称为宏的缩写形式转换为源语言的语句。

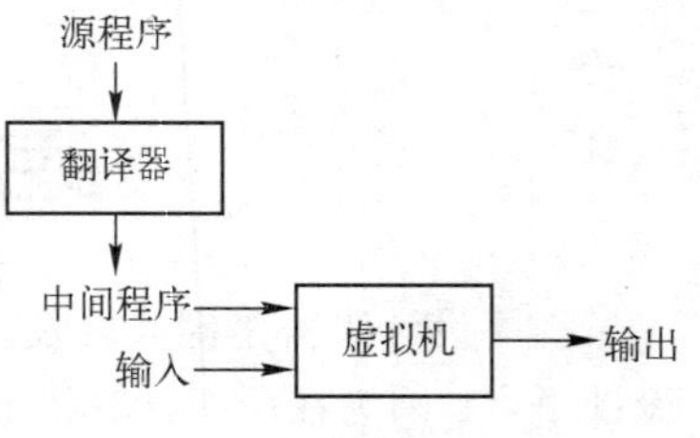

图 1-4　一个混合编译器

然后，将经过预处理的源程序作为输入传递给一个编译器。编译器可能产生一个汇编语言程序作为其输出，因为汇编语言比较容易输出和调试。接着，这个汇编语言程序由称为汇编器(assembler)的程序进行处理，并生成可重定位的机器代码。

大型程序经常被分成多个部分进行编译，因此，可重定位的机器代码有必要和其他可重定位的目标文件以及库文件连接到一起，形成真正在机器上运行的代码。一个文件中的代码可能指向另一个文件中的位置，而链接器(linker)能够解决外部内存地址的问题。最后，加载器(loader)把所有的可执行目标文件放到内存中执行。

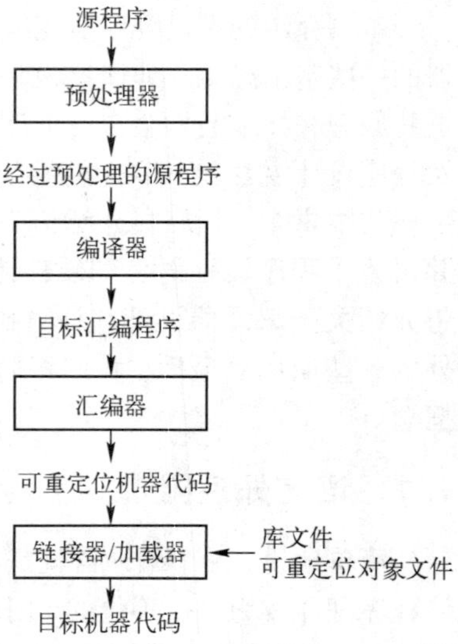

图 1-5　一个语言处理系统

1.1 节的练习

练习 1.1.1： 编译器和解释器之间的区别是什么？

练习 1.1.2： 编译器相对于解释器的优点是什么？解释器相对于编译器的优点是什么？

练习 1.1.3： 在一个语言处理系统中，编译器产生汇编语言而不是机器语言的好处是什么？

练习 1.1.4： 把一种高级语言翻译成为另一种高级语言的编译器称为源到源(source-to-source)的翻译器。编译器使用 C 语言作为目标语言有什么好处？

练习 1.1.5： 描述一下汇编器所要完成的一些任务。

1.2　一个编译器的结构

到现在为止，我们把编译器看作一个黑盒子，它能够把源程序映射为在语义上等价的目标程序。如果把这个盒子稍微打开一点，我们就会看到这个映射过程由两个部分组成：分析部分和综合部分。

分析(analysis)部分把源程序分解成为多个组成要素，并在这些要素之上加上语法结构。然后，它使用这个结构来创建该源程序的一个中间表示。如果分析部分检查出源程序没有按照正确的语法构成，或者语义上不一致，它就必须提供有用的信息，使得用户可以按此进行改正。分析部分还会收集有关源程序的信息，并把信息存放在一个称为符号表(symbol table)的数据结构中。符号表将和中间表示形式一起传送给综合部分。

综合(synthesis)部分根据中间表示和符号表中的信息来构造用户期待的目标程序。分析部分经常被称为编译器的前端(front end)，而综合部分称为后端(back end)。

如果我们更加详细地研究编译过程，会发现它顺序执行了一组步骤(phase)。每个步骤把源程序的一种表示方式转换成另一种表示方式。一个典型的把编译程序分解成为多个步骤的方式如图 1-6 所示。在实践中，多个步骤可能被组合在一起，而这些组合在一起的步骤之间的中间表示不需要被明确地构造出来。存放整个源程序的信息的符号表可由编译器的各个步骤使用。

有些编译器在前端和后端之间有一个与机器无关的优化步骤。这个优化步骤的目的是在中间表示之上进行转换，以便后端程序能够生成更好的目标程序。如果基于未经过此优化步骤的中间表示来生成代码，则代码的质量会受到影响。因为优化是可选的，所以图 1-6 中所示的两个优化步骤之一可以被省略。

1.2.1　词法分析

编译器的第一个步骤称为*词法分析*(lexical analysis)或*扫描*(scanning)。词法分析器读入组成源程序的字符流，并且将它们组织成为有意义的*词素*(lexeme)的序列。对于每个词素，词法分析器产生如下形式的*词法单元*(token)作为输出：

〈token-name, attribute-value〉

这个词法单元被传送给下一个步骤，即语法分析。在这个词法单元中，第一个分量 token-name 是一个由语法分析步骤使用的抽象符号，而第二个分量 attribute-value 指向符号表中关于这个词法单元的条目。符号表条目的信息会被语义分析和代码生成步骤使用。

比如，假设一个源程序包含如下的赋值语句

```
position = initial + rate * 60
```
(1.1)

这个赋值语句中的字符可以组合成如下词素，并映射成为如下词法单元。这些词法单元将被传递给语法分析阶段。

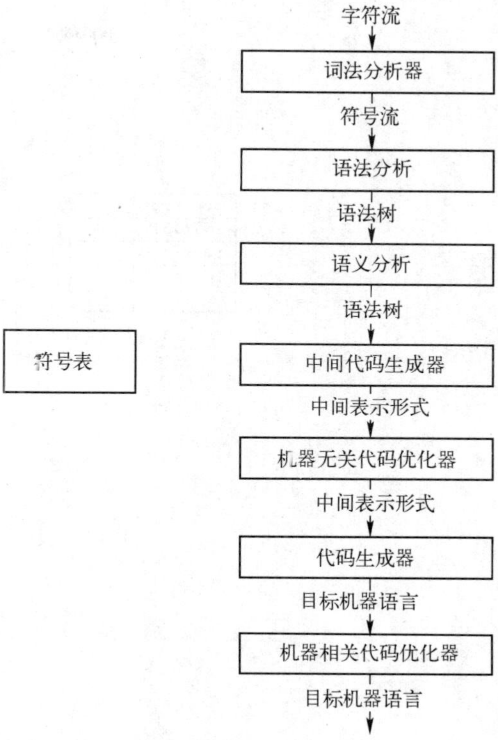

图 1-6　一个编译器的各个步骤

1) `position` 是一个词素，被映射成词法单元〈**id**, 1〉，其中 **id** 是表示*标识符*(identifier)的抽象符号，而 1 指向符号表中 `position` 对应的条目。一个标识符对应的符号表条目存放该标识符有关的信息，比如它的名字和类型。

2) 赋值符号 = 是一个词素，被映射成词法单元〈 = 〉。因为这个词法单元不需要属性值，所以我们省略了第二个分量。也可以使用 **assign** 这样的抽象符号作为词法单元的名字，但是为了标记上的方便，我们选择使用词素本身作为抽象符号的名字。

3) `initial` 是一个词素，被映射成词法单元〈**id**, 2〉，其中 2 指向 `initial` 对应的符号表条目。

4) + 是一个词素，被映射成词法单元〈 + 〉。

5) `rate` 是一个词素，被映射成词法单元〈**id**, 3〉，其中 3 指向 `rate` 对应的符号表条目。

6) * 是一个词素，被映射成词法单元〈 * 〉。

7) `60` 是一个词素，被映射成词法单元〈60〉[⊖]。

分隔词素的空格会被词法分析器忽略掉。

图 1-7 给出经过词法分析之后，赋值语句 1.1 被表示成如下的词法单元序列：

〈**id**, 1〉〈 = 〉〈**id**, 2〉〈 + 〉〈**id**, 3〉〈 * 〉〈60〉　(1.2)

在这个表示中，词法单元名 =、+ 和 * 分别是表示赋值、加法运算符、乘法运算符的抽象符号。

⊖ 从技术上讲，我们应该为语法单元 60 建立一个形如〈**number**, 4〉的词法单元，其中 4 指向符号表中对应于整数 60 的条目。但是我们要到第 2 章中才讨论数字的词法单元。第 3 章将讨论建立词法分析器的技术。

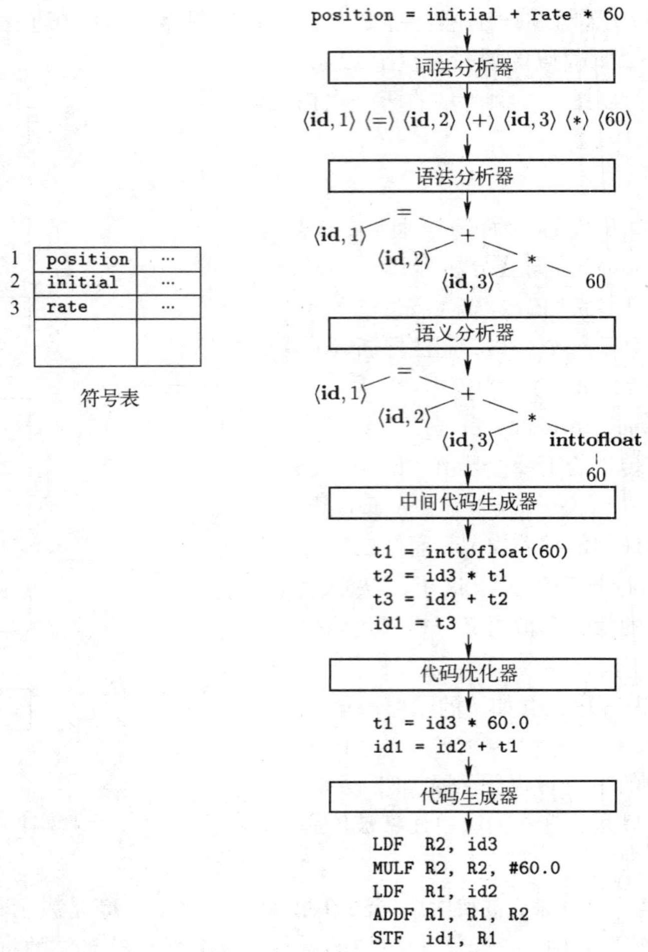

图 1-7 一个赋值语句的翻译

1.2.2 语法分析

编译器的第 2 个步骤称为*语法分析*(syntax analysis)或*解析*(parsing)。语法分析器使用由词法分析器生成的各个词法单元的第一个分量来创建树形的中间表示。该中间表示给出了词法分析产生的词法单元流的语法结构。一个常用的表示方法是*语法树*(syntax tree)，树中的每个内部结点表示一个运算，而该结点的子结点表示该运算的分量。在图 1-7 中，词法单元流(1.2)对应的语法树被显示为语法分析器的输出。

这棵树显示了赋值语句

```
position = initial + rate * 60
```

中各个运算的执行顺序。这棵树有一个标号为 * 的内部结点，<**id**, 3>是它的左子结点，整数 60 是它的右子结点。结点<**id**, 3>表示标识符 `rate`。标号为 * 的结点指明了我们必须首先把 `rate` 的值与 60 相乘。标号为 + 的结点表明我们必须把相乘的结果和 `initial` 的值相加。这棵树的根结点的标号为 =，它表明我们必须把相加的结果存储到标识符 `position` 对应的位置上去。这个运算顺序和通常的算术规则相同，即乘法的优先级高于加法，因此乘法应该在加法之前计算。

编译器的后续步骤使用这个语法结构来帮助分析源程序，并生成目标程序。在第 4 章，我们将使用上下文无关文法来描述程序设计语言的语法结构，并讨论为某些类型的语法自动构造高效语法分析器的算法。在第 2 章和第 5 章，我们将看到，语法制导的定义将有助于描述对程序设计语言结构的翻译。

1.2.3 语义分析

语义分析器(semantic analyzer)使用语法树和符号表中的信息来检查源程序是否和语言定义的语义一致。它同时也收集类型信息，并把这些信息存放在语法树或符号表中，以便在随后的中间代码生成过程中使用。

语义分析的一个重要部分是*类型检查*(type checking)。编译器检查每个运算符是否具有匹配的运算分量。比如，很多程序设计语言的定义中要求一个数组的下标必须是整数。如果用一个浮点数作为数组下标，编译器就必须报告错误。

程序设计语言可能允许某些类型转换，这被称为*自动类型转换*(coercion)。比如，一个二元算术运算符可以应用于一对整数或者一对浮点数。如果这个运算符应用于一个浮点数和一个整数，那么编译器可以把该整数转换(或者说自动类型转换)成为一个浮点数。

图 1-7 中显示了一个这样的自动类型转换。假设 `position`、`initial` 和 `rate` 已被声明为浮点数类型，而词素 60 本身形成一个整数。图 1-7 中的语义分析器的类型检查程序发现运算符 * 被用于一个浮点数 `rate` 和一个整数 60。在这种情况下，这个整数可以被转换成为一个浮点数。请注意，在图 1-7 中，语义分析器输出中有一个关于运算符 **inttofloat** 的额外结点。**inttofloat** 明确地把它的整数参数转换为一个浮点数。类型检查和语义分析将在第 6 章中讨论。

1.2.4 中间代码生成

在把一个源程序翻译成目标代码的过程中，一个编译器可能构造出一个或多个中间表示。这些中间表示可以有多种形式。语法树是一种中间表示形式，它们通常在语法分析和语义分析中使用。

在源程序的语法分析和语义分析完成之后，很多编译器生成一个明确的低级的或类机器语言的中间表示。我们可以把这个表示看作是某个抽象机器的程序。该中间表示应该具有两个重要的性质：它应该易于生成，且能够被轻松地翻译为目标机器上的语言。

在第 6 章，我们将考虑一种称为*三地址代码*(three-address code)的中间表示形式。这种中间表示由一组类似于汇编语言的指令组成，每个指令具有三个运算分量。每个运算分量都像一个寄存器。图 1-7 中的中间代码生成器的输出是如下的三地址代码序列：

```
t1 = inttofloat(60)
t2 = id3 * t1
t3 = id2 + t2
id1 = t3
```
(1.3)

关于三地址指令，有几点是值得专门指出的。首先，每个三地址赋值指令的右部最多只有一个运算符。因此这些指令确定了运算完成的顺序。在源程序 1.1 中，乘法应该在加法之前完成。第二，编译器应该生成一个临时名字以存放一个三地址指令计算得到的值。第三，有些三地址指令的运算分量的少于三个(比如上面的序列 1.3 中的第一个和最后一个指令)。

在第 6 章，我们将讨论在不同编译器中用到的主要中间表示形式。第 5 章将介绍语法制导翻译技术。这些技术在第 6 章中被用于处理典型程序设计语言构造进行类型检查和中间代码生成。这些程序设计语言构造包括：表达式、控制流构造和过程调用。

1.2.5 代码优化

机器无关的代码优化步骤试图改进中间代码，以便生成更好的目标代码。“更好”通常意味着更快，但是也可能会有其他目标，如更短的或能耗更低的目标代码。比如，一个简单直接的算法会生成中间代码(1.3)。它为由语义分析器得到的树形中间表示中的每个运算符都使用一个指令。

使用一个简单的中间代码生成算法，然后再进行代码优化步骤是生成优质目标代码的一个合理方法。优化器可以得出结论：把60从整数转换为浮点数的运算可以在编译时刻一劳永逸地完成。因此，用浮点数60.0来替代整数60就可以消除相应的**inttofloat**运算。而且，t3仅被使用一次，用来把它的值传递给id1。因此，优化器可以把序列(1.3)转换为更短的指令序列

```
t1 = id3 * 60.0
id1 = id2 + t1
```
(1.4)

不同的编译器所做的代码优化工作量相差很大。那些优化工作做得最多的编译器，即所谓的“优化编译器”，会在优化阶段花相当多的时间。有些简单的优化方法可以极大地提高目标程序的运行效率而不会过多降低编译的速度。从第8章开始，将详细讨论机器无关和机器相关的优化。

1.2.6 代码生成

代码生成器以源程序的中间表示形式作为输入，并把它映射到目标语言。如果目标语言是机器代码，那么就必须为程序使用的每个变量选择寄存器或内存位置。然后，中间指令被翻译成为能够完成相同任务的机器指令序列。代码生成的一个至关重要的方面是合理分配寄存器以存放变量的值。

比如，使用寄存器R1和R2，(1.4)中的中间代码可以被翻译成为如下的机器代码：

```
LDF  R2,  id3
MULF R2,  R2, #60.0
LDF  R1,  id2
ADDF R1,  R1, R2
STF  id1, R1
```
(1.5)

每个指令的第一个运算分量指定了一个目标地址。各个指令中的F告诉我们它处理的是浮点数。代码(1.5)把地址id3中的内容加载到寄存器R2中，然后将其与浮点常数60.0相乘。井号“#”表示60.0应该作为一个立即数处理。第三个指令把id2移动到寄存器R1中，而第四个指令把前面计算得到并存放在R2中的值加到R1上。最后，在寄存器R1中的值被存放到id1的地址中去。这样，这些代码正确地实现了赋值语句(1.1)。第8章将讨论代码生成。

上面对代码生成的讨论忽略了对源程序中的标识符进行存储分配的重要问题。我们将在第7章中看到，运行时刻的存储组织方法依赖于被编译的语言。编译器在中间代码生成或代码生成阶段做出有关存储分配的决定。

1.2.7 符号表管理

编译器的重要功能之一是记录源程序中使用的变量的名字，并收集和每个名字的各种属性有关的信息。这些属性可以提供一个名字的存储分配、它的类型、作用域(即在程序的哪些地方可以使用这个名字的值)等信息。对于过程名字，这些信息还包括：它的参数数量和类型、每个参数的传递方法(比如传值或传引用)以及返回类型。

符号表数据结构为每个变量名字创建了一个记录条目。记录的字段就是名字的各个属性。这个数据结构应该允许编译器迅速查找到每个名字的记录，并向记录中快速存放和获取记录中的数据。符号表在第2章中讨论。

1.2.8 将多个步骤组合成趟

前面关于步骤的讨论讲的是一个编译器的逻辑组织方式。在一个特定的实现中，多个步骤的活动可以被组合成一趟(pass)。每趟读入一个输入文件并产生一个输出文件。比如，前端步骤中的词法分析、语法分析、语义分析，以及中间代码生成可以被组合在一起成为一趟。代码优化可以作为一个可选的趟。然后可以有一个为特定目标机生成代码的后端趟。

有些编译器集合是围绕一组精心设计的中间表示形式而创建的，这些中间表示形式使得我们可以把特定语言的前端和特定目标机的后端相结合。使用这些集合，我们可以把不同的前端

和某个目标机的后端结合起来，为不同的源语言建立该目标机上的编译器。类似地，我们可以把一个前端和不同的目标机后端结合，建立针对不同目标机的编译器。

1.2.9　编译器构造工具

和任何软件开发者一样，写编译器的人可以充分利用现代的软件开发环境。这些环境中包含了诸如语言编辑器、调试器、版本管理、程序描述器、测试管理等工具。除了这些通用的软件开发工具，人们还创建了一些更加专业的工具来实现编译器的不同阶段。

这些工具使用专用的语言来描述和实现特定的组件，其中的很多工具使用了相当复杂的算法。其中最成功的工具都能够隐藏生成算法的细节，并且它们生成的组件易于和编译器的其他部分相集成。一些常用的编译器构造工具包括：

1）*语法分析器的生成器*：可以根据一个程序设计语言的语法描述自动生成语法分析器。

2）*扫描器的生成器*：可以根据一个语言的语法单元的正则表达式描述生成词法分析器。

3）*语法制导的翻译引擎*：可以生成一组用于遍历分析树并生成中间代码的例程。

4）*代码生成器的生成器*：依据一组关于如何把中间语言的每个运算翻译成为目标机上的机器语言的规则，生成一个代码生成器。

5）*数据流分析引擎*：可以帮助收集数据流信息，即程序中的值如何从程序的一个部分传递到另一部分。数据流分析是代码优化的一个重要部分。

6）*编译器构造工具集*：提供了可用于构造编译器的不同阶段的例程的完整集合。

在本书中，我们将讨论多个这类工具的例子。

1.3　程序设计语言的发展历程

第一台电子计算机出现在20世纪40年代。它使用由0、1序列组成的机器语言编程，这个序列明确地告诉计算机以什么样的顺序执行哪些运算。运算本身也是很低层的：把数据从一个位置移动到另一个位置，把两个寄存器中的值相加，比较两个值，等等。不用说，这种编程速度慢且枯燥，而且容易出错。写出的程序也是难以理解和修改的。

1.3.1　走向高级程序设计语言

走向更加人类友好的程序设计语言的第一步是20世纪50年代早期人们对助记汇编语言的开发。一开始，一个汇编语言中的指令仅仅是机器指令的助记表示。后来，宏指令被加入到汇编语言中。这样，程序员就可以通过宏指令为频繁使用的机器指令序列定义带有参数的缩写。

走向高级程序设计语言的重大一步发生在20世纪50年代的后五年。其间，用于科学计算的Fortran语言，用于商业数据处理的Cobol语言和用于符号计算的Lisp语言被开发出来。在这些语言的基本原理是设计高层次表示方法，使得程序员可以更加容易地写出数值计算、商业应用和符号处理程序。这些语言取得了很大的成功，至今仍然有人使用它们。

在接下来的几十年里，很多带有新特性的程序设计语言被陆续开发出来。它们使得编程更加容易、自然，功能也更强大。我们将在本章的后面部分讨论很多现代程序设计语言所共有的一些关键特征。

当前有几千种程序设计语言。可以通过不同的方式对这些语言进行分类。方式之一是通过语言的代来分类。*第一代语言*是机器语言，*第二代语言*是汇编语言，而*第三代语言*是Fortran、Cobol、Lisp、C、C++、C#及Java这样的高级程序设计语言。*第四代语言*是为特定应用设计的语言，比如用于生成报告的NOMAD，用于数据库查询的SQL和用于文本排版的Postscript。术语*第五代语言*指的是基于逻辑和约束的语言，比如Prolog和OPS5。

另一种语言分类方式把程序中指明*如何*完成一个计算任务的语言的称为*强制式*(imperative)语言，而把程序中指明要进行*哪些*计算的语言称为*声明式*(declarative)语言。诸如C、C++、C#和Java等语言都是强制式语言。所有强制式语言中都有用于表示程序状态和语句的表示方法，这些语句可以改变程序状态。像ML、Haskell这样的函数式语言和Prolog这样的约束逻辑语言通常被认为是声明式语言。

术语*冯·诺伊曼语言*(von Neumann language)是指以冯·诺伊曼计算机体系结构为计算模型的程序设计语言。今天的很多语言(比如Fortran和C)都是冯·诺伊曼语言。

面向对象语言(object-oriented language)指的是支持面向对象编程的语言，面向对象编程是指用一组相互作用的对象组成程序的编程风格。Simula 67和Smalltalk是早期的主流面向对象语言。C++、C#、Java和Ruby是现在常用的面向对象语言。

脚本语言(scripting language)是具有高层次运算符的解释型语言，它通常被用于把多个计算过程"粘合"在一起。这些计算过程被称为脚本。Awk、JavaScript、Perl、PHP、Python、Ruby和Tcl是常见的脚本语言。使用脚本语言编写的程序通常要比用其他语言(比如C)写的等价的程序短很多。

1.3.2 对编译器的影响

因为程序设计语言的设计和编译器是紧密相关的，程序设计语言的发展向编译器的设计者提出了新的要求。他们必须设计相应的算法和表示方式来翻译和支持新的语言特征。从20世纪40年代以来，计算机体系结构也有了很大的发展。编译器的设计者不仅需要跟踪新的语言特征，还需要设计出新的翻译算法，以便尽可能地利用新硬件的能力。

通过降低用高级语言程序的执行开销，编译器还可以推动这些高级语言的使用。要使得高性能计算机体系结构能够高效运行用户应用，编译器也是至关重要的。实际上，计算机系统的性能是非常依赖于编译技术的，以至于在构建一个计算机之前，编译器会被用作评价一个体系结构概念的工具。

编写编译器是很有挑战性的。编译器本身就是一个大程序。而且，很多现代语言处理系统在同一个框架内处理多种源语言和目标机。也就是说，这些系统可以被当做一组编译器来使用，可能包含几百万行代码。因此，好的软件工程技术对于创建和发展现代的语言处理器是非常重要的。

编译器必须能够正确翻译用源语言书写的所有程序。这样的程序的集合通常是无穷的。为一个源程序生成最佳目标代码的问题一般来说是不可判定的。因此，编译器的设计者必须作出折衷处理，确定解决哪些问题，使用哪些启发式信息，以便解决高效代码生成的问题。

我们将在1.4节看到，有关编译器的研究也是有关如何使用理论来解决实践问题的研究。

本书的目的是教授编译器设计中使用的根本思想和方法论。本书并不想让读者学习建立一个最新的语言处理系统时可能用到的所有算法和技术。但是，本书的读者将获得必要的基础知识和理解，学会建立一个相对简单的编译器。

1.3.3 1.3节的练习

练习1.3.1：指出下面的术语：

1）强制式的	2）声明式的	3）冯·诺伊曼式的	4）面向对象的
5）函数式的	6）第三代	7）第四代	8）脚本语言

可以被用于描述下面的哪些语言：

1）C	2）C++	3）Cobol	4）Fortran	5）Java
6）Lisp	7）ML	8）Perl	9）Python	10）VB

1.4 构建一个编译器的相关科学

编译器的设计中有很多通过数学方法抽象出问题本质从而解决现实世界中复杂问题的完美

例子。这些例子可以被用来说明如何使用抽象方法来解决问题：接受一个问题，写出抓住了问题的关键特性的数学抽象表示，并用数学技术来解决它。问题的表达必须根植于对计算机程序特性的深入理解，而解决方法必须使用经验来验证和精化。

编译器必须接受所有遵循语言规范的源程序。源程序的集合是无穷的，而程序可能大到包含几百万行代码。在翻译一个源程序的过程中，编译器所做的任何翻译工作都不能改变被编译源程序的含义。因此，编译器设计者的工作不仅会影响到他们创建的编译器，还会影响到他们所创建的编译器所编译的全部程序。这种杠杆作用使得编译器设计的回报丰厚，但也使得编译器的开发工作具有挑战性。

1.4.1 编译器设计和实现中的建模

对编译器的研究主要是有关如何设计正确的数学模型和选择正确算法的研究。设计和选择时，还需要考虑到对通用性及功能的要求与简单性及有效性之间的平衡。

最基本的数学模型是我们将在第3章介绍的有穷状态自动机和正则表达式。这些模型可以用于描述程序的词法单位（关键字、标识符等）以及描述被编译器用来识别这些单位的算法。最基本的模型中还包括上下文无关文法，它用于描述程序设计语言的语法结构，比如嵌套的括号和控制结构。我们将在第4章研究文法。类似地，树形结构是表示程序结构以及程序到目标代码的翻译方法的重要模型。我们将在第5章介绍这一概念。

1.4.2 代码优化的科学

在编译器设计中，术语“优化”是指编译器为了生成比浅显直观的代码更加高效的代码而做的工作。“优化”这个词并不恰当，因为没有办法保证一个编译器生成的代码比完成相同任务的任何其他代码更快，或至少一样快。

现在，编译器所作的代码优化变得更加重要，而且更加复杂。之所以变得更加复杂，是因为处理器体系结构变得更加复杂，也有了更多改进代码执行方式的机会。之所以变得更加重要，是因为巨型并发计算机要求实质性的优化，否则它们的性能将会呈数量级地下降。随着多核计算机（这些计算机上的芯片拥有多个处理器）日益流行，所有的编译器都将面临充分利用多处理器计算机的优势的问题。

即使有可能通过随意的方法来建造一个健壮的编译器，实现起来也是非常困难的。因此，人们已经围绕代码优化建立了一套广泛且有用的理论。应用严格的数学基础，使得我们可以证明一个优化是正确的，并且它对所有可能的输入都产生预期的效果。从第9章开始，我们将会看到，如果想使得编译器产生经过良好优化的代码，图、矩阵和线性规划之类的模型是必不可少的。

从另一方面来说，只有理论是不够的。很多现实世界中的问题都没有完美的答案。实际上，我们在编译器优化中提出的很多问题都是不可判定的。在编译器设计中，最重要的技能之一是明确描述出真正要解决的问题的能力。我们在一开始需要对程序的行为有充分的了解，并且需要通过充分的试验和评价来验证我们的直觉。

编译器优化必须满足下面的设计目标：

- 优化必须是正确的，也就是说，不能改变被编译程序的含义。
- 优化必须能够改善很多程序的性能。
- 优化所需的时间必须保持在合理的范围内。
- 所需要的工程方面的工作必须是可管理的。

对正确性的强调是无论如何不会过分的。不管设计得到的编译器能够生成运行速度多么快的代码，只要生成的代码不正确，这个设计就是毫无意义的。正确设计优化编译器是如此困难，我们敢说没有一个优化编译器是完全无错的！因此，设计一个编译器时最重要的目标是使它正确。

第二个目标是编译器应该有效提高很多输入程序的性能。性能通常意味着程序执行的速度。我们也希望能够尽可能降低生成代码的大小，在嵌入式系统中更是如此。而对于移动设备的情况，尽量降低代码的能耗也是我们期待的。在通常情况下，提高执行效率的优化也能够节约能耗。除了性能，错误报告和调试等的可用性方面也是很重要的。

第三，我们需要使编译时间保持在较短的范围内，以支持快速的开发和调试周期。当机器变得越来越快，这个要求会越来越容易达到。开始时，一个程序经常在没有进行优化的情况下开发和调试。这么做不仅可以降低编译时间，更重要的是未经优化的程序比较容易调试。这是因为编译器引入的优化经常使得源代码和目标代码之间的关系变得模糊。在编译器中开启优化有时会暴露出源程序中的新问题，因此需要对经过优化的代码再次进行测试。因为可能需要额外的测试工作，有时会阻止人们在应用中使用优化技术，当应用的性能不很重要的时候更是如此。

最后，编译器是一个复杂的系统，我们必须使系统保持简单以保证编译器的设计和维护费用是可管理的。我们可以实现的优化技术有无穷多种，而创建一个正确有效的优化过程需要相当大的工作量。我们必须划分不同优化技术的优先级别，只实现那些可以对实践中遇到的源程序带来最大好处的技术。

因此，我们在研究编译器时不仅要学习如何构造一个编译器，还要学习解决复杂和开放性问题的一般方法学。在编译器开发中用到的方法涉及理论和实验。在开始的时候，我们通常根据直觉确定有哪些重要的问题并把它们明确描述出来。

1.5 编译技术的应用

编译器设计并不只是关于编译器的。很多人用到了在学校里研究编译器时学到的技术，但是严格地说，它们从没有为一个主流的程序设计语言编写过一个编译器(甚至其中的一部分)。编译器技术还有其他重要用途。另外，编译器设计影响了计算机科学中的其他领域。在本节，我们将回顾和编译技术有关的最重要的互动和应用。

1.5.1 高级程序设计语言的实现

一个高级程序设计语言定义了一个编程抽象：程序员使用这个语言表达算法，而编译器必须把这个程序翻译成目标语言。总的来说，用高级程序设计语言编程比较容易，但是比较低效，也就是说，目标程序运行较慢。使用低级程序设计语言的程序员能够更多地控制一个计算过程，因此从原则上讲，可以产生更加高效的代码。遗憾的是，低级程序比较难编写，而且更糟糕的是可移植性较差，更容易出错，而且更加难以维护。优化编译器包括了提高所生成代码性能的技术，因此弥补了因高层次抽象而引入的低效率。

例 1.2 C 语言中的关键字 **register** 是编译器技术和语言发展互动的一个较早的例子。当 C 语言在 20 世纪 70 年代中期被创立时，人们认为有必要让程序员来控制哪个程序变量应该存放在寄存器中。当有效的寄存器分配技术出现后，这个控制变得没有必要了，大多数现代的程序不再使用这个语言特征。

实际上，使用关键字 **register** 的程序还可能损失效率，因为寄存器分配是一类很低层次的问题，程序员常常不是最好的判断这类问题的人选。寄存器分配的最优选择很大程度上取决于一个机器的体系结构的特点。把低层次资源管理的决策，比如寄存器分配，写死在程序中反而有可能损害性能。当运行程序的计算机有别于当初所设定的目标机时更是如此。 □

对于程序设计语言的选择的变化与不断提高抽象层次的方向是一致的。C 语言是在 20 世纪

80 年代主流的系统程序设计语言；20 世纪 90 年代开始的很多项目则选择 C++；在 1995 年推出的 Java 很快在 20 世纪 90 年代后期流行起来。在每一轮中引入的新的程序设计语言特征都会推动对于编译器优化的新研究。接下来，我们将给出一个关于主要语言特征的概览，这些特征曾经推动了编译器技术的重要发展。

在实践中，所有的通用程序设计语言，包括 C、Fortran 和 Cobol，都支持用户定义的聚合类型(如数组和结构)和高级控制流(比如循环和过程调用)。如果我们仅仅把每个高级结构和数据存取运算直接翻译成为机器代码，得到的代码将会非常低效。编译器优化的一个组成部分称为*数据流优化*，它可以对程序的数据流进行分析，并消除这些构造之间的冗余。它们很有效，生成的代码和一个熟练的低级语言程序员所写的代码类似。

面向对象概念首先于 1967 年在 Simula 中引入，并被集成到 Smalltalk、C++、C#和 Java 这样的语言中。面向对象的主要思想是

1）数据抽象

2）特性的继承

人们发现这两者都可以使得程序更加模块化和易于维护。面向对象程序和用很多其他语言编写的程序之间的不同在于它们由多得多的(但是较小)过程(在面向对象术语中称为方法(method))组成。因此，编译器优化技术必须能够很好地跨越源程序中的过程边界进行优化。过程内联技术(即把一个过程调用替换为相应过程体)在这里是非常有用的。人们还开发了可以加速虚拟方法分发的优化技术。

Java 有很多特征可以使编程变得更容易，其中的很多特征之前已经在别的语言中引入。Java 语言是类型安全的；也就是说，一个对象不能被当作另一个无关类型的对象来使用。所有的数组访问运算都会被检查以保证它们在数组的界限之内。Java 没有指针，也不允许指针运算。它具有一个内建的垃圾收集机制来自动释放那些不再使用的变量所占用的内存。虽然所有这些特征使得编程变得更加容易，但它们也会引起运行时刻的开销。人们开发了相应的编译优化技术来降低这个开销。比如，消除不必要的下标范围检查，以及把那些在过程之外不可访问的对象分配在栈里而不是堆里。此外，人们还开发了高效的算法来尽量降低垃圾收集的开销。

除此之外，Java 用来支持可移植和可移动的代码。程序以 Java 字节码的方式分发。这些字节码要么被解释执行，要么被动态地(即在运行时刻)编译为本地代码。动态编译也曾经在其他上下文环境中被研究过。在那里，信息在运行时刻被动态地抽取出来，并用来生成更加优化的代码。在动态编译中，尽可能降低编译时间是很重要的，因为编译时间也是运行开销的一部分。一个常用的技术是只编译和优化那些经常运行的程序片断。

1.5.2　针对计算机体系结构的优化

计算机体系结构的快速发展也对新编译器技术提出了越来越多的需求。几乎所有的高性能系统都利用了两种技术：*并行*(parallelism)和*内存层次结构*(memory hierarchy)。并行可以出现在多个层次上：在指令层次上，多个运算可以被同时执行；在处理器层次上，同一个应用的多个不同线程在不同的处理器上运行。内存层次结构是应对下述局限性的方法：我们可以制造非常快的内存，或者非常大的内存，但是无法制造非常大又非常快的内存。

并行性

所有的现代微处理器都采用了指令级并行性。但是，这种并行性可以对程序员隐藏起来。程序员写程序的时候就好像所有指令都是顺序执行的。硬件动态地检测顺序指令流之间的依赖关系，并且在可能的时候并行地发出指令。在有些情况下，机器包含一个硬件调度器。该调度器可以改变指令的顺序以提高程序的并行性。不管硬件是否对指令进行重新排序，编译器都可以

重新安排指令，以使得指令级并行更加有效。

指令级的并行也显式地出现在指令集中。VLIW（Very Long Instruction Word，非常长指令字）机器拥有可并行执行多个运算的指令。Intel IA64 是这种体系结构的一个有名的例子。所有的高性能通用微处理器还包含了可以同时对一个向量中的所有数据进行运算的指令。人们已经开发出了相应的编译器技术，从顺序程序出发为这样的机器自动生成代码。

多处理器也已经日益流行，即使个人计算机也拥有多个处理器。程序员可以为多处理器编写多线程的代码，也可以通过编译器从传统的顺序程序自动生成并行代码。这样的编译器对程序员隐藏了一些细节，包括如何在程序中找到并行性，如何在机器中分发计算任务，以及如何最小化处理器之间的同步和通信。很多科学计算和工程性应用需要进行高强度的计算，因此可以从并行处理中得到很大的好处。人们已经开发了并行技术以便自动地把顺序的科学计算程序翻译成为多处理器代码。

内存层次结构

一个内存层次结构由几层具有不同速度和大小的存储器组成。离处理器最近的层速度最快但是容量最小。如果一个程序的大部分内存访问都能够由层次结构中最快的层满足，那么程序的平均内存访问时间就会降低。并行性和内存层次结构的存在都会提高一个机器的潜在性能。但是，它们必须被编译器有效利用才能够真正为一个应用提供高性能计算。

内存层次结构可以在所有的机器中找到。一个处理器通常有少量的几百个字节的寄存器，几层包含了几 K 到几兆字节的高速缓存，包含了几兆到几 G 字节的物理寄存器，最后还包括多个几 G 字节的外部存储器。相应地，层次结构中相邻层次间的存取速度会有两到三个数量级上的差异。系统性能经常受到内存子系统的性能（而不是处理器的性能）的限制。虽然一般来说编译器注重优化处理器的执行，现在人们更多地强调如何使得内存层次结构更加高效。

高效使用寄存器可能是优化一个程序时要处理的最重要的问题。和寄存器必须由软件明确管理不同，高速缓存和物理内存是对指令集合隐藏的，并由硬件管理。人们发现，由硬件实现的高速缓存管理策略有时并不高效。当处理具有大型数据结构（通常是数组）的科学计算代码时更是如此。我们可以改变数据的布局或数据访问代码的顺序来提高内存层次结构的效率。我们也可以通过改变代码的布局来提高指令高速缓存的效率。

1.5.3 新计算机体系结构的设计

在计算机体系结构设计的早期，编译器是在机器建造好之后再开发的。现在，这种情况已经有所改变。因为使用高级程序设计语言是一种规范，决定一个计算机系统性能的不是它的原始速度，还包括编译器能够以何种程度利用其特征。因此，在现代计算机体系结构的开发中，编译器在处理器设计阶段就进行开发，然后编译得到代码并运行于模拟器上。这些代码被用来评价提议的体系结构特征。

RISC

有关编译器如何影响计算机体系结构设计的最有名的例子之一是 RISC（Reduced Instruction-Set Computer，精简指令集计算机）的发明。在发明 RISC 之前，趋势是开发的指令集越来越复杂，以使得汇编编程变得更容易。这些体系结构称为 CISC（Complex Instruction-Set Computer，复杂指令集计算机）。比如，CISC 指令集包含了复杂的内存寻址模式来支持对数据结构的访问，还包含了过程调用指令来保存寄存器和向栈中传递参数。

编译器优化经常能够消除复杂指令之间的冗余，把这些指令削减为少量较简单的运算。因此，人们期望设计出简单指令集。编译器可以有效地使用它们，而硬件也更容易进行优化。

大部分通用处理器体系结构，包括 PowerPC、SPARC、MIPS、Alpha 和 PA-RISC，都是基于

RISC 概念的。虽然 x86 体系结构(最流行的微处理器)具有 CISC 指令集，但在这个处理器本身的实现中使用了很多为 RISC 机器发展得到的思想。不仅如此，使用高性能 x86 机器的最有效的方法是仅使用它的简单指令。

专用体系结构

在过去的 30 年中，提出了很多的体系结构概念。其中包括：数据流机器、向量机、VLIW(非常长指令字)机器、SIMD(单指令，多数据)处理器阵列、心动阵列(systolic array)、共享内存的多处理器、分布式内存的多处理器。每种体系结构概念的发展都伴随着相应编译器技术的研究和发展。

这些思想中的一部分已经应用到嵌入式机器的设计中。因为整个系统都可以放到一个芯片里面，所以处理器不再是预包装的商品。人们可以针对特定应用进行裁剪以获得更好的费效比。由于规模经济效用，通用处理器的体系结构具有趋同性。而专用应用的处理器则与此相反，体现出了计算机体系结构的多样性。人们不仅需要编译器技术来为这些体系结构编程提供支持，也需要用它们来评价拟议中的体系结构设计。

1.5.4 程序翻译

我们通常把编译看作是从一个高级语言到机器语言的翻译过程。同样的技术也可以应用到不同种类的语言之间的翻译。下面是程序翻译技术的一些重要应用。

二进制翻译

编译器技术可以用于把一个机器的二进制代码翻译成另一个机器的二进制代码，使得可以在一个机器上运行原本为另一个指令集编译的程序。二进制翻译技术已经被不同的计算机公司用来增加它们的机器上的可用软件。特别地，因为 x86 在个人计算机市场上的主导地位，很多软件都是以 x86 二进制代码的形式提供的。人们开发了二进制代码翻译器，把 x86 代码转换成 Alpha和 Sparc 的代码。Transmeta 公司也在他们的 x86 指令集实现中使用了二进制转换。他们没有直接在硬件上运行复杂的 x86 指令集，他们的 Ttransmeta Crusoe 处理器是一个 VLIW 处理器，它依赖于二进制翻译器来把 x86 代码转换成为本地的 VLIW 代码。

二进制翻译也可以被用来提供向后兼容性。1994 年，当 Apple Macintosh 中的处理器从 Motorola MC68040 变为 PowerPC 的时候，便使用二进制翻译来支持 PowerPC 处理器运行遗留下来的 MC68040 代码。

硬件合成

不仅仅大部分软件是用高级语言描述的，连大部分硬件设计也是使用高级硬件描述语言描述的，这些语言有 Verilog 和 VHDL(Very high-speed integrated circuit Hardware Description Language，甚高速集成电路硬件描述语言)。硬件设计通常是在寄存器传输层(Register Transfer Level，RTL)上描述的。在这个层中，变量代表寄存器，而表达式代表组合逻辑。硬件合成工具把 RTL 描述自动翻译成为门电路，而门电路再被翻译成为晶体管，最后生成一个物理布局。和程序设计语言的编译器不同，这些工具经常会花费几个小时来优化门电路。还存在一些用来翻译更高层次(比如行为和函数层次)的设计描述的技术。

数据查询解释器

除了描述软件和硬件，语言在很多应用中都是有用的。比如，查询语言(特别是 SQL 语言(Structured Query Language，结构化查询语言)被用来搜索数据库。数据库查询由包含了关系和布尔运算符的断言组成。它们可以被解释，也可以编译为代码，以便在一个数据库中搜索满足这个断言的记录。

编译然后模拟

模拟是在很多科学和工程领域内使用的通用技术。它用来理解一个现象或者验证一个设计。

模拟器的输入通常包括设计描述和某次特定模拟运行的具体输入参数。模拟可能会非常昂贵。我们通常需要在不同的输入集合中模拟很多可能的设计选择。而每个实验可能需要在高性能计算机上花费几天时间才能完成。另一个方法不需要写一个模拟器来解释这些设计。它对设计进行编译并生成能够在机器上直接模拟特定设计的机器代码。后者的运行更加快。经过编译的模拟运行可以比基于解释器的方法快几个数量级。在那些可以模拟用 Verilog 或 VHDL 描述的设计的最新工具中，人们都使用了编译后模拟的技术。

1.5.5 软件生产率工具

程序可以说是人类迄今为止生产出的最复杂的工程制品，它们包含了很多很多的细节。要使得程序能够完全正确运行，每个细节都必须是正确的。结果是程序中的错误很是猖獗。错误可以使一个系统崩溃，产生错误的输出，使得系统容易受到安全性攻击，在关键系统中甚至会引起灾难性的运行错误。测试是对系统中的错误进行定位的主要技术。

一个很有意思且很有前景的辅助性方法是通过数据流分析技术静态地(即在程序运行之前)定位错误。数据流分析可以在所有可能的执行路径上找到错误，而不是像程序测试的时候所做的那样，仅仅是在那些由输入数据组合执行的路径上找错误。很多原本为编译器优化所开发的数据流分析技术可以用来创建相应的工具，帮助程序员完成他们的软件工程任务。

找到程序的所有错误是不可判定问题。可以设计一个数据流分析方法来找出所有可能带有某种错误的语句，对程序员发出警告。但是如果这些警告中的大部分都是误报，用户将不会使用这个工具。因此，实用的错误检测器经常既不是健全的也不是完全的。也就是说，它们不可能找出程序中的所有错误，也不能保证报告的所有错误都真正是错误。虽然如此，人们仍然开发了很多种静态分析工具，这些工具能够在实际程序中有效地找到错误，比如释放空指针或已释放过的指针。错误探测器可以是不健全的。这个事实使得它们和编译器的优化有着显著不同。优化器必须是保守的，在任何情况下都不能改变程序的语义。

在本节中，我们将提到使用程序分析技术来提高软件生产效率的几个已有途径。这些分析是在原本为编译器代码优化而开发的技术的基础上建立的。其中静态探测一个程序是否具有安全漏洞的技术是极为重要的。

类型检查

类型检查是一种有效的，且被充分研究的技术，它可以被用于捕捉程序中的不一致性。它可以用来检测一些错误，比如，运算被作用于错误类型的对象上，或者传递给一个过程的参数和该过程的范型(signature)不匹配。通过分析程序中的数据流，程序分析还可以做出比检查类型错误更多的工作。比如，一个指针被赋予了 NULL 值，然后又立刻被释放了，这个程序显然是错误的。

这个技术也可以用来捕捉某种安全漏洞。其中，攻击者可以向程序提供一个字符串或者其他数据，而这些数据没有被程序谨慎使用。一个用户提供的字符串可以被加上一个“危险”的标号。如果没有检查这个字符串是否满足特定的格式，那么它仍然是“危险”的。如果这种类型的字符串能够在某个程序点上影响代码的控制流，那么就存在一个潜在的安全漏洞。

边界检查

相对于较高级的程序设计语言而言，用较低级语言编程更加容易犯错。比如，很多系统中的安全漏洞都是因为用 C 语言编写的程序中的缓冲区溢出造成的。因为 C 语言没有数组边界检查，所以必须由用户来保证对数组的访问没有超出边界。因为不能检验用户提供的数据是否可能溢出一个缓冲区，程序可能被欺骗，把一个数据存放到缓冲区之外。攻击者可以巧妙处理这些数据，使得程序做出错误的行为，从而危及系统的安全。人们已经开发了一些技术来寻找程序中的缓冲区溢出，但收效并不显著。

如果程序是用一种包含了自动区间检查的安全的语言编写的，这个问题就不会发生。用来消除程序中的冗余区间检查的数据流分析技术也可以用来定位缓冲区溢出错误。而最大区别在于，没能消除某个区间检查仅仅会导致很小的额外运行时刻开销，而没有指出一个潜在的缓冲区溢出错误却可能危及系统的安全性。因此，虽然使用简单的技术去进行区间检查优化就已经足够了，但在错误探测工具中获得高质量的结果则需要复杂的分析技术，比如在过程之间跟踪指针值的技术。

内存管理工具

垃圾收集机制是在效率和易编程及软件可靠性之间进行折衷处理的另一个极好的例子。自动的内存管理消除了所有的内存管理错误（比如内存泄漏）。这些错误是 C 或 C++ 程序中问题的主要来源之一。人们开发了很多工具来帮助程序员寻找内存管理错误。比如，Purify 是一个能够动态地捕捉内存管理错误的被广泛使用的工具。还有一些能够帮助静态识别部分此类错误的工具也已经被开发出来。

1.6 程序设计语言基础

这一节我们将讨论在程序设计语言的研究中出现的最重要的术语和它们的区别。我们的目标并不是涵盖所有的概念或所有常见的程序设计语言。我们假设读者已经至少熟悉 C、C++、C#或 Java 中的一种语言，并且也可能已经遇到过其他语言。

1.6.1 静态和动态的区别

在为一个语言设计一个编译器时，我们所面对的最重要的问题之一是编译器能够对一个程序做出哪些判定。如果一个语言使用的策略支持编译器静态决定某个问题，那么我们说这个语言使用了一个*静态*（static）策略，或者说这个问题可以在*编译时刻*（compile time）决定。另一方面，一个只允许在运行程序的时候做出决定的策略被称为*动态策略*（dynamic policy），或者被认为需要在*运行时刻*（run time）做出决定。

我们需要注意的另一个问题是声明的作用域。x 的一个声明的*作用域*（scope）是指程序的一个区域，在其中对 x 的使用都指向这个声明。如果仅通过阅读程序就可以确定一个声明的作用域，那么这个语言使用的是*静态作用域*（static scope），或者说*词法作用域*（lexical scope）。否则，这个语言使用的是*动态作用域*（dynamic scope）。如果使用动态作用域，当程序运行时，同一个对 x 的使用会指向 x 的几个声明中的某一个。

大部分语言（比如 C 和 Java）使用静态作用域。我们将在 1.6.3 节中讨论静态作用域。

例 1.3　作为静态/动态区别的另一个例子，我们考虑一下 Java 类声明中术语 static 的使用。这个术语作用于数据。在 Java 中，一个变量是用于存放数据值的某个内存位置的名字。这里，"static"指的并不是变量的作用域，而是编译器确定用于存放被声明变量的内存位置的能力。比如声明

```
public static int x;
```

使得 x 成为一个*类变量*（class variable），也就是说不管创建了多少个这个类的对象，只存在一个 x 的拷贝。此外，编译器可以确定内存中的被用于存放整数 x 的位置。反过来，如果这个声明中省略了"static"，那么这个类的每个对象都会有它自己的用于存放 x 的位置，编译器没有办法在运行程序之前预先确定所有这些位置。□

1.6.2 环境与状态

我们在讨论程序设计语言时必须了解的另一个重要区别是在程序运行时发生的改变是否会

影响数据元素的值，还是影响了对那个数据的名字的解释。比如，执行像 `x = y + 1` 这样的赋值语句会改变名字 x 所指的值。更加明确地说，这个赋值改变了 x 所指向的内存位置上的值。

可能下面这一点就不是那么明显了。即 x 所指的位置也可能在运行时刻改变。比如，我们在例 1.3 中讨论过，如果 x 不是一个静态(或者说“类”)变量，那么这个类的每一个对象都有它自己的分配给变量 x 的实例的位置。这种情况下，对 x 的赋值可能会改变那些“实例”变量中的某一个变量的值，这取决于包含这个赋值的方法作用于哪个对象。

名字和内存(存储)位置的关联，及之后和值的关联可以用两个映射来描述。这两个映射随着程序的运行而改变(见图 1-8)。

图 1-8　从名字到值的两步映射

1) **环境**(environment)是一个从名字到存储位置的映射。因为变量就是指内存位置(即 C 语言中的术语“左值”)，我们还可以换一种方法，把环境定义为从名字到变量的映射。

2) **状态**(state)是一个从内存位置到它们的值的映射。以 C 语言的术语来说，即状态把左值映射为它们的相应右值。

环境的改变需要遵守语言的作用域规则。

例 1.4　考虑图 1-9 中的 C 程序片断。整数 i 被声明为一个全局变量，同时也被声明为局部于函数 f 的变量。执行 f 时，环境相应地调整，使得名字 i 指向那个为局部于 f 的那个 i 所保留的存储位置，且 i 的所有使用(如图中明确显示的赋值语句 `i = 3`)都指向这个位置。局部的 i 通常被赋予一个运行时刻栈中的位置。

只要当一个不同于 f 的函数 g 运行时，i 的使用就不能指向那个局部于 f 的 i。在函数 g 中对名字 i 的使用必须位于其他某个对 i 的声明的作用域内。一个例子是图中明确显示的赋值语句 `x = i + 1`，它位于某个其定义没有在图中显示的过程中。可以假定 $i+1$ 中的 i 指向全局的 i。和大多数语言一样，C 语言中的声明必须先于其使用，因此在全局 i 的声明之前的函数不能指向它。□

```
...
int i;                    /* 全局i        */
...
void f(···) {
    int i;                /* 局部 i       */
    ...
    i = 3;                /* 对局部i的使用 */
    ...
}
...
    x = i + 1;            /* 对全局i的使用 */
```

图 1-9　名字 i 的两个声明

图 1-8 中的环境和状态映射是动态的，但是也有一些例外。

1) **名字到位置的静态绑定与动态绑定**。大部分从名字到位置的绑定是动态的。我们在这一节中讨论了这种绑定的几种方法。某些声明(比如图1-9中的全局变量 i)可以在编译器生成目标代码时一劳永逸地分配一个存储位置。⊖

2) **从位置到值的静态绑定与动态绑定**。一般来说，位置到值的绑定(图 1-8 的第二阶段)也是动态的，因为我们无法在运行一个程序之前指出一个位置上的值。被声明的常量是一个例外。比如，C 语言的定义

```
#define ARRAYSIZE 1000
```

把名字 `ARRAYSIZE` 静态地绑定为值 1000。我们看到这个语句就可以知道这个绑定关系，并且知道在程序运行时刻这个绑定不可能改变。

⊖ 从技术上来讲，C 语言编译器将为全局变量 i 分配一个虚拟内存中的位置，而由程序装载器和操作系统来决定到底把 i 分配在机器的物理地址中的什么地方。但是我们不用担心像这样的“重新分配”问题，因为它对编译过程没有影响。我们按照如下的方式处理地址空间问题：编译器在为它的输出代码使用地址空间时，假设它是在分配物理内存位置。

1.6.3 静态作用域和块结构

包括C语言和它的同类语言在内的大多数语言使用静态作用域。C语言的作用域规则是基于程序结构的，一个声明的作用域由该声明在程序中出现的位置隐含地决定。稍后出现的语言，比如C++、Java和C#，也通过诸如**public**、**private**和**protected**等关键字的使用，提供了对作用域的明确控制。

在本节中，我们将考虑块结构语言的静态作用域规则，其中块(block)是声明和语句的一个组合。C使用括号{和}来界定一个块。另一种为同一目的使用**begin**和**end**的方法可以追溯到Algol。

> **名字、标识符和变量**
>
> 虽然术语“名字”和“变量”通常指的是同一个事物，我们还是要很小心地使用它们，以便区别编译时刻的名字和名字在运行时刻所指的内存位置。
>
> 标识符(identifier)是一个字符串，通常由字母和数字组成。它用来指向(标记)一个实体，比如一个数据对象、过程、类，或者类型。所有的标识符都是名字，但并不是所有的名字都是标识符。名字也可以是一个表达式。比如名字$x.y$可以表示x所指的一个结构中的字段y。这里，x和y是标识符，而$x.y$是一个名字。像$x.y$这样的复合名字称为*受限名字*(qualified name)。
>
> 变量指向存储中的某个特定的位置。同一个标识符被多次声明是很常见的事情，每一个这样的声明引入一个新的变量。即使每个标识符只被声明一次，一个递归过程中的局部标识符将在不同的时刻指向不同的存储位置。

例1.5　C语言的静态作用域策略可以概述如下：

1）一个C程序由一个顶层的变量和函数声明的序列组成。

2）函数内部可以声明变量，变量包括局部变量和参数。每个这样的声明的作用域被限制在它们所出现的那个函数内。

3）名字x的一个顶层声明的作用域包括其后的所有程序。但是如果一个函数中也有一个x的声明，那么函数中的那些语句就不在这个顶层声明的作用域内。

还有一些关于C语言的静态作用域策略的细节用来处理语句中的变量声明。我们将在接下来的内容中，以及在例1.6中查看这样的声明。□

> **过程、函数和方法**
>
> 为了避免总是说“过程、函数或方法”，每次我们要讨论一个可以被调用的子程序时，我们通常把它们统称为“过程”。但是当明确地讨论某个语言(比如C)的程序时有一个例外。因为C语言只有函数，所以我们把它们称为“函数”。或者，如果我们讨论像Java这样的只有“方法”的语言时，我们就使用这个术语。
>
> 一个函数通常返回某个类型(即“返回类型”)的值，而一个过程不返回任何值。C和类似的语言只有函数，因此它们把过程当作是具有特殊返回类型“void”的函数来处理。“void”表示没有返回值。像Java和C++这样的面向对象语言使用术语“方法”。这些方法可以像函数或者过程一样运行，但是总是和某个特定的类相关联。

在C语言中，有关块的语法如下：

1）块是一种语句。块可以出现在其他类型的语句(比如赋值语句)所能够出现的任何地方。

2）一个块包含了一个声明的序列，然后再跟着一个语句序列。这些声明和语句用一对括号包围起来。

注意，这个语法允许一个块嵌套在另一个块内。这个嵌套特性称为块结构(block structure)。C 族语言都具有块结构，但是不能在一个函数内部定义另一个函数。

如果块 B 是包含声明 D 的最内层的块，那么我们说 D 属于 B。也就是说，D 在 B 中，且不在嵌套于 B 中的任何其他块中。

在一个块结构语言中，关于变量声明的静态作用域规则如下。如果名字 x 的声明 D 属于块 B，那么 D 的作用域包括整个 B，但是以任意深度嵌套在 B 中、重新声明了 x 的所有块 B' 不在此作用域中。这里，x 在 B' 中重新声明是指存在另一个属于 B' 的对相同名字 x 的声明 D'。

另一个等价的表达这个规则的方法着眼于名字 x 的一次使用。设 $B_1, B_2, \cdots, B_k$ 是所有的包含了 x 的该次使用的块。其中，B_k 嵌套在 B_{k-1} 中，B_{k-1} 嵌套在 B_{k-2} 中，…，依此类推。寻找最大的满足下面条件的 i：存在一个属于 B_i 的 x 的声明。本次对 x 的使用就是指向 B_i 中对 x 的声明。换句话说，x 的本次使用在 B_i 中的这个声明的作用域内。

例 1.6 在图 1-10 中的 C++ 程序有四个块，其中包含了变量 a 和 b 的几个定义。为了帮助记忆，每个声明把其变量初始化为它所属于的那个块的编号。

```
main() {
    int a = 1;                              B1
    int b = 1;
    {
        int b = 2;                          B2
        {
            int a = 3;                      B3
            cout << a << b;
        }
        {
            int b = 4;                      B4
            cout << a << b;
        }
        cout << a << b;
    }
    cout << a << b;
}
```

图 1-10 一个 C++ 程序中的块结构

比如，考虑块 B_1 中的声明 `int a = 1`。它的作用域包括整个 B_1，当然那些(可能很深地)嵌套在 B_1 中并且有它自己的对 a 的声明的块除外。直接嵌套在 B_1 中的 B_2 没有 a 的声明，而 B_3 就有。B_4 没有 a 的声明。因此块 B_3 是整个程序中唯一位于名字 a 在 B_1 中的声明的作用域之外的地方。也就是说，这个作用域包括 B_4 和 B_2 中除了 B_3 之外的所有部分。关于程序中的全部五个声明的作用域的总结见图 1-11。

声　明	作用域
int a = 1;	$B_1 - B_3$
int b = 1;	$B_1 - B_2$
int b = 2;	$B_2 - B_4$
int a = 3;	B_3
int b = 4;	B_4

图 1-11 例 1.6 中的声明的作用域

从另一个角度看，让我们考虑块 B_4 中的输出语句，并把那里使用的变量 a 和 b 和适当的声明绑定。包含该语句的块的列表从小到大是 B_4、B_2、B_1。请注意，B_3 没有包含问题中所提到的点。B_4 有一个 b 的声明，因此该语句中对 b 的使用被绑定到这个声明，因此打印出来的 b 的值是 4。然而，B_4 没有 a 的声明，因此我们接着看 B_2。这个块也没有 a 的声明，因此我们继续看 B_1。幸运的是，这个块有一个声明 `int a = 1`。因此，打印出来的 a 的值是 1。如果没有这个声明，程序就是错误的。 □

1.6.4 显式访问控制

类和结构为它们的成员引入了新的作用域。如果 p 是一个具有字段(成员)x 的类的对象，那么在 $p.x$ 中对 x 的使用指的是这个类定义中的字段 x。和块结构类似，类 C 中的一个成员声明 x

的作用域可以扩展到所有的子类 C'，除非 C'有一个本地的对同一名字 x 的声明。

通过 **public**、**private** 和 **protected** 这样的关键字的使用，像 C++ 或 Java 这样的面向对象语言提供了对超类中的成员名字的显式访问控制。这些关键字通过限制访问来支持封装(encapsulation)。因此，私有(private)名字被有意地限定了作用域，这个作用域仅仅包含了该类和"友类"(C++的术语)相关的方法声明和定义。被保护的(protected)名字可以由子类访问，而公共的(public)名字可以从类外访问。

在 C++中，一个类的定义可能和它的部分或全部方法的定义分离。因此对于一个和类 C 相关联的名字 x，可能存在一个在它作用域之外的代码区域，然后又跟着一个在它作用域内的代码区域(一个方法定义)。实际上，在这个作用域之内和之外的代码区域可能相互交替，直到所有的方法都被定义完毕。

声明和定义

程序设计语言概念中的两个看起来相似的术语"声明"和"定义"实际上有着很大的不同。声明告诉我们事物的类型，而定义告诉我们它们的值。因此，`int i` 是一个 i 的声明，而 `i =1` 是 i 的一个定义(定值)。

当我们处理方法或者其他过程时，这个区别就更加明显。在 C++中，通过给出了方法的参数及结果的类型(通常称为该方法的范型)，在类的定义中声明这个方法。然后，这个方法在另一个地方被定义，即在另一个地方给出了执行这个方法的代码。类似地，我们会经常看到在一个文件中定义了一个 C 语言的函数，然后在其他使用这个函数的文件中声明这个函数。

1.6.5 动态作用域

从技术上讲，如果一个作用域策略依赖于一个或多个只有在程序执行时刻才能知道的因素，它就是动态的。然而，术语动态作用域通常指的是下面的策略：对一个名字 x 的使用指向的是最近被调用但还没有终止且声明了 x 的过程中的这个声明。这种类型的动态作用域仅仅在一些特殊情况下才会出现。我们将考虑两个动态作用域的例子：C 预处理器中的宏扩展，以及面向对象编程中的方法解析。

例 1.7 在图 1-12 给出的 C 程序中，标识符 a 是一个代表了表达式 $(x+1)$ 的宏。但 x 到底是什么呢？我们不能够静态地(也就是说通过程序文本)解析 x。

实际上，为了解析 x，我们必须使用前面提到的普通的动态作用域规则。我们检查所有当前活跃的函数调用，然后选择最近调用的且具有一个对 x 的声明的函数[⊖]。对 x 的使用就是指向这个声明。

```
#define a (x+1)
int x = 2;
void b() { int x = 1; printf("%d\n", a); }
void c() { printf("%d\n", a); }
void main() { b(); c(); }
```

图 1-12　一个其名字的作用域必须动态确定的宏

在图 1-12 的例子中，函数 *main* 首先调用函数 b。当 b 执行时打印宏 a 的值。因为首先必须

⊖ 这个规则可能只对当前的例子成立。如果将图 1-12 的例子中的函数 b 改成 `void b(){int x =1; printf("% d\n", a); c(); }`，那么当 `main` 函数调用函数 b，函数 b 又调用 c 的时候，c 中的 `printf("% d\n", a)` 语句依然打印值 2。即此时对 x 的使用对应的仍然是全局的 x，而不是按照规则确定的函数 b，即"最近调用的且有一个对 x 的声明的函数"。——译者注

用$(x+1)$替换掉a，所以我们把本次对x的使用解析为对函数b中的声明 `int x=1`。原因是b有一个x的声明，因此b中的 `printf` 中的$(x+1)$指向这个x。因此，打印出的值是2。

在b运行结束之后，函数c被调用，我们依旧需要打印宏a的值。然而，唯一可以被c访问的x是全局变量x。函数c中的 `printf` 语句指向x的这个声明，且被打印的值是3。 □

动态作用域解析对多态过程是必不可少的。所谓多态过程是指对于同一个名字根据参数类型具有两个或多个定义的过程。在有些语言中，比如ML(见7.3.3节)，人们可以静态地确定名字所有使用的类型。在这种情况下，编译器可以把每个名字为p的过程替换为对相应的过程代码的引用。但是，在其他语言中，比如在Java和C++中，编译器有时不能够做出这样的决定。

> **静态作用域和动态作用域的类比**
>
> 虽然可以有各种各样的静态或者动态作用域策略，在通常的(块结构的)静态作用域规则和通常的动态策略之间有一个有趣的关系。从某种意义上说，动态规则处理时间的方式类似于静态作用域处理空间的方式。静态规则让我们寻找的声明位于最内层的、包含变量使用位置的单元(块)中；而动态规则让我们寻找的声明位于最内层的、包含了变量使用时间的单元(过程调用)中。

例1.8 面向对象语言的一个突出特征就是每个对象能够对一个消息做出适当反应，调用相应的方法。换句话说，执行$x.m()$时调用哪个过程要由当时x所指向的对象的类来决定。一个典型的例子如下：

1) 有一个类C，它有一个名字为$m()$的方法。

2) D是C的一个子类，而D有一个它自己的名字为$m()$的方法。

3) 有一个形如$x.m()$的对x的使用，其中x是类C的一个对象。

正常情况下，在编译时刻不可能指出x指向的是类C的对象还是其子类D的对象。如果这个方法被多次应用，那么很可能某些调用作用在由x指向的类C的对象，而不是类D的对象，而其他调用作用于类D的对象之上。只有到了运行时刻才可能决定应当调用m的哪个定义。因此，编译器生成的代码必须决定对象x的类，并调用其中的某一个名字为m的方法。 □

1.6.6 参数传递机制

所有的程序设计语言都有关于过程的概念，但是在这些过程如何获取它们的参数方面，不同的语言之间有所不同。在本节，我们将考虑*实在参数*(在调用过程时使用的参数)是如何与*形式参数*(在过程定义中使用的参数)关联起来的。使用哪一种传递机制决定了调用代码序列如何处理参数。大多数语言要么使用“值调用”，要么使用“引用调用”，或者两者都用。我们将解释这些术语以及另一个被称为“名调用”的方法，解释后者主要是基于对历史的兴趣。

值调用

在*值调用*(call-by-value)中，会对实在参数求值(如果它是表达式)或拷贝(如果它是变量)。这些值被放在属于被调用过程的相应形式参数的内存位置上。这种方法在C和Java中使用，也是C++语言及大部分其他语言的一个常用选项。值调用的效果是，被调用过程所做的所有有关形式参数的计算都局限于这个过程，相应的实在参数本身不会被改变。

然而请注意，在C语言中我们可以传递变量的一个指针，使得该变量的值能够被被调用者修改。同样，C、C++和Java中作为参数传递的数组名字实际上向被调用过程传递了一个指向该数组本身的指针或引用。因此，如果a是调用过程的一个数组的名字，且它被以值调用的方式传递给相应的形式参数 x，那么像 x[2] = i 这样的赋值语句实际上改变了数组元素 $a[i]$。原因是虽然 x 是 a 的值的一个拷贝，但这个值实际上是一个指针，指向被分配给数组 a 的存储区域的开始处。

类似地，Java 中的很多变量实际上是对它们所代表的事物的引用，或者说指针。这个结论对数组、字符串和所有类的对象都有效。虽然 Java 只使用值调用，但只要我们把一个对象的名字传递给一个被调用过程，那个过程收到的值实际上是这个对象的指针。因此，被调用过程是可以改变这个对象本身的值的。

引用调用

在*引用调用*(call-by-reference)中，实在参数的地址作为相应的形式参数的值被传递给被调用者。在被调用者的代码中使用形式参数时，实现方法是沿着这个指针找到调用者指明的内存位置。因此，改变形式参数看起来就像是改变了实在参数一样。

但是，如果实在参数是一个表达式，那么在调用之前首先会对表达式求值，然后它的值被存放在一个该值自己的位置上。改变形式参数会改变这个位置上的值，但对调用者的数据没有影响。

C ++ 中的"ref"参数使用的是引用调用。而在很多其他语言中，引用调用也是一种选项。当形式参数是一个大型的对象、数组或结构时，引用调用几乎是必不可少的。原因是严格的值调用要求调用者把整个实在参数拷贝到属于相应形式参数的空间上。当参数很大时，这种拷贝可能代价高昂。正如我们在讨论值调用时所指出的，像 Java 这样的语言解决数组、字符串和其他对象的参数传递问题的方法是仅仅复制这些对象的引用。结果是，Java 运行时就好像它对所有不是基本类型(比如整数、实数等)的参数都使用了引用调用。

名调用

第三种机制——名调用——被早期的程序设计语言 Algol 60 使用。它要求被调用者的运行方式好像是用实在参数以字面方式替换了被调用者的代码中的形式参数一样。这么做就好像形式参数是一个代表了实在参数的宏。当然被调用过程的局部名字需要进行重命名，以便把它们和调用者中的名字区别开来。当实在参数是一个表达式而不是一个变量时，会发生一些和直觉不符的问题。这也是今天不再采用这种机制的原因之一。

1.6.7 别名

引用调用或者其他类似的方法，比如像 Java 中那样把对象的引用当作值传递，会引起一个有趣的结果。有可能两个形式参数指向同一个位置，这样的变量称为另一个变量的*别名*(alias)。结果是，任意两个看起来从两个不同的形式参数中获得值的变量也可能变成对方的别名。

例 1.9 假设 a 是一个属于某个过程 p 的数组，且 p 通过调用语句 $q(a, a)$ 调用了另一个过程 $q(x, y)$。再假设像 C 语言或类似的语言那样，参数是通过值传递的，但数组名实际上是指向数组存放位置的引用。现在，x 和 y 变成了对方的别名。要点在于，如果 q 中有一个赋值语句 x[10] = 2，那么 y[10]的值也是 2。□

事实上，如果编译器要优化一个程序，就要理解别名现象以及产生这一现象的机制。正如我们从第 9 章看到的，在很多情况下我们必须在确认某些变量相互之间不是别名之后才可以优化程序。比如，我们可能确定 x = 2 是变量 x 唯一被赋值的地方。如果是这样，那么我们可以把对 x 的使用替换为对 2 的使用。比如，把 a = x + 3 替换为较简单的 a = 5。但是，假设有另一个变量 y 是 x 的别名。那么，一个赋值语句 y = 4 可能具有意想不到的改变 x 的值的效果。这可能也意味着把 a = x + 3 替换为 a = 5 是一个错误，此时，a 的正确值可能是 7。

1.6.8 1.6 节的练习

练习 1.6.1：对图 1-13a 中的块结构的 C 代码，指出赋给 w、x、y 和 z 的值。

```
int w, x, y, z;
int i = 4; int j = 5;
{   int j = 7;
    i = 6;
    w = i + j;
}
x = i + j;
{   int i = 8;
    y = i + j;
}
z = i + j;
```

a) 练习 1.6.1 的代码

```
int w, x, y, z;
int i = 3; int j = 4;
{   int i = 5;
    w = i + j;
}
x = i + j;
{   int j = 6;
    i = 7;
    y = i + j;
}
z = i + j;
```

b) 练习 1.6.2 的代码

图 1-13 块结构代码

练习 1.6.2：对图 1-13b 中的代码重复练习 1.6.1。

练习 1.6.3：对于图 1-14 中的块结构代码，假设使用常见的声明的静态作用域规则，给出其中 12 个声明中的每一个的作用域。

```
{   int w, x, y, z;          /* 块 B1 */
    {   int x, z;            /* 块 B2 */
        {   int w, x;        /* 块 B3 */ }
    }
    {   int w, x;            /* 块 B4 */
        {   int y, z;        /* 块 B5 */ }
    }
}
```

图 1-14 练习 1.6.3 的块结构代码

练习 1.6.4：下面的 C 代码的打印结果是什么？

```
#define a (x+1)
int x = 2;
void b() { x = a; printf("%d\n", x); }
void c() { int x = 1; printf("%d\n", a) ; }
void main() { b(); c(); }
```

1.7 第 1 章总结

- **语言处理器**：一个集成的软件开发环境，其中包括很多种类的语言处理器，比如编译器、解释器、汇编器、连接器、加载器、调试器以及程序概要提取工具。
- **编译器的步骤**：一个编译器的运作需要一系列的步骤，每个步骤把源程序从一个中间表示转换成为另一个中间表示。
- **机器语言和汇编语言**：机器语言是第一代程序设计语言，然后是汇编语言。使用这些语言进行编程既费时，又容易出错。
- **编译器设计中的建模**：编译器设计是理论对实践有很大影响的领域之一。已知在编译器设计中有用的模型包括自动机、文法、正则表达式、树型结构和很多其他理论概念。
- **代码优化**：虽然代码不能真正达到最优化，但提高代码效率的科学既复杂又非常重要。它是编译技术研究的一个主要部分。
- **高级语言**：随着时间的流逝，程序设计语言担负了越来越多的原先由程序员负责的任务，比如内存管理、类型一致性检查或代码的并发执行。
- **编译器和计算机体系结构**：编译器技术影响了计算机的体系结构，同时也受到体系结构发展的影响。体系结构中的很多现代创新都依赖于编译器能够从源程序中抽取出有效利用硬件能力的机会。
- **软件生产率和软件安全性**：使得编译器能够优化代码的技术同样能够用于多种不同的程序分析任务。这些任务既包括探测常见的程序错误，也包括发现程序可能会受到已被黑客们发现的多种入侵方式之一的伤害。

- *作用域规则*：一个 x 的声明的作用域是一段上下文，在此上下文中对 x 的使用指向这个声明。如果仅仅通过阅读某个语言的程序就可以确定其作用域，那么这个语言就使用了*静态作用域*，或者说*词法作用域*。否则这个语言就使用了*动态作用域*。
- *环境*：名字和内存位置关联，然后再和值相关联。这个情况可以使用*环境*和*状态*来描述。其中环境把名字映射成为存储位置，而状态则把位置映射到它的值。
- *块结构*：允许语句块相互嵌套的语言称为*块结构*的语言。假设一个块中有一个 x 的声明 D，而嵌套于这个块中的块 B 中有一个对名字 x 的使用。如果在这两个块之间没有其他声明了 x 的块，那么这个 x 的使用位于 D 的作用域内。
- *参数传递*：参数可以通过值或引用的方式从调用过程传递给被调用过程。当通过值传递方式传递大型对象时，实际被传递的值是指向这些对象本身的引用。这样就变成了一个高效的引用调用。
- *别名*：当参数被以引用传递方式（高效地）传递时，两个形式参数可能会指向同一个对象。这会造成一个变量的修改改变了另一个变量的值。

1.8　第1章参考文献

对于在1967年之前被开发并使用的程序设计语言（包括 Fortran、Algol、Lisp 和 Simula）的发展历程见[7]。对于1982年前被创建的语言（包括 C、C++、Pascal 和 Smalltalk）见[1]。

GNU 编译器集合 gcc（GNU Compiler Collection）是 C、C++、Fortran、Java 和其他语言的开源编译器的流行源头[2]。Phoenix 是一个编译器构造工具包，它提供了一个集成的框架，用于建立本书中提到的编译器的程序分析、代码生成和代码优化步骤[3]。

要获取更多的关于程序设计语言概念的信息，我们推荐[5, 6]。要知道更多的关于计算机体系结构信息，以及体系结构是如何影响编译的，我们建议阅读[4]。

1. Bergin, T. J. and R. G. Gibson, *History of Programming Languages*, ACM Press, New York, 1996.

2. `http://gcc.gnu.org/` .

3. `http://research.microsoft.com/phoenix/default.aspx` .

4. Hennessy, J. L. and D. A. Patterson, *Computer Organization and Design: The Hardware/Software Interface*, Morgan-Kaufmann, San Francisco, CA, 2004.

5. Scott, M. L., *Programming Language Pragmatics, second edition*, Morgan-Kaufmann, San Francisco, CA, 2006.

6. Sethi, R., *Programming Languages: Concepts and Constructs*, Addison-Wesley, 1996.

7. Wexelblat, R. L., *History of Programming Languages*, Academic Press, New York, 1981.

第 2 章　一个简单的语法制导翻译器

本章的内容是对本书第 3 章至第 6 章中介绍的编译技术的总体介绍。通过开发一个可运行的 Java 程序来演示这些编译技术。这个程序可以将具有代表性的程序设计语言语句翻译为三地址代码(一种中间表示形式)。本章的重点是编译器的前端，特别是词法分析、语法分析和中间代码生成。在第 7 章和第 8 章将介绍如何根据三地址代码生成机器指令。

我们从小事做起，首先建立一个能够将中缀算术表达式转换为后缀表达式的语法制导翻译器。然后我们将扩展这个翻译器，使它能将某些程序片段(如图 2-1 所示)转换为如图 2-2 所示的三地址代码。

```
{
      int i; int j; float[100] a; float v; float x;

      while ( true ) {
            do i = i+1; while ( a[i] < v );
            do j = j-1; while ( a[j] > v );
            if ( i >= j ) break;
            x = a[i]; a[i] = a[j]; a[j] = x;
      }
}
```

图 2-1　一个将被翻译的代码片段

这个可运行的 Java 程序见附录 A。使用 Java 比较方便，但并非必须用 Java。实际上，本章中描述的思想在 Java 和 C 语言出现之前就存在了。

```
 1:  i = i + 1
 2:  t1 = a [ i ]
 3:  if t1 < v goto 1
 4:  j = j - 1
 5:  t2 = a [ j ]
 6:  if t2 > v goto 4
 7:  ifFalse i >= j goto 9
 8:  goto 14
 9:  x = a [ i ]
10:  t3 = a [ j ]
11:  a [ i ] = t3
12:  a [ j ] = x
13:  goto 1
14:
```

图 2-2　与图 2-1 中程序片段对应的经过简化的中间代码表示

2.1　引言

编译器在分析阶段把一个源程序划分成各个组成部分，并生成源程序的内部表示形式。这种内部表示称为中间代码。然后，编译器在合成阶段将这个中间代码翻译成目标程序。

分析阶段的工作是围绕着待编译语言的“语法”展开的。一个程序设计语言的**语法**(syntax)描述了该语言的程序的正确形式，而该语言的**语义**(semantics)则定义了程序的含义，即每个程序在运行时做什么事情。我们将在 2.2 节中给出一个广范使用的表示方法来描述语法，这个方法就是上下文无关文法或 BNF(Backus-Naur 范式)。使用现有的语义表示方法来描述一个语言的语义的难度远远大于描述语言的语法的难度。因此，我们将结合非形式化描述和启发性的示例来描述语言的语义。

上下文无关文法不仅可以描述一个语言的语法，还可以指导程序的翻译过程。在 2.3 节中，我们将介绍一种面向文法的编译技术，即**语法制导翻译**(syntax-directed translation)技术。语法扫描，或者说语法分析，将在 2.4 节中介绍。

本章的其余部分将快速浏览一下图 2-3 所示的编译器前端模型。我们将首先介绍语法分析器。为简单起见，我们首先考虑从中缀表达式到后缀表达式的语法制导翻译过程。后缀表达式是一种将运算符置于运算分量之后的表示方法。例如，表达式 9 - 5 + 2 的后缀形式是 95 - 2 +。将表达式翻译为后缀形式的过程可以充分演示语法分析技术，同时这个翻译过程又很简单，我们将在 2.5 节中给出这个翻译器的全部程序。这个简单的翻译器处理的表达式是由加、减号分隔的数位序列，如 9 - 5 + 2。我们之所以先考虑这样的简单表达式，主要目的是简化这个语法分析器，使得它在处理运算分量和运算符时只需要考虑单个字符。

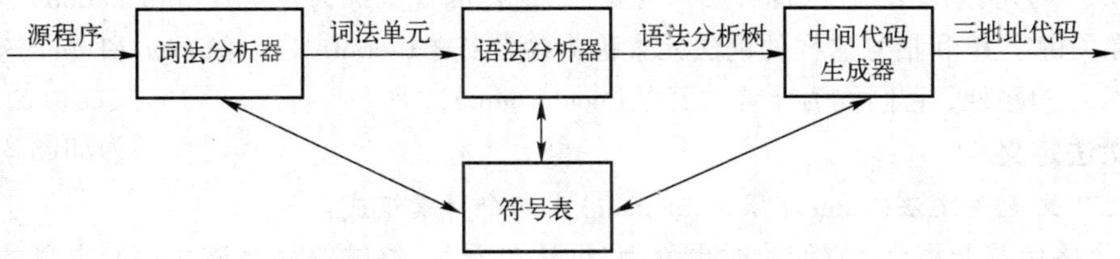

图 2-3　一个编译器前端的模型

词法分析器使得翻译器可以处理由多个字符组成的构造，比如标识符。标识符由多个字符组成，但是在语法分析阶段被当作一个单元进行处理。这样的单元称作*词法单元*(token)。例如，在表达式 *count* + 1 中，标识符 *count* 被当作一个单元。2.6 节中介绍的词法分析器允许表达式中出现数值、标识符和“空白字符”(空格、制表符和换行符)。

接下来我们考虑中间代码的生成。在图 2-4 中显示了两种中间代码形式。一种称为*抽象语法树*(abstract syntax tree)，或简称为*语法树*(syntax tree)。它表示了源程序的层次化语法结构。在图 2-3 的模型中，语法分析器生成一棵语法树，它又被进一步翻译为三地址代码。有些编译器会将语法分析和中间代码生成合并为一个组件。

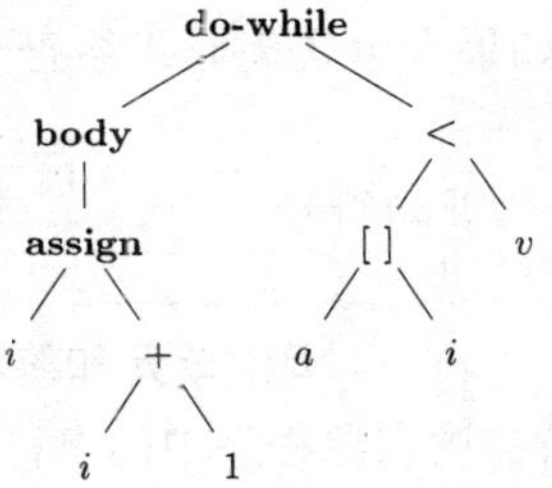

a)

```
1: i = i + 1
2: t1 = a [ i ]
3: if t1 < v goto 1
```

b)

图 2-4　“do i = i + 1; while(a[i] < v);”的中间代码

图 2-4a 中的抽象语法树的根表示整个 do-while 循环。根的左子树表示循环的循环体，它仅包含赋值语句 $i = i + 1$;，根的右子树表示循环控制条件 $a[i] < v$。在 2.8 节中将介绍一个构造语法树的方法。

图 2-4b 中给出了另一种常见的中间表示形式，它是一组“三地址”指令序列，图 2-2 中显示了一个更加完整的示例。这个中间代码形式的名字源于它的指令形式：$x = y$ **op** z，其中 **op** 是一个二目运算符，y 和 z 是运算分量的地址，x 是运算结果的存放地址。三地址指令最多只执行一个运算，通常是计算、比较或者分支跳转运算。

在附录 A 中，我们将把本章中的技术集成在一起，构造出一个用 Java 语言编写的编译器前端。这个前端将语句翻译成汇编级的指令序列。

2.2　语法定义

在这一节，我们将介绍一种用于描述程序设计语言语法的表示方法——“上下文无关文法”，或简称“文法”。在本书中，文法将被用于组织编译器前端。

文法自然地描述了大多数程序设计语言构造的层次化语法结构。例如，Java 中的 if-else 语句通常具有如下形式

if (expression) statement **else** statement

即一个 if-else 语句由关键字 **if**、左括号、表达式、右括号、一个语句、关键字 **else** 和另一个语句连接而成。如果我们用变量 *expr* 来表示表达式，用变量 *stmt* 表示语句，那么这个构造规则可以表示为

stmt→ **if** (*expr*) *stmt* **else** *stmt*

其中的箭头(→)可以读作"可以具有如下形式"。这样的规则称为*产生式*(production)。在一个产生式中，像关键字 **if** 和括号这样的词法元素称为*终结符号*(terminal)。像 *expr* 和 *stmt* 这样的变量表示终结符号的序列，它们称为*非终结符号*(nonterminal)。

2.2.1 文法定义

一个*上下文无关文法*(context-free grammar)由四个元素组成：

1）一个*终结符号*集合，它们有时也称为"词法单元"。终结符号是该文法所定义的语言的基本符号的集合。

2）一个*非终结符号*集合，它们有时也称为"语法变量"。每个非终结符号表示一个终结符号串的集合。我们将在后面介绍这种表示方法。

3）一个*产生式*集合，其中每个产生式包括一个称为*产生式头*或*左部*的非终结符号，一个箭头，和一个称为*产生式体*或*右部*的由终结符号及非终结符号组成的序列。产生式主要用来表示某个构造的某种书写形式。如果产生式头非终结符号代表一个构造，那么该产生式体就代表了该构造的一种书写方式。

4）指定一个非终结符号为*开始*符号。

词法单元和终结符号

在编译器中，词法分析器读入源程序中的字符序列，将它们组织为具有词法含义的词素，生成并输出代表这些词素的词法单元序列。词法单元由两个部分组成：名字和属性值。词法单元的名字是语法分析器进行语法分析时使用的抽象符号。我们常常把这些词法单元名字称为*终结符号*，因为它们在描述程序设计语言的文法中是以终结符号的形式出现的。如果词法单元具有属性值，那么这个值就是一个指向符号表的指针，符号表中包含了该词法单元的附加信息。这些附加信息不是文法的组成部分，因此在我们讨论语法分析时，通常将词法单元和终结符号当做同义词。

在描述文法的时候，我们会列出该文法的产生式，并且首先列出开始符号对应的产生式。我们假设数位、符号(如 < 、<=)和黑体字符串(如 **while**)都是终结符号。斜体字符串表示非终结符号，所有非斜体的名字或符号都可以看作是终结符号[⊖]。为表示方便，以同一个非终结符号为头部的多个产生式的体可以放在一起表示，不同体之间用符号 | (读作"或")分隔。

例 2.1 在本章中，有多个例子使用由数位和 + 、 - 符号组成的表达式，比如 9 - 5 + 2、3 - 1 或 7。由于两个数位之间必须出现 + 或 - ，我们把这样的表达式称为"由 + 、 - 号分隔的数位序

⊖ 单个斜体字母在第 4 章中详细讨论文法时另有它用。例如，我们将使用 *X*、*Y* 和 *Z* 来表示终结符号或非终结符号。但是，包含两个或两个以上字符的任何斜体名字仍然表示一个非终结符号。

列”。下面的文法描述了这种表达式的语法。此文法的产生式包括：

$$list \to list + digit \tag{2.1}$$

$$list \to list - digit \tag{2.2}$$

$$list \to digit \tag{2.3}$$

$$digit \to 0 \mid 1 \mid 2 \mid 3 \mid 4 \mid 5 \mid 6 \mid 7 \mid 8 \mid 9 \tag{2.4}$$

以非终结符号 *list* 为头部的三个产生式可以等价地组合为：

$$list \to list + digit \mid list - digit \mid digit$$

根据我们的习惯，该文法的终结符号包括如下符号：

+ - 0 1 2 3 4 5 6 7 8 9

该文法的非终结符号是斜体名字 *list* 和 *digit*。因为 *list* 的产生式首先被列出，所以我们知道 *list* 是此文法的开始符号。□

如果某个非终结符号是某个产生式的头部，我们就说该产生式是该非终结符号的产生式。一个终结符号串是由零个或多个终结符号组成的序列。零个终结符号组成的串称为空串（empty string），记为 ϵ[⊖]。

2.2.2 推导

根据文法推导符号串时，我们首先从开始符号出发，不断将某个非终结符号替换为该非终结符号的某个产生式的体。可以从开始符号推导得到的所有终结符号串的集合称为该文法定义的语言（language）。

例 2.2 由例 2.1 中的文法定义的语言是由加减号分隔的数位列表的集合。非终结符号 *digit* 的 10 个产生式使得 *digit* 可以表示 0、1、…、9 中的任意数位。根据产生式（2.3），单个数位本身就是一个 *list*。产生式(2.1)和(2.2)表达了如下规则：任何列表后跟一个符号 + 或 - 以及另一个数位可以构成一个新的列表。

产生式(2.1) ~ (2.4)就是我们定义所期望的语言时需要的全部产生式。例如，我们可以按照如下方法推导出 9 - 5 + 2 是一个 *list*。

1）因为 9 是 *digit*，根据产生式(2.3)可知 9 是 *list*。

2）因为 5 是 *digit*，且 9 是 *list*，由产生式(2.2)可知 9 - 5 也是 *list*。

3）因为 2 是 *digit*，9 - 5 是 *list*，由产生式(2.1)可知，9 - 5 + 2 也是 *list*。□

例 2.3 另一种稍有不同的列表是函数调用中的参数列表。在 Java 中，参数是包含在括号中的，例如 `max(x, y)` 表示使用参数 `x` 和 `y` 调用函数 `max`。这种列表的一个微妙之处是终结符号“(”和“)”之间的参数列表可能是空串。我们可以为这样的序列构造出具有如下产生式的文法：

$$\begin{array}{rcl} call & \to & \textbf{id} \ (\ optparams \ ) \\ optparams & \to & params \mid \epsilon \\ params & \to & params \ , \ param \mid param \end{array}$$

注意，在 *optparams*（“可选参数列表”）的产生式中，第二个可选规则体是 ϵ，它表示空的符号串。也就是说，*optparams* 可以被替换为空串，因此一个 call 可以是函数名加上两个终结符号“(”和“)”组成的符号串。请注意，*params* 的产生式和例 2.1 中 *list* 的产生式类似，只是将算术运算符 + 或 - 换成了逗号，并将 *digit* 换成 *param*。函数参数实际上可以是任意表达式，但是在这里

⊖ 从技术上讲，ϵ 可以是任意字母表（符号的集合）上的零个符号组成的串。

我们没有给出 *param* 的产生式。稍后我们就会讨论用于描述不同的语言构造(比如表达式、语句等)的产生式。 □

语法分析(parsing)的任务是：接受一个终结符号串作为输入，找出从文法的开始符号推导出这个串的方法。如果不能从文法的开始符号推导得到该终结符号串，则报告该终结符号串中包含的语法错误。语法分析是所有编译过程中最基本的问题之一，主要的语法分析方法将在第4章中讨论。在本章中，为简单起见，我们首先处理像 9 - 5 + 2 这样的源程序，其中的每个字符均为一个终结符号。一般情况下，一个源程序中会包含由多字符组成的词素，这些词素由词法分析器组成词法单元，而词法单元的第一个分量就是被语法分析器处理的终结符号。

2.2.3 语法分析树

语法分析树用图形方式展现了从文法的开始符号推导出相应语言中的符号串的过程。如果非终结符号 A 有一个产生式 $A \to XYZ$，那么在语法分析树中就可能有一个标号为 A 的内部结点，该结点有三个子结点，从左向右的标号分别为 X、Y、Z：

正式地讲，给定一个上下文无关文法，该文法的一棵*语法分析树*(parse tree)是具有以下性质的树：

1）根结点的标号为文法的开始符号。

2）每个叶子结点的标号为一个终结符号或 ϵ。

3）每个内部结点的标号为一个非终结符号。

4）如果非终结符号 A 是某个内部结点的标号，并且它的子结点的标号从左至右分别为 X_1，X_2，…，X_n，那么必然存在产生式 $A \to X_1X_2\cdots X_n$，其中 X_1，X_2，…，X_n 既可以是终结符号，也可以是非终结符号。作为一个特殊情况，如果 $A \to \epsilon$ 是一个产生式，那么一个标号为 A 的结点可以只有一个标号为 ϵ 的子结点。

关于树型结构的术语

树型数据结构在编译系统中起着重要的作用。

- 一棵树由一个或多个*结点*(node)组成。结点可以带有*标号*(label)，在本书中标号通常是文法符号。当我们画一棵树时，我们常常只用这些标号来代表相应的结点。
- 树有且只有一个*根*(root)结点。每个非根结点都有唯一的*父*(parent)结点；根结点没有父结点。当我们画树的时候，将一个结点的父结点画在它的上方，并在父、子结点之间画一条边。因此根结点是最高的(顶层的)结点。
- 如果结点 N 是结点 M 的父结点，那么 M 就是 N 的*子*(child)结点。一个结点的各个子结点彼此称为*兄弟*(sibling)结点。它们之间是有序的，按照从*左*向*右*的方式排列。在我们画一棵树时也遵循这个顺序排列给定结点的子结点。
- 没有子结点的结点称为*叶子*(leaf)结点。其他结点，即有一个或多个子结点的结点，称为*内部结点*(interior node)。
- 结点 N 的*后代*(descendant)结点要么是结点 N 本身，要么是 N 的子结点，要么是 N 的子结点的子结点，依此类推(可以为任意层次)。如果结点 M 是结点 N 的后代结点，那么结点 N 是结点 M 的*祖先*(ancestor)结点。

例 2.4 例 2.2 中 9 - 5 + 2 的推导可以用图 2-5 中的树来演示。树中每个结点的标号都是一个文法符号。每个内部结点和它的子结点都对应于一个产生式。其中，内部结点对应于产生式的头，它的子结点对应于产生式的体。

在图2-5 中，根结点的标号为 *list*，即例2.1 中文法的开始符号。根结点的子结点的标号从左向右分别为 *list*、+ 和 *digit*。请注意：

$$list \rightarrow list\ +\ digit$$

是例2.1 中文法的产生式。根结点的左子结点和根结点类似，只是它的中间子结点的标号为 - 而不是 +。三个标号为 *digit* 的结点中，每个结点都有一个以具体数位为标号的子结点。 □

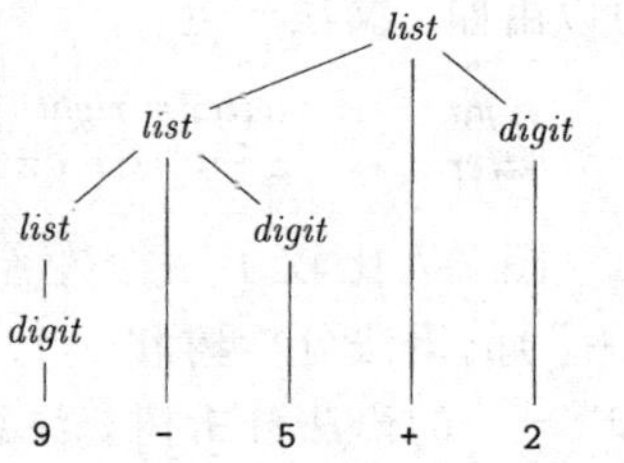

图2-5 根据例2.1 中的文法得到的 9 - 5 + 2 的语法分析树

一棵语法分析树的叶子结点从左向右构成了树的**结果**(yield)，也就是从这棵语法分析树的根结点上的非终结符号推导得到(或者说生成)的符号串。在图2-5 中的结果是 9 - 5 + 2。为了方便起见，我们将所有叶子结点都放在底层。以后我们不一定会把叶子结点按照这种方法排列。任何树的叶子结点都有一个自然的从左到右的顺序。这个顺序基于如下思想：如果 *X* 和 *Y* 是同一个父结点的子结点，并且 *X* 在 *Y* 的左边，那么 *X* 的所有后代结点都在 *Y* 的所有后代结点的左边。

一个文法的语言的另一个定义是指任何能够由某棵语法分析树生成的符号串的集合。为一个给定的终结符号串构建一棵语法分析树的过程称为对该符号串进行**语法分析**。

2.2.4 二义性

在根据一个文法讨论某个符号串的结构时，我们必须非常小心。一个文法可能有多棵语法分析树能够生成同一个给定的终结符号串。这样的文法称为具有**二义性**(ambiguous)。要证明一个文法具有二义性，我们只需要找到一个终结符号串，说明它是两棵以上语法分析树的结果。因为具有两棵以上语法分析树的符号串通常具有多个含义，所以我们需要为编译应用设计出没有二义性的文法，或者在使用二义性文法时使用附加的规则来消除二义性。

例 2.5 假如我们使用一个非终结符号 *string*，并且不像例2.1 中那样区分数位和列表，我们可以将例2.1 中的文法改写如下：

$$string \rightarrow string\ +\ string\ |\ string\ -\ string\ |0\ |1\ |2\ |3\ |4\ |5\ |6\ |7\ |8\ |9$$

将符号 *digit* 和 *list* 合并为非终结符号 *string* 是有一些意义的，因为单个 *digit* 是 *list* 的一个特例。

但是，图2-6 说明，在使用这个文法时，像 9 - 5 + 2这样的表达式会有多棵语法分析树。图中 9 - 5 + 2 的两棵语法分析树对应于两种带括号的表达式：(9 - 5) + 2 和 9 - (5 + 2)。第二种方法给出的表达式值是意想不到的2，而不是通常的值6。例2.1 的语法不支持这样的解释。 □

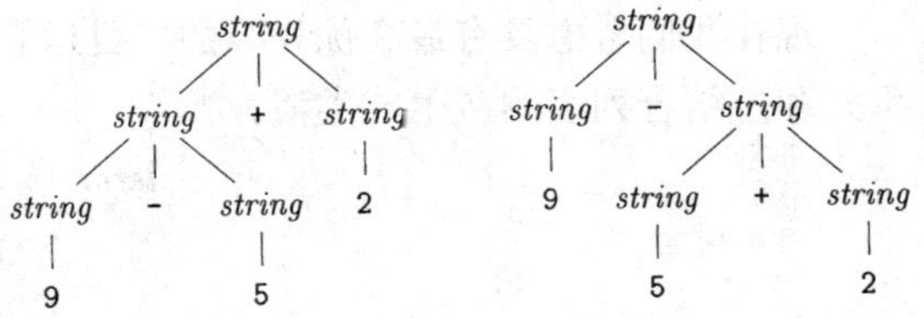

图2-6 9 - 5 + 2 的两棵语法分析树

2.2.5 运算符的结合性

依照惯例，9 + 5 + 2 等价于(9 + 5) + 2，9 - 5 - 2 等价于(9 - 5) - 2。当一个运算分量。(比如上式中的5) 的左右两侧都有运算符时，我们需要一些规则来决定哪个运算符被应用于该运算分量。我们说运算符"+"是左结合(associate)的，因为当一个运算分量左右两侧都有"+"号时，它属于其左边的运算符。在大多数程序设计语言中，加、减、乘、除四种算术运算符都是左结合的。

某些常用运算符是右结合的，比如指数运算。作为另一个例子，C 语言中的赋值运算符“=”及其后裔(即 +=、-= 等——译者注)也是右结合的。也就是说，对表达式 a=b=c 的处理和对表达式 a=(b=c)的处理相同。

带有右结合运算符的串，比如 a=b=c，可以由如下文法产生：

$$
\begin{array}{lcl}
right & \rightarrow & letter = right \mid letter \\
letter & \rightarrow & \mathtt{a} \mid \mathtt{b} \mid \cdots \mid \mathtt{z}
\end{array}
$$

图 2-7 比较了一个左结合运算符(比如“-”)的语法分析树和一个右结合运算符(比如“=”)的语法分析树。注意，9-5-2 的语法分析树向左下端延伸，而 a=b=c 的语法分析树则向右下端延伸。

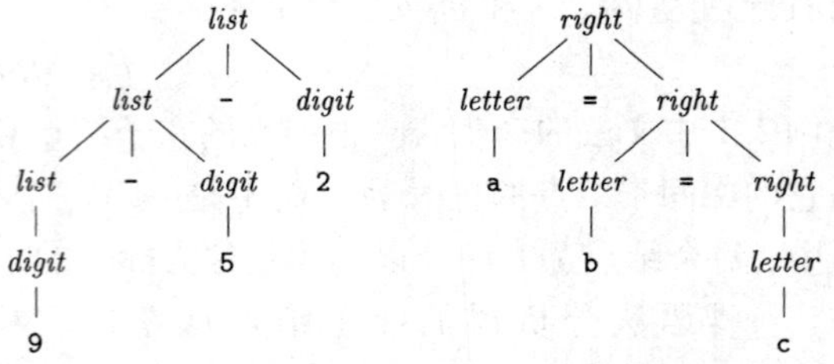

图 2-7 左结合运算符文法和右结合运算符文法的分析树

2.2.6 运算符的优先级

考虑表达式 9+5*2。该表达式有两种可能的解释，即(9+5)*2 或 9+(5*2)。+ 和 * 的结合性规则只能作用于同一运算符的多次出现，因此它们无法解决这个二义性。为此，当多种运算符出现时，我们需要给出一些规则来定义运算符之间的相对优先关系。

如果 * 先于 + 获得运算分量，我们就说 * 比 + 具有*更高的优先级*。在通常的算术中，乘法和除法比加法和减法具有更高的优先级。因此在表达式 9+5*2 和 9*5+2 中，都是运算分量 5 首先参与 * 运算，即这两个表达式分别等价于 9+(5*2)和(9*5)+2。

例 2.6 算术表达式的文法可以根据表示运算符结合性和优先级的表格来构建。我们首先考虑四个常用的算术运算符和一个优先级表。在此优先级表中，运算符按照优先级递增的顺序排列，同一行上的运算符具有相同的结合性和优先级：

左结合：+ -

左结合：* /

我们创建两个非终结符号 *expr* 和 *term*，分别对应于这两个优先级层次，并使用另一个非终结符号 *factor* 来生成表达式中的基本单元。当前，表达式的基本单元是数位和带括号的表达式。

$$factor \rightarrow \mathbf{digit} \mid (\,expr\,)$$

现在我们考虑具有最高优先级的二目运算符 * 和 /。由于这些运算符是左结合的，因此其产生式和左结合列表的产生式类似：

$$
\begin{array}{rcl}
term & \rightarrow & term * factor \\
 & \mid & term \,/\, factor \\
 & \mid & factor
\end{array}
$$

类似地，*expr* 生成由加减运算符分隔的 *term* 列表：

$$
\begin{array}{rcl}
expr & \rightarrow & expr + term \\
 & \mid & expr - term \\
 & \mid & term
\end{array}
$$

因此最终得到的文法是：

$$
\begin{array}{lcl}
expr & \rightarrow & expr + term \mid expr - term \mid term \\
term & \rightarrow & term * factor \mid term \,/\, factor \mid factor \\
factor & \rightarrow & \mathbf{digit} \mid (\,expr\,)
\end{array}
$$

例 2.6 中表达式文法的推广

我们可以将因子(factor)理解成不能被任何运算符分开的表达式。“不能分开”的意思是说当我们在任意因子的任意一边放置一个运算符，都不会导致这个因子的任何部分分离出来，成为这个运算符的运算分量。当然，因子本身作为一个整体可以成为该运算符的一个运算分量。如果这个因子是一个由括号括起来的表达式，那么括号将起到保护其不被分开的作用。如果因子就是一个运算分量，那么它当然不能被分开。

一个(不是因子的)项(term)是一个可能被高优先级的运算符 * 和/分开，但不能被低优先级运算符分开的表达式。一个(不是因子也不是项的)表达式可能被任何一个运算符分开。

我们可以把这种思想推广到具有任意 n 层优先级的情况。我们需要 $n-1$ 个非终结符号。首先，例 2.6 中描述的 *factor* 不可被分开。通常，这个非终结符号的产生式体只能是单个运算分量或括号括起来的表达式。然后，对于每个优先级都有一个非终结符，表示能被该优先级或更高优先级的运算符分开的表达式。通常，这个非终结符的产生式有一些产生式体表示了该优先级的运算符的应用；另有一个产生式体只包含了代表更高一层优先级的非终结符号。

使用这个文法时，一个表达式就是一个由 + 或 - 分隔开的项(*term*)的列表，而项是由 * 或/分隔的因子(*factor*)的列表。请注意，任何由括号括起来的表达式都是一个因子。因此，我们可以使用括号来构造出具有任意嵌套深度的表达式(以及具有任意深度的语法分析树)。 □

例 2.7 由于大多数语句是由一个关键字或一个特殊字符开始的，因此关键字能够帮助我们识别语句。这一规则的例外情况包括赋值语句和过程调用语句。由图 2-8 中的(二义性)文法定义的语句都符合 Java 的语法。

在 *stmt* 的第一个产生式中，终结符号 **id** 表示任意标识符。非终结符号 *expression* 的产生式还没有给出。第一个产生式描述的赋值语句符合 Java 的语法，虽然 Java 将 = 号看作是可出现在表达式内部的赋值运算符。比如，在 Java 中允许出现 a = b = c，而这个文法不允许出现这样的形式。

```
stmt  →  id = expression ;
      |  if ( expression ) stmt
      |  if ( expression ) stmt else stmt
      |  while ( expression ) stmt
      |  do stmt while ( expression ) ;
      |  { stmts }

stmts →  stmts stmt
      |  ϵ
```

图 2-8 Java 语句的子集的文法

非终结符号 *stmts* 产生一个可能为空的语句列表。*stmts* 的第二个产生式生成一个空列表 ϵ。第一个产生式生成的是一个可能为空的列表再跟上一个语句。

分号的放置方式很微妙。它们出现在所有不以 *stmt* 结尾的产生式的末尾。这种方法可以避免在 if 或 while 这样的语句后面出现多余的分号，因为 if 和 while 语句的最后是一个嵌套的子语句。当嵌套子语句是一个赋值语句或 do-while 语句时，分号将作为这个子语句的一部分被生成。 □

2.2.7 2.2 节的练习

练习 2.2.1： 考虑下面的上下文无关文法：

$$S \to S\,S\,+ \mid S\,S\,* \mid \mathbf{a}$$

1）试说明如何使用该文法生成串 aa + a*。

2）试为这个串构造一棵语法分析树。

3）该文法生成的语言是什么？证明你的答案。

练习 2.2.2： 下面的各个文法生成什么语言？证明你的每一个答案。

1）$S \to 0\,S\,1 \mid 0\,1$

2) $S \rightarrow + S S \mid - S S \mid \mathbf{a}$

3) $S \rightarrow S (S) S \mid \epsilon$

4) $S \rightarrow \mathbf{a} S \mathbf{b} S \mid \mathbf{b} S \mathbf{a} S \mid \epsilon$

5) $S \rightarrow \mathbf{a} \mid S + S \mid S S \mid S * \mid (S)$

练习 2.2.3：练习 2.2.2 中哪些文法具有二义性？

练习 2.2.4：为下面的各个语言构建无二义性的上下文无关文法。证明你的文法都是正确的。

1）用后缀方式表示的算术表达式。

2）由逗号分隔开的左结合的标识符列表。

3）由逗号分隔开的右结合的标识符列表。

4）由整数、标识符、四个二目运算符 +、-、*、/构成的算术表达式。

！5）在 4）的运算符中增加单目 + 和单目 - 构成的算术表达式。

练习 2.2.5：

1）证明：用下面文法生成的所有二进制串的值都能被 3 整除。（提示：对语法分析树的结点数目使用数学归纳法。）

$$num \rightarrow 11 \mid 1001 \mid num\ 0 \mid num\ num$$

2）上面的文法是否能够生成所有能被 3 整除的二进制串？

练习 2.2.6：为罗马数字构建一个上下文无关文法。

2.3 语法制导翻译

语法制导翻译是通过向一个文法的产生式附加一些规则或程序片段而得到的。比如，考虑由如下产生式生成的表达式 *expr*：

$$expr \rightarrow expr_1 + term$$

这里，*expr* 是两个子表达式 $expr_1$ 和 *term* 的和。（$expr_1$ 中的下标仅仅被用于将产生式体中 *expr* 的实例和产生式头区别开来）。我们可以利用 *expr* 的结构，用如下的伪代码来翻译 *expr*：

```
翻译 expr₁;
翻译 term;
处理 +;
```

我们将在 2.8 节中使用这段伪代码的一个变体，为 *expr* 构造一棵语法分析树：我们首先建立 $expr_1$ 和 *term* 的语法分析树，然后处理 + 运算符并构造得到一个和此运算符对应的结点。为方便起见，本节中的例子是从中缀表达式到后缀表达式的翻译。

本节介绍两个与语法制导翻译相关的概念：

- 属性（attribute）：属性表示与某个程序构造相关的任意的量。属性可以是多种多样的，比如表达式的数据类型、生成的代码中的指令数目或为某个构造生成的代码中第一条指令的位置等等都是属性的例子。因为我们用文法符号（终结符号或非终结符号）来表示程序构造，所以我们将属性的概念从程序构造扩展到表示这些构造的文法符号上。
- （语法制导的）翻译方案（translation scheme）：翻译方案是一种将程序片段附加到一个文法的各个产生式上的表示法。当在语法分析过程中使用一个产生式时，相应的程序片段就会执行。这些程序片段的执行效果按照语法分析过程的顺序组合起来，得到的结果就是这次分析/综合过程处理源程序得到的翻译结果。

语法制导的翻译方案将在本章中多次使用，它将用于把中缀表达式翻译成后缀表达式，还会用于表达式求值，并用来构建一些程序构造的抽象语法树。第5章将更详细地讨论语法制导表示法。

2.3.1 后缀表示

本节中的例子处理的是中缀表达式到其后缀表示的翻译。一个表达式 E 的*后缀表示*(postfix notation)可以按照下面的方式进行归纳定义：

1）如果 E 是一个变量或常量，则 E 的后缀表示是 E 本身。

2）如果 E 是一个形如 E_1 **op** E_2 的表达式，其中 **op** 是一个二目运算符，那么 E 的后缀表示是 $E'_1E'_2$**op**，这里 E'_1 和 E'_2 分别是 E_1 和 E_2 的后缀表示。

3）如果 E 是一个形如(E_1)的被括号括起来的表达式，则 E 的后缀表示就是 E_1 的后缀表示。

例 2.8 (9-5)+2 的后缀表示是 95-2+。也就是说，由规则1可知，9、5和2的翻译结果就是这些常量本身。然后，根据规则2，9-5 的翻译结果是 95-。由规则3可知，(9-5)的翻译结果与此相同。翻译完带括号的子表达式后，我们可以将规则2应用于整个表达式，(9-5)就是 E_1，2 为 E_2，由此得到结果 95-2+。

再举另外一个例子，9-(5+2)的后缀表达式是 952+-。也就是说，5+2 首先被翻译成 52+，然后这个表达式又成为减号的第二个运算分量。 □

运算符的位置和它的运算分量个数(arity)使得后缀表达式只有一种解码方式，所以在后缀表示中不需要括号。处理后缀表达式的“技巧”就是从左边开始不断扫描后缀串，直到发现一个运算符为止。然后向左找出适当数目的运算分量，并将这个运算符和它的运算分量组合在一起。计算出这个运算符作用于这些运算分量上后得到的结果，并用这个结果替换原来的运算分量和运算符。然后继续这个过程，向右搜寻另一个运算符。

例 2.9 考虑后缀表达式 952+-3*。从左边开始扫描，我们首先遇到加号。向加号的左边看，我们找到运算分量5和7。用它们的和7替换原来的 52+，这样我们得到串 97-3*。现在最左边的运算符是减号，它的运算分量是9和7。将这些符号替换为它们的差，得到 23*。最后，将乘号应用在2和3上，得到结果6。 □

2.3.2 综合属性

将量和程序构造关联起来(比如把数值及类型和表达式相关联)的想法可以基于文法来表示。我们将属性和文法的非终结符号及终结符号相关联。然后，我们给文法的各个产生式附加上语义规则。对于语法分析树中的一个结点，如果它和它的子结点之间的关系符合某个产生式，那么该产生式对应的规则就描述了如何计算这个结点上的属性。

语法制导定义(syntax-directed definition)把①每个文法符号和一个属性集合相关联，并且把②每个产生式和一组*语义规则*(semantic rule)相关联，这些规则用于计算与该产生式中符号相关联的属性值。

属性可以按照如下方式求值。对于一个给定的输入串 x，构建 x 的一个语法分析树。然后按照下面的方法应用语义规则来计算语法分析树中各个结点的属性。

假设语法分析树的一个结点 N 的标号为文法符号 X。我们用 $X.a$ 表示该结点上 X 的属性 a 的值。如果一棵语法分析树的各个结点上标记了相应的属性值，那么这棵语法分析树就称为注释(annotated)语法分析树(简称注释分析树)。比如，图2-9显示了 9-5+2 的一棵注释分析树，其中属性 t 与非终结符号 *expr* 和 *term* 关联。该属性在根结点处的值为 95-2+，也就是 9-5+2 的后缀表示。我们很快会看到这些表达式的计算方法。

如果某个属性在语法分析树结点 N 上的值是由 N 的子结点以及 N 本身的属性值确定的，那么这个属性就称为综合属性(synthesized attribute)。综合属性具有一个很好的性质：只需要对语法分析树进行一次自底向上的遍历，就可以计算出属性的值。在5.1.1节中，我们将讨论另外一种重要的属性："继承"属性。非正式地讲，继承属性在某个语法分析树结点上的值是由语法分析树中该结点本身、父结点以及兄弟结点上的属性值决定的。

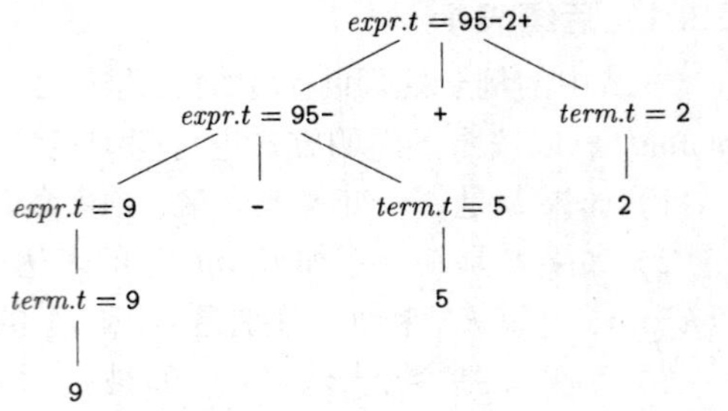

图 2-9　一个语法分析树的各个结点上的属性值

例 2.10　图 2-9 中的注释分析树是根据图 2-10 中的语法制导定义得到的。该语法制导定义用于把一个表达式翻译成为该表达式的后缀形式，待翻译的表达式是一个由加号和减号分隔的数位序列。图中每个非终结符号有一个值为字符串的属性 t，它表示由该非终结符号生成的表达式的后缀表示形式。语义规则中的符号 ‖ 表示字符串的连接运算符。

产生式	语义规则
$expr \to expr_1$ + $term$	$expr.t = expr_1.t \parallel term.t \parallel$ '+'
$expr \to expr_1$ - $term$	$expr.t = expr_1.t \parallel term.t \parallel$ '-'
$expr \to term$	$expr.t = term.t$
$term \to$ 0	$term.t$ = '0'
$term \to$ 1	$term.t$ = '1'
…	…
$term \to$ 9	$term.t$ = '9'

图 2-10　从中缀表示到后缀表示的翻译的语法制导定义

一个数位的后缀形式是该数位本身。例如，与产生式 $term \to 9$ 相关联的语义规则定义如下：当该产生式被应用在语法分析树的某个结点上时，$term.t$ 的值就是 9 本身。其他数位也按照类似的方法进行翻译。再如，当产生式 $expr \to term$ 被应用时，$term.t$ 的值成为 $expr.t$ 的值。

产生式 $expr \to expr_1 + term$ 推导出一个带有加号的表达式㊀。加法运算符的左运算分量由 $expr_1$ 给出，右运算分量由$term$给出。与这个产生式关联的语义规则

$$expr.t = expr_1.t \parallel term.t \parallel \text{'+'}$$

定义了计算属性 $expr.t$ 的值的方式，它将分别代表左右运算分量后缀表示形式的 $expr_1.t$ 和 $term.t$ 连接起来，再在后面加上加号，就得到了属性 $expr.t$ 的值。这个规则是后缀表达式定义的一个公式化表示。 □

区分一个非终结符号的不同使用的规则

在规则中，我们经常要区分同一个非终结符号在一个产生式的头和/或体中的多次使用，在例2.10中就有这样的情况。原因是在语法分析树中，标号为同一个非终结符号的不同结点通常在翻译中具有不同的属性值。我们将采用下面的规则：出现在产生式头中的非终结符号没有下标，而在产生式体中的非终结符号带有不同的下标。同一个非终结符号的所有出现都按照这种方式区分，并且下标不是名字的组成部分。然而，读者应该注意使用了这种下标约定的特定翻译规则和 $A \to X_1 X_2 \cdots X_n$ 这样表示一般形式的产生式的区别。在后者中，带下标的 X 表示任意文法符号的列表，而不是某个名为 X 的非终结符号的不同实例。

㊀ 在这个规则以及很多其他的规则中，同一个非终结符号(这里是 $expr$)会在一个产生式中出现多次。$expr_1$ 中的下标 1 用于区分产生式中 $expr$ 的两次出现，但"1"并不是该非终结符号的一部分。在下面的"区分一个非终结符号的不同使用的约定"中有更加详细的描述。

2.3.3 简单语法制导定义

例2.10中的语法制导定义具有下面的重要性质：要得到代表产生式头部的非终结符号的翻译结果的字符串，只需要将产生式体中各非终结符号的翻译结果按照它们在非终结符号中的出现顺序连接起来，并在其中穿插一些附加的串即可。具有这个性质的语法制导定义称为简单(simple)语法制导定义。

例2.11 考虑图2-10中的第一个产生式和语义规则：

产生式	语义规则	
$expr \rightarrow expr_1 + term$	$expr.t = expr_1.t \parallel term.t \parallel '+'$	(2.5)

这里，翻译结果 $expr.t$ 是 $expr_1$ 和 $term$ 的翻译结果的连接，再跟一个加号。请注意，$expr_1$ 和 $term$ 在产生式体中和语义规则中的出现顺序是相同的。在它们的翻译结果之前和之间没有其他符号。在这个例子中，唯一的附加符号出现在结尾处。 □

当讨论翻译方案的时候，我们将看到，一个简单语法制导定义的实现很简单，只需要按照它们在定义中出现的顺序打印出附加的串即可。

2.3.4 树的遍历

树的遍历将用于描述属性的求值过程，以及描述一个翻译方案中的各个代码片段的执行过程。一个树的*遍历*(traversal)从根结点开始，并按照某个顺序访问树的各个结点。

一次*深度优先*(depth-first)遍历从根结点开始，递归地按照任意顺序访问各个结点的子结点，并不一定要按照从左向右的顺序遍历。之所以称之为深度优先，是因为这种遍历总是尽可能地访问一个结点的尚未被访问的子结点，因此它总是尽可能快地访问离根结点最远的结点(即最深的结点)。

图2-11中的过程 *visit*(*N*) 就是一个深度优先遍历，它按照从左向右的顺序访问一个结点的子结点，如图2-12所示。在这个遍历中，完成某个结点的遍历之前(也就是在该结点的各个子结点的翻译结果都计算完毕之后)，我们加入了计算每个结点的翻译结果的动作。一般来说，我们可以任意选定和一次遍历过程相关联的动作，当然也可以选择什么都不做。

```
procedure visit(node N) {
    for (从左到右遍历N的每个子结点C) {
        visit(C);
    }
    按照结点N上的语义规则求值;
}
```

图2-11 一棵树的深度优先遍历

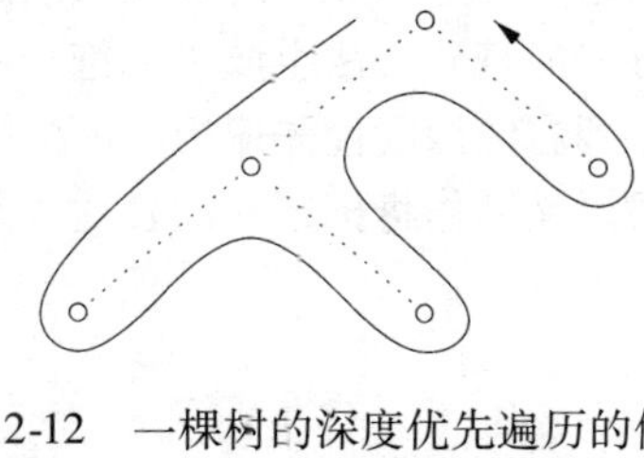

图2-12 一棵树的深度优先遍历的例子

语法制导定义没有规定一棵语法分析树中各个属性值的求值顺序。只要一个顺序能够保证计算属性 a 的值时，a 所依赖的其他属性都已经计算完毕，这个顺序就是可以接受的。综合属性可以在自底向上遍历的时候计算。自顶向上遍历指在计算完成某个结点的所有子结点的属性值之后才计算该结点的属性值的过程。一般来说，当既有综合属性又有继承属性时，关于求值顺序的问题就变得相当复杂，参见5.2节。

2.3.5 翻译方案

图2-10中的语法制导定义将字符串作为属性值附加在语法分析树的结点上，从而得到翻译结果。我们现在来考虑另外一种不需要操作字符串的方法。它通过运行程序片段，逐步生成相同的翻译结果。

前序遍历和后序遍历

前序遍历和后序遍历是深度优先遍历的两种重要的特例。在这两种遍历中，我们都是从左到右递归地访问每个结点的子结点。

我们经常遍历一棵树，并在各个结点上执行某些特定的动作。如果动作在我们第一次访问一个结点时被执行，那么我们将这种遍历称为*前序遍历*(preorder traversal)。类似地，如果动作在我们最后离开一个结点前被执行，则称这种遍历为*后序遍历*(postorder traversal)。图 2-11中的过程 *visit*(*N*)就是一个后序遍历的例子。

前序遍历和后序遍历根据一个结点的动作执行时间来定义这些结点的相应次序。一棵以结点 *N* 为根的(子)树的*前序排序*由 *N*,跟上它的从左到右的每棵子树(如果存在)的前序排序组成。而一棵以结点 *N* 为根的(子)树的后序排序则由 *N* 的从左到右的每棵子树的后序排序，再跟上 *N* 自身组成。

语法制导翻译方案是一种在文法产生式中附加一些程序片段来描述翻译结果的表示方法。语法制导翻译方案和语法制导定义相似，只是显式指定了语义规则的计算顺序。

被嵌入到产生式体中的程序片段称为*语义动作*(semantic action)。一个语义动作用花括号括起来，并写入产生式的体中，它的执行位置也由此指定，如下面的规则所示：

$$rest \rightarrow + \ term \ \{\text{print}('+')\} \ rest_1$$

当我们考虑表达式的另一种形式的文法时，我们就会看到这样的规则，其中非终结符号 *rest* 代表“一个表达式中除第一个项之外的一切”。这种形式的文法将在 2.4.5 节中讨论。此外，$rest_1$ 中的下标将非终结符号 *rest* 在产生式体中的实例与产生式头部的 *rest* 实例区分开来。

当我们画出一个翻译方案的语法分析树时，我们为每个语义动作构造一个额外的子结点，并使用虚线将它和该产生式头部对应的结点相连。例如，表示上述产生式和语义动作的部分语法分析树如图 2-13 所示。对应于语义动作的结点没有子结点，因此在第一次访问该结点时就会执行这个动作。

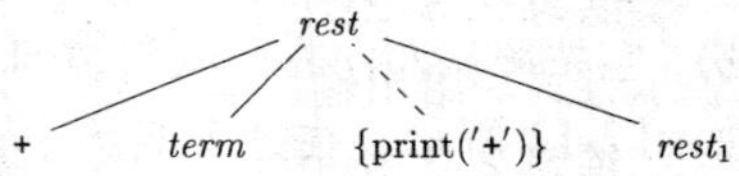

图 2-13　为一个语义动作创建一个额外的叶子结点

例 2.12　图 2-14 的语法分析树在额外的叶子结点中含有打印语句。这些叶子结点通过虚线与语法分析树的内部结点相连接。它的翻译方案如图 2-15 所示。该翻译方案的基础文法生成了由符号 + 和 - 分隔的数位序列组成的表达式。假设我们对整棵树进行从左到右的深度优先遍历，并在我们访问它的叶子结点时执行每个打印语句，那么产生式体中内嵌的语义动作将把这样的表达式翻译为相应的后缀表示形式。

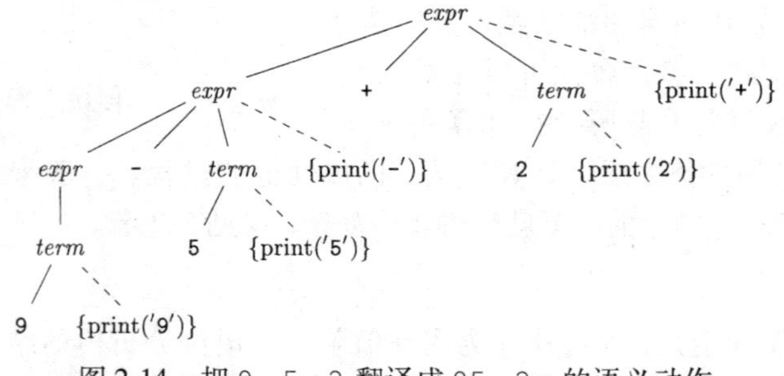

图 2-14　把 9 - 5 + 2 翻译成 95 - 2 + 的语义动作

图 2-14 的根结点代表图 2-15 中的第一个产生式。这个根结点的最左边的子树代表左边的运算分量，它的标号和根结点一样都是 *expr*。在一次后序遍历中，我们首先执行该子树中的所有语

义动作。然后我们访问没有语义动作的叶子结点 +。接下来，我们执行代表右运算分量 *term* 的子树中的所有语义动作。最后执行额外结点上的语义动作 {print('+')}。

expr	→	$expr_1$ + *term*	{print('+')}
expr	→	$expr_1$ - *term*	{print('-')}
expr	→	*term*	
term	→	0	{print('0')}
term	→	1	{print('1')}
		…	
term	→	9	{print('9')}

图 2-15　把表达式翻译成后缀形式的语义动作

由于 *term* 的产生式的右部只有一个数位，该产生式的语义动作把这个数位打印出来。产生式 *expr*→*term* 不需要产生输出，只有前面两个产生式的语义动作中的运算符才会打印出来。图 2-14 中的语义动作在对语法分析树的后序遍历中执行时会打印出 95 - 2 +。□

注意，尽管图 2-10 和图 2-15 中的翻译方案产生相同的翻译结果，但它们构造结果的过程是不同的。图 2-10 是把字符串作为属性附加到语法分析树中的结点上，而图 2-15 通过语义动作把翻译结果以增量方式打印出来。

如图 2-14 所示的语法分析树中的语义动作将中缀表达式 9 - 5 + 2 翻译成 95 - 2 +，它恰好将 9 - 5 + 2 中的每个字符各打印一次。它不需要任何附加空间来存放子表达式的翻译结果。当按照这种方式递增地创建输出时，字符的打印顺序非常重要。

实现一个翻译方案时，必须保证各个语义动作按照它们在语法分析树的后序遍历中的顺序执行。这个实现不一定要真的构造出一棵语法分析树（通常也不会这么做），只要能够确保语义动作的执行过程等同于我们真的构建了语法分析树并在后序遍历中执行这些动作时的情形。

2.3.6　2.3 节的练习

练习 2.3.1：构建一个语法制导翻译方案，该方案把算术表达式从中缀表示方式翻译成运算符在运算分量之前的前缀表示方式。例如，$-xy$ 是表达式 $x-y$ 的前缀表示法。给出输入 9 - 5 + 2 和 9 - 5 * 2 的注释分析树。

练习 2.3.2：构建一个语法制导翻译方案，该方案将算术表达式从后缀表示方式翻译成中缀表示方式。给出输入 95 - 2 * 和 952 * - 的注释分析树。

练习 2.3.3：构建一个将整数翻译成罗马数字的语法制导翻译方案。

练习 2.3.4：构建一个将罗马数字翻译成整数的语法制导翻译方案。

练习 2.3.5：构建一个将后缀算术表达式翻译成等价的前缀算术表达式的语法制导翻译方案。

2.4　语法分析

语法分析是决定如何使用一个文法生成一个终结符号串的过程。在讨论这个问题时，我们可以想象我们正在构建一个语法分析树，这样可以帮助我们理解分析的过程，尽管在实践中编译器并没有真的构造出这棵树。然而，原则上语法分析器必须能够构造出语法分析树，否则将无法保证翻译的正确性。

本节将介绍一种称为"递归下降"的语法分析方法，该方法可以用于语法分析和实现语法制导翻译器。下一节将给出一个实现了图 2-15 中的翻译方案的完整 Java 程序。另一种可行的方法是使用软件工具直接根据翻译方案生成一个翻译器。4.9 节将描述一个这样的工具——Yacc。使用这个工具，无需修改就可以实现图 2-15 中的翻译方案。

对于任何上下文无关文法，我们都可以构造出一个时间复杂度为 $O(n^3)$ 的语法分析器，它最多使用 $O(n^3)$ 的时间就可以完成一个长度为 n 的符号串的语法分析。但是，三次方的时间代价一般来说太昂贵了。幸运的是，对于实际的程序设计语言而言，我们通常能够设计出一个可以被高效分析的文法。线性时间复杂度的算法足以分析实践中出现的各种程序设计语言。程序设计语言的语法分析器几乎总是一次性地从左到右扫描输入，每次向前看一个终结符号，并在扫描时构造出分析树的各个部分。

大多数语法分析方法都可以归入以下两类：自顶向下(top-down)方法和自底向上(bottom-up)方法。这两个术语指的是语法分析树结点的构造顺序。在自顶向下语法分析器中，构造过程从根结点开始，逐步向叶子结点方向进行；而在自底向上语法分析器中，构造过程从叶子结点开始，逐步构造出根结点。自顶向下语法分析器之所以受欢迎，是因为使用这种方法可以较容易地手工构造出高效的语法分析器。不过，自底向上分析方法可以处理更多种文法和翻译方案，所以直接从文法生成语法分析器的软件工具常常使用自底向上的方法。

2.4.1 自顶向下分析方法

我们在介绍自顶向下的分析方法时考虑的文法适合使用自顶向下分析技术。在本节后面的内容中，我们将考虑构造自顶向下语法分析器的一般方法。图 2-16 中的文法生成 C 或 Java 语句的一个子集。我们分别用黑体终结符 **if** 和 **for** 表示关键字“if”和“for”，以强调这些字符序列被视为一个单元，也就是单个终结符号。此外，终结符 **expr** 代表表达式。一个更完整的文法将使用非终结符号 *expr*，并带有多个关于非终结符号 *expr* 的产生式。类似地，**other** 是一个代表其他语句构造的终结符号。

```
stmt     →  expr ;
         |  if ( expr ) stmt
         |  for ( optexpr ; optexpr ; optexpr ) stmt
         |  other

optexpr  →  ϵ
         |  expr
```

图 2-16 C 和 Java 中某些语句的文法

在自顶向下地构造一棵如图 2-17 所示的语法分析树时，从标号为开始非终结符 *stmt* 的根结点开始，反复执行下面两个步骤：

1）在标号为非终结符号 *A* 的结点 *N* 上，选择 *A* 的一个产生式，并为该产生式体中的各个符号构造出 *N* 的子结点。

2）寻找下一个结点来构造子树，通常选择的是语法分析树最左边的尚未扩展的非终结符。

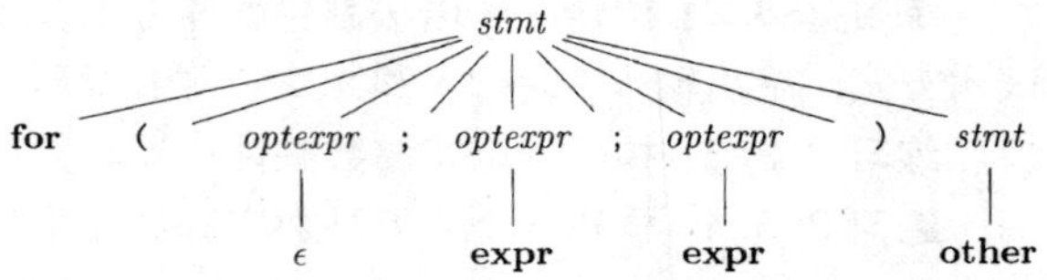

图 2-17 根据图 2-16 中的文法得到的语法分析树

对于某些文法，上面的步骤只需要对输入串进行一次从左到右的扫描就可以完成。输入中当前被扫描的终结符号通常称为向前看(lookahead)符号。在开始时，向前看符号是输入串的第一个(即最左的)终结符号。图 2-18 演示了构造如下输入串的语法分析树的过程：

for (; expr ; expr) other

得到的语法分析树如图 2-17 所示。一开始，向前看符号是终结符号 **for**，语法分析树的已知部分只包含标号为开始非终结符号 *stmt* 的根结点，如图 2-18a 所示。我们的目标是以适当的方法构造出语法分析树的其余部分，使得这棵树生成的符号串与输入符号串匹配。

为了与输入串匹配，图 2-18a 中的非终结符号 *stmt* 必须推导出一个以向前看符号 **for** 开头的串。在图 2-16 所示的文法中，*stmt* 只有一个产生式可以推导出这样的串，所以我们选择这个产生式，并构造出根结点的各个子结点，并使用该产生式体中的符号作为这些子结点的标号。这棵语法分析树的这次扩展如图 2-18b 所示。

在图 2-18 所示的三个快照中，都包含一个指向输入串中向前看符号的箭头和一个指向当前正被考虑的语法分析树结点的箭头。一旦一个结点的子结点全部构造完毕，我们就要考虑该结点的最左子结点。在图 2-18b 中，根结点的子结点刚刚构造完毕，下一个要考虑的结点是标号为 **for** 的最左子结点。

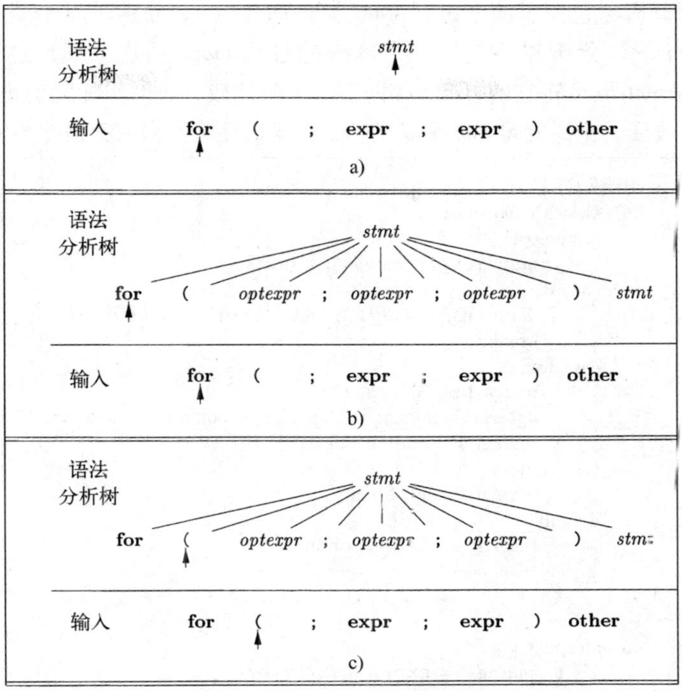

图 2-18 从左到右扫描输入串时进行的自顶向下语法分析

如果当前正考虑的语法分析树结点的标号是一个终结符号，而且此终结符号与向前看符号匹配，那么语法分析树的箭头和输入的箭头都前进一步。输入中的下一个终结符成为新的向前看符号，同时考虑语法分析树的下一个子结点。在图 2-18c 中，语法分析树的箭头指向根的下一个子结点，输入中的箭头已经前进到下一个终结符号，即“(”。再下一步将使得语法分析树的箭头指向标号为非终结符号 *optexpr* 的子结点，并将输入的箭头指向终结符号“;”。

在标号为 *optexpr* 的非终结符号结点上，我们需要再次为一个非终结符号选择产生式。以 ϵ 为体的产生式(即 ϵ 产生式)需要特殊处理。当前，我们将 ϵ 产生式当作默认选择，只有在没有其他产生式可用时才会选择它们。我们将在 2.4.3 节中再次讨论 ϵ 产生式。对于非终结符号 *optexpr* 和向前看符号“;”，我们使用 *optexpr* 的 ϵ 产生式，因为“;”和 *optexpr* 仅有的另一个产生式不匹配，那个产生式的体是终结符号 **expr**。

一般来说，为一个非终结符号选择产生式是一个“尝试并犯错”的过程。也就是说，我们首先选择一个产生式，并在这个产生式不合适时进行回溯，再尝试另一个产生式。一个产生式“不合适”是指使用了该产生式之后，我们无法构造得到一棵与当前输入串相匹配的语法分析树。但是在称为预测语法分析的特殊情形下不需要进行回溯。我们接下来将讨论这个方法。

2.4.2 预测分析法

递归下降分析方法(recursive-descent parsing)是一种自顶向下的语法分析方法，它使用一组递归过程来处理输入。文法的每个非终结符都有一个相关联的过程。这里我们考虑递归下降分析法的一种简单形式，称为*预测分析法*(predictive parsing)。在预测分析法中，各个非终结符号对应的过程中的控制流可以由向前看符号无二义地确定。在分析输入串时出现的过程调用序列隐式地定义了该输入串的一棵语法分析树。如果需要，还可以通过这些过程调用来构建一个显式的语法分析树。

图 2-19 的预测分析器包含了两个过程 *stmt*( ) 和 *optexpr*( )，分别对应于图 2-16 中文法的非终结符号 *stmt* 和 *optexpr*。该分析器还包括一个额外的过程 *match*。这个额外过程用来简化 *stmt* 和 *optexpr* 的代码。过程 *match*(*t*) 将它的参数 *t* 和向前看符号比较，如果匹配就前进到下一个输入终结符号。因此，*match* 改变了全局变量 *lookhead* 的值，该变量存储了当前正被扫描的输入终结符号。

```
void stmt() {
      switch ( lookahead ) {
      case expr:
            match(expr); match(';'); break;
      case if:
            match(if); match('('); match(expr); match(')'); stmt();
            break;
      case for:
            match(for); match('(');
            optexpr(); match(';'); optexpr(); match(';'); optexpr();
            match(')'); stmt(); break;
      case other;
            match(other); break;
      default:
            report("syntax error");
      }
}

void optexpr() {
      if ( lookahead == expr ) match(expr);
}

void match(terminal t) {
      if ( lookahead == t ) lookahead = nextTerminal;
      else report("syntax error");
}
```

图 2-19　一个预测分析器的伪代码

分析过程开始时，首先调用文法的开始非终结符号 *stmt* 对应的过程。在处理如图 2-18 所示的输入时，*lookhead* 被初始化为第一个终结符号 **for**。过程 *stmt* 执行和如下产生式对应的代码：

$$stmt \rightarrow \textbf{for}\ (\ optexpr\ ;\ optexpr\ ;\ optexpr\ )\ stmt$$

在对应于该产生式体的代码中——即图 2-19 的过程 *stmt* 中处理 **for** 语句的 case 分支——每个终结符都和向前看符号匹配，而每个非终结符都产生一个对相应过程的调用：

match(**for**) ; *match*('(') ;

optexpr( ) ; *match*('; ') ; *optexpr*( ) ; *match*('; ') ; *optexpr*( ) ;

match(')') ; *stmt*( ) ;

预测分析需要知道哪些符号可能成为一个产生式体所生成串的第一个符号。更精确地说，令 α 是一个文法符号(终结符号或非终结符号)串。我们将 FIRST(α) 定义为可以由 α 生成的一个或多个终结符号串的第一个符号的集合。如果 α 就是 ϵ 或者可以生成 ϵ，那么 ϵ 也在 FIRST(α) 中。

关于计算 FIRST(α) 的算法的详细描述将在 4. 4. 2 节中给出。这里，我们将使用不具一般性的推导方法来求出 FIRST(α) 中的符号。通常情况下，α 要么以一个终结符号开头，此时该终结符号就是 FIRST(α) 中的唯一符号；要么 α 以一个非终结符号开头，且该非终结符的所有产生式体都以某个终结符号开头，那么这些终结符号就是 FIRST(α) 的所有成员。

例如，对于图 2-16 中的文法，其 FIRST 的正确计算如下：

$$\text{FIRST}(stmt) = \{\textbf{expr}, \textbf{if}, \textbf{for}, \textbf{other}\}$$

$$\text{FIRST}(\textbf{expr}\ ;\ ) = \{\textbf{expr}\}$$

如果有两个产生式 $A \to \alpha$ 和 $A \to \beta$，我们就必须考虑相应的 FIRST 集合。如果我们不考虑 ϵ 产生式，预测分析法要求 FIRST(α)和 FIRST(β)不相交，那么就可以用向前看符号来确定应该使用哪个产生式。如果向前看符号在 FIRST(α)中，就使用 α。如果向前看符号在 FIRST(β)中，就使用 β。

2.4.3 何时使用 ϵ 产生式

我们的预测分析器在没有其他产生式可用时，将 ϵ 产生式作为默认选择使用。处理图 2-18 所示的输入时，在终结符号 **for** 和“(”匹配之后，向前看符号为“;”。此时，过程 *optexpr* 被调用，其过程体中的代码：

if (*lookahead* == **expr**) *match*(**expr**);

被执行。非终结符号 *optexpr* 有两个产生式，它们的体分别是 **expr** 和 ϵ。向前看符号“;”与终结符号 **expr** 不匹配，因此不能使用以 **expr** 为体的产生式。事实上，该过程没有改变向前看符号，也没有做任何其他操作就返回了。不做任何操作就对应于应用 ϵ 产生式的情形。

对于更加一般化的情况，我们考虑图 2-16 中产生式的一个变体，其中 *optexpr* 生成一个表达式非终结符号，而不是终结符号 **expr**：

$$
\begin{aligned}
optexpr &\to expr \\
&\mid \ \epsilon
\end{aligned}
$$

这样，*optexpr* 要么使用非终结符号 *expr* 生成一个表达式，要么生成 ϵ。在对 *optexpr* 进行语法分析时，如果向前看符号不在 FIRST(*expr*)中，我们就使用 ϵ 产生式。

要更加深入地了解应该在何时使用 ϵ 产生式，请参见 4.4.3 节中关于 LL(1)文法的讨论。

2.4.4 设计一个预测分析器

我们可以将 2.4.2 节中非正式介绍的技术推广应用到任意具有如下性质的文法上：对于文法的任何非终结符号，它的各个产生式体的 FIRST 集合互不相交。我们还将看到，如果我们有一个翻译方案，即一个增加了语义动作的文法，那么我们可以将这些语义动作当作此语法分析器的过程的一部分执行。

回顾一下，一个预测分析器(predictive parser)程序由各个非终结符对应的过程组成。对应于非终结符 A 的过程完成以下两项任务：

1）检查向前看符号，决定使用 A 的哪个产生式。如果一个产生式的体为 α(这里 α 不是空串 ϵ)且向前看符号在 FIRST(α)中，那么就选择这个产生式。对于任何向前看符号，如果两个非空的产生式体之间存在冲突，我们就不能对这种文法使用预测语法分析。另外，如果 A 有 ϵ 产生式，那么只有当向前看符号不在 A 的其他产生式体的 FIRST 集合中时，才会使用 A 的 ϵ 产生式。

2）然后，这个过程模拟被选中产生式的体。也就是说，从左边开始逐个“执行”此产生式体中的符号。“执行”一个非终结符号的方法是调用该非终结符号对应的过程，一个与向前看符号匹配的终结符号的“执行”方法则是读入下一个输入符号。如果在某个点上，产生式体中的终结符号和向前看符号不匹配，那么语法分析器就会报告一个语法错误。

图 2-19 显示的是对图 2-16 的文法应用这些规则的结果。

就像通过扩展文法来得到一个翻译方案一样，我们也可以扩展一个预测分析器来获得一个语法制导的翻译器。在 5.4 节中将给出一个能够达到此目的的算法。下面的部分构造方法已经可以满足当前的要求：

1）先不考虑产生式中的动作，构造一个预测分析器。

2）将翻译方案中的动作拷贝到语法分析器中。如果一个动作出现在产生式 p 中的文法符号

X 的后面，则该动作就被拷贝到 p 的代码中 X 的实现之后。否则，如果该动作出现在一个产生式的开头，那么它就被拷贝到该产生式体的实现代码之前。

我们将在 2.5 节构造这样一个翻译器。

2.4.5 左递归

递归下降语法分析器有可能进入无限循环。当出现如下所示的“左递归”产生式时，分析器就会出现无限循环：

$$expr \rightarrow expr \ + \ term$$

在这里，产生式体的最左边的符号和产生式头部的非终结符相同。假设 *expr* 对应的过程决定使用这个产生式。因为产生式体的开头是 *expr*，所以 *expr* 对应的过程将被递归调用。由于只有当产生式体中的一个终结符号被成功匹配时，向前看符号才会发生改变，因此在对 *expr* 的两次调用之间输入符号没有发生改变。结果，第二次 *expr* 调用所做的事情与第一次调用所做的完全相同，这意味着会对 *expr* 进行第三次调用，并不断重复，进入无限循环。

通过改写有问题的产生式就可以消除左递归。考虑有两个产生式：

$$A \rightarrow A\alpha \mid \beta$$

的非终结符号 A，其中 α 和 β 是不以 A 开头的终结符号/非终结符号的序列。例如，在产生式

$$expr \rightarrow expr \ + \ term \mid term$$

中，非终结符号 $A = expr$，串 $\alpha = \ + \ term$，串 $\beta = term$。

因为产生式 $A \rightarrow A\alpha$ 的右部的最左符号是 A 自身，非终结符号 A 和它的产生式就称为*左递归的*(left recursive)[⊖]。不断应用这个产生式将在 A 的右边生成一个 α 的序列，如图 2-20a 所示。当 A 最终被替换为 β 时，我们就得到了一个在 β 后跟有 0 个或多个 α 的序列。

如图 2-20b 所示，使用一个新的非终结符号 R，并按照如下方式改写 A 的产生式可以达到同样的效果：

$$A \rightarrow \beta R$$
$$R \rightarrow \alpha R \mid \epsilon$$

非终结符号 R 和它的产生式 $R \rightarrow \alpha R$ 是*右递归的*(right recursive)，因为这个产生式的右部的最后一个符号就是 R 本身。如图 2-20b 所示，右递归的产生式会使得树向右下方向生长。因为树是向右下生长的，对包含了左结合运算符(比如减法)的表达式的翻译就变得较为困难。然而，我们将在 2.5.2 节看到，通过仔细设计翻译方案，我们仍然可以将一个表达式正确地翻译成后缀表达式。

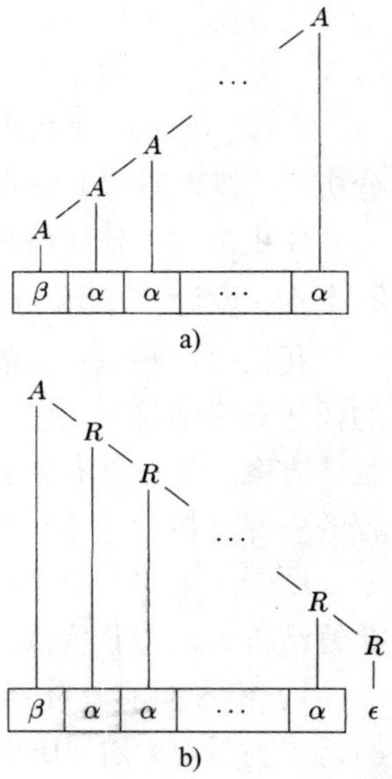

图 2-20 生成一个串的左递归方式和右递归方式

在 4.3.3 节，我们将考虑更一般的左递归形式，并说明如何从文法中消除左递归。

2.4.6 2.4 节的练习

练习 2.4.1：为下列文法构造递归下降语法分析器：

1) $S \rightarrow + \ S \ S \mid - \ S \ S \mid \mathbf{a}$

2) $S \rightarrow S \ (\ S \ ) \ S \mid \epsilon$

3) $S \rightarrow 0 \ S \ 1 \mid 0 \ 1$

⊖ 在一般的左递归文法中，非终结符号 A 可能通过一些中间产生式推导出 $A\alpha$，而不一定存在产生式 $A \rightarrow A\alpha$。

2.5 简单表达式的翻译器

使用前面三节介绍的技术，现在我们可以用 Java 语言编写一个语法制导翻译器。这个翻译器可以把算术表达式翻译成等价的后缀形式。为了使最初的程序比较小且容易理解，我们首先处理最简单的表达式，即由二目运算符加号和减号分隔的数位序列。在 2.6 节中，我们将扩展这个程序，使它能够翻译包含数字和其他运算符的表达式。由于表达式是很多程序设计语言中的构造，因此深入研究表达式的翻译问题是有意义的。

语法制导翻译方案常常作为翻译器的规约。图 2-21（图 2-15 的重复）中的翻译方案定义了将要执行的翻译过程。

```
expr  →  expr + term   { print('+') }
      |  expr - term   { print('-') }
      |  term

term  →  0             { print('0') }
      |  1             { print('1') }
         ···
      |  9             { print('9') }
```

图 2-21　翻译为后缀表示形式的动作

在使用一个预测语法分析器进行语法分析时，我们常常需要修改一个给定翻译方案的基础文法。特别地，图 2-21 中的翻译方案的文法是左递归的。如上节所述，预测语法分析器不能处理左递归的文法。

现在我们看起来处在矛盾之中：一方面，我们需要一个能够支持翻译规约的文法；另一方面，我们又需要一个明显不同的能够支持语法分析过程的文法。解决的方法是首先使用易于翻译的文法，然后再小心地对这个文法进行转换，使之能够支持语法分析。通过消除图 2-21 中的左递归，我们可以得到一个适用于预测递归下降翻译器的文法。

2.5.1 抽象语法和具体语法

设计一个翻译器时，名为*抽象语法树*（abstract syntax tree）的数据结构是一个很好的起点。在一个表达式的抽象语法树中，每个内部结点代表一个运算符，该结点的子结点代表这个运算符的运算分量。对于更加一般化的情况，当我们处理任意的程序设计语言构造时，我们可以创建一个针对这个构造的运算符，并把这个构造的具有语义信息的组成部分作为这个运算符的运算分量。

`9-5+2` 的抽象语法树如图 2-22 所示，其中根结点代表运算符 `+`，根结点的子树分别代表子表达式 `9-5` 和 `2`。将 `9-5` 组成一个运算分量反映了在对优先级相同的运算符求值时，求值顺序总是从左到右的。因为 `+` 和 `-` 具有相同的优先级，因此 `9-5+2` 等价于 `(9-5)+2`。

抽象语法树也简称*语法树*（syntax tree），在某种程度上和语法分析树相似。但是在抽象语法树中，内部结点代表的是程序构造；而在语法分析树中，内部结点代表的是非终结符号。文法中的很多非终结符号都代表程序的构造，但也有一部分是各种各样的辅助符号，比如那些代表项、因子或其他表达式变体的非终结符号。在抽象语法树中，通常不需要这些辅助符号，因此会将这些符号省略掉。为了强调它们之间的区别，我们有时把语法分析树称为*具体语法树*（concrete syntax tree），而相应的文法称为该语言的*具体语法*（concrete syntax）。

在图 2-22 给出的语法树中，每个内部结点都和一个运算符关联。树中没有对应于 *expr*→*term* 这样的*单产生式*（即产生式体中仅包含一个非终结符号的产生式）的“辅助”结点，也没有对应于 ϵ 产生式（比如 *rest*→ϵ）的结点。

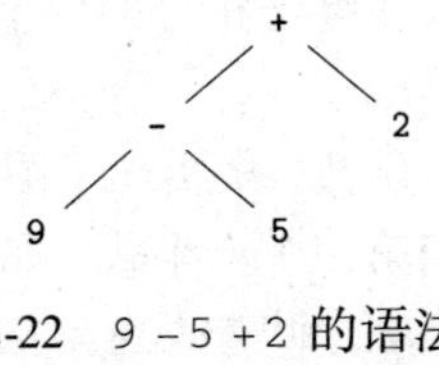

图 2-22　`9-5+2` 的语法树

我们希望翻译方案的基础文法的语法分析树与抽象语法树尽可能相近。图 2-21 中的文法对子表达式进行分组的方式与语法树的分组方式相似。例如，加运算符的子表达式是由产生式体 *expr* + *tern* 中的 *expr* 和 *term* 给出的。

2.5.2 调整翻译方案

图 2-20 中简述的左递归消除技术同样可以应用于包含了语义动作的产生式。首先，该技术被扩展到 *A* 的多个产生式中。在我们的例子中，*A* 就是 *expr*，它有两个 *expr* 的左递归产生式和一

个非左递归的产生式。这个技术将产生式 $A \to A\alpha \mid A\beta \mid \gamma$ 转换成

$$A \to \gamma R$$
$$R \to \alpha R \mid \beta R \mid \epsilon$$

其次，我们要转换的产生式不仅包含终结符号和非终结符号，还包含内嵌动作。嵌入在产生式中的语义动作在转换时被当作终结符号直接进行复制。

例 2.13 考虑图 2-21 中的翻译方案。令

$$A = expr$$
$$\alpha = + \ term\{\text{print}('+')\}$$
$$\beta = - \ term\{\text{print}('-')\}$$
$$\gamma = term$$

那么进行左递归消除转换后将产生如图 2-23 所示的翻译方案。图 2-21 中的 *expr* 产生式已经转换成 *expr* 和新非终结符号 *rest* 的产生式，其中 *rest* 扮演了 *R* 的角色。*term* 的产生式就是图2-21 中 *term* 的产生式。图 2-24 展示了使用图 2-23 中的文法对 9 - 5 + 2 进行翻译的过程。□

```
expr  →  term rest
rest  →  + term { print('+') } rest
      |  - term { print('-') } rest
      |  ϵ
term  →  0 { print('0') }
      |  1 { print('1') }
         ...
      |  9 { print('9') }
```

图 2-23 消除左递归后的翻译方案

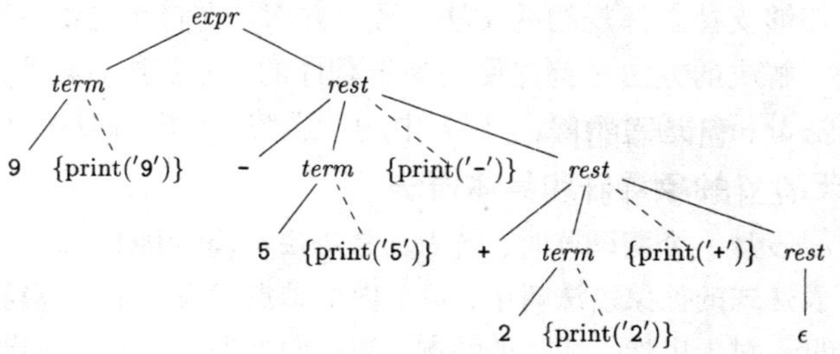

图 2-24 从 9 - 5 + 2 到 95 - 2 + 的翻译

左递归消除的工作必须小心进行，以确保消除后的结果保持语义动作的顺序。例如，在图 2-23 的翻译方案中，动作{print('+')}和{print('-')}都处于产生式体的中间，两边分别是非终结符号 *term* 和 *rest*。假如将这个动作放到产生式的末尾，即 *rest* 之后，那么这个翻译就是不正确的。请读者自己证明，假如这么做，9 - 5 + 2 就会被错误地转换成 952 + -，它是 9 - (5 + 2) 的后缀表示方式；而我们实际想要的是 952 + -，即(9 - 5) + 2 的后缀表示方式。

2.5.3 非终结符号的过程

图 2-25 中的函数 *expr*、*term* 和 *rest* 实现了图 2-23 中的语法制导翻译方案。这些函数模拟了对应于非终结符号的各个产生式体。函数 *expr* 先调用 *term*( ) 再调用 *rest*( )，从而实现产生式 *expr* → *term rest*。

函数 *rest* 实现了图 2-23 中非终结符 *rest* 的三个产生式。如果向前看符号是加号，这个函数就使用第一个产生式；如果向前看符号是减号，就使用第二个产生式；在其他情况下使用产生式 $rest \to \epsilon$。非终结符号 *rest* 的前两个产生式是用过程 *rest* 中 if 语句的前两个分支实现的。如果向前看符号是 +，就调用 *match*('+')来匹配它。在调用 *term*( )之后，相应的语义动作通过输出一个加号来实现。第二个产生式与此类似，只是用 - 代替 +。因为 *rest* 的第三个产生式的右部是 ϵ，所以函数 *rest* 中最后一个 else 子句不做任何处理。

非终结符号 *term* 的十个产生式生成十个数位。因为每一个产生式都生成一个数位并打印，所以在图 2-25 中用相同的代码实现这些产生式。如果 *term*( ) 中的条件表达式成立，变量 *t* 中就保存 *lookahead* 代表的数位，它将在调用完 *match* 之后被打印出来。注意，*match* 会改变向前看符

号，所以我们需要 t 保存这个数位，以便稍后打印输出[⊖]。

```
void expr() {
        term(); rest();
}

void rest() {
        if ( lookahead == '+' ) {
                match('+'); term(); print('+'); rest();
        }
        else if ( lookahead == '-' ) {
                match('-'); term(); print('-'); rest();
        }
        else { } /* 不对输入作任何处理 */ ;
}

void term() {
        if ( lookahead 是一个数位 ) {
                t = lookahead; match(lookahead); print(t);
        }
        else report("语法错误");
}
```

图 2-25 非终结符 *expr*、*rest* 和 *term* 的伪代码

2.5.4 翻译器的简化

在给出完整的程序之前，我们将对图 2-25 中的代码做两处简化。这个简化将把过程 *rest* 展开到过程 *expr* 中。在翻译具有多个优先级的表达式时，这样的简化处理可以减少需要使用的过程数目。

首先，某些递归调用可以被替换为迭代。如果一个过程体中执行的最后一条语句是对该过程的递归调用，那么这个调用就称为是*尾递归的*(tail recursive)。例如，在函数 *rest* 中，当向前看符号为 + 和 - 时对 *rest*( )的调用都是尾递归的。因为在每个分支中，对 *rest* 的递归调用都是调用 *rest* 时执行的最后一条语句。

对于没有参数的过程，一个尾递归调用可以被替换为跳转到过程开头的语句。过程 *rest* 的代码可以被改写为图 2-26 中的伪代码。只要向前看符号是一个加号或一个减号，过程 *rest* 就和该符号匹配，并调用 *term* 来匹配一个数位，然后重复这一过程。否则，它就跳出 while 循环并从 *rest* 返回。

```
void rest() {
        while( true ) {
                if( lookahead == '+' ) {
                        match('+'); term(); print('+'); continue;
                }
                else if ( lookahead == '-' ) {
                        match('-'); term(); print('-'); continue;
                }
                break ;
        }
}
```

图 2-26 消除图 2-25 中过程 *rest* 的尾递归

其次，整个 Java 程序还包含另一处修改。一旦图 2-25 中 *rest* 过程的尾递归调用被替换为迭代过程，那么对 *rest* 的调用仅仅出现在过程 *expr* 中。因此，将过程 *expr* 中对 *rest* 的调用替换为 *rest* 的过程体，就可以将这两个函数合二为一。

⊖ 作为一个小小的优化，我们可以在调用 *match* 之前打印这个数位，避免将这个数位保存起来。一般来说，改变语义动作和文法符号之间的顺序是有风险的，因为这么做可能改变这个翻译的结果。

2.5.5 完整的程序

我们的翻译器的完整 Java 程序显示在图 2-27 中。第一行以 import 开头，使得程序可以访问 java.io 包以进行系统输入和输出。其余的代码包括两个类：Parser 和 Postfix。类 Parser 包含变量 lookahead 和函数 Parser、expr、term 和 match。

```
import java.io.*;
class Parser {
    static int lookahead;

    public Parser() throws IOException {
        lookahead = System.in.read();
    }

    void expr() throws IOException {
        term();
        while(true) {
            if( lookahead == '+' ) {
                match('+'); term(); System.out.write('+');
            }
            else if( lookahead == '-' ) {
                match('-'); term(); System.out.write('-');
            }
            else return;
        }
    }

    void term() throws IOException {
        if( Character.isDigit((char)lookahead) ) {
            System.out.write((char)lookahead); match(lookahead);
        }
        else throw new Error("syntax error");
    }

    void match(int t) throws IOException {
        if( lookahead == t ) lookahead = System.in.read();
        else throw new Error("syntax error");
    }
}

public class Postfix {
    public static void main(String[] args) throws IOException {
        Parser parse = new Parser();
        parse.expr(); System.out.write('\n');
    }
}
```

图 2-27 将中缀表达式翻译为后缀表达形式的 Java 程序

程序的执行从类 Postfix 中定义的函数 main 开始。函数 main 创建了一个 Parser 类的实例 parse，然后调用它的函数 expr 对一个表达式进行语法分析。

和类 Parser 同名的函数 Parser 是该类的*构造函数*(constructor)，它在创建该类的一个对象时自动调用。请注意，根据类 Parser 开始处的定义，构造函数 Parser 读入一个词法单元，并将变量 lookahead 初始化为这个词法单元。由单个字符组成的词法单元是由系统输入例程 read 提供的，该子程序从输入文件中读取下一个字符。注意，lookahead 被声明为整型变量，而不是字符型变量。这是为了便于在后面引入非单个字符的其他词法单元。

函数 expr 是 2.5.4 节中讨论的简化处理的结果。它实现了图 2-23 中的非终结符号 expr 和

rest。图 2-27 中 expr 的代码首先调用 term，然后用一个 while 循环不断测试 lookahead 是否和 + 或 - 匹配。当运行到代码中的 return 语句时，控制流离开这个 while 循环。在循环内部，System 类的输入/输出功能用来写一个字符。

函数 term 使用 Java 类 Character 中的例程 isDigit 来判断向前看符号是否为一个数位。例程 isDigit 的参数是一个字符。然而，为了方便将来的扩展，lookahead 被声明为整型变量。(char)lookahead 将 lookahead 的类型强制转化(cast)为字符。和图 2-25 相比，这里有一个小的改动，即输出向前看字符的语义动作在调用 match 之前就执行了。

函数 match 检查终结符号。如果向前看符号是匹配的，它就读取下一个输入终结符号，否则它执行下面的代码，发出出错消息。

```
throw new Error("syntax error");
```

上述代码创建了类 Error 的一个新异常，并将“syntax error”作为其错误消息。Java 并不强制要求在 throw 子句中声明 Error 异常，因为这些异常的本意是表示不应该发生的不正常事件。⊖

Java 的一些主要特征

对于不熟悉 Java 的读者来说，下面的一些注解有助于他们阅读图 2-27 中的代码：

- 一个 Java 的类由变量和函数定义的序列组成。
- 函数(例程)的参数列表用括号括起来，即使没有参数也需要写出括号，因此我们写成 expr()和 term()。这些函数实际上是过程，因为它们的函数名字前面的关键字 void 表示它们没有返回值。
- 函数之间通信时可以通过“值传递方式”传递参数，也可以通过访问共享数据进行通信。比如，函数 expr()和 term()使用类变量 lookahead 来检查向前看符号。这两个函数都可以访问这个类变量，因为它们同属于类 Parser。
- 和 C 语言一样，Java 语言使用 = 表示赋值，== 表示等于，!= 表示不等于。
- term()定义中的子句“throw IOException”声明该函数在执行时可能会出现一个名为 IOException 的异常。当函数 match 调用例程 read 时，如果无法读到输入就会出现这样的异常。任何调用了 match 的函数也必须声明在该函数运行时可能出现一个 IOException 异常。

2.6 词法分析

一个词法分析器从输入中读取字符，并将它们组成“词法单元对象”。除了用于语法分析的终结符号之外，一个词法单元对象还包含一些附加信息，这些信息以属性值的形式出现。至今为止，我们还不需要区分术语“词法单元”和“终结符号”，因为语法分析器忽略了词法单元中带有

⊖ 错误处理可以使用 Java 的异常处理机制来实现。方法之一是声明一个扩展了系统类 Exception 的新的异常，比如 SyntaxError。然后在 term 或 match 中检测到错误时抛出 SyntaxError 异常，而不是 Error 异常。然后在 main 中把对 parse.expr()的调用放在一个 try 语句中。该 try 语句可以捕获 SyntaxError 异常，输出一个消息并结束。如果这么做，我们将需要在图 2-27 的程序中加入一个类 SyntaxError。要完成这个扩展，我们还必须修改 match 和 term 的声明，使得它们不仅可以抛出 IOException，还可以抛出 SyntaxError。同时也必须重新声明调用它们的函数 expr，使得它可以抛出 SyntaxError 异常。

的属性值。在本节中，一个词法单元就是一个带有附加信息的终结符号。

构成一个词法单元的输入字符序列称为词素（lexem）。因此，我们可以说，词法分析器使得语法分析器不需要考虑词法单元的词素表示方式。

本节的词法分析器允许在表达式中出现数字、标识符和“空白”（空格、制表符和换行符）。它可以用于扩展上一节中介绍的表达式翻译器。要允许在表达式中出现数字和标识符，就必须扩展图 2-21 中的表达式文法。借此机会我们还将使扩展后的文法支持乘法和除法运算。扩展后的翻译方案如图 2-28 所示。

```
expr   → expr + term     { print('+') }
       | expr - term     { print('-') }
       | term

term   → term * factor   { print('*') }
       | term / factor   { print('/') }
       | factor

factor → ( expr )
       | num             { print(num.value) }
       | id              { print(id.lexeme) }
```

图 2-28 翻译得到后缀表示方式的语义动作

在图 2-28 中，假定终结符号 **num** 具有属性 **num**. *value*，该属性给出了对应于 **num** 的本次出现的整数值。终结符号 **id** 有一个值为字符串类型的属性，写作 **id**. *lexeme*。我们假设这个字符串就是这个 **id** 实例的实际词素。

在本节结束时，这些被用来演示词法分析器的工作方式的伪代码片段将被组合成 Java 代码。本节中介绍的方法适合于手写的词法分析器。3.5 节描述了一个可根据一个词法规范生成词法分析器的工具 Lex。用于保存标识符相关信息的符号表或数据结构将在 2.7 节中讨论。

2.6.1 剔除空白和注释

2.5 节的表达式翻译器读取输入中的每个字符，所以任何无关字符，比如空格，都会使它运行失败。大部分语言允许词法单元之间出现任意数量的空白。在语法分析过程中同样会忽略源程序中的注释，所以这些注释也可以当作空白处理。

如果词法分析器消除了空白，那么语法分析器就不必再考虑它们了。当然，也可以修改文法使得语法中包含空白，但是实现这个方法远非易事。

图 2-29 中的伪代码在遇到空格、制表符或换行符时不断读取输入字符，从而跳过了空白部分。变量 *peek* 存放了下一个输入字符。在错误消息中加入行号和上下文有助于定位错误。这个代码使用变量 *line* 统计输入中的换行符个数。

```
for ( ; ; peek = next input character ) {
    if ( peek is a blank or a tab ) do nothing;
    else if ( peek is a newline ) line = line+1;
    else break;
}
```

图 2-29 跳过空白部分

2.6.2 预读

在决定向语法分析器返回哪个词法单元之前，词法分析器可能需要预先读入一些字符。例如，C 或 Java 的词法分析器在遇到字符 > 之后必须预先读入一个字符。如果下一个字符是 =，那么 > 就是字符序列 >= 的一部分，这个序列是代表“大于等于”运算符的词法单元的词素。否则 > 本身形成了“大于”运算符，词法分析器就多读了一个字符。

一个通用的预先读取输入的方法是使用输入缓冲区。词法分析器可以从缓冲区中读取一个字符，也可以把字符放回缓冲区。即使仅从效率的角度看，使用缓冲区也是有意义的，因为一次读取一块字符要比每次读取单个字符更加高效。我们可以用一个指针来跟踪已被分析的输入部分，向缓冲区放回一个字符可以通过回移指针来实现。输入缓冲技术将在 3.2 节中讨论。

因为通常只需预读一个字符，所以一种简单的解决方法是使用一个变量，比如 *peek*，来保存下一个输入字符。在读入一个数字的数位或一个标识符的字符时，本节的词法分析器会预读一个字符。例如，它在 1 后面预读一个字符来区分 1 和 10，在 `t` 后预读一个字符来区分 `t` 和 `true`。

词法分析器只在必要时才进行预读。像 * 这样的运算符不需预读就能够识别。在这种情况下，*peek* 的值被设置为空白符。词法分析器在寻找下一个词法单元时会跳过这个空白符。本节中的词法分析器的不变式断言如下：当词法分析器返回一个词法单元时，变量 *peek* 要么保存了当前词法单元的词素后的那个字符，要么保存空白符。

2.6.3 常量

在一个表达式的文法中，任何允许出现数位的地方都应该允许出现任意的整型常量。要使得表达式中可以出现整数常量，我们可以创建一个代表整型常量的终结符号，比如 **num**，也可以将整数常量的语法加入到文法中。将字符组成整数并计算它的数值的工作通常是由词法分析器完成的，因此在语法分析和翻译过程中可以将数字当作一个单元进行处理。

当在输入流中出现一个数位序列时，词法分析器将向语法分析器传送一个词法单元。该词法单元包含终结符号 **num** 及根据这些数位计算得到的整型属性值。如果我们把词法单元写成用〈〉括起来的元组，那么输入 `31 + 28 + 59` 就被转换成序列

〈**num**, 31〉〈+〉〈**num**, 28〉〈+〉〈**num**, 59〉

在这里，终结符号 + 没有属性，所以它的元组就是〈+〉。图 2-30 中的伪代码读取一个整数中的数位，并用变量 *v* 累计得到这个整数的值。

```
if ( peek holds a digit ) {
      v = 0;
      do {
            v = v * 10 + integer value of digit peek;
            peek = next input character;
      } while ( peek holds a digit );
      return token ⟨num, v⟩;
}
```

图 2-30 将数位组成整数

2.6.4 识别关键字和标识符

大多数程序设计语言使用 `for`、`do`、`if` 这样的固定字符串作为标点符号，或者用于标识某种构造。这些字符串称为关键字(keyword)。

字符串还可以作为标识符，来为变量、数组、函数等命名。为了简化语法分析器，语言的文法通常把标识符当作终结符号进行处理。当某个标识符出现在输入中时，语法分析器都会得到相同的终结符号，如 **id**。例如，在处理如下输入时

`count = count + increment;` (2.6)

语法分析器处理的是终结符号序列 **id** = **id** + **id**。词法单元 **id** 有一个属性保存它的词素。将词法单元写作元组形式，我们看到输入流(2.6)的元组序列是

〈**id**, `"count"`〉〈=〉〈**id**, `"count"`〉〈+〉〈**id**, `"increment"`〉〈;〉

关键字通常也满足标识符的组成规则，因此我们需要某种机制来确定一个词素什么时候组成一个关键字，什么时候组成一个标识符。如果将关键字作为保留字，也就是说，如果它们不能被用作标识符，这个问题相对容易解决。此时，只有当一个字符串不是关键字时它才能组成一个标识符。

本节中的词法分析器使用一个表来保存字符串，从而解决了如下两个问题：

- *单一表示*。一个字符串表可以将编译器的其余部分和表中字符串的具体表示隔离开，因为编译器后面的步骤可以只使用指向表中字符串的指针或引用。操作引用要比操作字符串本身更加高效。
- *保留字*。要实现保留字，可以在初始化时在字符串表中加入保留的字符串以及它们对应的词法单元。当词法分析器读到一个可以组成标识符的字符串或词素时，它首先检查这个字符串表中是否有这个词素。如是，它就返回表中的词法单元，否则返回带有终结符号 **id** 的词法单元。

在 Java 中，使用类 *Hashtable* 可以将一个字符串表实现为一张散列表。下面的声明

Hashtable words = **new** *Hashtable*( );

将 *words* 初始化为一个将键映射到值的默认散列表。我们将使用它来实现从词素到词法单元的映射。图 2-31 中的伪代码使用 *get* 操作来查找保留字。这个伪代码从输入中读取一个以字母开头、由字母和数位组成的字符串 *s*。我们假定读取的 *s* 尽可能地长，即只要词法分析器遇到字母或数位，它就不断从输入中读取字符。当它遇到的不是字母或数位，比如它遇到了空白符，已读取的词素就被复制到缓冲区 *b* 中。如果字符串表中已经有一个 *s* 的条目，它就返回由 *words*. *get* 得到的词法单元。这里 *s* 可能是一个关键字，在表 *words* 初始化的时候这个 *s* 就已经在表中了；它也可能是一个之前被加入到表中的标识符。如果不存在 *s* 对应的条目，那么由 **id** 和属性值 *s* 组成的词法单元将被加入到字符串表中，并被返回。

```
if ( peek 存放了一个字母 ) {
        将字母或数位读入一个缓冲区b;
        s = b 中的字符形成的字符串 ;
        w =words.get(s) 返回的词法单元 ;
        if ( w 不是 null ) return w;
        else {
                将键- 值对 (s, ⟨id, s⟩) 加入到words ;
                return 词法单元 ⟨id, s⟩;
        }
}
```

图 2-31 区分关键字和标识符

2.6.5 词法分析器

将本节到目前为止给出的伪代码片段组合起来，就可以得到一个返回词法单元对象的函数 *scan*。如下所示：

```
Token scan( ) {
        跳过空白符，见 2.6.1 节；
        处理数字，见 2.6.3 节；
        处理保留字和标识符，见 2.6.4 节；
        /* 如果我们运行到这里，就将预读字符 peek 作为一个词法单元 */
        Token t = new Token(peek);
        peek = 空白符 /* 按照 2.6.2 讨论的方法初始化 */;
        return t;
}
```

本节的其余部分将函数 *scan* 实现为一个用于词法分析的 Java 程序包的一部分。这个叫做 *lexer* 的包中包含对应于各种词法单元的类和一个包含函数 `scan` 的类 `Lexer`。

图 2-32 中显示了对应于各个词法单元的类及它们的字段，但图中没有给出它们的方法。类 `Token` 有一个 `tag` 字段，它用于做出语法分析决定。子类 `Num` 增加了一个用于存放整数值的字段 `value`；子类 `Word` 增加了一个字段 `lexeme`，用于保存关键字和标识符的词素。

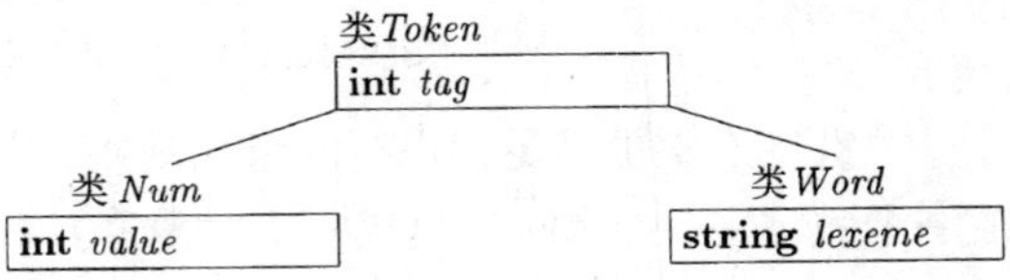

图 2-32 类 Token 以及子类 Num 和 Work

每个类都在以它的名字命名的文件中。`Token` 类的文件内容如下：

```
1)  package lexer;                    // 文件 Token.java
2)  public class Token {
3)     public final int tag;
4)     public Token(int t) { tag = t; }
5)  }
```

第一行指明了 *lexer* 包。第 3 行声明了字段 `tag` 为 `final` 的，即它一旦被赋值就不能再修改。第 4 行上的构造函数 `Token` 用于创建词法单元对象，比如

```
new Token('+')
```

创建了 Token 类的一个新对象，并且把它的 tag 字段初始化为“+”的整数表示。（为简洁起见，我们省略了常用的方法 toString。该方法将返回一个适于打印的字符串。）

在伪代码中使用诸如 **num**、**id** 这样的终结符号的地方，Java 代码中使用整型常量表示。类 Tag 实现了这些常量：

```
package lexer;                        // 文件 Tag.java
public class Tag {
   public final static int
      NUM = 256, ID = 257, TRUE = 258, FALSE = 259;
}
```

除了值为整数的字段 NUM 和 ID 外，这个类还定义了两个字段 TRUE 和 FALSE 以备后用，它们将用于演示如何处理保留的关键字。⊖

Tag 类中的字段是 public 的，因此它们可以在包的外面使用。它们同时也是 static 的，因此这些字段只能有一个实例，或者说拷贝。这些字段是 final 的，因此它们只能被赋值一次。事实上，这些常量就代表常量。在 C 语言中，可以使用 define 语句来获得类似的效果。这些 define语句使得 NUM 这样的名字可以被当作符号常量使用，例如：

```
#define NUM 256
```

在伪代码引用终结符号 **num 和 id** 的地方，Java 代码引用的是 Tag.NUM 和 Tag.ID。唯一的要求是 Tag.NUM 和 Tag.ID 必须被初始化为互不相同的值，且这些初始化值还必须不同于那些代表单字符词法单元（比如“+”或“*”）的常量。

```
1) package lexer;                        // 文件 Num.java
2) public class Num extends Token {
3)    public final int value;
4)    public Num(int v) { super(Tag.NUM); value = v; }
5) }
```

```
1) package lexer;                        // 文件 Word.java
2) public class Word extends Token {
3)    public final String lexeme;
4)    public Word(int t, String s) {
5)       super(t); lexeme = new String(s);
6)    }
7) }
```

图 2-33　Token 的子类 Num 和 Word

类 Num 和 Word 显示在图 2-33 中。类 Num 通过在第 3 行声明一个整数字段 value 而扩展了 Token。第 4 行的构造函数 Num 调用了 super(Tag.NUM)，该函数把其父类 Token 的 tag 字段设定为 Tag.NUM。

类 Word 既可用于保留字，也可用于标识符，因此第 4 行上的构造函数 Word 需要两个参数：一个词素和一个与 tag 对应的整数值。一个用于保留字 true 的对象可以通过以下语句创建：

```
new Word(Tag.TRUE, "true")
```

这个语句创建了一个新对象，该对象的 tag 字段被设为 Tag.TRUE，lexeme 字段被设为字符串“true”。

用于词法分析的类 Lexer 显示在图 2-34 和图 2-35 中。第 4 行上的整型变量 line 用于对输入行计数，第 5 行上的字符变量 peek 用于存放下一个输入字符。

保留字在第 6 行到第 11 行处理。第 6 行声明了表 words。第 7 行上的辅助函数 reserve 将一个字符串 - 字对放入这个表中。构造函数 Lexer 中的第 9 行和第 10 行初始化这个表。它们使用构造函数 Word 来创建字对象，这些对象被传递到辅助函数 reserve。因此，在第一次调用 scan 之前，这个表被初始化，并且预先加入了保留字“true”和“false”。

⊖ ASCII 字符通常被转化为 0 ~ 255 之间的整数。因此我们用大于 255 的整数来表示终结符号。

```
1) package lexer;                    //文件 Lexer.java
2) import java.io.*; import java.util.*;
3) public class Lexer {
4)    public int line = 1;
5)    private char peek = ' ';
6)    private Hashtable words = new Hashtable();
7)    void reserve(Word t) { words.put(t.lexeme, t); }
8)    public Lexer() {
9)       reserve( new Word(Tag.TRUE,  "true")  );
10)      reserve( new Word(Tag.FALSE, "false") );
11)   }
12)   public Token scan() throws IOException {
13)      for( ; ; peek = (char)System.in.read() ) {
14)         if( peek == ' ' || peek == '\t' ) continue;
15)         else if( peek == '\n' ) line = line + 1;
16)         else break;
17)      }
         /* 续见图 2-35*/
```

图 2-34　词法分析器的代码(第 1 部分)

```
18)      if( Character.isDigit(peek) ) {
19)         int v = 0;
20)         do {
21)            v = 10*v + Character.digit(peek, 10);
22)            peek = (char)System.in.read();
23)         } while( Character.isDigit(peek) );
24)         return new Num(v);
25)      }
26)      if( Character.isLetter(peek) ) {
27)         StringBuffer b = new StringBuffer();
28)         do {
29)            b.append(peek);
30)            peek = (char)System.in.read();
31)         } while( Character.isLetterOrDigit(peek) );
32)         String s = b.toString();
33)         Word w = (Word)words.get(s);
34)         if( w != null ) return w;
35)         w = new Word(Tag.ID, s);
36)         words.put(s, w);
37)         return w;
38)      }
39)      Token t = new Token(peek);
40)      peek = ' ';
41)      return t;
42)   }
43) }
```

图 2-35　词法分析器的代码(第 2 部分)

在图 2-34 和图 2-35 中，`scan` 的代码实现了本节中的各个伪代码片段。从第 13 行到第 17 行的 for 语句跳过了空格、制表符和换行符。当 `peek` 的值不是空白符时，控制流离开 for 循环。

第 18 行到第 25 行的代码读取一个数位序列。函数 `isDigit` 来自于 Java 的内置类 `Character`。它在第 18 行上用于检查 `peek` 是否为一个数位。如是，第 19 行到第 24 行的代码就会累积计算输入中的数位序列对应的整数值，然后返回一个新的 `Num` 对象。

第 26 行到第 38 行分析了保留字和标识符。关键字 **true** 和 **false** 已经在第 9 行和第 10 行被保留了。因此，如果字符串 `s` 不是保留字，则程序就会执行第 35 行，此时 `s` 一定是某个标识符的词素。因此第 35 行返回一个新的 `word` 对象，该对象的 `lexeme` 字段被设为 `s`，`tag` 字段被设为

Tag.ID。最后，第39行到第41行将当前字符作为一个词法单元返回，并把 peek 设为一个空格。当下一次调用 scan 时，这个空格会被删除。

2.6.6 2.6节的练习

练习2.6.1：扩展2.6.5节中的词法分析器以消除注释。注释的定义如下：

1）以//开始的注释，包括从它开始到这一行的结尾的所有字符。

2）以/*开始的注释，包括从它到后面第一次出现的字符序列*/之间的所有字符。

练习2.6.2：扩展2.6.5节中的词法分析器，使它能够识别关系运算符<、<=、==、!=、>=、>。

练习2.6.3：扩展2.6.5节中的词法分析器，使它能够识别浮点数，比如2.、3.14和.5等。

2.7 符号表

符号表(symbol table)是一种供编译器用于保存有关源程序构造的各种信息的数据结构。这些信息在编译器的分析阶段被逐步收集并放入符号表，它们在综合阶段用于生成目标代码。符号表的每个条目中包含与一个标识符相关的信息，比如它的字符串(或者词素)、它的类型、它的存储位置和其他相关信息。符号表通常需要支持同一标识符在一个程序中的多重声明。

从1.6.1节介绍的内容可知，一个声明的作用域是指该声明起作用的那一部分程序。我们将为每个作用域建立一个单独的符号表来实现作用域。每个带有声明的程序块[⊖]都会有自己的符号表，这个块中的每个声明都在此符号表中有一个对应的条目。这种方法对其他能够设立作用域的程序设计语言构造同样有效。例如，每个类也可以拥有自己的符号表，它的每个域和方法都在此表中有一个对应的条目。

本节包括一个符号表模块，它可以和本章中的Java翻译器代码片段一起使用。当我们在附录A中将这个翻译器集成到一起时可以直接使用这个模块。同时，为了简化问题，本节的主要例子是一个被简化了的语言，它只包含与符号表相关的关键构造，比如块、声明、因子等。所有其他的语句和表达式构造都被忽略了，这使得我们可以重点关注符号表的操作。一个程序由多个块组成，每个块包含可选的声明和由单个标识符组成的语句。每个这样的语句都表示对相应标识符的一次使用。下面是这个语言的一个例子程序：

```
{ int x; char y; { bool y; x; y; } x; y; }    (2.7)
```

1.6.3节中块结构的例子处理了名字的定义和使用。输入(2.7)仅仅由名字的定义和使用组成。

我们将要完成的任务是打印出一个修改过的程序，程序中的声明部分已经被删除，而每个“语句”中的标识符之后都跟着一个冒号和该标识符的类型。

谁来创建符号表条目？

符号表条目是在分析阶段由词法分析器、语法分析器和语义分析器创建并使用的。在本章中，我们让语法分析器来创建这些条目。因为语法分析器知道一个程序的语法结构，因此相对于词法分析器而言，语法分析器通常更适合创建条目。它可以更好地区分一个标识符的不同声明。

在有些情况下，词法分析器可以在它碰到组成一个词素的字符串时立刻建立一个符号表条目。但是在更多的情况下，词法分析器只能向语法分析器返回一个词法单元，比如 **id**，以及指向这个词素的指针。只有语法分析器才能够决定是使用之前已创建的符号表条目，还是为这个标识符创建一个新条目。

⊖ 比如，在C语言中，程序块要么是一个函数，要么是函数中由花括号分隔的一个部分，这个部分中有一个或多个声明。

例 2.14 在处理上面的输入(2.7)时，目标是生成

```
{ { x:int; y:bool; } x:int; y:char; }
```

第一个 x 和 y 来自输入(2.7)的内层块。由于 x 的使用指向外层块中 x 的声明，因此第一个 x 后面跟的是 **int**，即该声明中的类型。内层块中对 y 的使用指向同一个块中的声明，因此具有布尔类型。我们同时看到，外层块中 x 和 y 的使用的类型分别为整型和字符型，也就是外层块中声明所指定的类型。 □

2.7.1 为每个作用域设置一个符号表

术语"标识符 *x* 的作用域" 实际上指的是 *x* 的某个声明的作用域。术语作用域(scope)本身是指一个或多个声明起作用的程序部分。

作用域是非常重要的，因为在程序的不同部分，可能会出于不同的目的而多次声明相同的标识符。像 x 和 i 这样常见的名字会被重复使用。再例如，子类可以重新声明一个方法名字以覆盖父类中的相应方法。

如果程序块可以嵌套，那么同一个标识符的多次声明就可能出现在同一个块中。当 *stmts* 能生成一个程序块时，下面的语法规则会产生嵌套的块：

$$block \rightarrow \text{'\{'}\ decls\ stmts\ \text{'\}'}$$

(我们对这个语法中的花括号使用了引号，这么做的目的是将它们和用于语义动作的花括号区分开来。)在图 2-38 给出的文法中，*decls* 生成一个可选的声明序列，*stmts* 生成一个可选的语句序列。更进一步，一条语句可以是一个程序块，所以我们的语言支持嵌套的语句块。而标识符可以在这些块中重新声明。

块的符号表的优化

块的符号表的实现可以利用作用域的最近嵌套规则。嵌套的结构确保可应用的符号表形成一个栈。在栈的顶部是当前块的符号表。栈中这个表的下方是包含这个块的各个块的符号表。因此，符号表可以按照类似于栈的方式来分配和释放。

有些编译器维护了一个散列表来存放可访问的符号表条目。也就是说，存放那些没有被内嵌块中的某个声明掩盖起来的条目。这样的散列表实际上支持常量时间的查询，但是在进入和离开块时需要插入和删除相应的条目。在从一个块 *B* 离开时，编译器必须撤销所有因为 *B* 中的声明而对此散列表作出的修改。它可以在处理 *B* 的时候维护一个辅助的栈来跟踪对这个散列表的所做的修改。

语句块的*最近嵌套*(most-closely)规则是说，一个标识符 *x* 在最近的 *x* 声明的作用域中。也就是说，从 *x* 出现的块开始，从内向外检查各个块时找到的第一个对 *x* 的声明。

例 2.15 下列伪代码用下标来区分对同一标识符的不同声明：

1) { **int** x_1; **int** y_1;
2)   { **int** w_2; **bool** y_2; **int** z_2;
3) $\cdots w_2 \cdots$; $\cdots x_1 \cdots$; $\cdots y_2 \cdots$; $\cdots z_2 \cdots$;
4)   }
5) $\cdots w_0 \cdots$; $\cdots x_1 \cdots$; $\cdots y_1 \cdots$;
6) }

下标并不是标识符的一部分，它实际上是该标识符对应的声明的行号。因此，*x* 的所有出现都位于第 1 行上声明的作用域中。第 3 行上出现的 *y* 位于第 2 行上 *y* 的声明的作用域中，因为 *y* 在内

层块中被再次声明了。然而，第 5 行上出现的 y 位于第 1 行上 y 的声明的作用域中。

假设第 5 行上 w 的出现位于这个程序片段之外某个 w 的声明的作用域中。它的下标表示一个全局的或者位于这个块之外的声明。

最后，z 在最内层的块中声明并使用。它不能在第 5 行上使用，因为这个内嵌的声明只能作用于最内层的块。□

实现语句块的最近嵌套规则时，我们可以将符号表链接起来，也就是使得内嵌语句块的符号表指向外围语句块的符号表。

例 2.16 图 2-36 显示了对应于例 2.15 中伪代码的符号表。B_1 对应于从第 1 行开始的语句块；B_2 对应着从第 2 行开始的语句块。图的顶端是符号表 B_0，它记录了全局的或由语言提供的默认声明。在我们分析第 2 行至第 4 行时，环境是由一个指向最下层的符号表（即 B_2 的符号表）的指针表示的。当我们分析第 5 行时，B_2 的符号表变得不可访问，环境指针转而指向 B_1 的符号表，此时我们可以访问上一层的全局符号表 B_0，但不能访问 B_2 的符号表。□

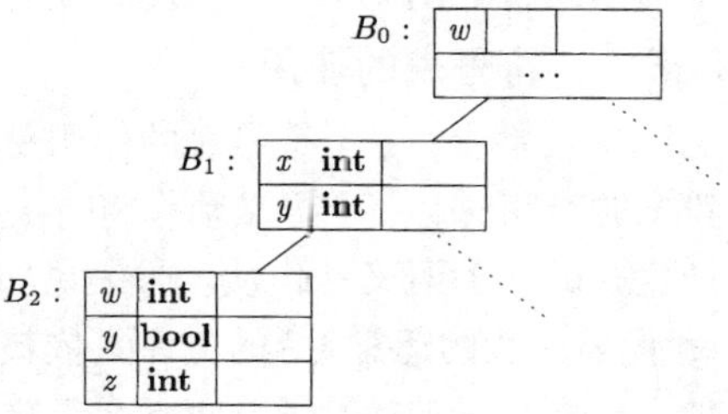

图 2-36　对应于例 2.15 的符号表链

图 2-37 中是链接符号表的 Java 实现。它定义了一个类 Env（环境“environment”的缩写）[⊖]。类 Env 支持三种操作：

- 创建一个新符号表。图 2-37 中第 6 行至第 8 行所示的构造函数 Env(p) 创建一个 Env 对象，该对象包含一个名为 table 的散列表。这个对象的字段 prev 被设置为参数 p，而这个参数的值是一个环境，因此这个对象被链接到环境。虽然形成链表的是 Env 对象，但是将它们说成是链接的符号表比较方便。

```
1)  package symbols;                    // 文件 Env.java
2)  import java.util.*;
3)  public class Env {
4)     private Hashtable table;
5)     protected Env prev;

6)     public Env(Env p) {
7)        table = new Hashtable(); prev = p;
8)     }

9)     public void put(String s, Symbol sym) {
10)       table.put(s, sym);
11)    }

12)    public Symbol get(String s) {
13)       for( Env e = this; e != null; e = e.prev ) {
14)          Symbol found = (Symbol)(e.table.get(s));
15)          if( found != null ) return found;
16)       }
17)       return null;
18)    }
19) }
```

图 2-37　类 Env 实现了链接符号表

- 在当前表中加入一个新的条目。散列表保存了键 - 值对，其中
  - 键（key）是一个字符串，也可以说是一个指向字符串的引用。我们也可以使用指向对应

⊖ “环境”是另一个用于表示与程序中某个点相关的符号表集合的术语。

于标识符的词法单元对象的引用作为键。

■ 值(value)是一个 `Symbol` 类的条目。第 9 行到第 11 行的代码不需要知道一个条目的内部结构。也就是说，这个代码是独立于 `Symbol` 类的字段和方法的。

- 得到一个标识符的条目。它从当前块的符号表开始搜索链接符号表。第 12 行至第 18 行中这个操作的代码返回一个符号表条目或 `null`。

因为会有多个语句块嵌套在同一外围语句块中，所以将这些符号表链接起来就可以形成一个树形结构。图 2-36 中的虚线提醒我们链接的符号表可以形成一棵树。

2.7.2 符号表的使用

从效果看，一个符号表的作用是将信息从声明的地方传递到实际使用的地方。当分析标识符 x 的声明时，一个语义动作将有关 x 的信息“放入”符号表中。然后，一个像 *factor* →**id** 这样的产生式的相关语义动作从符号表中“取出”这个标识符的信息。因为对一个表达式 E_1 **op** E_1（其中 **op** 代表一般的运算符）的翻译只依赖于对 E_1 和 E_2 的翻译，不直接依赖于符号表，所以我们可以加入任意数量的运算符，而不会影响从声明通过符号表到达使用地点的基本信息流。

例 2.17 图 2-38 中的翻译方案说明了如何使用类 *Env*。这个翻译方案主要考虑作用域、声明和使用。它实现了例 2.14 中描述的翻译。如前面描述的，在处理输入

```
{ int x; char y; { bool y; x; y; } x; y; }
```

时，这个翻译方案过滤掉了各个声明，并生成

```
{ { x:int; y:bool; } x:int; y:char; }
```

请注意图 2-38 中各个产生式的体都已经对齐，因此所有的文法符号出现在同一列上，并且所有的语义动作都出现在第二列上。结果，一个产生式体的各个组成部分常常分开出现在多行上。

```
program  →                  { top = null; }
            block

block    →  '{'             { saved = top;
                              top = new Env(top);
                              print("{ "); }
            decls stmts '}' { top = saved;
                              print("} "); }

decls    →  decls decl
         |  ε

decl     →  type id ;       { s = new Symbol;
                              s.type = type.lexeme;
                              top.put(id.lexeme, s); }

stmts    →  stmts stmt
         |  ε

stmt     →  block
         |  factor ;        { print("; "); }

factor   →  id              { s = top.get(id.lexeme);
                              print(id.lexeme);
                              print(":");
                              print(s.type);}
```

图 2-38　使用符号表翻译带有语句块的语言

现在考虑语义动作。这个翻译方案在进入和离开块的时候将分别创建和释放符号表。变量 *top* 表示一个符号表链的顶部的顶层符号表。这个翻译方案的基础文法的第一个产生式是 *program*→*block*。在 *block* 之前的语义动作将 *top* 初始化为 **null**，即不包含任何条目。

第二个产生式 *block*→ '*'{ *decls stmts* '}'中包含了进入和离开块时的语义动作。在进入块时，在 *decls* 之前，一个语义动作使用局部变量 *saved* 保存了对当前符号表的引用。这个产生式的每次使用都有一个单独的局部变量 *saved*，这个变量和这个产生式的其他使用中的局部变量都不同。在一个递归下降语法分析器中，*saved* 可以是 *block* 对应的过程的局部变量。对于递归函数中的局部变量的处理方法将在 7.2 节中讨论。代码

top = **new** *Env*(*top*)；

将变量 *top* 设置为刚刚创建的新符号表。这个新符号表被链接到进入这个块之前一刻 *top* 的原值。变量 *top* 是类 *Env* 的一个对象，构造函数 *Env* 的代码显示在图 2-37 中。

在离开块时，'} '之后的一个语义动作将 *top* 的值恢复为进入块时保存起来的值。从实际效果看，这个表形成了一个栈，将 *top* 恢复为之前保存的值实际上是将该块中各个声明的结果弹出栈[⊖]。这样就使得该块中的声明在块外不可见。

声明 *decl*→**type id** 的结果是创建一个对应于已声明标识符的新条目。我们假设词法单元 **type** 和 **id** 都有一个相关的属性，分别是被声明标识符的类型和词素。我们不会讨论符号对象 *s* 的所有字段，但是我们假设对象中有一个字段 *type* 给出该符号的类型。我们创建一个新的符号对象 *s*，并通过代码 *s.type* = **type**.*lexeme* 为它赋予正确的类型。整个条目使用 *top.put*(**id**.*lexeme*, *s*) 加入到顶层的符号表中。

产生式 *factor*→**id** 中的语义动作通过符号表获取这个标识符的条目。操作 *get* 从 *top* 开始搜索符号表链中的第一个关于此标识符的条目。搜索得到的条目包含有关该标识符的所有信息，比如标识符的类型。 □

2.8 生成中间代码

编译器的前端构造出源程序的中间表示，而后端根据这个中间表示生成目标程序。在这一节里，我们考虑表达式和语句的中间表示形式，并给出一个如何生成中间表示的指导性的例子。

2.8.1 两种中间表示形式

正如我们在 2.1 节(特别是在图 2-4 中)指出的，两种最重要的中间表示形式是：

- 树型结构，包括语法分析树和(抽象)语法树。
- 线性表示形式，特别是“三地址代码”。

抽象语法树(或简称语法树)曾在 2.5.1 节中介绍过。我们将在 5.3.1 节中更加正式地探讨它。在语法分析过程中，将创建抽象语法树的结点来表示有意义的程序构造。随着分析的进行，信息以与结点相关的属性的形式被添加到这些结点上。选择哪些属性要依据待完成的翻译来决定。

另一方面，三地址代码是一个由基本程序步骤(比如将两个值的相加)组成的序列。和树形结构不一样，它没有层次化的结构。正如我们将在第 9 章中看到的那样，如果我们想对代码做出显著的优化，就需要这种表示形式。在那种情况下，我们可以把组成程序的很长的三地址语句序列分解

⊖ 我们也可以使用另一种方法来处理，可以在类 Env 中加入静态操作 *push* 和 *pop*，而不用显式地保存和恢复符号表。

为“基本块”。所谓基本块就是一个总是逐个顺序执行的语句序列，执行时不会出现分支跳转。

除了创建一个中间表示之外，编译器前端还会检查源程序是否遵循源语言的语法和语义规则。这种检查称为静态检查(static check)，“静态”一般是指“由编译器完成”[㊀]。静态检查确保一些特定类型的程序错误，包括类型不匹配，能在编译过程中被检测并报告。

编译器可以在创建抽象语法树的同时生成三地址代码序列。然而，在通常情况下，编译器实际上并不会创建出存放了整棵抽象语法树的数据结构，它仅仅“假装”构造了一棵抽象语法树，同时生成三地址代码。编译器在分析过程中只会保存将用于语义检查或其他目的的结点及其属性，同时也保存了用于语法分析的数据结构，而不会保存整棵抽象语法树。经过这样的处理，构造三地址代码时要使用到的那部分语法树在需要时都是可用的，一旦不再需要就会被释放。我们将在第 5 章详细讨论这个过程。

2.8.2 语法树的构造

我们将首先给出一个可以创建抽象语法树的翻译方案，然后在 2.8.4 节中说明如何修改这个翻译方案，使得它可以在构造语法树的同时生成三地址代码，或者让它只生成三地址代码。

回顾一下 2.5.1 节，下面的语法树

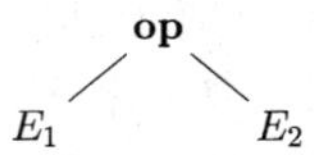

表示将运算符 **op** 应用于 E_1 和 E_2 所代表的子表达式而得到的表达式。我们可以为任意的构造创建抽象语法树，而不仅仅为表达式创建语法树。每个构造用一个结点表示，其子结点代表此构造中具有语义含义的组成部分。比如，在 C 语言的一个 while 语句

while(*expr*) *stmt*

中，具有语义含义的组成部分是表达式 *expr* 和语句 *stmt*[㊁]。这样的 while 语句的抽象语法树结点有一个运算符，我们称为 **while**，并有两个子结点——分别是 *expr* 和 *stmt* 的抽象语法树。

图 2-39 中的翻译方案为一个有代表性但却很简单的由表达式和语句组成的语言构造出一棵语法树。这个翻译方案中的所有非终结符都有一个属性 *n*，即语法树的一个结点。这些结点被实现为类 *Node* 的对象。

类 *Node* 有两个直接子类：一个是 *Expr*，代表各种表达式；另一个是 *Stmt*，代表各种语句。每一种语句都有一个对应的 *Stmt* 的子类。比如，运算符 **while** 对应于子类 *While*。一个对应于运算符 **while**，子结点为 *x* 和 *y* 的语法树结点可以由如下伪代码创建：

new *While*(x, y)

它通过调用构造函数 *While* 创建了类 *While* 的一个对象，其名称和类名相同。就和构造函数对应于运算符一样，构造函数的参数对应于抽象语法中的运算分量。

当我们研究附录 A 中的详细代码时，我们就会发现各个方法在这个类层次结构中的位置。在本节中，我们将简单讨论一下这些方法中的一小部分。

我们将依次考虑图 2-39 中的每一条产生式和规则。首先，我们将解释定义各种类型语句的产生式，然后再解释用于定义有限几种表达式的产生式。

㊀ 和它的对应“动态”指的是“当程序运行时”。很多语言也会进行某些动态检查。比如，像 Java 这样的面向对象语言有时必须在程序执行时检查类型，因为可能需要根据一个对象的特定子类来决定应该将哪个方法应用于该对象。

㊁ 其中的右括号的唯一作用是将表达式和语句分开。左括号实际上没有任何含义，把它放在那里只是为了让 while 语句看起来顺眼一些，因为如果没有左括号，C 语言中就会出现不匹配的括号对。

```
program → block              { return block.n; }

  block → '{' stmts '}'      { block.n = stmts.n; }

  stmts → stmts1 stmt        { stmts.n = new Seq(stmts1.n, stmt.n); }
        | ε                  { stmts.n = null; }

   stmt → expr ;             { stmt.n = new Eval(expr.n); }
        | if ( expr ) stmt1
                             { stmt.n = new If(expr.n, stmt1.n); }
        | while ( expr ) stmt1
                             { stmt.n = new While(expr.n, stmt1.n) }
        | do stmt1 while ( expr );
                             { stmt.n = new Do(stmt1.n, expr.n); }
        | block              { stmt.n = block.n; }

   expr → rel = expr1        { expr.n = new Assign('=', rel.n, expr1.n); }
        | rel                { expr.n = rel.n; }

    rel → rel1 < add         { rel.n = new Rel('<', rel1.n, add.n); }
        | rel1 <= add        { rel.n = new Rel('≤', rel1.n, add.n); }
        | add                { rel.n = add.n; }

    add → add1 + term        { add.n = new Op('+', add1.n, term.n); }
        | term               { add.n = term.n; }

   term → term1 * factor     { term.n = new Op('*', term1.n, factor.n); }
        | factor             { term.n = factor.n; }

 factor → ( expr )           { factor.n = expr.n; }
        | num                { factor.n = new Num(num.value); }
```

图 2-39　为表达式和语句构造抽象语法树

语句的抽象语法树

我们在抽象语法中为每一种语句构造定义了相应的运算符。对于以关键字开头的构造，我们将使用这个关键字作为对应的运算符。因此，我们把 **while** 作为 while 语句的运算符，而把 **do** 作为 do-while 语句的运算符。对于条件语句，我们定义了两个运算符 **ifelse** 和 **if**，分别对应于带有和不带有 else 部分的 if 语句。在我们简单的示例性语言中，我们没有使用 **else**，所以仅有一种 **if** 语句。增加 **else** 会在语法分析过程中产生一些问题。我们将在 4.8.2 节中讨论这些问题。

每个语句运算符都有一个对应的同名的类，但是类名的首字符要大写。比如，类 *If* 对应于 **if**。此外，我们还定义了子类 *Seq*，它表示一个语句序列。这个子类对应于文法中的非终结符号 *stmts*。这些类都是 *Stmt* 的子类，而 *Stmt* 又是 *Node* 的子类。

图 2-39 中的翻译方案说明了抽象语法树结点的构建方法。一个典型的用于 if 语句的规则如下：

$$stmt \rightarrow \textbf{if}(\,expr\,)\,stmt_1\ \{\ stmt.n\ =\ \textbf{new}\ If(\,expr.n,\ stmt_1.n\,)\,;\ \}$$

if 语句中具有语义含义的成分是 *expr* 和 $stmt_1$。语义动作将结点 *stmt. n* 定义为子类 *If* 的一个新对象。我们没有给出 *If* 的构造函数的代码。它创建一个标号为 **if**，子结点为 *expr. n* 和 $stmt_1.n$ 的新结点。

表达式语句不以某个关键字开头，所以我们定义了一个新运算符 **eval** 及类 *Eval*（其中 *Eval* 是 *Stmt* 的一个子类）表示表达式语句。相关的规则如下：

$$stmt \rightarrow expr;\ \{\ stmt.n\ =\ \textbf{new}\ Eval(\,expr.n\,)\,;$$

在抽象语法树中表示语句块

在图 2-39 中，另一个语句构造是由一系列语句组成的语句块。考虑下面的规则：

$$stmt \rightarrow block \qquad \{\ stmt.n\ =\ block.n;\ \}$$

$$block \rightarrow \text{'\{'}\ stmts\ \text{'\}'} \qquad \{\ block.n\ =\ stmts.n;\ \}$$

第一个规则说明当一个语句是一个语句块时，它的抽象语法树和这个语句块的相同；第二个规则说明非终结符号 *block* 对应的抽象语法树就是该块中的语句序列对应的语法树。

为简单起见，图 2-39 中的语言不包含声明。虽然在附录 A 中包含声明，但我们将看到一个语句块的抽象语法树仍然就是块中的语句序列的抽象语法树。因为声明中的信息已经加入到符号表中，所以它们不需要出现在抽象语法树中。因此，不管它是否包含声明，语句块在中间代码中看起来就是一个普通的语句构造。

一个语句序列的表示方法如下：用一个叶子结点 **null** 表示一个空语句序列，用运算符 **seq** 表示一个语句序列。规则如下：

$$stmts \rightarrow stmts_1\ stmt \quad \{\ stmts.n\ =\ \textbf{new}\ Seq(stmts_1.n,\ stmt.n);\ \}$$

例 2.18　在图 2-40 中，我们可以看到表示一个语句块或语句列表的语法树的一部分。列表中有两个语句。第一个语句是一个 if 语句，第二个语句是 while 语句。我们没有显示在这个语句列表之上的那部分抽象语法树，并且将各棵子树用三角形表示，包括这个语句列表中对应于 if 语句和 while 语句的条件的抽象语法树，以及对应于这两个语句的子语句的语法树。□

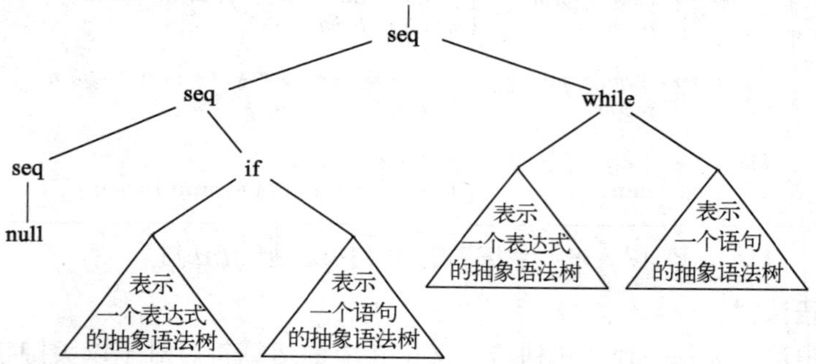

图 2-40　由一个 if 语句和一个 while 语句组成的语句列表的语法树的一部分

表达式的语法树

在以前的章节中，我们用三个非终结符号 *expr*、*term* 和 *factor* 使得乘法 * 相对加法 + 具有较高的优先级。我们在 2.2.6 节中指出，非终结符号的数目正好比表达式中优先级的层数多一。在图 2-39 中，我们增添了两个同优先级的比较运算符 < 和 <=，同时也保留了 + 和 * 运算符，故我们增加了一个新的非终结符号 *add*。

抽象语法允许我们将“相似的”运算符分为一组，以减少在实现表达式时需要处理的不同情况和需要设计的子类。在本章中，“相似的”意指运算符的类型检查规则和代码生成规则相近。比如，运算符 + 和 * 通常分为一组，因为它们可以用同一种方式进行处理——它们对运算分量类型的要求是一样的，且它们都会生成一个将一个运算符应用到两个数值之上的三地址指令。一般来说，在抽象语法中对运算符分组是根据编译器后期处理的需要来决定的。图 2-41 中的表描述了几种常见 Java 运算符的具体语法和抽象语法之间的对应关系。

具体语法	抽象语法
=	**assign**
||	**cond**
&&	**cond**
== !=	**rel**
< <= >= >	**rel**
+ -	**op**
* / %	**op**
!	**not**
$-_{unary}$	**minus**
[]	**access**

图 2-41　几种常见 Java 运算符的具体语法和抽象语法

在具体语法中，几乎所有的运算符都是左结合的，只有赋值运算符 = 是右结合的。同一行中的运算符具有同样的优先级，也就是说 == 和 != 具有同样的优先级。各行是按照优先级递增的方式排列的，比如 == 比 && 或 = 的优先级更高。$-_{unary}$ 中的下标 *unary* 用于区分单目减号（比如 -2 中的符号）和双目减号（比如 2 - a 中的符号）。运算符[ ]表示数组访问，例如 a[i]。

图中"抽象语法"列描述了运算符的分组方法。赋值运算符 = 所在的组仅包含它自己。组 **cond** 包含了条件布尔运算符 && 和 ||。组 **rel** 包含 == 和 < 所在行中的各个关系比较运算符。组 **op** 包含诸如 + 和 * 这样的算术运算符。单目减、逻辑非和数组访问运算符各自为一组。

图 2-41 中具体语法和抽象语法之间的映射关系可以通过编写翻译方案来实现。图 2-39 中的非终结符号 *expr*、*rel*、*add*、*term* 和 *factor* 的产生式描述了一些运算符的具体语法。这些运算符是图 2-41 中的运算符的一个代表性子集。这些产生式中的语义动作创建出相应的语法树结点。比如，规则

$$term \rightarrow term_1 * factor \ \{ \ term.n = \textbf{new}\ Op\ ('*', term_1.n, factor.n); \}$$

创建了类 *Op* 的结点，这个类实现了图 2-41 中被分在 **op** 组中的运算符。构造函数 *Op* 的参数中包含了一个'*'，它指明了实际的运算符。它的参数还包括对应于子表达式的结点 $term_1.n$ 和 *factor.n*。

2.8.3 静态检查

静态检查是指在编译过程中完成的各种一致性检查。这些检查不但可以确保一个程序被顺利地编译，而且还能在程序运行之前发现编程错误。静态检查包括：

- *语法检查*。语法要求比文法中的要求的更多。例如下面的这些约束：任何作用域内同一个标识符最多只能声明一次，一个 break 语句必须处于一个循环或 switch 语句之内。这些约束都是语法要求，但是它们并没有包括在用于语法分析的文法中。
- *类型检查*。一种语言的类型规则确保一个运算符或函数被应用到类型和数量都正确的运算分量上。如果必须要进行类型转换，比如将一个浮点数与一个整数相加时，类型检查器就会在语法树中插入一个运算符来表示这个转换。下面我们将使用常用的术语"自动类型转换"来讨论类型转换的问题。

左值和右值

现在我们考虑一些简单的静态检查，它们可以在源程序的抽象语法树构造过程中完成。一般来说，在进行复杂的静态检查时，首先要生成源程序的某个中间表示，然后再分析这个中间表示。

赋值表达式左部和右部的标识符的含义是不一样的。在下面的两个赋值语句

```
i = 5;
i = i + 1;
```

中，表达式的右部描述了一个整数值，而左部描述的是用来存放该值的存储位置。术语*左值*（l-value）和*右值*（r-value）分别表示可以出现在赋值表达式左部和右部的值。也就是说，右值是我们通常所说的"值"，而左值是存储位置。

静态检查要确保一个赋值表达式的左部表示的是一个左值。一个像 i 这样的标识符是一个左值，像 a[2]这样的数组访问也是左值，但 2 这样的常量不可以出现在一个赋值表达式的左部，因为它有一个右值，但不是左值。

类型检查

类型检查确保一个构造的类型符合其上下文对它的期望。比如说，在 if 语句

if(*expr*) *stmt*

中，期望表达式 *expr* 是 **boolean** 型的。

类型检查规则按照抽象语法中运算符/运算分量的结构进行描述。假设运算符 **rel** 表示关系运算符，如 <=。那么运算符组 **rel** 的类型规则是：它的两个运算分量必须具有相同的类型，而其结果为布尔类型。用属性 *type* 来表示一个表达式的类型，令 E 表示将 **rel** 应用于 E_1 和 E_2 的表达式。那么 E 的类型检查可以在创建它对应的抽象语法树的结点时进行，执行如下所示的代码即可：

if($E_1.type$ == $E_2.type$) $E.type$ = boolean;

else error ;

即使在下面的情况下，仍可以运用将实际类型和期望类型相匹配的思想：

- *自动类型转换*。当一个运算分量的类型被自动转换为运算符所期望的类型时，就发生了*自动类型转换*(coercion)。在一个像 `2 * 3.14` 这样的表达式中，常见的转换是将整数 `2` 转换为一个等值的浮点数 `2.0`，然后对得到的两个浮点运算分量执行相应的浮点运算。程序设计语言的定义指明了允许的自动类型转换方式。比如，上面讨论的 rel 的实际规则可能是这样的：$E_1.type$ 和 $E_2.type$ 可以被转换成相同的类型。如果是那样，把一个整数和一个浮点数比较就是合法的。
- *重载*。Java 中的运算符 + 应用于整数运算分量时表示相加，而应用于字符串型运算分量时表示连接。如果一个符号在不同上下文中有不同的含义，那么我们说这个符号是*重载*(overloading)的。因此，在 Java 中 + 是重载的。我们可以通过已知的运算分量类型和结果类型来判断一个重载的运算符的含义。比如，如果我们知道 `x`、`y` 或 `z` 中的任意一个是字符串类型，那么表达式 `z = x + y` 中的运算符 `+` 的含义就是连接。然而，如果我们还知道其中另一个运算分量是整型的，那么我们就找到了一个类型错误，`+` 的这次使用就没有意义。

2.8.4 三地址码

一旦抽象语法树构造完成，我们就可以计算树中各结点的属性值并执行各结点中的代码片段，进行进一步的分析和综合。我们将说明如何通过遍历语法树来生成三地址代码。具体地说，我们将显示如何编写一个抽象语法树的函数，并且同时生成必要的三地址代码。

三地址指令

三地址代码是由如下形式的指令组成的序列

x = y **op** z

其中 x、y 和 z 可以是名字、常量或由编译器生成的临时量；而 **op** 表示一个运算符。

数组将由下面的两种变体指令来处理：

x [y] = z

x = y [z]

前者将 z 的值保存到 x [y]所指示的位置上，而后者则将 y [z]的值放到位置 x 上。

三地址指令将被顺序执行，但是当遇到一个条件或无条件跳转指令时，执行过程就会跳转。我们选择下面的指令来控制程序流：

`ifFalse` x goto L	如果 x 为假，下一步执行标号为 L 的指令
`ifTrue` x goto L	如果 x 为真，下一步执行标号为 L 的指令
goto L	下一步执行标号为 L 的指令

在一个指令前加上前缀 `L`：就表示将标号 `L` 附加到该指令。同一指令可以同时拥有多个标号。

最后，我们还需要一个拷贝值的指令。如下的三地址指令将 y 的值拷贝至 x 中：

x = y

语句的翻译

通过利用跳转指令实现语句内部的控制流，我们就可以将语句转换成为三地址代码。图2-42的代码布局说明了对语句 **if** *expr* **then** $stmt_1$ 的翻译。该代码布局中的跳转指令

ifFalse *x* goto *after*

将在 *expr* 的值为 **false** 时跳过语句 $stmt_1$ 对应的翻译结果。其他语句的翻译方法是类似的：我们将使用一些跳转指令在其各个组成部分对应的代码之间进行跳转。

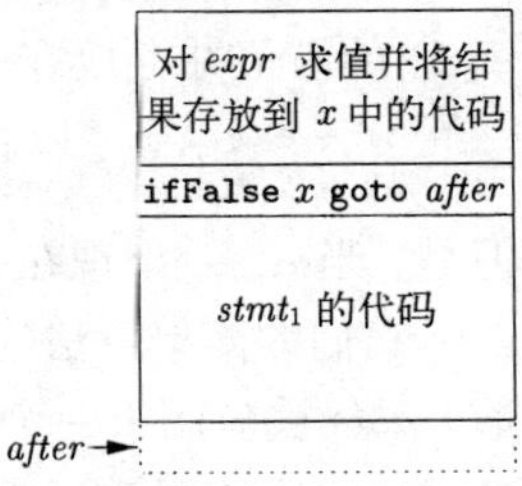

图2-42 if语句的代码布局

为了具体说明，我们在图2-43中给出了类 *If* 的伪代码。类 *If* 是类 *Stmt* 的一个子类，对应于其他语句的类也是 *Stmt* 的子类。*Stmt* 的每一个子类（这里是 *If*）都有一个构造函数及一个为此类语句生成三地址代码的函数 *gen*。

```
class If extends Stmt {
    Expr E; Stmt S;
    public If(Expr x, Stmt y) { E = x; S = y; after = newlabel(); }
    public void gen() {
        Expr n = E.rvalue();
        emit( "ifFalse " + n.toString() + " goto " + after);
        S.gen();
        emit(after + ":");
    }
}
```

图2-43 类 *If* 中的函数 *gen* 生成三地址代码

图2-43中的构造函数 *If* 构建了 if 语句的语法树结点。它有两个参数，一个表达式结点 *x* 和一个语句结点 *y*。它们被分别存放在属性 *E* 和 *S* 中。同时，这个构造函数调用了函数 *newlable*( )，给属性 *after* 赋予一个唯一的新标号。这个标号将按照图2-42所示的布局被使用。

一旦源程序的整个抽象语法树被创建完毕，函数 *gen* 在此抽象语法树的根结点处被调用。在我们的简单语言中，一个程序就是一个语句块，所以这棵抽象语法树的根结点就代表这个语句块中的语句序列。所有的语句类都有一个 *gen* 函数。

图2-43中类 *If* 的 *gen* 函数的伪代码具有代表性。它调用 *E. rvalue*( )函数来翻译表达式 *E*（即作为 if 语句的组成部分的布尔值表达式），并保存 *E. rvalue*( )返回的结果结点。我们稍后会讨论表达式的翻译。然后，*gen* 函数发生一个条件跳转指令，并且调用 *S. gen*( )来翻译子语句 *S*。

表达式的翻译

我们将考虑包含二目运算符 **op**、数组访问和赋值运算，并包含常量及标识符的表达式，以此来说明对表达式的翻译。为了简单起见，我们要求在数组访问 *y*[*z*]中，*y* 必须为标识符㊀。关于表达式的中间代码生成的详细讨论请见6.4节。

我们将采用一种简单的方法，为一个表达式的语法树中的每个运算符结点都生成一个三地址指令。不需要为标识符和常量生成任何代码，因为它们可以作为地址出现在指令中。如果一个结点 *x* 的类为 *Expr*，其运算符为 **op**，我们就发出一个指令来计算结点 *x* 上的值，并将此值存放到一个由编译器生成的“临时”名字（比如 *t*）中。因此，i - j + k 会被翻译成为两条指令

㊀ 这个简单语言支持 a[a[n]]，但是不支持 a[m][n]。请注意，a[a[n]]是形如 a[*E*]的访问，其中的 *E* 是 a[n]。

```
t1 = i - j
t2 = t1 + k
```

在处理数组访问及赋值运算时要区分左值和右值。例如，对于 2 * a[i]，可以通过计算 a[i]的右值并存放在一个临时量中而得到翻译结果，如下所示：

```
t1 = a [ i ]
t2 = 2 * t1
```

但是，当 a[i]出现在一个赋值表达式的左边时，我们不能简单地以一个临时量来替换 a[i]。

我们的简单方法使用了两个函数 *lvalue* 及 *rvalue*，它们分别显示在图 2-44 和图 2-45 中。当函数 *rvalue* 被应用于一个非叶子结点 x 时，它生成一些指令，这些指令对 x 求值并存放到一个临时量中，然后该函数返回一个表示此临时量的新结点。当函数 *lvalue* 被应用于一个非叶子结点 x 时，它也会生成一些指令，这些指令计算 x 之下的各个子树。然后这个函数返回代表 x 的"地址"的新结点。

因为函数 *lvalue* 要处理的情况相对较少，我们首先对它进行描述。当将它应用于一个结点 x 时，如果此结点对应于一个标识符(即 x 的类是 *Id*)，那么它直接返回 x。在我们的简单语言中，除此之外只存在一种情况会使一个表达式拥有左值，即结点 x 代表一个数组访问，比如 a[i]。在这种情况下，结点 x 形如 *Access*(y, z)，其中类 *Access* 是类 *Expr* 的子类，y 表示被访问数组的名字，而 z 表示被访问元素在该数组中的偏移量(下标)。在图 2-44 所示的伪代码中，函数 *lvalue* 会在必要时调用 *rvalue*(z)来生成计算 z 的右值的指令。然后它创建并返回一个新的 *Access* 结点，此结点包含两个子结点，分别对应于数组名 y 及 z 的右值。

```
Expr lvalue(x : Expr) {
        if ( x是一个Id 结点 ) return x;
        else if ( x 是一个Access(y, z) 结点 , 且 y 是一个Id 结点 ) {
                return new Access(y, rvalue(z));
        }
        else error;
}
```

图 2-44 函数 *lvalue* 的伪代码

例 2.19 当结点 x 表示数组访问 a[2 * k]时，*lvalue*(x)的调用将生成指令

```
t = 2 * k
```

并返回一个表示 a[t]的左值的新结点 x'，其中 t 是一个新的临时名字。

具体来说，lvalue 函数将运行到代码

return new *Access*(y, *rvalue*(z));

处，此时 y 是对应于 a 的结点，z 是对应于表达式 2 * k 的结点。对 *rvalue*(x)的调用生成了表达式 2 * k 的代码(即三地址语句 t = 2 * k)，并返回表示临时名字 t 的新结点 z'。这个结点就成为新的 *Access* 结点 x'的第二个字段的值。 □

图 2-45 中的函数 *rvalue* 生成指令并返回一个(可能是新生成的)结点。当 x 代表一个标识符或常量时，*rvalue* 返回 x 本身。在其他情况下，它都返回一个对应于新的临时名字 t 的 *Id* 结点。各种情况的处理如下：

- 如果结点 x 表示 y **op** z，则代码首先计算 $y' = rvalue(y)$ 及 $z' = rvalue(z)$。它创建一个新的临时名字 t 并产生一个指令 $t = y'$ **op** z'(更精确地说，生成了一个由代表 t、y′、**op** 和 z′的字符串组合而成的指令字符串)。它返回一个对应于标识符 t 的结点。
- 如果结点 x 表示一个数组访问 $y[z]$，我们可以复用函数 *lvalue*。函数调用 *lvalue*(x)返回一个数组访问 $y[z']$，其中 z'代表一个标识符，它保存了该数组访问的偏移量。函数 *rvalue*

会创建一个临时变量 t，并按照 $t = y[z']$ 生成一个指令，最后返回一个对应于 t 的结点。

- 如果 x 表示 $y = z$，那么代码将首先计算 $z' = rvalue(z)$。它生成一条计算 $lvalue(y) = z'$ 的指令，并返回结点 z'。

```
Expr rvalue(x : Expr) {
    if ( x是一个Id或者Constant结点 ) return x;
    else if ( x是一个Op(op, y, z) 或者 Rel(op, y, z) 结点 ) {
            t = 新的临时名字;
            生成对应于 t = rvalue(y) op rvalue(z)的指令串;
            return 一个代表t的新结点;
    }
    else if ( x是一个 Access(y, z) 结点 ) {
            t = 新的临时名字;
            调用lvalue(x), 它返回一个Access(y, z')的结点;
            生成对应于 t = Access(y, z')的指令串;
            return 一个代表t的新结点;
    }
    else if ( x是一个 Assign(y, z) 结点 ) {
            z' = rvalue(z);
            生成对应于 lvalue(y) = z'的指令串;
            return z';
    }
}
```

图 2-45　函数 *rvalue* 的伪代码

例 2.20　当将函数 *rvalue* 应用于

```
a[i] = 2*a[j-k]
```

的语法树时，它将生成

```
t3 = j - k
t2 = a [ t3 ]
t1 = 2 * t2
a [ i ] = t1
```

这棵语法树的根是 *Assign* 结点，它的第一个参数是 a[i]，第二个参数是 2 * a[j - k]。因此，适用 *rvalue* 函数的第三种情况，函数被递归地应用于 2 * a[j - k]。这棵子树的根结点是表示 * 的 *Op* 结点，因此 *rvalue* 首先创建一个临时变量 t1，然后处理左运算分量 2，再后是右运算分量。常量 2 没有生成三地址代码，*rvalue* 返回它的右值，即一个值为 2 的 *Constant* 结点。

右运算分量 a[j - k] 是一个 *Access* 结点，因此 *rvalue* 创建一个新的临时变量 t2，然后在这个结点上调用 *lvalue* 函数。函数 *rvalue* 被递归地调用来处理表达式 j - k。这个调用的副作用是创建临时变量 t3，然后生成三地址语句 t3 = j - k。接着，函数的执行返回到正在处理 a[j - k] 的函数 *lvalue* 的活动中，临时名字 t2 被赋予整个数组访问表达式的右值，即 t2 = a[t3]。

现在，我们返回到处理 *Op* 结点 2 * a[j - k] 的 *rvalue* 的活动中。这次调用已经创建了临时变量 t1。作为一个副作用，*rvalue* 生成了一条执行这个乘法表达式的三地址指令。最后，应用于整个表达式的 *rvalue* 的调用活动在最后调用 *lvalue* 来处理左部 a[i]，然后生成了一条三地址指令 a[i] = t1。这个指令把这个赋值表达式的右部赋给左部。 □

改进表达式的代码

使用如下几种方法，我们可以改进图 2-45 中的函数 *rvalue*，使它生成更少的三地址指令：

- 在之后的优化阶段减少拷贝指令的数目。例如，对于指令 t = i + 1; i = t，如果 t 没有再被使用，我们就可以将它们合并为 i = i + 1。

- 充分考虑上下文的情况，在最初生成指令时就减少生成的指令。例如，如果一个三地址赋值指令的左部是一个数组访问 a[t]，那么其右部必然是一个名字、常量或临时变量，它们都只使用了一个地址。但如果左部是一个名字 x，那么其右部可以是一个使用两个地址的运算 y **op** z。

我们可以按照如下的方式来避免一些拷贝指令。首先修改翻译函数，使之生成一个部分完成的指令，该指令只进行计算，比如计算 j + k，但并不确定将结果保存在哪里，而是用 **null** 来替代结果地址：

$$\textbf{null} = j + k \tag{2.8}$$

随后，这个空的结果地址会被替换为适当的标识符或临时量。如果 j + k 位于一个赋值表达式的右部，如 i = j + k，那么 **null** 就会被替换为标识符。此时(2.8)就变成

```
i = j + k
```

但如果 j + k 是一个子表达式，比如它在 j + k +l 中，那么这个空的结果地址会被替换成一个新的临时变量 t，并且生成一个新的部分指令：

```
t = j + k
null = t + l
```

很多编译器想方设法使得它生成的代码和汇编代码专家手写的一样好，甚至更好。如果使用第 9 章中讨论的代码优化技术，那么一个有效的策略是首先使用一个简单的中间代码生成方法，然后依靠代码优化器来消除不必要的指令。

2.8.5 2.8 节的练习

练习 2.8.1：C 语言和 Java 语言中的 for 语句具有如下形式：

for($expr_1$; $expr_2$; $expr_3$) *stmt*

第一个表达式在循环之前执行，它通常被用来初始化循环下标。第二个表达式是一个测试，它在循环的每次迭代之前进行。如果这个表达式的结果变成 0，就退出循环。循环本身可以被看作语句{ *stmt* $expr_3$; }。第三个表达式在每一次迭代的末尾执行，它通常用来使循环下标递增。故 for 语句的含义类似于

$expr_1$; while($expr_2$) { *stmt* $expr_3$; }

仿照图 2-43 中的类 *If*，为 for 语句定义一个类 *For*。

练习 2.8.2：程序设计语言 C 中没有布尔类型。试说明 C 语言的编译器可能使用什么方法将一个 if 语句翻译成为三地址代码。

2.9 第 2 章总结

本章介绍的语法制导翻译技术可以用于构造如图 2-46 所示的编译器的前端。

- 构造一个语法制导翻译器要从源语言的文法开始。一个*文法*描述了程序的层次结构。文法的定义使用了称为*终结符号*的基本符号和称为*非终结符号*的变量符号。这些符号代表了语言的构造。一个文法的规则，即*产生式*，由一个作为*产生式头*或*产生式左部*的非终结符，以及称为*产生式体*或*产生式右部*的终结符号/非终结符号序列组成。文法中有一个非终结符被指派为*开始符号*。
- 在描述一个翻译器时，在程序构造中附加属性是非常有用的。*属性*是指与一个程序构造关联的任何量值。因为程序构造是使用文法符号来表示的，因此属性的概念也被扩展到文法符号上。属性的例子包括与一个表示数字的终结符号 **num** 相关联的整数值，或与一个表示标识符的终结符号 **id** 相关联的字符串。

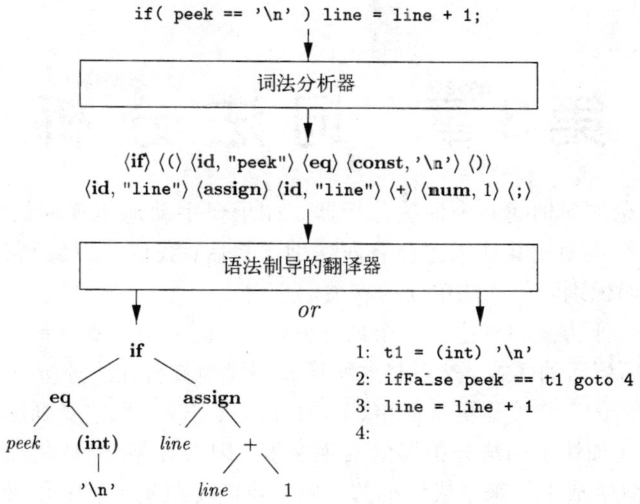

图 2-46　一个语句的两种可能的翻译结果

- **词法分析器**从输入中逐个读取字符，并输出一个*词法单元*的流，其中词法单元由一个终结符号以及以属性值形式出现的附加信息组成。在图 2-46 中，词法单元被写成用⟨⟩括起的元组。词法单元⟨**id**，"peek"⟩由终结符号 **id** 和一个指向包含字符串"peek"的符号表条目的指针构成。翻译器使用符号表来存放保留字和已经遇到的标识符。
- **语法分析**要解决的问题是指出如何从一个文法的开始符号推导出一个给定的终结符号串。推导的方法是反复将某个非终结符替换为它的某个产生式的体。从概念上讲，语法分析器会创建一棵语法分析树。该树的根结点的标号为文法的开始符号，每个非叶子结点对应于一个产生式，每个叶子结点的标号为一个终结符号或空串 ϵ。语法分析树推导出由它的叶子结点从左到右组成的终结符号串。
- 使用被称为预测语法分析法的自顶向下(从语法分析树的根结点到叶子结点)方法可以手工建立高效的语法分析器。*预测分析器*有对应于每个非终结符的子过程。该过程的过程体模拟了这个非终结符号的各个产生式。只要在输入流中向前看一个符号，就可以无二义地确定该过程体中的控制流。其他语法分析方法见第 4 章。
- 语法制导翻译通过在文法中添加规则或程序片段来完成。在本章中，我们只考虑了*综合*属性。任意结点 x 上的一个综合属性的值只取决于 x 的子结点(如果有的话)上的属性值。*语法制导定义*将规则和产生式相关联，这些规则用于计算属性值。*语法制导的翻译方案*在产生式体中嵌入了称为*语义动作*的程序片段。这些语义动作按照语法分析中产生式的使用顺序执行。
- 语法分析的结果是源代码的一种中间表示形式，称为*中间代码*。图 2-46 列出了中间代码的两种主要形式。*抽象语法树*中的各个结点代表了程序构造，一个结点的子结点给出了该构造有意义的子构造。另一种表示方法是*三地址代码*，它是一个由三地址指令组成的序列，其中每个指令只执行一个运算。
- *符号表*是存放有关标识符的信息的数据结构。当分析一个标识符的声明的时候，该标识符的信息被放入符号表中。当在后来使用这个标识符时，比如它作为一个表达式的因子使用时，语义动作将从符号表中获取这些信息。

第3章 词法分析

本章我们主要讨论如何构建一个词法分析器。如果要手动地实现词法分析器，首先建立起每个词法单元的词法结构图或其他描述会有所帮助。然后，我们可以编写代码来识别输入中出现的每个词素，并返回识别到的词法单元的有关信息。

我们也可以通过如下方式自动生成一个词法分析器：向一个*词法分析器生成工具*(lexical-analyzer generator)描述出词素的模式，然后将这些模式编译为具有词法分析器功能的代码。这种方法使得修改词法分析器的工作变得更加简单，因为我们只需改写那些受到影响的模式，无需改写整个程序。这种方法还加快了词法分析器的实现速度，因为程序员只需要在很高的模式层次上描述软件，就可以依赖生成工具来生成详细的代码。我们将在3.5节中介绍一个名为Lex的词法分析器生成工具(它的一个最新的变体称为Flex)。

在介绍词法分析器生成工具之前，我们先介绍正则表达式。正则表达式是一种可以很方便地描述词素模式的方法。我们将介绍如何对正则表达式进行转换：首先转换为不确定有穷自动机，然后再转换为确定有穷自动机。后两种表示方法可以作为一个"驱动程序"的输入。这个驱动程序就是一段模拟这些自动机的代码，它使用这些自动机来确定下一个词法单元。这个驱动程序以及对自动机的规约形成了词法分析器的核心部分。

3.1 词法分析器的作用

词法分析是编译的第一阶段。词法分析器的主要任务是读入源程序的输入字符、将它们组成词素，生成并输出一个词法单元序列，每个词法单元对应于一个词素。这个词法单元序列被输出到语法分析器进行语法分析。词法分析器通常还要和符号表进行交互。当词法分析器发现了一个标识符的词素时，它要将这个词素添加到符号表中。在某些情况下，词法分析器会从符号表中读取有关标识符种类的信息，以确定向语法分析器传送哪个词法单元。

这种交互过程在图3-1中给出。通常，交互是由语法分析器调用词法分析器来实现的。图中的命令 *getNextToken* 所指示的调用使得词法分析器从它的输入中不断读取字符，直到它识别出下一个词素为止。词法分析器根据这个词素生成下一个词法单元并返回给语法分析器。

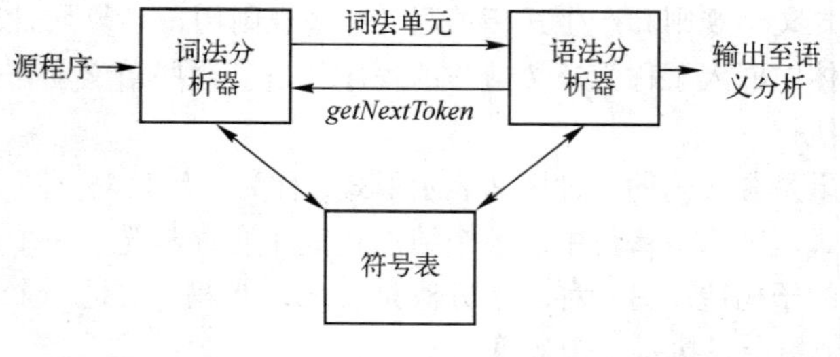

图3-1　词法分析器与语法分析器之间的交互

词法分析器在编译器中负责读取源程序，因此它还会完成一些识别词素之外的其他任务。任务之一是过滤掉源程序中的注释和空白(空格、换行符、制表符以及在输入中用于分隔词法单元的其他字符)；另一个任务是将编译器生成的错误消息与源程序的位置联系起来。例如，词法分析器可以负责记录遇到的换行符的个数，以便给每个出错消息赋予一个行号。在某些编译器中，词法分析器会建立源程序的一个拷贝，并将出错消息插入到适当位置。如果源程序使用了一个宏预处理器，则宏的扩展也可以由词法分析器完成。

有时，词法分析器可以分成两个级联的处理阶段：

1）*扫描阶段*主要负责完成一些不需要生成词法单元的简单处理，比如删除注释和将多个连续的空白字符压缩成一个字符。

2）*词法分析阶段*是较为复杂的部分，它处理扫描阶段的输出并生成词法单元。

3.1.1 词法分析及语法分析

把编译过程的分析部分划分为词法分析和语法分析阶段有如下几个原因：

1）最重要的考虑是简化编译器的设计。将词法分析和语法分析分离通常使我们至少可以简化其中的一项任务。例如，如果一个语法分析器必须把空白符和注释当作语法单元进行处理，那么它就会比那些假设空白和注释已经被词法分析器过滤掉的处理器复杂得多。如果我们正在设计一个新的语言，将词法和语法分开考虑有助于我们得到一个更加清晰的语言设计方案。

2）提高编译器的效率。把词法分析器独立出来使我们能够使用专用于词法分析任务、不进行语法分析的技术。此外，我们可以使用专门的用于读取输入字符的缓冲技术来显著提高编译器的速度。

3）增强编译器的可移植性。输入设备相关的特殊性可以被限制在词法分析器中。

3.1.2 词法单元、模式和词素

在讨论词法分析时，我们使用三个相关但有区别的术语：

- *词法单元*由一个词法单元名和一个可选的属性值组成。词法单元名是一个表示某种词法单位的抽象符号，比如一个特定的关键字，或者代表一个标识符的输入字符序列。词法单元名字是由语法分析器处理的输入符号。在后面的内容中，我们通常使用黑体字给出词法单元名。我们将使用词法单元的名字来引用一个词法单元。
- *模式*描述了一个词法单元的词素可能具有的形式。当词法单元是一个关键字时，它的模式就是组成这个关键字的字符序列。对于标识符和其他词法单元，模式是一个更加复杂的结构，它可以和很多符号串匹配。
- *词素*是源程序中的一个字符序列，它和某个词法单元的模式匹配，并被词法分析器识别为该词法单元的一个实例。

例 3.1 图 3-2 给出了一些常见的词法单元、非正式描述的词法单元的模式，并给出了一些示例词素。下面说明上述概念在实际中是如何应用的。在 C 语句

```
printf("Total = % d \n",score);
```

中，`printf` 和 `score` 都是和词法单元 `id` 的模式匹配的词素，而“`Total = % d \n`”则是一个和 **literal** 匹配的词素。 □

词法单元	非正式描述	词素示例
if	字符 i, f	`if`
else	字符 e, l, s, e	`else`
comparison	< 或 > 或 <= 或 >= 或 == 或 !=	<=, !=
id	字母开头的字母／数字串	`pi, score, D2`
number	任何数字常量	`3.14159, 0, 6.02e23`
literal	在两个 "之间，除" 以外的任何字符	`"core dumped"`

图 3-2 词法单元的例子

在很多程序设计语言中，下面的类别覆盖了大部分或所有的词法单元：

1）每个关键字有一个词法单元。一个关键字的模式就是该关键字本身。

2）表示运算符的词法单元。它可以表示单个运算符，也可以像图 3-2 中的 `comparison` 那样，表示一类运算符。

3）一个表示所有标识符的词法单元。

4）一个或多个表示常量的词法单元，比如数字和字面值字符串。

5）每一个标点符号有一个词法单元，比如左右括号、逗号和分号。

3.1.3 词法单元的属性

如果有多个词素可以和一个模式匹配，那么词法分析器必须向编译器的后续阶段提供有关被匹配词素的附加信息。例如，0 和 1 都能和词法单元 **number** 的模式匹配，但是对于代码生成器而言，至关重要的是知道在源程序中找到了哪个词素。因此，在很多情况下，词法分析器不仅仅向语法分析器返回一个词法单元名字，还会返回一个描述该词法单元的词素的属性值。词法单元的名字将影响语法分析过程中的决定，而这个属性则会影响语法分析之后对这个词法单元的翻译。

我们假设一个词法单元至多有一个相关的属性值，当然这个属性值可能是一个组合了多种信息的结构化数据。最重要的例子是词法单元 **id**，我们通常会将很多信息和它关联。一般来说，和一个标识符有关的信息——例如它的词素、类型、它第一次出现的位置（在发出一个有关该标识符的错误消息时需要使用这个信息）——都保存在符号表中。因此，一个标识符的属性值是一个指向符号表中该标识符对应条目的指针。

识别词法单元时的棘手问题

如果给定一个描述了某词法单元的词素的模式，在与之匹配的词素出现在输入中时识别出匹配的词素是相对简单的。然而，在某些程序设计语言中，要判断是否识别到一个和某词法单元匹配的词素并不是一件轻而易举的事。下面的例子来自 Fortran 语言的固定格式（fixed-format）程序。Fortran 90 中仍然支持固定格式。在语句

```
DO 5 I = 1.25
```

中，在我们看到 1 后的小数点之前，我们并不能确定 `DO5I` 是第一个词素，即一个标识符词法单元的实例。注意，在 Fortran 语言的固定格式中，空格是被忽略的（这是一种过时的惯例）。假如我们看到的是一个逗号，而不是小数点，那么我们就得到了一个 do 语句

```
DO 5 I = 1,25
```

在这个语句中，第一个词素是关键字 `DO`。

例 3.2 Fortran 语句

```
E = M * C ** 2
```

中的词法单元名字和相关的属性值可写成如下的名字-属性对序列：

<**id**, 指向符号表中 E 的条目的指针>
<**assign_op**>
<**id**, 指向符号表中 M 的条目的指针>
<**mult_op**>
<**id**, 指向符号表中 C 的条目的指针>
<**exp_op**>
<**number**, 整数值 2>

注意，在某些对中，特别是运算符、标点符号和关键字的对中，不需要有属性值。在这个例子中，

词法单元 **number** 有一个整数属性值。在实践中，编译器将保存一个代表该常量的字符串，并将一个指向该字符串的指针作为 **number** 的属性值。 □

3.1.4 词法错误

如果没有其他组件的帮助，词法分析器很难发现源代码中的错误。比如，当词法分析器在 C 程序片断

```
fi(a==f(x))…
```

中第一次遇到 `fi` 时，它无法指出 `fi` 究竟是关键字 `if` 的误写还是一个未声明的函数标识符。由于 `fi` 是标识符 **id** 的一个合法词素，因此词法分析器必须向语法分析器返回这个 **id** 词法单元，而让编译器的另一个阶段(在这个例子里是语法分析器)去处理这个因为字母颠倒而引起的错误。

然而，假设出现所有词法单元的模式都无法和剩余输入的某个前缀相匹配的情况，此时词法分析器就不能继续处理输入。当出现这种情况时，最简单的错误恢复策略是"恐慌模式"恢复。我们从剩余的输入中不断删除字符，直到词法分析器能够在剩余输入的开头发现一个正确的词法单元为止。这个恢复技术可能会给语法分析器带来混乱。但是在交互计算环境中，这个技术已经足够了。

可能采取的其他错误恢复动作包括：

1）从剩余的输入中删除一个字符。

2）向剩余的输入中插入一个遗漏的字符。

3）用一个字符来替换另一个字符。

4）交换两个相邻的字符。

这些变换可以在试图修复错误输入时进行。最简单的策略是看一下是否可以通过一次变换将剩余输入的某个前缀变成一个合法的词素。这种策略还是有道理的，因为在实践中，大多数词法错误只涉及一个字符。另外一种更加通用的改正策略是计算出最少需要多少次变换才能够把一个源程序转换成为一个只包含合法词素的程序。但是在实践中发现这种方法的代价太高，不值得使用。

3.1.5 3.1 节的练习

练习 3.1.1： 根据 3.1.2 节中的讨论，将下面的 C++ 程序

```
float limitedSquare(x){float x;
    /* returns x-squared, but never more than 100 */
    return (x<=-10.0||x>=10.0)?100:x*x;
}
```

划分成正确的词素序列。哪些词素应该有相关联的词法值？应该具有什么值？

练习 3.1.2： 像 HTML 或 XML 之类的标记语言不同于传统的程序设计语言，它们要么包含有很多标点符号(标记)，如 HTML，要么使用由用户自定义的标记集合，如 XML。而且标记还可以带有参数。请指出如何把如下的 HTML 文档

```
Here is a photo of <B>my house</B>;
<P><IMG SRC = "house.gif"><BR>
See <A HREF = "morePix.html">More Pictures</A> if you
liked that one.<P>
```

划分成适当的词素序列。哪些词素应该具有相关联的词法值？应该具有什么样的值？

3.2 输入缓冲

在讨论如何识别输入流中的词素之前，我们首先讨论几种可以加快源程序读入速度的方法。源程序读入虽然简单，却很重要。由于我们常常需要查看一个词素之后的若干字符才能够确定

是否找到了正确的词素，因此这个任务变得有些困难。在 3.1 节的“识别词法单元时的棘手问题”中给出了一个极端的例子。但是在实践中，很多情况下我们的确需要至少向前看一个字符。比如，我们只有读取到一个非字母或数字的字符之后才能确定我们已经到达一个标识符的末尾，因此这个字符不是 **id** 的词素的一部分。在 C 语言中，像 -、= 或 < 这样的单字符运算符也有可能是 ->、== 或 <= 这样的双字符运算符的开始字符。因此，我们将介绍一种双缓冲区方案，这种方案能够安全地处理向前看多个符号的问题。然后我们将考虑一种改进方法。这种方法使用“哨兵标记”来节约用于检查缓冲区末端的时间。

3.2.1　缓冲区对

由于在编译一个大型源程序时需要处理大量的字符，处理这些字符需要很多的时间，因此开发了一些特殊的缓冲技术来减少用于处理单个输入字符的时间开销。一种重要的机制就是利用两个交替读入的缓冲区，如图 3-3 所示。

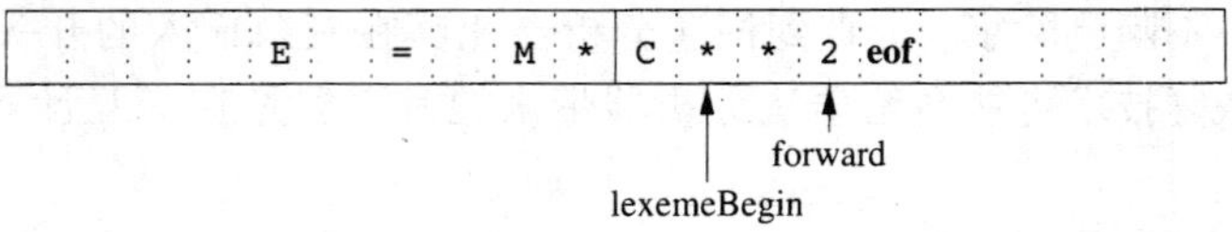

图 3-3　使用一对输入缓冲区

每个缓冲区的容量都是 N 个字符，通常 N 是一个磁盘块的大小，如 4096 字节。我们可以使用系统读取命令一次将 N 个字符读入到缓冲区中，而不是每读入一个字符调用一次系统读取命令。如果输入文件中的剩余字符不足 N 个，那么就会有一个特殊字符（用 **eof** 表示）来标记源文件的结束。这个特殊字符不同于任何可能出现在源程序中的字符。

程序为输入维护了两个指针：

1）`lexemeBegin` 指针：该指针指向当前词素的开始处。当前我们正试图确定这个词素的结尾。

2）`forward` 指针：它一直向前扫描，直到发现某个模式被匹配为止。做出这个决定所依据的策略将在本章的其余部分中讨论。

一旦确定了下一个词素，`forward` 指针将指向该词素结尾的字符。词法分析器将这个词素作为某个返回给语法分析器的词法单元的属性值记录下来。然后使 `lexemeBegin` 指针指向刚刚找到的词素之后的第一个字符。在图 3-3 中，我们看到，`forward` 指针已经越过下一个词素 **（Fortran 的指数运算符）。在处理完这个词素后，它将会被左移一个位置。

将 `forward` 指针前移要求我们首先检查是否已经到达某个缓冲区的末尾。如果是，我们必须将 N 个新字符读到另一个缓冲区中，且将 `forward` 指针指向这个新载入字符的缓冲区的头部。只要我们从不需要越过实际的词素向前看很远，以至于这个词素的长度加上我们向前看的距离大于 N，我们就决不会在识别这个词素之前覆盖掉这个尚在缓冲区中的词素。

3.2.2　哨兵标记

如果我们采用上一节中描述的方案，那么在每次向前移动 `forward` 指针时，我们都必须检查是否到达了缓冲区的末尾。若是，那么我们必须加载另一个缓冲区。因此每读入一个字符，我们需要做两次测试：一次是检查是否到达缓冲区的末尾，另一次是确定读入的字符是什么（后者可能是一个多路分支选择语句）。如果我们扩展每个缓冲区，使它们在末尾包含一个“哨兵”（sentinel）字符，我们就可以把对缓冲区末端的测试和对当前字符的测试合二为一。这个哨兵字符必须是一个不会在源程序中出现的特殊字符，一个自然的选择就是字符 **eof**。

图 3-4 显示的缓冲区安排与图 3-3 一致，只是加入了“哨兵标志”字符。请注意，**eof** 仍然可以用来标记整个输入的结尾。任何不是出现在某个缓冲区末尾的 **eof** 都表示到达了输入的结尾。图 3-5 总结了前移 `forward` 指针的算法。请注意，我们在大部分情况下只需要进行一次测试就可以根据 forward 所指向的字符完成多路分支跳转。只有当我们确实处于缓冲区末尾或输入末尾时，才需要进行更多的测试。

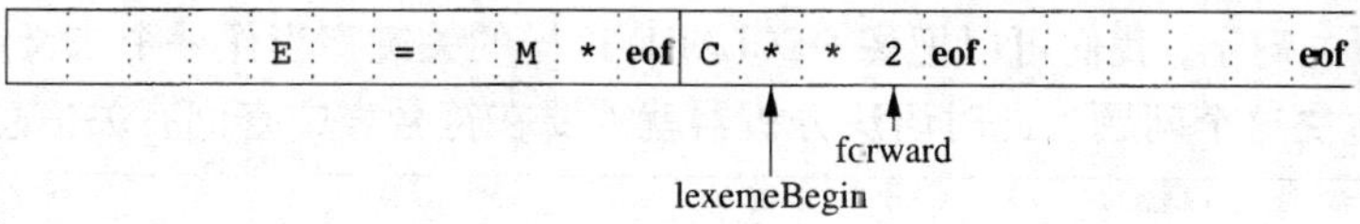

图 3-4 各个缓冲区末端的“哨兵标记”

```
switch ( *forward ++ ) {
    case eof:
        if (forward 在第一个缓冲区末尾 ) {
            装载第二个缓冲区；
            forward=第二个缓冲区的开头;
        }
        else if (forward 在第二个缓冲区末尾) {
            装载第一个缓冲区；
            forward=第一个缓冲区的开头；
        }
        else /*缓冲区内部的 eof 标记输入结束 * /
            终止词法分析
        break;
    其他字符的情况
}
```

图 3-5 带有哨兵标记的 forward 指针移动算法

3.3 词法单元的规约

正则表达式是一种用来描述词素模式的重要表示方法。虽然正则表达式不能表达出所有可能的模式，但是它们可以高效地描述在处理词法单元时要用到的模式类型。在这一节中，我们将研究正则表达式的形式化表示方法。在 3.5 节中，我们将看到如何将这些表达式运用到词法分析器生成工具中。然后，3.7 节显示了如何将正则表达式转换成能够识别所描述的词法单元的自动机，并由此建立一个词法分析器。

我们会不会用完缓冲区空间？

在大多数现代程序设计语言中，词素很短，向前看一到两个字符就能够确定一个词素，所以数千字节大小的缓冲区就已经足够了。使用 3.2.1 节中介绍的双缓冲区方案肯定没问题。但是仍然存在一些风险。比如，如果字符串包含很多行，那么我们就有可能面临单个词素的长度超过 N 的情况。为了避免长字符串引起的问题，我们可以把它们看作不同组成部分的连接，每个组成部分对应于该字符串的一行。比如，在 Java 语言中，人们习惯于将一个字符串写成多个部分，每个部分占一行，并在每个部分的结尾加上运算符 +，将它们连接起来。

> 当需要向前看任意多个字符时，就会出现一个更加严重的问题。比如，像 PL/I 这样的语言没有将关键字作为保留字来处理，也就是说，你可以使用一个和某个关键字（比如 DECLARE）同名的标识符。当词法分析器处理以 `DECLARE(ARG1,ARG2,`……开头的 PL/I 程序的文本时，它不能确定 `DECLARE` 究竟是一个关键字（此时后面的 `ARG1` 等是被声明的变量），还是一个带有参数的过程名。因为这个原因，大多数现代程序设计语言都保留关键字。然而，如果不保留关键字，我们可以把像 DECLARE 这样的关键字当作一个二义性的标识符，由语法分析器来解决这个问题。此时语法分析器就需要在符号表中查询有关信息。

3.3.1 串和语言

字母表（alphabet）是一个有限的符号集合。符号的典型例子包括字母、数位和标点符号。集合{0, 1}是*二进制字母表*（binary alphabet）。ASCII 是字母表的一个重要例子，它被用于很多软件系统中。Unicode 包含了大约 100000 个来自世界各地的字符，它是字母表的另一个重要例子。

> **实现多路分支**
>
> 我们也许会认为图 3-5 的算法中的 switch 需要执行很多步，而且将 `eof` 分支放在开头也不是明智的选择。但事实上，我们按照什么顺序列出针对各个字符的 case 并不重要。在实践中，可以用一个以字符为下标的地址数组来存放对应于各个 case 的指令地址，并根据此数组中找到的目标地址一次完成跳转。

某个字母表上的一个*串*（string）是该字母表中符号的一个有穷序列。在语言理论中，术语"句子"和"字"常常被当作"串"的同义词。串 s 的长度，通常记作 $|s|$，是指 s 中符号出现的次数。例如，`banana` 是一个长度为 6 的串。*空串*（empty string）是长度为 0 的串，用 ϵ 表示。

语言（language）是某个给定字母表上一个任意的可数的串集合。这个定义非常宽泛。根据这个定义，像空集 $\emptyset$ 和仅包含空串的集合$\{\epsilon\}$都是语言。所有语法正确的 C 程序的集合，以及所有语法正确的英语句子的集合也都是语言，虽然后两种语言难以精确地描述。注意，这个定义并没有要求语言中的串一定具有某种含义。定义串的"含义"的方法将在第 5 章中讨论。

> **串的各部分的术语**
>
> 下面是一些与串相关的常用术语：
>
> 1）串 s 的*前缀*（prefix）是从 s 的尾部删除 0 个或多个符号后得到的串。例如，`ban`、`banana` 和 ϵ 是 `banana` 的前缀。
>
> 2）串 s 的*后缀*（suffix）是从 s 的开始处删除 0 个或多个符号后得到的串。例如，`nana`、`banana` 和 ϵ 是 `banana` 的后缀。
>
> 3）串 s 的*子串*（substring）是删除 s 的某个前缀和某个后缀之后得到的串。例如，`bnana`、`nan` 和 ϵ 是 `banana` 的子串。
>
> 4）串 s 的*真*（true）前缀、真后缀、真子串分别是 s 的既不等于 ϵ，也不等于 s 本身的前缀、后缀和子串。
>
> 5）串 s 的*子序列*（subsequence）是从 s 中删除 0 个或多个符号后得到的串，这些被删除的符号可能不相邻。例如，`baan` 是 `banana` 的一个子序列。

如果 x 和 y 是串，那么 x 和 y 的*连接*（concatenation）（记作 xy）是把 y 附加到 x 后面而形成的

串。例如，如果 x = dog 且 y = house，那么 xy = doghouse。空串是连接运算的单位元，也就是说，对于任何串 s 都有，$s\epsilon = \epsilon s = s$。

如果把两个串的连接看成是这两个串的“乘积”，我们可以定义串的“指数”运算如下：定义 s^0 为 ϵ，并且对于 $i>0$，s^i 为 $s^{i-1}s$。因为 $\epsilon s = s$，由此可知 $s^1 = s$，$s^2 = ss$，$s^3 = sss$，依此类推。

3.3.2 语言上的运算

在词法分析中，最重要的语言上的运算是并、连接和闭包运算。图 3-6 给出了这些运算的正式定义。并运算是常见的集合运算。语言的连接就是以各种可能的方式，从第一个语言中任取一个串，再从第二个语言任取一个串，然后将它们连接后得到的所有串的集合。一个语言 L 的 Kleene 闭包（closure），记为 L^*，就是将 L 连接 0 次或多次后得到的串集。注意，L^0，即“将 L 连接 0 次得到的集合”，被定义为 $\{\epsilon\}$，并且 L^i 被归纳地定义为 $L^{i-1}L$。最后，L 的正闭包，（记为 L^+）和 Kleene 闭包基本相同，但是不包含 L^0。也就是说，除非 ϵ 属于 L，否则 ϵ 不属于 L^+。

运算	定义和表示
L和M 的并	$L \cup M = \{s \mid s$ 属于L 或者s 属于 $M\}$
L和M 的连接	$LM = \{st \mid s$ 属于 L 且　t 属于 $M\}$
L的 Kleene 闭包	$L^* = \cup_{i=0}^{\infty} L^i$
L的正闭包	$L^* = \cup_{i=1}^{\infty} L^i$

图 3-6　语言上的运算的定义

例 3.3　令 L 表示字母的集合{A，B，…，Z，a，b，…，z}，令 D 表示数位的集合{0，1，…，9}。我们可以用两种不同但等价的方式来考虑 L 和 D。一种方法是将 L 看成是大、小写字母组成的字母表，将 D 看成是 10 个数位组成的字母表。另一种方法是将 L 和 D 看作语言，它们的所有串的长度都为一。下面是一些根据图 3-6 中的运算符从 L 和 D 构造得到的新语言：

1）$L \cup D$ 是字母和数位的集合——严格地讲，这个语言包含 62 个长度为 1 的串，每个串是一个字母或一个数位。

2）LD 是包含 520 个长度为 2 的串的集合，每个串都是一个字母跟一个数位。

3）L^4 是所有由四个字母构成的串的集合。

4）L^* 是所有由字母构成的串的集合，包括空串 ϵ。

5）$L(L \cup D)^*$ 是所有以字母开头的，由字母和数位组成的串的集合。

6）D^+ 是由一个或多个数位构成的串的集合。

□

3.3.3 正则表达式

假设我们要描述 C 语言的所有合法标识符的集合。它差不多就是例 3.3 的第 5 项所定义的语言，唯一的不同是 C 的标识符中可以包括下划线。

在例 3.3 中，我们可以首先给出字母和数位集合的名字，然后使用并、连接和闭包这些运算符来描述标识符。这种处理方法非常有用。因此，人们常常使用一种称为正则表达式的表示方法来描述语言。正则表达式可以描述所有通过对某个字母表上的符号应用这些运算符而得到的语言。在这种表示法中，如果使用 letter_来表示任一字母或下划线，用 digit_来表示数位，那么可以使用如下的正则表达式来描述对应于 C 语言标识符的语言：

$$letter\_(letter\_ \mid digit)^*$$

上式中的竖线表示并运算，括号用于把子表达式组合在一起，星号表示“零个或多个”括号中表达式的连接，将 *letter*_和表达式的其余部分并列表示连接运算。

正则表达式可以由较小的正则表达式按照如下规则递归地构建。每个正则表达式 r 表示一个语言$L(r)$，这个语言也是根据 r 的子表达式所表示的语言递归地定义的。下面的规则定义了某个字母表 Σ 上的正则表达式以及这些表达式所表示的语言。

归纳基础：如下两个规则构成了归纳基础：

1）ϵ 是一个正则表达式，$L(\epsilon)=\{\epsilon\}$，即该语言只包含空串。

2）如果 a 是 Σ 上的一个符号，那么 $\mathbf{a}$ 是一个正则表达式，并且 $L(\mathbf{a})=\{a\}$。也就是说，这个语言仅包含一个长度为 1 的符号串 a。请注意，根据惯例，我们通常用斜体表示符号，粗体表示它们所对应的正则表达式。[⊖]

归纳步骤：由小的正则表达式构造较大的正则表达式的步骤有四个部分。假定 r 和 s 都是正则表达式，分别表示语言 $L(r)$ 和 $L(s)$，那么：

1）$(r)|(s)$是一个正则表达式，表示语言 $L(r)\cup L(s)$。

2）$(r)(s)$是一个正则表达式，表示语言 $L(r)L(s)$。

3）$(r)^*$是一个正则表达式，表示语言$(L(r))^*$。

4）(r)是一个正则表达式，表示语言 $L(r)$。最后这个规则是说在表达式的两边加上括号并不影响表达式所表示的语言。

按照上面的定义，正则表达式经常会包含一些不必要的括号。如果我们采用如下的约定，就可以丢掉一些括号：

1）一元运算符 * 具有最高的优先级，并且是左结合的。

2）连接具有次高的优先级，它也是左结合的。

3）| 的优先级最低，并且也是左结合的。

例如，我们可以根据这个约定将$(\mathbf{a})|((\mathbf{b})^*(\mathbf{c}))$改写为 $\mathbf{a}|\mathbf{b}^*\mathbf{c}$。这两个表达式都表示同样的串集合，其中的元素要么是单个 a，要么是由 0 个或多个 b 后面再跟一个 c 组成的串。

例 3.4 令 $\Sigma=\{a, b\}$。

1）正则表达式 $\mathbf{a}|\mathbf{b}$ 表示语言$\{\mathbf{a}, \mathbf{b}\}$。

2）正则表达式$(\mathbf{a}|\mathbf{b})(\mathbf{a}|\mathbf{b})$表示语言$\{aa, ab, ba, bb\}$，即在字母表 Σ 上长度为 2 的所有串的集合。可表示同样语言的另一个正则表达式是 $\mathbf{aa}|\mathbf{ab}|\mathbf{ba}|\mathbf{bb}$。

3）正则表达式 $\mathbf{a}^*$ 表示所有由零个或多个 a 组成的串的集合，即$\{\epsilon, a, aa, aaa, \cdots\}$。

4）正则表达式$(\mathbf{a}|\mathbf{b})^*$表示由零个或多个 a 或 b 的实例构成的串的集合，即由 a 和 b 构成的所有串的集合$\{\epsilon, a, b, aa, ab, ba, bb, aaa, \cdots\}$。另一个表示相同语言的正则表达式是$(\mathbf{a}^*\mathbf{b}^*)^*$。

5）正则表达式 $\mathbf{a}|\mathbf{a}^*\mathbf{b}$ 表示语言$\{a, b, ab, aab, aaab, \cdots\}$，也就是串 a 和以 b 结尾的零个或多个 a 组成的串的集合。 □

可以用一个正则表达式定义的语言叫做*正则集合*(regular set)。如果两个正则表达式 r 和 s 表示同样的语言，则称 r 和 s 等价(equivalent)，记作 $r=s$。例如，$(\mathbf{a}|\mathbf{b})=(\mathbf{b}|\mathbf{a})$。正则表达式遵守一些代数定律，每个定律都断言两个具有不同形式的表达式等价。图 3-7 给出了一些对于任意正则表达式 r、s 和 t 都成立的代数定律。

⊖ 然而，当讨论 ASCII 字符集中的特定字符时，我们通常将使用电传字体同时表示字符和它的正则表达式。

定律	描述
$r\|s = s\|r$	|是可以交换的
$r\|(s\|t) = (r\|s)\|t$	|是可结合的
$r(st) = (rs)t$	连接是可结合的
$r(s\|t) = rs\|rt;\ (s\|t)r = sr\|tr$	连接对|是可分配的
$\epsilon r = r\epsilon = r$	ϵ是连接的单位元
$r^* = (r\|\epsilon)^*$	闭包中一定包含ϵ
$r^{**} = r^*$	*具有幂等性

图 3-7　正则表达式的代数定律

3.3.4　正则定义

为方便表示，我们可能希望给某些正则表达式命名，并在之后的正则表达式中像使用符号一样使用这些名字。如果 Σ 是基本符号的集合，那么一个*正则定义*(regular definition)是具有如下形式的定义序列：

$$d_1 \to r_1$$
$$d_2 \to r_2$$
$$\cdots$$
$$d_n \to r_n$$

其中：

- 每个 d_i 都是一个新符号，它们都不在 Σ 中，并且各不相同。
- 每个 r_i 是字母表 $\Sigma \cup \{d_1, d_2, \cdots, d_{i-1}\}$ 上的正则表达式。

我们限制每个 r_i 中只含有 Σ 中的符号和在它之前定义的各个 d_j，因此避免了递归定义的问题，并且我们可以为每个 r_i 构造出只包含 Σ 中符号的正则表达式。我们可以首先将 r_2(它不能使用 d_1 之外的任何 d)中的 d_1 替换为 r_1，然后再将 r_3 中的 d_1 和 d_2 替换为 r_1 和(替换之后的)r_2，依此类推。最后，我们将 r_n 中的 $d_i(i=1, 2, \cdots, n-1)$替换为 r_i 的经替换后的版本，在这些版本中都只包含 Σ 中的符号。

例 3.5　C 语言的标识符是由字母、数字和下划线组成的串。下面是 C 标识符对应的语言的一个正则定义。我们将按照惯例用斜体字来表示正则定义中定义的符号。

$$\begin{array}{rcl} letter\_ & \to & \texttt{A} \mid \texttt{B} \mid \cdots \mid \texttt{Z} \mid \texttt{a} \mid \texttt{b} \mid \cdots \mid \texttt{z} \mid \texttt{\_} \\ digit & \to & \texttt{0} \mid \texttt{1} \mid \cdots \mid \texttt{9} \\ id & \to & letter\_ \ (\ letter\_ \mid digit \ )^* \end{array}$$

□

例 3.6　(整型或浮点型)无符号数是形如 `5280`、`0.01234`、`6.336E4` 或 `1.89E-4` 的串。下面的正则定义给出了这类符号串的精确规约：

$$\begin{array}{rcl} digit & \to & \texttt{0} \mid \texttt{1} \mid \cdots \mid \texttt{9} \\ digits & \to & digit\ digit^* \\ optionalFraction & \to & \texttt{.}\ digits \mid \epsilon \\ optionalExponent & \to & (\ \texttt{E}\ (\ \texttt{+} \mid \texttt{-} \mid \epsilon\ )\ digits\ ) \mid \epsilon \\ number & \to & digits\ optionalFraction\ optionalExponent \end{array}$$

在这个定义中，*optionalFraction* 要么是空串，要么是小数点后再跟一个或多个数位。*optionalExponent* 如果不是空串，就是字母 E 后跟随一个可选的 + 号或 - 号，再跟上一个或多个数位。请注意，小数点后至少要跟一个数位，所以 *number* 和 `1.` 不匹配，但和 `1.0` 匹配。　□

3.3.5 正则表达式的扩展

自从 Kleene 在 20 世纪 50 年代提出了带有基本运算符并、连接和 Kleene 闭包的正则表达式之后，已经出现了很多种针对正则表达式的扩展，它们被用来增强正则表达式描述串模式的能力。在这里，我们介绍的一些最早出现在像 Lex 这样的 Unix 实用程序中的扩展表示法。这些扩展表示法在词法分析器的规约中非常有用。本章的参考文献中包含了一个对当今仍在使用的正则表达式变体的讨论。

1）一个或多个实例。单目后缀运算符 + 表示一个正则表达式及其语言的正闭包。也就是说，如果 r 是一个正则表达式，那么 $(r)^+$ 就表示语言 $(L(r))^+$。运算符 + 和运算符 * 具有同样的优先级和结合性。两个有用的代数定律 $r^* = r^+ | \epsilon$ 和 $r^+ = rr^* = r^*r$ 说明了 Kleene 闭包 * 和正闭包之间的关系。

2）零个或一个实例。单目后缀运算符？的意思是"零个或一个出现"。也就是说，$r?$ 等价于 $r|\epsilon$，换句话说，$L(r?) = L(r) \cup \{\epsilon\}$。运算符？与运算符 + 和运算符 * 具有同样的优先级和结合性。

3）字符类。一个正则表达式 $a_1 | a_2 | \cdots | a_n$（其中 a_i 是字母表中的各个符号）可以缩写为 $[a_1a_2\cdots a_n]$。更重要的是，当 $a_1, a_2, \cdots, a_n$ 形成一个逻辑上连续的序列时，比如连续的大写字母、小写字母或数位时，我们可以把它们表示成 $a_1 - a_n$。也就是说，只写出第一个和最后一个符号，中间用连词符隔开。因此，[**abc**]是 **a**|**b**|**c** 的缩写，[**a** - **z**]是 **a**|**b**|…|**z** 的缩写。

例 3.7 根据这些缩写表示法，我们可以将例 3.5 中的正则定义改写为：

$$\begin{array}{rcl} letter\_ & \rightarrow & \texttt{[A-Za-z\_]} \\ digit & \rightarrow & \texttt{[0-9]} \\ id & \rightarrow & letter\_\ (\ letter\_ \mid digit\ )^* \end{array}$$

例 3.6 的正则定义可以简化为：

$$\begin{array}{rcl} digit & \rightarrow & \texttt{[0-9]} \\ digits & \rightarrow & digit^+ \\ number & \rightarrow & digits\ (\texttt{.}\ digits)?\ (\ \texttt{E}\ \texttt{[+-]}?\ digits\ )? \end{array}$$

□

3.3.6 3.3 节的练习

练习 3.3.1：对于下列各个语言，查询语言使用手册以确定：(i)形成各语言的输入字母表的字符集分别是什么(不包括那些只能出现在字符串或注释中的字符)？(ii)各语言的数字常量的词法形式是什么？(iii)各语言的标识符的词法形式是什么？

(1) C (2) C++ (3) C# (4) Fortran (5) Java (6) Lisp (7) SQL

! **练习 3.3.2**：试描述下列正则表达式定义的语言：

1) $\mathbf{a(a|b)^*a}$

2) $\mathbf{((\epsilon|a)b^*)^*}$

3) $\mathbf{(a|b)^*a(a|b)(a|b)}$

4) $\mathbf{a^*ba^*ba^*ba^*}$

!! 5) $\mathbf{(aa|bb)^*((ab|ba)(aa|bb)^*(ab|ba)(aa|bb)^*)^*}$

练习 3.3.3：试说明在一个长度为 n 的字符串中，分别有多少个

1）前缀

2）后缀

3）真前缀

！4）子串

！5）子序列

练习3.3.4： 很多语言都是大小写敏感的(case sensitive)，因此这些语言的关键字只能有一种写法，描述这些关键字的词素的正则表达式就很简单。但是，像SQL这样的语言是大小写不敏感的(case insensitive)，一个关键字既可以大写，也可以小写，还可以大小写混用。因此，SQL中的关键字 `SELECT` 可以写成 `select`、`Select` 或 `sElEcT`。请描述出如何用正则表达式来表示大小写不敏感的语言中的关键字。给出描述SQL语言中的关键字"select"的表达式，以说明你的思想。

！**练习3.3.5：** 试写出下列语言的正则定义：

1）包含5个元音的所有小写字母串，这些串中的元音按顺序出现。

2）所有由按词典递增序排列的小写字母组成的串。

3）注释，即/ * 和 * /之间的串，且串中没有不在双引号(")中的 * /。

！！4）所有不重复的数位组成的串。提示：首先尝试解决只含有少量数位(比如{0，1，2})的数位串。

！！5）所有最多只有一个重复数位的串。

！！6）所有由偶数个 a 和奇数个 b 构成的串。

7）以非正式方式表示的国际象棋的步法的集合，如 p - k4 或 kbp × qn。

！！8）所有由 a 和 b 组成且不含子串 abb 的串。

9）所有由 a 和 b 组成且不含子序列 abb 的串。

练习3.3.6： 为下列的字符集合写出对应的字符类。

1）英文字母的前10个字母(从 $a \sim j$)，包括大写和小写。

2）所有小写的辅音字母的集合。

3）十六进制中的"数位"(对大于9的数位，自己决定大写或小写)。

4）可以出现在一个合法的英语句子后面的字符集(比如感叹号)。

从下面开始直到练习3.3.10(含)讨论了来自Lex的正则表达式的扩展表示方法(我们将在3.5节中讨论这个词法分析器生成工具)。这些扩展表示方法在图3-8中列出。

表达式	匹配	例子
c	单个非运算符字符 c	`a`
$\backslash c$	字符 c 的字面值	`\*`
"s"	串 s 的字面值	`"**"`
.	除换行符以外的任何字符	`a.*b`
^	一行的开始	`^abc`
$	行的结尾	`abc$`
$[s]$	字符串 s 中的任何一个字符	`[abc]`
$[\hat{}s]$	不在串 s 中的任何一个字符	`[^abc]`
$r*$	和 r 匹配的零个或多个串连接成的串	`a*`
$r+$	和 r 匹配的一个或多个串连接成的串	`a+`
$r?$	零个或一个 r	`a?`
$r\{m,n\}$	最少 m 个，最多 n 个 r 的重复出现	`a{1,5}`
r_1r_2	r_1 后加上 r_2	`ab`
$r_1 \mid r_2$	r_1 或 r_2	`a|b`
(r)	与 r 相同	`(a|b)`
r_1/r_2	后面跟有 r_2 时的 r_1	`abc/123`

图3-8 Lex的正则表达式

练习 3.3.7： 请注意这些正则表达式中的下列字符(称为运算符字符)都具有特殊的含义：

\ " . ^ $ [ ] * + ? { } | /

如果想要使得这些特殊字符在一个串中表示它们自身，就必须取消它们的特殊含义。我们将它们放在一个长度大于等于 1 且加上双引号的串中就可以取消特殊含义。例如，正则表达式"**"和字符串 ** 匹配。我们也可以在一个运算符字符前加一个反斜线，得到这个字符的字面含义。那么，正则表达式 * * 也和串 ** 匹配。请写出一个和字符串" \匹配的正则表达式。

练习 3.3.8： 在 Lex 中，补集字符类(complemented character class)代表该字符类中列出的字符之外的所有字符。我们将^放在开头来表示一个补集字符类。除非^在该字符类内列出，否则这个字符不在被取补的字符类中。因此，[^A-Za-z]匹配所有不是大小写字母的字符，[^\^]匹配除^(以及换行符，因为它不在任何字符类中)之外的任何字符。试证明：对于每个带有补集字符类的正则表达式，都存在一个等价的不含补集字符类的正则表达式。

！练习 3.3.9： 正则表达式 $r\{m, n\}$ 和模式 r 的 m 到 n 次重复出现相匹配。例如，a{1,5}和由 1～5 个 a 组成的串匹配。试证明：对于每一个包含这种形式的重复运算符的正则表达式，都存在一个等价的不包含重复运算符的正则表达式。

！练习 3.3.10： 运算符^匹配一行的最左端，$匹配一行的最右端。运算符^也被用作补集字符类的首字符，但是通过上下文总是能够确定它的含义。例如，^[^aeiou]*$匹配任何一个不包含小写元音字符的行。

1）你怎样判断^到底表示哪一个意思？

2）是否总是能够将一个包括^和$运算符的正则表达式替换为一个等价的不包含这些运算符的正则表达式？

！练习 3.3.11： UNIX 的 shell 命令 sh 在文件名表达式中使用图 3-9 中的运算符来描述文件名的集合。例如，文件名表达式 *.o 和所有以 .o 结束的文件名匹配；sort1.? 和所有形如 sort1.c 的文件名匹配，其中 c 可以是任何字符。试问如何使用只包含并、连接和闭包运算符的正则表达式来表示 sh 文件名表达式？

表达式	匹配	例子
's'	串 s 的字面值	'\'
\\c	字符 c 的字面值	\'
*	任何串	*.o
?	任何字符	sort1.?
[s]	s中的确任何字符	sort1.[cso]

图 3-9 shell 命令 sh 使用的文件名表达式

！练习 3.3.12： SQL 语言支持一种不成熟的模式描述方式，其中有两个具有特殊含义的字符；下划线(_)表示任意一个字符；百分号% 表示包含 0 个或多个字符的串。此外，程序员还可以将任意一个字符(比如 e)定义为转义字符。那么，在_、% 或者另一个 e 之前加上一个 e，就使得这个字符只表示它的字面值。假设我们已经知道哪个字符是转义字符，说明如何将任意 SQL 模式表示为一个正则表达式。

3.4 词法单元的识别

上一节介绍了如何使用正则表达式来表示一个模式。现在，我们必须学习如何根据各个需要识别的词法单元的模式来构造出一段代码。这段代码能够检查输入字符串，并在输入的前缀中找出一个和某个模式匹配的词素。我们的讨论将围绕下面的例子展开。

例 3.8　图 3-10 的文法片段描述了分支语句和条件表达式的一种简单形式。这个语法和 Pascal 语言的语法类似，它的 **then** 关键字显式地出现在条件表达式的后面。对于 **relop**，我们使用 Pascal 或 SQL 语言中的比较运算符，其中 = 表示“相等”，< > 表示“不相等”，因为它们呈现了一种有意思的词素结构。

在考虑词法分析器时，文法的终结符号，包括 **if**、**then**、**else**、**relop**、**id** 及 **number**，都是词法单元的名字。这些词法单元的模式使用图 3-11 中的正则定义来描述。其中 *id* 和 *number* 的模式和我们之前在例 3.7 中看到的模式类似。

```
stmt → if expr then stmt
     | if expr then stmt else stmt
     | ϵ
expr → term relop term
     | term
term → id
     | number
```

图 3-10　分支语句的文法

```
 digit → [0-9]
digits → digit+
number → digits (. digits)? ( E [+-]? digits )?
letter → [A-Za-z]
    id → letter ( letter | digit )*
    if → if
  then → then
  else → else
 relop → < | > | <= | >= | = | <>
```

图 3-11　例 3.8 中词法单元的模式

对这个语言，词法分析器将识别关键字 *if*、*then*、*else* 以及和 *relop*、*id* 和 *num* 的模式匹配的词素。为了简化问题，我们做出如下的常见假设：关键字也是保留字。也就是说，它们不是标识符，虽然它们的词素和标识符的模式匹配。

此外，我们还让词法分析器负责消除空白符，方法是让它识别如下定义的“词法单元”*ws*。

$$ws \rightarrow (\ \textbf{blank}\ |\ \textbf{tab}\ |\ \textbf{newline}\ )^{+}$$

这里，**blank**、**tab** 及 **newline** 是用于表示具有同样名字的 ASCII 字符的抽象符号。词法单元 *ws* 同其他的词法单元的不同之处在于：当我们识别到 *ws* 时，我们并不将它返回给语法分析器，而是从这个空白之后的字符开始继续进行词法分析。返回给语法分析器的是下一个词法单元。

图 3-12 总结了词法分析器的目标。对于各个词素或词素的集合，该表显示了应该将哪个词法单元名返回给语法分析器，以及按照 3.1.3 节中的介绍，应该返回什么属性值。请注意，对于其中的 6 个关系运算符，符号常量 LT、LE 等被当作属性值返回，其目的是指明我们发现的是词法单元 **relop** 的哪个实例。找到的运算符将影响编译器输出的代码。　□

词素	词法单元名字	属性值
Any *ws*	–	–
if	**if**	–
then	**then**	–
else	**else**	–
Any *id*	**id**	指向符号表条目的指针
Any *number*	**number**	指向符号表条目的指针
<	**relop**	LT
<=	**relop**	LE
=	**relop**	EQ
<>	**relop**	NE
>	**relop**	GT
>=	**relop**	GE

图 3-12　词法单元、它们的模式以及属性值

3.4.1 状态转换图

作为构造词法分析器的一个中间步骤，我们首先将模式转换成具有特定风格的流图，称为“状态转换图”。在本节中，我们用手工方式将正则表达式表示的模式转化为状态转换图，在 3.6 节中，我们将看到可以使用自动化的方法根据一组正则表达式集合构造出状态转换图。

状态转换图(transition diagram)有一组被称为“*状态*”(state)的结点或圆圈。词法分析器在扫描输入串的过程中寻找和某个模式匹配的词素，而转换图中的每个状态代表一个可能在这个过程中出现的情况。我们可以将一个状态看作是对我们已经看到的位于 *lexemeBegin* 指针和 *forward* 指针之间的字符的总结，它包含了我们在进行词法分析时需要的全部信息。

状态图中的边(edge)从图的一个状态指向另一个状态。每条边的标号包含了一个或多个符号。如果我们处于某个状态 s，并且下一个输入符号是 a，我们就会寻找一条从 s 离开且标号为 a 的边(该边的标号中可能还包括其他符号)。如果我们找到了这样的一条边，就将 *forward* 指针前移，并进入状态转换图中该边所指的状态。我们假设所有状态转换图都是*确定的*，这意味着对于任何一个给定的状态和任何一个给定的符号，最多只有一条从该状态离开的边的标号包含该符号。从 3.5 节开始，我们将放松对确定性的要求，令词法分析器的设计者更加容易完成任务，但同时提高了对实现者的技巧要求。一些关于状态转换图的重要约定如下：

1) 某些状态称为*接受状态*或*最终状态*。这些状态表明已经找到了一个词素，虽然实际的词素可能并不包括 *lexemeBegin* 指针和 *forward* 指针之间的所有字符。我们用双层的圈来表示一个接受状态，并且如果该状态要执行一个动作的话——通常是向语法分析器返回一个词法单元和相关属性值——我们将把这个动作附加到该接受状态上。

2) 另外，如果需要将 *forward* 回退一个位置(即相应的词素并不包含那个在最后一步使我们到达接受状态的符号)，那么我们将在该接受状态的附近加上一个 * 。我们的例子都不需要将 *forward* 指针回退多个位置，但万一出现这种情况，我们将为接受状态附加相应数目的 * 。

3) 有一个状态被指定为*开始状态*，也称*初始状态*，该状态由一条没有出发结点的、标号为“start”的边指明。在读入任何输入符号之前，状态转换图总是位于它的开始状态。

例 3.9 图 3-13 给出了能够识别所有与词法单元 **relop** 匹配的词素的状态转换图。我们从初始状态 0 开始。如果我们看到的第一个输入符号是 <，那么在所有与 **relop** 模式匹配的词素中，我们只能选择 < 、<> 或 <= 。因此我们进入状态 1 并查看下一个字符。如果这个字符是 =，我们识别出词素 <=，进入状态 2 并返回属性值为 `LE` 的 **relop** 词法单元。其中的符号常量 `LE` 代表了这个具体的比较运算符。如果在状态 1，下一个字符是 >，那么我们就会得到词素 <>，从而进入状态 3 并返回一个词法单元，表明已经找到一个不等运算符。而对于其他字符，识别得到的词素是 <，我们进入状态 4 并向语法分析器返回这个信息。请注意，状态 4 有一个 * 号，说明我们必须将输入回退一个位置。

另一方面，如果在状态 0 时我们看到的第一个字符是 =，那么这个字符必定是要识别的词素。我们立即从状态 5 返回这个信息。其余的可能性是第一个字符为 > 的情况。那么我们应该进入状态 6，并根据下一字符确定词素是 >=(如果我们看到下一个字符为 =)还是 >(对于任何其他字符)。注意，如果在状态 0 时我们看到的是不同于 < 、= 或 > 的字符，我们就不可能看到一个 **relop** 的词素，因此这个状态转换图将不会被使用。 □

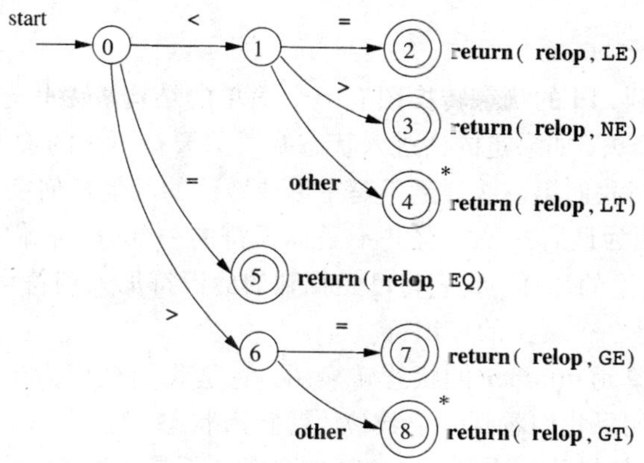

图 3-13 词法单元 **relop** 的状态转换图

3.4.2 保留字和标识符的识别

识别关键字及标识符时有一个问题要解决。通常，像 if 或 then 这样的关键字是被保留的（在我们正在使用的例子中就是如此），因此虽然它们看起来很像标识符，但它们不是标识符。因此，尽管我们通常使用如图 3-14 所示的状态转换图来寻找标识符的词素，但这个图也可以识别出连续使用的例子中的关键字 if、then 及 else。

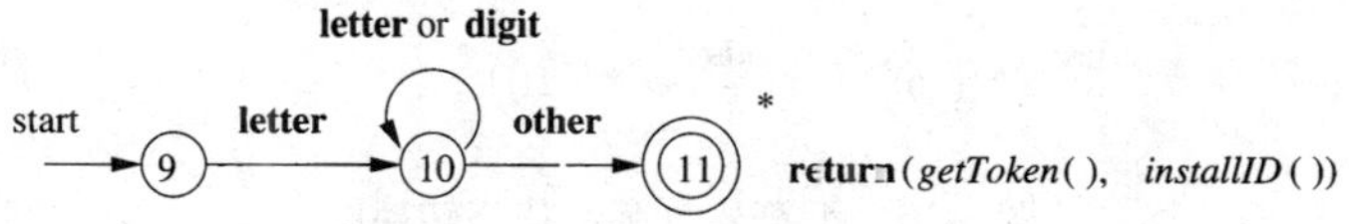

图 3-14 **id** 和关键字的状态转换图

我们可以使用两种方法来处理那些看起来很像标识符的保留字：

1）初始化时就将各个保留字填入符号表中。符号表条目的某个字段会指明这些串并不是普通的标识符，并指出它们所代表的词法单元。我们已经假设图 3-14 中使用了这种方法。当我们找到一个标识符时，如果该标识符尚未出现在符号表中，就会调用 *installID* 将此标识符放入符号表中，并返回一个指针，指向这个刚找到的词素所对应的符号表条目。当然，任何在词法分析时不在符号表中的标识符都不可能是一个保留字，因此它的词法单元是 **id**。函数 *getToken* 查看对应于刚找到的词素的符号表条目，并根据符号表中的信息返回该词素所代表的词法单元名——要么是 **id**，要么是一个在初始化时就被加入到符号表中的关键字词法单元。

2）为每个关键字建立单独的状态转换图。图 3-15 是关键字 **then** 的一个例子。请注意，这样的状态转换图包含的状态表示看到该关键字的各个后续字母后的情况，最后是一个“非字母或数字”的测试，也就是检查后面是否为某个不可能成为标识符一部分的字符。有必要检查该标识符是否结束，否则在碰到词素像 thenextvalue 这样以 then 为前缀的 **id** 词法单元时，我们可能会错误地返回词法单元 then。如果采用这个方法，我们必须设定词法单元之间的优先级，使得当一个词素同时匹配 **id** 的模式和关键字的模式时，优先识别保留字词法单元，而不是 **id** 词法单元。我们并没有在例子中使用这个方法，这也是我们没有对图 3-15 中的状态进行编号的原因。

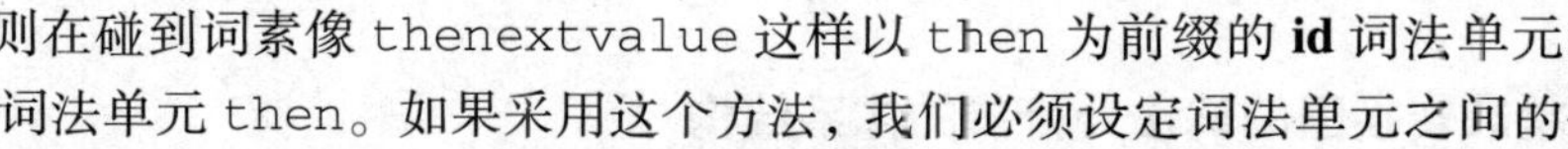

图 3-15 假想的关键字 then 的状态转换图

3.4.3 完成我们的例子

我们在图 3-14 中看到，**id** 的状态转换图有一个简单的结构。由状态 9 开始，它检查被识别的词素是否以一个字母开头，如果是的话进入状态 10。只要接下来的输入包含字母或数位，我们就一直停留在状态 10。当我们第一次遇到不是字母或数位的其他任何字符时，便转入状态 11 并接受刚刚找到的词素。因为最后一个字符并不是标识符的一部分，我们必须将输入回退一个位置，并且如 3.4.2 节所讨论的那样，我们将已经找到的标识符加入到符号表中，并判断我们得到的究竟是一个关键字还是一个真正的标识符。

图 3-16 显示了词法单元 **number** 的状态转换图，它是我们至今为止看到的最复杂的状态转换图。从状态 12 开始，如果我们看到一个数位，就转入状态 13。在该状态，我们可以读入任意数量的其他数位。然而，如果我们看到了一个不是数位、不是小数点，也不是 E 的其他字符，就得到了一个整数形式的数字，如 `123`。这种情形在进入状态 20 时进行处理，我们在该状态返回词法单元 **number** 以及一个指向常量表条目的指针，刚刚找到的词素便放在这个常量表条目中。这些机制并没有在这个转换图中显示出来，但它们和我们处理标识符的方法相似。

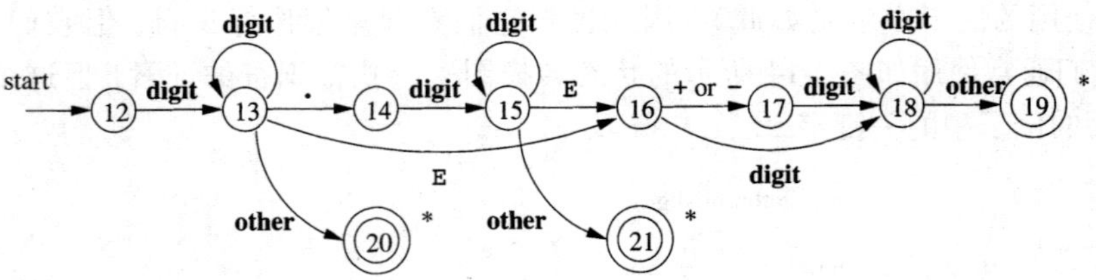

图 3-16　无符号数字的状态转换图

如果我们在状态 13 看到的是一个小数点，那么我们就看到一个"可选的小数部分"。于是，进入状态 14，并寻找一个或多个更多的数位，状态 15 就被用于此目的。如果我们看到一个 `E`，那么我们就看到了一个"可选的指数部分"，它的识别任务由状态 16 ~ 19 完成。如果我们在状态 15 看到的是不同于 `E` 和数位的其他字符，那么我们就到达了小数部分的结尾，这个数字没有指数部分，我们将通过状态 21 返回刚刚找到的词素。

最后一个状态转换图显示在图 3-17 中，它用于识别空白符。在该图中，我们寻找一个或多个空白字符，在图中用 **delim** 表示。典型的空白字符有空格、制表符、换行符，有可能包括那些根据语言设计不可能出现在任何词法单元中的字符。

注意，我们在状态 24 中找到了一个连续的空白字符组成的块，且后面还跟随一个非空白字符。我们将输入回退到这个非空白符的开头，但我们并不向语法分析器返回任何词法单元。相反，我们必须在这个空白符之后再次启动词法分析过程。

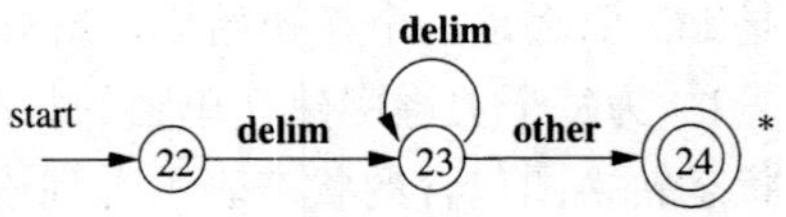

图 3-17　空白符的状态转换图

3.4.4 基于状态转换图的词法分析器的体系结构

有几种方法可以根据一组状态转换图构造出一个词法分析器。不管整体的策略是什么，每个状态总是对应于一段代码。我们可以想象有一个变量 `state` 保存了一个状态转换图的当前状态的编号。有一个 switch 语句根据 `state` 的值将我们转到对应于各个可能状态的相应代码段，我们可以在那里找到该状态需要执行的动作。一个状态的代码本身常常也是一条 switch 语句或多路分支语句。这个语句读入并检查下一个输入字符，由此确定下一个状态。

例 3.10 在图 3-18 中，我们可以看到 getRelop()方法的一个概述。它是一个 C++ 函数，其任务是模拟图 3-13 中的状态转换图，并返回一个 TOKEN 类型的对象。该对象由一个词法单元名(在该例中必定是 **relop**)和一个属性值(在该例中是 6 个比较运算符之一的编码)组成。函数 getRelop()首先创建一个新的对象 retToken，并将该对象的第一个分量初始化为 RELOP，即词法单元 **relop** 的编码。

在 case 0 中，我们可以看到一个典型的状态行为。函数 nextChar( )从输入中获取下一个字符，并将它赋给局部变量 c。然后我们检查 c 是否为我们期望找到的三个字符，并在每种情况下根据图 3-13 所示的状态转换图完成状态转换。例如，如果下一输入字符是 =，那么就转换到状态 5。

如果下一个输入字符不是某个比较运算符的首字符，getRelop()就会调用函数 fail()。函数 fail()的具体操作依赖于词法分析器的全局错误恢复策略。它应该将 forward 指针重置为 lexemeBegin 的值，使得我们可以使用另一个状态转换图从尚未处理的输入部分的真实开始位置开始识别。然后，它还需要将变量 state 的值改为另一状态转换图的初始状态，该转换图将寻找另一个词法单元。在另一种情况下，如果所有的转换图都已经用过，则 fail()可以启动一个错误纠正步骤，按照 3.1.4 节中讨论的方法来纠正输入并找到一个词素。

在图 3-18 中，我们还展示了状态 8 的行为。由于状态 8 带有一个 * 号，我们必须将输入指针回退一个位置(也就是把 c 放回输入流)。该任务由函数 retract()完成。因为状态 8 代表了对词素 > 的识别，我们把返回对象中的第二个分量设置成 GT，即这个运算符的编码。我们假设这个分量的名字是 attribute。 □

```
TOKEN getRelop()
{
    TOKEN retToken = new(RELOP);
    while(1) { /* repeat character processing until a return
                  or failure occurs */
        switch(state) {
            case 0: c = nextChar();
                    if ( c == '<' ) state = 1;
                    else if ( c == '=' ) state = 5;
                    else if ( c == '>' ) state = 6;
                    else fail(); /* lexeme is not a relop */
                    break;
            case 1: ...
            ...
            case 8: retract();
                    retToken.attribute = GT;
                    return(retToken);
        }
    }
}
```

图 3-18 **relop** 的转换图的概要实现

为了在适当的地方模拟适当的状态转换图，我们考虑几种将如图 3-18 所示的代码集成到整个词法分析器中的方法。

1) 我们可以让词法分析器顺序地尝试各个词法单元的状态转换图。然后，在每次调用例 3.10 中的函数 fail()时，它重置 forward 指针并启动下一个状态转换图。这个方法使我们可以像图 3-15 中所建议的那样，为各个关键字使用各自的状态转换图。我们只需要在使用 **id** 的状态转换图之前使用这些关键字的转换图，就可以使得关键字被识别为保留字。

2）我们可以“并行地”运行各个状态转换图，将下一个输入字符提供给所有的状态转换图，并使得每个状态转换图作出它应该执行的转换。如果我们采用这个策略，就必须谨慎地解决如下的问题：一个状态转换图已经找到了一个与它的模式相匹配的词素，但另外的一个或多个状态转换图仍然可以继续处理输入。解决这个问题的常见策略是取最长的和某个模式相匹配的输入前缀。举例来说，该规则让我们识别出标识符 **thenext** 而不是关键字 **then**，识别出 -> 而不是 - 。

3）有一个更好的方法，也是我们将在下面各节中采用的方法，就是将所有的状态转换图合并为一个图。我们允许合并后的状态转换图尽量读取输入，直到不存在下一个状态为止；然后像上面的 2 中讨论的那样取最长的和某个模式匹配的最长词素。在我们的例子中，进行这种合并很简单，因为没有两个词法单元以相同的字符开头。也就是说，根据第一个字符就可以知道我们正在寻找的是哪个词法单元。因此，我们可以直接将状态 0、9、12 及 22 合并成一个开始状态，并保持其他转换不变。但一般而言，正如我们不久将看到的那样，合并几个词法单元的状态转换图的问题会更加复杂。

3.4.5 3.4 节的练习

练习 3.4.1：给出识别练习 3.3.2 中各个正则表达式所描述的语言的状态转换图。

练习 3.4.2：给出识别练习 3.3.5 中各个正则表达式所描述的语言的状态转换图。

从下面的练习开始到练习 3.4.12 介绍了 Aho-Corasick 算法。该算法可以在文本串中识别一组关键字，所需时间和文本长度以及所有关键字的总长度成正比。该算法使用了一种称为“trie”的特殊形式的状态转换图。trie 是一个树型结构的状态转换图，从一个结点到它的各个子结点的边上有不同的标号。Trie 的叶子结点表示识别到的关键字。

Knuth、Morris 和 Pratt 提出了一种在文本串中识别单个关键字 $b_1b_2\cdots b_n$ 的算法。这里的 trie 是一个包含了从 0 ~ n 共 $n+1$ 个状态的状态转换图。状态 0 是初始状态，状态 n 表示接受，也就是发现关键字的情形。从 0 到 $n-1$ 之间的任意一个状态 s 出发，存在一个标号为 b_{s+1} 的到达状态 $s+1$ 的转换。例如，关键字 ababaa 的 trie 树为：

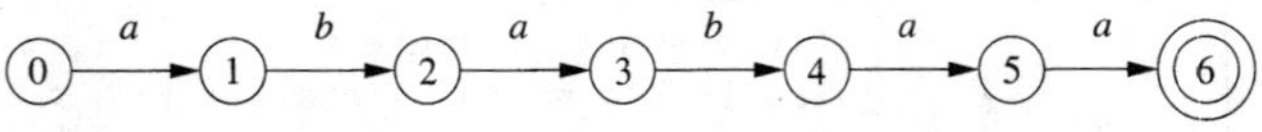

为了快速处理文本串并在这些串中搜索一个关键字，针对关键字 $b_1b_2\cdots b_n$ 以及该关键字中的位置 s（对应于关键字的 trie 中的状态 s）定义*失效函数* $f(s)$，该函数的计算方法如图 3-19 所示。

该函数的目标是使得 $b_1b_2\cdots b_{f(s)}$ 是最长的既是 $b_1b_2\cdots b_s$ 的真前缀又是 $b_1b_2\cdots b_s$ 的后缀的子串。$f(s)$ 之所以重要，原因在于如果我们试图用一个文本串匹配 $b_1b_2\cdots b_n$，并且我们已经匹配了前 s 个位置，但此时匹配失败（也就是说文本串的下一个位置并不是 b_{s+1}），那么 $f(s)$ 就是可能和以我们的当前位置为结尾的文本串相匹配的最长的 $b_1b_2\cdots b_n$ 的前缀。当然，文本串的下一个字符必须是 $b_{f(s)+1}$，否则仍然有问题，必须考虑一个更短的前缀，即 $b_{f(f(s))}$。

看一个例子，根据 ababaa 构造的 trie 的失效函数是：

s	1	2	3	4	5	6
$f(s)$	0	0	1	2	3	1

例如，状态 3 和 1 分别表示前缀 aba 以及 a。因为 a 是最长的既是 aba 的真前缀，同时也是 aba 的后缀的串，因此 $f(3)=1$。同样，因为最长的既是 ab 的真前缀又是它的后缀的字符串是空串，因此 $f(2)=0$。

练习 3.4.3：构造下列串的失效函数。

1) ababababaab

2) aaaaaa

3) abbaabb

```
1)  t = 0;
2)  f(1) = 0;
3)  for (s = 1; s < n; s++) {
4)          while (t > 0 && b_{s+1} != b_{t+1}) t = f(t);
5)          if (b_{s+1} == b_{t+1}) {
6)                  t = t + 1;
7)                  f(s + 1) = t;
            }
8)          else f(s + 1) = 0;
    }
```

图 3-19 计算关键字 $b_1b_2\cdots b_n$ 的失效函数的算法

! **练习 3.4.4**：对 s 进行归纳，证明图 3-19 的算法正确地计算出了失效函数。

!! **练习 3.4.5**：说明图 3-19 中第 4 行的赋值语句 $t=f(t)$ 最多被执行 n 次。进而说明整个算法的时间复杂度是 $O(n)$，其中 n 是关键字的长度。

计算得到关键字 $b_1b_2\cdots b_n$ 的失效函数之后，我们就可以在 $O(m)$ 时间内扫描字符串 $a_1a_2\cdots a_m$ 以判断该关键字是否出现在其中。图 3-20 中所展示的算法使关键字沿着被匹配字符串滑动，不断尝试将关键字的下一个字符与被匹配字符串的下一个字符匹配，逐步推进。如果在匹配了 s 个字符后无法继续匹配，那么该算法将关键字"向右滑动" $s-f(s)$ 个位置，也就是认为只有该关键字的前 $f(s)$ 个字符和被匹配字符串匹配。

练习 3.4.6：应用 KMP 算法判断关键字 ababaa 是否为下面字符串的子串：

1) ababababaab

2) abababbaa

!! **练习 3.4.7**：说明图 3-20 中的算法可以正确地指出输入关键字是否为一个给定字符串的子串。提示：对 i 进行归纳。说明对于所有的 i，在第四行运行后 s 的值是那些既是 $a_1a_2\cdots a_i$ 的后缀又是该关键字的前缀的字符串中最长字符串的长度。

```
1)  s = 0;
2)  for (i = 1; i <= m; i++) {
3)          while (s > 0 && a_i != b_{s+1}) s = f(s);
4)          if (a_i == b_{s+1}) s = s + 1;
5)          if (s == n) return "yes";
    }
6)  return "no";
```

图 3-20 KMP 算法在 $O(m+n)$ 时间内检测字符串 $a_1a_2\cdots a_m$ 中是否包含单个关键字 $b_1b_2\cdots b_n$

!! **练习 3.4.8**：假设已经计算得到函数 f 且它的值存储在一个以 s 为下标的数组中，说明图 3-20 中算法的时间复杂度为 $O(m+n)$。

练习 3.4.9：*Fibonacci* 字符串的定义如下：

1) $s_1=$ b。

2) $s_2=$ a。

3) 当 $k>2$ 时，$s_k=s_{k-1}s_{k-2}$。

例如，s_3 = ab，s_4 = aba，s_5 = abaab。

1）s_n 的长度是多少？

2）构造 s_6 的失效函数。

3）构造 s_7 的失效函数。

!! 4）说明任何 s_n 的失效函数都可以被表示为：$f(1)=f(2)=0$，且对于 $2<j\leqslant|s_n|$，$f(j)=j-|s_{k-1}|$，其中 k 是使得 $|s_k|\leqslant j+1$ 的最大的整数。

!! 5）在 KMP 算法中，当我们试图确定关键字 s_k 是否出现在字符串 s_{k+1} 中时，最多会连续多少次调用失效函数？

Aho 和 Corasick 对 KMP 算法进行了推广，使它可以在一个文本串中识别一个关键字集合中的任何关键字。在这种情况下，trie 是一棵真正的树，从其根结点开始就会出现分支。如果一个字符串是某个关键字的前缀（不一定是真前缀），那么在 trie 中就有一个和该字符串对应的状态。串 $b_1b_2\cdots b_{k-1}$ 对应的状态是串 $b_1b_2\cdots b_k$ 对应的状态的父结点。如果一个状态对应于某个完整的关键字，那么该状态就是接受状态。例如，图 3-21 显示了对应于关键字 he、she、his 和 hers 的 trie 树。

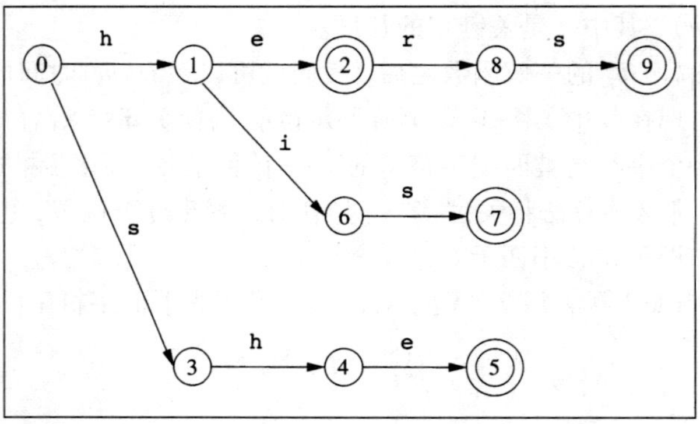

图 3-21 关键字 he、she、his 和 hers 的 trie 树

通用 trie 树的失效函数的定义如下。假设 s 是对应于串 $b_1b_2\cdots b_n$ 的状态，那么状态 $f(s)$ 对应于最长的、既是串 $b_1b_2\cdots b_n$ 的后缀又是某个关键字的前缀的字符串。例如，图 3-21 中 trie 树的失效函数为：

s	1	2	3	4	5	6	7	8	9
$f(s)$	0	0	0	1	2	0	3	0	3

! **练习 3.4.10**：修改图 3-19 中的算法，使它可以计算通用 trie 树的失效函数。提示：主要的不同在于，在图 3-19 的第 4、5 行上，我们不能简单地测试 b_{s+1} 和 b_{t+1} 是否相等。从任何一个状态出发，都可能存在多个在不同字符上的转换。比如在图 3-21 中，存在从状态 1 出发、分别在字符 e 和 i 上的两个转换。这些转换都可能进入代表了最长的既是后缀又是前缀的字符串的状态。

练习 3.4.11：为下面的关键字集合构造 trie 以及失效函数。

1）aaa、abaaa 和 ababaaa。

2）all、fall、fatal、llama 和 lame。

3）pipe、pet、item、temper 和 perpetual。

! **练习 3.4.12**：说明练习 3.4.10 中所设计的算法的运行时间和所有关键字长度的总和成线

性关系。

3.5 词法分析器生成工具 Lex

在本节中，我们将介绍一个名为 Lex 的工具。在最近的实现中它也称为 Flex。它支持使用正则表达式来描述各个词法单元的模式，由此给出一个词法分析器的规约。Lex 工具的输入表示方法称为 Lex *语言*(Lex language)，而工具本身则称为 Lex *编译器*(Lex compiler)。在它的核心部分，Lex 编译器将输入的模式转换成一个状态转换图，并生成相应的实现代码，并存放到文件 `lex.yy.c` 中。这些代码模拟了状态转换图。如何将正则表达式翻译为状态转换图是下一节讨论的主题，这里我们只学习 Lex 语言。

3.5.1 Lex 的使用

Lex 的使用方法如图 3-22 所示。首先，用 Lex 语言写出一个输入文件，描述将要生成的词法分析器。在图中这个输入文件称为 `lex.l`。然后，Lex 编译器将 `lex.l` 转换成 C 语言程序，存放该程序的文件名总是 `lex.yy.c`。最后，文件 lex. yy. c 总是被 C 编译器编译为一个名为 `a.out` 的文件。C 编译器的输出就是一个读取输入字符流并生成词法单元流的可运行的词法分析器。

编译后的 C 程序，在图 3-22 中被称为 `a.out`，通常是一个被语法分析器调用的子例程，这个子例程返回一个整数值，即可能出现的某个词法单元名的编码。而词法单元的属性值，不管它是一个数字编码，还是一个指向符号表的指针，或者什么都没有，都保存在全局变量 `yylval` 中[⊖]。这个变量由词法分析器和语法分析器共享。这么做可以同时返回一个词法单元名字和一个属性值。

3.5.2 Lex 程序的结构

一个 Lex 程序具有如下形式：

声明部分
%%
转换规则
%%
辅助函数

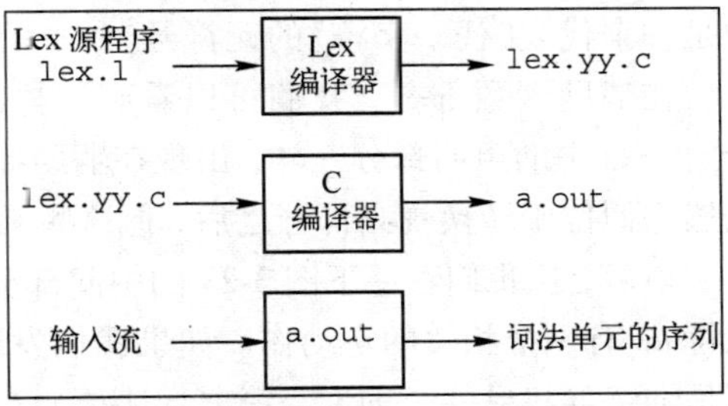

图 3-22 用 Lex 创建一个词法分析器

声明部分包括变量和*明示常量*(manifest constant，被声明的表示一个常数的标识符，如一个词法单元的名字)的声明和 3.3.4 节中描述的正则定义。

Lex 程序的每个转换规则具有如下形式：

模式 { 动作 }

其中，每个模式是一个正则表达式，它可以使用声明部分中给出的正则定义。动作部分是代码片段。虽然人们已经创建了很多能使用其他语言的 Lex 的变体，但这些代码片段通常是用 C 语言编写的。

Lex 程序的第三个部分包含各个动作需要使用的所有辅助函数。还有一种方法是将这些函数单独编译，并与词法分析器的代码一起装载。

由 Lex 创建的词法分析器和语法分析器按照如下方式协同工作。当词法分析器被语法分析器调用时，词法分析器开始从余下的输入中逐个读取字符，直到它发现了最长的与某个模式 P_i

⊖ 顺便说一下，在 `yylval` 和 `lex.yy.c` 中出现的 `yy` 指的是我们将在 4.9 节中讨论的语法分析器生成工具 yacc，它一般和 Lex 一起使用。

匹配的前缀。然后，词法分析器执行相关的动作 A_i。通常 A_i 会将控制返回给语法分析器。然而，如果它不返回控制(比如 P_i 描述的是空白符或注释)，那么词法分析器就继续寻找其他的词素，直到某个动作将控制返回给语法分析器为止。词法分析器只向语法分析器返回一个值，即词法单元名。但在需要时可以利用共享的整型变量 `yylval` 传递有关这个词素的附加信息。

例 3.11 图 3-23 是一个 Lex 程序，它能够识别图 3-12 中的各个词法单元，并返回找到的词法单元。观察这段代码可以发现 Lex 的很多重要特点。

我们在声明部分看到一对特殊的括号：`%{` 和 `%}`。出现在括号内的所有内容都被直接复制到文件 `lex.yy.c` 中。它们不会被当作正则定义处理。我们一般将明示常量的定义放置在该括号内，并利用 C 语言的 `#define` 语句给每个明示常量赋予一个唯一的整数编码。在我们的例子中，我们在一个注释中列出了 LT、IF 等明示常量，但没有显示它们被赋予哪些特定的整数。㊀

在声明部分还包含一个正则定义的序列。这些定义使用了 3.3.5 节中描述的正则表达式的扩展表示方法。那些将在后面的定义中或某个转换规则的模式中使用的正则定义用花括号括起来。例如，*delim* 被定义为表示一个包含了空格、制表符及换行符的字符类的缩写。后两个字符分别用反斜线再跟上 *t* 及 *n* 来表示。这个表示法和 UNIX 命令使用的方法相同。于是，*ws* 通过正则表达式 `{delim}+` 定义为一个或多个分隔符组成的序列。

注意，在 *id* 和 *number* 的定义中，圆括号是用于分组的元符号，并不代表圆括号自身。相反，在 *number* 定义中的 `E` 代表其自身。如果我们希望 Lex 的某个元符号(比如括号、+、* 或? 等)表示其自身，我们可以在它们前面加上一个反斜线。例如，我们在 *number* 的定义中看到的\. 就表示小数点本身。在它前面加上反斜线的原因是，和在 UNIX 正则表达式中一样，该字符在 Lex 中是一个代表“任一字符”的元符号。

在辅助函数部分，我们可以看到这样两个函数：`installID()` 和 `installNum()`。和位于 `%{…%}` 中的声明部分一样，出现在辅助部分中的所有内容都被直接复制到文件 `lex.yy.c` 中。虽然它们位于转换规则部分之后，但这些函数可以在规则部分的动作定义中使用。

最后，让我们看一下图 3-23 的中间部分的一些模式和规则。首先，在第一部分中定义的标识符 *ws* 有一个相关的空动作。如果我们发现了一个空白符，我们并不把它返回给语法分析器，而是继续寻找另一个词素。第二词法单元有一个简单的正则表达式模式 `if`。如果我们在输入中看到两个字母 `if`，并且 `if` 之后没有跟随其他字母或数位(如果有的话，词法分析器会去寻找一个和 **id** 模式匹配的最长输入前缀)，然后词法分析器从输入中读入这两个字符，并返回词法单元名 `IF`，也就是明示常量 `IF` 所代表的整数值。关键字 `then` 和 `else` 的处理方法与此类似。

第五个词法单元的模式由 *id* 定义。注意，虽然像 if 这样的关键字既和这个模式匹配，也和之前的一个模式匹配，但是当最长匹配前缀和多个模式匹配时，Lex 总是选择最先被列出的模式。当 *id* 被匹配时，相应的处理动作分为三步：

1) 调用函数 `installID()` 将找到的词素放入符号表中。

2) 该函数返回一个指向符号表的指针。这个指针被放到全局变量 `yylval` 中，并可被语法分析器或编译器的某个后续组件使用。注意，函数 `installID()` 可以使用以下两个由 Lex 生成的、由词法分析器自动赋值的变量：

- `yytext` 是一个指向词素开头的指针，与图 3-3 中的 lexemeBegin 类似。

㊀ 如果 Lex 同 Yacc 一起使用，那么明示常量通常会在 Yacc 程序中定义，并在 Lex 程序中不加定义就使用它们。因为 `lex.yy.c` 是和 Yacc 的输出一起编译的，因而这些常量在 Lex 程序的动作中也是可用的。

- yyleng 存放刚找到的词素的长度。

```
%{
    /* definitions of manifest constants
    LT, LE, EQ, NE, GT, GE,
    IF, THEN, ELSE, ID, NUMBER, RELOP */
%}

/* regular definitions */
delim       [ \t\n]
ws          {delim}+
letter      [A-Za-z]
digit       [0-9]
id          {letter}({letter}|{digit})*
number      {digit}+(\.{digit}+)?(E[+-]?{digit}+)?

%%

{ws}        {/* no action and no return */}
if          {return(IF);}
then        {return(THEN);}
else        {return(ELSE);}
{id}        {yylval = (int) installID(); return(ID);}
{number}    {yylval = (int) installNum(); return(NUMBER);}
"<"         {yylval = LT; return(RELOP);}
"<="        {yylval = LE; return(RELOP);}
"="         {yylval = EQ; return(RELOP);}
"<>"        {yylval = NE; return(RELOP);}
">"         {yylval = GT; return(RELOP);}
">="        {yylval = GE; return(RELOP);}

%%

int installID() {/* function to install the lexeme, whose
                    first character is pointed to by yytext,
                    and whose length is yyleng, into the
                    symbol table and return a pointer
                    thereto */
}

int installNum() {/* similar to installID, but puts numer-
                     ical constants into a separate table */
}
```

图 3-23 识别图 3-12 中的词法单元的 Lex 程序

3）将词法单元名 ID 返回到语法分析器。

当一个词素与模式 *number* 匹配时，执行的处理与此类似，它使用辅助函数 `installNum()` 完成处理。□

3.5.3 Lex 中的冲突解决

前面我们已经间接提到了 Lex 解决冲突的两个规则。当输入的多个前缀与一个或多个模式匹配时，Lex 用如下规则选择正确的词素：

1）总是选择最长的前缀。

2）如果最长的可能前缀与多个模式匹配，总是选择在 Lex 程序中先被列出的模式。

例 3.12 第一个规则告诉我们，要持续读入字母和数位，寻找最长的由这些字符组成的前缀并将它们组合成为一个标识符。它也告诉我们应该将 <= 看成是一个词素，而不是将 < 看作一个词

素、再将 = 看作下一个词素。如果我们在 Lex 程序中将关键字的模式置于 **id** 的模式之前，那么第二个规则将使得关键字成为保留字。例如，如果 then 被确定为和某个模式匹配的最长输入前缀，并且如图 3-23 所示，模式 then 被置于{id}之前，那么返回的词法单元将是 THEN，而不是 ID。□

3.5.4 向前看运算符

Lex 自动地向前读入一个字符，它会读取到形成被选词素的全部字符之后的那个字符，然后再回退输入，使得只有词素本身从输入中消耗掉。但是在某些时候，我们希望仅当词素的后面跟随特定的其他字符时，这个词素才能和某个特定的模式相匹配。在这种情况下，我们可以在模式中用斜线来指明该模式中和词素实际匹配的部分的结尾，斜线/之后的内容表示一个附加的模式，只有附加模式和输入匹配之后，我们才可以确定已经看到了要寻找的词法单元的词素，但是和第二个模式匹配的字符并不是这个词素的一部分。

例 3.13 在 Fortran 和一些其他语言中，关键字并不是保留字。这种情形会产生一些问题，比如下面的语句

```
IF(I, J) =3
```

其中，IF 是一个数组的名字，而不是关键字。与这条语句形成对比的是下面形式的语句：

```
IF ( condition ) THEN …
```

在这里，IF 是一个关键字。幸运的是，我们可以确定关键字 IF 后面总是跟着一个左括号，然后是一些可能包含在括号中的文本，即条件表达式，接着是一个右括号和一个字母。那么，我们可以为关键字 IF 写出如下的 Lex 规则：

```
IF / \( . * \) {letter}
```

这条规则是说和这个词素匹配的模式仅仅是两个字母 IF。斜线表示后面会有一个附加的模式，但是这个模式并不和词素匹配。在这个附加模式中，第一个字符是左括号。由于左括号是 Lex 的一个元符号，因此我们必须在它的前面加上一个反斜线，说明它表示的是其字面含义。其中的 . * 与“任何不包含换行符的字符串”匹配。请注意，点号是一个 Lex 的元符号，表示“除换行符外的任何字符”。接下来是一个右括号，同样也加一个反斜线使得该字符表示其字面含义。该附加模式的最后是符号 *letter*，该符号是一个正则定义，表示代表所有字母的字符类。

注意，为了使该模式简单可靠，我们必须对输入进行预处理，消除其中的空白符。在该模式中，我们既没有考虑到空白符，也不能处理条件表达式跨行的情形，因为点号不能和一个换行符匹配。

例如，假设该模式被用来匹配下面的输入前缀：

```
IF(A<(B+C)*D)THEN…
```

前两个字符和 IF 匹配，下一字符和\(匹配，接下来的九个字符和 . * 匹配，再接下来的两个字符分别和\) 及 *letter* 匹配。请注意，第一个右括号(在 C 的后面)后面跟的不是一个字母，这个事实与问题不相关，因为我们只需要找到某种方式将输入与模式相匹配。最后我们得出结论，字符 IF 组成一个词素，并且它们是词法单元 **if** 的一个实例。□

3.5.5 3.5 节的练习

练习 3.5.1：描述如何对图 3-23 中的 Lex 程序作出如下修改：

1）增加关键字 while。

2）将比较运算符转变成 C 语言中的同类运算符。

3）允许把下划线当作一个附加的字母。

！4）增加一个新的具有词法单元 STRING 的模式。该模式由一个双引号(")、任意字符串以

及结尾处的一个双引号组成。但是，如果一个双引号出现在上述串中，那么它的前面必须加上一个反斜线(\)进行转义处理，因此在该字符串中的反斜线将用双反斜线表示。这个词法单元的词法值是去掉了双引号的字符串，并且其中用于转义的反斜线已经被删除。识别得到的字符串将被存放到一个字符串表中。

练习 3.5.2：编写一个 Lex 程序。该程序拷贝一个文件，并将文件中每个非空的空白符序列替换为单个空格。

练习 3.5.3：编写一个 Lex 程序。该程序拷贝一个 C 程序，并将程序中关键字 float 的每个实例替换成 double。

! **练习 3.5.4**：编写一个 Lex 程序。该程序把一个文件改变成为“Pig latin”文。明确地讲，假设该文件是一个用空白符分隔开的单词(即字母串)序列。每当你遇到一个单词时：

1) 如果第一个字母是辅音字母，则将它移到单词的结尾，并加上 `ay`。

2) 如果第一个字母是元音字母，则只在单词的结尾加上 `ay`。

所有非字母的字符不加处理直接拷贝到输出。

! **练习 3.5.5**：在 SQL 中，关键字和标识符都是大小写不敏感的。编写一个 Lex 程序，该程序识别(大小写字母任意组合的)关键字 `SELECT`、`FROM` 和 `WHERE` 以及词法单元 `ID`。考虑到这个练习的目的，你可以把 ID 看成是任何以一个字母开头、由字母和数位组成的字符串。你不必将标识符存放到一个符号表中，但需要指出这里的“install”函数与图 3-23 中用于描述大小写敏感标识符的函数有何不同。

3.6 有穷自动机

现在，我们将揭示 Lex 是如何将它的输入程序变成一个词法分析器的。转换的核心是被称为*有穷自动机*(finite automata)的表示方法。这些自动机在本质上是与状态转换图类似的图，但有如下几点不同：

1) 有穷自动机是*识别器*(recognizer)，它们只能对每个可能的输入串简单地回答“是”或“否”。

2) 有穷自动机分为两类：

① *不确定的有穷自动机*(Nondeterministic Finite Automata，NFA)对其边上的标号没有任何限制。一个符号标记离开同一状态的多条边，并且空串 ϵ 也可以作为标号。

② 对于每个状态及自动机输入字母表中的每个符号，*确定的有穷自动机*(Deterministic Finite Automata，DFA)有且只有一条离开该状态、以该符号为标号的边。

确定的和不确定的有穷自动机能识别的语言的集合是相同的。事实上，这些语言的集合正好是能够用正则表达式描述的语言的集合。这个集合中的语言称为*正则语言*(regular language)[⊖]。

3.6.1 不确定的有穷自动机

一个不确定的有穷自动机(NFA)由以下几个部分组成：

1) 一个有穷的状态集合 S。

⊖ 这里有个小问题：按照我们的定义，正则表达不能描述空的语言，因为我们在实践中从不会想到使用这样的模式。但是，有穷自动机可以定义空语言。在理论研究中，$\emptyset$ 被视为一个额外的正则表达式，这个表达式的用途就是定义空语言。

2）一个输入符号集合 Σ，即输入字母表(input alphabet)。我们假设代表空串的 ϵ 不是 Σ 中的元素。

3）一个转换函数(transition function)，它为每个状态和 Σ ∪ {ϵ} 中的每个符号都给出了相应的后继状态(next state)的集合。

4）S 中的一个状态 s_0 被指定为开始状态，或者说初始状态。

5）S 的一个子集 F 被指定为接受状态(或者说终止状态的)集合。

不管是 NFA 还是 DFA，我们都可以将它表示为一张转换图(transition graph)。图中的结点是状态，带有标号的边表示自动机的转换函数。从状态 s 到状态 t 存在一条标号为 a 的边当且仅当状态 t 是状态 s 在输入 a 上的后继状态之一。这个图与状态转换图十分相似，但是：

① 同一个符号可以标记从同一状态出发到达多个目标状态的多条边。

② 一条边的标号不仅可以是输入字母表中的符号，也可以是空符号串 ϵ。

例 3.14　图 3-24 给出了一个能够识别正则表达式(**a**|**b**)* **abb** 的语言的 NFA 的转换图。这个抽象的例子描述了所有由 a 和 b 组成的、以字符串 abb 结尾的字符串。这个例子将贯穿本节。虽然它很抽象，但是实际上它与一些具有实际意义的语言的正则表达式相似。例如，描述所有其名字以 .o 结尾的文件的表达式是 **any** * .o，其中 **any** 表示任何可打印字符。

沿用状态转换图中的惯例，状态 3 的双圈表明该状态是接受状态。请注意，从状态 0 到达接受状态的所有路径都是先在状态 0 上运行一段时间，然后从输入中读取 abb，分别进入状态 1、2 和 3。因此能够到达接受状态的所有字符串都是以 abb 结尾的。□

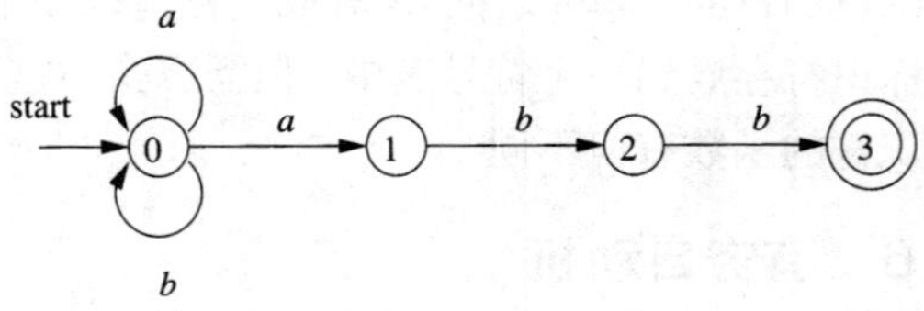

图 3-24　一个不确定有穷自动机

3.6.2　转换表

我们也可以将一个 NFA 表示为一张转换表(transition table)，表的各行对应于状态，各列对应于输入符号和 ϵ。对应于一个给定状态和给定输入的条目是将 NFA 的转换函数应用于这些参数后得到的值。如果转换函数没有给出对应于某个状态-输入对的信息，我们就把 Ø 放入相应的表项中。

例 3.15　图 3-25 显示了与图 3-24 的 NFA 对应的转换表。□

转换表的优点是我们能够很容易地确定和一个给定状态和一个输入符号相对应的转换。它的缺点是：如果输入字母表很大，且大多数状态在大多数输入字符上没有转换的时候，转换表需要占用大量空间。□

3.6.3　自动机中输入字符串的接受

状态	a	b	ϵ
0	{0,1}	{0}	Ø
1	Ø	{2}	Ø
2	Ø	{3}	Ø
3	Ø	Ø	Ø

图 3-25　对应于图 3-24 的 NFA 的转换表

一个 NFA 接受(accept)输入字符串 x，当且仅当对应的转换图中存在一条从开始状态到某个接受状态的路径，使得该路径中各条边上的标号组成符号串 x。注意，路径中的 ϵ 标号将被忽略，因为空串不会影响到根据路径构建得到的符号串。

例 3.16　图 3-24 的 NFA 接受符号串 $aabb$，因为存在如下从状态 0 到达状态 3 的标号序列为 $aabb$ 的路径：

$$0 \xrightarrow{a} 0 \xrightarrow{a} 1 \xrightarrow{b} 2 \xrightarrow{b} 3$$

请注意，可能还存在多条具有相同标号序列、但是到达不同状态的路径。例如下面的路径

$$0 \xrightarrow{a} 0 \xrightarrow{a} 0 \xrightarrow{b} 0 \xrightarrow{b} 0$$

是另一条从状态0出发、标号序列同样为 *aabb* 的路径。这条路径最后仍回到状态0，但状态0不是接受状态。然而，请记住，只要存在某条其标号序列为某符号串的路径能够从开始状态到达某个接受状态，NFA 就接受这个符号串。存在某些到达非接受状态的路径并不会影响这个结论。 □

由一个 NFA 定义(或接受)的语言是从开始状态到某个接受状态的所有路径上的标号串的集合。前面提到过，图 3-24 中的 NFA 定义的语言和正则表达式 $(\mathbf{a}|\mathbf{b})^*\mathbf{abb}$ 定义的语言相同，即所有来自字母表 $\{a, b\}$ 且以串 *abb* 结尾的串的集合。我们可以用 $L(A)$ 表示自动机 A 接受的语言。

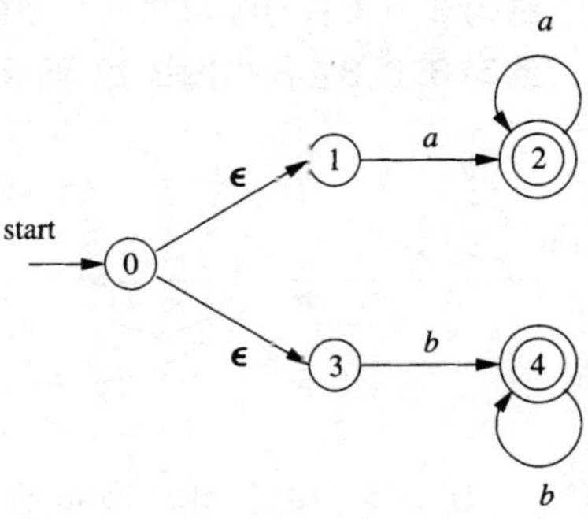

图 3-26　接受 $\mathbf{aa}^*|\mathbf{bb}^*$ 的 NFA

例 3.17　图 3-26 是一个接受 $L(\mathbf{aa}^*|\mathbf{bb}^*)$ 的 NFA。因为存在如下的路径：

$$0 \xrightarrow{\epsilon} 1 \xrightarrow{a} 2 \xrightarrow{a} 2 \xrightarrow{a} 2$$

字符串 *aaa* 被这个 NFA 接受。请注意，路径中的 ϵ 标号在连接时"消失"了，因此这条路径的标号是 *aaa*。 □

3.6.4　确定的有穷自动机

确定的有穷自动机(简称 DFA)是不确定有穷自动机的一个特例，其中：

1）没有输入 ϵ 之上的转换动作。

2）对每个状态 s 和每个输入符号 a，有且只有一条标号为 a 的边离开 s。

如果我们使用转换表来表示一个 DFA，那么表中的每个表项就是一个状态。因此，我们可以不使用花括号，直接写出这个状态，因为花括号只是用来说明表项的内容是一个集合。

NFA 抽象地表示了用来识别某个语言中的串的算法，而相应的 DFA 则是一个简单具体的识别串的算法。在构造词法分析器的时候，我们真正实现或模拟的是 DFA。幸运的是，每个正则表达式和每个 DFA 都可以被转变成为一个接受相同语言的 DFA。下边的算法说明了如何将 DFA 用于串的识别。

算法 3.18　模拟一个 DFA。

输入：一个以文件结束符 **eof** 结尾的字符串 x。DFA D 的开始状态为 s_0，接受状态集为 F，转换函数为 *move*。

输出：如果 D 接受 x，则回答"yes"，否则回答"no"。

方法：把图 3-27 中的算法应用于输入字符串 x。函数 *move*(s, c) 给出了从状态 s 出发，标号为 c 的边所到达的状态。函数 *nextchar* 返回输入串 x 的下一个字符。 □

```
s = s0;
c = nextChar();
while ( c != eof ) {
        s = move(s,c);
        c = nextChar();
}
if ( s在F中 ) return "yes";
else return "no";
```

图 3-27　模拟一个 DFA

例 3.19　图 3-28 显示的是一个 DFA 的转换图。该 DFA 接受的语言与图 3-24 的 NFA 所接受的语言相同，都是 $(\mathbf{a}|\mathbf{b})^*\mathbf{abb}$。给定输入串 *ababb*，这个 DFA 顺序进入状态序列 0、1、2、1、2、3，并返回"yes"。 □

3.6.5 3.6 节的练习

！练习 3.6.1： 3.4 节的练习中的图 3-19 计算了 KMP 算法的失效函数。说明在已知失效函数的情况下，如何根据已知的关键字 $b_1b_2\cdots b_n$，构造出一个具有 $n+1$ 个状态的 DFA，该 DFA 可以识别语言 $.^*b_1b_2\cdots b_n$（其中，点代表任意字符）。更进一步，证明构造这个 DFA 的时间复杂度是 $O(n)$。

练习 3.6.2： 为练习 3.3.5 中的每一个语言设计一个 DFA 或 NFA。

练习 3.6.3： 找出图 3-29 所示的 NFA 中所有标号为 *aabb* 的路径。这个 NFA 接受 *aabb* 吗？

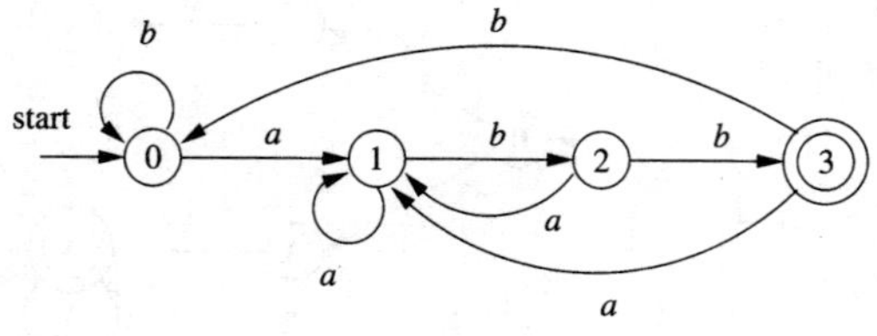

图 3-28 接受 $(\mathbf{a}|\mathbf{b})^*\mathbf{abb}$ 的 DFA

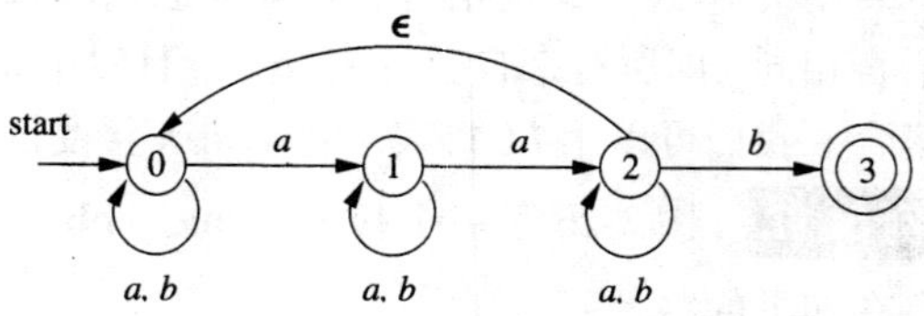

图 3-29 练习 3.6.3 的 NFA

练习 3.6.4： 对于图 3-30 的 NFA，重复练习 3.6.3。

练习 3.6.5： 给出如下练习中的 NFA 的转换表：

1）练习 3.6.3。

2）练习 3.6.4。

3）图 3-26。

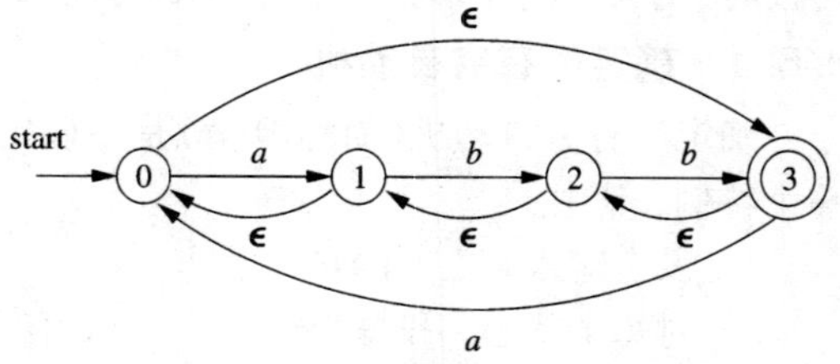

图 3-30 练习 3.6.4 的 NFA

3.7 从正则表达式到自动机

就像 3.5 节的内容所介绍的，正则表达式非常适合描述词法分析器和其他模式处理软件。然而那些软件的实现需要像算法 3-18 中那样来模拟 DFA 的执行，或者模拟 NFA 的执行。由于 NFA 对于一个输入符号可以选择不同的转换（如在图 3-24 中的状态 0 上输入为 a 时），它还可以执行输入 ϵ 上的转换（如在图 3-26 中的状态 0 上时），甚至可以选择是对 ϵ 或是对真实的输入符号执行转换，因此对 NFA 的模拟不如对 DFA 的模拟直接。于是，我们需要将一个 NFA 转换为一个识别相同语言的 DFA。

这一节我们将首先介绍如何把 NFA 转化为 DFA。然后，我们利用这种称为“子集构造法”的技术给出一个直接模拟 NFA 的算法。这个算法可用于那些将 NFA 转化到 DFA 比直接模拟 NFS 更加耗时的（非词法分析的）情形。接着，我们将说明如何把正则表达式转换为 NFA，在必要时可以根据这个 NFA 构造出一个 DFA。最后我们讨论了不同的正则表达式实现技术之间的时间 - 空间权衡问题，并说明如何为具体的应用选择合适的方法。

3.7.1 从 NFA 到 DFA 的转换

子集构造法的基本思想是让构造得到的 DFA 的每个状态对应于 NFA 的一个状态集合。DFA 在读入输入 $a_1a_2\cdots a_n$ 之后到达的状态对应于相应 NFA 从开始状态出发，沿着以 $a_1a_2\cdots a_n$ 为标号的路径能够到达的状态的集合。

DFA 的状态数有可能是 NFA 状态数的指数，在这种情况下，我们在试图实现这个 DFA 时会遇到困难。然而，基于自动机的词法分析方法的处理能力部分源于如下事实：对于一个真实的语言，它的 NFA 和 DFA 的状态数量大致相同，状态数量呈指数关系的情形尚未在实践中出现过。

算法 3.20 由 NFA 构造 DFA 的子集构造(subset construction)算法。

输入：一个 NFA *N*。

输出：一个接受同样语言的 DFA *D*。

方法：我们的算法为 *D* 构造一个转换表 *Dtran*。*D* 的每个状态是一个 NFA 状态集合，我们将构造 *Dtran*，使得 *D*“并行地”模拟 *N* 在遇到一个给定输入串时可能执行的所有动作。我们面对的第一个问题是正确处理 *N* 的 ϵ 转换。在图 3-31 中我们可以看到一些函数的定义。这些函数描述了一些需要在这个算法中执行的 *N* 的状态集上的基本操作。请注意，*s* 表示 *N* 的单个状态，而 *T* 代表 *N* 的一个状态集。

操作	描述
ϵ-*closure*(*s*)	能够从NFA的状态 *s* 开始只通过 ϵ 转换到达的 NFA状态集合
ϵ-*closure*(*T*)	能够从*T*中某个NFA状态 *s* 开始只通过 ϵ 转换到达的NFA状态集合，即 $\cup_{s\in T}$ ϵ-*closure*(*s*)
move(*T*, *a*)	能够从 *T* 中某个状态 *s* 出发通过标号为*a*的转换到达的NFA状态的集合

图 3-31 NFA 状态集上的操作

我们必须找出当 *N* 读入了某个输入串之后可能位于的所有状态集合。首先，在读入第一个输入符号之前，*N* 可以位于集合 ϵ-*closure*(s_0) 中的任何状态上，其中 s_0 是 *N* 的开始状态。下面进行归纳。假定 *N* 在读入输入串 *x* 之后可以位于集合 *T* 中的状态上。如果下一个输入符号是 *a*，那么 *N* 可以立即移动到集合 *move*(*T*, *a*) 中的任何状态。然而，*N* 可以在读入 *a* 后再执行几个 ϵ 转换，因此 *N* 在读入 *xa* 之后可位于 ϵ-*closure*(*move*(*T*, *a*)) 中的任何状态上。根据这些思想，我们可以得到图 3-32 中显示的方法，该方法构造了 *D* 的状态集合 *Dstates* 和 *D* 的转换函数 *Dtran*。

```
一开始, ϵ-closure(s0)是 Dstates 中的唯一状态，且它未加标记;
while (在 Dstates 中有一个未标记状态T ) {
        给T加上标记;
        for ( 每个输入符号 a ) {
                U = ϵ-closure(move(T,a));
                if ( U 不在Dstates中 )
                        将U 加入到Dstates中，且不加标记;
                Dtran[T,a] = U;
        }
}
```

图 3-32 子集构造法

D 的开始状态是 ϵ-*closure*(s_0)，*D* 的接受状态是所有至少包含了 *N* 的一个接受状态的状态集合。我们只需要说明如何对 NFA 的任何状态集合 *T* 计算 ϵ-*closure*(*T*)，就可以完整地描述子集构造法。这个计算过程显示在图 3-33 中。它是从一个状态集合开始的一次简单的图搜索过程，不过此时假设这个图中只存在标号为 ϵ 的边。 □

例 3.21 图 3-34 给出了另一个接受语言(**a**|**b**)***abb** 的 NFA。它正好是我们将在 3.7 节中根据这个正则表达式直接构造得到的 NFA。我们现在把算法 3.20 应用到图 3-34 中。

```
将T的所有状态压入stack中;
将 ε-closure(T) 初始化为T;
while ( stack非空) {
        将栈顶元素t弹出栈中;
        for (每个满足如下条件的u:从t出发有一个标号为ε的转换到达状态u)
                if ( u不在 ε-closure(T)中) {
                        将u加入到ε-closure(T)中;
                        将u压入栈中;
                }
}
```

图 3-33 计算 ε-*closure*(*T*)

等价 NFA 的开始状态 A 是 $\epsilon\text{-}closure(0)$，即 $A = \{0, 1, 2, 4, 7\}$。A 中的状态就是能够从状态 0 出发，只经过标号为 ϵ 的路径到达的所有状态。请注意，因为路径可以不包含边，所以状态 0 也是可以从它自身出发经过标号为 ϵ 的路径到达的状态。

NFA 的输入字母表是 $\{a, b\}$。因此，我们的第一步是标记 A，并计算 $Dtran[A, a] = \epsilon\text{-}closure(move(A, a))$ 以及 $Dtran[A, b] = \epsilon\text{-}closure(move(A, b))$。在状态0、1、2、4、7 中，只有2 和7 有 a 上的转换，分别到达状态 3 和 8，因此 $move(A, a) = \{3, 8\}$，同时 $\epsilon\text{-}closure(\{3, 8\}) = \{1, 2, 3, 4, 6, 7, 8\}$。因此我们有：

$$Dtran[A, a] = \epsilon\text{-}closure(move(A, a)) = \epsilon\text{-}closure(\{3, 8\}) = \{1, 2, 3, 4, 6, 7, 8\}$$

我们称这个集合为 B，得到 $Dtran[A, a] = B$。

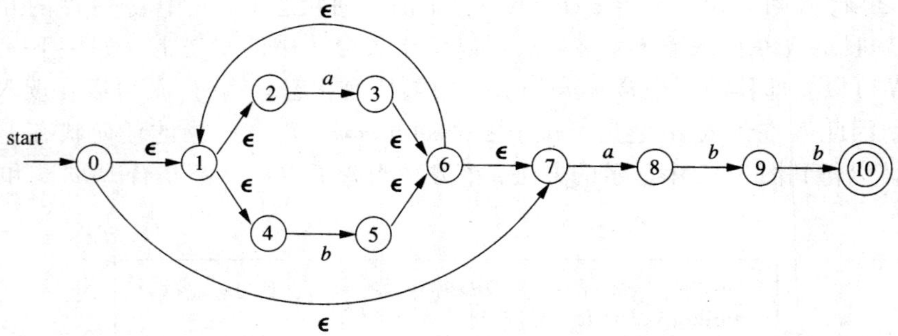

图 3-34 (**a**|**b**)* **abb** 对应的 NFA *N*

现在我们要计算 $Dtran[A, b]$。在 A 的状态中只有 4 有一个输入 b 上的转换，它到达状态 5，因此

$$Dtran[A, b] = \epsilon\text{-}closure(\{5\}) = \{1, 2, 4, 6, 7\}$$

我们称这个集合为 C，因此 $Dtran[A, b] = C$。

如果我们对未加标记的集合 B 和 C 继续这个处理过程，最终会使得这个 DFA 的所有状态都被加上标记。这个结论一定正确，因为 11 个 NFA 状态的集合只有 2^{11} 个子集。我们实际上构造出 5 个不同的 DFA 状态。这些状态、它们对应的 NFA 状态集以及 D 的转换表显示在图3-35 中。D 的转换图如图3-36 所示。状态 A 是 D 的开始状态，而包含 NFA 状态 10 的 E 状态是唯一的接受状态。

NFA 状态	DFA 状态	a	b
$\{0,1,2,4,7\}$	A	B	C
$\{1,2,3,4,6,7,8\}$	B	B	D
$\{1,2,4,5,6,7\}$	C	B	C
$\{1,2,4,5,6,7,9\}$	D	B	E
$\{1,2,4,5,6,7,10\}$	E	B	C

图 3-35 DFA *D* 的转换表 *Dtran*

请注意，相比图 3-28 中接受相同语言$(\mathbf{a}|\mathbf{b})^*\mathbf{abb}$的 DFA，这个 DFA D 多了一个状态。D 的状态 A 和 C 具有同样的转换函数，因此可以被合并。我们将在 3.9.6 中讨论使一个 DFA 的状态个数最小化问题。□

3.7.2 NFA 的模拟

许多文本编辑程序使用的策略是根据一个正则表达式构造出相应的 NFA，然后使用类似于 on-the-fly（即边构造边使用的）的子集构造法来模拟这个 NFA 的执行。这种模拟执行方法将在下面给出。

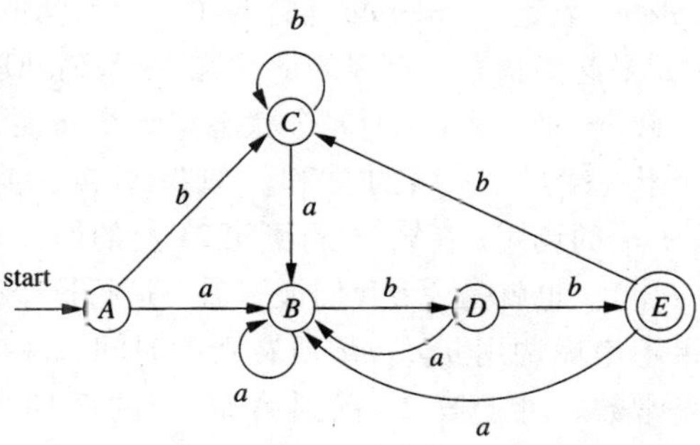

图 3-36 将子集构造法应用于图 3-34 的结果

算法 3.22 模拟一个 NFA 的执行。

输入：一个以文件结束符 **eof** 结尾的输入串 x。一个 NFA N，其开始状态为 s_0，接受状态集为 F，转换函数为 *move*。

输出：如果 N 接受 x 则返回"yes"，否则返回"no"。

方法：这个算法保存了一个当前状态的集合 S，即那些可以从 s_0 开始沿着标号为当前已读入输入部分的路径到达的状态的集合。如果 c 是函数 *nextChar*( )读到的下一个输入字符，那么我们首先计算 *move*(S, c)，然后使用 ϵ-*closure* 求出这个集合的闭包。该算法的思想如图 3-37 所示。□

3.7.3 NFA 模拟的效率

```
1)  S = ϵ-closure(s0);
2)  c = nextChar();
3)  while ( c != eof ) {
4)      S = ϵ-closure(move(S,c));
5)      c = nextChar();
6)  }
7)  if ( S ∩ F != ∅ ) return "yes";
8)  else return "no";
```

图 3-37 模拟一个 NFA

如果精心实现，算法 3.22 可以相当高效。因为这些高效实现的思想可以用于许多涉及图搜索的算法。我们将更详细地介绍这个实现。我们需要的数据结构包括：

1）两个堆栈，其中每一个堆栈都存放了一个 NFA 状态集合。其中的一个堆栈 *oldStates* 存放"当前状态集合"，即图 3-37 的第 4 行中右边的 S 的值。另一个堆栈 *newStates* 存放了"下一个"状态集合，即第 4 行中左边的 S 的值。在我们运行第 3 行到第 6 行的循环时，中间的一个步骤没有在图 3-37 中列出，即把 *newStates* 的值转移到 *oldStates* 中去的步骤。

2）一个以 NFA 状态为下标的布尔数组 *alreadyOn*。它指示出哪个状态已经在 *newStates* 中。虽然这个数组存放的信息和栈中存放的信息相同，但查询 *alreadyOn*[s]要比在栈 *newStates* 中查询 s 快很多。我们同时保持两种表示方法的原因就是为了获得这个效率。

3）一个二维数组 *move*[s, a]，它保存这个 NFA 的转换表。这个表中的条目是状态的集合，它们用链表表示。

```
9)  addState(s) {
10)         将s压入栈newStates中;
11)         alreadyOn[s] = TRUE;
12)         for ( t on move[s, ϵ] )
13)                 if ( !alreadyOn[t] )
14)                         addState(t);
15) }
```

图 3-38 加入一个不在 *newStates* 中的新状态 s

为了实现图 3-37 的第一行，我们需要将 *alreadyOn* 数组中的所有条目都设置为 `FALSE`，然后对于 ϵ-*closure*(s_0)中的每个状态 s，将 s 压入 *oldStates* 并设置 *alreadyOn*[s]为 `TRUE`。这个对状态 s 的操作以及图 3-37 第 4 行中的操作，都可以使用函数 *addState*(s)来实现。这个函数将 s 压入 *newStates*，将 *alreadyOn*[s]设置为 `TRUE`，并使用 *move*[s, ϵ]作为参数递归地调用自身，继续计算 ϵ-*closure*(s)的值。然而，为了避免重复工作，我们必须小

心，不要对一个已经在栈 *newStates* 中的状态调用 *addState*。图 3-38 给出了这个函数的概要。

我们通过查看 *oldStates* 中的每个状态 s 来实现图 3-37 的第 4 行。我们首先找出状态集合 $move[s, c]$，其中 c 是下一个输入字符。对于那些不在 *newStates* 栈中的状态，我们应用函数 *addState*。注意，*addState* 还计算了一个状态的 ϵ-*closure* 值，并把其中的状态一起加入到 *newStates* 中(如果这些状态不存在的话)。这一系列处理步骤如图 3-39 所示。

假定一个 NFA N 有 n 个状态和 m 个转换，即 m 是离开各个状态的转换数的总和。如果不包括第 19 行中对 *addState* 的调用，在第 16 行到第 21 行的循环上花费的时间是 $O(n)$。也就是说，我们最多需要运行这个循环 n 遍，且如果不考虑调用 *addState* 所花费的时间，每一遍的工作量都是常数。对于第 22 行到第 26 行的循环，这个结论也成立。

```
16)  for (oldStates上的每个s) {
17)      for (move[s, c]中的每个t)
18)          if ( !alreadyOn[t] )
19)              addState(t);
20)      将s弹出oldStates栈；
21)  }

22)  for (newStates中的每个s) {
23)      将s弹出newStates栈；
24)      将s压入oldStates 栈；
25)      alreadyOn[s] = FALSE;
26)  }
```

图 3-39　图 3-37 中第 4 步的实现

在图 3-39 的一次执行中(即图 3-37 的第 4 行)，对于任意给定的状态最多只能调用 *addState* 一次。原因在于每次调用 *addState*(s) 时都会在图 3-38 的第 11 行上把 *alreadyOn*[s] 置为 TRUE。一旦 *alreadyOn*[s] 设为 TRUE，图 3-38 的第 13 行和图 3-39 的第 18 行就会禁止再次调用 *addState*(s)。

如果不考虑第 14 行中的递归调用所花费的时间，第 10 行、第 11 行对 *addState* 的一次调用所花的时间为 $O(1)$，第 12、13 行的时间取决于有多少 ϵ 转换离开 s。对于一个给定的状态，我们不知道这个数目是多少，但是我们知道最多只有 m 个离开各个状态的转换。因此，在图 3-39 中代码的一次执行中，在第 12 行和 13 行上用于调用 *addState* 的累计时间为 $O(m)$。花费在 *addState* 的其他步骤的累计时间为 $O(n)$，因为每一次调用的时间是一个常数，且最多只有 n 次调用。

因此我们可以得出如下结论，即只要实现方法得当，执行图 3-37 的第 4 行的时间是 $O(n+m)$。从第 3 行到第 6 行的 while 循环的其余部分在每次迭代时花费 $O(1)$ 时间。如果输入 x 的长度为 k，那么该循环的总工作量为 $O(k(n+m))$。图 3-37 的第 1 行的执行时间为 $O(n+m)$，因为它实际上就是图 3-39 中的各个步骤，只不过 *oldStates* 中只包含状态 s_0。第 2、7、8 行都花费 $O(1)$ 时间。因此，如果实现正确，算法 3.22 的运行时间为 $O(k(n+m))$。也就是说，该算法所需时间和输入串的长度和转换图的大小(结点数加上边数)的乘积成正比。

大 O 表示法

形如 $O(n)$ 的表达式是“最多某个常数乘以 n”的缩写。从技术上讲，我们说一个函数 $f(n)$ 是 $O(g(n))$ 的条件是存在常量 c 和 n_0 使得当 $n \geqslant n_0$ 时必然有 $f(n) \leqslant cg(n)$。这里的 $f(n)$ 可能是一个算法的某些步骤的运行时间。一个有用的写法是“$O(1)$”，它表示“某个常量”。使用大 O 表示法可以使得我们不需要过多地考虑使用什么样的运行时间单位来进行度量，而仍然可以表示一个算法的运行时间的增长速度。

3.7.4　从正则表达式构造 NFA

现在我们给出一个算法，它可以将任何正则表达式转变为接受相同语言的 NFA。这个算法是语法制导的，也就是说它沿着正则表达式的语法分析树自底向上递归地进行处理。对于每个子表达式，该算法构造一个只有一个接受状态的 NFA。

算法 3.23　将正则表达式转换为一个 NFA 的 McMaughton-Yamada-Thompson 算法。

输入：字母表 Σ 上的一个正则表达式 r。

输出：一个接受 $L(r)$ 的 NFA N。

方法：首先对 r 进行语法分析，分解出组成它的子表达式。构造一个 NFA 的规则分为基本规则和归纳规则两组。基本规则处理不包含运算符的子表达式，而归纳规则根据一个给定表达式的直接子表达式的 NFA 构造出这个表达式的 NFA。

基本规则：对于表达式 ϵ，构造下面的 NFA。

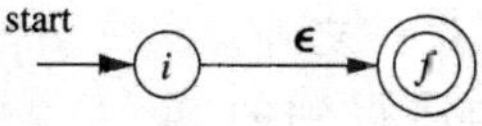

这里，i 是一个新状态，也是这个 NFA 的开始状态；f 是另一个新状态，也是这个 NFA 的接受状态。

对于字母表 Σ 中的子表达式 a，构造下面的 NFA。

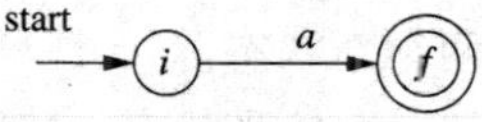

同样，i 和 f 都是新状态，分别是这个 NFA 的开始状态和接受状态。请注意，在这两个基本构造规则中，对于 ϵ 或某个 a 的作为 r 的子表达式的每次出现，我们都会使用新状态分别构造出一个独立的 NFA。

归纳规则：假设正则表达式 s 和 t 的 NFA 分别为 $N(s)$ 和 $N(t)$。

1）假设 $r=s|t$，r 的 NFA，即 $N(r)$，可以按照图 3-40 中的方式构造得到。这里 i 和 f 是新状态，分别是 $N(r)$ 的开始状态和接受状态。从 i 到 $N(s)$ 和 $N(t)$ 的开始状态各有一个 ϵ 转换，从 $N(s)$ 和 $N(t)$ 到接受状态 f 也各有一个 ϵ 转换。请注意，$N(s)$ 和 $N(t)$ 的接受状态在 $N(r)$ 中不是接受状态。因为从 i 到 f 的任何路径要么只通过 $N(s)$，要么只通过 $N(t)$，且离开 i 或进入 f 的 ϵ 转换都不会改变路径上的标号，因此我们可以判定 $N(r)$ 识别 $L(s)\cup L(t)$，也就是 $L(\mathrm{r})$。也就是说，图 3-40 中的 NFA 是一个正确的处理并运算符的构造。

2）假设 $r=st$，然后按照图 3-41 所示构造 $N(r)$。$N(s)$ 的开始状态变成了 $N(r)$ 的开始状态。$N(t)$ 的接受状态成为 $N(r)$ 的唯一接受状态。$N(s)$ 的接受状态和 $N(t)$ 的开始状态合并为一个状态，合并后的状态拥有原来进入和离开合并前的两个状态的全部转换。图 3-41 中一条从 i 到 f 的路径必须首先经过 $N(s)$，因此这条路径的标号以 $L(s)$ 中的某个串开始。然后，这条路径继续通过 $N(t)$，因此这条路径的标号以 $L(t)$ 中的某个串结束。就像我们很快要论证的，没有转换离开构造得到的接受状态，也没有转换进入开始状态，因此一个路径不可能在离开 $N(s)$ 后再次进入 $N(s)$。因此，$N(r)$ 恰好接受 $L(s)L(t)$，它是 $r=st$ 的一个正确的 NFA。

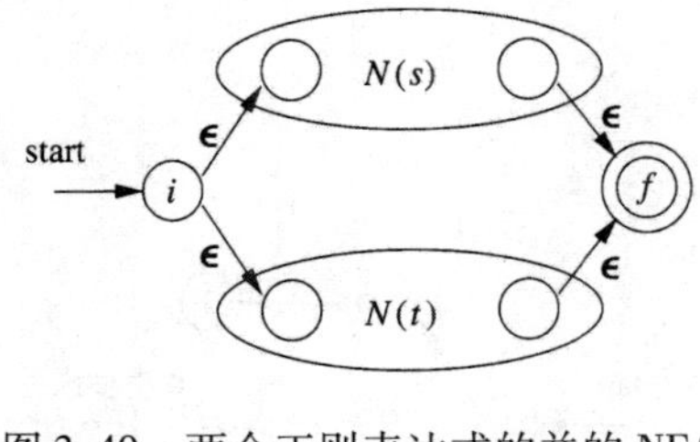

图 3-40　两个正则表达式的并的 NFA

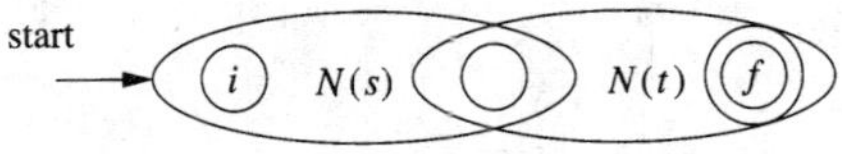

图 3-41　两个正则表达式的连接的 NFA

3）假设 $r=s^*$，然后为 r 构造出图 3-42 所示的 NFA $N(r)$。这里，i 和 f 是两个新状态，分别是 $N(r)$ 的开始状态和唯一的接受状态。要从 i 到达 f，我们可以沿着新引入的标号为 ϵ 的路径前进，这个路径对应于 $L(s)^0$ 中的一个串。我们也可以到达 $N(s)$ 的开始状态，然后经过该 NFA，再零次或多次从它的接受状态回到它的开始状态并重复上述过程。这些选项使得 $N(r)$ 可以接受

$L(s)^1$、$L(s)^2$ 等集合中的所有串，因此 $N(r)$ 识别的所有串的集合就是 $L(s)^*$。

4）最后，假设 $r=(s)$，那么 $L(r)=L(s)$，我们可以直接把 $N(s)$ 当作 $N(r)$。 □

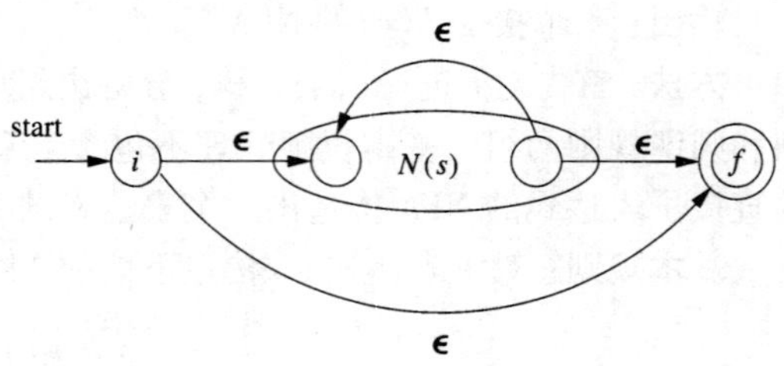

图 3-42 一个正则表达式的闭包的 NFA

算法 3.23 中描述的方法包含了一些提示，说明为什么这个归纳性构造方法能够得到正确的解答。我们不会给出正式的正确性证明。但除了最重要的性质，即 $N(r)$ 接受语言 $L(r)$ 之外，我们还在下面列出一些由该算法构造得到的 NFA 所具有的性质。这些性质本身也很有趣，并且有助于正式证明这个方法的正确性。

1）$N(r)$ 的状态数最多为 r 中出现的运算符和运算分量的总数的 2 倍。得出这个上界的原因是算法的每一个构造步骤最多只引入两个新状态。

2）$N(r)$ 有且只有一个开始状态和一个接受状态。接受状态没有出边，开始状态没有入边。

3）$N(r)$ 中除接受状态之外的每个状态要么有一条其标号为 Σ 中符号的出边，要么有两条标号为 ϵ 的出边。

例 3.24 让我们用算法 3.23 为正则表达式 $r=(\mathbf{a}|\mathbf{b})^*\mathbf{abb}$ 构造一个 NFA。图 3-43 显示了 r 的一棵语法分析树，这棵树和 2.2.3 节中构造的算术表达式的语法分析树相似。对于子表达式 r_1，即第一个 **a**，我们构造如下的 NFA：

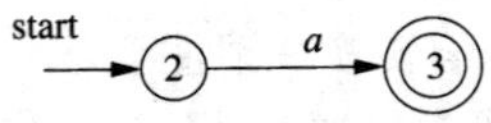

我们在选择这个 NFA 中的状态编号时考虑了和接下来生成的 NFA 的状态编号之间的一致性。对 r_2 构造如下 NFA：

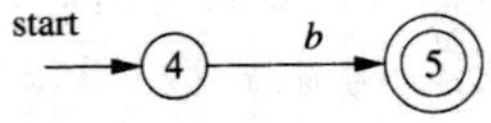

现在我们可以使用图 3-40 中的构造方法，将 $N(r_1)$ 和 $N(r_2)$ 合并，得到 $r_3=r_1|r_2$ 的 NFA。这个 NFA 显示在图3-44中。

子表达式 $r_4=(r_3)$ 的 NFA 和 r_3 的 NFA 相同。子表达式 $r_5=(r_3)^*$ 的 NFA 的构造如图 3-45 所示。我们使用图 3-42 所示的方法根据图 3-44 中的 NFA 构造出这个 NFA。

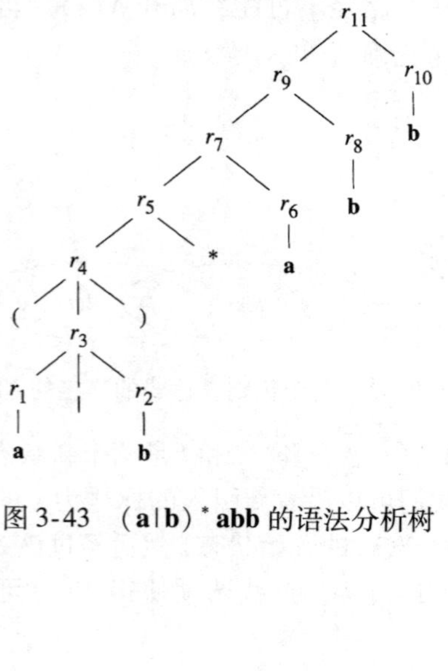

图 3-43 $(\mathbf{a}|\mathbf{b})^*\mathbf{abb}$ 的语法分析树

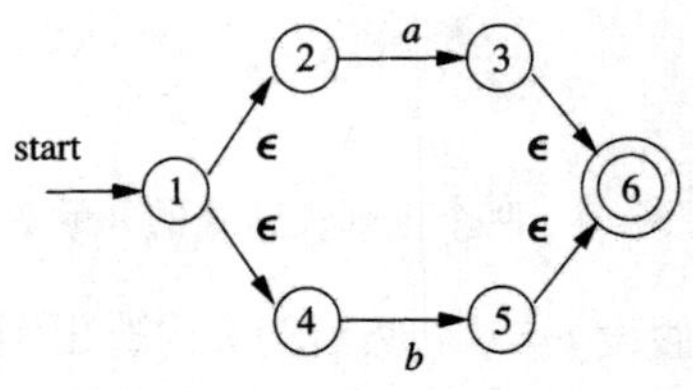

图 3-44 r_3 的 NFA

现在考虑 r_6，它是表达式中的另一个 **a**。我们再次对 a 使用基本构造法，但是必须使用新的状态。虽然 r_1 和 r_6 是相同的表达式，但这个构造方法不允许我们复用那个为 r_1 构造的 NFA。r_6 的 NFA 如下：

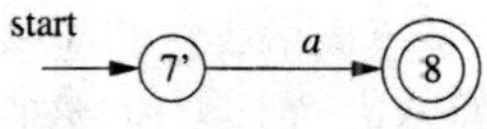

要得到 $r_7 = r_5 r_6$ 的 NFA，我们应用图 3-41 中的构造方法，将状态 7 和 7' 合并，得到如图3-46 所示的 NFA。按照这个方法继续构造出两个分别名为 r_8 和 r_{10}、对应于子表达式 b 的新 NFA，最后构造出如图 3-34 所示的 (**a**|**b**)***abb** 的 NFA。 □

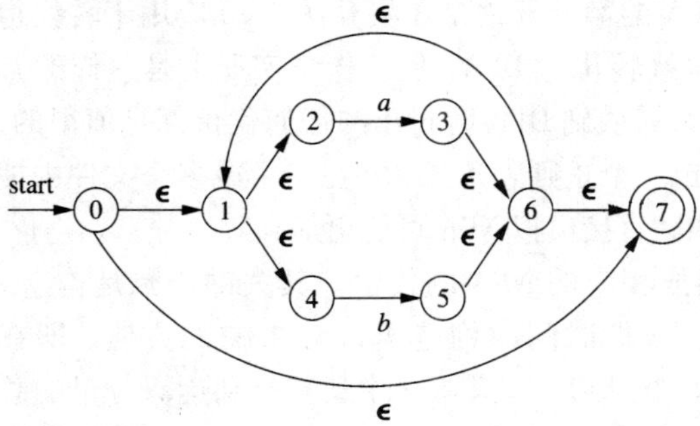

图 3-45 r_5 的 NFA

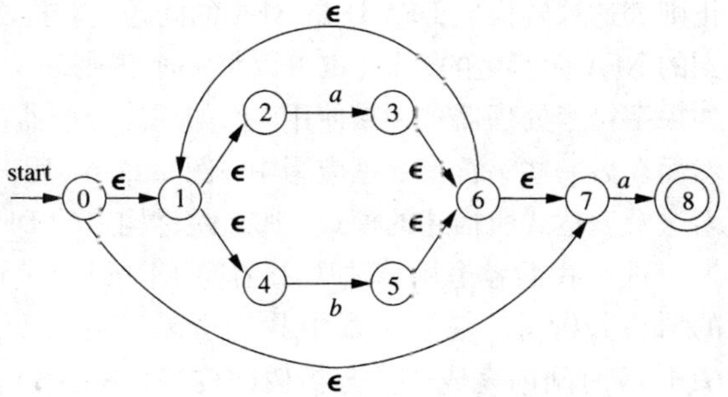

图 3-46 r_T 的 NFA

3.7.5 字符串处理算法的效率

我们看到，算法 3.18 能在 $O(|x|)$ 时间内处理字符串 x，而在 3.7.3 节中我们提到，要模拟一个 NFA 的运行所需的时间与 $|x|$ 和该 NFA 的转换图的大小的乘积成正比。很明显，用 DFA 来模拟比用 NFA 模拟更快，因此我们可能会怀疑模拟一个 NFA 到底有没有意义。

支持使用 NFA 模拟的论据之一是子集构造法在最坏的情况下可能会使状态个数呈指数增长。虽然原则上 DFA 的状态数不会影响算法 3.18 的运行时间，但是假如状态数大到一定程度，以至于转换表超过了主存容量时，那么真正的运行时间就必须加上磁盘读写时间，从而使运行时间显著增加。

例 3.25 考虑形如 $L_n = (\mathbf{a}|\mathbf{b})^* \mathbf{a}(\mathbf{a}|\mathbf{b})^{n-1}$ 的正则表达式所描述的语言族。也就是说，每个语言 L_n 包含了所有由 a 和 b 组成且从右端向左数第 n 个符号是 a 的串。很容易构造出一个具有 $n+1$ 个状态的 NFA。它在任何输入符号上都可以停留在其初始状态，但是当输入为 a 时也可以到达状态 1。在处于状态 1 时，它在任何输入符号上都会转到状态 2，以此类推，当到达状态 n 时它接受输入串。图 3-47 给出了这个 NFA。

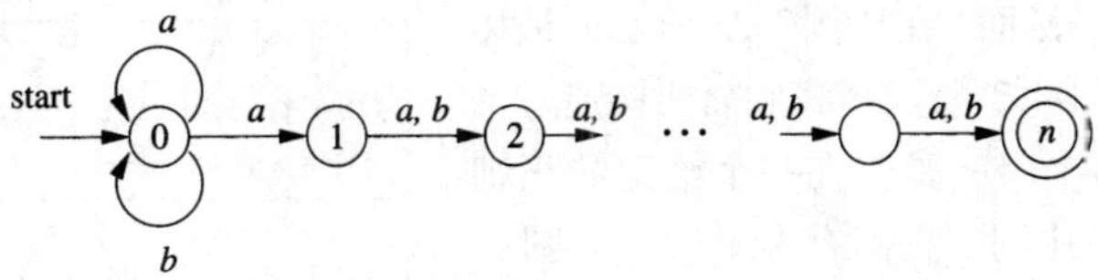

图 3-47 一个 NFA，它的状态数量远小于等价的最小 DFA 的状态数

然而，L_n 的任何一个 DFA 都至少有 2^n 个状态。我们不证明这个结论，只说明其基本思想。假设两个长度均为 n 的串到达 DFA 的同一个状态，必然存在一些位置使得两个串在这些位置上的符号不同（必然一个是 a 而另一个是 b）。我们考虑最后一个这样的位置。我们可以不断把相同的符号同时添加到这两个串的后面，直到它们的最后 $n-1$ 个位置上的符号串相同，但是倒数

第 n 个位置上的符号不同。那么这个 DFA 在处理这两个(经过扩展的)符号串时会到达同一个状态(因为根据假设，此 DFA 在处理未经扩展的两个串时到达同一个状态，而对这两个串的扩展方法相同——译者注)。此时这个 DFA 要么同时接受这两个符号串，要么都不接受这两个符号串。(注意这两个符号串的倒数第 n 个符号是不同的，它们应该有且只有一个串在这个语言中，由此得出矛盾。这说明任意两个长度为 n 的不同符号串应该到达不同的状态。而长度为 n 的符号串共有 2^n 个，也就是说至少要有 2^n 个状态——译者注。)幸运的是，如我们前面提到的，词法分析很少需要处理这种类型的模式，我们也不用担心会遇到状态数量出奇多的 DFA。 □

然而，词法分析器生成工具和其他字符串处理系统经常以正则表达式作为输入。我们面临着将正则表达式转换成 DFA 还是 NFA 的问题。转换成 DFA 的额外开销是在将算法 3.20 应用于转换得到的 NFA 而产生的开销(也可以将一个正则表达式直接转化为 DFA，但工作量实质上是一样的)。如果字符串处理器被频繁使用，比如词法分析器，那么转换到 DFA 时付出的任何代价都是值得的。然而在另一些字符串处理应用中，例如 grep，用户指定一个正则表达式，并在一个或多个文件中搜索这个表达式所描述的模式，那么跳过构造的 DFA 步骤直接模拟 NFA 可能更加高效。

现在我们考虑用算法 3.23 把正则表达式 r 转换成相应的 NFA 的代价。其关键步骤是构造 r 的语法分析树。在第 4 章中我们会看到几种可以在线性时间内构造语法分析树的方法，即在 $O(|r|)$ 时间内完成语法分析树的构造，其中 $|r|$ 表示 r 的大小，也就是 r 中运算符和运算分量的总和。我们也很容易发现每次应用算法 3.23 中的基本规则和归纳规则只需要常数时间，因此转换得到一个 NFA 所花费的全部时间是 $O(|r|)$。

此外，如我们在 3.7.4 节中观察到的，构造得到的 NFA 最多有 $2|r|$ 个状态和 $4|r|$ 个转换。也就是说，根据 3.7.3 节中的分析，可以得到 $n \leq 2|r|$ 和 $m \leq 4|r|$。因此，模拟这个 NFA 处理输入字符串 x 的过程所花费时间是 $O(|r| \times |x|)$。这个时间远远超过构造 NFA 所用的时间 $O(|r|)$。因此，我们得到，对于正则表达式 r 和字符串 x，能够在 $O(|r| \times |x|)$ 时间内判断 x 是否属于 $L(r)$。

子集构造法所花费的时间很大程度上取决于构造得到的 DFA 的状态数。首先注意在图 3-22 所示的子集结构法中，算法的关键步骤，即根据状态集 T 和输入符号 a 构建状态集 U 的过程与算法 3.22 的 NFA 模拟方法中根据旧状态集构造新状态集的过程类似。我们已经知道，如果实现得当，这个步骤所花的时间最多和 NFA 状态数与转换数之和成正比。

假设我们要从一个正则表达式 r 开始，并将它构造成一个 NFA。这个 NFA 最多有 $2|r|$ 个状态和 $4|r|$ 个转换，并且最多有 $2|r|$ 个输入符号。因此，对于每个构造得到的 DFA 状态，我们最多必须构造 $|r|$ 个新状态，构造每个新状态最多花费 $O(2|r|+4|r|)$ 时间。因此，构造一个有 s 个状态的 DFA 所用的时间为 $O(|r|^2 s)$。

在通常情况下，s 大约等于 $|r|$，上面的子集构造法需要的时间为 $O(|r|^3)$。然而，在如例 3.25 所示的最坏情况下，这个时间是 $O(|r|^2 2^{|r|})$。当我们需要构造一个识别器来指明一个或多个串 x 是否在一个给定的正则表达式 r 所定义的 $L(r)$ 中时，我们有多个选项。图 3-48 对这些选项作了总结。

自动机	初始开销	每个串的开销
NFA	$O(\|r\|)$	$O(\|r\| \times \|x\|)$
DFA typical case	$O(\|r\|^3)$	$O(\|x\|)$
DFA worst case	$O(\|r\|^2 2^{\|r\|})$	$O(\|x\|)$

图 3-48 识别一个正则表达式所表示的语言的不同方法所具有的初始开销和单个串的开销

如果处理各个字符串所花的时间多很多，比如我们构造词法分析器时面临的情况，我们显然倾向于使用 DFA。然而，在像 grep 这样的命令中，我们只会对一个符号串运行这个自动机。此时我们通常倾向于使用 NFA 方式。只有当 $|x|$ 接近 $|r|^3$ 的时候，我们才会考虑转换到 DFA。

还有一种混合策略可以做到对每个正则表达式 r 和输入串 x，它的效率总是和 DFA 和 NFA

方法中较好的一个差不多。这个策略从模拟 NFA 开始，但是在计算出各个状态集(也就是 DFA 的状态)和转换的同时把它们记录下来。在模拟中每次处理此 NFA 的当前状态集合和当前输入符号之前，首先查看我们是否已经计算了这个转换。如果是，就直接使用这个信息。

3.7.6 3.7 节的练习

练习 3.7.1： 将下列图中的 NFA 转换为 DFA。

1）图 3-26

2）图 3-29

3）图 3-30

练习 3.7.2： 用算法 3.22 模拟下列图中的 NFA 在处理输入 *aabb* 时的过程。

1）图 3-29

2）图 3-30

练习 3.7.3： 使用算法 3.23 和 3.20 将下列正则表达式转换成 DFA。

1）$(\mathbf{a}|\mathbf{b})^*$

2）$(\mathbf{a}^*|\mathbf{b}^*)^*$

3）$((\epsilon|\mathbf{a})\mathbf{b}^*)^*$

4）$(\mathbf{a}|\mathbf{b})^*\mathbf{abb}(\mathbf{a}|\mathbf{b})^*$

3.8 词法分析器生成工具的设计

本节中我们将应用 3.7 节中介绍的技术，讨论像 Lex 这样的词法分析器生成工具的体系结构。我们将讨论两种分别基于 NFA 和 DFA 的方法，后者实质上就是 Lex 的实现方法。

3.8.1 生成的词法分析器的结构

图 3-49 概括了由 Lex 生成的词法分析器的体系结构。作为词法分析器的程序包含一个固定的模拟自动机的程序。现在我们暂时不规定这个自动机是确定的还是不确定的。词法分析器的其他部分是由 Lex 根据 Lex 程序创建的组件组成的。

这些组件包括：

1）表示自动机的一个转换表。

2）由 Lex 编译器从 Lex 程序中直接拷贝到输出文件的函数(见 3.5.2 节的讨论)。

3）输入程序定义的动作。这些动作是一些代码片段，将在适当的时候由自动机模拟器调用。

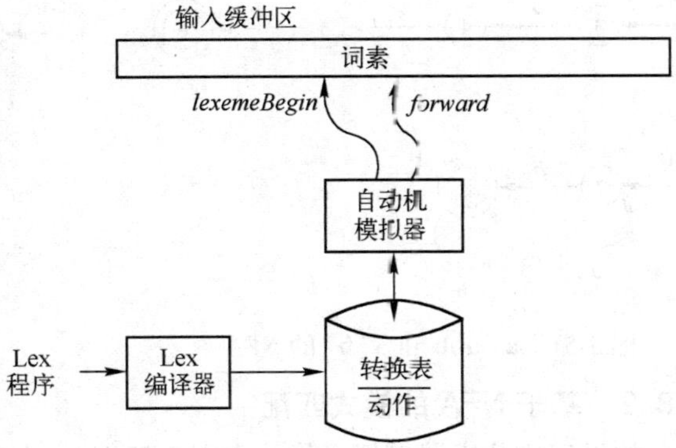

图 3-49　一个 Lex 程序被转变成由有限自动机模拟器使用的转换表和动作

在构建自动机时，我们首先用算法 3.23 把 Lex 程序中的每个正则表达式模式转换为一个 NFA。我们需要使用一个自动机来识别所有与 Lex 程序中的模式相匹配的词素，因此我们将这些 NFA 合并为一个 NFA。合并的方法是引入一个新的开始状态，从这个新开始状态到各个对应于模式 p_i 的 NFA N_i 的开始状态各有一个 ϵ 转换。构造方法如图 3-50 所示。

例 3.26　我们将使用如下所述的简单、抽象的例子来说明本节所要说明的思想：

a {模式 p_1 的动作 A_1}
abb {模式 p_2 的动作 A_2}
$\mathbf{a}^*\mathbf{b}^+$ {模式 p_3 的动作 A_3}

请注意，上述三个模式之间存在我们在 3.5.3 节中讨论过的冲突。更明确地说，字符串 *abb* 同时满足第二个和第三个模式，但是我们将把它看作模式 p_2 的词素，因为在上面的 Lex 程序中首先列出的是模式 p_2。像 *aabbb*…这样的输入串有很多前缀都满足第三个模式，Lex 的规则是接受最长的前缀，因此我们不断读入 *b*，直到另一个 *a* 出现为止。此时我们报告识别的词素就是从第一个 *a* 开始的、包含了其后所有 *b* 的符号串。

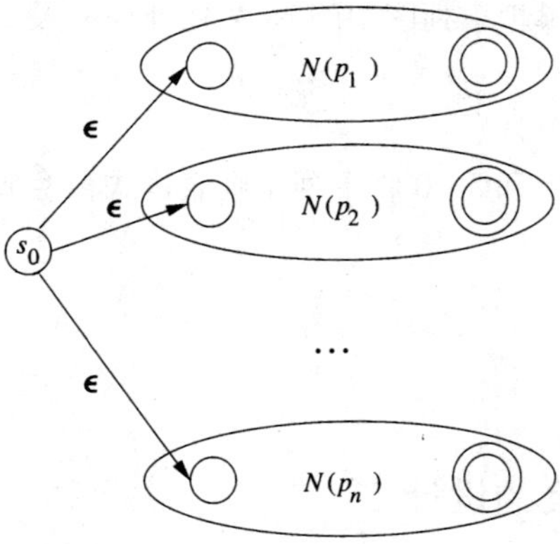

图 3-50 根据 Lex 程序构造得到的一个 NFA

图 3-51 列出了分别识别这三个模式的 NFA。其中第三个 NFA 是根据算法 3.23 的转换结果经简化得到的。然后，图 3-52 显示了通过加入一个新开始状态 0 和 3 个 ϵ 转换将这三个 NFA 合并后得到的单个 NFA。□

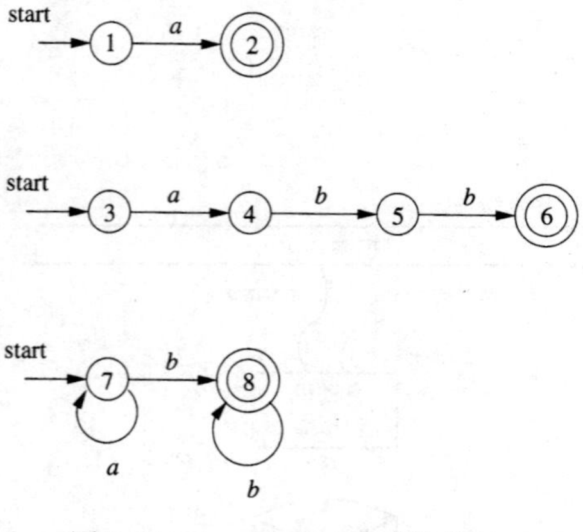

图 3-51 **a**、**abb** 和 $\mathbf{a}^*\mathbf{b}^+$ 的 NFA

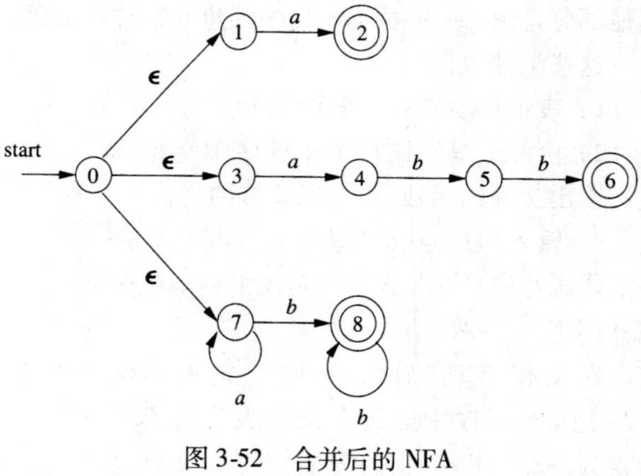

图 3-52 合并后的 NFA

3.8.2 基于 NFA 的模式匹配

如果词法分析器模拟了像一个图 3-52 所示的 NFA，那么它必须从它的输入中 *lexemeBegin* 所指的位置开始读取输入。当它在输入中向前移动 *forward* 指针时，它在每个位置上根据算法 3.22 计算当前的状态集。

在这个模拟 NFA 运行的过程中，最终会到达一个没有后续状态的输入点。那时，不可能有任何更长的输入前缀使得这个 NFA 到达某个接受状态，此后的状态集将一直为空。于是，我们就可以判定最长前缀(与某个模式匹配的词素)是什么。

我们沿着状态集的顺序回头寻找，直到找到一个包含一个或多个接受状态的集合为止。如果集合中有多个接受状态，我们就选择和在 Lex 程序中位置最靠前的模式相关联的那个接受状态 p_i。我们将 *forward* 指针移回到词素末尾，同时执行与 p_i 相关联的动作 A_i。

例 3.27 假设我们有例 3.26 所示的模式，并且输入字符串以 *aaba* 开头。如果图 3.52 中的 NFA 从初始状态 0 的 ϵ-闭包，即 {0，1，3，7}，开始处理输入，那么它进入的状态集合的序列如图 3-53 所示。在读入第四个输入符号之后，我们处于一个空状态集中，因为在图 3-52 中没有在输入 *a* 上离开状态 8 的转换。

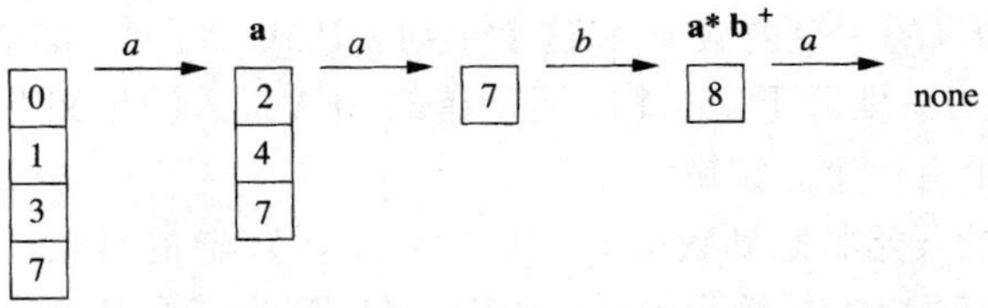

图 3-53 在处理输入 *aaba* 时进入的状态集的序列

因此，我们要向回寻找一个包含了某个接受状态的状态集。请注意，如图 3-53 所示，在读入 *a* 之后，我们所在的状态集包含状态 2，这表明模式 **a** 已经被匹配。然而在读入 *aab* 之后，我们在状态 8 中，这表明模式 $\mathbf{a}^*\mathbf{b}^+$ 被匹配；前缀 *acb* 是最长的使我们到达某个接受状态的前缀。因此我们选择 *aab* 作为被识别的词素，并且执行 A_3。这个动作应该包含一个返回语句，向语法分析器指明已经找到了一个模式为 $p_3 = \mathbf{a}^*\mathbf{b}^+$ 的词法单元。 □

3.8.3 词法分析器使用的 DFA

另一种体系结构和 Lex 的输出相似，它使用算法 3.20 中的子集构造法将表示所有模式的 NFA 转换为等价的 DFA。在 DFA 的每个状态中，如果该状态包含一个或多个 NFA 的接受状态，那么就要确定哪些模式的接受状态出现在此 DFA 状态中，并找出第一个这样的模式。然后将该模式作为这个 DFA 状态的输出。

例 3.28 使用子集构造法可以根据图 3-52 中的 NFA 构造得到一个 DFA。图 3-54 显示了这个 DFA 的一个转换图。图中的接受状态都用该状态所标识的模式作为标号。例如，状态 {6，8} 有两个接受状态，分别对应于模式 **abb** 和 $\mathbf{a}^*\mathbf{b}^+$。由于前一个模式先被列出，因此该模式就是状态 {6，8} 所关联的模式。 □

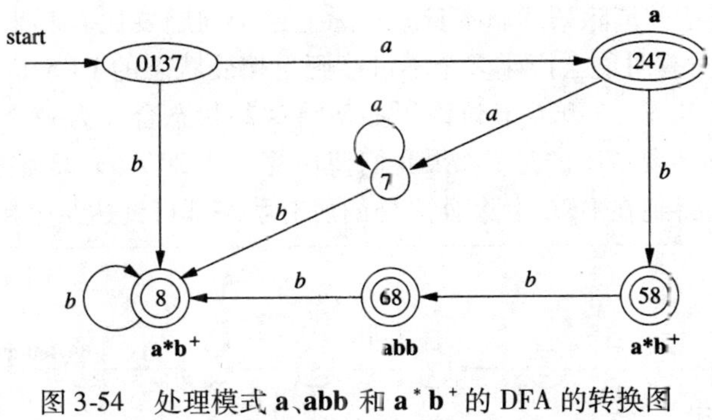

图 3-54 处理模式 **a**、**abb** 和 $\mathbf{a}^*\mathbf{b}^+$ 的 DFA 的转换图

在词法分析器中，我们使用 DFA 的方法与使用 NFA 的方法很相似。我们模拟这个 DFA 的运行，直到在某一点上没有后续状态为止(严格地说应该是下一个状态为 $\emptyset$，即对应于空的 NFA 状态集合的死状态)。此时，我们回头查找我们进入过的状态序列，一旦找到接受状态就执行与该

状态对应的模式相关联的动作。

例 3.29　假设图 3-54 中的 DFA 的输入为 *abba*。处理输入时进入过的状态序列为 0137、247、58、68。在读入最后一个 *a* 时，没有离开状态 68 的相应转换。因此，我们从后向前考察这个状态序列。在这个例子中，68 本身就是一个接受状态，对应于模式 p_2 = **abb**。□

3.8.4　实现向前看运算符

回顾 3.5.4 节可知，Lex 模式 r_1/r_2 中的 Lex 向前看运算符/是必不可少的。因为有时为了正确地识别某个词法单元的实际词素，我们需要指明在这个词法单元的模式 r_1 之后必须跟着模式 r_2。在将模式 r_1/r_2 转化成 NFA 时，我们把/看成 ϵ，因此我们实际上不会在输入中查找/。然而，如果 NFA 发现输入缓冲区的一个前缀 *xy* 和这个正则表达式匹配时，这个词素的末尾并不在这个 NFA 进入接受状态的地方。实际上，这个末尾是在此 NFA 进入满足如下条件的状态 *s* 的地方：

1）*s* 在(假想的)/上有一个 ϵ 转换。

2）有一条从 NFA 的开始状态到状态 *s*(相应标号序列为 *x*)的路径。

3）有一条从状态 *s* 到 NFA 的接受状态(相应标号序列为 *y*)的路径。

4）在所有满足条件 1～3 的 *xy* 中，*x* 尽可能长。

如果这个 NFA 中只有一个在假想的/上的 ϵ 转换状态，那么就如例 3.30 所示，词素的末尾出现在最后一次进入该状态的地方。如果 NFA 在假想的/上有多个 ϵ 转换状态，那么如何寻找正确的状态 *s* 的问题就会变得困难得多。

例 3.30　图 3-55 的 NFA 识别例 3.13 中给出的 `IF` 模式。这个模式使用了向前看运算符。请注意，从状态 2 到状态 3 的 ϵ 转换就代表这个向前看运算符。状态 6 表明关键字 `IF` 的出现。然而，当进入状态 6 时，我们需要向回扫描到最晚出现的状态 2 才可以找到词素 `IF`。□

> **DFA 中的死状态**
>
> 从技术上讲，图 3-54 中的自动机并不是一个真正的 DFA。因为 DFA 中的每个状态在它的输入字母表中的每个符号上都有一个离开转换。这里我们省略了到达死状态 ∅ 的转换，并且我们也省略了从这个死状态出发、在所有输入符号上到达其自身的转换。前面的 NFA 到 DFA 转换的例子中不存在从开始状态到达 ∅ 的路径，但是图 3-52 中的 NFA 有这样的路径。
>
> 然而，当我们构造一个用于词法分析器的 DFA 时，重要的是，我们必须用不同的方式来处理死状态，因为我们必须知道什么时候已经不可能识别到更长的词素了。因此我们建议省略到达死状态的转换，并消除死状态本身。实际上这个问题要比看起来困难一些，因为一个 NFA 到 DFA 的构造过程可能会产生多个不可能到达接受状态的 DFA 状态。我们必须知道何时到达了一个这样的状态。3.9.6 节讨论了如何将这些状态合并为一个死状态，这使得识别这些状态变得容易。还要指出的是，如果我们使用算法 3.20 和 3.23 根据一个正则表达式构造出一个 DFA，那么得到在 DFA 中除 ∅ 之外的所有状态都可到达某个接受状态。

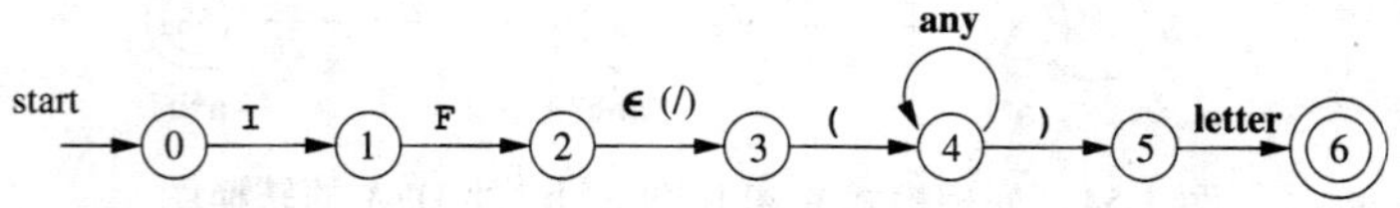

图 3-55　识别关键字 `IF` 的 NFA

3.8.5 3.8节的练习

练习3.8.1：假设我们有两个词法单元：(1)关键字 `if`，(2)标识符，它表示除 `if` 之外的所有由字母组成的串。请给出：

1）识别这些词法单元的 NFA。

2）识别这些词法单元的 DFA。

练习3.8.2：对如下的词法单元重复练习 3.8.1：(1)关键字 `while`，(2)关键字 `when`，(3)标识符，它代表以字母开头、由字母和数位组成的字符串。

！**练习3.8.3**：假设我们修正 DFA 的定义，使得每个状态在每个输入符号上有零个或一个转换(而不是像标准的 DFA 定义中那样恰好有一个转换)。那么，有些正则表达式就可以具有相比按标准定义构造得到的 DFA 而言更小的“DFA”。给出这种正则表达式的一个例子。

！！**练习3.8.4**：设计一个算法来识别形如 r_1/r_2 的 Lex 向前看模式，其中 r_1 和 r_2 都是正则表达式。说明该算法如何处理如下输入：

1）$(abcd|abc)/d$

2）$(a|ab)/ba$

3）aa^*/a^*

3.9 基于 DFA 的模式匹配器的优化

我们将在本节中给出三个算法，这些算法用于实现和优化根据正则表达式构造得到的模式匹配器。

1）第一个算法可以用于 Lex 编译器，因为它不需构造中间的 NFA 就可以根据一个正则表达式直接构造得到 DFA。同时，得到的 DFA 的状态数也比通过 NFA 构造得到的 DFA 的状态数少。

2）第二个算法可以将任何 DFA 中具有相同未来行为的多个状态合并，从而使该 DFA 的状态数量减到最少。这个算法本身相当高效，它的时间复杂度仅有 $O(n\log n)$，其中 n 是被处理的 DFA 的状态数量。

3）第三个算法可以生成比标准二维表更加紧凑的转换表的表示方式。

3.9.1 NFA 的重要状态

在讨论如何根据一个正则表达式直接生成 DFA 之前，我们必须首先深入分析算法 3.23 构建 NFA 的过程，并考虑各种状态所扮演的角色。如果一个 NFA 状态有一个标号非 ϵ 的离开转换，那么我们称这个状态是*重要状态*(important state)。请注意，子集构造法(算法 3.20)在计算 $\epsilon\text{-}closure(move(T, a))$(即可以从 T 出发在输入 a 上到达的状态的集合)的时候，它只使用了集合 T 中的重要状态。也就是说，只有当状态 s 是重要的，状态集合 $move(s, a)$ 才可能是非空的。在子集构造法的应用过程中，两个 NFA 状态集合可以被认为是一致的(即把它们当作同一个集合来处理)条件是它们：

1）具有相同的的重要状态，且

2）要么都包含接受状态，要么都不包含接受状态。

如果这个 NFA 是使用算法 3.23 根据一个正则表达式生成的，那么我们还可以指出更多的关于重要状态的性质。重要状态只包括在基础规则部分为正则表达式中某个特定符号位置引入的初始状态。也就是说，每个重要状态对应于正则表达式中的某个运算分量。

此外，构造得到的 NFA 只有一个接受状态，但该接受状态(没有离开转换)不是重要状态。我们可以在一个正则表达式 r 的右端连接一个独特的右端结束标记符#，使得 r 的接受状态增加一个在#上的转换，使之成为(r)#的 NFA 的重要状态。换句话说，通过使用扩展的(augment)正则表达式(r)#，我们可以在构造过程中不考虑接受状态的问题。当构造过程结束后，任何在#上有离开转换的状态必然是一个接受状态。

NFA 的重要状态直接对应于正则表达式中存放了字母表中符号的位置。使用抽象语法树来表示扩展的正则表达式是非常有用的。该语法分析树的叶子结点对应于运算分量，内部结点表示运算符。标号为连接运算符(∘)、并运算符|、星号运算符 * 的内部结点分别称为 cat 结点、or 结点和 star 结点。我们可以使用2.5.1 节中处理算术表达式的方法来构造一个正则表达式对应的抽象语法树。

例 3.31 图 3-56 是一个正则表达式的抽象语法树。其中的小圆圈表示 cat 结点。□

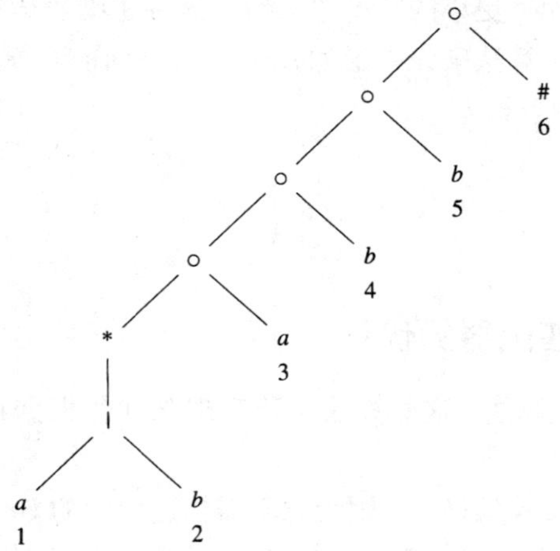

图 3-56 (**a**|**b**)***abb#**的抽象语法树

抽象语法树的叶子结点可以标号为 ϵ，也可以用字母表中的符号作为标号。对于每一个标号不为 ϵ 的叶子结点，我们赋予一个独有的整数。我们将这个整数称为叶子结点的位置(position)，同时也表示和它对应的符号的位置。请注意，一个符号可以有多个位置。比如，在图 3-56 中，a 有位置 1 和位置 3。抽象语法树中的这些位置对应于构造出的 NFA 中的重要状态。

例 3.32 图3-57 显示了对应于图3-56 中的正则表达式的NFA，其中的重要状态已经被编号，而其他状态则用字母表示。我们很快就会看到，NFA 的编号状态和抽象语法树中的位置是如何对应的。□

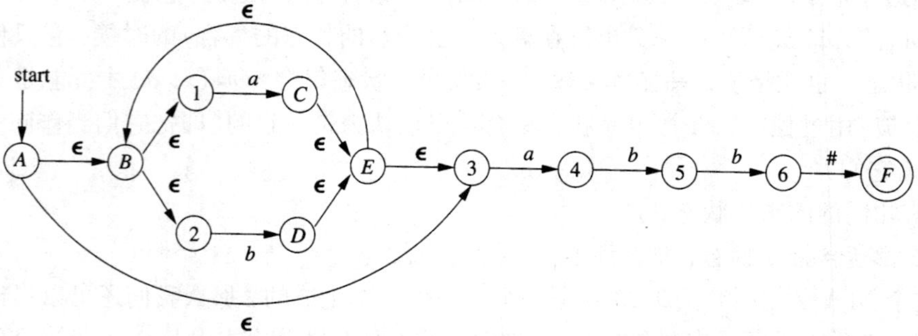

图 3-57 使用算法 3.23 构造得到的(**a**|**b**)***abb#**的 NFA

3.9.2 根据抽象语法树计算得到的函数

要从一个正则表达式直接构造出 DFA，我们要首先构造它的抽象语法树，然后计算如下四个函数：*nullable*、*firstpos*、*lastpos* 和 *followpos*。每个函数的定义都用到了一个特定增广正则表达式 $(r)\#$ 的抽象语法树。

1）*nullable*(n) 对于一个抽象语法树结点 n 为真当且仅当此结点代表的子表达式的语言中包含空串 ϵ。也就是说，这个子表达式可以"生成空串"或者本身就是空串，即使它也可能表示一些其他的串。

2）*firstpos*(n) 定义了以结点 n 为根的子树中的位置集合。这些位置对应于以 n 为根的子表达式的语言中某个串的第一个符号。

3）*lastpos*(n) 定义了以结点 n 为根的子树中的位置集合。这些位置对应于以 n 为根的子表达式的语言中某个串的最后一个符号。

4）*followpos*(p) 定义了一个和位置 p 相关的、抽象语法树中的某些位置的集合。一个位置 q 在 *followpos*(p) 中当且仅当存在 $L((r)\#)$ 中的某个串 $x = a_1a_2\cdots a_n$，使得我们在解释为什么 x 属于 $L((r)\#)$ 时，可以将 x 中的某个 a_i 和抽象语法树中的位置 p 匹配，且将位置 a_{i+1} 和位置 q 匹配。

例 3.33　考虑图 3-56 中对应于表达式 $(\mathbf{a}|\mathbf{b})^*\mathbf{a}$ 的 cat 结点 n。我们说 *nullable*(n) = false，因为这个结点生成所有以 a 结尾的由 a、b 组成的串；它不生成空串 ϵ。而另一方面，它下面的 star 结点是可以为空，它的正则表达式生成 ϵ 以及所有由 a、b 组成的串。

firstpos$(n) = \{1, 2, 3\}$。在由 n 对应的正则表达式生成的像 aa 这样的串中，该串的第一个位置对应于树中的位置 1；在像 ba 这样的串中，串的第一个位置来自于树中的位置 2。然而，当由 n 代表的正则表达式生成的串仅包含 a 时，这个 a 来自于位置 3。

lastpos$(n) = \{3\}$。也就是说，不管结点 n 的表达式生成什么串，该串的最后一个位置总是来自位置 3 上的 a。

followpos 的计算要困难一些，但是我们很快会给出计算这个函数的规则。下面是推导得到 *followpos* 值的一个例子：*followpos*$(1) = \{1, 2, 3\}$。考虑一个串 $\cdots ac\cdots$，其中 c 代表 a 或 b，且 a 来自位置 1。也就是说，这个 a 是由表达式 $(\mathbf{a}|\mathbf{b})^*$ 中的 $\mathbf{a}$ 生成的多个 a 之一。这个 a 后面可以跟随由同一表达式 $(\mathbf{a}|\mathbf{b})^*$ 生成的 a 或 b，此时 c 来自位置 1 或位置 2。也有可能这个 a 是表达式 $(\mathbf{a}|\mathbf{b})^*$ 生成的串的最后一个字符，那么 c 一定是来自位置 3 的 a。因此，1、2、3 就是可以跟在位置 1 后的位置。□

3.9.3 计算 nullable、firstpos 及 lastpos

我们可以使用一个对树的高度直接进行递归的过程来计算 *nullable*、*firstpos* 和 *lastpos*。在图 3-58 中总结了计算 *nullable* 和 *firstpos* 的基本规则和归纳规则。计算 *lastpos* 的规则在本质上和计算 *firstpos* 的规则相同，但是在针对 *cat* 结点的规则中，子结点 c_1 和 c_2 的角色需要对调。

结点 n	*nullable*(n)	*firstpos*(n)
一个标号为 ϵ 的叶子结点	**true**	$\emptyset$
一个位置为 i 的叶子结点	**false**	$\{i\}$
一个 or-结点 $n = c_1 \mid c_2$	*nullable*(c_1) **or** *nullable*(c_2)	*firstpos*$(c_1) \cup$ *firstpos*(c_2)
一个 cat-结点 $n = c_1c_2$	*nullable*(c_1) **and** *nullable*(c_2)	**if** (*nullable*(c_1)) *firstpos*$(c_1) \cup$ *firstpos*(c_2) **else** *firstpos*(c_1)
一个 star-结点 $n = c_1{}^*$	**true**	*firstpos*(c_1)

图 3-58　计算 *nullable* 和 *firstpos* 的规则

例 3.34 在图 3-56 的语法树的所有结点中，只有星号结点是可为空的。由图 3-58 可知，图中的所有叶子结点都是不可为空的，因为它们都对应于非 ϵ 运算分量。图 3-56 中的 or 结点是不可为空的，因为它的子结点都不可为空。图中的 star-结点是可空的，因为这是 star 结点的特征之一。最后，图 3-56 中的所有 cat 结点（至少包含一个不可为空的子结点）都是不可为空的。

对各个结点的 *firstpos* 和 *lastpos* 的计算结果显示在图 3-59 中，其中，*firstpos*(*n*) 显示在结点 *n* 的左边，*lastpos*(*n*) 显示在结点右边。每个叶子结点的 *firstpos* 和 *lastpos* 只包含它自身，这是由图 3-58 中关于非 ϵ 叶子结点的规则决定的。图 3-56 中的 or 结点的 *firstpos* 和 *lastpos* 分别是它的所有子结点的 *firstpos* 和 *lastpos* 的并集。针对 *star* 结点的规则是，它的 *firstpos* 及 *lastpos* 分别是它的唯一子结点的 *firstpos* 和 *lastpos*。

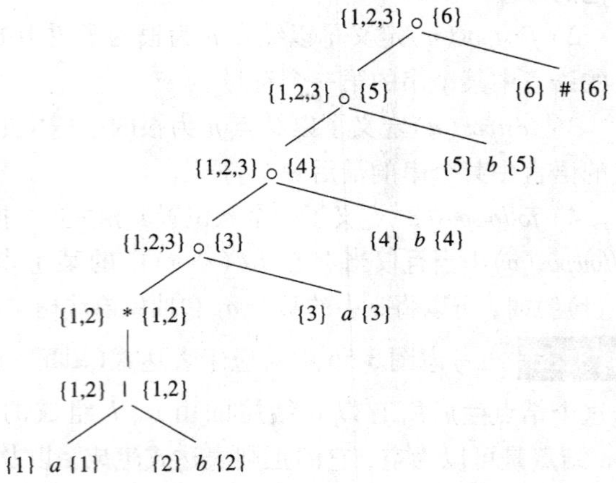

图 3-59 (**a|b**)***abb#**的语法分析树的结点的 *firstpos* 和 *lastpos*

最后考虑最下面的 cat-结点，我们将把这个结点称为 *n*。要计算 *firstpos*(*n*)，我们首先考虑其左边的运算分量是否可为空。在这个例子里面，左运算分量可以为空，因此，*n* 的 *firstpos* 是它的各个子结点的 *firstpos* 的并集，也就是 $\{1, 2\} \cup \{3\} = \{1, 2, 3\}$。图 3-58 中没有明确说明 *lastpos* 的运算规则，但是前面提到过，它的规则和 *firstpos* 的规则相同，只是需要互换子结点的角色。也就是说，要计算 *lastpos*(*n*)，我们需要知道它的右子结点（位置为 3 的叶子结点）是否可为空。它不可为空，因此 *lastpos*(*n*) 就是它的右子结点的 *lastpos*，即 {3}。 □

3.9.4 计算 followpos

最后，我们来了解一下如何计算函数 *followpos*。只有两种情况会使得一个正则表达式的某个位置会跟在另一个位置之后：

1）如果 *n* 是一个 cat 结点，且其左右子结点分别为 c_1、c_2，那么对于 *lastpos*(c_1) 中的每个位置 *i*，*firstpos*(c_2) 中的所有位置都在 *followpos*(*i*) 中。

2）如果 *n* 是 star 结点，并且 *i* 是 *lastpos*(*n*) 中的一个位置，那么 *firstpos*(*n*) 中的所有位置都在 *followpos*(*i*) 中。

例 3.35 现在让我们继续考虑那个贯穿全节的例子。回顾一下，*firstpos* 和 *lastpos* 已经在图 3-59中计算出来了。*followpos* 的计算规则 1 要求我们查看每个 cat 结点，并将它的右子结点的 *firstpos* 中的每个位置放到它的左子结点的 *lastpos* 中的各个位置的 *followpos* 中。对于图 3-59 中最下面的 cat 结点，该规则说位置 3 在 *followpos*(3) 和 *followpos*(2) 中。其上一个 cat 结点说 4 在 *followpos*(3) 中，余下的两个 cat 结点告诉我们 5 在 *followpos*(4) 中，6 在 *followpos*(5) 中。

我们还必须对 star 结点应用规则 2。该规则告诉我们位置 1 和 2 既在 *followpos*(1) 中又在 *followpos*(2) 中，因为这个结点的 *firstpos* 和 *lastpos* 都是 {1, 2}。图 3-60 给出了全部的 *followpos* 集合。 □

我们可以创建一个有向图来表示函数 *followpos*，其中每个位置有一个对应的结点，从位置 *i* 到位置 *j* 有一条有向边当且仅当 *j* 在 *followpos*(*i*) 中。图 3-61 显示的有向图表示了图 3-60 所示的 *followpos* 函数。

毫不奇怪，表示 *followpos* 函数的有向图几乎就是相应的正则表达式的不包含 ϵ 转换的 NFA。如果我们进行下面的处理，这个图就变成了这样的一个 NFA。

1）将根结点的 *firstpos* 中的所有位置设为开始状态。

2）在每条从 i 到 j 的有向边上添加位置 i 上的符号作为标号。

3）把和结尾#相关的位置当作唯一的接受状态。

位置 n	*followpos*(n)
1	{1,2,3}
2	{1,2,3}
3	{4}
4	{5}
5	{6}
6	∅

图 3-60　函数 *followpos*

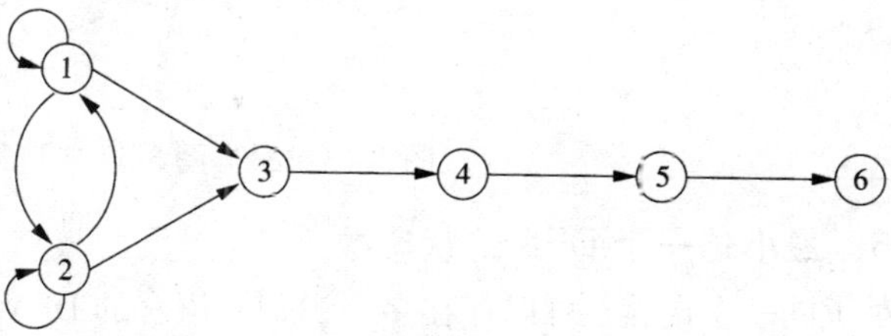

图 3-61　表示函数 *followpos* 的有向图

3.9.5　根据正则表达式构建 DFA

算法 3.36　从一个正则表达式 r 构造 DFA。

输入： 一个正则表达式 r。

输出： 一个识别 $L(r)$ 的 DFA D。

方法：

1）根据扩展的正则表达式(r)#构造出一棵抽象语法树 T。

2）使用 3.9.3 节和 3.9.4 节的方法，计算得到 T 的函数 *nullable*、*firstpos*、*lastpos* 和 *followpos*。

3）使用图 3-62 中所示的过程，构造出 D 的状态集 *Dstates* 和 D 的转换函数 *Dtran*。D 的状态就是 T 中的位置集合。每个状态最初都是"未标记的"，当我们开始考虑某个状态的离开转换时，该状态变成"已标记的"。D 的开始状态是 *firstpos*(n_0)，其中结点 n_0 是 T 的根结点。这个 DFA 的接受状态集合是那些包含了和结束标记#对应的位置的状态。□

```
初始化 Dstates，使之只包含未标记的状态 firstpos(n0)，
        其中 n0 是 (r)#的抽象语法树的根结点；
while ( Dstates 中存在未标记的状态 S ) {
        标记 S;
        for (每个输入符号 a ) {
                令 U 为 S 中和 a 对应的所有位置 p 的 followpos(p) 的并集；
                if ( U 不在 Dstates 中 )
                        将 U 作为未标记的状态加入到 Dstates 中；
                Dtran[S, a] = U;
        }
}
```

图 3-62　从一个正则表达式直接构造一个 DFA

例 3.37　现在我们可以把我们的连续使用的例子的各个步骤综合起来，为正则表达式 r = (**a**|**b**)* **abb** 构造一个 DFA。(r)#的语法分析树如图 3-56 所示。我们观察到，在这棵语法分析树中，只有 star 结点使 *nullable* 为真。我们将函数 *firstpos* 和 *lastpos* 显示在图 3-59 中。函数 *followpos* 的值显示在图 3-60 中。

这棵树的根结点的 *firstpos* 的值是{1, 2, 3}，因此 D 的开始状态就是这个集合。我们称这个集合为 A。我们必须计算 *Dtran*[A, a]和 *Dtran*[A, b]。在 A 的位置中，1 和 3 对应于 a，而 2 对应于 b。因此 *Dtran*[A, a] = *followpos*(1) ∪ *followpos*(3) = {1, 2, 3, 4}；*Dtran*[A, b] = *followpos*(2) = {1, 2, 3}。后一个集合就是 A，因此不需要加入到 *Dstates* 中。但是前一个状态集 B = {1, 2, 3, 4} 是新状态，因此我们将它加入到 *Dtrans* 中并计算它的转换。完整的 DFA 如图 3-63 所示。□

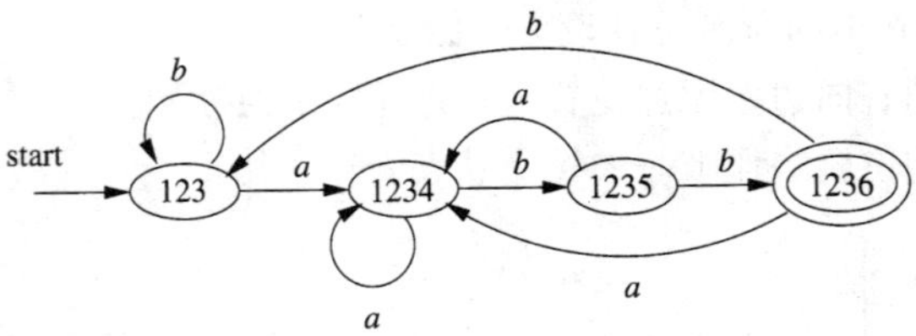

图 3-63 根据图 3-57 构造得到的 DFA

3.9.6 最小化一个 DFA 的状态数

对于同一个语言，可以存在多个识别此语言的 DFA。例如，图 3-36 和图 3-63 中的 DFA 都识别语言 $L((\mathbf{a}|\mathbf{b})^*\mathbf{abb})$。这两个 DFA 不但各个状态的名字不同，就连它们的状态个数也不一样。如果我们使用 DFA 来实现词法分析器，我们总是希望使用的 DFA 的状态数量尽可能地少，因为描述词法分析器的转换表需要为每个状态分配条目。

状态名字的问题是次要的。如果我们只需改变状态名字就可以将一个自动机转换成为另一个自动机，我们就说这两个自动机是同构的。图 3-36 和图 3-63 中的两个自动机不是同构的。然而，这两个自动机的状态之间有很紧密的关系。图 3-36 中的状态 A 和 C 实际上是等价的，因为它们都不是接受状态，且对任意输入，它们总是转到同一个状态——在输入 a 上转到 B，在输入 b 上转到 C。不仅如此，状态 A 和 C 的行为都和图 3-63 中的状态 123 相似。类似地，图 3. 36 中状态 B 的行为和图 3-63 中状态 1234 的行为相似，状态 D 的行为和状态 1235 的行为相似，状态 E 的行为和状态 1236 的行为相似。

可以得出一个重要的结论：任何正则语言都有一个唯一的（不计同构）状态数目最少的 DFA。而且，从任意一个接受相同语言的 DFA 出发，通过分组合并等价的状态，我们总是可以构建得到这个状态数最少的 DFA。对于 $L((\mathbf{a}|\mathbf{b})^*\mathbf{abb})$，图 3-63 就是状态最少的 DFA，将图 3-36 中 DFA 的状态划分为{A，C}{B}{D}{E}然后合并等价状态就可以得到这个最小 DFA。

我们将给出一个将任意 DFA 转化为等价的状态最少的 DFA 的算法。该算法首先创建输入 DFA 的状态集合的分划。为了理解这个算法，我们要了解输入串是如何区分各个状态的。如果分别从状态 s 和 t 出发，沿着标号为 x 的路径到达的两个状态中只有一个是接受状态，我们说串 x 区分状态 s 和 t。如果存在某个能够区分状态 s 和状态 t 的串，那么它们就是可区分的（distinguishable）。

例 3.38 空串 ϵ 可以区分任何一个接受状态和非接受状态。在图 3-36 中，串 bb 区分状态 A 和 B，因为从 A 出发经过标号为 bb 的路径会到达非接受状态 C，而从 B 出发则到达接受状态 E。□

DFA 状态最小化算法的工作原理是将一个 DFA 的状态集合分划成多个组，每个组中的各个状态之间相互不可区分。然后，将每个组中的状态合并成状态最少 DFA 的一个状态。算法在执行过程中维护了状态集合的一个分划，分划中的每个组内的各个状态尚不能区分，但是来自不同组的任意两个状态是可区分的。当任意一个组都不能再被分解为更小的组时，这个分划就不能再进一步精化，此时我们就得到了状态最少的 DFA。

最初，该分划包含两个组：接受状态组和非接受状态组。算法的基本步骤是从当前分划中取一个状态组，比如 $A = \{s_1, s_2, \cdots, s_k\}$，并选定某个输入符号 a，检查 a 是否可以用于区分 A 中的某些状态。我们检查 $s_1, s_2, \cdots, s_k$ 在 a 上的转换，如果这些转换到达的状态落入当前分划的两个或多个组中，我们就将 A 分割成为多个组，使得 s_i 和 s_j 在同一组中当且仅当它们在 a 上的转换都到达同一个组的状态。我们重复这个分割过程，直到无法根据某个输入符号对任意个组进行分割为止。这个思想体现在下面的算法中。

状态最小化算法的原理

我们需要证明两个性质：仍然位于 Π_{final} 的同一组中状态不可能被任意串区分，以及最后存在于不同子集中的状态之间是可区分的。要证明第一个性质，需要对算法 3-39 中步骤 2 的迭代次数进行归纳。如果在步骤 2 的第 i 次迭代之后 s 和 t 在同一子组中，那么就不存在长度小于等于 i 的串可以将 s 和 t 区分开。请读者自行完成这个归纳证明。

第二个性质的证明也是通过对迭代次数的归纳来完成的。如果在步骤 2 的第 i 次迭代时状态 s 和 t 被放在不同的组中，那么必然存在一个串可以区分它们。归纳的基础很容易证明：当 s 和 t 放在初始分划的不同组中时，它们必然一个是接受状态，另一个是非接受状态。因此 ϵ 就可以区分它们。归纳步骤如下：必然存在一个输入符号 a 和状态 p、q，使得 s 和 t 在输入 a 上分别进入状态 p 和 q。并且 p 和 q 必定已经被放到不同的组中了。那么根据归纳假设，必然存在某个串 x 可以区分 p 和 q。因此可知 ax 能够区分 s 和 t。

算法 3.39 最小化一个 DFA 的状态数量。

输入：一个 DFA D，其状态集合为 S，输入字母表为 Σ，开始状态为 s_0，接受状态集为 F。

输出：一个 DFA D'，它和 D 接受相同的语言，且状态数最少。

方法：

1）首先构造包含两个组 F 和 $S-F$ 的初始划分 Π，这两个组分别是 D 的接受状态组和非接受状态组。

2）应用图 3-64 的过程来构造新的分划 Π_{new}。

```
最初，令 Πnew = Π;
for (Π中的每个组G ) {
        将G分划为更小的组，使得两个状态s 和 t 在同一小组中当且仅当对于所有
              的输入符号a，状态 s 和 t 在 a 上的转换都到达Π中的同一组;
        /* 在最坏情况下，每个状态各自组成一个组*/
        在Πnew 中将G替换为对G 进行分划得到的那些小组;
}
```

图 3-64 Π_{new} 的构造

3）如果 $\Pi_{new}=\Pi$，令 $\Pi_{final}=\Pi$ 并接着执行步骤 4；否则，用 Π_{new} 替换 Π 并重复步骤 2。

4）在分划 Π_{final} 的每个组中选取一个状态作为该组的代表。这些代表构成了状态最少 DFA D' 的状态。D' 的其他部分按如下步骤构建：

ⓐ D' 的开始状态是包含了 D 的开始状态的组的代表。

ⓑ D' 的接受状态是那些包含了 D 的接受状态的组的代表。请注意，每个组中要么只包含接受状态，要么只包含非接受状态，因为我们一开始就将这两类状态分开了，而图 3-64 中的过程总是通过分解已经构造得到的组来得到新的组。

ⓒ 令 s 是 Π_{final} 中某个组 G 的代表，并令 DFA D 中在输入 a 上离开 s 的转换到达状态 t。令 r 为 t 所在组 H 的代表。那么在 D' 中存在一个从 s 到 r 在输入 a 上的转换。注意，在 D 中，组 G 中的每一个状态必然在输入 a 上进入组 H 中的某个状态，否则，组 G 应该已经被图 3-64 的过程分割成更小的组了。

消除死状态

这个最小化算法有时会产生带有一个死状态的 DFA。所谓死状态就是在所有输入符号上都转

向自己的非接受状态。从技术上来讲，这个状态是必须的，因为在一个 DFA 中，从每个状态出发在每个输入符号上都必须有一个转换。然而，如 3.8.3 节所讨论的，我们需要知道在什么时候已经不存在被这个 DFA 接受的可能性了，这样我们才能知道已经识别到了正确的词素。因此，我们希望消除死状态，并使用一个缺少某些转换的自动机。这个自动机的状态比状态最少 DFA 的状态少一个，但是因为缺少了一些到达死状态的转换，所以严格地讲它并不是一个 DFA。

例 3.40 让我们重新考虑图 3-36 中给出的 DFA。初始分划包括两个组{A, B, C, D}，{E}，它们分别是非接受状态组和接受状态组。构造 Π_{new} 时，图 3-64 中的过程考虑这两个组和输入符号 a 和 b。因为组{E}只包含一个状态，不能再被分割，所以{E}被原封不动地保留在 Π_{new} 中。

另一个组{A, B, C, D}是可以被分割的，因此我们必须考虑各个输入符号的作用。在输入 a 上，这些状态中的每一个都转到 B，因此使用以 a 开头的串无法区分这些状态。但对于输入 b，状态 A、B 和 C 都转换到组{A, B, C, D}的某个成员上，而 D 转到另一个组中的成员 E 上。因此在 Π_{new} 中，组{A, B, C, D}被分割为{A, B, C}和{D}。这一轮得到的 Π_{new} 是{A, B, C}{D}{E}。

在下一轮中，我们可以把{A, B, C}分割为{A, C}{B}，因为 A 和 C 在输入 b 上都到达{A, B, C}中的元素，但 B 却转到另一个组中的元素 D 上。因此在第二轮之后，Π_{new} = {A, C}{B}{D}{E}。在第三轮中，我们不能够再分割当前分划中唯一一个包含多个状态的组{A, C}，因为 A 和 C 在所有输入上都进入同一个状态(因此也就在同一组中)。因此我们有 Π_{final} = {A, C}{B}{D}{E}。

现在我们将构建出状态最少 DFA。它有 4 个状态，对应于 Π_{final} 中的四个组。我们分别挑选 A、B、D 和 E 作为这四个组的代表。其中，状态 A 是开始状态，状态 E 是唯一的接受状态。它的转换函数如图 3-65 所示。例如，在输入 b 上离开状态 E 的转换到达状态 A，因为在原来的 DFA 中，E 在输入 b 上到达 C，而 A 是 C 所在组的代表。因为同样的原因，在输入 b 上离开 A 的状态回到 A 本身，而其他的转换都和图 3-36 中的相同。 □

3.9.7 词法分析器的状态最小化

状态	a	b
A	B	A
B	B	D
D	B	E
E	B	A

图 3-65 状态最少 DFA 的转换表

如果要将状态最小化算法应用于 3.8.3 节中生成的 DFA，我们必须在算法 3.39 中使用不同的初始分划。我们会将识别某个特定词法单元的所有状态放到对应于此词法单元的一个组中，同时把所有不识别任何词法单元的状态放到另一组。下面用一个例子来说明这个扩展。

例 3.41 对于图 3-54 的 DFA，初始分划为

$$\{0137, 7\}\{247\}\{8, 58\}\{68\}\{\emptyset\}$$

其中，状态 0137 和 7 分在同一组的原因是它们都没有识别任何词法单元；状态 8 和 58 分在一组的原因是它们都识别词法单元 **a*****b**$^+$。请注意，我们添加了一个死状态 Ø，我们假设它在输入 **a** 和 **b** 时会转到它自身。这个死状态同时也是状态 8、58 和 68 在输入 a 上的目标状态。

我们必须将 0137 和 7 分开，因为它们在输入 a 上转到不同的组。我们也要把 8 和 58 分开，因为它们在输入 b 上转到不同的组。这样，所有的状态都自成一组。图 3-54 所示的 DFA 就是识别这三个词法单元的状态最少 DFA。请记住，被用作词法分析器的 DFA 通常会丢掉它的死状态，同时我们把所有消失的转换当作结束词法单元识别过程的信号。 □

3.9.8 DFA 模拟中的时间和空间权衡

最简单和最快捷的表示一个 DFA 的转换函数的方法是使用一个以状态和字符为下标的二维表。

给定一个状态和下一个输入字符，我们访问这个数组就可以找出下一个状态以及我们必须执行的特殊动作，比如将一个词法单元返回给语法分析器。由于词法分析器的 DFA 中通常包含数百个状态，并且涉及 ASCII 字母表中的 128 个输入字符，因此这个数组需要的空间少于一兆字节。

但是，在一些小型的设备中也可能使用编译器。对于这些设备来说，即使一兆内存也显得太大了。对于这种情况，可以应用很多方法来压缩转换表。比如，我们可以用一个转换链表来表示每个状态，这个转换链表由字符-状态对组成。我们在链表的最后存放一个默认状态：对于没有出现在这个链表中的字符，我们总是选择这个状态作为目标状态。

还有一个更加巧妙的数据结构，它既利用了数组表示法的访问速度，又利用了带默认值的链表的压缩特性。我们可以把这个结构看作四个数组，如图 3-66 所示[⊖]。其中的 *base* 数组用于确定状态 *s* 的条目的基准位置。这些条目位于数组 *next* 和 *check* 中。如果数组 *check* 告诉我们由 *base*[*s*]给出的基准位置不正确，那么我们就使用数组 *default* 来确定另一个基准位置。

在计算 *nextstate*(*s*, *a*)时，即计算状态 *s* 在输入 *a* 上的后继状态时，我们首先查看数组 *next* 和 *check* 中在位置 $l = base[s] + a$ 上的条目，其中 *a* 被当作 0 ~ 127之间的整数。如果 $check[l] = s$，那么这个条目是有效的，状态 *s* 在输入 *a* 上的后继状态就是 *next*[*l*]；如果 $check[l] \neq s$，那么我们得到另一个状态 $t = default[s]$，并把 *t* 当作当前的状态重复这个过程。函数 *nextState* 的定义如下：

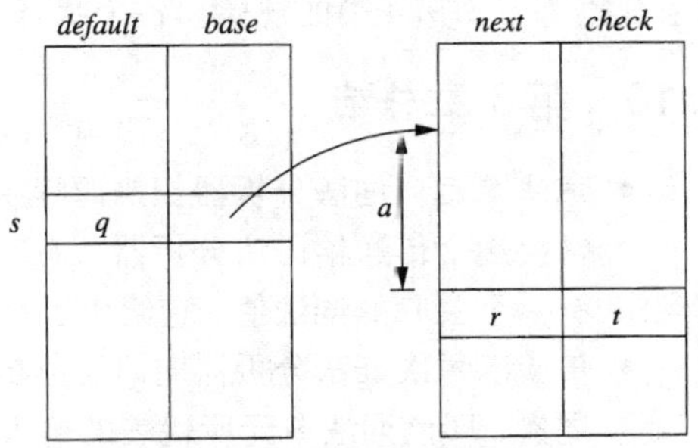

图 3-66 表示转换表的数据结构

```
int nextState(s,a) {
        if ( check[base[s] + a] == s ) return next[base[s] + a];
        else return nextState(default[s], a);
}
```

使用图 3-66 中所示数据结构的目的是利用状态之间的相似性来缩短 *next-check* 数组。例如，*s* 状态的默认状态 *t* 可能是一个"正在处理一个标识符"的状态，就像图3-14 中的状态 10。而状态 *s* 可能是在读入字母 `th` 之后进入的状态。这里 `th` 既是关键字 `then` 的一个前缀，同时也可能是一个标识符的词素的前缀。当输入字符为 `e` 时，我们必须从状态 `s` 到达一个特别的状态。该状态记住我们已经看到了 `the`；当输入字符不等于 *e* 时，状态 *s* 的动作和状态 *t* 的动作相同。因此，我们将 *check*[*base*[*s*] + *e*]的值设置为 *s*（以确认这个条目对于状态 *s* 有效），并将 *next*[*base*[*s*] + *e*]的值置为前面提到的特殊状态。同时 *default*[*s*]被设置为 *t*。

虽然我们可能无法选择适当的 *base* 值，使 *next* - *check* 的所有条目都被充分利用。经验表明，采用下述简单策略就可以有很好的效果：按照顺序将 *base* 值赋给各个状态，将各个 *base*[*s*]的值设置为最小的、能够使得状态 *s* 的特殊条目的位置都尚未被占用的值。这个策略需要的空间只比最小可能值多一点点。

3.9.9 3.9 节的练习

练习 3.9.1：扩展图 3-58 中的表，使得它包含如下运算符：

1）?

2）+

练习 3.9.2：使用算法 3.36 将练习 3.7.3 中的正则表达式直接转换成 DFA。

⊖ 在实践中可能还有另一个以状态为下标的数组，如果某个状态相关的动作，那么这个数组的相应元素会指明这个动作。

! **练习3.9.3**：我们只需要说明两个正则表达式的最少状态DFA同构，就可以证明这两个正则表达式等价。使用这种方法来证明下面的正则表达式(**a**|**b**)*，(**a***|**b***)*以及((ϵ|**a**)**b***)*相互等价。注意：你可能已经在完成练习3.7.3时构造出了这些表达式的DFA。

! **练习3.9.4**：为下列的正则表达式构造最少状态DFA：

1) (**a**|**b**)***a**(**a**|**b**)

2) (**a**|**b**)***a**(**a**|**b**)(**a**|**b**)

3) (**a**|**b**)***a**(**a**|**b**)(**a**|**b**) (**a**|**b**)

你有没有看出什么规律？

!! **练习3.9.5**：为了证明例3.25中非正式给出的结论，说明正则表达式

(**a**|**b**)***a**(**a**|**b**)(**a**|**b**)⋯(**a**|**b**)

的任何DFA至少具有2^n个状态。在这个正则表达式中，(**a**|**b**)在其尾部出现了$n-1$次。提示：观察练习3.9.4中的规律。各个状态分别表示了关于已输入串的哪些信息？

3.10 第3章总结

- *词法单元*。词法分析器扫描源程序并输出一个由词法单元组成的序列。这些词法单元通常会逐个传送给语法分析器。有些词法单元只包含一个词法单元名，而其他词法单元还有一个关联的词法值，它给出了在输入中找到的这个词法单元的某个实例的有关信息。
- *词素*。每次词法分析器向语法分析器返回一个词法单元时，该词法单元都有一个关联的词素，即该词法单元所代表的输入字符串。
- *缓冲技术*。为了判断下一个词素在何处结束，常常需要预先扫描输入字符。因此，词法分析器往往需要对输入字符进行缓冲。可以使用两个技术来加速输入扫描过程：循环使用一对缓冲区，以及在每个缓冲区末尾放置特殊的哨兵标记字符。该字符可以通知词法分析器已经到达了缓冲区末尾。
- *模式*。每个词法单元都有一个模式，它描述了什么样的字符序列可以组成对应于此词法单元的词素。那些和一个给定模式匹配的字(或者说字符串)的集合称为该模式的语言。
- *正则表达式*。这些表达式常用于描述模式。正则表达式是从单个字符开始，通过并、连接、Kleene闭包、“重复多次”等运算符构造得到的。
- *正则定义*。多个语言的复杂集合，比如用以描述一个程序设计语言所有词法单元的多个模式常常是通过正则定义来描述的。一个正则定义是一个语句序列，其中的每个语句定义了一个表示某正则表达式的变量。定义一个变量的正则表达式时可以使用已经定义过的变量。
- *扩展的正则表达式表示法*。为了使正则表达式更易于表达模式，一些附加的运算符可以作为缩写在正则表达式中使用。比如+(一个或多个)、?(零个或一个)以及字符类(由特定字符集中单个字符组成的字符串的集合)。
- *状态转换图*。一个词法分析器的行为经常可以用一个状态转换图来描述。它有多个状态。在搜寻可能与某个模式匹配的词素的过程中，各个状态代表了已读入字符的历史信息。它同时具有多条从一个状态到达另一个状态的转换(箭头)。每个转换都指明了下一个可能的输入字符，该字符将使词法分析器改变当前状态。
- *有穷自动机*。它是状态转换图的形式化表示。它指明了一个开始状态、一个或多个接受状态，以及状态集、输入字符集和状态间的转换集合。接受状态表明已经发现了和某个词法单元对应的词素。与状态转换图不同，有穷自动机既可以在输入字符上执行转换，也可以在空输入上执行转换。

- *确定有穷自动机*。一个确定有穷自动机是一种特殊的有穷自动机。它的任何一个状态对于任意一个输入符号有且只有一个转换。同时它不允许在空输入上的转换。确定有穷自动机类似于状态转换图，对它的模拟相对容易，因此适于作为词法分析器的实现基础。
- *不确定有穷自动机*。不是确定有穷自动机的自动机称为不确定的。NFA 通常要比确定有穷自动机更容易设计。词法分析器的另一种体系结构如下：对应于各个可能模式都有一个 NFA，并且我们使用表格来记录这些 NFA 在扫描输入字符时可能进入的所有状态。
- *模式表示方法之间的转换*。我们可以把任意一个正则表达式转换为一个大小基本相同的 NFA，这个 NFA 识别的语言和该正则表达式识别的相同。更进一步，任何 NFA 都可以转换为一个代表相同模式的 DFA，虽然在最坏的情况下自动机的大小会以指数级增长，但是在常见的程序设计语言中尚未碰到这些情况。可以将任意一个确定或不确定有穷自动机转化为一个正则表达式，使得该表达式定义的语言和这个自动机识别的语言相同。
- *Lex*。有一系列的软件系统，包括 Lex 和 Flex，可以作为生成词法分析器的工具。用户通过扩展的正则表达式来描述各种词法单元的模式。Lex 将这些表达式转化为词法分析器。这个分析器实质上是一个可以识别所有模式的确定有穷自动机。
- *有穷自动机的最小化*。对于每一个 DFA，都存在一个接受同样语言的最少状态 DFA。不仅如此，一个给定语言的最少状态 DFA(不计同构)是唯一的。

3.11 第3章参考文献

正则表达式首先由 Kleene 在 20 世纪 50 年代开始研究[9]。McCullough 和 Pitts[12]提出了一种描述神经活动的有穷自动机模型，而 Kleene 的兴趣就是描述那些可以用这些模型表示的事件。从那以后，正则表达式和有穷自动机在计算机科学中得到了广泛应用。

各种各样的正则表达式已经应用于很多流行的 UNIX 工具中，比如 awk、ed、egrep、grep、lex、sed、sh 和 vi 等。可移动操作系统接口(Portable Operating System Interface，POSIX)的标准文档 IEEE 1003 和 ISO/IEC 9945 中定义了 POSIX 扩展正则表达式，它们和最初的 UNIX 正则表达式非常相近，只有少量例外，比如字符类的助记表示方式。许多脚本语言，像 Perl、Python 和 Tcl，都采用了正则表达式，但常常使用不兼容的扩展表示方式。

我们熟悉的有穷自动机模型和算法 3.39 中的有穷自动机最小化方法由 Huffman[6]和 Moore[14]给出。而 Rabin 和 Scott[15]最先提出了不确定有穷自动机的概念，他们还给出了子集构造法，即算法 3.29。这个算法证明了确定自动机和不确定自动机在语言识别能力上是等价的。

McNaughton 和 Yamada[13]最先给出了一个利用正则表达式直接构造 DFA 的算法。3.9 节中描述的算法 3.36 最早被 Aho 用于构建 UNIX 正则表达式匹配工具 egrep，这个算法还被应用于 awk[3]中的正则表达式模式匹配例程。将不确定自动机用作中间表示的匹配方法首先由 Thompson[17]提出。该文还提出了直接模拟 NFA 的算法(算法 3.22)。这个算法被 Thompson 用于文本编辑器 QED 中。

Lesk 开发了 Lex 的第一个版本，随后 Lesk 和 Schmidt 用算法 3.36 编写了 Lex 的第二个版本[10]。此后出现了 Lex 的很多变体。GNU 版本的 Flex 及其文档可以在[4]下载。流行的 Lex 的 Java 版本包括 JFlex[7]和 JLex[8]。

在 3.4 节的练习 3.4.3 之前讨论的 KMP 算法来自[11]。可处理多个关键字的此算法的扩展版本可以在[2]中找到。Aho 在 UNIX 工具 fgrep 的第一个实现中使用了这个算法。

在[5]中完整地介绍了有关有穷自动机和正则表达式的理论，而[1]给出了字符串匹配技术的概述。

1. Aho, A. V., "Algorithms for finding patterns in strings," in *Handbook of Theoretical Computer Science* (J. van Leeuwen, ed.), Vol. A, Ch. 5, MIT Press, Cambridge, 1990.

2. Aho, A. V. and M. J. Corasick, "Efficient string matching: an aid to bibliographic search," *Comm. ACM* **18**:6 (1975), pp. 333–340.

3. Aho, A. V., B. W. Kernighan, and P. J. Weinberger, *The AWK Programming Language*, Addison-Wesley, Boston, MA, 1988.

4. `Flex` home page `http://www.gnu.org/software/flex/`, Free Software Foundation.

5. Hopcroft, J. E., R. Motwani, and J. D. Ullman, *Introduction to Automata Theory, Languages, and Computation*, Addison-Wesley, Boston MA, 2006.

6. Huffman, D. A., "The synthesis of sequential machines," *J. Franklin Inst.* **257** (1954), pp. 3–4, 161, 190, 275–303.

7. `JFlex` home page `http://jflex.de/` .

8. `http://www.cs.princeton.edu/~appel/modern/java/JLex` .

9. Kleene, S. C., "Representation of events in nerve nets," in [16], pp. 3–40.

10. Lesk, M. E., "Lex – a lexical analyzer generator," Computing Science Tech. Report 39, Bell Laboratories, Murray Hill, NJ, 1975. A similar document with the same title but with E. Schmidt as a coauthor, appears in Vol. 2 of the *Unix Programmer's Manual*, Bell laboratories, Murray Hill NJ, 1975; see `http://dinosaur.compilertools.net/lex/index.html` .

11. Knuth, D. E., J. H. Morris, and V. R. Pratt, "Fast pattern matching in strings," *SIAM J. Computing* **6**:2 (1977), pp. 323–350.

12. McCullough, W. S. and W. Pitts, "A logical calculus of the ideas immanent in nervous activity," *Bull. Math. Biophysics* **5** (1943), pp. 115–133.

13. McNaughton, R. and H. Yamada, "Regular expressions and state graphs for automata," *IRE Trans. on Electronic Computers* **EC-9**:1 (1960), pp. 38–47.

14. Moore, E. F., "Gedanken experiments on sequential machines," in [16], pp. 129–153.

15. Rabin, M. O. and D. Scott, "Finite automata and their decision problems," *IBM J. Res. and Devel.* **3**:2 (1959), pp. 114–125.

16. Shannon, C. and J. McCarthy (eds.), *Automata Studies*, Princeton Univ. Press, 1956.

17. Thompson, K., "Regular expression search algorithm," *Comm. ACM* **11**:6 (1968), pp. 419–422.

第4章 语法分析

本章介绍的语法分析方法通常用于编译器中。我们首先介绍基本概念，然后介绍适合手工实现的技术，最后介绍用于自动化工具的算法。因为源程序可能包含语法错误，所以我们还将讨论如何扩展语法分析方法，以便从常见错误中恢复。

在设计语言时，每种程序设计语言都有一组精确的规则来描述良构(well-formed)程序的语法结构。比如，在C语言中，一个程序由多个函数组成，一个函数由声明和语句组成，一个语句由表达式组成，等等。程序设计语言构造的语法可以使用2.2节中介绍的上下文无关文法或者BNF(巴库斯－瑙尔范式)表示法来描述。文法为语言设计者和编译器编写者都提供了很大的便利。

- 文法给出了一个程序设计语言的精确易懂的语法规约。
- 对于某些类型的文法，我们可以自动地构造出高效的语法分析器，它能够确定一个源程序的语法结构。同时，语法分析器的构造过程可以揭示出语法的二义性，同时还可能发现一些容易在语言的初始设计阶段被忽略的问题。
- 一个正确设计的文法给出了一个语言的结构。该结构有助于把源程序翻译为正确的目标代码，也有助于检测错误。
- 一个文法支持逐步加入可以完成新任务的新语言构造从而迭代地演化和开发语言。如果对语言的实现遵循语言的文法结构，那么在实现中加入这些新构造的工作就变得更加容易。

4.1 引论

在本节中，我们将探讨语法分析器是如何集成到一个典型的编译器中的。然后我们将研究算术表达式的典型文法。通过表达式文法已经足以说明语法分析的本质，因为处理表达式的语法分析技术可以用于处理程序设计语言的大部分构造。这一节的最后将讨论错误处理的问题，因为当语法分析器发现它的输入不能由它的文法生成时，它必须作出适当的反应。

4.1.1 语法分析器的作用

在我们的编译器模型中，语法分析器从词法分析器获得一个由词法单元组成的串，并验证这个串可以由源语言的文法生成，如图4-1所示。我们期望语法分析器能够以易于理解的方式报告语法错误，并且能够从常见的错误中恢复并继续处理程序的其余部分。从概念上讲，对于良构的程序，语法分析器构造出一棵语法分析树，并把它传递给编译器的其他部分进一步处理。实际上，并不需要显式地构造出这棵语法分析树，因为正如我们将看到的，对源程序的检查和翻译动作可以和语法分析过程交错完成。因此，语法分析器和前端的其他部分可以用一个模块来实现。

处理文法的语法分析器大体上可以分为三种类型：通用的、自顶向下的和自底向上的。像Cocke-Younger-Kasami算法和Earley算法这样的通用语法分析方法可以对任意文法进行语法分析(见参考文献)。然而，这些通用方法效率很低，不能用于编译器产品。

编译器中常用的方法可以分为自顶向下的和自底向上的。顾名思义，自顶向下的方法从语法分析树的顶部(根结点)开始向底部(叶子结点)构造语法分析树，而自底向上的方法则从叶子结点开始，逐渐向根结点方向构造。这两种分析方法中，语法分析器的输入总是按照从左向右的方式被扫描，每次扫描一个符号。

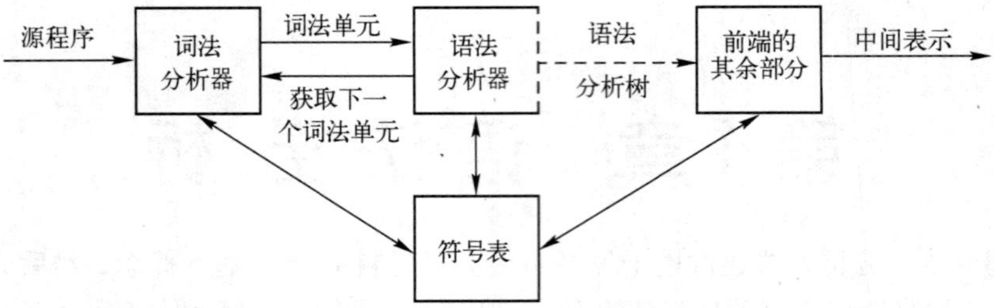

图 4-1 编译器模型中语法分析器的位置

最高效的自顶向下方法和自底向上方法只能处理某些文法子类，但其中的某些子类，特别是 LL 和 LR 文法，其表达能力已经足以描述现代程序设计语言的大部分语法构造了。手工实现的语法分析器通常使用 LL 文法。比如，2.4.2 节中的预测语法分析方法能够处理 LL 文法。处理较大的 LR 文法类的语法分析器通常是使用自动化工具构造得到的。

在本章中，我们假设语法分析器的输出是语法分析树的某种表示形式。该语法分析树对应于来自词法分析器的词法单元流。在实践中，语法分析过程中可能包括多个任务，比如将不同词法单元的信息收集到符号表中，进行类型检查和其他类型的语义分析，以及生成中间代码。我们把所有这些活动都归纳到图 4-1 中的“前端的其余部分”里面。在后续几章中将详细讨论这些活动。

4.1.2 代表性的文法

为了便于参考，我们先给出一些即将在本章中加以研究的文法。对那些以 **while** 或 **int** 这样的关键字开头的构造进行语法分析相对容易，因为关键字可以引导我们选择适当的文法产生式来匹配输入。因此我们主要关注表达式。因为运算符的结合性和优先级，表达式的处理更具挑战性。

下面的文法指明了运算符的结合性和优先级。这个文法和我们在第 2 章中使用的描述表达式、项和因子的文法类似。E 表示一组以 + 号分隔的项所组成的表达式；T 表示由一组以 * 号分隔的因子所组成的项；而 F 表示因子，它可能是括号括起的表达式，也可能是标识符：

$$\begin{aligned} E &\to E + T \mid T \\ T &\to T * F \mid F \\ F &\to (E) \mid \mathbf{id} \end{aligned} \tag{4.1}$$

表达式文法(4.1)属于 LR 文法类，适用于自底向上的语法分析技术。这个文法经过修改可以处理更多的运算符和更多的优先级层次。然而，它不能用于自顶向下的语法分析，因为它是左递归的。

下面给出表达式文法(4.1)的无左递归版本，该版本将被用于自顶向下的语法分析：

$$\begin{aligned} E &\to TE' \\ E' &\to +\ TE' \mid \epsilon \\ T &\to FT' \\ T' &\to *\ FT' \mid \epsilon \\ F &\to (\ E\ ) \mid \mathbf{id} \end{aligned} \tag{4.2}$$

下面的文法以相同的方式处理 + 和 *，因此它可以用来说明那些在语法分析过程中处理二义性的技术：

$$E \to E\ +\ E \mid E\ *\ E \mid (\ E\ ) \mid \mathbf{id} \tag{4.3}$$

这里的 E 表示各种类型的表达式。文法(4.3)允许一个表达式，比如 $a+b*c$，具有多棵语法分析树。

4.1.3 语法错误的处理

本节的其余部分将考虑语法错误的本质以及错误恢复的一般策略。其中的两种策略分别称为恐慌模式和短语层次恢复。它们将和特定的语法分析方法一起详细讨论。

如果编译器只处理正确的程序，那么它的设计和实现将会大大简化。但是，人们还期望编译器能够帮助程序员定位和跟踪错误。因为不管程序员如何努力，程序中难免会有错误。令人惊奇的是，虽然错误如此常见，但很少有语言在设计的时候就考虑到错误处理问题。如果我们的口语也像计算机语言那样对语法精确性有要求，那么我们的文明就会大不相同。大部分程序设计语言的规范没有规定编译器应该如果处理错误；错误处理方法由编译器的设计者决定。从一开始就计划好如何进行错误处理不仅可以简化编译器的结构，还可以改进错误处理方法。

程序可能有不同层次的错误。

- *词法错误*，包括标识符、关键字或运算符拼写错误(比如把标识符 `ellipseSize` 写成 elipseSize)和没有在字符串文本上正确地加上引号。
- *语法错误*，包括分号放错地方、花括号，即“{”或“}”，多余或缺失。另一个 C 语言或 Java语言中的语法错误的例子是一个 `case` 语句的外围没有相应的 `switch` 语句(然而，语法分析器通常允许这种情况出现，当编译器在之后要生成代码时才会发现这个错误)。
- *语义错误*，包括运算符和运算分量之间的类型不匹配。例如，返回类型为 `void` 的某个 Java方法中出现了一个返回某个值的 `return` 语句。
- *逻辑错误*，可以是因程序员的错误推理而引起的任何错误。比如在一个 C 程序中应该使用比较运算符 == 的地方使用了赋值运算符 =。这样的程序可能是良构的，但是却没有正确反映出程序员的意图。

语法分析方法的精确性使得我们可以非常高效地检测出语法错误。有些语法分析方法，比如 LL 和 LR 方法，能够在第一时间发现错误。也就是说，当来自词法分析器的词法单元流不能根据该语言的文法进一步分析时就会发现错误。更精确地讲，它们具有*可行前缀特性*(viable-prefix property)，也就是说，一旦它们发现输入的某个前缀不能够通过添加一些符号而形成这个语言的串，就可以立刻检测到语法错误。

要重视错误恢复的另一个原因是，不管产生错误的原因是什么，很多错误都以语法错误的方式出现，并且在不能继续进行语法分析时暴露出来。有些语义错误(比如类型不匹配)也可以被高效地检测到。然而，总的来说，在编译时精确地检测出语义错误和逻辑错误是很困难的。

语法分析器中的错误处理程序的目标说起来很简单，但实现起来却很有挑战性：

- 清晰精确地报告出现的错误。
- 能很快地从各个错误中恢复，以继续检测后面的错误。
- 尽可能少地增加处理正确程序时的开销。

幸运的是，常见的错误都很简单，使用相对直接的错误处理机制就足以达到目标。

一个错误处理程序应该如何报告出现的错误？至少，它必须报告在源程序的什么位置检测到错误，因为实际的错误很可能就出现在这个位置之前的几个词法单元处。一个常用的策略是打印出有问题的那一行，然后用一个指针指向检测到错误的地方。

4.1.4 错误恢复策略

当检测到一个错误时，语法分析器应该如何恢复？虽然还没有哪个策略能够证明自己是被普遍接受的，但有一些方法的适用范围很广。最简单的方法是让语法分析器在检测到第一个错误时给出错误提示信息，然后退出。如果语法分析器能够把自己恢复到某个状态，且有理由预期从那里开始继续处理输入将提供有意义的诊断信息，那么它通常会发现更多的错误。如果错误太多，那么最好让编译器在超过某个错误数量上界之后停止分析。这样做要比让编译器产生大量恼人的“可疑”错误信息更好。

恐慌模式的恢复

使用这个方法时，语法分析器一旦发现错误就不断丢弃输入中的符号，一次丢弃一个符号，直到找到同步词法单元(synchronizing token)集合中的某个元素为止。同步词法单元通常是界限符，比如分号或者}。它们在源程序中的作用是清晰、无二义的。编译器的设计者必须为源语言选择适当的同步词法单元。恐慌模式的错误纠正方法常常会跳过大量输入，不检查被跳过部分的其他错误。但是它很简单，并且能够保证不会进入无限循环。我们稍后考虑的某些方法则不一定能保证不进入无限循环。

短语层次的恢复

当发现一个错误时，语法分析器可以在余下的输入上进行局部性纠正。也就是说，它可能将余下输入的某个前缀替换为另一个串，使语法分析器可以继续分析。常用的局部纠正方法包括将一个逗号替换为分号、删除一个多余的分号或者插入一个遗漏的分号。如何选择局部纠正方法是由编译器设计者决定的。当然，我们必须小心选择替换方法，以避免进入无限循环。比如，如果我们总是在当前输入符号之前插入符号，就会出现无限循环。

短语层次替换方法已经在多个错误修复型编译器中使用，它可以纠正任何输入串。它主要的不足在于它难以处理实际错误发生在被检测位置之前的情况。

错误产生式

通过预测可能遇到的常见错误，我们可以在当前语言的文法中加入特殊的产生式。这些产生式能够产生含有错误的构造，从而基于增加了错误产生式的文法构造得到一个语法分析器。如果语法分析过程中使用了某个错误产生式，语法分析器就检测到了一个预期的错误。语法分析器能够据此生成适当的错误诊断信息，指出在输入中识别出的错误构造。

全局纠正

在理想情况下，我们希望编译器在处理一个错误输入串时通过最少的改动将其转化为语法正确的串。有些算法可以选择一个最小的改动序列，得到开销最低的全局性纠正方法。给定一个不正确的输入 x 和文法 G，这些算法将找出一个相关串 y 的语法分析树，使得将 x 转换为 y 所需要的插入、删除和改变的词法单元的数量最少。遗憾的是，从时间和空间的角度看，实现这些方法一般来说开销太大，因此这些技术当前仅具有理论价值。

请注意，一个最接近正确的程序可能并不是程序员想要的程序。不管怎样，最低开销纠正的概念仍然提供了一个可用于评价错误恢复技术的指标，并已经用于为短语层次的恢复寻找最佳替换串。

4.2 上下文无关文法

2.2 节中已经介绍了文法的概念。在那里，它用于系统地描述程序设计语言的构造（比如表达式和语句）的语法。下面的产生式使用语法变量 *stmt* 来表示语句，使用变量 *expr* 表示表达式。

$$stmt \rightarrow \textbf{if}\ (\ expr\ )\ stmt\ \textbf{else}\ stmt \tag{4.4}$$

上述产生式描述了这种形式的条件语句的结构。其他产生式则精确地定义了 *expr* 是什么，以及 *stmt* 可以是什么。

这一节将回顾上下文无关文法的定义，并介绍了在讨论语法分析技术时要用到的一些术语。特别地，推导的概念在讨论产生式在分析过程中的应用顺序时非常有用。

4.2.1 上下文无关文法的正式定义

根据2.2节的介绍可知，一个上下文无关文法(简称文法)由终结符号、非终结符号、一个开始符号和一组产生式组成。

1）*终结符号*是组成串的基本符号。术语“词法单元名字”是“终结符号”的同义词。当我们讨论的显然是词法单元的名字时，我们经常使用“词法单元”这个词来指称终结符号。我们假设终结符号是词法分析器输出的词法单元的第一个分量。在(4.4)中，终结符号是关键字 **if** 和 **else** 以及符号“(”和“)”。

2）*非终结符号*是表示串的集合的语法变量。在(4.4)中，*stmt* 和 *expr* 是非终结符号。非终结符号表示的串集合用于定义由文法生成的语言。非终结符号给出了语言的层次结构，而这种层次结构是语法分析和翻译的关键。

3）在一个文法中，某个非终结符号被指定为*开始符号*。这个符号表示的串集合就是这个文法生成的语言。按照惯例，首先列出开始符号的产生式。

4）一个文法的产生式描述了将终结符号和非终结符号组合成串的方法。每个*产生式*由下列元素组成：

① 一个被称为产生式*头*或*左部*的非终结符号。这个产生式定义了这个头所代表的串集合的一部分。

② 符号→。有时也使用::=来替代箭头。

③ 一个由零个或多个终结符号与非终结符号组成的产生式*体*或*右部*。产生式体中的成分描述了产生式头上的非终结符号所对应的串的某种构造方法。

例4.5 图4-2中的文法定义了简单的算术表达式。在这个文法中，终结符号是

id + - * / ( )

非终结符号是 *expression*、*term* 和 *factor*，而 *expression* 是开始符号。 □

```
expression → expression + term
expression → expression - term
expression → term
      term → term * factor
      term → term / factor
      term → factor
    factor → ( expression )
    factor → id
```

图4-2 简单算术表达式的文法

4.2.2 符号表示的约定

为了避免总是声明“这些是终结符号”，“这些是非终结符号”，等等，在本书的其余部分将对文法符号的表示使用以下约定。

1）下述符号是终结符号：

① 在字母表里排在前面的小写字母，比如 a、b、c。

② 运算符号，比如 +、* 等。

③ 标点符号，比如括号、逗号等。

④ 数字0、1、…、9。

⑤ 黑体字符串，比如 **id** 或 **if**。每个这样的字符串表示一个终结符号。

2）下述符号是非终结符号：

① 在字母表中排在前面的大写字母，比如 A、B、C。

② 字母 S。它出现时通常表示开始符号。

③ 小写、斜体的名字，比如 *expr* 或 *stmt*。

④ 当讨论程序设计语言的构造时，大写字母可以用于表示代表程序构造的非终结符号。比

如，表达式、项和因子的非终结符号通常分别用 E、T 和 F 表示。

3）在字母表中排在后面的大写字母（比如 X、Y、Z）表示文法符号。也就是说，表示非终结符号或终结符号。

4）在字母表中排在后面的小写字母（主要是 u、v、…、z）表示（可能为空的）终结符号串。

5）小写的希腊字母，比如 α、β、γ，表示（可能为空的）文法符号串。因此，一个普通的产生式可以写作 $A \to \alpha$，其中 A 是产生式的头，α 是产生式的体。

6）具有相同的头的一组产生式 $A \to \alpha_1$，$A \to \alpha_2$，…，$A \to \alpha_k$（A 产生式）可以写作 $A \to \alpha_1 | \alpha_2 | \cdots | \alpha_k |$。我们把 α_1，α_2，…，α_k 称作 A 的不同可选体。

7）除非特别说明，第一个产生式的头就是开始符号。

例 4.6 按照这些约定，例子 4.5 的文法可以改为如下更加简单的形式：

$$E \to E + T \mid E - T \mid T$$
$$T \to T * F \mid T / F \mid F$$
$$F \to (E) \mid \mathbf{id}$$

上面的符号表示约定告诉我们 E、T 和 F 是非终结符号，其中 E 是开始符号。其余的符号是终结符号。 □

4.2.3 推导

将产生式看作重写规则，就可以从推导的角度精确地描述构造语法分析树的方法。从开始符号出发，每个重写步骤把一个非终结符号替换为它的某个产生式的体。这个推导思想对应于自顶向下构造语法分析树的过程，但是推导概念所给出的精确性在讨论自底向上的语法分析过程时尤其有用。正如我们将看到的，自底向上语法分析和一种被称为“最右”推导的推导类型相关。在这种推导过程中，每一步重写的都是最右边的非终结符号。

比如，考虑下列只有一个非终结符号 E 的文法。它在文法(4.3)中增加了一个产生式 $E \to -E$：

$$E \to E + E \mid E * E \mid -E \mid (E) \mid \mathbf{id} \tag{4.7}$$

产生式 $E \to -E$ 表明，如果 E 表示一个表达式，那么 $-E$ 必然也表示一个表达式。将一个 E 替换为 $-E$ 的过程写作

$$E \Rightarrow -E$$

上式读作“E 推导出 $-E$”。产生式 $E \to (E)$ 可以将任何文法符号串中出现的 E 的任何实例替换为 (E)。比如，$E * E \Rightarrow (E) * E$ 或 $E * E \Rightarrow E * (E)$。我们可以按照任意顺序对单个 E 不断地应用各个产生式，得到一个替换的序列。比如：

$$E \Rightarrow -E \Rightarrow -(E) \Rightarrow -(\mathbf{id})$$

我们将这个替换序列称为从 E 到 $-(\mathbf{id})$ 的推导。这个推导证明了串 $-(\mathbf{id})$ 是表达式的一个实例。

要给出推导的一般性定义，考虑一个文法符号序列中间的非终结符号 A，比如 $\alpha A \beta$，其中 α 和 β 是任意的文法符号串。假设 $A \to \gamma$ 是一个产生式。那么我们写作 $\alpha A \beta \Rightarrow \alpha \gamma \beta$。符号 $\Rightarrow$ 表示“通过一步推导出”。当一个推导序列 $\alpha_1 \Rightarrow \alpha_2 \Rightarrow \cdots \Rightarrow \alpha_n$ 将 α_1 替换为 α_n，我们说 α_1 推导出 α_n。我们经常说“经过零步或多步推导出”，我们可以使用符号 $\overset{*}{\Rightarrow}$ 来表示这种关系。因此，

1）对于任何串 α，$\alpha \overset{*}{\Rightarrow} \alpha$，并且

2）如果 $\alpha \overset{*}{\Rightarrow} \beta$ 且 $\beta \Rightarrow \gamma$，那么 $\alpha \overset{*}{\Rightarrow} \gamma$。

类似地，$\overset{+}{\Rightarrow}$ 表示“经过一步或多步推导出”。

如果 $S \overset{*}{\Rightarrow} \alpha$，其中 S 是文法 G 的开始符号，我们说 α 是 G 的一个*句型*(sentential form)。请注意，一个句型可能既包含终结符号又包含非终结符号，也可能是空串。文法 G 的一个*句子*(sentence)是不包含非终结符号的句型。一个文法生成的*语言*是它的所有句子的集合。因此，一个终结符号串 w 在 G 生成的语言 $L(G)$ 中，当且仅当 w 是 G 的一个句子(或者说 $S \overset{*}{\Rightarrow} w$)。可以由文法生成的语言被称为*上下文无关语言*(context-free language)。如果两个文法生成相同语言，这两个文法就被称为是*等价的*。

串 $-(\mathbf{id}+\mathbf{id})$ 是文法(4.7)的一个句子，因为存在一个推导过程

$$E \Rightarrow -E \Rightarrow -(E) \Rightarrow -(E+E) \Rightarrow -(\mathbf{id}+E) \Rightarrow -(\mathbf{id}+\mathbf{id}) \tag{4.8}$$

串 E、$-E$、$-(E)$、…、$-(\mathbf{id}+\mathbf{id})$ 都是这个文法的句型。我们用 $E \overset{*}{\Rightarrow} -(\mathbf{id}+\mathbf{id})$ 来指明 $-(\mathbf{id}+\mathbf{id})$ 可以从 E 推导得到。

在每一个推导步骤上都需要做两个选择。我们要选择替换哪个非终结符号，并且在做出这个决定之后，还必须选择一个以此非终结符号作为头的产生式。比如，下面给出的 $-(\mathbf{id}+\mathbf{id})$ 的另一种推导和推导(4.8)在最后两步有所不同：

$$E \Rightarrow -E \Rightarrow -(E) \Rightarrow -(E+E) \Rightarrow -(E+\mathbf{id}) \Rightarrow -(\mathbf{id}+\mathbf{id}) \tag{4.9}$$

在这两个推导中，每个非终结符号都被替换为同一个产生式体，但替换的顺序有所不同。

为了理解语法分析器是如何工作的，我们将考虑在每个推导步骤中按照如下方式选择被替换的非终结符号的两种推导过程：

1）在*最左推导*(leftmost derivation)中，总是选择每个句型的最左非终结符号。如果 $\alpha \Rightarrow \beta$ 是一个推导步骤，且被替换的是 α 中的最左非终结符号，我们写作 $\alpha \underset{lm}{\Rightarrow} \beta$。

2）在*最右推导*(rightmost derivation)中，总是选择最右边的非终结符号．此时我们写作 $\alpha \underset{rm}{\Rightarrow} \beta$。

推导(4.8)是最左推导，因此它可以写成

$$E \underset{lm}{\Rightarrow} -E \underset{lm}{\Rightarrow} -(E) \underset{lm}{\Rightarrow} -(E+E) \underset{lm}{\Rightarrow} -(\mathbf{id}+E) \underset{lm}{\Rightarrow} -(\mathbf{id}+\mathbf{id})$$

请注意，推导(4.9)是一个最右推导。

根据我们的符号表示惯例，每个最左推导步骤都可以写成 $wA\gamma \underset{lm}{\Rightarrow} w\delta\gamma$，其中 w 只包含终结符号，$A \rightarrow \delta$ 是被应用的产生式，而 γ 是一个文法符号串。为了强调 α 经过一个最左推导过程得到 β，我们写作 $\alpha \underset{lm}{\overset{*}{\Rightarrow}} \beta$。如果 $S \underset{lm}{\overset{*}{\Rightarrow}} \alpha$，那么我们说 α 是当前文法的*最左句型*(left-sentential form)。

对于最右推导也有类似的定义。最右推导有时也称为*规范推导*(canonical derivation)。

4.2.4 语法分析树和推导

语法分析树是推导的图形表示形式，它过滤掉了推导过程中对非终结符号应用产生式的顺序。语法分析树的每个内部结点表示一个产生式的应用。该内部结点的标号是此产生式头中的非终结符号 A；这个结点的子结点的标号从左到右组成了在推导过程中替换这个 A 的产生式体。

比如，图 4-3 中，$-(\mathbf{id}+\mathbf{id})$ 的语法分析树是根据推导(4.8)得到的，它也可以根据推导(4.9)得到。

一棵语法分析树的叶子结点的标号既可以是非终结符号，也可以是终结符号。从左到右排列这些符号就可以得到一个句型，它称为这棵树的*结果*(yield)或*边缘*(frontier)。

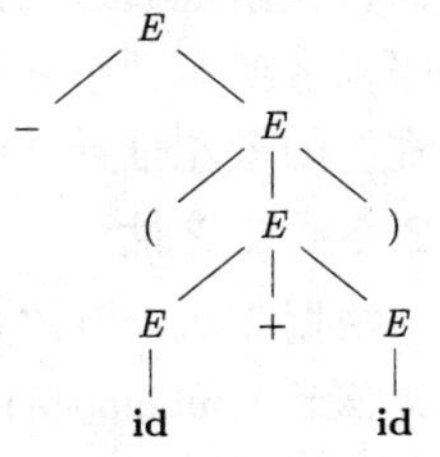

图 4-3 $-(\mathbf{id}+\mathbf{id})$ 的语法分析树

为了了解推导和语法分析树之间的关系，考虑任意的推导 $\alpha_1 \Rightarrow \alpha_2 \Rightarrow \cdots \Rightarrow \alpha_n$，其中 α_1 是单个非终结符号 A。对于推导中的每个句型 α_i，我们可以构造出一个结果为 α_i 的语法分析树。这个构造过程是对 i 的一次

归纳过程。

基础：$\alpha_1 = A$ 的语法分析树就是标号为 A 的单个结点。

归纳步骤：假设我们已经构造出了一棵结果为 $\alpha_{i-1} = X_1X_2\cdots X_k$ 的语法分析树（请注意，按照我们的符号表示约定，每个文法符号 X_i 可以是非终结符号，也可以是终结符号）。假设 α_i 是将 α_{i-1} 中的某个非终结符号 X_j 替换为 $\beta = Y_1Y_2\cdots Y_m$ 而得到的句型。也就是说，在这个推导的第 i 步中，对 α_{i-1} 应用规则 $X_j \to \beta$，推导出 $\alpha_i = X_1X_2\cdots X_{j-1}\beta X_{j+1}\cdots X_k$。

为了模拟这一推导步骤，我们在当前的语法分析树中找出左起第 j 个非 ϵ 叶子结点。这个结点的标号为 X_j。向这个叶子结点添加 m 个子结点，从左边开始分别将这些子结点标号为 Y_1、Y_2、…、Y_m。作为一种特殊情况，如果 $m = 0$，那么 $\beta = \epsilon$，我们给第 j 个叶子结点加上一个标号为 ϵ 的子结点。

例 4.10 根据推导(4.8)构造得到的语法分析树的序列显示在图 4-4 中。推导的第一步是 $E \Rightarrow -E$。为了模拟这一步，我们将标号分别为 $-$ 和 E 的两个子结点加到第一棵树的根结点 E 上，得到第二棵语法分析树。

这个推导的第二步是 $-E \Rightarrow -(E)$。相应地，将标号分别为 (、E、) 的三个子结点加到第二棵树中标号为 E 的叶子结点上，得到结果为 $-(E)$ 的第三棵树。按照这个方法继续下去，我们就得到了完整的语法分析树，即第六棵树。 □

因为语法分析树忽略了替换句型中符号的不同顺序，所以在推导和语法分析树之间具有多对一的关系。比如，推导(4.8)和(4.9)都和图 4-4 中的最后一棵语法分析树关联。

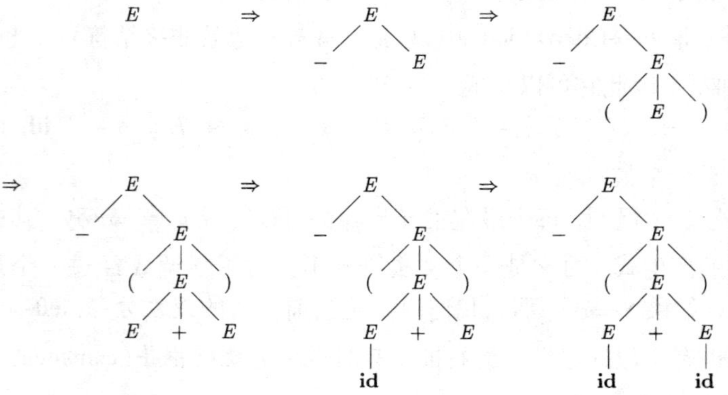

图 4-4 推导(4.8)的语法分析树序列

因为在语法分析树和最左推导/最右推导之间存在一对一的关系，所以在接下来的内容中，我们将频繁地通过构造最左推导或最右推导来进行语法分析。最左或最右推导都以一种特定的顺序来替换句型中的符号，因此它们也过滤掉了顺序上的不同。不难说明，每一棵语法分析树都和唯一的最左推导及唯一的最右推导相关联。

4.2.5 二义性

根据 2.2.4 节的介绍可知，如果一个文法可以为某个句子生成多棵语法分析树，那么它就是二义性的(ambiguous)。换句话说，二义性文法就是对同一个句子有多个最左推导或多个最右推导的文法。

例 4.11 算术表达式文法(4.3)允许句子 **id** + **id** * **id** 具有两个最左推导：

$$
\begin{aligned}
E &\Rightarrow E+E \\
&\Rightarrow \mathbf{id}+E \\
&\Rightarrow \mathbf{id}+E*E \\
&\Rightarrow \mathbf{id}+\mathbf{id}*E \\
&\Rightarrow \mathbf{id}+\mathbf{id}*\mathbf{id}
\end{aligned}
\qquad
\begin{aligned}
E &\Rightarrow E*E \\
&\Rightarrow E+E*E \\
&\Rightarrow \mathbf{id}+E*E \\
&\Rightarrow \mathbf{id}+\mathbf{id}*E \\
&\Rightarrow \mathbf{id}+\mathbf{id}*\mathbf{id}
\end{aligned}
$$

相应的语法分析树如图 4-5 所示。

请注意,图 4-5a 中的语法分析树反映了通常的 + 和 * 之间的优先级关系,而图 4-5b 中的语法分析树则没有反映出这一点。也就是说,按照惯例,应该将运算符 * 当作优先级高于 + 的运算符来处理,相应地,我们通常将 $a+b*c$ 这样的表达式按照 $a+(b*c)$,而不是 $(a+b)*c$ 的方式进行求值。 □

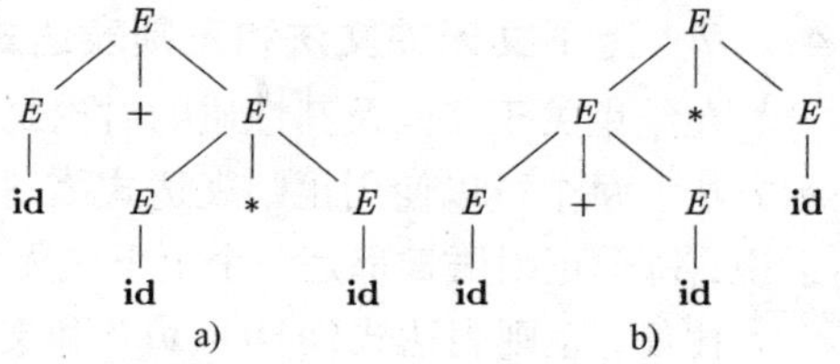

图 4-5 **id + id * id** 的两棵语法树

大部分语法分析器都期望文法是无二义性的,否则,我们就不能为一个句子唯一地选定语法分析树。在某些情况下,使用经过精心选择的二义性文法也可以带来方便。但同时需要使用消二义性规则(disambiguating rule)来"抛弃"不想要的语法分析树,只为每个句子留下一棵语法分析树。

4.2.6 验证文法生成的语言

推断出一个给定的产生式集合生成了某种特定的语言是很有用的,尽管编译器的设计者很少会对整个程序设计语言文法做这样的事情。当研究一个棘手的构造时,我们可以写出该构造的一个简洁、抽象的文法,并研究该文法生成的语言。我们将为下面的条件语句构造出这样的文法。

证明文法 G 生成语言 L 的过程可以分成两个部分:证明 G 生成的每个串都在 L 中,并且反向证明 L 中的每个串都确实能由 G 生成。

例 4.12 考虑下面的文法:

$$S \rightarrow (\ S\ )\ S \mid \epsilon \tag{4.13}$$

初看可能不是很明显,但这个简单的文法确实生成了所有具有对称括号对的串,并且只生成这样的串。为了说明原因,我们将首先说明从 S 推导得到的每个句子都是括号对称的,然后说明每个括号对称的串都可以从 S 推导得到。为了证明从 S 推导出的每个句子都是括号对称的,我们对推导步数 n 进行归纳。

基础: 基础是 $n=1$。唯一可以从 S 经过一步推导得到的终结符号串是空串,它当然是括号对称的。

归纳步骤: 现在假设所有步数少于 n 的推导都得到括号对称的句子,并考虑一个恰巧有 n 步的最左推导。这样的推导必然具有如下形式:

$$S \underset{lm}{\Rightarrow} (S)S \underset{lm}{\overset{*}{\Rightarrow}} (x)S \underset{lm}{\overset{*}{\Rightarrow}} (x)y$$

从 S 到 x 和 y 的推导过程都少于 n 步,因此根据归纳假设,x 和 y 都是括号对称的。因此,串 $(x)y$ 必然是括号对称的。也就是说,它具有相同数量的左括号和右括号,并且它的每个前缀中的左括号不少于右括号。

现在已经证明了可以从 S 推导出的任何串都是括号对称的,接下来我们必须证明每个括号对称的串都可以从 S 推导得到。为了证明这一点,我们对串的长度进行归纳。

基础: 如果串的长度是 0,它必然是 ϵ。这个串是括号对称的,且可以从 S 推导得到。

归纳步骤: 首先请注意,每个括号对称的串的长度是偶数。假设每个长度小于 $2n$ 的括号对称的串都能够从 S 推导得到,并考虑一个长度为 $2n(n\geqslant1)$ 的括号对称的串 w。w 一定以左括号开头。令(x)是w的最短的、左括号个数和右括号个数相同的非空前缀，那么w可以写成$w=(x)y$的形式，其中x和y都是括号对称的。因为x和y的长度都小于$2n$，根据归纳假设，它们可以从S推导得到。因此，我们可以找到一个如下形式的推导：

$$S \Rightarrow (S)S \stackrel{*}{\Rightarrow} (x)S \stackrel{*}{\Rightarrow} (x)y$$

它证明$w=(x)y$也可以从S推导得到。 □

4.2.7 上下文无关文法和正则表达式

在结束关于文法及其性质的讨论之前，我们要说明文法是比正则表达式表达能力更强的表示方法。每个可以使用正则表达式描述的构造都可以使用文法来描述，但是反之不成立。换句话说，每个正则语言都是一个上下文无关语言，但是反之不成立。

比如，正则表达式$(\mathbf{a}|\mathbf{b})^*\mathbf{abb}$和文法

$$\begin{aligned} A_0 &\to aA_0 \mid bA_0 \mid aA_1 \\ A_1 &\to bA_2 \\ A_2 &\to bA_3 \\ A_3 &\to \epsilon \end{aligned}$$

描述了同一个语言，即以abb结尾的由a和b组成的串的集合。

我们可以机械地构造出和一个不确定有穷自动机(NFA)识别同样语言的文法。上面的文法是使用下面的构造方法，根据图3-24中的NFA构造得到的。

1）对于NFA的每个状态i，创建一个非终结符号A_i。

2）如果状态i有一个在输入a上到达状态j的转换，则加入产生式$A_i \to aA_j$。如果状态i在输入ϵ上到达状态j，则加入产生式$A_i \to A_j$。

3）如果i是一个接受状态，则加入产生式$A_i \to \epsilon$。

4）如果i是自动机的开始状态，令A_i为所得文法的开始符号。

另一方面，语言$L=\{a^nb^n \mid n \geq 1\}$(即由同样数量的$a$和$b$组成的串的集合)是一个可以用文法描述但不能用正则表达式描述的语言的原型例子。下面用反证法来说明这一点。假设L是用某个正则表达式定义的语言。我们可以构造一个具有有穷多个状态(比如说k个状态)的DFA D来接受L。因为D只有k个状态，对于一个以多于k个a开头的输入，D一定会进入某个状态两次，假设这个状态是s_i，如图4-6所示。假设从s_i返回到其自身的路径的标号序列是a^{j-i}。因为a^ib^i在这个语言中，因此必然存在一条标号为b^i从s_i到某个接受状态f的路径。但是，一定还存在一条从开始状态s_0出发，经过s_i最后到达f的路径，它的标号序列为a^jb^i，如图4-6所示。因此，D也接受a^jb^i，但a^jb^i这个串不在语言L中，这和L是D所接受的语言这个假设矛盾。

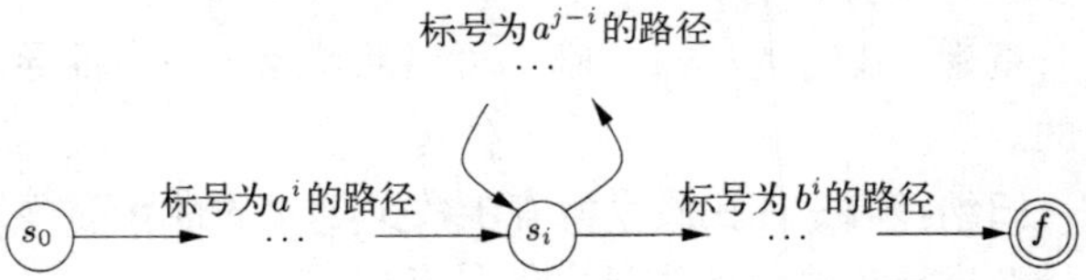

图4-6 接受a^ib^i和a^jb^i的DFA D

我们通俗地说“有穷自动机不能计数”，这意味着有穷自动机不能接受像$\{a^nb^n \mid n \geq 1\}$这样的语言，因为它不能记录下在它看到第一个b之前读入的a的个数。类似地，“一个文法可以对两个个体进行计数，但是无法对三个个体计数”，我们在4.3.5节中考虑非上下文无关的语言构造时将介绍这一点。

4.2.8 4.2节的练习

练习4.2.1：考虑上下文无关文法：

$$S \to S\,S + \mid S\,S * \mid a$$

以及串 $aa+a*$。

1）给出这个串的一个最左推导。

2）给出这个串的一个最右推导。

3）给出这个串的一棵语法分析树。

！4）这个文法是否为二义性的？证明你的回答。

！5）描述这个文法生成的语言。

练习 4.2.2：对下列的每一对文法和串重复练习 4.2.1。

1）$S \to 0\ S\ 1 \mid 0\ 1$ 和串 000111。

2）$S \to +\ S\ S \mid *\ S\ S \mid a$ 和串 $+*aaa$。

！3）$S \to S\ (\ S\ )\ S \mid \epsilon$ 和串(()())。

！4）$S \to S\ +\ S \mid S\ S \mid (\ S\ ) \mid S * \mid a$ 和串 $(a+a)*a$。

！5）$S \to (\ L\ ) \mid a$ 以及 $L \to L,\ S \mid S$ 和串 $((a, a), a, (a))$。

!! 6）$S \to a\ S\ b\ S \mid b\ S\ a\ S \mid \epsilon$ 和串 $aabbab$。

！7）下面的布尔表达式对应的文法：

bexpr→*bexpr* **or** *bterm* | *bterm*

bterm→*bterm* **and** *bfactor* | *bfactor*

bfactor→**not** *bfactor* | (*bexpr*) | **true** | **false**

练习 4.2.3：为下面的语言设计文法：

1）所有由 0 和 1 组成的并且每个 0 之后都至少跟着一个 1 的串的集合。

！2）所有由 0 和 1 组成的回文(palindrome)的集合，也就是从前面和从后面读结果都相同的串的集合。

！3）所有由 0 和 1 组成的具有相同多个 0 和 1 的串的集合。

!! 4）所有由 0 和 1 组成的并且 0 的个数和 1 的个数不同的串的集合。

！5）所有由 0 和 1 组成的且其中不包含子串 011 的串的集合。

!! 6）所有由 0 和 1 组成的形如 xy 的串的集合，其中 $x \neq y$ 且 x 和 y 等长。

！**练习 4.2.4**：有一个常用的扩展的文法表示方法。在这个表示方法中，产生式体中的方括号和花括号是元符号(如→或 |)，且具有如下含义：

1）一个或多个文法符号两边的方括号表示这些构造是可选的。因此，产生式 $A \to X[Y]Z$ 和两个产生式 $A \to XYZ$ 及 $A \to XZ$ 具有相同的效果。

2）一个或多个文法符号两边的花括号表示这些符号可以重复任意多次(包括零次)。因此，$A \to X\{YZ\}$ 和如下的无穷产生式序列具有相同的效果：$A \to X$, $A \to XYZ$, $A \to XYZYZ$, …等等。

证明这两个扩展并没有增加文法的功能。也就是说，由带有这些扩展表示的文法生成的任何语言都可以由一个不带扩展表示的文法生成。

练习 4.2.5：使用练习 4.2.4 中描述的括号表示法来简化如下的关于语句块和条件语句的文法。

stmt → **if** *expr* **then** *stmt* **else** *stmt*
| **if** *stmt* **then** *stmt*
| **begin** *stmtList* **end**

stmtList→ *stmt*; *stmtList* | *stmt*

！**练习 4.2.6**：扩展练习 4.2.4 的思想，使得产生式体中可以出现文法符号的任意正则表达式。证明这个扩展并没有使得文法可以定义任何新的语言。

! **练习 4.2.7**：如果不存在形如 $S \overset{*}{\Rightarrow} wXy \overset{*}{\Rightarrow} wxy$ 的推导，那么文法符号 X（终结符号或非终结符号）就被称为无用的（useless）。也就是说，X 不可能出现在任何句子的推导过程中。

1）给出一个算法，从一个文法中消除所有包含无用符号的产生式。

2）将你的算法应用于以下文法：

$$S \to 0 \mid A$$
$$A \to AB$$
$$B \to 1$$

练习 4.2.8：图 4-7 中的文法可生成单个数值标识符的声明，这些声明包含四种不同的、相互独立的数字性质。

stmt	→	**declare id** *optionList*
optionList	→	*optionList option* | ϵ
option	→	*mode* | *scale* | *precision* | *base*
mode	→	**real** | **complex**
scale	→	**fixed** | **floating**
precision	→	**single** | **double**
base	→	**binary** | **decimal**

图 4-7　多属性声明的文法

1）扩展图 4-7 中的文法，使得它可以允许 n 种选项 A_i，其中 n 是一个固定的数，$i = 1, 2, \cdots, n$。选项 A_i 的取值可以是 a_i 或 b_i。你的文法只能使用 $O(n)$ 个文法符号，并且产生式的总长度也必须是 $O(n)$ 的。

！2）图 4-7 中的文法和它在 1 中的扩展支持互相矛盾或冗余的声明，比如：

```
declare foo real fixed real floating
```

我们可以要求这个语言的语法禁止这种声明。也就是说，由这个文法生成的每个声明中，n 种选项中的每一项都有且只有一个取值。如果我们这样做，那么对于任意给定的 n 值，合法声明的个数是有穷的。因此和任何有穷语言一样，合法声明组成的语言有一个文法（同时也有一个正则表达式）。最显而易见的文法是这样的：文法的开始符号对每个合法声明都有一个产生式，这样共有 $n!$ 个产生式。该文法的产生式的总长度是 $O(n \times n!)$。你必须做得更好：给出一个产生式总长度为 $O(n2^n)$ 的文法。

!! 3）说明对于任何满足 2 中的要求的文法，其产生式的总长度至少是 2^n。

4）我们可以通过程序设计语言的语法来保证声明中的选项无冗余性、无矛盾。对于这个方法的可行性，本题 3 的结论说明了什么问题？

4.3 设计文法

文法能够描述程序设计语言的大部分（但不是全部）语法。比如，在程序中标识符必须先声明后使用，但是这个要求不能通过一个上下文无关文法来描述。因此，一个语法分析器接受的词法单元序列构成了程序设计语言的超集；编译器的后续步骤必须对语法分析器的输出进行分析，以保证源程序遵守那些没有被语法分析器检查的规则。

本节将先讨论如何在词法分析器和语法分析器之间分配工作。然后考虑几个用来使文法更适于语法分析的转换方法。其中的一个技术可以消除文法中的二义性，而其他的技术——消除左递归和提取左公因子——可用于改写文法，使得这些文法适用于自顶向下的语法分析。我们在本节的最后将考虑一些不能使用任何文法描述的程序设计语言构造。

4.3.1 词法分析和语法分析

如我们在 4.2.7 节看到的，任何能够使用正则表达式描述的东西都可以使用文法描述。因此我们自然会问："为什么使用正则表达式来定义一个语言的词法语法？"，理由有多个。

1）将一个语言的语法结构分为词法和非词法两部分可以很方便地将编译器前端模块化，将前端分解为两个大小适中的组件。

2）一个语言的词法规则通常很简单，我们不需要使用像文法这样的功能强大的表示方法来描述这些规则。

3）和文法相比，正则表达式通常提供了更加简洁且易于理解的表示词法单元的方法。

4）根据正则表达式自动构造得到的词法分析器的效率要高于根据任意文法自动构造得到的分析器。

并不存在一个严格的指导方针来规定哪些东西应该放到（和语法规则相对的）词法规则中。正则表达式最适合描述诸如标识符、常量、关键字、空白这样的语言构造的结构。另一方面，文法最适合描述嵌套结构，比如对称的括号对，匹配的 begin-end，相互对应的 if-then-else 等。这些嵌套结构不能使用正则表达式描述。

4.3.2 消除二义性

有时，一个二义性文法可以被改写为无二义性的文法。例如，我们将消除下面的“悬空-else”文法中的二义性：

$$\begin{array}{lcl} stmt & \rightarrow & \textbf{if}\ expr\ \textbf{then}\ stmt \\ & | & \textbf{if}\ expr\ \textbf{then}\ stmt\ \textbf{else}\ stmt \\ & | & \textbf{other} \end{array} \tag{4.14}$$

这里“**other**”表示任何其他语句。根据这个文法，下面的复合条件语句

$$\textbf{if}\ E_1\ \textbf{then}\ S_1\ \textbf{else if}\ E_2\ \textbf{then}\ S_2\ \textbf{else}\ S_3$$

的语法分析树如图 4-8 所示[㊀]。文法(4.14)是二义性的，因为串

$$\textbf{if}\ E_1\ \textbf{then if}\ E_2\ \textbf{then}\ S_1\ \textbf{else}\ S_2 \tag{4.15}$$

具有图 4-9 所示的两棵语法分析树。

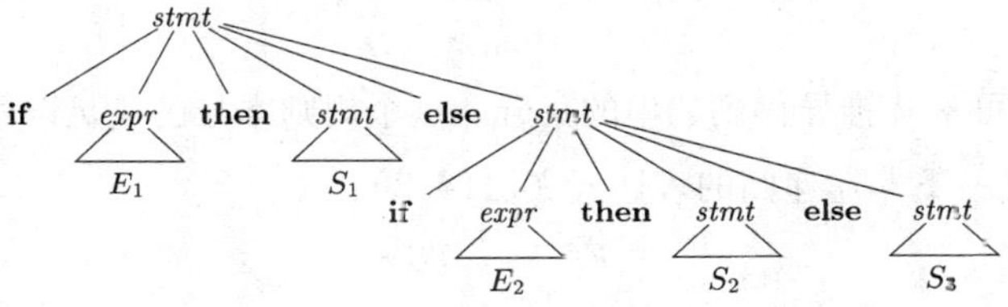

图 4-8 一个条件语句的语法分析树

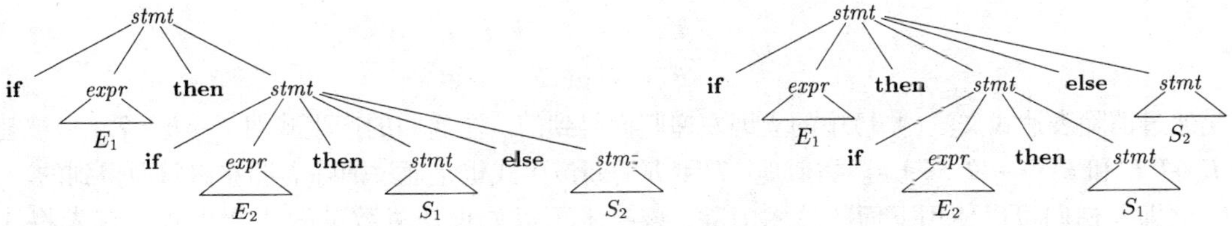

图 4-9 一个二义性句子的两颗语法分析树

在所有包含这种形式的条件语句的程序设计语言中，总是会选择第一棵语法分析树。通用的规则是“每个 **else** 和最近的尚未匹配的 **then** 匹配。”[㊁]从理论上讲，这个消除二义性规则可以用一个文法直接表示，但是在实践中很少用产生式来表示该规则。

例 4.16 我们可以将悬空-else 文法(4.14)改写成如下的无二义性文法。基本思想是在一个 **then** 和一个 **else** 之间出现的语句必须是“已匹配的”。也就是说，中间的语句不能以一个尚未匹

㊀ E 和 S 的下标仅用于区分同一个非终结符号的不同出现，并不表示不同的非终结符号。

㊁ 我们应该注意到，C 语言和它的派生语言也属于这一类语言。虽然 C 系列的语言不使用关键字 **then**，但 **then** 的作用是由 **if** 之后的条件表达式的括号对来承担的。

配的(或者说开放的) **then** 结尾。一个已匹配的语句要么是一个不包含开放语句的 **if-then-else** 语句，要么是一个非条件语句。因此我们可以使用图 4-10 中的文法。这个文法和悬空-else文法(4.14)生成同样的串集合，但是它只允许对串(4.15)进行一种语法分析，也就是将每个 **else** 和前面最近的尚未匹配的 **then** 匹配。 □

stmt	→	*matched_stmt*
	|	*open_stmt*
matched_stmt	→	**if** *expr* **then** *matched_stmt* **else** *matched_stmt*
	|	**other**
open_stmt	→	**if** *expr* **then** *stmt*
	|	**if** *expr* **then** *matched_stmt* **else** *open_stmt*

图 4-10 **if-then-else** 语句的无二义性方法

4.3.3 左递归的消除

如果一个文法中有一个非终结符号 A 使得对某个串 α 存在一个推导 $A \stackrel{+}{\Rightarrow} A\alpha$，那么这个文法就是*左递归的*(left recursive)。自顶向下语法分析方法不能处理左递归的文法，因此需要一个转换方法来消除左递归。在 2.4.5 节中，我们讨论了*立即左递归*，即存在形如 $A \to A\alpha$ 的产生式的情况。这里我们研究一般性的情形。在 2.4.5 节中，我们说明了如何把左递归的产生式对 $A \to A\alpha \mid \beta$ 替换为非左递归的产生式：

$$A \to \beta A'$$
$$A' \to \alpha A' \mid \epsilon$$

这样的替换不会改变可从 A 推导得到的串的集合。这个规则本身已经足以用来处理很多文法。

例 4.17 这里重复一下非左递归的表达式文法(4.2)：

$$\begin{array}{lcl} E & \to & T E' \\ E' & \to & + \; T \; E' \mid \epsilon \\ T & \to & F \; T' + \\ T' & \to & + \; F \; T' \mid \epsilon \\ F & \to & (\; E \;) \mid \mathbf{id} \end{array}$$

它是通过消除表达式文法(4.1)中的立即左递归而得到的。左递归的产生式对 $E \to E + T \mid T$ 被替换为 $E \to T\,E'$ 和 $E' \to + \; T\,E' \mid \epsilon$。类似地，$T$ 和 T' 的新产生式也是通过消除立即左递归而得到的。 □

立即左递归可以使用下面的技术消除，该技术可以处理任意数量的 A 产生式。首先将 A 的全部产生式分组如下：

$$A \to A\alpha_1 \mid A\alpha_2 \mid \cdots \mid A\alpha_m \mid \beta_1 \mid \beta_2 \mid \cdots \mid \beta_n$$

其中 β_i 都不以 A 开头。然后，将这些 A 产生式替换为：

$$A \to \beta_1 A' \mid \beta_2 A' \mid \cdots \mid \beta_n A'$$
$$A' \to \alpha_1 A' \mid \alpha_2 A' \mid \cdots \mid \alpha_m A' \mid \epsilon$$

非终结符号 A 生成的串和替换之前生成的串一样，但不再是左递归的。这个过程消除了所有和 A 和 A' 的产生式相关的左递归(前提是 α_i 都不是 ϵ)，但是它没有消除那些因为两步或多步推导而产生的左递归。比如，考虑文法

$$S \to A \; a \mid b$$
$$A \to A \; c \mid S \; d \mid \epsilon \qquad (4.18)$$

因为 $S \Rightarrow Aa \Rightarrow Sda$，所以非终结符号 S 是左递归的，但它不是立即左递归的。

下面的算法 4.19 系统地消除了文法中的左递归。如果文法中不存在环(即形如 $A \stackrel{+}{\Rightarrow} A$ 的推导)或 ϵ 产生式(即形如 $A \to \epsilon$ 的产生式)，就保证能够消除左递归。环和 ϵ 产生式都可以从文法中系统地消除(见练习 4.4.6 和练习 4.4.7)。

算法 4.19 消除左递归。

输入：没有环或 ϵ 产生式的文法 G。

输出：一个等价的无左递归文法。

方法：对 G 应用图 4-11 中的算法。请注意，得到的非左递归文法可能具有 ϵ 产生式。□

图 4-11 中的过程的工作原理如下。在 $i = 1$ 的第一次迭代中，第 2 ~ 7 行的外层循环消除了 A_1 产生式之间的所有立即左递归。因此，余下的所有形如 $A_1 \to A_l\alpha$ 的产生式都一定满足 $l > 1$。在外层循环的第 $i-1$ 次迭代之后，所有的非终结符号 $A_k(k < i)$ 都被“清洗”过了。也就是说，任何产生式 $A_k \to A_l\alpha$ 都必然满足 $l > k$。结果，在第 i 次迭代中，第 3 ~ 5 行的内层循环不断提高所有形如 $A_i \to A_m\alpha$ 的产生式中 m 的下界，直到 $m \geqslant i$ 成立为止。然后，第 6 行消除了 A_i 产生式中的立即左递归，保证 $m > i$ 成立。

```
1)  按照某个顺序将非终结符号排序为 A1, A2, ..., An.
2)  for ( 从 1 到 n的每个 i ) {
3)          for ( 从 1 到 i − 1的每个 j ) {
4)                  将每个形如 Ai → Ajγ 的产生式替换为产生式组 Ai → δ1γ | δ2γ | ··· | δkγ,
                    其中 Aj → δ1 | δ2 | ··· | δk 是所有的 Aj 产生式
5)          }
6)          消除 Ai 产生式之间的立即左递归
7)  }
```

图 4-11 消除文法中的左递归的算法

例 4.20 我们将算法 4.19 应用于文法(4.18)。从技术上讲，因为该算法有 ϵ 产生式，所以这个算法不一定能得到正确结果。但在这个例子中，最终会证明产生式 $A \to \epsilon$ 是无害的。

我们将非终结符号排序为 S，A。在 S 产生式之间没有立即左递归，因此在 $i = 1$ 的外层循环中不进行任何处理。当 $i = 2$ 时，我们替换 $A \to Sd$ 中的 S，得到如下的 A 产生式。

$$A \to A\ c \mid A\ a\ d \mid b\ d \mid \epsilon$$

消除这些 A 产生式之间的立即左递归，得到如下的文法：

$$S \to A\ a \mid b$$
$$A \to b\ d\ A' \mid A'$$
$$A' \to c\ A' \mid a\ d\ A' \mid \epsilon$$

□

4.3.4 提取左公因子

提取左公因子是一种文法转换方法，它可以产生适用于预测分析技术或自顶向下分析技术的文法。当不清楚应该在两个 A 产生式中如何选择时，我们可以通过改写产生式来推后这个决定，等我们读入了足够多的输入，获得足够信息后再做出正确选择。

比如，如果我们有两个产生式

$$stmt \to \textbf{if}\ expr\ \textbf{then}\ stmt\ \textbf{else}\ stmt$$
$$\mid \textbf{if}\ expr\ \textbf{then}\ stmt$$

在看到输入 **if** 的时候，我们不能立刻指出应该选择哪个产生式来展开 *stmt*。一般来说，如果 $A \to \alpha\beta_1 \mid \alpha\beta_2$ 是两个 A 产生式，并且输入的开头是从 α 推导得到的一个非空串，那么我们就不知道应该将 A 展开为 $\alpha\beta_1$ 还是 $\alpha\beta_2$。然而，我们可以将 A 展开为 $\alpha A'$，从而将做出决定的时间往后延。在读入了从 α 推导得到的输入前缀之后，我们再决定将 A' 展开为 β_1 或 β_2。也就是说，经过提取左公因子，原来的产生式变成了

$$A \to \alpha A'$$
$$A' \to \beta_1 \mid \beta_2$$

算法 4.21 对一个文法提取左公因子。

输入：文法 G。

输出：一个等价的提取了左公因子的文法。

方法：对于每个非终结符号 A，找出它的两个或多个选项之间的最长公共前缀 α。如果 $\alpha \neq \epsilon$，即存在一个非平凡的公共前缀，那么将所有 A 产生式 $A \to \alpha\beta_1 \mid \alpha\beta_2 \mid \cdots \mid \alpha\beta_n \mid \gamma$，替换为

$$A \to \alpha A' \mid \gamma$$
$$A' \to \beta_1 \mid \beta_2 \mid \cdots \mid \beta_n$$

其中，γ 表示所有不以 α 开头的产生式体；A' 是一个新的非终结符号。不断应用这个转换，直到每个非终结符号的任意两个产生式体都没有公共前缀为止。 □

例 4.22 下面的文法抽象表达了“悬空-else”问题：

$$S \to i\ E\ t\ S \mid i\ E\ t\ S\ e\ S \mid a \qquad (4.23)$$
$$E \to b$$

这里 i、t 和 e 代表 **if**、**then** 和 **else**；E 和 S 表示“条件表达式”和“语句”。提取左公因子后，这个文法变为：

$$S \to i\ E\ t\ S\ S' \mid a$$
$$S' \to e\ S \mid \epsilon \qquad (4.24)$$
$$E \to b$$

这样，我们可以在输入为 i 时将 S 展开为 $iEtSS'$，并在处理 $iEtS$ 之后才决定将 S' 展开为 eS 还是 ϵ。当然，上面的两个文法都是二义性的，当输入为 e 时不能够确定应该选择 S' 的哪个产生式。例子 4.33 将讨论一个可以摆脱这个困境的方法。 □

4.3.5 非上下文无关语言的构造

在常见的程序设计语言中，可以找到少量不能仅用文法描述的语法构造。这里，我们考虑其中的两种构造，并使用简单的抽象语言来说明其困难之处。

例 4.25 这个例子中的语言抽象地表示了检查标识符在程序中先声明后使用的问题。这个语言由形如 wcw 的串组成，其中第一个 w 表示某个标识符 w 的声明，c 表示中间的程序片段，第二个 w 表示对这个标识符的使用。

这个抽象语言是 $L_1 = \{wcw \mid w \text{ 在} (a|b)^* \text{中}\}$。$L_1$ 包含了所有符合以下要求的字，字中包含两个相同的由 a，b 所组成串，且中间以 c 隔开，比如 $aabcaab$。这个 L_1 不是上下文无关的，虽然证明这一点已经超出了本书的范围。L_1 的非上下文无关性表明了像 C 或 Java 这样的语言不是上下文无关的，因为这些语言都要求标识符要先声明后使用，并且支持任意长度的标识符。

出于这个原因，C 或者 Java 的文法不区分由不同字符串组成的标识符。所有的标识符在文法中都被表示为像 **id** 这样的词法单元。在这些语言的编译器中，标识符是否先声明后使用是在语义分析阶段检查的。 □

例 4.26 这个例子中的非上下文无关语言抽象地表示了参数个数检查的问题。它检查一个函数声明中的形式参数个数是否等于该函数的某次使用中的实在参数个数。这个语言由形如 $a^nb^mc^nd^m$ 的串组成(记住,a^n 表示 n 个 a)。这里,a^n 和 b^m 可以表示两个分别有 n 和 m 个参数的函数声明的形式参数列表;而 c^n 和 d^m 分别表示对这两个函数的调用中的实在参数列表。

这个抽象语言是 $L_2 = \{a^nb^mc^nd^m \mid n \geq 1 且 m \geq 1\}$。也就是说,$L_2$ 包含的串都在正则表达式 $\mathbf{a}^*\mathbf{b}^*\mathbf{c}^*\mathbf{d}^*$ 所生成的语言中,并且 a 和 c 的个数相同,b 和 d 的个数相同。这个语言不是上下文无关的。

同样,函数声明和使用的常用语法本身并不考虑参数的个数。比如,一个类 C 语言中的函数调用可能被描述为

$$\begin{aligned} stmt &\rightarrow \mathbf{id}\ (\ expr\_list\ ) \\ expr\_list &\rightarrow expr\_list\ ,\ expr \\ &\mid\ expr \end{aligned}$$

其中 *expr* 另有适当的产生式。检查一次调用中的参数个数是否正确通常是在语义分析阶段完成的。 □

4.3.6 4.3 节的练习

练习 4.3.1:下面是一个只包含符号 a 和 b 的正则表达式的文法。它使用 + 替代表示并运算的字符 |,以避免和文法中作为元符号使用的竖线相混淆:

$$\begin{aligned} rexpr &\rightarrow rexpr\ +\ rterm \mid rterm \\ rterm &\rightarrow rterm\ rfactor \mid rfactor \\ rfactor &\rightarrow rfactor\ * \mid rprimary \\ rprimary &\rightarrow \mathbf{a} \mid \mathbf{b} \end{aligned}$$

1)对这个文法提取左公因子。

2)提取左公因子的变换能使这个文法适用于自顶向下的语法分析技术吗?

3)提取左公因子之后,从原文法中消除左递归。

4)得到的文法适用于自顶向下的语法分析吗?

练习 4.3.2:对下面的文法重复练习 4.3.1:

1)练习 4.2.1 的文法。

2)练习 4.2.2(1)的文法。

3)练习 4.2.2(3)的文法。

4)练习 4.2.2(5)的文法。

5)练习 4.2.2(7)的文法。

! **练习 4.3.3**:下面文法的目的是消除 4.3.2 节中讨论的“悬空-else 二义性”:

$$\begin{aligned} stmt &\rightarrow \mathbf{if}\ expr\ \mathbf{then}\ stmt \\ &\mid matchedStmt \\ matchedStmt &\rightarrow \mathbf{if}\ expr\ \mathbf{then}\ matchedStmt\ \mathbf{else}\ stmt \\ &\mid \mathbf{other} \end{aligned}$$

说明这个文法仍然是二义性的。

4.4 自顶向下的语法分析

自顶向下语法分析可以被看作是为输入串构造语法分析树的问题,它从语法分析树的根结

点开始，按照先根次序(如 2.3.4 节中所讨论的，深度优先地)创建这棵语法分析树的各个结点。自顶向下语法分析也可以被看作寻找输入串的最左推导的过程。

例 4.27 图 4-12 中对应于输入 **id** + **id** ∗ **id** 的语法分析树序列是一个根据文法(4.2)进行的最左推导序列。这里重复一下这个文法：

$$\begin{aligned} E &\rightarrow T\ E' \\ E' &\rightarrow +\ T\ E' \mid \epsilon \\ T &\rightarrow F\ T' \\ T' &\rightarrow *\ F\ T' \mid \epsilon \\ F &\rightarrow (\ E\ ) \mid \mathbf{id} \end{aligned} \tag{4.28}$$

该语法分析树序列对应于这个输入的一个最左推导。 □

在一个自顶向下语法分析的每一步中，关键问题是确定对一个非终结符号(比如 A) 应用哪个产生式。一旦选择了某个 A 产生式，语法分析过程的其余部分负责将相应产生式体中的终结符号和输入相匹配。

本节首先给出被称为*递归下降语法分析*的自顶向下语法分析的通用形式，这种方法可能需要进行回溯，以找到要应用的正确 A 产生式。2.4.2 节介绍的预测分析技术是递归下降分析技术的一个特例，它不需要进行回溯。预测分析技术通过在输入中向前看固定多个符号来选择正确的 A 产生式。通常情况下我们只需要向前看一个符号(即只看下一个输入符号)。

比如，考虑图 4-12 中的自顶向下语法分析过程，它构造出了一棵语法分析树，其中有两个标号为 E'的结点。在(按照前序遍历次序的)第一个 E'结点上选择的产生式是 $E' \rightarrow +\ T\ E'$；在第二个 E'结点上选择的产生式是 $E \rightarrow \epsilon$。预测分析器通过查看下一个输入符号就可以在两个 E'产生式中选择正确的产生式。

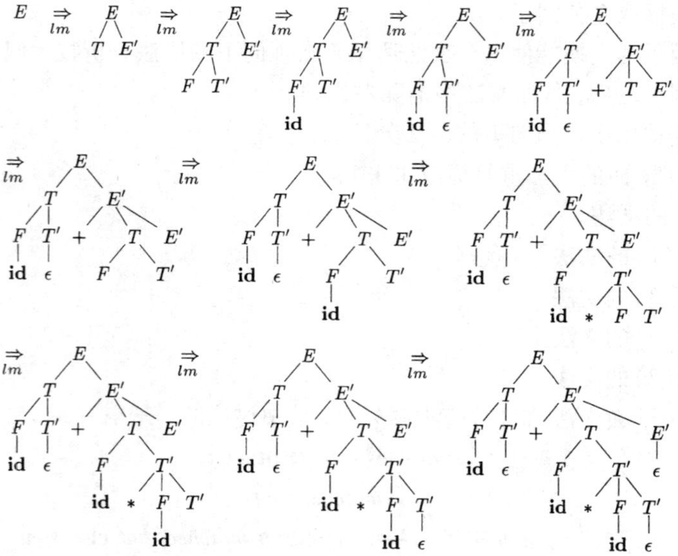

图 4-12　**id** + **id** ∗ **id** 的自顶向下分析

对于有些文法，我们可以构造出向前看 k 个输入符号的预测分析器，这一类文法有时也称为 LL(k)文法类。我们在 4.4.3 节中将讨论 LL(1)文法类，但是在介绍预备知识的 4.4.2 节中将介绍一些计算 FIRST 和 FOLLOW 集合的方法。根据一个文法的 FIRST 和 FOLLOW 集合，我们将构造出“预测分析表”，它说明了如何在自顶向下语法分析过程中选择产生式。这些集合也可以用于自底向上语法分析。

在4.4.4 节中，我们给出了一个非递归的语法分析算法，它显式地维护了一个栈，而不是通过递归调用隐式地维护一个栈。最后，我们将在4.4.5 节中讨论自顶向下语法分析过程中的错误恢复问题。

4.4.1 递归下降的语法分析

一个递归下降语法分析程序由一组过程组成，每个非终结符号有一个对应的过程。程序的执行从开始符号对应的过程开始，如果这个过程的过程体扫描了整个输入串，它就停止执行并宣布语法分析成功完成。图4-13 显示了对应于某个非终结符号的典型过程的伪代码。请注意,这个伪代码是不确定的，因为它没有描述如何在开始时刻选择 A 产生式。

通用的递归下降分析技术可能需要回溯。也就是说，它可能需要重复扫描输入。然而，在对程序设计语言的构造进行语法分析时很少需要回溯，因此需要回溯的语法分析器并不常见。即使在自然语言语法分析这样的场合，回溯也不是很高效，因此人们更加倾向于基于表格的方法，比如练习4.4.9 中的动态程序规划算法或者 Earley 方法(参见参考文献)。

要支持回溯,就需要修改图4-13 的代码。首先，因为我们不能在第 1 行选定唯一的 A 产生式，我们必须按照某个顺序逐个尝试这些产生式。那么,第 7 行上的失败并不意味着最终失败，而仅仅是建议我们返回到第1 行并尝试另一个 A 产生式。只有当再也没有 A 产生式可尝试时，我们才会宣称找到了一个输入错误。为了尝试另一个 A 产生式，我们需要把输入指针重新设置到我们第一次到达第 1 行时的位置。因此,需要一个局部变量来保存这个输入指针，以供将来回溯时使用。

```
    void A() {
1)       选择一个 A 产生式 , A → X1 X2 ··· Xk;
2)       for ( i = 1 to k ) {
3)            if ( Xi 是一个非终结符号 )
4)                 调用过程 Xi();
5)            else if ( Xi 等于当前的输入符号 a )
6)                 读入下一个输入符号;
7)            else /* 发生了一个错误 */;
         }
    }
```

图4-13 在自顶向下语法分析器中一个非终结符号对应的典型过程

例 4.29 考虑文法

$$S \rightarrow c\ A\ d$$
$$A \rightarrow a\ b\ |\ a$$

在自顶向下地构造输入串 $w = cad$ 的语法分析树时，初始的语法分析树只包含一个标号为 S 的结点，输入指针指向 c，即 w 的第一个符号。S 只有一个产生式，因此我们用它来展开 S，得到图4-14a 中的树。最左边的叶子结点的标号为 c，它和输入 w 的第一个符号匹配，因此我们将输入指针推进到 a，即 w 的第二个符号，并考虑下一个标号为 A 的叶子结点。

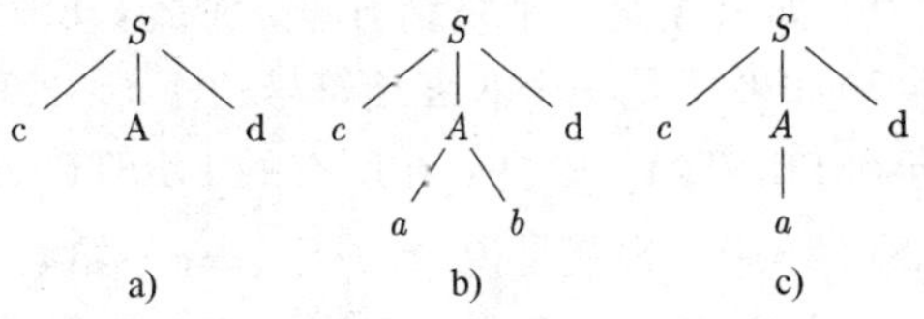

图4-14 一个自顶向下语法分析过程的步骤

现在我们使用第一个 A 产生式 $A \rightarrow ab$ 来展开 A，得到图4-14b 所示的树。第二个输入符号 a 得到匹配，因此我们将输入指针推进到 d，即第三个输入符号，并将 d 和下一个叶子结点(标号为 b)比较。因为 b 和 d 不匹配，我们报告失败，并回到 A，查看是否还有尚未尝试过、但有可能匹配的其他 A 产生式。

在回到 A 时，我们必须把输入指针重新设置到位置2，即我们第一次尝试展开 A 时该指针指向的位置。这意味着 A 的过程必须将输入指针存放在一个局部变量中。

A 的第二个选项产生了图4-11c 所示的树。叶子结点 a 和 w 的第二个符号匹配，叶子结点 d

和第三个符号相匹配。因为我们已经产生了一棵 w 的语法分析树，所以我们停止分析并宣称已成功完成了语法分析。 □

一个左递归的文法会使它的递归下降语法分析器进入一个无限循环。即使是带回溯的语法分析器也是如此。也就是说，当我们试图展开一个非终结符号 A 的时候，我们可能会没有读入任何输入符号就再次试图展开 A。

4.4.2 FIRST 和 FOLLOW

自顶向下和自底向上语法分析器的构造可以使用和文法 G 相关的两个函数 FIRST 和 FOLLOW 来实现。在自顶向下语法分析过程中，FIRST 和 FOLLOW 使得我们可以根据下一个输入符号来选择应用哪个产生式。在恐慌模式的错误恢复中，由 FOLLOW 产生的词法单元集合可以作为同步词法单元。

FIRST(α)被定义为可从 α 推导得到的串的首符号的集合，其中 α 是任意的文法符号串。如果 $\alpha \stackrel{*}{\Rightarrow} \epsilon$，那么 ϵ 也在 FIRST(α)中。比如在图 4-15 中，$A \stackrel{*}{\Rightarrow} c\gamma$，因此 c 在 FIRST(A)中。

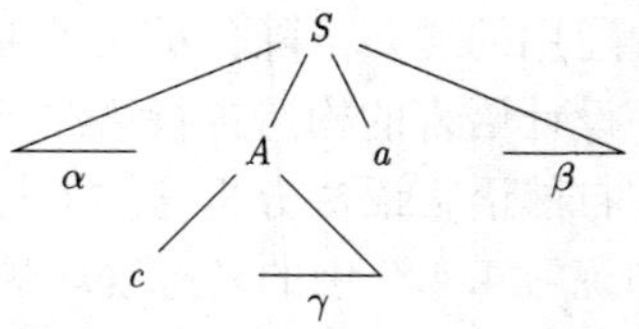

图 4-15 终结符号 c 在 FIRST(A)中且 a 在 FOLLOW(A)中

我们先简单介绍一下如何在预测分析中使用 FIRST。考虑两个 A 产生式 $A \to \alpha \mid \beta$，其中 FIRST(α)和 FIRST(β)是不相交的集合。那么我们只需要查看下一个输入符号 a，就可以在这两个 A 产生式中进行选择。因为 a 只能出现在 FIRST(α)或 FIRST(β)中，但不能同时出现在两个集合中。比如，如果 a 在 FIRST(β)中，就选择 $A \to \beta$。在 4.4.3 中定义 LL(1)文法时将深入研究这个思想。

对于非终结符号 A，FOLLOW(A)被定义为可能在某些句型中紧跟在 A 右边的终结符号的集合。也就是说，如果存在如图 4-15 所示形如 $S \stackrel{*}{\Rightarrow} \alpha A a \beta$ 的推导，终结符号 a 就在 FOLLOW(A)中，其中 α 和 β 是文法符号串。请注意，在这个推导的某个阶段，A 和 a 之间可能存在一些文法符号。但如果这样，这些符号会推导得到 ϵ 并消失。另外，如果 A 是某些句型的最右符号，那么 \$ 也在 FOLLOW(A)中。回忆一下，\$ 是一个特殊的“结束标记”符号，我们假设它不是任何文法的符号。

计算各个文法符号 X 的 FIRST(X)时，不断应用下列规则，直到再没有新的终结符号或 ϵ 可以被加入到任何 FIRST 集合中为止。

1）如果 X 是一个终结符号，那么 FIRST(X) = X。

2）如果 X 是一个非终结符号，且 $X \to Y_1 Y_2 \cdots Y_k$ 是一个产生式，其中 $k \geqslant 1$，那么如果对于某个 i，a 在 FIRST(Y_i)中且 ϵ 在所有的 FIRST(Y_1)、FIRST(Y_2)、…、FIRST(Y_{i-1})中，就把 a 加入到 FIRST(X)中。也就是说，$Y_1 \cdots Y_{i-1} \stackrel{*}{\Rightarrow} \epsilon$。如果对于所有的 $j = 1, 2, \cdots, k$，ϵ 在 FIRST(Y_j)中，那么将 ϵ 加入到 FIRST(X)中。比如，FIRST(Y_1)中的所有符号一定在 FIRST(X)中。如果 Y_1 不能推导出 ϵ，那么我们就不会再向 FIRST(X)中加入任何符号，但是如果 $Y_1 \stackrel{*}{\Rightarrow} \epsilon$，那么我们就加上 FIRST($Y_2$)，依此类推。

3）如果 $X \to \epsilon$ 是一个产生式，那么将 ϵ 加入到 FIRST(X)中。

现在，我们可以按照如下方式计算任何串 $X_1 X_2 \cdots X_n$ 的 FIRST 集合。向 FIRST($X_1 X_2 \cdots X_n$)加入 $F(X_1)$中所有的非 ϵ 符号。如果 ϵ 在 FIRST(X_1)中，再加入 FIRST(X_2)中的所有非 ϵ 符号；如果 ϵ 在 FIRST(X_1)和 FIRST(X_2)中，加入 FIRST(X_3)中的所有非 ϵ 符号，依此类推。最后，如果对所有的 i，ϵ 都在 FIRST(X_i)中，那么将 ϵ 加入到 FIRST($X_1 X_2 \cdots X_n$)中。

计算所有非终结符号 A 的 FOLLOW(A)集合时，不断应用下面的规则，直到再没有新的终结符号可以被加入到任意 FOLLOW 集合中为止。

1）将 \$ 放到 FOLLOW(S) 中，其中 S 是开始符号，而 \$ 是输入右端的结束标记。

2）如果存在一个产生式 $A \to \alpha B\beta$，那么 FIRST(β) 中除 ϵ 之外的所有符号都在 FOLLOW(B) 中。

3）如果存在一个产生式 $A \to \alpha B$，或存在产生式 $A \to \alpha B\beta$ 且 FIRST(β) 包含 ϵ，那么 FOLLOW(A) 中的所有符号都在 FOLLOW(B) 中。

例 4.30 再次考虑非左递归的文法(4.28)。那么：

1）FIRST(F) = FIRST(T) = FIRST(E) = {(, **id**}。要知道为什么，请注意 F 的两个产生式的体以终结符号 **id** 和左括号开头。T 只有一个产生式，而该产生式的体以 F 开头。又因为 F 不能推导出 ϵ，所以 FIRST(T) 必然和 FIRST(F) 相同。对于 FIRST(E) 也可以做同样的论证。

2）FIRST(E') = {+, ϵ}。理由是 E' 的两个产生式中，一个产生式的体以终结符号 + 开头，且另一个产生式的体为 ϵ。只要一个非终结符号推导出 ϵ，我们就会把 ϵ 放到该终结符号的 FIRST 集合中。

3）FIRST(T') = {*, ϵ}。它的论证过程和 FIRST(E') 的论证过程类似。

4）FOLLOW(E) = FOLLOW(E') = {), \$}。因为 E 是开始符号，FOLLOW(E) 一定包含 \$。产生式体 (E) 说明了右括号为什么在 FOLLOW(E) 中。对于 E'，请注意这个非终结符号只出现在 E 产生式的体的尾部，因此 FOLLOW(E') 必然和 FOLLOW(E) 相同。

5）FOLLOW(T) = FOLLOW(T') = {+,), \$}。请注意，T 在产生式体中出现时只有 E' 跟在后面。因此，FIRST(E') 中除 ϵ 之外的所有符号一定都在 FOLLOW(T) 中。这解释了 + 出现在 FOLLOW(T) 中的原因。然而，因为 FIRST(E') 包含 ϵ（即 $E' \overset{*}{\Rightarrow} \epsilon$），且 E' 就是在 E 产生式的体中跟在 T 后面的全部符号，因此 FOLLOW(E) 中的所有符号都在 FOLLOW(T) 中。这解释了符号 \$ 和右括号出现在 FOLLOW(T) 中的原因。至于 T'，因为它只出现在 T 产生式的尾部，因此必然有 FOLLOW(T') = FOLLOW(T)。

6）FOLLOW(F) = {+, *,), \$}。论证过程和第 5 点中对 T 的论证过程类似。 □

4.4.3 LL(1) 文法

对于称为 LL(1) 的文法，我们可以构造出预测分析器，即不需要回溯的递归下降语法分析器。LL(1) 中的第一个“L”表示从左向右扫描输入，第二个“L”表示产生最左推导，而“1”则表示在每一步中只需要向前看一个输入符号来决定语法分析动作。

预测分析器的转换图

转换图有助于将预测分析器可视化。比如，图 4-16a 中显示了文法(4.28)中非终结符号 E 和 E' 的转换图。要构造一个文法的转换图，首先要消除左递归，然后对文法提取左公因子。然后对每个非终结符号 A：

1）创建一个初始状态和一个结束（返回）状态。

2）对于每个产生式 $A \to X_1X_2\cdots X_n$，创建一个从初始状态到结束状态的路径，路径中各条边的标号为 X_1、X_2、…、X_n。如果 $A \to \epsilon$，那么这条路径就是一条标号为 ϵ 的边。

预测分析器的转换图和词法分析器的转换图是不同的。分析器的转换图对每个非终结符号都有一个图。图中边的标号可以是词法单元，也可以是非终结符号。词法单元上的转换表示当该词法单元是下一个输入符号时我们应该执行这个转换。非终结符号 A 上的转换表示对

A 的过程的一次调用。

对于一个 LL(1) 文法，将 ϵ 边作为默认选择可以解决是否选择一个 ϵ 边的二义性问题。

转换图可以化简，前提是各条路径上的文法符号序列必须保持不变。我们也可以将一条标号为非终结符号 A 的边替换为 A 的转换图。图 4-16a 和图 4-16b 中的转换图是等价的：如果我们跟踪从 E 到结束状态的路径，并替换 E'，那么在这两组图中，沿着这些路径的文法符号都组成了形如 $T+T+\cdots+T$ 的串。图 4-16b 中的图可以从图 4-16a 通过转换而得到。转换的方法类似于 2.5.4 节所述的方法。在该节中，我们使用尾递归消除和过程体替代的方法来优化一个非终结符号的相应过程。

LL(1) 文法已经足以描述大部分程序设计语言构造，虽然在为源语言设计适当的文法时需要多加小心。比如，左递归的文法和二义性的文法都不可能是 LL(1) 的。

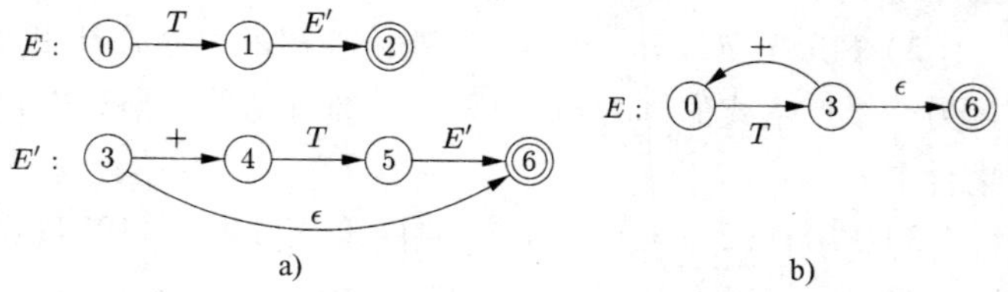

图 4-16　文法 4.28 的非终结符号 E 和 E' 的转换图

一个文法 G 是 LL(1) 的，当且仅当 G 的任意两个不同的产生式 $A \to \alpha \mid \beta$ 满足下面的条件：

1) 不存在终结符号 a 使得 α 和 β 都能够推导出以 a 开头的串。

2) α 和 β 中最多只有一个可以推导出空串。

3) 如果 $\beta \stackrel{*}{\Rightarrow} \epsilon$，那么 α 不能推导出任何以 FOLLOW(A) 中某个终结符号开头的串。类似地，如果 $\alpha \stackrel{*}{\Rightarrow} \epsilon$，那么 β 不能推导出任何以 FOLLOW(A) 中某个终结符号开头的串。

前两个条件等价于说 FIRST(α) 和 FIRST(β) 是不相交的集合。第三个条件等价于说如果 ϵ 在 FIRST(β) 中，那么 FIRST(α) 和 FOLLOW(A) 是不相交的集合，并且当 ϵ 在 FIRST(α) 中时类似结论成立。

之所以能够为 LL(1) 文法构造预测分析器，原因是只需要检查当前输入符号就可以为一个非终结符号选择正确的产生式。因为有关控制流的各个语言构造带有不同的关键字，它们通常满足 LL(1) 的约束。比如，如果我们有如下产生式

$$
\begin{aligned}
stmt \to\ & \textbf{if}\ (\ expr\ )\ stmt\ \textbf{else}\ stmt \\
\mid\ & \textbf{while}\ (\ expr\ )\ stmt \\
\mid\ & \{\ stmt\_list\ \}
\end{aligned}
$$

那么关键字 **if**、**while** 和符号 { 告诉我们：如果在输入中找到一个语句，哪个产生式是唯一可能匹配成功的。

接下来给出的算法把 FIRST 和 FOLLOW 集合中的信息放到一个预测分析表 $M[A, a]$ 中。这是一个二维数组，其中 A 是一个非终结符号，a 是一个终结符号或特殊符号 \$，即输入的结束标记。该算法基于如下的思想：只有当下一个输入符号 a 在 FIRST(α) 中时才选择产生式 $A \to \alpha$。只有当 $\alpha = \epsilon$ 时，或更加一般化的 $\alpha \stackrel{*}{\Rightarrow} \epsilon$ 时，情况才有些复杂。在这种情况下，如果当前输入符号在 FOLLOW(A) 中，或者已经到达输入中的 \$ 符号且 \$ 在 FOLLOW(A) 中，那么我们仍应该选择 $A \to \alpha$。

算法 4.31　构造一个预测分析表。

输入：文法 G。

输出：预测分析表 M。

方法：对于文法 G 的每个产生式 $A \to \alpha$，进行如下处理：

1）对于 FIRST(α)中的每个终结符号 a，将 $A \to \alpha$ 加入到$M[A, a]$中。

2）如果 ϵ 在 FIRST(α)中，那么对于 FOLLOW(A)中的每个终结符号 b，将 $A \to \alpha$ 加入到 $M[A, b]$中。如果 ϵ 在 FIRST(α)中，且 \$ 在 FOLLOW(A)中，也将 $A \to \alpha$ 加入到 $M[A, \$]$中。

在完成上面的操作之后，如果 $M[A, a]$中没有产生式，那么将 $M[A, a]$设置为 **error**（我们通常在表中用一个空条目表示）。 □

例 4.32 对于表达式文法(4.28)，算法 4.31 生成了图 4-17 中的预测分析表。空白条目表示错误条目；非空白的条目中指明了应该用其中的产生式来扩展相应的非终结符号。

非终结符号	输入符号					
	id	+	*	(	)	\$
E	$E \to TE'$			$E \to TE'$		
E'		$E' \to +TE'$			$E' \to \epsilon$	$E' \to \epsilon$
T	$T \to FT'$			$T \to FT'$		
T'		$T' \to \epsilon$	$T' \to *FT'$		$T' \to \epsilon$	$T' \to \epsilon$
F	$F \to \mathbf{id}$			$F \to (E)$		

图 4-17 例 4.32 的预测分析表 M

考虑产生式 $E \to TE'$。因为

$$\text{FIRST}(TE') = \text{FIRST}(T) = \{(, \mathbf{id}\}$$

这个产生式被加到 $M[E, (]$和 $M[E, \mathbf{id}]$中。因为 FIRST$(+TE') = \{+\}$，产生式$E' \to +TE'$被加入到 $M[E', +]$中。因为 FOLLOW$(E') = \{), \$\}$，产生式 $E' \to \epsilon$ 被加入到 $M[E',)]$和 $M[E', \$]$中。 □

算法 4.31 可以应用于任何文法 G，生成该文法的语法分析表 M。对于每个 LL(1)文法，分析表中的每个条目都唯一地指定了一个产生式，或者标明一个语法错误。然而，对于某些文法，M 中可能会有一些多重定义的条目。比如，如果 G 是左递归的或二义性的，那么 M 至少会包含一个多重定义的条目。虽然可以轻松对其进行消除左递归和提取左公因子的操作，但是仍然存在一些这样的文法，它们不存在等价的 LL(1)文法。

下面例子中的语言根本没有相应的 LL(1)文法。

例 4.33 下面重复一下例子 4.22 中的文法。该文法抽象地表示了悬空 - else 的问题。

$$S \to iEtSS' \mid a$$
$$S' \to eS \mid \epsilon$$
$$E \to b$$

这个文法的语法分析表显示在图 4-18 中。$M[S', e]$的条目同时包含了 $S' \to eS$ 和 $S' \to \epsilon$。

非终结符号	输入符号					
	a	b	e	i	t	\$
S	$S \to a$			$S \to iEtSS'$		
S'			$S' \to \epsilon$ $S' \to eS$			$S' \to \epsilon$
E		$E \to b$				

图 4-18 例 4.33 的分析表 M

这个文法是二义性的。当在输入中看到 e(代表 **else**)时，解决选择使用哪个产生式的问题就会显露出此文法的二义性。解决这个二义性问题时，我们可以选择产生式 $S' \to eS$。这个选择就相当于把 **else** 和前面最近的 **then** 关联起来。请注意，选择 $S' \to \epsilon$ 将使得 e 永远不可能被放到栈中或者从输入中被消除，因此选择这个产生式一定是错误的。 □

4.4.4 非递归的预测分析

我们可以构造出一个非递归的预测分析器，它显式地维护一个栈结构，而不是通过递归调用的方式隐式地维护栈。这样的语法分析器可以模拟最左推导的过程。如果 w 是至今为止已经匹配完成的输入部分，那么栈中保存的文法符号序列 α 满足

$$S \underset{lm}{\overset{*}{\Rightarrow}} w\alpha$$

图 4-19 中的由分析表驱动的语法分析器有一个输入缓冲区，一个包含了文法符号序列的栈，一个由算法 4.31 构造得到的分析表，以及一个输出流。它的输入缓冲区中包含要进行语法分析的串，串后面跟有结束标记 \$ 。我们复用符号 \$ 来标记栈底。在开始时刻，栈中 \$ 的上方是开始符号 S。

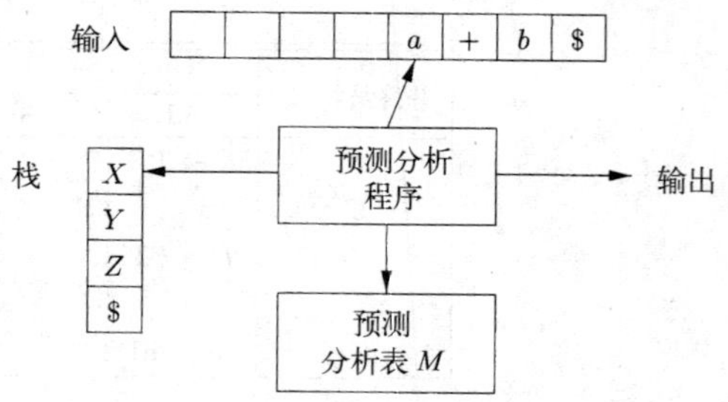

图 4-19 一个分析表驱动的预测分析器的模型

语法分析器由一个程序控制。该程序考虑栈顶符号 X 和当前输入符号 a。如果 X 是一个非终结符号，该分析器查询分析表 M 中的条目 $M[X, a]$ 来选择一个 X 产生式。(这里可以执行一些附加的代码，比如构造一个语法分析树结点的代码。)否则，它检查终结符号 X 和当前输入符号 a 是否匹配。

这个语法分析器的行为可以使用它的格局(configuration)来描述。格局描述了栈中的内容和余下的输入。下面的算法描述了如何处理格局。

算法 4.34 表驱动的预测语法分析。

输入：一个串 w，文法 G 的预测分析表 M。

输出：如果 w 在 $L(G)$ 中，输出 w 的一个最左推导；否则给出一个错误指示。

方法：最初，语法分析器的格局如下：输入缓冲区中是 $w\$$，而 G 的开始符号 S 位于栈顶，它的下面是 \$ 。图 4-20 中的程序使用预测分析表 M 生成了处理这个输入的预测分析过程。 □

```
设置 ip 使它指向 w 的第一个符号，其中 ip 是输入指针;
令 X = 栈顶符号;
while ( X ≠ $ ) { /* 栈非空 */
        if ( X 等于 ip 所指向的符号 a ) 执行栈的弹出操作，将 ip 向前移动一个位置;
        else if ( X 是一个终结符号 ) error();
        else if ( M[X,a] 是一个报错条目 ) error();
        else if ( M[X,a] = X → Y1Y2···Yk ) {
                输出产生式 X → Y1Y2···Yk;
                弹出栈顶符号;
                将 Yk, Yk-1, ..., Y1 压入栈中，其中 Y1 位于栈顶。
        }
        令 X = 栈顶符号;
}
```

图 4-20 预测分析算法

例 4.35 考虑文法(4.28)。我们已经在图 4-17 中看到了它的预测分析表。处理输入 **id** + **id** * **id**

时，算法4.34的非递归预测分析器顺序执行图4-21中显示的各个步骤。这些步骤对应于一个最左推导（完整的推导过程见图4-12）：

已匹配	栈	输入	动作
	$E\$$	$\textbf{id} + \textbf{id} * \textbf{id}\$$	
	$TE'\$$	$\textbf{id} + \textbf{id} * \textbf{id}\$$	输出 $E \to TE'$
	$FT'E'\$$	$\textbf{id} + \textbf{id} * \textbf{id}\$$	输出 $T \to FT'$
	$\textbf{id}\ T'E'\$$	$\textbf{id} + \textbf{id} * \textbf{id}\$$	输出 $F \to \textbf{id}$
$\textbf{id}$	$T'E'\$$	$+ \textbf{id} * \textbf{id}\$$	匹配 $\textbf{id}$
$\textbf{id}$	$E'\$$	$+ \textbf{id} * \textbf{id}\$$	输出 $T' \to \epsilon$
$\textbf{id}$	$+ TE'\$$	$+ \textbf{id} * \textbf{id}\$$	输出 $E' \to + TE'$
$\textbf{id} +$	$TE'\$$	$\textbf{id} * \textbf{id}\$$	匹配 $+$
$\textbf{id} +$	$FT'E'\$$	$\textbf{id} * \textbf{id}\$$	输出 $T \to FT'$
$\textbf{id} +$	$\textbf{id}\ T'E'\$$	$\textbf{id} * \textbf{id}\$$	输出 $F \to \textbf{id}$
$\textbf{id} + \textbf{id}$	$T'E'\$$	$* \textbf{id}\$$	匹配 $\textbf{id}$
$\textbf{id} + \textbf{id}$	$* FT'E'\$$	$* \textbf{id}\$$	输出 $T' \to * FT'$
$\textbf{id} + \textbf{id} *$	$FT'E'\$$	$\textbf{id}\$$	匹配 $*$
$\textbf{id} + \textbf{id} *$	$\textbf{id}\ T'E'\$$	$\textbf{id}\$$	输出 $F \to \textbf{id}$
$\textbf{id} + \textbf{id} * \textbf{id}$	$T'E'\$$	$\$$	匹配 $\textbf{id}$
$\textbf{id} + \textbf{id} * \textbf{id}$	$E'\$$	$\$$	输出 $T' \to \epsilon$
$\textbf{id} + \textbf{id} * \textbf{id}$	$\$$	$\$$	输出 $E' \to \epsilon$

图4-21 对输入 **id + id * id** 进行预测分析时执行的步骤

$$E \underset{lm}{\Rightarrow} T\ E' \underset{lm}{\Rightarrow} F\ T'E' \underset{lm}{\Rightarrow} \textbf{id}\ T'\ E' \underset{lm}{\Rightarrow} \textbf{id}\ E' \underset{lm}{\Rightarrow} \textbf{id}\ +\ T\ E' \underset{lm}{\Rightarrow} \cdots$$

请注意，这个推导中的各个句型对应于已经被匹配的输入部分（见图中的已匹配列）加上栈中的内容。我们显示已匹配输入就是为了强调这种对应关系。因为同样的原因，在图中将栈顶显示在左边。当我们考虑自底向上语法分析时，将栈顶显示在右边会更加自然。分析器的输入指针指向“输入”列中的串的最左边的符号。 □

4.4.5 预测分析中的错误恢复

在讨论错误恢复时要考虑一个由分析表驱动的预测分析器的栈，因为这个栈明确地显示了语法分析器期望用哪些终结符号及非终结符号来匹配余下的输入。这个技术也可以在递归下降语法分析过程中使用。

当栈顶的终结符号和下一个输入符号不匹配时，或者当非终结符号 A 处于栈顶，a 是下一个输入符号，且 $M[A, a]$ 为 **error**（即相应的语法分析表条目为空）时，预测语法分析过程就可以检测到语法错误。

恐慌模式

恐慌模式的错误恢复是基于下面的思想。语法分析器忽略输入中的一些符号，直到输入中出现由设计者选定的同步词法单元集合中的某个词法单元。它的有效性依赖于同步集合的选取。选取这个集合的原则是应该使得语法分析器能够从实践中可能遇到的错误中快速恢复。下面是一些启发式规则：

1）首先将 FOLLOW(A) 中的所有符号都放到非终结符号 A 的同步集合中。如果我们不断忽略一些词法单元，直到碰到了 FOLLOW(A) 中的某个元素，然后再将 A 从栈中弹出，那么很可能语法分析过程就能够继续进行。

2）只使用 FOLLOW(A) 作为 A 的同步集合是不够的。比如，C 语言用分号表示一个语句结束，那么语句开头的关键字可能不会出现在代表表达式的非终结符号的 FOLLOW 集合中。因此，在一个赋值语句之后遗漏分号可能会使得语法分析器忽略下一个语句开头的关键字。一个语言的各个构造之间常常存在某个层次结构。比如，表达式出现在语句内部，而语句出现在块内部，等等。我们可以把较高层构造的开始符号加入到较低层构造的同步集合中去。比如，我们可以把语句开头的关键字加入到生成表达式的非终结符号的同步集合中去。

3）如果我们把 FIRST(A)中的符号加入到非终结符号 A 的同步集合中，那么当 FIRST(A)中的某个符号出现在输入中时，我们就有可能可以根据 A 继续进行语法分析。

4）如果一个非终结符号可以生成空串，那么可以把推导出 ϵ 的产生式当作默认值使用。这么做可能会延迟对某些错误的检测，但是不会使错误被漏检。这个方法可以减少我们在处理错误恢复时需要考虑的非终结符号的数量。

5）如果栈顶的一个终结符号不能和输入匹配，一个简单的想法是将该终结符号弹出栈，并发出一个消息称已经插入了这个终结符号,同时继续进行语法分析。从效果上看，这个方法是将所有其他词法单元的集合作为一个词法单元的同步集合。

例 4.36 当按照常用的表达式文法(4.28)对表达式进行语法分析时，使用 FIRST 和 FOLLOW 符号作为同步集合就能够很好地完成任务。图 4-17 中此文法的语法分析表在图 4-22 中再次给出。图 4-22 中使用“synch”来表示根据相应非终结符号的 FOLLOW 集合得到的同步词法单元。各个非终结符号的 FOLLOW 集合是从例子 4.30 中得到的。

图 4-22 中的分析表将按照如下方式使用。如果语法分析器查看 $M[A, a]$并发现它是空的，那么输入符号 a 就被忽略。如果该条目是“synch”，那么在试图继续分析时，栈顶的非终结符号被弹出。如果栈顶的词法单元和输入符号不匹配，那么我们就按上述方式从栈中弹出这个单元。

非终结符号	输入符号					
	id	+	*	(	)	$
E	$E \to TE'$			$E \to TE'$	synch	synch
E'		$E' \to +TE'$			$E' \to \epsilon$	$E' \to \epsilon$
T	$T \to FT'$	synch		$T \to FT'$	synch	synch
T'		$T' \to \epsilon$	$T' \to *FT'$		$T' \to \epsilon$	$T' \to \epsilon$
F	$F \to \mathbf{id}$	synch	synch	$F \to (E)$	synch	synch

图 4-22 加入到图 4-17 的预测分析表中的同步词法单元

对于错误输入 + **id** * + **id**，语法分析器以及图 4-22 中的错误恢复机制的工作过程如图4-23所示。 □

栈	输入	说明
$E\,\$$	$+\mathbf{id} * + \mathbf{id}\,\$$	错误，略过)
$E\,\$$	$\mathbf{id} * + \mathbf{id}\,\$$	**id** 在 FIRST(E)中
$TE'\,\$$	$\mathbf{id} * + \mathbf{id}\,\$$	
$FT'E'\,\$$	$\mathbf{id} * + \mathbf{id}\,\$$	
$\mathbf{id}\ T'E'\$$	$\mathbf{id} * + \mathbf{id}\,\$$	
$T'E'\,\$$	$* + \mathbf{id}\,\$$	
$*FT'E'\,\$$	$* + \mathbf{id}\,\$$	
$FT'E'\,\$$	$+\mathbf{id}\,\$$	错误，$M[F,+]$ = synch
$T'E'\,\$$	$+\mathbf{id}\,\$$	F 已经被弹出栈
$E'\,\$$	$+\mathbf{id}\,\$$	
$+TE'\,\$$	$+\mathbf{id}\,\$$	
$TE'\,\$$	$\mathbf{id}\,\$$	
$FT'E'\,\$$	$\mathbf{id}\,\$$	
$\mathbf{id}\,T'E'\,\$$	$\mathbf{id}\,\$$	
$T'E'\,\$$	$\$$	
$E'\,\$$	$\$$	
$\$$	$\$$	

图 4-23 一个预测分析器所做的语法分析和错误恢复步骤

上面的关于恐慌模式错误恢复的讨论没有考虑有关错误消息的重要问题。编译器的设计者必须提供足够的包含有用信息的错误消息，它不仅描述相应的错误，还必须引导人们注意错误被发现的地方。

短语层次的恢复

短语层次错误恢复的实现方法是在预测语法分析表的空白条目中填写指向处理例程的指针。这些例程可以改变、插入或删除输入中的符号，并发出适当的错误消息。它们也可能执行一些出栈操作。改变栈中符号或将新符号压入栈中可能会引起一些问题，其原因有多个。首先，由语法分析器执行的动作可能根本不对应于语言中任何句子的推导过程。第二，我们必须保证分析器不会陷入无限循环。防止出现无限循环的一个好办法是保证任何恢复动作最终都会消耗掉某个输入符号（当到达输入结尾处时，则需要保证栈中的内容会变少）。

4.4.6 4.4节的练习

练习4.4.1：为下面的每一个文法设计一个预测分析器，并给出预测分析表。你可能先要对文法进行提取左公因子或消除左递归的操作。

1）练习4.2.2(1)中的文法。

2）练习4.2.2(2)中的文法。

3）练习4.2.2(3)中的文法。

4）练习4.2.2(4)中的文法。

5）练习4.2.2(5)中的文法。

6）练习4.2.2(7)中的文法。

!! **练习4.4.2**：有没有可能通过某种方法修改练习4.2.1中的文法，构造出一个与该练习中的语言（运算分量为 a 的后缀表达式）对应的预测分析器？

练习4.4.3：计算练习4.2.1的文法的FIRST和FOLLOW集合。

练习4.4.4：计算练习4.2.2中各个文法的FIRST和FOLLOW集合。

练习4.4.5：文法 $S \rightarrow aSa \mid aa$ 生成了所有由 a 组成的长度为偶数的串。我们可以为这个文法设计一个带回溯的递归下降分析器。如果我们选择先用产生式 $S \rightarrow aa$ 展开，那么我们只能识别到串 aa。因此，任何合理的递归下降分析器将首先尝试 $S \rightarrow aSa$。

1）说明这个递归下降分析器识别输入 aa、$aaaa$ 和 $aaaaaaaa$，但是识别不了 $aaaaaa$。

!! 2）这个递归下降分析器识别什么样的语言？

下面的练习是构造任意文法的“Chomsky范式”的有用步骤。Chomsky范式将在练习4.4.8中定义。

! **练习4.4.6**：如果一个文法没有产生式体为 ϵ 的产生式（称为 *ϵ 产生式*），那么这个文法就是*无 ϵ 产生式的*。

1）给出一个算法，它的功能是把任何文法转变成一个无 ϵ 产生式的生成相同语言的文法（唯一可能的例外是空串——没有哪个无 ϵ 产生式的文法能生成 ϵ）。*提示*：首先找出所有可能为空的非终结符号。非终结符号可能为空是指它（可能通过很长的推导）生成 ϵ。

2）将你的算法应用于文法 $S \rightarrow aSbS \mid bSaS \mid \epsilon$。

! **练习4.4.7**：*单产生式*（single production）是指其产生式体为单个非终结符号的产生式，即形如 $A \rightarrow B$ 的产生式，其中 A、B 为任意的非终结符号。

1）给出一个算法，它可以把任何文法转变成一个生成相同语言（唯一可能的例外是空串）的、无 ϵ 产生式、无单产生式的文法。*提示*：首先消除 ϵ-产生式，然后找出所有满足下列条件的非终结符号对 A 和 B：存在一系列单产生式使得 $A \overset{*}{\Rightarrow} B$。

2）将你的算法应用于4.1.2节的算法(4.1)。

3）说明作为(1)的一个结果，我们可以把一个文法转变为一个没有环（即对某个非终结符号 A 存在一步或多步的推导 $A \overset{+}{\Rightarrow} A$）的等价文法。

!! **练习4.4.8**：如果一个文法的每个产生式要么形如 $A \rightarrow BC$，要么形如 $A \rightarrow a$，其中 A、B 和 C 是非终结符号，而 a 是终结符号，那么这个文法就称为*Chomsky范式*（Chomsky Normal Form，CNF）文法。说明如何将任意文法转变成一个生成相同语言（唯一可能的例外是空串——没有CNF文法可以生成 ϵ）的CNF文法。

！**练习 4.4.9**：对于每个具有上下文无关文法的语言，其长度为 n 的串可以在 $O(n^3)$ 的时间内完成识别。完成这种识别工作的一个简单方法称为 *Cocke-Younger-Kasami*(CYK)算法。该算法基于动态规划技术。也就是说，给定一个串 $a_1a_2\cdots a_n$，我们构造出一个 $n\times n$ 的表 T 使得 T_{ij}是可以生成子串 $a_ia_{i+1}\cdots a_j$ 的非终结符号的集合。如果基础文法是 CNF 的(见练习 4.4.8)，那么只要我们按照正确的顺序来填表：先填 $j-i$ 值最小的条目，则表中的每一个条目都可以在 $O(n)$ 时间内填写完毕。给出一个能够正确填写这个表的条目的算法，并说明你的算法的时间复杂度为 $O(n^3)$。填完这个表之后，你如何判断 $a_1a_2\cdots a_n$ 是否在这个语言中？

！**练习 4.4.10**：说明我们如何能够在填好练习 4.4.9 中的表之后，在 $O(n)$ 时间内获得 $a_1a_2\cdots a_n$对应的一棵语法分析树？提示：修改练习 4.4.9 中的表 T，使得对于表的每个条目 T_{ij}中的每个非终结符号 A，这个表同时记录了其他条目中的哪两个非终结符号组成的对偶使得我们将 A 放到 T_{ij}中。

！**练习 4.4.11**：修改练习 4.4.9 中的算法，使得对于任意符号串，它可以找出至少需要执行多少次插入、删除和修改错误(每个错误是一个字符)的操作才能将这个串变成基础文法的语言的句子。

！**练习 4.4.12**：图 4-24 中给出了对应于某些语句的文法。你可以将 e 和 s 当作分别代表条件表达式和“其他语句”的终结符号。如果我们按照下列方法来解决因为展开可选“else”(非终结符号 *stmtTail*)而引起的冲突：当我们从输入中看到一个 **else** 时就选择消耗掉这个 **else**。使用 4.4.5 节中描述的同步符号的思想：

1）为这个文法构造一个带有错误纠正信息的预测分析表。

2）给出你的语法分析器在处理下列输入时的行为：

ⓐ **if** e **then** s；**if** e **then** s **end**

ⓑ **while** e **do begin** s ；**if** e **then** s ；**end**

stmt	→	**if** *e* **then** *stmt stmtTail*
	|	**while** *e* **do** *stmt*
	|	**begin** *list* **end**
	|	*s*
stmtTail	→	**else** *stmt*
	|	ϵ
list	→	*stmt listTail*
listTail	→	; *list*
	|	ϵ

图 4-24　某种类型语句的文法

4.5　自底向上的语法分析

一个自底向上的语法分析过程对应于为一个输入串构造语法分析树的过程，它从叶子结点(底部)开始逐渐向上到达根结点(顶部)。将语法分析描述为语法分析树的构造过程会比较方便，虽然编译器前端实际上不会显式地构造出语法分析树，而是直接进行翻译。图 4-25 中显示的分析树的快照序列演示了按照表达式文法(4.1)对词法单元序列 **id** ＊ **id** 进行的自底向上语法分析的过程。

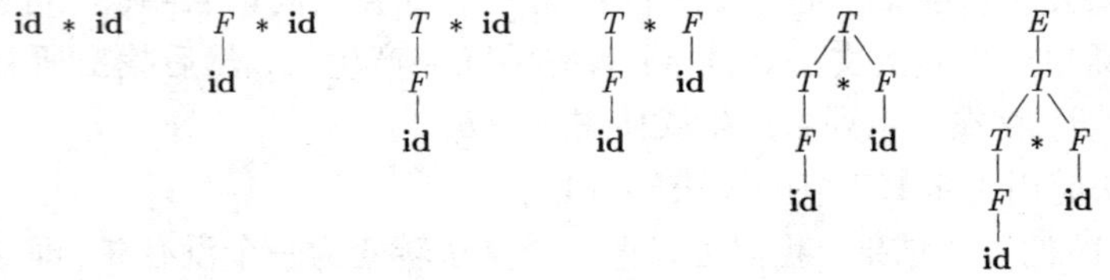

图 4-25　**id** ∗ **id** 的自底向上分析过程

本节将介绍一个被称为移入 - 归约语法分析的自底向上语法分析的通用框架。我们将在 4.6 节和 4.7 节中讨论 LR 文法类，它是最大的、可以构造出相应移入 - 归约语法分析器的文法类。虽然手工构造一个 LR 语法分析器的工作量非常大，但借助语法分析器自动生成工具可以使人们轻松地根据适当的文法构造出高效的 LR 分析器。本节中的概念有助于写出合适的文法，从而有效利用 LR 分析器生成工具。实现语法分析器生成工具的算法将在 4.7 节中给出。

4.5.1 归约

我们可以将自底向上语法分析过程看成将一个串 w"归约"为文法开始符号的过程。在每个归约(reduction)步骤中，一个与某产生式体相匹配的特定子串被替换为该产生式头部的非终结符号。

在自底向上语法分析过程中，关键问题是何时进行归约以及应用哪个产生式进行归约。

例 4.37 图 4-25 中的快照演示了一个归约序列，相应的文法是表达式文法(4.1)。我们将使用如下的符号串序列来讨论这个归约过程：

$$\mathbf{id} * \mathbf{id},\ F * \mathbf{id},\ T * \mathbf{id},\ T * F,\ T,\ E$$

这个序列中的符号串由快照中各相应子树的根结点组成。这个序列从输入串 $\mathbf{id} * \mathbf{id}$ 开始。第一次归约使用产生式 $F \to \mathbf{id}$，将最左边的 **id** 归约为 F，得到串 $F * \mathbf{id}$。第二次归约将 F 归约为 T，生成 $T * \mathbf{id}$。

现在我们可以选择是对串 T 还是对由第二个 **id** 组成的串进行归约，其中 T 是 $E \to T$ 的体，而第二个 **id** 是 $F \to \mathbf{id}$ 的体。我们没有将 T 归约为 E，而是将第二个 **id** 归约为 F，得到串 $T * F$。然后这个串被归约为 T。最后将 T 归约为开始符号 E，从而结束整个语法分析过程。 □

根据定义，一次归约是一个推导步骤的反向操作(回顾一下，一次推导步骤将句型中的一个非终结符号替换为该符号的某个产生式的体)。因此，自底向上语法分析的目标是反向构造一个推导过程。下面的推导对应于图 4-25 中的分析过程：

$$E \Rightarrow T \Rightarrow T * F \Rightarrow T * \mathbf{id} \Rightarrow F * \mathbf{id} \Rightarrow \mathbf{id} * \mathbf{id}$$

这个推导过程实际上是一个最右推导。

4.5.2 句柄剪枝

对输入进行从左到右的扫描，并在扫描过程中进行自底向上语法分析，就可以反向构造出一个最右推导。非正式地讲，"句柄"是和某个产生式体匹配的子串，对它的归约代表了相应的最右推导中的一个反向步骤。

比如，在按照表达式文法(4.1)对 $\mathbf{id}_1 * \mathbf{id}_2$ 进行语法分析时，各个句柄如图 4-26 所示。为了表示得更清楚，我们为其中的词法单元 **id** 加上了下标。虽然 T 是产生式 $E \to T$ 的体，但符号 T 并不是句型 $T * \mathbf{id}_2$ 的一个句柄。假如 T 真的被替换为 E，我们将得到串 $E * \mathbf{id}_2$，而这个串不能从开始符号 E 推导得到。因此，和某个产生式体匹配的最左子串不一定是句柄。

最右句型	句柄	归约用的产生式
$\mathbf{id}_1 * \mathbf{id}_2$	$\mathbf{id}_1$	$F \to \mathbf{id}$
$F * \mathbf{id}_2$	F	$T \to F$
$T * \mathbf{id}_2$	$\mathbf{id}_2$	$F \to \mathbf{id}$
$T * F$	$T * F$	$T \to T * F$
T	T	$E \to T$

图 4-26 $\mathbf{id}_1 * \mathbf{id}_2$ 的语法分析过程中出现的句柄

正式地讲，如果有 $S \overset{*}{\underset{rm}{\Rightarrow}} \alpha A w \underset{rm}{\Rightarrow} \alpha\beta w$ (如图 4-27所示)，那么紧跟 α 的产生式 $A \to \beta$ 是 $\alpha\beta w$ 的一个句柄(handle)。换句话说，最右句型 γ 的一个句柄是满足下述条件的产生式 $A \to \beta$ 及串 β 在 γ 中出现的位置：将这个位置上的 β 替换为 A 之后得到的串是 γ 的某个最右推导序列中出现在位于 γ 之前的最右句型。

请注意，句柄右边的串 w 一定只包含终结符号。为方便起见，我们把产生式体 β(而不是 $A \to \beta$)称为一个句柄。注意，我们说的是"一个句柄"，而不是"唯一句柄"。这是因为文法可能是二义性的，$\alpha\beta w$ 可能存在多个最右推导。如果一个文法是无二义性的，那么该文法的每个右句型都有且只有一个句柄。

通过"句柄剪枝"可以得到一个反向的最右推导。也就是说，我们从被分析的终结符号串 w

开始。如果 w 是当前文法的句子，那么令 $w=\gamma_n$，其中 γ_n 是某个未知最右推导的第 n 个最右句型。

$$S = \gamma_0 \underset{rm}{\Rightarrow} \gamma_1 \underset{rm}{\Rightarrow} \gamma_2 \underset{rm}{\Rightarrow} \cdots \underset{rm}{\Rightarrow} \gamma_{n-1} \underset{rm}{\Rightarrow} \gamma_n = w$$

为了以相反顺序重构这个推导，我们在 γ_n 中寻找句柄 β_n，并将 β_n 替换为相关产生式 $A_n \rightarrow \beta_n$ 的头部，得到前一个最右句型 γ_{n-1}。请注意，我们现在还不知道如何发现句柄，但是我们很快就会介绍多个寻找句柄的方法。

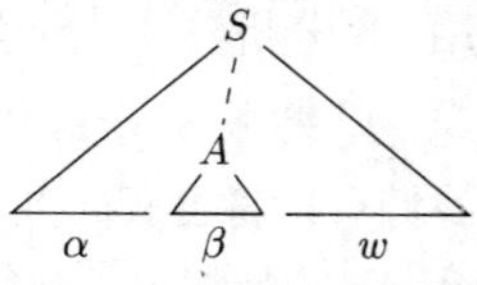

图 4-27 $\alpha\beta w$ 的语法分析树中的一个句柄 $A \rightarrow \beta$

然后我们重复这个过程。也就是说，我们在 γ_{n-1} 中寻找句柄 β_{n-1}，并对这个句柄进行归约，得到最右句型 γ_{n-2}。如果我们按照这个过程得到了一个只包含开始符号 S 的最右句型，那么就可以停止分析并宣称语法分析过程成功完成。将归约过程中用到的产生式反向排序，就得到了输入串的一个最右推导过程。

4.5.3 移入－归约语法分析技术

移入－归约语法分析是自底向上语法分析的一种形式。它使用一个栈来保存文法符号，并用一个输入缓冲区来存放将要进行语法分析的其余符号。我们将看到，句柄在被识别之前，总是出现在栈的顶部。

我们使用 \$ 来标记栈的底部以及输入的右端。按照惯例，在讨论自底向上语法分析的时候，我们将栈顶显示在右侧，而不是像在自顶向下语法分析中那样显示在左侧。如下所示，开始的时候栈是空的，并且输入串 w 存放在输入缓冲区中。

栈	输入
\$	w \$

在对输入串的一次从左到右扫描过程中，语法分析器将零个或多个输入符号移到栈的顶端，直到它可以对栈顶的一个文法符号串 β 进行归约为止。它将 β 归约为某个产生式的头。语法分析器不断地重复这个循环，直到它检测到一个语法错误，或者栈中包含了开始符号且输入缓冲区为空为止：

栈	输入
\$$S$	\$

当进入这样的格局时，语法分析器停止运行，并宣称成功完成了语法分析。图 4-28 显示了一个移入－归约语法分析器在按照表达式文法(4.1)对输入串 $\mathbf{id}_1 * \mathbf{id}_2$ 进行语法分析时可能采取的动作。

虽然主要的语法分析操作是移入和归约，但实际上一个移入－归约语法分析器可采取如下四种可能的动作：①移入，②归约，③接受，④报错。

1）移入(shift)：将下一个输入符号移到栈的顶端。

2）归约(reduce)：被归约的符号串的右端必然是栈顶。语法分析器在栈中确定这个串的左端，并决定用哪个非终结符号来替换这个串。

3）接受(accept)：宣布语法分析过程成功完成。

4）报错(error)：发现一个语法错误，并调用一个错误恢复子例程。

栈	输入	动作
\$	$\mathbf{id}_1 * \mathbf{id}_2$ \$	移入
\$$\mathbf{id}_1$	$* \mathbf{id}_2$ \$	按照 $F \rightarrow \mathbf{id}$ 归约
\$$F$	$* \mathbf{id}_2$ \$	按照 $T \rightarrow F$ 归约
\$$T$	$* \mathbf{id}_2$ \$	移入
\$$T *$	$\mathbf{id}_2$ \$	移入
\$$T * \mathbf{id}_2$	\$	按照 $F \rightarrow \mathbf{id}$ 归约
\$$T * F$	\$	按照 $T \rightarrow T * F$ 归约
\$$T$	\$	按照 $E \rightarrow T$ 归约
\$$E$	\$	接受

图 4-28 一个移入－归约语法分析器在处理输入 $\mathbf{id}_1 * \mathbf{id}_2$ 时经历的格局

我们之所以能够在移入－归约语法分析中使用

栈，是因为这个分析过程具有如下重要性质：句柄总是出现在栈的顶端，绝不会出现在栈的中间。要证明这个性质，我们只需要考虑任意最右推导中的两个连续步骤可能具有的形式。图4-29演示了两种可能的情况。在情况(1)中，A 被替换为 $\beta B y$，然后产生式体 $\beta B y$ 中最右非终结符号 B 被替换为 γ。在情况(2)中，A 仍然首先被展开，但这次使用的产生式体 y 中只包含终结符号。下一个最右非终结符号 B 将位于 y 左侧的某个地方。

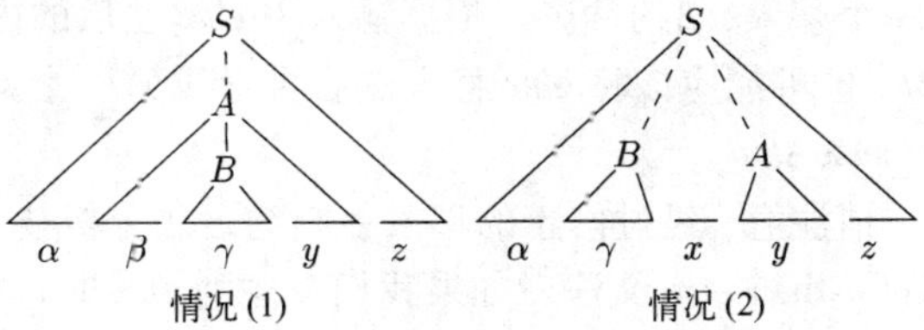

图 4-29　一个最右推导中两个连续步骤的两种情况

换句话说：

1) $S \overset{*}{\underset{rm}{\Rightarrow}} \alpha A z \underset{rm}{\Rightarrow} \alpha\beta B y z \underset{rm}{\Rightarrow} \alpha\beta\gamma y z$

2) $S \overset{*}{\underset{rm}{\Rightarrow}} \alpha B x A z \underset{rm}{\Rightarrow} \alpha B x y z \underset{rm}{\Rightarrow} \alpha\gamma x y z$

反向考虑情况(1)，即一个移入－归约语法分析器刚刚到达如下格局的情况：

栈	输入
$\$\alpha\beta\gamma$	$yz\ \$$

语法分析器将句柄 γ 归约为 B，从而到达如下格局：

$\$\alpha\beta B$	$yz\ \$$

现在，语法分析器可以通过零次或多次移入动作，把串 y 移入到栈的上方，得到如下格局：

$\$\alpha\beta B y$	$z\ \$$

其中，句柄 $\beta B y$ 位于栈顶，它将被归约为 A。

现在考虑情况(2)。在格局

$\$\alpha\gamma$	$xyz\ \$$

中，句柄 γ 位于栈顶。将句柄 γ 归约为 B 之后，语法分析器可以把串 xy 移入栈中，得到位于栈顶的下一个句柄 y。该句柄可以被归约为 A：

$\$\alpha B x y$	$z\ \$$

在这两种情况下，语法分析器在进行一次归约之后，都必须接着移入零个或多个符号才能在栈顶找到下一个句柄。因此它从不需要到栈中间去寻找句柄。

4.5.4　移入－归约语法分析中的冲突

有些上下文无关文法不能使用移入－归约语法分析技术。对于这样的文法，每个移入－归约语法分析器都会得到如下的格局：即使知道了栈中的所有内容以及接下来的 k 个输入符号，我们仍然无法判断应该进行移入还是归约操作(*移入/归约冲突*)，或者无法在多个可能的归约方法中选择正确的归约动作(*归约/归约冲突*)。现在我们给出一些语法构造的例子，这些构造的文法可能会出现这样的冲突。从技术上来讲，这些文法不在4.7节定义的LR(k)文法类中，我们把它们称为非LR文法。LR(k)中的 k 表示在输入中向前看 k 个符号。在编译中使用的文法通常属于LR(1)文法类，即最多只需要向前看一个符号。

例 4.38　一个二义性文法不可能是LR的。比如，考虑4.3节中的悬空-else文法(4.14)：

$$
\begin{aligned}
stmt \rightarrow\ & \textbf{if}\ expr\ \textbf{then}\ stmt \\
\mid\ & \textbf{if}\ expr\ \textbf{then}\ stmt\ \textbf{else}\ stmt \\
\mid\ & \textbf{other}
\end{aligned}
$$

如果我们有一个移入－归约语法分析器处于格局

栈	输入
… **if** *expr* **then** *stmt*	**else** … \$

中，那么不管栈中 **if** *expr* **then** *stmt* 之下是什么内容，我们都不能确定它是否是句柄。这里就出现了一个移入/归约冲突。根据输入中 **else** 之后的内容的不同，可能应该将 **if** *expr* **then** *stmt* 归约为 *stmt*，也可能应该将 **else** 移入然后再寻找另一个 *stmt*，从而找到完整的 *stmt* 产生式体 **if** *expr* **then** *stmt* **else** *stmt*。

请注意，经过修正的移入-归约语法分析技术可以对某些二义性文法进行语法分析，比如上面的 if-then-else 文法。如果我们在碰到 **else** 时选择移入来解决移入/归约冲突，语法分析器就会按照我们的期望运行，也就是将每个 **else** 和前一个尚未匹配的 **then** 相关联。我们将在 4.8 节讨论能够处理这种二义性文法的语法分析器。 □

另一个常见的冲突情况发生在我们确认已经找到句柄的时候。在这种情况下我们不能够根据栈中内容和下一个输入符号确定应该使用哪个产生式进行归约。下面的例子说明了这种情况。

例 4.39 假设我们有这样一个词法分析器，它不考虑各个名字的类型，而是对所有的名字都返回词法单元名 **id**。假设我们的语言在调用过程时会给出过程名字，并把调用参数放在括号内。并且假设引用数组的语法与此相同。因为在数组引用中对下标的翻译不同于过程调用中对参数的翻译，我们希望使用不同的产生式分别生成实在参数列表和下标列表。因此，我们的文法包含了图 4-30 中所示的产生式（还包含其他产生式）。

(1)	*stmt*	→	**id** (*parameter_list*)
(2)	*stmt*	→	*expr* := *expr*
(3)	*parameter_list*	→	*parameter_list* , *parameter*
(4)	*parameter_list*	→	*parameter*
(5)	*parameter*	→	**id**
(6)	*expr*	→	**id** (*expr_list*)
(7)	*expr*	→	**id**
(8)	*expr_list*	→	*expr_list* , *expr*
(9)	*expr_list*	→	*expr*

图 4-30 有关过程调用和数组引用的产生式

一个以 `p(i, j)` 开头的语句将以词法单元流 **id**(**id**, **id**) 的方式输入到语法分析器中。在将前三个词法单元移入到栈中后，移入-归约语法分析器将处于如下格局中：

栈	输入
… **id** (**id**	, **id**) …

显然，栈顶的 **id** 必须被归约，但使用哪个产生式呢？如果 `p` 是一个过程，那么正确的选择是产生式(5)；但如果 `p` 是一个数组，就该选择产生式(7)。栈中的内容并没有指出 `p` 是什么，必须使用从 `p` 的声明中获得的符号表中的信息来确定。

解决方法之一是将产生式(1)中的词法单元 **id** 改成 **procid**，并使用一个更加复杂的词法分析器。该词法分析器在识别到一个过程名字的词素时返回词法单元名 **procid**。这就要求词法分析器在返回一个词法单元之前先查询符号表。

如果我们做了这样的修改，那么在处理 `p(i, j)` 的时候，语法分析器要么进入格局

栈	输入
… **procid** (**id**	, **id**) …

要么进入前面描述的格局。在前一种情况下，我们选择产生式(5)进行归约；在后一种情况下，则选择产生式(7)进行归约。请注意，在这个例子里，栈顶之下的第三个符号决定了应该执行什么归约，虽然它本身并没有被归约。移入-归约的语法分析技术可以使用栈中离栈顶很远的信息来引导语法分析过程。 □

4.5.5 4.5 节的练习

练习 4.5.1：对于练习 4.2.2(a) 中的文法 $S \to 0\ S\ 1 \mid 0\ 1$，指出下面各个最右句型的句柄：

1）000111

2）$00S11$

练习 4.5.2： 对于练习 4.2.1 的文法 $S \rightarrow S\ S\ +\ |\ S\ S\ *\ |\ a$ 和下面各个最右句型，重复练习 4.5.1。

1）$SSS+a*+$

2）$SS+a*a+$

3）$aaa*a++$

练习 4.5.3： 对于下面的输入符号串和文法，说明相应的自底向上语法分析过程。

1）练习 4.5.1 的文法的串 000111。

2）练习 4.5.2 的文法的串 $aaa*a++$。

4.6 LR 语法分析技术介绍：简单 LR 技术

目前最流行的自底向上语法分析器都基于所谓的 LR(k) 语法分析的概念。其中，“L”表示对输入进行从左到右的扫描，“R”表示反向构造出一个最右推导序列，而 k 表示在做出语法分析决定时向前看 k 个输入符号。$k=0$ 和 $k=1$ 这两种情况具有实践意义，因此这里我们将只考虑 $k \leqslant 1$ 的情况。当省略(k)时，我们假设 $k=1$。

本节将介绍 LR 语法分析的基本概念，同时还将介绍最简单的构造移入 - 归约语法分析器的方法。这个方法称为“简单 LR 技术”（或简称为 SLR）。虽然 LR 语法分析器本身是使用语法分析器自动生成工具构造得到的，但对基本概念有所了解仍然是有益的。我们首先介绍“项”和“语法分析器状态”的概念，一个 LR 语法分析器生成工具给出的诊断信息通常会包含语法分析器状态。我们可以使用这些状态分离出语法分析冲突的源头。

4.7 节将介绍两个更加复杂的方法——规范 LR 和 LALR。它们被用于大多数的 LR 语法分析器中。

4.6.1 为什么使用 LR 语法分析器

LR 语法分析器是表格驱动的，在这一点上它和 4.4.4 节中提到的非递归 LL 语法分析器很相似。如果我们可以使用本节和下一节中的某个方法为一个文法构造出语法分析表，那么这个文法就称为 LR *文法*（LR grammar）。直观地讲，只要存在这样一个从左到右扫描的移入 - 归约语法分析器，它总是能够在某文法的最右句型的句柄出现在栈顶时识别出这个句柄，那么这个文法就是 LR 的。

LR 语法分析技术很有吸引力，原因如下：

- 对于几乎所有的程序设计语言构造，只要能够写出该构造的上下文无关文法，就能够构造出识别该构造的 LR 语法分析器。确实存在非 LR 的上下文无关文法，但一般来说，常见的程序设计语言构造都可以避免使用这样的文法。
- LR 语法分析方法是已知的最通用的无回溯移入 - 归约分析技术，并且它的实现可以和其他更原始的移入 - 归约方法（见参考文献）一样高效。
- 一个 LR 语法分析器可以在对输入进行从左到右扫描时尽可能早地检测到错误。
- 可以使用 LR 方法进行语法分析的文法类是可以使用预测方法或 LL 方法进行语法分析的文法类的真超集。一个文法是 LR(k) 的条件是当我们在一个最右句型中看到某个产生式的右部时，我们再向前看 k 个符号就可以决定是否使用这个产生式进行归约。这个要求比 LL(k) 文法的要求宽松很多。对于 LL(k) 文法，我们在决定是否使用某个产生式时，只能向前看该产生式右部推导出的串的前 k 个符号。因此，LR 文法能够比 LL 文法描述更多的语言就一点也不奇怪了。

LR 方法的主要缺点是为一个典型的程序设计语言文法手工构造 LR 分析器的工作量非常大。我们需要一个特殊的工具，即一个 LR 语法分析器生成工具。幸运的是，有很多这样的生成工具可用，我们将在 4.9 节讨论其中最常用的工具 Yacc。这种生成工具将一个上下文无关文法作为输入，自动生成一个该文法的语法分析器。如果该文法含有二义性的构造，或者含有其他难以在从左到右扫描时进行语法分析的构造，那么语法分析器生成工具将对这些构造进行定位，并给出详细的诊断消息。

4.6.2 项和 LR(0) 自动机

一个移入 - 归约语法分析器怎么知道何时进行移入、何时进行归约呢？比如，当图 4-28 中栈的内容为 \$ T 而下一个输入符号是 * 时，语法分析器是怎么知道位于栈顶的 T 不是句柄，因此正确的动作是移入而不是将 T 归约到 E 呢？

一个 LR 语法分析器通过维护一些状态，用这些状态来表明我们在语法分析过程中所处的位置，从而做出移入 - 归约决定。这些状态代表了"项"(item)的集合。一个文法 G 的一个 LR(0) 项(简称为项)是 G 的一个产生式再加上一个位于它的体中某处的点。因此，产生式 $A \to XYZ$ 产生了四个项：

$$A \to \cdot XYZ$$
$$A \to X \cdot YZ$$
$$A \to XY \cdot Z$$
$$A \to XYZ \cdot$$

产生式 $A \to \epsilon$ 只生成一个项 $A \to \cdot$ 。

项集的表示

一个生成自底向上语法分析器的生成工具可能需要便利地表示项和项集。请注意，一个项可以表示为一对整数，第一个整数是基础文法的产生式编号，第二个整数是点的位置。项集可以用这些数对的列表来表示。然而，如我们将看到的，需要用到的项集通常包含"闭包"项，这些项的点位于产生式体的开始处。这些项总是可以根据项集中的其他项重新构造出来，因此我们不必将它们包含在这个列表中。

直观地讲，项指明了在语法分析过程中的给定点上，我们已经看到了一个产生式的哪些部分。比如，项 $A \to \cdot XYZ$ 表明我们希望接下来在输入中看到一个从 XYZ 推导得到的串。项 $A \to X \cdot YZ$ 说明我们刚刚在输入中看到了一个可以由 X 推导得到的串，并且我们希望接下来看到一个能从 YZ 推导得到的串。项 $A \to XYZ \cdot$ 表示我们已经看到了产生式体 XYZ，已经是时候把 XYZ 归约为 A 了。

一个称为*规范 LR(0) 项集族*(canonical LR(0) collection)的一组项集提供了构建一个确定有穷自动机的基础。该自动机可用于做出语法分析决定。这样的有穷自动机称为 *LR(0) 自动机*[⊖]。更明确地说，这个 LR(0) 自动机的每个状态代表了规范 LR(0) 项集族中的一个项集。表达式文法(4.1)的对应的自动机显示在图 4-31 中。我们将把它用做讨论规范 LR(0) 项集族的连续使用的例子。

为了构造一个文法的规范 LR(0) 项集族，我们定义了一个*增广文法*(augmented grammar)和

⊖ 从技术上讲，根据 3.6.4 节的定义，这个自动机并不是确定自动机，因为我们没有对应于空项集的死状态。结果是有一些状态 - 输入对没有后继状态。

两个函数：CLOSURE 和 GOTO。如果 G 是一个以 S 为开始符号的文法，那么 G 的增广文法 G'就是在 G 中加上新开始符号 S'和产生式 $S'\rightarrow S$ 而得到的文法。引入这个新的开始产生式的目的是告诉语法分析器何时应该停止语法分析并宣称接受输入符号串。也就是说，当且仅当语法分析器要使用规则 $S'\rightarrow S$ 进行归约时，输入符号串被接受。

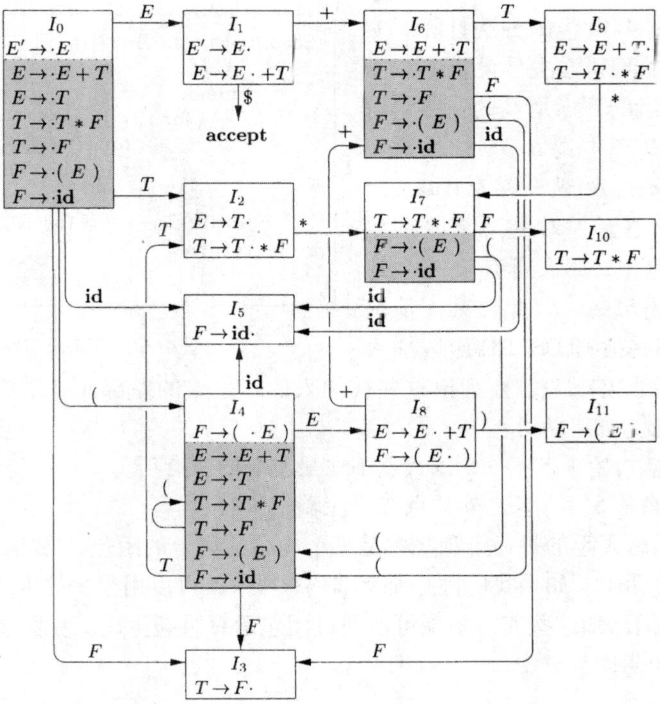

图 4-31 表达式文法(4.1)的 LR(0)自动机

项集的闭包

如果 I 是文法 G 的一个项集，那么 CLOSURE(I)就是根据下面的两个规则从 I 构造得到的项集：

1）一开始，将 I 中的各个项加入到 CLOSURE(I)中。

2）如果 $A\rightarrow\alpha\cdot B\beta$ 在 CLOSURE(I)中，$B\rightarrow\gamma$ 是一个产生式，并且项 $B\rightarrow\cdot\gamma$ 不在 CLOSURE(I)中，就将这个项加入其中。不断应用这个规则，直到没有新项可以加入到 CLOSURE(I)中为止。

直观地讲，CLOSURE(I)中的项 $A\rightarrow\alpha\cdot B\beta$ 表明在语法分析过程的某点上，我们认为接下来可能会在输入中看到一个能够从 $B\beta$ 推导得到的子串。这个可从 $B\beta$ 推导得到的子串的某个前缀可以从 B 推导得到，而推导时必然要应用某个 B 产生式。因此我们加入了各个 B 产生式对应的项，也就是说，如果 $B\rightarrow\gamma$ 是一个产生式，那么我们把 $B\rightarrow\cdot\gamma$ 加入到 CLOSURE(I)中。

例 4.40 考虑增广的表达式文法：

$$E'\rightarrow E$$

$$E\rightarrow E + T \mid T$$

$$T\rightarrow T * F \mid F$$

$$F\rightarrow(E) \mid \mathbf{id}$$

如果 I 是由一个项组成的项集{[$E'\to .E$]}，那么 CLOSURE(I)包含了图 4-31 中的项集 I_0。

下面说明一下如何计算这个闭包。根据规则(1)，$E'\to \cdot E$ 被放到 CLOSURE(I)中。因为点的右边有一个 E，我们加入如下的 E 产生式，点位于产生式体的左端：$E\to \cdot E+T$ 和 $E\to \cdot T$。现在，后一个项中有一个 T 在点的右边，因此我们加入 $T\to \cdot T*F$ 和 $T\to \cdot F$。接下来，位于点右边的 F 令我们加入 $F\to \cdot(E)$ 和 $F\to \cdot \mathbf{id}$，然后就不再需要加入任何新的项。□

闭包可以按照图 4-32 中的方法计算。实现函数 *closure* 的一个便利方法是设置一个布尔数组 *added*，该数组的下标是 G 的非终结符号。当我们为各个 B 产生式 $B\to\gamma$ 加入对应的项 $B\to \cdot \gamma$ 时，*added*[B]被设置为 **true**。

```
SetOfItems CLOSURE(I) {
        J = I;
        repeat
                for ( J中的每个项 A → α·Bβ )
                        for ( G 的每个产生式 B → γ )
                                if (项 B → ·γ 不在J中 )
                                        将 B → ·γ 加入J中;
        until 在某一轮中没有新的项被加入到J中;
        return J;
}
```

图 4-32 CLOSURE 的计算

请注意，如果点在最左端的某个 B 产生式被加入到 I 的闭包中，那么所有 B 产生式都会被加入到这个闭包中。因此在某些情况下，不需要真的将那些被 CLOSURE 函数加入到 I 中的项 $B\to \cdot \gamma$ 列出来，只需要列出这些被加入的产生式的左部非终结符号就足够了。我们将感兴趣的各个项分为如下两类：

1）内核项：包括初始项 $S'\to \cdot S$ 以及点不在最左端的所有项。

2）非内核项：除了 $S'\to \cdot S$ 之外的点在最左端的所有项。

不仅如此，我们感兴趣的每一个项集都是某个内核项集合的闭包，当然，在求闭包时加入的项不可能是内核项。因此，如果我们抛弃所有非内核项，就可以用很少的内存来表示真正感兴趣的项的集合，因为我们已知这些非内核项可以通过闭包运算重新生成。在图 4-31 中，非内核项位于表示状态的方框的阴影部分中。

GOTO 函数

第二个有用的函数是 GOTO(I, X)，其中 I 是一个项集而 X 是一个文法符号。GOTO(I, X)被定义为 I 中所有形如 [$A\to\alpha\cdot X\beta$]的项所对应的项[$A\to\alpha X\cdot\beta$]的集合的闭包。直观地讲，GOTO 函数用于定义一个文法的 LR(0) 自动机中的转换。这个自动机的状态对应于项集，而 GOTO(I, X)描述了当输入为 X 时离开状态 I 的转换。

例 4.41 如果 I 是两个项的集合{[$E'\to E\cdot$]，[$E\to E\cdot +T$]}，那么 GOTO(I, +)包含如下项：

$$E\to E+\cdot T$$
$$T\to \cdot T*F$$
$$T\to \cdot F$$
$$F\to \cdot(E)$$
$$F\to \cdot \mathbf{id}$$

我们查找 I 中点的右边紧跟 + 的项，就可以计算得到 GOTO(I, +)。$E'\to E\cdot$ 不是这样的项，但 $E\to E\cdot +T$ 是这样的项。我们将点移过 + 号得到 $E\to E+\cdot T$，然后求出这个单元素集合的闭包。□

现在我们可以给出构造一个增广文法 G'的规范 LR(0) 项集族 C 的算法。这个算法如图4-33所示。

例 4.42 文法(4.1)的规范 LR(0)项集族和 GOTO 函数如图 4-31 所示。其中,GOTO 函数用图中的转换表示。 □

```
void items(G') {
    C = {CLOSURE({[S' → ·S]})};
    repeat
        for (C中的每个项集I)
            for (每个文法符号X)
                if (GOTO(I, X)非空且不在C中)
                    将GOTO(I, X)加入C中;
    until 在某一轮中没有新的项集被加入到C中;
}
```

图 4-33 规范 LR(0)项集族的计算

LR(0)自动机的用法

"简单 LR 语法分析技术"(即 SLR 分析技术)的中心思想是根据文法构造出 LR(0)自动机。这个自动机的状态是规范 LR(0)项集族中的元素,而它的转换由 GOTO 函数给出。表达式文法(4.1)的 LR(0)自动机已经在前面的图 4-31 中显示过了。

这个 LR(0)自动机的开始状态是 CLOSURE($\{[S' \to \cdot S]\}$),其中 S'是增广文法的开始符号。所有的状态都是接受状态。我们说的"状态 j"指的是对应于项集 I_j 的状态。

LR(0)自动机是如何帮助做出移入-归约决定的呢?移入-规约决定可以按照如下方式做出。假设文法符号串 γ 使 LR(0)自动机从开始状态 0 运行到某个状态 j。那么如果下一个输入符号为 a 且状态 j 有一个在 a 上的转换,就移入 a。否则我们就选择归约动作。状态 j 的项将告诉我们使用哪个产生式进行归约。

将在 4.6.3 节中介绍的 LR 语法分析算法用它的栈来跟踪状态及文法符号。实际上,文法符号可以从相应状态中获取,因此它的栈只保存状态。下面的例子将展示如何使用一个 LR(0)自动机和一个状态栈来做出移入-归约语法分析决定。

例 4.43 图 4-34 给出了一个使用图 4-31 中的 LR(0)自动机的移入-归约语法分析器在分析 **id** $*$ **id**时采取的动作。我们使用一个栈来保存状态。为清晰起见,栈中状态所对应的文法符号显示在"符号"列中。在第 1 行,栈中存放了自动机的开始状态 0,相应的符号是栈底标记 \$。

行号	栈	符号	输入	动作
(1)	0	\$	**id** $*$ **id** \$	移入到 5
(2)	0 5	\$ **id**	$*$ **id** \$	按照 $F \to$ **id** 归约
(3)	0 3	\$ F	$*$ **id** \$	按照 $T \to F$ 归约
(4)	0 2	\$ T	$*$ **id** \$	移入到 7
(5)	0 2 7	\$ $T *$	**id** \$	移入到 5
(6)	0 2 7 5	\$ $T *$ **id**	\$	按照 $F \to$ **id** 归约
(7)	0 2 7 10	\$ $T * F$	\$	按照 $T \to T * F$ 归约
(8)	0 2	\$ T	\$	按照 $E \to T$ 归约
(9)	0 1	\$ E	\$	接受

图 4-34 **id** $*$ **id** 的语法分析

下一个输入符号是 **id**,而状态 0 在 **id** 上有一个到达状态 5 的转换。因此我们选择移入。在第 2 行,状态 5(符号 **id**)已经被压入到栈中。从状态 5 出发没有输入 $*$ 上的转换,因此我们选择归约。根据状态 5 中的项[$F \to$ **id** $\cdot$],这次归约应用产生式 $F \to$ **id**。

如果栈中保存的是文法符号,那么归约就是通过将相应产生式的本(在第 2 行中,产生式的体是 **id**)弹出栈并将产生式头(在这个例子中是 F)压入栈中来实现的。现在栈中保存的是状态,我们弹出和符号 **id** 对应的状态 5,使得状态 0 成为栈顶。然后我们寻找一个 F(即该产生式的头部)上的转换。在图 4-31 中,状态 0 有一个 F 上的到达状态 3 的转换,因此我们压入状态 3。这个状态对应的符号是 F,见第 3 行。

我们看另一个例子,考虑第 5 行,状态 7(符号 $*$)位于栈顶。这个状态有一个 **id** 上的到达状态 5 的转换,因此我们将状态 5(符号 **id**)压入栈中。状态 5 没有转换,因此我们按照 $F \to$ **id** 进行归约。当我们弹出对应于产生式体 **id** 的状态 5 后,状态 7 到达栈顶。因为状态 7 有一个 F 上的转换到达状态 10,我们压入状态 10(符号 F)。 □

4.6.3 LR 语法分析算法

图 4-35 中显示了一个 LR 语法分析器的示意图。它由一个输入、一个输出、一个栈、一个驱动程序和一个语法分析表组成。这个分析表包括两个部分(ACTION 和 GOTO)。所有 LR 语法分析器的驱动程序都是相同的,而语法分析表是随语法分析器的不同而变化的。语法分析器从输入缓冲区逐个读入符号。当一个移入-归约语法分析器移入一个符号时,LR 语法分析器移入的是一个对应的状态。每个状态都是对栈中该状态之下的内容所含信息的摘要。

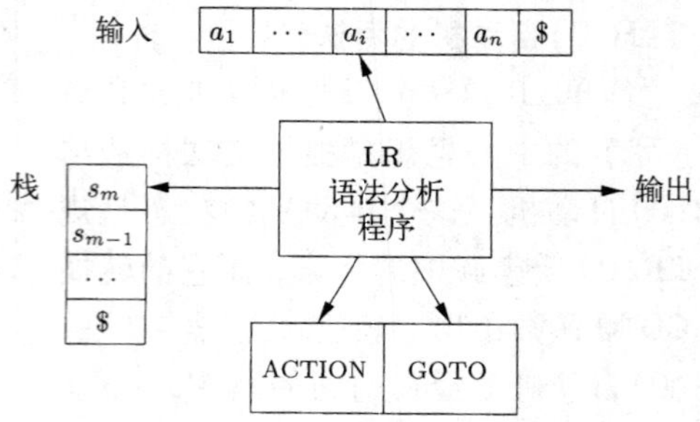

图 4-35 一个 LR 语法分析器的模型

分析器的栈存放了一个状态序列 $s_0s_1\cdots s_m$,其中 s_m 位于栈顶。在 SLR 方法中,栈中保存的是 LR(0)自动机中的状态,规范 LR 和 LALR 方法和 SLR 方法类似。根据构造方法,每个状态都有一个对应的文法符号。回顾一下,各个状态都和某个项集对应,并且有一个从状态 i 到状态 j 的转换当且仅当 GOTO(I_i, X) = I_j。所有到达状态 j 的转换一定对应于同一个文法符号 X。因此,除了开始状态 0 之外,每个状态都和唯一的文法符号相关联[⊖]。

LR 语法分析表的结构

语法分析表由两个部分组成:一个语法分析动作函数 ACTION 和一个转换函数 GOTO。

1) ACTION 函数有两个参数:一个是状态 i,另一个是终结符号 a(或者是输入结束标记 \$)。ACTION[i, a]的取值可以有下列四种形式:

① 移入 j,其中 j 是一个状态。语法分析器采取的动作是把输入符号 a 高效地移入栈中,但是使用状态 j 来代表 a。

② 归约 $A \to \beta$。语法分析器的动作是把栈顶的 β 高效地归约为产生式头 A。

③ 接受。语法分析器接受输入并完成语法分析过程。

④ 报错。语法分析器在它的输入中发现了一个错误并执行某个纠正动作。我们将在 4.8.3 节和 4.9.4 节中进一步讨论这样的错误恢复例程是如何工作的。

2) 我们把定义在项集上的 GOTO 函数扩展为定义在状态集上的函数:如果 GOTO[I_i, A] = I_j,那么 GOTO 也把状态 i 和一个非终结符号 A 映射到状态 j。

LR 语法分析器的格局

描述 LR 语法分析器的行为时,我们需要一个能够表示 LR 语法分析器的完整状态的方法。语法分析器的完整状态包括:它的栈和余下的输入。LR 语法分析器的格局(configuration)是一个形如:

$$(s_0s_1\cdots s_m,\ a_ia_{i+1}\cdots a_n\ \$)$$

的对。其中,第一个分量是栈中的内容(右侧是栈顶),第二个分量是余下的输入。这个格局表示了如下的最右句型:

$$X_1X_2\cdots X_m a_ia_{i+1}\cdots a_n$$

它表示最右句型的方法本质上和一个移入-归约语法分析器的表示方法相同。唯一的不同之处

⊖ 其逆命题不一定成立。也就是说,多个状态可能对应于同一个文法符号。例如,图 4-31 中的 LR(0)自动机的状态 1 和 8,进入它们的都是 E 上的转换;而对于状态 2 和 9,它们都是通过 T 上的转换进入。

在于栈中存放的是状态而不是文法符号，从这些状态能够复原出相应的文法符号。也就是说，X_i 是状态 s_i 所代表的文法符号。请注意，s_0（即分析器的开始状态）不代表任何文法符号，它只是作为栈底标记，同时也在语法分析过程中担负了重要的角色。

LR 语法分析器的行为

语法分析器根据上面的格局决定下一个动作时，首先读入当前输入符号 a_i 和栈顶的状态 s_m，然后在分析动作表中查询条目 ACTOIN[s_m, a_i]。对于前面提到的四种动作，每个动作结束之后的格局如下：

1）如果 ACTION[s_m, a_i] = 移入 s，那么语法分析器执行一次移入动作；它将下一个状态 s 移入栈中，进入格局

$$(s_0 s_1 \cdots s_m s,\ a_{i+1} \cdots a_n \$)$$

符号 a_i 不需要存放在栈中，因为在需要时（在实践中从不需要 a_i）可以根据 s 恢复出 a_i。现在，当前的输入符号是 a_{i+1}。

2）如果 ACTION[s_m, a_i] = 规约 $A \to \beta$，那么语法分析器执行一次归约动作，进入格局

$$(s_0 s_1 \cdots s_{m-r} s,\ a_i a_{i+1} \cdots a_n \$)$$

其中，r 是 β 的长度，且 s = GOTO[s_{m-r}, A]。在这里，语法分析器首先将 r 个状态符号弹出栈，使状态 s_{m-r} 位于栈顶。然后，语法分析器将 s（即条目 GOTO[s_{m-r}, A] 的值）压入栈中。在一个归约动作中，当前的输入符号不会改变。对于我们将构造的 LR 语法分析器，对应于被弹出栈的状态的文法符号序列 $X_{m-r+1} \cdots X_m$ 总是等于 β，即归约使用的产生式的右部。

在一次归约动作之后，LR 语法分析器将执行和归约所用产生式关联的语义动作，生成相应的输出。我们暂时假设输出的内容仅仅包括打印出归约产生式。

3）如果 ACTION[s_m, a_i] = 接受，那么语法分析过程完成。

4）如果 ACTION[s_m, a_i] = 报错，则说明语法分析器发现了一个语法错误，并调用一个错误恢复例程。

LR 语法分析算法总结如下。所有的 LR 语法分析器都按照这个方式执行，两个 LR 语法分析器之间的唯一区别是它们的语法分析表的 ACTION 表项和 GOTO 表项中包含的信息不同。

算法 4.44 LR 语法分析算法。

输入： 一个输入串 w 和一个 LR 语法分析表，这个表描述了文法 G 的 ACTION 函数和 GOTO 函数。

输出： 如果 w 在 $L(G)$ 中，则输出 w 的自底向上语法分析过程中的归约步骤；否则给出一个错误指示。

方法： 最初，语法分析器栈中的内容为初始状态 s_0，输入缓冲区中的内容为 $w\$$。然后，语法分析器执行图 4-36 中的程序。 □

例 4.45 图 4-37 显示了表达式文法(4.1)的一个 LR 语法分析表中的 ACTION 和 GOTO 函数。下面再次给出文法(4.1)，并对它们的产生式进行编号：

(1) $E \to E + T$　　(4) $T \to F$

(2) $E \to T$　　(5) $F \to (E)$

(3) $T \to T * F$　　(6) $F \to \mathbf{id}$

各种动作在此图中的编码方法如下：

1）si 表示移入并将状态 i 压栈。

2）rj 表示按照编号为 j 的产生式进行归约。

```
令 a 为w$的第一个符号；
while(1) { /* 永远重复 */
    令 s 是栈顶的状态；
    if ( ACTION[s, a] = 移入 t ) {
        将 t 压入栈中；
        令 a 为下一个输入符号；
    } else if ( ACTION[s, a] = 归约 A → β ) {
        从栈中弹出|β|个符号；
        令 t 为当前的栈顶状态；
        将 GOTO[t, A]压入栈中；
        输出产生式 A → β;
    } else if ( ACTION[s, a] = 接受) break; /* 语法分析完成 */
    else 调用错误恢复例程；
}
```

图 4-36　LR 语法分析程序

3）acc 表示接受。

4）空白表示报错。

请注意，对于终结符号 a，GOTO[s, a]的值在 ACTION 表项中给出，这个值和在输入 a 上对应于状态 s 的移入动作一起给出。GOTO 条目给出了对应于非终结符号 A 的 GOTO[s, A]的值。我们还没有解释图 4-37 的表中各个条目是如何得到的，但很快就会来处理这个问题。

状态	ACTION						GOTO		
	id	+	*	(	)	$	E	T	F
0	s5			s4			1	2	3
1		s6				acc			
2		r2	s7		r2	r2			
3		r4	r4		r4	r4			
4	s5			s4			8	2	3
5		r6	r6		r6	r6			
6	s5			s4				9	3
7	s5			s4					10
8		s6			s11				
9		r1	s7		r1	r1			
10		r3	r3		r3	r3			
11		r5	r5		r5	r5			

图 4-37　表达式文法的语法分析表

在处理输入 **id** * **id** + **id** 时，栈和输入内容的序列显示在图 4-38 中。为清晰起见，图中还显示了与栈中状态对应的文法符号的序列。比如，在第 1 行中，LR 语法分析器位于状态 0 上。这是初始状态，没有对应的文法符号，而第一个输入符号是 **id**。图 4-37 中的动作部分第 0 行、id 列中的动作是 s5，表示应该移入，将状态 5 压栈。在第 2 行，状态符号 5 被压入到栈中，而 **id** 从输入中被删除。

	栈	符号	输入	动作
(1)	0		**id** * **id** + **id** $	移入
(2)	0 5	**id**	* **id** + **id** $	根据 $F \to$ **id** 归约
(3)	0 3	F	* **id** + **id** $	根据 $T \to F$ 归约
(4)	0 2	T	* **id** + **id** $	移入
(5)	0 2 7	$T *$	**id** + **id** $	移入
(6)	0 2 7 5	$T *$ **id**	+ **id** $	根据 $F \to$ **id** 归约
(7)	0 2 7 10	$T * F$	+ **id** $	根据 $T \to T * F$ 归约
(8)	0 2	T	+ **id** $	根据 $E \to T$ 归约
(9)	0 1	E	+ **id** $	移入
(10)	0 1 6	$E +$	**id** $	移入
(11)	0 1 6 5	$E +$ **id**	$	根据 $F \to$ **id** 归约
(12)	0 1 6 3	$E + F$	$	根据 $T \to F$ 归约
(13)	0 1 6 9	$E + T$	$	根据 $E \to E + T$ 归约
(14)	0 1	E	$	接受

图 4-38　一个 LR 语法分析器处理输入 **id** * **id** + **id** 的各个步骤

然后，∗变成了当前的输入符号，而状态5在输入为∗时的动作是根据产生式 $F \to \mathbf{id}$ 进行归约。一个状态符号被弹出栈。然后,状态0成为栈顶。因为状态0对于F的GOTO值是3，因此状态3被压到栈中。现在我们得到第3行中的格局。下面的各个动作的执行方式与此类似。 □

4.6.4 构造 SLR 语法分析表

构造语法分析表的SLR构造方法是研究LR语法分析技术的很好的起点。我们把使用这种方法构造得到的语法分析表称为SLR语法分析表，并把使用SLR语法分析表的LR语法分析器称为SLR语法分析器。另外两种SLR方法通过向前看信息来增强分析能力。

SLR方法以4.5节介绍的LR(0)项和LR(0)自动机为基础。也就是说，给定一个文法 G，我们通过添加新的开始符号 S' 得到增广文法 G'。我们根据 G' 构造出 G' 的规范项集族 C 以及GOTO函数。

然后,使用下面的算法就可以构造出这个语法分析表中的ACTION和GOTO条目。它要求我们知道输入文法的每个非终结符号 A 的FOLLOW(A)(见4.4节)。

算法 4.46 构造一个SLR语法分析表。

输入： 一个增广文法 G'。

输出： G' 的SLR语法分析表函数ACTION和GOTO。

方法：

1）构造 G' 的规范LR(0)项集族 $C = \{I_0, I_1, \cdots, I_n\}$。

2）根据 I_i 构造得到状态 i。状态 i 的语法分析动作按照下面的方法决定：

① 如果 $[A \to \alpha \cdot a\beta]$ 在 I_i 中并且 $\text{GOTO}(I_i, a) = I_j$，那么将 ACTION$[i, a]$ 设置为"移入 j"。这里 a 必须是一个终结符号。

② 如果 $[A \to \alpha \cdot]$ 在 I_i 中，那么对于FOLLOW(A)中的所有 a，将ACTION$[i, a]$ 设置为"归约 $A \to \alpha$"。这里 A 不等于 S'。

③ 如果 $[S' \to S \cdot]$ 在 I_i 中，那么将ACTION$[i, \$]$ 设置为"接受"。

如果根据上面的规则生成了任何冲突动作，我们就说这个文法不是SLR(1)的。在这种情况下，这个算法无法生成一个语法分析器。

3）状态 i 对于各个非终结符号 A 的GOTO转换使用下面的规则构造得到：如果 $\text{GOTO}(I_i, A) = I_j$，那么 $\text{GOTO}[i, A] = j$。

4）规则(2)和(3)没有定义的所有条目都设置为"报错"。

5）语法分析器的初始状态就是根据 $[S' \to \cdot S]$ 所在项集构造得到的状态。 □

由算法4.46得到的由ACTION函数和GOTO函数组成的语法分析表被称为*文法G的SLR(1)分析表*。使用 G 的SLR(1)分析表的LR语法分析器称为 G 的SLR(1)语法分析器。一个具有SLR(1)语法分析表的文法被称为是SLR(1)的。我们常常省略"SLR"后面的"(1)"，因为我们不会在这里处理向前看多个符号的语法分析器。

例 4.47 让我们为增广表达式文法构造SLR分析表。这个文法的规范LR(0)项集族如图4-31所示。首先考虑项集 I_0：

$$E' \to \cdot E$$
$$E \to \cdot E + T$$
$$E \to \cdot T$$
$$T \to \cdot T * F$$
$$T \to \cdot F$$

$$F \to \cdot\ (\ E\ )$$
$$F \to \cdot\ \mathbf{id}$$

其中的项 $F \to \cdot\ (\ E\ )$ 使得条目 ACTION[0, (] = 移入 4，项 $F \to \cdot\ \mathbf{id}$ 使得条目 ACTION[0, **id**] = 移入 5。I_0 中的其他项没有生成动作。现在考虑 I_1：

$$E' \to E\ \cdot$$
$$E \to E\ \cdot\ +\ T$$

第一个项使得 ACTION[1, \$] = 接受，第二个项使得 ACTION[1, +] = 移入 6。下一步考虑 I_2：

$$E \to T\ \cdot$$
$$T \to T\ \cdot\ \ *\ F$$

因为 FOLLOW(E) = {\$, +,)}，第一个项使得

ACTION[2, \$] = ACTION[2, +] = ACTION[2,)] = 归约 $E \to T$

第二个项使得 ACTION[2, *] = 移入 7。按照这个方式继续推导，我们就得到了图 4-37 所示的 ACTION 和 GOTO 表。在该图中，归约动作中的产生式编号和它们在原文法(4.1)中的出现顺序相同。也就是说，$E \to E + T$ 的编号为 1，$E \to T$ 的编号为 2，依此类推。□

例 4.48　每个 SLR(1) 文法都是无二义性的，但是存在很多不是 SLR(1) 的无二义性文法。考虑包含下列产生式的文法：

$$\begin{aligned} S &\to L\ =\ R \mid R \\ L &\to *\ R \mid \mathbf{id} \\ R &\to L \end{aligned} \tag{4.49}$$

将 L 和 R 分别看作代表左值和右值的文法符号，将 * 看作是代表"左值所指向的内容"的运算符[⊖]。文法 4.49 对应的规范 LR(0) 项集族显示在图 4-39 中。

I_0: $S' \to \cdot S$
　　$S \to \cdot L = R$
　　$S \to \cdot R$
　　$L \to \cdot * R$
　　$L \to \cdot\mathbf{id}$
　　$R \to \cdot L$

I_1: $S' \to S\cdot$

I_2: $S \to L\cdot = R$
　　$R \to L\cdot$

I_3: $S \to R\cdot$

I_4: $L \to *\cdot R$
　　$R \to \cdot L$
　　$L \to \cdot * R$
　　$L \to \cdot\mathbf{id}$

I_5: $L \to \mathbf{id}\cdot$

I_6: $S \to L = \cdot R$
　　$R \to \cdot L$
　　$L \to \cdot * R$
　　$L \to \cdot\mathbf{id}$

I_7: $L \to *R\cdot$

I_8: $R \to L\cdot$

I_9: $S \to L = R\cdot$

图 4-39　文法(4.49)对应的规范 LR(0)项集族

⊖ 2.8.3 节介绍过，一个左值表示了一个内存位置，而右值是一个可以存放在某个位置上的值。

考虑项集 I_2。这个项集中的第一个项使得 ACTION[2, =]是“移入6”。因为 FOLLOW(R)包含=(考虑推导过程 $S \Rightarrow L = R \Rightarrow * R = R$ 即可知原因)，第二个项将 ACTION[2, =]设置为“归约 $R \to L$”。因为在 ACTION[2, =]中既存在移入条目又存在归约条目，所以状态2在输入符号=上存在移入/归约冲突。

文法(4.49)不是二义性的。产生移入/归约冲突的原因是构造 SLR 分析器的方法功能不够强大，不能记住足够多的上下文信息。因此当它看到一个可归约为 L 的串时，不能确定语法分析器应该对输入=采取什么动作。接下来讨论的规范 LR 方法和 LALR 方法将可以成功地处理更大的文法类型，包括文法(4.49)。然而请注意，存在一些无二义性的文法使得每种 LR 语法分析器构造方法都会产生带有语法分析动作冲突的语法分析动作表。幸运的是，在处理程序设计语言时，一般都可以避免使用这样的文法。 □

4.6.5 可行前缀

为什么可以使用 LR(0)自动机来做出移入-归约决定？对于一个文法的移入-归约语法分析器，该文法的 LR(0)自动机可以刻画出可能出现在分析器栈中的文法符号串。栈中内容一定是某个最右句型的前缀。如果栈中的内容是 α 而余下的输入是 x，那么存在一个将 αx 归约到开始符号 S 的归约序列。用推导的方式表示就是 $S \overset{*}{\underset{rm}{\Rightarrow}} \alpha x$。

然而，不是所有的最右句型的前缀都可以出现在栈中，因为语法分析器在移入时不能越过句柄。比如，假设

$$E \overset{*}{\underset{rm}{\Rightarrow}} F * \mathbf{id} \underset{rm}{\Rightarrow} (E) * \mathbf{id}$$

那么在语法分析的不同时刻，栈中存放的内容可以是(、(E 和(E)，但不会是(E)*，因为(E)是句柄，语法分析器必须在移入*之前将它归约为 F。

可以出现在一个移入-归约语法分析器的栈中的最右句型前缀被称为**可行前缀**(viable prefix)。它们的定义如下：一个可行前缀是一个最右句型的前缀，并且它没有越过该最右句型的最右句柄的右端。根据这个定义，我们总是可以在一个可行前缀之后增加一些终结符号来得到一个最右句型。

SLR 分析技术基于 LR(0)自动机能够识别可行前缀这一事实。如果存在一个推导过程 $S \overset{*}{\underset{rm}{\Rightarrow}} \alpha A w \underset{rm}{\Rightarrow} \alpha \beta_1 \beta_2 w$，我们就说项 $A \to \beta_1 \cdot \beta_2$ 对于可行前缀 $\alpha\beta_1$ 有效。一般来说，一个项可以对多个可行前缀有效。

项 $A \to \beta_1 \cdot \beta_2$ 对 $\alpha\beta_1$ 有效的事实可以告诉我们很多信息。当我们在语法分析栈中发现 $\alpha\beta_1$ 时，这些信息可以帮助我们决定是进行归约还是移入。特别是，如果 $\beta_2 \neq \epsilon$，那么它告诉我们句柄还没有被全部移入到栈中，因此我们应该选择移入。如果 $\beta_2 = \epsilon$，那么看起来 $A \to \beta_1$ 就是句柄，我们应该按照这个产生式进行归约。当然，可能会有两个有效项要求我们对同一个可行前缀做不同的事情。有些这样的冲突可以通过查看下一个输入符号来解决，还有一些冲突可以通过4.8节中的方法来解决，但是我们不应该认为将 LR 方法应用于任意文法所产生的语法分析动作冲突都可以得到解决。

对于可能出现在 LR 语法分析栈中的各个可行前缀，我们可以很容易地计算出对应于这些可行前缀的有效项的集合。实际上，LR 语法分析理论的核心定理是：如果我们在某个文法的 LR(0)自动机中从初始状态开始沿着标号为某个可行前缀 γ 的路径到达一个状态，那么该状态对应的项集就是 γ 的有效项集。实质上，有效项集包含了所有能够从栈中收集到的有用信息。我们不会在这里证明这个定理，但我们将给出一个例子。

将项看作一个 NFA 的状态

如果将项本身看作状态，我们就可以构造出一个识别可行前缀的不确定有穷自动机 N。从 $A \to \alpha \cdot X\beta$ 到 $A \to \alpha X \cdot \beta$ 有一个标号为 X 的转换，并且从 $A \to \alpha \cdot B\beta$ 到 $B \to \cdot \gamma$ 有一个标号为 ϵ 的转换。那么项（N 的状态）的集合 I 的 CLOSURE(I) 恰恰就是 3.7.1 节中定义的一个 NFA 状态集合的 ϵ 闭包。由 NFA N 通过子集构造法可以得到一个 DFA。GOTO(I,X) 给出了这个 DFA 中状态 I 在符号 X 上的转换。从这个角度看，图 4-33 中的过程 items(G') 就是将子集构造方法应用于以项作为状态的 NFA N 并构造出 DFA 的过程。

例 4.50　让我们再次考虑增广表达式文法。该文法的项集和 GOTO 函数如图 4-31 所示。显然，串 $E+T*$ 是该文法的一个可行前缀。图 4-31 中的自动机在读入 $E+T*$ 之后将位于状态 7 上。状态 7 中包含了项

$$T \to T * \cdot F$$
$$F \to \cdot (E)$$
$$F \to \cdot \mathbf{id}$$

它们恰恰就是 $E+T*$ 的有效项。为了说明原因，考虑如下三个最右推导：

$$E' \underset{rm}{\Rightarrow} E \underset{rm}{\Rightarrow} E + T \underset{rm}{\Rightarrow} E + T * F$$

$$E' \underset{rm}{\Rightarrow} E \underset{rm}{\Rightarrow} E + T \underset{rm}{\Rightarrow} E + T * F \underset{rm}{\Rightarrow} E + T * (E)$$

$$E' \underset{rm}{\Rightarrow} E \underset{rm}{\Rightarrow} E + T \underset{rm}{\Rightarrow} E + T * F \underset{rm}{\Rightarrow} E + T * \mathbf{id}$$

第一个推导说明 $T \to T * \cdot F$ 是有效的，第二个推导说明 $F \to \cdot (E)$ 是有效的，第三个推导说明了 $F \to \cdot \mathbf{id}$ 是有效的。可以证明 $E+T*$ 没有其他的有效项，但我们并不会在这里证明这个事实。□

4.6.6　4.6 节的练习

练习 4.6.1：描述下列文法的所有可行前缀：

1）练习 4.2.2(1) 的文法 $S \to 0\ S\ 1 \mid 0\ 1$。

！2）练习 4.2.1 的文法 $S \to S\ S\ + \mid S\ S\ * \mid a$。

！3）练习 4.2.2(3) 的文法 $S \to S\ (\ S\ ) \mid \epsilon$。

练习 4.6.2：为练习 4.2.1 中的（增广）文法构造 SLR 项集。计算这些项集的 GOTO 函数。给出这个文法的语法分析表。这个文法是 SLR 文法吗？

练习 4.6.3：利用练习 4.6.2 得到的语法分析表，给出处理输入 $aa*a+$ 时的各个动作。

练习 4.6.4：对于练习 4.2.2(1) ~ (7) 中的各个（增广）文法：

1）构造 SLR 项集和它们的 GOTO 函数。

2）指出你的项集中的所有动作冲突。

3）如果存在 SLR 语法分析表，构造出这个语法分析表。

练习 4.6.5：说明下面的文法

$$S \to A\ a\ A\ b \mid B\ b\ B\ a$$
$$A \to \epsilon$$
$$B \to \epsilon$$

是 LL(1) 的，但不是 SLR(1) 的。

练习4.6.6：说明下面的文法

$$S \to S\ A \mid A$$
$$A \to a$$

是SLR(1)的，但不是LL(1)的。

!! **练习4.6.7**：考虑按照下面方式定义的文法族 G_n：

$$S \to A_i\ b_i \qquad \text{其中 } 1 \leqslant i \leqslant n$$
$$A_i \to a_j\ A_i \mid a_j \qquad \text{其中 } 1 \leqslant i, j \leqslant n \text{ 且 } i \neq j$$

说明：

1) G_n 有 $2n^2 - n$ 个产生式。

2) G_n 有 $2^n + n^2 + n$ 个LR(0)项集。

3) G_n 是SLR(1)的。

关于LR语法分析器的大小，这个分析结果说明了什么？

! **练习4.6.8**：我们说单个项可以看作一个不确定有穷自动机的状态，而有效项的集合就是一个确定有穷自动机的状态（见4.6.5节中的“将项看作一个NFA的状态”部分）。对于练习4.2.1的文法 $S \to S\ S\ + \mid S\ S\ * \mid a$：

1) 根据“将项看作一个NFA的状态”部分中的规则，画出这个文法的有效项的转换图（NFA）。

2) 将子集构造算法（算法3.20）应用于在(1)部分构造得到的NFA。得到的DFA和这个文法的LR(0)项集相比有什么关系？

!! 3) 说明在任何情况下，将子集构造算法应用于一个文法的有效项的NFA所得到的就是该文法的LR(0)项集。

! **练习4.6.9**：下面是一个二义性文法：

$$S \to A\ S \mid b$$
$$A \to S\ A \mid a$$

构造出这个文法的规范LR(0)项集族。如果我们试图为这个文法构造出一个LR语法分析表，必然会存在某些冲突动作。都有哪些冲突动作？假设我们使用这个语法分析表，并且在出现冲突时不确定地选择一个可能的动作。给出处理输入 *abab* 时的所有可能的动作序列。

4.7 更强大的LR语法分析器

在本节中，我们将扩展前面的LR语法分析技术，在输入中向前看一个符号。有两种不同的方法：

1)“规范LR”方法，或直接称为“LR”方法。它充分地利用了向前看符号。这个方法使用了一个很大的项集，称为LR(1)项集。

2)“向前看LR”，或称为“LALR”方法。它基于LR(0)项集族。和基于LR(1)项的典型语法分析器相比，它的状态要少很多。通过向LR(0)项中小心地引入向前看符号，我们使用LALR方法处理的文法比使用SLR方法时处理的文法更多，同时构造得到的语法分析表却不比SLR分析表大。在很多情况下，LALR方法是最合适的选择。

在介绍了这两种方法之后，我们将在本节的结尾讨论如何在一个内存有限的环境中建立简洁的LR语法分析表。

4.7.1 规范LR(1)项

现在我们将给出最通用的为文法构造LR语法分析表的技术。回顾一下，在SLR方法中，如

果项集 I_i 包含项[$A\to\alpha\cdot$]，且当前输入符号 a 在 FOLLOW(A)中，那么状态 i 就要按照 $A\to\alpha$ 进行归约。然而在某些情况下，当状态 i 出现在栈顶时，栈中的可行前缀是 $\beta\alpha$ 且在任何最右句型中 a 都不可能跟在 βA 之后，那么当输入为 a 时不应该按照 $A\to\alpha$ 进行归约。

例 4.51 让我们重新考虑例子 4.48，其中的状态 2 包含项 $R\to L\cdot$。这个项对应于上面讨论的 $A\to\alpha$，而和 a 对应的是 FOLLOW(R)中的符号 =。因此，SLR 语法分析器在下一个输入为 = 且状态为 2 时要求按照 $R\to L$ 进行归约（因为状态 2 中还包含项 $S\to L\cdot =R$，它同时还要求执行移入动作）。然而，例 4.48 的文法没有以 $R=\cdots$ 开头的最右句型。因此状态 2 只和可行前缀 L 对应，它实际上不应该执行从 L 到 R 的归约。 □

如果在状态中包含更多的信息，我们就可能排除掉一些这样的不正确的 $A\to\alpha$ 归约。在必要时，我们可以通过分裂某些状态，设法让 LR 语法分析器的每个状态精确地指明哪些输入符号可以跟在句柄 α 的后面，从而使 α 可能被归约成为 A。

将这个额外的信息加入状态中的方法是对项进行精化，使它包含第二个分量，这个分量的值为一个终结符号。项的一般形式变成了[$A\to\alpha\cdot\beta$, a]，其中 $A\to\alpha\beta$ 是一个产生式，而 a 是一个终结符号或右端结束标记 \$。我们称这样的对象为 *LR*(1)项。其中的 1 指的是第二个分量的长度。第二个分量称为这个项的*向前看符号*[⊖]。在形如[$A\to\alpha\cdot\beta$, a]且 $\beta\neq\epsilon$ 的项中，向前看符号没有任何作用，但是一个形如[$A\to\alpha\cdot$, a]的项只有在下一个输入符号等于 a 时才要求按照 $A\to\alpha$ 进行归约。因此，只有当栈顶状态中包含一个 LR(1)项[$A\to\alpha\cdot$, a]，我们才会在输入为 a 时按照 $A\to\alpha$ 进行归约。这样的 a 的集合总是 FOLLOW(A)的子集，而且如例 4.51 所示，它很可能是一个真子集。

正式地讲，我们说 LR(1)项[$A\to\alpha\cdot\beta$, a]对于一个可行前缀 γ 有效的条件是存在一个推导 $S\underset{rm}{\overset{*}{\Rightarrow}}\delta Aw\underset{rm}{\Rightarrow}\delta\alpha\beta w$，其中

1）$\gamma=\delta\alpha$，且

2）要么 a 是 w 的第一个符号，要么 w 为 ϵ 且 a 等于 \$。

例 4.52 让我们考虑文法

$$S\to B\ B$$
$$B\to a\ B\mid b$$

该文法有一个最右推导 $S\underset{rm}{\overset{*}{\Rightarrow}}aaBab\underset{rm}{\Rightarrow}aaaBab$。在上面的定义中，令 $\delta=aa$，$A=B$，$w=ab$，$\alpha=a$ 且 $\beta=B$，我们可知项[$B\to\alpha\cdot B$, a]对于可行前缀 $\gamma=aaa$ 是有效的。另外还有一个最右推导 $S\underset{rm}{\overset{*}{\Rightarrow}}BaB\underset{rm}{\Rightarrow}BaaB$。根据这个推导，我们知道项[$B\to\alpha\cdot B$, \$]是可行前缀 Baa 的有效项。 □

4.7.2 构造 LR(1)项集

构造有效 LR(1)项集族的方法实质上和构造规范 LR(0)项集族的方法相同。我们只需要修改两个过程：CLOSURE 和 GOTO。

为了理解 CLOSURE 操作的新定义，特别是理解为什么 b 必须在 FIRST(βa)中，我们考虑对某些可行前缀 γ 有效的项集合中的一个形如[$A\to\alpha\cdot B\beta, a$]的项，那么必然存在一个最右推导 $S\underset{rm}{\overset{*}{\Rightarrow}}\delta Aax\underset{rm}{\Rightarrow}\delta\alpha B\beta ax$，其中 $\gamma=\delta\alpha$。假设 βax 推导出终结符号串 by，那么对于某个形如 $B\to\eta$ 的产生式，我们有推导 $S\underset{rm}{\overset{*}{\Rightarrow}}\gamma Bby\underset{rm}{\Rightarrow}\gamma\eta by$。因此，[$B\to\cdot\eta$, b]是 γ 的有效项。请注意，b 可能是从 β 推导

⊖ 当然可以使用长度大于 1 的向前看符号串。但是这里我们不考虑这样的向前看符号串。

得到的第一个终结符号，也可能在 $\beta ax \underset{rm}{\overset{*}{\Rightarrow}} by$ 的推导过程中 β 推导出了 ϵ，因此 b 也可能是 a。总结这两种情况，我们说 b 可以是 FIRST(βax) 中的任意终结符号，其中 FIRST 是在4.4 节中定义的函数。请注意，x 不可能包含 by 的第一个终结符号，因此 FIRST(βax) = FIRST(βa)。现在我们给出 LR(1)项集的构造方法。

算法 4.53 LR(1)项集族的构造方法。

输入：一个增广文法 G'。

输出：LR(1)项集族，其中的每个项集对文法 G' 的一个或多个可行前缀有效。

方法：过程 CLOSURE 和 GOTO，以及用于构造项集的主例程 items 见图 4-40。□

```
SetOfItems CLOSURE(I) {
    repeat
        for ( I 中的每个项 [A → α·Bβ, a] )
            for ( G' 中的每个产生式 B → γ )
                for ( FIRST(βa) 中的每个终结符号 b )
                    将 [B → ·γ, b] 加入到集合 I 中;
    until 不能向 I 中加入更多的项;
    return I;
}

SetOfItems GOTO(I, X) {
    将 J 初始化为空集;
    for ( I 中的每个项 [A → α·Xβ, a])
        将项 [A → αX·β, a] 加入到集合 J 中;
    return CLOSURE(J);
}

void items(G') {
    将 C 初始化为{CLOSURE}({[S' → ·S, $]});
    repeat
        for ( C 中的每个项集 I )
            for ( 每个文法符号 X )
                if ( GOTO(I, X) 非空且不在 C 中)
                    将 GOTO(I, X) 加入 C 中;
    until 不再有新的项集加入到 C 中;
}
```

图 4-40 为文法 G' 构造 LR(1)项集族的算法

例 4.54 考虑下面的增广文法：

$$
\begin{aligned}
S' &\rightarrow S \\
S &\rightarrow C\ C \\
C &\rightarrow c\ C \mid d
\end{aligned}
\tag{4.55}
$$

我们首先计算{[$S' \rightarrow \cdot S$, \$]}的闭包。在求闭包时，我们将项[$S' \rightarrow \cdot S$, \$]和过程 CLOSURE 中的项[$A \rightarrow \alpha \cdot B\beta$, a]相匹配。也就是说，$A = S'$，$\alpha = \epsilon$，$B = S$，$\beta = \epsilon$ 和 a = \$。函数 CLOSURE 告诉我们，对于每个产生式 $B \rightarrow \gamma$ 和 FIRST(βa) 中的终结符号 b，将项[$B \rightarrow \cdot \gamma$, b]加入到闭包中。对于当前的文法，$B \rightarrow \gamma$ 就是 $S \rightarrow CC$，并且因为 β 是 ϵ 且 a 是 \$，b 只能是 \$。因此，我们增加[$S \rightarrow \cdot CC$, \$]。

我们继续计算闭包，对于在 FIRST(C \$)中的 b，加入所有的项[$C \rightarrow \cdot \gamma$, b]。也就是说，将[$S \rightarrow \cdot CC$, \$]和[$A \rightarrow \alpha \cdot B\beta$, a]相匹配，我们有 $A = S$，$\alpha = \epsilon$，$B = C$，$\beta = C$ 且 a = \$。因为 C 不会推导出空串，所以 FIRST(C \$) = FIRST(C)。因为 FIRST(C)包含终结符号 c 和 d，所以我们

加入项[$C\rightarrow\cdot cC, c$]、[$C\rightarrow\cdot cC, d$]、[$C\rightarrow\cdot d, c$]和[$C\rightarrow\cdot d, d$]。在这些项中，紧靠在点右边的都不是非终结符号，因此我们已经完成了第一个 LR(1)项集。这个初始项集是：

$$
\begin{aligned}
I_0:\ & S'\rightarrow\cdot S,\ \$\\
& S\rightarrow\cdot CC,\ \$\\
& C\rightarrow\cdot cC,\ c/d\\
& C\rightarrow\cdot d,\ c/d
\end{aligned}
$$

为表示方便，我们省略了方括号，并且使用[$C\rightarrow\cdot cC, c/d$]作为两个项[$C\rightarrow\cdot cC, c$] 和[$C\rightarrow\cdot cC, d$]的缩写。

现在我们对不同的 X 值计算 GOTO(I_0, X)。对于 $X=S$，我们必须求[$S'\rightarrow S\cdot, \$$]的闭包。因为点在最右端,所以无法加入新的项。因此我们得到下一个项集

$$I_1:\ S'\rightarrow S\cdot,\ \$$$

对于 $X=C$，我们求[$S\rightarrow C\cdot C, \$$]闭包。我们以 \$ 作为第二个分量加入 C 产生式，之后不能再加入新的项，得到：

$$
\begin{aligned}
I_2:\ & S\rightarrow C\cdot C,\ \$\\
& C\rightarrow\cdot cC,\ \$\\
& C\rightarrow\cdot d,\ \$
\end{aligned}
$$

接下来,令 $X=c$。我们必须求{[$C\rightarrow c\cdot C, c/d$]}的闭包。我们将 c/d 作为第二个分量加入 C 产生式，得到：

$$
\begin{aligned}
I_3:\ & C\rightarrow c\cdot C,\ c/d\\
& C\rightarrow\cdot cC,\ c/d\\
& C\rightarrow\cdot d,\ c/d
\end{aligned}
$$

最后，令 $X=d$，我们得到项集：

$$I_4:\ C\rightarrow d\cdot,\ c/d$$

我们已经完成了 I_0 上的 GOTO 函数。我们没有从 I_1 得到新的项集，但是 I_2 有相对于 C、c 和 d 的 GOTO 后继。对于 GOTO(I_2, C)，我们有

$$I_5:\ S\rightarrow CC\cdot,\ \$$$

它不需要进行闭包运算。为了计算 GOTO(I_2, c)，我们对{[$C\rightarrow c\cdot C, \$$]}求闭包，得到

$$
\begin{aligned}
I_6:\ & C\rightarrow c\cdot C,\ \$\\
& C\rightarrow\cdot cC,\ \$\\
& C\rightarrow\cdot d,\ \$
\end{aligned}
$$

请注意,I_6 和 I_3 只在第二个分量上有所不同。我们会经常看到一个文法的多个 LR(1)项集具有相同的第一分量，但第二分量不同。当我们为同一个文法构造规范 LR(0)项集族时，每一个 LR(0)项集将和一个或多个 LR(1)项集的第一分量集合完全一致。我们将在讨论 LALR 语法分析技术的时候更加深入地讨论这个现象。

继续计算 I_2 的 GOTO 函数，GOTO(I_2, d)就是

$$I_7:\ C\rightarrow d\cdot,\ \$$$

现在转而处理 I_3，I_3 在 c 和 d 上的 GOTO 值分别是 I_3 和 I_4。GOTO(I_3, C)是

$$I_8:\ C\rightarrow cC\cdot,\ c/d$$

I_4 和 I_5 没有 GOTO 值，因为它们的项中的点都在最右端。I_6 在 c 和 d 上的 GOTO 值分别是 I_6 和 I_7，而 GOTO(I_6, C)是

$$I_9:\ C\rightarrow cC\cdot,\ \$$$

其余的各个项集都没有 GOTO 值，因此我们完成了所有项集的计算。图 4-41 显示了这 10 个项集和它们之间的 goto 关系。□

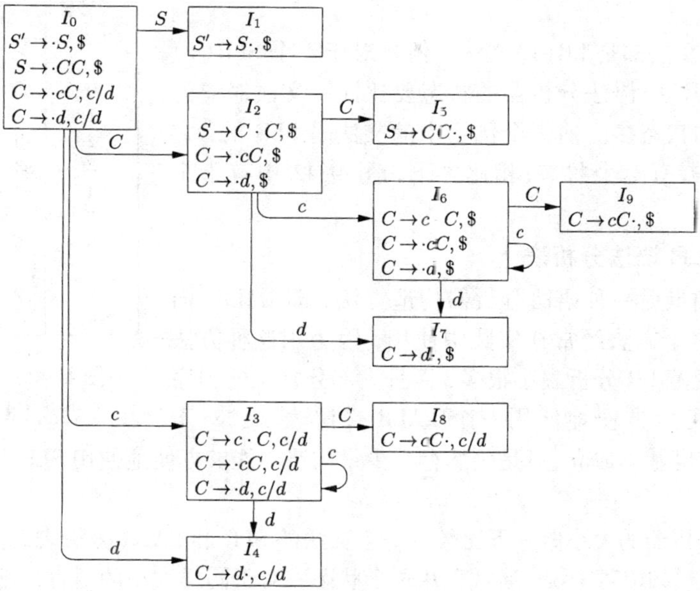

图 4-41 文法(4.55)的 GOTO 图

4.7.3 规范 LR(1)语法分析表

现在我们给出根据 LR(1)项集构造 LR(1)的 ACTION 和 GOTO 函数的规则。和前面一样，这些函数将用一个表来表示，只是表格条目中的值有所不同。

算法 4.56 规范 LR 语法分析表的构造。

输入：一个增广文法 G'。

输出：G'的规范 LR 语法分析表的函数 ACTION 和 GOTO。

方法：

1）构造 G'的 LR(1)项集族 $C' = \{I_0, I_1, \cdots, I_n\}$。

2）语法分析器的状态 i 根据 I_i 构造得到。状态 i 的语法分析动作按照下面的规则确定：

① 如果$[A \to \alpha \cdot a\beta, b]$在 I_i 中，并且 GOTO$(I_i, a) = I_j$，那么将 ACTION$[i, a]$设置为“移入j”。这里 a 必须是一个终结符号。

② 如果$[A \to \alpha \cdot, a]$在 I_i 中且 $A \neq S'$，那么将 ACTION$[i, a]$设置为“规约 $A \to \alpha$”。

③ 如果$[S' \to S \cdot, \$]$在 I_i 中，那么将 ACTION$[i, \$]$设置为“接受”。

如果根据上述规则会产生任何冲突动作，我们就说这个文法不是 LR(1)的。在这种情况下，这个算法无法为该文法生成一个语法分析器。

3）状态 i 相对于各个非终结符号 A 的 goto 转换按照下面的规则构造得到：如果 GOTO$(I_i, A) = I_j$，那么 GOTO$[i, A] = j$。

4）所有没有按照规则(2)和(3)定义的分析表条目都设为“报错”。

5）语法分析器的初始状态是由包含$[S' \to \cdot S, \$]$的项集构造得到的状态。□

由算法 4.56 生成的语法分析动作和 GOTO 函数组成的表称为规范 LR(1)语法分析表。使用这个表的 LR 语法分析器称为规范 LR(1)语法分析器。如果语法分析动作函数中不包含多重定义的条目，那么给定的文法就称为 LR(1) 文法。和前面一样，在大家都了解的情况下我们将省略“(1)”。

例 4.57 文法(4.55)的规范语法分析表如图 4-42 所示。产生式 1、2 和 3 分别是 $S \to CC$，$C \to cC$ 和 $C \to d$。 □

状态	ACTION			GOTO	
	c	d	\$	S	C
0	s3	s4		1	2
1			acc		
2	s6	s7			5
3	s3	s4			8
4	r3	r3			
5			r1		
6	s6	s7			9
7			r3		
8	r2	r2			
9			r2		

图 4-42 文法(4.55)的规范 LR 语法分析表

每个 SLR(1) 文法都是 LR(1) 文法。但是对于一个 SLR(1) 文法而言，规范 LR(1) 语法分析器的状态要比同一文法对应的 SLR 语法分析器的状态多。前一个例子中的文法是 SLR 的，它的 SLR 语法分析器有七个状态；相比之下，图 4-42 中有十个状态。

4.7.4 构造 LALR 语法分析表

现在我们介绍最后一种语法分析器构造方法，即 LALR(向前看-LR)技术。这个方法经常在实践中使用，因为用这种方法得到的分析表比规范 LR 分析表小很多，而且大部分常见的程序设计语言构造都可以方便地使用一个 LALR 文法表示。对于 SLR 文法，这一点也基本成立，只是仍然存在少量构造不能够方便地使用 SLR 技术来处理(例如，见例 4.48)。

我们对语法分析器的大小做一下比较。一个文法的 SLR 和 LALR 分析表总是具有相同数量的状态，对于像 C 这样的语言来说，通常有几百个状态。对于同样大小的语言，规范 LR 分析表通常有几千个状态。因此，构造 SLR 和 LALR 分析表要比构造规范 LR 分析表更容易，而且更经济。

为了介绍 LALR 技术，让我们再次考虑文法(4.55)。该文法的 LR(1) 项集如图 4-41 所示。让我们查看两个看起来差不多的状态，比如 I_4 和 I_7。它们都只有一个项，其第一个分量都是 $C \to d\cdot$。在 I_4 中，向前看符号是 c 或 d；在 I_7 中，\$ 是唯一的向前看符号。

为了了解 I_4 和 I_7 在语法分析器中担负的不同角色，请注意这个文法生成了正则语言 $\mathbf{c^*dc^*d}$。当读入输入 $cc\cdots cdcc\cdots cd$ 的时候，语法分析器首先将第一组 c 以及跟在它们后面的 d 移入栈中。语法分析器在读入 d 之后进入状态 4。然后，当下一个输入符号是 c 或 d 时，语法分析器按照产生式 $C \to d$ 进行一次归约。要求 c 或 d 跟在后面是有道理的，因为它们可能是 $\mathbf{c^*d}$ 中的串的开始符号。如果 \$ 跟在第一个 d 后面，我们就有形如 ccd 的输入，而它们不在这个语言中。如果 \$ 是下一个输入符号，状态 4 就会正确地报告一个错误。

语法分析器在读入第二个 d 之后进入状态 7。然后，语法分析器必须在输入中看到 \$，否则输入开头的符号串就不具有 $\mathbf{c^*dc^*d}$ 的形式。因此状态 7 应该在输入为 \$ 时按照 $C \to d$ 进行归约，而在输入为 c 或 d 的时候报告错误。

现在，我们将 I_4 和 I_7 替换为 I_{47}，即 I_4 和 I_7 的并集。这个项集包含了 $[C \to d\cdot, c/d/\$]$ 所代表的三个项。原来在输入 d 上从 I_0、I_2、I_3 到达 I_4 或 I_7 的 goto 关系现在都到达 I_{47}。状态 47 在所有输入上的动作都是归约。这个经过修改的语法分析器行为在本质上和原分析器一样。虽然在有些情况下，原分析器会报告错误，而新分析器却将 d 归约为 C。比如，在处理 ccd 或 $cdcdc$ 这样的输入时就会出现这样的情况。新的分析器最终能够找到这个错误，实际上这个错误会在移入任何新的输入符号之前就被发现。

更一般地说，我们可以寻找具有相同核心(core)的 LR(1) 项集，并将这些项集合并为一个项集。所谓项集的核心就是其第一分量的集合。比如在图 4-41 中，I_4 和 I_7 就是这样一对项集，它们的核心是 $\{C \to d\cdot\}$。类似地，I_3 和 I_6 是另一对这样的项集，它们的核心是 $\{C \to c\cdot C, C \to \cdot cC, C \to \cdot d\}$。另外，还有一对项集 I_8 和 I_9，它们的公共核心是 $\{C \to cC\cdot\}$。请注意，一般而言，一个核心就是当前正处理的文法的 LR(0)项集，一个 LR(1)文法可能产生多个具有相同核心的项集。

因为 GOTO(I, X)的核心只由 I 的核心决定，一组被合并的项集的 GOTO 目标也可以被合并。因此，当我们合并项集时可以相应地修改 GOTO 函数。动作函数也需要加以修改，以反映出被合并的所有项集的非报错动作。

假设我们有一个 LR(1)文法，也就是说，这个文法的 LR(1)项集没有产生语法分析动作冲突。如果我们将所有具有相同核心的状态替换为它们的并集，那么得到的并集有可能产生冲突。但是因为下面的原因，这种情况不大可能发生：假设在并集中有一个项[$A \to \alpha \cdot$, a]要求按照 $A \to \alpha$进行归约，同时另一个项[$B \to \beta \cdot a\gamma$, b]要求进行移入，那么就会出现在向前看符号 a 上的冲突。此时必然存在某个被合并进来的项集中包含项[$A \to \alpha \cdot$, a]，同时因为所有这些状态的核心都是相同的，所以这个被合并进来的项集中必然还包含项[$B \to \beta \cdot a\gamma$, c]，其中 c 是某个终结符号。如果这样的话，这个状态中同样也有在输入 a 上的移入/归约冲突，因此这个文法不是我们假设的 LR(1)文法。因此，合并具有相同核心的状态不会产生出原有状态中没有出现的移入/归约冲突，因为移入动作仅由核心决定，不考虑向前看符号。

然而，如下面的例子所示，合并项集可能会产生归约/归约冲突。

例 4.58 考虑文法

$$S' \to S$$
$$S \to a\ A\ d \mid b\ B\ d \mid a\ B\ e \mid b\ A\ e$$
$$A \to c$$
$$B \to c$$

该文法产生四个串 acd、ace、bcd 和 bce。读者可以构造出这个文法的 LR(1)项集，以验证该文法是 LR(1)的。完成这些工作之后，我们发现项集{[$A \to c \cdot$, d], [$B \to c \cdot$, e]}是可行前缀 ac 的有效项，{[$A \to c \cdot$, e], [$B \to c \cdot$, d]}是 bc 的有效项。这两个项集都没有冲突，并且它们的核心是相同的。然而，它们的并集，即

$$A \to c \cdot,\ d/e$$
$$B \to c \cdot,\ d/e$$

产生了一个归约/归约冲突，因为当输入为 d 或 e 的时候，这个合并项集既要求按照 $A \to c$ 进行归约，又要求按照 $B \to c$ 进行归约。 □

我们将给出两个 LALR 分析表构造算法，现在来介绍其中的第一个。这个算法的基本思想是构造出 LR(1)项集，如果没有出现冲突，就将具有相同核心的项集合并。然后我们根据合并后得到的项集族构造语法分析表。我们将要描述的方法的主要用途是定义 LRLA(1)文法。构造整个 LR(1)项集族需要的空间和时间太多，因此很少在实践中使用。

算法 4.59 一个简单，但空间需求大的 LALR 分析表的构造方法。

输入：一个增广文法 G'。

输出：文法 G'的 LALR 语法分析表函数 ACTION 和 GOTO。

方法：

1）构造 LR(1)项集族 $C = \{I_0, I_1, \cdots, I_n\}$。

2）对于 LR(1)项集中的每个核心，找出所有具有这个核心的项集，并将这些项集替换为它们的并集。

3）令 $C' = \{J_0, J_1, \cdots, J_m\}$是得到的 LR(1)项集族。状态 i 的语法分析动作是按照和算法 4.56 中的方法根据 J_i 构造得到的。如果存在一个分析动作冲突，这个算法就不能生成语法分析

器，这个文法就不是 LALR(1)的。

4) GOTO 表的构造方法如下。如果 J 是一个或多个 LR(1)项集的并集，也就是说 $J=I_1 \cup I_2 \cup \cdots \cup I_k$，那么 GOTO($I_1$, X)，GOTO(I_2, X)，…，GOTO(I_k, X)的核心是相同的，因为 I_1、I_2、…、I_k具有相同的核心。令 K 是所有和 GOTO(I_1, X)具有相同核心的项集的并集，那么 GOTO(J, X) = K。 □

算法 4.59 生成的分析表称为 G 的 *LALR 语法分析表*。如果没有语法分析动作冲突，那么给定的文法就称为 *LALR(1)文法*。在第(3)步中构造得到的项集族被称为 *LALR(1)项集族*。

例 4.60 再次考虑文法(4.55)。该文法的 GOTO 图已经显示在图 4-41 中。我们前面提到过，有三对可以合并的项集。I_3 和 I_6 被替换为它们的并集：

$$
\begin{aligned}
I_{36}:\ & C \to c \cdot C,\ c/d/\$ \\
& C \to \cdot cC,\ c/d/\$ \\
& C \to \cdot d,\ c/d/\$
\end{aligned}
$$

I_4 和 I_7 被替换为它们的并集：

$$I_{47}:\ C \to d\ \cdot,\ c/d/\$$$

I_8 和 I_9 被替换为它们的并集：

$$I_{89}:\ C \to cC\ \cdot,\ c/d/\$$$

这些压缩过的项集的 LALR 动作和 GOTO 函数显示在图 4-43 中。

要了解如何计算 GOTO 关系，考虑 GOTO(I_{36}, C)。在原来的 LR(1)项集中，GOTO(I_3, C) = I_8，而现在 I_8 是 I_{89} 的一部分，因此我们令 GOTO(I_{36}, C)为 I_{89}。如果我们考虑 I_6，即 I_{36}的另一部分，我们仍然可以得到相同的结论。也就是说，GOTO(I_6, C) = I_9，I_9 现在是 I_{89}的一部分。再举一个例子。考虑 GOTO(I_2, c)，即在状态 I_2 上输入为 c 时执行移入之后的状态。在原来的 LR(1)项集中，GOTO(I_2,C) = I_6。因为 I_6 现在是 I_{36}的一部分，所以 GOTO(I_2, c)变成了 I_{36}。因此，图 4-43 中对应于状态 2 和输入 c 的条目被设置为 s 36，表示移入并将状态 36 压入栈中。 □

状态	ACTION			GOTO	
	c	d	\$	S	C
0	s36	s47		1	2
1			acc		
2	s36	s47			5
36	s36	s47			89
47	r3	r3	r3		
5			r1		
89	r2	r2	r2		

图 4-43 例子 4.54 的文法的 LALR 分析表

当处理语言 **c * dc * d** 中的一个串时，图 4-42 的 LR 语法分析器和图 4-43 的 LALR 语法分析器执行完全相同的移入和归约动作序列，尽管栈中状态的名字有所不同。比如，在 LR 语法分析器将 I_3 或 I_6 压入栈中时，LALR 语法分析器将 I_{36}压入栈中。这个关系对于所有的 LALR 文法都成立。在处理正确的输入时，LR 语法分析器和 LALR 语法分析器将相互模拟。

在处理错误的输入时，LALR 语法分析器可能在 LR 语法分析器报错之后继续执行一些归约动作。然而，LALR 语法分析器决不会在 LR 语法分析器报错之后移入任何符号。比如，在输入为 ccd 且后面跟有 \$ 时，图 4-42 的 LR 语法分析器将

0 3 3 4

压入栈中，并且在状态 4 上发现一个错误，因为下一个输入符号是 \$ 而状态 4 在 \$ 上的动作为报错。相应地，图 4-43 中的 LALR 语法分析器将执行对应的操作，将

0 36 36 47

压入栈中。但是状态 47 在输入为 \$ 时的动作为归约 $C \to d$。因此，LALR 语法分析器将把栈中内容改为

$$0\ 36\ 36\ 89$$

现在,状态 89 在输入 $ 上的动作为归约 $C \to cC$。栈中内容变为

$$0\ 36\ 89$$

此时仍要求进行一个类似的归约，得到栈

$$0\ 2$$

最后，状态 2 在输入 $ 上的动作为报错，因此现在发现了这个错误。

4.7.5 高效构造 LALR 语法分析表的方法

我们可以对算法 4.59 进行多处修改，使得在创建 LALR(1)语法分析表的过程中不需要构造出完整的规范 LR(1)项集族。

- 首先，我们可以只使用内核项来表示任意的 LR(0)或 LR(1)项集。也就是说，只使用初始项[$S' \to \cdot S$]或[$S' \to \cdot S$, $]以及那些点不在产生式体左端的项来表示项集。
- 我们可以使用一个“传播和自发生成”的过程(我们稍后将描述这个方法)来生成向前看符号，根据 LR(0)项的内核生成 LALR(1)项的内核。
- 如果我们有了 LALR(1)内核，我们可以使用图 4-40 中的 CLOSURE 函数对各个内核求闭包，然后再把这些 LALR(1)项集当作规范 LR(1)项集族，使用算法 4.56 来计算分析表条目，从而得到 LALR(1)语法分析表。

例 4.61 我们将使用例子 4.48 中的非 SLR 文法作为一个例子，说明高效的 LALR(1)语法分析表构造方法。下面我们重新给出这个文法的增广形式：

$$S' \to S$$
$$S \to L = R \mid R$$
$$L \to * R \mid \textbf{id}$$
$$R \to L$$

这个文法的完整 LR(0)项集显示在图 4-39 中。这些项集的内核显示在图 4-44 中。 □

I_0:	$S' \to \cdot S$	I_5:	$L \to \textbf{id}\cdot$
I_1:	$S' \to S\cdot$	I_6:	$S \to L = \cdot R$
I_2:	$S \to L\cdot = R$ $R \to L\cdot$	I_7:	$L \to *R\cdot$
I_3:	$S \to R\cdot$	I_8:	$R \to L\cdot$
I_4:	$L \to *\cdot R$	I_9:	$S \to L = R\cdot$

图 4-44 文法(4.49)的 LR(0)项集的内核

现在我们必须给这些用内核表示的 LR(0)项加上正确的向前看符号，创建出 LALR(1)项集的内核。在两种情况下，向前看符号 b 可以添加到某个 LALR(1)项集 J 中的 LR(0)项 $B \to \gamma \cdot \delta$ 之上：

1) 存在一个包含内核项[$A \to \alpha \cdot \beta$, a]的项集 I，并且 $J = \text{GOTO}(I, X)$。不管 a 为何值，在按照图 4-40 的算法构造

GOTO(CLOSURE({[$A \to \alpha \cdot \beta$, a]}, X)

时得到的结果中总是包含[$B \to \gamma \cdot \delta$, b]。对于 $B \to \gamma \cdot \delta$ 而言，这个向前看符号 b 被称为自发生成的。作为一个特殊情况，向前看符号 $ 对于初始项集中的项[$S' \to \cdot S$]而言是自发生成的。

2) 其余条件和(1)相同，但是 $a = b$，且按照图 4-40 所示计算 GOTO(CLOSURE({[$A \to \alpha \cdot \beta$, b]}), X) 得到的结果中包含[$B \to \gamma \cdot \delta$, b]的原因是项 $A \to \alpha \cdot \beta$ 有一个向前看符号 b。在这种情况下，我们说向前看符号从 I 的内核中的 $A \to \alpha \cdot \beta$ 传播到了 J 的内核中的 $B \to \gamma \cdot \delta$ 上。请注意，传播关系并不取决于某个特定的向前看符号，要么所有的向前看符号都从一个项传播到另一个项，要么都不传播。

我们需要确定每个 LR(0)项集中自发生成的向前看符号，同时也要确定向前看符号从哪些

项传播到了哪些项。这个检测实际上相当简单。令#为一个不在当前文法中的符号。令 $A \to \alpha \cdot \beta$ 为项集 I 中的一个内核 LR(0)项。对每个 X 计算 $J = \text{GOTO}(\text{CLOSURE}(\{[A \to \alpha \cdot \beta, \#]\}), X)$。对于 J 中的每个内核项，我们检查它的向前看符号集合。如果#是它的向前看符号，那么向前看符号就从 $A \to \alpha \cdot \beta$ 传播到了这个项。所有其他的向前看符号都是自发生成的。这个思想在下面的算法中被精确地表达了出来。这个算法还用到了一个性质：J 中的所有内核项中点的左边都是 X，也就是说，它们必然是形如 $B \to \gamma X \cdot \delta$ 的项。

算法 4.62 确定向前看符号。

输入： 一个 LR(0)项集 I 的内核 K 以及一个文法符号 X。

输出： 由 I 中的项为 GOTO(I, X)中内核项自发生成的向前看符号，以及 I 中将其向前看符号传播到 GOTO(I, X)中内核项的项。

方法： 算法在图 4-45 中给出。 □

```
for ( K 中的每个项 A → α·β ) {
      J := CLOSURE({[A → α·β,#]} );
      if ( [B → γ·Xδ, a] 在 J 中 , 并且 a 不等于 # )
            断定 GOTO(I, X)中的项 B → γX·δ 的向前看符号 a
            是自发生成的 ;
      if ( [B → γ·Xδ, #] 在 J 中 )
            断定向前看符号从 I 中的项 A → α·β 传播到了 GOTO(I, X) 中的项
            B → γX·δ 之上 ;
}
```

图 4-45 发现传播的和自发生成的向前看符号

现在我们可以把向前看符号附加到 LR(0)项集的内核上，从而得到 LALR(1)项集。首先，我们知道 \$ 是初始 LR(0)项集中的 $S' \to \cdot S$ 的向前看符号。算法 4.62 给出了所有自发生成的向前看符号。将所有这些向前看符号列出之后，我们必须让它们不断传播，直到不能继续传播为止。有很多方法可以实现这个传播过程。从某种意义上说，所有这些方法都跟踪已经传播到某个项但是尚未传播出去的“新”向前看符号。下面的算法描述了一个将向前看符号传播到所有项中的技术。

算法 4.63 LALR(1)项集族的内核的高效计算方法。

输入： 一个增广文法 G'。

输出： 文法 G' 的 LALR(1)项集族的内核。

方法：

1）构造 G 的 LR(0)项集族的内核。如果空间资源不紧张，最简单的方法是像 4.6.2 节那样构造 LR(0)项集，然后再删除其中的非内核项。如果内存空间非常紧张，我们可以只保存各个项集的内核项，并在计算一个项集 I 的 GOTO 之前先计算 I 的闭包。

2）将算法 4.62 应用于每个 LR(0)项集的内核和每个文法符号 X，确定 GOTO(I, X)中各内核项的哪些向前看符号是自发生成的，并确定向前看符号从 I 中的哪个项被传播到 GOTO(I, X)中的内核项上。

3）初始化一个表格，表中给出了每个项集中的每个内核项相关的向前看符号。最初，每个项的向前看符号只包括那些被我们在步骤(2)中确定为自发生成的符号。

4）不断扫描所有项集的内核项。当我们访问一个项 i 时，使用步骤(2)中得到的、用表格表示的信息，确定 i 将它的向前看符号传播到了哪些内核项中。项 i 的当前向前看符号集合被加到

和这些被传播的内核项相关联的向前看符号集合中。我们继续在内核项上进行扫描，直到没有新的向前看符号被传播为止。 □

例 4.64 我们为例子 4.61 的文法构造 LALR(1) 项集的内核。这个文法的 LR(0) 项集的内核如图 4-44 所示。当我们将算法 4.62 应用于项集 I_0 的内核时，我们首先计算 CLOSURE({[$S'\to \cdot S$, #]})，即

$S'\to \cdot S$, #	$L\to \cdot *R$, #/=
$S\to \cdot L = R$, #	$L\to \cdot \mathbf{id}$, #/=
$S\to \cdot R$, #	$R\to \cdot L$, #

在这个闭包的项中，我们看到两个项中的向前看符号=是自发生成的。第一个项是 $L\to \cdot *R$。这个项中点的右边是 *，它生成了[$L\to * \cdot R$, =]。也就是说，=是 I_4 中 $L\to * \cdot R$ 的自发生成的向前看符号。类似地，[$L\to \cdot \mathbf{id}$, =]告诉我们=是 I_5 中 $L\to \mathbf{id}\cdot$ 的自发生成的向前看符号。

因为#是这个闭包中六个项的向前看符号，所以我们确定 I_0 中的项 $S'\to \cdot S$ 将它的向前看符号传播到下面的六个项中：

I_1 中的 $S'\to S\cdot$	I_4 中的 $L\to * \cdot R$
I_2 中的 $S\to L\cdot =R$	I_5 中的 $L\to \mathbf{id}\cdot$
I_3 中的 $S\to R\cdot$	I_2 中的 $R\to L\cdot$

在图 4-47 中，我们说明了算法 4.63 的步骤(3)和(4)。标号为 INIT 的列给出了各个内核项的自发生成的向前看符号。这些符号中只包括前面讨论过的=的两次出现，以及初始项 $S'\to \cdot S$ 的自发生成的向前看符号 $。

在第一趟扫描中，向前看符号 $ 从 I_0 中的 $S'\to \cdot S$ 传播到图 4-46 中列出的六个项上。向前看符号=从 I_4 中的 $L\to * \cdot R$ 传播到 I_7 中的 $L\to *R\cdot$ 和 I_8 中的 $R\to L\cdot$ 上。它还传递到它自身以及 I_5 中的 $L\to \mathbf{id}\cdot$ 上，但是这些向前看符号本来就已经存在了。在第二和第三趟扫描时，唯一被传播的新向前看符号是 $，它在第二趟扫描时被传播到 I_2 和 I_4 的后继中，并在第三趟扫描时到达 I_6 的后继中。在第四趟扫描时没有新的向前看符号被传播，因此最终的向前看符号集合如图 4-47 最右边的列所示。

自	到
I_0: $S'\to \cdot S$	I_1: $S'\to S\cdot$
	I_2: $S\to L\cdot = R$
	I_2: $R\to L\cdot$
	I_3: $S\to R\cdot$
	I_4: $L\to *\cdot R$
	I_5: $L\to \mathbf{id}\cdot$
I_2: $S\to L\cdot = R$	I_6: $S\to L = \cdot R$
I_4: $L\to *\cdot R$	I_4: $L\to *\cdot R$
	I_5: $L\to \mathbf{id}\cdot$
	I_7: $L\to *R\cdot$
	I_8: $R\to L\cdot$
I_6: $S\to L = \cdot R$	I_4: $L\to *\cdot R$
	I_5: $L\to \mathbf{id}\cdot$
	I_8: $R\to L\cdot$
	I_9: $S\to L = R\cdot$

图 4-46 向前看符号的传播

项集	项	向前看符号			
		初始值	第一趟	第二趟	第三趟
I_0:	$S'\to \cdot S$	$	$	$	$
I_1:	$S'\to S\cdot$		$	$	$
I_2:	$S\to L\cdot = R$		$	$	$
	$R\to L\cdot$		$	$	$
I_3:	$S\to R\cdot$		$	$	$
I_4:	$L\to *\cdot R$	=	=/$	=/$	=/$
I_5:	$L\to \mathbf{id}\cdot$	=	=/$	=/$	=/$
I_6:	$S\to L = \cdot R$			$	$
I_7:	$L\to *R\cdot$		=	=/$	=/$
I_8:	$R\to L\cdot$		=	=/$	=/$
I_9:	$S\to L = R\cdot$				$

图 4-47 向前看符号的计算

请注意,在例 4-48 中，使用 SLR 方法时发现的移入/归约冲突在使用 LALR 技术时消失了。虽然 I_2 中的 $S\to L\cdot=R$ 生成了在输入 = 上的移入动作，但是 I_2 中 $R\to L\cdot$ 的向前看符号只包括 \$，因此两者之间不再有冲突。□

4.7.6　LR 语法分析表的压缩

一个典型的具有 50 ~ 100 个终结符号和 100 个产生式的程序设计语言文法的 LALR 语法分析表中可能包含几百个状态。分析表的动作函数常常包含 20000 多个条目，每个条目至少需要 8 个二进制位进行编码。对于小型设备，有一个比二维数组更加高效的编码方法是很重要的。我们将简短地描述一些可以用于压缩 LR 语法分析表中的 ACTION 字段和 GOTO 字段的技术。

一个可用于压缩动作字段的技术所基于的原理是动作表中通常有很多相同的行。比如，图 4-42中的状态 0 和 3 就有相同的动作条目，状态 2 和 6 也是这样。因此,如果我们为每个状态创建一个指向一维数组的指针，我们就可以节省可观的空间，而付出的时间代价却很小。具有相同动作的状态的指针指向相同的位置。为了从这个数组获取信息，我们给各个终结符号赋予一个编号,编号范围为从零开始到终结符号总数减一。对于每个状态，这个整数编号将作为从指针值开始的偏移量。在一个给定的状态中，第 i 个终结符号对应的语法分析动作可以在该状态的指针值之后的第 i 个位置上找到。

如果为每个状态创建一个动作列表，我们可以获得更高的空间效率，但语法分析器会变慢。这个列表由(终结符号，动作)对组成。一个状态的最频繁的动作可以放在列表的结尾处，并且我们可以在这个对中原本放终结符号的地方放上符号“**any**”，表示如果没有在列表中找到当前输入，那么不管这个输入是什么，我们都选择这个动作。不仅如此，为了使得一行中的内容更加一致，我们可以把报错条目安全地替换为规约动作。对错误的检测会稍有延后，但仍可以在执行下一个移入动作之前发现错误。

例 4.65　考虑图 4-37 的语法分析表。首先，请注意状态 0、4、6 和 7 的动作是相同的。我们可以用下面的列表来表示它们：

符号	动作
id	s5
(	s4
any	error

状态 1 有一个类似的列表：

+	s6
\$	acc
any	error

在状态 2 中，我们可以把报错条目替换为 r2，因此对于除 * 之外的输入都按照产生式 2 进行归约。因此状态 2 的列表是

*	s7
any	r2

状态 3 只有报错和 r4 条目。我们可以把前者替换为后者，因此状态 3 的列表只有一个对(**any**，r4)。状态 5、10 和 11 也可以做类似处理。状态 8 的列表是

+	s6
)	s11
any	error

而状态 9 的列表是

*	s7
any	r1

□

我们也可以把 GOTO 表编码为一个列表，但这里更加高效的方法是为每个非终结符号 A 构造一个数对的列表。A 的列表中的每个对形如(当前状态，下一状态)，表示

$$\text{GOTO}[\text{当前状态}, A] = \text{下一状态}$$

这个技术很有用，因为 GOTO 表的一列中常常只有很少几个状态。原因是对于某个非终结符号 A 上的 GOTO 目标状态的项集中必然存在某些项，这些项中 A 紧靠在点的左边。对于任意两个不同的文法符号 X、Y，没有哪个 GOTO 目标项集既有点左边为 X 的项，又有点左边为 Y 的项。因此，每个状态最多只出现在 GOTO 表的一列中。

为了进一步减少使用的空间，我们注意到 GOTO 表中的报错条目从来都不会被查询到。因此，我们可以把每个报错条目替换为该列中最常用的非报错条目。这个条目变成了默认选择。在每一列的列表中，它被表示为一个“当前状态”字段为 **any** 的对。

例 4.66 再次考虑图 4-37。F 对应的列中与状态 7 对应的条目是 10，所有其他的条目所对应的要么是 3 要么报错。我们可以用 3 来替换报错条目，为 F 列创建列表

当前状态	下一状态
7	10
any	3

类似地，T 列的列表可以是

6	9
any	2

对于 E 列，我们可以选择 1 或 8 作为默认选择。这两种选择都需要两个列表条目。比如，我们可以为 E 列创建如下列表

4	8
any	1

□

这些小例子中体现出来的空间节省效果可能具有误导性。因为在这个例子和前一个例子中创建的列表中的条目数量，再加上从状态到动作列表的指针以及从非终结符号到后继状态表的指针，它们需要的空间和图 4-37 中的矩阵实现方法相比，并没有令人印象深刻的空间节省效果。但是对于现实中的文法，列表表示法所需要的空间通常比矩阵表示法所需空间少 10%。在 3.9.8 节中讨论的用于有穷自动机的表压缩方法也可以用来表示 LR 语法分析表。

4.7.7 4.7 节的练习

练习 4.7.1： 为练习 4.2.1 的文法 $S \to S\ S\ +\ |\ S\ S\ *\ |\ a$ 构造

1）规范 LR 项集族。

2）LALR 项集族。

练习 4.7.2： 对练习 4.2.2(1)～(7)的各个(增广)文法重复练习 4.7.1。

！**练习 4.7.3：** 对练习 4.7.1 的文法，使用算法 4.63，根据该文法的 LR(0)项集的内核构造出它的 LALR 项集族。

！**练习 4.7.4：** 说明下面的文法

$$S \to A\ a\ |\ b\ A\ c\ |\ d\ c\ |\ b\ d\ a$$
$$A \to d$$

是 LALR(1)的，但不是 SLR(1)的。

! **练习 4.7.5：** 说明下面的文法

$$S \to A\ a \mid b\ A\ c \mid B\ c \mid b\ B\ a$$
$$A \to d$$
$$B \to d$$

是 LR(1)的，但不是 LALR(1)的。

4.8 使用二义性文法

实际上，每个二义性文法都不是 LR 的，因此它们不在前面两节讨论的任何文法类之内。然而，某些类型的二义性文法在语言的规约和实现中很有用。对于像表达式这样的语言构造，二义性文法能提供比任何等价的无二义性文法更短、更自然的规约。二义性文法的另一个用途是隔离经常出现的语法构造，以对其进行特殊的优化。使用二义性文法，我们可以向文法中精心加入新的产生式来描述特殊情况的构造。

虽然使用的文法是二义性的，但我们在所有的情况下都会给出消除二义性的规则，使得每个句子只有一棵语法分析树。通过这个方法，语言的规约在整体上是无二义性的，有时还可以构造出遵循这个二义性解决方法的 LR 语法分析器。我们强调应该保守地使用二义性构造，并且必须在严格控制之下使用，否则无法保证一个语法分析器识别的到底是什么样的语言。

4.8.1 用优先级和结合性解决冲突

考虑带有运算符 + 和 * 的有二义性的表达式文法(4.3)。为方便起见，这里再次给出此文法：

$$E \to E + E \mid E * E \mid (E) \mid \mathbf{id}$$

这个文法是二义性的，因为它没有指明运算符 + 和 * 的优先级和结合性。无二义性的文法(4.1)(包含产生式 $E \to E + T$ 和 $T \to T * F$)生成同样的语言，但是指定 + 的优先级低于 *，并且两个运算符都是左结合的。出于两个原因，我们愿意使用这个二义性文法。第一，我们将会看到的，可以很容易地改变运算符 + 和 * 的优先级和结合性，既不需要修改文法(4.3)的产生式，也不需要改变相应语法分析器的状态数目。第二，相应无二义性文法的语法分析器将把部分时间用于归约产生式 $E \to T$ 和 $T \to F$。这两个产生式的功能就是保证结合性和优先级。二义性文法(4.3)的语法分析器不会把时间浪费在对这些单产生式(即产生式体中只包含一个非终结符号的产生式)的归约上。

使用 $E' \to E$ 增广之后的二义性表达式文法(4.3)的 LR(0)项集显示在图 4-48 中。因为文法(4.3)是二义性的，在我们试图用这些项集生成一个 LR 语法分析表时会出现分析动作冲突。对应于项集 I_7 和 I_8 的两个状态就产生了这样的冲突。假设我们使用 SLR 方法来

I_0:	$E' \to \cdot E$ $E \to \cdot E + E$ $E \to \cdot E * E$ $E \to \cdot (E)$ $E \to \cdot \mathbf{id}$	I_5:	$E \to E * \cdot E$ $E \to \cdot E + E$ $E \to \cdot E * E$ $E \to \cdot (E)$ $E \to \cdot \mathbf{id}$
I_1:	$E' \to E \cdot$ $E \to E \cdot + E$ $E \to E \cdot * E$	I_6:	$E \to (E \cdot)$ $E \to E \cdot + E$ $E \to E \cdot * E$
I_2:	$E \to (\cdot E)$ $E \to \cdot E + E$ $E \to \cdot E * E$ $E \to \cdot (E)$ $E \to \cdot \mathbf{id}$	I_7:	$E \to E + E \cdot$ $E \to E \cdot + E$ $E \to E \cdot * E$
		I_8:	$E \to E * E \cdot$ $E \to E \cdot + E$ $E \to E \cdot * E$
I_3:	$E \to \mathbf{id} \cdot$		
I_4:	$E \to E + \cdot E$ $E \to \cdot E + E$ $E \to \cdot E * E$ $E \to \cdot (E)$ $E \to \cdot \mathbf{id}$	I_9:	$E \to (E) \cdot$

图 4-48 一个增广表达式文法的 LR(0)项集

构造语法分析动作表。I_7 在输入 + 或 * 上产生了冲突，不能确定应该按照 $E \to E + E$ 归约还是应该移入。这个冲突无法解决，因为 + 和 * 都在 FOLLOW(E) 中。因此在输入为 * 或 + 时，这两种动作都被要求执行。I_8 也产生了类似的冲突，即在输入为 + 或 * 时，不能确定应该按照 $E \to E * E$ 归约还是应该移入。实际上，任意一种 LR 语法分析表构造方法都会产生这样的冲突。

然而，这些问题可以使用 + 和 * 的优先级和结合性信息来解决。考虑输入 **id** + **id** * **id**。它使得基于图 4-48 的语法分析器在处理完 **id** + **id** 之后进入状态 7。更明确地说，语法分析器进入如下的格局：

前缀	栈	输入
$E + E$	0 1 4 7	* **id** $

为方便起见，我们同时将对应于状态 1、4 和 7 的符号显示在“前缀”列中。

如果 * 的优先级高于 +，我们知道语法分析器应该将 * 移入栈中，准备将这个 * 和它两边的 **id** 符号归约为一个表达式。图 4-37 显示了根据等价的无二义性文法得到的 SLR 语法分析器。这个分析器也做出同样的选择。另一方面，如果 + 的优先级高于 *，我们知道语法分析器应该将 $E + E$ 归约为 E。因此，+ 和 * 之间的相对优先关系可以被用于解决状态 7 上的冲突，确定在输入 * 上应该按照 $E \to E + E$ 归约还是应该移入。

假如输入是 **id** + **id** + **id**，语法分析器在处理了输入 **id** + **id** 之后，仍然能获得栈内容为 0 1 4 7的格局。在输入为 + 时，状态 7 中仍然有一个移入/归约冲突。然而，现在运算符 + 的结合性可以决定如何解决这个冲突。如果 + 是左结合的，正确的动作是按照 $E \to E + E$ 进行归约。也就是说，第一个 + 号两边的 **id** 必须被分在一组。这个选择仍然和相应无二义性文法的 SLR 语法分析器的做法一致。

概括地讲，假设 + 是左结合的，状态 7 在输入 + 时的动作应该是按照 $E \to E + E$ 进行归约。假设 * 的优先级高于 +，状态 7 在输入 * 上的动作应该是移入。类似地，假设 * 是左结合的，并且它的优先级高于 +。因为只有当栈中最上端的三个符号是 $E * E$ 时，状态 8 才能出现在栈顶。我们可以认为状态 8 在输入 * 和 + 上的动作都是按照 $E \to E * E$ 归约。对于输入为 + 的情况，理由是 * 的优先级高于 +；而对于输入为 * 的情况，理由是 * 是左结合的。

状态	ACTION						GOTO
	id	+	*	(	)	$	E
0	s3			s2			1
1		s4	s5			acc	
2	s3			s2			6
3		r4	r4		r4	r4	
4	s3			s2			7
5	s3			s2			8
6		s4	s5		s9		
7		r1	s5		r1	r1	
8		r2	r2		r2	r2	
9		r3	r3		r3	r3	

图 4-49　文法(4.3)的语法分析表

按照这个方式进行处理，我们可以得到图 4-49 所示的 LR 语法分析表。产生式 1 ~ 4 分别是 $E \to E + E$、$E \to E * E$、$E \to (E)$ 和 $E \to$ **id**。很有意思的是，如果从图 4-37 所示的无二义性表达式文法(4.1)的 SLR 分析表中删除单产生式 $E \to T$ 和 $T \to F$ 的归约动作，我们可以得到一个相似的语法动作表。在使用 LALR 和规范 LR 语法分析技术时，我们也可以使用类似的方法来处理这种二义性文法。

4.8.2 “悬空-else”的二义性

再次考虑下面的条件语句文法：

stmt → **if** *expr* **then** *stmt* **else** *stmt*
　　| **if** *expr* **then** *stmt*
　　| **other**

如我们在 4.3.2 节中指出的，这个文法是二义性的，因为它没有解决悬空-else 的二义性问题。为了简化这个讨论，我们考虑这个文法的一个抽象表示，其中 i 表示 **if** *expr* **then**，e 表示 **else**，a 表示“所有其他的产生式”。那么我可以用增广产生式 $S' \to S$ 重写这个文法：

$$S' \to S$$

$$S \to i\ S\ e\ S \mid i\ S \mid a \qquad (4.67)$$

文法(4.67)的 LR(0)项集显示在图 4-50 中。因为文法(4.67)的二义性，在 I_4 中有一个移入/归约冲突。在该项集中，$S \to iS \cdot eS$ 要求将 e 移入，又因为 FOLLOW(S) = {e, \$}，项 $S \to iS \cdot$ 要求在输入为 e 的时候用 $S \to iS$ 进行归约。

I_0:	$S' \to \cdot S$ $S \to \cdot iSeS$ $S \to \cdot iS$ $S \to \cdot a$	I_3:	$S \to a\cdot$
I_1:	$S' \to S\cdot$	I_4:	$S \to iS\cdot eS$ $S \to iS$
I_2:	$S \to i\cdot SeS$ $S \to i\cdot S$ $S \to \cdot iSeS$ $S \to \cdot iS$ $S \to \cdot a$	I_5:	$S \to iSe\cdot S$ $S \to \cdot iSeS$ $S \to \cdot iS$ $S \to \cdot a$
		I_6:	$S \to iSeS\cdot$

图 4-50　增广文法(4.67)的 LR(0)状态

把这些讨论翻译回 **if-then-else** 的术语，假设栈中内容为

if *expr* **then** *stmt*

且 **else** 是第一个输入符号，我们应该将 **else** 移入栈中(即移入 e)呢？还是应该将 **if** *expr* **then** *stmt* 归约(即按照 $S \to iS$ 归约)呢？答案是我们应该移入 **else**，因为它是和前一个 **then**“相关”的。按照文法(4.67)的术语，输入中代表 **else** 的 e 只能作为以 iS 开头的产生式体的一部分，而现在栈顶内容就是 iS。如果输入中跟在 e 后面的符号不能被归约为 S，使得分析器无法归约得到完整的产生式体 $iSeS$，那么可以证明别的语法分析过程也不可能得到这个产生式体。

我们可以确定在解决 I_4 中的移入/归约冲突时应该在输入为 e 时执行移入动作。使用这个方式解决了 I_4 在输入 e 上的语法分析动作冲突之后，根据图 4-50 的项集构造得到的 SLR 语法分析表显示在图 4-51 中。产生式 1 ~ 3 分别是 $S \to iSeS$、$S \to iS$ 和 $S \to a$。

比如，在处理输入 $iiaea$ 时，根据正确的“悬空-else”冲突的解决方法，语法分析器执行了图 4-52 中所示的步骤。在第 5 行，状态 4 在输入 e 上选择了移入动作；而在第 9 行，状态 4 在输入 \$ 上要求按照 $S \to iS$ 进行归约。

状态	ACTION				GOTO
	i	e	a	\$	S
0	s2		s3		1
1				acc	
2	s2		s3		4
3		r3		r3	
4		s5		r2	
5	s2		s3		6
6		r1		r1	

图 4-51　悬空 else 文法的 LR 分析表

	栈	符号	输入	动作
(1)	0		$iiaea$\$	移入
(2)	0 2	i	$iaea$\$	移入
(3)	0 2 2	ii	aea\$	移入
(4)	0 2 2 3	iia	ea\$	根据 $S \to a$ 归约
(5)	0 2 2 4	iiS	ea\$	移入
(6)	0 2 2 4 5	$iiSe$	a\$	移入
(7)	0 2 2 4 5 3	$iiSea$	\$	根据 $S \to a$ 归约
(8)	0 2 2 4 5 6	$iiSeS$	\$	根据 $S \to iSeS$ 归约
(9)	0 2 4	iS	\$	根据 $S \to iS$ 归约
(10)	0 1	S	\$	接受

图 4-52　处理输入 $iiaea$ 时的语法分析动作

我们做一个比较，如果我们不能使用二义性文法来描述条件语句，那么我们将不得不使用例 4.16 中给出的笨拙的文法来描述。

4.8.3 LR 语法分析中的错误恢复

当 LR 语法分析器在查询语法分析动作表并发现一个报错条目时，它就检测到了一个语法错误。在查询 GOTO 表时不会发现语法错误。如果当前已扫描的输入部分不可能存在正确的后续符号串，LR 语法分析器就会立刻报错。规范 LR 语法分析器不会做任何多余的归约动作，会立刻报告错误。SLR 和 LALR 语法分析器可能会在报错之前执行几次归约动作，但是它们决不会把一个错误的输入符号移入到栈中。

在 LR 语法分析过程中，我们可以按照如下方式实现恐慌模式的错误恢复策略。我们从栈顶向下扫描，直到发现某个状态 s，它有一个对应于某个非终结符号 A 的 GOTO 目标。然后我们丢弃零个或多个输入符号，直到发现一个可能合法地跟在 A 之后的符号 a 为止。之后语法分析器将 GOTO(s, A)压入栈中，继续进行正常的语法分析。在实践中可能会选择多个这样的非终结符号 A。通常这些非终结符号代表了主要的程序段，比如表达式、语句或块。比如，如果 A 是非终结符号 *stmt*，a 就可能是分号或者}。其中，}标记了一个语句序列的结束。

这个错误恢复方法试图消除包含语法错误的短语。语法分析器确定一个从 A 推导出的串中包含错误。这个串的一部分已经被处理，并形成了栈顶部的一个状态序列。这个串的其余部分还在输入中，语法分析器则在输入中查找可以合法地跟在 A 后面的符号，从而试图跳过这个串的其余部分。通过从栈中删除状态，跳过一部分输入，并将 GOTO(s, A)压入栈中，语法分析器假装它已经找到了 A 的一个实例，并继续进行正常的语法分析。

实现短语层次错误恢复的方法如下：检查 LR 语法分析表中的每个报错条目，并根据语言的使用方法来决定程序员所犯的何种错误最有可能引起这个语法错误。然后构造出适当的恢复过程，通常会根据各个报错条目来确定适当的修改方法，修改栈顶状态和/或第一个输入符号。

在为一个 LR 语法分析器设计专门的错误处理例程时，我们可以在表的动作字段的每个空条目中填写一个指向错误处理例程的指针。该例程将执行编译器设计者所选定的恢复动作。这些动作包括在栈和/或输入中删除或插入符号，也包含替换输入符号或将输入符号换位。我们必须谨慎地做出选择，避免 LR 语法分析器陷入无限循环。一个安全的策略是保证最终至少有一个输入符号被删除或移入，并且如果到达输入结束位置时要保证栈会缩小。应该避免从栈中弹出一个和某非终结符号对应的状态，因为这样的修改相当于从栈中消除了一个已经被成功分析的语言构造。

例 4.68 再次考虑表达式文法

$$E \to E + E \mid E * E \mid (E) \mid \textbf{id}$$

图 4-49 中显示了这个文法的 LR 分析表。图 4-53中显示的是对这个分析表进行修改后得到的语法分析表。修改后的表添加了错误检测和恢复的动作。对于那些在某些输入上执行特定归约动作的状态，我们将这个状态中的报错条目替换为这个归约动作。这种修改可能会使得报错延后至一次或多次归约动作之后，但是错误仍然会在任何移入动作发生之前被发现。图 4-49 中剩余的空白项已经被替换为对错误处理与过程的调用。

状态	ACTION						GOTO
	id	+	*	(	)	$	E
0	s3	e1	e1	s2	e2	e1	1
1	e3	s4	s5	e3	e2	acc	
2	s3	e1	e1	s2	e2	e1	6
3	r4	r4	r4	r4	r4	r4	
4	s3	e1	e1	s2	e2	e1	7
5	s3	e1	e1	s2	e2	e1	8
6	e3	s4	s5	e3	s9	e4	
7	r1	r1	s5	r1	r1	r1	
8	r2	r2	r2	r2	r2	r2	
9	r3	r3	r3	r3	r3	r3	

图 4-53 带有错误处理子程序的 LR 语法分析表

错误处理例程如下：

e1：这个例程在状态 0、2、4 和 5 上被调用。所有这些状态都期望读入一个运算分量的第一个符号，这个符号可能是 **id** 或左括号，但是实际读入的却是 +、* 或输入结束标记。

将状态 3（状态 0、2、4 和 5 在输入 **id** 上的 GOTO 目标）压入栈中；

发出诊断信息"缺少运算分量。"

e2：在状态 0、1、2、4 和 5 上发现输入为右括号时调用这个过程。

从输入中删除右括号；

发出诊断信息"不匹配的右括号。"

e3：当在状态 1 和 6 上，期待读入一个运算符却发现了一个 **id** 或左括号时调用。

将状态 4（对应于符号 + 的状态）压入栈中。

发出诊断信息"缺少运算符。"

e4：当在状态 6 上发现输入结束标记时调用。

将状态 9（对应于右括号）压入栈中；

发出诊断信息"缺少右括号。"

在处理错误的输入 **id** + ）时，语法分析器进入的格局序列显示在图 4-54 中。 □

栈	符号	输入	动作
0		**id** +) $	
0 3	**id**	+) $	
0 1	E	+) $	
0 1 4	$E+$	) $	"不匹配的右括号" e2 删除了右括号
0 1 4	$E+$	$	"缺少运算分量" e1 将状态 3 压入栈中
0 1 4 3	$E+$**id**	$	
0 1 4 7	$E+E$	$	
0 1	E	$	

图 4-54 一个 LR 语法分析器所做的语法分析和错误恢复步骤

4.8.4 4.8 节的练习

! **练习 4.8.1**：下面是一个二义性文法，它描述了包含 n 个二目中缀运算符且具有 n 个不同优先级的表达式：

$$E \to E\ \theta_1\ E \mid E\ \theta_2\ E \mid \cdots \mid E\ \theta_n\ E \mid (\ E\ ) \mid \mathbf{id}$$

1）将 SLR 项集表示为 n 的函数。

2）要使得所有的运算符都是左结合的，并且 θ_1 的优先级高于 θ_2，θ_2 的优先级高于 θ_3，依次类推，我们应该如何解决 SLR 项之间的冲突？

3）根据你在（2）中的决定，给出相应的 SLR 语法分析表。

4）图 4-55 中的无二义性文法定义了相同的表达式集合。对这个文法重复（1）和（3）部分。

5）比较这两个（二义性和无二义性）文法的项集总数以及它们的语法分析表的大小，你能得出什么结论？关于二义性表达式文法的使用，这个比较结果告诉我们什么信息？

$$\begin{array}{lcl} E_1 & \to & E_1\,\theta_n\,E_2 \mid E_2 \\ E_2 & \to & E_2\,\theta_{n-1}E_3 \mid E_3 \\ & \cdots & \\ E_n & \to & E_n\ \theta_1 E_{n+1} \mid E_{n+1} \\ E_{n+1} & \to & (\ E_1\ ) \mid \mathbf{id} \end{array}$$

图 4-55 含有 n 个运算符的表达式的无二义性文法

! **练习 4.8.2**：图 4-56 给出了某种语句的文法。这些语句和练习 4.4.12 中讨论的语句类似。在这里，e 和 s 仍然是分别代表条件表达式和"其他语句"的终结符号。

1）为这个文法构造一个 LR 语法分析表，并用解决悬空-else问题的常用方法来解决其中的冲突。

2）在这个语法分析表中填入额外的归约动作或适当的错误恢复例程，实现语法分析中的错误恢复。

3）给出你的语法分析器在处理下列输入时的行为：

ⓐ **if** e **then** s ; **if** e **then** s **end**

ⓑ **while** e **do begin** s ; **if** e **then** s ; **end**

$$\begin{array}{lcl} stmt & \to & \textbf{if}\ e\ \textbf{then}\ stmt \\ & \mid & \textbf{if}\ e\ \textbf{then}\ stmt\ \textbf{else}\ stmt \\ & \mid & \textbf{while}\ e\ \textbf{do}\ stmt \\ & \mid & \textbf{begin}\ list\ \textbf{end} \\ & \mid & s \\ list & \to & list\ ;\ stmt \\ & \mid & stmt \end{array}$$

图 4-56 某类语句的文法

4.9 语法分析器生成工具

本节将介绍如何使用语法分析器生成工具来帮助构造一个编译器的前端。我们将使用 LALR 语法分析器生成工具 Yacc 作为我们讨论的基础，因为它实现了我们在前两节中讨论的很多概念，并且这个工具很容易获得。Yacc 表示“yet another compiler-compiler”，即“又一个编译器的编译器”。这个名字反映出当 S. C. Johnson 在 20 世纪 70 年代早期创建出 Yacc 的第一个版本时，语法分析器生成工具非常流行。Yacc 在 UNIX 系统中是以命令的方式出现的，它已经用于实现多个编译器产品。

4.9.1 语法分析器生成工具 Yacc

按照图 4-57 中演示的方法就可以使用 Yacc 来构造一个翻译器。首先要准备好一个文件，比如 translate. y，文件中包含了对将要构造的翻译器的规约。UNIX 系统命令

```
yacc translate.y
```

使用算法 4.63 中给出的 LALR 方法将文件 translate. y 转换成为一个名为 y. tab. c 的 C 程序。程序 y. tab. c 是一个用 C 语言编写的 LALR 语法分析器，另外还包括由用户准备的 C 语言例程。其中的 LALR 分析表是按照 4.7 节中描述的方法压缩的。使用命令

```
cc y.tab.c -ly
```
[㊀]

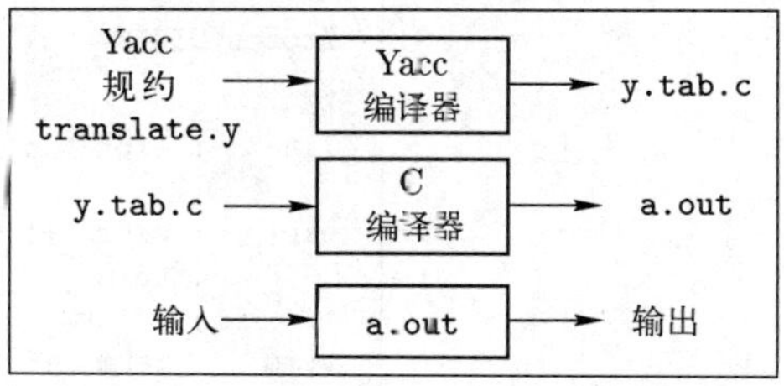

图 4-57 用 Yacc 创建一个输入/输出翻译器

对 y. tab. c 进行编译，并和包含 LR 语法分析程序的库 ly 连接，我们就得到了想要的目标程序 *a. out*。这个程序执行了由最初的 Yacc 程序 translate. y 所描述的翻译工作。如果需要其他过程，它们可以和其他的 C 程序一样，和 y. tab. c 一起编译并加载。

一个 Yacc 源程序由三个部分组成：

```
声明
%%
翻译规则
%%
辅助性 C 语言例程
```

例 4.69 为了说明如何编写一个 Yacc 源程序，我们构造一个简单的桌上计算器。该计算器读入一个算术表达式，对表达式求值，然后打印出表达式的结果。我们将从下面的算术表达式文法开始构造这个桌上计算器：

$$E \to E + T \mid T$$
$$T \to T * F \mid F$$
$$F \to (E) \mid \textbf{digit}$$

其中的词法单元 **digit** 是一个 0 ~ 9 之间的数字。根据这个文法得到的 Yacc 桌上计算器程序显示在图 4-58 中。 □

声明部分

一个 Yacc 程序的声明部分分为两节，它们都是可选的。在第一节中放置通常的 C 声明，这个声明用%{和}%括起来。那些由第二和第三部分中的翻译规则及过程使用的临时变量都在这里

㊀ 函数库的名字 ly 和具体系统相关。

声明。在图 4-58 中，这一节只包含 include 语句

```
#include <ctype.h>
```

这个语句使得 C 语言的预处理器将标准头文件 <ctype. h> 包含进来，这个头文件中包含了断言 isdigit。

在声明部分中还包括对词法单元的声明。在图 4-58 中，语句

```
%token DIGIT
```

声明 DIGIT 是一个词法单元。在这一节中声明的词法单元可以在 Yacc 规约的第二和第三部分中使用。如果向 Yacc 语法分析器传送词法单元的词法分析器是使用 Lex 创建的，那么如 3. 5. 2 节中讨论的，Lex 生成的词法分析器也可以使用这里声明的词法单元。

```
%{
#include <ctype.h>
%}

%token DIGIT

%%
line   : expr '\n'         { printf("%d\n", $1); }
       ;
expr   : expr '+' term     { $$ = $1 + $3; }
       | term
       ;
term   : term '*' factor   { $$ = $1 * $3; }
       | factor
       ;
factor : '(' expr ')'      { $$ = $2; }
       | DIGIT
       ;

%%
yylex() {
    int c;
    c = getchar();
    if (isdigit(c)) {
        yylval = c-'0';
        return DIGIT;
    }
    return c;
}
```

图 4-58 一个简单的桌上计算器的 Yacc 规约

翻译规则部分

我们将翻译规则放置在 Yacc 规约中第一个%%对之后的部分。每个规则由一个文法产生式和一个相关联的语义动作组成。我们前面写作

<产生式头>→<产生式体>$_1$ | <产生式体>$_2$ | … | <产生式体>$_n$

的一组产生式在 Yacc 中被写成:

<产生式头>: <产生式体>$_1$ {<语义动作>$_1$}
| <产生式体>$_2$ {<语义动作>$_2$}
…
| <产生式体>$_n$ {<语义动作>$_n$}
;

在一个 Yacc 产生式中，如果一个由字母和数位组成的字符串没有加引号且未被声明为词法单元，它就会被当作非终结符号处理。带引号的单个字符，比如'c'，会被当作终结符号 c 以及

它所代表的词法单元所对应的整数编码(即 Lex 将把'c'的字符编码当作整数返回给语法分析器)。不同的产生式体用竖线分开，每个产生式头以及它的可选产生式体及语义动作之后跟一个分号。第一个产生式的头符号被看作开始符号。

一个 Yacc 语义动作是一个 C 语句的序列。在一个语义动作中，符号 $$ 表示和相应产生式头的非终结符号关联的属性值，而 $i 表示和相应产生式体中第 i 个文法符号(终结符号或非终结符号)关联的属性值。当我们按照一个产生式进行归约时就会执行和该产生式相关联的语义动作，因此语义动作通常根据 $i 的值来计算 $$ 的值。在上面的 Yacc 规范中，我们将两个 E 产生式

$$E \to E + T \mid T$$

和它们的相关语义动作写作:

```
expr : expr '+' term    { $$ = $1 + $3; }
     | term
     ;
```

请注意，第一个产生式中的非终结符号 term 是该产生式体中的第三个文法符号，而 + 是第二个文法符号。与第一个产生式关联的语义动作将产生式体中的 expr 和 term 的值相加，并把结果赋给产生式头上的非终结符号 expr。我们省略了第二个产生式的语义动作，因为对于体中只包含一个文法符号的产生式，默认的语义动作就是拷贝属性值。总的来说，默认动作是{ $ $ = $ 1; }。

请注意,我们向这个 Yacc 规范中加入了一个新的开始符号产生式

```
line : expr '\n'    { printf("%d\n", $1); }
```

这个产生式说明桌面计算器的输入是一个跟着换行符的表达式。和这个产生式相关的语义动作打印出了输入表达式的十进制取值和一个换行符。

辅助性 C 语言例程部分

一个 Yacc 规约的第三部分由辅助性 C 语言例程组成。这里必须提供一个名为 yylex( )的词法分析器。用 Lex 来生成 yylex( )是一个常用的选择，见 4.9.3 节。在需要时可以添加错误恢复例程这样的过程。

词法分析器 yylex( )返回一个由词法单元名和相关属性值组成的词法单元。如果要返回一个词法单元名字，比如 DIGIT，那么这个名字必须先在 Yacc 规约的第一部分进行声明。一个词法单元的相关属性值通过一个 Yacc 定义的变量 yylval 传送给语法分析器。

图 4-58 中的词法分析器是非常原始的。它使用 C 函数 getchar( )逐个读入字符。如果字符是一个数位，这个数位的值就存放在变量 yylval 中，返回词法单元的名字 DIGIT。否则，字符本身被当作词法单元名返回。

4.9.2 使用带有二义性文法的 Yacc 规约

现在让我们修改这个 Yacc 规约，使得这个桌面计算器更加有用。首先，我们将允许桌面计算器对一个表达式序列进行求值,其中每个表达式占一行。我们还将允许表达式之间出现空行。我们将第一个规则修改为:

```
lines : lines expr '\n'    { printf("%g\n", $2); }
      | lines '\n'
      | /* empty */
      ;
```

在 Yacc 中，像第三行那样的空白产生式表示 ϵ。

其次，我们将扩展表达式的种类，使得它的语言可以包含数字，而不是单个数位，并且包含算术运算符 +、-(包括双目和单目)、* 和/。描述这类表达式的最容易的方式是使用下面的二义性文法:

$$E \to E + E \mid E - E \mid E * E \mid E / E \mid - E \mid (E) \mid \textbf{number}$$

得到的 Yacc 规约如图 4-59 所示。

```
%{
#include <ctype.h>
#include <stdio.h>
#define YYSTYPE double  /* double type for Yacc stack */
%}
%token NUMBER
%left '+' '-'
%left '*' '/'
%right UMINUS
%%

lines : lines expr '\n'   { printf("%g\n", $2); }
      | lines '\n'
      | /* empty */
      ;
expr  : expr '+' expr     { $$ = $1 + $3; }
      | expr '-' expr     { $$ = $1 - $3; }
      | expr '*' expr     { $$ = $1 * $3; }
      | expr '/' expr     { $$ = $1 / $3; }
      | '(' expr ')'      { $$ = $2; }
      | '-' expr  %prec UMINUS { $$ = - $2; }
      | NUMBER
      ;
%%
yylex() {
    int c;
    while ( ( c = getchar() ) == ' ' );
    if ( (c == '.') || (isdigit(c)) ) {
        ungetc(c, stdin);
        scanf("%lf", &yylval);
        return NUMBER;
    }
    return c;
}
```

图 4-59　一个更加先进的桌上计算器的 Yacc 规约

因为图 4-59 中 Yacc 规约的文法是二义性的，LALR 算法将会出现语法分析动作冲突。Yacc 会报告产生的语法分析动作冲突的数量。使用`-v`选项调用 Yacc 可以得到关于项集和语法分析动作冲突的描述。这个选项会产生一个附加的文件`y.output`，它包含文法的项集的内核，对 LALR 算法产生的语法分析动作冲突的描述，以及 LR 语法分析表的一个可读表示形式。这个可读表示形式显示了 Yacc 是如何解决这些语法分析动作冲突的。只要 Yacc 报告发现了语法分析动作冲突，那么最好创建并查阅`y.output`文件，了解为什么会产生这些语法分析动作冲突，并检查 Yacc 是否已经正确解决了它们。

除非另行指定，否则 Yacc 会使用下面的两个规则来解决所有的语法分析动作冲突：

1）解决一个归约/归约冲突时，选择在 Yacc 规约中列在前面的那个冲突产生式。

2）解决移入/归约冲突时总是选择移入。这个规则正确地解决了因为悬空 else 二义性而产生的移入/归约冲突。

因为这些默认规则不可能总是编译器作者需要的，所以 Yacc 提供了一个通用的机制来解决移入/归约冲突。在声明部分，我们可以给终结符号赋予优先级和结合性。声明

```
%left '+' '-'
```

使得 + 和 - 具有相同的优先级，并且都是左结合的。我们可以把一个运算符声明为右结合的，比如：

```
%right '^'
```

我们可以声明一个运算符是非结合性的二目运算符（即这个运算符的两次出现不能合并到一起），方法如下：

```
%nonassoc '<'
```

词法单元的优先级是根据它们在声明部分的出现顺序而定的。优先级最低的词法单元最先出现。同一个声明中的词法单元具有相同的优先级。因此，图 4-59 中的声明

```
%right UMINUS
```

赋予词法单元 UMINUS 的优先级要高于前面五个终结符号的优先级。

除了给各个终结符号赋予优先级，Yacc 也可以给和某个冲突相关的各个产生式赋予优先级和结合性，来解决移入/归约冲突。如果它必须在移入一个输入符号 a 和按照 $A \to \alpha$ 进行归约之间进行选择，那么当这个产生式的优先级高于 a 的优先级时，或者当两者的优先级相同但产生式是左结合的时，Yacc 就选择归约；否则就选择移入动作。

通常，一个产生式的优先级被设定为它的最右终结符号的优先级。在大多数情况下，这是一个明智的选择。比如，给定产生式

$$E \to E + E \mid E * E$$

我们将在向前看符号为 + 时按照 $E \to E + E$ 进行归约，因为产生式体中的 + 和这个向前看符号具有相同的优先级，且它是左结合的。在向前看符号为 * 时，我们将选择移入，因为这个向前看符号的优先级高于产生式体中 + 的优先级。

在那些最右终结符号不能为产生式提供正确优先级的情况下，我们可以在产生式后增加一个标记

```
%prec 〈终结符号〉
```

来指明该产生式的优先级。此时这个产生式的优先级和结合性将和这个终结符号相同，而这个终结符号的优先级和结合性应该在声明部分定义。Yacc 不会报告那些已经使用这个优先级/结合性机制解决了的移入/归约冲突。

这里的“终结符号”可以仅仅作为一个占位符，就像图 4-59 中的 UMINUS 那样。这个终结符号不会被词法分析器返回，声明它的目的仅仅是为了定义一个产生式的优先级。在图 4-59 中，声明

```
%right UMINUS
```

赋予词法单元 UMINUS 一个高于 * 和/的优先级。在翻译规则部分，产生式

```
expr  : '-' expr
```

后面的标记

```
%prec UMINUS
```

使得这个产生式中的单目减运算符具有比其他运算符更高的优先级。

4.9.3 用 Lex 创建 Yacc 的词法分析器

Lex 的作用是生成可以和 Yacc 一起使用的词法分析器。Lex 库 ll 将提供一个名为 yylex( ) 的驱动程序。Yacc 要求它的词法分析器的名字为 yylex( )。如果用 Lex 来生成词法分析器，那么我们可以将 Yacc 规约的第三部分的例程 yylex( ) 替换为语句

```
#include "lex.yy.c"
```

并令每个 Lex 动作都返回 Yacc 已知的终结符号。通过使用语句 #include "lex.yy.c"，程序 yylex 能够访问 Yacc 定义的词法单元名字，因为 Lex 的输出文件是作为 Yacc 的输出文件 y.tab.c 的一部分被编译的。

在 UNIX 系统中，如果 Lex 规约存放在文件 first.l 中，且 Yacc 规约在 second.y 中，我

们可以使用命令

```
lex first.l
yacc second.y
cc y.tab.c -ly -ll
```

来得到想要的翻译器。

```
number   [0-9]+\.?|[0-9]*\.[0-9]+
%%
[ ]      { /* skip blanks */ }
{number} { sscanf(yytext, "%lf", &yylval);
               return NUMBER; }
\n|.     { return yytext[0]; }
```

图 4-60 图 4-59 中的 yylex 的 Lex 规约

图 4-60 中的 Lex 规约可以用在图 4-59 中需要词法分析器的地方。最后的表示“任意字符”的模式必须被写作 \n|.，因为在 Lex 中，点(.)表示除了换行符之外的任意字符。

4.9.4 Yacc 中的错误恢复

Yacc 的错误恢复使用了错误产生式的形式。首先，用户定义了哪些“主要”非终结符号将具有相关的错误恢复动作。通常的选择是非终结符号的某个子集，包括那些用于生成表达式、语句、块和函数的非终结符号。然后，用户在文法中加入形如 $A \rightarrow$ **error** α 的错误产生式，其中 A 是一个主要非终结符号，α 是一个可能为空的文法符号串；**error** 是 Yacc 的一个保留字。Yacc 把这样的错误产生式当作普通产生式，根据这个规约生成一个语法分析器。

然而，当 Yacc 生成的语法分析器碰到一个错误时，它就以一种特殊的方法来处理那些对应项集包含错误产生式的状态。当碰到一个错误时，Yacc 就会从它的栈中不断弹出符号，直到它碰到一个满足如下条件的状态：该状态对应的项集包含一个形如 $A \rightarrow \cdot$ **error** α 的项。然后语法分析器就好像在输入中看到了 **error**，将虚构的词法单元 **error** 移入栈中。

当 α 为 ϵ 时，语法分析器立刻就执行一次归约到 A 的动作，并调用和产生式 $A \rightarrow$ **error** 相关的语义动作(这可能是一个用户定义的错误恢复例程)。然后语法分析器抛弃一些输入符号，直到它找到某个使它可以继续进行正常的语法分析的符号为止。

如果 α 不为空，Yacc 将向前跳过一些输入符号，寻找可以被归约为 α 的子串。如果 α 全部由终结符号组成，那么它就在输入中寻找这个终结符号串，并将它们移入到栈中进行“归约”。此时，语法分析器栈的顶部是 **error** α。然后语法分析器将把 **error** α 归约为 A，并继续进行正常的语法分析。

比如，一个形如

$$stmt \rightarrow \textbf{error} \ ;$$

的错误产生式规定语法分析器在碰到一个错误的时候要跳到下一个分号之后，并假装已经找到了一个语句。这个错误产生式的语义例程不需要处理输入，而是可以直接生成诊断消息并做出一些处理，比如设置一个标志来禁止生成目标代码。

例 4.70 图 4-61 在图 4-59 所示的 Yacc 桌上计算器中增加了错误产生式

```
lines : error '\n'
```

这个错误产生式使得这个桌上计算器在输入中发现一个语法错误时停止正常的语法分析工作。当碰到错误时，桌上计算器的语法分析器开始从它的栈中弹出符号，直到它在栈中发现一个在输入为 **error** 时执行移入动作的状态。状态 0 就是这样的一个状态(在这个例子里面，它是唯一一个这样的状态)，因为它的项包括了

```
lines→ · error '\n'
```

同时，状态 0 总是在栈的底部。语法分析器将词法单元 **error** 移入栈中，然后向前跳过输入符号，直到它发现一个换行符为止。此时，语法分析器将换行符移入到栈中，将 **error** '\n'归约为 *lines*，并发出诊断消息“请重新输入前一行”。专门的 Yacc 例程 yyerrok 将语法分析器的状态重新设置为正常操作模式。 □

```
%{
#include <ctype.h>
#include <stdio.h>
#define YYSTYPE double  /* double type for Yacc stack */
%}
%token NUMBER

%left '+' '-'
%left '*' '/'
%right UMINUS
%%

lines : lines expr '\n'   { printf("%g\n", $2); }
      | lines '\n'
      | /* empty */
      | error '\n' { yyerror("reenter previous line:");
                     yyerrok; }
      ;
expr  : expr '+' expr      { $$ = $1 + $3; }
      | expr '-' expr      { $$ = $1 - $3; }
      | expr '*' expr      { $$ = $1 * $3; }
      | expr '/' expr      { $$ = $1 / $3; }
      | '(' expr ')'       { $$ = $2; }
      | '-' expr  %prec UMINUS { $$ = - $2; }
      | NUMBER
      ;

%%
#include "lex.yy.c"
```

图 4-61 带有错误恢复的桌面计算器

4.9.5 4.9 节的练习

! **练习4.9.1：**编写一个 Yacc 程序。它以布尔表达式（如练习 4.2.2(7) 中的文法所描述的）作为输入，并计算出这个表达式的值。

! **练习4.9.2：**编写一个 Yacc 程序。它以列表（如练习 4.2.2(5) 中的文法所定义的，但是其元素可以是任意的单个字符，而不仅仅是 a）作为输入，并输出这个列表的线性表示，即这些元素的单一列表，并且元素顺序和它们在输入中的顺序相同。

! **练习4.9.3：**编写一个 Yacc 程序。它的功能是说明输入是否一个回文（即向前和向后读都一样的字符序列）。

!! **练习4.9.4：**编写一个 Yacc 程序。它以正则表达式（如练习 4.2.2(4) 中文法的定义的，但是参数可以是任意字符，而不仅仅是 a）作为输入，并输出一个能够识别相同语言的不确定有穷自动机的转换表。

4.10 第 4 章总结

- *语法分析器*。语法分析器的输入是来自词法分析器的词法单元序列。它将词法单元的名字作为一个上下文无关文法的终结符号。然后，语法分析器为它的词法单元输入序列构造出一棵语法分析树。可以象征性地构造这棵语法分析树（即仅仅遍历相应的推导步骤），也可以显式生成分析树。
- *上下文无关文法*。一个文法描述了一个终结符号集合（输入），另一个非终结符号集合（表示语法构造的符号）和一组产生式。每个产生式说明了如何从一些部件构造出某个非终结符号所代表的符号串。这些部件可以是终结符号，也可以是另外一些非终结符号所代表的串。一个产生式由头部（将被替换的非终结符号）和产生式体（用来替换的文法符号串）组成。

- **推导**。从文法的开始非终结符号出发，不断将某个非终结符号替换为它的某个产生式体的过程称为推导。如果总是替换最左(最右)的非终结符号，那么这个推导就称为最左推导(最右推导)。
- **语法分析树**。一棵语法分析树是一个推导的图形表示。在推导中出现的每一个非终结符号都在树中有一个对应结点。一个结点的子结点就是在推导中用来替换该结点对应的非终结符号的文法符号串。在同一终结符号串的语法分析树、最左推导、最右推导之间存在一一对应关系。
- **二义性**。如果一个文法的某些终结符号串有两棵或多棵语法分析树，或者等价地说有两个或多个最左推导/最右推导，那么这个文法就称为二义性文法。在实践中的大多数情况下，我们可以对一个二义性文法进行重新设计，使它变成一个描述相同语言的无二义性文法。然而，有时使用二义性文法并应用一些技巧可以得到更加高效的语法分析器。
- **自顶向下和自底向上语法分析**。语法分析器通常可以按照它们的工作方式分为自顶向下的(从文法的开始符号出发，从顶部开始构造语法分析树)和自底向上的(从构成语法分析树叶子结点的终结符号串开始，从底部开始构造语法分析树)。自顶向下的语法分析器包括递归下降语法分析器和 LL 语法分析器，而最常见的自底向上语法分析器是 LR 语法分析器。
- **文法的设计**。和自底向上语法分析器使用的文法相比，适合进行自顶向下语法分析的文法通常较难设计。我们必须要消除文法的左递归，即一个非终结符号推导出以这个非终结符号开头的符号串的情况。我们还必须提取左公因子——也就是对同一个非终结符号的具有相同的产生式体前缀的多个产生式进行分组。
- **递归下降语法分析器**。这些分析器对每个非终结符号使用一个过程。这个过程查看它的输入并确定应该对它的非终结符号应用哪个产生式。相应产生式体中的终结符号在适当的时候和输入中的符号进行匹配，而产生式体中的非终结符号则引发对它们的过程的调用。当选择了错误的产生式时，有可能需要进行回溯。
- **LL(1)语法分析器**。对于一个文法，如果只需要查看下一个输入符号就可以选择正确的产生式来扩展一个给定的非终结符号，那么这个文法就称为是 LL(1)的。这类文法允许我们构造出一个预测语法分析表。对于每个非终结符号和每个向前看符号，这个表指明了应该选择哪个产生式。在某些或所有没有合法产生式的空条目中放置错误处理例程有助于实现错误恢复。
- **移入-归约语法分析技术**。自底向上语法分析器一般按照如下方式运行：根据下一个输入符号(向前看符号)和栈中的内容，选择是将下一个输入移入栈中，还是将栈顶部的某些符号进行归约。归约步骤将栈顶部的一个产生式体替换为这个产生式的头。
- **可行前缀**。在移入-归约语法分析过程中，栈中的内容总是一个可行前缀——也就是某个最右句型的前缀，且这个前缀的结尾不会比这个句型的句柄的结尾更靠右。句柄是在这个句型的最右推导过程中在最后一步加入此句型中的子串。
- **有效项**。在一个产生式的体中某处加上一个点就得到一个项。一个项对某个可行前缀有效的条件是该项的产生式被用来生成该可行前缀对应的句型的句柄，且这个可行前缀中包括项中位于点左边的所有符号，但是不包含点右边的任何符号。
- **LR 语法分析器**。每一种 LR 语法分析器都首先构造出各个可行前缀的有效项的项集(称为 LR 状态)，并且在栈中跟踪每个可行前缀的状态。有效项集合引导语法分析器做出移入-归约决定。如果项集中某个有效项的点在产生式体的最右端，那么我们就进行归约；如果下一个输入符号出现在某个有效项的点的右边，我们就会把向前看符号移入栈中。
- **简单 LR 语法分析器**。在一个 SLR 语法分析器中，我们按照某个点在最右端的有效项进行归约的条件是：向前看符号能够在某个句型中跟在该有效项对应的产生式的头符号的后面。如果没有语法分析动作冲突，那么这个文法就是 SLR 的，就可以应用这个方法。所谓没有语法分析动作冲突，就是说对于任意项集和任意向前看符号，都不存在两个要归约的产生式，也不会同时存在归约或移入的可选动作。

- *规范 LR 语法分析器*。这是一种更复杂的 LR 语法分析器。它使用的项中增加了一个向前看符号集合。当应用这个产生式进行归约时，下一个输入符号必须在这个集合中。只有当存在一个点在最右端的有效项，并且当前的向前看符号是这个项允许的向前看符号之一时，我们才可以决定按照这个项的产生式进行归约。一个规范 LR 语法分析器可以避免某些在 SLR 语法分析器中出现的分析动作冲突，但是它的状态常常会比同一个文法的 SLR 语法分析器的状态更多。
- *向前看 LR 语法分析器*。LALR 语法分析器同时具有 SLR 语法分析器和规范 LR 语法分析器的很多优点。它将具有相同核心（忽略了相关向前看符号集合之后的项的集合）的状态合并到一起。因此，它的状态数量和 SLR 语法分析器的状态数量相同，但是在 SLR 语法分析器中出现的某些语法分析动作冲突不会出现在 LALR 语法分析器中。LALR 语法分析器是实践中经常选择的方法。
- *二义性文法的自底向上语法分析*。在很多重要的场合下，比如对算术表达式进行语法分析时，我们可以使用二义性文法，并利用一些附加的信息，比如运算符的优先级，来解决移入和归约之间的冲突，或者两个不同产生式之间的归约冲突。这样，LR 语法分析技术就被扩展应用于很多二义性文法中。
- *Yacc*。语法分析器生成工具 Yacc 以一个（可能的）二义性文法以及冲突解决信息作为输入，构造出 LALR 状态集合。然后，它生成一个使用这些状态来进行自底向上语法分析的函数。该函数在执行每一个归约动作时都会调用和相应产生式关联的函数。

4.11 第 4 章参考文献

上下文无关文法的形式化表示是作为自然语言研究的一部分由 Chomsky[5] 提出的。在两个早期语言的语法描述中也使用了这种思想。这两个语言是 Backus 的 Fortran[2] 和 Naur 的 Algol 60[26]。学者 Panini 也在公元前 400 到 200 年之间发明了一种等价的语法表示方法，用来描述梵语文法的规则。

文法二义性现象最早是由 Cantor[4] 和 Floyd[13] 观察到的。Chomsky 范式（练习 4.4.8）的思想来自[6]。[17] 中总结了上下文无关文法的理论。

递归下降语法分析技术是早期编译器（比如[16]）和编译器编写系统（比如 META[28] 和 TMG[25]）所选择的方法。LL 文法由 Lewis 和 Stearns[24] 引入。练习 4.4.5 中的递归下降方法的线性时间模拟方法来自[3]。

由 Floyd[14] 提出的最早的一种语法分析技术考虑了运算符的优先级问题。Wirth 和 Weber[29] 将这个思想推广到了语言中不包含运算符的部分。现在已经很少使用这些技术了，但是它们可以被看作是使 LR 分析技术取得进展的先驱技术。

LR 语法分析器是由 Knuth[22] 引入的，该著作首先给出了规范-LR 语法分析表。因为这个语法分析表要比当时常用计算机的主存大，所以这个方法被认为不可行的，直到 Korenjak[23] 给出了一个方法来为典型的程序设计语言生成适当大小的语法分析表。DeRemer 发明了现在使用的 LALR[8] 和 SLR[9] 方法。为二义性文法构造 LR 语法分析表的方法来自[1] 和[12]。

Jonhson 的 Yacc 很快证明了使用 LALR 语法分析器生成工具来为编译器产品生成语法分析器的可行性。Yacc 语法分析器生成工具的使用手册可以在[20] 中找到。在[10] 中描述了 Yacc 的开源版本 Bison。一个类似的基于 LALR 技术的语法分析器生成工具被称为 CUP[18]，它支持用 Java 编写的语义动作。自顶向下语法分析器生成工具包括 Antlr[27] 和 LLGen。Antlr 是一个递归下降语法分析器生成工具，它接受以 C ++、Java 或 C#编写的语义动作。LLGen 是一个基于 LL[1]的生成工具。

Dain[7]给出了一个关于语法错误处理的文献列表。

练习 4.4.9 中描述的通用动态规划语法分析算法是由 J. Cocke(未发表)和 Younger[30]以及 Kasami[21]各自独立发明的，因此被命名为“CYK 算法”。Earley[11]还发明了一种更加复杂的通用算法，它以表格的方式给出一个给定输入的各个子串的 LR-项。虽然这个算法在一般情况下的复杂度是 $O(n^3)$，但是对于无二义性文法，它的复杂度只有 $O(n^2)$。

1. Aho, A. V., S. C. Johnson, and J. D. Ullman, “Deterministic parsing of ambiguous grammars,” *Comm. ACM* **18**:8 (Aug., 1975), pp. 441–452.

2. Backus, J.W, “The syntax and semantics of the proposed international algebraic language of the Zurich-ACM-GAMM Conference,” *Proc. Intl. Conf. Information Processing*, UNESCO, Paris, (1959) pp. 125–132.

3. Birman, A. and J. D. Ullman, “Parsing algorithms with backtrack,” *Information and Control* **23**:1 (1973), pp. 1–34.

4. Cantor, D. C., “On the ambiguity problem of Backus systems,” *J. ACM* **9**:4 (1962), pp. 477–479.

5. Chomsky, N., “Three models for the description of language,” *IRE Trans. on Information Theory* **IT-2**:3 (1956), pp. 113–124.

6. Chomsky, N., “On certain formal properties of grammars,” *Information and Control* **2**:2 (1959), pp. 137–167.

7. Dain, J., “Bibliography on Syntax Error Handling in Language Translation Systems,” 1991. Available from the `comp.compilers` newsgroup; see `http://compilers.iecc.com/comparch/article/91-04-050` .

8. DeRemer, F., “Practical Translators for LR(k) Languages,” Ph.D. thesis, MIT, Cambridge, MA, 1969.

9. DeRemer, F., “Simple LR(k) grammars,” *Comm. ACM* **14**:7 (July, 1971), pp. 453–460.

10. Donnelly, C. and R. Stallman, “Bison: The YACC-compatible Parser Generator,” `http://www.gnu.org/software/bison/manual/` .

11. Earley, J., “An efficient context-free parsing algorithm,” *Comm. ACM* **13**:2 (Feb., 1970), pp. 94–102.

12. Earley, J., “Ambiguity and precedence in syntax description,” *Acta Informatica* **4**:2 (1975), pp. 183–192.

13. Floyd, R. W., “On ambiguity in phrase-structure languages,” *Comm. ACM* **5**:10 (Oct., 1962), pp. 526–534.

14. Floyd, R. W., “Syntactic analysis and operator precedence,” *J. ACM* **10**:3 (1963), pp. 316–333.

15. Grune, D and C. J. H. Jacobs, “A programmer-friendly LL(1) parser generator,” *Software Practice and Experience* **18**:1 (Jan., 1988), pp. 29–38. See also `http://www.cs.vu.nl/~ceriel/LLgen.html` .

16. Hoare, C. A. R., "Report on the Elliott Algol translator," *Computer J.* **5**:2 (1962), pp. 127–129.

17. Hopcroft, J. E., R. Motwani, and J. D. Ullman, *Introduction to Automata Theory, Languages, and Computation*, Addison-Wesley, Boston MA. 2001.

18. Hudson, S. E. et al., "CUP LALR Parser Generator in Java," Available at `http://www2.cs.tum.edu/projects/cup/`.

19. Ingerman, P. Z., "Panini-Backus form suggested," *Comm. ACM* **10**:3 (March 1967), p. 137.

20. Johnson, S. C., "Yacc — Yet Another Compiler Compiler," Computing Science Technical Report 32, Bell Laboratories, Murray Hill, NJ, 1975. Available at `http://dinosaur.compilertools.net/yacc/`.

21. Kasami, T., "An efficient recognition and syntax analysis algorithm for context-free languages," AFCRL-65-758, Air Force Cambridge Research Laboratory, Bedford, MA, 1965.

22. Knuth, D. E., "On the translation of languages from left to right," *Information and Control* **8**:6 (1965), pp. 607–639.

23. Korenjak, A. J., "A practical method for constructing LR(k) processors," *Comm. ACM* **12**:11 (Nov., 1969), pp. 613–623.

24. Lewis, P. M. II and R. E. Stearns, "Syntax-directed transduction," *J. ACM* **15**:3 (1968), pp. 465–488.

25. McClure, R. M., "TMG — a syntax-directed compiler," *PROO. 20th ACM Natl. Conf.* (1965), pp. 262–274.

26. Naur, P. et al., "Report on the algorithmic language ALGOL 60," *Comm. ACM* **3**:5 (May, 1960), pp. 299–314. See also *Comm. ACM* **6**:1 (Jan., 1963), pp. 1–17.

27. Parr, T., "ANTLR," `http://www.antlr.org/`.

28. Schorre, D. V., "Meta-II: a syntax-oriented compiler writing language," *Proc. 19th ACM Natl. Conf.* (1964) pp. D1.3-1–D1.3-11.

29. Wirth, N. and H. Weber, "Euler: a generalization of Algol and its formal definition: Part I," *Comm. ACM* 9:1 (Jan., 1966), pp. 13–23.

30. Younger, D.H., "Recognition and parsing of context-free languages in time n^3," *Information and Control* **10**:2 (1967), pp. 189–208.

第5章　语法制导的翻译

本章继续2.3节的主题：使用上下文无关文法来引导对语言的翻译。本章讨论的翻译技术将在第6章中用于类型检查和中间代码生成。这些技术也可以用于实现那些完成特殊任务的小型语言。本章包含了一个有关排版的例子。

如2.3.2节所讨论的，我们把一些属性附加到代表语言构造的文法符号上，从而把信息和一个语言构造联系起来。语法制导定义通过与文法产生式相关的语义规则来描述属性的值。比如，一个从中缀表达式到后缀表达式的翻译器可能包含如下产生式和规则：

产生式	语义规则	
$E \to E_1 + T$	$E.code = E_1.code \parallel T.code \parallel \text{'+'}$	(5.1)

这个产生式有两个非终结符号 E 和 T，E_1 的下标用于区分 E 在产生式体中的出现和 E 在产生式头部的出现。E 和 T 都有一个字符串类型的属性 *code*。上面的语义规则指明字符串 $E.code$ 是通过将 $E_1.code$、$T.code$ 和字符 + 连接起来而得到的。虽然这个规则明确指出对 E 的翻译结果是根据 E_1、T 的翻译结果和“+”构造得到的，但直接通过字符串操作来实现这个翻译过程是很低效的。

根据2.3.5节的介绍可知，语法制导的翻译方案在产生式体中嵌入了称为语义动作的程序片段。比如

$$E \to E_1 + T \quad \{\ \text{print '+'}\ \} \tag{5.2}$$

按照惯例，语义动作放在花括号之内。（对于作为文法符号出现的花括号，我们将用单引号把它们括起来，比如‘{’和‘}’。）一个语义动作在产生式体中的位置决定了这个动作的执行顺序。在产生式(5.2)中，语义动作出现在所有文法符号之后。一般情况下，语义动作可以出现在产生式体中的任何位置。

对于这两种标记方法，语法制导定义更加易读，因此更适合作为对翻译的规约。而翻译方案更加高效，因此更适合用于翻译的实现。

最通用的完成语法制导翻译的方法是先构造一棵语法分析树，然后通过访问这棵树的各个结点来计算结点的属性值。在很多情况下，翻译可以在扫描分析过程中完成，不需要构造出明确的语法分析树。因此，我们将研究一类称为“L属性翻译”（L代表从左到右）的语法制导翻译方案，这一类方案实际上包含了所有可以在语法分析过程中完成的翻译方案。我们还将研究一个较小的类别，称为“S属性翻译方案”（S代表综合），这类方案可以很容易地和自底向上语法分析过程联系起来。

5.1　语法制导定义

语法制导定义（Syntax-Directed Definition，SDD）是一个上下文无关文法和属性及规则的结合。属性和文法符号相关联，而规则和产生式相关联。如果 X 是一个符号而 a 是 X 的一个属性，那么我们用 $X.a$ 来表示 a 在某个标号为 X 的分析树结点上的值。如果我们使用记录或对象来实现这个语法分析树的结点，那么 X 的属性可以被实现为代表 X 的结点的记录的数据字段。属性可以有多种类型，比如数字、类型、表格引用或串。这些串甚至可能是很长的代码序列，比如编译器使用的中间语言的代码。

5.1.1 继承属性和综合属性

我们将处理非终结符号的两种属性：

1）综合属性(synthesized attribute)：在分析树结点 N 上的非终结符号 A 的综合属性是由 N 上的产生式所关联的语义规则来定义的。请注意，这个产生式的头一定是 A。结点 N 上的综合属性只能通过 N 的子结点或 N 本身的属性值来定义。

2）继承属性(inherited attribute)：在分析树结点 N 上的非终结符号 B 的继承属性是由 N 的父结点上的产生式所关联的语义规则来定义的。请注意，这个产生式的体中必然包含符号 B。结点 N 上的继承属性只能通过 N 的父结点、N 本身和 N 的兄弟结点上的属性值来定义。

另一种定义继承属性的方法

即使我们允许结点 N 上的一个继承属性 $B.c$ 通过 N 的子结点、N 本身、N 的父结点和兄弟结点上的属性值来定义，我们可以定义的翻译的种类并不会增加。这样的规则可以通过创建附加的 B 的属性，比如 $B.c_1$、$B.c_2$、… 来模拟。这些都是综合属性，用于把标号为 B 的结点的子结点上的属性拷贝过来。然后，我们使用属性 $B.c_1$、$B.c_2$、…来替换子结点属性，按照继承属性的方法计算得到 $B.c$。在实践中很少需要这种属性。

我们不允许结点 N 上的继承属性通过 N 的子结点上的属性值来定义，但是我们允许结点 N 上的一个综合属性通过结点 N 本身的继承属性来定义。

终结符号可以具有综合属性，但是不能有继承属性。终结符号的属性值是由词法分析器提供的词法值，在 SDD 中没有计算终结符号的属性值的语义规则。

例 5.1 图 5-1 中的 SDD 基于我们熟悉的带有运算符 * 和 + 的算术表达式文法。它对一个以 **n** 作为结尾标记的表达式求值。在这个 SDD 中，每个非终结符号具有唯一的被称为 *val* 的综合属性。我们同时假设终结符号 **digit** 具有一个综合属性 **lexval**，它是由词法分析器返回的整数值。 □

产生式	语义规则
1) $L \to E$ **n**	$L.val = E.val$
2) $E \to E_1 + T$	$E.val = E_1.val + T.val$
3) $E \to T$	$E.val = T.val$
4) $T \to T_1 * F$	$T.val = T_1.val \times F.val$
5) $T \to F$	$T.val = F.val$
6) $F \to (E)$	$F.val = E.val$
7) $F \to$ **digit**	$F.val =$ **digit**.lexval

图 5-1 一个简单的桌上计算器的语法制导定义

产生式 1 $L \to E$ **n** 的规则将 $L.val$ 设置为 $E.val$。我们将看到，它就是整个表达式的值。

产生式 2 $E \to E_1 + T$ 也有一个规则。它计算出 E_1 和 T 的值的和，作为产生式头 E 的 *val* 属性的值。在任何标号为 E 的语法分析树结点 N 上，E 的 *val* 值是 N 的两个子结点(标号分别为 E 和 T)上的 *val* 值的和。

产生式 3 $E \to T$ 有唯一的规则，它定义了 E 的 *val* 值和对应于 T 的子结点的 *val* 值相同。产生式 4 和第二个产生式类似，它的规则将子结点的值相乘，而不是相加。产生式 5 和 6 的规则和第三个产生式的规则类似，它们拷贝子结点的值。产生式 7 给 $F.val$ 赋予一个 digit 的值，即由词法分析器返回的词法单元 **digit** 的数值。 □

一个只包含综合属性的 SDD 称为 *S* 属性(S-attribute)的 SDD，图 5-1 中的 SDD 就具有这个性质。在一个 S 属性的 SDD 中，每个规则都根据相应产生式的产生式体中的属性值来计算产生式头部非终结符号的一个属性。

为简单起见，本节中的语义规则没有副作用。在实践中，允许 SDD 具有一些副作用会带来一些方便。比如允许打印桌上计算器计算得到的结果，或者和一个符号表进行交互。等到在 5.2

节中讨论了属性的求值顺序之后，我们将允许语义规则计算任意的函数，这些函数可能会有副作用。

一个 S 属性的 SDD 可以和一个 LR 语法分析器一起自然地实现。实际上，图 5-1 中的 SDD 是图 4-58 中的 Yacc 程序的另一种表示，该程序演示了在 LR 语法分析过程中进行翻译的过程。两者的区别在于，Yacc 程序在产生式 1 的规则中通过副作用打印了 *E. val* 的值，而不是定义属性 *L. val*。

一个没有副作用的 SDD 有时也称为*属性文法*(attribute grammar)。一个属性文法的规则仅仅通过其他属性值和常量值来定义一个属性值。

5.1.2 在语法分析树的结点上对 SDD 求值

在语法分析树上进行求值有助于将 SDD 所描述的翻译方案可视化，虽然翻译器实际上不需要构建语法分析树。因此，我们想象一下在应用一个 SDD 的规则之前首先构造出一棵语法分析树，然后再使用这些规则对这棵语法分析树上的各个结点上的所有属性进行求值。一个显示了它的各个属性的值的语法分析树称为*注释语法分析树*(annotated parse tree)。

我们如何构造一棵注释语法分析树呢？我们按照什么顺序来计算各个属性？在我们对一棵语法分析树的某个结点的一个属性进行求值之前，必须首先求出这个属性值所依赖的所有属性值。比如，如例 5.1 所示，所有的属性都是综合属性，那么在我们对一个结点上的 *val* 属性求值之前，必须求出该结点的所有子结点的属性 *val* 的值。

对于综合属性，我们可以按照任何自底向上的顺序计算它们的值，比如对语法分析树进行后序遍历的顺序。对于 S 属性定义的求值将在 5.2.3 节中讨论。

对于同时具有继承属性和综合属性的 SDD，不能保证有一个顺序来对各结点上的属性进行求值。比如，考虑非终结符号 *A* 和 *B*，它们分别具有综合属性 *A. s* 和继承属性 *B. i*。同时它们的产生式和规则如下：

产生式	语义规则
$A \to B$	$A.s = B.i;$
	$B.i = A.s + 1$

这些规则是循环定义的。不可能首先求出结点 *N* 上的 *A. s* 或 *N* 的子结点上的 *B. i* 中的一个的值，然后再求出另一个的值。一棵语法分析树的某个结点对上的 *A. s* 和 *B. i* 之间的循环依赖关系如图 5-2 所示。

从计算的角度看，给定一个 SDD，很难确定是否存在某棵语法分析树使得 SDD 的属性值之间具有循环依赖关系[⊖]。幸运的是，存在一个 SDD 的有用子类，它们能够保证对每棵语法分析树都存在一个求值顺序。我们将在 5.2 节中介绍这类 SDD。

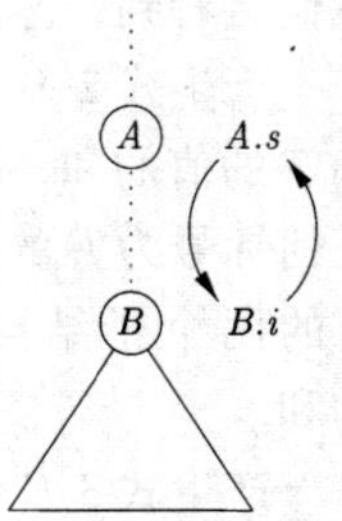

图 5-2 *A. s* 和 *B. i* 之间的循环依赖

例 5.2 图 5-3 显示了一个对应于输入串 3 * 5 + 4**n** 的注释语法分析树，该分析树是利用图 5-1 的文法和规则构造得到的。我们假定 *lexval* 的值由词法分析器提供。对应于非终结符号的每个结点都有一个按自底向上顺序计算得到的 *val* 属性。在图中我们可以看到每个结点都关联了一个结果值。比如，在图中结点 * 的父结点上，当计算得到它的第一和第三个子结点上的 *T. val* = 3 和 *F. val* = 5 之后，我们应用了相应的规则，指明 *T. val* 就是这

⊖ 简单地讲，虽然这个问题是可判定的，但即使 $\mathcal{P}=\mathcal{NP}$ 成立，它也不可能使用多项式时间的算法来求解，因为它具有指数的时间复杂性。

两个值的乘积，即15。 □

当一棵语法分析树的结构和源代码的抽象语法不“匹配”时，继承属性是很有用的。因为文法不是为了翻译而定义的，而是以语法分析为目的进行定义的，因此可能会产生这种不匹配的情况。下面的例子显示了如何使用继承属性来解决这个问题。

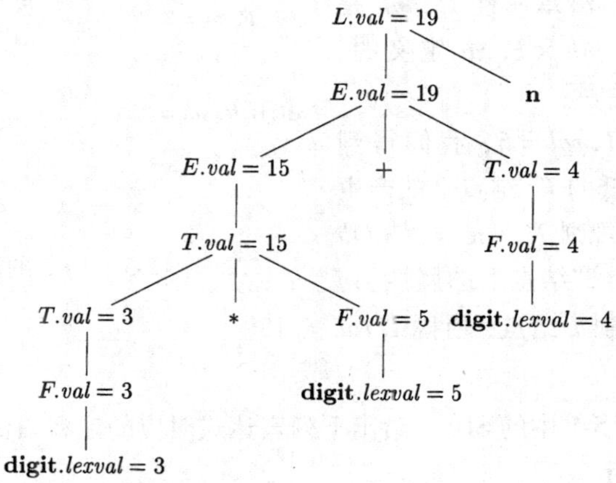

图5-3 $3*5+4\mathbf{n}$ 的注释语法分析树

例5.3 图5-4中的SDD计算诸如 $3*5$ 和 $3*5*7$ 这样的项。处理输入 $3*5$ 的自顶向下语法分析过程首先使用了产生式 $T\to FT'$。这里，F 生成了数位3，但是运算符 $*$ 由 T' 生成。因此，左运算分量3和运算符 $*$ 位于不同的子树中。我们将使用一个继承属性来把这个运算分量传递给运算符 $*$。

这个例子中的文法摘自常见的表达式文法的无左递归版本，我们在4.4节中使用这个文法作为说明自顶向下语法分析的例子。

非终结符号 T 和 F 各自有一个综合属性 val，终结符号 **digit** 有一个综合属性 $lexval$。非终结符号 T' 具有两个属性：继承属性 inh 和综合属性 syn。

	产生式	语义规则
1)	$T\to F\ T'$	$T'.inh = F.val$ $T.val = T'.syn$
2)	$T'\to *\ F\ T_1'$	$T_1'.inh = T'.inh\times F.val$ $T'.syn = T_1'.syn$
3)	$T'\to\epsilon$	$T'.syn = T'.inh$
4)	$F\to$ **digit**	$F.val =$ **digit**$.lexval$

图5-4 一个基于适用于自顶向下语法分析的文法的SDD

这些语义规则基于如下思想：运算符 $*$ 的左运算分量是通过继承得到的。更准确地说，产生式 $T'\to *TF_1'$ 的头 T' 继承了产生式体中 $*$ 的左运算分量。给定一个项 $x*y*z$，对应于 $*y*z$ 的子树的根结点继承了 x 的值。对应于 $*z$ 的子树的根结点继承了 $x*y$ 的值。如果项中还有更多的因子，我们可以继续这样的处理过程。当所有的因子都处理完毕后，这个结果就通过综合属性向上传递到树的根部。

为了了解如何使用这些语义规则，考虑图5-5中对应于 $3*5$ 的注释语法分析树。这棵语法分析树中最左边的标号为 **digit** 的叶子结点具有属性值 $lexval=3$，其中的3是由词法分析器提供的。它的父结点对应于产生式4，即 $F\to$ **digit**。和这个产生式相关的唯一语义规则定义 $F.val=$ **digit**$.lexval$，等于3。

在根结点的第二个子结点上，继承属性$T'.inh$根据和产生式 1 关联的语义规则$T'.inh = F.val$ 定义。因此，运算符 $*$ 的左运算分量 3 从根结点的左子结点传递到右子结点。

对应于 T'的结点的产生式是 $T' \rightarrow * FT'_1$。(我们保留了注释语法分析树中的下标 1，以区分树中的两个 T'结点。)继承属性 $T'_1.inh$ 是由语义规则 $T'_1.inh = T'.inh \times F.val$ 定义的，这个规则和产生式 2 相关联。

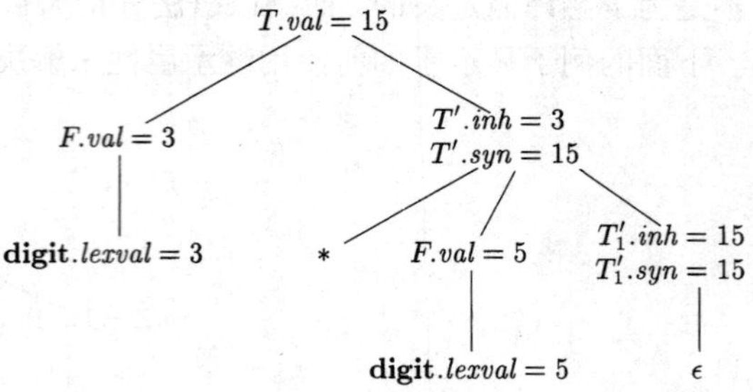

图 5-5 3 * 5 的注释语法分析树

已知 $T'.inh = 3$ 且 $F.val = 5$，我们得到 $T'_1.inh = 15$。在层次较低的 T'_1 结点上的产生式是 $T' \rightarrow \epsilon$。相应的语义规则 $T'.syn = T'.inh$ 定义了 $T'_1.syn = 15$。各个 T'结点上的属性 syn 将值 15 沿着树向上传递到 T 结点，使得 $T.val = 15$。 □

5.1.3 5.1 节的练习

练习 5.1.1：对于图 5-1 中的 SDD，给出下列表达式对应的注释语法分析树：

1) $(3+4)*(5+6)$**n**

2) $1*2*3*(4+5)$**n**

3) $(9+8*(7+6)+5)*4$**n**

练习 5.1.2：扩展图 5-4 中的 SDD，使它可以像图 5-1 所示的那样处理表达式。

练习 5.1.3：使用你在练习 5.1.2 中得到的 SDD，重复练习 5.1.1。

5.2 SDD 的求值顺序

依赖图(dependency graph)是一个有用的工具，它可以确定一棵给定的语法分析树中各个属性实例的求值顺序。注释语法分析树显示了各个属性的值，而依赖图可以帮助我们确定如何计算这些值。

在本节中，除了依赖图，我们还定义了两类重要的 SDD："S 属性"SDD 和更加通用的"L 属性"SDD。使用这两类 SDD 描述的翻译方案可以和我们已经研究过的语法分析方法很好地结合在一起。并且在实践中遇到的大部分翻译方案可以按照这两类 SDD 中的至少一类的要求写出来。

5.2.1 依赖图

依赖图描述了某个语法分析树中的属性实例之间的信息流。从一个属性实例到另一个实例的边表示计算第二个属性实例时需要第一个属性实例的值。图中的边表示语义规则所蕴涵的约束。更详细地说：

- 对于每个语法分析树的结点，比如一个标号为文法符号 X 的结点，和 X 关联的每个属性都在依赖图中有一个结点。
- 假设和产生式 p 关联的语义规则通过 $X.c$ 的值定义了综合属性 $A.b$ 的值(这个规则定义 $A.b$ 时可能还用到了 $X.c$ 之外的其他属性)。那么，相应的依赖图中有一条从 $X.c$ 到 $A.b$ 的边。更准确地讲，在每个标号为 A 且应用了产生式 p 的结点 N 上，创建一条从该产生式体中的符号 X 的实例所对应的 N 的子结点上的属性 c 到 N 上的属性 b 的边。[⊖]

⊖ 因为一个结点 N 可能有多个标号为 X 的子结点，我们再次假设使用下标来区分同一个符号在这个产生式的不同位置上的多次使用。

- 假设和产生式 p 关联的一个语义规则通过 $X.a$ 的值定义了继承属性 $B.c$ 的值。那么，在相应的依赖图中有一条从 $X.a$ 到 $B.c$ 的边。对于每个标号为 B、对应于产生式 p 中的这个 B 的结点 N，创建一条从结点 M 上的属性 a 到 N 上的属性 c 的边。这里的 M 对应于这个 X。请注意，M 可以是 N 的父结点或者兄弟结点。

例 5.4 考虑下面的产生式和规则：

产生式	语义规则
$E \to E_1 + T$	$E.val = E_1.val + T.val$

在每个标号为 E，且其子结点对应于这个产生式体的结点 N 上，N 上的综合属性 val 使用两个子结点（标号分别为 E 和 T）上的 val 值计算得到。因此，对于每个使用了这个产生式的语法分析树，该树的依赖图中有一部分如图 5-6 所示。作为惯例，我们将把语法分析树的边显示为虚线，而依赖图的边显示为实线。□

例 5.5 一个完整的依赖图的例子如图 5-7 所示。这个依赖图的结点用数字 1 ~ 9 表示，对应于图 5-5 中的注释语法分析树中的各个属性。

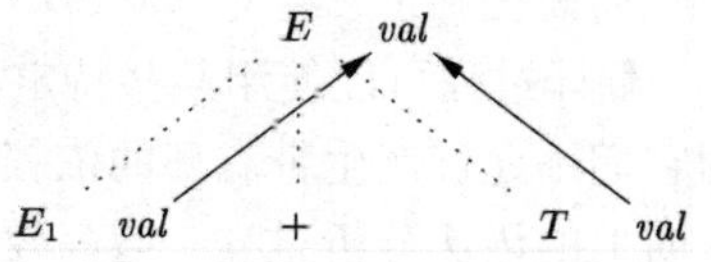

图 5-6 $E.val$ 由 $E_1.val$ 和 $T.val$ 综合得到

结点 1 和 2 表示和其标号为 **digit** 的两个叶子结点相关联的属性 $lexval$。结点 3 和 4 表示和其标号为 F 的两个结点相关联的属性 val。从结点 1 到结点 3 的边，以及从结点 2 到结点 4 的边是根据通过 SDD 中 $\mathbf{digit}.lexval$ 定义 $F.val$ 的语义规则得到的。实际上，$F.val$ 等于 $digit.lexval$，但依赖图中的边表示的是依赖关系，而不是等于关系。

结点 5 和 6 表示和非终结符号 T' 的各次出现相关联的继承属性 $T'.inh$。从结点 3 到结点 5 的边是根据规则 $T'.inh = F.val$ 得到的，这个规则根据根的左子结点上的 $F.val$ 定义了右子结点上的 $T'.inh$。我们看到了从结点 5 到结点 6 的代表 $T'.inh$ 的边和从结点 4 到结点 5 的代表 $F.val$ 的边，因为这两个值相乘后得到了结点 6 上的属性 inh 的值。

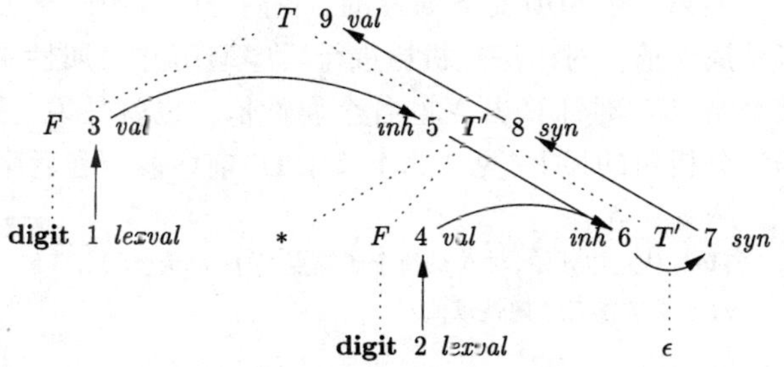

图 5-7 对应于图 5-5 中的注释语法分析树的依赖图

结点 7 和 8 表示了和 T' 的各次出现相关联的综合属性 syn。从结点 6 到结点 7 的边是根据图 5-4 中的产生式 3 所关联的规则 $T'.syn = T'.inh$ 得到的。从结点 7 到结点 8 的边是根据产生式 2 所关联的语义规则得到的。

最后，结点 9 表示属性 $T.val$。从结点 8 到结点 9 的边是根据产生式 1 所关联的语义规则 $T.val = T'.syn$ 而得到的。□

5.2.2 属性求值的顺序

依赖图刻画了对一棵语法分析树中不同结点上的属性求值时可能采取的顺序。如果依赖图中有一条从结点 M 到结点 N 的边，那么要先对 M 对应的属性求值，再对 N 对应的属性求值。因此，所有的可行求值顺序就是满足下列条件的结点顺序 N_1、N_2、…、N_k：如果有一条从结点 N_i 到 N_j 的依赖图的边，那么 $i < j$。这样的排序将一个有向图变成了一个线性排序，这个排序称为这个图的拓扑排序（topological sort）。

如果这个图中存在任意一个环，那么就不存在拓扑排序。也就是说，没有办法在这棵语法分析树上对相应的 SDD 求值。然而，如果图中没有环，那么总是至少存在一个拓扑排序。下面说明一下为什么会存在拓扑排序。因为没有环，所以我们一定能够找到一个没有边进入的结点。假设没有这样的结点，那么我们就可以不断地从一个前驱结点到达另一个前驱结点，直到我们回到某个已经访问过的结点，从而形成了一个环。令这个没有进入边的结点为拓扑排序的第一个结点，从依赖图中删除这个点，并对其余的结点重复上面的过程。（最终就可以得到一个拓扑排序——译者注。）

例 5.6 图 5-7 中的依赖图没有环。它的拓扑排序之一是这些结点的编码的顺序：1、2、…、9。请注意，这个图的每条边都是从编号较低的结点指向编号较高的结点，因此这个排序一定是拓扑排序。还有其他的拓扑排序，比如 1、3、5、2、4、6、7、8、9。 □

5.2.3 S 属性的定义

前面提到过，给定一个 SDD，很难判定是否存在一棵其依赖图包含环的语法分析树。在实践中，翻译过程可以使用某些特定类型的 SDD 来实现。这些类型的 SDD 一定有一个求值顺序，因为它们不允许产生带有环的依赖图。不仅如此，这一节中介绍的两类 SDD 可以和自顶向下及自底向上的语法分析过程一起高效地实现。

第一种 SDD 类型的定义如下：

- 如果一个 SDD 的每个属性都是综合属性，它就是 *S 属性的*。

例 5.7 图 5-1 中的 SDD 是一个 S 属性定义的例子。其中的每个属性（*L.val*、*E.val*、*T.val* 和 *F.val*）都是综合属性。 □

如果一个 SDD 是 S 属性的，我们可以按照语法分析树结点的任何自底向上顺序来计算它的各个属性值。对语法分析树进行后序遍历并对属性求值常常会非常简单，当遍历最后一次离开某个结点 N 时计算出 N 的各个属性值。也就是说，我们可以把下面定义的函数 *postorder* 应用到语法分析树的根上（见 2.3.4 节中的“前序遍历和后序遍历”部分）：

```
postorder(N)
{ for(从左边开始,对 N 的每个子结点 C) postorder(C);
对 N 关联的各个属性求值:
}
```

S 属性的定义可以在自底向上语法分析的过程中实现，因为一个自底向上的语法分析过程对应于一次后序遍历。特别地，后序顺序精确地对应于一个 LR 分析器将一个产生式体归约成为它的头的过程。这个性质将在 5.4.2 节中用于 LR 语法分析过程中的综合属性求值工作，这些值将存放在分析栈中。这个过程不会显式地创建语法分析树的结点。

5.2.4 L 属性的定义

第二种 SDD 称为 *L 属性定义*（L-attributed definition）。这类 SDD 的思想是在一个产生式体所关联的各个属性之间，依赖图的边总是从左到右，而不能从右到左（因此称为 L 属性的）。更准确地讲，每个属性必须要么是

- 一个综合属性，要么是
- 一个继承属性，但是它的规则具有如下限制。假设存在一个产生式 $A \to X_1 X_2 \ldots X_n$，并且有一个通过这个产生式所关联的规则计算得到的继承属性 $X_i.a$。那么这个规则只能使用：

1）和产生式头 A 关联的继承属性。

2）位于 X_i 左边的文法符号实例 X_1、X_2、…、X_{i-1} 相关的继承属性或者综合属性。

3）和这个 X_i 的实例本身相关的继承属性或综合属性，但是在由这个 X_i 的全部属性组成的依赖图中不存在环。

例 5.8 图5-4 中的 SDD 是 L 属性的。要知道为什么，考虑对应于继承属性的语义规则。为方便起见，我们在这里再重复一下这些规则：

产生式	语义规则
$T \to F\,T'$	$T'.inh = F.val$
$T' \to *\,F\,T_1'$	$T_1'.inh = T'.inh \times F.val$

其中的第一个规则定义继承属性 $T'.inh$ 时只使用了 $F.val$，且 F 在相应产生式体中出现在 T' 的左部，因此满足 L 属性的要求。第二个规则定义 $T_1'.inh$ 时使用了和产生式头相关联的继承属性 $T'.inh$ 及 $F.val$，其中 F 在这个产生式体中出现在 T_1' 的左边。

从语法分析树的角度看，在每一种情况中，当这些规则被应用于某个结点时，它使用的信息“来自于上边或左边”的语法树结点，因此满足这一类 SDD 的要求。其余的属性是综合属性，因此这个 SDD 是 L 属性的。 □

例 5.9 任何包含下列产生式和规则的 SDD 都不是 L 属性的：

产生式	语义规则
$A \to B\,C$	$A.s = B.b;$
	$B.i = f(C.c, A.s)$

第一个规则 $A.s = B.b$ 在 S 属性 SDD 或 L 属性 SDD 中都是一个合法的规则。它通过一个子结点（也就是产生式体中的一个符号）的属性定义了综合属性 $A.s$。

第二个规则定义了一个继承属性 $B.i$，因此整个 SDD 不可能是 S 属性的。不仅如此，虽然这个规则是合法的，这个 SDD 也不可能是 L 属性的，因为属性 $C.c$ 用来定义 $B.i$，并且 C 在产生式体中位于 B 的右边。虽然在 L 属性的 SDD 中可以使用语法分析树中的兄弟结点的属性，但这些结点必须位于被定义属性的符号的左边。 □

5.2.5 具有受控副作用的语义规则

在实践中，翻译过程会出现一些副作用：一个桌上计算器可能打印出一个结果；一个代码生成器可能把一个标识符的类型加入到符号表中。对于 SDD，我们在属性文法和翻译方案之间找到了一个平衡点。属性文法没有副作用，并支持任何与依赖图一致的求值顺序。翻译方案要求按从左到右的顺序求值，并允许语义动作包含任何程序片段。翻译方案将在 5.4 节中讨论。

我们将按照下面的方法之一来控制 SDD 中的副作用：

- 支持那些不会对属性求值产生约束的附带副作用。换句话说，如果按照依赖图的任何拓扑顺序进行属性求值时都可以产生“正确的”翻译结果，我们就允许副作用存在。这里的“正确”要视具体应用而定。
- 对允许的求值顺序添加约束，使得以任何允许的顺序求值都会产生相同的翻译结果。这些约束可以被看作隐含加入到依赖图中的边。

作为附带副作用的一个例子，让我们修改例 5.1 的桌上计算器，使它打印出计算结果。我们不使用规则 $L.val = E.val$，这个规则将结果保存到综合属性 $L.val$ 中。我们考虑：

产生式	语义规则
1) $L \to E\,\mathbf{n}$	$print(E.val)$

像 $print(E.val)$ 这样的语义规则的目的就是执行它们的副作用。它们将会被看作与相应产生式头相关的哑综合属性的定义。这个经过修改的 SDD 在任何拓扑顺序下都能产生相同的值，因为这个打印语句在结果被计算到 $E.val$ 中之后才会被执行。

例 5.10 图5-8 中的 SDD 处理了简单的声明 D。该声明中包含一个基本类型 T，后跟一个标识符列表 L。T 的类型可以是 **int** 或 **float**。对于列表中的每个标识符，这个类型被录入到标识符的符号表条目中。我们假设录入一个标识符的类型不会影响其他标识符对应的符号表条目。这样，这些条目可以按照任何顺序进行更新。这个 SDD 不会检查一个标识符是否被声明了多次，我们也可以修改这个 SDD,使它能够对标识符声明次数进行检查。

非终结符号 D 表示了一个声明。根据产生式 1 可知，这个声明包含一个类型 T，后跟一个标识符的列表。T 有一个属性 $T.type$，它是声明 D 中的类型。非终结符号 L 也有一个属性，我们称它为 inh，以强调它是一个继承属性。$L.inh$ 的作用是将声明的类型沿着标识符列表向下传递，使得它可以被加入到相应的符号表条目中。

产生式	语义规则
1) $D \rightarrow T\ L$	$L.inh = T.type$
2) $T \rightarrow$ **int**	$T.type$ = integer
3) $T \rightarrow$ **float**	$T.type$ = float
4) $L \rightarrow L_1$, **id**	$L_1.inh = L.inh$ $addType(\mathbf{id}.entry, L.inh)$
5) $L \rightarrow$ **id**	$addType(\mathbf{id}.entry, L.inh)$

图 5-8 简单类型声明的语法制导定义

产生式 2 和产生式 3 都计算综合属性 $T.type$，为它赋予正确的值：integer 或 float。这个类型值在产生式 1 的规则中被传递给属性 $L.inh$。产生式 4 将 $L.inh$ 沿着语法分析树向下传递。也就是说，在一个分析树结点上，值 $L_1.inh$ 是通过拷贝该结点的父结点的 $L.inh$ 值而得到的，这个父结点对应于此产生式的头。

产生式 4 和产生式 5 还包含另一个规则。该规则用如下两个参数调用函数 addType：

- **id**. *entry*：在词法分析过程中得到的一个指向某个符号表对象的值。
- $L.inh$：被赋给列表中各个标识符的类型值。

我们假设函数 *addType* 正确地将 **id** 所代表的标识符的类型设置为类型值 $L.inh$。

输入串 **float** $\mathbf{id}_1$, $\mathbf{id}_2$, $\mathbf{id}_3$ 的依赖图如图 5-9 所示。数字 1 ~ 10 表示了这个依赖图中的结点。结点 1、2 和 3 表示了和各个标号为 **id** 的叶子结点相关的属性 *entry*。结点 6、8 和 10 是表示函数 *addType* 的应用于一个类型和这些 entry 值之一的哑属性。

结点 4 表示属性 $T.type$，它实际上是属性求值过程开始的地方。然后，这个类型被传递到结点 5、7 和 9。这些结点表示和非终结符号 L 的各次出现相关的 $L.inh$。 □

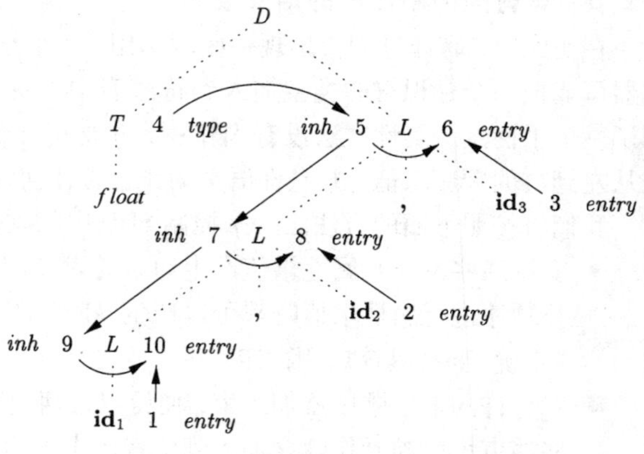

图 5-9 声明 **float** $\mathbf{id}_1$, $\mathbf{id}_2$, $\mathbf{id}_3$ 的依赖图

5.2.6 5.2 节的练习

练习 5.2.1：图 5-7 中的依赖图的全部拓扑排序有哪些？

练习 5.2.2：对于图 5-8 中的 SDD，给出下列表达式对应的注释语法分析树：

1) `int a, b, c`

2) `float w, x, y, z`

练习 5.2.3：假设我们有一个产生式 $A \rightarrow BCD$。A、B、C、D 这四个非终结符号都有两个属性：s 是一个综合属性，而 i 是一个继承属性。对于下面的每组规则，指出(i)这些规则是否满足 S 属性定义的要求。(ii)这些规则是否满足 L 属性定义的要求。(iii)是否存在和这些规则一致的求值过程？

1) $A.s = B.i + C.s$

2) $A.s = B.i + C.s$ 和 $D.i = A.i + B.s$

3) $A.s = B.s + D.s$

!4) $A.s = D.i$, $B.i = A.s + C.s$, $C.i = B.s$和$D.i = B.i + C.i$

! **练习5.2.4**：这个文法生成了含“小数点”的二进制数：

$$S \to L\ .\ L \mid L$$
$$L \to L\ B \mid B$$
$$B \to 0 \mid 1$$

设计一个L属性的SDD来计算$S.val$，即输入串的十进制数值。比如，串101.11应该被翻译为十进制数5.635。提示：使用一个继承属性$L.side$来指明一个二进制位在小数点的哪一边。

!! **练习5.2.5**：为练习5.2.4中描述的文法和翻译设计一个S属性的SDD。

!! **练习5.2.6**：使用一个自顶向下语法分析文法上的L属性SDD来实现算法3.23。这个算法把一个正则表达式转换为一个不确定的有穷自动机。假设有一个表示任意字符的词法单元**char**，并且**char**.*lexval*是它所表示的字符。你可以假设存在一个函数*new*( )，该函数返回一个新的状态，也就是一个之前尚未被这个函数返回的状态。使用任何方便的表示方式来描述这个NFA的翻译。

5.3 语法制导翻译的应用

本章中的语法制导的翻译技术将在第6章中用于类型检查和中间代码生成。这里，我们将给出一些例子来解释有代表性的SDD。

本节中的主要应用是抽象语法树的构造。因为有些编译器使用抽象语法树作为一种中间表示形式，所以一种常见的SDD形式将它的输入串转换为一棵树。为了完成到中间代码的翻译，编译器接下来可能使用一组规则来编译这棵语法树。这些规则实际上是一个建立于语法树之上的SDD，而通常的SDD建立于语法分析树之上。（第6章将讨论应用一个SDD来生成中间代码的方法，这个方法不需要显式地生成树。）

我们考虑两个为表达式构造语法树的SDD。第一个是一个S属性定义，它适合在自底向上语法分析过程中使用。第二个是一个L属性定义，它适合在自顶向下的语法分析过程中使用。

本节的最后一个例子是一个处理基本类型和数组类型的L属性定义。

5.3.1 抽象语法树的构造

2.8.2节讨论过，一棵语法树中的每个结点代表一个程序构造，这个结点的子结点代表这个构造的有意义的组成部分。表示表达式$E_1 + E_2$的语法树结点的标号为+，且两个子结点分别代表子表达式E_1和E_2。

我们将使用具有适当数量的字段的对象来实现一棵语法树的各个结点。每个对象将有一个*op*字段，也就是这个结点的标号。这些对象将具有如下所述的其他字段：

- 如果结点是一个叶子，那么对象将有一个附加的域来存放这个叶子结点的词法值。构造函数*Leaf*(*op*, *val*)创建一个叶子对象。我们也可以把结点看作记录，那么*Leaf*就会返回一个指向与叶子结点对应的新记录的指针。
- 如果结点是内部结点，那么它的附加字段的个数和该结点在语法树中的子结点个数相同。构造函数*Node*带有两个或多个参数：$Node(op, c_1, c_2, \cdots, c_k)$，该函数创建一个对象，第一个字段的值为*op*，其余k个字段的值为$c_1, \cdots, c_k$。

例5.11 图5-10中的S属性定义为一个简单的表达式文法构造出语法树。这个文法只包含二目运算符+和-。通常，这两个运算符具有相同的优先级，并且都是左结合的。所有的非终结符号都有一个综合属性*node*，该属性表示相应的抽象语法树结点。

每当使用第一个产生式 $E \to E_1 + T$ 时，它的语义规则就创建出一个结点。创建时使用“+”作为 *op*，使用 $E_1.node$ 和 $T.node$ 作为代表子表达式的两个子结点。第二个产生式也有类似的规则。

产生式	语义规则
1) $E \to E_1 + T$	$E.node = \textbf{new}\ Node('+', E_1.node, T.node)$
2) $E \to E_1 - T$	$E.node = \textbf{new}\ Node('-', E_1.node, T.node)$
3) $E \to T$	$E.node = T.node$
4) $T \to (\ E\ )$	$T.node = E.node$
5) $T \to \textbf{id}$	$T.node = \textbf{new}\ Leaf(\textbf{id}, \textbf{id}.entry)$
6) $T \to \textbf{num}$	$T.node = \textbf{new}\ Leaf(\textbf{num}, \textbf{num}.val)$

图 5-10　为简单表达式构造语法树

产生式 3，即 $E \to T$，没有创建任何结点，因为 $E.node$ 和 $T.node$ 是一样的。类似地，产生式 4，即 $T \to (E)$，也没有创建任何结点。$T.node$ 的值和 $E.node$ 的值相同，因为括号仅仅用于分组。它们会影响语法分析树和抽象语法树的结构，但是一旦分组完成，就不需要在抽象语法树中保留这些括号了。

最后两个 T-产生式的右部是一个终结符号。我们使用构造函数 *Leaf* 来创建合适的结点。这些结点就成为 $T.node$ 的值。

图 5-11 显示了为输入 $a - 4 + c$ 构造一棵抽象语法树的过程。这棵抽象语法树的结点被显示为记录。这些记录的第一个字段是 *op*。现在，抽象语法树的边用实线表示。基础的语法分析树使用点虚线表示边。实际上不需要生成语法分析树。第三种线是虚线，它表示 $E.node$ 和 $T.node$ 的值。每条线都指向适当的抽象语法树结点。

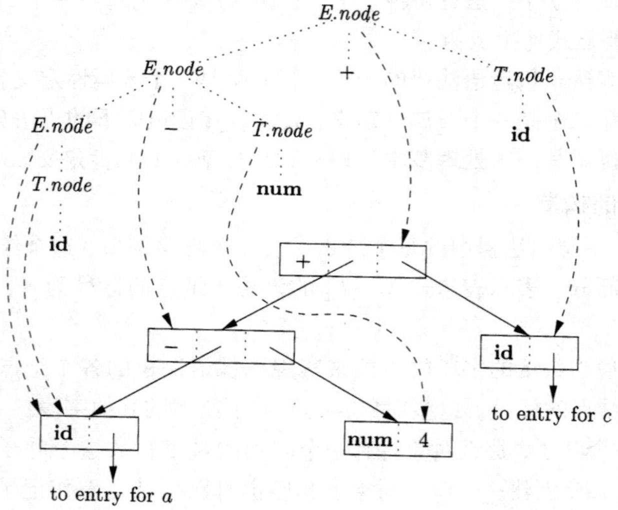

图 5-11　$a - 4 + c$ 的抽象语法树

在最底端，我们可以看到由 *Leaf* 构造得到的分别表示 a、4 和 c 的叶子结点。我们假设词法值 **id**. *entry* 指向符号表，并且词法值 **num**. *val* 是一个常量值。根据规则 5 和 6，这些叶子结点，或指向它们的指针，变成了图中的三个标号为 T 的语法分析树结点上的 $T.node$ 的值。请注意，根据规则 3，指向 a 对应的叶子结点的指针同时也是语法分析树中最左边的 E 的 $E.node$ 值。

我们根据规则 2 创建了一个结点，该结点的 *op* 字段等于减号，它的指针指向前两个叶子结点。然后，规则 1 将对应于 - 的结点和第三个叶子组合起来，得到这个抽象语法树的根结点。

如果这些规则是在对语法分析树的后序遍历过程中求值的，或者是在自底向上分析过程中和归约动作一起进行求值的，那么当图 5-12 中显示的一系列步骤结束时，p_5 指向构造得到的抽象语法树的根结点。 □

1) p_1 = **new** *Leaf*(**id**, *entry-a*);
2) p_2 = **new** *Leaf*(**num**, 4);
3) p_3 = **new** *Node*('−', p_1, p_2);
4) p_4 = **new** *Leaf*(**id**, *entry-c*);
5) p_5 = **new** *Node*('+', p_3, p_4);

图 5-12 $a-4+c$ 的抽象语法树的构造步骤

如果使用一个为自顶向下语法分析而设计的文法，那么得到的抽象语法树仍然相同，其构造的步骤也相同，虽然语法分析树的结构和抽象语法树的结构有极大的不同。

例 5.12 图 5-13 中的 L 属性定义完成的翻译工作和图 5-10 中的 S 属性定义所完成工作的相同。文法符号 E、T、**id** 和 **num** 的属性和例 5-11 中讨论的相同。

产生式	语义规则
1) $E \rightarrow T\ E'$	$E.node = E'.syn$ $E'.inh = T.node$
2) $E' \rightarrow +\ T\ E'_1$	$E'_1.inh =$ **new** $Node('+', E'.inh, T.node)$ $E'.syn = E'_1.syn$
3) $E' \rightarrow -\ T\ E'_1$	$E'_1.inh =$ **new** $Node('-', E'.inh, T.node)$ $E'.syn = E'_1.syn$
4) $E' \rightarrow \epsilon$	$E'.syn = E'.inh$
5) $T \rightarrow (\ E\ )$	$T.node = E.node$
6) $T \rightarrow$ **id**	$T.node =$ **new** *Leaf*(**id**, **id**.*entry*)
7) $T \rightarrow$ **num**	$T.node =$ **new** *Leaf*(**num**, **num**.*val*)

图 5-13 在自顶向下语法分析过程中构造抽象语法树

这个例子中构造抽象语法树的规则和例 5.3 中桌上计算器的规则类似。在桌上计算器的例子中，项 $x*y$ 中的 x 和 $*y$ 位于语法分析树的不同部分，因此在计算 $x*y$ 时 x 是作为继承属性传递的。这里的思想是在构造 $x+y$ 的抽象语法树时将 x 作为一个继承属性传递，因为 x 和 $+y$ 出现在不同的子树中。非终结符号 E' 对应于例 5.3 中的非终结符号 T'。请比较一下图 5-14 中 $a-4+c$ 的依赖图和图 5-7 中 $3*4$ 的依赖图的相似之处。

非终结符号 E' 有一个继承属性 *inh* 和一个综合属性 *syn*。属性 $E'.inh$ 表示至今为止构造得到的部分抽象语法树。明确地说，它表示的是位于 E' 的子树左边的输入串前缀所对应的抽象语法树的根。在图 5-14 中依赖图的结点 5 处，$E'.inh$ 表示对应于 a 的抽象语法树的根，实际上就是对应于 a 的叶子结点。在结点 6 处，$E'.inh$ 表示对应于输入 $a-4$ 的部分抽象语法树的根。在结点 9 处，$E'.inh$ 表示 $a-4+c$ 的抽象语法树。

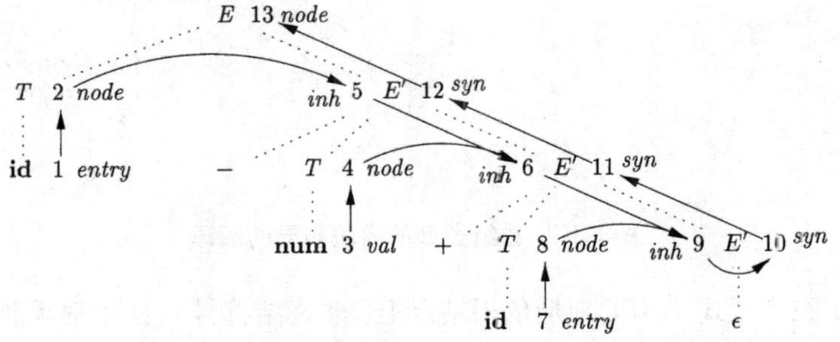

图 5-14 使用图 5-13 中的 SDD 时的 $a-4+c$ 的依赖图

因为没有更多的输入，所以在结点 9 处，$E'.inh$ 指向整个抽象语法树的根。属性 syn 把这个值沿着语法分析树向上传递，直到它成为 $E.node$ 的值。明确地讲，结点 10 上的属性值是通过产生式 $E' \to \epsilon$ 所关联的规则 $E'.syn = E'.inh$ 来定义的。在结点 11 处的属性值是通过图 5-13 中与产生式 2 相关的规则 $E'.syn = E'_1.syn$ 来定义的。类似的规则还定义了结点 12 和 13 处的值。 □

5.3.2 类型的结构

当语法分析树的结构和输入的抽象语法树的结构不同时，继承属性是很有用的。在这种情况下，继承属性可以用来将信息从语法分析树的一部分传递到另一部分。下一个例子显示了这种结构上的不匹配可能是由语言设计引起的，而不是由语法分析方法的约束引起的。

例 5.13 在 C 语言中，类型 **int** [2][3]可以读作："由两个数组组成的数组，子数组中有三个整数"。相应的类型表达式 $array(2, array(3, integer))$ 可以使用图 5-15 中的树来表示。运算符 $array$ 有两个参数，一个是数字，另一个是类型。如果使用树来表示类型，那么这个运算符返回一个标号为 $array$ 的结点，该结点具有两个子结点，分别表示数字和类型。

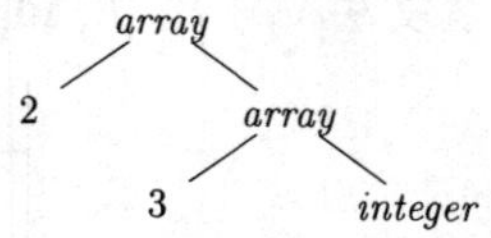

图 5-15 **int**[2][3]的类型表达式

使用图 5-16 中的 SDD，非终结符号 T 生成的是一个基本类型或一个数组类型。非终结符号 B 生成基本类型 **int** 和 **float** 之一。当 T 推导出 BC 且 C 推导出 ϵ 时，T 生成一个基本类型。否则，C 就生成由一个整数序列组成的数组描述分量，其中的每个整数用方括号括起。

非终结符号 B 和 T 有一个表示类型的综合属性 t。非终结符号 C 有两个属性：一个继承属性 b 和一个综合属性 t。继承属性 b 将一个基本类型沿着树向下传播，而综合属性 t 则收集最终得到的结果。

产生式	语义规则
$T \to B\ C$	$T.t = C.t$ $C.b = B.t$
$B \to$ **int**	$B.t = integer$
$B \to$ **float**	$B.t = float$
$C \to$ [**num**] C_1	$C.t = array($**num**$.val,\ C_1.t)$ $C_1.b = C.b$
$C \to \epsilon$	$C.t = C.b$

图 5-16 T 生成一个基本类型或一个数组类型

输入串 **int**[2][3]的注释语法分析树如图 5-17 所示。图 5-15 中的相应类型表达式的构造过程如下：首先类型 $integer$ 从 B 开始，沿着 C 组成的链通过继承属性 b 向下传递。最后的数组类型是沿着 C 组成的链、通过属性 t 不断向上传递并综合而得到的。

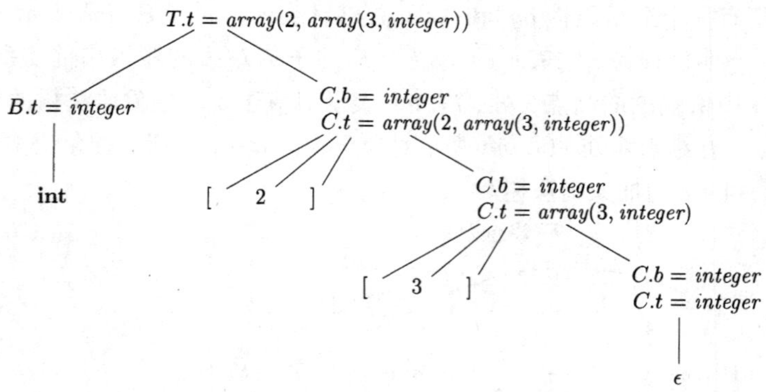

图 5-17 数组类型的语法制导的翻译

更详细地讲，在产生式 $T \to BC$ 对应的根结点上，非终结符号 C 使用继承属性 $C.b$ 从 B 那里继承类型。在最右边的 C 结点上的产生式是 $C \to \epsilon$，因此 $C.t$ 等于 $C.b$。产生式 $C \to$ [**num**] C_1 的语义规则将运算符 $array$ 作用到运算分量 **num**$.val$ 和 $C_1.t$ 上，得到 $C.t$ 的值。 □

5.3.3 5.3节的练习

练习5.3.1：下面是涉及运算符+和整数或浮点运算分量的表达式的文法。区分浮点数的方法是看它有无小数点。

$$E \rightarrow E + T \mid T$$
$$T \rightarrow \textbf{num . num} \mid \textbf{num}$$

1）给出一个SDD来确定每个项T和表达式E的类型。

2）扩展(a)中得到的SDD，使得它可以把表达式转换成为后缀表达式。使用一个单目运算符 **intToFloat** 把一个整数转换为相等的浮点数。

！**练习5.3.2**：给出一个SDD，将一个带有+和*的中缀表达式翻译成没有冗余括号的表达式。比如，因为两个运算符都是左结合的，并且*的优先级高于+，所以$((a*(b+c))*(d))$可翻译为$a*(b+c)*d$。

！**练习5.3.3**：给出一个SDD对$x*(3*x+x*x)$这样的表达式求微分。表达式中涉及运算符+和*、变量x和常量。假设不进行任何简化，也就是说，比如$3*x$将被翻译为$3*1+0*x$。

5.4 语法制导的翻译方案

语法制导的翻译方案是语法制导定义的一种补充。5.3节中的所有语法制导定义的应用都可以使用语法制导的翻译方案来实现。

根据2.3.5节的介绍可知，*语法制导的翻译方案*(syntax-directed translation scheme, SDT)是在其产生式体中嵌入了程序片段的一个上下文无关文法。这些程序片段称为*语义动作*，它们可以出现在产生式体中的任何地方。按照惯例，我们在这些动作两边加上花括号。如果花括号要作为文法符号出现，则要给它们加上引号。

任何SDT都可以通过下面的方法实现：首先建立一棵语法分析树，然后按照从左到右的深度优先顺序来执行这些动作，也就是说在一个前序遍历过程中执行。5.4.3节将给出一个这样的例子。

通常情况下，SDT是在语法分析过程中实现的，不会真的构造一棵语法分析树。在本节中，我们主要关注如何使用SDT来实现两类重要的SDD：

1）基本文法可以用LR技术分析，且SDD是S属性的。

2）基本文法可以用LL技术分析，且SDD是L属性的。

我们将会看到，在这两种情况下，一个SDD中的语义规则是如何被转换成为一个带有语义动作的SDT的。这些动作将在适当的时候执行。在语法分析过程中，产生式体中的一个动作在它左边的所有文法符号都被匹配之后立刻执行。

可以在语法分析过程中实现的SDT可以按照如下的方式识别：将每个内嵌的语义动作替换为一个独有的*标记非终结符号*(marker nonterminal)。每个标记非终结符号M只有一个产生式$M \rightarrow \epsilon$。如果带有标记非终结符号的文法可以使用某个方法进行语法分析，那么这个SDT就可以在语法分析过程中实现。

5.4.1 后缀翻译方案

至今为止，最简单的实现SDD的情况是文法可以用自底向上方法来分析且该SDD是S属性定义。在这种情况下，我们可以构造出一个SDT，其中的每个动作都放在产生式的最后，并且在按照这个产生式将产生式体归约为产生式头的时候执行这个动作。所有动作都在产生式最右端的SDT称为*后缀翻译方案*。

例5.14 图5-18中的后缀SDT实现了图5-1中的桌上计算器的SDD。其中只有一处改动：第一个产生式的动作是打印出结果值。其余的语义动作和原来的语义规则对应的动作完全一样。因为此 SDD 的基本文法是 LR 的，并且这个 SDD 是 S 属性的，所以这些动作可以和语法分析器的归约步骤一起正确地执行。 □

5.4.2 后缀 SDT 的语法分析栈实现

后缀 SDT 可以在 LR 语法分析的过程中实现，当归约发生时执行相应的语义动作。各个文法符号的属性值可以放到栈中的某个位置，使得执行归约的时候可以找到它们。最好的方法是将属性和文法符号（或者表示文法符号的 LR 状态）一起放在栈中的记录里。

L	$\rightarrow$	E **n**	$\{ \text{print}(E.val); \}$
E	$\rightarrow$	$E_1 + T$	$\{ E.val = E_1.val + T.val; \}$
E	$\rightarrow$	T	$\{ E.val = T.val; \}$
T	$\rightarrow$	$T_1 * F$	$\{ T.val = T_1.val \times F.val; \}$
T	$\rightarrow$	F	$\{ T.val = F.val; \}$
F	$\rightarrow$	(E)	$\{ F.val = E.val; \}$
F	$\rightarrow$	**digit**	$\{ F.val = \textbf{digit}.lexval; \}$

图 5-18 实现桌上计算器的后缀 SDT

在图 5-19 中，语法分析栈包含的记录中有一个字段，该字段用于存放文法符号（或语法分析器的状态），并且在这个字段之下有一个字段用于存放属性。三个文法符号 $X\ Y\ Z$ 位于栈的顶部，可能它们即将按照一个产生式，比如 $A \rightarrow X\ Y\ Z$，进行归约。这里，我们用 $X.x$ 表示 X 的一个属性，等等。一般来说，我们可以支持多个属性，方法是使记录变得足够大，或者在栈中的记录里放上指针。对于小型的属性，将记录变得足够大可能是比较简单的方法，即使有些时候有些字段不会被用到也没有太大关系。然而，如果一个或多个属性的大小没有限制，比如它们是字符串，那么最好把一个指针放到栈记录的属性值中，并把实际的值存放在栈之外的某个比较大的共享存储区域中。

如果所有属性都是综合属性，并且所有动作都位于产生式的末端，那么我们可以在把产生式体归约成产生式头的时候计算各个属性的值。如果我们使用 $A \rightarrow XYZ$ 这样的产生式进行归约，那么此时 X、Y 和 Z 的所有属性值都是可用的，并且都位于已知的位置上，如图 5-19 所示。在这个动作之后，A 和它的属性都位于栈的顶端，即现在存放 X 的记录的位置上。

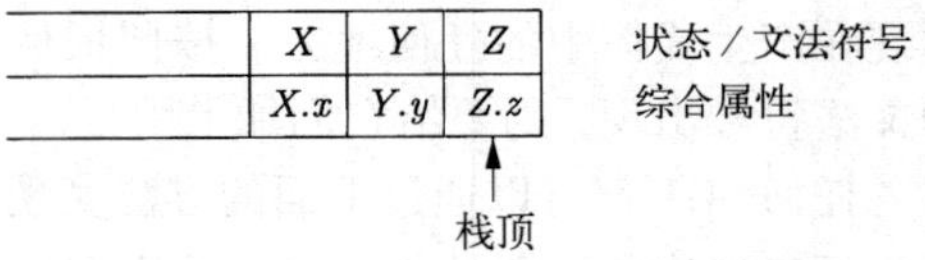

图 5-19 带有用于存放综合属性的字段的语法分析栈

例 5.15 让我们重写例 5.14 中桌上计算器 SDT 中的动作，使它们显式地操作语法分析栈。这样的栈操作通常是由语法分析器自动完成的。

假设语法分析栈存放在一个被称为 *stack* 的记录数组中，而 *top* 是指向栈顶的游标。这样，*stack*[*top*]指向这个栈的栈顶记录，*stack*[*top* - 1]指向栈顶记录的下一个记录，依此类推。我们还假设每个记录有一个被称为 *val* 的字段，该字段存放了这个记录所代表的文法符号的属性值。这样，我们可以使用 *stack*[*top* - 2].*val* 来指向出现在栈中第三个位置上的属性 $E.val$。完整的 SDT 显示在图 5-20 中。

比如，在第二个产生式 $E \rightarrow E_1 + T$ 中，我们在栈顶之下两个位置上找到 E_1 的值，在栈顶找到 T 的值。求和的结果放在归约之后产生式头 E 将出现的位置上，也就是当前栈顶之下两个位置处。这是因为在归约之后，最上面的三个符号将被替换为一个符号。在计算完 $E.val$ 之后，我们将两个符号弹出栈，现在我们放置 $E.val$ 的记录将变成栈顶。

在第三个产生式 $E \rightarrow T$ 中不需要任何语义动作，因为栈的长度没有改变，栈顶的 $T.val$ 值直接变成了 $E.val$ 的值。产生式 $T \rightarrow F$ 和 $F \rightarrow$ **digit** 的情况与此类似。产生式 $F \rightarrow (E)$ 稍有不同。虽然值没有改变，但是在归约过程中消除了栈中的两个位置，因此这个值必须移动到归约之后的位置上。

产生式	语义动作
$L \to E\ \mathbf{n}$	{ print(*stack*[*top* − 1].*val*); *top* = *top* − 1; }
$E \to E_1 + T$	{ *stack*[*top* − 2].*val* = *stack*[*top* − 2].*val* + *stack*[*top*].*val*; *top* = *top* − 2; }
$E \to T$	
$T \to T_1 * F$	{ *stack*[*top* − 2].*val* = *stack*[*top* − 2].*val* × *stack*[*top*].*val*; *top* = *top* − 2; }
$T \to F$	
$F \to (\ E\ )$	{ *stack*[*top* − 2].*val* = *stack*[*top* − 1].*val*; *top* = *top* − 2; }
$F \to \mathbf{digit}$	

图 5-20　在一个自底向上语法分析栈中实现桌上计算器

请注意，我们省略了针对栈中记录的第一个字段的操作步骤。这个字段保存了 LR 状态或文法符号。如果我们执行 LR 语法分析过程，语法分析表将给出每次归约之后的新状态，见算法 4.44。因此，我们可以直接把这个新状态放到新的栈顶记录中。□

5.4.3　产生式内部带有语义动作的 SDT

动作可以放置在产生式体中的任何位置上。当一个动作左边的所有符号都被处理过后，该动作立刻执行。因此，如果我们有一个产生式 $B \to X\{a\}Y$，那么当我们识别到 X（如果 X 是终结符号）或者所有从 X 推导出的终结符号（如果 X 是非终结符号）之后，动作 a 就会执行。更准确地讲，

- 如果语法分析过程是自底向上的，那么我们在 X 的此次出现位于语法分析栈的栈顶时，我们立刻执行动作 a。
- 如果语法分析过程是自顶向下的，那么我们在试图展开 Y 的本次出现（如果 Y 是非终结符号）或者在输入中检测 Y（如果 Y 是终结符号）之前执行语义动作 a。

可以在语法分析过程中实现的 SDT 包括后缀 SDT 和即将在 5.5 节中讨论的一类 SDT，这类 SDT 实现了 L 属性定义。不是所有的 SDT 都可以在语法分析过程中实现，下面我们就给出一个例子。

例 5.16　作为一个有问题的 SDT 的极端例子，假设我们将桌上计算器的例子改成一个可以打印输入表达式的前缀表示方式的 SDT，而不再对表达式进行求值。新 SDT 的产生式和动作显示在图 5-21 中。

1)	L	→	$E\ \mathbf{n}$
2)	E	→	{ print('+'); } $E_1 + T$
3)	E	→	T
4)	T	→	{ print('*'); } $T_1 * F$
5)	T	→	F
6)	F	→	$(\ E\ )$
7)	F	→	**digit** { print(**digit**.*lexval*); }

图 5-21　在语法分析过程中完成中缀到前缀翻译的有问题的 SDT

遗憾的是，不可能在自顶向下或自底向上的语法分析过程中实现这个 SDT，因为语法分析程序必须在它还不知道出现在输入中的运算符号是 * 还是 + 的时候，就执行打印这些符号的操作。

在产生式 2 和 4 中分别使用标记非终结符号 M_2 和 M_4 来替代相应的动作，一个移入 - 归约语法分析器（见 4.5.3 节）在处理输入 digit（比如 3）的时候会因为不能确定是使用 $M_2 \to \epsilon$ 归约，使用 $M_4 \to \epsilon$ 归约，还是移入输入数字而产生一个冲突。□

任何 SDT 都可以按照下列方法实现：

1）忽略语义动作，对输入进行语法分析，并产生一棵语法分析树。

2）然后检查每个内部结点 N，假设它的产生式是 $A \to \alpha$。将 α 中的各个动作当作 N 的附加子结点加入，使得 N 的子结点从左到右和 α 中的符号及动作完全一致。

3）对这棵语法树进行前序遍历（见 2.3.4 节），并且当访问到一个以某个动作为标号的结点时立刻执行这个动作。

比如，图 5-22 显示了带有插入动作的表达式 3 * 5 + 4 的语法分析树。如果我们按照前序次序来访问结点，我们就得到了这个表达式的前缀形式：+ * 354。

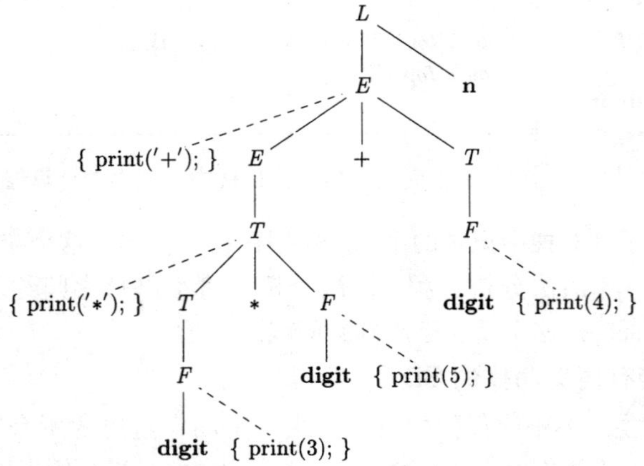

图 5-22　嵌入了动作的语法分析树

5.4.4　从 SDT 中消除左递归

因为带有左递归的文法不能按照自顶向下的方式确定地进行语法分析，所以在 4.3.3 节中介绍了左递归的消除。当文法是 SDT 的一部分时，我们还需要考虑如何处理其中的动作。

首先考虑简单的情况，即我们只需要关心一个 SDT 中的动作的执行顺序的情况。比如，如果每个动作只打印一个字符串，我们就只关心这些字符串的打印顺序。在这种情况下，可以应用下面的原则完成这个转化：

- 当转换文法的时候，将动作当成终结符号处理。

这个原则基于下面的思想：文法转换保持了由文法生成的符号串中终结符号的顺序。因此，这些动作在任何从左到右的语法分析过程中都按照相同的顺序执行，不管这个分析是自顶向下的还是自底向上的。

消除左递归的“技巧”是对两个产生式

$$A \to A\alpha \mid \beta$$

进行替换。这两个产生式生成的串包含一个 β 和任意数量的 α。它们将被替换为下面的产生式。新的产生式使用了一个新非终结符号 R（代表“其余部分”）来生成同样的串。

$$\begin{aligned} A &\to \beta R \\ R &\to \alpha R \mid \epsilon \end{aligned}$$

如果 β 不以 A 开头，那么 A 就不再有左递归的产生式。按照正则定义的表示法，在两组产生式中 A 都被定义为 $\beta(\alpha)*$。在 4.3.3 节中可以看到如何处理 A 有多个递归或非递归产生式的情况。

例 5.17　考虑下面的 E 产生式。它们来自一个将中缀表达式翻译成后缀表达式的 SDT：

$$\begin{aligned} E &\to E_1 + T \quad \{ \text{print}('+'); \} \\ E &\to T \end{aligned}$$

如果我们对 E 应用标准的左递归消除转换，左递归产生式的余部为

$$\alpha \;=\; +\;T\;\{\,\mathrm{print}('+');\,\}$$

而β(即另一个产生式的体)是 T。如果我们引入 R 来表示 E 的余部，我们就得到如下的产生式集合：

$$\begin{array}{lcl} E & \rightarrow & T\;R \\ R & \rightarrow & +\;T\;\{\,\mathrm{print}('+');\,\}\;R \\ R & \rightarrow & \epsilon \end{array}$$

□

当一个 SDD 的动作是计算属性的值，而不是仅仅是打印输出时，我们必须更加小心地考虑如何消除文法中的左递归。然而，如果这个 SDD 是 S 属性的，那么我们总是可以通过将计算属性值的动作放在新产生式中的适当位置上来构造出一个 SDT。

我们将给出一个通用的解决方案，以解决只有单个递归产生式、单个非递归产生式并且该左递归非终结符号只有单个属性的情况。将这个方案推广到多个递归/非递归产生式的情况并不困难，但是写起来非常麻烦。假设这两个产生式是：

$$\begin{array}{lcl} A & \rightarrow & A_1\;Y\;\{A.a = g(A_1.a, Y.y)\} \\ A & \rightarrow & X\;\{A.a = f(X.x)\} \end{array}$$

这里 $A.a$ 是左递归非终结符号 A 的综合属性，而 X 和 Y 是单个文法符号，分别有综合属性 $X.x$ 和 $Y.y$。因为这个方案在递归的产生式中用任意的函数 g 来计算 $A.a$，而在第二个产生式中用任意函数 f 来计算 $A.a$ 的值，所以这两个符号可以代表由多个文法符号组成的串，每个符号都有自己的属性。在每种情况下，f 和 g 可以把它们能够访问的属性当作它们的参数，只要这个 *SDD* 是 *S* 属性的。

我们要把基础文法改成

$$\begin{array}{lcl} A & \rightarrow & X\;R \\ R & \rightarrow & Y\;R \mid \epsilon \end{array}$$

图 5-23 指出了在新文法上的 SDT 必须做的事情。在图 5-23a 中，我们看到的是原文法之上的后缀 SDT 的运行效果。我们将 f 应用一次，该次应用对应于产生式 $A \rightarrow X$ 的使用。然后我们应用函数 g，应用的次数和我们使用产生式 $A \rightarrow AY$ 的次数一样。因为 R 生成了 Y 的一个余部，它的翻译依赖于它左边的串，即一个形如 $XYY\cdots Y$ 的串。对产生式 $R \rightarrow YR$ 的每次使用都导致对 g 的一次应用。对于 R，我们使用一个继承属性 $R.i$ 来累计从 $A.a$ 的值开始不断应用 g 所得到的结果。

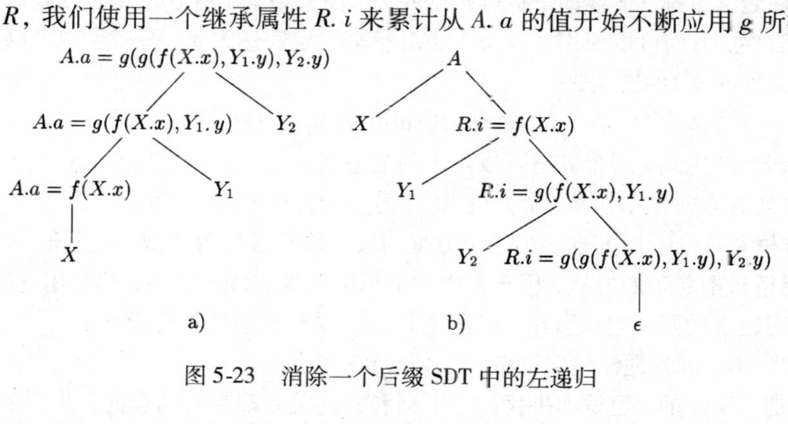

图 5-23 消除一个后缀 SDT 中的左递归

除此之外，R 还有一个没有在图 5-23 中显示的综合属性 $R.s$。当 R 不再生成文法符号 Y 时才开始计算这个属性的值，这个时间点是以产生式 $R \rightarrow \epsilon$ 的使用为标志的。然后 $R.s$ 沿着树向上拷贝，最后它就可以变成对应于整个表达式 $XYY\cdots Y$ 的 $A.a$ 的值。从 A 生成 XYY 的情况显示在图 5-23中，我们看到在图 5-23a 中的根结点上的 $A.a$ 的值使用了两次 g，而在图 5-23b 的底部的 $R.i$

也使用了两次 g，而正是这个结点上的 $R.s$ 的值被沿着树向上拷贝。

为了完成这个翻译，我们使用下列 SDT：

$$\begin{array}{lll} A & \rightarrow & X \ \{R.i = f(X.x)\} \ R \ \{A.a = R.s\} \\ R & \rightarrow & Y \ \{R_1.i = g(R.i, Y.y)\} \ R_1 \ \{R.s = R_1.s\} \\ R & \rightarrow & \epsilon \ \{R.s = R.i\} \end{array}$$

请注意，继承属性 $R.i$ 在产生式体中 R 的一次使用之前完成求值，而综合属性 $A.a$ 和 $R.s$ 在产生式的结尾完成求值。因此，计算这些属性时需要的任何值都已经在左边计算完成，变成了可用的值。

5.4.5 L 属性定义的 SDT

在 5.4.1 节，我们将 S 属性的 SDD 转换成为后缀 SDT，它的动作位于产生式的右端。只要基础文法是 LR 的，后缀 SDT 就可以按照自底向上的方式进行语法分析和翻译。

现在，我们考虑更加一般化的情况，即 L 属性的 SDD。我们假设基础文法将以自顶向下的方式进行语法分析，因为如果不是这样，那么翻译过程常常无法和一个 LL 或 LR 语法分析器一起完成。对于任何文法，我们只需要将动作附加到一棵语法分析树中，并在对这棵树进行前序遍历时执行这些动作，便可以实现下面的技术。

将一个 L 属性的 SDD 转换为一个 SDT 的规则如下：

1）把计算某个非终结符号 A 的继承属性的动作插入到产生式体中紧靠在 A 的本次出现之前的位置上。如果 A 的多个继承属性以无环的方式相互依赖，就需要对这些属性的求值动作进行排序，以便先计算需要的属性。

2）将计算一个产生式头的综合属性的动作放置在这个产生式体的最右端。

我们将使用两个例子来说明这些原则。第一个例子是关于排版的。它说明了如何将编译技术应用于其他的语言处理应用，编译技术的应用范围并不限于我们通常认为的程序设计语言。第二个例子是关于一个典型程序设计语言构造的中间代码生成的，这个构造是某种形式的 *while* 语句。

例 5.18 这个例子来自于数学公式排版语言。Eqn 是这种语言的早期例子，来自 Eqn 的思想仍然可以在 Tex 排版系统中找到，本书就是用 Tex 排版系统排版的。

我们将关注定义下标、下标的下标等排版能力，而忽略了上标、叠加的分数以及其他数学功能。在 Eqn 语言中，人们可以使用 `a sub i sub j` 来设定表达式 a_{i_j}。一个简单的 *boxes*（即由一个方框括起来的文本元素）的文法是：

$$B \rightarrow B_1 B_2 \mid B_1 \,\textbf{sub}\, B_2 \mid (B_1) \mid \textbf{text}$$

对应于这四个产生式，一个方框可以是下列之一：

1）两个并列的方框，其中第一个方框 B_1 在另一个方框 B_2 的左边。

2）一个方框和一个下标方框。第二个方框的尺寸较小且位置较低，位于第一个方框的右边。

3）一个用括号括起来的方框，用于方框和下标的分组。Eqn 和 Tex 都使用花括号进行分组，但是我们将使用通常的圆括号来分组，以避免和 SDT 动作两边的括号混淆。

4）一个文本串，也就是任何字符串。

这个文法是二义性的，但是如果我们令下标和并列关系都是右结合的，并且令 **sub** 的优先级高于并列，那么我们仍然可以使用它来完成自底向上的语法分析。

表达式的排版过程就是由较小的方框构造出较大的方框的过程。在图 5-24 中，E_1 的方框和 *.height* 将被并列放置形成方框 E_1*.height*。而 E_1 的左边方框本身又是从 E 的方框和下标 1 的方框构造得到的。下标 1 的处理方法是将它的方框缩小大约 30%，并放在较低的位置上，然后把它

放在 E 的方框之后。虽然我们将把 .*height* 作为一个文本串进行处理，但它的方框中的长方形会说明它是如何从各个字母对应的方框构造得到的。

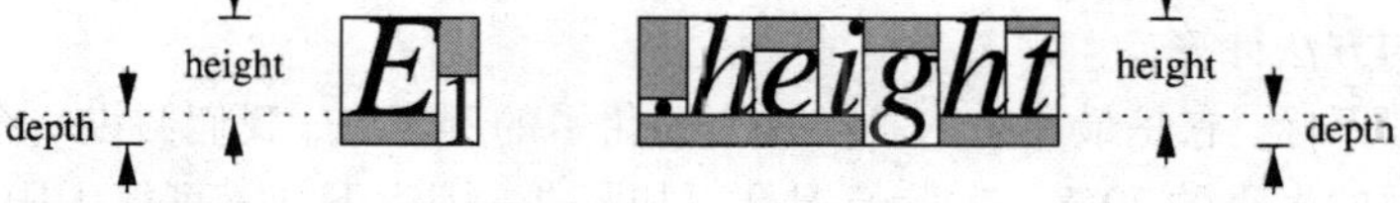

图 5-24　从较小的方框构造较大的方框

在这个例子中，我们只考虑这些方框的垂直方向的几何性质。水平方向的几何性质，即方框的宽度，也很有意思，当不同字符具有不同宽度时更是如此。可能看起来不是那么明显，但是图 5-24 中的各个字符确实具有不同的宽度。

和这些方框的垂直方向几何性质相关的值如下：

1）字体大小(point size)。它被用于在一个方框中设置文本。我们将假设不在下标中的字符被设置为 10 点，也就是一般书籍的字体大小。进一步，我们假设如果一个方框的字体大小是 p，那么它的下标方框的字体大小就是 $0.7p$。继承属性 $B.ps$ 表示块 B 的字体大小点数。这个属性必须是继承属性，因为一个给定的块的上下文决定了这个块在哪个下标层次，从而决定需要缩小多少。

2）每个方框有一个基线(baseline)，它是对应于文本行的底部的垂直位置，它不考虑像 g 这样的伸展到正常基线之下的字符。在图 5-24 中，点虚线就表示了方框 E、.*height* 以及整个表达式的基线。包含了下标 1 的方框的基线经过了调整，以便把这个下标放在较低位置。

3）每个方框有一个高度(height)，它是从方框顶部到方框基线的距离。综合属性 $B.ht$ 给出了方框 B 的高度。

4）每个方框有一个深度(depth)，它是从基线到达方框底部的距离。综合属性 $B.dp$ 给出了方框 B 的深度。

图 5-25 中的 SDD 给出了计算字体大小、高度和深度的规则。产生式 1 的功能是把初始值 10 赋给 $B.ps$。

产生式	语义规则
1)　$S \to B$	$B.ps = 10$
2)　$B \to B_1\ B_2$	$B_1.ps = B.ps$ $B_2.ps = B.ps$ $B.ht = \max(B_1.ht, B_2.ht)$ $B.dp = \max(B_1.dp, B_2.dp)$
3)　$B \to B_1$ **sub** B_2	$B_1.ps = B.ps$ $B_2.ps = 0.7 \times B.ps$ $B.ht = \max(B_1.ht, B_2.ht - 0.25 \times B.ps)$ $B.dp = \max(B_1.dp, B_2.dp + 0.25 \times B.ps)$
4)　$B \to (\ B_1\ )$	$B_1.ps = B.ps$ $B.ht = B_1.ht$ $B.dp = B_1.dp$
5)　$B \to$ **text**	$B.ht = getHt(B.ps, \textbf{text}.lexval)$ $B.dp = getDp(B.ps, \textbf{text}.lexval)$

图 5-25　方框排版的 SDD

产生式 2 处理并列的情况。字体大小被沿着语法分析树向下拷贝，也就是说，一个方框的两个子方框从这个较大的方框中继承了同样的字体大小点数。高度和深度是沿着语法分析树向上计算的，总是取两者的最大值。也就是说，大方框的高度是它的两个组成部分的高度的最大值，深度也按照类似的方法计算。

产生式 3 处理下标，它是最复杂的。在这个简化了的例子中，我们假设一个下标方框的字体大小是它的父方框的大小的 70% 。实际情况会更加复杂，因为下标不可能无限缩小。在实践中，在几层下标之后，下标的大小就几乎不再缩小。另外我们还假设一个下标方框的基线向下移动了父方框的字体点数大小的 25% ，同样，实际情况要更加复杂。

产生式 4 在使用括号的时候正确地拷贝各个属性。最后，产生式 5 处理表示文本方框的叶子结点。在这里，实际情况也是很复杂的，因此我们只显示了两个未定义的函数 *getHt* 和 *getDp*。它们检查各个字体的表格，以确定文本串中的全部字符的最大高度和最大深度。我们假设这个文本串中的字符是由终结符号 **text** 的属性 *lexval* 提供的。

最后一个任务是按照图 5-25 中处理 L 属性 SDD 的规则，将这个 SDD 转换为 SDT。正确的 SDT 显示在图 5-26 中。因为产生式的体比较长，为了增加可读性，我们把它们分割到多行中，并把动作对齐排列。因此，产生式体包含了到下一个产生式的头为止的多行内容。 □

	产生式		语义动作
1)	$S \rightarrow$		$\{ B.ps = 10; \}$
		B	
2)	$B \rightarrow$		$\{ B_1.ps = B.ps; \}$
		B_1	$\{ B_2.ps = B.ps; \}$
		B_2	$\{ B.ht = \max(B_1.ht, B_2.ht);$
			$B.dp = \max(B_1.dp, B_2.dp); \}$
3)	$B \rightarrow$		$\{ B_1.ps = B.ps; \}$
		B_1 **sub**	$\{ B_2.ps = 0.7 \times B.ps; \}$
		B_2	$\{ B.ht = \max(B_1.ht, B_2.ht - 0.25 \times B.ps);$
			$B.dp = \max(B_1.dp, B_2.dp + 0.25 \times B.ps); \}$
4)	$B \rightarrow$	(	$\{ B_1.ps = B.ps; \}$
		B_1)	$\{ B.ht = B_1.ht;$
			$B.dp = B_1.dp; \}$
5)	$B \rightarrow$	**text**	$\{ B.ht = getHt(B.ps, \textbf{text}.lexval);$
			$B.dp = getDp(B.ps, \textbf{text}.lexval); \}$

图 5-26 方框排版的 SDT

我们的下一个例子是考虑一个简单的 while 语句，考虑如何为这种类型的语句生成中间代码。中间代码将被当作一个值为字符串的属性。稍后我们将探究一些高效的技术。这些技术在我们进行语法分析的时候顺序输出一个取值为字符串的属性的各个部分，从而避免了通过长字符串的拷贝来构造出更长的字符串。这个技术在例 5.17 中已经介绍过。在那个例子中，我们以“边扫描边生成”的方式生成了一个中缀表达式的后缀形式，而不是把表达式的后缀形式当作一个属性来计算。然而，在我们第一次表示中间代码生成时，我们通过字符串的连接来创建一个值为字符串的属性。

例 5.19 在这个例子中，我们只需要一个产生式：

$$S \rightarrow \texttt{while}(C)S_1$$

这里，S 是生成各种语句的非终结符号，我们假设这些语句包括 if 语句、赋值语句和其他类型的语句。在这个例子中，C 表示一个条件表达式——一个值为真或假的布尔表达式。

在这个关于语句控制流的例子中，我们只需要生成多个标号。我们假设其他的中间代码指令都由这个 SDT 的未显示部分生成。更明确地讲，我们生成显式的形如 **label** L 的指令，其中 L 是一个标识符。这个指令表明后一条指令的标号是 L。我们假设中间代码和 2.8.4 节中介绍的代码类似。

这个 while 语句的含义是首先对条件表达式 C 求值。如果它为真，控制就转向 S_1 的代码的开始处。如果 C 的值为假，那么控制就转向跟在这个 while 语句的代码之后的代码。我们必须设计 S_1 的代码，使得它在结束的时候能够跳转到这个 while 语句的代码的开始处。图 5-27 没有显示出跳转到对 C 求值的代码的开始处的指令。

我们使用下面的属性来生成正确的中间代码：

1）继承属性 $S.next$ 是必须在 S 执行结束之后执行的代码的开始处的标号。

2）综合属性 $S.code$ 是中间代码的序列，它实现了语句 S，并在最后有一条跳转到 $S.next$ 的指令。

3）继承属性 $C.true$ 是必须在 C 为真时执行的代码的开始处的标号。

4）继承属性 $C.false$ 是必须在 C 为假时执行的代码的开始处的标号。

5）综合属性 $C.code$ 是一个中间代码的序列，它实现了条件表达式 C，并根据 C 的值为真或假跳转到 $C.true$ 或者 $C.false$。

计算 while 语句的这些属性的 SDD 显示在图 5-27 中。有几个要点需要解释一下：

$$
\begin{array}{ll}
S \rightarrow \textbf{while}\ (\ C\ )\ S_1 & L1 = new(); \\
 & L2 = new(); \\
 & S_1.next = L1; \\
 & C.false = S.next; \\
 & C.true = L2; \\
 & S.code = \textbf{label} \parallel L1 \parallel C.code \parallel \textbf{label} \parallel L2 \parallel S_1.code
\end{array}
$$

图 5-27　while 语句的 SDD

- 函数 new 生成了新的标号。
- 变量 $L1$ 和 $L2$ 存放了在代码中需要的标号。$L1$ 表示这个 while 语句的代码的开始处，我们必须安排 S_1 在执行完毕之后跳转到这里。这就是我们把 $S_1.next$ 设置为 $L1$ 的原因。$L2$ 是 S_1 的代码的开始处，它变成了 $C.true$ 的值，因为在 C 为真时会跳转到那里。
- 请注意 $C.false$ 被设置为 $S.next$，因为当条件为假时，就会执行 S 的代码之后的代码。
- 我们使用 $\parallel$ 作为连接各个中间代码片段的符号。因此，$S.code$ 的值以标号 $L1$ 开始，然后是条件表达式 C 的代码，然后是另一个标号 $L2$，然后是 S_1 的代码。

这个 SDD 是 L 属性的。当我们把它转换为 SDT 时，还需要考虑如何处理标号 $L1$ 和 $L2$，它们是变量而不是属性。如果我们把语义动作当作哑非终结符号来处理，那么这样的变量可以当作哑非终结符号的综合属性来处理。因为 $L1$ 和 $L2$ 不依赖于其他属性，它们可以被分配到产生式的第一个语义动作中。实现这个 L 属性定义的带有内嵌语义动作的 SDT 显示在图 5-28 中。 □

$$
\begin{array}{lll}
S \rightarrow & \textbf{while}\ (& \{\ L1 = new();\ L2 = new();\ C.false = S.next;\ C.true = L2;\ \} \\
 & C\ ) & \{\ S_1.next = L1;\ \} \\
 & S_1 & \{\ S.code = \textbf{label} \parallel L1 \parallel C.code \parallel \textbf{label} \parallel L2 \parallel S_1.code;\ \}
\end{array}
$$

图 5-28　while 语句的 SDT

5.4.6 5.4 节的练习

练习 5.4.1：我们在 5.4.2 节中提到可能根据语法分析栈中的 LR 状态来推导出这个状态表示了什么文法符号。我们如何推导出这个信息？

练习 5.4.2：改写下面的 SDT：

$$A \to A\ \{a\}\ B \mid A\ B\ \{b\} \mid 0$$
$$B \to B\ \{c\}\ A \mid B\ A\ \{d\} \mid 1$$

使得基础文法变成非左递归的。这里，a、b、c 和 d 是语义动作，0 和 1 是终结符号。

！**练习 5.4.3**：下面的 SDT 计算了一个由 0 和 1 组成的串的值。它把输入的符号串当作按照正二进制数来解释。

$$\begin{array}{rcl} B & \to & B_1\ 0\ \{B.val = 2 \times B_1.val\} \\ & \mid & B_1\ 1\ \{B.val = 2 \times B_1.val + 1\} \\ & \mid & 1\ \{B.val = 1\} \end{array}$$

改写这个 SDT，使得基础文法不再是左递归的，但仍然可以计算出整个输入串的相同的 $B.val$ 的值。

！**练习 5.4.4**：为下面的产生式写出一个和例 5.10 类似的 L 属性 SDD。这里的每个产生式表示一个常见的 C 语言中那样的控制流结构。你可能需要生成一个三地址语句来跳转到某个标号 L，此时你可以生成语句 **goto** L。

1) $S \to$ **if** (C) S_1 **else** S_2

2) $S \to$ **do** S_1 **while** (C)

3) $S \to$ '{' L '}'; $L \to L\ S \mid \epsilon$

请注意，列表中的任何语句都可能包含一条从它的内部跳转到下一个语句的跳转指令，因此简单地为各个语句按顺序生成代码是不够的。

练习 5.4.5：按照例 5.19 的方法，把在练习 5.4.4 中得到的各个 SDD 转换成一个 SDT。

练习 5.4.6：修改图 5-25 中的 SDD，使它包含一个综合属性 $B.le$，即一个方框的长度。两个方框并列后得到的方框的长度是这两个方框的长度和。然后把你的新规则加入到图 5-26 中 SDT 的合适位置上。

练习 5.4.7：修改图 5-25 中的 SDD，使得它包含上标，用方框之间的运算符 **sup** 表示。如果方框 B_2 是方框 B_1 的一个上标，那么将 B_2 的基线放在 B_1 的基线上方，两条基线的距离是 0.6 乘以 B_1 的大小。把新的产生式和规则加入到图 5-26 的 SDT 中去。

5.5 实现 L 属性的 SDD

因为很多翻译应用可以用 L 属性定义来解决，所以我们将在这一节中详细地考虑它们的实现。下面的方法通过遍历语法分析树来完成翻译工作。

1) *建立语法分析树并注释*。这个方法对于任何非循环定义的 SDD 都有效。我们已经在 5.1.2 节中介绍了注释语法分析树。

2) *构造语法分析树，加入动作，并按照前序顺序执行这些动作*。这个方法可以处理任何 L 属性定义。我们在 5.4.5 节中讨论了如何把一个 L 属性 SDD 转变成为 SDT，还特别讨论了如何根据这样的 SDD 的语义规则把语义动作嵌入到产生式中。

在这一节，我们讨论下面的在语法分析过程中进行翻译的方法：

3) *使用一个递归下降的语法分析器*，它为每个非终结符号都建立一个函数。对应于非终结符号 A 的函数以参数的方式接收 A 的继承属性，并返回 A 的综合属性。

4）使用一个递归下降的语法分析器，以边扫描边生成的方式生成代码。

5）与 LL 语法分析器结合，实现一个 SDT。属性的值存放在语法分析栈中，而各个规则从栈中的已知位置获取需要的属性值。

6）与 LR 语法分析器结合，实现一个 SDT。这个方法会让人觉得惊讶，因为一个 L 属性 SDD 的 SDT 通常有一些动作位于产生式的中间，而在一个 LR 语法分析过程中，我们只有在构造出一个产生式体的全部符号之后才能肯定我们确实可以使用这个产生式。然而，我们将看到，如果基础文法是 LL 的，我们总是可以按照自底向上的方式来处理语法分析和翻译过程。

5.5.1 在递归下降语法分析过程中进行翻译

4.4.1 节讨论过，一个递归下降的语法分析器对每个非终结符号 *A* 都有一个函数 *A*。我们可以按照如下方法把这个语法分析器扩展为一个翻译器：

1）函数 *A* 的参数是非终结符号 *A* 的继承属性。

2）函数 *A* 的返回值是非终结符号 *A* 的综合属性的集合。

在函数 *A* 的函数体中，我们要进行语法分析并处理属性：

1）决定用哪一个产生式来展开 *A*。

2）当需要读入一个终结符号时，在输入中检查这些符号是否出现。我们假设分析过程不需要进行回溯，但是只要在出现语法错误时恢复输入位置，就可以把这个方法扩展到带回溯的递归下降语法分析技术，见 4.4.1 节中的讨论。

3）在局部变量中保存所有必要的属性值，这些值将用于计算产生式体中非终结符号的继承属性，或产生式头部的非终结符号的综合属性。

4）调用对应于被选定产生式体中的非终结符号的函数，向它们提供正确的参数。因为基础的 SDD 是 L 属性的，所以我们必然已经计算出了这些属性并且把它们存放到了局部变量中。

例 5.20 让我们考虑例 5.19 中 while 语句的 SDD 和 SDT。图 5-29 显示了函数 *S* 的相关部分的伪代码说明。

我们显示的这个函数 *S* 需要存储并返回很长的字符串。在实践中，更有效率的做法是让像 *S* 和 *C* 这样的函数返回一个指针，指向表示这些字符串的记录。那么，函数 *S* 中的返回语句将不会真的把各个组成部分连接起来，而是构造出一个记录或记录树。这个记录或记录树表示了将 *Scode*、*Ccode*、标号 *L*1 和 *L*2 以及文字串“`label`”的两次出现全部连接起来而得到的串。 □

```
string S(label next) {
        string Scode, Ccode; /* 存放代码片段的局部变量 */
        label L1, L2; /* 局部标号*/
        if ( 当前输入 == 词法单元while ) {
                读取输入 ;
                检查 '(' 是下一个输入符号 , 并读取输入;
                L1 = new();
                L2 = new();
                Ccode = C(next, L2);
                检查 ')' 是下一个输入符号 , 并读取输入;
                Scode = S(L1);
                return("label" || L1 || Ccode || "label" || L2 || Scode);
        }
        else /* 其他语句类型 */
}
```

图 5-29 用一个递归下降语法分析器实现 while 语句的翻译

例 5.21 现在我们将处理图 5-26 中用于方框排版的 SDT。我们首先处理语法分析问题，因为图 5-26 中的基础文法是二义性的。下面经过转换的文法使得并列运算和下标运算都是右结合的，而 **sub** 的优先级高于并列：

$$\begin{array}{lcl} S & \rightarrow & B \\ B & \rightarrow & T\ B_1 \mid T \\ T & \rightarrow & F\ \textbf{sub}\ T_1 \mid F \\ F & \rightarrow & (\ B\ ) \mid \textbf{text} \end{array}$$

引入两个非终结符号 T 和 F 的灵感来自于表达式中的项和因子。这里，由 F 生成的一个"因子"要么是一个括号中的方框，要么是一个文本串。由 T 生成的一个"项"是一个带有一系列下标的"因子"，而由 B 生成的一个方框是一个并列的"项"的序列。

T 和 F 的属性和 B 的属性一样，因为新的非终结符号也表示方框。引入它们的目的仅仅是为了帮助进行语法分析。因此，T 和 F 都有一个继承属性 ps 和综合属性 ht 及 dp。它们的语义动作可以从图 5-26 的 SDT 中修改得到。

这个文法还不可以直接进行自顶向下的语法分析，因为 B、T 的产生式都有相同的前缀。比如，考虑 T。一个自顶向下的语法分析器不能仅在输入中向前看一个符号就在 T 的两个产生式间做出决定。幸运的是，我们可以使用 4.3.4 节中讨论的提取左公因子的方法，使得这个文法可以进行自顶向下语法分析。处理 SDT 时，公共前缀的概念也被应用到语义动作中。T 的两个产生式都以非终结符号 F 开头，这个符号从 T 中继承了属性 ps。

图 5-30 中 $T(ps)$ 的伪代码中加入了 $F(ps)$ 的代码。对产生式 $T \rightarrow F$ **sub** $T_1 \mid F$ 应用提取左公因子的操作之后，只需要对 F 调用一次。这个伪代码显示了将该次调用替换为 F 的代码之后的结果。

```
(float, float) T(float ps) {
    float h1, h2, d1, d2; /* 用于存放高度和深度的局部变量*/
    /* F(ps) 代码开始 */
    if (当前输入 == '(' ) {
        读取下一个输入;
        (h1, d1) = B(ps);
        if (当前输入 != ')' ) 语法错误：期待 ')';
        读取下一个输入；
    }
    else if ( 当前输入 == text ) {
        令 t 等于词法值 text.lexval ;
        读取下一个输入；
        h1 = getHt(ps, t);
        d1 = getDp(ps, t);
    }
    else 语法错误：期待 text 或者 '(';
    /* F(ps) 代码结束 */
    if ( 当前输入 == sub ) {
        读取下一个输入；
        (h2, d2) = T(0.7 * ps);
        return (max(h1, h2 - 0.25 * ps), max(d1, d2 + 0.25 * ps));
    }
    return (h1, d1);
}
```

图 5-30　递归下降的方框排板

B 的函数以 $T(10.0)$ 的方式调用函数 T，我们没有在这里显示这个调用。该次调用返回一个二元组，包括由非终结符号 T 生成的方框的高度和深度。在实践中，它将返回一个包含高度和深度的记录。

函数 T 首先检查输入是否为左括号。如果是，它就必须处理产生式 $F\to(B)$。它保存了括号中 B 返回的任何值，但是如果 B 后面没有跟着一个右括号，那么就存在语法错误。处理这个语法错误的方式没有在这里显示。

否则，如果当前的输入是 **text**，那么函数 T 使用 *getHt* 和 *getDp* 来确定这个文本的高度和深度。

然后，函数 T 确定下一个方框是否为一个下标，如果是就调整 *point size*。我们使用和图 5-26 的产生式 $B\to B$ **sub** B 关联的语义动作来处理较大方框的高度和深度。否则，我们直接返回 F 所返回的值：$(h1, d1)$。 □

5.5.2 边扫描边生成代码

如例 5.20 所示，使用属性来表示代码并构造出很长的串不能满足我们的要求，原因是多方面的，比如拷贝和移动这些串字符时需要很长的时间。在通常情况下，比如在我们的代码生成例子中，我们可以通过执行一个 SDT 中的语义动作，逐步把各个代码片段添加到一个数组或输出文件中。要保证这项技术能够正确应用，下列要素必不可少：

1）存在一个（一个或多个非终结符号的）主属性。为方便起见，我们假设主属性都以字符串为值。在例 5.20 中，属性 *S.code* 和 *C.code* 是主属性，而其他属性不是主属性。

2）主属性是综合属性。

3）对主属性求值的规则保证：

① 主属性是将相关产生式体中的非终结符号的主属性值连接起来得到的。连接时也可能包括其他非主属性的元素，比如字符串 **label** 和标号 $L1$ 及 $L2$ 的值。

② 各个非终结符号的主属性值在连接运算中出现的顺序和这些非终结符号在产生式体中的出现顺序相同。

上面这些条件使得我们在构造主属性时只需要在适当的时候发出这个连接运算中的非主属性元素。我们可以依靠对一个产生式体中的非终结符号的对应函数的递归调用，以增量方式生成它们的主属性。

例 5.22 我们可以修改图 5-29 中的函数，使得它生成主属性 *S.code* 的各个元素，而不是把它们保存起来，再连接得到 *S.code* 的一个返回值。经过修改的函数 S 显示在图 5-31 中。

```
void S(label next) {
      label L1, L2; /* 局部标号 */
      if ( 当前输入 == 词法单元 while ) {
            读取输入；
            检查 '(' 是下一个输入符号，并读取输入；
            L1 = new();
            L2 = new();
            print("label", L1);
            C(next, L2);
            检查 ')' 是下一个输入符号，并读取输入；
            print("label", L2);
            S(L1);
      }
      else /* 其他语句类型 */
}
```

图 5-31 while 语句的 on-the-fly 的递归下降代码生成

在图 5-31 中，S 和 C 现在不返回任何值，因为它们唯一的综合属性是通过打印生成的。而且这些打印语句的位置很重要。打印输出的顺序是：首先是 `label` $L1$，然后是 C 的代码（它和图 5-29 中的 $Ccode$ 的值相同），然后是 `label` $L2$，最后是对 S 的递归调用所生成的代码（它和图 5-29 中的 $Scode$ 的值相同）。这样，对 S 的一次调用所打印的代码和图 5-29 中返回的 $Scode$ 的值相同。 □

主属性的类型

我们的简单假设要求主属性具有字符串属性，这个限制实际上太严格了。真实要求是所有主属性的类型的值必须能够通过连接各个元素而构造得到。比如，任何类型的对象列表也可以作为主属性的类型，只要这些列表的表示方法允许我们把元素高效地加入到列表的尾部。因此，如果主属性的目的是表示一个中间代码语句的序列，我们就可以在一个对象数组的尾部不断写入语句，最终生成中间代码。当然，这个列表还需要满足 5.5.2 节中给出的其他要求。比如，一个主属性值必须由其他主属性值按照非终结符号的顺序连接得到。

我们附带地对基础 SDT 进行相同的修改：将一个主属性的构造转变为发出这个属性的元素的语义动作。在图 5-32 中，我们可以看到图 5-28 的 SDT 被修改成边扫描边生成代码的 SDT。

$$
\begin{array}{lll}
S & \rightarrow & \textbf{while}\ (\quad \{\ L1 = new();\ L2 = new();\ C.false = S.next; \\
 & & \qquad\quad\ \ C.true = L2;\ print(\texttt{"label"}, L1);\ \} \\
 & & C\ ) \qquad\ \ \{\ S_1.next = L1;\ print(\texttt{"label"}, L2);\ \} \\
 & & S_1
\end{array}
$$

图 5-32 边扫描边生成 while 语句的代码的 SDT

5.5.3 L 属性的 SDD 和 LL 语法分析

假设一个 L 属性 SDD 的基础文法是一个 LL 文法，并且我们已经按照 5.4.5 节中描述的方法把它转换成一个 SDT，其语义动作被嵌入到各个产生式中。然后，我们就可以在 LL 语法分析过程中完成翻译过程，其中的语法分析栈需要进行扩展，以存放语义动作和属性求值所需的某些数据项。一般来说，这些数据项是属性值的拷贝。

除了那些代表终结符号和非终结符号的记录之外，语法分析栈中还将保存*动作记录*（action-record）和*综合记录*（synthesize-record），其中动作记录表示即将被执行的语义动作，而综合记录保存非终结符号的综合属性值。我们使用下列两个原则来管理栈中的属性：

- 非终结符号 A 的继承属性放在表示这个非终结符号的栈记录中。对这些属性求值的代码通常使用紧靠在 A 的栈记录之上的动作记录来表示。实际上，从 L 属性的 SDD 到 SDT 的转换方法保证了动作记录将紧靠在 A 的上面。
- 非终结符号 A 的综合属性放在一个单独的综合记录中，它在栈中紧靠在 A 的记录之下。

这个策略在语法分析栈中放置了多种类型的记录，这些不同的记录类型将被当作“栈记录”的子类进行正确管理。在实践中，我们可能把几个记录组合成一个记录，但是如果要解释这个方法的基本思想，最好还是把用于不同目的的数据分别存放在不同的记录中。

动作记录包含指向将被执行的动作代码的指针。动作也可能出现在综合记录中，这些动作通常把其他记录中的综合属性拷贝到栈中更低的位置上。在这个综合属性所在的记录被弹出栈之后，语法分析程序需要在这个较低的位置上找到该属性的值。

我们简单地看一下 LL 语法分析技术，以了解为什么需要建立属性的临时拷贝。根据 4.4.4

节的介绍可知，一个通过分析表驱动的 LL 语法分析器模拟了一个最左推导过程。如果 w 是至今为止已经匹配完成的输入，那么栈中就包含了一个文法符号序列 α，使得 $S \overset{*}{\underset{lm}{\Rightarrow}} w\alpha$，其中 S 是开始符号。当语法分析器按照一个产生式 $A \to B\ C$ 展开的时候，它把栈顶的 A 替换为 $B\ C$。

假设非终结符号 C 有一个继承属性 $C.i$。对于产生式 $A \to B\ C$，继承属性 $C.i$ 可能不仅仅依赖于 A 的继承属性，还可能依赖于 B 的所有属性。因此，我们可能需要在计算 $C.i$ 之前完成对 B 的处理。因此，我们需要计算 $C.i$ 所需的所有属性值的临时拷贝存放到计算 $C.i$ 的动作记录中。否则，当语法分析器把栈顶的 A 替换为 BC 的时候，A 的继承属性就和它的栈记录一起消失了。

因为基础 SDD 是 L 属性的，我们可以肯定当 A 位于栈顶时，A 的继承属性的值是可用的。因此当需要把这些值拷贝到对 C 的继承属性求值的动作记录中时，这些值也是可用的。不仅如此，用于存放 A 的综合属性的空间也不成问题，因为这个空间位于 A 的综合记录中，而这个记录在语法分析器使用 $A \to B\ C$ 进行展开时还保持在分析栈中(位于 B 和 C 之下)。

当处理 B 时，如果需要，我们可以(通过栈中紧靠在 B 之上的一个记录)执行一个动作，将它的继承属性拷贝给 C 使用。在处理完 B 之后，如果需要，B 的综合记录也可以拷贝它的综合属性供 C 使用。类似地，也可能需要一些临时变量来计算 A 的综合属性的值。这些值可以在先后处理 B 和 C 的时候被拷贝到 A 的综合记录中。所有这些属性的拷贝工作能够正确进行的原理是：

- 所有拷贝都发生在对某个非终结符号的一次展开时创建的不同记录之间。因此，这些记录中的每一个都知道其他各个记录在栈中离它有多远，因此可以安全地把值写到它下面的记录中。

下一个例子说明了通过不断地拷贝属性值，在 LL 语法分析过程中实现继承属性的方法。有可能存在一些捷径或者优化方法，对于那些只把一个属性值拷贝到另一个属性值的拷贝规则而言更是如此。我们要到例 5.24 中再说明这个问题，该例子还演示了对综合记录的处理方法。

例 5.23 这个例子实现了图 5-32 中的 SDT，该 SDT 边扫描边为 while 语句生成代码。这个 SDT 中除了表示标号的哑属性之外，没有综合属性。

图 5-33a 显示了我们即将使用 while 产生式来展开 S 的情况。这里假设我们已经知道输入的向前看符号就是 **while**。栈顶的记录对应于 S，它只包含继承属性 $S.next$。我们假设这个属性的值为 x。因为我们现在以自顶向下方式进行语法分析，所以按照惯例把栈顶显示在左边。

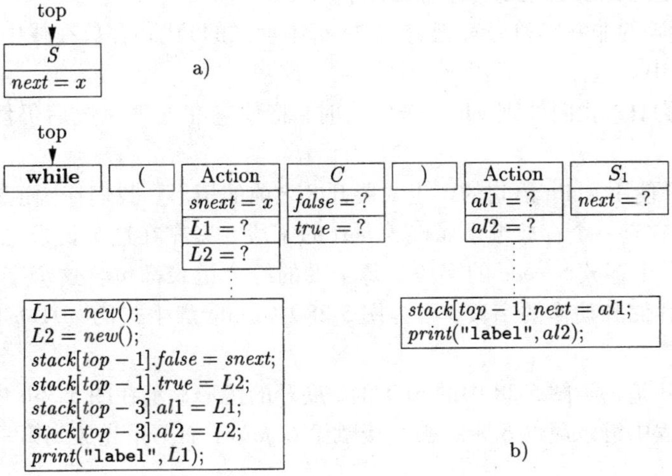

图 5-33　根据 while 语句的产生式扩展 S

图 5-33b 显示了我们展开 S 之后的情况。在非终结符号 C 和 S_1 之前存在动作记录，它们对应于图 5-32 中的基础 SDT 的语义动作。C 的记录包含了存放继承属性 *true* 和 *false* 的字段，而 S_1 的记录包含了存放属性 *next* 的字段。所有的 S 记录都必须包含这个字段。我们将这些字段的值显示为?，因为我们现在还不知道它们的值。

接下来，语法分析器识别了输入中的 **while** 和(，并将它们的记录弹出栈。现在，第一个动作位于栈顶，因此必须执行这个动作。这个动作记录有一个字段 *snext*，该字段存放了继承属性 $S.next$ 的一个拷贝。当 S 被弹出栈的时候，$S.next$ 的值被拷贝到字段 *snext* 中。在求 C 的继承属性值的时候将用到这个字段。第一个动作的代码生成了 $L1$ 和 $L2$ 的新值，我们分别将这两个值假设为 y 和 z。下一步是令 $C.true$ 的值等于 z。我们把这个赋值语句写作 $stack[top-1].true = L2$ 是因为只有当这个动作记录位于栈顶时这个语句才会被执行，因此 $top-1$ 指向它下面的记录，即 C 的记录。

第一个动作记录将 $L1$ 拷贝到第二个动作记录的 $al1$ 字段中，在该处它将用于 $S_1.next$ 的求值。它也会将 $L2$ 拷贝到第二个动作记录中的 $al2$ 字段中，第二个动作需要这个值来正确打印输出。最后，第一个动作记录将 `label y` 打印到输出设备。

完成了第一个动作并将它的记录弹出栈之后的情形显示在图 5-34 中。在 C 的记录中的继承属性值都已经正确填写好，同时第二个动作记录中的临时变量 $al1$ 和 $al2$ 也已经填写好。此时 C 被展开，我们假设实现条件表达式 C 的包含了正确跳转到 x 和 z 的指令的代码已经生成。当 C 的记录被弹出栈时，)的记录变成了栈顶，使得语法分析器检查输入中的)。

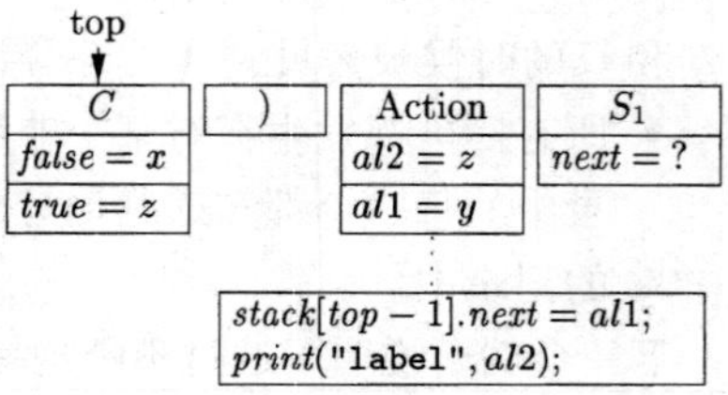

图 5-34 C 之上的动作被执行之后

当 S_1 之上的动作位于栈顶时，它的代码设置 $S_1.next$，并打印出 `label` z。上述工作完成之后，S_1 的记录成为栈顶。随着 S_1 被展开，假设它正确地生成了 S_1 的代码。不管 S_1 是什么类型的语句，生成的代码正确地实现了这个语句，随后跳转到 y。□

例 5.24 现在让我们考虑同样的 while 语句，但是翻译方法把输出 $S.code$ 作为一个综合属性，而不是通过边扫描边处理的方式生成。记住下面的不变式，或者说归纳假设，有助于理解接下来的解释。我们假设这些假设适用于每个非终结符号：

- 每个具有代码的非终结符号都把它的(字符串形式的)代码存放在栈中该符号的记录下方的综合记录中。

假设这个结论为真，我们处理 while 产生式时，将使它在处理完成后仍然成立，成为一个不变式。

图 5-35a 显示了使用 while 语句的产生式展开 S 之前的情形。我们在栈顶看到的是 S 的记录。和例 5.23 中一样，它有一个存放继承属性 $S.next$ 的字段。紧靠在这个记录之下是 S 的本次出现的综合记录，它有一个存放 $S.code$ 的字段。每个 S 的综合记录都包含这个字段。我们还显示了其他一些用于局部存储和动作的字段，因为图 5-28 中 while 产生式的 SDT 实际上是一个更大的 SDT 的一部分。

我们对 S 的展开是基于图 5-28 中的 SDT 的，展开的情形显示在图 5-35b 中。作为一种捷径，我们假设在展开过程中继承属性 $S.next$ 被直接赋给 $C.false$，而不是先放到第一个动作中，然后再拷贝到 C 的记录中。

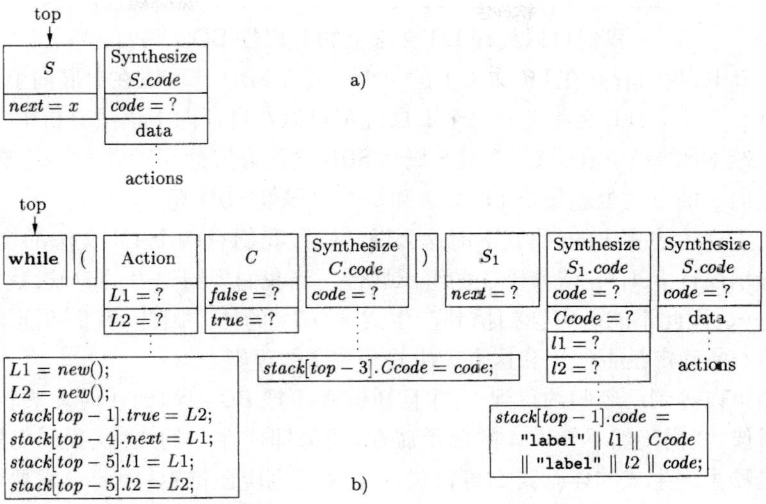

图 5-35　栈中构造的具有综合属性的 S 的扩展

我们看一下各个记录在变成栈顶的时候会做哪些事情。首先，**while** 记录使得词法单元 **while** 和输入匹配。这是一定会匹配的，否则我们就不会用这个产生式来展开 S。在 **while** 和(被弹出栈之后，执行动作记录中的代码。它生成了 $L1$ 和 $L2$ 的值，我们通过捷径直接把它们拷贝到需要它们的继承属性中，即 $S_1.next$ 和 $C.true$ 中。这个动作的最后两个步骤把 $L1$ 和 $L2$ 拷贝到被称为"Synthesize $S_1.code$"的记录中。

S_1 的综合记录有两个任务：它不仅仅要保存综合属性 $S_1.code$，它还要作为一个动作记录对整个产生式 $S \rightarrow$ **while** (C) S_1 的属性求值。特别是，当它到达栈顶时，它将计算综合属性 $S.code$，并将这个值放到产生式头 S 的综合记录中。

当 C 成为栈顶的时候，它的两个继承属性都已经计算完成。根据上面给出的归纳假设，我们假设它正确地生成了代码，该代码执行了它的条件判断并跳转到正确的标号。我们同时假设在展开 C 时执行的动作正确地把这个代码放在了栈中下面的记录中，作为综合属性 $C.code$ 的值。

在 C 被弹出栈后，$C.code$ 的综合记录成为栈顶。它的代码要在 $S_1.code$ 的综合记录中使用，因为我们要在那里把所有的代码元素连接起来得到 $S.code$。因此，$C.code$ 的综合记录中有一个语义动作把 $C.code$ 拷贝到 $S_1.code$ 的综合记录中。完成上述工作之后，词法单元)的记录到达栈顶，使得语法分析器检查输入中的)。假设这个测试成功，S_1 的记录变成栈顶。根据我们的归纳假设，这个非终结符号被展开。这次展开的最终效果是它的代码被正确构造出来，并被放到 S_1 的综合记录中存放 $code$ 的字段中。

现在，S_1 的综合记录的所有数据字段都已经填充完毕，因此当它变成栈顶时，该记录中的动作就可以被执行。这个动作使得标号和来自 $C.code$ 和 $S_1.code$ 的代码按照正确的顺序被连接到一起。得到的串放在栈中下面的记录中，也就是 S 的综合记录中。我们现在已经正确地计算出了 $S.code$，并且当 S 的综合记录变成栈顶时，该代码可以被放置到栈中更低层的另一个记录中，在那里它最终会被组装到一个更大的代码串中，用于实现了包含这个 S 的更大的程序元素。□

我们可以处理 LR 文法上的 L 属性 SDD 吗?

在5.4.1 节中,我们看到在 LR 文法上的每个 S 属性 SDD 都可以在自底向上语法分析过程中实现。根据 5.3.5 节,LL 文法上的每个 L 属性都可以在自顶向下语法分析中实现。因为 LL 文法类是 LR 文法类的一个真子集,并且 S 属性 SDD 类是 L 属性 SDD 类的一个真子集,那么我们能否以自底向上的方式处理每个 LR 文法和每个 L 属性 SDD 呢?

如下面的直观论述指出的,我们不能这么做。假设我们有一个 LR 文法的产生式 $A \to BC$,并且有一个继承属性 $B.i$,它依赖于 A 的继承属性。当我们规约到 B 的时候,我们还没有看到由 C 生成的输入,因此不能确定会扫描到产生式 $A \to BC$ 的体。因此,我们在此时还不能计算 $B.i$,因为我们不能确定是否使用和这个产生式相关联的规则。

也许我们可以等到已经归约得到 C,并且知道必须把 BC 归约到 A 时才进行计算。然而,即使到那个时候,我们仍然不知道 A 的继承属性,因为即使在归约之后,我们仍然不能确定包含这个 A 的是哪个产生式的体。我们可以说这个决定也应该推迟,因此也需要将 $B.i$ 的计算进一步推迟。如果我们继续这样推迟,我们很快会发现必须把所有的决定推迟到对整个输入的语法分析完成之后再进行。实质上,这就是“先构造语法分析树,再执行翻译”的策略。

5.5.4 L 属性的 SDD 的自底向上语法分析

我们可以使用自底向上的方法来完成任何可以用自顶向下方式完成的翻译过程。更准确地说,给定一个以 LL 文法为基础的 L 属性 SDD,我们可以修改这个文法,并在 LR 语法分析过程中计算这个新文法之上的 SDD。这个“技巧”包括三个部分:

1) 以按照 5.4.5 节中的方法构造得到的 SDT 为起点。这样的 SDT 在各个非终结符号之前放置语义动作来计算它的继承属性,并且在产生式后端放置一个动作来计算综合属性。

2) 对每个内嵌的语义动作,向这个文法中引入一个标记非终结符号来替换它。每个这样的位置都有一个不同的标记,并且对于任意一个标记 M 都有一个产生式 $M \to \epsilon$。

3) 如果标记非终结符号 M 在某个产生式 $A \to \alpha\{a\}\beta$ 中替换了语义动作 a,对 a 进行修改得到 a',并且将 a' 关联到 $M \to \epsilon$ 上。这个动作 a'

① 将动作 a 需要的 A 或 α 中符号的任何属性作为 M 的继承属性进行拷贝。

② 按照 a 中的方法计算各个属性,但是将计算得到的这些属性作为 M 的综合属性。

这个变换看起来是非法的,因为通常和产生式 $M \to \epsilon$ 相关的动作将不得不访问某些没有出现在这个产生式中的文法符号的属性。然而,我们将在 LR 语法分析栈上实现各个语义动作。因此必要的属性总是可用的,它们位于栈顶之下的已知位置上。

例 5.25 假设一个 LL 文法中存在一个产生式 $A \to B\ C$,而继承属性 $B.i$ 是根据继承属性 $A.i$ 按照某个公式 $B.i = f(A.i)$ 计算得到的。也就是说,我们关心的 SDT 片段是

$$A \to \{B.i = f(A.i);\}\ B\ C$$

我们引入标记 M,M 有继承属性 $M.i$ 和综合属性 $M.s$。前者是 $A.i$ 的一个拷贝,而后者将成为 $B.i$。这个 SDT 将被写作

$$\begin{aligned} A &\to M\ B\ C \\ M &\to \{M.i = A.i;\ M.s = f(M.i);\} \end{aligned}$$

请注意,M 的规则中不可以使用 $A.i$,但是实际上我们将设法安排分析栈,使得如果即将进行一个到 A 的归约,那么 A 的每个继承属性都将出现在栈中执行这个归约的位置下方,从该处就可以读到这些继承属性。因此,当我们将 ϵ 归约为 M 时,我们直接在它的下方找到 $A.i$,在那里

读取到它的值。另外，$M.s$ 的值和 M 一起存放在栈中，它实际上是 $B.i$，以后在进行到 B 的归约时可以在下方找到这个值。 □

为什么标记能够正确工作？

标记是只能推导出 ϵ 的非终结符号，每个标记在所有产生式体中只出现一次。我们将正式证明如果一个文法是 LL 的，那么标记非终结符号可以被插入到产生式体中的任何位置，并且结果文法是 LR 的。如果文法是 LL 的，那么我们只需要看输入符号串 w 的第一个符号（如果 w 为空则是下一个符号），就可以确定 w 是否可以从 A 开始，经过一个以产生式 $A \to \alpha$ 开头的推导序列得到。因此，如果我们用自底向上的方式对 w 进行语法分析，那么只要 w 的开头出现在输入中，我们就可以确定 w 的一个前缀首先必须被归约成为 α，然后再归约到 S。特别是，如果我们在 α 的任何位置插入标记，相应的 LR 状态将隐含地表明这个标记必定存在，并将在输入的正确位置上把 ϵ 归约为标记。

例 5.26 本例中我们把图 5-28 的 SDT 修改成基于经过修改的 LR 文法的 SDT，新的 SDT 可以和 LR 语法分析器一起完成翻译。我们在 C 之前引入标记 M，在 S_1 之前引入标记 N，因此基础文法变成

$$\begin{array}{lll} S & \to & \textbf{while}\ (\ M\ C\ )\ N\ S_1 \\ M & \to & \epsilon \\ N & \to & \epsilon \end{array}$$

在我们讨论标记 M 及 N 的关联动作之前，先给出有关属性存放位置的“归纳假设”。

1）在 while 产生式的整个产生式体之下（就是说在栈中的 **while** 之下）将是继承属性 $S.next$。我们可能不知道这个栈记录与哪个非终结符号或语法分析器状态相关，但是我们肯定该记录有一个字段存放了 $S.next$。这个字段位于该记录中的固定位置上，并且在我们知道 S 推导出什么短语之前就已经计算得到了 $S.next$。

2）继承属性 $C.true$ 和 $C.false$ 将紧靠在 C 的栈记录的下方。因为假设这个文法是 LL 的，输入中出现的 **while** 告诉我们 while 产生式是唯一可能被识别的产生式，因此我们可以肯定 M 将出现在栈中紧靠 C 的下方，而 M 的记录将保存 C 的这些继承属性。

3）类似地，继承属性 $S_1.next$ 必定出现在栈中紧靠 S_1 的下方，因此我们把该属性放在 N 的记录中。

4）综合属性 $C.code$ 将出现在 C 的记录中。我们期望在实践中这个记录中出现的是一个指向这个字符串（对象）的指针，而该字符串本身位于栈外。当有一个属性的值是很长的字符串时，我们总是这样处理。

5）类似地，综合属性 $S_1.code$ 将出现在 S_1 的记录中。

现在我们跟踪一个 while 语句的语法分析过程。假设一个保存 $S.next$ 的记录出现在栈顶，并且下一个输入是终结符号 **while**。我们把这个终结符号移入栈中。此时识别出的产生式肯定是 while 产生式，因此 LR 语法分析器可以移入“(”并确定下一步把 ϵ 归约为 M。此时的栈显示在图 5-36 中。我们同时还在该图中显示了和 M 的归约相关联的动作。我们创建出 $L1$ 和 $L2$ 的值，它们被存放在 M 的记录的域中。同处这个记录还有 $C.true$ 和 $C.false$ 的域。这些属性必定在这个记录的第二和第三个域中。这是为了和可能在不同上下文中出现于 C 之下，且需要为 C 提供这些属性的其他栈记录保持一致。这个动作最后把两个值赋给 $C.true$ 和 $C.false$。其中的第一个值来自于刚刚生成的 $L2$，另一个则从栈下方存放 $S.next$ 的地方获取。

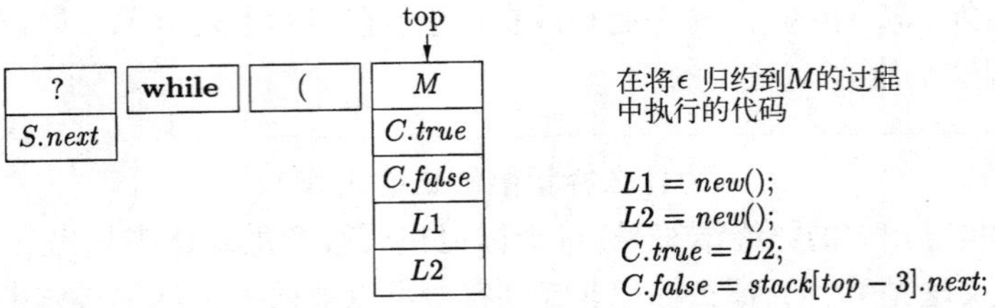

图 5-36 在将 ϵ 归约为 M 之后的 LR 语法分析栈

我们假设后面的输入被正确地归约为 C。因此，综合属性 $C.code$ 存放在 C 的记录中。这一次对栈的改变显示在图 5-37 中。该图还显示了接下来将被放到栈中的多个记录，它们将被放到 C 的记录之上。

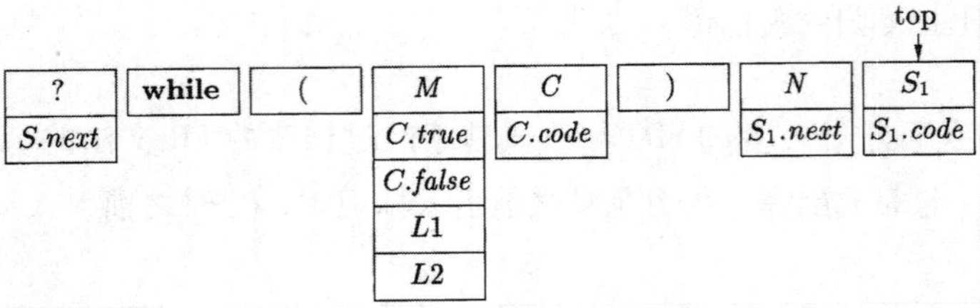

图 5-37 即将把 while 产生式的体归约为 S 之前的栈

继续识别 while 语句，语法分析器下一步将在输入中发现“)”，把它放在该符号自己的记录中，并压入栈中。因为文法是 LL 的，因此语法分析器在该点上已经知道它在处理一个 while 语句。语法分析器将把 ϵ 归约为 N。和 N 相关联的唯一数据是继承属性 $S_1.next$。请注意，需要将这个属性存放在此记录中的原因是这个记录将恰好位于 S_1 的记录之下。计算 $S_1.next$ 的值的代码是

$$S_1.next = stack[top-3].L1;$$

这个动作从 N 之下三个记录的地方获取了 $L1$ 的值。当这个代码执行的时候，N 的记录位于栈顶。

接下来，语法分析器将其余输入的某个前缀归约成为 S。我们一直把它称为 S_1，以便和产生式头的 S 区分开。$S_1.code$ 的值计算完成并放在 S_1 的栈记录中。这个步骤对应于图 5-37 所示的情形。

此时，语法分析器将把从 **while** 到 S_1 的全部内容归约为 S。在这一次归约中，执行的代码是：

```
tempCode = label || stack[top - 4].L1 || stack[top - 3].code ||
    label || stack[top - 4].L2 || stack[top].code;
top = top - 6;
stack[top].code = tempCode;
```

也就是说，我们在变量 *tempCode* 中构造出 $S.code$ 的值。该代码也是由两个标号 $L1$ 和 $L2$、C 的代码和 S_1 的代码组成。这个栈执行了一些弹出操作，因此 S 出现在 **while** 原来出现的地方。S 的代码值存放在该记录的 *code* 字段中。它在那里被解释为综合属性 $S.code$。请注意，我们在这次讨论中没有显示对 LR 状态的操作，实际上这些状态必须出现在栈中，其所在的字段就是存放文法符号的字段。 □

5.5.5 5.5 节的练习

练习 5.5.1： 按照 5.5.1 节的风格，将练习 5.4.4 中得到的每个 SDD 实现为递归下降的语法

分析器。

练习 5.5.2： 按照 5.5.2 节的风格，将练习 5.4.4 中得到的每个 SDD 实现为递归下降的语法分析器。

练习 5.5.3： 按照 5.5.3 节的风格，将练习 5.4.4 中得到的每个 SDD 和一个 LL 语法分析器一起实现。它们应该边扫描输入边生成代码。

练习 5.5.4： 按照 5.5.3 节的风格，将练习 5.4.4 中得到的每个 SDD 和一个 LL 语法分析器一起实现，但是代码（或者指向代码的指针）存放在栈中。

练习 5.5.5： 按照 5.5.4 节的风格，将练习 5.4.4 中得到的每个 SDD 和一个 LR 语法分析器一起实现。

练习 5.5.6： 按照 5.5.1 节的风格实现练习 5.2.4 中得到的 SDD。按照 5.5.2 节的风格得到的实现和这个实现相比有什么不同吗？

5.6 第 5 章总结

- *继承属性和综合属性*：语法制导的定义可以使用的两种属性。一棵语法分析树结点上的综合属性根据该结点的子结点的属性计算得到。一个结点上的继承属性根据它的父结点和/或兄弟结点的属性计算得到。
- *依赖图*：给定一棵语法分析树和一个 SDD，我们在各个语法分析树结点所关联的属性实例之间画上边，以指明位于边的头部的属性值要根据位于边的尾部的属性值计算得到。
- *循环定义*：在一个有问题的 SDD 中，我们发现存在一些语法分析树，无法找到一个顺序来计算所有结点上的所有属性的值。这些语法分析树关联的依赖图中存在环。确定一个 SDD 是否存在这种带环的依赖图是非常困难的。
- *S 属性定义*：在一个 S 属性的 SDD 中，所有的属性都是综合的。
- *L 属性定义*：在一个 L 属性的 SDD 中，属性可能是继承的，也可能是综合的。然而，一个语法分析树结点上的继承属性只能依赖于它的父结点的继承属性和位于它左边的兄弟结点的（任意）属性。
- *抽象语法树*：一棵抽象语法树中的每个结点代表一个构造；某个结点的子结点表示该结点所对应的构造的有意义的组成部分。
- *实现 S 属性的 SDD*：一个 S 属性定义可以通过一个所有动作都在产生式尾部的 SDT（后缀 SDT）来实现。这些动作通过产生式体中的各个符号的综合属性来计算产生式头的综合属性。如果基础文法是 LR 的，那么这个 SDT 可以在一个 LR 语法分析器的栈上实现。
- *从 SDT 中消除左递归*：如果一个 SDT 只有副作用（即不计算属性值），那么消除文法左递归的标准方法允许我们把语义动作当作终结符号移动到新文法中去。在计算属性时，如果这个 SDT 是后缀 SDT，那么我们仍然能够消除左递归。
- *用递归下降语法分析实现 L 属性的 SDD*：如果我们有一个 L 属性定义，且其基础文法可以用自顶向下的方法进行语法分析，我们就可以构造出一个不带回溯的递归下降语法分析器来实现这个翻译。继承属性变成了非终结符号对应的函数的参数，而综合属性由该函数返回。
- *实现 LL 文法之上的 L 属性的 SDD*：每个以 LL 文法为基础文法的 L 属性定义可以在语法分析过程中实现。用于存放一个非终结符号的综合属性的记录被放在栈中这个非终结符号之下，而一个非终结符号的继承属性和这个非终结符号存放在一起。栈中还放置了动作记录，以便在适当的时候计算属性值。

- 以自底向上的方式实现一个在 LL 文法之上的 L 属性 SDD：一个以 LL 文法为基础文法的 L 属性定义可以转换成一个以 LR 文法为基础文法的翻译方案，且这个翻译可以和自底向上的语法分析过程一起执行。文法的转换过程中引入了"标记"非终结符号。这些符号出现在自底向上语法分析栈中，并保存了栈中位于它上方的非终结符号的继承属性。在栈中，综合属性和它的非终结符号放在一起。

5.7 第 5 章参考文献

语法制导定义是归纳定义的一种形式，它在语法结构上进行归纳。作为归纳定义，它们很早以前就已经在数学中非正式地使用了。它们在程序设计语言中的应用是和 Algol 60 中对文法的使用一起出现的。

调用语义动作的语法分析器的基本思想可以在 Samelson 和 Bauer[8]以及 Brooker 和 Morris[1]的工作中找到。Irons[2]使用综合属性构造出了一个最早的语法制导编译器。L 属性定义的分类来自于[6]。

继承属性、依赖图以及对 SDD 的循环依赖的测试(也就是说，是否存在一棵语法分析树使得不存在计算各个属性值的可行顺序)来自于 Knuth[5]。Jazayeri、Ogden 和 Rounds[3]说明了检测循环所需要的时间和 SDD 的大小呈指数关系。

语法分析器的生成器，比如 Yacc[4](也可见第 4 章中的文献目录)，支持语法分析过程中的属性求值。

Paakki 的研究成果[7]是阅读关于语法制导定义和翻译的大量文献的好起点。

1. Brooker, R. A. and D. Morris, "A general translation program for phrase structure languages," *J. ACM* **9**:1 (1962), pp. 1–10.

2. Irons, E. T., "A syntax directed compiler for Algol 60," *Comm. ACM* **4**:1 (1961), pp. 51–55.

3. Jazayeri, M., W. F. Ogden, and W. C. Rounds, "The intrinsic exponential complexity of the circularity problem for attribute grammars," *Comm. ACM* **18**:12 (1975), pp. 697–706.

4. Johnson, S. C., "Yacc — Yet Another Compiler Compiler," Computing Science Technical Report 32, Bell Laboratories, Murray Hill, NJ, 1975. Available at `http://dinosaur.compilertools.net/yacc/` .

5. Knuth, D.E., "Semantics of context-free languages," *Mathematical Systems Theory* **2**:2 (1968), pp. 127–145. See also *Mathematical Systems Theory* **5**:1 (1971), pp. 95–96.

6. Lewis, P. M. II, D. J. Rosenkrantz, and R. E. Stearns, "Attributed translations," *J. Computer and System Sciences* **9**:3 (1974), pp. 279–307.

7. Paakki, J., "Attribute grammar paradigms — a high-level methodology in language implementation," *Computing Surveys* **27**:2 (1995) pp. 196–255.

8. Samelson, K. and F. L. Bauer, "Sequential formula translation," *Comm. ACM* **3**:2 (1960), pp. 76–83.

第 6 章　中间代码生成

在编译器的分析 - 综合模型中，前端对源程序进行分析并产生中间表示，后端在此基础上生成目标代码。理想情况下，和源语言相关的细节在前端分析中处理，而关于目标机器的细节则在后端处理。基于一个适当定义的中间表示形式，可以把针对源语言 i 的前端和针对目标机器 j 的后端组合起来，构造得到源语言 i 在目标机器 j 上的一个编译器。这种创建编译器组合的方法可以大大减少工作量：只要写出 m 种前端和 n 种后端处理程序，就可以得到 $m \times n$ 种编译程序。

本章的内容涉及中间代码表示、静态类型检查和中间代码生成。为简单起见，我们假设一个编译程序的前端处理按照图 6-1 所示方式进行组织，顺序地进行语法分析、静态检查和中间代码生成。有时候这几个过程也可以组合起来，在语法分析中一并完成。我们将使用第 2 章和第 5 章中的语法制导定义来描述类型检查和翻译过程。大部分的翻译方案可以基于第 5 章中给出的自顶向下或自底向上的语法分析技术来实现。所有的方案都可以通过生成并遍历抽象语法树来实现。

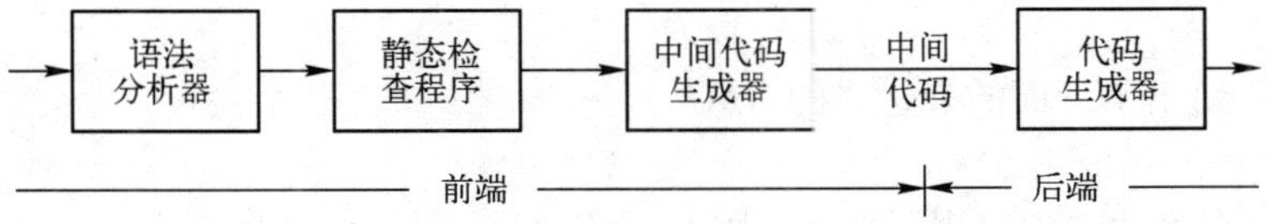

图 6-1　一个编译器前端的逻辑结构

静态检查包括类型检查(type checking)，类型检查保证运算符被应用到兼容的运算分量。静态检查还包括在语法分析之后进行的所有语法检查。例如，静态检查保证了 C 语言中的一条 break 指令必然位于一个 while/for/switch 语句之内。如果不存在这样的语句，静态检查将报告一个错误。

本章介绍的方法可以用于多种中间表示，包括抽象语法树和三地址代码。这两种中间表示方法都在2.8 节中介绍过。之所以名为“三地址代码”，是因为这些指令的一般形式 $x = y\ op\ z$ 具有三个地址：两个运算分量 y 和 z，一个结果变量 x。

在将给定源语言的一个程序翻译成特定的目标机器代码的过程中，一个编译器可能构造出一系列中间表示，如图 6-2 所示。高层的表示接近于源语言，而低层的表示接近于目标机器。语法树是高层的表示，它刻画了源程序的自然的层次性结构，并且适用于静态类型检查这样的处理。

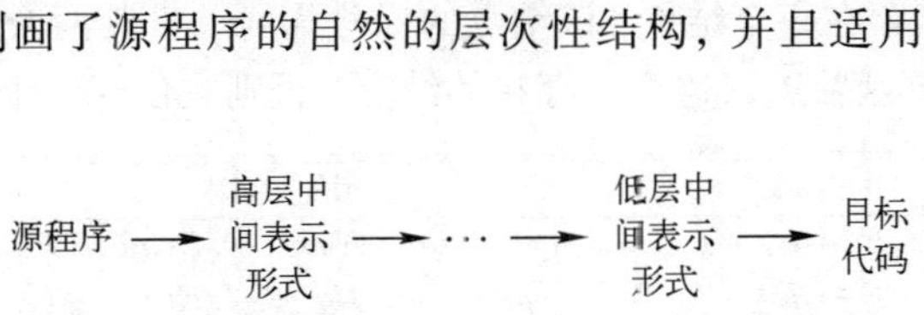

图 6-2　编译器可能使用一系列的中间表示

低层的表示形式适用于机器相关的处理任务，比如寄存器分配、指令选择等。通过选择不同的运算符，三地址代码既可以是高层的表示方式，也可以是低层的表示方式。在 6.2.3 节将看到，对表达式而言，语法树和三地址代码只是在表面上有所不同。对于循环语句，语法树表示了语句的各个组成部分，而三地址代码包含标号和跳转指令，用来表示目标语言的控制流。

不同的编译器对中间表示的选择和设计各有不同。中间表示可以是一种真正的语言，也可以由编译器的各个处理阶段共享的多个内部数据结构组成。C 语言是一种程序设计语言。它具有很好的灵活性和通用性，可以很方便地把 C 程序编译成高效的机器代码，并且有很多 C 的编译器可用，因此 C 语言也常常被用作中间表示。早期的 C++ 编译器的前端生成 C 代码，而把 C 编译器作为其后端。

6.1　语法树的变体

语法树中的各个结点代表了源程序中的构造，一个结点的所有子结点反映了该结点对应构造的有意义的组成成分。为表达式构建的无环有向图(Directed Acyclic Graph，以后简称 DAG)指出了表达式中的公共子表达式(多次出现的子表达式)。在本节我们将看到，可以用构造语法树的技术去构造 DAG。

6.1.1　表达式的有向无环图

和表达式的语法树类似，一个 DAG 的叶子结点对应于原子运算分量，而内部结点对应于运算符。与语法树不同的是，如果 DAG 中的一个结点 N 表示一个公共子表达式，则 N 可能有多个父结点。在语法树中，公共子表达式每出现一次，代表该公共子表达式的子树就会被复制一次。因此，DAG 不仅更简洁地表示了表达式，而且可以为最终生成表达式的高效代码提供重要的信息。

例 6.1　图 6-3 给出了下面的表达式的 DAG

```
a + a * (b - c) + (b - c) * d
```

叶子结点 a 在表达式中出现了两次，因此 a 有两个父结点。值得注意的是，结点“-”代表公共子表达式 b-c 的两次出现。该结点同样有两个父结点，表明该子表达式在子表达式 a*(b-c)和(b-c)*d 中两次被使用。尽管 b 和 c 在整个表达式中出现了两次，但它们对应的结点只有一个父结点，因为对它们的使用都出现在同样的公共子表达式 b-c 中。 □

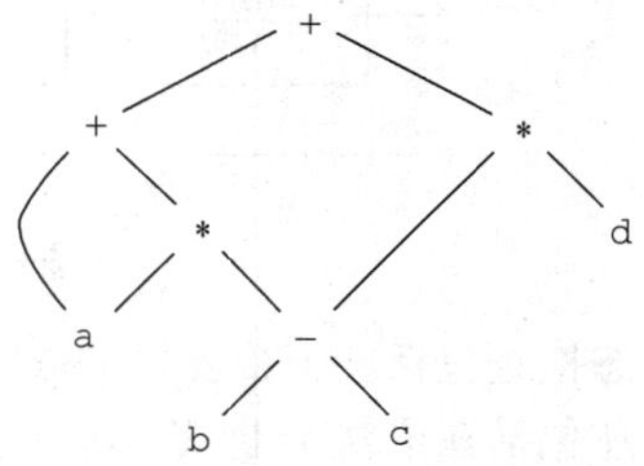

图 6-3　表达式 a+a*(b-c)+(b-c)*d 的 DAG

图 6-4 给出的 SDD(语法制导定义)既可以用来构造语法树，也可以用来构造 DAG。它在例 5.11 中曾用于构造语法树。在那里，函数 *Leaf* 和 *Node* 每次被调用都会构造出一个新结点。要构造得到 DAG，这些函数就要在每次构造新结点之前首先检查是否已存在这样的结点。如果存在一个已被创建的结点，就返回这个已有的结点。例如，在构造一个新结点 *Node*(*op*, *left*, *right*)之前，我们首先检查是否已存在一个结点，该结点的标号为 *op*，且其两个子结点为 *left* 和 *right*。如果存在这样的结点，*Node* 函数返回这个已存在的结点，否则它创建一个新结点。

产生式	语义规则
1) $E \to E_1 + T$	$E.node = \textbf{new}\ Node('+', E_1.node, T.node)$
2) $E \to E_1 - T$	$E.node = \textbf{new}\ Node('-', E_1.node, T.node)$
3) $E \to T$	$E.node = T.node$
$T \to T_1 {}^* F$	$T.node = \textbf{new}\ Node('*', T_1.node, F.node)$
4) $T \to (\ E\ )$	$T.node = E.node$
5) $T \to \textbf{id}$	$T.node = \textbf{new}\ Leaf(\textbf{id}, \textbf{id}.entry)$
6) $T \to \textbf{num}$	$T.node = \textbf{new}\ Leaf(\textbf{num}, \textbf{num}.val)$

图 6-4　生成语法树或 DAG 的语法制导定义

例 6.2 图 6-5 给出了构造图 6-3 所示 DAG 的各个步骤。如上所述，函数 *Node* 和 *Leaf* 尽可能地返回已存在的结点。我们假设 *entry-a* 指向符号表中与 *a* 对应的项，其他标识符的处理方式与此类似。

当在第 2 步再次调用 *Leaf*(**id**, *entry-a*)时，函数返回的是之前调用生成的结点，因此 $p_2=p_1$。类似地，第 8 步和第 9 步返回的结点分别和第 3 步及第 4 步返回的结果相同(即 $p_8=p_3$，$p_9=p_4$)。同样，第 10 步返回的结点必然和第 5 步中返回的结点相同，即 $p_{10}=p_5$。 □

1) $p_1 = Leaf(\mathbf{id}, entry\text{-}a)$
2) $p_2 = Leaf(\mathbf{id}, entry\text{-}a) = p_1$
3) $p_3 = Leaf(\mathbf{id}, entry\text{-}b)$
4) $p_4 = Leaf(\mathbf{id}, entry\text{-}c)$
5) $p_5 = Node('-', p_3, p_4)$
6) $p_6 = Node('*', p_1, p_5)$
7) $p_7 = Node('+', p_1, p_6)$
8) $p_8 = Leaf(\mathbf{id}, entry\text{-}b) = p_3$
9) $p_9 = Leaf(\mathbf{id}, entry\text{-}c) = p_4$
10) $p_{10} = Node('-', p_3, p_4) = p_5$
11) $p_{11} = Leaf(\mathbf{id}, entry\text{-}d)$
12) $p_{12} = Node('*', p_5, p_{11})$
13) $p_{13} = Node('+', p_7, p_{12})$

图 6-5 图 6-3 所示的 DAG 的构造过程

6.1.2 构造 DAG 的值编码方法

语法树或 DAG 图中的结点通常存放在一个记录数组中，如图 6-6 所示。数组的每一行表示一个记录，也就是一个结点。在每个记录中，第一个字段是一个运算符代码，也是该结点的标号。在图 6-6b 中，各个叶子结点还有一个附加的字段，它存放了标识符的词法值(在这里，它是一个指向符号表的指针或一个常量)。内部结点则有两个附加的字段，分别指明其左右子结点。

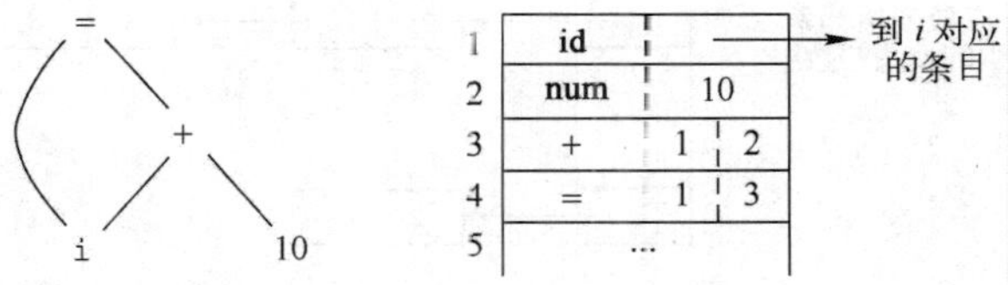

a) DAG b) 数组

图 6-6 $i=i+10$ 的 DAG 的结点在数组中的表示

在这个数组中，我们只需要给出一个结点对应的记录在此数组中的整数下标就可以引用该结点。在历史上，这个整数称为相应结点或该结点所表示的表达式的*值编码*(value number)。例如，在图 6-6 中，标号为“+”的结点的值编码为 3，其左右子结点的值编码分别为 1 和 2。在实践中，我们可以用记录指针或对象引用来代替整数下标，但是我们仍然把一个结点的引用称为该结点的“值编码”。如果使用适当的数据结构，值编码可以帮助我们高效地构造出表达式的 DAG。下一个算法将给出构造的方法。

假定结点按照如图 6-6 所示的方式存放在一个数组中，每个结点通过其值编码引用。设每个内部结点的范型为三元组 $<op, l, r>$，其中 op 是标号，l 是其左子结点对应的值编码，r 是其右子结点对应的值编码。假设单目运算符对应的结点有 $r=0$。

算法 6.3 构造 DAG 的结点的值编码方法。

输入： 标号 op、结点 l 和结点 r。

输出： 数组中具有三元组 $<op, l, r>$ 形式的结点的值编码。

方法： 在数组中搜索标号为 op、左子结点为 l 且右子结点为 r 的结点 M。如果存在这样的结点，则返回 M 结点的值编码。若不存在这样的结点，则在数组中添加一个结点 N，其标号为 op，左右子结点分别为 l 和 r，返回新建结点对应的值编码。 □

虽然算法 6.3 可以产生我们期待的输出结果，但是每次定位一个结点时都要搜索整个数组，这个开销是很大的，当数组中存放了整个程序的所有表达式时尤其如此。更高效的方法是使用散列表，将结点放入若干“桶”中，每个桶通常只包含少量结点。散列表是能够高效支持词典(dictionary)功能的少数几个数据结构之一[⊖]。词典是一种抽象的数据类型，它可以插入或删除一个集合中的元素，可以确定一个给定元素当前是否在集合中。类似于散列表这样为词典设计的优秀数据结构可以在常数或接近常数的时间内完成上述的操作，所需时间和集合的大小无关。

要给 DAG 中的结点构造散列表，首先需要建立*散列函数*(hash function)h。这个函数为形如$<op, l, r>$的三元组计算“桶”的索引。它通过计算索引把三元组分配到各个桶中，并使得不大可能存在某个“桶”的元组数量大大超过平均数很多。通过对 op、l、r 的计算，可以确定地得到桶索引 $h(op, l, r)$。因而我们可以多次重复这个计算过程，总是得到结点$<op, l, r>$的相同的桶索引。

桶可以通过链表来实现，如图 6-7 所示。一个由散列值索引的数组保存*桶的头*(bucket header)。每个头指向列表中的第一个单元。在一个桶的链表中，链表的各个单元记录了某个被散列函数分配到此桶中的某个结点的值编码。也就是说，在以数组的第 $h(op, l, r)$个元素为头的链表中可以找到结点$<op, l, r>$。

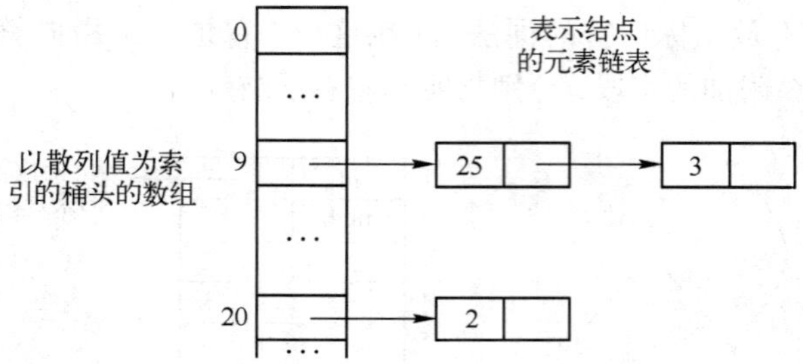

图 6-7　用于搜索桶的数据结构

因此，给定一个输入结点(op, l, r)，我们首先计算桶索引 $h(op, l, r)$，然后在该桶的单元中搜索这个结点。通常情况下有足够多的桶，因此链表中不会有很多单元。然而，我们必须查看一个桶中的所有单元，并且对于每一个单元中的值编码 v，我们必须检查输入结点的三元组$<op, l, r>$是否和单元列表中值编码为 v 的结点相匹配(如图 6-7 所示)。如果我们找到了匹配的结点，就返回 v。如果没有找到匹配的结点，我们知道其他桶中也不会有这样的结点。因此，我们就创建一个新的单元，添加到“桶”索引为 $h(op, l, r)$的单元链表中，并返回新建结点对应的值编码。

6.1.3　6.1 节的练习

练习 6.1.1：为下面的表达式构造 DAG

$$((x+y)-((x+y)*(x-y)))+((x+y)*(x-y))$$

练习 6.1.2：为下列表达式构造 DAG，且指出它们的每个子表达式的值编码。假定 + 是左结合的。

1) $a+b+(a+b)$

2) $a+b+a+b$

3) $a+a+(a+a+a+(a+a+a+a))$

⊖ 参见 Aho, A. V.、J. E. Hopcroft 和 J. D. Ullman 所著的《数据结构与算法》(Data Structures and Algorithms, Addison-Wesley 出版社 1983 年出版)。其中有关于支持词典功能的数据结构的讨论。

6.2 三地址代码

在三地址代码中，一条指令的右侧最多有一个运算符。也就是说，不允许出现组合的算术表达式。因此，像 x + y * z 这样的源语言表达式要被翻译成如下的三地址指令序列。

$$t_1 = y * z$$
$$t_2 = x + t_1$$

其中 t_1 和 t_2 是编译器产生的临时名字。因为三地址代码拆分了多运算符算术表达式以及控制流语句的嵌套结构，所以适用于目标代码的生成和优化。具体的过程将在第 8、9 章中详细介绍。因为可以用名字来表示程序计算得到的中间结果，所以三地址代码可以方便地进行重组。

例 6.4 三地址代码是一棵语法树或一个 DAG 的线性表示形式。三地址代码中的名字对应于图中的内部结点。图 6-8 中再次给出了图 6-3 中的 DAG，以及该图对应的三地址代码序列。 □

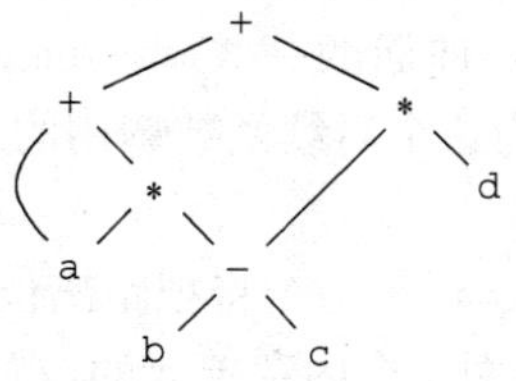

a) DAG

$$t_1 = b - c$$
$$t_2 = a * t_1$$
$$t_3 = a + t_2$$
$$t_4 = t_1 * d$$
$$t_5 = t_3 + t_4$$

b) 三地址代码

图 6-8 一个 DAG 及其对应的三地址代码

6.2.1 地址和指令

三地址代码基于两个基本概念：地址和指令。按照面向对象的说法，这两个概念对应于两个类，而各种类型的地址和指令对应于相应的子类。另一种方法是用记录的方式来实现三地址代码，记录中的字段用来保存地址。6.2.2 节将简要介绍被称为四元式和三元式的记录表示方式。

地址可以具有如下形式之一：

- *名字*。为方便起见，我们允许源程序的名字作为三地址代码中的地址。在实现中，源程序名字被替换为指向符号表条目的指针。关于该名字的所有信息均存放在该条目中。
- *常量*。在实践中，编译器往往要处理很多不同类型的常量和变量。6.5.2 节将考虑表达式中的类型转换问题。
- *编译器生成的临时变量*。在每次需要临时变量时产生一个新名字是必要的，在优化编译器中更是如此。当为变量分配寄存器的时候，我们可以尽可能地合并这些临时变量。

下面我们介绍本书的其余部分常用的几种三地址指令。改变控制流的指令将使用符号化标号。每个符号化标号表示指令序列中的一条三地址指令的序号。通过一次扫描，或者通过回填技术就可以把符号化标号替换为实际的指令位置。回填技术将在 6.7 节中讨论。下面给出几种常见的三地址指令形式：

1）形如 $x = y$ *op* z 的赋值指令，其中 *op* 是一个双目算术符或逻辑运算符。x、y、z 是地址。

2）形如 $x =$ *op* y 的赋值指令，其中 *op* 是单目运算符。基本的单目运算符包括单目减、逻辑非和转换运算。将整数转换成浮点数的运算就是转换运算的一个例子。

3）形如 $x = y$ 的*复制指令*，它把 y 的值赋给 x。

4）无条件转移指令 *goto L*，下一步要执行的指令是带有标号 L 的三地址指令。

5）形如 if x goto L 或 if False x goto L 的条件转移指令。分别当 x 为真或为假时，这

两个指令的下一步将执行带有标号 L 的指令。否则下一步将照常执行序列中的后一条指令。

6）形如 `if` x *relop* y `goto` L 的条件转移指令。它对 x 和 y 应用一个关系运算符（<、==、>= 等）。如果 x 和 y 之间满足 *relop* 关系，那么下一步将执行带有标号 L 的指令，否则将执行指令序列中跟在这个指令之后的指令。

7）过程调用和返回通过下列指令来实现：`param` x 进行参数传递，`call` p, n 和 y = `call` p, n 分别进行过程调用和函数调用；`return` y 是返回指令，其中 y 表示返回值，该指令是可选的。这些三地址指令的常见用法见下面的三地址指令序列

```
param x1
param x2
...
param xn
call p, n
```

它是过程 $p(x_1, x_2, \cdots, x_n)$ 的调用的一部分。“`call` p, n”中的 n 是实在参数的个数。这个 n 并不是冗余的，因为存在嵌套调用的情况。也就是说，前面的一些 `param` 语句可能是 p 返回之后才执行的某个函数调用的参数，而 p 的返回值又成为这个后续函数调用的另一个参数。过程调用的实现将在 6.9 节中加以介绍。

8）带下标的复制指令 $x = y[i]$ 和 $x[i] = y$。$x = y[i]$ 指令将把距离位置 y 处 i 个内存单元的位置中存放的值赋给 x。指令 $x[i] = y$ 将距离位置 x 处 i 个内存单元的位置中的内容设置为 y 的值。

9）形如 $x = \&y$、$x = *y$ 或 $*x = y$ 的地址及指针赋值指令。指令 $x = \&y$ 将 x 的右值设置为 y 的地址（左值）[⊖]。这个 y 通常是一个名字，也可能是一个临时变量。它表示一个诸如 `A[i][j]` 这样具有左值的表达式。x 是一个指针名字或临时变量。在指令 $x = *y$ 中，假定 y 是一个指针，或是一个其右值表示内存位置的临时变量。这个指令使得 x 的右值等于存储在这个位置中的值。最后，指令 $*x = y$ 则把 y 的右值赋给由 x 指向的目标的右值。

例 6.5 考虑语句

```
do i = i+1; while (a[i] < v);
```

图 6-9 给出了这个语句的两种可能的翻译。在图 6-9a 的翻译中，第一条指令上附加了一个符号化标号 L。图 6-9b 中的翻译显示了每条指令的位置号，我们在图中选择以 100 作为开始位置。在两种翻译中，最后一条指令都是目标为第一条指令的条件转移指令。乘法运算 `i * 8` 适用于每个元素占 8 个存储单元的数组。 □

```
L:  t1 = i + 1
    i = t1
    t2 = i * 8
    t3 = a [ t2 ]
    if t3 < v goto L
```

a) 符号标号

```
100:  t1 = i + 1
101:  i = t1
102:  t2 = i * 8
103:  t3 = a [ t2 ]
104:  if t3 < v goto 100
```

b) 位置号

图 6-9 给三地址指令指定标号的两种方法

选择使用哪些运算符是中间表示形式设计的一个重要问题。显然，这个运算符集合中的运算符要足够丰富，以便实现源语言中的所有运算。接近机器指令的运算符可以使在目标机器上实现中间表示形式更加容易。然而，如果前端必须为某些源语言运算生成很长的指令序列，那么优

⊖ 2.8.3 节曾经提出，左值和右值分别表示赋值左/右部。

化器和代码生成器就需要花费更多的时间去重新发现程序的结构，然后才能为这些运算生成高质量的目标代码。

6.2.2 四元式表示

上面对三地址指令的描述详细说明了各类指令的组成部分，但是并没有描述这些指令在某个数据结构中的表示方法。在编译器中，这些指令可以实现为对象，或者是带有运算符字段和运算分量字段的记录。四元式、三元式和间接三元式是三种这样的描述方式。

一个四元式(quadruple)有四个字段，我们分别称为 *op*、arg_1、arg_2、*result*。字段 *op* 包含一个运算符的内部编码。举例来说，在三地址指令 $x = y + z$ 相应的四元式中，*op* 字段中存放 +，arg_1 中为 y，arg_2 中为 z，*result* 中为 x。下面是这个规则的一些特例：

1）形如 x = `minus` y 的单目运算符指令和赋值指令 $x = y$ 不使用 arg_2。注意，对于像 $x = y$ 这样的赋值语句，*op* 是 =，而对大部分其他运算而言，赋值运算符是隐含表示的。

2）像 `param` 这样的运算既不使用 arg_2，也不使用 *result*。

3）条件或非条件转移指令将目标标号放入 *result* 字段。

例 6.6 赋值语句 `a = b * - c + b * - c` 的三地址代码如图 6-10a 所示。这里我们使用特殊的 `minus` 运算符来表示“`- c`”中的单目减运算符“-”，以区别于“`b - c`”中的双目减运算符“-”。请注意，单目减的三地址语句中只有两个地址，复制语句 `a = t`$_5$ 也是如此。

图 6-10b 描述了实现图 6-10a 中三地址代码的四元式序列。 □

```
t1 = minus c
t2 = b * t1
t3 = minus c
t4 = b * t3
t5 = t2 + t4
 a = t5
```

a) 三地址代码

	op	arg_1	arg_2	*result*
0	minus	c		t_1
1	*	b	t_1	t_2
2	minus	c		t_3
3	*	b	t_3	t_4
4	+	t_2	t_4	t_5
5	=	t_5		a
		···		

b) 四元式

图 6-10 三地址代码及其四元式表示

为了提高可读性，我们在图 6-10b 中直接用实际标识符，比如用 *a*、*b*、*c* 来描述 arg_1、arg_2 以及 *result* 字段，而没有使用指向相应符号表条目的指针。临时名字可以像程序员定义的名字一样被加入到符号表中，也可以实现为 *Temp* 类的对象，这个 *Temp* 类有自己的方法。

6.2.3 三元式表示

一个三元式(triple)只有三个字段，我们分别称之为 *op*、arg_1 和 arg_2。请注意，图 6-10b 中的 *result* 字段主要被用于临时变量名。使用三元式时，我们将用运算 x *op* y 的位置来表示它的结果，而不是用一个显式的临时名字表示。例如，在三元式表示中将直接用位置(0)，而不是像图 6-10b 中那样用临时名字 `t`$_1$ 来表示对相应运算结果的引用。带有括号的数字表示指向相应三元式结构的指针。在 6.1.2 节中，位置或指向位置的编码被称为值编码。

三元式基本上和算法 6.3 中的结点范型等价。因此，表达式的 DAG 表示和三元式表示是等价的。当然这种等价关系仅对表达式成立，因为语法树的变体和三地址代码分别以完全不同的方式来表示控制流。

例 6.7 图 6-11 中给出的语法树和三元式表示对应于图 6-10 中的三地址代码及四元式序列。

在图 6-11b 给出的三元式表示中，复制语句 a = t_5 按照下列方式表示为一个三元式：在字段 arg_1 中放置 a，而在字段 arg_2 中放置三元式位置的值编码(4)。 □

像 $x[i] = y$ 这样的三元运算在三元式结构中需要两个条目。例如，我们可以把 x 和 i 置于一个三元式中，并把 y 置于另一个三元式中。类似的，我们可以把 $x = y[i]$ 看成是两条指令 $t = y[i]$ 和 $x = t$，从而用三元式实现这个语句。其中的 t 是编译器生成的临时变量。请注意，实际上 t 是不会出现在三元式中的，因为在三元式结构中是通过相应三元式结构的位置来引用临时值的。

为什么我们需要复制指令？

如图 6-10a 所示，一个简单的翻译表达式的算法往往会为赋值运算生成复制指令。在该图中，我们将 t_5 复制给 a，而不是直接将 $t_2 + t_4$ 赋给 a。通常，每个子表达式都会有一个它自己的新临时变量来存放运算结果。只有当处理赋值运算符 = 时，我们才知道将把整个表达式的结果赋到哪里。一个代码优化过程将会发现 t_5 可以被替换为 a。这个优化过程可能使用 6.1.1 节中描述的 DAG 作为中间表示形式。

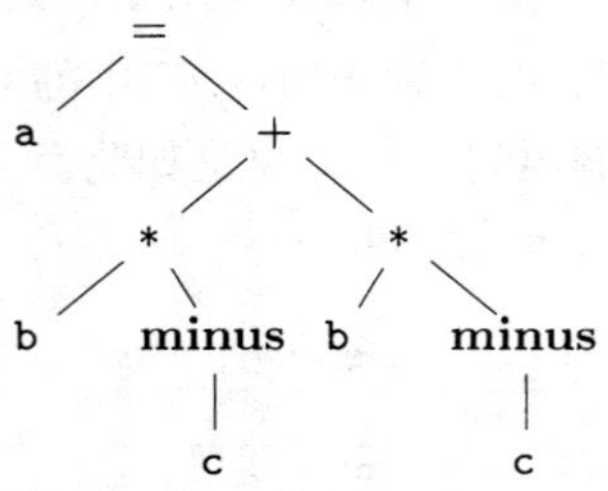

a) 语法树

	op	arg_1	arg_2
0	minus	c	
1	*	b	(0)
2	minus	c	
3	*	b	(2)
4	+	(1)	(3)
5	=	a	(4)
		…	

b) 三元式

图 6-11 $a = b * -c + b * -c$ 的表示

在优化编译器中，由于指令的位置常常会发生变化，四元式相对于三元式的优势就体现出来了。使用四元式时，如果我们移动了一个计算临时变量 t 的指令，那些使用 t 的指令不需要做任何改变。而使用三元式时，对于运算结果的引用是通过位置完成的，因此如果改变一条指令的位置，则引用该指令的结果的所有指令都要做相应的修改。使用下面将要介绍的间接三元式时就不会出现这个问题。

间接三元式(indirect triple)包含了一个指向三元式的指针的列表，而不是列出三元式序列本身。例如，我们可以使用数组 *instruction* 按照适当的顺序列出指向三元式的指针。这样，图 6-11b 中的三元式序列就可以表示成为图 6-12 所示的形式。

	instruction
35	(0)
36	(1)
37	(2)
38	(3)
39	(4)
40	(5)
	…

	op	arg_1	arg_2
0	minus	c	
1	*	b	(0)
2	minus	c	
3	*	b	(2)
4	+	(1)	(3)
5	=	a	(4)
		…	

图 6-12 三地址代码的间接三元式表示

使用间接三元式表示方法时，优化编译器可以通过对 instruction 列表的重新排序来移动指令的位置，但不影响三元式本身。在用 Java 实现时，一个指令对象的数组和间接三元式表示类似，因为 Java 将数组元素作为对象引用来处理。

6.2.4 静态单赋值形式

静态单赋值形式(SSA)是另一种中间表示形式，它有利于实现某些类型的代码优化。SSA 和三地址代码的区别主要体现在两个方面。首先，SSA 中的所有赋值都是针对具有不同名字的变量的，这也是“静态单赋值”这一名字的由来。图 6-13 给出了分别以三地址代码形式和静态单赋值形式表示的中间程序。注意，SSA 表示中对变量 p 和 q 的每次定值都以不同的下标加以区分。

```
p = a + b
q = p - c
p = q * d
p = e - p
q = p + q
```

a) 三地址代码

$$
\begin{aligned}
p_1 &= a + b\\
q_1 &= p_1 - c\\
p_2 &= q_1 * d\\
p_3 &= e - p_2\\
q_2 &= p_3 + q_1
\end{aligned}
$$

b) 静态单赋值形式

图 6-13 三地址代码形式和 SSA 形式的中间程序

在一个程序中，同一个变量可能在两个不同的控制流路径中被定值。例如，下列源程序

```
if ( flag ) x = -1; else x = 1;
y = x * a;
```

中，x 在两个不同的控制流路径中被定值。如果我们对条件语句的真分支和假分支中的 x 使用不同的变量名，那么我们应该在赋值运算 y = x * a 中使用哪个名字？这也是 SSA 的第二个特别之处。SSA 使用一种被称为 φ 函数的表示规则将 x 的两处定值合并起来：

$$
\begin{aligned}
&\texttt{if (flag) } x_1 \texttt{ = -1; else } x_2 \texttt{ = 1;}\\
&x_3 = \phi(x_1, x_2);
\end{aligned}
$$

如果控制流经过这个条件语句的真分支，$\phi(x_1, x_2)$的值为 x_1；否则，如果控制流经过假分支，ϕ函数的值为 x_2。也就是说，根据到达包含ϕ函数的赋值语句的不同控制流路径，ϕ函数返回不同的参数值。

6.2.5 6.2 节的练习

练习 6.2.1：将算术表达式 a + -(b + c)翻译成

1）抽象语法树

2）四元式序列

3）三元式序列

4）间接三元式序列

练习 6.2.2：对下列赋值语句重复练习 6.2.1。

1) `a = b[i] + c[j]`

2) `a[i] = b*c - b*d`

3) `x = f(y+1) + 2`

4) `x = *p + &y`

! **练习 6.2.3**：说明如何对一个三地址代码序列进行转换，使得每个被定值的变量都有唯一的变量名。

6.3 类型和声明

可以把类型的应用划分为类型检查和翻译：

- 类型检查(type checking)。类型检查利用一组逻辑规则来推理一个程序在运行时刻的行

为。更明确地讲，类型检查保证运算分量的类型和运算符的预期类型相匹配。例如，Java 要求 && 运算符的两个运算分量必须是 boolean 型。如果满足这个条件，结果也具有 boolean 类型。

- *翻译时的应用*（translation application）。根据一个名字的类型，编译器可以确定这个名字在运行时刻需要多大的存储空间。类型信息还会在其他很多地方被用到，包括计算一个数组引用所指示的地址，插入显式的类型转换，选择正确版本的算术运算符，等等。

在这一节中，我们将考虑在某个过程或类中声明的名字的类型及存储空间布局问题。一个过程调用或对象的实际存储空间是在运行时刻（当该过程被调用或该对象被创建时）进行分配的。然而，当我们在编译时刻检查局部声明时，可以进行*相对地址*（relative address）的布局，一个名字或某个数据结构分量的相对地址是指它相对于数据区域开始位置的偏移量。

6.3.1 类型表达式

类型自身也有结构，我们使用*类型表达式*（type expression）来表示这种结构：类型表达式可能是基本类型，也可能通过把被称为*类型构造算子*的运算符作用于类型表达式而得到。基本类型的集合和类型构造算子根据被检查的具体语言而定。

例 6.8 数组类型 `int[2][3]`表示“由两个数组组成的数组，其中的每个数组各包含 3 个整数”。它的类型表达式可以写成 *array*(2, *array*(3, *integer*))。该类型可以用如图 6-14 所示的树来描述。*array* 运算符有两个参数：一个数字和一个类型。 □

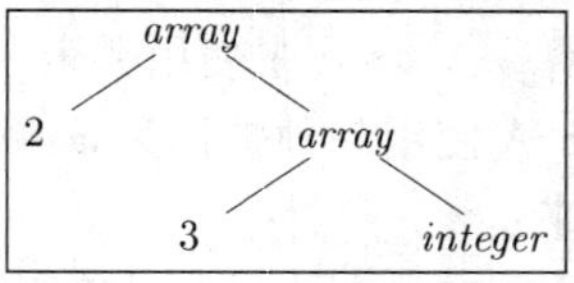

图 6-14 `int[2][3]`的类型表达式

我们将使用如下的类型表达式的定义：

- 基本类型是一个类型表达式。一种语言的基本类型通常包括 *boolean*、*char*、*integer*、*float* 和 *void*。最后一个类型表示“没有值”。
- 类名是一个类型表达式。
- 将类型构造算子 *array* 作用于一个数字和一个类型表达式可以得到一个类型表达式。
- 一个记录是包含有名字段的数据结构。将 *record* 类型构造算子应用于字段名和相应的类型可以构造得到一个类型表达式。在 6.3.6 节中，记录类型的实现方法是把构造算子 *record* 应用于包含了各个字段对应条目的符号表。
- 使用类型构造算子→可以构造得到函数类型的类型表达式。我们把“从类型 s 到类型 t 的函数”写成 $s \rightarrow t$。在 6.5 节中讨论类型检查时，函数类型是有用的。
- 如果 s 和 t 是类型表达式，则其笛卡儿积 $s \times t$ 也是类型表达式。引入笛卡儿积主要是为了保证定义的完整性。它可以用于描述类型的列表或元组（例如，用于表示函数参数）。我们假定 × 具有左结合性，并且其优先级高于→。
- 类型表达式可以包含取值为类型表达式的变量。在 6.5.4 节中将用到编译器产生的类型变量。

图是表示类型表达式的一种比较方便的方法。可以修改 6.1.2 节中给出的值编码方法，以构造一个类型表达式的 DAG。图的内部结点表示类型构造算子，而叶子结点是基本类型、类型名或类型变量。6.1.4 给出了一棵树的实例[⊖]。

⊖ 类型名代表类型表达式，因此可能形成隐式的环，见“类型名和递归类型”部分。如果到达类型名的边被重定向到该名字对应的类型表达式，那么得到的图中就可能因为存在递归类型而出现环。

类型名和递归类型

在 C++ 和 Java 中，类一旦被定义，其名字就可以被用来表示类型名。例如，考虑下列程序片段中的 Node 类。

```
public class Node { ··· }
...
public Node n;
```

类型名还可以用来定义递归类型，在像链表这样的数据结构中要用到递归类型。一个列表元素的伪代码如下：

```
class Cell { int info; Cell next; ··· }
```

它定义了一个递归类型 `Cell`。这个类包括一个 `info` 字段和另一个 `Cell` 类型的字段 `next`。在 C 中可以通过记录和指针来定义类似的递归类型。本章介绍的技术也适用于递归类型。

6.3.2 类型等价

两个类型表达式什么时候等价呢？很多类型检查规则具有这样的形式，"**如果**两个类型表达式相等，**那么**返回某种类型，**否则**出错"。当给一些类型表达式命名，并且这些名字在之后的其他类型表达式中使用时就可能会产生歧义。关键问题在于一个类型表达式中的名字是代表它自身呢，还是被看作另一个类型表达式的一种缩写形式。

当用图来表示类型表达式的时候，两种类型之间*结构等价*(structurally equivalent)当且仅当下面的某个条件为真：

- 它们是相同的基本类型。
- 它们是将相同的类型构造算子应用于结构等价的类型而构造得到。
- 一个类型是另一个类型表达式的名字。

如果类型名仅仅代表它自身，那么上述定义中的前两个条件定义了类型表达式的*名等价*(name equivalence)关系。

如果我们使用算法 6.3，那么名等价表达式将被赋予相同的值编码。结构等价关系可以使用 6.5.5 节中给出的合一算法进行检验。

6.3.3 声明

我们在研究类型及其声明时将使用一个经过简化的文法，在这个文法中一次只声明一个名字。一次声明多个名字的情况可以像例 5.10 中讨论的那样进行处理。我们使用的文法如下：

$$
\begin{array}{lcl}
D & \rightarrow & T\ \textbf{id}\ ;\ D\ \mid\ \epsilon \\
T & \rightarrow & B\ C\ \mid\ \textbf{record}\ '\{'\ D\ '\}' \\
B & \rightarrow & \textbf{int}\ \mid\ \textbf{float} \\
C & \rightarrow & \epsilon\ \mid\ [\ \textbf{num}\ ]\ C
\end{array}
$$

上述处理基本类型和数组类型的文法，可以用来演示 5.3.2 节中描述的继承属性。本节的不同之处在于我们不仅考虑类型本身，还考虑各个类型的存储布局。

非终结符号 D 生成一系列声明。非终结符号 T 生成基本类型、数组类型或记录类型。非终结符号 B 生成基本类型 `int` 和 `float` 之一。非终结符号 C(表示"分量")产生零个或多个整数，每个整数用方括号括起来。一个数组类型包含一个由 B 指定的基本类型，后面跟一个由非终结符号 C 指定的数组分量。一个记录类型(T 的第二个产生式)由各个记录字段的声明序列构成，并被花括号括起来。

6.3.4 局部变量名的存储布局

从变量类型我们可以知道该变量在运行时刻需要的内存数量。在编译时刻，我们可以使用这些数量为每个名字分配一个相对地址。名字的类型和相对地址信息保存在相应的符号表条目中。对于字符串这样的变长数据，以及动态数组这样的只有在运行时刻才能够确定其大小的数据，处理的方法是为指向这些数据的指针保留一个已知的固定大小的存储区域。运行时刻的存储管理问题将在第 7 章中讨论。

地址对齐

数据对象的存储布局受目标机器的寻址约束的影响。比如，将整数相加的指令往往希望整数能够对齐(aligned)，也就是说，希望它们被放在内存中的特定位置上，比如地址能够被 4 整除的位置上。虽然一个有 10 个字符的数组只需要足以存放 10 个字符的字节空间，但编译器常常会给它分配 12 个字节，即下一个 4 的倍数，这样会有 2 个字节没有使用。因为对齐的要求而分配的无用空间被称为"补白"(padding)。当空间比较宝贵时，编译器需要对数据进行压缩(pack)，此时不存在"补白"空间，但可能需要在运行时刻执行额外的指令把被压缩的数据重新定位，以便这些数据看上去仍然是对齐的，从而进行相关运算。

假设存储区域是连续的字节块，其中字节是可寻址的最小内存单位。一个字节通常有 8 个二进制位，若干字节组成一个机器字。多字节数据对象往往被存储在一段连续的字节中，并以初始字节的地址作为该数据对象的地址。

类型的宽度(width)是指该类型的一个对象所需的存储单元的数量。一个基本类型，比如字符型、整型和浮点型，需要整数多个的字节。为方便访问，为数组和类这样的组合类型数据分配的内存是一个连续的存储字节块[⊖]。

图 6-15 中给出的翻译方案(SDT)计算了基本类型和数组类型以及它们的宽度。记录类型将在 6.3.6 节中讨论。这个 SDT 为每个非终结符号使用综合属性 *type* 和 *width*。它还使用了两个变量 t 和 w，变量的用途是将类型和宽度信息从语法分析树中的 B 结点传递到对应于产生式 $C \to \epsilon$ 的结点。在语法制导定义中，t 和 w 将是 C 的继承属性。

$$
\begin{array}{lll}
T & \to & B \quad\quad\quad\quad\{\ t = B.type;\ w = B.width;\ \} \\
  &   & C \quad\quad\quad\quad\{\ T.type = C.type;\ T.width = C.width\ \} \\
B & \to & \textbf{int} \quad\quad\quad\{\ B.type = integer;\ B.width = 4;\ \} \\
B & \to & \textbf{float} \quad\quad\{\ B.type = float;\ B.width = 8;\ \} \\
C & \to & \epsilon \quad\quad\quad\quad\{\ C.type = t;\ C.width = w;\ \} \\
C & \to & [\ \textbf{num}\ ]\ C_1 \quad \{\ C.type = array(\textbf{num}.value,\ C_1.type); \\
  &   & \quad\quad\quad\quad\quad\quad C.width = \textbf{num}.value \times C_1.width;\ \}
\end{array}
$$

图 6-15 计算类型及其宽度

T 产生式的产生式体包含一个非终结符号 B、一个动作和一个非终结符号 C，其中 C 显示在下一行上。B 和 C 之间的动作是将 t 设置为 $B.type$，并将 w 设置为 $B.width$。如果 $B \to$ **int**，则 $B.type$ 被设置为 *integer*，$B.width$ 被设置为 4，即一个整型数的宽度。类似的，如果 $B \to$ **float**，则 $B.type$ 和 $B.width$ 分别被设置为 *float* 和 8，即宽度为一个浮点数的宽度。

C 的产生式决定了 T 生成的是一个基本类型还是一个数组类型。如果 $C \to \epsilon$，则 t 变成 $C.type$，且 w 变成 $C.width$。

否则，C 就描述了一个数组分量。$C \to [\ \textbf{num}\ ]\ C_1$ 的动作将类型构造算子 *array* 应用于运算分量 **num**.*value* 和 $C_1.type$，构造得到 $C.type$。例如，应用 *array* 的结果可能是图 6-14 所示的树形结构。

⊖ 在 C 或 C++ 中，如果所有的指针具有相同的宽度，那么指针的存储分配就比较简单。其原因是我们可以在知道它所指向对象的类型之前就为它分配存储空间。

数组的宽度是将数组元素的个数乘以单个数组元素的宽度而得到的。如果连续存放的整数的地址之间的差距为4，那么一个整数数组的地址计算将包含乘4运算。这样的乘法运算为优化提供了机会，因此让前端程序在其输出中明确描述这些运算将有助于优化。在这一章中，我们将忽略其他与机器相关特性，比如数据对象的地址必须和机器字的边界对齐。

例 6.9 类型 `int[2][3]` 的语法分析树用图 6-16 中的虚线描述。图中的实线描述了 *type* 和 *width* 是如何从 *B* 结点开始，通过变量 *t* 和 *w*，沿着多个 *C* 组成的链下传，然后又作为综合属性 *type* 和 *width* 沿此链返回的。在访问包含 *C* 结点的子树之前，变量 *t* 和 *w* 被赋予 *B. type* 和 *B. width* 的值。变量 *t* 和 *w* 的值在 $C \to \epsilon$ 对应的结点上使用，然后开始沿着多个 *C* 结点组成的链向上对综合属性求值。 □

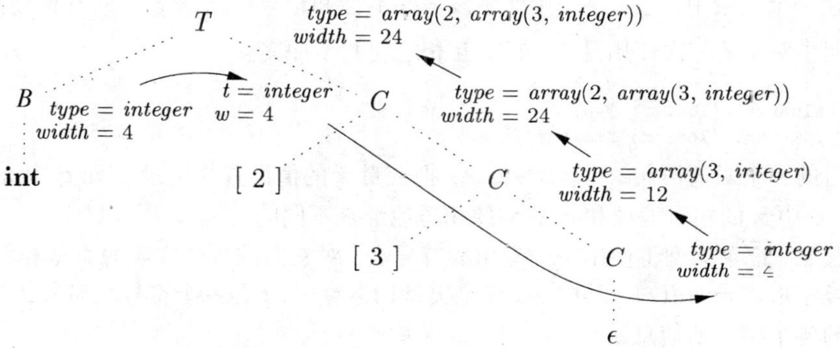

图 6-16 数组类型的语法制导翻译

6.3.5 声明的序列

像 C 和 Java 这样的语言支持将单个过程中的所有声明作为一个组进行处理。这些声明可能分布在一个 Java 过程中，但是仍然能够在分析该过程时处理它们。因此，我们可以使用一个变量，比如 *offset*，来跟踪下一个可用的相对地址。

图 6-17 中的翻译方案处理形如 *T* **id** 的声明的序列，其中的 *T* 如图 6-15 所示产生一个类型。在考虑第一个声明之前，*offset* 被设置为 0。每处理一个变量 *x* 时，*x* 被加入符号表，它的相对地址被设置为 *offset* 的当前值。随后，*x* 的类型的宽度被加到 *offset* 上。

产生式 $D \to T$ **id** ; D_1 中的语义动作首先执行 *top. put*(**id**. *lexeme*, *T. type*, *offset*)，创建一个符号表条目。这里的 *top* 指向当前的符号表。方法 *top. put* 为 **id**. *lexeme* 创建一个符号表条目，该条目的数据区中存放了类型 *T. type* 和相对地址 *offset*。

$P \to$	{ *offset* = 0; }
$\quad D$	
$D \to T$ **id** ;	{ *top.put*(**id**.*lexeme*, *T.type*, *offset*);
	offset = *offset* + *T.width*; }
$\quad D_1$	
$D \to \epsilon$	

图 6-17 计算被声明变量的相对地址

如果我们把第一个产生式写在同一行中：

$$P \to \{ \, offset = 0; \, \} \; D \tag{6.1}$$

则图 6-17 中对 *offset* 的初始化处理就变得更容易理解。生成 ϵ 的非终结符号称为标记非终结符号，其作用是重写产生式，使得所有的语义动作都出现在产生式右部的尾端，具体方法见 5.5.4 节。使用标记非终结符号 *M*，(6.1)可以被改写为：

$$P \to M \; D$$
$$M \to \epsilon \; \{ \, offset = 0; \, \}$$

6.3.6　记录和类中的字段

图 6-17 中对声明的翻译方案还可以用于处理记录和类中的字段。要把记录类型加入到图 6-15 所示的文法中，只需要加上下面的产生式：

$$T \rightarrow \textbf{record}\ '\{'\ D\ '\}'$$

这个记录类型中的字段由 D 生成的声明序列描述。图 6-17 中的方法可以用来确定这些字段的类型和相对地址，当然我们需要小心地处理下面两件事：

- 一个记录中各个字段的名字必须是互不相同的。也就是说，在由 D 生成的声明中，同一个名字最多出现一次。
- 字段名的偏移量，或者说相对地址，是相对于该记录的数据区字段而言的。

例 6.10　在一个记录中，把名字 x 用作字段名并不会和记录外对该名字的其他使用产生冲突。因此下列声明中对 x 的三次使用是不同的，互相之间并不冲突。

```
float x;
record { float x; float y; } p;
record { int tag; float x; float y; } q;
```

这些声明之后的一个赋值语句 `x = p.x + q.x;` 把变量 `x` 的值设置为记录 `p` 和 `q` 中 `x` 字段的值的和。请注意，`p` 中 `x` 的相对地址和 `q` 中 `x` 的相对地址是不同的。 □

为方便起见，记录类型将使用一个专用的符号表，对它们的各个字段的类型和相对地址进行编码。记录类型形如 $record(t)$，其中 $record$ 是类型构造算子，t 是一个符号表对象，它保存了有关该记录类型的各个字段的信息。

图 6-18 中的翻译方案包含一个产生式，该产生式将加入到图 6-15 中关于 T 的产生式中。这个产生式有两个语义动作。在 D 之前嵌入的动作首先保存 top 指向的已有符号表，然后让 top 指向新的符号表。该动作还保存了当前 $offset$ 值，并将 $offset$ 重置为 0。D 生成的声明会使类型和相对地址被保存到新的符号表中。D 之后的语义动作使用 top 创建一个记录类型，然后恢复早先保存好的符号表和偏移值。

$T \rightarrow$ **record** '{'	{ *Env.push*(*top*); *top* = **new** *Env*(); *Stack.push*(*offset*); *offset* = 0; }
D '}'	{ *T.type* = *record*(*top*); *T.width* = *offset*; *top* = *Env.pop*(); *offset* = *Stack.pop*(); }

图 6-18　处理记录中的字段名

为了使翻译方案更加具体，图 6-18 中的动作给出了某个实现的伪代码。令 Env 类实现符号表。对 $Env.push(top)$ 的调用将 top 所指的当前符号表压入一个栈中。然后，变量 top 被设置为指向一个新的符号表。类似的，$offset$ 被推入名为 $Stack$ 的栈中，$offset$ 变量被重置为 0。

在 D 中的声明被翻译之后，符号表 top 保存了这个记录中所有字段的类型和相对地址。而且，$offset$ 还给出了存放所有字段所需的存储空间。第二个动作将 $T.type$ 设为 $record(top)$，并将 $T.width$ 设为 $offset$。然后，变量 top 和 $offset$ 将被恢复为原先被压入栈中的值，以完成这个记录类型的翻译。

有关记录类型存储方式的讨论还可以被推广到类，因为我们无需为类中的方法保留存储空间。见练习 6.3.2。

6.3.7　6.3 节的练习

练习 6.3.1：确定下列声明序列中各个标识符的类型和相对地址。

```
float x;
record { float x; float y; } p;
record { int tag; float x; float y; } q;
```

！**练习 6.3.2**：将图 6-18 对字段名的处理方法扩展到类和单继承的类层次结构。

1）给出类 *Env* 的一个实现。该实现支持符号表链，使得子类可以重定义一个字段名，也可以直接引用某个超类中的字段名。

2）给出一个翻译方案，该方案能够为类中的字段分配连续的数据区域，这些字段中包含继承而来的域。继承而来的字段必须保持在对超类进行存储分配时获得的相对地址。

6.4 表达式的翻译

本章剩下的部分将介绍在翻译表达式和语句时出现的问题。在本节中，我们首先考虑从表达式到三地址代码的翻译。一个带有多个运算符的表达式（比如 $a+b*c$）将被翻译成为每条指令最多包含一个运算符的指令序列。一个数组引用 $A[i][j]$ 将被扩展成一个计算该引用的地址的三地址指令序列。我们将在 6.5 节中考虑表达式的类型检查，并在 6.6 节中介绍如何使用布尔表达式来处理程序的控制流。

6.4.1 表达式中的运算

图 6-19 中的语法制导定义使用 S 的属性 *code* 以及表达式 E 的属性 *addr* 和 *code*，为一个赋值语句 S 生成三地址代码。属性 $S.code$ 和 $E.code$ 分别表示 S 和 E 对应的三地址代码。属性 $E.addr$ 则表示存放 E 的值的地址。回忆一下 6.2.1 节，一个地址可以是变量名字、常量或编译器产生的临时量。

产生式	语义规则
$S \rightarrow$ **id** = E ;	$S.code = E.code \;\|\|$ $gen(top.get(\textbf{id}.lexeme)\ '='\ E.addr)$
$E \rightarrow E_1 + E_2$	$E.addr =$ **new** $Temp\,()$ $E.code = E_1.code \;\|\|\; E_2.code \;\|\|$ $gen(E.addr\ '='\ E_1.addr\ '+'\ E_2.addr)$
$\mid\ -E_1$	$E.addr =$ **new** $Temp\,()$ $E.code = E_1.code \;\|\|$ $gen(E.addr\ '='\ '\textbf{minus}'\ E_1.addr)$
$\mid\ (\ E_1\ )$	$E.addr = E_1.addr$ $E.code = E_1.code$
$\mid$ **id**	$E.addr = top.get(\textbf{id}.lexeme)$ $E.code = ''$

图 6-19 表达式的三地址代码

考虑图 6-19 中语法制导定义的最后一个产生式 $E \rightarrow$ **id**。若表达式只是一个标识符，比如说 x，那么 x 本身就保存了这个表达式的值。这个产生式对应的语义规则把 $E.addr$ 定义为指向该 **id** 的实例对应的符号表条目的指针。令 *top* 表示当前的符号表。当函数 *top.get* 被应用于 **id** 的这个实例的字符串表示 **id**.*lexeme* 时，它返回对应的符号表条目。$E.code$ 被设置为空串。

当规则为 $E \rightarrow (E_1)$ 时，对 E 的翻译与对子表达式 E_1 的翻译相同。因此，$E.addr$ 等于 $E_1.addr$，$E.code$ 等于 $E_1.code$。

图 6-19 中的运算符 + 和单目 - 是典型语言中的运算符的代表。$E \rightarrow E_1 + E_2$ 的语义规则生成了根据 E_1 和 E_2 的值计算 E 的值的代码。计算得到的值存放在新生成的临时变量中。如果 E_1 的

值计算后被放入 $E_1.addr$，E_2 的值被放到 $E_2.addr$ 中，那么 E_1+E_2 就可以被翻译为 $t=E_1.addr+E_2.addr$，其中 t 是一个新的临时变量。$E.addr$ 被设为 t。连续执行 **new** *Temp*( )会产生一系列互不相同的临时变量 $t_1, t_2, \cdots$。

为方便起见，我们使用记号 *gen*(*x* '=' *y* '+' *z*)来表示三地址指令 $x=y+z$。当被传递给 *gen* 时，变量 *x*、*y*、*z* 的位置上出现的表达式将首先被求值，而像'='这样的引号内的字符串则按照字面值传递⊖。其他的三地址指令的生成方法类似，也是将 *gen* 作用于表达式和字符串的组合。

当我们翻译产生式 $E \to E_1+E_2$ 时，图6-19 中的语义规则首先将 $E_1.code$ 和 $E_2.code$ 连接起来，然后再加上一条将 E_1 和 E_2 的值相加的指令，从而生成 $E.code$。新增加的这条指令将求和的结果放入一个为 E 生成的临时变量中，用 $E.addr$ 表示。

产生式 $E \to -E_1$ 的翻译过程与此类似。这个规则首先为 E 创建一个新的临时变量，并生成一条指令来执行单目 - 运算。

最终，产生式 $S \to$ **id** $=E$; 所生成的指令将表达式 E 的值赋给标识符 **id**。和规则 $E \to$ **id** 中一样，这个产生式的语义规则使用函数 *top.get* 来确定 **id** 所代表的标识符的地址。$S.code$ 包含的指令首先计算 E 的值并将其保存到由 $E.addr$ 指定的地址中，然后再将这个值赋给这个 **id** 实例的地址 *top.get*(**id**.*lexeme*)。

例 6.11　图6-19 中的语法制导定义将赋值语句 `a = b + - c;` 翻译成如下的三地址代码序列：

t_1 = minus c
t_2 = b + t_1
a = t_2

□

6.4.2　增量翻译

code 属性可能是很长的字符串，因此就像 5.5.2 节中讨论的那样，它们通常是用增量的方式生成的。因此，我们不会像图6-19 所示的那样构造 $E.code$，我们可以设法像图6-20 中那样只生成新的三地址指令。在这个增量方式中，*gen* 不仅要构造出一个新的三地址指令，还要将它添加到至今为止已生成的指令序列之后。指令序列可以暂时放在内存中以便进一步处理，也可以增量地输出。

S	$\to$	**id** $=E$;	{ *gen*(*top.get*(**id**.*lexeme*) '=' *E.addr*); }
E	$\to$	$E_1 + E_2$	{ *E.addr* = **new** *Temp* (); *gen*(*E.addr* '=' E_1.*addr* '+' E_2.*addr*); }
	|	$-E_1$	{ *E.addr* = **new** *Temp* (); *gen*(*E.addr* '=' '**minus**' E_1.*addr*); }
	|	(E_1)	{ *E.addr* = E_1.*addr*; }
	|	**id**	{ *E.addr* = *top.get*(**id**.*lexeme*); }

图6-20　增量生成表达式的三地址代码

图6-20 中的翻译方案和图6-19 中的语法制导定义产生相同的代码。采用增量方式时不需再用到 *code* 属性，因为对 *gen* 的连续调用将生成一个指令序列。例如，图6-20 中对应于 $E \to E_1+E_2$ 的语义规则直接调用 *gen* 产生一条加法指令。在此之前，翻译方案已经生成了计算 E_1 的值并放入 $E_1.addr$、计算 E_2 的值并放入 $E_2.addr$ 的指令序列。

图6-20 的方法也可以用来构造语法树，对应于 $E \to E_1+E_2$ 的语义动作使用构造算子生成新的结点。规则如下：

$$E \to E_1 + E_2 \{ E.addr = \textbf{new}\ Node('+', E_1.addr, E_2.addr); \}$$

这里，属性 *addr* 表示的是一个结点的地址，而不是某个变量或常量。

⊖ 在语法制导定义中，*gen* 构造出一条指令并返回它。在翻译方案中，*gen* 构造出一条指令，并增量地将它添加到指令流中去。

6.4.3 数组元素的寻址

将数组元素存储在一块连续的存储空间里就可以快速地访问它们。在 C 和 Java 中，一个具有 n 个元素的数组中的元素是按照 0，1，…，$n-1$ 编号的。假设每个数组元素的宽度是 w，那么数组 A 的第 i 个元素的开始地址为

$$base + i \times w \tag{6.2}$$

其中 $base$ 是分配给数组 A 的内存块的相对地址。也就是说，$base$ 是 $A[0]$ 的相对地址。

式(6.2)可以被推广到 C 语言中的二维或多维数组上。对于二维数组，我们在 C 中用 $A[i_1][i_2]$ 来表示第 i_1 行的第 i_2 个元素。假设一行的宽度是 w_1，同一行中每个元素的宽度是 w_2。$A[i_1][i_2]$ 的相对地址可以使用下面的公式计算

$$base + i_1 \times w_1 + i_2 \times w_2 \tag{6.3}$$

对于 k 维数组，相应的公式为

$$base + i_1 \times w_1 + i_2 \times w_2 + \cdots + i_k \times w_k \tag{6.4}$$

其中，$w_j(1 \leqslant j \leqslant k)$ 是对式(6.3)中的 w_1 和 w_2 的推广。

另一种计算数组引用的相对地址的方法是根据第 j 维上的数组元素的个数 n_j 和该数组的每个元素的宽度 $w = w_k$ 进行计算。在二维数组中(即 $k=2$，$w=w_2$)，$A[i_1][i_2]$ 的地址为

$$base + (i_1 \times n_2 + i_2) \times w \tag{6.5}$$

对于 k 维数组，下列公式计算得到的地址和公式(6.4)所得到的地址相同：

$$base + ((\cdots((i_1 \times n_2 + i_2) \times n_3 + i_3)\cdots) \times n_k + i_k) \times w \tag{6.6}$$

在更一般的情况下，数组元素下标并不一定是从 0 开始的。在一个一维数组中，数组元素的编号方式如下：low，$low+1$，…，$high$，而 $base$ 是 $A[low]$ 的相对地址。计算 $A[i]$ 的地址的式(6.2)就变成：

$$base + (i - low) \times w \tag{6.7}$$

式(6.2)和式(6.7)都可以改写成 $i \times w + c$ 的形式，其中的子表达式 $c = base - low \times w$ 可以在编译时刻预先计算出来。请注意，当 low 为 0 时 $c = base$。我们假定 c 被存放在 A 对应的符号表条目中，那么只要把 $i \times w$ 加到 c 上就可以计算得到 $A[i]$ 的相对地址。

编译时刻的预先计算同样可以应用于多维数组元素的地址计算，见练习 5.4.5。然而，有一种情况下我们不能使用编译时刻预先计算的技术：当数组大小是动态变化的时候。如果我们在编译时刻无法知道 low 和 $high$(或者它们在多维数组情况下的泛化)的值，我们就无法提前计算出像 c 这样的常量。因此在程序运行时，像(6.7)这样的公式就需要按照公式所写进行求值。

上面的地址计算是基于数组的按行存放方式的，C 语言都使用这种数据布局方式。一个二维数组通常有两种存储方式，即*按行存放*(一行行地存放)和*按列存放*(一列列地存放)。图 6-21 显示了一个 2×3 的数组 A 的两种存储布局方式，图 6-21a 中是按行存放方式，图 6-21b 中是按列存放方式。Fortran 系列语言使用按列存放方式。

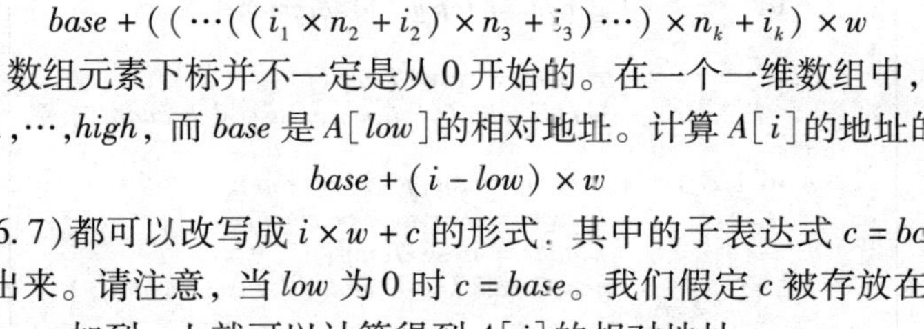

a) 按行存放　　b) 按列存放

图 6-21　二维数组的存储布局

我们可以把按行存放策略和按列存放策略推广到多维数组中。按行存放方式的推广形式按照如下方式来存储元素：当我们扫描一块存储区域时，就像汽车里程表中的数字一样，最右边的下标变化最为频繁。而按列存放方式则被推广为相反的布局方式，最左边的下标变化最频繁。

6.4.4 数组引用的翻译

为数组引用生成代码时要解决的主要问题是将 6.4.3 节中给出的地址计算公式和数组引用的文法关联起来。令非终结符号 L 生成一个数组名字再加上一个下标表达式的序列：

$$L \rightarrow L[E] \mid \mathbf{id}[E]$$

与 C 和 Java 中一样，我们假定数组元素的最小编号是 0。我们使用式(6.4)，基于宽度来计算相对地址，而不是像式(6.6)中那样使用元素的数量来计算地址。图 6-22 所示的翻译方案为带有数组引用的表达式生成三地址代码。它包括了图 6-20 中给出的产生式和语义动作，同时还包括了涉及非终结符号 L 的产生式。

```
S → id = E ;     { gen( top.get(id.lexeme) '=' E.addr); }

  | L = E ;      { gen(L.array.base '[' L.addr ']' '=' E.addr); }

E → E1 + E2      { E.addr = new Temp ();
                   gen(E.addr '=' E1.addr '+' E2.addr); }

  | id           { E.addr = top.get(id.lexeme); }

  | L            { E.addr = new Temp ();
                   gen(E.addr '=' L.array.base '[' L.addr ']'); }

L → id [ E ]     { L.array = top.get(id.lexeme);
                   L.type = L.array.type.elem;
                   L.addr = new Temp ();
                   gen(L.addr '=' E.addr '*' L.type.width); }

  | L1 [ E ]     { L.array = L1.array;
                   L.type = L1.type.elem;
                   t = new Temp ();
                   L.addr = new Temp ();
                   gen(t '=' E.addr '*' L.type.width);
                   gen(L.addr '=' L1.addr '+' t); }
```

图 6-22 处理数组引用的语义动作

非终结符号 L 有三个综合属性：

1）$L.addr$ 指示一个临时变量。这个临时变量将被用于累加公式(6.4)中的 $i_j \times w_j$ 项，从而计算数组引用的偏移量。

2）$L.array$ 是一个指向数组名字对应的符号表条目的指针。在分析了所有的下标表达式之后，该数组的基地址，也就是 $L.array.base$，被用于确定一个数组引用的实际左值。

3）$L.type$ 是 L 生成的子数组的类型。对于任何类型 t，我们假定其宽度由 $t.width$ 给出。我们把类型(而不是宽度)作为属性，是因为无论如何类型检查总是需要这个类型信息。对于任何数组类型 t，假设 $t.elem$ 给出了其数组元素的类型。

产生式 $S \rightarrow \mathbf{id} = E$; 代表一个对非数组变量的赋值语句，它按照通常的方法进行处理。$S \rightarrow L = E$; 的语义动作产生了一个带下标的复制指令，它将表达式 E 的值存放到数组引用 L 所指的内存位置。回顾一下，属性 $L.array$ 给出了数组的符号表条目。数组的基地址(即 0 号元素的地址)由 $L.array.base$ 给出。属性 $L.addr$ 表示一个临时变量，它保存了 L 生成的数组引用的偏移量。因此，这个数组引用的位置是 $L.array.base[L.addr]$。这个指令将地址 $E.addr$ 中的右值放入 L 的内存位置中。

产生式 $E \to E_1 + E_2$ 和 $E \to \mathbf{id}$ 与以前相同。新的产生式 $E \to L$ 的语义动作生成的代码将 L 所指位置上的值复制到一个新的临时变量中。和前面对产生式 $S \to L = E$; 的讨论一样，L 所指的地址就是 $L.array.base[L.addr]$。其中，属性 $L.array$ 仍然给出了数组名，$L.array.base$ 给出了数组的基地址。属性 $L.addr$ 表示保存偏移量的临时变量。数组引用的代码将存放在由基地址和偏移量给出的位置中的右值放入 $E.addr$ 所指的临时变量中。

例 6.12 令 a 表示一个 2×3 的整数数组，c、i、j 都是整数。那么 a 的类型就是 *aray*(2, *array*(3,*integer*))。假定一个整数的宽度为 4，那么 a 的类型的宽度就是 24。a[i]的类型是 *array*(3, *integer*)，宽度 w_1 为 12。a[i][j]的类型是整型。

图 6-23 给出了表达式 c+a[i][j]的注释语法分析树。该表达式被翻译成图 6-24 中给出的三地址代码序列。这里我们仍然使用每个标识符的名字来表示它们的符号表条目。 □

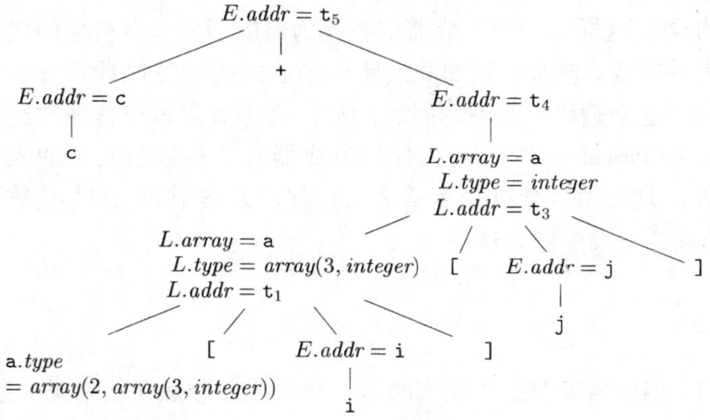

图 6-23 c+a[i][j]的注释语法分析树

```
t1 = i * 12
t2 = j * 4
t3 = t1 + t2
t4 = a [ t3 ]
t5 = c + t4
```

图 6-24 表达式 c+a[i][j]的三地址代码

6.4.5 6.4 节的练习

练习 6.4.1： 向图 6-19 的翻译方案中加入对应于下列产生式的规则：

1) $E \to E_1 * E_2$

2) $E \to +E_1$（单目加）

练习 6.4.2： 使用图 6-20 中的增量式翻译方案重复练习 6.4.1。

练习 6.4.3： 使用图 6-22 所示的翻译方案来翻译下列赋值语句：

1) `x = a[i] + b[j]`

2) `x = a[i][j] + b[i][j]`

!3) `x = a[b[i][j]][c[k]]`

! **练习 6.4.4：** 修改图 6-22 中的翻译方案，使之适合 Fortran 风格的数组引用，也就是说，n 维数组的引用为 $\mathbf{id}[E_1, E_2, \cdots, E_n]$。

练习 6.4.5： 将公式(6.7)推广到多维数组上，并指出哪些值可以被存放到符号表中并用来计算偏移量。考虑下列情况：

1) 一个二维数组 A，按行存放。第一维的下标从 l_1 到 h_1，第二维的下标从 l_2 到 h_2。单个数组元素的宽度为 w。

2) 其他条件和 1 相同，但是采用按列存放方式。

！3）一个 k 维的数组 A，按行存放，元素宽度为 w，第 j 维的下标从 l_j 到 h_j。

！4）其他条件和 3 相同，但是采用按列存放方式。

练习 6.4.6： 一个按行存放的整数数组 $A[i, j]$ 的下标 i 的范围为 1 ~ 10，下标 j 的范围为 1 ~ 20。每个整数占 4 个字节。假设数组 A 从 0 字节开始存放，请给出下列元素的位置：

1）$A[4, 5]$　2）$A[10, 8]$　3）$A[3, 17]$

练习 6.4.7： 假定 A 是按列存放的，重复练习 6.4.6。

练习 6.4.8： 一个按行存放的实数型数组 $A[i, j, k]$ 的下标 i 的范围为 1 ~ 4，下标 j 的范围为 0 ~ 4，且下标 k 的范围为 5 ~ 10。每个实数占 8 个字节。假设数组 A 从 0 字节开始存放。计算下列元素的位置。

1）$A[3, 4, 5]$　2）$A[1, 2, 7]$　3）$A[4, 3, 9]$

练习 6.4.9： 假定 A 是按列存放的，重复练习 6.4.8。

符号化表示的类型宽度

中间代码应该相对独立于目标机器，这样当代码生成器被替换为对应于另一台机器的代码生成器时，优化器不需要做出太大的改变。然而，正如我们刚刚描述的类型宽度计算方法所示，关于基本类型的信息被融合到了这个翻译方案中。例如，例 6.12 中假定每个整数数组的元素占 4 个字节。一些中间代码，如 Pascal 的 P-code，让代码生成器来填写数组元素的大小，因此中间代码独立于机器的字长。只要用一个符号常量来代替翻译方案中的（作为整数类型宽度的）4，我们就可以在我们的翻译方案中做到这一点。

6.5 类型检查

为了进行*类型检查*（type checking），编译器需要给源程序的每一个组成部分赋予一个类型表达式。然后，编译器要确定这些类型表达式是否满足一组逻辑规则。这些规则称为源语言的*类型系统*（type system）。

类型检查具有发现程序中的错误的潜能。原则上，如果目标代码在保存元素值的同时保存了元素类型的信息，那么任何检查都可以动态地进行。一个*健全*（sound）的类型系统可以消除对动态类型错误检查的需要，因为它可以帮助我们静态地确定这些错误不会在目标程序运行的时候发生。如果编译器可以保证它接受的程序在运行时刻不会发生类型错误，那么该语言的这个实现就被称为*强类型*的。

除了用于编译，类型检查的思想还可以用于提高系统的安全性，使得人们安全地导入和执行软件模块。Java 程序被编译成为机器无关的字节码，在字节码中包含了有关字节码中的运算的详细类型信息。导入的代码在被执行之前首先要进行类型检查，以防止因疏忽造成的错误和恶意攻击。

6.5.1 类型检查规则

类型检查有两种形式：综合和推导。*类型综合*（type synthesis）根据子表达式的类型构造出表达式的类型。它要求名字先声明再使用。表达式 $E_1 + E_2$ 的类型是根据 E_1 和 E_2 的类型定义的。一个典型的类型综合规则具有如下形式：

if　f 的类型为 $s \to t$ **且** x 的类型为 s
then 表达式 $f(x)$ 的类型为 t　　(6.8)

这里，f 和 x 表示表达式，而 $s \to t$ 表示从 s 到 t 的函数。这个针对单参数函数的规则可以推广到带有多个参数的函数。只要稍做修改，规则(6.8)就可以用于 E_1+E_2，我们只需要把它看作一个函数应用 $add(E_1, E_2)$ 就可以了[⊖]。

类型推导(type inference)根据一个语言结构的使用方式来确定该结构的类型。先看一下6.5.4节中的例子，令 *null* 是一个测试列表是否为空的函数。那么，根据这个函数的使用 $null(x)$，我们可以指出 x 必须是一个列表类型。列表 x 中的元素类型是未知的，我们所知道的全部信息是：x 是一个列表类型，其元素类型当前未知。

代表类型表达式的变量使得我们可以考虑未知类型。我们可以用希腊字母 α、β 等作为类型表达式中的类型变量。

一个典型的类型推导规则具有下面的形式：

if $f(x)$ 是一个表达式， (6.9)

then 对某些 α 和 β，f 的类型为 $\alpha \to \beta$ 且 x 的类型为 α

在类似ML这样的语言中需要进行类型推导。ML语言会检查类型，但是不需要对名字进行声明。

在本节中，我们考虑表达式的类型检查。检查语句的规则和检查表达式类型的规则类似。例如，我们可以把条件语句"**if** (E) S；"看作是对 E 和 S 应用 *if* 函数。令特殊类型 *void* 表示没有值的类型，那么 *if* 函数将被应用在一个布尔型和一个 *void* 型的对象上。此函数的结果类型是 *void*。

6.5.2 类型转换

考虑类似于 $x+i$ 的表达式，其中 x 是浮点数类型而 i 是整型。因为整数和浮点数在计算机中有不同的表示形式，而且使用不同的机器指令来完成整数和浮点数运算。编译器需要把 + 的某个运算分量进行转换，以保证在进行加法运算时两个运算分量具有相同的类型。

假定在必要的时候可以使用一个单目运算符(`float`)将整数转换成浮点数。例如，整数2在表达式 `2 * 3.14` 对应的代码中被转换成浮点数：

t_1 = (float) 2
t_2 = t_1 * 3.14

我们可以扩展这样例子，考虑运算符的整型和浮点型版本。比如，`int` * 表示作用于整型运算分量的运算符，而 `float` * 表示作用于浮点型运算分量的运算符。

我们将扩展6.4.2节中的用于表达式翻译的翻译方案，以说明如何进行类型综合。我们引入另一个属性 *E.type*，该属性的值可以是 *integer* 或 *float*。和 $E \to E_1 + E_2$ 相关的规则可用如下的伪代码给出：

if ($E_1.type = integer$ **and** $E_2.type = integer$) $E.type = integer$;
else if ($E_1.type = float$ **and** $E_2.type = integer$) ···
···

随着需要转换的类型的增多，需要处理的不同情况也急剧增多。因此，在处理大量的类型时，精心组织用于类型转换的语义动作就变得非常重要。

不同语言具有不同的类型转换规则。图6-25中的Java的转换规则区分了拓宽(widening)转换和窄化(narrowing)转换。拓宽转换可以保持原有的信息，而窄化转换则可能丢失信息。拓宽规则通过图6-25a中的层次结构给出：在该层次结构中位于较低层的类型可以被拓宽为较高层的类型。因此，*char* 类型可以被拓宽为 *int* 型和 *float* 型，但是不可以被拓宽为 *short* 类型。窄化转换

⊖ 即使我们在确定类型时需要某些上下文信息，我们仍将使用"综合"这个术语。使用重载函数时(多个函数可能被赋予同一个名字)，在某些语言中，我们还需要考虑 E_1+E_2 的上下文才能确定其类型规则。

的规则如图 6-25b 所示：如果存在一条从 s 到 t 的路径，则可以将类型 s 窄化为类型 t。可以看出，*char*、*short*、*byte* 之间可以两两相互转换。

如果类型转换由编译器自动完成，那么这样的转换就称为隐式转换。隐式转换也称为自动类型转换(coercion)。在很多语言中，自动类型转换仅仅限于拓宽转换。如果程序员必须写出某些代码来引发类型转换运算，那么这个转换就称为显式的。显式转换也称为强制类型转换(cast)。

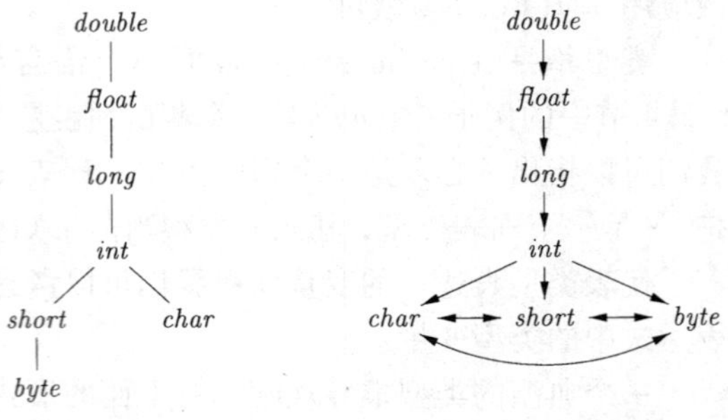

图 6-25 Java 中简单类型的转换

检查 $E \to E_1 + E_2$ 的语义动作使用了两个函数：

1) $max(t_1, t_2)$ 接受 t_1 和 t_2 两个类型的参数，并返回拓宽层次结构中这两个类型中的最大者(或者最小上界)。如果 t_1 或 t_2 之一没有出现在这个层次结构中，比如有个类型是数组类型或指针类型，那么该函数返回一个错误信息。

2) 如果需要将类型为 t 的地址 a 中的内容转换成 w 类型的值，则函数 $widen(a, t, w)$ 将生成类型转换的代码。如果 t 和 w 是相同的类型，则该函数返回 a 本身。否则，它会生成一条指令来完成转换工作并将转换结果放置到临时变量 *temp* 中。这个临时变量将作为结果返回。函数 *widen* 的伪代码如图 6-26 所示，这里假设只有 *integer* 和 *float* 两种类型。

```
Addr widen(Addr a, Type t, Type w)
        if ( t = w ) return a;
        else if ( t = integer and w = float ) {
                temp = new Temp();
                gen(temp '=' '(float)' a);
                return temp;
        }
        else error;
}
```

图 6-26 *widen* 函数的伪代码

图 6-27 中 $E \to E_1 + E_2$ 的语义动作说明了如何把类型转换加入到图 6-20 所示的翻译表达式的方案中。在这个语义动作中，如果 E_1 的类型不需要被转换成 E 的类型，那么临时变量 a_1 就是 $E_1.addr$。如果需要进行这样的转换，则 a_1 就是 *widen* 函数返回的一个新的临时变量。类似地，a_2 可能是 $E_2.addr$，也可能是一个新临时变量，用于存放转换后的 E_2 的值。如果两个变量都是整型或者都是浮点型，就不需要进行任何转换。我们会发现，将两个不同类型的值相加的唯一方法是把它们都转换成为第三种类型。

```
E → E1 + E2    { E.type = max(E1.type, E2.type);
                 a1 = widen(E1.addr, E1.type, E.type);
                 a2 = widen(E2.addr, E2.type, E.type);
                 E.addr = new Temp ();
                 gen(E.addr '=' a1 '+' a2); }
```

图 6-27 在表达式求值中引入类型转换

6.5.3 函数和运算符的重载

依据符号所在的上下文不同，被重载(overloaded)的符号会有不同的含义。如果能够为一个名字的每次出现确定其唯一的含义，该名字的重载问题就得到了解决。在本节中，我们仅考虑那些只需要查看函数参数就能解决的函数重载。Java 中的重载即是如此。

例 6.13 根据其运算分量的类型，Java 中的 + 运算符既可以表示字符串的连接运算，也可以表示加法运算。用户自定义的函数同样可以重载，例如

```
void err() { ··· }
void err(String s) { ··· }
```

请注意，我们可以根据函数 `err` 的参数来确定选择该函数的哪一个版本。□

以下是针对重载函数的类型综合规则：

$$\begin{array}{l}\textbf{if } f \text{ 可能的类型为 } s_i \to t_i (1 \leqslant i \leqslant n)\text{，其中，} s_i \neq s_j (i \neq j) \\ \textbf{and } x \text{ 的类型为 } s_k (1 \leqslant k \leqslant n) \\ \textbf{then} \text{ 表达式 } f(x) \text{ 的类型为 } t_k\end{array} \tag{6.10}$$

6.1.2 节中的值编码方法同样可以用于类型表达式，以便根据参数类型高效地解决重载问题。在表示类型表达式的一个 DAG 上，我们给每个结点赋予一个被称为值编码的整数序号。使用算法 6.3，我们可以构造出每个结点的范型，该范型由该结点的标号及其从左到右的子结点的值编码组成。一个函数的范型由其函数名和它的参数的类型组成。根据函数的参数类型解决重载的问题就等价于基于范型解决重载的问题。

仅仅通过查看一个函数的参数类型不一定能够解决重载问题。在 Ada 中，一个子表达式会有一组可能的类型，而不是只有一个确定的类型。它所在的上下文必须提供足够的信息来缩小可选范围，最终得到唯一的可选类型（见练习 6.5.2）。

6.5.4 类型推导和多态函数

类型推导常用于像 ML 这样的语言。ML 是一个强类型语言，但是它不要求名字在使用前先进行声明。类型推导保证了名字使用的一致性。

术语“多态”指的是任何可以在不同的参数类型上运行的代码片段。在本节中，我们考虑参数多态（parametric polymorphism），这种多态通过参数和类型变量来刻划。我们使用图 6-28 中的 ML 程序作为一个贯穿本节的例子。该程序定义了一个函数 *length*。函数 *length* 的类型可以描述为：“对于任何类型 α，*length* 函数将元素类型为 α 的列表映射为整型”。

```
fun length(x) =
    if null(x) then 0 else length(tl(x)) + 1;
```

图 6-28 计算一个列表长度的 ML 程序

例 6.14 在图 6-28 中，关键字 *fun* 引出了一个函数定义，被定义的函数可以是递归的。这个程序片段定义了带有单个参数 *x* 的函数 *length*。这个函数的函数体包含了一个条件表达式。预定义的函数 *null* 测试一个列表是否为空。预定义函数 *tl*（tail 的缩写）移除列表中的第一个元素，然后返回列表的余下部分。

函数 *length* 确定一个列表 *x* 的长度，或者说 *x* 中元素的个数。列表中的所有元素必须具有相同的类型。不管列表元素是什么类型，都可以用 *length* 函数来求出这个列表的长度。在下面的表达式中，*length* 被应用到两种不同类型的列表中（列表元素用“[”和“]”括起来）：

$$length(["sun", "mon", "tue"]) + length([10, 9, 8, 7]) \tag{6.11}$$

字符串列表的长度为 3，整数列表的长度为 4，因此表达式(6.11)的值为 7。□

使用符号 ∀（读作“对于任意类型”）以及类型构造算子 *list*，*length* 的类型可以写作：

$$\forall \alpha.\ list(\alpha) \to integer \tag{6.12}$$

符号 ∀ 是全称量词（wiversal quantifier），它所作用的类型变量称为受限的（bound）。受限变量可以被任意地重命名，但是需要把这个变量的所有出现一起重命名。因此，类型表达式 $\forall \beta.\ list(\beta) \to integer$ 和式(6.12)等价。其中带有 ∀ 符号的类型表达式被称为“多态类型”。

在多态函数的各次应用中，函数的受限的类型变量可以表示不同的类型。在类型检查中，每次使用多态类型时，我们将受限变量替换为新的变量，并去掉相应的全称量词。

下一个例子对 *length* 类型进行了非正式的推导，推导过程中隐式地使用了公式(6.9)中的推导规则。这里再重复一下：

if $f(x)$ 是一个表达式

then 对某些 α 和 β, f 的类型为 $\alpha \rightarrow \beta$ **且** x 的类型为 α

例 6.15 图 6-29 中的抽象语法树表示图 6-28 中对 *length* 的定义。这棵树的根的标号为 **fun**，它表示函数定义。其他的非叶子结点可以看作是函数应用。标号为 + 的结点表示对两个子结点应用运算符 +。类似的，标号为 **if** 的结点表示将运算符 **if** 应用于它的三个子结点组成的三元组上(对于类型检查，究竟是 **then** 分支还是 **else** 分支被求值并不是问题。它们不会被同时计算)。

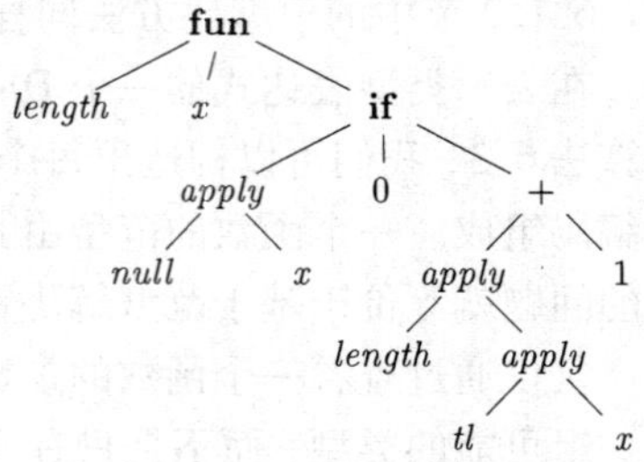

图 6-29 图 6-28 中的函数定义对应的抽象语法分析树

我们可以根据函数 *length* 的函数体推导出它的类型。从左到右考虑标号为 **if** 的结点的子结点。因为 *null* 要被应用在列表上，所以 x 必须是一个列表。我们使用变量 α 作为列表元素类型的占位符，也就是说，x 的类型为"α 的列表"。

如果 $null(x)$ 为真，则 $length(x)$ 为 0。因此，*length* 的类型一定是"从 α 的列表到整型的函数"。这个推导得到的类型和在 else 分支 $length(tl(x))+1$ 中对 *length* 的使用是一致的。 □

因为在类型表达式中可能出现变量，所以我们必须重新审视一下类型等价的概念。设想将类型为 $s \rightarrow s'$ 的 E_1 应用到类型为 t 的 E_2 上。我们不能简单地确定 s 和 t 是否等价，而是必须将这两种类型"合一"。非正式地讲，我们将确定是否可以将类型变量 s 和 t 替换为特定的类型表达式，从而使得 s 和 t 在结构上等价。

置换(substitution)是一个从类型变量到类型表达式的映射。我们把对类型表达式 t 中的变量应用置换 S 后得到的结果写作 $S(t)$，详细信息请参见"置换、实例和合一"部分。两个类型表达式 t_1 和 t_2 可以合一(unify)的条件是存在某个置换 S 使得 $S(t_1)=S(t_2)$。在实践中，我们感兴趣的是最一般化的合一置换，这种合一置换对表达式中的变量施加的约束最少。6.5.5 节给出了一个合一算法。

置换、实例和合一

如果 t 是一个类型表达式，且 S 是一个置换(即一个从类型变量到类型表达式的映射)，那么我们用 $S(t)$ 来表示将 t 中的每个类型变量 α 的所有出现替换为 $S(\alpha)$ 后得到的结果。$S(t)$ 被称为 t 的一个实例(instance)。例如，*list*(*integer*) 是 *list*(α) 的一个实例，因为它是将 *list*(α) 中的 α 替换为 *integer* 后的结果。然而，请注意 $integer \rightarrow float$ 不是 $\alpha \rightarrow \alpha$ 的实例，因为置换必须将 α 的所有出现替换为相同的类型表达式。

对于类型表达式 t_1 和 t_2，如果 $S(t_1)=S(t_2)$，那么置换 S 就是一个合一替换(unifier)。如果对于 t_1 和 t_2 的任何合一替换，比如说 S'，下面的条件成立：对于任意的 t，$S'(t)$ 是 $S(t)$ 的一个实例，那么我们就说 S 是 t_1 和 t_2 的最一般化的合一替换(most general unifier)。换句话说，S' 对 t 施加的限制比 S 施加的限制更多。

算法 6.16 多态函数的类型推导。

输入：一个由一系列函数定义以及紧跟其后的待求值表达式组成的程序。一个表达式由多个函数应用和名字构成。这些名字具有预定义的多态类型。

输出：推导出的程序中名字的类型。

方法：为简单起见，我们只考虑一元函数。对于带有两个参数的函数 $f(x_1, x_2)$，我们可以将其类型表示为 $s_1 \times s_2 \to t$，其中 s_1 和 s_2 分别是 x_1 和 x_2 的类型，而 t 是函数 $f(x_1, x_2)$ 的结果类型。通过检查 s_1 是否和 a 的类型匹配，s_2 是否和 b 的类型匹配，就可以检查表达式 $f(a, b)$ 的类型。

检查输入序列中的函数定义和表达式。当一个函数在其后的表达式中被使用时，就使用推导得到的该函数的类型。

- 对一个函数定义 **fun** $\mathbf{id}_1(\mathbf{id}_2) = E$，创建一个新的类型变量 α 和 β。将函数 $\mathbf{id}_1$ 与类型 $\alpha \to \beta$ 相关联，参数 $\mathbf{id}_2$ 和类型 α 相关联。然后，推导出表达式 E 的类型。假设在对 E 进行类型推导之后，α 表示类型 s 而 β 表示类型 t。推导得到的函数 $\mathbf{id}_1$ 的类型就是 $s \to t$。使用 $\forall$ 量词来限制 $s \to t$ 中任何未受约束的类型变量。
- 对于函数应用 $E_1(E_2)$，推导出 E_1 和 E_2 的类型。因为 E_1 被用作一个函数，它的类型一定具有 $s \to s'$ 的形式（从技术上来说，E_1 的类型必须和 $\beta \to \gamma$ 合一，其中 β 和 γ 是新的类型变量）。假定推导得到的 E_2 的类型为 t。对 s 和 t 进行合一处理。如果合一失败，表达式返回类型错误，否则推导得到的 $E_1(E_2)$ 的类型为 s'。
- 对一个多态函数的每次出现，将它的类型表达式中的受限变量替换为互不相同的新变量，并移除 $\forall$ 量词。替换得到的类型表达式就是这个多态函数的本次出现所对应的推导类型。
- 对于第一次碰到的变量，引入一个新的类型变量来代表它的类型。 □

例 6.17 在图 6-30 中，我们为函数 *length* 推导出一个类型。图 6-29 中语法树的根表示一个函数定义，因此我们引入变量 β 和 γ，并将类型 $\beta \to \gamma$ 关联到函数 *length*，将 β 关联到 x。见图 6-30 的 1～2 行。

在根的右子结点上，我们把 **if** 看作一个应用到三元组上的多态函数，这个三元组包括一个布尔型变量以及两个分别代表 **then** 和 **else** 分支的表达式。函数 **if** 的类型是 $\forall \alpha.\ boolean \times \alpha \times \alpha \to \alpha$。

多态函数的每次应用可能作用于不同的类型，因此我们构造一个新的临时变量 α_i（i 取自 *if*），并移除 $\forall$，见图 6-30 中的第三行。函数 **if** 的左子结点的类型必须和 boolean 类型合一，其他两个子结点的类型必须和 α_i 合一。

行	表达式：类型	合一
1)	$length : \beta \to \gamma$	
2)	$x : \beta$	
3)	**if** : $boolean \times \alpha_i \times \alpha_i \to \alpha_i$	
4)	$null : list(\alpha_n) \to boolean$	
5)	$null(x) : boolean$	$list(\alpha_n) = \beta$
6)	$0 : integer$	$\alpha_i = integer$
7)	$+ : integer \times integer \to integer$	
8)	$tl : list(\alpha_t) \to list(\alpha_t)$	
9)	$tl(x) : list(\alpha_t)$	$list(\alpha_t) = list(\alpha_n)$
10)	$length(tl(x)) : \gamma$	$\gamma = integer$
11)	$1 : integer$	
12)	$length(tl(x)) + 1 : integer$	
13)	**if**$(\cdots) : integer$	

图 6-30 推导图 6-28 中的函数 *length* 的类型

预定义函数 *null* 的类型为 $\forall \alpha.\ list(\alpha) \to boolean$。我们使用一个新的类型变量 α_n（其中 n 表示 null）来替换受限变量 α，见第 4 行。因为 *null* 被应用于 x，我们推导出 x 的类型 β 必须和 $list(\alpha_n)$ 匹配，见第 5 行。

在 **if** 的第一个子结点上，$null(x)$ 的类型 boolean 和 **if** 函数预期的类型相匹配。在第二个子结点上，类型 α_i 与 *integer* 进行合一，见第 6 行。

现在考虑子表达式 $length(tl(x))+1$。我们为 *tl* 类型中的约束变量 α 建立新的临时变量 α_t（其中 *t* 表示“tail”），见第 8 行。根据 $tl(x)$ 的应用，我们推导出 $list(\alpha_t)=\beta=list(\alpha_n)$，见第 9 行。

因为 $length(tl(x))$ 是 + 的一个运算分量，它的类型 γ 必须和 *integer* 合一，见第 10 行。可以推出 *length* 的类型为 $list(\alpha_n)\to integer$。在检查完这个函数定义之后，类型变量 α_n 仍然保留在 *length* 的类型中。因为没有对 α_n 作出任何假设，当使用该函数时 α_n 可以被替换为任何类型。因此，我们可以把它变成一个受限变量，并把 *length* 的类型写作：

$$\forall \alpha_n.\ list(\alpha_n)\to integer$$ □

6.5.5 一个合一算法

非正式地讲，合一就是判断能否通过将两个表达式 *s* 和 *t* 中的变量替换为某些表达式，使得 *s* 和 *t* 相同。测试表达式是否等价是合一的一个特殊情况。如果 *s* 和 *t* 中只有常量没有变量，则 *s* 和 *t* 合一当且仅当它们完全相同。本节中的合一算法可以处理含有环的图，因此它可以用于测试循环类型的结构等价性㊀。

我们将实现一种基于图论表示方法的合一算法，其中类型被表示成图的形式。类型变量用叶子结点表示，类型构造算子用内部结点表示。结点被分成若干的等价类。如果两个结点在同一个等价类中，那么它们代表的类型表达式就必须合一。因此，同一个等价类中的内部结点必须具有同样的类型构造算子，且它们的对应子结点必须等价。

例 6.18 考虑下列两个类型表达式

$$((\alpha_1\to\alpha_2)\times list(\alpha_3))\to list(\alpha_2)$$
$$((\alpha_3\to\alpha_4)\times list(\alpha_3))\to\alpha_5$$

下列的置换 *S* 是这两个表达式的最一般化的合一替换：

x	$S(x)$
α_1	α_1
α_2	α_2
α_3	α_1
α_4	α_2
α_5	$list(\alpha_2)$

这个置换将上述两个类型表达式映射成如下的表达式

$$((\alpha_1\to\alpha_2)\times list(\alpha_1))\to list(\alpha_2)$$

这两个表达式被表示为图 6-31 中标号为→：1 的两个结点。结点上的整数编号指明了在编号为 1 的结点被合一后，各个结点所属的等价类的编号。 □

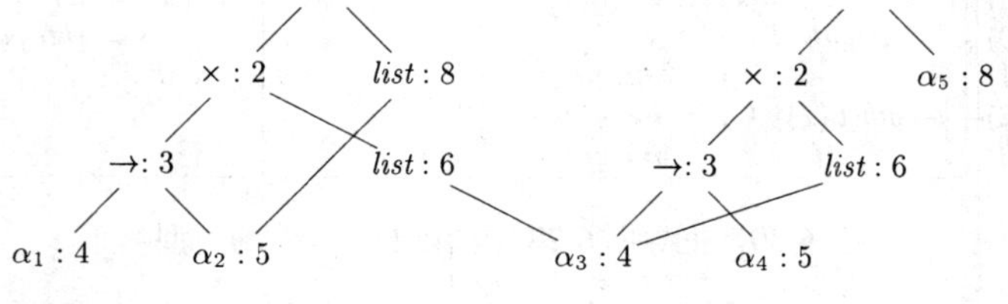

图 6-31 合一后的等价类

㊀ 在有些应用中，对一个变量和一个包含该变量的表达式进行合一是错误的。算法 6.19 允许这种替换。

算法 6.19 类型图中的一对结点的合一处理。

输入：一个表示类型的图，以及需要进行合一处理的结点对 m 和 n。

输出：如果结点 m 和 n 表示的表达式可以合一，返回布尔值 true。反之，返回 false。

方法：结点用一个记录实现，记录中的字段用于存放一个二元运算符和分别指向其左右子结点的指针。字段 *set* 用于保存等价结点的集合。每个等价类都有一个结点被选作这个类的唯一代表，它的 *set* 字段包含一个空指针。等价类中其他结点的 *set* 字段(可能通过该集合中的其他结点间接地)指向该等价类的代表结点。在初始时刻，每个结点 n 自身组成一个等价类，n 是它自己的代表结点。

如图 6-32 所示的合一算法在结点上进行如下两种操作：

- *find*(n)返回当前包含结点 n 的等价类的代表结点。
- *union*(m, n)将包含结点 m 和 n 的等价类合并。如果 m 和 n 所对应的等价类的代表结点中有一个是非变量的结点，则 *union* 将这个非变量结点作为合并后的等价类的代表结点；否则，*union* 把任意一个原代表结点作为新的代表结点。这种在 *union* 的规约中的非对称性非常重要，因为如果一个等价类对应于一个带有类型构造算子的类型表达式或基本类型，我们就不能用一个变量作为该等价类的代表。否则，两个不等价的表达式可能会通过该变量被合一。

```
boolean unify(Node m, Node n) {
        s = find(m); t = find(n);
        if ( s = t ) return true;
        else if (结点s 和 t 表示相同的基本类型) return true;
        else if (s是一个带有子结点s1和s2的op-结点 and
                    t是一个带有子结点t1和t2的op-结点) {
              union(s, t);
              return unify(s1, t1) and unify(s2, t2);
        }
        else if (s或者t表示一个变量) {
              union(s, t);
              return true;
        }
        else return false;
}
```

图 6-32 合一算法

集合的 *union* 操作的实现很简单，只需要改变一个等价类的代表结点的 *set* 字段，使之指向另一个等价类的代表结点即可。为了找到一个结点所属的等价类，我们沿着各个结点的 *set* 字段中的指针前进，直到到达代表结点(即 *set* 字段指针为空指针的结点)为止。

请注意，图 6-32 中的算法分别使用 $s = find(m)$ 和 $t = find(n)$，而不是直接使用 m 和 n。如果 m 和 n 在同一个等价类中，那么代表结点 s 和 t 相等。如果 s 和 t 表示相同的基本类型，则调用 *unify*(m, n)返回 *true*。如果 s 和 t 都是代表某个二目类型构造算子的内部结点，那么我们尝试合并它们的等价类，并递归地检查它们的各个子结点是否等价。因为首先进行合并操作，我们在递归检查子结点之前减少了等价类的个数，因此算法终止。

将一个变量置换为一个表达式的实现方法如下：把代表该变量的叶子结点加入到代表该表达式的结点所在的等价类中。假设 m 或 n 表示一个变量的叶子结点，同时假设这个结点已经放入满足下面条件的等价类中，即这个等价类中的一个结点代表的表达式或者带有一个类型构造算子，或者是一个基本类型。那么，*find* 将会返回一个反映该类型构造算子或基本类型的代表结

点，使一个变量不会和两个不同的表达式合一。 □

例 6.20 假设例 6.18 中的两个表达式可以用图 6-33 中的两个初始图表示，图中的每个结点所在的等价类仅仅包含该结点。当应用算法 6.19 来计算 *unify*(1, 9)时，注意到结点 1 和 9 表示同一个运算符。因此将结点 1 和 9 合并成同一个等价类，并调用 *unify*(2, 10)和 *unify*(8, 14)。执行 *unify*(1, 9)得到的结果就是前面在图 6-31 中显示的图。 □

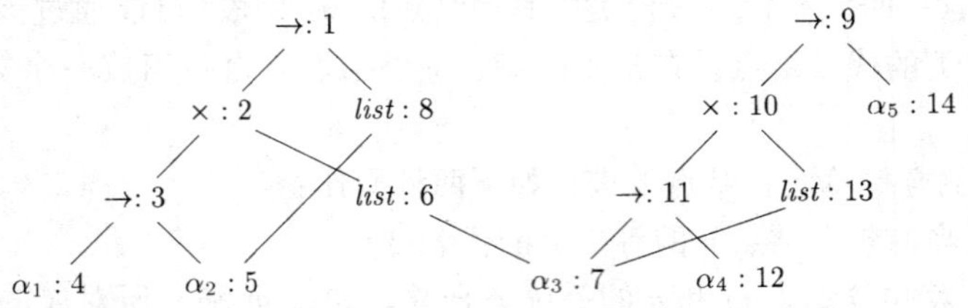

图 6-33 初始图,其中的每个结点在只包含该结点自身的等价类中

如果算法 6.19 返回 true，我们可以按照如下方法构造出一个置换 S 作为合一替换。对于每个变量 α，*find*(α)给出 α 的等价类的代表结点 n。n 所表示的表达式为 $S(\alpha)$。例如，在图 6-31 中，我们看到 α_3 的代表结点为 4，这个结点表示 α_1。结点 8 是 α_5 的代表结点，这个结点表示 *list*(α_2)。置换 S 的结果如例 6.18 所示。

6.5.6 6.5 节的练习

练习 6.5.1：假定图 6-26 中的函数 *widen* 可以处理图 6-25a 的层次结构中的所有类型，翻译下列表达式。假定 c 和 d 是字符型，s 和 t 是短整型，i 和 j 为整型，x 是浮点型。

1) `x = s + c`

2) `i = s + c`

3) `x = (s + c) * (t + d)`

练习 6.5.2：像 Ada 中那样，我们假设每个表达式必须具有唯一的类型，但是我们根据一个子表达式本身只能推导出一个可能类型的集合。也就是说，将函数 E_1 应用于参数 E_2(其文法产生式为 $E \to E_1(E_2)$)有如下规则：

$$E.type = \{t \mid \text{对 } E_2.type \text{ 中的某个 } s,\ s \to t \text{ 在 } E_1.type \text{ 中}\}$$

描述一个可以确定每个子表达式的唯一类型的语法制导定义(SDD)。它首先使用属性 *type*，按照自底向上的方式综合得到一个可能类型的集合。在确定了整个表达式的唯一类型之后，自顶向下地确定属性 *unique* 的值，这个属性表示各个子表达式的类型。

6.6 控制流

if-else 语句、while 语句这类语句的翻译和对布尔表达式的翻译是结合在一起的。在程序设计语言中，布尔表达式经常用来：

1) *改变控制流*。布尔表达式被用作语句中改变控制流的条件表达式。这些布尔表达式的值由程序到达的某个位置隐含地指出。例如，在 **if**(E) S 中，如果运行到语句 S，就意味着表达式 E 的取值为真。

2) *计算逻辑值*。一个布尔表达式的值可以表示 *true* 或 *false*。这样的布尔表达式也可以像算术表达式一样，使用带有逻辑运算符的三地址指令进行求值。

布尔表达式的使用意图要根据其语法上下文来确定。例如，跟在关键字 **if** 后面的布尔表达式用来改变控制流，而一个赋值语句右部的表达式用来表示一个逻辑值。有多种方式可以描述这样的上下文：我们可以使用两个不同的非终结符号，也可以使用继承属性，还可以在语法分析过程中设置一个标记。此外，我们还可以建立一棵语法分析树并调用不同的过程来处理布尔表达式的两种不同的使用。

本节将介绍用于改变控制流的布尔表达式。更清楚地说，我们为此引入一个新的非终结符号 B。在 6.6.6 节中，我们将考虑编译器如何使得布尔表达式表示逻辑值。

6.6.1 布尔表达式

布尔表达式是将由作用于布尔变量或关系表达式的布尔运算符而构成的。我们使用 C 语言的方法，用 &&、‖、! 分别表示 AND、OR、NOT 运算符。关系表达式的形式为 E_1 **rel** E_2。其中，E_1 和 E_2 为算术表达式。在本节中，我们考虑的是由如下文法生成的布尔表达式：

$$B \rightarrow B \parallel B \mid B \&\& B \mid !\ B \mid (B) \mid E\ \textbf{rel}\ E \mid \textbf{true} \mid \textbf{false}$$

我们通过属性 **rel**. *op* 来指明 **rel** 究竟表示 6 种比较运算符 <、<=、=、!=、> 和 >= 中的哪一种。按照惯例，假设 ‖ 和 && 是左结合的，‖ 的优先级最低，其次为 &&，再其次为 !。

给定表达式 $B_1 \parallel B_2$，如果我们已经确定 B_1 为真，那么不用再计算 B_2 就可以断定整个表达式为真。同样的，给定 $B_1 \&\& B_2$，如果 B_1 为假，则整个表达式为假。

程序设计语言的语义定义决定了是否需要对一个布尔表达式的各个部分都进行求值。如果语言的定义允许（或要求）不对布尔表达式的某个部分求值，那么编译器就可以优化布尔表达式的求值过程，只要已经求值的部分足以确定整个表达式值就可以了。因此，在表达式 $B_1 \parallel B_2$ 中，B_1 和 B_2 都不一定要完全地求值。如果 B_1 或 B_2 是具有副作用的表达式（比如它包含了改变一个全局变量的函数），那么这么做就可能会得到意料之外的结果。

6.6.2 短路代码

在短路（跳转）代码中，布尔运算符 &&、‖ 和 ! 被翻译成跳转指令。运算符本身不出现在代码中，布尔表达式的值是通过代码序列中的位置来表示的。

例 6.21 语句

```
if (x<100 || x>200 && x!=y) x=0;
```

可以被翻译成图 6-34 所示的代码。在这个翻译中，如果程序的控制流到达 L_2，就表示这个布尔表达式为真。如果表达式为假，则程序控制流将跳过 L_2 和赋值语句 $x=0$，直接转到 L_1。 □

```
        if x < 100 goto L2
        ifFalse x > 200 goto L1
        ifFalse x != y goto L1
L2:     x = 0
L1:
```

图 6-34 跳转代码

6.6.3 控制流语句

现在我们考虑在按下列文法生成的语句的上下文中，如何把布尔表达式翻译成为三地址代码。

$$S \rightarrow \textbf{if}\ (B)\ S_1$$

$$S \rightarrow \textbf{if}\ (B)\ S_1\ \textbf{else}\ S_2$$

$$S \rightarrow \textbf{while}\ (B)\ S_1$$

在这些产生式中，非终结符号 B 表示一个布尔表达式，非终结符号 S 表示一个语句。

这个文法将例 5.19 中介绍的关于 while 表达式的连续使用的例子进行了推广。和那个例子一样，B 和 S 有综合属性 *code*，该属性给出了翻译得到的三地址指令。为简单起见，我们使用语法制导定义来构造得到翻译结果 $B.code$ 和 $S.code$，结果值是字符串。定义了 *code* 属性的语义规则还可以按照下面的方法实现：首先构造语法树，并在遍历树的过程中产生目标代码。这些规则还可以通过 5.5 节中列出的任何方法来实现。

如图 6-35a 所示，对 **if**$(B)\ S_1$ 的翻译结果中包含了 $B.code$，其后是 $S_1.code$。$B.code$ 中存在基于 B 值的跳转。如果 B 为真，控制流转向 $S_1.code$ 的第一条指令；如果 B 为假，控制流立即转向

紧跟在 $S_1.code$ 之后的指令。

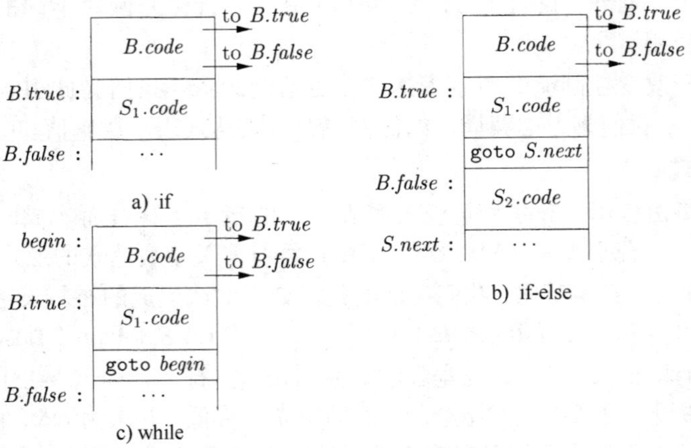

图 6-35　if、if-else、while 语句的代码

B. code 和 *S. code* 中的跳转标号使用继承属性来处理。我们将布尔表达式 *B* 和两个标号：*B. true* 和 *B. false* 相关联。当 *B* 为真时控制流转到 *B. true*；当 *B* 为假时控制流转到 *B. false*。我们将语句 *S* 和继承属性 *S. next* 相关联，这个属性表示紧跟在 *S* 代码之后的指令的标号。在某些情况下，紧跟在 *S. code* 之后的指令是一个跳转到某个标号 *L* 的跳转指令。使用 *S. next* 可以避免在 *S. code* 中出现这样的一个跳转指令，它的目标又是一个以 *L* 为目标的跳转指令。

图 6-36 和图 6-37 给出的语法制导定义可以为在 if、if-else 及 while 语句的上下文中的布尔表达式生成三地址代码。

产生式	语义规则
$P \rightarrow S$	$S.next = newlabel()$ $P.code = S.code \mid\mid label(S.next)$
$S \rightarrow$ **assign**	$S.code =$ **assign**.$code$
$S \rightarrow$ **if** (B) S_1	$B.true = newlabel()$ $B.false = S_1.next = S.next$ $S.code = B.code \mid\mid label(B.true) \mid\mid S_1.code$
$S \rightarrow$ **if** (B) S_1 **else** S_2	$B.true = newlabel()$ $B.false = newlabel()$ $S_1.next = S_2.next = S.next$ $S.code = B.code$ $\mid\mid label(B.true) \mid\mid S_1.code$ $\mid\mid gen($'goto' $S.next)$ $\mid\mid label(B.false) \mid\mid S_2.code$
$S \rightarrow$ **while** (B) S_1	$begin = newlabel()$ $B.true = newlabel()$ $B.false = S.next$ $S_1.next = begin$ $S.code = label(begin) \mid\mid B.code$ $\mid\mid label(B.true) \mid\mid S_1.code$ $\mid\mid gen($'goto' $begin)$
$S \rightarrow S_1\ S_2$	$S_1.next = newlabel()$ $S_2.next = S.next$ $S.code = S_1.code \mid\mid label(S_1.next) \mid\mid S_2.code$

图 6-36　控制流语句的语法制导定义

我们假定每次调用 *newlabel*( )都会产生一个新的标号，并假设 *label*(*L*)将标号 *L* 附加到即将生成的下一条三地址指令上[⊖]。

一个程序包含一条由产生式 $P \rightarrow S$ 生成的语句。和这个产生式关联的语义规则将 *S. next* 初始化为一个新标号。*P. code* 包含 *S. code*，*S. code* 之后是新标号 *S. next*。产生式 $S \rightarrow$ **assign** 中的词法单元 **assign** 是一个表示赋值语句的占位符。赋值语句的翻译和 6.4 节中讨论的方法相同。在这里对控制流的讨论中，*S. code* 就是 **assign**. *code*。

在翻译 $S \rightarrow$ **if** (B) S_1 时，图 6-36 中的语义规则创建一个新的标号 *B. true*，并将其关联到为语句 S_1 生成的第一条三地址指令中，如图 6-35a 所示。因此，*B* 的代码中跳转到 *B. true* 的指令将跳转到语句 S_1 对应的代码处。不仅如此，通过将 *B. false* 设为 *S. next*，我们保证了当 *B* 的值为假时，控制流将跳过 S_1 的代码。

在翻译 if-else 语句 $S \rightarrow$ **if** (B) S_1 **else** S_2 时，布尔表达式 *B* 的代码中有一些向外跳转的指令，它们在 *B* 为真时跳转到 S_1 的代码的第一条指令；在 *B* 为假时跳转到 S_2 的代码的第一条指令，如图 6-35b 所示。然后，控制流从 S_1 或 S_2 转到紧跟在 *S* 的代码之后的三地址指令——该指令的标号由继承属性 *S. next* 指定。在 S_1 的代码之后有一条 *goto* *S. next* 指令，使得控制流越过 S_2 的代码。S_2 的代码之后不需要 *goto* 语句，因为 S_2. *next* 就是 *S. next*。

如图 6-35c 所示，$S \rightarrow$ **while**(B)S_1 的代码由 *B. code* 和 S_1. *code* 组成。我们使用一个局部变量 *begin* 来存放附加在这个 while 语句的第一条指令上的标号。这个 while 语句的第一条指令也是 *B* 的第一条指令。我们在这里使用变量而不是属性，是因为 *begin* 对于这个产生式的语义规则而言是局部的。继承属性 *S. next* 标记了当 *B* 为假时控制流必须转向的标号。因此，*B. false* 被设置为 *S. next*。在 S_1 的第一条指令上附加了一个新标号 *B. true*。*B* 的指令中的跳转指令在 *B* 为真时跳转到这个标号。我们在 S_1 的代码之后放置了一条指令 `goto` *begin*，它跳回到布尔表达式的代码的开始处。请注意，S_1. *next* 被设置为标号 *begin*，因此从 S_1. *code* 中跳出的指令可以直接跳转到 *begin*。

$S \rightarrow S_1 S_2$ 的代码包含了 S_1 的代码，然后是 S_2 的代码。相应的语义规则主要处理标号。S_1 的代码之后的第一条指令就是 S_2 的代码的起始指令。紧跟在 S_2 的代码之后的指令也是跟在 *S* 的代码之后的指令。

我们将在 6.7 节中进一步讨论控制流语句的翻译。在那里我们将使用另一种被称为回填的方法，它可以在一次扫描中生成各个语句的代码。

6.6.4 布尔表达式的控制流翻译

图 6-37 中针对布尔表达式的语义规则是图 6-36 中语句的语义规则的一个补充。如图 6-35 中的代码布局方案所示，一个布尔表达式 *B* 被翻译为一个三地址指令，它将使用条件或无条件跳转指令来对 *B* 求值。这些跳转指令的目标是两个标号之一：当 *B* 为真时是 *B. true*；当 *B* 为假时是 *B. false*。

图 6-37 中的第四个产生式，即 $B \rightarrow E_1$ **rel** E_2，直接被翻译成三地址比较指令，跳转到正确的位置。例如，$a < b$ 被翻译成：

```
if a < b goto B.true
goto B.false
```

⊖ 如果严格地按照上面的语义规则来实现，这些语义规则将产生很多标号，并可能在一个三地址指令上附加多个标号。6.7 节中介绍的回填技术只在必要的时候创建标号。处理这个问题的另一种方法是在后续的优化步骤中消除不必要的标号。

产生式	语义规则
$B \rightarrow B_1 \mid\mid B_2$	$B_1.true = B.true$ $B_1.false = newlabel()$ $B_2.true = B.true$ $B_2.false = B.false$ $B.code = B_1.code \mid\mid label(B_1.false) \mid\mid B_2.code$
$B \rightarrow B_1\ \&\&\ B_2$	$B_1.true = newlabel()$ $B_1.false = B.false$ $B_2.true = B.true$ $B_2.false = B.false$ $B.code = B_1.code \mid\mid label(B_1.true) \mid\mid B_2.code$
$B \rightarrow\ !\ B_1$	$B_1.true = B.false$ $B_1.false = B.true$ $B.code = B_1.code$
$B \rightarrow E_1$ **rel** E_2	$B.code = E_1.code \mid\mid E_2.code$ $\mid\mid gen($'if' $E_1.addr$ **rel**.op $E_2.addr$ 'goto' $B.true)$ $\mid\mid gen($'goto' $B.false)$
$B \rightarrow$ **true**	$B.code = gen($'goto' $B.true)$
$B \rightarrow$ **false**	$B.code = gen($'goto' $B.false)$

图 6-37　为布尔表达式生成三地址代码

B 的其余产生式按照下面的方法翻译：

1）假定 B 形如 $B_1 \parallel B_2$。如果 B_1 为真，那么我们立刻知道 B 本身也为真，因此 $B_1.true$ 和 $B.true$ 相同。如果 B_1 为假，那么就必须对 B_2 求值，因此我们将 $B_1.false$ 设置为 B_2 的代码的第一条指令的标号。B_2 的真假出口分别等于 B 的真假出口。

2）$B_1\&\&B_1$ 的翻译方法类似于 1。

3）不需要为 $B\rightarrow!\,B_1$ 产生新的代码，只需要将 B 中的真假出口对换，就可分别得到 B_1 的真假出口。

4）将常量 **true** 和 **false** 分别翻译成目标为 $B.true$ 和 $B.false$ 的跳转指令。

例 6.22　重新考虑例 6.21 中的下列语句：

```
if (x<100 || x>200 && x!=y) x=0;        (6.13)
```

使用图 6-36 和图 6-37 中的语法制导定义，我们可以得到图 6-38 中的代码。

```
      if x < 100 goto L2
      goto L3
L3:   if x > 200 goto L4
      goto L1
L4:   if x != y goto L2
      goto L1
L2:   x = 0
L1:
```

图 6-38　一个简单的 if 语句的控制流翻译结果

语句(6.13)是图 6-36 中的产生式 $P\rightarrow S$ 生成的一个程序。这个产生式的语义规则生成了 S 的代码之后的第一条指令的新标号 L_1。语句 S 的形式为 **if**(B) S_1，其中 S_1 是 $x=0$。因此，图 6-36 中的规则生成了一个新标号 L_2，并将它附加到 $S_1.code$ 的第一条(在这个例子中也是唯一的)指令，即 $x=0$ 处。

因为 $\parallel$ 的优先级低于 &&，所以式(6.13)中的布尔表达式的形式为 $B_1 \parallel B_2$，其中 B_1 是 $x<100$。按照图 6-37 中的规则，$B_1.true$ 是 L_2，即语句 x = 0 的标号；$B_1.false$ 是一个新的标号 L_3，它附加在 B_2 的代码的第一条指令上。

值得注意的是，生成的代码不是最优的，因为这个翻译结果比例 6.21 中的代码多三条(goto)指令。指令 goto L_3 是冗余的，因为 L_3 恰巧就是下一条指令的标号。如果像例 6.21 中那样使用

ifFalse 指令，而不使用 if 指令，那么两条 goto L_1 指令也可以被消除。□

6.6.5 避免生成冗余的 goto 指令

在例 6.22 中，比较表达式 $x>200$ 被翻译成如下代码片段：

```
     if x > 200 goto L4
     goto L1
L4:  ...
```

可以将上面的指令替换为如下指令：

```
     ifFalse x > 200 goto L1
L4:  ...
```

ifFlase 指令利用了控制流在指令序列中会从一个指令自然流动到下一个指令的性质，因此当 $x>200$ 时，控制流直接"穿越"到标号 L_4，从而减少了一个跳转指令。

在图 6-35 中所示的 if 和 while 语句的代码布局中，S_1 的代码紧跟在布尔表达式 B 的代码之后。通过使用一个特殊标号"fall"（即"不要生成任何跳转指令"），我们可以修改图 6-36 和图 6-37中的语义规则，支持控制流从 B 的代码直接穿越到 S_1 的代码。图 6-36 中的产生式 $S \rightarrow \textbf{if}(B)S_1$；的新语义规则将 $B.true$ 设为 $fall$：

$$B.true = fall$$
$$B.false = S_1.next = S.next$$
$$S.code = B.code \,||\, S_1.code$$

类似地，if-else 和 while 语句的规则也将 $B.true$ 设为 $fall$。

现在我们将修改布尔表达式的语义规则，使之尽可能地允许控制流穿越。在 $B.true$ 和 $B.false$ 都是显式的标号时，也就是说它们都不等于 $fall$ 时，图 6-39 中的 $B \rightarrow E_1$ **rel** E_2 的新规则将产生两条指令（和图 6-37 一样）。否则，如果 $B.true$ 是显式的标号，那么 $B.false$ 一定是 $fall$，因此它们产生一条 if 指令，使得当条件为假时控制流穿越到下一条指令。反过来，如果 $B.false$ 是显式的标号，那么它们产生一条 ifFalse 指令。在其余情况中，$B.true$ 和 $B.false$ 都是 $fall$，因此不产生任何跳转指令[⊖]。

```
test = E1.addr rel.op E2.addr

   s = if B.true ≠ fall and B.false ≠ fall then
           gen('if' test 'goto' B.true) || gen('goto' B.false)
       else if B.true ≠ fall then gen('if' test 'goto' B.true)
       else if B.false ≠ fall then gen('ifFalse' test 'goto' B.false)
       else ''

B.code = E1.code || E2.code || s
```

图 6-39　$B \rightarrow E_1$ **rel** E_2 的语义规则

在图 6-40 中显示的 $B \rightarrow B_1 \,||\, B_2$ 的新规则中，请注意 B 的 $fall$ 标号和 B_1 的 $fall$ 标号具有不同的含义。假定 $B.true$ 为 $fall$，即如果 B 为真时控制流穿越 B。虽然当 B_1 为真时 B 的值必然为真，但 $B_1.true$ 必须保证控制流跳过 B_2 的代码，直接到达 B 之后的下一条指令。

```
B1.true = if B.true ≠ fall then B.true else newlabel()
B1.false = fall
B2.true = B.true
B2.false = B.false
 B.code = if B.true ≠ fall then B1.code || B2.code
          else B1.code || B2.code || label(B1.true)
```

图 6-40　$B \rightarrow B_1 \,||\, B_2$ 的语义规则

另一方面，如果 B_1 的值为假，B 的真假值就由 B_2 的值决定。因此，图 6-40 中的规则保证 $B_1.false$ 对应于控制流穿越 B_1 直接到达 B_2 的

⊖ 在 C 和 Java 中，表达式中可能包含赋值语句，因此即使 $B.true$ 和 $B.false$ 都为 $fall$，也必须为子表达式 E_1 和 E_2 生成代码。如果必要，无用代码可以在优化阶段被清除。

代码的情况。

$B \to B_1 \&\& B_2$ 的语义规则和图 6-40 中的语义规则类似，我们将其留作练习。

例 6.23 使用了特殊标号 *fall* 的语义规则将例 6.21 中的程序(6.13)

```
if (x<100 || x>200 && x!=y) x=0;
```

翻译成图 6-41 所示的代码。

```
     if x < 100 goto L2
     ifFalse x > 200 goto L1
     ifFalse x != y goto L1
L2:  x = 0
L1:
```

图 6-41 使用控制流穿越技术翻译的 if 语句

和例 6.22 一样，产生式 $P \to S$ 的语义规则创建标号 L_1。和例 6.22 不同的是，当应用 $B \to B_1 \parallel B_2$ 的语义规则时，继承属性 *B. true* 是 *fall*(*B. false* 为 L_1)。图 6-40 中的规则创建一个新标号 L_2，使得当 B_1 为真时有一个跳转指令可以跳过 B_2 的代码。因此，B_1. *true* 为 L_2 而 B_1. *false* 为 *fall*，因为 B_1 为假时必须计算 B_2 的值。

当开始处理生成了表达式 $x<100$ 的产生式 $B \to E_1$ **rel** E_2 时，B. true = L_2 且 B. false = fall。图 6-39 中的规则使用这些继承到的标号生成了一条指令 `if x<100 goto L2`。□

6.6.6 布尔值和跳转代码

本节讨论的重点是用于改变语句中控制流的布尔表达式。一个布尔表达式的目的可能就是要求出它的值，如 `x=true;` 或 `x=a<b;` 的语句中的布尔表达式就是这样。

处理布尔表达式的这两种角色的一种简单思路是首先建立表达式的抽象语法树，可以使用下面的两种方法之一：

1) *使用两趟处理的方法*。为输入构造出完整的抽象语法树，然后以深度优先顺序遍历这棵抽象语法树，依据语义规则的描述计算得到翻译结果。

2) *对语句进行一趟处理，但对表达式进行两趟处理*。使用这种方法时，我们将首先翻译语句 **while**(*E*) S_1 中的 *E*，然后再处理 S_1。然而，要对 *E* 进行翻译，需要首先建立它的抽象语法树，然后再遍历它。

在下列文法中，用单个非终结符号 *E* 来代表表达式：

$$S \to \textbf{id} = E; \mid \textbf{if}\ (E)\ S \mid \textbf{while}\ (E)\ S \mid S\ S$$
$$E \to E \parallel E \mid E \&\& E \mid E\ \textbf{rel}\ E \mid E + E \mid (E) \mid \textbf{id} \mid \textbf{true} \mid \textbf{false}$$

非终结符号 *E* 支配了 $S \to$ **while** (*E*) S_1 的控制流。同一个非终结符号 *E* 在 $S \to$ **id** = *E* 和 $E \to E + E$ 中则表示一个值。

我们可以使用不同的代码生成函数处理表达式的这两种角色。假定属性 *E. n* 表示对应于表达式 *E* 的抽象语法树结点，并且抽象语法树中的结点都是对象。令方法 *jump* 产生一个表达式结点的跳转代码，并令方法 *rvalue* 产生计算结点的值的代码，该代码还把得到的值存储在一个临时变量中。

对于出现在 $S \to$ **while** (*E*) S_1 中的 *E*，在结点 *E. n* 上调用方法 *jump*。方法 *jump* 的实现是基于图 6-37 给出的关于布尔表达式的语义规则。确切地说，跳转代码是通过调用 *E. n. jump*(*t*, *f*) 生成的，其中 *t* 是指向 S_1. *code* 的第一条指令的新标号，而 *f* 就是标号 *S. next*。

对于出现在 $S \to$ **id** = *E*; 中的 *E*，在结点 *E. n* 上调用方法 *rvalue*。如果 *E* 形如 $E_1 + E_2$，方法调用 *E. n. rvalue*( ) 按照 6.4 节中讨论的方法生成代码。如果 *E* 形如 $E_1 \&\& E_2$，我们首先为 *E* 生成跳转代码，然后在跳转代码的真假出口分别将 true 和 false 赋给一个新的临时变量 *t*。

例如，赋值语句 `x=a<b && c<d` 可以用图 6-42 中的代码来实现。

```
     ifFalse a < b goto L1
     ifFalse c < d goto L1
     t = true
     goto L2
L1:  t = false
L2:  x = t
```

图 6-42 通过计算一个临时变量的值来翻译一个布尔类型的赋值语句

6.6.7 6.6 节的练习

练习6.6.1：在图 6-36 的语法制导定义中添加处理下列控制流构造的规则：

1）一个 repeat 语句，**repeat** *S* **while** *B*。

！2）一个 for 循环语句，**for**（S_1；B；S_2）S_3。

练习6.6.2：现代计算机试图在同一时刻执行多条指令，其中包括各种分支指令。因此，当计算机投机性地预先执行某个分支，但实际控制流却进入另一分支时(此时所有预先执行的投机工作将被抛弃)，付出的代价是很大的。因此我们希望尽可能地减少分支数量。请注意，在图 6-35c 中while 循环语句的实现中，每个迭代有两个分支：一个是从条件 *B* 进入到循环体中，另一个分支跳转回 *B* 的代码。基于尽量减少分支的考虑，我们通常更倾向于将 **while**(*B*) *S* 当作 **if** (*B*) {**repeat** *S* **until** !(*B*)} 来实现。给出这种翻译方法的代码布局，并修改图 6-36 中 while 循环语句的规则。

！**练习6.6.3**：假设 *C* 中存在一个异或运算(当且仅当两个分量恰有一个为真时，表达式为真)。按照图 6-37 的风格写出这个运算符的代码生成规则。

练习6.6.4：使用 6.6.5 节中介绍的避免 goto 语句的翻译方案，翻译下列表达式：

1) `if (a==b && c==d || e==f) x == 1;`

2) `if (a==b || c==d || e==f) x == 1;`

3) `if (a==b && c==d && e==f) x == 1;`

练习6.6.5：基于图 6-36 和图 6-37 中给出的语法制导定义，给出一个翻译方案。

练习6.6.6：使用类似于图 6-39 和图 6-40 中的规则，修改图 6-36 和图 6-37 的语义规则，使之允许控制流穿越。

！**练习6.6.7**：练习 6.6.6 中的语句的语义规则产生了一些不必要的标号。修改图 6-36 中语句的规则，使之只创建必要的标号。你可以使用特殊标号 *deferred* 来表示还没有创建一个标号。你的语义规则必须能够生成类似于例 6.21 的代码。

!! **练习6.6.8**：6.6.5 节中讨论了如何使用穿越代码来尽可能减少生成的中间代码中跳转指令的数目。然而，它并没有充分考虑将一个条件替换为它的补的方法，例如将 `if a < b goto` L_1`; goto` L_2`;` 替换为 `if a >= b goto` L_2`; goto` L_1。给出一个语法制导定义，它在需要时可以利用这种替换方法。

6.7 回填

为布尔表达式和控制流语句生成目标代码时，关键问题之一是将一个跳转指令和该指令的目标匹配起来。例如，对 `if` (*B*) *S* 中的布尔表达式 *B* 的翻译结果中包含一条跳转指令。当 *B* 为假时，该指令将跳转到紧跟在 *S* 的代码之后的指令处。在一趟式的翻译中，*B* 必须在处理 *S* 之前就翻译完毕。那么跳过 *S* 的 `goto` 指令的目标是什么呢？在 6.6 节中，我们解决这个问题的方法是将标号作为继承属性传递到生成相关跳转指令的地方。但是，这样的做法要求再进行一趟处理，将标号和具体地址绑定起来。

本节将介绍一种被称为回填(backpatching)的补充性技术，它把一个由跳转指令组成的列表以综合属性的形式进行传递。明确地讲，生成一个跳转指令时暂时不指定该跳转指令的目标。这样的指令都被放入一个由跳转指令组成的列表中。等到能够确定正确的目标标号时才去填充这些指令的目标标号。同一个列表中的所有跳转指令具有相同的目标标号。

6.7.1 使用回填技术的一趟式目标代码生成

回填技术可以用来在一趟扫描中完成对布尔表达式或控制流语句的目标代码生成。我们生成的目标代码的形式和6.6节中的代码的形式相同，但是处理标号的方法不同。

在本节中，非终结符号 B 的综合属性 *truelist* 和 *falselist* 将用来管理布尔表达式的跳转代码中的标号。特别的，$B.truelist$ 将是一个包含跳转或条件跳转指令的列表，我们必须向这些指令中插入适当的标号，也就是当 B 为真时控制流应该转向的标号。类似地，$B.falselist$ 也是一个包含跳转指令的列表，这些指令最终获得的标号就是当 B 为假时控制流应该转向的标号。在生成 B 的代码时，跳转到真或假出口的跳转指令是不完整的，标号字段尚未填写。这些不完整的跳转指令被保存在 $B.truelist$ 和 $B.falselist$ 所指的列表中。类似地，语句 S 的综合属性 $S.nextlist$ 也是一个跳转指令列表，这些指令应该跳转到紧跟在 S 的代码之后的指令。

更明确地讲，我们将生成的指令放入一个指令数组中，而标号就是这个数组的下标。为了处理跳转指令的列表，我们使用下面三个函数：

1）$makelist(i)$ 创建一个只包含 i 的列表。这里 i 是指令数组的下标。函数 *makelist* 返回一个指向新创建的列表的指针。

2）$merge(p_1, p_2)$ 将 p_1 和 p_2 指向的列表进行合并，它返回的指针指向合并后的列表。

3）$backpatch(p, i)$ 将 i 作为目标标号插入到 p 所指列表中的各指令中。

6.7.2 布尔表达式的回填

现在我们构造一个可以在自底向上语法分析过程中为布尔表达式生成目标代码的翻译方案。这个文法中有一个标记非终结符号 M。它引发的语义动作在适当的时刻获取将要生成的下一条指令的下标。该文法如下：

$$B \to B_1 \,||\, M\, B_2 \mid B_1 \,\&\&\, M\, B_2 \mid !\, B_1 \mid (\, B_1 \,) \mid E_1 \textbf{ rel } E_2 \mid \textbf{true} \mid \textbf{false}$$
$$M \to \epsilon$$

翻译方案如图6-43所示。

1)	$B \to B_1 \,\|\|\, M\ B_2$	{ $backpatch(B_1.falselist, M.instr)$; $B.truelist = merge(B_1.truelist, B_2.truelist)$; $B.falselist = B_2.falselist$; }
2)	$B \to B_1 \,\&\&\, M\ B_2$	{ $backpatch(B_1.truelist, M.instr)$; $B.truelist = B_2.truelist$; $B.falselist = merge(B_1.falselist, B_2.falselist)$; }
3)	$B \to\ !\ B_1$	{ $B.truelist = B_1.falselist$; $B.falselist = B_1.truelist$; }
4)	$B \to (\ B_1\ )$	{ $B.truelist = B_1.truelist$; $B.falselist = B_1.falselist$; }
5)	$B \to E_1 \textbf{ rel } E_2$	{ $B.truelist = makelist(nextinstr)$; $B.falselist = makelist(nextinstr + 1)$; *gen*('if' $E_1.addr$ **rel**.*op* $E_2.addr$ 'goto _'); *gen*('goto _'); }
6)	$B \to \textbf{true}$	{ $B.truelist = makelist(nextinstr)$; *gen*('goto _'); }
7)	$B \to \textbf{false}$	{ $B.falselist = makelist(nextinstr)$; *gen*('goto _'); }
8)	$M \to \epsilon$	{ $M.instr = nextinstr$; }

图6-43 布尔表达式的翻译方案

考虑上述文法中对应于规则 $B \to B_1 \,||\, MB_2$ 的语义动作(1)。如果 B_1 为真，那么 B 也为真，这样 $B_1.truelist$ 中的跳转指令就成为 $B.truelist$ 的一部分。然而，如果 B_1 为假，我们下一步必须测试 B_2。因此 $B_1.falselist$ 中的跳转指令的目标必定是 B_2 的代码的起始位置。这个位置使用标记非终

结符号 M 获得。在即将生成 B_2 代码之前，M 生成了下一条指令的序号，存放在综合属性 $M.instr$ 中。

为了获得指令序号，我们将产生式 $M \to \epsilon$ 和语义动作

$$\{ M.instr = nextinstr; \}$$

关联起来。变量 *nextinstr* 保存了紧跟着的下一条指令的序号。当我们已经看到了产生式 $B \to B_1 \parallel M\ B_2$ 的余下部分时，这个值将被回填到 $B_1.falselist$ 中的指令上（即 $B_1.falselist$ 中的每条指令都把 $M.instr$ 当作目标标号）。

$B \to B_1 \&\&\ M\ B_2$ 的语义动作(2)和动作(1)类似。$B \to !\ B$ 的语义动作(3)对换真假列表。动作(4)只是忽略括号。

为简单起见，语义动作(5)生成了两条指令：一个条件转移指令 goto 和一个无条件转移指令。它们的目标标号都未填写。这两个指令被放入新的分别由 $B.truelist$ 和 $B.falselist$ 指向的列表中。

例 6.24 再次考虑表达式

$$x < 100 \parallel x > 200 \ \&\&\ x\ != y$$

它的一棵注释语法分析树如图 6-44 所示。为了增加可读性，属性 *truelist*、*falselist* 和 *instr* 分别用它们的第一个字母表示。在对这棵语法树进行深度优先遍历时执行语义动作。因为所有的动作都出现在规则右部的最后，因此它们可以和自底向上语法分析过程中的归约动作同时进行。在根据产生式(5)将 $x < 100$ 归约为 B 时，语义动作相应地产生两条指令：

```
100:  if x < 100 goto _
101:  goto _
```

我们任意地从 100 开始为指令编号。产生式

$$B \to B_1 \| M\ B_2$$

中的标记非终结符号 M 记录了 *nextinstr* 的值，此时这个值为 102。使用产生式(5)将 $x > 200$ 归约为 B 产生下面两条指令

```
102:  if x > 200 goto _
103:  goto _
```

子表达式 $x > 200$ 对应于下面产生式中的 B_1：

$$B \to B_1 \ \&\&\ M\ B_2$$

标记非终结符号 M 记录了 *nextinstr* 的当前值，现在是 104。使用产生式(5)将 $x\ != y$ 归约为 B 产生下列指令

```
104:  if x != y goto _
105:  goto _
```

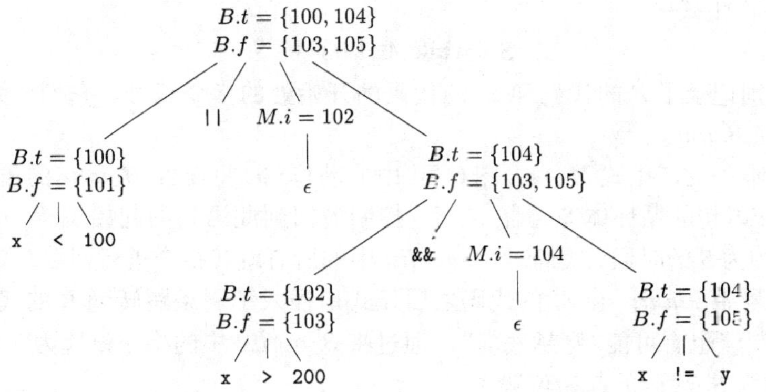

图 6-44 $x < 100 \parallel x > 200 \ \&\&\ x\ != y$ 的注释语法分析树

我们现在使用 $B \to B_1$ && M B_2 进行归约。相应的语义动作调用 *backpatch*(B_1. *truelist*, *M. instr*) 将 B_1 的真值出口绑定到 B_2 的第一条指令处。因为 B_1. *truelist* 是{102}, *M. instr* 是104, 这次对 *backpatch* 的调用将序号 104 填写到 102 指令中。至今为止产生的六条指令如图 6-45a 所示。

和最后一次归约使用的产生式 $B \to B_1 \parallel M\ B_2$ 相关联的语义动作调用 *backpatch*({101}, 102), 得到的指令如图 6-45b 所示。

整个表达式为真当且仅当控制流到达 100 和 104 位置上的跳转指令；表达式为假当且仅当控制流到达 103 和 105 位置上的跳转指令。在后续的编译过程中，当已知表达式为真或假时分别应该做什么的时候，这些指令的目标将会被填写完整。 □

```
100:  if x < 100 goto _
101:  goto _
102:  if x > 200 goto 104
103:  goto _
104:  if x != y goto _
105:  goto _
```

a) 将 104 回填到指令 102 中之后

```
100:  if x < 100 goto _
101:  goto 102
102:  if x > 200 goto 104
103:  goto _
104:  if x != y goto _
105:  goto _
```

b) 将 102 回填到指令 101 中之后

图 6-45　回填的步骤

6.7.3　控制转移语句

现在我们使用回填技术在一趟扫描中完成控制流语句的翻译。考虑由下列文法产生的语句：

$$S \to \textbf{if}(B)S \mid \textbf{if}(B)S\ \textbf{else}\ S \mid \textbf{while}(B)S \mid \{L\} \mid A;$$
$$L \to L\ S \mid S$$

这里 S 表示一个语句, L 是一个语句的列表, A 是一个赋值语句, B 是一个布尔表达式。请注意，一定还存在一些其他的产生式，比如那些关于赋值语句的产生式。然而，这里给出的这些产生式已经足以用来说明在控制流语句的翻译中用到的技术。

语句 if、if-else 和 while 的代码布局和 6.6 节中的描述一样。我们给出一个隐含的假设，即指令数组中的代码顺序反映了控制流的自然流动，即控制从一条语句到达下一条语句。假如没有这个假设，那么我们就必须明确插入跳转指令来实现自然的顺序控制流。

图 6-46 中的翻译方案保留了多个跳转指令的列表，当确定了这些跳转指令的目标序号后就会回填列表。如图 6-43 所示，由非终结符号 B 生成的布尔表达式有两个跳转指令列表：*B. truelist* 和 *B. falselist*。它们分别对应于 B 的代码的真假出口。由非终结符号 S 和 L 生成的语句也有一个待回填的跳转指令列表，由属性 *nextlist* 表示。列表 *S. nextlist* 中包含了所有跳转到按照运行顺序紧跟在 S 代码之后的指令的条件或无条件转移指令。*L. nextlist* 的定义与此类似。

考虑图 6-46 中的语义动作(3)。产生式 $S \to \textbf{while}\ (B)\ S_1$ 的代码布局如图 6-35c 所示。标记非终结符号 M 在产生式

$$S \to \textbf{while}\ M_1(B)\ M_2\ S_1$$

中的两次出现分别记录了 B 的代码和 S_1 的代码的开始处的指令编号。它们分别对应于图 6-35c 中的标号 *begin* 和 *B. true*。

M 还是只有唯一的产生式 $M \to \epsilon$。图 6-46 中的动作(6)将属性 *M. instr* 的值设为下一条指令的序号。在 while 语句的循环体 S_1 执行之后，控制流回到此语句的起始位置。因此，在将 **while** $M_1(B)\ M_2\ S_1$ 归约为 S 的时候，我们对 S_1. *nextlist* 中的所有跳转指令进行回填，使得该列表中所有指令的目标为序号 M_1. *instr*。在 S_1 的代码之后显式地插入了一条跳转到 B 的代码的开始处的指令，这是因为控制流也有可能“穿越底部”。通过将 *B. truelist* 中的指令设置为转向 M_2. *instr*，我们将 *B. truelist* 回填为 S_1 代码的起始位置。

在为条件语句 **if**$(B)\ S_1$ **else** S_2 生成代码时，我们可以看到更加有说服力的使用 *S. nextlist* 和 *L. nextlist* 的理由。如果控制流“穿越”了 S_1 的代码的底部，比如当 S_1 是一个赋值语句时就会发生

这样的事情，我们必须在 S_1 的代码之后增加一条越过 S_2 代码的跳转指令。我们使用位于 S_1 之后的另一个标记非终结符号来生成这个跳转指令。假定这个标记非终结符号为 N，且其产生式为 $N\to\epsilon$。N 有属性 $N.nextlist$，它是一个由 N 的语义动作(7)生成的跳转指令 goto _的序号组成的列表。

1)	$S \to \textbf{if}\,(\,B\,)\,M\,S_1$	$\{\ backpatch(B.truelist,\ M.instr);$ $S.nextlist\ =\ merge(B.falselist,\ S_1.nextlist);\ \}$
2)	$S \to \textbf{if}\,(\,B\,)\,M_1\,S_1\,N\,\textbf{else}\,M_2\,S_2$	$\{\ backpatch(B.truelist,\ M_1.instr);$ $backpatch(B.falselist,\ M_2.instr);$ $temp\ =\ merge(S_1.nextlist,\ N.nextlist);$ $S.nextlist\ =\ merge(temp,\ S_2.nextlist);\ \}$
3)	$S \to \textbf{while}\,M_1\,(\,B\,)\,M_2\,S_1$	$\{\ backpatch(S_1.nextlist,\ M_1.instr);$ $backpatch(B.truelist,\ M_2.instr);$ $S.nextlist\ =\ B.falselist;$ $gen(\text{'goto'}\ M_1.instr);\ \}$
4)	$S \to \{\ L\ \}$	$\{\ S.nextlist\ =\ L.nextlist;\ \}$
5)	$S \to A\ ;$	$\{\ S.nextlist\ =\ \textbf{null};\ \}$
6)	$M \to \epsilon$	$\{\ M.instr\ =\ nextinstr;\ \}$
7)	$N \to \epsilon$	$\{\ N.nextlist\ =\ makelist(nextinstr);$ $gen(\text{'goto \_'});\ \}$
8)	$L \to L_1\ M\ S$	$\{\ backpatch(L_1.nextlist,\ M.instr);$ $L.nextlist\ =\ S.nextlist;\ \}$
9)	$L \to S$	$\{\ L.nextlist\ =\ S.nextlist;\ \}$

图 6-46 语句的翻译

图 6-46 中的语义动作(2)处理满足下列语法的 if-else 语句：

$$S\to\textbf{if}\ (B)\ M_1\ S_1\ N\ \textbf{else}\ M_2\ S_2$$

我们将对应于 B 为真的跳转指令回填为 $M_1.instr$，也就是 S_1 的代码的开始位置。类似地，我们将回填那些对应于 B 为假的跳转指令，使它们跳转到 S_2 的代码的开始位置。列表 $S.nextlist$ 包含了所有从 S_1 和 S_2 中跳出的指令，也包括由 N 产生的跳转指令。(变量 $temp$ 是仅用于合并列表的临时变量。)

语义动作(8)和(9)处理语句序列。在

$$L\to L_1\ M\ S$$

中，按照执行顺序紧跟在 L_1 的代码之后的是 S 的开始指令。因此，列表 $L_1.nextlist$ 被回填为 S 代码的开始位置，该位置由 $M.instr$ 给出。在 $L\to S$ 中，$L.nextlist$ 和 $S.nextlist$ 相同。

请注意，除了语义规则(3)和(7)之外，这些语义规则中的任何地方都没有产生新的指令。其他所有的代码都是由赋值语句和表达式相关的语义动作产生的。我们根据控制流进行了正确的回填，因此赋值语句和布尔表达式的求值过程被正确地连接了起来。

6.7.4 break 语句、continue 语句和 goto 语句

用于改变程序控制流的最基本的程序设计语言结构是 goto 语句。在 C 语言中，像 goto L 这

样的语句将控制流转到标号为 L 的指令——在相应作用域内必须恰好存在一条标号为 L 的语句。在实现 goto 语句时，可以为每个标号维护一个未完成跳转指令的列表，然后在知道这些指令的目标之后进行回填。

Java 废除了 goto 语句。但是 Java 支持一种规范化的跳转语句，即 break 语句。它使控制流跳出外围的语言结构。Java 中还可以使用 continue 语句。这个语句的作用是触发外围循环的下一轮迭代。下面的代码摘自一个语法分析器，它说明了简单的 break 语句和 continue 语句。

```
1)  for ( ; ; readch() ) {
2)      if( peek == ' ' || peek == '\t' ) continue;
3)      else if( peek == '\n' ) line = line + 1;
4)      else break;
5)  }
```

控制流会从第 4 行中的 break 语句跳出到外围 for-循环之后的下一个语句。控制流也会从第 2 行中的 continue 语句跳转到计算 *reach*( )的代码，然后再转到第 2 行中的 if 语句。

如果 S 表示外围的循环结构，那么一条 break 语句就是跳转到 S 代码之后第一条指令处的跳转指令。我们可以按照下面的步骤为 break 生成代码：①跟踪外围循环语句 S，②为该 break 语句生成未完成的跳转指令，③将这些指令放到 $S.nextlist$ 中，其中 *nextlist* 就是 6.7.3 节中讨论的列表。

在一个通过两趟扫描构建抽象语法树的编译器前端中，$S.nextlist$ 可以被实现为对应于语句 S 的结点的一个字段。我们可以在符号表中将一个特殊的标识符 **break** 映射为表示外围循环语句 S 的结点，以此来跟踪 S。这种方法同样可以处理 java 中带标号的 break 语句，因为同样可以用符号表来将这个标号映射为对应于标号所指的结构的语法树结点。

如果不使用符号表来访问 S 的结点，我们还可以在符号表中设置一个指向 $S.nextlist$ 的指针。现在当遇到一个 break 语句时，我们生成一个未完成的跳转指令，并通过符号表查找到 *nextlist*，然后把这个跳转指令加入到这个列表中。这个 *nextlist* 将按照 6.7.3 节中讨论的方法进行回填。

continue 语句的处理方法和 break 语句的处理方法类似。两者之间的主要区别在于生成的跳转指令的目标不同。

6.7.5　6.7 节的练习

练习 6.7.1：使用图 6-43 中的翻译方案翻译下列表达式。给出每个子表达式的 *truelist* 和 *falselist*。你可以假设第一条被生成的指令的地址是 100。

1) `a==b && (c==d || e==f)`

2) `(a==b || c==d) || e==f`

3) `(a==b && c==d) && e==f`

练习 6.7.2：图 6-47a 中给出了一个程序的摘要。6-47b 概述了使用图 6-46 中的回填翻译方案生成的三地址代码的结构。这里，$i_1 \sim i_8$ 是每个 code 区域的第一条被生成指令的标号。当我们实现这个翻译时，我们为每个布尔表达式 E 维护了两个列表，表中给出 E 的代码中的一些位置。我们分别用 $E.true$ 和 $E.false$ 来表示这两个列表。对于 $E.true$ 列表中的那些指令位置，我们最终要加入当 E 为真时控制流应该到达的语句的标号。$E.false$ 是类似的存放特定位置号的列表，我们要在这些位置上加入当发现 E 为假时控制流应该到达的标号。同时，我们还为语句 S 维护了一个位置的列表。我们必须在这些位置上加入当 S 执行完毕之后控制流应该到达的标号。请给出最终将代替下列各个列表中的位置的值(即 $i_1 \sim i_8$ 中的某个标号)。

(1) $E_3.false$　(2) $S_2.next$　(3) $E_4.false$　(4) $S_1.next$　(5) $E_2.true$

练习 6.7.3：当使用图 6-46 中的翻译方案对图 6-47 进行翻译时，我们为每条语句创建 $S.next$ 列表。一开始是赋值语句 S_1、S_2、S_3，然后逐步处理越来越大的 if 语句、if-else 语句、while 语句和语句块。在图 6-47 中有 5 个这种类型的结构语句：

S_4：**while**(E_3) S_1。

S_5：**if**(E_4) S_2。

S_6：包含 S_5 和 S_3 的语句块。

S_7：语句 **if** (E_2)S_4 **else** S_6。

S_8：整个程序。

```
while (E1) {
        if (E2)
                while (E3)
                        S1;
        else {
                if (E4)
                        S2;
                S3
        }
}
```

a)

```
i1: Code for E1
i2: Code for E2
i3: Code for E3
i4: Code for S1
i5: Code for E4
i6: Code for S2
i7: Code for S3
i8: ···
```

b)

图 6-47　练习 6.7.2 的程序的控制流结构

对于这些结构语句，我们可以通过一个规则用其他的 $S_j.next$ 列表以及程序中的表达式的列表 $E_k.true$ 和 $E_k.false$ 构造出 $S_i.next$。给出计算下列 *next* 列表的规则：

（1）$S_4.next$　（2）$S_5.next$　（3）$S_6.next$　（4）$S_7.next$　（5）$S_8.next$

6.8 switch 语句

很多语言都使用"switch"或"case"语句。我们的 switch 语句的语法如图 6-48 所示。语句中包含一个待求值的选择表达式 E，后面是该表达式可能取的 n 个常量值 $V_1, V_2, \cdots, V_n$。语句中也可能包含一个默认"值"，当其他值都不和选择表达式的值匹配时，就用这个默认值来匹配。

```
switch ( E ) {
        case V1: S1
        case V2: S2
                ···
        case Vn-1: Sn-1
        default: Sn
}
```

图 6-48　Switch 语句的语法

6.8.1 switch 语句的翻译

一个 switch 语句的预期翻译结果是完成如下工作的代码：

1）计算表达式 E 的值。

2）在 case 列表中寻找与表达式值相同的值 V_j。回顾一下，当在 case 列表中明确列出的值都不和表达式匹配时，就用默认值和表达式匹配。

3）执行和匹配值关联的语句 S_j。

步骤(2)是一个 n 路分支，它可以采取多种方法实现。如果 case 的数目较少，比如不多于 10 个，那么可以使用一个条件跳转指令序列来实现。每一个条件跳转指令都测试一个常量值，并跳转到这个值对应的语句的代码。

实现这个条件跳转指令序列的一个简洁的方法是创建一个对照关系表。表中的每一个关系都包含了一个常量值和相应语句代码的标号。在运行时刻，表达式自身的值以及默认语句的标号被放在对照表的末端。编译器生成一个简单循环，把表达式的值和表中的每个值进行比较。我们已经保证了当找不到其他匹配时，最后一个条目(默认值条目)一定会匹配。

如果值的个数超过 10 个或更多，那么更高效的方式是为这些值构造一个散列表。这个表的条目是各个分支语句的标号。如果没有找到对应于 switch 表达式的值的条目，就会有一条跳转指令转到默认语句。

还有一种常见的特殊情况，它的实现可以比 n 路分支更加高效。如果表达式的值位于某个较小的范围内，比如从 min 到 max，并且不同常量值的总数接近 max − min。那么我们可以构造一个包含 max - min 个"桶"的数组，其中桶 j - min 包含了对应于值 j 的语句的标号；任何没有被填入对应标号的"桶"中包含了默认标号。

执行 switch 语句时，首先计算表达式并获得值 j；检查它是否在 min 到 max 的范围之内，如是则间接跳转到偏移量为 j - min 的条目中的标号。例如，如果表达式的类型是字符型，我们可以创建一个包含 128 个条目(根据具体的字符集，条目个数可有不同)的表，并且不进行范围检查直接进行控制流跳转。

6.8.2 switch 语句的语法制导翻译

图 6-49 中的中间代码是图 6-48 中的 switch 语句的一个近似翻译结果。所有的测试都出现在代码的末端，因此一个简单的代码生成器就可以识别出多路分支，并使用本节开始时介绍的多种实现方法中最合适的实现方法来生成高效的代码。

图 6-50 中显示的是一个更直接的代码序列。它要求编译器进行更加深入的分析，才能找到最高效的实现。值得注意的是，在一趟式编译器中，将分支语句放在开始的位置会造成不便，因为编译器此时还没有碰到各个语句 S_i，无法生成转向各个语句的代码。

为了翻译成如图 6-49 所示的形式，当我们看到关键字 **switch** 的时候，我们生成两个新标号 `test` 和 `next` 以及一个临时变量 t。然后，当我们对表达式 E 进行语法分析的时候，生成计算 E 值并将其保存到 t 的代码。处理完 E 之后，产生跳转指令 `goto test`。

当我们看见各个 **case** 关键字时，就创建一个新的标号 L_i，并将其加入符号表。我们将在一个仅用于存放 case 分支的队列中放入一个值 - 标号对。这个值 - 标号对由常量值 V_i 和 L_i(或者是指向符号表中 L_i 的条目的指针)组成。我们逐个处理语句 **case** V_i : S_i，生成附加于 S_i 的代码上的标号 L_i。最后生成跳转指令 `goto next`。

```
        code to evaluate E into t
        goto test
L1:     code for S1
        goto next
L2:     code for S2
        goto next
        ...
Ln-1:   code for Sn-1
        goto next
Ln:     code for Sn
        goto next
test:   if t = V1 goto L1
        if t = V2 goto L2
        ...
        if t = Vn-1 goto Ln-1
        goto Ln
next:
```

图 6-49 一个 switch 语句的翻译结果

```
        code to evaluate E into t
        if t != V1 goto L1
        code for S1
        goto next
L1:     if t != V2 goto L2
        code for S2
        goto next
L2:
        ...
Ln-2:   if t != Vn-1 goto Ln-1
        code for Sn-1
        goto next
Ln-1:   code for Sn
next:
```

图 6-50 一个 switch 语句的另一种翻译

当编译器到达 switch 语句的末端时，我们已经可以生成 n 路分支的代码了。读取值 - 标号对的队列，我们就可以生成形如图 6-51 所示的三地址语句序列。其中 t 是一个保存选择表达式 E 的值的临时变量，L_n 为默认语句的标号。

```
case t V1 L1
case t V2 L2
...
case t Vn-1 Ln-1
case t t Ln
next:
```

图 6-51 用来翻译 switch 语句的 case 三地址代码指令

指令 `case t` V_i L_i 和图 6-49 中的 `if t =` V_i `goto` L_i 含义相同，但是 `case` 指令更加容易被最终的代码生成器探测到，从而对这些指令进行某种特殊处理。在代码生成阶段，根据分支的个数以及这些值是否在一个较小的范围内，这些 case 语句的序列可以被翻译成最高效的 n 路分支。

6.8.3 6.8 节的练习

！**练习 6.8.1**：为将 switch 语句翻译成一个如图 6-51 所示的 case 语句序列，翻译器需要在处理 switch 语句的源代码时创建一个由值 - 标号对组成的列表。我们可以使用一个附加的翻译方案来做到这一点，这个方案只搜集这些值 - 标号对。给出一个语法制导定义的概要描述。该 SDD 可以生成值 - 标号对照表，同时还为各个语句 S_i 生成代码。这里的 S_i 是各个 case 对应的动作。

6.9 过程的中间代码

过程及其实现将在第 7 章中与运行时刻的变量存储管理一并详细地讨论。本节我们使用术语"函数"来表示带有返回值的过程。我们将简单讨论函数声明以及函数调用的三地址代码。在三地址代码中，函数调用被拆分为准备进行调用时的参数求值，然后是调用本身。为简单起见，我们假定参数使用值传递的方式。1.6.6 节中曾讨论过参数传递方法。

例 6.25 假定 a 是一个整数数组，并且 f 是一个从整数到整数的函数。那么赋值语句

```
n = f(a[i]);
```

可以被翻译成如下的三地址代码。

```
1)  t1 = i * 4
2)  t2 = a [ t1 ]
3)  param t2
4)  t3 = call f, 1
5)  n = t3
```

如 6.4 节中讨论的，前两行计算表达式 a[i]的值，并将结果存放到临时变量 t_2 中。第 3 行将 t_2 作为实在参数用于第 4 行中对 f 的调用。这个调用只带有一个参数。第 4 行中函数调用的返回值被赋给 t_3。第 5 行将返回值赋给 n。 □

图 6-52 中的产生式可以生成函数定义和函数调用。（这个文法会在最后一个参数之后生成一个不必要的逗号，但是它已经足以说明翻译的方法了。）如 6.3 节所述，非终结符号 D 和 T 分别生成声明和类型。由 D 生成的函数定义包含了关键字 **define**、返回类型、函数名、括号中的形式参数以及由一个位于花括号中的语句组成的函数体。非终结符号 F 生成 0 个或多个形式参数，每个形式参数包括一个类型和一个标识符。非终结符号 S 和 E 分别生成语句和表达式。S 的产生式增加了一条返回表达式值的语句。E 的产生式中增加了函数调用，调用中的实在参数由 A 生成。一个实在参数就是一个表达式。

D	$\rightarrow$	**define** T **id** (F) { S }
F	$\rightarrow$	ϵ | T **id** , F
S	$\rightarrow$	**return** E ;
E	$\rightarrow$	**id** (A)
A	$\rightarrow$	ϵ | E , A

图 6-52 在源语言中加入函数

函数定义和函数调用可以用本章中已经介绍过的概念进行翻译。

- 函数类型。一个函数类型必须包含它的返回值类型和形式参数类型。令 *void* 是一个表示没有参数或没有返回值的特殊类型。因此，返回一个整数的函数 *pop*( ) 的类型是"从 *void* 到 *integer* 的函数"。函数类型可以在返回值类型和有序的参数类型列表上应用构造算子 *fun* 来表示。
- 符号表。设编译器处理到一个函数定义时，最上层的符号表为 s。函数名被放入 s，以便在程序的其他部分使用。函数的形式参数可以用类似于记录字段名的方式来处理（见图 6-18）。在 D 的产生式中，在看到关键字 **define** 和函数名之后，我们将 s 压栈并建立新的符号表

$$Env.push(top);\quad top = \textbf{new}\ Env(top);$$

这个新符号表被称为 t。注意，*top* 被作为参数传递到 **new** *Env*(*top*)，因此新的符号表 t 可以被链接到先前的符号表 s。新的符号表 t 用于这个函数的函数体的翻译。在这个函数体被翻译完成之后，我们恢复到先前的符号表 s。

- 类型检查。在表达式中，一个函数和运算符的处理方法相同。因此在 6.5.2 节中讨论的类型检查规则(包括自动类型转换)仍然可用。例如，如果 f 是一个带有一个实数型参数的函数，那么在函数调用 $f(2)$ 时，整数 2 将被转换成实型数。
- 函数调用。当为一个函数调用 **id**(E, E,⋯, E)生成三地址指令的时候，只需要生成对各个参数 E 求值的三地址指令，或者生成将各个参数 E 归约为地址的三地址指令，然后再为每个参数生成一条 `param` 指令即可。如果我们不愿将参数计算指令和 `param` 指令混在一起，可以将每个表达式 E 的属性 $E.addr$ 存放到一个数据结构(比如队列)中。一旦所有的表达式都翻译完成，我们就可以在清空队列的同时生成 `param` 指令。

过程是程序设计语言中重要且常用的编程结构，因此编译器必须为过程调用和返回生成良好的代码。用于处理过程的参数传递、调用和返回的运行时刻例程是运行时刻支持系统的一部分。运行时刻支持机制将在第 7 章中讨论。

6.10 第 6 章总结

本章中介绍的技术可以被综合起来，构造一个简单的编译器前端，比如附录 A 中的那个编译器前端。编译器的前端可以增量式地进行构造：

- 选择一个中间表示形式：中间表示形式通常是一个图形表示方法和三地址代码的组合。比如在语法树中，图中的结点表示一个程序构造；而各个子结点表示其子构造。三地址代码的名字源于它的 $x = y$ **op** z 的形式。每条指令至多有一个运算符。另外还有一些用于控制流的三地址指令。
- 翻译表达式：通过在各个形如 $E \to E_1$ **op** E_2 的产生式中加入语义动作，带有复杂运算的表达式可以被分解成一个由单一运算组成的序列。这些动作或者创建一个 E 的结点，此结点的子结点为 E_1 和 E_2；或者生成一条三地址指令，该指令对 E_1 和 E_2 的地址应用运算符 **op**，并将其运算结果放入一个临时变量中。这个临时变量就成了 E 的地址。
- 检查类型：一个表达式 E_1 **op** E_2 的类型是由运算符 **op** 以及 E_1 和 E_2 的类型决定的。自动类型转换(coercion)是指隐式的类型转换，例如从 *integer* 转换到 *float*。中间代码中还包含了显式的类型转换，以保证运算分量的类型和运算符的期待类型精确匹配。
- 使用符号表来实现声明：一个声明指定了一个名字的类型。一个类型的宽度是指存放该类型的变量所需要的存储空间。使用宽度，一个变量在运行时刻的相对地址可以计算为相对于某个数据区域的开始地址的偏移量。每个声明都会将一个名字的类型和相对地址放入符号表，这样当这个名字后来出现在一个表达式中时，翻译器就可以获取这些信息。
- 将数组扁平化：为实现快速访问，数组元素被存放在一段连续的空间内。数组的数组可以被扁平化，当作各个元素的一维数组进行处理。数组的类型用于计算一个数组元素相对于数组基地址的偏移量。
- 为布尔表达式产生跳转代码：在短路(或者说跳转)代码中，布尔表达式的值被隐含在代码所到达的位置中。因为布尔表达式 B 常常被用于决定控制流，例如在 **if**(B)S 中就是这样，因此跳转指令是有用的。只要使得程序正确地跳转到代码 `t = true` 或 `t = flase` 处，就可以计算出布尔值，其中的 t 是一个临时变量。使用跳转标号，通过继承对应于一个布尔表达式的真假出口的标号，就可以对布尔表达式进行翻译。常量 *true* 和 *false* 分别被翻译成跳转到真值出口和假值出口的指令。

- *用控制流实现语句*：通过继承 *next* 标号就可以实现语句的翻译，其中 *next* 标记了这个语句的代码之后的第一条指令。翻译条件语句 $S \rightarrow \textbf{if}\ (B) S_1$ 时，只需要将一个标记了 S_1 的代码起始位置的新标号和 *S.next* 分别作为 *B* 的真值出口和假值出口传递给其他处理程序。
- *可以选择使用回填技术*：回填是一种为布尔表达式和语句进行一趟式代码生成的技术。其基本思想是维护多个由不完整跳转指令组成的列表，在同一列表中的指令具有同样的跳转目标。当目标位置已知时，将为相应列表中的所有指令填入这个目标。
- *实现记录*：记录或类中的字段名可以当作声明序列进行处理。一个记录类型包含了关于它的各个域的类型和相对地址的信息。可以使用一个符号表对象来实现这个目的。

6.11 第6章参考文献

本章中的大部分技术来自于围绕 Algol60 进行的设计和实现活动。在 Pascal[11]和 C[6, 9]产生的时候，生成中间代码的语法制导翻译技术已经很成熟了。

从 20 世纪 50 年代开始，人们就开始寻求一种虚构的中间语言——UNCOL(面向所有编译器的语言)。如果有一个 UNCOL，我们可以把针对一种给定的源语言的前端和针对一种给定目标语言的后端连接起来，构建出一个编译器[10]。报告[10]中的指导性技术常常用于将编译器重定向。

人们用很多种方法来实现 UNCOL 思想，即将多个前端和后端混合并相互匹配。一个可重定目标的编译器包括一个前端，该前端可以和不同的后端结合起来，以便在不同机器上实现同一种给定的语言。Neliac 语言是一个带有重定目标编译器[5]的早期例子，这个编译器是使用 Neliac 本身编写的。另一种方法是为一个新的语言建立一个前端，将其翻译到一个已有的编译器上。Fedman[2]描述了在 C 编译器上加入 Fortran 的前端的方法[6][9]。GCC，即 GNU 的编译器集合[3]，支持包括 C、C++、Objective-C、Fortran、Java、Ada 等语言的前端。

值编码方法及其基于散列技术的实现来自于 Ershov[1]。

在 Java 字节码中使用类型信息来提高安全性的技术由 Gosling[4]描述。

使用合一方法求解方程组的类型推导技术被人们多次重复发现；它在 ML 上的应用由 Milner[7]描述。要对类型进行更全面的处理，可参见 Pierce[8]。

1. Ershov, A. P., "On programming of arithmetic operations," *Comm. ACM* **1**:8 (1958), pp. 3–6. See also *Comm. ACM* **1**:9 (1958), p. 16.

2. Feldman, S. I., "Implementation of a portable Fortran 77 compiler using modern tools," *ACM SIGPLAN Notices* **14**:8 (1979), pp. 98–106

3. GCC home page `http://gcc.gnu.org/`, Free Software Foundation.

4. Gosling, J., "Java intermediate bytecodes." *Proc. ACM SIGPLAN Workshop on Intermediate Representations* (1995), pp. 111–118.

5. Huskey, H. D., M. H. Halstead, and R. McArthur, "Neliac — a dialect of Algol," *Comm. ACM* **3**:8 (1960), pp. 463–468.

6. Johnson, S. C., "A tour through the portable C compiler," Bell Telephone Laboratories, Inc., Murray Hill, N. J., 1979.

7. Milner, R., "A theory of type polymorphism in programming," *J. Computer and System Sciences* **17**:3 (1978), pp. 348–375.

8. Pierce, B. C., *Types and Programming Languages*, MIT Press, Cambridge, Mass., 2002.

9. Ritchie, D. M., "A tour through the UNIX C compiler," Bell Telephone Laboratories, Inc., Murray Hill, N. J., 1979.

10. Strong, J., J. Wegstein, A. Tritter, J. Olsztyn, O. Mock, and T. Steel, "The problem of programming communication with changing machines: a proposed solution," *Comm. ACM* **1**:8 (1958), pp. 12–18. Part 2: **1**:9 (1958), pp. 9–15. Report of the SHARE Ad-Hoc **Committee** on Universal Languages.

11. Wirth, N. "The design of a Pascal compiler," *Software—Practice and Experience* **1**:4 (1971), pp. 309–333.

第 7 章 运行时刻环境

编译器必须准确地实现源程序语言中包含的各个抽象概念。这些抽象概念通常包括我们在 1.6 节中曾经讨论过的那些概念，如名字、作用域、绑定、数据类型、运算符、过程、参数以及控制流构造。编译器还必须和操作系统以及其他系统软件协作，在目标机上支持这些抽象概念。

为了做到这一点，编译器创建并管理一个*运行时刻环境*(run-time environment)，它编译得到的目标程序就运行在这个环境中。这个环境处理很多事务，包括为在源程序中命名的对象分配和安排存储位置，确定目标程序访问变量时使用的机制，过程间的连接，参数传递机制，以及与操作系统、输入输出设备及其他程序的接口。

本章的两个主题是存储位置的分配和对变量及数据的访问。我们将详细地讨论存储管理，包括栈分配、堆管理和垃圾回收。我们将在下一章中介绍为多种常见语言构造生成目标代码的技术。

7.1 存储组织

从编译器编写者的角度来看，正在执行的目标程序在它自己的逻辑地址空间内运行，其中每个程序值都在这个空间中有一个地址。对这个逻辑地址空间的管理和组织是由编译器、操作系统和目标机共同完成的。操作系统将逻辑地址映射为物理地址，而物理地址对整个内存空间编址。

一个目标程序在逻辑地址空间的运行时刻映像包含数据区和代码区，如图 7-1 所示。某个语言(比如 C ++)在某个操作系统(比如 Linux)上的编译器可能按照这种方式划分存储空间。

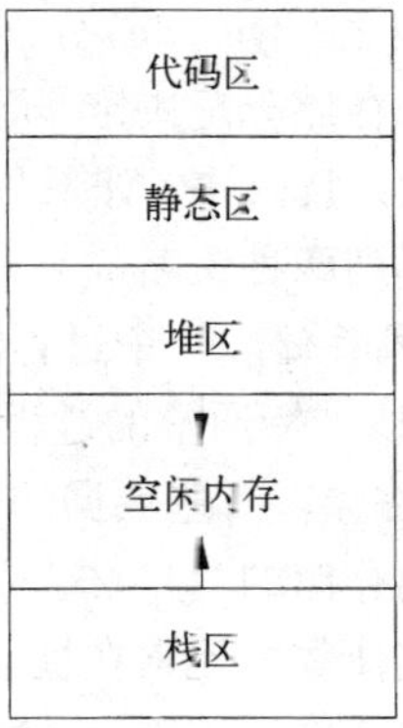

图 7-1 运行时刻内存被划分成代码区和数据区的典型方式

在本书中，我们假定运行时刻存储是以多个连续字节块的方式出现的，其中字节是内存的最小编址单元。一个字节包含 8 个二进制位，4 个字节构成一个机器字。多字节数据对象总是存储在一段连续的字节中，并把第一个字节作为它的地址。

第 6 章中讨论过，一个名字所需要的存储空间大小是由它的类型决定的。基本数据类型，比如字符、整数或浮点数，可以存储在整数个字节中。聚合类型(比如数组或结构)的存储空间大小必须足以存放这个类型的所有分量。

数据对象的存储布局受目标机的寻址约束的影响很大。在很多机器中，执行整数加法的指令可能要求整数是*对齐的*，也就是说这些数必须被放在一个能够被 4 整除的地址上。尽管在 C 语言或者类似的语言中一个有 10 个字符的数组只需要能够存放 10 个字符的空间，但是编译器可能为了对齐而给它分配 12 个字节，其中的两个字节未使用。因为对齐的原因而产生的闲置空间称为补白(padding)。如果空间比较紧张，编译器可能会*压缩*数据以消除补白。但是，在运行时刻可能需要额外的指令来定位被压缩数据，使得机器在操作这些数据时就好像它们是对齐的。

生成的目标代码的大小在编译时刻就已经固定下来了，因此编译器可以将可执行目标代码放在一个静态确定的区域：*代码区*。这个区通常位于存储的低端。类似地，程序的某些数据对象的大小可以在编译时刻知道，它们可以被放置在另一个称为静态区的区域中，该区域可以被静态确定。放置在这个区域的数据对象包括全局常量和编译器产生的数据，比如用于支持垃圾回收的信息等。之所以要将尽可能多的数据对象进行静态分配，是因为这些对象的地址可以被编译到目标代码中。在 Fortran 的早期版本中，所有数据对象都可以进行静态分配。

为了将运行时刻的空间利用率最大化，另外两个区域——栈和堆被放在剩余地址空间的相对两端。这些区域是动态的，它们的大小会随着程序运行而改变。这两个区域根据需要向对方增长。栈区用来存放称为活动记录的数据结构，这些活动记录在函数调用过程中生成。

在实践中，栈向较低地址方向增长，而堆向较高地址方向增长。然而，在本章及下一章中，我们将假定栈向较高地址方向增长，以便我们能够在所有例子中方便地使用正的偏移量。

我们将在下一节看到，一个活动记录用于在一个过程调用发生时记录有关机器状态的信息，例如程序计数器和机器寄存器的值。当控制从该次调用返回时，相关寄存器的值被恢复，程序计数器被设置成指向紧跟在这次调用之后的点，然后调用过程的活动就可以重新开始。如果一个数据对象的生命周期包含在一次活动的生命期中，那么该对象可以和其他关于该活动的信息一起被分配到栈区上。

很多程序设计语言支持程序员通过程序控制人工分配和回收数据对象。例如，C 语言中的 `malloc` 和 `free` 函数可以用来获取及释放任意存储块。堆区被用来管理这种具有长生命周期的数据。7.4 节中将讨论多种可以用来维护堆区的存储管理算法。

静态和动态存储分配

数据在运行时刻环境中的内存位置的布局及分配是存储管理的关键问题。这些问题需要谨慎对待，因为程序文本中的同一个名字可能在运行时刻指向不同的存储位置。两个形容词*静态*(static)和*动态*(dynamic)分别表示编译时刻和运行时刻。如果编译器只需要通过观察程序文本即可做出某个存储分配决定，而不需要观察该程序在运行时做了什么，我们就认为这个存储分配决定是静态的。反过来，如果只有在程序运行时才能做出决定，那么这个决定就是动态的。很多编译器使用下列两种策略的某种组合进行动态存储分配：

1）*栈式存储*。一个过程的局部名字在栈中分配空间。我们将从 7.2 节开始讨论“运行时刻栈”。这种栈支持通常的过程调用/返回策略。

2）*堆存储*。有些数据的生命周期要比创造它的某次过程调用更长，这些数据通常被分配在一个可复用存储的“堆”中。我们将从 7.4 节开始讨论堆管理。堆是虚拟内存的一个区域，它允许对象或其他数据元素在被创建时获得存储空间，并在数据变得无效时释放该存储空间。

为了支持堆区管理，通过“垃圾回收”使得运行时刻系统能够检测出无用的数据元素，即使程序员没有显式地释放它们的空间，运行时刻系统也能够复用这些存储。尽管自动垃圾回收机制是一个难以高效完成的操作，但它仍是很多现代程序设计语言的一个重要特征。对于某些语言来说，垃圾回收甚至是不可能完成的。

7.2 空间的栈式分配

有些语言使用过程、函数或方法作为用户自定义动作的单元，几乎所有针对这些语言的编译器都把它们的(至少一部分的)运行时刻存储按照一个栈进行管理。每当一个过程[⊖]被调用时，用

⊖ 请回忆一下，“过程”这个词是函数、过程、方法和子例程的统称。

于存放该过程的局部变量的空间被压入栈；当这个过程结束时，该空间被弹出这个栈。我们将看到，这种安排不仅允许活跃时段不交叠的多个过程调用之间共享空间，而且允许我们以如下方式为一个过程编译代码：它的非局部变量的相对地址总是固定的，和过程调用的序列无关。

7.2.1 活动树

假如过程调用（或者说过程的*活动*）在时间上不是嵌套的，那么栈式分配就不可行了。下面的例子说明了过程调用的嵌套情形。

例 7.1 图 7-2 给出了一个程序的概要。该程序将 9 个整数读入到一个数组 a，并使用递归的快速排序算法对这些整数排序。

```
int a[11];
void readArray() { /* 将 9 个整数读入到 a[1],...,a[9] 中。*/
    int i;
    ...
}
int partition(int m, int n) {
    /* 选择一个分割值 v，划分 a[m..n]，
       使得 a[m..p-1] 小于 v，a[p] = v，
       并且 a[p+1..n] 大于等于 v。返回 p. */
    ...
}
void quicksort(int m, int n) {
    int i;
    if (n > m) {
        i = partition(m, n);
        quicksort(m, i-1);
        quicksort(i+1, n);
    }
}
main() {
    readArray();
    a[0] = -9999;
    a[10] = 9999;
    quicksort(1,9);
}
```

图 7-2 一个快速排序程序的概要

程序的主函数有三个任务。它调用 *readArray*，设定上下限值，然后在整个数组之上调用 *quicksort*。图 7-3 给出了可能在程序的某次执行中得到的调用序列。在这次执行中，对 *partition*(1, 9) 的调用返回 4，因此 $a[1]$ 到 $a[3]$ 存放了小于被选定的分割值 v 的元素，而较大的元素被存放在 $a[5]$ 到 $a[9]$。□

在这个例子中，过程活动在时间上是嵌套的，在一般情况下也是这样。如果过程 p 的一个活动调用了过程 q，那么 q 的该次活动必定在 p 的活动结束之前结束。有三种常见的情况：

1）q 的该次活动正常结束，那么基本上在任何语言中，控制流从 p 中调用 q 的点之后继续。

2）q 的该次活动（或 q 调用的某个过程）直接或间接地中止了，也就是说不能再继续执行了。在这种情况下，q 和 p 同时结束。

3）q 的该次活动因为 q 不能处理的某个异常而结束。过程 p 可能会处理这个异常。此时 q 的活动已经结束而 p 的活动继续执行，尽管 p 的活动不一定从调用 q 的点开始。如果 p 不能处理这个异常，那么 p 的活动和 q 的活动一起结束。一般来说某个过程的尚未结束的活动将处理这个异常。

因此，我们可以用一棵树来表示在整个程序运行期间的所有过程的活动。这棵树称为*活动树*（activation tree）。树中的每个结点对应于一个活动，根结点是启动程序执行的 main 过程的活动。

在表示过程 p 的某个活动的结点上，其子结点对应于被 p 的这次活动调用的各个过程的活动。我们按照这些活动被调用的顺序，自左向右地显示它们。值得注意的是，一个子结点必须在其右兄弟结点的活动开始之前结束。

一种快速排序

图 7-2 中的快速排序程序概要使用了两个辅助函数 *readArray* 和 *partition*。函数 *readArray* 仅用于将数据加载到数组 a 中。数组 a 的第一个和最后一个元素没有用于存放输入数据，而是用于存放主函数中设定的“限值”。我们假定 $a[0]$ 被设为小于所有可能输入数据值的值，而 $a[10]$ 被设为大于所有数据值的值。

函数 *partition* 对数组中第 m 个元素到第 n 个元素的部分进行分割，使得 $a[m]$ 到 $a[n]$ 之间的小元素存放在前面，而大的元素存放在尾部，但是这两组内部不一定是排好序的。我们将不会探究 *partition* 的工作方式，只需要知道这个过程要求前面提到的上下限值必须存在。图 9-1 中的更加详细的代码给出了实现 *partition* 的一种可能的算法。

递归过程 *quicksort* 首先确定它是否需要对多个数组元素进行排序。请注意，单个元素总是“有序的”，因此在这种情况下 *quicksort* 不需要做任何事。如果有多个元素需要排序，*quicksort* 首先调用 *partition*。这次调用会返回一个数组下标 i，它是小元素和大元素之间的分界线。然后通过递归调用 *quicksort* 对这两组元素排序。

例 7.2 图 7-3 给出了一个调用和返回序列，而图 7-4 中显示了一棵完成这个调用/返回序列的可能的活动树。各个函数用它的函数名的第一个字母表示。请记住，这个树只代表了一种可能性，因为后续调用的参数会有不同，并且各个分支上的调用次数会受到 *partition* 的返回值的影响。 □

```
enter main()
    enter readArray()
    leave readArray()
    enter quicksort(1,9)
        enter partition(1,9)
        leave partition(1,9)
        enter quicksort(1,3)
            ...
        leave quicksort(1,3)
        enter quicksort(5,9)
            ...
        leave quicksort(5,9)
    leave quicksort(1,9)
leave main()
```

图 7-3 图 7-2 中程序的可能的活动序列

在活动树和程序行为之间存在下列多种有用的对应关系，正是因为这些关系使我们可以使用运行时刻栈：

1）过程调用的序列和活动树的前序遍历相对应。

2）过程返回的序列和活动树的后序遍历相对应。

3）假定控制流位于某个过程的特定活动中，且该过程活动对应于活动树上的某个结点 N。那么当前尚未结束的（即活跃的）活动就是结点 N 及其祖先结点对应的活动。这些活动被调用的顺序就是它们在从根结点到 N 的路径上的出现顺序。这些活动将按照这个顺序的反序返回。

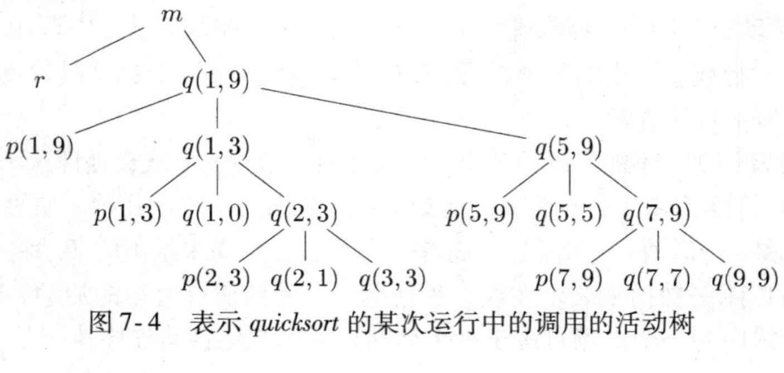

图 7-4 表示 *quicksort* 的某次运行中的调用的活动树

7.2.2 活动记录

过程调用和返回通常由一个称为控制栈(control stack)的运行时刻栈进行管理。每个活跃的活动都有一个位于这个控制栈中的活动记录(activation record，有时也称为帧(frame))。活动树的根位于栈底，栈中全部活动记录的序列对应于在活动树中到达当前控制所在的活动结点的路径。程序控制所在的活动的记录位于栈顶。

例 7.3 如果当前的控制位于图 7-4 的树中的活动 $q(2, 3)$上，那么 $q(2, 3)$对应的活动记录在控制栈的顶端。紧跟在下面的是 $q(1, 3)$的活动记录，即树中 $q(2, 3)$的父结点。再下面是 $q(1, 9)$的活动记录。栈的底端是主函数 m 的活动记录，也就是活动树的根。 □

按照惯例，我们在画控制栈的时候将把栈底画在栈顶之上。因此在一个活动记录中出现在页面最下方的元素实际上最靠近栈顶。

根据所实现语言的不同，其活动记录的内容也有所不同。这里列举出可能出现在一个活动记录中的各种类型的数据(图 7-5 列出了这些元素以及它们之间的可能顺序)：

1) 临时值。比如当表达式求值过程中产生的中间结果无法存放在寄存器中时，就会生成这些临时值。

2) 对应于这个活动记录的过程的局部数据。

3) 保存的机器状态，其中包括对此过程的此次调用之前的机器状态信息。这些信息通常包括返回地址(程序计数器的值，被调用过程必须返回到该值所指位置)和一些寄存器中的内容(调用过程会使用这些内容，被调用过程必须在返回时恢复这些内容)。

4) 一个“访问链”。当被调用过程需要其他地方(比如另一个活动记录)的某个数据时需要使用访问链进行定位。访问链将在 7.3.5 节中讨论。

5) 一个控制链(control link)，指向调用者的活动记录。

6) 当被调用函数有返回值时，要有一个用于存放这个返回值的空间。不是所有的被调用过程都有返回值，即使有，我们也可能倾向于将该值放到一个寄存器中以提高效率。

7) 调用过程使用的实在参数(actual parameter)。这些值通常将尽可能地放在寄存器中，而不是放在活动记录中，因为放在寄存器中会得到更好的效率。然而，我们仍然为它们预留了相应的空间，使得我们的活动记录具有完全的通用性。

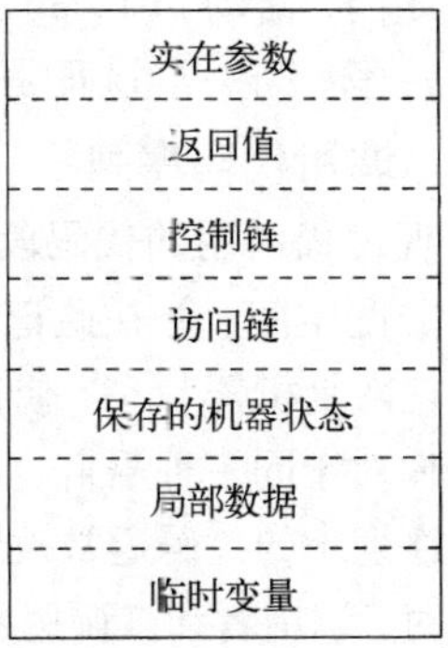

图 7-5 一个概括性的活动记录

例 7.4 图 7-6 给出了当控制流在图 7-4 所示的活动树中运行时运行时刻栈的多个快照。这些不完整的树中的虚线指向已经结束的活动。程序的执行随着过程 *main* 的一次活动而开始。因为数组 a 是全局的，在此之前已经为 a 分配了存储空间，如图 7-6a 所示。

当控制到达 *main* 的函数体中的第一个函数调用时，过程 r 被激活，它的活动记录被压入栈中(参见图 7-6b)。r 的活动记录包含了局部变量 i 的空间。请记住栈顶是在图的下方。当控制从这次活动中返回时，它的记录被弹出栈，栈中只留下 *main* 的记录。

然后控制到达实在参数为 1 和 9 的对 q(即快速排序)的调用，这次调用的活动记录被放置在栈顶，如图 7-6c 所示。q 的活动记录中包括了参数 m 和 n 以及局部变量 i 的空间。它们按照图 7-5所示的通用布局放置。请注意，曾经被 r 的调用使用的空间被复用了。函数调用 $q(1, 9)$没有任何方法找到 r 的局部数据。当 $q(1, 9)$返回时，栈中再次只剩下了 *main* 的活动记录。

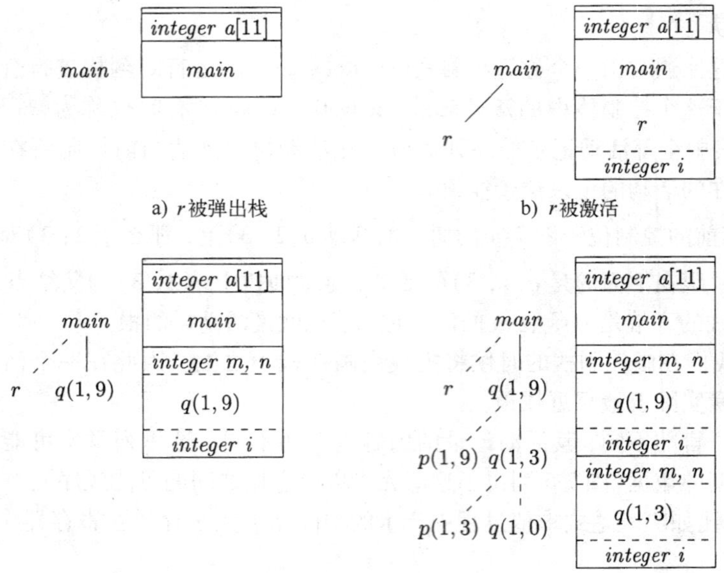

a) r 被弹出栈　　b) r 被激活

c) r 被弹出栈，$q(1,9)$ 被压栈　　d) 控制返回到 $q(1,3)$

图 7-6　向下增长的活动记录栈

在图 7-6 的最后两个快照之间发生了多个活动。$q(1,9)$ 递归地调用了 $q(1,3)$。在 $q(1,3)$ 的生命期内，活动 $p(1,3)$ 和 $q(1,0)$ 开始执行并结束，栈顶只留下了活动记录 $q(1,3)$（见图 7-6d）。注意，当一个过程是递归的时，常常会有该过程的多个活动记录同时出现在栈中。□

7.2.3　调用代码序列

实现过程调用的代码段称为*调用代码序列*（calling sequence）。这个代码序列为一个活动记录在栈中分配空间，并在此记录的字段中填写信息。*返回代码序列*（return sequence）是一段类似的代码，它恢复机器状态，使得调用过程能够在调用结束之后继续执行。

即使对于同一种语言，不同实现中的调用代码序列和活动记录的布局也可能千差万别。一个调用代码序列中的代码通常被分割到调用过程（调用者）和被调用过程（被调用者）中。在分割运行时刻任务时，调用者和被调用者之间不存在明确界限。源语言、目标机器、操作系统会提出某些要求，使得能够选择出一种较好的分割方案。总的来说，如果一个过程在 n 个不同点上被调用，分配给调用者的那部分调用代码序列会被生成 n 次。然而，分配给被调用者的部分只被生成一次。因此，我们期望把调用代码序列中尽可能多的部分放在被调用者中——能够根据被调用者的信息确定的部分都应该放到被调用者中。不过，我们将看到，被调用者不可能知道所有的事情。

在设计调用代码序列和活动记录的布局时，可以使用下列的设计原则：

1）在调用者和被调用者之间传递的值一般被放在被调用者的活动记录的开始位置，因此它们尽可能地靠近调用者的活动记录。这样做的动机是，调用者能够计算该次调用的实在参数的值并将它放在自身活动记录的顶部，而不用创建整个被调用者的活动记录，甚至不用知道该记录的布局。不仅如此，它还使得语言可以使用参数个数或类型可变的过程，比如 C 语言中的 `printf` 函数。被调用者知道应该把返回值放置在相对于它自己的活动记录的哪个位置。同时，不管有多少个参数，它们都将在栈中顺序地出现在该位置之下。

2）固定长度的项被放置在中间位置。根据图 7-5，这样的项通常包括控制链、访问链和机器状态字段。如果每次调用中保存的机器状态的成分相同，那么可以使用同一段代码来保存和恢复每次调用的数据。不仅如此，如果我们将机器状态信息标准化，那么当错误发生时，诸如调试器这样的程序将可以更容易地将栈中的内容解码。

3）那些在早期不知道大小的项将被放置在活动记录的尾部。大部分局部变量具有固定的长度，编译器通过检查该变量的类型就可以确定其长度。然而，有些局部变量的大小只有在程序运行时才能确定。最常见的例子是动态数组，数组大小根据被调用者的某个参数决定。另外，临时量所需空间的大小通常依赖于代码生成阶段能够将多少临时变量放在寄存器中。因此，虽然编译器最终可以知道临时变量所需要的空间，但在刚开始生成中间代码时可能并不知道该空间的大小。

4）我们必须小心地确定栈顶指针所指的位置。一个常用的方法是让这个指针指向活动记录中固定长度字段的末端。这样，固定长度的数据就可以通过固定的相对于栈顶指针的偏移量来访问，而中间代码生成器知道这些偏移量。使用这种方法的后果是活动记录中的变长域实际上位于栈顶"之上"。它们的偏移量需要在运行时刻进行计算，但是它们仍然可以基于栈顶指针进行访问，但是偏移量为正。

图 7-7 给出了调用者和被调用者如何合作管理调用栈的一个例子。寄存器 *top_sp* 指向当前的顶层活动记录中机器状态字段的末端。调用者知道这个位于被调用者的活动记录中的位置。因此，调用者可以负责在控制转向被调用者之前设定 *top_sp* 的值。这个调用代码序列以及它在调用者和被调用者之间的划分描述如下：

1）调用者计算实在参数的值。

2）调用者将返回地址和原来的 *top_sp* 值存放到被调用者的活动记录中。然后，调用者增加 *top_sp* 的值，使之指向图 7-7 所示的位置。也就是说，*top_sp* 越过了调用者的局部数据和临时变量以及被调用者的参数和机器状态字段。

3）被调用者保存寄存器值和其他状态信息。

4）被调用者初始化其局部数据并开始执行。

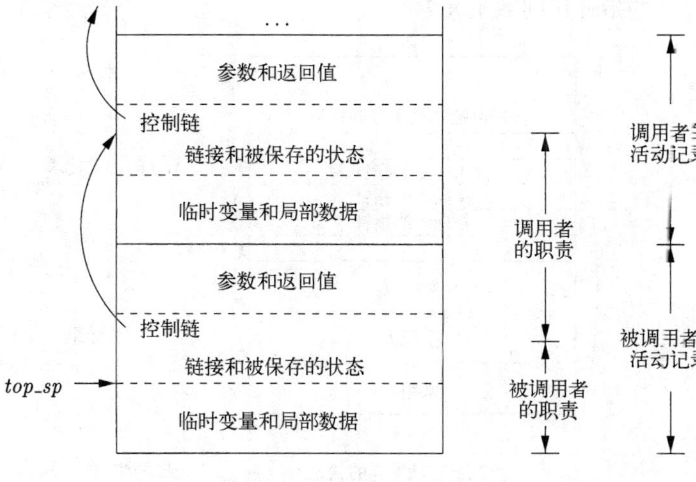

图 7-7 调用者和被调用者之间的任务划分

一个与此匹配的返回代码序列如下：

1）如图 7-5 所示，被调用者将返回值放到与参数相邻的位置。

2）使用机器状态字段中的信息，被调用者恢复 *top_sp* 和其他寄存器，然后跳转到由调用者放在机器状态字段中的返回地址。

3）尽管 *top_sp* 已经被减小，但调用者仍然知道返回值相对于当前 *top_sp* 值的位置。因此，调用者可以使用那个返回值。

上面的调用和返回代码序列支持使用不同数量的参数来调用同一个被调用程序(就像 C 语言中的 printf 函数那样)。请注意，在编译时刻，调用者的目标代码知道它向被调用者提供的参数的数量和类型。因此，调用者知道参数区域的大小。然而，被调用者的目标代码必须还能处理其他调用，因此，它要等到被调用时再检查相应的参数字段。使用图 7-7 中的组织方法，描述参数的信息必定放置在状态字段的相邻位置，因此被调用者可以找到这个信息。例如，在 C 语言的 printf 函数中，第一个参数描述了其余的参数，因此一旦找到了第一个参数，调用者就可以找到所有的其他参数。

7.2.4 栈中的变长数据

运行时刻存储管理系统必须频繁地处理某些数据对象的空间分配。这些数据对象的大小在编译时刻未知，但是它们是这个过程的局部对象，因而可以被分配在运行时刻栈中。在现代程序设计语言中，在编译时刻不能决定大小的对象将被分配在堆区。堆区的存储结构将在 7.4 节中讨论。不过，也可以将未知大小的对象、数组以及其他结构分配在栈中。我们在这里将讨论如何进行这种分配。尽可能将对象放置在栈区的原因是我们可以避免对它们的空间进行垃圾回收，也就减少了相应的开销。注意，只有一个数据对象局限于某个过程，且当此过程结束时它变得不可访问，才可以使用栈为这个对象分配空间。

为变长数组(即其大小依赖于被调用过程的一个或多个参数值的数组)分配空间的一个常用策略如图 7-8 所示。同样的方案可以用于任何类型的对象的分配，只要它们对被调用的过程而言是局部的，并且其大小依赖于该次调用的参数即可。

在图 7-8 中，过程 p 有三个局部数组，我们假设它们的大小无法在编译时刻确定。尽管这些数组的存储出现在栈中，它们并不是 p 的活动记录的一部分。只有指向各个数组的开始位置的指针存放在活动记录中。因此当 p 执行时，这些指针的位置相对于栈顶指针的偏移量是已知的，因而目标代码可以通过这些指针访问数组元素。

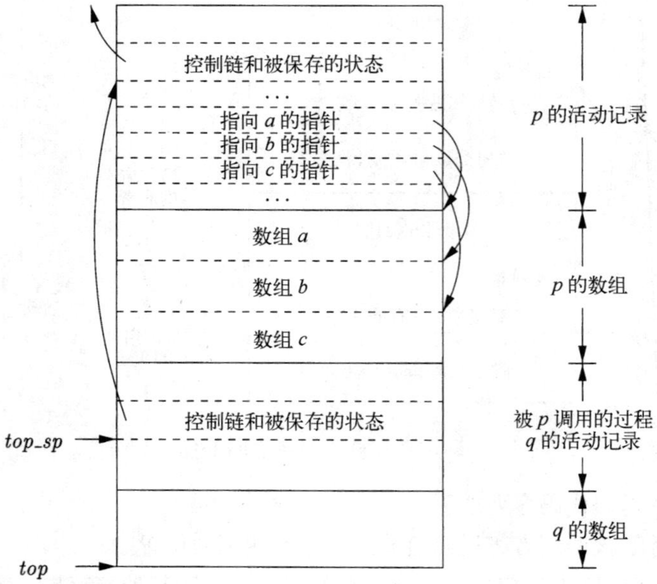

图 7-8 访问动态分配的数组

图 7-8 中还给出了一个被 p 调用的过程 q 的活动记录。q 的这个活动记录从 p 的数组之后开始，q 的所有变长数组被分配在 q 的活动记录之外。

对栈中数据的访问通过指针 *top* 和 *top_sp* 完成。这里，*top* 标记了实际的栈顶位置，它指向下一个活动记录将开始的位置，第二个指针 *top_sp* 用来找到顶层活动记录的局部的定长字段。为了和图 7-7 保持一致，我们将假定 *top_sp* 指向机器状态字段的末端。在图 7-8 中，*top_sp* 指向 q 的活动记录的机器状态字段的末端。从那里，我们可以找到 q 的控制链字段，根据这个字段我们可以知道当 p 位于栈顶时，*top_sp* 所指的 p 的活动记录中的位置。

重新设置 *top* 和 *top_sp* 所指位置的代码可以在编译时刻生成。这些代码根据将根据在运行时刻获知的记录大小来计算 *top* 和 *top_sp* 的新值。当 q 返回时，可以根据 q 的活动记录中的被保存的控制链来恢复 *top_sp* 的值。*top* 的新值等于(未经恢复的原来的)*top_sp* 值减去 q 的活动记录中机器状态、控制链、访问链、返回值、参数字段(如图 7-5 所示)的总长度。调用者可以在编译时刻知道这个长度，尽管当调用参数的个数可变时，它仍取决于调用者(如果调用 q 的参数个数可变)。

7.2.5 7.2 节的练习

练习 7.2.1： 假设图 7-2 中的程序使用如下的 *partition* 函数：该函数总是将 $a[m]$ 作为分割值 v。同时假设在对数组 $a[m], \cdots, a[n]$ 重新排序时总是尽量保存原来的顺序。也就是说，首先是以原顺序保持所有小于 v 的元素，然后保存所有等于 v 的元素，最后按原来顺序保存所有大于 v 的元素。

1）画出对数字 9、8、7、6、5、4、3、2、1 进行排序时的活动树。

2）同时在栈中出现的活动记录最多有多少个？

练习 7.2.2： 当初始顺序为 1、3、5、7、9、2、4、6、8 时，重复练习 7.2.1。

练习 7.2.3： 图 7-9 中是递归计算 Fiabonacci 数列的 C 语言代码。假设 f 的活动记录按顺序包含下列元素：(返回值，参数 n，局部变量 s，局部变量 t)。通常在活动记录中还会有其他元素。下面的问题假设初始调用是 $f(5)$。

```
int f(int n) {
    int t, s;
    if (n < 2) return 1;
    s = f(n-1);
    t = f(n-2);
    return s+t;
}
```

图 7-9 练习 7.2.3 的 Fibonacci 程序

1）给出完整的活动树。

2）当第 1 个 $f(1)$ 调用即将返回时，运行时刻栈和其中的活动记录是什么样子的？

！3）当第 5 个 $f(1)$ 调用即将返回时，运行时刻栈和其中的活动记录是什么样子的？

练习 7.2.4： 下面是两个 C 语言函数 f 和 g 的概述：

```
int f(int x) { int i; ··· return i+1; ··· }
int g(int y) { int j; ··· f(j+1) ··· }
```

也就是说，函数 g 调用 f。画出在 g 调用 f 而 f 即将返回时，运行时刻栈中从 g 的活动记录开始的顶端部分。你可以只考虑返回值、参数、控制链以及存放局部数据的空间。你不用考虑存放的机器状态，也不用考虑没有在代码中显示的局部值和临时值。但是你应该指出：

1）哪个函数在栈中为各个元素创建了所使用的空间？

2）哪个函数写入了各个元素的值？

3）这些元素属于哪个活动记录？

练习 7.2.5： 在一个通过引用传递参数的语言中，有一个函数 $f(x, y)$ 完成下面的计算：

```
x = x + 1; y = y + 2; return x+y;
```

如果将 a 赋值为 3，然后调用 $f(a, a)$，那么返回值是什么？

练习 7.2.6：C 语言函数 f 的定义如下：

```
int f(int x, *py, **ppz) {
    **ppz += 1; *py += 2; x += 3; return x+*py+**ppz;
}
```

变量 a 是一个指向 b 的指针；变量 b 是一个指向 c 的指针，而 c 是一个当前值为 4 的整数变量。如果我们调用 $f(c, b, a)$，返回值是什么？

7.3 栈中非局部数据的访问

在本节中，我们将探讨过程如何访问它们的数据。尤其重要的是找到在过程 p 中被使用但又不属于 p 的数据的机制。对于那些可以在过程中声明其他过程的语言，这种访问将变得更加复杂。因此，我们首先从 C 函数这种简单情况开始，然后介绍另一种语言 ML，该语言支持嵌套的函数声明，并支持将函数看成是“一阶对象”。也就是说，函数可以将函数作为参数，并把函数当做值返回。通过修改运行时刻栈的实现方法就可以支持这种能力。我们将考虑几种可选的修改 7.2 节所述的活动记录的方法。

7.3.1 没有嵌套过程时的数据访问

在 C 系列语言中，各个变量要么在某个函数内定义，要么在所有函数之外（全局地）定义。最重要的是，不可能声明一个过程使其作用域完全位于另一个过程之内。反过来，一个全局变量 v 的作用域包含了在该变量声明之后出现的所有函数，但那些存在标识符 v 的局部定义的地方除外。在一个函数内部声明的变量的作用域就是这个函数，或者像在 1.6.3 节中讨论过的那样，如果该函数具有嵌套的语句块，这个变量的作用域可能是该函数的部分区域。

对于不允许声明嵌套过程的语言而言，变量的存储分配和访问这些变量是比较简单的：

1）全局变量被分配在静态区。这些变量的位置保持不变，并且在编译时刻可知。因此要访问当前正在运行的过程的非局部变量时，我们可以直接使用这些静态确定的地址。

2）其他变量一定是栈顶活动的局部变量。我们可以通过运行时刻栈的 *top_sp* 指针来访问这些变量。

对于全局变量进行静态分配的一个好处是，被声明的过程可以作为参数传递，也可以作为结果返回（在 C 语言中可以传递指向该函数的指针），实现这样的传递不需要对数据访问策略做出本质的改变。使用 C 语言的静态作用域规则且不允许使用嵌套过程声明时，一个过程的任何非局部变量也是所有过程的非局部变量，不管这些过程是如何被激活的。类似地，如果一个过程作为结果返回，那么任何非局部的变量都指向为该变量静态分配的存储位置。

7.3.2 和嵌套过程相关的问题

当一种语言允许嵌套地声明过程并且仍然遵循通常的静态作用域规则时，数据访问变得比较复杂。也就是说，根据 1.6.3 节中描述的针对语句块的嵌套作用域规则，一个过程能够访问另一个过程的变量，只要后一个过程的声明包含了前一过程的声明即可。其原因在于，即使在编译时刻知道 p 的声明直接嵌套在 q 之内，我们并不能由此确定它们的活动记录在运行时刻的相对位置。实际上，因为 p 或 q 或者两者都可能是递归的，在栈中可能有多个 p 和/或 q 的活动记录。

为一个内嵌过程 p 中的一个非局部名字 x 找出对应的声明是一个静态的决定过程，将块结构的静态作用域规则进行扩展就可以解决这个问题。假定 x 在一个外围过程 q 中声明。根据 p 的一个活动找到相关的 q 的活动则是一个动态的决定过程，它需要额外的有关活动的运行时刻信息。这个问题的可能解决方法之一是使用“访问链”，我们将在 7.3.5 节中介绍这个概念。

7.3.3 一个支持嵌套过程声明的语言

在C系列语言中，还有很多常见的语言不支持嵌套的过程，因此我们介绍一种支持嵌套过程的语言。在语言中支持嵌套过程的历史比较长。Alogl 60(C语言的前身之一)就具备这种能力。Algol 60语言的后继Pascal(一个一度很流行的教学语言)也支持嵌套过程。在较晚的支持嵌套过程的语言中，最有影响力的语言之一是ML。我们将通过这个语言的语法和语义进行相关介绍(要了解ML的一些有趣特征，请见“ML的更多特性”部分)。

- ML是一种*函数式语言*(functional language)，这意味着变量一旦被声明并初始化就不会再改变。其中只有少数几个例外，比如数组的元素可以通过特殊的函数调用改变。
- 定义变量并设定它们的不可更改的初始值的语句具有如下形式：

  `val` ⟨name⟩ = ⟨expression⟩

- 函数使用如下语法进行定义：

  `fun` ⟨name⟩ (⟨arguments⟩) = ⟨body⟩

- 我们使用下列形式的let语句来定义函数体：

  `let` ⟨list of definitions⟩ `in` ⟨statements⟩ `end`

  其中，定义(definition)通常是`val`或`fun`语句。每个这样的定义的作用域包括从该定义之后直到`in`为止的所有定义，以及直到`end`为止的所有语句。最重要的是，函数可以嵌套地定义。例如，函数p的函数体可能包括一个let语句，而该语句又包含了另一个(嵌套的)函数q的定义。类似地，q自身的函数体中也可能有函数定义。这就形成了任意深度的函数嵌套。

7.3.4 嵌套深度

对于不内嵌在任何其他过程中的过程，我们设定其*嵌套深度*(nesting depth)为1。例如，所有C函数的嵌套深度为1。然而，如果一个过程p在一个嵌套深度为i的过程中定义，那么我们设定p的嵌套深度为$i+1$。

例7.5 图7-10给出了我们连续使用的快速排序例子的一个ML程序的概要。唯一的嵌套深度为1的函数是最外层的函数*sort*。它读入一个有9个整数的数组a，并使用快速排序算法对它们进行排序。在*sort*内部的第二行上定义了数组a本身。请注意ML声明的形式。*array*的第一个参数说明我们要求该数组具有11个元素。所有的ML数组的下标都是从0开始的整数，因此这个数组与图7-2中的C语言数组a很相似。`array`的第二个参数说明数组a中的所有元素的初始值都是0。因为0是整数，选择这样的初始值使得ML编译器推断出a是一个整型数组，因此我们就不需要为a声明一个类型。

ML的更多特性

ML几乎是纯函数式的语言。除此之外，ML还具有多个令那些熟悉C及C系列语言的程序员感到惊奇的特性：

- ML支持*高阶函数*(higher-order function)。也就是说，一个函数可以将函数作为参数，并且能够构造并返回其他函数。而这些函数又可以将函数作为参数。从而构造出任何层次的函数。
- ML本质上没有像C中的for和while语句那样的迭代语句，而是通过递归来达到循环的效果。这种方法在一个函数式语言中是很重要的，因为我们不能改变迭代变量，比如C语言中的“`for (i=0; i<10; i++)`”的i的值。ML将会把i作为一个函数的参数，该函数将用不断增加的i值作为参数递归地调用自身，直到到达循环界限为止。

- ML 将列表和带标号的树结构作为其基本数据类型。
- ML 不需要声明变量的类型。准确地说，它在编译时刻推导出类型，并且当它不能推导出结果时就将其作为错误处理。例如，`val x = 1` 显然使得 x 具有整数类型，并且如果我们还看到 `val y = 2 * x`，那么我们就知道 y 也是一个整数。

在 *sort* 中声明的函数还有：*readArray*、*exchange* 和 *quicksort*。在第(4)行和第(6)行中，我们说明 *readArray* 和 *exchange* 都访问了数组 a。请注意，ML 中的数组访问可能违反这个语言的函数式特性。就像 C 版本的 *quicksort* 中那样，这两个函数实际上都改变了 a 中元素的值。因为这三个函数都是直接在嵌套深度为 1 的函数中定义的，所以它们的嵌套深度都是 2。

第(7)行到第(11)行给出了 *quicksort* 的一些细节。局部值 v(即分划算法的分割值)在第 8 行声明。第(9)行则给出了函数 *partition* 的定义。在第(10)行中我们指出 *partition* 访问了数组 a 和分割值 v，并且还调用了函数 *exchange*。因为 *partition* 直接在嵌套深度为 2 的函数中定义，所以其嵌套深度为 3。第(11)行表明 *quicksort* 访问变量 a 和 v 以及函数 *partition*，并递归调用其自身。

第(12)行表明最外层函数 *sort* 访问 a，并调用两个过程 *readArray* 和 *quicksort*。 □

```
1) fun sort(inputFile, outputFile) =
       let
2)         val a = array(11,0);
3)         fun readArray(inputFile) = ···
4)             ··· a ··· ;
5)         fun exchange(i,j) =
6)             ··· a ··· ;
7)         fun quicksort(m,n) =
               let
8)                 val v = ··· ;
9)                 fun partition(y,z) =
10)                    ··· a ··· v ··· exchange ···
               in
11)                ··· a ··· v ··· partition ··· quicksort
               end
       in
12)        ··· a ··· readArray ··· quicksort ···
       end;
```

图 7-10　一个使用嵌套函数声明的 ML 风格的 quicksort 版本

7.3.5 访问链

针对嵌套函数的通常的静态作用域规则的一个直接实现方法是在每个活动记录中增加一个被称为**访问链**(access link)的指针。如果过程 p 在源代码中直接嵌套在过程 q 中，那么 p 的任何活动中的访问链都指向最近的 q 的活动。请注意，q 的嵌套深度一定比 p 的嵌套深度恰巧少 1。访问链形成了一条链路，它从栈顶活动记录开始，经过嵌套深度逐步递减的活动的序列。沿着这条链路找到的活动就是其数据和对应过程可以被当前正在运行的过程访问的所有活动。

假定栈顶的过程 p 的嵌套深度是 n_p 且 p 需要访问 x，而 x 是在某个包围 p 的嵌套深度为 n_q 的过程 q 中定义的一个元素。注意，$n_q \leq n_p$，且仅当 p 和 q 是同一个过程时两者相等。为了找到 x，我们从位于栈顶的 p 的活动记录开始，沿着访问链进行 $n_p - n_q$ 次从一个活动记录到另一个活动记录的查找，最终我们找到了 q 的活动记录。这一定是当前出现在在栈中的最近(即最高)的 q 的活动记录。这个活动记录中包含了我们要找的元素 x。因为编译器知道活动记录的布局，所以我们可以根据最后一个访问链找到 q 的活动记录中的某个位置，而 x 就位于和这个位置具有某个固定偏移量的位置上。

例 7.6 图 7-11 给出了图 7-10 中的函数 *sort* 在执行时可能得到的栈的序列。同以前一样，我们用函数名的第一个字母来表示函数。我们展示了某些可能在不同活动记录中出现的数据，同时显示了每个活动的访问链。在图 7-11a 中，我们看到的是 *sort* 调用 *readArray* 将输入加载到数组 a 上后再调用 *quicksort*(1, 9) 对数组进行排序的情形。*quicksort*(1, 9) 中的访问链指向 *sort* 的活动记录，这不是因为 *sort* 调用了 *quicksort*，而是因为在图 7-10 的程序中，*sort* 是 *quicksort* 外围的最靠近它的嵌套函数。

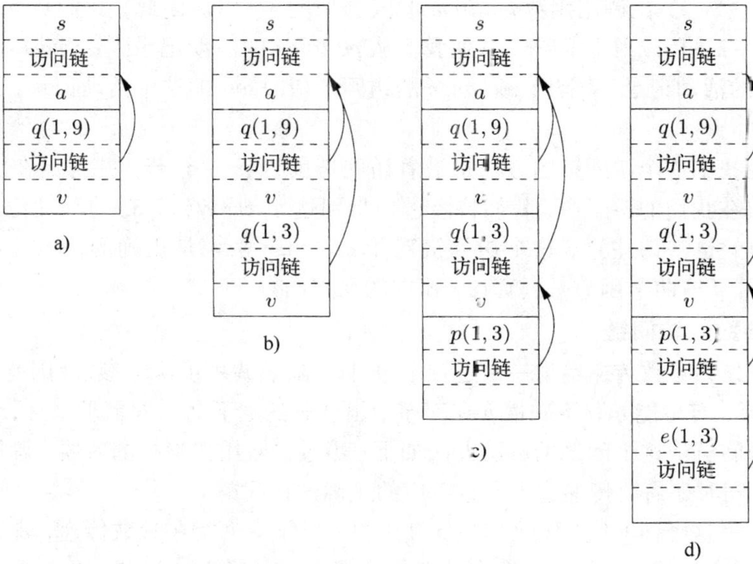

图 7-11 用来查找非局部数据的访问链

在图 7-11 所示的连续步骤中，我们看到对 *quicksort*(1, 3) 的一次递归调用，然后是对 *partition* 的调用，而 *partition* 又调用 *exchange*。请注意，*quicksort*(1, 3) 的访问链指向 *sort*，其理由和 *quicksort*(1, 9) 的访问链指向 *sort* 的理由相同。

在图 7-11d 中，*exchange* 的访问链绕过了 *quicksort* 和 *partition* 的活动记录，因为 *exchange* 直接嵌套在 *sort* 中。这种安排是合理的，因为 *exchange* 只需要访问数组 a，而它要对换的两个元素由其参数 i 和 j 指定。 □

7.3.6 处理访问链

如何确定访问链呢？当一个过程调用另一个特定的过程，而被调用过程的名字在此次调用中明确给出，那么处理方法就很简单。更复杂的情况是当调用的对象是一个过程型参数的时候。在那种情况下，要在运行时刻才能知道被调用的是哪个过程，因此在这个调用的不同执行中，被调用过程的嵌套深度可能有所不同。因此，让我们首先考虑当一个过程 q 显式地调用过程 p 时会发生什么事情。有三种情况：

1) 过程 p 的嵌套深度大于 q 的嵌套深度，那么 p 一定是直接在 q 中定义的，否则 q 调用 p 的位置就不可能位于过程名 p 的作用域内。因此，p 的嵌套深度恰好比 q 的嵌套深度大 1，而 p 的访问链一定指向 q。这个问题很简单，只需要在调用代码序列中增加一个步骤，即在 p 的访问链中放置一个指向 q 的活动记录的指针。这样的例子包括 *sort* 对 *quicksort* 的调用，该调用生成了

图 7-11a；以及 *quicksort* 对 *partition* 的调用，该调用产生了图 7-11c。

2）这个调用是递归的，也就是说 $p = q$[⊖]。那么，新的活动记录的访问链和它下面的活动记录的访问链是相同的。例如 *quicksort*(1, 9)对 *quicksort*(1, 3)的调用，该调用形成了图 7-11b。

3）p 的嵌套深度 n_p 小于 q 的嵌套深度 n_q。为了使 q 中的调用位于名字 p 的作用域中，过程 q 必定嵌套在某个过程 r 中，而 p 是一个直接在 r 中定义的过程。因此，从 q 的活动记录开始，沿着访问链经过 $n_q - n_p + 1$ 步就可以找到栈中最高的 r 的活动记录。那么，p 的访问链必须指向 r 的这个活动记录。

例 7.7 作为情况 3 的一个例子，请注意我们是如何从图 7-11c 转变为图 7-11d 的。被调用函数 *exchange* 的嵌套深度为 2，比调用函数 *partition* 的嵌套深度 3 少 1。因此，我们从 *partition* 的活动记录开始，前进 3 - 2 + 1 = 2 个访问链，这使我们从 *partition* 的活动记录到达 *quicksort*(1, 3)的活动记录，再到 *sort* 的活动记录。因此，*exchange* 的访问链指向 *sort* 的这个活动记录，这就是我们在图 7-11d 中看到的。

另一种等价的找到这个访问链的方法是沿着访问链前进 $n_q - n_p$ 步，并拷贝在那个活动记录中找到的访问链。在我们的例子中，我们将经过一步到达 *quicksort*(1, 3)的活动记录，并拷贝出它的指向 *sort* 的访问链。请注意，这个访问链对于 *exchange* 来说是正确的，尽管 *exchange* 不在 *quicksort* 的作用域中，这两个函数是嵌套在 *sort* 中的兄弟函数。 □

7.3.7 过程型参数的访问链

当一个过程 p 作为参数传递给另一个过程 q，并且 q 随后调用了这个参数(因此也就在 q 的这个活动中调用了 p)，有可能 q 并不知道 p 在程序中出现时的上下文。如果是这样，q 就不可能知道如何为 p 设定访问链。这个问题的解决办法如下：当过程被用作参数的时候，调用者除了传递过程参数的名字，同时还需要传递这个参数对应的正确的访问链。

调用者总是知道这个访问链，因为如果 p 被过程 r 当作一个实在参数传递，那么 p 必然是一个可以被 r 访问的名字。因此，r 可以像直接调用 p 那样为 p 确定访问链。也就是说，我们使用 7.3.6 节中给出的有关构造访问链的规则。

例 7.8 在图 7-12 中，我们看到一个 ML 函数 a 的大体描述。函数 a 中嵌套了函数 b 和 c。函数 b 有一个值为函数的参数 f，b 调用了这个参数。函数 c 在它自身中定义了一个函数 d，然后 c 用实在参数 d 调用了 b。

```
fun a(x) =
    let
        fun b(f) =
            ··· f ··· ;
        fun c(y) =
            let
                fun d(z) = ···
            in
                ··· b(d) ···
            end
    in
        ··· c(1) ···
    end;
```

图 7-12 使用函数参数的 ML 程序的概要

让我们分析一下在执行 a 的时候发生了什么事情。首先，a 调用 c，因此我们在栈中将 c 的活动记录放在 a 的活动记录之上。因为 c 是直接在 a 中定义的，所以 c 的访问链指向 a 的记录。然后 c 调用 $b(d)$。调用代码序列设置了 b 的活动记录，如图 7-13a 所示。

在这个活动记录中有实在参数 d 和它的访问链，两者结合组成了 b 的活动记录中的形式参数 f 的值。请注意，c 了解 d 的信息，因为 d 是在 c 中定义的，因而 c 传递了一个指向它自己的活动记录的指针作为 d 的访问链。不管 d 在哪里定义，如果 c 在该定义的作用域内，那么必然适用 7.3.6 节中的三

⊖ ML 支持相互递归调用的函数，这种情况可以用同样的方式处理。

条规则之一，因此 c 可以给出这个访问链。

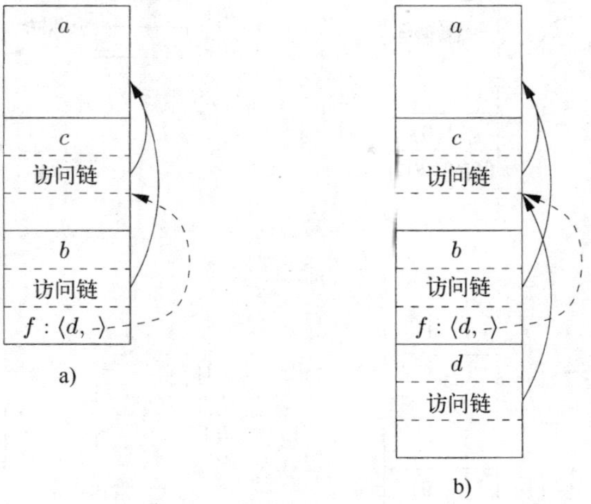

图 7-13　带有它们自己的访问链的实在参数

现在让我们看一下函数 b 所做的工作。我们知道它将在某个点上使用它的参数 f，其效果就是调用了 d。如图 7-13b 所示，d 的一个活动记录出现在栈中。应该放在这个活动记录中的正确的访问链可以在参数 f 的值中找到。该访问链指向 c 的活动记录，因为 c 就在 d 的定义的外围。请注意，b 能够正确地设置这个访问链，尽管 b 不在 c 的定义的作用域内。□

7.3.8　显示表

使用访问链的方法来访问非局部数据的问题之一是，如果嵌套深度变大，我们就必须沿着一段很长的访问链路才能找到需要的数据。一个更高效的实现方法是使用一个称为显示表（display）的辅助数组 d，它为每个嵌套深度保存了一个指针。我们设法使得在任何时刻，指针 $d[i]$ 指向栈中最高的对应于某个嵌套深度为 i 的过程的活动记录。图 7-14 给出了一个显示表的例子。例如，在图 7-14d 中，我们看到显示表 d 的元素 $d[1]$ 保存了一个指向 *sort* 的活动记录的指针，该活动记录是最高的（也是唯一的）对应于某个嵌套深度为 1 的函数的活动记录。同时，$d[2]$ 保存了指向 *exchange* 的活动记录的指针，该记录是嵌套深度为 2 的最高活动记录。$d[3]$ 指向 *partition*，即嵌套深度为 3 的最高活动记录。

使用显示表的优势在于如果过程 p 正在运行，且它需要访问属于某个过程 q 的元素 x，那么我们只需要查看 $d[i]$ 即可。其中，i 是 q 的嵌套深度。我们沿着指针 $d[i]$ 找到 q 的活动记录，根据已知的偏移量就可以在这个活动记录中找到 x。编译器知道 i 的值，因此它可以产生代码，该代码根据 $d[i]$ 和 x 相对于 q 的活动记录顶部的偏移量来访问 x。因此，该代码不需要经过一段很长的访问链路。

为了正确地维护显示表，我们需要在新的活动记录中保存显示表条目的原来的值。如果嵌套深度为 n_p 的过程 p 被调用，并且它的活动记录不是栈中的对应于某个深度为 n_p 的过程的第一个活动记录，那么 p 的活动记录就需要保存 $d[n_p]$ 原来的值，同时 $d[n_p]$ 本身则被设定指向 p 的这个活动记录。当 p 返回且它的这个活动记录从栈中清除时，我们将 $d[n_p]$ 恢复到对 p 的这次调用之前的值。

例 7.9　图 7-14 给出了操作显示表的若干步骤。在图 7-14a 中，深度为 1 的 *sort* 调用了深度为 2 的 *quicksort*(1, 9)。*quicksort* 的活动记录中有一个用于存放 $d[2]$ 的原值的位置，图中显示为"保

存的 $d[2]$”，尽管在这个例子中因为之前没有深度为 2 的活动记录，这个指针为空。

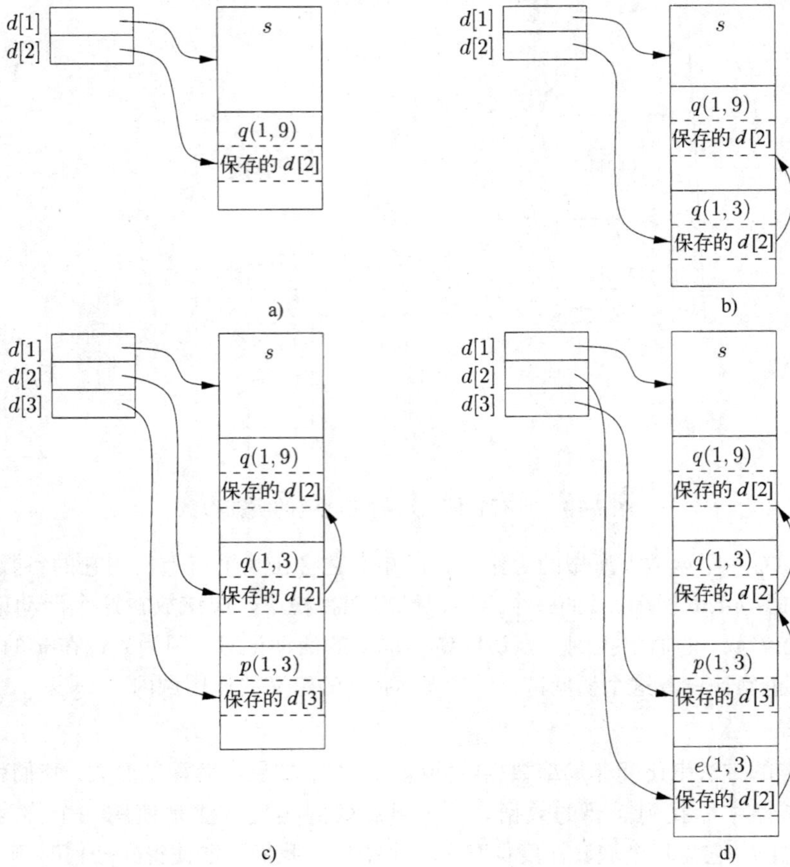

图 7-14 维护显示表

在图 7-14b 中，*quicksort*(1，9)调用 *quicksort*(1，3)。因为这两次调用的活动记录的深度都为 2，所以我们必须首先将 $d[2]$ 中指向 *quicksort*(1，9)的指针保存到 *quicksort*(1，3)的活动记录中去。然后 $d[2]$ 被设置为指向 *quicksort*(1，3)。

下一步调用 *partition*。这个函数的嵌套深度为 3，因此我们将首次使用显示表中的 $d[3]$ 位置，并使它指向 *partition* 的活动记录。*partition* 的记录中有一个存放原来的 $d[3]$ 值的位置。但是在这个例子中，$d[3]$ 原先没有值，因此这个位置上的指针为空。此时的显示表和栈如图 7-14c 所示。

然后，*partition* 调用 *exchange*。函数 *exchange* 的嵌套深度为 2，因此它的活动记录保存了旧的 $d[2]$ 指针，即指向 *quicksort*(1，3)的活动记录的指针。请注意，这里出现了多个显示表指针之间相互交叉的情况。也就是说，$d[3]$ 指向的位置比 $d[2]$ 所指位置更低。这是一个正常的情况，因为 *exchange* 只访问它自己的数据和通过 $d[1]$ 访问的 *sort* 的数据。 □

7.3.9 7.3 节的练习

练习 7.3.1：图 7-15 中给出了一个按照非标准方式计算 Fibonacci 数的 ML 语言的函数 `main`。函数 `fib0` 将计算第 n 个 Fibonacci 数($n \geqslant 0$)。嵌套在 `fib0` 中的是 `fib1`，它假设 $n \geqslant 2$ 并计算第 n 个 Fibonacci 数。嵌套在 `fib1` 中的是 `fib2`，它假设 $n \geqslant 4$。请注意，`fib1` 和 `fib2` 都不需要检查基本情况。我们考虑从对 `main` 的调用开始，直到(对 `fib0(1)` 的)第一次调用即将

返回的时段，请描述出当时的活动记录栈，并给出栈中的各个活动记录的访问链。

练习 7.3.2：假设我们使用显示表来实现图 7-15 中的函数。请给出对 fib0(1)的第一次调用即将返回时的显示表。同时指明那时在栈中的各个活动记录中保存的显示表条目。

```
fun main () {
    let
        fun fib0(n) =
            let
                fun fib1(n) =
                    let
                        fun fib2(n) = fib1(n-1) + fib1(n-2)
                    in
                        if n >= 4 then fib2(n)
                        else fib0(n-1) + fib0(n-2)
                    end
            in
                if n >= 2 then fib1(n)
                else 1
            end
    in
        fib0(4)
    end;
```

图 7-15　计算 Fibonacci 数的嵌套函数

7.4　堆管理

堆是存储空间的一部分，它被用来存储那些生命周期不确定，或者将生存到被程序显式删除为止的数据。虽然局部变量通常在它们所属的过程结束之后就变得不可访问，但很多语言支持创建某种对象或其他数据，它们的存在与否和创建它们的过程的活动无关。例如，C ++ 和 Java 语言都为程序员提供了 new 语句，该语句创建的对象（或指向对象的指针）可以在过程之间进行传递，因此这些对象在创建它们的过程结束之后仍然可以长期存在。这样的对象被存放在堆区。

在本节中，我们将讨论*存储管理器*（memory manager），即分配和回收堆区空间的子系统，它是应用程序和操作系统之间的一个接口。对于 C 或 C ++ 这样需要手动回收存储块的语言（即通过程序中的显式语句，比如 free 或 delete，进行回收）而言，存储管理器还负责实现空间回收。

我们将在 7.5 节中讨论*垃圾回收*（garbage collection），即在堆区中找到那些不再被程序使用、因此可以被重新分配以便存放其他数据项的空间的过程。对于 Java 这样的语言，内存的回收是由垃圾回收器完成的。在需要进行垃圾回收时，垃圾回收器是存储管理器的一个重要子系统。

7.4.1　存储管理器

存储管理器总是跟踪堆区中的空闲空间。它具有两个基本的功能：

- *分配*。当程序为一个变量或对象请求内存时[1]，存储管理器产生一段连续的具有被请求大小的堆空间。如果有可能，它使用堆中的空闲空间来满足分配请求；如果没有被请求大小的空间块可供分配，它试图从操作系统中获得连续的虚拟内存来增加堆区的存储空间。

[1] 在后面的内容中，我们将把需要内存空间的事物称为“对象”，尽管它们并不是“面向对象程序设计”意义上的真正对象。

如果空间已经用完，存储管理器将空间耗尽的信息传回给应用程序。

- *回收*。存储管理器把被回收的空间返还到空闲空间的缓冲池中，这样它可以复用该空间来满足其他的分配请求。存储管理器通常不会将内存返回给操作系统，即使当这个程序不再需要那么多的堆空间时也不会归还给操作系统。

如果下面的(a)、(b)两个条件都成立，内存的管理就会相对简单：(a)所有分配请求都要求相同大小的存储块，(b)存储空间按照可预见的方式被释放，比如先分配先回收。对于有些语言(比如 Lisp)而言条件 a 成立。纯的 Lisp 语言只使用一种数据元素 ——一个双指针单元，所有的数据结构都在该元素的基础上构建。条件 b 在某些情况下也可能成立，最常见的情况是可以在运行时刻栈中分配的数据。然而，对于大部分的语言而言，这两个条件一般都不成立。相反地，我们需要为不同大小的数据元素分配空间，并且没有好方法可以预测所有已分配对象的生命期。

因此，存储管理器必须准备以任何顺序来处理任何大小的空间分配和回收请求。这些请求小到一个字节，大到该程序的整个地址空间。

下面是我们期望存储管理器具有的特性：

- *空间效率*。存储管理器应该能够使一个程序所需的堆区空间的总量达到最小。这样做就可以在一个固定大小的虚拟地址空间中运行更大的程序。空间效率是通过使存储碎片达到最少而得到的，该技术将在 7.4.4 节中讨论。
- *程序效率*。存储管理器应该充分利用存储子系统，使程序可以运行得更快。我们将在 7.4.2 节中看到，根据数据对象在存储中所处的不同位置，执行一条指令所花费的时间可能相差很大。幸运的是，程序通常会表现出“局部性”，7.4.3 节将讨论这种现象，它指的是通常的程序在访问内存时具有的非随机性聚集的特性。通过关注对象在存储中的放置方法，存储管理器可以更好地利用空间，并且有希望使程序运行得更快。
- *低开销*。因为存储分配和回收在很多程序中是常用的操作，因此使得这些操作尽可能地高效是非常重要的。也就是说，我们希望最小化*开销*(overhead)，即花费在分配和回收上的执行时间在总运行时间中所占的比例。请注意，分配的开销由小型请求决定，管理大型对象的开销相对不重要，因为通常会在它上面执行大量的计算，这个开销被分摊了。

7.4.2 一台计算机的存储层次结构

存储管理和编译器优化必须在充分了解存储行为的基础上完成。现代机器的设计使得程序员不需要考虑内存子系统的细节就能够写出正确的程序。然而，程序的效率不仅取决于被执行的指令的数量,还取决于执行其中每条指令所花费的时间。不同情况下执行一条指令所花费的时间可能会有明显的不同，因为访问不同的存储区域所花费的时间从几纳秒到几毫秒不等。因此，数据密集型程序可以从能够充分利用存储子系统的优化技术中得到很大的好处。我们将在 7.4.3 节看到，这种优化可以利用程序的“局部性”现象，即一般程序的非随机行为。

内存访问时间上的巨大差异源于硬件技术的根本性局限。我们可以制造出一个小而快的存储器件或者大而慢的存储器件，但是无法制造出既大又快的存储器件。现在，制造一个具有纳秒级访问时间的千兆容量的存储器件仍然是不可能的，而纳秒级正是高性能处理器的运行速度。因此，在实践中，现代计算机都以*存储层次结构*(memory hierarchy)的方式安排它们的存储。如图 7-16 所示的一个存储层次结构由一系列存储元素组成，较小较快的元素“更加接近”处理器，较大但较慢的元素则离存储器比较远。

一个处理器通常具有少量寄存器，寄存器中的内容由软件控制。然后，它具有一层或多层高速缓存，这些高速缓存通常使用静态 RAM 制造，其大小从几千字节到几兆字节不等。层次结构中的下一层是物理(主)内存，它由数百兆到几千兆的动态 RAM 构成。物理内存由下一层的虚拟内存提供支持，虚拟内存由几千兆字节的磁盘实现。在一次内存访问中，机器首先在最近（最底层的）的存储中寻找数据，如果数据不在那里则到上一层中寻找，以此类推。

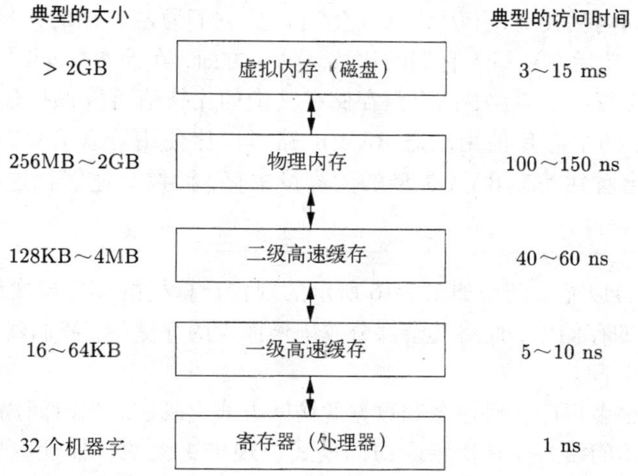

图 7-16 典型的内存层次结构的配置

寄存器个数很少，因此寄存器的使用会根据特定应用进行裁剪，并由编译器生成的代码进行管理。存储层次结构中的所有其他层都是自动管理的。这样做不仅简化了编程任务，并且相同的程序可以在具有不同存储配置的机器上高效工作。对于每次存储访问，机器从最低层开始逐层搜索每一层存储，直到找到数据为止。高速缓存是完全通过硬件进行管理的，这么做是为了能够跟上相对较快的 RAM 访问时间。因为磁盘访问速度相对较慢，虚拟内存是由操作系统进行管理的，辅以一个称为"转换旁视缓冲"的硬件结构。

数据以连续存储块的方式进行传输。为了分摊访问的开销，内存层次结构中较慢的层次通常使用较大的块。在主存和高速缓存之间的数据是按照被称为*高速缓存线*（cache line）的块进行传输的，高速缓存线的长度通常在 32～256 字节之间。在虚拟内存（硬盘）和主内存之间的数据是以被称为"页"（page）的内存块进行传输的，页的大小通常在 4～64 KB 之间。

7.4.3 程序中的局部性

大部分程序表现出高度的*局部性*（locality），也就是说，程序的大部分运行时间花费在相对较小的一部分代码中，此时它们只涉及少部分数据。如果一个程序访问的存储位置很可能将在一个很短的时间段内被再次访问，我们就说这个程序具有*时间局部性*（temporal locality）。如果被访问过的存储位置的临近位置很可能在一个很短的时间段内被访问，我们就说这个程序具有*空间局部性*（spatial locality）。

通常认为程序把 90% 的时间用来执行 10% 的代码。原因如下：

- 程序经常包含很多从来不会被执行的指令。使用组件和库构建得到的程序只使用了它们提供的一小部分功能。同时，随着需求的改变和程序的演化，遗留系统中常常包含很多不再被使用的指令。
- 在程序的一次典型运行中，可能被调用的代码中只有一小部分会被实际执行。例如，虽然处理非法输入和异常情况的指令对于程序的正确性是至关重要的，但是它们在某次运行中很少会被调用。
- 通常的程序往往将大部分时间花费在执行程序中的最内层循环和最紧凑的递归环上。

静态的和动态的 RAM

大部分随机访问内存是动态的(dynamic)，这意味着它们是由简单的电子电路构成的。这些电路会在短时间内丢失电位(因此也就会“忘记”它们原本存储的比特值)。这些电路需要定期刷新，即读出然后重新写入它们的比特。另一方面，在静态(static)RAM 的设计中，每个比特都需要一个更复杂的电路，结果是存储在其中的比特值可以保持任意长时间，直到它被改写为止。显然，一个芯片使用动态 RAM 电路可以比使用静态 RAM 电路存储更多的比特。因此我们通常会看到动态 RAM 类型的大容量主存，而像高速缓存这样的较小存储则使用静态电路构造。

局部性使得我们可以充分利用如图 7-16 所示的现代计算机的存储层次结构。将最常用的指令和数据放在快而小的存储中，而将其余部分放入慢而大的存储中，我们就可以显著地降低一个程序的平均存储访问时间。

人们已经发现，很多程序在对指令和数据的访问方式上既表现出时间局部性，又表现出空间局部性。然而，数据访问模式通常比指令访问模式表现出更大的多样性。将最近使用的数据放在最快的存储层次中的策略可以在普通程序中发挥很好的作用，但是在某些数据密集型程序中的作用并不明显——循环遍历非常大的数组的程序就是这样的例子。

仅仅通过查看代码，我们一般无法看出哪部分代码会被频繁地用到，针对特定输入指出这一点则更加困难。即使我们知道哪些指令会被频繁执行，最快的高速缓存通常也不能够同时存储这些指令。因此，我们必须动态调整最快的存储中的内容，用它们来保存可能很快会被频繁使用的指令。

利用存储层次结构的优化

将最近使用过的指令放入高速缓存的策略通常很有效。换句话说，过去的情况能够很好地预测将来的存储使用情况。当一条新的指令被执行时，其下一条指令也很有可能将被执行。这种现象是空间局部性的一个例子。提高指令的空间局部性的一个有效技术是让编译器把很可能连续执行的多个基本块(即总是顺序执行的指令序列)连续存放，即放在同一个存储页面中，可能的话甚至放在同一高速缓存线中。属于同一个循环或同一个函数的指令很有可能被一起运行[⊖]。

我们还可以改变数据布局或计算顺序，从而改进一个程序中的数据访问的时间局部性和空间局部性。例如，一些程序反复地访问大量数据，而每次访问只完成少量的计算，这样的程序的性能不会很好。我们可以每次将一部分数据从存储层次结构的较慢层次加载到较快层次(比如从磁盘移到主存)，并且在这些数据驻留在较快层中时执行所有针对这些数据的运算，那么程序的性能就会变得更好。这个概念可以递归地应用于物理内存、高速缓存以及寄存器中的数据的复用。

高速缓存体系结构

我们如何知道一个高速缓存线在高速缓存中呢？逐个检查高速缓存中的每一条高速缓存线过于费时，因此在实践中常常会限制一条高速缓存线在高速缓存中的放置位置。这个约束

⊖ 当机器从内存中获得一个存储字时，同时预取(prefetch)出其后的多个连续内存字的开销相对较小。因此，一个常见的存储层次结构的特性是在每次访问某层存储的时候会从该层存储中获取一个包含了多个机器字的块。

称为成组相关性(set associativity)。如果在一个高速缓存中，一条缓存线只能被放在 k 个位置上，那么这个高速缓存就称为 k 路成组相关的(k-way set associative)。最简单的高速缓存是1路相关高速缓存，它也称为直接映射高速缓存(direct-mapped cache)。在一个直接映射高速缓存中,存储地址为 n 的数据只能够放在缓存地址 $n \bmod s$ 上，其中 s 是这个高速缓存的大小。类似地，一个 k 路成组相关高速缓存被分为 k 个集合，而一个地址为 n 的数据只能映射到各个集合中的位置 $n \bmod (s/k)$ 上。大部分指令和数据高速缓存的相关性在1~8之间。如果一条缓存线被调入高速缓存，并且所有可能存放这个高速缓存线的位置都已经被占用，那么通常情况下会将最近最少使用的缓存线清除出高速缓存。

7.4.4 碎片整理

在程序开始执行的时候，堆区就是一个连续的空闲空间单元。随着这个程序分配和回收存储工作的进行，空间被分割成若干空闲存储块和已用存储块，而空闲块不一定位于堆区的某个连续区域中。我们将空闲存储块称为"窗口"(hole)。对于每个分配请求，存储管理器必须将请求的存储块放入一个足够大的"窗口"中。除非找到一个大小恰好相等的"窗口"，否则我们必定会切分某个窗口，结果创建出更小的窗口。

对于每个回收请求，被释放的存储块被放回到空闲空间的缓冲池中。我们把连续的窗口接合(coalesce)成为更大的窗口，否则窗口只会越变越小。如果我们不小心，空闲存储最终会变成碎片，即大量的细小且不连续的窗口。此时，就有可能找不到一个足够大的"窗口"来满足某个将来的请求，尽管总的空闲空间可能仍然充足。

best-fit 和 next-fit 对象放置

我们通过控制存储管理器在堆区中放置新对象的方法来减少碎片。经验表明，使现实中的程序中碎片最少的一个良好策略是将请求的存储分配在满足请求的最小可用窗口中。这个 best-fit 算法趋向于将大的窗口保留下来满足后续的更大请求。另一种策略被称为 first-fit。在这个策略中，对象被放置到第一个(即地址最低的)能够容纳请求对象的窗口中。这种策略在放置对象时花费的时间较少，但是人们发现它在总体性能上要比 best-fit 策略差。

为了更有效地实现 best-fit 放置策略，我们可以根据空闲空间块的大小，将它们分在若干个容器中。一个实际可行的想法是为较小的尺寸设置较多的容器，因为小对象的个数通常比较多。例如，在 GNU 的 C 编译器 gcc 中使用的存储管理器 Lea 将所有的存储块对齐到8字节的边界。对于16字节到512字节之间的、每个大小为8字节整数倍的存储块，这个存储管理器都设置了一个容器。更大尺寸的容器按照对数值进行划分(即每个容器的最小尺寸是前一个容器的最小尺寸的两倍)。在每一个容器中，存储块按照它们的大小排列。总是存在这样一个空闲空间块，存储管理器可以向操作系统请求更多的页面来扩展这个块。这个块被称为"荒野块"(wilderness chunk)。因为它的可扩展性，Lea 把这个块当作最大尺寸存储块的容器。

容器机制使得寻找 best-fit 块变得容易。

- 如果被请求的尺寸有一个专有容器，即该容器只包含该尺寸的存储块，我们可以从该容器中任意取出一个存储块。Lea 存储管理器在处理小尺寸请求时就是这样做的。
- 如果被请求的尺寸没有专有的容器，我们可以找出一个能够包含该尺寸的存储块的容器。在这个容器中，我们可以使用 first-fit 或 best-fit 策略。也就是说，我们既可以找到并选择第一个足够大的存储块，也可以花更多的时间去寻找最小的满足需求的存储块。注意，如果选择的空闲存储块的大小不是正好合适，通常将该块的剩余部分放到一个对应于更小尺寸的容器中。

- 不过，这个目标容器可能为空，或者这个容器中的所有存储块都太小，不能满足空间请求。在这种情况下，我们只需要使用对应于下一个较大尺寸的容器重新进行搜索。最后，我们要么找到可以使用的存储块，要么到达“荒野块”。从这个荒野块中我们一定可以得到需要的空间，但有可能需要请求操作系统为堆区增加更多的内存页。

虽然 best-fit 放置策略可以提高空间利用率，但从空间局部性的角度考虑，它可能并不是最好的。程序在同一时间分配的块通常具有类似的访问模式，并具有类似的生命周期。因此将它们放置在一起可以改善程序的空间局部性。对 best-fit 算法的有用改进之一是在找不到恰巧等于请求尺寸的存储块时，使用另一种对象放置方法。在这种情况下，我们使用 next-fit 策略，只要刚刚分割过的存储块中还有足够的空间来容纳这个对象，我们就把这个对象放置在这个存储块中。next-fit 策略还可以提高分配操作的速度。

管理和接合空闲空间

当一个对象通过手工方式回收时，存储管理器必须将该存储块设置为空闲的，以便它可以被再次分配。在某些情况下，还可以将这个块和堆中的相邻块合并(接合)起来，构成一个更大的块。这样做是有好处的。因为我们总能够用一个大的存储块来完成总量相等的多个小存储块所完成的工作，但是不能用很多个小存储块来保存一个大对象，而合并后的存储块就有可能做到。

如果我们为所有具有固定尺寸的存储块保留一个容器，如 Lea 中为小尺寸块所做的那样，那么我们可能倾向于不把相邻的该尺寸的块合并成为双倍大小的块。比较简单的做法是将所有同样大小的块全部按照需要放在多个页中，而不必接合。那么，一个简单的分配/回收方案是维护一个位映射，其中的每个比特对应于容器中的一个块。1 代表该块已被占用，0 表示它是空闲的。当一个块被回收时，我们将它对应的 1 改为 0。当我们需要分配一个存储块时，便找出任意一个相应比特为 0 的块，将这个位改为 1，然后就可以使用该内存块了。如果没有空闲块，我们就获取一个新的页，将其分割成适当大小的存储块，同时扩展用于存储管理的位向量。

在有些情况下问题会变得比较复杂。比如，我们不使用容器而把堆区作为一个整体进行管理；或者我们想要接合相邻的块，并在必要的时候将合并得到的块移动到另一个容器中。有两种数据结构可以用于支持相邻空闲块的接合：

- *边界标记*。在每个(不管是空闲的还是已分配的)存储块的高低两端，我们都存放了重要的信息。在块的两端都设置了一个 free/used 位，用来标识当前该块是已用的(used)还是空闲的(free)。在与每一个 free/used 位相邻的位置上存放了该块中的字节总数。
- *一个双重链接的、嵌入式的空闲列表*。各个空闲块(而不是已分配的块)还使用一个双重链表进行链接。这个链表的指针就存放在这些块中，比如说存放在紧挨着某一端边界标记的位置上。因此，不需要额外的空间来存放这个空闲块列表，尽管它的存在为块的大小设置了一个下界。即使数据对象只有一个字节，存储块也必须提供存放两个边界标记和两个指针的空间。空闲列表中的存储块的顺序没有确定。例如，这个列表可以按块的大小排序，因此可以支持 best-fit 放置策略。

例 7.10 图 7-17 给出堆区的一个部分，其中包含三个相邻的存储块 A、B 和 C。B 块的大小为 100，它刚刚被回收并回到了空闲列表中。因为我们知道 B 的开始位置(左端)，也就知道了紧靠在 B 的左边的存储块的末端，在这个例子中就是 A。A 右端的 free/used 位当前为 0，因此 A 也是空闲的。于是我们可以将 A 和 B 接合成一个 300 字节的存储块。

有可能出现这样的情况，即紧靠在 B 的右端的存储块 C 也是空闲的。在这种情况下，我们可以把A、B和C全部合并起来。请注意，如果我们总是尽可能地把存储块接合起来，那么就不会有两个连续的空闲块。因此我们总是只需要查看与正被回收的块相邻的两个块。在当前例子中，我们按照下面的步骤找到C的开始位置。我们从已知的B的左端开始，在B的左边界标记中知道B块的总字节数为100字节。根据这个信息，我们可以找到B的右端和紧靠在B右边的存储块的起始位置。在该点上，我们检查C的free/used位，发现其值为1，表明C正在被使用，因此C不可以被接合。

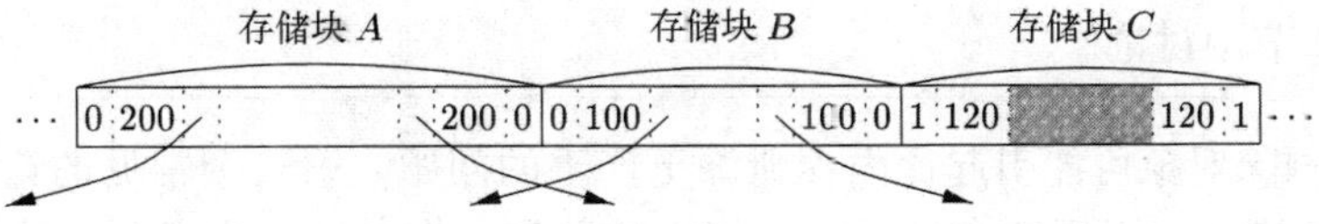

图 7-17　堆的片段和一个双重链接的空闲列表

因为我们必须接合A和B，所以需要从空闲列表中删除它们中的一个。空闲列表的双重链接结构使得我们可以找到A和B中的前驱和后继结点。请注意，不应该假定在物理上相邻的A和B在空闲列表中也相邻。知道了A和B在空闲列表中的前驱和后继的存储块，就可以操作列表中的指针并将A和B替换为一个接合后的存储块。□

如果自动垃圾回收过程将所有已分配的存储块移动到一段连续的存储中，它同时还可以消除所有的碎片。在7.6.4节中将更详细地讨论垃圾回收机制和存储管理之间的相互影响。

7.4.5 人工回收请求

我们在本节的最后讨论人工存储管理。此时，程序员必须像在C和C++语言中那样显式地安排数据的回收。在理想情况下，任何不会再被访问的存储都应该删除。反过来，任何可能还会被引用的空间都不能删除。遗憾的是，这两个性质都很难保证。除了考虑人工回收的困难之处以外，我们还将描述一些被程序员用于处理这些难点的技术。

人工回收带来的问题

人工存储管理很容易出错。常见的错误有两种形式：一直未能删除不能被引用的数据，这称为*内存泄漏*(memory-leak)错误；引用已经被删除的数据，这称为*悬空指针引用*(dangling-pointer-dereference)错误。

程序员不能保证一个程序是否*永远不会*在将来引用某块存储，因此第一个常见的错误是没有删除那些不会被再次引用的数据。请注意，尽管内存泄漏可能由于占用的存储增多而降低程序运行的速度，但是只要机器没有用完全部存储，它们就不会影响程序的正确性。很多程序可以容忍内存泄漏，当泄漏比较缓慢时尤其如此。然而，对于长期运行的程序，特别是像操作系统和服务器代码这样不间断运行的程序，保证它们没有内存泄漏是非常关键的。

自动垃圾回收通过回收所有的垃圾而消除了内存泄漏问题。即使使用自动垃圾回收机制，程序可能仍然耗费了过多的内存。有时尽管在某处还存在着对某个对象的引用，但程序员可能已经知道该对象不会再被引用。在那种情况下，程序员可以主动地删除指向那些不会再被引用的对象的引用，使得这些对象可以被自动回收。

一个工具实例：Purify

Rational的Purify是帮助程序员寻找程序中的内存访问错误和内存泄漏的最常用的商业工具之一。Purify对二进制代码进行插装，加入在程序运行时检查程序错误的附加指令。它维护了一个存储的映像图，指明所有空闲的和已用的空间的分布。每个已分配空间的对象都被一段额外空间包围；对未分配空间的访问，或对数据对象之间的间隙空间的访问都被标记为错误。通过这种方法可以找到一些悬空指针引用，但是当该内存已经被重新分配且该位置上已经存在一个有效对象时，这种方法就无能为力了。这种方法还可以找到一些越界的数组访问，前提是它们恰巧落在这些对象之后，由 Purify 插入的空间中。

Purify 也可以在程序运行结束时发现内存泄漏。它搜索所有的已分配的对象中的内容，找出所有可能的指针值。任何没有指针指向的对象都是一块泄漏的存储块。Purify 可以报告泄漏内存的大小和泄漏对象的位置。我们可以将 Purify 和一个"保守的垃圾回收器"相比较，后者将在 7.8.3 节中讨论。

过度热衷于删除对象可能引起比内存泄漏更严重的问题。第二个常见的错误是删除了某个存储空间，然后又试图去引用这个已回收空间中的数据。指向已回收空间的指针称为*悬空指针*(dangling pointer)。一旦这个已释放的空间被重新分配给另一个变量，通过该悬空指针进行的任何读、写或回收操作都可能产生看起来不可捉摸的结果。我们把诸如读、写、回收等沿着一个指针试图使用该指针所指对象的所有操作称为对这个指针的"*解引用*"(dereferencing)。

注意，通过一个悬空指针读取数据可能会返回不确定的值。通过一个悬空指针进行写操作则可能不确定地改变新变量的值。回收一个悬空指针的存储空间意味着这个新变量的存储空间可能被分配给另一个变量。新旧变量上的动作可能会相互冲突。

和内存泄漏不一样，在释放的空间被重新分配之后再对相应的悬空指针进行解引用总是会带来难以调试的程序错误。因而，当程序员不能确定一个变量是否还会被引用时，他们更倾向于不回收该变量。

另一个相关的编程错误形式是访问非法地址。这种错误的常见例子包括对空指针的解引用和访问一个数组界限之外的元素。探测出这种错误要好过任由程序产生错误结果。实际上，很多安全危害就是利用了这种类型的程序错误。其中，某个程序输入会导致意想不到的数据访问，使得一个黑客取得这个程序和机器的控制权。解决办法之一是让编译器在每次访问中插入检查代码，以保证该次访问在数组界限之内。一些编译器的优化器可以发现并删除那些不必要的检查代码，因为这些优化器能够推导出相应的访问必然在区间之内。

编程规范和工具

现在我们给出几个最流行的编程规范和工具，开发它们的目的是帮助程序员来应对的存储管理的复杂性：

- 当一个对象的生命周期能够被静态推导出来时，*对象所有者*(object ownership)的概念是很有用的。它的基本思想是在任何时候都给每个对象关联上一个*所有者*(owner)。这个所有者是指向该对象的一个指针，通常属于某个函数调用。所有者(也就是这个函数)负责删除这个对象或者把这个对象传递给另一个所有者。可能会有其他的指针也指向同一个对象，但是这些指针不代表拥有关系。这些指针可在任何时刻被覆盖，但是绝对不应该通过它们进行删除操作。这个规范可以消除内存泄漏，同时也可以避免将同一对象删除两次。然而，它对解决悬空指针引用问题没有帮助，因为有可能沿着一个不代表拥有关系的指针访问一个已经被删除的对象。
- 当一个对象的生命周期需要动态确定时，*引用计数*(reference counting)会有所帮助。它的基本思想是给每个动态分配的对象附上一个计数。在指向这个对象的引用被创建时，我们将此对象的引用计数加一；当一个引用被删除时，我们将此引用计数减一。当计数变成 0 时，这个对象就不会再被引用，因此可以被删除。然而，这个技术不能发现无用的循环数据结构，其中的一组对象不能再被访问，但是因为它们之间互相引用，导致它们的引用计数不为0。在例子7.11中可以看到这个问题的一个示例。引用计数技术确实可以根除所有的悬空指针引用，因为不存在指向已删除对象的引用。因为引用计数在存储一个指针的每次运算上增加了额外开销，因此引用计数的运行时刻代价很大。

- 对于其生命周期局限于计算过程中的某个特定阶段的一组对象，可以使用基于区域的分配(region-based allocation)方法。当被创建的对象只在一个计算过程的某个步骤中使用时，我们可以把这些对象分配在同一个区域中。一旦这个计算步骤完成，我们就删除整个区域。基于区域的分配方法有一定的局限性。然而当可以使用它时，它又非常高效。因为该技术以成批的方式一次性删除区域中的所有对象，而不是每次回收一个对象。

7.4.6 7.4节的练习

练习7.4.1：假设堆区从0地址开始编址，由几个存储块组成。按照地址顺序，这些存储块的大小分别是80，30，60，50，70，20，40个字节。当我们在一个存储块中放入一个对象时，如果该块中的剩余空间仍然足以形成一个较小的块，我们就将此对象放置在块的高端(这样可以比较容易地把较小的块保存在空闲空间的链表中)。然而，我们不能使用小于8个字节的存储块，因此如果一个对象和被选中的存储块差不多大，我们就把整个块分配给它，并将这个对象放置在这个块的低端。如果我们按顺序为大小分别为32、64、48、16的对象申请空间，在满足了这些请求之后的空闲空间列表是什么样子的？假设选择存储块的方法是：

1）First-fit

2）Best-fit

7.5 垃圾回收概述

不能被引用的数据通常称为*垃圾*(garbage)。很多高级程序设计语言提供了用以回收不可达数据的自动垃圾回收机制，从而解除了程序员进行手工存储管理的负担。垃圾回收最早出现在1958年的Lisp语言的初次实现中。其他提供垃圾回收机制的主要语言包括Java、Perl、ML、Modula-3、Prolog和Smalltalk。

在本节中，我们将介绍多个和垃圾回收相关的概念。对象“可达”这个概念是很直观的，但是我们仍需要精确地定义，准确的规则将在7.5.2节中讨论。我们将在7.5.3节中讨论一种简单但是有缺陷的自动垃圾回收方法：引用计数。它基于如下的思想：一旦一个程序失去了指向一个对象的所有引用，它就不能并且也不会再引用该对象的存储空间。

7.6节将讨论基于跟踪的回收器。它包含多个算法，用以找出所有仍然有用的对象，然后将堆区中所有的其他存储块变成空闲空间。

7.5.1 垃圾回收器的设计目标

垃圾回收是重新收回那些存放了不能再被程序访问的对象的存储块。我们假定这些对象的类型可以由垃圾回收器在运行时刻确定。基于这个类型信息，我们可以知道该对象有多大，以及该对象的哪些分量包含指向其他对象的引用(指针)。我们还假定对对象的引用总是指向该对象的起始位置，而不会指向该对象中间的位置。因此，对同一个对象的所有引用具有相同的值，可以被很容易地识别。

我们把一个用户程序称为*增变者*(mutator)，它会修改堆区中的对象集合。增变者从存储管理器处获取空间，创建对象，它还可以引入和消除对已有对象的引用。当增变者程序不能“到达”某些对象时，这些对象就变成了垃圾。在7.5.2节中将给出“到达”的准确定义。垃圾回收器找到这些不可达对象，并将这些对象交给跟踪空闲空间的存储管理器，收回它们所占的空间。

一个基本要求：类型安全

不是所有的语言都适合进行自动垃圾回收。为了使垃圾回收器能够工作，它必须知道任何给定的数据元素或一个数据元素的分量是否为(或可否被用作)一个指向某块已分配存储空间的指针。在一种语言中，如果任何数据分量的类型都是可确定的，那么这种语言就称为*类型安全*(typesafe)的。对于某些类型安全的语言，比如 ML，我们可以在编译时刻确定数据的类型。另外一些类型安全语言，比如 Java，其类型不能在编译时刻确定，但是可以在运行时刻确定。后者称为*动态类型*(dynamically typed)语言。如果一个语言既不是静态类型安全的，也不是动态类型安全的，它就被称为*不安全的*(unsafe)。

类型不安全的语言不适合使用自动垃圾回收机制。遗憾的是，有些最重要语言却是类型不安全的，比如 C 和 C++。在不安全语言中，存储地址可以进行任意操作：可以将任意的算术运算应用于指针，创建出一个新的指针，并且任何整数都可以被强制转化为指针。因此，从理论上来说，一个程序可以在任何时候引用内存中的任何位置。这样，没有哪个内存位置可以被认为是不可访问的，也就无法安全地收回任何存储空间。

在实践中，大部分 C 和 C++ 程序并没有随意地生成指针。因此人们开发了一个在理论上不正确，但是实践经验表明很有效的垃圾回收器。我们将在 7.8.3 节中讨论用于 C 和 C++ 语言的保守的垃圾回收技术。

性能度量

尽管在几十年前就发明了垃圾回收机制，并且它能够完全防止内存泄漏，但是垃圾回收的代价是如此高昂，所以至今没有被很多主流的程序设计语言使用。在多年的研究中，很多不同的回收方法被提出来，但是还没有一种无可争议的最好的垃圾回收算法。在讨论这些方法之前，我们首先列举一些在设计垃圾回收器时必须考虑的性能度量标准。

- *总体运行时间*。垃圾回收的速度可能会很慢。使它不会显著增加一个应用程序的总运行时间是很重要的。因为垃圾回收器必须要访问很多数据，它的性能很大程度上决定于它能否充分利用存储子系统。
- *空间使用*。重要之处在于垃圾回收机制避免了内存碎片，并最大限度地利用了可用内存。
- *停顿时间*。简单的垃圾回收器有一个众所周知的问题，即垃圾回收过程会在没有任何预警的情况下突然启动，导致程序(即增变者)突然长时间停顿。因此，除了最小化总体运行时间之外，人们还希望将最长停顿时间最小化。作为一个重要的特例，实时应用要求某些计算在一个时间界限内完成。我们要么在执行实时任务时压制住垃圾回收过程，要么限定最长停顿时间。因此，垃圾回收机制很少在实时应用中使用。
- *程序局部性*。我们不能只通过一个垃圾回收器的运行时间来评价它的速度。垃圾回收器控制了数据的放置，因此影响了增变者程序的数据局部性。它可以通过释放空间并复用该空间来改善增变者程序的时间局部性；它也可以将那些一起使用的数据重新放置在同一个高速缓存线或内存页上，从而改善程序的空间局部性。

这些设计目标中的某些目标可能互相冲突，设计者必须在认真考虑程序的典型行为之后作出权衡。不同特性的对象可能适合使用不同的处理方式，这就要求垃圾回收器使用不同的技术来处理不同类型的对象。

例如，已分配的对象数量中小对象的数量很大比例，那么对小对象的分配不能产生大的开销。另一方面，考虑一下对可达对象进行重定位的垃圾回收器。在处理大对象时重新定位是非常昂贵的，但在处理小对象时代价就比较小。

考虑另一个例子。一般来说，在基于跟踪的回收器中，我们等待垃圾回收的时间越长，可回收对象的比例就越大。原因在于很多对象常常"英年早逝"，因此如果我们等一段时间，很多新分配的对象就会变成不可达的。这样的回收器平均花在每个被回收对象上的开销就会变小。另一方面，降低回收频率会增加程序的内存使用要求，降低数据局部性，并增加停顿时间。

相比之下，一个使用引用计数的回收器给增变者的每次运算引入一个常量开销，从而明显地减慢程序的整体运行速度。但是另一方面，引用计数技术不会产生长时间的停顿，并且能够有效地利用内存，因为它可以在垃圾产生时立刻发现它们(除了 7.5.3 节中将讨论的特定的循环结构)。

语言的设计同样会影响内存使用的特性。有些语言提倡的程序设计风格会产生很多垃圾。比如，函数式(或者几乎函数式)的程序设计语言为了避免改变已存在的对象，会创建出更多的对象。在 Java 中，除了整型和引用这样的基本类型，所有的对象都被分配在堆区而不是栈区。即使这些对象的生命周期被限制在一次函数调用的生命周期内，它们仍然被分到堆区中。这种设计使得程序员不需要关注变量的生命周期，但是其代价是产生更多的垃圾。已经有一些编译器优化技术可以分析变量的生命周期，并尽可能地将它们分配到栈区。

7.5.2 可达性

我们把所有不需要对任何指针解引用就可以被程序直接访问的数据称为*根集*(root set)。例如，在 Java 中，一个程序的根集由所有的静态字段成员和栈中的所有变量组成。显然，程序可以在任何时候访问根集中的任何成员。递归地，对于任意一个对象，如果指向它的一个引用被保存在任何可达对象的字段成员或数组元素中，那么这个对象本身也是可达的。

当程序被编译器优化之后，可达性问题会变得更加复杂。首先，编译器可能会把引用变量放在寄存器中。这些引用也必须被看做是根集的一部分。其次，尽管在一个类型安全语言中，程序员不能直接操作内存地址，但是编译器常常会为了提高代码速度而这么做。因此，编译得到的代码中的寄存器可能会指向一个对象或数组的中间位置，或者程序可能把一个偏移量加到这些寄存器中的值上，计算得到一个合法地址。为了使得垃圾回收器能够找到正确的根集，优化编译器可以做如下的处理：

- 编译器可以限制垃圾回收机制只能在程序中的某些代码点上被激活。在这些点上没有"隐藏"的引用。
- 编译器可以写出一些信息供垃圾回收器恢复所有的引用。比如，指出哪些寄存器中包含了引用，或者如何根据给定的某个对象的内部地址来计算该对象的基地址。
- 编译器可以确保当垃圾回收器被激活时每个可达对象都有一个引用指向它的基地址。

可达对象的集合随着程序的执行而变化。当新对象被创建时该集合会增长，当某些对象变得不可达时该集合就缩小。重要的是记住一旦某个对象变得不可达，它就不可能再次变得可达。下面是一个增变者程序改变可达对象集合的四种基本操作：

- *对象分配*。这些操作由存储管理器完成。它返回一个指向新创建的存储区域的引用。这个操作向可达对象集中添加成员。
- *参数传递和返回值*。对象引用从实在输入参数传递到相应的形式参数，也可以从返回结果传回给调用者。这些引用指向的对象仍然是可达的。
- *引用赋值*。对于引用 u 和 v，形如 $u=v$ 的赋值语句有两个效果。首先，u 现在是 v 所指对象的一个引用。只要 u 是可达的，那么它指向的对象当然也是可达的。其次，u 中原来的引用丢失了。如果这个引用是指向某一可达对象的最后一个引用，那么那个对象就变成不可达的。当某个对象变得不可达时，所有只能通过这个对象中的引用到达的对象都会变成不可达的。

- 过程返回。当一个过程退出时，保存其局部变量的活动记录将被弹出栈。如果这个活动记录中保存了某个对象的唯一引用，那个对象就变得不可达。同样，如果这个刚刚变得不可达的对象保存了指向其他对象的唯一引用，那么那些对象也将变得不可达，以此类推。

总而言之，新的对象通过对象分配被引入。参数传递和赋值可以传递可达性；赋值和过程结束可能结束对象的可达性。当一个对象变得不可达时，可能会导致更多的对象变得不可达。

栈对象的残存问题

当一个过程被调用时，一个局部变量 v 的对象被分配在栈中。可能会有一些指向 v 的指针被放置在非局部变量中。这些指针将在这个过程返回之后继续存在，但是存放 v 的空间消失了，从而产生了一个悬空指针的情况。我们是否应该象 C 所作的那样将象 v 这样的局部变量分配在栈中呢？答案是很多语言的语义要求局部变量在它们的过程返回后不再存在。保留一个指向这样的变量的引用是一个编程错误，不会要求编译器去改正程序中的这个错误。

有两种寻找不可达对象的基本方法。我们可以捕获可达对象变得不可达的转变时刻，也可以周期性地定位出所有可达对象，然后推出所有其他对象都是不可达的。7.4.5 节中介绍的引用计数技术是一种著名的近似实现第一种方法的技术。我们在增变者执行可能改变可达对象集合的动作时，维护了指向各个对象的引用的计数。当计数器变成 0 时，相应的对象变得不可达。我们将在 7.5.3 节中更详细地讨论这个方法。

第二种方法传递地跟踪所有的引用，从而计算可达性。一个基于跟踪的垃圾回收器首先为根集中的所有对象加上“可达的”标号，然后重复地检查可达对象中的所有引用，找到更多的可达对象，并为它们加上同样的标号。这个方法必须首先跟踪所有的引用，然后才能决定哪些对象是不可达的。但是一旦计算得到可达集合，它就可以立刻找到很多不可达对象，并同时确定大量的空闲存储空间。因为所有的引用都必须在同一时刻进行分析，所以我们还可以选择将可达对象重新定位，从而减少碎片。有很多种不同的基于跟踪的算法，我们将在 7.6 节和 7.7.1 节中讨论这些可选算法。

7.5.3 引用计数垃圾回收器

现在，我们考虑一个简单但有缺陷的基于引用计数的垃圾回收器。当一个对象从可达转变为不可达的时候，该回收器就可以将该对象确认为垃圾；当一个对象的引用计数为 0 时，该对象就会被删除。使用引用计数的垃圾回收器时，每个对象必须有一个用于存放引用计数的字段。引用计数可以按照下面的方法进行维护：

1）对象分配。新对象的引用计数被设置为 1。

2）参数传递。被传递给一个过程的每个对象的引用计数加一。

3）引用赋值。如果 u 和 v 都是引用，对于语句 $u=v$，v 指向的对象的引用计数加 1，u 本来指向的原对象的引用计数减 1。

4）过程返回。当一个过程退出时，该过程活动记录的局部变量中所指向的对象的引用数必须减一。如果多个局部变量存放了指向同一对象的引用，那么对每个这样的引用，该对象的引用计数都要减 1。

5）可达性的传递丢失。当一个对象的引用计数变成 0 时，我们必须将该对象中的各个引用所指向的每个对象的引用计数减 1。

引用计数有两个主要的缺点：它不能回收不可达的循环数据结构，并且它的开销较大。循环数据结构的出现都是有理由的：数据结构常常会指回到它们的父结点，也可能相互指向对方，从而形成交叉引用。

例 7.11 图 7-18 给出了三个对象以及它们之间的引用，但是没有来自其他部分的引用。如果这些对象都不是根集的成员，那么它们都是垃圾，但是它们的引用计数都大于 0。如果我们在垃圾回收中使用引用计数技术，这个情况就等同于一次内存泄漏，因为这种垃圾以及任何类似的结构永远不会被回收。 □

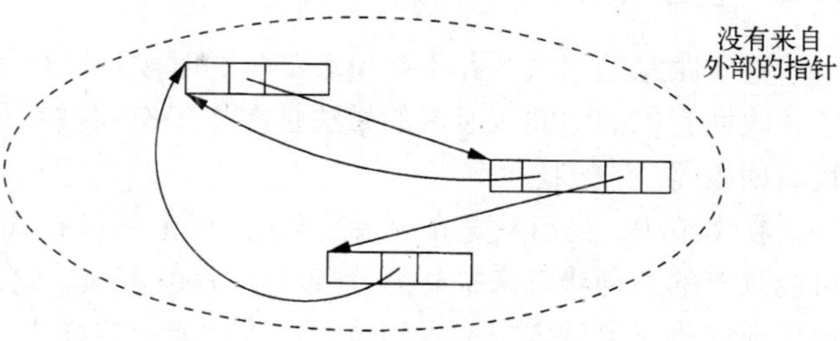

图 7-18　一个不可达的循环数据结构

引用计数的开销比较大，因为每一次引用赋值，以及在每个过程的入口和出口处，都会增加一个额外运算。这个开销和程序中的计算量成正比关系，而不仅仅和系统中的对象数目相关。需要特别考虑的是对一个程序的根集中的引用的更新。局部栈访问会引起引用计数的更新，为了消除因这种更新而引起的时间开销，人们提出了*延期引用计数*的概念。也就是说，引用计数不包括来自程序根集的引用。除非扫描整个根集仍没有找到指向某一对象的引用，否则这个对象不会被当作垃圾。

另一方面，引用计数的优势在于垃圾回收是以*增量方式*完成的。尽管总的开销可能很大，但这些运算分布在增变者的整个计算过程中。尽管删除一个引用可能致使大量对象变得不可达，我们可以很容易地延期执行递归地修改引用计数的运算，并在不同的时间点上逐步完成修改。因此，当应用必须满足某个时间期限时，或者对于不能接受长时间突然停顿的交互式系统而言，引用计数是一种特别有吸引力的算法。这个方法的另一种优势是垃圾被及时回收，从而保持了较低的空间使用量。

7.5.4 7.5 节的练习

练习 7.5.1：当下列事件发生时，图 7-19 中的对象的引用计数会发生哪些改变？

1）从 A 指向 B 的指针被删除。

2）从 X 指向 A 的指针被删除。

3）结点 C 被删除。

练习 7.5.2：当图 7-20 中的从 A 到 D 的指针被删除时，引用计数会发生什么样的改变？

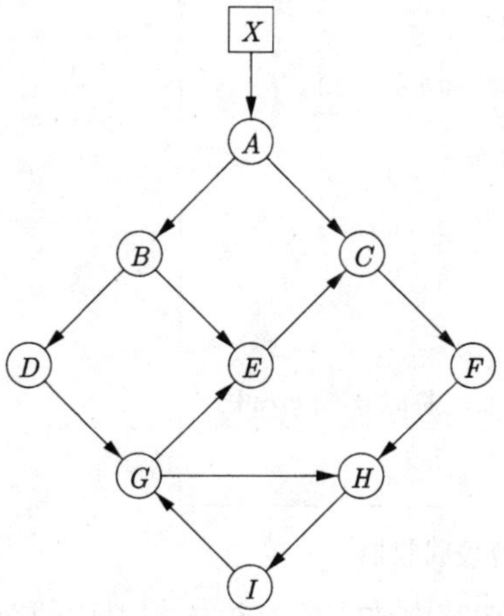

图 7-19　一个对象网络

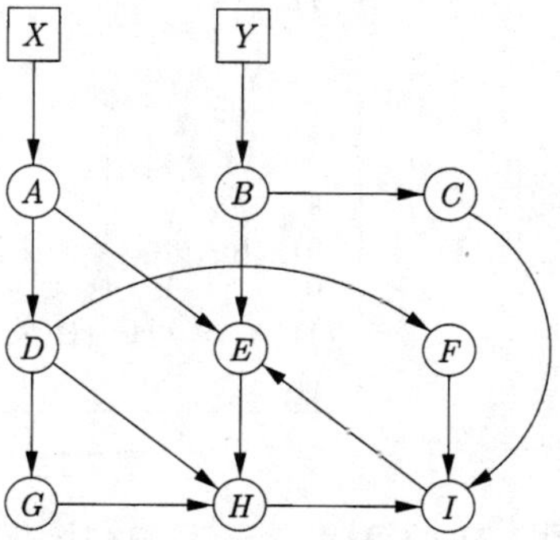

图 7-20　另一个对象网络

7.6 基于跟踪的回收的介绍

基于跟踪的回收器并不在垃圾产生的时候就进行回收，而是会周期性地运行，寻找不可达对象并收回它们的空间。通常的做法是在空闲空间被耗尽或者空闲空间数量低于某个阈值时启动垃圾回收器。

在本节中，我们首先介绍最简单的“标记－清扫式”垃圾回收算法。然后我们将通过存储块可能具有的四种状态来描述多个基于跟踪的算法。这一节中还包含了一些对基本算法的改进，包括那些将对象重定位加入到垃圾回收功能中的算法。

7.6.1 基本的标记－清扫式回收器

标记－清扫式(mark-and-sweep)垃圾回收算法是一种直接的全面停顿的算法。它们找出所有不可达的对象，并将它们放入空闲空间列表。算法 7.12 在一开始的跟踪步骤中访问并“标记”所有的可达对象，然后“清扫”整个堆区并释放不可达对象。在介绍了基于跟踪的算法的一个一般性框架之后，我们将考虑算法 7.14，它是算法 7.12 的一个优化。算法 7.14 使用一个附加的列表来保存所有已分配对象，使得它对每个可达对象只访问一次。

算法 7.12 标记－清扫式垃圾回收。

输入：一个由对象组成的根集，一个堆和一个被称为 *Free* 的包含了堆中所有未分配存储块的*空闲空间列表*(free list)。和 7.4.4 节中一样，所有空间块都用边界标记进行标识，指明它们的空闲/已用状态和大小。

输出：在删除了所有垃圾之后的经过修改的 *Free* 列表。

方法：在图 7-21 中显示的算法使用了几个简单的数据结构。列表 *Free* 保存了已知的空闲对象。一个名为 *Unscanned* 的列表保存了我们已经确定可达的对象，但是我们还没有考虑这些对象的后继对象的可达性。也就是说，我们还没有扫描这些对象来确定通过它们能够到达哪些对象。列表 *Unscanned* 最初为空。另外，每个对象包括一个比特，用来指明该对象是否可达(即 *reached* 位)。在算法开始之前，所有已分配对象的 *reached* 位都被设定为 0。

```
     /* 标记阶段 */
1)   /* 把被根集引用的每个对象的 reached 位设置为 1，并把它加入
        到 Unscanned 列表中；*/
2)   while (Unscanned ≠ ∅) {
3)         从 Unscanned 列表中删除某个对象 o；
4)         for (在 o 中引用的每个对象 o′) {
5)               if (o′ 尚未被访问到；即它的 reached 位为0) {
6)                     将o′ 的 reached 位设置为 1；
7)                     将o′ 放到 Unscanned 中；
                 }
           }
     }
     /* 清扫阶段 */
8)   Free = ∅;
9)   for (堆区中的每个内存块o) {
10)        if (o 未被访问到，即它的 reached 位为 0)将o加入到 Free中；
11)        else 将o 的 reached 位设置为0；
     }
```

图 7-21 一个标记－清扫式垃圾回收器

在图 7-21 的第(1)行，我们初始化 *Unscanned* 列表，在其中放入所有被根集引用的对象。同时这些对象的 *reached* 位被设置为 1。第(2)行到第(7)行是一个循环，在此循环中我们逐个检查

每个已经被放入 *Unscanned* 列表中的对象 *o*。

从第(4)行到第(7)行的 for 循环实现了对对象 *o* 的扫描。我们检查每个在 *o* 中被引用的对象 *o'*。如果 *o'* 已经被访问过(其 *reached* 位为 1)，那么就不需要对 *o'* 做任何处理；它要么已经在之前被扫描过，要么已经在 *Unscanned* 列表中等待扫描。然而，如果 *o'* 还没有被访问到，那么我们需要在第(6)行将它的 *reached* 位设置为 1，并在第(7)行中将 *o'* 加入到 *Unscanned* 列表中。图 7-22 说明了这个过程。它显示了一个带有四个对象的 *Unscanned* 列表。列表中的第一个对象对应于上述讨论中的对象 *o*。它正在被扫描。虚线对应于可能从 *o* 到达的三种类型的对象：

1）之前扫描过的对象，它不需要被再次扫描。

2）当前在 *Unscanned* 列表中的对象。

3）一个可达的数据项，但是之前它被认为是未被访问的。

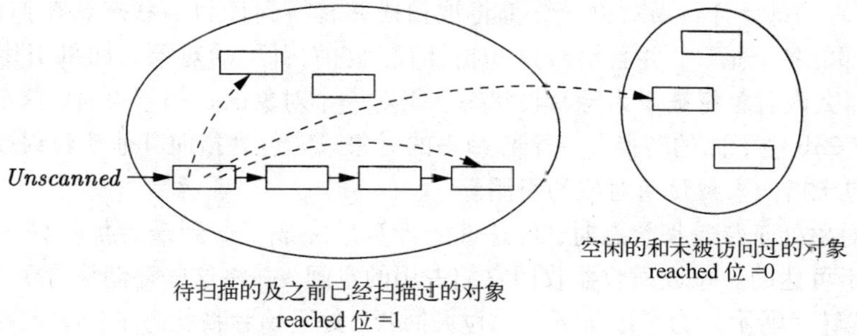

图 7-22　一个标记 – 清扫式垃圾回收器的标记阶段中对象之间的关系

第(8)行到第(11)行是清扫阶段，它收回所有那些在标记阶段结束之后仍然未被访问到的对象的空间。请注意，这些对象将包括所有原本就在 *Free* 列表中的对象。因为无法直接枚举不可达对象的集合，这个算法将清扫整个堆区。第(10)行将空闲且不可达的对象逐个放入 *Free* 列表。第(11)行处理可达对象。我们将它们的 *reached* 位设为 0，以便在这个垃圾回收算法下一次运行时，其前置条件得到满足。□

7.6.2　基本抽象

所有基于跟踪的算法都计算可达对象集合，然后取这个集合的补集。因此，内存是按照下列方式循环使用的：

1）程序(或者说增变者)运行并发出分配请求。

2）垃圾回收器通过跟踪揭示可达性。

3）垃圾回收器收回不可达对象的存储空间。

图 7-23 按照存储块的四种状态(空闲的、未被访问的、待扫描的和已扫描的)说明这个循环。一个存储块的状态可以存储在该块内部，也可以使用垃圾回收算法的某个数据结构隐含地表示。

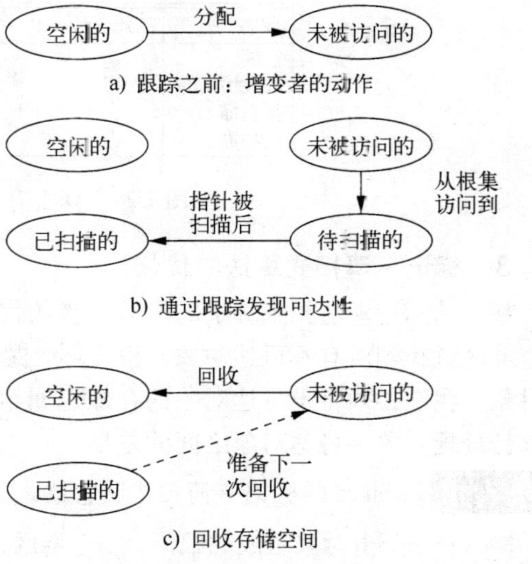

图 7-23　在一个垃圾回收循环中的存储块的状态

虽然不同的基于跟踪的算法可能在实现方法上有所不同，但是它们都可以通过下列状态进行描述：

1）*空闲的*。存储块处于空闲状态表示它可以被分配。因此，一个空闲块内不会存放任何可达对象。

2）*未被访问的*。除非通过跟踪证明存储块可达，否则它被默认为是不可达的。在垃圾回收过程中的任何时刻，如果还没有确定一个块的可达性，该块就处于*未被访问*的状态。如图 7-23a 所示，当一个存储块被存储管理器分配出去时，它的状态就被设置为*未被访问的*。一轮垃圾回收之后，可达对象的状态仍然会被重置为*未被访问*状态，以准备下一轮处理，参见图中从*已扫描*状态到*未被访问*状态的转换。这个转换用虚线显示，以强调它是为下一轮处理做准备。

3）*待扫描的*。已知可达的存储块要么处于*待扫描*状态，要么处于*已扫描*状态。如果已知一个存储块是可达的，但是该块中的指针还没被扫描，那么该块就处于*待扫描*状态。当我们发现某个块可达时，就会发生一个从*未被访问*状态到*待扫描*状态的转换，如图 7-23b 所示。

4）*已扫描的*。每个*待扫描*对象最终都将被扫描并转换到*已扫描*状态。在扫描一个对象时，我们检查其内部的各个指针，并且沿着这些指针找到它们引用的对象。如果引用指向一个*未被访问*的对象，那么该对象将被设为*待扫描*状态。当对一个对象的扫描结束时，这个对象被放入*已扫描*状态，见 7-23b 中下面的转换。一个*已扫描*的对象只能包含指向其他*已扫描*或*待扫描*对象的引用，决不会包含指向*未被访问*对象的引用。

当不再有对象处于*待扫描*状态时，可达性的计算就完成了。到最后仍然处于*未被访问*状态的对象确实是不可达的。垃圾回收器收回它们占用的空间，并将这些存储块置于空闲的状态，如图 7-23c 中实线转换所示。为了准备下一轮垃圾回收，处于*已扫描*状态中的对象将回到*未被访问*状态，见图 7-23c 中的虚线转换。再次提醒大家，这些对象现在确实是可达的。将它们设定为*未被访问*状态是正确的，因为当下一轮垃圾回收开始时，我们将要求所有对象都从这个状态出发。在那个时候，当前可达的某些对象可能实际上已经被变成了不可达的。

例 7.13 我们看一下算法 7.12 中的数据结构与上面介绍的四种状态有什么关系。使用 reached 位，以及是否在列表 *Free* 和 *Unscanned* 中，我们可以区分全部四种状态。图 7-24 中的表格归纳了用算法 7.12 中的数据结构来刻画四种状态的方式。 □

状态	在列表*Free*中	在*Unscanned*列表中	Reached 位
空闲	是	否	0
未被访问的	否	否	0
待扫描	否	是	1
已扫描	否	否	1

图 7-24 算法 7.12 中状态的表示方式

7.6.3 标记 - 清扫式算法的优化

基本的标记 - 清扫式算法的最后一步的代价很大，因为没有一个容易的方法可以不用检查整个堆区就找到所有不可达对象。由 Baker 提出的一个优化算法用一个列表记录了所有已分配的对象。我们必须将不可达对象的存储返回给空闲空间。为了找出不可达对象的集合，我们可以求已分配对象和可达对象之间的差集。

算法 7.14 Baker 的标记 - 清扫式回收器。

输入：一个由对象组成的根集，一个堆区，一个空闲列表 *Free*，一个名为 *Unreached* 的已分配对象的列表。

输出：经过修改的 *Free* 列表和 *Unreached* 列表。*Unreached* 列表保存了被分配的对象。

方法：这个算法如图 7-25 所示。算法中用于垃圾回收的数据结构是名字分别为 *Free*、

Unreached、*Unscanned*、*Scanned* 的四个列表。这些列表分别保存了处于空闲、未被访问、待扫描和已扫描状态上的所有对象。像 7.4.4 节中讨论的那样，这些列表可以通过嵌入式的双重链表来实现。对象中的 reached 位没有被使用，但是我们假定每个对象中都包含了一些二进制位，指明该对象处于上述四个状态的哪一个。最初，*Free* 就是由存储管理器维护的空闲列表，所有已分配的对象都在 *Unreached* 列表中(这个表同时也由存储管理器在为对象分配存储块时维护)。

```
1)  Scanned = ∅;
2)  Unscanned = 在根集中引用的对象的集合；并将这些对象从Unreached中删除；
3)  while (Unscanned ≠ ∅) {
4)        将对象从 Unscanned 移动到 Scanned;
5)        for ( 在 o 中引用的每个对象 o′ ) {
6)              if (o′ 在 Unreached 中 )
7)                    将o′从Unreached 移动到Unscanned 中;
          }
    }
8)  Free = Free ∪ Unreached;
9)  Unreached = Scanned;
```

图 7-25　Baker 的标记 - 清扫式算法

第(1)、(2)行将 *Scanned* 列表初始化为空列表，并将 *Unscanned* 列表初始化为仅包含那些可以从根集访问的对象。值得注意的是，这些对象本来都在列表 *Unreached* 中，现在它们必须从该列表中删除。第(3)行到第(7)行是一个使用这些列表的基本标记 - 清扫式算法的简单实现。也就是说，第(5)行到第(7)行的 for 循环检查了一个待扫描对象 o 中的所有引用，如果这些引用中的某一个 o' 还没有被访问过，则第(7)行将 o' 改变为待扫描状态。

然后，第(8)行处理所有仍然在 *Unreached* 列表中的对象，将它们移到 *Free* 列表中，从而回收它们的存储块。然后，第(9)行处理所有处于已扫描状态的对象，即所有的可达对象，并将 *Unreached* 列表重新初始化，使之恰好包含这些对象。我们假设，当存储管理器创建新对象时，它们同样会被移出 *Free* 列表，加入到 *Unreached* 列表中。 □

在本节介绍的两个算法中，我们都假设返回给空闲列表的存储块仍然保持被回收前的样子。然而，如 7.4.4 节中讨论的，将相邻的空闲块合并成较大的块常常会带来好处。如果我们想这样做，那么在图 7-21 的第(10)行或图 7-25 的第(8)行上，每次我们将一个存储块放入空闲列表时，我们检查该块的左端和右端，如果有一端为空闲就进行合并。

7.6.4 标记并压缩的垃圾回收器

进行重新定位(relocating)的垃圾回收器会在堆区内移动可达对象以消除存储碎片。通常，可达对象占用的空间要大大小于空闲空间。因此，在标记出所有的“窗口”之后并不一定要逐个释放这些空间，另一个有吸引力的做法是将所有可达对象重新定位到堆区的一端，使得堆区的所有空闲空间成为一个块。毕竟垃圾回收器已经分析了可达对象中的每个引用，因此更新这些引用使之指向新的存储位置并不需要增加很多工作量。我们需要改变的全部引用包括可达对象中的引用和根集中的引用。

将所有可达对象放在一段连续的位置上可以减少内存空间的碎片，使得它更容易存储较大的对象。同时，通过使数据占用更少的缓存线和内存页，重新定位可以提高程序的时间局部性和空间局部性，因为几乎同时创建的对象将被分配在相邻的存储块中。如果这些相邻的块中的对象一起使用，那么就可以从数据预取中得到好处。不仅如此，用以维护空闲空间的数据结构也可以得到简化。我们不再需要一个空闲空间列表，需要的只是一个指向唯一空闲块的起始位置的指针 *free*。

存在多种进行重新定位的回收器，其不同之处在于它们是在本地进行重新定位，还是在重新定位之前预留了空间：

- 本节描述的标记并压缩回收器（mark-and-compact collector）在本地压缩对象。在本地重新定位可以降低存储需求。
- 7.6.5 节中给出了更高效、更流行的拷贝回收器（copying collector），它把对象从内存的一个区域移到另一个区域。保留额外的空间用于重新定位可以使得一发现可达对象就立刻移动它。

算法 7.15 中的标记并压缩垃圾回收器有 3 个阶段：

1）首先是标记阶段，它和前面描述的标记 - 清扫式算法的标记阶段类似。

2）在第二阶段，算法扫描堆区中的已分配内存段，并为每个可达对象计算新的地址。新地址从堆的最低端开始分配，因此在可达对象之间没有空闲存储窗口。每个对象的新地址记录在一个名为 *NewLocation* 的结构中。

3）最后，算法将对象拷贝到它们的新地址，更新对象中的所有引用，使之指向相应的新地址。新的地址可以在 *NewLocation* 中找到。

算法 7.15　一个标记并压缩的垃圾回收器。

输入：一个由对象组成的根集，一个堆，以及一个标记空闲空间的起始位置的指针 *free*。

输出：指针 *free* 的新值。

方法：图 7-26 给出了这个算法，此算法使用下列的数据结构：

1）一个 *Unscanned* 列表，同算法 7.12 中的 *Unscanned* 列表。

2）所有对象的 reached 位也和算法 7.12 中相同。为了使我们的描述简单，当我们要说一个对象的 reached 位为 1 或 0 时，我们分别称它们为“已被访问的”或“未被访问的”。在初始时刻，所有的对象都是未被访问的。

3）指针 *free*，标记了堆区中未分配空间的开始位置。

4）*NewLocation* 表。这个结构可以是任意一个实现了如下两个操作的散列表、搜索树或其他数据结构：

① 将 *NewLocation*（*o*）设为对象 *o* 的新地址。

② 给定对象 *o*，得到 *NewLocation*（*o*）的值。

我们不会关心到底使用了什么样的数据结构，虽然你可以假设 *NewLocation* 是一个散列表，因此“set”和“get”操作所需要的平均时间为某个常量，这个时间和堆区内的对象数量无关。

```
/* 标记 */
Unscanned = 根集引用的对象的集合;
while (Unscanned ≠ ∅) {
        从 Unscanned 中移除对象o;
        for (在o 中引用的每个对象 o′) {
                if (o′ 是未被访问的) {
                        将o′ 标记为已被访问的;
                        将o′ 加入到列表 Unscanned 中;
                }
        }
}
/* 计算新的位置 */
free = 堆区的开始位置;
for (从低端开始，遍历堆区中的每个存储块o) {
        if (o是已被访问的{
                NewLocation(o) = free;
                free = free + sizeof(o);
        }
}
/* 重新设置引用目标并移动已被访问的对象 */
for (从低端开始，堆区中的每个存储块 o) {
        if (o是已被访问的) {
                for (o 中的每个引用 o.r)
                        o.r = NewLocation(o.r);
                将 o 拷贝到 NewLocation(o);
        }
}
for (根集中的每个引用 r)
        r = NewLocation(r);
```

图 7-26　一个标记并压缩回收器

第(1)行到第(7)行的第一(或标记)阶段在本质上和算法 7.12 的第一阶段相同。第二阶段是从第(8)行到第(12)行。该阶段从左边(或者说从低地址端)开始访问堆中的已分配部分的每一个存储块。结果，被分配给存储块的新地址与它们的老地址按照同样的顺序增长。这个顺序很重要，它可以保证我们在重新定位对象时总是将对象向左移，那么在移动时，原来占据目标空间的对象已经被我们移走了。

第(8)行首先将 *free* 指针设定为指向堆区的低端。在这个阶段，我们使用 *free* 来指示第一个可用的新地址。我们只会为标记为已被访问的对象 *o* 创建新的地址。在第(10)行中，对象 *o* 被赋予下一个可用地址；在第(11)行，我们根据对象 *o* 需要的存储数量增加 *free* 指针，因此 *free* 仍然指向空闲空间的开始位置。

从第(13)行到第(17)行是最后阶段，此时我们再次按照第二阶段中的自左向右的顺序访问可达对象。第(15)、(16)行将一个已被访问到的对象 *o* 的所有内部指针替换为它们的新地址，*NewLocation*表用来确定这个新的地址。然后，第(17)行将内部引用已被更新的对象 *o* 移动到新的位置。最后，第(18)和(19)行重新确定根集元素中的指针指向的目标，这些元素本身不是堆区对象，它们可能是静态分配对象或栈分配对象。图 7-27 说明了如何将可达对象(图中无阴影的对象)移动到堆区的底部，同时内部指针被修改，指向已被访问对象的新位置。 □

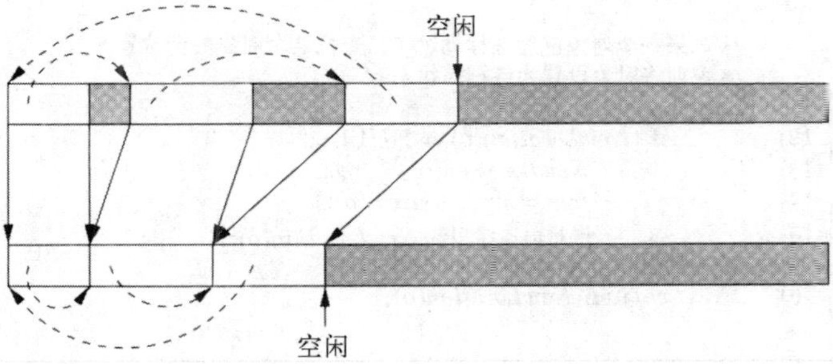

图 7-27 将已被访问对象移动到堆的前部，同时保持内部指针的指向关系

7.6.5 拷贝回收器

拷贝回收器预先保留了可以将对象移入的空间，因而解除了跟踪和发现空闲空间之间的依赖关系。整个存储空间被划分为两个半空间(semispace) A 和 B。增变者在半空间之一(比如 A)内分配内存，直到它被填满。此时增变者停止，垃圾回收器将可达对象拷贝到另一个半空间，比如说 B。当垃圾回收完成时，两个半空间的角色进行对换。增变者可以继续运行，并在半空间 B 中分配对象。下一轮垃圾回收将把可达对象移动到 A。下面的算法是由 C. J. Cheney 提出的。

算法 7.16 Cheney 的拷贝回收器。

输入：一个由对象组成的根集，一个包含了 *From* 半空间和 *To* 半空间的堆区，其中 *From* 半空间包含了已分配对象，*To* 半空间全部是空闲的。

输出：最后，*To* 半空间保存已分配的对象。*free* 指针指明了 *To* 半空间中剩余空闲空间的开始位置。*From* 半空间此时全部空闲。

方法：图 7-28 显示了这个算法。Cheney 算法在 *From* 半空间中找出可达对象，并且访问到它们时立刻把它们拷贝到 *To* 半空间。这种放置方法将相关对象放在一起，从而提高空间局部性。

在探讨算法本身(即图 7-28 中的函数 *CopyingCollector*)之前，首先考虑第(11)行到第(16)行的辅助函数 *LookupNewLocation*。该函数的输入是一个对象 *o*，如果 *o* 在 *To* 空间中还没有对应的位置，则为其分配一个 *To* 空间中的新地址。所有新地址都被记录在一个结构 *NewLocation* 中，特殊值 Null 用来表示还没有为 *o* 分配空间⊖。和算法 7.15 一样，*NewLocation* 结构的具体形式可以变化，但是现在假设它是一个哈希表就行了。

如果我们在第(12)行发现 *o* 没有存储位置，那么在第(13)行上它将被赋予 *To* 半空间中空闲空间的开始位置。第(14)行使 *free* 指针增加 *o* 所占的空间数量。在第(15)行，我们将 *o* 从 *From* 空间拷贝到 *To* 空间。因此，对象从一个半空间到另一个半空间的移动实际上是一个函数的副作用。这个副作用发生在我们第一次为这个对象寻找新地址的时候。不管之前有没有设定对象 *o* 的位置，第(16)行返回 *o* 在 *To* 空间中的位置。

```
1)  CopyingCollector () {
2)          for (From空间中的所有对象o) NewLocation(o) =NULL;
3)          unscanned = free = To空间的开始地址;
4)          for (根集中的每个引用r)
5)                  将r替换为LookupNewLocations(r);
6)          while (unscanned ≠ free) {
7)                  o = 在unscanned所指位置上的对象;
8)                  for (o中的每个引用 o.r )
9)                          o.r = LookupNewLocation(o.r);
10)                 unscanned = unscanned + sizeof(o);
            }
    }

    /* 如果一个对象已经被移动过了，查找这个对象的新位置 */
    /* 否则将对象设置为待扫描状态 */
11) LookupNewLocation(o) {
12)         if (NewLocation(o) = NULL) {
13)                 NewLocation(o) = free;
14)                 free = free + sizeof(o);
15)                 将对象o拷贝到NewLocation(o);
            }
16)         return NewLocation(o);
    }
```

图 7-28 一个拷贝垃圾回收器

现在我们可以考虑这个算法本身了。第(2)行确保 *From* 空间中的所有对象都还没有新地址。在第(3)行中，我们初始化两个指针 *unscanned* 和 *free*，使它们都指向 *To* 半空间的开始位置。指针 *free* 将总是指向 *To* 半空间中空闲空间的起始位置。当我们往 *To* 空间加入对象时，那些地址低于 *unscanned* 的对象将处于*已扫描*状态，而那些位于 *unscanned* 和 *free* 之间的对象则处于*待扫描*状态。因此，*free* 总是在 *unscanned* 的前面。当后者追上前者时就表示不存在更多的*待扫描*对象了，我们就完成了垃圾回收工作。请注意，我们是在 *To* 空间中完成垃圾回收工作的，尽管在第(8)行中检查的对象中的所有引用都是指向 *From* 空间的。

第(4)行和第(5)行处理可以从根集访问到的对象。请注意，因为函数副作用，在第(5)行中对 *LookupNewLocation* 的某些调用会在 *To* 中为这些对象分配存储块，同时增加 *free* 指针的值。因此，除非没有被根集引用的对象(在这种情况下，整个堆区都是垃圾)，当程序第一次运行到这里时将进入第(6)行到第(10)行的循环。然后，这个循环扫描所有已经被加入到 *To* 空间中并处于*待扫描*状态的对象。第(7)行处理下一个待扫描的对象 *o*。在第(8)、(9)行，对于 *o* 中的每个引用，从它在 *From* 半空间中的原值被翻译为在 *To* 半空间中的值。请注意，因为函数副作用，如果

⊖ 在一个典型的数据结构中(如散列表)，如果 *o* 没有被赋予一个位置，那么在这个结构中就没有相关信息。

o 内的某个引用所指向的对象之前还没有被访问过，那么第(9)行中对 *LookupNewLocation* 的调用将在 *To* 空间中为这个对象分配空间并将它移到该空间中。最后，第(10)行增加指针 *unscanned* 的值，使之指向下一个对象，即 *To* 空间中 *o* 之后的对象。 □

7.6.6 开销的比较

Cheney 算法的优势在于它不会涉及任何不可达对象。另一方面，拷贝垃圾回收器必须移动所有可达对象的内容。对于大型对象，或者那些经历了多轮垃圾收集过程的生命周期长的对象而言，这个过程的开销特别高。我们对本节给出的四种算法的运行时间进行总结。下面的每个估算都忽略了处理根集的开销。

- 基本的标记－清扫式算法(算法 7.12)：与堆区中存储块的数目成正比。
- Baker 的标记－清扫式算法(算法 7.14)：与可达对象的数目成正比。
- 基本的标记并压缩算法(算法 7.15)：与堆区中存储块的数目和可达对象的总大小成正比。
- Cheney 的拷贝回收器(算法 7.16)：与可达对象的总大小成正比。

7.6.7 7.6 节的练习

练习 7.6.1：当下列事件发生时，给出标记－清扫式垃圾回收器的处理步骤。

1）图 7-19 中指针 $A \to B$ 被删除。

2）图 7-19 中指针 $A \to C$ 被删除。

3）图 7-20 中指针 $A \to D$ 被删除。

4）图 7-20 中对象 *B* 被删除。

练习 7.6.2：Baker 的标记－清扫式算法在四个列表 *Free*、*Unreached*、*Unscanned* 和 *Scanned* 之间移动对象。对于练习 7.6.1 中的每个对象网络中的每个对象，指出从垃圾回收过程刚开始到该过程刚结束的时间段内，该对象所经历的列表的序列。

练习 7.6.3：假设我们在练习 7.6.1 中的各个网络上执行了一个标记并压缩垃圾回收过程。同时假设

1）每个对象的大小是 100 个字节。

2）在开始时刻，堆区中的 9 个对象按照字母顺序从堆区的第 0 个字节开始排列。

在垃圾回收过程结束之后，各个对象的地址是什么？

练习 7.6.4：假设我们在练习 7.6.1 中的各个网络上执行了 Cheney 的拷贝垃圾回收算法。同时假设

1）每个对象的大小为 100 字节。

2）待扫描的列表按照队列的方式进行管理，并且当一个对象具有多个指针时，被访问到的对象按照字母顺序被加入到队列中。

3）*From* 半空间从位置 0 开始，*To* 半空间从位置 10 000 开始。

在垃圾回收完成之后，每个保留下来的对象 *o* 的 *NewLocation*(*o*)的值是什么？

7.7 短停顿垃圾回收

简单的基于跟踪的回收器是以全面停顿的方式进行垃圾回收的，它可能造成用户程序的运行的长时间的停顿。我们可以每次只做部分垃圾回收工作，从而减少一次停顿的长度。我们可以按照时间来分割工作任务，使垃圾回收和增变者的运行交错进行。我们也可以按照空间来分割工作任务，每次只完成一部分垃圾的回收。前者称为*增量式回收*(incremental collection)，后者称为*部分回收*(partial collection)。

增量式回收器将可达性分析任务分割成为若干个较小单元，并允许增变者和这些任务单元交错运行。可达集合会随着增变者的运行发生变化，因此增量式回收是很复杂的。我们将在7.7.1节看到，寻找一个稍微保守的解决方法将使得跟踪更加高效。

最有名的部分回收算法是*世代垃圾回收*（generational garbage collection）。它根据对象已分配时间的长短来划分对象，并且较频繁地回收新创建的对象，因为这些对象的生命周期往往较短。另一种可选的算法是*列车算法*（train algorithm），也是每次只回收一部分垃圾。它最适合回收较成熟的对象。这两个算法可以联合使用，构成一个部分回收器。这个回收器使用不同的方法来处理较新的和较成熟的对象。我们将在7.7.3节讨论有关部分回收的基本算法，然后详细地描述世代算法和列车算法的工作原理。

来自于增量回收算法和部分回收算法的思想经过修改，可以用于构造一个在多处理器系统中并行回收对象的算法，见7.8.1节。

7.7.1 增量式垃圾回收

增量式回收器是保守的。虽然垃圾回收器一定不能回收不是垃圾的对象，但是它并不一定要在每一轮中回收所有的垃圾。我们将每次回收之后留下的垃圾称为*漂浮垃圾*（floating garbage）。我们当然期望漂浮垃圾越少越好。明确地说，增量式回收器不应该遗漏那些在回收周期开始时就已经不可达的垃圾。如果我们能够保证做到这一点，那么在某一轮中没有被回收的垃圾一定会在下一轮中被回收。因此不会因为这个垃圾回收方法而产生内存泄漏问题。

换句话说，增量式垃圾回收器会过多地估算可达对象集合，从而保证安全性。它们首先以不可中断的方式处理程序的根集，此时没有来自增变者的干扰。在找到了待扫描对象的初始集合之后，增变者的动作与跟踪步骤交错进行。在这个阶段，任何可能改变可达性的增变者动作都被简洁地记录在一个副表中，使得回收器可以在继续执行时做出必要的调整。如果在跟踪完成之前空间就被耗尽，那么回收器将不再允许增变者执行，并完成全部跟踪过程。在任何情况下，当跟踪完成后，空间回收以原语的方式完成。

增量回收的准确性

一旦对象成为不可达的，该对象就不可能再变成可达的。因此，在垃圾回收和增变者运行时，可达对象的集合只可能：

1）因为垃圾回收开始之后的某个新对象的分配而增长。

2）因为失去了指向已分配对象的引用而缩小。

令垃圾回收开始时的可达对象集合为 R，令 New 表示在垃圾回收期间创建并分配的对象集合，并令 $Lost$ 表示在跟踪开始之后因为引用丢失而变得不可达的对象的集合。那么当跟踪完成之后，可达对象的集合为：

$$(R \cup New) - Lost$$

如果在每次增变者丢失了一个指向某个对象的引用之后都重新确定该对象的可达性，那么开销会变得很大，因此增量式回收器并不试图在跟踪结束时回收所有的垃圾。任何遗留下的垃圾——漂浮垃圾——应该是 $Lost$ 对象的一个子集。如果形式化地描述，那通过跟踪找到的对象集合 S 必须满足

$$(R \cup New) - Lost \subseteq S \subseteq (R \cup New)$$

简单的增量式跟踪

我们首先描述一种用来找到集合 $R \cup New$ 的上界的简单跟踪算法。在跟踪期间，增变者的行为更改如下：

- 在垃圾回收开始之前已经存在的所有引用都被保留。也就是说，在增变者覆写一个引用

之前，它原来的值被记住，并被当作一个只包含这个引用的附加待扫描对象。

- 所有新创建的对象立即就被认为是可达的，并被放置在*待扫描*状态中。

这种方案是保守且正确的，因为它找出了 R 和 New。R 是在垃圾回收之前可达的所有对象的集合，New 是所有新分配的对象的集合。然而，这种方案付出的代价也很高，因为算法需要拦截所有的写运算，并记住所有被覆写的引用。这些工作中的一部分是不必要的，因为它涉及的对象在垃圾回收结束时可能已经是不可达的。如果我们能够探测到哪些被覆写的引用所指的对象在本轮垃圾回收结束时不可达，我们就可以避免这部分工作，同时还可以提高算法的准确性。下一个算法在这两个方面都做了很好的改进。

7.7.2 增量式可达性分析

如果我们让增变者和一个像算法 7.12 那样的基本跟踪算法交替执行，那么一些可达对象可能会被错认为是不可达的。问题的根源在于增变者的动作可能会违反这个算法的一个关键不变式，即一个*已扫描*对象中的引用只能指向*已扫描*或*待扫描*的对象，这些引用不可以指向*未被访问*对象。考虑下面的场景：

1）垃圾回收器发现对象 o_1 可达并扫描 o_1 中的指针，因而将 o_1 置于*已扫描*状态。

2）增变者将一个指向*未被访问*（但可达）的对象 o 的引用存放到*已扫描*对象 o_1 中。它从当前处于*未被访问*或*待扫描*状态的对象 o_2 中将一个指向 o 的引用拷贝到 o_1 中。

3）增变者失去了对象 o_2 中指向 o 的引用。它可能已经在扫描 o_2 中指向 o 的引用之前就覆写了这个指针；也可能 o_2 已经变得不可达，因此一直没有进入*待扫描*状态，因此它内部的指针没有被扫描过。

现在，o 可以通过对象 o_1 到达，但是垃圾回收器可能既没有看到 o_1 中指向 o 的引用，也没有看到 o_2 中指向 o 的引用。

要得到一个更加准确且正确的增量式跟踪方法，关键在于我们必须注意所有将一个指向当前未被访问对象的引用从一个尚未扫描的对象中拷贝到已扫描对象中的动作。为了截获可能有问题的引用传递，算法可以在跟踪过程中按照下列方式修改增变者的动作：

- *写关卡*。截获把一个指向*未被访问*的对象 o 的引用写入一个*已扫描*对象 o_1 的运算。在这种情况下，将 o 作为可达对象并将其放入*待扫描*集合。另一种方法是将被写对象 o_1 放回到*待扫描*集合中，使得我们可以再次扫描它。
- *读关卡*。截获对*未被访问*或*待扫描*对象中的引用的读运算。只要增变者从一个处于*未被访问*或*待扫描*状态中的对象读取一个指向对象 o 的引用时，就将 o 设为可达的，并将其放入*待扫描*对象的集合。
- *传递关卡*。截获在*未被访问*或*待扫描*对象中原引用丢失的情况。只要增变者覆写一个*未被访问*或*待扫描*对象中的引用时，保存即将被覆写的引用并将其设为可达的，然后将这个引用本身放入*待扫描*集合。

上述几种做法都不能找到最小的可达对象集合。如果跟踪过程确定一个对象是可达的，那么这个对象就一直被认为是可达的。即使在跟踪过程结束之前所有指向它的引用都被覆写，它仍然被认为是可达的。也就是说，找到的可达对象集合介于 $(R \cup New) - Lost$ 与 $(R \cup New)$ 之间。

上面给出的可选算法中写关卡方法是最有效的。读关卡方法的代价较高，因为一般来说读运算要比写运算多得多。转换关卡没有什么竞争力，因为很多对象“英年早逝”，这种方法会保留很多的不可达对象。

写关卡的实现

我们可以用两种方式来实现写关卡。第一种方式是在增变阶段记录下所有被写入到*已扫描*

对象中的新引用。我们可以将这些引用放入一个列表。如果不考虑从列表中剔除重复引用，列表的大小和对*已扫描*对象的写运算的数量成正比。注意，列表中的引用本身可能在后来又被覆写掉，因此可能被忽略。

第二种，也是更有效的方式是记住写运算发生的位置。我们可以用被写位置的列表来记录它们，其中可能会消除重复的位置。请注意，只要所有被写的位置都被重新扫描，那么是否精确记录被写的位置并不重要。因此，有多种技术支持我们记录较少的有关被覆写的确切位置的细节。

- 我们可以只记录包含了被写字段的对象，而不需要记录被写的精确地址或者被写的对象及字段。
- 我们可以将地址空间分成固定大小的块，这些块被称为*卡片*(card)，并使用一个位数组来记录曾经被写入的卡片。
- 我们可以选择记录下包含了被写位置的页。我们可以只将那些包含了*已扫描*对象的页置为被保护状态。那么，不需执行任何显式的指令就可以检测到任何对*已扫描*对象的写运算。因为这样的写运算会引发一个保护错误，操作系统将引发一个程序异常。

一般来说，通过增大被覆写位置的记录粒度就可以减少所需的存储空间，但代价是增加了需要再次执行的扫描工作量。在第一种方案中，无论实际上修改了被修改对象中的哪个引用，该对象中的所有引用都要进行重新扫描。在后两种方案中，在被修改的卡片或页中的所有可达对象都要在跟踪过程的最后进行重新扫描。

结合增量和拷贝技术

上述的方法对于标记 - 清扫式垃圾回收来说已经足够了。因为拷贝回收和增变者的相互影响，它的实现要稍微复杂一点。处于*已扫描*或*待扫描*状态中的对象有两个地址，一个位于 *From* 半空间，另一个位于 *To* 半空间。和算法 7.16 一样，我们必须保存一个从对象的旧地址到其重新定位之后的地址的映射。

我们可以选择两种更新引用的方法。第一种方法是，我们可以让增变者在 *From* 空间中完成所有的运算，只是在垃圾回收结束的时候才更新所有的指针，并将所有的内容都拷贝到 *To* 空间。第二种方法是，我们可以让程序直接改变 *To* 空间中的表示。当增变者对一个指向 *From* 空间的指针解引用时，如果在 *To* 空间中存在对应于该指针的新位置，那么这个指针就被翻译成这个新位置。所有这些指针在最后都需要被转换成指向 *To* 空间的新位置。

7.7.3 部分回收概述

一个基本的事实是，对象通常“英年早逝”。人们发现，通常 80% ~98% 的新分配对象在几百万条指令之内，或者在再分配了另外的几兆字节之前就消亡了。也就是说，对象通常在垃圾回收过程启动之前就已经变得不可达了。因此，频繁地对新对象进行垃圾具有相当高的性价比。

然而，经历了一次回收的对象很可能在多次回收之后依然存在。在迄今为止描述的垃圾回收器中，同一个成熟对象会在各轮垃圾回收中被发现是可达的。如果使用拷贝回收器，这些对象会在各轮垃圾回收中被一次次地拷贝。世代回收在包含最年轻对象的堆区域中的回收工作最为频繁，所以它通常可以用相对较少的工作量回收大量的垃圾。另一方面，列车算法没有在年轻对象上花费太多的时间，但是它能够有效限制因垃圾回收而造成的程序停顿时间。因此，将这两个策略合并的好方法是对年轻对象使用世代回收，而一旦一个对象变得相当成熟，则将它“提升”到一个由列车算法管理的独立堆区中。

我们把将在一轮部分回收中被回收的对象集合称为*目标*(target)集，而将其他对象称为*稳定*(stable)集。在理想状态下，一个部分回收器应该回收目标集中所有无法从根集到达的对象。然而，这么做需要跟踪所有的对象，而这正是我们首先要试图避免的事情。实际上，部分回收器只是保守地回收那些无法从根集和稳定集到达的对象。因为稳定集中的一些对象自身也是不可达的，我们可能会把目标集中一些实际上不存在从根集开始的路径的对象当成可达对象。

我们可以修改 7.6.1 节和 7.6.4 节中描述的垃圾回收器，改变“根集”的定义，使之以部分回收的方式工作。现在根集指的不仅是存放在寄存器、栈和全局变量中的对象，它还包括所有指向目标集对象的稳定集中的对象。从一个目标对象指向其他目标对象的引用按照以前的方法进行跟踪，以找到所有的可达对象。我们可以忽略所有指向稳定对象的指针，因为在本轮部分回收中这些对象被认为是可达的。

为了找出那些引用了目标对象的稳定对象，我们可以采用和增量垃圾回收所用技术类似的方法。在增量回收中，我们需要在跟踪过程中记录所有对从已扫描对象到未被访问对象的引用的写运算。在这里，我们需要记录下增变者的整个运行过程中对从稳定对象到目标对象的引用的写运算。只要增变者将一个指向某个目标对象的引用保存到稳定对象中时，我们要么记录下这个引用，要么记录下写入的位置。我们把保存了从稳定对象到目标对象的引用的对象集合称为被记忆集合(remembered set)。如 7.7.2 节中讨论的，我们可以只记录下包含了被写入对象所在的卡片或页，以压缩被记忆集合的表示。

部分垃圾回收器通常被实现为拷贝垃圾回收器。通过使用链表来跟踪可达对象，也可以实现成为非拷贝回收器。下面描述的“世代”方案是一个关于如何将拷贝和部分回收相结合的例子。

7.7.4 世代垃圾回收

世代垃圾回收(generational garbage collection)是一种充分利用了大多数对象“英年早逝”的特性的有效方法。在世代垃圾回收中，堆区被分成一系列小的区域。我们将用 0，1，2，…，n 对它们进行编号，序号越小的区域存放的对象越年轻。对象首先在 0 区域被创建。当这个区域被填满时，它的垃圾被回收，且其中的可达对象被移到 1 区。现在，0 区又成为空的，我们继续把新对象分配到这个区域。当 0 区再次被填满[⊖]，它的垃圾又被回收，且它的可达对象被拷贝到 1 区，与之前被拷贝的对象合在一起。这个模式一直被重复，直到 1 区也被填满为止。此时应对 0 区和 1 区应用垃圾回收。

一般来说，每一轮垃圾回收都是针对序号小于等于某个 i 的区域进行的，应该将 i 选择为当前被填满区域的最高编号。每当一个对象经历了一轮回收(即它被确定为可达的)，它就从它当前所在区域被提升到下一个较高的区域，直到它到达最老的区域，即序号为 n 的区域。

使用 7.7.3 节中介绍的术语，当区域 i 及更低区域中的垃圾被回收时，从 0 到 i 的区域组成了目标集，所有序号大于 i 的区域组成了稳定集。为了为各种可能的部分回收找到根集，我们为每个区域 i 保持了一个被记忆集，该集合由指向区域 i 中对象且位于大于 i 的区域中的所有对象组成。在 i 上激活的一次部分回收的根集包括了区域 i 及更低区域的被记忆集。

在这个方案中，只要我们对 i 进行回收，所有序号小于 i 的区域也将进行垃圾回收。有两个原因促使我们采用这个策略：

1) 因为较年轻的世代往往包含较多的垃圾，也就更频繁地被回收。所以，我们可以将它们和较老的世代一起回收。

2) 根据这种策略，我们只需要记录从较老世代指向较新世代的引用。也就是说，对最年轻世代的对象进行写运算，以及将对象提升到下一世代时都不需要更新任何被记忆集。如果我们

⊖ 从技术上来说，区域不会被填满，因为如果需要，存储管理器可以使用附加的磁盘块对它们进行扩展。然而，除了最后一个区域，其他区域的尺寸通常都有一个界限。我们将把到达这一界限称为“填满”。

对某个区域进行回收，但是不回收某个较年轻的世代，那么后者将成为稳定集的一部分。我们将不得不同时记录从较年轻世代指向较年老世代的引用。

总而言之，这种方案更频繁地回收较年轻的世代，并且因为“对象英年早逝”，对于这些世代进行垃圾回收的效费比特别高。对较老世代的垃圾回收则要花更多的时间，因为它包括了对所有较年轻世代的回收，同时它们包含的垃圾也相应减少。虽然如此，较老世代还是需要每过一段时间进行一次回收，以删除不可达对象。最老的世代保存了最成熟的对象，对这些对象的回收是最昂贵的，因为它相当于一次完整的回收。也就是说，世代回收器偶尔也需要执行完整的跟踪步骤，因此也会在程序运行时引入较长时间的停顿。接下来将讨论另一种只处理成熟对象的方法。

7.7.5 列车算法

尽管世代方法在处理年轻对象时非常高效，但它在处理成熟对象时却相对低效，因为每当一个垃圾回收过程涉及某个成熟对象时，该对象都会被移动，而且它们不太可能变成垃圾。另一种被称为*列车算法*的增量式回收方法用于改进对成熟对象的处理。它可以用来回收所有的垃圾。但是更好的方法是使用世代方法来处理年轻的对象，只有当这些对象经历了几轮世代回收之后仍然存在，才将它们提升到另一个由列车算法管理的堆区。列车算法的另一个优点是我们永远不需要进行全面的垃圾回收过程，而在世代垃圾回收中却仍然必须偶尔那样做。

为了描述列车算法的动机，我们首先看一个简单的例子。该例子告诉我们为什么在世代方法中必须偶尔进行一轮全面的垃圾回收。图 7-29 给出了位于两个区域 i 和 j 中的两个相互连接的对象，其中 $j>i$。因为这两个对象都有来自其区域之外的指针，只对区域 i 或只对区域 j 进行回收都不能回收这两个对象。然而，它们可能实际上是一个循环垃圾结构中的一部分，没有外部链接指向该垃圾结构。一般来说，这里显示的对象之间的“链接”可能涉及很多对象和一条很长的引用链。

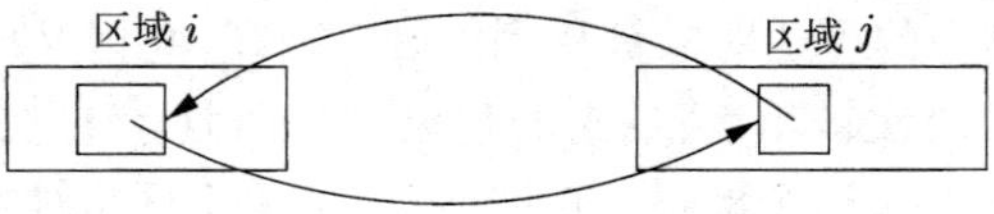

图 7-29　一个跨越区域的可能是循环垃圾的环状结构

在世代垃圾回收中，我们最终会回收区域 j，并且因为 $i<j$，我们同时还会回收 i 区域。那么这个循环结构将被完全包含在正在被回收的堆区中，我们就可以确定它是否真的是垃圾。然而，如果我们从没有进行过一轮包括了 i 和 j 的回收，那么我们就会碰到循环垃圾的问题，也就是我们在使用引用计数进行垃圾回收时碰到的问题。

列车算法使用固定大小的被称为*车厢*(car)的区域。当没有对象比磁盘块更大时，一节车厢可以是一个磁盘块，否则可以将车厢的尺寸设得更大。但是车厢的大小一旦确定就不再变化。多节车厢被组织成*列车*(train)。一辆列车中的车厢数量没有限制，且列车的数量也没有限制。车厢之间按照词典顺序进行排序：首先以列车号排序，在同一列车中则以车厢号排序，如图 7-30 所示。

图 7-30　列车算法中的堆区组织

列车算法有两种回收垃圾的方式：

- 在一个增量式垃圾回收步骤中，按照词典顺序排列的第一节车厢（即尚存的第一辆列车中尚存的第一节车厢）首先被回收。因为我们保留了一个来自该车厢之外的所有指针的“被记忆”列表，所以这一步类似于世代算法中针对第一个区域的回收步骤。这里我们确定出没有任何引用的对象，以及完全包含在这节车厢里的垃圾循环。该车厢中的可达对象总是被移至其他的某个车厢中，因此每个被回收过的车厢都变成空车厢，可以从这辆列车中删除。
- 有时，第一辆列车没有外部引用。也就是说，没有从根集指向该列车中任何车厢的指针，并且各节车厢中的被记忆集中只有来自本列车的其他车厢的引用，没有来自其他列车的引用。在这种情况下，该列车就是一个巨大的循环垃圾集合，我们可以删除整辆列车。

被记忆集

现在我们给出列车算法的细节。每节车厢有一个被记忆集，它由指向该车厢中对象的引用组成，这些引用来自：

1）同一辆列车中序号较高的车厢中的对象，以及

2）序号较高的列车中的对象。

此外，每辆列车有一个被记忆集，它由来自较高序号列车中的引用组成。也就是说，一个列车的被记忆集是它内部的所有车厢的被记忆集的并集，但是不包含列车内部的引用。因此，可以将车厢的被记忆集划分成“内部”（同一列车）和“外部”（其他列车）两个部分，同时表示这两种不同类型的被记忆集。

注意，指向这些对象的引用可以来自各个地方，不只是来自按字典顺序排列的序号较高的车厢。然而，算法中的两种垃圾回收过程分别处理第一辆列车的第一节车厢和整个第一辆列车。因此，当在垃圾回收中需要使用被记忆集的时候，已经没有更早的地方可以有引用到达被处理的车厢或者列车。因此记录下指向较高序号车厢的引用没有什么意义。当然，我们必须认真、正确地管理被记忆集，只要增变者改变了任何对象中的引用，就需要相应地改变被记忆集。

管理列车

我们的目标是找出第一辆列车中所有非循环垃圾的对象。此时，第一辆列车要么只包含了循环垃圾，因此将在下一轮垃圾回收时被回收；要么其中的垃圾不是循环的，那么它的车厢就可以被逐个回收。

因为对一辆列车中的车厢数目没有限制，每当我们需要更多空间时，在原则上我们可以直接向一辆列车中加入新的车厢。但是，我们偶尔也需要创建出新的列车。例如，我们可以设定每创建 k 个对象之后就新建一辆列车。也就是说，当最后一辆列车的最后车厢中还有足够的空间时，新创建的对象一般会被放置在这节车厢中；如果该车厢中没有足够空间，该对象就会被放到一个即将被加到最后一个车厢之后的新车厢中。然而，我们会定期新建一列只有一节车厢的列车，并将新对象放入其中。

单节车厢的垃圾回收

列车算法的核心是我们如何在一轮垃圾回收中处理第一辆列车的第一节车厢。一开始，可达集包括了该车厢中被来自根集的引用指向的对象，以及被该车厢的被记忆集中的引用指向的对象。然后，我们像标记－清扫式回收器那样扫描这些对象，但是不会扫描任何可达的位于被回收车厢之外的对象。在这次跟踪之后，该车厢中的某些对象可能被确定为垃圾。因为无论如何整节车厢都将消失，因此不必回收它们的空间。

然而，该车厢中很可能还有一些可达对象，这些对象必须被移到其他地方。移动一个对象的规则如下：

- 如果被记忆集中有一个来自其他列车的引用(该列车的序号高于被回收车厢所在列车的序号)，那么将这个对象移到这些列车中的某一辆中。如果在发出一个引用的某辆列车中能够找到足够的空间，就将该对象移动这辆列车的某节车厢中。如果找不到空间，它就进入一个新的、最末端的车厢。
- 如果没有来自其他列车的引用，但是存在来自根集或第一辆列车的引用，那么就将此对象移到同一列车中的其他车厢中。如果没有足够空间，就创建一个新的车厢放到列车的末端。如果有可能，挑选有一个指向该对象的引用的车厢，以尽快把循环结构放到同一个车厢中。

在从第一节车厢中移出了所有可达对象之后，我们就可以删除这节车厢。

恐慌模式

上面的规则还存在一个问题。为了保证所有的垃圾最终都会被回收，我们需要保证每辆列车迟早会变成第一辆列车，并且如果这辆列车不是循环垃圾，那么此列车中的所有车厢最后都会被删除，且该列车每次至少会减少一节车厢。然而，根据上面的第二个规则，回收第一辆列车的第一节车厢时可能会产生一个位于最后的新车厢。这个过程不会创建出两个或更多的新车厢，因为第一节车厢中的所有对象一定能够被一起放到最后的新车厢中。然而，是否会出现这种情况，一辆列车的每一个回收步骤都产生一节新车厢，以致于我们永远不能回收完这辆列车，结果永远不能继续处理另一辆列车?

遗憾的是，这种情况是可能出现的。如果我们有一个大型的、循环的非垃圾的结构，并且增变者改变引用的方式使得我们在回收一节车厢时一直没有在被记忆集中看到任何来自较高序号列车的引用，就会出现上述问题。只要在回收一节车厢时有一个对象从这个列车中移出，问题就解决了，因为没有新的对象会被加入到第一辆列车中，所以第一辆列车中的所有对象最终一定会被全部移出。然而，有可能在某个阶段我们根本回收不到任何垃圾，这样就会存在出现循环的风险：有可能一直只对当前的第一辆列车进行垃圾回收。

为了避免出现这个问题，只要我们遇到一个*无效*(futile)垃圾回收，我们就需要改变做法。所谓无效垃圾回收是指，在回收一节车厢时没有一个对象可以作为垃圾删除或者被移动到另一辆列车中。在这种“恐慌模式”下，我们做出两个变化：

1）当指向第一辆列车中的某个对象的某个引用被覆写时，我们将这个引用保留为根集的一个新成员。

2）在进行垃圾回收时，如果第一节车厢中的一个对象有来自根集的引用，其中包括在第1点中设置的哑引用，那么即使该对象没有来自其他列车的引用，我们还是将它移至另一辆列车。只要不是移到第一辆列车，移到哪辆列车并不重要。

按照这个方法，如果有一个指向第一辆列车的对象的引用来自该列车之外，在我们回收每节车厢时都会考虑这些引用，并且最终必然会有一些对象从那辆列车移除。然后，我们就可以脱离恐慌模式，继续正常处理，确保当前的第一辆列车一定要比以前小。

7.7.6 7.7节的练习

练习7.7.1：假设图7-20中的对象网络由一个增量式算法进行管理。该算法和Baker算法一样使用四个列表*Unreached*、*Unscanned*、*Scanned*和*Free*。更明确地说，列表*Unscanned*按照队列进行管理。当扫描一个对象时，如果有多个对象要被放进这个列表中，我们按照字母顺序加入它们。同时假设我们使用写关卡来保证没有可达对象被当作垃圾。在开始时，*A*和*B*在*Unscanned*

列表中，假设下列事件发生：

1）A 被扫描。

2）指针 $A \to D$ 被覆写为 $A \to H$。

3）B 被扫描。

4）D 被扫描。

5）指针 $B \to C$ 被覆写为 $B \to I$。

假设没有更多的指针被覆写，模拟整个增量式垃圾回收过程。哪些对象是垃圾？哪些对象被放在了列表 *Free* 中？

练习 7.7.2：按照如下假设重复练习 7.7.1：

1）事件(2)和(5)的顺序互换。

2）事件(2)和(5)在(1)、(3)和(4)之前发生。

练习 7.7.3：假设堆区恰好由图 7-30 中显示的三辆列车(共九节车厢)组成(即忽略其中的省略号)。有来自车厢 12、23 和 32 的引用指向车厢 11 中的对象 o。当我们对车厢 11 进行垃圾回收，对象 o 最后在什么地方？

练习 7.7.4：在下列情况下重复练习 7.7.3。假设对象 o

1）只有来自车厢 22 和 31 的引用。

2）没有来自车厢 11 之外的指针。

练习 7.7.5：假设堆区恰好由图 7-30 中显示的三辆列车(共九节车厢)组成(即忽略其中的省略号)。当前我们处于恐慌模式。车厢 11 中的对象 o_1 只有一个来自车厢 12 中的对象 o_2 的引用。这个引用被覆写了。当我们对车厢 11 进行垃圾回收时，o_1 会发生什么事情？

7.8 垃圾回收中的高级论题

我们简要地介绍下面的四个论题，结束我们对垃圾回收的研究：

1）并行环境下的垃圾回收。

2）对象的部分重定位。

3）针对类型不安全的语言的垃圾回收。

4）程序员控制的垃圾回收和自动垃圾回收之间的交互。

7.8.1 并行和并发垃圾回收

当将垃圾回收应用到并发或多处理器机器上运行的应用程序时，这一工作变得更具有挑战性。对于服务器应用，在同一时刻运行成千上万个线程是常有的事情；其中的每个线程都是一个增变者。堆区通常会包含几千兆的存储。

可处理大规模系统的垃圾回收算法必须充分利用系统的多个处理器。如果一个垃圾回收器使用多个线程，我们就称其为*并行的*(parallel)。如果回收器和增变者同时运行，就说它是*并发的*(concurrent)。

我们将描述一个并行的且基本上并发的垃圾回收器。它使用一个并发且并行的阶段来完成大部分的跟踪工作，然后执行一个全面停顿式的步骤来保证找到所有的可达对象并回收存储空间。这个算法在本质上并没有引入新的有关垃圾回收的基本概念，它说明了我们如何将曾经描述的思想组合起来，创造出一个解决并发、并行的垃圾回收问题的完整解决方案。然而，并行执行的本质会带来一些新的实现问题。我们将讨论这个算法如何使用一个相当常见的工作队列模型，在并行计算过程中协调多个线程。

为了理解这个算法的设计思想，我们必须牢记这个问题的规模。即使一个并行应用的根集也要比普通的应用大很多，它由每个线程的栈、寄存器集和全局可访问变量组成。堆区存储的数量也非常大，可达数据的数量同样也很大。增变过程发生速率也比一般的应用高很多。

为了减少停顿时间，我们可以采用原本为增量式分析而设计的基本思想，使垃圾回收和状态增变过程重叠执行。请回顾一下，正如 7.7 节所讨论的，一个增量式分析完成下列三个步骤：

1）找到根集。这个步骤通常是以原语方式完成的，即增变者暂时停止运行。

2）增变者的执行和对可达对象的跟踪交替进行。在这个阶段，每次有一个增变者写入一个从*已扫描*对象指向*未被访问*对象的引用时，我们都会记录这个引用。如 7.7.2 节中讨论的，我们可以选择多种粒度来记录这些引用。在本节中，我们将假定使用基于卡片的方案。我们将堆区分成若干被称为“卡片”的区段，并维护一个位映射来指明哪个卡片是脏的(即其中有一个或多个引用被覆写)。

3）再次暂停增变者的运行，重新扫描所有可能保存了指向未被访问对象的引用的卡片。

对于一个大型多线程应用，从根集到达的对象的集合可能非常大。终止所有增变者的执行，然后花费很多时间和空间去访问所有这样的对象是不可行的。同时，因为堆的规模巨大，并且增变线程数量巨大，在将所有对象扫描一次之后，很多卡片都需要重新扫描。此时，值得推荐的做法是并行地扫描其中的某些卡片，同时允许增变者继续并发执行。

为了并行地实现上面第(2)步中的跟踪过程，我们将使用多个垃圾回收线程。这些线程和各个增变者线程并发地运行，以跟踪得到*大部分*可达对象。然后，为了实现第(3)步，我们暂停执行各个增变者，使用并行线程来保证找到所有的可达对象。

完成第(2)步中跟踪过程的方法是让每个增变者线程在完成其自身工作的同时执行部分垃圾回收工作。另外，我们也使用一些专门用于回收垃圾的线程。一旦垃圾回收过程启动，只要增变者线程执行了某个内存分配操作，它同时也会执行一些跟踪计算。只有当计算机中有空闲的时钟周期时，专用的垃圾回收线程才会投入使用。和增量式分析一样，只要增变者写入了一个从*已扫描*对象指向*未被访问*对象的引用，存放这个引用的卡片就被标记为脏的，需要重新扫描。

下面给出一个并行、并发垃圾回收算法的大概描述：

1）扫描每个增变者线程的根集，将所有可以从根集中直接到达的对象设为*待扫描*状态。完成这一步的最简单的增量式做法是等待一个增变者线程调用内存管理器，如果那时它的根集还没有被扫描，就让它扫描自己的根集。如果所有其他跟踪工作都已经完成，而某个增变者线程还没有调用内存分配函数，那么必须暂停这个线程，扫描它的根集。

2）扫描处于*待扫描*状态的对象。为了支持并行计算，我们使用一个由固定大小的*工作包*(work packet)组成的工作队列。每个工作包保存了一些*待扫描*对象。当发现*待扫描*对象时，它们就被放置到工作包中。等待工作的线程将从队列中取出这些工作包，并跟踪其中的*待扫描*对象。这种策略允许在跟踪过程中把工作量平均分配给各个工作线程。如果系统用完了存储空间，使得我们无法找到创建这些工作包所需的空间，就直接为保存这些对象的卡片加上标记，使它们将在以后被扫描。后一种处理方法总是可行的，因为存放卡片标记的位数组已经预先分配好了。

3）扫描脏卡片中的对象。当工作队列中不再有*待扫描*对象，并且所有线程的根集都已经被扫描过之后，我们重新扫描这些卡片以寻找可达对象。只要增变者继续执行，脏卡片就会不断产生。因此，我们需要依照某种标准来停止跟踪过程。比如只允许卡片被再次扫描一次或固定的次数，或者当未完成扫描的卡片数量减少到某个阈值时停止跟踪。这么做的结果是使得并行和并发步骤通常会在完成全部跟踪工作之前就停止。剩下的工作将在下面介绍的最后一步中完成。

4）最后一步保证所有的可达对象都被标记为已被访问的。随着所有增变者停止执行，使用系统中的所有处理器就可以快速找到所有线程的根集。因为大部分可达对象已经被跟踪确定，预计只有少量的对象会被放在待扫描状态中。所有的线程都参与了对其余可达对象的跟踪和对所有卡片的重新扫描。

我们必须控制启动跟踪过程的频率,这很重要。跟踪步骤就像是一场赛跑。增变者创建出必须被扫描的新对象和新引用,而跟踪过程则试图扫描所有可达对象,并重新扫描同时产生的脏卡片。在需要进行垃圾回收之前过分频繁地启动跟踪过程是没有必要的,因为这样做将会增加漂浮垃圾的数量。另一方面,我们又不能等到存储耗尽时才开始跟踪过程。因为这时增变者将不能继续运行,此时的情况就退化为使用全面停顿式回收器的情形。因此,算法必须适当地选择启动回收的时机和跟踪的频率。对前面的各轮垃圾回收中的对象增变速率的估算可以帮助我们在这方面做出决策。根据专用垃圾回收线程所做的工作量,可以动态调整跟踪频率。

7.8.2 部分对象重新定位

就像从 7.6.4 节开始讨论的,拷贝或压缩回收器的优势在于消除碎片。然而,这些回收器需要不小的开销。压缩回收器需要在垃圾回收结束时移动所有的对象并更新所有的引用。拷贝回收器在跟踪过程中就找出可达对象的位置。如果跟踪采用增量式执行方式,我们要么对增变者的每个引用进行转换,要么到最后才移动所有的对象并更新它们的引用。这两种做法都是比较昂贵的,对大型堆区来说尤其如此。

我们可以改用一个拷贝世代垃圾回收器。它在回收年轻对象并减少碎片方面很有效,但是在回收成熟对象时比较昂贵。我们可以使用列车算法来限制每次分析时处理的成熟数据的数量。然而,列车算法的代价和每个区域的被记忆集的大小相关。

有一种混合型的回收方案,它使用并发跟踪来回收所有不可达对象,同时只移动部分对象。这种方法减少了碎片,又不会因为在每个回收循环中进行重新定位而引起额外的开销。

1) 在跟踪开始之前,选择将被清空的一部分堆区。

2) 当标记可达对象时,记住所有指向指定区域内的对象的引用。

3) 当跟踪完成时,并行地清扫存储空间以回收被不可达对象占用的空间。

4) 最后,清空占据指定区域的可达对象,并修正指向被清空对象的引用。

7.8.3 类型不安全的语言的保守垃圾回收

如 7.5.1 节中讨论的,我们不可能构造出一个可以处理所有 C 和 C++ 程序的垃圾回收器。因为我们总是可以通过算术运算来计算地址,所以在 C 和 C++ 中,没有任何内存位置可被认为是不可达的。然而,很多 C 或 C++ 程序从不按照这种方式随意地构造地址。已经证明,人们可以为这一类程序构造出一种保守的垃圾回收器(也就是不一定回收所有垃圾的回收器),在实践中它能够很好地完成任务。

保守的垃圾回收器假定我们不可以随意构造出一个地址,或者在没有指向某已分配存储块中某处的地址的情况下得到该存储块的地址。我们可以在程序中找出所有满足这一假设的垃圾。方法是,对于在任意可达存储区域中找到的一个二进制位模式,如果该模式可以被构造成一个内存位置,我们就认为它是一个有效地址。这种方案可能会把有些数据错当作地址。然而,这么做是正确的,因为这只会使得垃圾回收器保守地回收垃圾,留下的数据包含了所有必要的数据。

对象重定位需要更新所有指向旧地址的引用,使之指向新地址,因此它和保守的垃圾回收方法是不兼容的。因为保守的垃圾回收器并不能确认某个位模式是否真的指向某个实际地址,所以它不能修改这些模式并使之指向新的地址。

下面是一个保守的垃圾回收器的工作方式。首先修改内存管理器,使之为所有已分配内存块保存一个数据映射(data map)。这个映射使我们很容易地找到一个内存块的起止位置。这两个起止位置跨越了多个地址。跟踪过程开始时，首先扫描程序的根集，找出所有看起来像内存位置的位模式，此时我们不考虑它的类型。通过在数据映射中查找这些可能的地址，我们可以找出所有可能通过这些位模式到达的内存块的开始位置，并将它们置为*待扫描*状态。然后，我们扫描所有*待扫描*的内存块，找出更多(很可能)可达的内存块，并且将它们放入工作列表。重复扫描过程，直到工作列表为空。在完成跟踪工作之后，我们使用上述数据映射来清扫整个堆区，定位并释放所有不可达的内存块。

7.8.4 弱引用

有时候，虽然程序员使用了带有垃圾回收机制的语言，但是仍然希望自己管理内存，或者管理部分内存。也就是说，尽管仍然存在一些引用指向某些对象，但程序员知道这些对象不会再被访问。一个来自编译的例子可以说明这一问题。

例 7.17 我们已经看到，词法分析器通常会管理一个符号表，为它碰到的每个标识符创建一个对象。比如，这些对象可能作为词法值被附加于语法分析树中代表这些标识符的叶子结点上。然而，以这些标识符的字符串作为键值构造一个散列表有助于对这些对象进行定位。这个散列表可以在词法分析器碰到一个标识符词法单元时更容易找到对应的对象。

当编译器扫描完标识符 I 的作用域时，I 的符号表对象不再有任何来自语法分析树的引用，也没有来自可能被编译器使用的其他中间结构的引用。然而，在散列表中仍然存在一个指向这个对象的引用。因为散列表是编译器的根集的一部分，所以这个对象不能作为垃圾被回收。如果碰到了另一个词素和 I 相同的标识符，编译器就会发现 I 已经过时了，指向 I 的对象的引用将被删除。然而，如果没有遇到词素相同的其他标识符，那么 I 的对象仍然是不可回收的，尽管在之后的整个编译过程中它都是无用的。 □

如果例子 7.17 中提出的问题很重要，那么编译器的作者可以设法在标识符的作用域一结束时就在散列表中删除对相应对象的所有引用。然而，一种被称为*弱引用*(weak reference)的技术支持程序员依靠自动垃圾回收来解决问题，并且不会因为那些实际不再使用的可达对象而给堆区存储带来负担。在这样的系统中，允许将某些引用声明为“弱”引用。弱引用的一个例子是我们刚刚讨论的散列表中的所有引用。当垃圾回收器扫描一个对象时，它不会沿着该对象内的弱引用前进，也不会将它们指向的对象设置为可达的。当然，如果另有一个不弱的引用指向这一个对象，这个对象可能仍然是可达的。

7.8.5 7.8 节的练习

! 练习 7.8.1： 在 7.8.3 节中，我们说如果一个 C 语言程序只会在已存在某个指向某存储块中某个位置的地址时构造出指向这块内存中某个位置的地址，我们就可以对这个程序进行垃圾回收。因此我们将形如

```
p = 12345;
x = *p;
```

的代码排除在外，因为即使没有指针指向某个存储块，p 仍然可能碰巧指向该存储块。另一方面，对于上面的代码，更可能发生的情况是 p 什么地方都不指，执行那个代码会引起一个内存分段错误。然而，用 C 语言可能写出一段代码，使得一个像 p 这样的变量一定指向某个存储块，且没有其他指针同时指向该存储块。写出一个这样的程序。

7.9 第 7 章总结

- *运行时刻组织*。为了实现源语言中的抽象概念，编译器与操作系统及目标机器协同，创建并管理了一个运行时刻环境。该运行时刻环境有一个静态数据区，用于存放对象代码

和在编译时刻创建的静态数据对象。同时它还有动态的栈区和堆区，用来管理在目标代码执行时创建和销毁的对象。

- *控制栈*。过程调用和返回通常由称为*控制栈*的运行时刻栈管理。我们可以使用栈结构的原因是过程调用（或者说*活动*）在时间上是嵌套的。也就是说，如果 p 调用 q，那么 q 的活动就嵌套在 p 的活动之内。
- *栈分配*。对于那些允许或要求局部变量在它们的过程结束之后就不可访问的语言而言，局部变量的存储空间可以在运行时刻栈中分配。对于这样的语言，每一个活跃的活动都在控制栈中有一个*活动记录*（或者说*帧*）。活动树的根结点位于栈底，而栈中的全部活动记录对应于活动树中到达当前控制所在活动的路径。当前活动的记录位于栈顶。
- *访问栈中的非局部数据*。像 C 这样的语言不支持嵌套的过程声明，因此一个变量的位置要么是全局的，要么可以在运行时刻栈顶的活动记录中找到。对于带有嵌套过程的语言而言，我们可以通过*访问链*来访问栈中的非局部数据。访问链是加在各个活动记录中的指针。可以顺着访问链组成的链路到达正确的活动记录，从而找到期待的非局部数据。*显示表*是一个和访问链联合使用的辅助数组，它提供了一个不需要使用访问链链路的高效捷径。
- *堆管理*。堆是用来存放生命周期不确定的，或者可以生存到被明确删除时刻的数据的存储区域。*存储管理器*分配和回收堆区中的空间。*垃圾回收*在堆区中找出不再被使用的空间，这些空间可以回收并用于存放其他数据项。对于要求垃圾回收的语言，垃圾回收器是存储管理器的一个重要子系统。
- *利用局部性*。通过更好地利用存储的层次结构，存储管理器可以影响程序的运行时间。访问存储的不同区域所花的时间可能从几纳秒到几毫秒不等。幸运的是，大部分程序将它们的大部分时间用于执行相对较小的一部分代码，并且此时只会访问一小部分数据。如果一个程序很可能在短期内再次访问刚刚访问过的存储位置，该程序就具有*时间局部性*。如果一个程序很可能访问刚刚访问的存储区域附近的位置，该程序就具有*空间局部性*。
- *减少碎片*。随着程序分配和回收存储，堆区可能会变得*破碎*，或者说被分割成大量细小且不连续的空闲空间（或称为“*窗口*”）。best-fit 策略（分配能够满足空间请求的最小可用“窗口”）经实践证明是有效的。尽管 best-fit 策略提高了空间利用率，但对于空间局部性而言它可能并不是最好的。可以通过合并或者说*接合*相邻的“窗口”来减少碎片。
- *人工回收*。人工存储管理有两个常见的问题：没有删除那些不可能再被引用的数据，这称为*内存泄漏*错误；引用已经被删除的数据，这称为*悬空指针引用*错误。
- *可达性*。*垃圾*就是不能被引用或者说到达的数据。有两种寻找不可达对象的基本方法：要么截获一个对象从可达变成不可达的转换，要么周期性地定位所有可达对象，并推导出其余对象都是不可达的。
- *引用计数回收器*维护了指向一个对象的引用的计数。当这个计数变为 0 时，该对象就变成不可达的。这样的回收器带来了维护引用的开销，并且可能无法找出“循环”的垃圾，即由相互引用的不可达对象组成的垃圾。这些垃圾也可能通过由引用组成的链路相互引用。
- *基于跟踪的垃圾回收器*从根集出发，迭代地检查或跟踪所有的引用，找出所有可达对象。根集包括了所有不需要对任何指针解引用就可直接访问的对象。
- *标记－清扫式回收器*在一开始的跟踪阶段访问并标记所有可达对象，然后清扫堆区，回收不可达对象。

- 标记并压缩回收器改进了标记并清扫算法。它们把堆区中的可达对象重新定位，从而消除存储碎片。
- 拷贝回收器将跟踪过程和发现空闲空间过程之间的依赖关系打破。它将存储分为两个半空间 A 和 B。首先使用某个半空间，比如说 A，来满足分配请求，直到它被填满。此时垃圾回收器开始工作，将可达对象拷贝到另一个半空间，也就是 B，然后对换两个半空间的角色。
- 增量式回收器。简单的基于跟踪的回收器在垃圾回收期间会停止用户程序的执行。增量式回收器让垃圾回收过程和用户程序(或者说增变者)交错运行。增变者可能干扰增量式可达性分析，因为它可能改变之前已扫描对象中的引用。因此，增量式回收器通过超量估计可达对象集合，达到安全工作的目标。所有的"漂浮垃圾"可以在下一轮回收中被删除。
- 部分回收器同样可以减少停顿时间。它们每次只回收一部分垃圾。最有名的部分回收算法是世代垃圾回收方法，它根据对象已分配时间的长短对对象分区，对新建对象进行更频繁的回收操作，因为它们的生命期通常较短。另一个算法列车算法使用固定长度的被称为车厢的区域。这些车厢被组织成列车。每一个回收步骤都处理尚存的第一辆列车中的当前的第一节车厢。当一节车厢被回收时，可达对象被移动到其他车厢中，这节车厢中最终只剩下垃圾，因此可以将其从该列车中删除。这两种算法可以一起使用，创建出一个部分回收器。该回收器对较年轻对象使用世代算法，对较成熟的对象使用列车算法。

7.10 第 7 章参考文献

在数理逻辑中，作用域规则和通过替换进行参数传递最早由 Frege[8]提出。Church 的 lamda 演算[3]使用词法作用域。这个方法曾被用作研究程序设计语言的模型。Algol 60 及其后续语言，包括 C 和 Java，使用词法作用域。动态作用域首先由 Lisp 语言引入，随后成为该语言的一个重要特征。McCarthy[14]介绍了这段历史。

很多与栈分配相关的概念来源于 Algol60 中的块和递归。在词法作用域语言中使用显示表来访问非局部数据的思想来源于 Dijkstra[5]。在 Randell 和 Russell[16]中更具体地描述了栈分配、显示表的使用、数组动态分配等概念。Johnson 和 Ritchie[10]讨论了一个调用代码序列的设计，该设计支持一个过程在不同的调用中使用不同数量的参数。

垃圾回收的研究一直是一个活跃的研究领域，例如 Wilson[17]。引用计数技术可以追溯到 Collin[4]。基于跟踪的回收技术则最早由 McCarthy[13]提出。他描述了一个针对固定长度单元的标记－清扫式算法。管理空闲空间的边界标记由 Knuth 在 1962 年提出并在[11]中出版。

算法 7.14 基于 Baker[1]的算法。算法 7.16 基于 Cheney[2]提出的 Fenichel 和 Yochelson[7] 拷贝算法的非递归版本。

增量式可达性分析由 Dijkstra 等[6]进行了详细研究。Lieberman 和 Hewitt[12]给出了一个世代回收器，它是拷贝回收方法的一个扩展。列车算法由 Hudson 和 Moss[9]首先提出。

1. Baker, H. G. Jr., "The treadmill: real-time garbage collection without motion sickness," *ACM SIGPLAN Notices* **27**:3 (Mar., 1992), pp. 66–70.

2. Cheney, C. J., "A nonrecursive list compacting algorithm," *Comm. ACM* **13**:11 (Nov., 1970), pp. 677–678.

3. Church, A., *The Calculi of Lambda Conversion*, Annals of Math. Studies, No. 6, Princeton University Press, Princeton, N. J., 1941.

4. Collins, G. E., "A method for overlapping and erasure of lists," *Comm. ACM* **2**:12 (Dec., 1960), pp. 655–657.

5. Dijkstra, E. W., "Recursive programming," *Numerische Math.* **2** (1960), pp. 312–318.

6. Dijkstra, E. W., L. Lamport, A. J. Martin, C. S. Scholten, and E. F. M. Steffens, "On-the-fly garbage collection: an exercise in cooperation," *Comm. ACM* **21**:11 (1978), pp. 966–975.

7. Fenichel, R. R. and J. C. Yochelson, "A Lisp garbage-collector for virtual-memory computer systems", *Comm. ACM* **12**:11 (1969), pp. 611–612.

8. Frege, G., "Begriffsschrift, a formula language, modeled upon that of arithmetic, for pure thought," (1879). In J. van Heijenoort, *From Frege to Gödel*, Harvard Univ. Press, Cambridge MA, 1967.

9. Hudson, R. L. and J. E. B. Moss, "Incremental Collection of Mature Objects", *Proc. Intl. Workshop on Memory Management*, Lecture Notes In Computer Science **637** (1992), pp. 388-403.

10. Johnson, S. C. and D. M. Ritchie, "The C language calling sequence," Computing Science Technical Report 102, Bell Laboratories, Murray Hill NJ, 1981.

11. Knuth, D. E., *Art of Computer Programming, Volume 1: Fundamental Algorithms*, Addison-Wesley, Boston MA, 1968.

12. Lieberman, H. and C. Hewitt, "A real-time garbage collector based on the lifetimes of objects," *Comm. ACM* **26**:6 (June 1983), pp. 419–429.

13. McCarthy, J., "Recursive functions of symbolic expressions and their computation by machine," *Comm. ACM* **3**:4 (Apr., 1960), pp. 184–195.

14. McCarthy, J., "History of Lisp." See pp. 173–185 in R. L. Wexelblat (ed.), *History of Programming Languages*, Academic Press, New York, 1981.

15. Minsky, M., "A LISP garbage collector algorithm using secondary storage," A. I. Memo 58, MIT Project MAC, Cambridge MA, 1963.

16. Randell, B. and L. J. Russell, *Algol 60 Implementation*, Academic Press, New York, 1964.

17. Wilson, P. R., "Uniprocessor garbage collection techniques,"

`ftp://ftp.cs.utexas.edu/pub/garbage/bigsurv.ps`

第8章 代码生成

我们的编译器模型的最后一个步骤是代码生成器。如图 8-1 所示，它以编译器前端生成的中间表示(IR)和相关的符号表信息作为输入，输出语义等价的目标程序。

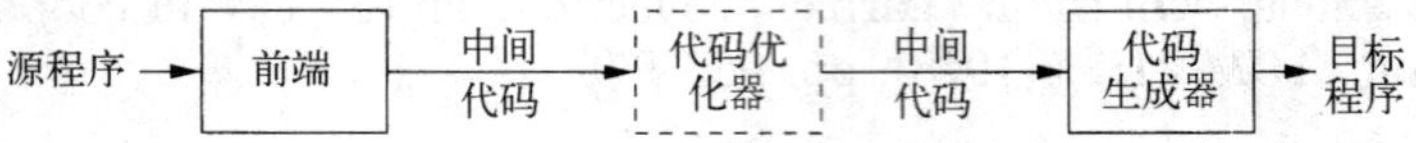

图 8-1　代码生成器的位置

对代码生成器的要求是很严格的。目标程序必须保持源程序的语义含义，还必须具有很高的质量。也就是说，它必须有效地利用目标机器上的可用资源。此外，代码生成器本身必须能够高效运行。

具有挑战性的是，从数学上讲，为给定源程序生成一个最优的目标程序是不可判定问题，在代码生成中碰到的很多子问题(比如寄存器分配)都具有难以处理的计算复杂性。在实践中，我们必须使用那些能够产生良好但不一定最优的代码的启发性技术。幸运的是，启发性技术已经非常成熟，一个精心设计的代码生成器所产生的代码要比那些由简单的生成器生成的代码快好几倍。

要产生高效目标程序的编译器都会在代码生成之前包含一个优化步骤。优化器把一个 IR 映射为另一个可用于产生高效代码的 IR。编译器的代码优化和代码生成步骤通常被称为编译器的*后端*(back end)。它们可能在生成目标程序之前对 IR 作多趟处理。代码优化将在第 9 章中详细讨论。不论代码生成之前有没有优化步骤，都可以使用本章所讨论的技术。

代码生成器有三个主要任务：指令选择、寄存器分配和指派、以及指令排序。这些任务的重要性将在 8.1 节中概述。指令选择考虑的问题是选择适当的目标机指令来实现 IR 语句。寄存器分配和指派考虑的问题是把哪个值放在哪个寄存器中。指令排序考虑的问题是按照什么顺序来安排指令的执行。

本章给出了一些和代码生成相关的算法，代码生成器可以使用这些算法把输入的 IR 翻译成简单寄存器机器的目标语言指令序列。这些算法将使用 8.2 节中的机器模型来解释。第 10 章讨论了复杂的现代机器的代码生成问题，这些现代机器支持在单一指令中的大量并行性。

在讨论了代码生成器设计中的众多难题之后，我们给出了一个编译器需要生成什么样的目标代码，以支持常见源语言中所包含的抽象机制。在 8.3 节，我们概述了静态和栈式数据区分配的实现方法，并说明如何把 IR 中的名字转换成为目标代码中的地址。

很多代码生成器把 IR 指令分成“基本块”，每个基本块由一组总是一起执行的指令组成。把 IR 划分成基本块是 8.4 节的主题。接下来介绍了针对基本块的一些简单的局部转换方法。从转换得到的基本块出发可以生成更加高效的代码。虽然要到第 9 章才开始考虑更加深入的代码优化理论，但这种转换已经是代码优化的初步形式。一个有用的局部转换的例子是在中间代码的层次上寻找公共子表达式，然后相应地把算术运算替换为更简单的拷贝运算。

8.6 节给出了一个简单的代码生成算法。它依次为每个语句生成代码，并把运算分量尽可能长时间地保留在寄存器中。这种代码生成器的输出可以很容易地使用窥孔优化技术进行优化。接下来的 8.7 节中将讨论窥孔优化技术。

其余的部分将研究指令选择和寄存器分配。

8.1 代码生成器设计中的问题

虽然代码生成器设计依赖于中间表示形式、目标语言和运行时刻系统的特定细节，但指令选择、寄存器分配和指派以及指令排序等任务会在几乎所有的代码生成器设计中碰到。

代码生成器的最重要的标准是生成正确的代码。正确性问题非常突出的原因是代码生成器会碰到很多种特殊情况。在优先考虑正确性的情况下，另一个重要的设计目标是把代码生成器设计得易于实现、测试和维护。

8.1.1 代码生成器的输入

代码生成器的输入是由前端生成的源程序的中间表示形式以及符号表中的信息组成的。这些信息用来确定 IR 中的名字所指的数据对象的运行时刻地址。

IR 的中间表示形式的选择有很多，包括诸如四元式、三元式、间接三元式等三地址表示方式；也包括诸如字节代码和堆栈机代码的虚拟机表示方式；包括诸如后缀表示的线性表示方式；还包括诸如语法树和 DAG 的图形表示方式。本章中的多个算法都是根据第 6 章中所考虑的表示方法来表示的。这些表示方法包括：三地址代码、树和 DAG。然而，我们讨论的技术也可以用于其他的中间表示形式。

在本章中，我们假设前端已经扫描、分析了源程序，并把它转换成为相对低层次的中间表示形式，因此在 IR 中出现的名字的值可以用能被目标机直接处理的量来表示。这些量可以是整数、浮点数等。我们还假设所有的语法和静态语义错误都已经被检测出来，必要的类型检查都已经完成，而类型转换运算已经被插入到必要的地方。因此，代码生成器可以在工作过程中假设它的输入已经排除了这些错误。

8.1.2 目标程序

构造一个能够产生高质量机器代码的代码生成器的难度会受到目标机器的指令集体系结构的极大影响。最常见的目标机体系结构是 RISC（精简指令集计算机）、CISC（复杂指令集计算机）和基于堆栈的结构。

RISC 机通常有很多寄存器、三地址指令、简单的寻址方式和一个相对简单的指令集体系结构。相反，CISC 机通常具有较少寄存器、两地址指令、多种寻址方式、多种类型的寄存器、可变长度的指令和具有副作用的指令。

在基于栈的机器中，运算是通过把运算分量压入一个栈，然后再对栈顶的运算分量进行运算而完成的。为了获得高性能，栈顶元素通常保存在寄存器中。因为人们觉得堆栈组织的限制太多，并且需要太多的交换和拷贝操作，所以基于堆栈的机器几乎已经消失了。

但是，基于堆栈的体系结构随着 Java 虚拟机（JVM）的出现又复活了。JVM 是一个 Java 字节码的软件解释器。字节码是由 Java 编译器生成的一种中间语言。这个解释器提供了跨平台的软件兼容性。这是 Java 成功的一个重要因素。

解释执行会引起很高的性能损失，有时可能达到 10 倍的数量级。为了克服这个问题，人们创造了即时（Just-In-Time，JIT）Java 编译器。这些即时编译器在运行时刻把字节码翻译成目标机上的本地硬件指令集。另一个提高 Java 程序性能的方法是建立一个编译器，把 Java 程序直接编译成目标机器指令，彻底绕过字节码。

输出一个使用绝对地址的机器语言程序的优点是程序可以放在内存中的某个固定位置上，并立即执行。程序可以很快地进行编译和执行。

输出可重定位的机器语言程序（通常称为目标模块，object module）可以使各个子程序能够被分别编译。一组可重定位的目标模块可以被一个链接加载器链接到一起并加载运行。如果我们要生成可重定位的目标模块，我们就必须为链接和加载付出代价。但是这样做可以使我们得到很多的灵活性。我们可以把子程序分开编译，并能够从一个目标模块中调用其他已经编译好的程序。如果目标机没有自动处理重定位，编译器就必须向加载器提供明确的重定位信息，以便把分开编译的程序模块链接起来。

输出一个汇编程序使代码生成过程变得稍微容易一些。我们可以生成符号指令，并使用汇编器的宏机制来帮助生成代码。这么做的代价是代码生成之后还需要增加一个汇编步骤。

在本章中，我们将使用一个非常简单的类 RISC 计算机作为目标机。我们在这个机器上加入了一些类 CISC 的寻址方式。这样我们就可以讨论 CISC 机器的代码生成技术了。为了增加可读性，我们把汇编代码用作目标语言。只要变量地址可以通过偏移量和存放于符号表中的其他信息计算出来，代码生成器就可以为源程序中的名字生成可重定位地址或绝对地址。这和生成符号地址一样，都是很简单的事情。

8.1.3 指令选择

代码生成器必须把 IR 程序映射成为可以在目标机上运行的代码序列。完成这个映射的复杂性由如下的因素决定：

- IR 的层次。
- 指令集体系结构本身的特性。
- 想要达到的生成代码的质量。

如果 IR 是高层次的，代码生成器就要使用代码模板把每个 IR 语句翻译成为机器指令序列。但是，这种逐个语句生成代码的方式通常会产生质量不佳的代码。这些代码需要进一步优化。如果 IR 中反映了相关计算机的某些低层次细节，那么代码生成器就可以使用这些信息来生成更加高效的代码序列。

目标机指令集本身的特性对指令选择的难度有很大的影响。比如，指令集的统一性和完整性是两个很重要的因素。如果目标机没有以统一的方式支持每种数据类型，那么总体规则的每个例外都需要进行特别处理。比如，在某些机器上，浮点数运算使用单独的寄存器完成。

指令速度和机器的特有用法是另外一些重要因素。如果我们不考虑目标程序的效率，那么指令选择是很简单的。对于每一种三地址语句，我们可以生成一个代码骨架。此骨架定义了对这个构造生成什么样的目标代码。比如，每一个形如 x = y + z 的三地址语句(其中 x、y 和 z 都是静态分配的)可以被翻译成如下的代码序列：

```
LD  R0, y        // R0 = y            (把 y 装载到寄存器 R0)
ADD R0, R0, z    // R0 = R0 + z       (把 z 加到 R0)
ST  x, R0        // x = R0            (把 R0 保存到 x)
```

这种策略常常会产生冗余的加载和存储运算。比如，下面的三地址语句序列

```
a = b + c
d = a + e
```

会被翻译成

```
LD  R0, b        // R0 = b
ADD R0, R0, c    // R0 = R0 + c
ST  a, R0        // a = R0
LD  R0, a        // R0 = a
ADD R0, R0, e    // R0 = R0 + e
ST  d, R0        // d = R0
```

这里的第四个语句是冗余的，因为它加载了一个刚刚保存到内存的值。并且如果 a 以后不再被使用，那么第三个语句也是冗余的。

生成代码的质量通常是由它的运行速度和大小来确定的。在大多数机器上，一个给定的 IR 程序可以用很多种不同的代码序列来实现。这些不同实现之间在代价上有着显著的差别。因此，对中间代码的简单翻译虽然能产生正确的目标代码，但是这些代码却可能过于低效而让人不可接受。

比如，如果目标机有一个“加一”指令(INC)，那么三地址语句 a = a + 1 可以用一个指令 INC a 来实现。这个指令要比如下的代码序列更加高效：把 a 加载进一个寄存器，对寄存器加 1，然后把结果保存回 a。

```
LD  R0, a        // R0 = a
ADD R0, R0, #1   // R0 = R0 + 1
ST  a, R0        // a = R0
```

要设计出良好的代码序列，我们就必须知道指令的代价。遗憾的是，我们经常难以得到精确的代价信息。对于一个给定的三地址构造，可能还需要有关该构造所在上下文的信息才能决定哪个是最好的机器代码序列。

在 8.9 节，我们将看到指令选择可以用树模式匹配过程来建模。在这个过程中，我们把 IR 和机器指令表示为树结构。然后，我们尝试着用一组对应于机器指令的子树覆盖一棵 IR 树。如果我们把每棵机器指令子树和一个代价值相关联，我们就可以用动态规划的方法来生成最优化的代码序列。动态规划将在 8.11 节中讨论。

8.1.4 寄存器分配

代码生成的关键问题之一是决定哪个值放在哪个寄存器里面。寄存器是目标机上运行速度最快的计算单元，但是我们通常没有足够的寄存器来存放所有的值。没有存放在寄存器中的值必须存放在内存中。使用寄存器运算分量的指令总是要比那些运算分量在内存中的指令短并且快。因此，有效利用寄存器非常重要。

寄存器的使用经常被分解为两个子问题：

1）*寄存器分配*：对于源程序中的每个点，我们选择一组将被存放在寄存器中的变量。

2）*寄存器指派*：我们指定一个变量被存放在哪个寄存器中。

即使对于单寄存器机器，找到一个从寄存器到变量的最优指派也是很困难的。从数学上讲，这个问题是 NP 完全的。而且，目标机的硬件和/或操作系统可能要求代码遵守特定的寄存器使用规则，从而使这个问题变得更加复杂。

例 8.1 有些机器要求为某些运算分量和结果使用寄存器对（即一个偶数号寄存器和相邻的奇数号寄存器）。比如，在某些机器上，整数乘法和整数除法就涉及寄存器对。乘法指令的形式如下：

```
M x, y
```

其中被乘数 x 是偶数/奇数寄存器对中的奇数号寄存器，而乘数 y 则可以存放在任意位置。乘法结果占据了整个偶数/奇数寄存器对。除法指令的形式如下：

```
D x, y
```

其中，被除数占据了整个偶数/奇数寄存器对，x 是其中的偶数号寄存器；而除数是 y。相除之后，偶数号寄存器保存余数，而奇数号寄存器保存商。

现在，考虑图 8-2 中的两个三地址代码序列。图 8-2a 和图 8-2b 之间的唯一差别是第二个语句的运算符。图 8-2a 和图 8-2b 对应的最短汇编代码序列如图 8-3 所示。

a)
```
t = a + b
t = t * c
t = t / d
```

b)
```
t = a + b
t = t + c
t = t / d
```

图 8-2　两个三地址代码序列

a)
```
L   R1,a
A   R1,b
M   R0,c
D   R0,d
ST  R1,t
```

b)
```
L    R0, a
A    R0, b
A    R0, c
SRDA R0, 32
D    R0, d
ST   R1, t
```

图 8-3　最优机器代码序列

Ri 表示第 i 号寄存器。SRDA 表示双算术右移(Shift-Right-Double-Arithmetic)，而 SRDA R0 32 把被除数从 R0 中移入 R1 并把 R0 清空，使得所有位都等于被除数的正负号位。L，ST 和 A 分别表示加载、保存和相加。需要注意的是，把 a 加载到哪个寄存器的最优选择依赖于最终会对 t 做什么样的运算。 □

寄存器的分配和指派的策略将在 8.8 节讨论。8.10 节将给出对某些类型的机器，我们可以构造出使用最少的寄存器来完成表达式求值的代码序列。

8.1.5 求值顺序

计算执行的顺序会影响目标代码的效率。我们即将看到，相比其他的计算顺序而言，某些计算顺序对用于存放中间结果的寄存器的需求更少。但是在一般情况下，找到最好的顺序是一个困难的 NP 完全问题。一开始，我们将按照中间代码生成器生成代码的顺序为三地址语句生成代码，从而暂时避开这个问题。在第 10 章，我们将研究对流水线计算机的代码排序。这种流水线计算机可以在一个时钟周期内执行多个运算。

8.2 目标语言

熟悉目标计算机及其指令集是设计一个优秀代码生成器的前提。为了给某个目标机器上的一个完整的源语言生成高质量的代码，我们需要了解该目标机的许多细节。遗憾的是，在对代码生成的一般性讨论中不可能描述出全部的细节。在本章中，我们将使用一个简单计算机的汇编代码作为目标语言。这个计算机是很多寄存器机器的代表。然而，本章中描述的很多代码生成技术也可以用于很多其他类型的机器。

8.2.1 一个简单的目标机模型

我们的目标计算机是一个三地址机器的模型。它具有加载和保存操作、计算操作、跳转操作和条件跳转。这个计算机的内存按照字节寻址，它具有 n 个通用寄存器 R0，R1，…，R$n-1$。一个完整的汇编语言具有几十到上百个指令。为了避免因为过多的细节而妨碍对概念的解释，我们将只使用一个很有限的指令集合，并假设所有的运算分量都是整数。大部分指令包含一个运算符，然后是一个目标地址，最后是一个源运算分量的列表。指令之前可能有一个标号。我们假设有如下种类的指令可用：

- *加载运算*：指令 LD *dst*，*addr* 把位置 *addr* 上的值加载到位置 *dst*。这个指令表示赋值 *dst* = *addr*。这个指令最常见的形式是 LD r，x。它把位置 x 中的值加载到寄存器 r 中。形如 LD r_1，r_2 的指令是一个寄存器到寄存器的拷贝运算。它把寄存器 r_2 的内容拷贝到寄存器 r_1 中。
- *保存运算*：指令 ST x，r 把寄存器 r 中的值保存到位置 x。这个指令表示赋值 $x=r$。
- *计算运算*：形如 *OP dst*，src_1，src_2，其中 *OP* 是一个诸如 ADD 或 SUB 的运算符，而 *dst*、src_1 和 src_2 是内存位置。这些位置不一定要相互不同。这个机器指令的作用是把 *OP* 所代表的运算作用在位置 src_1 和 src_2 中的值上，然后把这次运算的结果放到位置 *dst* 中。比如，SUB r_1，r_2，r_3 计算了 $r_1=r_2-r_3$。原先存放在 r_1 中的值丢失了，但是如果 r_1 等于 r_2 或者 r_3，计算机会首先读出原来的值。只需要一个运算分量的单目运算符没有 src_2。
- *无条件跳转*：指令 BR L 使得控制流转向标号为 L 的机器指令。(BR 表示产生分支)。
- *条件跳转*：该指令的形式为 B*cond* r，L，其中 r 是一个寄存器，L 是一个标号，而 *cond* 代表了对寄存器 r 中的值所做的某个常见测试。比如，当寄存器 r 中的值小于 0 时，BLTZ r，L 使得控制流跳转到标号 L；否则，控制流传递到下一个机器指令。

我们假设目标机具有多种寻址模式：

- 在指令中，一个位置可以是一个变量名 x，它指向分配给 x 的内存位置（即 x 的左值）。
- 一个位置也可以是一个带有下标的形如 $a(r)$ 的地址，其中 a 是一个变量，而 r 是一个寄存器。$a(r)$ 所表示的内存位置按照如下方式计算得到：a 的左值加上存放在寄存器 r 中的值。比如，指令 LD R1, a(R2) 的效果是 R1 = *contents* (a + *contents* (R2))，其中 *contents*(x) 表示 x 所代表的寄存器或内存位置中存放的内容。这个寻址方式对于数组访问是很有用的，其中 a 是数组的基地址（即第一个元素的地址），而 r 中存放了从基地址到数组 a 的某个元素所要经过的字节数。
- 一个内存位置可以是一个以寄存器作为下标的整数。比如，LD R1, 100(R2) 的效果就是使得 R1 = *contents*(100 + *contents*(R2))。也就是说，首先计算寄存器 R2 中的值加上 100 得到的和，然后把这个和所指向的位置中的值加载到 R1 中。正如我们在下面的例子中将看到的那样，这个寻址方式可以用于沿指针取值。
- 我们还支持另外两种间接寻址模式：$*r$ 表示在寄存器 r 的内容所表示的位置上存放的内存位置。而 *100(r) 表示在 r 中内容加上 100 的和所代表的位置上的内容所代表的位置。比如，LD R1, *100(R2) 的效果是把 R1 设置为 *contents* (*contents* (100 + *contents*(R2)))。也就是说，首先计算寄存器 R2 中的内容加上 100 的和，取出和值所指的位置中的内容，再把这个内容代表的位置中的值加载到 R1 中。
- 最后，我们支持一个直接常数寻址模式。在常数前面有一个前缀#。指令 LD R1, #100 把整数 100 加载到 R1 中，而 ADD R1, R1, #100 则把 100 加到寄存器 R1 中去。

在指令之后的注解由//开头。

例 8.2 三地址语句 x = y - z 可以使用下面的机器指令序列实现：

```
LD  R1, y          // R1 = y
LD  R2, z          // R2 = z
SUB R1, R1, R2     // R1 = R1 - R2
ST  x, R1          // x = R1
```

也许我们能做得更好。一个优秀的代码生成算法的目标之一是尽可能地避免使用上面的全部四个指令。比如，y 和/或 z 可能已经被计算出来并存放在一个寄存器中。如果是这样，我们就可以避免相应的 LD 步骤。类似地，如果 x 的值被使用时都存放在寄存器中，并且之后不会再被用到，我们就不需要把这个值保存回 x。

假设 a 是一个元素为 8 字节值（比如实数）的数组。再假设 a 的元素的下标从 0 开始。我们可以通过下面的指令序列来执行三地址指令 b = a[i]：

```
LD  R1, i          // R1 = i
MUL R1, R1, 8      // R1 = R1 * 8
LD  R2, a(R1)      // R2 = contents(a + contents(R1))
ST  b, R2          // b = R2
```

这里的第二步计算 $8i$；而第三步把 a 的第 i 个元素的值放到 R2 中，这个元素位于离数组 a 的基地址 $8i$ 个字节的地方。

类似地，三地址指令 a[j] = c 所代表的对数组 a 的赋值可以实现为：

```
LD  R1, c          // R1 = c
LD  R2, j          // R2 = j
MUL R2, R2, 8      // R2 = R2 * 8
ST  a(R2), R1      // contents(a +  contents(R2)) = R1
```

为了实现一个简单的指针间接存取，比如三地址语句 x = *p，我们可以使用如下的机器指令序列：

```
LD  R1, p          // R1 = p
LD  R2, 0(R1)      // R2 = contents(0 + contents(R1))
ST  x, R2          // x = R2
```

通过指针的赋值语句 *p = y 可以类似地用如下的机器代码实现：

```
LD  R1, p          // R1 = p
LD  R2, y          // R2 = y
ST  0(R1), R2      // contents(0 + contents(R1)) = R2
```

最后考虑一个带条件跳转的三地址指令：

```
if x < y goto L
```

它的等价的机器代码如下：

```
LD   R1, x         // R1 = x
LD   R2, y         // R2 = y
SUB  R1, R1, R2    // R1 = R1 - R2
BLTZ R1, M         // if R1 < 0 jump to M
```

这里的 M 是从标号为 L 的三地址指令所产生的机器指令序列中的第一个指令的标号。对于任意一个三地址指令，我们希望可以省略这些指令中的某些指令。省略的原因可能是所需的运算分量已经在寄存器中了，也可能因为结果不需要存放回内存。 □

8.2.2 程序和指令的代价

我们经常会指出编译及运行一个程序所需的代价。根据我们在优化一个程序时感兴趣的方面，我们会使用不同的度量。常用的度量包括编译时间的长短，以及目标程序的大小、运行时间和能耗。

确定编译和运行一个程序的实际代价是一个复杂的问题。总的来说，为一个给定的源程序找到一个最优的目标程序是一个不可判定问题，而很多相关的子问题都是 NP 困难的。正如我们已经指出的，在代码生成时，我们通常必须满足于那些能够生成优良代码但不一定是最优目标程序的启发式技术。

在本章的其余部分，我们将假设每个目标语言指令都有相应的代价。为简单起见，我们把一个指令的代价设定为 1 加上与运算分量寻址模式相关的代价。这个代价对应于指令中字的长度。寄存器寻址模式具有的附加代价为 0，而涉及内存位置或常数的寻址方式的附加代价为 1。下面是一些例子：

- 指令 LD R0, R1 把寄存器 R1 中的内容拷贝到寄存器 R0 中。因为不要求附加的内存字，所以这个指令的代价是 1。
- 指令 LD R0, M 把内存位置 M 中的内容加载到寄存器 R0 中。指令的代价是 2，因为内存位置 M 的地址在紧跟着指令的字中。
- 指令 LD R1, *100(R2) 把值 *contents*(*contents*(100 + *contents*(R2))) 加载到寄存器 R1 中。这个指令的代价是 2，因为常数 100 存放在紧跟着指令的内存字中。

在本章中，我们假设对于一个指定的输入，目标语言程序的代价是当此程序在该输入上运行时所执行的所有指令的代价总和。优秀的代码生成算法的目标是使得程序在典型输入上运行时所执行指令的代价总和最小。我们将会看到，在某些情况下，我们真的能够在某些类型的寄存器机器上为表达式生成最优的代码。

8.2.3 8.2 节的练习

练习 8.2.1：假设所有的变量都存放在内存中，为下面的三地址语句生成代码：

1) x = 1
2) x = a
3) x = a + 1
4) x = a + b
5) 两个语句的序列

```
x = b * c
y = a + x
```

练习 8.2.2：假设 a 和 b 是元素为 4 字节值的数组，为下面的三地址语句序列生成代码。

1）四个语句的序列

```
x = a[i]
y = b[j]
a[i] = y
b[j] = x
```

2）三个语句的序列

```
x = a[i]
y = b[i]
z = x * y
```

3）三个语句的序列

```
x = a[i]
y = b[x]
a[i] = y
```

练习 8.2.3：假设 p 和 q 存放在内存位置中，为下面的三地址语句序列生成代码：

```
y = *q
q = q + 4
*p = y
p = p + 4
```

练习 8.2.4：假设 x、y 和 z 存放在内存位置中，为下面的语句序列生成代码：

```
    if x < y goto L1
    z = 0
    goto L2
L1: z = 1
```

练习 8.2.5：假设 n 在一个内存位置中，为下面的语句序列生成代码：

```
    s = 0
    i = 0
L1: if i > n goto L2
    s = s + i
    i = i + 1
    goto L1
L2:
```

练习 8.2.6：确定下列指令序列的代价。

1)
```
LD  R0, y
LD  R1, z
ADD R0, R0, R1
ST  x, R0
```

2)
```
LD  R0, i
MUL R0, R0, 8
LD  R1, a(R0)
ST  b, R1
```

3)
```
LD  R0, c
LD  R1, i
MUL R1, R1, 8
ST  a(R1), R0
```

4)
```
LD R0, p
LD R1, 0(R0)
ST x, R1
```

5)
```
LD R0, p
LD R1, x
ST 0(R0), R1
```

6)
```
LD   R0, x
LD   R1, y
SUB  R0, R0, R1
BLTZ *R3, R0
```

8.3 目标代码中的地址

在本节中，我们将说明如何使用静态和栈式内存分配为简单的过程调用和返回生成代码，以此将 IR 中的名字转换成为目标代码中的地址。在 7.1 节中，我们描述了每个正在执行的程序是如何在它的逻辑地址空间上运行的。这个空间被划分成为四个代码及数据区域：

1）一个静态确定的代码区 *Code*。这个区存放可执行的目标代码。目标代码的大小可以在编译时刻确定。

2）一个静态确定的静态数据区 *Static*。这个区存放全局常量和编译器生成的其他数据。全局常量和编译器数据的大小也可以在编译时刻确定。

3）一个动态管理的堆区 *Heap*。这个区存放程序运行时刻分配和释放的数据对象。*Heap* 的大小不能在编译时刻静态确定。

4）一个动态管理的栈区 *Stack*。这个区存放过程的活动记录。活动记录会随着过程的调用和返回被创建和消除。和堆区一样，栈区的大小也不能在编译时刻确定。

8.3.1 静态分配

为了说明简化的过程调用和返回的代码生成，我们关注下面的三地址语句：

- `call` *callee*
- `return`
- `halt`
- `action`，这是代表其他三地址语句的占位符。

活动记录的大小和布局是由代码生成器通过存放于符号表中的名字的信息来确定的。我们将首先说明如何在过程调用时在一个活动记录中存放返回地址，以及如何在过程调用结束后把控制返回到这个地址。为方便起见，我们假设活动记录的第一个位置存放返回地址。

我们首先考虑实现最简单情况（即静态分配）时的代码。这里，中间代码中的 `call` *callee* 语句可以用包含两个目标机指令的序列来实现：

```
ST   callee.staticArea, #here + 20
BR   callee.codeArea
```

`ST` 指令把返回地址保存到 *callee* 的活动记录的开始处，而 `BR` 把控制传递到被调用过程 *callee* 的目标代码上。属性 *callee. staticArea* 是一个常量，给出了 *callee* 的活动记录的开始处的地址，而属性 *callee. codeArea* 也是一个常量，指向运行时刻内存中 *Code* 区中被调用过程 *callee* 的第一个指令的地址。

`ST` 指令中的运算分量 *#here* +20 是返回地址的文字表示，它是紧跟在 `BR` 指令之后的指令的地址。我们假设 *#here* 是当前指令的地址，而调用序列中的三个常量加上两个指令的长度为 5 个字，即 20 个字节。

过程代码的结尾处是一个返回到调用者过程的指令。但是没有调用者的第一个过程例外，它的最后一个指令是 `HALT`。这个指令把控制返回给操作系统。一个`return`语句可以使用一个简单的跳转语句实现：

```
BR   *callee.staticArea
```

它把控制流转到保存在 *callee* 的活动记录开始位置的地址上。

例 8.3 假设我们有下面的三地址代码：

```
            // c的代码
action1
call p
```

```
action₂
halt
            // p的代码
action₃
return
```

图 8-4 给出了这个三地址代码的目标程序。我们使用伪指令 ACTION 来代表执行语句 action 的机器指令序列。这些 action 语句代表了和本次讨论无关的三地址代码。我们假定过程 c 的代码从地址 100 开始，而过程 p 从地址 200 开始。我们假定每个 ACTION 伪指令占用 20 个字节。我们还假定这些过程的活动记录以静态方式分配，其位置分别是 300 和 364。

```
                              // c的代码
100:  ACTION₁                 // action₁的代码
120:  ST 364, #140            // 在位置364上存放返回地址140
132:  BR 200                  // 调用p
140:  ACTION₂
160:  HALT                    // 返回操作系统
      ...
                              // p的代码
200:  ACTION₃
220:  BR *364                 // 返回在位置364保存的地址处
      ...
                              // 300-363存放c的活动记录
300:                          // 返回地址
304:                          // c的局部数据
      ...
                              // 364-451存放p的活动记录
364:                          // 返回地址
368:                          // p的局部数据
```

图 8-4　静态分配的目标代码

从地址 100 开始的指令实现了过程 c 的语句：

```
action₁; call p; action₂; halt
```

因此程序的运行从地址 100 上的指令 $ACTION_1$ 开始。在地址 120 上的 ST 指令把返回地址 140 存放在机器状态字段中，也就是 p 的活动记录的第一个字中。在地址 132 上的 BR 指令把控制转移到被调用过程 p 的目标代码的第一个指令。

执行了 $ACTION_3$ 之后，位于地址 220 的跳转指令被执行。因为上面的调用代码序列把位置 140 存放在地址 364 中，因此当位于地址 220 的 BR 语句执行时，*364 代表 140。所以当过程 p 结束时，控制流返回到地址 140，过程 c 继续执行。 □

8.3.2 栈分配

如果在保存活动记录时使用相对地址，静态分配就可以变成栈分配。但是在栈分配方式中，只有等到运行时刻才能知道一个过程的活动记录的位置。这个位置通常存放在一个寄存器里面，因此活动记录中的字可以通过相对于寄存器中值的偏移量来访问。我们的目标机的下标地址模式可以方便地完成这种访问。

正如我们在第 7 章中已经看到的，活动记录的相对地址可以用相对于活动记录中的任一已知位置的偏移量来表示。为方便起见，我们将在寄存器 SP 中维护一个指向栈顶的活动记录的开始处的指针，这样就可以使所有的偏移量都是正数。当发生过程调用时，调用过程增加 SP 的值，并把控制传递到被调用过程。在控制返回到调用者时，我们减少 SP 的值，从而释放被调用过程的活动记录。

第一个过程的代码把 SP 设置成内存中栈区的开始位置，完成对栈的初始化：

```
LD   SP, #stackStart                  // 初始化栈
code for the first procedure
HALT                                  // 结束执行
```

一个过程调用指令序列增加 SP 的值，保存返回地址，并把控制传递到被调用过程：

```
ADD  SP, SP, #caller.recordSize       // 增加栈指针
ST   0(SP), #here + 16                // 保存返回地址
BR   callee.codeArea                  // 转移到被调用过程
```

运算分量#*caller. recordSize* 表示一个活动记录的大小，因此 ADD 指令使得 SP 指向下一个活动记录。在 ST 指令中的运算分量#*here* + 16 是跟随在 BR 之后的指令的地址，它被存放在 SP 所指向的地址中。

返回指令序列包含两个部分。被调用过程使用下面的指令把控制传递到返回地址：

```
BR  *0(SP)                            // 返回给调用者
```

在 BR 中使用 * 0(SP)的原因是我们需要两层间接寻址：0(SP)是活动记录的第一个字所在的位置，而 * 0(SP)是存放在那里的返回地址。

返回指令序列的第二部分在调用者中，这个序列减少 SP 的值，因此把 SP 恢复为以前的值。也就是说，在减法运算之后，SP 指向调用者的活动记录的开始处：

```
SUB  SP, SP, #caller.recordSize       // 栈指针减 1
```

第 7 章中包含了有关调用指令序列以及在调用过程和被调用过程之间进行任务分配的折衷方案的更广泛的讨论。

例 8.4 图 8-5 中的程序是前一章中的快速排序程序的一个抽象。过程 *q* 是递归的，因此在同一时刻可能有多个活跃的 *q* 的活动记录。

```
                       // m 的代码
action1
call q
action2
halt
                       // p的代码
action3
return
                       // q 的代码
action4
call p
action5
call q
action6
call q
return
```

图 8-5 例 8.4 的代码

假设过程 m、p 和 q 的活动记录的大小已经确定，分别是 *msize*、*psize* 和 *qsize*。每个活动记录的第一个字存放返回地址。我们随意地假设这些过程的代码分别从地址 100、200 和 300 处开始，并假设栈区在地址 600 处开始。目标程序在图 8-6 中显示。

```
                                   // m的代码
100:  LD SP, #600                  // 初始化栈
108:  ACTION1                      // action1 的代码
128:  ADD SP, SP, #msize           // 调用指令序列的开始
136:  ST 0(SP), #152               // 将返回地址压入栈
144:  BR 300                       // 调用q
152:  SUB SP, SP, #msize           // 恢复SP的值
160:  ACTION2
180:  HALT
      ...
                                   // p的代码
200:  ACTION3
220:  BR *0(SP)                    // 返回
      ...
                                   // q的代码
300:  ACTION4                      // 包含有跳转到456 的条件转移指令
320:  ADD SP, SP, #qsize
328:  ST 0(SP), #344               // 将返回地址压入栈
336:  BR 200                       // 调用p
344:  SUB SP, SP, #qsize
352:  ACTION5
```

图 8-6 栈式分配时的目标代码

```
372:  ADD SP, SP, #qsize
380:  BR 0(SP), #396          // 将返回地址压入栈
388:  BR 300                  // 调用q
396:  SUB SP, SP, #qsize
404:  ACTION6
424:  ADD SP, SP, #qsize
432:  ST 0(SP), #440          // 将返回地址压入栈
440:  BR 300                  // 调用q
448:  SUB SP, SP, #qsize
456:  BR *0(SP)               // 返回
      ...
600:                          // 栈区的开始处
```

图 8-6 （续）

我们假设 ACTION_4 包含了一个条件跳转指令，跳转到 q 的返回代码序列开始地址 456；否则，递归过程 q 将不得不永远调用自己。

令 *msize*、*psize* 和 *qsize* 分别是 20、40 和 60。在地址 100 处的第一个指令把 SP 初始化为 600，即栈区的开始地址。在控制从 m 转向 q 的前一刻，SP 中的值是 620（因为 *msize* 为 20）。随后当 q 调用 p 时，在地址 320 处的指令把 SP 增加到 680，即 p 的活动记录的开始处；当控制返回到 q 的时候，SP 回复到 620。如果接下来的两个对 q 的递归调用立刻返回，那么执行过程中 SP 的最大值就是 680。但是请注意，栈区中被使用的最后的位置是 739，因为从位置 680 开始的 q 的活动记录总共有 60 个字节。 □

8.3.3 名字的运行时刻地址

存储分配策略以及过程的活动记录中局部数据的布局决定了如何访问名字对应的内存位置。在第 6 章，我们假设一个三地址语句中的名字实际上是一个指向该名字的符号表条目的指针。这个方法有一个极大的好处，它使得编译器更加易于移植，因为即使当编译器被移植到使用不同运行时刻组织方式的其他机器时，其前端也不需要修改。但是从另一个方面来看，在生成中间代码时生成特定的访问步骤对于一个优化编译器也有极大的好处，因为这使得优化器能够利用原本在简单的三地址语句中不可见的细节。

在任何一种情况下，名字最终必须被替代为访问存储位置的代码。在这里，我们考虑简单的三地址拷贝语句 x = 0 的一些细节。假设在处理完一个过程的声明部分后，x 的符号表条目包含了 x 的相对地址 12。如果 x 被分配在一个从地址 *static* 开始的静态分配区域中，那么 x 的实际运行时刻地址是 *static* + 12。虽然编译器最终可以在编译时刻确定 *static* + 12 的值，但是在生成访问该名字的中间代码时可能还不知道静态区域的位置。在这种情况下，生成"计算" *static* + 12 的三地址代码是有意义的。当然我们要理解，这个计算在程序运行之前就会完成：它或者在代码生成阶段完成，或者由加载器完成。那么，赋值语句 x = 0 被翻译成

```
static[12] = 0
```

如果静态区从地址 100 开始，这个语句的目标代码是

```
LD 112, #0
```

8.3.4 8.3 节的练习

练习 8.3.1： 假设使用栈式分配而寄存器 SP 指向栈的顶端，为下列的三地址语句生成代码。

```
call p
call q
return
call r
return
return
```

练习 8.3.2：假设使用栈式分配而寄存器 SP 指向栈的顶端，为下列的三地址语句生成代码。

1) `x = 1`

2) `x = a`

3) `x = a + 1`

4) `x = a + b`

5) 两个语句的序列

```
x = b * c
y = a + x
```

练习 8.3.3：假设使用栈式分配，且假设 a 和 b 都是元素大小为 4 字节的数组，再次为下面的三地址语句生成代码。

1) 四个语句的序列

```
x = a[i]
y = b[j]
a[i] = y
b[j] = x
```

2) 三个语句的序列

```
x = a[i]
y = b[i]
z = x * y
```

3) 三个语句的序列

```
x = a[i]
y = b[x]
a[i] = y
```

8.4 基本块和流图

本节介绍一种用图来表示中间代码的方法。即使这个图没有显式地被代码生成算法生成，它对于讨论代码生成也是有帮助的。上下文信息有助于更好地生成代码。正如我们将在 8.8 节看到的，如果我们知道程序中的值是如何被定值和使用的，我们就可以更好地分配寄存器。我们还将在 8.9 节看到，通过检查三地址语句序列，我们可以更好地完成指令选择工作。

这个表示方法可以按照如下方法构造：

1) 把中间代码划分成为基本块(basic block)。每个基本块是满足下列条件的最大的连续三地址指令序列。

① 控制流只能从基本块中的第一个指令进入该块。也就是说，没有跳转到基本块中间的转移指令。

② 除了基本块的最后一个指令，控制流在离开基本块之前不会停机或者跳转。

2) 基本块形成了流图(flow graph)的结点。而流图的边指明了哪些基本块可能紧随一个基本块之后运行。

从第 9 章开始，我们将讨论在流图上的多种转换。这些转换把原有的中间代码转换成为“优化后”的中间代码，而从“优化后”的中间代码可以生成更好的目标代码。将“优化后”的中间代码转换为目标机器代码的工作将使用本章中的代码生成技术完成。

中断的影响

有人认为，只要控制流到达基本块的开始处就必然会继续执行到基本块结束处，但是这个说法需要一些仔细的考虑。有很多原因会导致一个中断使得控制流离开基本块，甚至可能不再返回，但这些中断并没有在代码中显式地反映出来。比如，一个像 `x = y/z` 这样的指令看起来不影响控制流。但是如果 z 是 0，此指令实际上可能使程序异常中止。

> 我们用不着担心这种可能性。理由如下：构造基本块的目的是优化代码。一般来说，当一个中断发生时，它要么被适当处理然后将控制返回到引起中断的指令，就好像控制流从来没有离开过；要么程序会中止并报错。在后一种情况下，即使我们在优化时假设控制流会一直到达基本块的结尾，优化的结果也不会有错，因为程序本来就不会给出预计的结果。

8.4.1 基本块

我们的第一项工作是把一个三地址指令序列分割成为基本块。我们以第一个指令作为一个新基本块的开始，然后不断把后续的指令加进去，直到我们碰到一个无条件跳转、条件跳转指令或者下一个指令前面的标号为止。当没有跳转和标号时，控制流直接从一个指令到达下一个指令。这个想法在下面的算法中形式化地表示出来。

算法 8.5 把三地址指令序列划分成为基本块。

输入： 一个三地址指令序列。

输出： 输入序列对应的一个基本块列表，其中每个指令恰好被分配给一个基本块。

方法： 首先，我们确定中间代码序列中哪些指令是首指令(leader)，即某个基本块的第一个指令。跟在中间程序末端之后的指令的不包含在首指令集合中。选择首指令的规则如下：

1）中间代码的第一个三地址指令是一个首指令。

2）任意一个条件或无条件转移指令的目标指令是一个首指令。

3）紧跟在一个条件或无条件转移指令之后的指令是一个首指令。

然后，每个首指令对应的基本块包括了从它自己开始，直到下一个首指令（不含）或者中间程序的结尾指令之间的所有指令。 □

```
1)  i = 1
2)  j = 1
3)  t1 = 10 * i
4)  t2 = t1 + j
5)  t3 = 8 * t2
6)  t4 = t3 - 88
7)  a[t4] = 0.0
8)  j = j + 1
9)  if j <= 10 goto (3)
10) i = i + 1
11) if i <= 10 goto (2)
12) i = 1
13) t5 = i - 1
14) t6 = 88 * t5
15) a[t6] = 1.0
16) i = i - 1
17) if i <= 10 goto (13)
```

图 8-7 把一个 10×10 的矩阵设置成单位矩阵的中间代码

```
for i from 1 to 10 do
    for j from 1 to 10 do
        a[i, j] = 0.0;
for i from 1 to 10 do
    a[i, i] = 1.0;
```

图 8-8 图 8-7 的源代码

例 8.6 图 8-7 中的中间代码把一个 10×10 的矩阵 a 设置成一个单位矩阵。这段代码来自哪里并不重要，它也许是从图 8-8 的伪代码中翻译得到的。在生成这个中间代码的时候，我们假设每一个实数值的数组元素占 8 个字节，且矩阵 a 按行存放。

首先，根据算法 8.5 的规则(1)可知第一个指令是一个首指令。为了找到其他的首指令，我们要找到跳转指令。在这个例子中有三个跳转指令（全部是条件跳转指令），即指令 9、11 和 17。根据规则(2)，这些跳转指令的目标是首指令，它们分别是指令 3、2 和 13。然后，根据规则(3)，跟在一个跳转指令后面的每个指令都是首指令，即指令 10 和 12。注意，在这段代码里没有跟在指令 17 后面的指令。假如有的话，那么第 18 个指令也是一个首指令。

我们可以得出结论：指令 1、2、3、10、12 和 13 是首指令。每个首指令对应的基本块包括了从它开始直到下一个首指令之前的所有指令。因此，指令 1 的基本块就是指令 1，指令 2 的基本块是指令 2。但首指令 3 的基本块包含了从指令 3 到指令 9 的所有指令。指令 10 的基本块是 10 和 11；指令 12 的基本块仅仅包含指令 12，而指令 13 的基本块是指令 13 到 17。 □

8.4.2 后续使用信息

知道一个变量的值接下来会在什么时候使用对于生成良好的代码是非常重要的。如果一个变量的值当前存放在一个寄存器中，且之后一直不会被使用，那么这个寄存器就可以被分派给另一个变量。

在一个三地址语句中对一个名字的*使用*(use)的定义如下。假设三地址语句 i 给 x 赋了一个值。如果语句 j 的一个运算分量为 x，并且从语句 i 开始可以通过未对 x 进行赋值的路径到达语句 j，那么我们说语句 j *使用*了在语句 i 处计算得到的 x 的值。我们可以进一步说 x 在语句 i 处*活跃*(live)。

对每个类似于 $x=y+z$ 的三地址语句，我们希望确定对 x、y 和 z 的下一次使用是什么。当前我们不考虑在包含本三地址语句的基本块之外的使用。

我们用来确定活跃性和后续使用信息的算法对每个基本块进行一次反向的遍历。我们把得到的信息存放到符号表中。使用算法 8.5 中给出的方法，我们可以很容易地通过扫描一个三地址语句流找到各个基本块的结尾。因为过程可能有副作用，为方便起见，我们假设每一个过程调用指令是一个新的基本块的开始。

算法 8.7 对一个基本块中的每一个语句确定活跃性与后续使用信息。

输入：一个三地址语句的基本块 B，我们假设在开始的时候符号表显示 B 中的所有非临时变量都是活跃的。

输出：对于 B 的每一个语句 i：$x=y+z$，我们将 x、y 及 z 的活跃性信息及后续使用信息关联到 i。

方法：我们从 B 的最后一个语句开始，反向扫描到 B 的开始处。对于每个语句 i：$x=y+z$，我们做下面的处理：

1）把在符号表中找到的有关 x、y 和 z 的当前后续使用和活跃性信息与语句 i 关联起来。

2）在符号表中，设置 x 为“不活跃”和“无后续使用”。

3）在符号表中，设置 y 与 z 为“活跃”，并把它们的下一次使用设置为语句 i。

在这里，我们使用 + 作为代表任意运算符的符号。如果三地址语句 i 形如 $x=+y$ 或者 $x=y$，那么处理步骤依然和上面相同，只是忽略了对 z 的处理。注意，步骤(2)和步骤(3)的顺序不能颠倒，因为 x 可能就是 y 或者 z。 □

8.4.3 流图

当将一个中间代码程序划分成为基本块之后，我们用一个流图来表示它们之间的控制流。流图的结点就是这些基本块。从基本块 B 到基本块 C 之间有一条边当且仅当基本块 C 的第一个指令可能紧跟在 B 的最后一个指令之后执行。存在这样一条边的原因有两种：

- 有一个从 B 的结尾跳转到 C 的开头的条件或无条件跳转语句。
- 按照原来的三地址语句序列中的顺序，C 紧跟在 B 之后，且 B 的结尾不存在无条件跳转语句。

我们说 B 是 C 的前驱(predecessor)，而 C 是 B 的一个*后继*(successor)。

我们通常会增加两个分别称为“*入口*”(entry)和“*出口*”(exit)的结点。它们不和任何可执行的中间指令对应。从入口到流图的第一个可执行结点(即包含了中间代码的第一个指令的基本块)有一条边。从任何包含了可能是程序的最后执行指令的基本块到出口有一条边。如果程序的最后指令不是一个无条件转移指令，那么包含了程序的最后一条指令的基本块是出口结点的一个前驱。但任何包含了跳转到程序之外的跳转指令的基本块也是出口结点的前驱。

例 8.8 从例 8.6 中构造出的基本块可以生成图 8-9 中所示的流图。入口结点指向基本块 B_1，因为 B_1 包含了这个程序的第一个指令。B_1 的唯一后继是 B_2，因为 B_1 的结尾不是一个无条件跳转指令，且 B_2 的首指令紧跟在 B_1 的结尾指令之后。

基本块 B_3 有两个后继。其中的一个是它本身，因为 B_3 的首指令(即指令 3)是 B_3 结尾处的条件跳转指令(即指令 9)的目标。另一个后继是 B_4，因为控制流可能穿越 B_3 结尾处的条件跳转指令而到达 B_4 的首指令。

只有 B_6 指向流图的出口结点，因为到达紧跟在流图对应的程序之后的代码的唯一方式是穿越 B_6 结尾处的条件跳转指令。 □

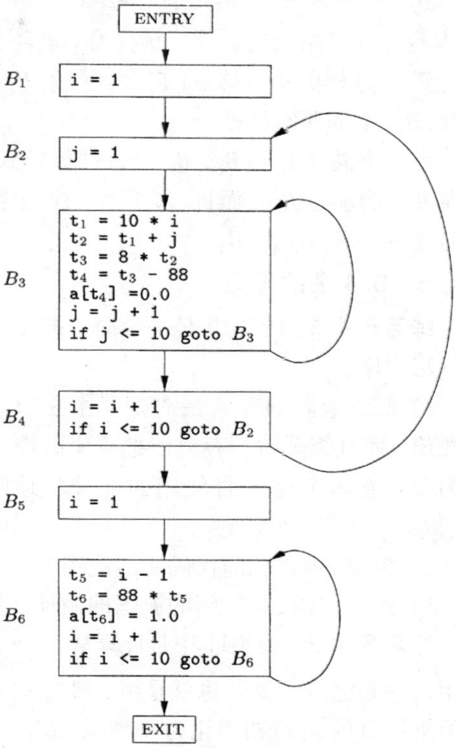

图 8-9 基于图 8-7 构造的流图

8.4.4 流图的表示方式

首先，从图 8-9 中可以看出，在流图里面把到达指令的序号或标号的跳转指令替换为到达基本块的跳转，这么做是很正常的。回忆一下，所有条件或无条件跳转指令总是跳转到某些基本块的首指令，而现在这些跳转指令指向了相应的基本块。这么做的原因是，在流图构造完成之后经常会对多个基本块中的指令做出实质性的改变。如果跳转的目标是指令，我们将不得不在每次改变了某个目标指令之后修正跳转指令的目标。

流图就是通常的图，它可以用任何适合表示图的数据结构来表示。结点(即基本块)的内容需要有它们自己的表示方式。我们可以用一个指向该基本块在三地址指令数组中的首指令的指针，再加上基本块的指令数量或一个指向结尾指令的指针来表示结点的内容。但是，因为我们可能会频繁改变一个基本块中的指令数量，所以为每个基本块创建一个指令链表是一种高效的表示方法。

8.4.5 循环

像 while 语句、do-while 语句和 for 语句这样的程序设计语言构造自然地把循环引入到程序中。因为事实上每个程序会花很多时间执行循环，所以对于一个编译器来说，为循环生成优良的代码就变得非常重要。很多代码转换依赖于对流图中"循环"的识别。如果下列条件成立，我们就说流图中的一个结点集合 L 是一个循环。

1) 在 L 中有一个被称为*循环入口*(loop entry)的结点，它是唯一的其前驱可能在 L 之外的结点。也就是说，从整个流图的入口结点开始到 L 中的任何结点的路径都必然经过循环入口结点，并且这个循环入口结点不是整个流图的入口结点本身。

2) L 中的每个结点都有一个到达 L 的入口结点的非空路径，并且该路径全部在 L 中。

例 8.9 图 8-9 中的流图有三个循环：

1) B_3 自身

2) B_6 自身

3) $\{B_2, B_3, B_4\}$

其中的前两个循环都由单一结点组成，这些结点都有到其自身的边。比如，B_3 形成一个以 B_3 本身为入口结点的循环。请注意，循环的第二个条件要求有一个从 B_3 到本身的非空路径。因此，像 B_2 这样的单一结点(它没有一条 $B_2 \to B_2$ 的边)不是循环，因为没有从 B_2 到其自身，且在集合 $\{B_2\}$ 中的非空路径。

第三个循环 $L = \{B_2, B_3, B_4\}$ 的循环入口结点是 B_2。请注意，这三个结点中只有 B_2 有一个不在 L 中的前驱 B_1。而且，这三个结点中都有在 L 中且到达 B_2 的非空路径。比如，从 B_2 开始就有路径 $B_2 \to B_3 \to B_4 \to B_2$。□

8.4.6 8.4 节的练习

练习 8.4.1： 图 8-10 是一个简单的矩阵乘法程序。

1) 假设矩阵的元素是需要 8 个字节的数值，而且矩阵按行存放。把程序翻译成为我们在本节中一直使用的那种三地址语句。

2) 为(1)中得到的代码构造流图。

3) 找出在(2)中得到的流图的循环。

```
for (i=0; i<n; i++)
    for (j=0; j<n; j++)
        c[i][j] = 0.0;
for (i=0; i<n; i++)
    for (j=0; j<n; j++)
        for (k=0; k<n; k++)
            c[i][j] = c[i][j] + a[i][k]*b[k][j];
```

图 8-10 一个矩阵相乘算法

练习 8.4.2： 图 8-11 中是计算从 2 ~ n 之间素数个数的代码。它在一个适当大小的数组 a 上使用筛法来完成计算。也就是说，最后 $a[i]$ 为真仅当没有小于等于$\sqrt{i}$ 的质数可以整除 i。我们一开始把所有的 $a[i]$ 初始化为 TRUE；如果我们找到了 j 的一个因子，就把 $a[j]$ 设置为 FALSE。

1) 把程序翻译成为我们在本节中使用的那种三地址语句序列。这里假设一个整数需要 4 个字节存放。

2) 为在(1)中得到的代码构造流图。

3) 找出在(2)中得到的流图的循环。

```
for (i=2; i<=n; i++)
    a[i] = TRUE;
count = 0;
s = sqrt(n);
for (i=2; i<=s; i++)
    if (a[i]) /* 已知i是一个素数*/ {
        count++;
        for (j=2*i; j<=n; j = j+i)
            a[j] = FALSE; /* i的倍数都不是素数*/
    }
```

图 8-11 筛法选取素数的代码

8.5 基本块的优化

仅仅通过对各个基本块本身进行局部优化，我们就常常可以实质性地降低代码运行所需的时间。更加彻底的全局优化将从第 9 章开始讨论。全局优化将检查信息是如何在一个程序的多个基本块之间流动的。全局优化是一个很复杂的主题，它将考虑很多不同的技术。

8.5.1 基本块的 DAG 表示

很多重要的局部优化技术首先把一个基本块转换成为一个 DAG(有向无环图)。在 6.11 节中，我们介绍了用于表示简单表达式的 DAG。这个想法被自然地扩展到在一个基本块中创建的表达式的集合。我们按照如下方式为一个基本块构造 DAG：

1）基本块中出现的每个变量有一个对应的 DAG 的结点表示其初始值。

2）基本块中的每个语句 *s* 都有一个相关的结点 *N*。*N* 的子结点是基本块中的其他语句的对应结点。这些语句是在 *s* 之前、最后一个对 *s* 所使用的某个运算分量进行定值的语句。㊀

3）结点 *N* 的标号是 *s* 中的运算符；同时还有一组变量被关联到 *N*，表示 *s* 是在此基本块内最晚对这些变量进行定值的语句。

4）某些结点被指明为*输出结点*(output node)。这些结点的变量在基本块的*出口处活跃*。也就是说，这些变量的值可能以后会在流图的另一个基本块中被使用到。计算得到这些“活跃变量”是全局数据流分析的问题，将在 9.2.5 节中讨论。

基本块的 DAG 表示使我们可以对基本块所代表的代码进行一些转换，以改进代码的质量。

1）我们可以消除*局部公共子表达式*(local common subexpression)。所谓公共子表达式就是重复计算一个已经计算得到的值的指令。

2）我们可以消除*死代码*(dead code)，即计算得到的值不会被使用的指令。

3）我们可以对相互独立的语句进行重新排序，这样的重新排序可以降低一个临时值需要保持在寄存器中的时间。

4）我们可以使用代数规则来重新排列三地址指令的运算分量的顺序。这么做有时可以简化计算过程。

8.5.2 寻找局部公共子表达式

检测公共子表达式的方法是这样的。当一个新的结点 *M* 将被加入到 DAG 中时，我们检查是否存在一个结点 *N*，它和 *M* 具有同样的运算符和子结点，且子结点顺序相同。如果存在这样的结点，*N* 计算的值和 *M* 计算的值是一样的，因此可以用 *N* 替换 *M*。在 6.1.1 节中，这个技术被称为检测公共子表达式的“值编码”方法。

例 8.10 下面的基本块的 DAG 见图 8-12。

```
a = b + c
b = a - d
c = b + c
d = a - d
```

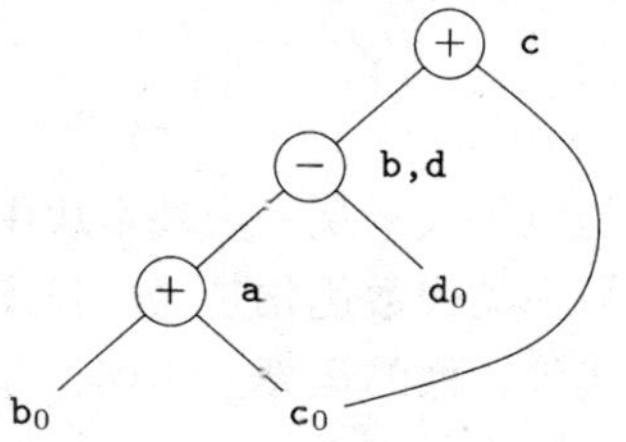

图 8-12 例 8.10 中的基本块的 DAG

当我们为第三个语句 `c = b + c` 构造结点的时候，我们知道 `b + c` 中 `b` 的使用指向图 8-12 中标号为 - 的结点。因为这个结点是 `b` 的最近的定值。因此，我们不会把语句 1 和语句 3 所计算的值混淆。

然而，对应于第四个语句 `d = a - d` 的结点的运算符是 -，且它的子结点是标记有变量 `a` 和 d_0 的结点。因为运算符和子结点都和语句 2 对应的结点相同，我们不需要创建这个结点，而是把 `d` 加到这个标记为 - 的结点的定值变量表中。 □

因为在图 8-12 的 DAG 中只有三个非叶子结点，看起来例 8.10 中的基本块可以替换为一个只有三个语句的基本块。实际上，假如 `b` 在这个基本块的出口点不活跃，我们不需要计算变量 `b`，可以使用 `d` 来存放图 8-12 中标号为 - 的结点所代表的值。这个基本块就变成了：

㊀ 原文如此。如果 *s* 的某个运算分量在基本块内没有在 *s* 之前被定值，那么这个运算分量对应的子结点就是代表该运算分量的初始值的结点。——译者注

```
a = b + c
d = a - d
c = d + c
```

但是，如果 b 和 d 都在出口处活跃，我们就必须使用第四个语句把值从一个变量复制到另一个。㊀

例 8.11 当我们寻找公共子表达式的时候，我们实际上是寻找不管如何计算一定能得到相同结果值的表达式。因此，DAG 方法不能看到下面的事实，即下面的语句序列

```
a = b + c
b = b - d
c = c + d
e = b + c
```

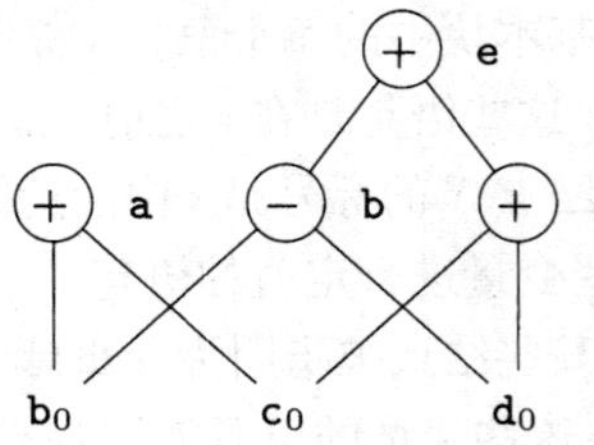

图 8-13　例 8.11 中的基本块的 DAG

中，第一和第四个语句实际上计算的是同一个表达式的值，即 $b_0 + c_0$。也就是说，虽然 b 和 c 在第一个和第四个语句之间改变了，但它们的和仍保持不变，因为 $b + c = (b - d) + (c + d)$。这个序列的 DAG 见图 8-13。它没有显示出任何公共子表达式。但是，如 8.5.4 节中将要讨论的，在 DAG 中应用代数恒等式可以揭示出这样的等值关系。□

8.5.3 消除死代码

在 DAG 上消除死代码的操作可以按照如下方式实现。我们从一个 DAG 上删除所有没有附加活跃变量的根结点（即没有父结点的结点）。重复应用这样的处理过程就可以从 DAG 中消除所有对应于死代码的结点。

例 8.12 如果图 8-13 中的 a 和 b 是活跃变量，而 c 和 e 不是，我们可以立刻消除标记为 e 的根结点。然后标记为 c 的结点就变成根结点，也可以被删除。标记为 a 和 b 的结点被保留下来，因为它们都附有活跃变量。□

8.5.4 代数恒等式的使用

代数恒等式表示基本块的另一类重要的优化方法。比如，我们可以使用诸如

$$x + 0 = 0 + x = x \qquad x - 0 = x$$
$$x \times 1 = 1 \times x = x \qquad x/1 = x$$

这样的恒等式来从一个基本块中消除计算步骤。

另一类代数优化是局部强度消减（reduction in strength），就是把一个代价较高的运算替换为一个代价较低的运算。比如：

代价较高的		代价较低的
x^2	=	$x \times x$
$2 \times x$	=	$x + x$
$x/2$	=	$x \times 0.5$

第三种相关的优化是常量合并（constant folding）。使用这种方法时，我们在编译时刻对常量表达式求值，并把此常量表达式替换为求出的值㊁。因此，表达式 2 * 3.14 可以被替换为 6.28。

㊀ 总的来说，在从 DAG 生成代码时我们必须非常小心地处理变量的名字。如果变量 x 被定值两次，或者虽然只赋值一次但初始值 x_0 被使用过，那么必须保证不会在原先存放 x 值的结点被全部使用之前改变 x 的值。

㊁ 在编译时刻对算术表达式求值时，必须使用和运行时刻相同的求值方法。K. Thompson 给出了一个很完美的解决方法：对常量表达式进行编译，在目标机上执行目标代码，然后把表达式替换为执行结果。按照这样的做法，编译器就不需要另带一个解析器。

在实践中，因为在程序中频繁使用符号常量，所以会出现常量表达式。

DAG 的构造过程可以帮助我们使用这些转换，以及其他的通用代数转换规则，比如交换律和结合律等。比如，假设语言的参考手册确定 $*$ 是可交换的，也就是说，$x*y=y*x$。在创建一个标记为 $*$ 且左右子结点分别是 M 和 N 的新结点时，我们总是检查这样的结点是否已经存在。然而，因为 $*$ 是可交换的，所以我们还应该检查是否存在一个标记为 $*$ 且左右子结点分别是 N 和 M 的结点。

$<$ 和 $=$ 这样的关系运算符有时会产生意料之外的公共子表达式。比如，条件表达式 $x>y$ 也可以通过将参数相减并测试由减法运算设置的条件代码来测试。因此，对 $x-y$ 和 $x>y$，只需要生成一个 DAG 结点[㊀]。

结合律也可以用于揭示公共子表达式。比如，如果源程序中包含如下的赋值语句：

```
a = b + c;
e = c + d + b;
```

则可能生成下面的中间代码：

```
a = b + c
t = c + d
e = t + b
```

如果 t 没有在基本块之外使用，通过应用 + 的交换律和结合律，我们可以把这个序列改为：

```
a = b + c
e = a + d
```

编译器的设计者应该仔细阅读语言的参考手册，以决定可以重新排列哪些计算。因为计算机算术（因为上溢或下溢等原因）可能不一定遵守数学上的代数恒等式。比如，Fortran 语言标准说，编译器可以通过任意数学上等价的表达式来求值，前提是不能违反原来表达式的括号的一致性[㊁]。因此，编译器可以用 $x*(y-z)$ 的方式来计算 $x*y-x*z$，但是它不能以 $(a+b)-c$ 的方式计算 $a+(b-c)$。因此，如果一个 Fortran 编译器想按照语言的定义来优化程序，它必须跟踪源语言表达式中哪些地方有括号。

8.5.5 数组引用的表示

初看上去，数组下标指令似乎可以像其他的运算那样处理。比如，考虑下列的三地址指令序列：

```
x = a[i]
a[j] = y
z = a[i]
```

如果我们把 a[i] 当作是一个和 $a+i$ 类似的关于 a 和 i 的普通运算，那么 a[i] 的两次使用看起来好像是一个公共子表达式。在这种情况下，我们可能会把第三个指令 z = a[i] 优化为 z = x。然而，因为 j 可能等于 i，中间的语句可能实际上改变了 a[i] 的值。因此，这种优化是不合法的。

在 DAG 中，表示数组访问的正确方法如下。

1）从一个数组取值并赋给其他变量的运算（比如 x = a[i]）用一个新创建的运算符为 =[] 的结点表示。这个结点的左右子结点分别代表数组初始值（本例中是 a_0）和下标 i。变量 x 是这个结点的标号之一。

2）对数组的赋值（比如 a[j] = y）用一个新创建的运算符为 []= 的结点来表示。这个结点的三个子结点分别表示 a_0、j 和 y。没有变量用这个结点标号。不同之处在于此结点的创建杀死

㊀ 然而，减法运算可能引起上溢或下溢，而比较指令不会引起这个问题。

㊁ 即不能跨越括号求值——译者注。

了所有当前已经建立的，其值依赖于 a_0 的结点。一个被杀死的结点不可能再获得任何标号。也就是说，它不可能成为一个公共子表达式。

例 8.13 基本块

```
x = a[i]
a[j] = y
z = a[i]
```

的 DAG 见图 8-14。对应于 x 的结点 *N* 首先被创建，但是当标号为[ ] = 的结点被创建时，N 就被杀死了。因此当 z 的结点被建立时，它不会被认为和 N 等同，而是必须创建一个具有同样的运算分量 a_0 和 i_0 的新结点。 □

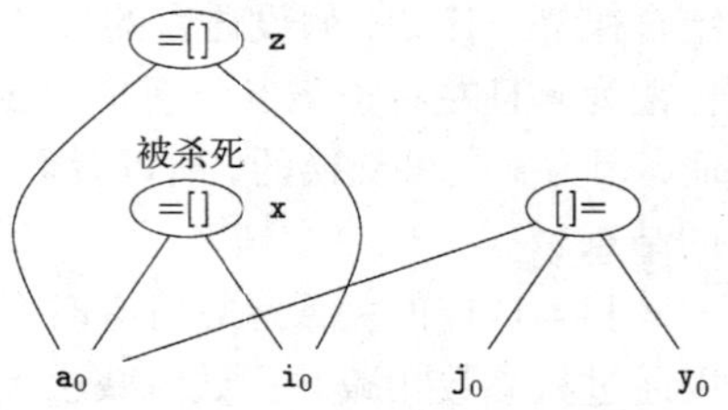

图 8-14 一个数组赋值序列的 DAG

例 8.14 有时即使某个结点的所有子结点都没有像例 8.13 中的 a_0 那样的附加数组变量，它也必须被杀死。类似地，如果一个结点具有数组后代，即使它的子结点都不是数组结点，它也可以杀死别的结点。例如考虑下面的三地址代码

```
b = 12 + a
x = b[i]
b[j] = y
```

这里的情况是，为了效率方面的原因，b 被定值为数组 a 中的一个位置。例如，如果 a 的元素长度是 4 个字节，那么 b 代表了 a 的第四个元素。如果 j 和 i 表示同一个值，那么 b[i]和 b[j]代表了同一个位置。因此，很重要的一件事情就是让第三个指令 b[j] = y 杀死带有附加变量 x 的结点。然而，正如我们在图 8-15 中看到的，被杀的结点和杀死被杀结点的结点都把 a_0 作为孙结点，而不是子结点。 □

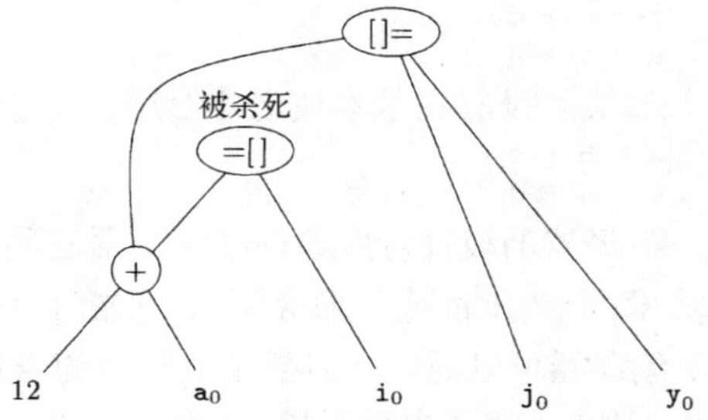

图 8-15 即使没有把一个数组作为子结点，一个结点也可能杀死对该数组的使用

8.5.6 指针赋值和过程调用

当我们像下面的赋值语句

```
x = *p
*q = y
```

那样，通过指针进行间接赋值时，我们并不知道 p 和 q 指向哪里。从效果看，x = *p 是对任意变量的使用，而 *q = y 可能对任意一个变量赋值。其结果是，运算符 =* 必须把当前所有带有附加标识符的结点当作其参数。但是这么做会影响死代码的消除过程。更加重要的是，*= 运算符会把至今为止构造出来的 DAG 中的其他结点全部杀死。

我们可以进行一些全局指针分析，以便把一个指针在代码中某个位置上可能指向的变量限制在一个较小的子集内。即使是局部分析也可以限制一个指针指向的范围。比如，对于下面的序列

```
p = &x
*p = y
```

我们知道是 x(而不是其他变量)被赋予 y 的值。因此，我们只需要杀死以 x 为附加变量的结点，不需要杀死其他结点。

过程调用和通过指针赋值很相似。在缺乏全局数据流信息的情况下，我们必须假设一个过程调用使用和改变了它访问的所有数据。因此，如果变量 x 在一个过程 *P* 的访问范围之内，对 *P* 的调用不仅使用了以 x 为附加变量的结点，还杀死了这个结点。

8.5.7 从 DAG 到基本块的重组

对 DAG 的各种优化处理可以在生成 DAG 图时进行，也可以在 DAG 构造完成后通过对 DAG 的运算完成。在完成这些优化处理之后，我们就可以根据优化得到的 DAG 重组生成相应基本块的三地址代码。对每个具有一个或多个附加变量的结点，我们构造一个三地址语句来计算其中某个变量的值。我们倾向于把计算得到的结果赋给一个在基本块出口处活跃的变量。但是，如果我们没有全局活跃变量的信息作为依据，就要假设程序的所有变量都在基本块出口处活跃(但是不包含编译器为了处理表达式而生成的临时变量)。

如果结点有多个附加的活跃变量，我们就必须引入复制语句，以便给每一个变量都赋予正确的值。有时我们可以通过全局优化技术，设法用其中的一两个变量来替代其他变量，从而消除这些复制语句。

例 8.15 回顾一下图 8-12 中的 DAG。在例 8.10 后面的讨论中，我们确定如果 b 在基本块的出口处不活跃，那么下面的三个语句

```
a = b + c
d = a - d
c = d + c
```

就足以重建那个基本块了。第三个指令 c = d + c 必须使用 d 而不是 b 作为运算分量，因为经过优化的基本块不会计算 b 的值。

如果 b 和 d 都在出口处活跃，或者我们不能够确定它们是否在出口处活跃，那么我们还是需要计算 d 和 b 的值。我们可以用下面的序列来完成这个计算：

```
a = b + c
d = a - d
b = d
c = d + c
```

这个基本块仍然比原来的基本块高效。虽然指令数目相同，但我们已经把一个减法替换为一个复制运算。在大多数机器上，复制运算要比减法更加高效。不仅如此，我们还有可能通过全局分析把此基本块外对 b 的使用全部替换为对 d 的使用，从而消除在基本块外对 b 的使用。在这种情况下，我们就可以再次回到这个基本块并消除 b = d。直观地讲，如果在任何使用 b 的这个值的时刻，d 中的值仍然和 b 一样，那么我们就可以消除这个复制运算。这种情况是否成立依赖于程序如何重新计算 d 的值。 □

当从 DAG 重构基本块时，我们不仅要关心用哪些变量来存放 DAG 中的结点的值，还要关心计算不同结点值的指令的顺序。应记住如下规则：

1）指令的顺序必须遵守 DAG 中的结点的顺序。也就是说，只有在计算出一个结点的各个子结点的值之后，才可以计算这个结点的值。

2）对数组的赋值必须跟在所有(按照原基本块中的指令顺序)在它之前的对同一数组的赋值或求值运算之后。

3）对数组元素的求值必须跟在所有(在原基本块中)在它之前的对同一数组的赋值指令之后。对同一数组的两个求值运算可以交换顺序，只要在交换时它们都没有越过某个对同一数组的赋值运算即可。

4）一个变量的使用必须跟在所有(在原基本块中)在它之前的过程调用和指针间接赋值运算之后。

5）任何过程调用或者指针间接赋值都必须跟在所有(在原基本块中)在它之前的对任何变量的求值运算之后。

也就是说，当重组代码的时候，没有一个语句可以跨越过程调用或指针间接赋值运算。只有在两个使用同一个数组的指令都是数组访问而不是对数组元素赋值时，它们才可以交换顺序。

8.5.8 8.5 节的练习

练习 8.5.1：为下面的基本块构造 DAG。

```
d = b * c
e = a + b
b = b * c
a = e - d
```

练习 8.5.2：分别按照下列两种假设简化练习 8.5.1 的三地址代码。

1）只有 a 在基本块的出口处活跃。

2）a、b、c 在基本块的出口处活跃。

练习 8.5.3：为图 8-9 中的块 B_6 的代码构造 DAG。请不要忘记包含比较指令 $i \leqslant 10$。

练习 8.5.4：为图 8-9 中的块 B_3 的代码构造 DAG。

练习 8.5.5：扩展算法 8.7，使之可以处理如下的三地址语句(原文为 three-statements——译者注)

1) `a[i] = b`
2) `a = b[i]`
3) `a = *b`
4) `*a = b`

练习 8.5.6：分别按照下面的两个假设，为基本块

```
a[i] = b
*p = c
d = a[j]
e = *p
*p = a[i]
```

构造 DAG 图。假设如下：

1）p 可以指向任何地方。

2）p 只能指向 b 或 d。

！**练习 8.5.7**：如果一个指针或数组表达式(比如 a[i]或者*p)被赋值之后又被使用，且赋值和使用之间没有做任何修改，我们就可以利用这种情况来简化 DAG。比如，在练习 8.5.6 的代码中，因为 p 可能指向的所有位置在第二个和第四个语句之间没有被赋值，所以不管 p 指向哪里，语句 e = *p 都可以被替换为 e = c。请修正 DAG 构造算法以利用这种情况带来的好处，并把你的算法应用到练习 8.5.6 的代码中。

练习 8.5.8：假设一个基本块由下面的 C 语言赋值语句生成：

```
x = a + b + c + d + e + f;
y = a + c + e;
```

1）给出这个基本块的三地址语句(每个语句只做一次加法)。

2）假设 x 和 y 都在基本块的出口处活跃，利用加法的结合律和交换律来修改这个基本块，使得指令个数最少。

8.6 一个简单的代码生成器

在本节中，我们将考虑一个为单个基本块生成代码的算法。它依次考虑各个三地址指令，并跟踪记录哪个值存放在哪个寄存器中。这样可以避免生成不必要的加载和保存指令。

在代码生成中的主要问题之一是决定如何最大限度地利用寄存器。寄存器有如下四种主要使用方法：

- 在大部分机器的体系结构中，执行一个运算时该运算的部分或全部运算分量必须存放在寄存器中。

- 寄存器很适合做临时变量，即在计算一个大表达式时存放其子表达式的值。或者更一般地讲，寄存器适合用于存放只在单个基本块内使用的变量的值。
- 寄存器用来存放在一个基本块中计算而在另一个基本块中使用的(全局)值。比如，循环下标的值，每次循环都对该值作增量运算，并在循环体中多次被使用。
- 寄存器经常用来帮助进行运行时刻的存储管理。比如，管理运行时刻栈包括栈指针的维护，栈顶元素也可能被存放在寄存器中。

因为可用寄存器的数量是有限的，这些需求之间有相互竞争的关系。

本节的算法假设有一组寄存器可以用来存放在基本块内使用的值。通常情况下，这个寄存器集合不包括机器的所有寄存器，因为有些寄存器专门用于存放全局变量或者用于对栈进行管理。我们假设基本块已经通过诸如公共子表达式合并这样的转换而变成了我们希望的三地址指令序列。我们进一步假设对每个运算符有且只有一个对应的机器指令。这个指令对存放在寄存器中的所需的运算分量进行运算，并把结果存放在一个寄存器中。机器指令的形式如下：

- `LD` *reg*，*mem*
- `ST` *mem*，*reg*
- `OP` *reg*，*reg*，*reg*

8.6.1 寄存器和地址描述符

我们的代码生成算法依次考虑了各个三地址指令，并决定需要哪些加载指令来把必需的运算分量加载进寄存器。在生成加载指令之后，它开始生成运算代码。然后，如果有必要把结果存放入一个内存位置，它还会生成相应的保存指令。

为了做出这些必要的决定，我们需要一个数据结构来说明哪些程序变量的值当前被存放在哪个或哪些寄存器里面。我们还需要知道当前存放在一个给定变量的内存位置上的值是否就是这个变量的正确值。因为变量的新值可能已经在寄存器中计算出来但还没有存放到内存中。这个数据结构具有下列描述符：

1）每个可用的寄存器都有一个*寄存器描述符*(register descriptor)。它用来跟踪有哪些变量的当前值存放在此寄存器内。因为我们仅仅考虑那些用于存放一个基本块内的局部值的寄存器，我们可以假设在开始时所有的寄存器描述符都是空的。随着代码生成过程的进行，每个寄存器将存放零个或多个变量名字的值。

2）每一个程序变量都有一个*地址描述符*(address descriptor)。它用来跟踪记录在哪个或哪些位置上可以找到该变量的当前值。这个位置可以是一个寄存器、一个内存地址、一个栈中的位置，也可以是由这些位置组成的一个集合。这个信息可以存放在这个变量名字对应的符号表条目中。

8.6.2 代码生成算法

这个算法的一个重要部分是函数 *getReg*(*I*)。这个函数为每个与三地址指令 *I* 有关的内存位置选择寄存器。函数 *getReg* 可以访问这个基本块的所有变量对应的寄存器和地址描述符。这个函数还可能需要获取一些有用的数据流信息，比如哪些变量在基本块出口处活跃。我们将首先给出基本算法，然后再讨论 *getReg* 函数。我们不知道总共有多少个寄存器可用于存放基本块的局部数据，因此假设有足够的寄存器使得在把值存放回内存，释放了所有的可用寄存器之后，空闲的寄存器足以完成任何三地址运算。

在一个形如 `x = y + z` 的三地址指令中，我们将把 + 当作一般的运算符，而 `ADD` 当作等价的机器指令。因此，我们没有利用 + 的交换性。这样，当我们实现这个运算时，`y` 的值必须在 `ADD` 指令中给出的第二个寄存器中，而绝不会是第三个寄存器。可以按照下面的方法来改进算法：只

要 + 是一个满足交换律的运算符，算法同时为 x = y + z 和 x = z + y 生成代码；随后再选择一个比较好的代码序列。

运算的机器指令

对每个形如 $x = y + z$ 的三地址指令，完成下列步骤：

1）使用 *getReg*($x = y + z$)来为 x、y、z 选择寄存器。我们把这些寄存器称为 R_x、R_y 和 R_z。

2）如果（根据 R_y 的寄存器描述符）y 不在 R_y 中，那么生成一个指令“LD R_y, y'”，其中 y'是存放 y 的内存位置之一（y'可以根据 y 的地址描述符得到）。

3）类似地，如果 z 不在 R_z 内，生成一个指令“LD R_z, z'”，其中 z'是存放 z 的位置之一。

4）生成指令“ADD R_x, R_y, R_z”。

复制语句的机器指令

形如 $x = y$ 的三地址指令是一个重要的特例。我们假设 *getReg* 总是为 x 和 y 选择同一个寄存器。如果 y 没有在寄存器 R_y 中，那么生成机器指令 LD R_y, y。如果 y 已经在 R_y 中，我们不需要做任何事情。我们只需要修改 R_y 的寄存器描述符，表明 R_y 中也存放了 x 的值。

基本块的收尾处理

我们描述算法时表明，在代码结束的时候，基本块中使用的变量可能仅存放在某个寄存器中。如果这个变量是一个只在基本块内部使用的临时变量，那就没有问题；当基本块结束时，我们可以忘记这些临时变量的值并假设这些寄存器是空的。但如果一个变量在基本块的出口处活跃，或者我们不知道哪些变量在出口处活跃，那么就必须假设这个变量的值会在以后被用到。在那种情况下，对于每个变量 x，如果它的地址描述符表明它的值没有存放在 x 的内存位置上，我们必须生成指令 ST x, R，其中 R 是在基本块的结尾处存放 x 值的寄存器。

管理寄存器和地址描述符

当代码生成算法生成加载、保存和其他机器指令时，它必须同时更新寄存器和地址描述符。修改的规则如下：

1）对于指令“LD R, x”：

① 修改寄存器 R 的寄存器描述符，使之只包含 x。

② 修改 x 的地址描述符，把寄存器 R 作为新增位置加入到 x 的位置集合中。

③ 从任何不同于 x 的变量的地址描述符中删除 R。（原文缺一条——译者注。）

2）对于指令 ST x, R，修改 x 的地址描述符，使之包含自己的内存位置。

3）对于实现三地址指令 $x = y + z$ 的“ADD R_x, R_y, R_z”这样的运算而言：

① 改变 R_x 的寄存器描述符，使之只包含 x。

② 改变 x 的地址描述符使得它只包含位置 R_x。注意，现在 x 的地址描述符中不包含 x 的内存位置。

③ 从任何不同于 x 的变量的地址描述符中删除 R_x。

4）当我们处理复制语句 $x = y$ 时，如果有必要生成把 y 加载入 R_y 的加载指令，那么在生成加载指令并（按照规则 1）像处理所有的加载指令那样处理完各个描述符之后，再进行下面的处理：

① 把 x 加入到 R_y 的寄存器描述符中。

② 修改 x 的地址描述符，使得它只包含唯一的位置 R_y。

例 8.16 让我们把由下列三地址语句组成的基本块翻译成代码。

```
t = a - b
u = a - c
v = t + u
a = d
d = v + u
```

这里，我们假设 t、u、v 都是基本块的局部临时变量，而变量 a、b、c、d 在基本块出口处活跃。因为我们还没有讨论函数 *getReg* 是如何工作的，所以将简单地假设当需要时总有足够的寄存器可用。但是当一个寄存器中存放的值不再有用时（比如，它只存放了一个临时变量的值，且对这个临时变量的所有使用都已经处理完了），我们就复用这个寄存器。

图 8-16 显示了算法生成的所有机器代码指令。该图还显示了在翻译每个三地址指令之前和之后的寄存器和地址描述符的情况。

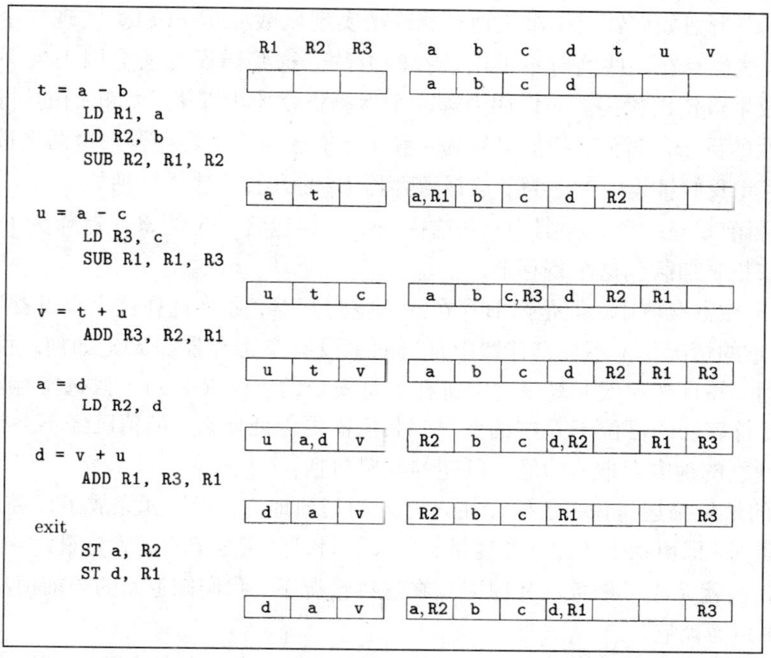

图 8-16 生成的指令以及寄存器和地址描述符的改变过程

因为最初寄存器中不保存任何值，我们需要为第一个三地址指令 t = a - b 生成三个指令。因此，我们看到 a 和 b 被加载到寄存器 R1 和 R2 中，而 t 的值生成后存放于寄存器 R2 中。注意，我们可以使用 R2 来存放 t 是因为原先存放于 R2 中的 b 的值在该基本块内不再被使用。因为预设了 b 在基本块的出口处活跃，假如（b 的地址描述符表明）b 不在它自己的内存位置上，那么我们将不得不先把 R2 中的值保存到 b。假如我们需要 R2，那么生成指令 ST b R2 的决定将由 getReg 做出。

第二个指令 u = a - c 不需要加载 a 的指令，因为 a 已经存放在寄存器 R1 中。原来存放在寄存器 R1 中的 a 的值在该基本块中不再被用到，而且如果在基本块之外需要使用 a 的值，可以从 a 的内存位置上获取（因为 a 的值也在它自己的内存位置上）。因此，我们还可以复用 R1 来存放结果 u。请注意，我们改变了 a 的地址描述符，以表明它已经不在 R1 中，但是还在称为 a 的内存位置中。

第三个指令 v = t + u 只需要一个加法指令。而且，我们可以用 R3 来存放结果 v，因为原先存放在该寄存器中的 c 的值在该基本块内不再使用，且 c 在自己的内存位置上也存放了这个值。

复制指令 a = d 需要一个指令来加载 d，因为 d 不在寄存器中。图中显示寄存器 R2 的描述符包含了 a 和 b。把 a 加入到寄存器描述符是我们处理这个复制语句的结果，而不是任何机器指令的结果。

第五个指令 `d = v + u` 使用两个存放在寄存器中的值。因为 `u` 是一个临时变量且它的值不再被使用，所以我们选择复用它的寄存器 R1 来存放 `d` 的新值。请注意，`d` 现在只存放在 R1 中，不在它自己的内存位置上。对于 `a` 也是同样的情况，`a` 的值只存放在 R2 中，而不在被称为 `a` 的内存位置上。因为这个原因，我们需要为基本块的机器代码增加一个"尾声"：它把在出口处活跃的变量 `a` 和 `d` 的值保存回它们的内存位置。这就是图中的最后两个指令的工作。 □

8.6.3 函数 getReg 的设计

最后，让我们考虑如何针对一个三地址指令 I 实现函数 *getReg*(I)。实现这个函数可以选择很多种方法，当然也存在一些绝对不可以选择的方法。这些错误方法会因丢失一个或多个活跃变量的值而导致生成错误代码。我们用处理一个运算指令的步骤来开始我们的讨论，还是用 $x = y + z$ 作为一般性的例子。首先，我们必须为 y 和 z 分别选择一个寄存器。这两次选择所面临的问题是相同的，因此我们将集中考虑为 y 选择寄存器 R_y 的方法。选择规则如下：

1）如果 y 当前就在一个寄存器中，则选择一个已经包含了 y 的寄存器作为 R_y。不需要生成一个机器指令来把 y 加载到这个寄存器。

2）如果 y 不在寄存器中，但是当前存在一个空寄存器，那么选择这个空寄存器作为 R_y。

3）比较困难的情况是 y 不在寄存器中且当前也没有空寄存器。无论如何，我们需要选择一个可行的寄存器，并且必须保证复用这个寄存器是安全的。设 R 是一个候选寄存器，且假设 v 是 R 的寄存器描述符表明的已位于 R 中的变量。我们需要保证要么 v 的值已经不会被再次使用，要么我们还可以到别的地方获取 v 的值。可能的情况包括：

① 如果 v 的地址描述符说 v 还保存在 R 之外的其他地方，我们就完成了任务。

② 如果 v 是 x，即由指令 I 计算的变量，且 x 不同时是指令 I 的运算分量之一（比如这个例子中的 z），那么我们就完成了任务。其原因是在这种情况下，我们知道 x 的当前值决不会再次被使用，因此我们可以忽略它。

③ 否则，如果 v 不会在此之后被使用（即在指令 I 之后不会再次使用 v，且如果 v 在基本块的出口处活跃，那么 v 的值必然在基本块中被重新计算），那么我们就完成了任务。

④ 如果前面的三个条件都不满足，我们就需要生成保存指令 `ST` v, R 来把 v 的值复制到它自己的内存位置上去。这个操作称为溢出操作（spill）。

因为在那个时刻 R 可能存放了多个变量的值，所以我们需要对每个这样的变量 v 重复上述步骤。最后，R 的"得分"是我们需要生成的保存指令的个数。选择一个具有最低得分的寄存器（或之一）。

现在考虑寄存器 R_x 的选择。其中的难点和可选项几乎和选择 R_y 时的一样，因此我们只给出其中的区别。

1）因为 x 的一个新值正在被计算，因此只存放了 x 的值的寄存器对 R_x 来说总是可接受。即使 x 就是 y 或 z 之一，这个语句仍然成立，因为我们的机器指令允许一个指令中的两个寄存器相同。

2）如果（像上面对变量 v 的描述那样）y 在指令 I 之后不再使用，且（在必要时加载 y 之后）R_y 仅仅保存了 y 的值，那么 R_y 同时也可以用作 R_x。对 z 和 R_z 也有类似选择。

需要特别考虑的最后一个问题是当 I 是复制指令 `x = y` 时的情况。我们用上面描述的方法选择 R_y，然后是让 $R_x = R_y$。

8.6.4 8.6 节的练习

练习 8.6.1：为下面的每个 C 语言赋值语句生成三地址代码

1) `x = a + b*c;`
2) `x = a/(b+c) - d*(e+f);`
3) `x = a[i] + 1;`
4) `a[i] = b[c[i]];`
5) `a[i][j] = b[i][k] + c[k][j];`
6) `*p++ = *q++;`

假设其中的所有数组元素都是整数，每个元素占四个字节。在4和5部分，假设a、b、c是常数。和在本章之前有关数组访问的例子中一样，它们给出了同名数组的第0个元素的位置。

! **练习8.6.2：** 假设数组a、b、c分别通过指针pa、pb和pc定位。这些指针指向各自数组的首元素(第0个元素)。重复练习8.6.1的4和5部分。

练习8.6.3： 把在练习8.6.1中得到的三地址代码转换为本节给出的机器模型的机器代码。假设你有任意多个寄存器可用。

练习8.6.4： 假设有三个可用的寄存器，使用本节中的简单代码生成算法，把在练习8.6.1中得到的三地址代码转换为机器代码。请给出每一个步骤之后的寄存器和地址描述符。

练习8.6.5： 重复练习8.6.4，但是假设只有两个可用的寄存器。

8.7 窥孔优化

虽然大部分编译器产品通过仔细的指令选择和寄存器分配来生成优质代码，但还有一些编译器使用另一种策略：它们先生成原始的代码，然后对目标代码进行"优化"转换，提高目标代码的质量。这里使用术语"优化"具有一定的误导性，因为不能保证得到的代码在任何数学度量之下都是最优的。不管怎么说，很多简单的转换可以有效地改善目标程序的运行时间和空间需求。

一个简单却有效的、用于局部改进目标代码的技术是*窥孔优化*(peephole optimization)。它在优化的时候检查目标指令的一个滑动窗口(即*窥孔*)，并且只要有可能就在窥孔内用更快或更短的指令来替换窗口中的指令序列。也可以在中间代码生成之后直接应用窥孔优化来提高中间表示形式的质量。

窥孔是程序上的一个小的滑动窗口。窥孔优化技术并不要求在窥孔中的代码一定是连续的，尽管有些实现要求代码连续。窥孔优化的特点是每一次改进又可能产生出新的优化机会。一般来说，为了获得最大的好处就需要多次扫描目标代码。在本节中，我们将给出下列具有窥孔优化特点的程序变换的例子。

- 冗余指令消除
- 控制流优化
- 代数化简
- 机器特有指令的使用

8.7.1 消除冗余的加载和保存指令

如果我们在目标程序中看到指令序列

```
LD R0, a
ST  a, R0
```

我们就可以删除其中的保存指令，因为不管这个保存指令何时执行，第一个指令将保证a的值已经被加载到寄存器R0中。请注意，假如保存指令有一个标号，我们就不能保证第一个指令总是在第二个指令之前执行，因此不能删除这个保存指令。换句话说，为了保证这样的转换是安全的，这两个指令必须在同一个基本块内。

这种类型的冗余加载/保存指令不会由前一节中的简单代码生成算法生成。但是，一个类似于8.1.3节中的原始的代码生成器可能生成类似的冗余代码序列。

8.7.2 消除不可达代码

另一个窥孔优化的机会是消除不可达的指令。一个紧跟在无条件跳转之后的不带标号的指令可以被删除。通过重复这个运算，就可以删除一个指令序列。比如，为了调试的目的，一个大型程序中可能含有一些只有当变量 debug 等于1时才运行的代码片断。在中间表示形式中，这个代码看起来可能就像

```
    if debug == 1 goto L1
    goto L2
L1: print debugging information
L2:
```

一个显而易见的窥孔优化方法是消除级联跳转指令。因此，不管 debug 的值是什么，上面的代码序列可以被替换为：

```
    if debug != 1 goto L2
    print debugging information
L2:
```

如果 debug 在程序开始的时候被设置为0，常量传播优化将把这个序列转换为

```
    if 0 != 1 goto L2
    print debugging information
L2:
```

现在，第一个语句的条件值总是 true，因此这个语句可以被替换为 goto L2。替换之后，打印调试信息的所有语句都变成了不可达语句，因此可以被逐一消除。

8.7.3 控制流优化

简单的中间代码生成算法经常生成目标为无条件跳转指令的无条件跳转指令，到达条件跳转指令的无条件跳转指令，或者到达无条件跳转指令的条件跳转指令。这些不必要的跳转指令可以通过下面几种窥孔优化技术从中间代码或者目标代码中消除。我们可以把序列

```
    goto L1
    ...
L1: goto L2
```

替换为

```
    goto L2
    ...
L1: goto L2
```

如果没有跳转到L1 的指令，并且语句 L1: goto L2 之前是一个无条件跳转指令，所以可以消除这个语句。

类似地，序列

```
    if a < b goto L1
    ...
L1: goto L2
```

可以被替换为序列

```
    if a < b goto L2
    ...
L1: goto L2
```

最后，假设只有一个到达 L1 的跳转指令，且 L1 之前是一个无条件跳转指令，那么序列

```
    goto L1
    . . .
L1: if a < b goto L2
L3:
```

可以被替换为序列

```
    if a < b goto L2
    goto L3
    . . .
L3:
```

虽然两个序列中的指令个数相同，但是在第二个序列中我们有时可以跳过无条件跳转指令，而在第一个序列中却不可能。因此，第二个序列的运行时间要优于第一个序列的运行时间。

8.7.4 代数化简和强度消减

在8.5节，我们讨论了可以用于简化DAG的代数恒等式。这些代数恒等式也可以被窥孔优化器用于消除窥孔中类似于

```
x = x + 0
```

或者

```
x = x * 1
```

的三地址语句。

类似地，强度消减转换也可以应用到窥孔中，把代价比较高的运算替换为目标机器上代价较低的等价运算。有些机器指令和另一些指令相比其代价要低很多，它们经常被当作相应的高代价运算的特殊情况来使用。比如，用 $x*x$ 实现 x^2 的代价总是比通过调用求幂函数实现 x^2 的代价要低。对于乘数(除数)为2的幂的定点数乘法(除法)，用移位运算实现的代价要低一些。除数为常数的浮点除法可以通过乘数为该常量倒数的乘法来求近似值。后一种做法的代价要小一点。

8.7.5 使用机器特有的指令

目标机可能会有一些能够高效实现某些特定运算的硬件指令。检测允许使用这些指令的情况可以显著地降低运行时间。比如，有些机器具有自动增量和自动减量的寻址模式。这些指令在使用一个运算分量的值之前或之后，将运算分量的值自动加一或减一。在参数传递时的压栈或出栈运算中使用这个模式可以大大提高代码的质量。这个模式也可以在类似于 `x = x + 1` 的语句的代码中使用。

8.7.6 8.7节的练习

练习8.7.1：构造一个算法，它可以在目标机器代码上的滑动窥孔中进行冗余指令消除。

练习8.7.2：构造一个算法，它可以在目标机器代码上的滑动窥孔中进行控制流优化。

练习8.7.3：构造一个算法，它可以在目标机器代码上的滑动窥孔中进行简单的代数简化和强度消减。

8.8 寄存器分配和指派

只涉及寄存器运算分量的指令要比那些涉及内存运算分量的指令运行得快。在现代的机器上，处理器速度要比内存速度快一个数量级以上。因此，寄存器的有效利用对生成优质代码是非常重要的。本节将给出不同的策略，用于确定在程序的每个点上，哪个值应该存放在寄存器中(寄存器分配)以及各个值应该存放在哪个寄存器中(寄存器指派)。

寄存器分配和指派的方法之一是把目标程序中的特定值分配给特定的寄存器。比如，我们可以确定把基地址指派给一组寄存器，算术计算则使用另一组寄存器，栈顶指针指派给一个固定的寄存器，等等。

这个方法的优点是使代码生成器的设计变得简单。但因为它的应用有太多限制，所以寄存器的使用效率较低：有些被占用的寄存器在相当数量的代码运行中没有被使用到，同时却不得不生成很多不必要的其他寄存器的加载和保存运算指令。虽然如此，在大多数计算环境中还是要

保留一些寄存器。这些被保留的寄存器可以被用作基址寄存器、栈顶指针寄存器或其他类似的用途。其他寄存器则由代码生成器在它认为适当的时候使用。

8.8.1 全局寄存器分配

8.6 节中的代码生成算法在单个基本块的运行期间使用寄存器来存放值。但是，在每个基本块的结尾处，所有活跃变量的值都被保存到内存中。为了省略一部分这样的保存及相应的加载指令，我们可以把一些寄存器指派给频繁使用的变量，并且使得这些寄存器在不同基本块中的(即全局的)指派保持一致。因为程序的大部分时间花在它的内部循环上，所以一个自然的全局寄存器指派方法是试图在整个循环中把频繁使用的值存放在固定的寄存器中。从现在开始，假设我们知道一个流图的循环结构，并且我们知道在一个基本块中计算的哪些值会在该基本块外使用。下一个章将介绍用于计算这些信息的技术。

全局寄存器分配的策略之一是分配固定多个寄存器来存放每个内部循环中最活跃的值。在不同的循环中所选择的值也有所不同。没有被分配的寄存器可以如 8.6 节中说的那样用于存放一个基本块的局部值。这个方法的缺点是固定的寄存器个数并不总是恰好等于用于全局寄存器分配的最佳数量。但是这个方法实现起来很简单，它曾经被用在 Fortran H 中。这是 IBM 在 20 世纪 60 年代后期为 360 系列计算机开发的 Fortran 优化编译器。

在早期的 C 编译器中，程序员可以明确地参与某些寄存器分配过程。他们使用寄存器声明来使得某些值在一个过程运行期间都保存在寄存器中。明智地使用寄存器声明确实可以提高很多程序的运行速度，但是应该鼓励程序员在分配寄存器之前先获取程序的运行时刻特征并确定程序运行的热点代码。

8.8.2 使用计数

通过在循环 L 运行时把一个变量 x 保存在寄存器里面，我们可以节省从内存中加载 x 的开销。在本节我们假设，如果把 x 分配在寄存器中，对 x 的每一次引用可以节省一个单位的(用于加载的)成本。然而，如果 x 在一个基本块中被计算之后又在同一个基本块中被使用，那么当使用 8.6 节中的算法来生成基本块代码时，x 有很大的机会被仍然保存在寄存器中。(因此对 x 的使用很可能本来就不需要从内存中加载。——译者注)因此，只有当 x 在循环 L 的某个基本块内被使用，且在同一基本块中 x 没有被先行赋值时，我们才认为这次使用节约了一个单位的开销。如果我们能够避免在某个基本块的结尾把 x 保存回内存，我们也可以省略 2 个单位的开销：保存指令和之后的加载指令。因此，如果 x 被分配在某个寄存器中，对于每个向 x 赋值且 x 在其出口处活跃的基本块，我们节省了两个单位的开销。

在支出方面，如果 x 在循环头部的入口处活跃，我们必须在进入循环 L 之前把 x 加载到它的寄存器中。这个加载的成本是两个成本单元。类似地，对于循环 L 的每个出口基本块 B，如果 x 在 B 的某个 L 之外的后继的入口处活跃，我们必须以 2 个单位的代价把 x 保存起来。然而，假设循环将迭代多次，我们可以忽略这些支出。因为每次进入循环时，这些指令只会运行一次。因此，在循环 L 中把一个寄存器分配给 x 所得到的好处的一个估算公式是

$$\sum_{L\text{中的全部基本块}B} use(x,B) + 2 * live(x,B) \tag{8.1}$$

其中，$use(x, B)$是 x 在 B 中被定值之前被使用的次数。如果 x 在 B 的出口处活跃并在 B 中被赋予一个值，则 $live(x, B)$的取值为 1，否则 $live(x, B)$为 0。请注意，式 8.1 只是一个估算公式。这是因为一个循环中的各基本块的运行频率实际是不同的，也因为式(8.1)是基于循环被多次迭代的假设之上的。因此在特定的机器上，有可能需要设计一个与式(8.1)类似，但具有一定差异的公式。

例 8.17 考虑图 8-17 中所示的内部循环中的基本块。图中的跳转指令和条件跳转指令都被省略了。假设寄存器 R0、R1 和 R2 用于存放整个循环范围内的值。为方便起见，在图 8-17 中，各个基本块的入口处/出口处的活跃变量分别显示在基本块的上方和下方。我们将在下一章中讨论关于活跃变量的复杂问题。比如，请注意 e 和 f 都在 B_1 的结尾处活跃，但是只有 e 在 B_2 的入口处活跃，只有 f 在 B_3 的入口处活跃。一般来说，在一个基本块的结尾处活跃的变量集合是那些在该基本块的后继基本块的入口处活跃的变量的并集。

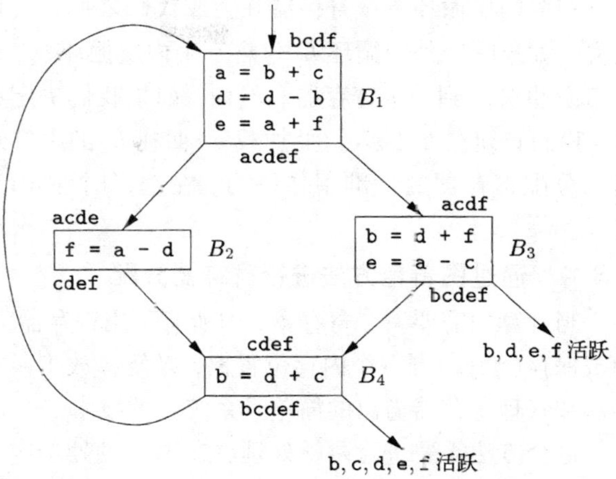

图 8-17 一个内层循环的流图

为了计算当 $x = a$ 时式(8.1)的值，我们观察到 a 在 B_1 的出口处活跃且在 B_1 中被赋值，但是它不在 B_2、B_3、B_4 的出口处活跃。因此，$\sum_{B\text{在循环}L\text{中}} use(a,B) = 2$。当 $x = a$ 时，式(8.1)的值是 4。也就是说，如果选择某个全局寄存器来存放 a 的值，可以节约的 4 个成本单位。对 b、c、d、e 和 f，式(8.1)的值分别是 5、3、6、4 和 4。因此，我们可以为 R0、R1、R2 分别选择 a、b、d。把 R0 用于存放 e 或 f 是另一种选择，显然这样做具有同样的收益。假设 8.6 节中介绍的策略用于生成各个基本块的代码，图 8-18 显示了根据图 8-17 生成的汇编代码。在图 8-17 中，我们没有为略去的各个基本块结尾处的条件或无条件跳转指令生成代码，因此我们没有像通常那样把代码显示成为一个序列。 □

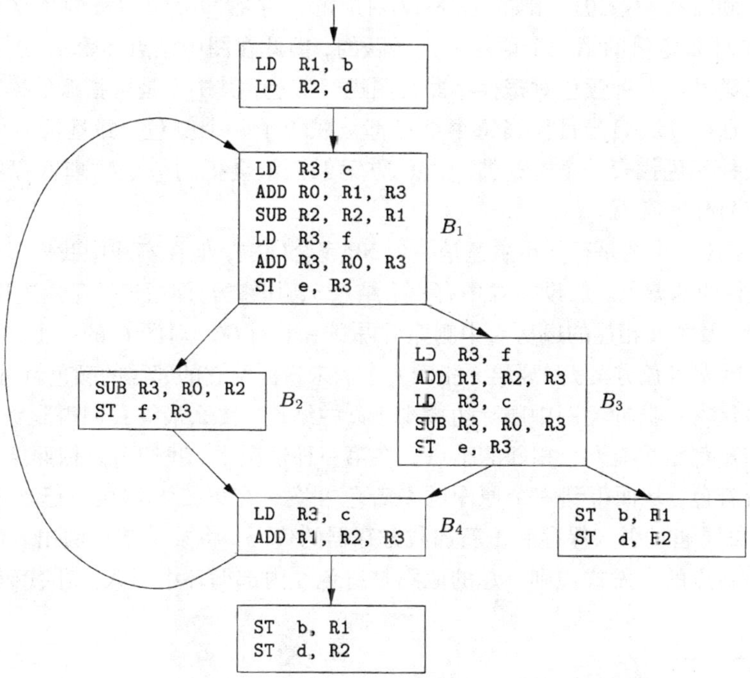

图 8-18 使用全局寄存器指派的代码序列

8.8.3 外层循环的寄存器指派

在为内层循环指派寄存器并生成代码之后，我们可以把同样的想法应用到更大的外围循环上去。如果一个外层循环 L_1 包含一个内层循环 L_2，在 L_2 中分配的寄存器的名字不一定要在 $L_1 - L_2$ 部分也分配到一个寄存器。然而，如果我们决定在 L_2 中(而不是在 L_1 中)为 x 分配一个寄存器，我们必须在 L_2 的入口处加载 x，而在 L_2 的出口处保存 x。我们把在外层循环 L 中选择为哪些名字分配寄存器的标准留作练习，在选择时假设已经为所有嵌套在 L 内部的循环完成了名字选择。

8.8.4 通过图着色方法进行寄存器分配

当计算中需要一个寄存器，但所有可用寄存器都在使用时，某个正被使用的寄存器的内容必须被保存(*溢出*)到一个内存位置上，以便释放出一个寄存器。图着色方法是一个可用于分配寄存器和管理寄存器溢出的简单且系统化的技术。

这个方法需要进行两趟处理。在第一趟处理中选择目标机器指令，处理时假设有无穷多个符号化寄存器。经过这次处理，中间代码中使用的名字变成了寄存器的名字，而三地址指令变成了机器指令。如果对变量的访问要求一些指令使用栈指针、显示表指针、基址寄存器或其他的量来辅助访问，我们就假设这些量存放在那些为相应目的而保留的寄存器中。通常情况下，它们的使用可以直接翻译成为机器指令中的一个地址所使用的某种访问模式。如果访问方式更加复杂，这个访问就必须被分解成为多个机器指令，并且需要创建一个或多个临时的符号化寄存器。

在选择好了指令之后，第二趟处理把物理寄存器指派给符号化寄存器。这一次处理的目标是寻找到一个溢出代价最小的指派方法。

在第二趟处理中，对每个过程都构造了一个*寄存器冲突图*(register-interference graph)。图中的结点是符号化寄存器。对于任意两个结点，如果一个结点在另一个被定值的地方是活跃的，那么这两个结点之间就有一条边。比如，图 8-17 对应的寄存器冲突图中有两个结点 `a` 和 `b`。在基本块 B_1 中，`a` 在对 `b` 定值的第二个语句上是活跃的，因此在图中结点 `a` 和 `b` 之间有一条边。

然后就可以尝试用 k 种颜色对寄存器冲突图进行着色，其中 k 是可指派的寄存器的个数。一个图被称为*已着色*(colored)当且仅当每个结点都被赋予了一个颜色，并且没有两个相邻的结点的颜色相同。一种颜色代表一个寄存器。着色方案保证不会把同一个物理寄存器指派给两个可能相互冲突的符号化寄存器。

一般来说，确定一个图是否 k-可着色是一个 NP 完全问题，但在实践中我们常常可以使用下面的启发式技术进行快速着色。假设图 G 中有一个结点 n，其邻居(即通过一条边连接到 n 的结点)个数少于 k 个。把 n 及和 n 相连的边从 G 中删除后得到一个图 G'。对图 G'的一个 k-着色方案可以扩展成为一个对 G 的 k-着色方案：只要给 n 指派一个尚未指派给它的邻居的颜色就可以了。

通过不断地从寄存器冲突图中删除边数少于 k 的结点，要么最终我们得到一个空图，要么得到的图中每个结点都至少有 k 个相邻的结点。在第一种情况下，我们可以依照结点被删除的相反顺序对结点进行着色，从而得到一个原图的 k-着色方案。在第二种情况下已经不存在 k-着色方案了[⊖]。此时就需要通过引入保存和重新加载寄存器的代码，将某个结点溢出。Chaitin 设计了多个用来选择溢出结点的启发式规则。总的原则是避免在内部循环中引入溢出代码。

⊖ 实际并非如此，例如由 4 个结点组成的圈中，每个结点都有两条边，但是却存在 2-着色方案：奇数点为白色，而偶数点为黑色。作者的意思可能是指难以在适当的时间内找出 k-着色方案——译者注。

8.8.5 8.8节的练习

练习8.8.1： 为图8-17中的程序构造寄存器冲突图。

练习8.8.2： 假设我们在每个过程调用前在栈中自动保存所有的寄存器，并在该过程返回后重新从栈中恢复它们，请设计一个寄存器分配策略。

8.9 通过树重写来选择指令

指令选择可能是一个大型的排列组合任务。对于像CISC这样的具有丰富寻址模式的机器，或者具有某些特殊目的指令(比如信号处理指令)的机器尤其如此。即使我们假设求值的顺序已经给定，并且假设寄存器通过另一个独立的机制进行分配，指令选择——为实现中间表示形式中出现的运算符而选择目标语言指令的问题——仍然是一个规模很大的排列组合任务。

在本节中，我们把指令选择当作一个树重写问题来处理。目标指令的树形表示已经在代码生成器的生成器中得到有效使用。这种生成器可以依据目标机器的高层规约自动构造出一个代码生成器的指令选择阶段。对于某些机器，相对于使用树表示方法而言，使用DAG表示方法能够生成更好的代码。但是DAG匹配比树匹配更加复杂。

8.9.1 树翻译方案

在这一节中，代码生成过程的输入是一个由目标机器的语义层次上的树组成的序列。像8.3节讨论的那样在中间代码中插入运行时刻地址之后就可以得到这些树。另外，这些树的叶子包含有关它们的标号的存储类型的信息。

例8.18 图8-19包含了一个对应于赋值语句 a[i] = b + 1 的树，其中数组 a 存放在运行时刻栈中，而 b 是一个存放在内存位置 M_b 的全局变量。局部变量 a 和 i 的运行时刻地址是以相对于 SP 的常数偏移量 C_a 和 C_i 的方式给出的，其中 SP 是存放当前活动记录的起始位置的寄存器。

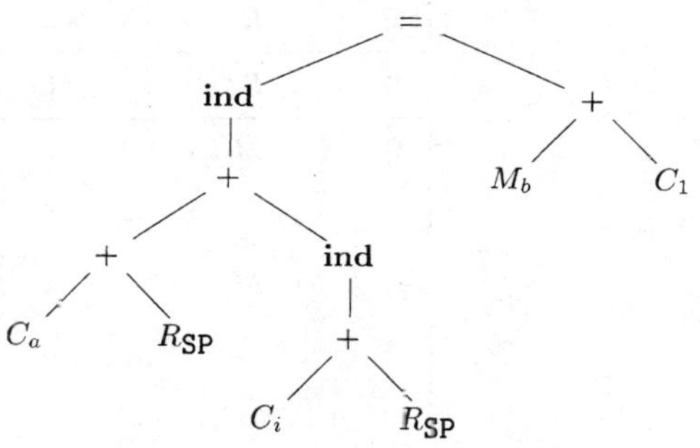

图8-19 a[i] = b + i 的中间代码树

对 a[i] 的赋值是一个间接赋值，其中 a[i] 的位置上的右值被设置成表达式 b + 1 的右值。数组 a 和变量 i 的地址是通过分别把常量 C_a 和 C_i 的值加上寄存器 SP 的内容而得到的。为了简化数组地址的计算，我们假设每个元素值都是一个字节的字符(某些指令集中提供了特殊指令用于在地址计算中进行乘数为某些常数(比如2、4、8等)的乘法运算)。

在这棵树中，运算符 **ind** 把它的参数作为内存地址处理。作为一个赋值运算符的左子结点，**ind** 结点指出了一个内存位置，该位置用来存放赋值运算符右部的右值。如果一个 + 或者 **ind** 运算符的某个参数是内存位置或寄存器，那么该内存位置或寄存器中的内容就是参数的值。这棵树的叶子结点的标号为属性，而下标表示属性的值。 □

目标代码是通过应用一个树重写规则序列来生成的，这些规则最终会把输入的树归约为单个结点。各个树重写规则形如

$$replacement \leftarrow template \ \{ action \}$$

其中，*replacement*(被替换结点)是一个结点，*template*(模板)是一棵树，*action*(动作)是一个像语法制导翻译方案中那样的代码片断。

一组树重写规则被称为一个树翻译方案(tree-translation scheme)。

每个树重写规则表示了如何翻译由模板给出的输入树的一个片段。翻译中包含了一组可能为空的机器指令序列，该序列由与模板关联的动作发出。和输入树一样，模板的叶子是带有下标的属性。有时，会存在一些对于模板中的下标值的约束，这些约束通过语义断言来表示。只有满足这些约束才可以匹配模板。比如，一个断言可能规定某个常数的值必须位于某个区间内。

树翻译方案可以很方便地表示代码生成器的指令选择阶段。作为树重写规则的例子，考虑关于寄存器到寄存器加法指令的规则：

这个规则按照如下方法使用。如果输入树包含一个和上面的模板匹配的子树，也就是说，有一个子树的根结点的标号是运算符 +，且其左右子结点是寄存器 i 和 j 中的量，那么我们可以把这个子树替换为标号为 R_i 的单一结点，同时输出指令 ADD R_i，R_i，R_j。我们把这次替换称为对该子树的一次*覆盖*(tiling)。在一个给定时刻可能有多个模板与某个子树匹配，我们将简要描述在冲突情况下决定应用哪个规则的一些机制。

例 8.19 图 8-20 包含了我们的目标机上的一部分指令的树重写规则。这些规则将被用于一个贯穿本节的例子中。前面的两个规则对应于加载指令，接下来的两个规则对应于保存指令，其余的规则对应于带有下标的加载与加法运算。请注意，规则(8)要求常量的值必须是 1。这个条件将用一个语义断言来描述。 □

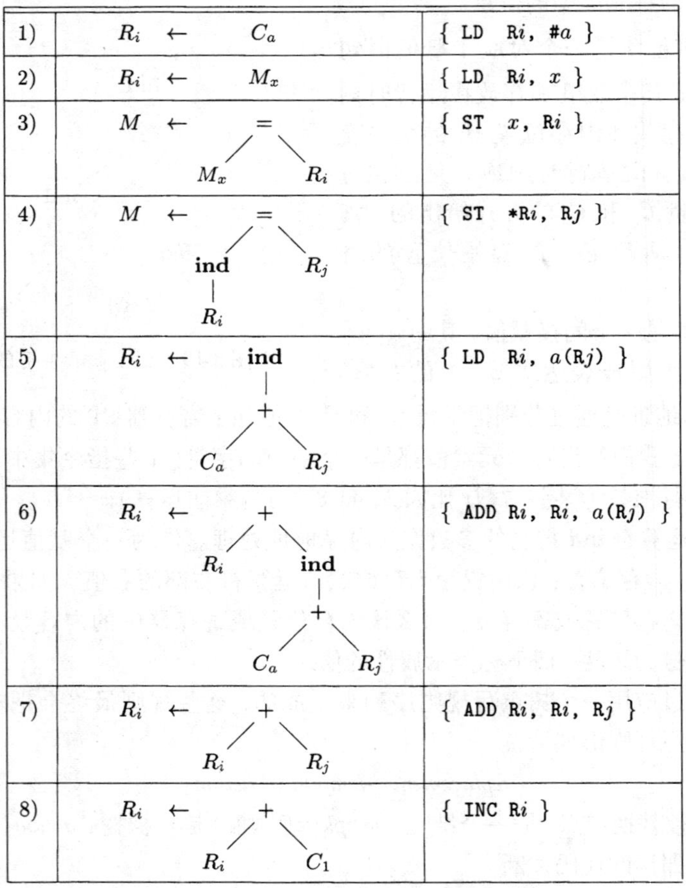

图 8-20 一些目标机指令的树重写规则

8.9.2 通过覆盖一个输入树来生成代码

一个树翻译方案按照下面的方式工作。给定一个输入树，在这些树重写规则中的模板被用来覆盖输入树的子树。如果找到一个匹配的模板，那么输入树中匹配的子树将被替换为相应规则中的替换结点，并且执行规则的相关动作。如果这个动作包含了一个机器指令序列，那么就会生成这些指令。这个过程将一直重复，直到这个树被归约成单个结点，或找不到匹配的模板为止。在将一个输入树归约成单个结点的过程中生成的机器指令代码序列就是树翻译方案作用于给定输入树而得到的输出。

这样，描述一个代码生成器的过程就变得和使用语法制导翻译方案来描述翻译器的过程类似。我们写出一个树翻译方案来描述目标机的指令集合。在实践中，我们将试图找到一个能够对每个输入树生成代价最小的指令序列的树翻译方案。现在有很多工具可以帮助我们根据一个树翻译方案自动生成代码生成器。

例 8.20 让我们用图 8-20 的树翻译方案来为图 8-19 中的输入树生成代码。假设第一个规则用于把常量 C_a 加载到寄存器 R_0 中：

1) $R_0 \leftarrow C_a$ { LD R0, #a }

最左边叶子结点的标号就由 C_a 变成 R_0，同时生成了指令 LD R0，#a。现在，第七个规则和最左边的根标号为 + 的子树匹配：

7) $R_0 \leftarrow$ 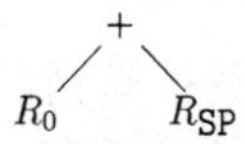

{ ADD R0, R0, SP }

使用这个规则，我们把这棵子树重写为一个标号为 R_0 的单一结点，同时生成指令 ADD R0，R0，SP。现在这棵树如下所示：

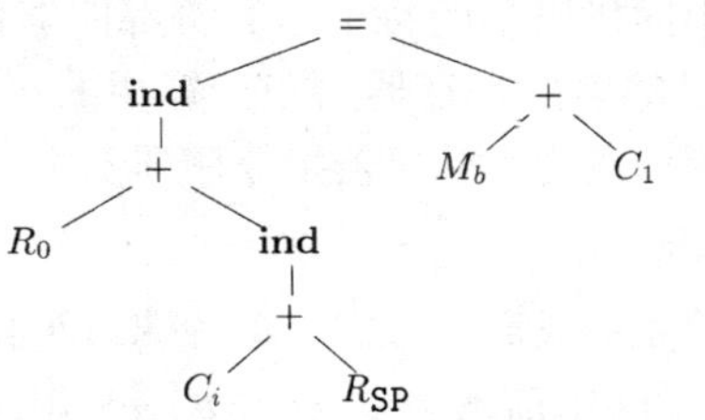

此时，我们可以应用规则(5)来把子树

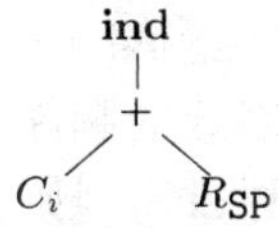

归约为单个结点，设其标号为 R_1。我们也可以使用规则(6)把较大的子树

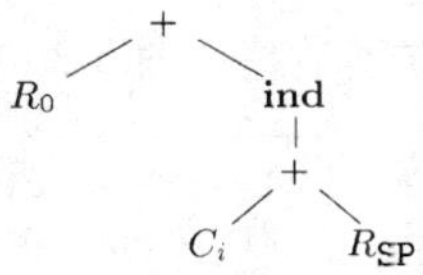

归约为单个结点 R_0，并生成指令 ADD R0，R0，i(SP)。假设用一个指令来计算较大的子树要比计算较小的子树更加高效，我们选择规则(6)得到下面的树：

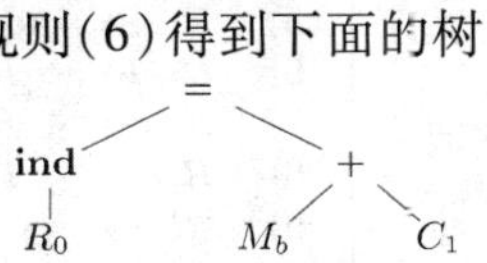

在右边的子树中，可将规则(2)可应用于叶子结点 M_b，并产生一个把 b 加载到某个寄存器（比方说 R1）的指令。现在，使用规则(8)我们可以匹配子树

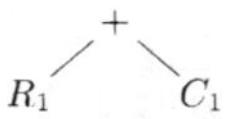

并生成增量指令 INC R1。至此，输入树已经被归约成为：

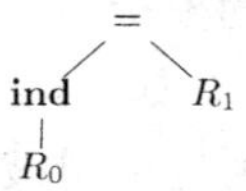

剩下的这棵树和规则(4)匹配，从而把这棵树归约为单个结点，并生成指令 ST ∗R0, R1。在把树归约成为单一结点的过程中，我们生成了下列代码序列：

```
LD  R0, #a
ADD R0, R0, SP
ADD R0, R0, i(SP)
LD  R1, b
INC R1
ST  *R0, R1
```

□

为了实现对例 8.18 中的树的归约过程，我们必须解决一些和树模式匹配相关的问题：

- 如何完成树模式匹配？代码生成过程（在编译时刻）的效率依赖于树匹配算法的效率。
- 如果在某个给定时刻有多个模板可以匹配，我们该做什么？生成的代码（在运行时刻）的效率依赖于模板被匹配的顺序，因为不同的匹配序列通常将产生不同的目标机代码，这些代码之间的效率是不同的。

如果没有匹配的模板，那么代码生成过程就无法继续了。在另一种极端情况下，我们要防止出现某个单个结点被重写无穷多次的可能性。这种情况会产生无穷多个寄存器之间的移动指令，或者无穷多个加载、保存指令。

为了避免阻塞，我们假设中间代码中的每个运算符都能够使用一个或多个目标机器的指令来实现。我们进一步假设存在足够多的寄存器用于计算树的每个结点。那么，不管树匹配过程如何进行，剩下的树总能够被翻译成为目标机器指令序列。

8.9.3 通过扫描进行模式匹配

在考虑通用的树匹配方法之前，我们先考虑一个特殊的匹配方法。这个方法使用 LR 语法分析器来完成模式匹配。输入树可以用前缀方式表示为一个串。比如，图 8-19 中的树的前缀表示为：

$$= \textbf{ind} + + C_a\ R_{\mathsf{SP}}\ \textbf{ind} + C_i\ R_{\mathsf{SP}} + M_b\ C_1$$

一个树翻译方案可以转换为一个语法制导的翻译方案，方法是把每个树重写规则替换为相应的上下文无关文法的产生式。对于一个树重写规则，相应的产生式的右部就是其指令模板的前缀表示方式。

例 8.21 图 8-21 中的语法制导翻译方案是基于图 8-20 中的树翻译方案构造的。

相应文法的非终结符号是 R 和 M。终结符号 **m** 表示特定的内存位置，比如例 8.18 中全局变量 b 的位置。可以这么理解规则(10)中的产生式 $M \to \mathbf{m}$：在使用涉及 M 的某个模板之前首先要把 **M** 和 **m** 匹配。类似地，我们为寄存器 SP 引入终结符 **sp**，并增加产生式 $R \to \mathbf{sp}$。最后，终结符 **c** 表示常量。

1)	$R_i \to \mathbf{c}_a$	{ LD Ri, #a }
2)	$R_i \to M_x$	{ LD Ri, x }
3)	$M \to = M_x\ R_i$	{ ST x, Ri }
4)	$M \to = \textbf{ind}\ R_i\ R_j$	{ ST *Ri, Rj }
5)	$R_i \to \textbf{ind} + \mathbf{c}_a\ R_j$	{ LD Ri, a(Rj) }
6)	$R_i \to + R_i\ \textbf{ind} + \mathbf{c}_a\ R_j$	{ ADD Ri, Ri, a(Rj) }
7)	$R_i \to + R_i\ R_j$	{ ADD Ri, Ri, Rj }
8)	$R_i \to + R_i\ \mathbf{c}_1$	{ INC Ri }
9)	$R \to \mathbf{sp}$	
10)	$M \to \mathbf{m}$	

图 8-21 由图 8-20 构造得到的语法制导翻译方案

使用这些终结符，图 8-19 中的输入树对应的串是：

$$= \mathbf{ind} + + \mathbf{c}_a\ \mathbf{sp}\ \mathbf{ind} + \mathbf{c}_i\ \mathbf{sp} + \mathbf{m}_b\ \mathbf{c}_1$$ □

根据这个翻译方案的产生式，我们可以使用第 4 章中的某个 LR 语法分析器构造技术来构建一个 LR 语法分析器。目标代码通过每一步归约中发出的机器指令来生成。

一个用于代码生成的语法具有很大的二义性。在构造语法分析器的时候，对于如何处理语法分析动作冲突的问题要多加小心。在没有指令代价信息的时侯，总体处理规则是偏向于执行较大的归约，而不是较小的规约。这意味着在一个归约 - 归约冲突中，优先选择较长的归约；在一个移入 - 归约冲突中，优先选择移入动作。这种“贪吃”的做法使得多个运算由一条机器指令完成。

在代码生成中使用 LR 语法分析方法有多个好处。第一，语法分析方法是高效的，并且容易被人们理解。因此，使用第 4 章中描述的算法可以构造出可靠和高效的代码生成器。第二，比较容易为所得代码生成器重新确定目标。只要写出描述新机器的指令集合的语法，就可以构造得到一个针对新机器的代码选择器。第三，可以通过增加特殊产生式来利用机器特有的指令，从而生成高效的代码。

但使用这个方法也存在着一些挑战。语法分析方法确定了求值过程必须是从左到右的。另外，对于某些具有很多种寻址模式的机器来说，描述机器的文法和由此得到的语法分析器可能变得异常庞大。其结果是人们不得不使用特殊技术对描述机器的文法进行编码和处理。我们还必须注意不要让得到的语法分析器在对表达式树进行语法分析的时候被阻塞（即无法进行下一步动作）。造成阻塞的原因可能是该文法不能处理某些运算符的模式，也可能是语法分析器在解决某些语法分析动作冲突的时候做出了错误的选择。我们必须保证语法分析器不会进入无限循环，不停地使用右部只有单个符号的产生式进行归约。无限循环问题可以在生成语法分析器表的时候通过状态分裂技术来解决。

8.9.4 用于语义检查的例程

在一个代码生成翻译方案中出现的属性和输入树中的属性是一样的。但是翻译方案中的属性常常带有关于该属性下标的取值的限制。比如，一个机器指令可能要求某个属性的值位于特定范围之内，或者两个属性的取值之间有一定关系。

这些关于属性值的限制可以用断言来描述。在进行归约之前需要判断相应的断言是否被满足。实际上，相对于纯文法描述的方式而言，语义动作和断言的普遍使用能够更加灵活、更加容易地对代码生成器加以描述。可以使用通用模板来描述各类指令，然后使用语义动作来为特定情况选择指令。比如，两种不同的加法指令可以用同一个模板来表示：

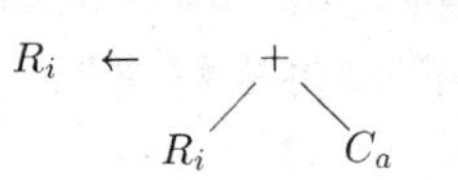


```
{ if (a = 1)
      INC Ri
  else
      ADD Ri, Ri, #a }
```

可以通过特定的断言来消除二义性，解决语法分析 - 动作的冲突问题。这些断言允许在不同的上下文中使用不同的选择策略。因为目标机体系结构的某些方面（比如寻址模式）可以用属性值来描述，所以对目标机器的描述可以变得更小。这种方法的复杂之处在于人们难以验证该翻译方案是否可靠地描述了目标机器。当然，所有的代码生成器都会或多或少地碰到这个问题。

8.9.5 通用的树匹配方法

基于前缀表示的用于模式匹配的 LR 语法分析方法优先处理双目运算符的左运算分量。在一个前缀表示 **op** E_1 E_2 中，有限向前看的 LR 语法分析方法中有关扫描动作的决定必须依据 E_1 的某个前缀做出。这是因为 E_1 可能具有任意长度。右运算分量可能会带来一些能够在目标指令集中选择较好指令的机会。但是模式匹配方法可能会错失这些机会。

我们也可以弃用前缀表示方式而使用后缀表示。但是，一个用于模式匹配的 LR 语法分析方法会优先处理右运算分量。

对于一个手写的代码生成器，我们可以使用图 8-20 中所示的树模板作为指南，编写一个专门的匹配程序。比如，如果输入树的根的标号是 **ind**，那么唯一能够匹配的是规则 5 的模式；否则如果根的标号是 +，那么可能匹配的是规则 6 ~ 8 的模式。

对于一个可以生成代码生成器的生成器，我们需要一个通用的树匹配算法。通过扩展第 3 章中介绍的串模式匹配技术，我们可以开发出一个高效的自顶向下算法。其基本思想是把每个模板表示成一个串的集合，其中每个串对应于模板中的一条从根到某个叶结点的路径。通过在串中(从左到右地)为每个子结点加入位置编号，我们平等地处理每个运算分量。

例 8.22 在为一个指令集构建串集合的时候，我们将去掉下标。因为进行模式匹配时只考虑属性，而不考虑它们的值。

图 8-22 中的模板有如下的从根到叶子结点的串集合：

C
$+ 1\ R$
$+ 2\ \mathbf{ind}\ 1 + 1\ C$
$+ 2\ \mathbf{ind}\ 1 + 2\ R$
$+ 2\ R$

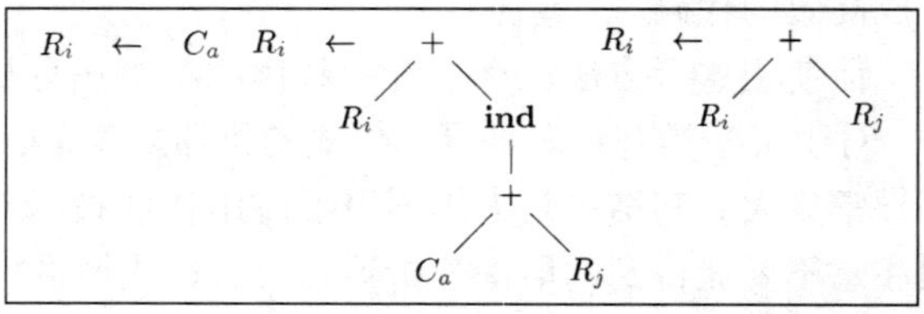

图 8-22 一个用于树匹配的指令集

串 C 表示以 C 为根的模板。串 + 1 R 表示以 + 为根的两个模板中的 + 号和它的左运算分量 R。 □

使用例 8.22 中的串集合可以构造出一个树模式匹配程序。该程序使用了可以高效地并行匹配多个串的技术。

在实践中，树重写过程可以按照如下方法实现：对输入树进行深度优先遍历的同时运行树模式匹配程序，并且在最后一次访问这个结点的时候进行归约。

如果要考虑指令代价的问题，可以给每个树重写规则关联一个代价值。这个值等于应用这个规则时所产生的代码序列的总代价。在 8.11 节中，我们将讨论一个可以和树模式匹配算法联合使用的动态规划算法。

通过并发地运行该动态规划算法，我们可以使用各个规则相关的代价信息来选择一个最优的匹配序列。我们要在各个候选序列的代价值都确定之后再决定使用哪个匹配序列。使用这个方法，可以根据一个树重写方案快速地构造出一个小而高效的代码生成器。不仅如此，动态规划算法使得代码生成器的设计者不需要再去解决匹配冲突的问题，或者决定求值的顺序。

8.9.6 8.9 节的练习

练习 8.9.1：为下面的语句构造抽象语法树。假设所有不是常量的运算分量都存放在内存中。

1) `x = a * b + c * d;`

2) `x[i] = y[j] * z[k];`

3) `x = x + 1;`

使用图 8-20 中的树重写方案来为每个语句生成代码。

练习 8.9.2：使用图 8-21 中的语法制导翻译方案来替代树翻译方案，重复练习 8.9.1。

! **练习 8.9.3**：扩展图 8-20 中的树重写方案，使之可应用于 while 语句。

! **练习 8.9.4**：扩展树重写技术使之应用于 DAG。

8.10 表达式的优化代码的生成

当一个基本块仅包含单一的表达式求值时，或者我们认为以逐次处理各个表达式的方式为基本块生成代码就已经足够了，那么我们就可以最佳地选择寄存器。在下面的算法中，我们引入对一个表达式树(即一个表达式的语法树)的结点添加数字标号的方案。在使用固定个数的寄存器来对一个表达式求值的情况下，该方案允许我们为表达式生成最优的代码。

8.10.1 Ershov 数

一开始，我们给一个表达式树的每个结点各赋予一个数值。该数表示如果我们不把任何临时值存放回内存的话，计算该表达式需要多少个寄存器。这些数有时被称为 *Ershov* 数(Ershov number)。这是根据 A. Ershov 命名的，他为只有一个算术寄存器的机器使用了类似的方案。对我们的机器模型而言，计算 Ershov 数的规则如下：

1）所有叶子结点的标号为 1。

2）只有一个子结点的内部结点的标号和其子结点的标号相同。

3）具有两个子结点的内部结点的标号按照如下方式确定：

① 如果两个子结点的标号不同，那么选择较大的标号。

② 如果两个子结点的标号相同，那么它的标号就是子结点的标号值加一。

例 8.23 在图 8-23 中，我们可以看到一个表达式树(其中的运算符已经被省略)。这个树可能是表达式$(a-b)+e\times(c+d)$的树，或者说是下面的三地址代码的树：

```
t1 = a - b
t2 = c + d
t3 = e * t2
t4 = t1 + t3
```

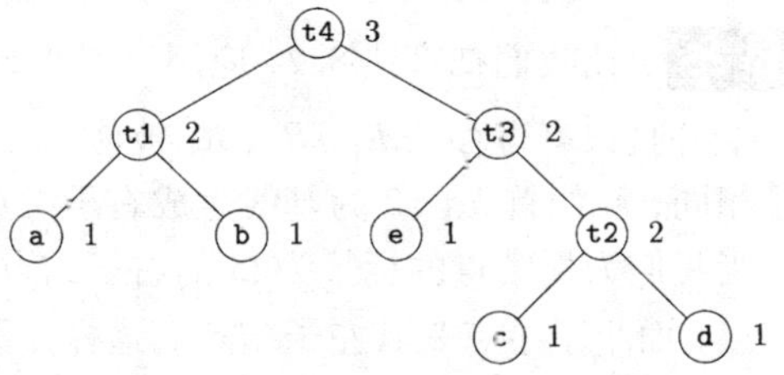

图 8-23 一个用 Ershcv 数标号的树

根据规则(1)，该树的五个叶子结点的标号都是 1。然后，我们可以给对应于 `t1 = a - b` 的内部结点加上标号，因为它的两个子结点都已经被加上了标号。应用规则 3，该结点的标号是它的子结点的标号加上 1，也就是 2。对应于 `t2 = c + d` 的结点的标号的计算方式与此类似。

现在我们可以计算对应于 `t3 = e * t2` 的结点的标号。它的子结点的标号是 1 和 2，因此根据规则 3，`t3` 对应结点的标号是其中的较大值，即 2。最后计算根结点，即对应于 `t4 = t1 + t3` 的结点。它的两个子结点的标号都是 2，因此它的标号是 3。 □

8.10.2 从带标号的表达式树生成代码

假设在我们的机器模型中，所有的运算分量都必须在寄存器中，且寄存器可以同时用于存放某个运算的运算分量和结果。可以证明，如果在计算表达式的过程中不允许把中间结果保存回内存，那么一个结点的标号就等于计算该结点对应的表达式时需要的最少的寄存器个数。因为在这个机器模型中，我们必须把每个运算分量加载到寄存器中，且必须计算每个内部结点所对应的中间结果，所以，造成生成代码不是最优代码的唯一可能是我们使用了不必要的将临时结果存回内存的指令。对这个断言的证明包含在下面的算法中。这个算法生成的代码不包含将临时结果存回内存的指令，而这个代码所使用的寄存器数目就是根结点的标号。

算法 8.24 根据一个带标号的表达式树生成代码。

输入：一个带有标号的表达式树，其中的每个运算分量只出现一次(即没有公共子表达式)。

输出：计算根结点对应的值并将该值存放在一个寄存器中的最优的机器指令序列。

方法：下面是一个用来生成机器代码的递归算法。从树的根结点开始应用下面的步骤。如果算法被应用于一个标号为 k 的结点，那么得到的代码只使用 k 个寄存器。然而，这些代码从某个基线 $b(b\geqslant1)$ 开始使用寄存器，实际使用的寄存器是 R_b，R_{b+1}，…，R_{b+k-1}。计算结果总是存放在 R_{b+k-1} 中。

1）为一个标号为 k 且两个子结点的标号相同（它们的标号必然是 $k-1$）的内部结点生成代码时，做如下处理：

① 使用基线 $b+1$ 递归地为它的右子树生成代码。其右子树的结果将存放在寄存器 R_{b+k-1} 中。

② 使用基线 b，递归地为它的左子树生成代码。其左子树的结果将存放在寄存器 R_{b+k-2} 中。

③ 生成指令“OP R_{b+k-1}，R_{b+k-2}，R_{b+k-1}”，其中 OP 是标号为 k 的结点对应的运算。

2）假设我们有一个标号为 k 的内部结点，其子结点的标号不相等。那么，它必然有一个子结点的标号为 k，我们称之为“大子结点”；而另一个子结点的标号为某个 $m<k$，它被称为“小子结点”。使用基线 b，通过下列步骤为这个内部结点生成代码：

① 使用基线 b，递归地为大子结点生成代码，其结果存放在寄存器 R_{b+k-1} 中。

② 使用基线 b，递归地为小子结点生成代码，其结果存放在寄存器 R_{b+m-1} 中。请注意，因为 $m<k$，寄存器 R_{b+k-1} 和编号更高的寄存器都没有被使用。

③ 根据大子结点是该内部结点的右子结点还是左子结点，分别生成指令“OP R_{b+k-1}，R_{b+m-1}，R_{b+k-1}”或者“OP R_{b+k-1}，R_{b+k-1}，R_{b+m-1}”。

3）对于代表运算分量 x 的叶子结点，当基线为 b 时生成指令“LD R_b，x”。 □

例 8.25 让我们把算法 8.24 应用于图 8-23 中的树。因为根结点的标号是 3，其结果将存放在 R_3 中，并且只有寄存器 R_1、R_2、R_3 被使用。根结点的基线是 $b=1$。因为根结点的两个子结点的标号相同，我们首先以 2 为基线生成右子结点的代码。

当我们为根结点的标号为 t3 的右子结点生成代码时，我们发现该子结点的大子结点是其右子结点，而小子结点是其左子结点。这样，我们首先以 2 为基线生成右子结点的代码。应用针对具有相同标号子结点和叶子结点的规则，我们为标号 t2 的结点生成下列代码：

```
LD  R3, d
LD  R2, c
ADD R3, R2, R3
```

接下来，我们为根结点的右子结点的左子结点生成代码。这是一个标号为 e 的叶子结点。因为 $b=2$，正确的指令是

```
LD  R2, e
```

现在我们加上指令

```
MUL R3, R2, R3
```

```
LD  R3, d
LD  R2, c
ADD R3, R2, R3
LD  R2, e
MUL R3, R2, R3
LD  R2, b
LD  R1, a
SUB R2, R1, R2
ADD R3, R2, R3
```

图 8-24 图 8-23 中的树的最优的三地址代码

就完整地生成了根结点的右子结点的代码。算法继续以 1 为基线生成根结点的左子结点的代码，并把结果放在 R_2 中。图 8-24 中显示了生成的全部指令序列。 □

8.10.3 寄存器数量不足时的表达式求值

当可用寄存器的数量少于树的根结点的标号时，我们不能直接应用算法 8.24。此时需要引入一些保存指令，把某些子树的值溢出到内存中，然后在必要的时候生成加载指令把那些值再加载到寄存器中。下面是一个经过修改的代码生成算法，它考虑了寄存器数量的限制。

算法 8.26 根据一个带标号的表达式树生成代码。

输入：一个带有标号的表达式树和寄存器的数量 $r \geq 2$。表达式树的每个运算分量只出现一次(即没有公共子表达式)。

输出：计算根结点对应的值并将其存放到一个寄存器中的最优的机器指令序列。代码使用的寄存器的数量不大于 r。我们假设这些寄存器为 R_1, R_2, …, R_r。

方法：令基线 $b=1$，从根结点开始应用下面的递归算法。对于标号为 r 或者更小的结点 N，本算法和算法 8.24 完全一样，这里不再重复。但是，对于标号 $k>r$ 的内部结点，我们要分别处理该内部节点的各个子结点，并把较大子树的结果保存到内存中。该结果在对结点 N 求值之前才从内存重新加载，而最后的求值步骤将在 R_{r-1} 和 R_r 内进行。对于基本算法的改动如下：

1) 结点 N 至少有一个子结点的标号为 r 或者大于 r。选择较大的子结点(如果子结点标号相同则选择任意一个)作为“大”子结点，并把另外一个子结点作为“小”子结点。

2) 令基线 $b=1$，递归地为大子结点生成代码。这个求值的结果将存放在寄存器 R_r 中。

3) 生成机器指令“ST t_k, R_r”，其中 t_k 是一个用于存放中间结果的临时变量。这个变量用于对标号为 k 的结点求值。

4) 按照如下方式为小子结点生成代码。如果小子结点的标号大于或等于 r，选取基线 $b=1$。如果小子结点的标号为 $j<r$，选取基线 $b=r-j$。然后递归地把本算法应用于小子结点，其结果存放在 R_r 中。

5) 生成指令“LD R_{r-1}, t_k”。

6) 如果大子结点是 N 的右子结点，生成指令“OP R_r, R_r, R_{r-1}”。如果大子结点是 N 的左子结点，生成代码“OP R_r, R_{r-1}, R_r”。 □

例 8.27 现在假设 $r=2$，让我们重新回顾一下图 8-23 所代表的表达式。也就是说，只有寄存器 R1 和 R2 可以用来存放表达式求值过程中产生的临时结果。当我们把算法 8.26 应用到图 8-23 中时，我们看到根结点的标号(3)大于 $r=2$。这样，我们需要选择其中的一个子结点作为大子结点。因为子结点的标号相同，我们可以任选其中的一个。假设我们选择了右子结点作为大子结点。

因为根结点的大子结点的标号为 2，因此寄存器是够用的。我们把算法 8.24 应用到这个子树，其中基线 $b=1$，而寄存器个数为 2。最终的结果和我们在图 8-24 中生成的代码很相似，但原来的寄存器 R2 和 R3 被替换为 R1 和 R2。代码如下：

```
LD  R2, d
LD  R1, c
ADD R2, R1, R2
LD  R1, e
MUL R2, R1, R2
```

现在，因为我们要把这两个寄存器都用于根结点的左子树，我们需要生成指令

```
ST  t3, R2
```

接下来处理根结点的左子结点。同样，寄存器的数量足以处理这个子结点，代码如下：

```
LD  R2, b
LD  R1, a
SUB R2, R1, R2
```

最后，我们用指令

```
LD  R1, t3
```

把存放了根结点的右子结点的值的临时变量重新加载到寄存器中，并使用指令

```
ADD R2, R2, R1
```

执行树的根结点上的运算。完整的指令序列显示在图 8-25 中。 □

```
LD  R2, d
LD  R1, c
ADD R2, R1, R2
LD  R1, e
MUL R2, R1, R2
ST  t3, R2
LD  R2, b
LD  R1, a
SUB R2, R1, R2
LD  R1, t3
ADD R2, R2, R1
```

图 8-25 图 8-23 中的树的最优的三寄存器代码(只使用两个寄存器)

8.10.4 8.10 节的练习

练习 8.10.1：计算下列表达式的 Ershov 数。

1) $a/(b+c)-d*(e+f)$

2) $a+b*(c*(d+e))$

3) $(-a+*p)*((b-*q)/(-c+*r))$

练习 8.10.2：使用两个寄存器为练习 8.10.1 中的各个表达式生成最优的代码。

练习 8.10.3：使用三个寄存器为练习 8.10.1 中的各个表达式生成最优的代码。

! **练习 8.10.4**：将 Ershov 数的计算方法一般化，使之能够处理其中某些内部结点具有三个或更多的子结点的表达式树。

! **练习 8.10.5**：类似于 `a[i] = x` 的对数组元素的赋值看起来像一个具有三个运算分量（a、i 和 x）的运算符。你将如何修改给表达式树添加标号的方案，以便为这种机器模型生成最优的代码？

! **练习 8.10.6**：最初的 Ershov 数技术所应用的机器模型和书中的模型有所不同。该模型允许一个表达式的右运算分量存放在内存中，而不一定要存放在寄存器中。你将如何修改为表达式树添加标号的方案，使得它可以为这种机器模型生成最优代码？

! **练习 8.10.7**：某些机器要求使用两个寄存器来存放某些单精度值。假设单寄存器值的乘法的结果需要两个连续的寄存器，而当我们计算 a/b 时，a 的值必须存放在两个连续的寄存器中。你将如何修改为表达式树添加标号的方案，使得它可以为这种机器模型生成最优代码？

8.11 使用动态规划的代码生成

8.10 节中的算法 8.26 根据一个表达式树生成最优代码所需的时间是树的大小的线性函数。适合使用这个过程的机器要满足以下假设：所有的计算都在寄存器中完成，而指令中包含的运算符要么作用于两个寄存器，要么作用于一个寄存器和一个内存位置。

基于动态规划原理的算法可以应用到更多类型的机器上，使得人们可以在线性时间内为一个表达式树生成最优代码。动态规划算法可以被应用到具有复杂指令集的多种计算机上。

只要一个机器具有 r 个可互换的寄存器 `R0, R1, …, Rr-1` 以及加载、保存和运算指令，就可以应用基于动态规划的算法为这个机器生成代码。为简单起见，我们假设每个指令的代价是一个成本单位。然而，即使每个指令具有不同的代价值，人们也可以很容易地修改这个算法来处理这种情况。

8.11.1 连续求值

动态规划算法把为一个表达式生成最优代码的问题分解成为多个为该表达式的子表达式生成最优代码的子问题。作为一个简单的例子，考虑一个形如 E_1+E_2 的表达式 E。E 的一个最优程序由 E_1 和 E_2 的最优程序以某种顺序组合而成，然后是对 + 求值的代码。为 E_1 和 E_2 生成最优程序的子问题也以类似的方式解决。

由动态规划算法产生的最优程序有一个重要的性质。该代码以“连续”的方式计算表达式 $E = E_1$ **op** E_2。我们可以通过查看 E 的语法树 T 来理解这句话的含义。

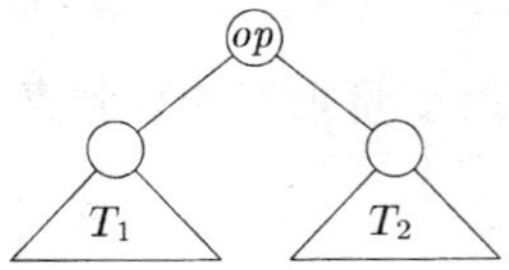

这里，T_1 和 T_2 分别是 E_1 和 E_2 的语法树。

我们说一个程序 P 连续计算一棵树 T，如果它首先计算那些需要计算值并将其存放到内存中的 T 的子树。然后，它再计算 T 的其余部分，计算的顺序可以是 T_1，T_2，根结点，或者 T_2，T_1，根结点。无论在哪种情况下，作为非连续计算的一个例子，程序 P 可能先计算 T_1 的一部分并把结果存放在一个寄存器中(而不是内存中)，然后计算 T_2，然后再回过来计算 T_1 的其余部分。

对于本节中的寄存器机器，我们可以证明对于任何一个计算表达式树 T 的机器语言程序 P，我们都可以找到一个等价的程序 P'，使得

1) P'的代价不高于 P 的代价。

2) P'使用的寄存器不多于 P 使用的寄存器，而且

3) P'连续地对该树求值。

这个结果表明，每个表达式树可以用一个连续程序最优地求值。

相对而言，使用偶数－奇数寄存器对的计算机不一定总是具有最优的连续求值过程。x86 体系结构在乘法和除法中使用寄存器对。对于这样的机器，我们可以给出一些表达式树的例子。这些树的最优机器语言程序必须首先对根的左子树的一部分进行求值并把结集存放到寄存器中，然后处理右子树的一部分，再处理左子树的另一部分，如此往复。使用本节中的机器对任意一个表达式树进行最优求值时，没有必要进行这种类型的摆动。

上面定义的连续求值的性质保证了对于任何表达式树 T，总是存在一个最优程序。这个程序由根结点的子树的最优程序组成，最后是计算根结点值的指令。这个性质支持我们使用一个动态规划算法为 T 生成一个最优程序。

8.11.2 动态规划的算法

动态规划算法有三个步骤(假设目标机器具有 r 个寄存器)：

1) 对表达式树 T 的每个结点 n 自底向上地计算得到一个代价数组 C，其中 C 的第 i 个元素 $C[i]$ 是在假设有 $i(1\leqslant i\leqslant r)$ 个可用寄存器的情况下对以 n 为根的子树 S 求值并将结果存放在一个寄存器中的最优代价。

2) 遍历 T，使用代价向量(数组)来决定 T 的哪棵子树应该被计算并保存到内存中。

3) 使用每个结点的代价向量和相关指令来遍历各棵子树并生成最终的目标代码。在这个过程中，首先为那些需要把结果值保存到内存的子树生成代码。

上述每一个步骤都可以高效地实现，运行所需时间与表达式树的大小成线性关系。

计算一个结点 n 的代价包括在给定寄存器数量的情况下对 S 求值时所需要的全部加载和保存运算，也包括了计算 S 的根结点处的运算符所需要的代价。代价向量的第 0 个元素存放的是把子树 S 的值计算出来并保存到内存的最优代价。只需要考虑 S 的根结点的各子树的最优程序的不同组合，就可以生成 S 的最优程序。这是由连续求值的性质来确保的。这个限制减少了需要考虑的情况。

为了计算结点 n 的代价 $C[i]$，我们像 8.9 节中那样把指令看作是树重写规则。考虑和结点 n 处的输入树相匹配的各个模板 E。只要检查 n 的相应后代的代价向量，就可以确定对 E 的叶子结点所代表的运算分量进行求值时所需要的代价。对于 E 的寄存器运算分量，考虑对 T 的相应子树求值并放到寄存器中的各种可能的顺序。在每个顺序中，第一个对应于某个寄存器运算分量的子树可以使用 i 个寄存器，而第二个则使用 $i-1$ 个寄存器，以此类推。考虑结点 n 时，需要加上和模板 E 相关的指令的代价。$C[i]$的值就是所有这些可能的顺序所对应的代价值中的最小者。

整棵树 T 的代价向量可以用自底向上的方式计算。计算所需时间和 T 中结点的个数呈线性正比关系。在每个结点上为各个 i 值保存用于获得最优代价 $C[i]$所使用的指令可以带来方便。T 的根结点的代价向量中的最小值给出了对 T 求值所需的最小代价。

例 8.28 考虑有两个寄存器 R0、R1 及下列的指令的机器。每个指令的代价是一个成本单位：

```
LD  Ri, Mj        // Ri = Mj
op  Ri, Ri, Rj    // Ri = Ri op Rj
op  Ri, Ri, Mj    // Ri = Ri op Mj
LD  Ri, Rj        // Ri = Rj
ST  Mi, Rj        // Mi = Rj
```

在这些指令中，R*i* 可以是 R0 或者 R1，而 M*j* 则是一个内存位置。运算符 *op* 对应于某个算术运算符。

让我们应用动态规划算法为图 8-26 中的语法树生成最优的代码。在第一步中，我们计算每个结点的代价向量。这些向量在图中各个结点的旁边显示。为了说明代价计算方法，考虑在叶子结点 a 处的代价向量。$C[0]$（即计算 a 并保存到内存的代价）是 0，因为它已经在内存中了。$C[1]$（即计算 a 并保存到一个寄存器的代价）是 1，因为我们可以使用指令 LD R0，a 把它加载到一个寄存器中。$C[2]$（即在有两个可用寄存器的情况下把 a 加载到一个寄存器中的代价）和只有一个可用寄存器的情况下的代价是一样的。因此，在叶子结点 a 上的代价向量是(0，1，1)。

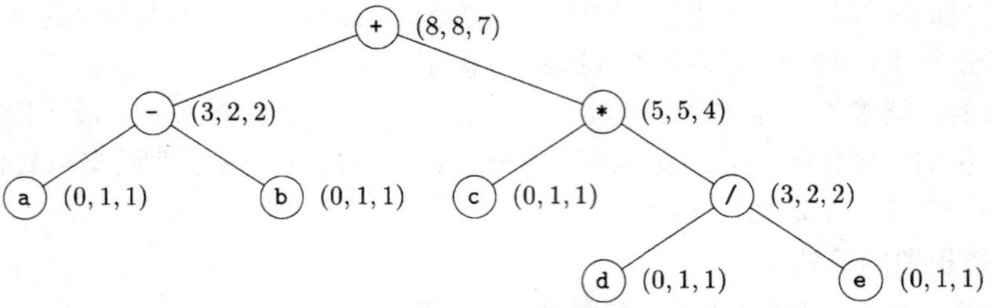

图 8-26　表达式(a－b)＋c＊(d/e)的语法树，每个结点都标有代价向量

考虑一下根结点处的代价向量。我们首先确定在有一个及两个可用寄存器的情况下计算根结点所需的最小代价。因为根结点的标号是＋，所以机器指令 ADD R0，R0，M 和根结点匹配。使用这个指令，在只有一个可用寄存器的情况下对根结点求值的最小代价的计算方法如下：对其右子树求值并存放到内存的最小代价，加上计算其左子树并保存到寄存器的最小代价，再加上该指令的代价 1。不存在其他的最小代价的计算方式。在根结点的左右子结点上的代价向量说明在只有一个可用寄存器的情况下对根结点求值的最小代价是 $5+2+1=8$。

现在考虑有两个可用寄存器时对根结点求值的最小代价。根据用于计算根结点的不同指令，以及对根结点的左右子树求值的不同顺序，需要考虑三种情况。

1）使用两个可用寄存器计算左子树的值并放到寄存器 R0 中，使用一个可用寄存器计算右子树的值并放到寄存器 R1 中，并使用指令 ADD R0，R0，R1 来计算根结点。这个指令序列的代价是 $5+2+1=8$。

2）使用两个可用寄存器计算右子树的值并存放到 R1 中，使用一个可用寄存器计算左子树的值并存放到 R0 中，并使用指令 ADD R0，R0，R1 计算根结点。这个指令序列的代价为 $4+2+1=7$。

3）计算右子树的值并保存到内存位置 M 中，使用两个可用寄存器计算左子树的值并保存到寄存器 R0 中，并使用指令 ADD R0，R0，M 计算根结点的值。这个指令序列的代价是 $5+2+1=8$。

可见，第二种选择给出了最小的代价 7。

计算根结点的值并保存到内存中的代价等于使用所有可用寄存器计算根结点的值的最小代价再加上 1。也就是说，我们首先计算根结点并将其存放到一个寄存器中，然后保存结果。因此，在根结点处的代价向量是(8，8，7)。

根据代价向量，我们可以很容易地通过对树的遍历构造出代码序列。假设有两个可用寄存器，图 8-26 的树的最优代码序列是：

```
LD  R0, c         // R0 = c
LD  R1, d         // R1 = d
DIV R1, R1, e     // R1 = R1 / e
MUL R0, R0, R1    // R0 = R0 * R1
LD  R1, a         // R1 = a
SUB R1, R1, b     // R1 = R1 - b
ADD R1, R1, R0    // R1 = R1 + R0
```

□

动态规划技术已经在很多编译器中使用，这些编译器包括可移植 C 编译器版本 2，即 PCC2。因为动态规划技术可以用到很多类型的机器上，这个技术促进了编译器的可重定向特性的发展。

8.11.3 8.11 节的练习

练习 8.11.1：在图 8-20 中的树重写方案中增加代价信息，并用动态规划和树匹配技术来为练习 8.9.1 中的语句生成代码。

!! **练习 8.11.2**：你将如何扩展动态规划技术，以便在 DAG 的基础上生成最优代码？

8.12 第 8 章总结

- *代码生成*是编译器的最后一个步骤。代码生成器把前端生成的中间表示形式映射为目标程序。如果存在一个代码优化阶段，那么代码生成器的输入就是代码优化器生成的中间表示形式。
- *指令选择*是为每个中间表示语句选择目标语言指令的过程。
- *寄存器分配*是决定哪些 IR 值将会保存在寄存器中的过程。图着色算法是一个在编译器中完成寄存器分配的有效技术。
- *寄存器指派*是决定用哪个寄存器来存放一个给定的 IR 值的过程。
- *可重定向编译器*是能够为多个指令集生成代码的编译器。
- *虚拟机*是一些字节代码中间语言的解释程序，这些字节代码是为诸如 Java 和 C#这样的语言生成。
- *CISC 机器*通常是一个二地址机器。它的寄存器相对较少，有几种寄存器类型，并具有复杂寻址模式的可变长指令。
- *RISC 机器*通常是一个三地址机器。它拥有很多寄存器，且运算都在寄存器中进行。
- *基本块*是一个三地址语句的最大连续序列。控制流只能从它的第一个语句进入，并从最后一个语句离开，中间没有停顿，且除了基本块的最后一个语句之外没有分支语句。
- *流图*是程序的一种图形化表示方式。其中图的结点是基本块，而图的边显示了控制流如何在基本块之间流动。
- 流图中的*循环*是一个强连通的区域。这个区域只有一个被称为循环首结点的入口。
- 基本块的 *DAG 表示*是一个有向无环图。DAG 中的结点表示基本块中的语句，而一个结点的各个子结点所对应的语句是最晚对该结点对应语句的某个运算分量进行定值的语句。
- *窥孔优化*是一种提高代码质量的局部变换。它通常通过一个滑动窗口作用于一个程序。
- *指令选择*可以通过一个树重写过程完成。在这个过程中，对应于机器指令的树模式被用来逐步覆盖一棵语法树。我们可以把树重写规则和相应的指令代价关联起来，并应用动态规划技术来为多种类型的机器和表达式生成最优的覆盖方式。
- *Ershov 数*指出了如果不把任何临时值保存回内存中，对一个表达式求值需要多少个寄存器。

- 溢出代码是一个把某个寄存器中的值保存到内存中的指令序列。这些指令的目的是在寄存器中腾出空间，以保存另一个值。

8.13 第 8 章参考文献

本章中讨论的很多技术在最早的编译器中就出现了。Ershov 的加标号算法出现在 1958 年[7]。Sethi 和 Ullman[16]在一个算法中使用了这种标号方法。他们还证明了这种算法可以为算术表达式生成最优代码。Aho 和 Johnson[1]使用动态规划技术来为 CISC 机器上的表达式树生成最优代码。Hennessy 和 Patterson[12]对 CISC 和 RISC 机器体系结构的发展，以及在设计一个好的指令集时需要做出的权衡进行了很好的讨论。

虽然 RISC 的历史可以追溯到更早的计算机中，比如最先在 1964 年交付的 CDC6600，但 RISC 体系结构在 1990 年之后才流行起来。在 1990 年之前设计的很多计算机都是 CISC 机器，然而大多数在 1990 年之后安装的通用计算机仍然是 CISC 机器，因为它们都基于 Intel 80x86 或其后代(比如 Pentium 芯片)的体系结构。在 1963 年交付的 Burroughs B5000 是一个早期的栈计算机。

本章中给出的很多关于代码生成的启发式规则已经被用到不同的编译器中。我们描述了在循环执行时用固定数量寄存器存放变量的策略。这个策略被 Lowry 和 Medlock 用在 Fortran H 的实现中[13]。

高效的寄存器分配技术在编译器出现的最早时代就开始研究了。把图着色算法作为一种寄存器分配技术是由 Cocke、Ershov[8]和 Schwartz[15]提出的。针对寄存器分配，人们提出了很多种图着色算法的变体。我们处理图着色的方法来自于 Chaitin[3][4]。Chow 和 Hennessy 在[5]中描述了他们的可用于寄存器分配的基于优先级的着色算法。在[6]中可以见到针对最新的用于寄存器分配的图分划和重写技术的讨论。

词法分析器和语法分析器的自动生成工具刺激了模式制导的指令选择技术的发展。Glanville 和 Graham[11]使用 LR 语法分析器生成技术来处理指令的自动选择。表格驱动的代码生成器发展成为多个基于树模式匹配的代码生成工具[14]。在代码生成工具 twig 中，Aho、Ganapathi 和 Tjiang[2]把高效的树模式匹配技术和动态规划技术结合起来。Fraser、Hanson 和 Proebsting[10]在他们的简单有效的代码生成器的生成器中进一步精化了这些思想。

1. Aho, A. V. and S. C. Johnson, "Optimal code generation for expression trees," *J. ACM* **23**:3, pp. 488–501.

2. Aho, A. V., M. Ganapathi, and S. W. K. Tjiang, "Code generation using tree matching and dynamic programming," *ACM Trans. Programming Languages and Systems* **11**:4 (1989), pp. 491–516.

3. Chaitin, G. J., M. A. Auslander, A. K. Chandra, J. Cocke, M. E. Hopkins, and P. W. Markstein, "Register allocation via coloring," *Computer Languages* **6**:1 (1981), pp. 47–57.

4. Chaitin, G. J., "Register allocation and spilling via graph coloring," *ACM SIGPLAN Notices* **17**:6 (1982), pp. 201–207.

5. Chow, F. and J. L. Hennessy, "The priority-based coloring approach to register allocation," *ACM Trans. Programming Languages and Systems* **12**:4 (1990), pp. 501–536.

6. Cooper, K. D. and L. Torczon, *Engineering a Compiler*, Morgan Kaufmann, San Francisco CA, 2004.

7. Ershov, A. P., "On programming of arithmetic operations," *Comm. ACM* **1**:8 (1958), pp. 3–6. Also, *Comm. ACM* **1**:9 (1958), p. 16.

8. Ershov, A. P., *The Alpha Automatic Programming System*, Academic Press, New York, 1971.

9. Fischer, C. N. and R. J. LeBlanc, *Crafting a Compiler with C*, Benjamin-Cummings, Redwood City, CA, 1991.

10. Fraser, C. W., D. R. Hanson, and T. A. Proebsting, "Engineering a simple, efficient code generator generator," *ACM Letters on Programming Languages and Systems* **1**:3 (1992), pp. 213–226.

11. Glanville, R. S. and S. L. Graham, "A new method for compiler code generation," *Conf. Rec. Fifth ACM Symposium on Principles of Programming Languages* (1978), pp. 231–240.

12. Hennessy, J. L. and D. A. Patterson, *Computer Architecture: A Quantitative Approach*, Third Edition, Morgan Kaufman, San Francisco, 2003.

13. Lowry, E. S. and C. W. Medlock, "Object code optimization," *Comm. ACM* **12**:1 (1969), pp. 13–22.

14. Pelegri-Llopart, E. and S. L. Graham, "Optimal code generation for expressions trees: an application of BURS theory," *Conf. Rec. Fifteenth Annual ACM Symposium on Principles of Programming Languages* (1988), pp. 294–308.

15. Schwartz, J. T., *On Programming: An Interim Report on the SETL Project*, Technical Report, Courant Institute of Mathematical Sciences, New York, 1973.

16. Sethi, R. and J. D. Ullman, "The generation of optimal code for arithmetic expressions," *J. ACM* **17**:4 (1970), pp. 715–728.

第9章　机器无关优化

如果我们简单地把每个高级语言结构独立地翻译成为机器代码，那么会带来相当大的运行时刻的开销。本章讨论如何消除这样的低效率因素。在目标代码中消除不必要的指令，或者把一个指令序列替换为一个完成同样功能的较快的指令序列，通常被称为“代码改进”或者“代码优化”。

*局部*代码优化（在一个基本块内改进代码）的相关知识已经在8.5节介绍过了。本章将处理*全局*代码优化问题。在全局优化中，代码的改进将考虑在多个基本块内发生的事情。我们将在9.1节中讨论一些主要的代码改进机会。

大部分全局优化是基于*数据流分析*（data-flow analyse）技术实现的。数据流分析技术是一组用以收集程序相关信息的算法。所有数据流分析的结果都具有相同的形式：对于程序中的每个指令，它们描述了该指令每次执行时必然成立的一些性质。不同性质的分析方法各不相同。比如，对于常量传播分析而言，要判断在程序的每个点上，程序使用的各个变量是否在该点上具有唯一的常量值。比如，这个信息可以用于把变量引用替换为常量值。另一个例子是，活跃性分析确定在程序的每个点上，在某个变量中存放的值是否一定会在被读取之前被覆盖掉。如果是，我们就不需要在寄存器或内存位置上保留这个值。

我们将在9.2节介绍数据流分析技术。其中还包括几个重要的例子，说明我们如何使用在全局范围内收集到的信息来改进代码。9.3节将介绍一个数据流框架的总体思想，9.2节中的数据流分析技术是这个框架的特例。我们实际上可以使用同一个算法来解决这些数据流分析的实例。我们还能够度量这些算法的性能，并且证明它们对所有分析技术的实例而言都是正确的。9.4节是总体框架的一个例子，它的分析功能比前面的例子更强大。然后，我们将在9.5节中考虑一个被称为“部分冗余消除”的功能强大的技术。这个技术可用于优化程序中各个表达式求值的位置。这个问题的解决方案由不同的数据流分析问题的解决方案通过组合而得到。

在9.6节，我们将讨论程序中循环的发现和分析。对循环的识别引出了另一个用来解决数据流问题的算法族。这些算法基于一个结构良好的（即可归约的）程序中的循环的层次结构。这个处理数据流分析的方法将在9.7节中讨论。最后，在9.8节中将使用层次化分析来消除归纳变量（归纳变量本质上就是用来对循环的迭代次数进行计数的变量）。这种代码改进是我们能够对那些由常用程序设计语言书写的程序所做的最重要的改进之一。

9.1　优化的主要来源

编译器的优化必须保持源程序的语义。除了一些非常特殊的场合之外，一旦程序员选择并实现了某种算法，编译器不可能完全理解这个程序并把它替换为一个全然不同且更加高效的等价算法。编译器只知道如何应用一些相对低层的语义转换。在进行转换时，编译器用到一些常见的性质，比如像 $i+0=i$ 这样的代数恒等式或使用一些程序语义（如在同样的值上进行同样的运算必然得到同样的结果）。

9.1.1　冗余的原因

在一个典型的程序中会存在很多冗余的运算。有时，在源代码中会用到冗余。比如，程序员可能发现重新计算某些结果会更为直接和方便，而让编译器去发现实际上只需要进行一次这样的计算。但更多的时候，冗余性是使用高级程序设计语言编程的副产品。在大部分程序设计语言(不包含 C 或者 C++，它们允许对指针进行算术运算)中，程序员别无选择，只能使用类似于 $A[i][j]$ 或 $X \to f1$ 的方式来访问一个数组的元素或一个结构的字段。

当一个程序被编译后，每一个这样的高层数据结构访问都会被扩展成为多个低层次的算术运算，比如计算一个矩阵 A 的第 (i, j) 个元素的位置的运算。对同一个数据结构的访问通常共享了很多公共的低层运算。程序员不知道这些低层运算，因此不能自己去消除这些冗余。实际上，从软件工程的角度看，程序员只通过数据元素的高层名字来访问它们是比较好的做法。这样，程序容易书写，并且更重要的是，程序更容易理解和演化。通过让一个编译器来消除这些冗余，我们在两个方面都得到了最好的结果：程序不仅高效而且易于维护。

9.1.2 一个贯穿本章的例子：快速排序

接下来，我们将使用被称为快速排序(quicksort)的排序程序的片断来说明几个重要的可以改进代码的转换。在图 9-1 中的 C 程序是从 Sedgewick[⊖]那里拿来的，它讨论了如何对这样一个程序进行手工优化。我们将不会在这里讨论这个程序在算法方面的所有精妙细节。比如，$a[0]$ 必然存放着已经排好序的元素的最小者，而 $a[max]$ 则存放最大的元素。

```
void quicksort(int m, int n)
    /* 递归地对 a[m]和a[n]之间的元素排序 */
{
    int i, j;
    int v, x;
    if (n <= m) return;
    /* 片断由此开始 */
    i = m-1; j = n; v = a[n];
    while (1) {
        do i = i+1; while (a[i] < v);
        do j = j-1; while (a[j] > v);
        if (i >= j) break;
        x = a[i]; a[i] = a[j]; a[j] = x; /* 对换a[i]和a[j]*/
    }
    x = a[i]; a[i] = a[n]; a[n] = x; /* 对换a[i]和a[n] */
    /* 片断在此结束 */
    quicksort(m,j); quicksort(i+1,n);
}
```

图 9-1 快速排序算法的 C 代码

在我们可以优化掉地址计算中的冗余之前，程序中的地址运算首先必须被分解成为低层次的算术运算，这样才能暴露出冗余之处。在本章的其余部分，我们假设中间表示形式由三地址语句组成，其中所有的中间表达式的结果都由临时变量来存放。在图 9-1 中标记出的程序片断的中间代码显示在图 9-2 中。

在这个例子中，我们假设整数占用 4 个字节。赋值运算 `x = a[i]` 按照 6.4.4 节中的方法被翻译成为图 9-2 中(14)、(15)步所示的两个三地址语句，即

```
t6 = 4*i
x = a[t6]
```

类似地，`a[j] = x` 变成了第(20)和(21)步，即

```
t10 = 4*j
a[t10] = x
```

请注意，在原程序中的每个数组访问都被翻译成为一对语句，其中包含一个乘法和一个数组下标

⊖ R. Sedgewick, “Implementing Quicksort Programs”, *Comm. ACM*, 21, 1978, pp. 847-857.

运算。结果，这个短短的程序片断被翻译成为一个相当长的三地址运算序列。

```
 (1)   i = m-1               (16)   t7 = 4*i
 (2)   j = n                 (17)   t8 = 4*j
 (3)   t1 = 4*n              (18)   t9 = a[t8]
 (4)   v = a[t1]             (19)   a[t7] = t9
 (5)   i = i+1               (20)   t10 = 4*j
 (6)   t2 = 4*i              (21)   a[t10] = x
 (7)   t3 = a[t2]            (22)   goto (5)
 (8)   if t3<v goto (5)      (23)   t11 = 4*i
 (9)   j = j-1               (24)   x = a[t11]
(10)   t4 = 4*j              (25)   t12 = 4*i
(11)   t5 = a[t4]            (26)   t13 = 4*n
(12)   if t5>v goto (9)      (27)   t14 = a[t13]
(13)   if i>=j goto (23)     (28)   a[t12] = t14
(14)   t6 = 4*i              (29)   t15 = 4*n
(15)   x = a[t6]             (30)   a[t15] = x
```

图 9-2 图 9-1 中程序片断的三地址代码

图 9-3 是图 9-2 中的程序的流图。基本块 B_1 是其入口结点。8.4 节介绍过，图 9-2 中所有的条件和无条件跳转语句的目标在图 9-3 中都被替换为以它们的目标语句为首语句的基本块。在图 9-3 中有三个循环。基本块 B_2 和 B_3 本身就是循环。基本块 B_2、B_3、B_4、B_5 一起组成了一个循环，其中 B_2 是唯一的入口结点。

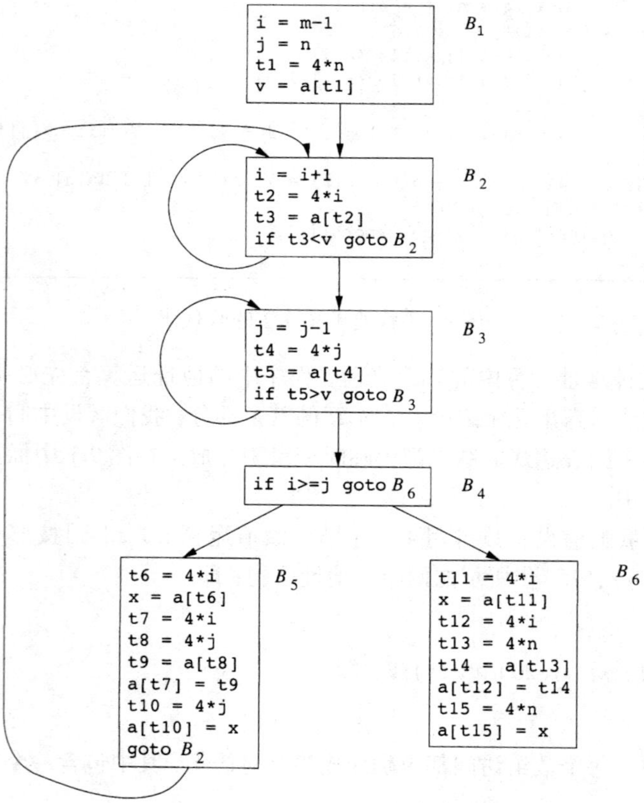

图 9-3 快速排序代码片断的流图

9.1.3 保持语义不变的转换

编译器可以使用很多种方法改进一个程序，但不改变程序所计算的函数。公共子表达式消除、复制传播、死代码消除和常量折叠都是这样的函数不变(或者说语义不变)转换的常见例子。我们将逐一介绍这些方法。

一个程序中经常包含对同一个值的多次计算，比如计算数组中的偏移量。9.1.2 节提到过，某些这样的重复计算不可能由程序员来避免，因为这些计算过程处于可在源语言中处理的细节的更下层。比如，在图 9-4a 中显示的基本块 B_5 中对 $4*i$ 和 $4*j$ 进行了重复计算，尽管这些计算全都不是程序员显式要求的。

```
t6 = 4*i             B5
x = a[t6]
t7 = 4*i
t8 = 4*j
t9 = a[t8]
a[t7] = t9
t10 = 4*j
a[t10] = x
goto B2
```

a) 消除之前

```
t6 = 4*i             B5
x = a[t6]
t8 = 4*j
t9 = a[t8]
a[t6] = t9
a[t8] = x
goto B2
```

b) 消除之后

图 9-4 局部公共子表达式消除

9.1.4 全局公共子表达式

如果表达式 E 在某次出现之前已经被计算过，并且 E 中变量的值从那次计算之后就一直没被改变，那么 E 的该次出现就称为一个公共子表达式(common subexpression)。如果将 E 的上一次计算结果赋予变量 x，且 x 的值在中间没有被改变[⊖]，那么我们就可以使用前面计算得到的值，从而避免重新计算 E。

例 9.1 在图 9-4a 中对 t7 和 t10 的赋值分别计算了公共子表达式 $4*i$ 和 $4*j$。这些步骤已经在图 9-4b 中被消除了。消除后的代码使用 t6 来替代 t7，使用 t8 来替代 t10。 □

例 9.2 图 9-5 显示了从图 9-3 中流图的基本块 B_5 和 B_6 中消除全局和局部公共子表达式之后的结果。我们首先讨论对 B_5 的转换，然后再讨论一些和数组相关的精妙之处。

如图 9-4b 所示，在消除局部公共子表达式之后，B_5 仍然对 $4*i$ 和 $4*j$ 进行求值。它们都是公共子表达式。更明确地讲，使用在 B_3 中计算得到的 $t4$ 的值，B_5 中的三个语句

```
t8 = 4*j
t9 = a[t8]
a[t8] = x
```

可以替换为

```
t9 = a[t4]
a[t4] = x
```

观察一下图 9-5，我们会发现当控制流从 B_3 中计算 $4*j$ 的点传递到 B_5 中时，j 和 $t4$ 的值都没有改变。因此，当需要 $4*j$ 时可以使用 $t4$ 来替代。

在用 $t4$ 替换 $t8$ 之后，B_5 中的另一个公共子表达式就显露出来了。新的子表达式是 $a[t4]$，对应于源代码层次上的值 $a[j]$。当控制流离开 B_3 进入 B_5 时，不仅仅 j 保留了它的值，$a[j]$ 也保留了原来的值。这个值在计算出来之后保存到临时变量 $t5$ 中。因为中间没有对数组 a 中元素的赋值，因此 $a[j]$ 的值不变。B_5 中的语句

```
t9 = a[t4]
a[t6] = t9
```

可以被替换为

```
a[t6] = t5
```

类似地，可以看出图 9-4b 的基本块 B_5 中赋给 x 的值和 B_2 中赋给 $t3$ 的值相同。图 9-5 中的

⊖ 即使 x 被改变，如果我们把 E 的计算结果同时赋值给变量 x 和另一个新的变量 y，我们仍然可以用 y 来替代对 E 的计算，从而复用该计算过程。

B_5 是从图 9-4b 的 B_5 中消除了与源代码级表达式 $a[i]$ 和 $a[j]$ 值对应的公共子表达式之后的结果。对于图 9-5 中的 B_6 也进行了一系列类似的转换。

图 9-5 的 B_1 和 B_6 中的表达式 $a[t1]$ 不被认为是公共子表达式，虽然在这两个地方都可以使用 $t1$。在控制流离开 B_1 到达 B_6 之前，它还可能经过 B_5，而 B_5 中存在对 a 的赋值。因此，$a[t1]$ 到达 B_6 时的值可能和它离开 B_1 时的值有所不同。把 $a[t1]$ 作为一个公共子表达式是不安全的。□

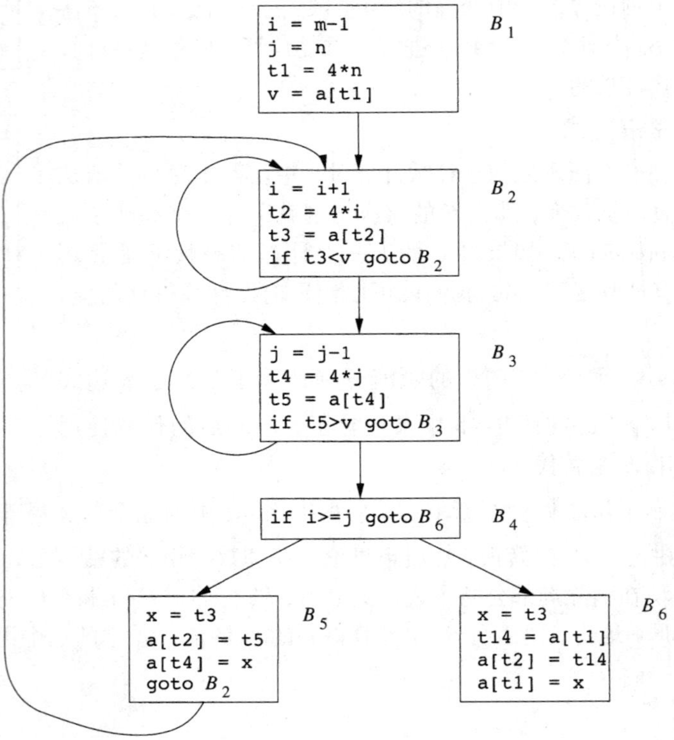

图 9-5　经过公共子表达式消除之后的 B_5 和 B_6

9.1.5 复制传播

图 9-5 中的基本块 B_5 可以通过使用两个新转换来消除 x，从而得到进一步改进。其中的一个转换考虑形如 u = v 的赋值表达式，这种表达式被称为复制语句(copy statement)，或者简称复制。只要我们更加细致地考虑例 9.2，很快就会发现一些复制语句。因为常用的公共子表达式消除算法会引入这些复制语句，其他一些优化算法也会引入这样的语句。

例 9.3　为了消除图 9-6a 中的公共子表达式语句 c = d + e，我们必须使用新的变量 t 来存放 $d+e$ 的值。在图 9-6b 中，赋给变量 c 的是变量 t 的值，而不是表达式 $d+e$ 的值。因为控制流可能经过对 a 的赋值到达语句 c = b + e 处，也可能经过对 b 的赋值到达这里，因此把 c = d + e 替换为 c = a 或 c = b 都是不正确的。□

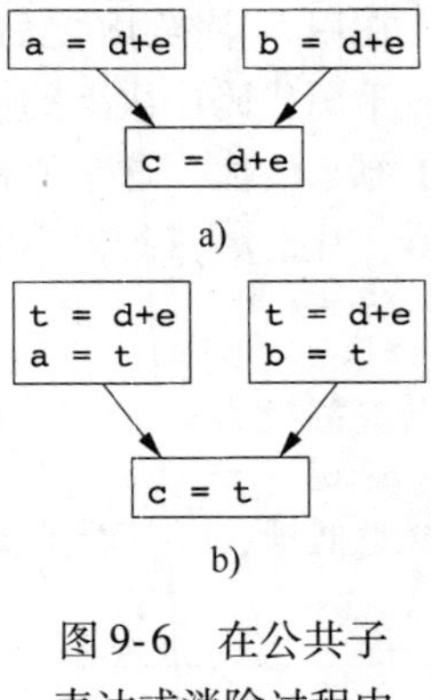

图 9-6　在公共子表达式消除过程中引入的复制语句

隐藏在复制传播转换之后的基本思想是在复制语句 u = v 之后尽可能地用 v 来替代 u。比如，图 9-5 的基本块 B_5 中的赋值语句 x = t3

是一个复制语句。把复制传播应用于 B_5 会生成图 9-7 中的代码。这个改变看起来可能不像是一个改进，但是，正如我们将在 9.1.6 节看到的，它给了我们消除对 x 赋值的语句的机会。

```
x = t3
a[t2] = t5
a[t4] = t3
goto B2
```

图 9-7　进行复制传播转换后的基本块 B_5

9.1.6　死代码消除

如果一个变量在某一程序点上的值可能会在以后被使用，那么我们就说这个变量在该点上*活跃*(live)。否则，它在该点上就是*死的*(dead)。与此相关的一个想法就是*死*(或者说*无用*)*代码*。所谓死代码就是其计算结果永远不会被使用的语句。程序员不大可能有意引入死代码，死代码多半是因为前面执行过的某些转换而造成的。

例 9.4　假设变量 debug 在程序的不同点上被设置为 TRUE 或者 FALSE，并在如下的语句中使用：

```
if (debug) print ···
```

编译器可能能够推导出这样的结果：每次程序运行到这个语句时，debug 的值都是 FALSE。通常，出现这种情况的原因是不管程序实际上沿着什么分支运行，在测试 debug 的取值之前的最后一个对 debug 赋值的语句总是：

```
debug = FALSE
```

如果复制传播把 debug 替换为 FALSE，那么因为 print 语句不可能被运行到，所以它就成为死代码。我们可以把这个测试和 print 语句从目标代码中全部消除。更加一般地讲，如果在编译时刻推导出一个表达式的值是常量，就可以使用该常量来替代这个表达式。这个技术被称为*常量折叠*。□

复制传播的好处之一就是它经常把一些复制语句变成死代码。比如，先进行复制传播再进行死代码消除就可以去掉图 9-7 的代码中对 x 的赋值，并将其转换成为

```
a[t2] = t5
a[t4] = t3
goto B2
```

这个代码是对图 9-5 中的基本块 B_5 的进一步改进。

9.1.7　代码移动

对于优化工作而言，循环(尤其内部循环)是一个重要的地方。因为程序往往会将它们的大部分运行时间花费在循环上。如果我们减少一个内部循环中的指令个数，即使因此增加了该循环外的代码，程序的运行时间也可以减少。

减少循环内部代码数量的一个重要改动是*代码移动*(code motion)。这个转换处理的是那些不管循环执行多少次都得到相同结果的表达式(即*循环不变计算*)，在进入循环之前就对它们求值。请注意，“在循环之前”的说法假设了存在一个循环入口。所谓循环入口就是一个基本块，所有循环外部到循环的跳转指令都以它为目标(见 8.4.5 节)。

例 9.5　在下面的 while 语句中，对 $limit-2$ 的求值是一个循环不变计算：

```
while (i <= limit-2) /* 不改变limit值的语句*/
```

进行代码移动之后将得到如下的等价代码：

```
t = limit-2
while (i <= t)  /* 不改变limit或t值的语句 */
```

现在，$limit-2$ 的计算只在进入循环之前被执行一次。之前，如果我们重复循环体 n 次，就会对 $limit-2$ 计算 $n+1$ 次。□

9.1.8 归纳变量和强度消减

另一个重要的优化是在循环中找到归纳变量并优化它们的计算。对于一个变量 x，如果存在一个正的或负的常数 c 使得每次 x 被赋值时它的值总是增加 c，那么 x 就称为“归纳变量”。比如，在图 9-5 中，i 和 $t2$ 都是 B_2 组成的循环中的归纳变量。归纳变量可以通过每次迭代进行一次简单的增量运算（加法或减法）来计算。把一个高代价的运算（比如乘法）替换为一个代价较低的运算（比如加法）的转换被称为*强度消减*（strength reduction）。但是归纳变量不仅允许我们在适当的时候进行强度消减优化；在我们沿着循环运行时，如果有一组归纳变量的值的变化保持步调一致，我们常常可以将这组变量删剩一个。

在处理循环时，按照“从里到外”的方式进行工作是很有用的。也就是说，我们应该从内部循环开始，然后逐步处理较大的外围循环。这样，我们将看到这个优化是如何从最内层的循环之一（即 B_3）开始被应用到我们的快速排序例子中的。请注意，j 和 $t4$ 的值的步调保持一致；因为 $4*j$ 被赋给 $t4$，每次 j 的值减少 1 时 $t4$ 的值就减少 4。变量 j 和 $t4$ 就形成了一个很好的归纳变量对的例子。

当一个循环中存在两个或更多的归纳变量时，有可能只留下一个而删除其他的变量。对于图 9-5 中的内层循环 B_3，我们不能把 j 或 $t4$ 完全删除。$t4$ 在 B_3 中使用，而 j 在 B_4 中使用。但是，我们可以用这个例子来说明强度消减优化以及归纳变量消除的部分过程。当考虑由 B_2、B_3、B_4、B_5 组成的外层循环时，j 最终会被消除。

例 9.6 在图 9-5 中，关系 $t4=4*j$ 在对 $t4$ 赋值之后一定成立，并且 $t4$ 没有在内层循环 B_3 中的其他地方被改变，这意味着关系 $t4=4*j+4$ 在紧跟语句 $j=j-1$ 之后必然成立。因此我们可以用 $t4=t4-4$ 来替代赋值语句 $t4=4*j$。唯一的问题是在我们第一次进入基本块 B_3 时，$t4$ 还没有值。

因为我们必须在进入基本块 B_3 的时候保证关系 $t4=4*j$ 成立，所以在初始化 j 本身的基本块的尾部放置了一个对 $t4$ 的初始化语句。这个语句在图 9-8 中以附加在基本块 B_1 上的虚线框表示。

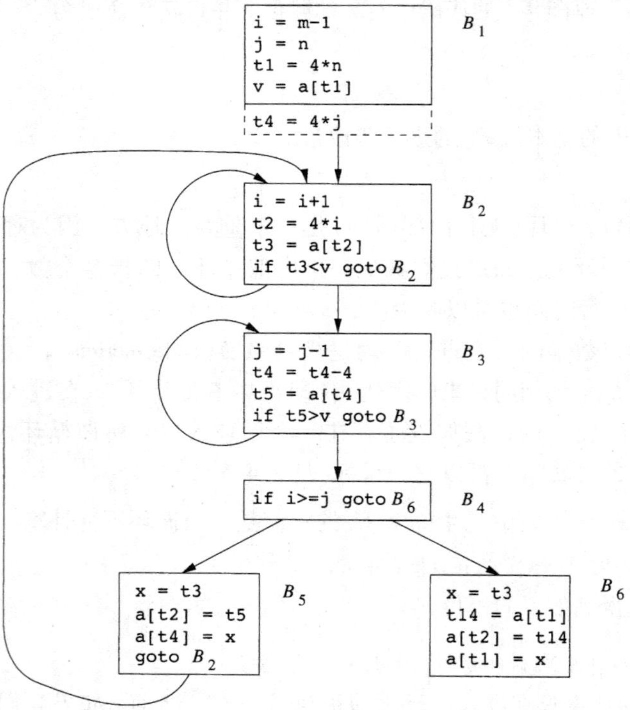

图 9-8 对基本块 B_3 中的 $4*j$ 应用强度消减优化

虽然我们增加了一个指令，但是它只会在基本块 B_1 中执行一次。只要乘法运算比加法或者减法需要更多的时间，那么把一个乘法运算替换为减法运算就能加快目标代码的执行速度。而这个结论在很多机器上都成立。□

我们用另一个归纳变量消除的例子来结束本节。在这个例子中，我们将在包含了 B_2、B_3、B_4 和 B_5 的外层循环中处理 i 和 j。

例 9.7 在强度消减优化被应用到分别环绕 B_2、B_3 的两个内部循环之后，i 和 j 的唯一用途是计算基本块 B_4 中的测试的结果。我们知道 i 和 $t2$ 的值满足关系 $t2=4*i$，而 j 和 $t4$ 的值满足关系 $t4=4*j$。因此，测试 $i \geqslant j$ 可以被替换为 $t2 \geqslant t4$。一旦进行这个替换，B_2 中的 i 和 B_3 中的 j 就变成了死变量，而在这些基本块中对它们的赋值就变成了可以删除的死代码。最后得到的流图如图 9-9 所示。□

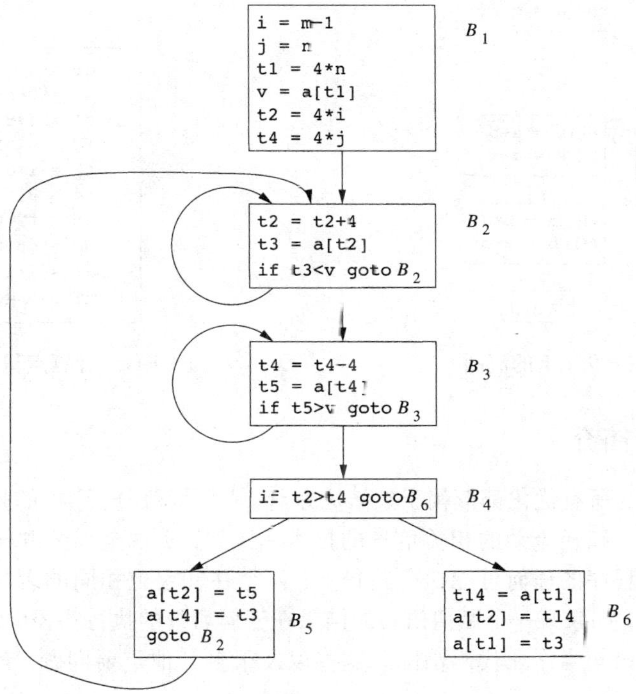

图 9-9 归纳变量消除之后的流图

我们已经讨论的代码改进转换都是很有效的。和图 9-3 中原来的流图相比，图 9-9 中基本块 B_2 和 B_3 中的指令数目由 4 条减少为 3 条。B_5 中的指令数目由 9 条减少到 3 条，而 B_6 中的指令数目由 8 条减少到 3 条。确实，B_1 中的指令从 4 条指令增长为 6 条指令，但是在这个代码片断中 B_1 只被执行一次，因此总的运行时间几乎不会受到 B_1 的大小的影响。

9.1.9 9.1 节的练习

练习 9.1.1：对于图 9-10 中的流图：

1）找出流图中的循环。

2）B_1 中的语句(1)和(2)都是复制语句。其中 a 和 b 都被赋予了常量值。我们可以对 a 和 b 的哪些使用进行复制传播，并把对它们的使用替换为对一个常量的使用？在所有可能的地方进行这种替换。

3）对每个循环，找出所有的全局公共子表达式。

4）寻找每个循环中的归纳变量。同时要考虑在(2)中引入的所有常量。

5）寻找每个循环的全部循环不变计算。

练习 9.1.2： 把本节中的转换技术应用到图 8-9 中的流图上。

练习 9.1.3： 把本节中的转换应用到练习 8.4.1 和练习 8.4.2 中得到的流图中去。

练习 9.1.4： 图 9-11 中是用来计算两个向量 A 和 B 的点积的中间代码。尽你所能，通过下列方式优化这个代码：消除公共子表达式，对归纳变量进行强度消减，消除归纳变量。

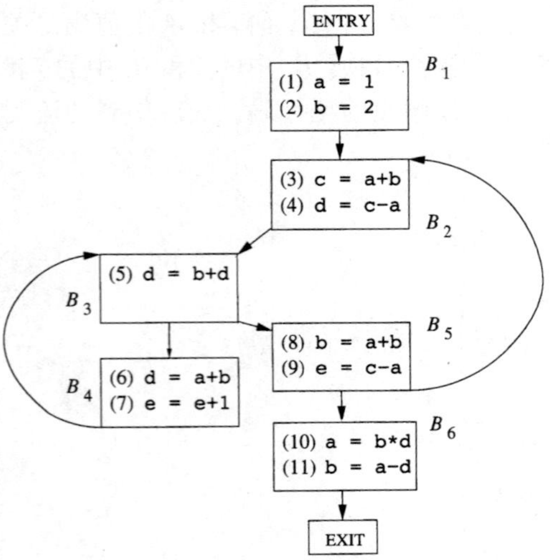

图 9-10　练习 9.1.1 的流图

```
    dp = 0.
    i  = 0
L:  t1 = i*8
    t2 = A[t1]
    t3 = i*8
    t4 = B[t3]
    t5 = t2*t4
    dp = dp+t5
    i  = i+1
    if i<n goto L
```

图 9-11　计算点积的中间代码

9.2　数据流分析简介

在 9.1 节中介绍的所有优化都依赖于*数据流分析*。“数据流分析”指的是一组用来获取有关数据如何沿着程序执行路径流动的相关信息的技术。比如，实现全局公共子表达式消除的方法之一要求我们确定在程序的任何可能执行路径上，两个在文字上相同的表达式是否会给出相同的值。另一个例子是，如果某一个赋值语句的结果在任何后续的执行路径中都没有被使用，那么我们可以把这个赋值语句当作死代码消除。这些以及很多其他重要问题，都可以通过数据流分析来回答。

9.2.1　数据流抽象

从 1.6.2 节中可知，程序的执行可以看作是对程序状态的一系列转换。程序状态由程序中的所有变量的值组成，同时包括运行时刻栈的栈顶之下各个栈帧的相关值。一个中间代码语句的每次执行都会把一个输入状态转换成一个新的输出状态。这个输入状态和处于该语句*之前的程序点*相关联，而输出状态和该语句*之后的程序点*相关联。

当我们分析一个程序的行为时，我们必须考虑程序执行时可能采取的各种通过程序的流图的程序点序列(“路径”)。然后我们从各个程序点上可能的程序状态中抽取出需要的信息，用以解决特定数据流分析问题。在更加复杂的分析中，我们必须考虑调用和返回执行时会形成在不同过程的流图之间跳转的路径。但是，在我们刚开始研究的时候，我们将关注穿越单个过程的单个流图的路径。

让我们看一下流图会给出哪些关于可能执行路径的信息。

- 在一个基本块内部，一个语句之后的程序点和它的下一个语句之前的程序点相同。

- 如果有一个从基本块 B_1 到基本块 B_2 的边，那么 B_2 的第一个语句之前的程序点可能紧跟在 B_1 的最后一个语句后的程序点之后。

这样，我们可以把从点 p_1 到点 p_n 的一个执行路径(excution path，简称路径)定义为满足下列条件的点的序列 p_1，p_2，…，p_n：对于每个 $i=1, 2, \cdots, n-1$：

1）要么 p_i 是紧靠在一个语句前面的点，且 p_{i+1} 是紧跟在该语句后面的点。

2）要么 p_i 是某个基本块的结尾，且 p_{i+1} 是该基本块的一个后继基本块的开头。

一般来说，一个程序有无穷多条可能的执行路径，执行路径的长度并没有上界。程序分析把可能出现在某个程序点上的所有程序状态总结为有穷的特性集合。不同的分析技术可以选择抽象掉不同的信息，并且一般来说，没有哪个分析会给出状态的完全表示。

例 9.8 即使是图 9-12 中的简单程序也描述了无限多个执行路径。最短的完全执行路径由程序点(1，2，3，4，9)组成，它不进入任何循环。次短的路径执行一次循环，它由程序点(1，2，3，4，5，6，7，8，3，4，9)组成。在这个例子中，我们知道在第一次执行程序点(5)时，因为 d_1 的定值，a 的值必然是 1。我们说 d_1 在第一次迭代的时候到达了点(5)。在其后的迭代中，d_3 到达了点(5)，a 的值是 243。 □

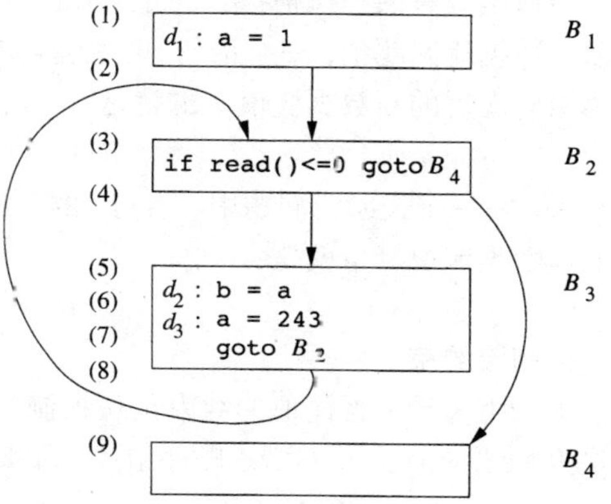

图 9-12 说明数据流抽象的例子程序

一般来说，跟踪所有路径上的所有程序状态是不可能的。在数据流分析中，我们并不区分到达一个程序点的路径之间的差异。此外，我们并不跟踪整个状态，而是抽象掉某些细节，只保留进行分析所需要的数据。下面的两个例子将说明一个程序点上的同一个状态可以导出不同的抽象信息。

1）为了帮助用户调试他们的程序，我们可能希望找出在某个程序点上一个变量可能有哪些值，以及这些值可能在哪里定值。比如，我们可能对在程序点(5)上的所有程序状态进行如下总结：a 的值总是 $\{1, 243\}$ 中的一个，而它由 $\{d_1, d_2\}$ 中的一个定值。可能沿着某条路径到达某个程序点的定值称为到达定值(reaching definition)。

2）假设我们感兴趣的不是到达定值，而是常量折叠的实现。如果对变量 x 的某次使用只有一个定值可以到达，并且该定值把一个常量赋给 x，那么我们可以简单地把 x 替换为该常量。另一方面，如果有多个对 x 的定值可以到达某一个程序点，我们就不能对 x 进行常量折叠转换。因此，为了进行常量折叠，我们希望找到这样的定值：对于某个给定的程序点，不管执行哪条路径，它们都是唯一到达该点的对相应变量的定值。对于图 9-12 中的点(5)，没有哪个定值是到达该点的对 a 的唯一定值，因此对于点(5)上的 a 来说，这个集合是空的。即使一个变量在某个点上被唯一定值，该定值必须把一个常量值赋给该变量，才可能进行常量折叠转换。这样，我们可以简单地把某些变量描述成“非常量”，而不是记录它们所有可能的取值，或者所有可能的定值。

因此，我们看到，根据分析的目的，同样的信息可以通过不同的方式进行概括。 □

9.2.2 数据流分析模式

在所有的数据流分析应用中，我们都会把每个程序点和一个数据流值(data-flow value)关联起来。这个值是在该点可能观察到的所有程序状态的集合的抽象表示。所有可能的数据流值的集合称为这个数据流应用的域(domain)。比如，到达定值的数据流值的域是程序的定值集合的所有子集的集合。某个数据流值是一个定值的集合，而我们希望把程序中的每个点和可能到达该点的定值的精确集合关联起来。如上面讨论的，对于抽象方式的选择依赖于分析的目标。考虑到效率问题，我们只跟踪相关的信息。

我们把每个语句 s 之前和之后的数据流值分别记为 $IN[s]$ 和 $OUT[s]$。**数据流问题**(data-flow problem)就是要对一组约束求解。这组约束对所有的语句 s 限定了 $IN[s]$ 和 $OUT[s]$ 之间的关系。约束分为两种：基于语句语义(传递函数)的约束和基于控制流的约束。

传递函数

在一个语句之前和之后的数据流值受该语句的语义的约束。比如，假设我们的数据流分析涉及确定各个程序点上各变量的常量值。如果变量 a 在执行语句 `b=a` 之前的值为 v，那么在该语句之后 a 和 b 的值都是 v。一个赋值语句之前和之后的数据流值的关系被称为**传递函数**(transfer function)。

传递函数有两种风格：信息可能沿着执行路径向前传播，或者沿着执行路径逆向流动。在一个前向数据流问题中，一个语句 s 的传递函数(通常被记为 f_s)以语句前的数据流值作为输入，并产生语句之后的新数据流值。也就是

$$\mathrm{OUT}[s]=f_s(\mathrm{IN}[s])$$

反过来，在一个逆向流问题中，语句 s 的传递函数 f_s 把一个语句之后的数据流值转变成为语句之前的新数据流值。也就是：

$$\mathrm{IN}[s]=f_s(\mathrm{OUT}[s])$$

控制流约束

第二组关于数据流值的约束是从控制流中得到的。基本块中的控制流很简单。如果一个基本块 B 由语句 $s_1, s_2, \cdots, s_n$ 顺序组成，那么 s_i 输出的控制流值[㊀]和输入 s_{i+1} 的控制流值相同。也就是

$$\mathrm{IN}[s_{i+1}]=\mathrm{OUT}[s_i] \quad i=1, 2, \cdots, n-1$$

基本块之间的控制流边会生成一个基本块的最后一个语句和后继基本块的第一个语句之间的约束，这些约束更加复杂。比如，如果对可能到达一个程序点的所有定值感兴趣，那么到达一个基本块的首语句的定值的集合就是到达它的各个前驱基本块的最后一个语句之后的定值集合的并集。下一节将给出基本块之间数据流的细节。

9.2.3 基本块上的数据流模式

从技术上讲，数据流模式涉及程序中每个点上的数据流值。但是如果我们认识到基本块内部的数据流处理通常很简单，就可以节约数据流分析所需的时间和空间。控制流从基本块的开始流动到结尾，中间没有中断或者分支。这样，我们就可以用进入和离开基本块的数据流值的方式来重新描述这个模式。对于每个基本块 B，我们把紧靠其前和紧随其后的数据流值分别记为 $\mathrm{IN}[B]$ 和 $\mathrm{OUT}[B]$。关于 $\mathrm{IN}[B]$ 和 $\mathrm{OUT}[B]$ 的约束可以按照下面的方法，根据关于 B 中的各个语句 s 的 $\mathrm{IN}[s]$ 和 $\mathrm{OUT}[s]$ 的约束得到。

假设基本块由语句 $s_1, s_2, \cdots, s_n$ 顺序组成。如果 s_1 是基本块 B 的第一个语句，那么 $\mathrm{IN}[B]=\mathrm{IN}[s]$。类似地，如果 s_n 是基本块 B 的最后一个语句，那么 $\mathrm{OUT}[B]=\mathrm{OUT}[s_n]$。基本块 B 的传递函数记为 f_B，它可以通过将该基本块中各语句的传递函数组合起来获得该传递函数。也就是说，设 f_s 是语句 s_i 的传递函数，那么 $f_B=f_{sn}\circ\cdots\circ f_{s2}\circ f_{s1}$。该基本块的开头和结尾处的数据流值的关系是

㊀ 原文如此，但是似乎应该是“数据流值”。——译者注

$$\mathrm{OUT}[B]=f_B(\mathrm{IN}[B])$$

因基本块之间的控制流而产生的约束可以很容易地通过重写得到，把原来约束中的 $\mathrm{IN}[s_1]$ 和 $\mathrm{OUT}[s_n]$ 分别替换为 $\mathrm{IN}[B]$ 和 $\mathrm{OUT}[B]$ 即可。比如，如果一个数据流值表示的是可能被赋予某个变量的常量集合，那么我们就得到一个前向流问题，其中

$$\mathrm{IN}[B]=\bigcup_{P\text{是}B\text{的一个前驱}}\mathrm{OUT}[P]$$

我们很快就会在处理活跃变量分析时看到逆向数据流问题。逆向数据流问题的方程是类似的，但是 IN 和 OUT 值的角色被调换了。也就是说：

$$\mathrm{IN}[B]=f_B(\mathrm{OUT}[B])$$

$$\mathrm{OUT}[B]=\bigcup_{S\text{是}B\text{的一个后继}}\mathrm{IN}[S]$$

和线性算术方程不同，数据流方程通常没有唯一解。我们的目标是寻找一个最“精确的”满足这两组约束(即控制流和传递的约束)的解。也就是说，我们需要一个解，它能够支持有效的代码改进，但是又不会导致不安全的转换。这些不安全的转换改变了程序计算的内容。在后面数据流分析中的“保守主义”部分对这个问题进行了简短的讨论，在 9.3.4 节中给出了更加深入的讨论。在下面的小节中，我们将讨论可通过数据流分析解决的问题的某些最重要的例子。

9.2.4 到达定值

“到达定值”是最常见和有用的数据流模式之一。只要知道当控制到达程序中每个点的时候，每个变量 x 可能在程序中的哪些地方被定值，我们就可以确定很多有关 x 的性质。下面仅仅给出两个例子：一个编译器能够根据到达定值信息知道 x 在点 p 上的值是否为常量，而如果 x 在点 p 上被使用，则调试器可以指出 x 是否未经定值就被使用。

如果存在一条从紧随在定值 d 后面的程序点到达某一个程序点 p 的路径，并且在这条路径上 d 没有被“杀死”，我们就说定值 d 到达程序点 p。如果在这条路径上有对变量 x 的其他定值，我们就说变量 x 的这个定值被“杀死”了[⊖]。直观地讲，如果某个变量 x 的一个定值 d 到达点 p，在点 p 处使用的 x 的值可能就是由 d 最后定值的。

探测未定值先使用

下面介绍我们如何使用到达定值问题的解来探测未定值先使用的情况。其窍门是在流图的入口处对每个变量 x 引入一个哑定值。如果 x 的哑定值到达了一个可能使用 x 的程序点 p，那么 x 就可能在定值之前被使用。请注意，我们永远不能绝对肯定这个程序包含一个错误。因为有可能存在某种原因使得到达 p 点而没有真正对 x 赋值的路径实际上并不存在。这个原因可能涉及复杂的逻辑问题。

变量 x 的一个定值是(可能)将一个值赋给 x 的语句。过程参数、数组访问和间接引用都可以有别名，因此指出一个语句是否向特定程序变量 x 赋值并不是件容易的事情。程序分析必须是保守的。如果我们不知道一个语句是否给 x 赋了一个值，我们必须假设它可能对 x 赋值。也就是说，在语句 s 之后，变量 x 的值可能还是 s 执行之前的原值，但也可能变成了 s 所产生的新值。为简单起见，在本章的其余部分我们假设仅仅处理没有别名的程序变量。这类变量包括大多数语言中的局部标量变量。在处理 C 或者 C++ 语言时，有些局部变量的地址会被计算出来，这种局部变量不属于这类变量。

⊖ 注意，路径中可能包含循环，因此我们可能沿着这条路径到达 d 的另一次出现。这种情况下，d 没有被“杀死”。

例 9.9　图 9-13 中显示的是一个具有 7 个定值的流图。让我们注意观察所有到达基本块 B_2 的定值。所有在 B_1 中的定值都到达了基本块 B_2 的开头。因为在转回基本块 B_2 的循环中找不到其他的对 j 的定值，基本块 B_2 中的定值 d_5：`j = j - 1` 也可以到达基本块 B_2 的开头。但是，这个定值杀死了定值 d_2：`j = n`，使得 d_2 不能到达 B_3 和 B_4。B_2 中的语句 d_4：`i = i + 1` 却不能到达 B_2 的开头，这是因为变量 i 总是被 d_7：`i = u3` 重新定值。最后，定值 d_6：`a = u2` 也能够到达 B_2 的开头。□

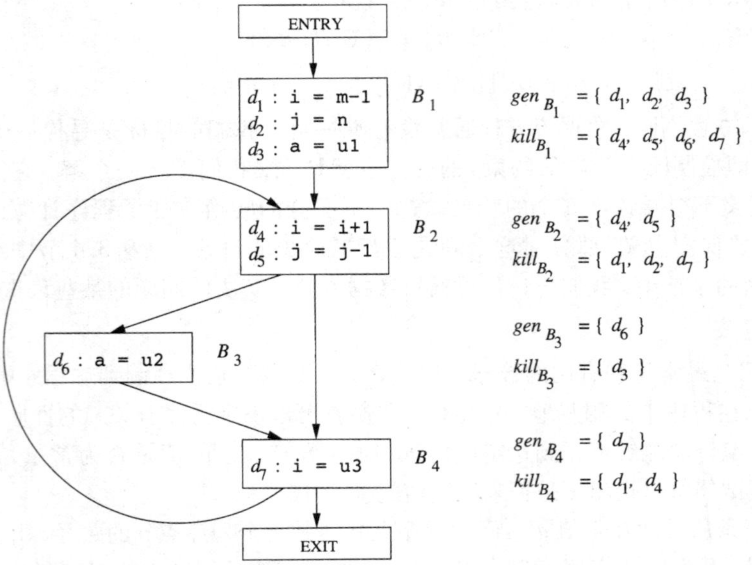

图 9-13　演示到达定值的流图

我们在前面定义到达定值时，有时允许一定的不精确性。但是它们都是在"安全"或者说"保守"的方向上不精确。比如，请注意我们假设一个流图的所有边都可以通过。在实践中这个假设可能是不正确的。再比如，在下面的程序片断中，没有哪个 a 和 b 的取值可以使得控制流真的能够到达 *statement* 2：

`if (a == b)` *statement* 1; `else if (a == b)` *statement* 2;

在一般情况下，决定一个流图的每条路径是否都可以被执行是一个不可判定问题。因此，我们简单地假设流图中的每条路径都可能在程序的某次执行时通过。在大部分到达定值的应用中，在一个定值不可能到达某点的情况下假设其能够到达是保守的。因此，我们可以允许那些在程序实际执行中根本不会被遍历的路径，我们也可以安全地允许定值穿越某个对同一变量的不明确定值。

数据流分析中的保守主义

实际数据流值是通过程序的所有可能执行路径来定义的。所有的数据流模式计算得到的都是对实际数据流值的估算。我们必须保证所有的估算误差都在"安全"的方向上。如果一个策略性决定不允许我们改变程序计算出的内容，它就被认为是"安全的"（或者说"保守的"）。遗憾的是，安全的策略会让我们错失一些能够保持程序含义的代码改进机会。但实际上对所有的代码优化技术而言，没有哪个安全的策略可以不错失任何机会。使用不安全策略就是以改变程序含义的代价来加快代码速度。一般来说，这是不可接受的。

因此在设计一个数据流模式的时候,我们必须知道这些信息将如何被使用,并保证我们做出的任何估算都是在“保守”或者说“安全”的方向上。每个模式和应用都要单独考虑。比如,如果我们把到达定值信息用于常量折叠,那么把一个实际不可到达的定值当作可到达就是安全的(我们可能在 x 实际是一个常量且可以被折叠的情况下认为 x 不是一个常量),但是把一个实际可到达的定值当作不可到达就是不安全的(我们可能把 x 替换为一个常量,但是实际上程序有时会赋予 x 一个不同于该常量的值)。

到达定值的传递方程

现在我们为到达定值问题设置约束。我们首先检查单个语句的细节。考虑一个定值

```
d: u = v+w
```

在这里,+号代表了一个一般性的二元运算符。以后我们经常会这么做。

这个语句“生成”了一个变量 u 的定值 d,并“杀死”了程序中其他对 u 的定值,而进入这个语句的其他定值都没有受到影响。因此,定值 d 的传递函数可以被表示为

$$f_d(x) = gen_d \cup (x - kill_d) \tag{9.1}$$

其中 $gen_d = \{d\}$,即由这个语句生成的定值的集合,而 $kill_d$ 是程序中所有其他对 u 的定值。

我们在9.22节讨论过,一个基本块的传递函数可以通过把它包含的所有语句的传递函数组合起来而构造得到。下面我们会看到,形如(9.1)的函数的组合仍然是这种形式。我们把这种形式称为“生成-杀死形式”。假设有两个函数 $f_1(x) = gen_1 \cup (x - kill_1)$ 和 $f_2(x) = gen_2 \cup (x - kill_2)$。那么

$$\begin{aligned} f_2(f_1(x)) &= gen_2 \cup (gen_1 \cup (x - kill_1) - kill_2) \\ &= (gen_2 \cup (gen_1 - kill_2)) \cup (x - (kill_1 \cup kill_2)) \end{aligned}$$

这个规则可以扩展到由任意多个语句组成的基本块。假设基本块 B 有 n 个语句,而第 i 个语句的传递函数为 $f_i(x) = gen_i \cup (x - kill_i)$,$i = 1, 2, \cdots, n$,那么基本块 B 的传递函数可以写成:

$$f_B(x) = gen_B \cup (x - kill_B)$$

其中

$$kill_B = kill_1 \cup kill_2 \cup \cdots \cup kill_n$$

而

$$\begin{aligned} gen_B = {} & gen_n \cup (gen_{n-1} - kill_n) \cup (gen_{n-2} - kill_{n-1} - kill_n) \cup \\ & \cdots \cup (gen_1 - kill_2 - kill_3 - \cdots - kill_n) \end{aligned}$$

因此,和单个语句一样,一个基本块也会生成一个定值集合并杀死一个定值集合。集合 gen 中包含了所有在紧靠基本块之后的点上“可见”的该基本块中的定值——我们把它们称为“向下可见”(downwards exposed)的。在一个基本块中,一个定值是向下可见的,仅当它没有被同一个基本块中较后的对同一变量的定值“杀死”。一个基本块的 $kill$ 集就是所有被块中各个语句杀死的定值的集合。请注意,一个定值可能同时出现在基本块的 gen 集和 $kill$ 集中。在这种情况下,该定值会被这个基本块生成,即优先考虑该定值是否在 gen 集中。这是因为在 gen-$kill$ 形式中,$kill$ 集会在 gen 集之前被使用。

例 9.10 基本块

```
d1:  a = 3
d2:  a = 4
```

的 gen 集是 $\{d_2\}$,因为 d_1 不是向下可见的。基本块的 $kill$ 集包括了 d_1 和 d_2,因为 d_1 杀死了 d_2,d_2 杀死了 d_1。虽然如此,因为减去 $kill$ 集的运算先于和 gen 集的并集运算,这个基本块的传递函

数的结果中总是包含定值 d_2。 □

控制流方程

下面我们考虑根据基本块之间的控制流得到的约束集合。因为只有一个定值能够沿着至少一条路径到达某个程序点，那么这个定值就到达该程序点，所以只要从 P 到 B 有一条控制流边，$\text{OUT}[P] \subseteq \text{IN}[B]$ 就成立。然而，一个定值到达某个程序点的必要条件是它能够沿着某条路径到达这个程序点，因此 IN[B]不应该大于 B 的所有前驱基本块出口点的到达定值的并集。也就是说，可以安全地假设如下的方程式成立：

$$\text{IN}[B] = \bigcup_{P\text{是}B\text{的一个前驱基本块}} \text{OUT}[P]$$

我们把并集运算称为到达定值的*交汇运算*(meet operator)。在任何数据流模式中，我们用交运算来汇总各条路径会合点上不同路径所作的贡献。

到达定值的迭代算法

我们假设每个控制流图都有两个空基本块，包括代表了这个图的开始点的 ENTRY 结点以及 EXIT 结点，所有离开这个图的控制流都流向它。因为没有定值到达这个图的开始，所以基本块 ENTRY 的传递函数是一个简单的返回空集 ∅ 的常函数，即 OUT[ENTRY] = ∅。

到达定值问题使用下面的方程定义：

$$\text{OUT}[\text{ENTRY}] = \emptyset$$

且对于所有的不等于 ENTRY 的基本块 B，有

$$\text{OUT}[B] = gen_B \cup (\text{IN}[B] - kill_B)$$

$$\text{IN}[B] = \bigcup_{P\text{是}B\text{的一个前驱基本块}} \text{OUT}[P]$$

可以使用下面的算法来求这个方程组的解。这个算法的结果是这个方程组的*最小不动点*(least fixedpoint)，即对于各个 IN 和 OUT，这个解给出的值总是此方程组的其他解所给出的值的子集。下面这个算法的结果是可接受的，因为在某个 IN 或 OUT 集中的定值确实可以到达该 IN 或 OUT 所描述的程序点。这个解也是我们所期望的，因为它没有包含任何我们确定不会到达的定值。

算法 9.11 到达定值。

输入：一个流图，其中每个基本块 B 的 $kill_B$ 集和 gen_B 集都已经计算出来。

输出：到达流图中各个基本块 B 的入口点和出口点的定值的集合，即 IN[B]和 OUT[B]。

方法：我们使用迭代的方法来求解。一开始，我们"估计"对于所有基本块 B 都有 OUT[B] = ∅，并逐步逼近想要的 IN 和 OUT 的值。因为我们必须不停迭代直到各个 IN 值(因此各个 OUT 值也)收敛，所以我们可以使用一个布尔变量 *change* 来记录每次扫描各基本块时是否有 OUT 值发生改变。但是，在此算法及以后描述的类似算法中，我们假设用来跟踪变更情况的确切机制是可理解的，因此我们删除了这些细节。

图 9-14 中粗略地给出了这个算法。前两行对某些数据流值进行了初始化[⊖]。从第(3)行开始是一个循环。在循环中我们不停地迭代直到各个值收敛。第(4)行到第(6)行组成的内层循环对入口结点之外的所有基本块应用数据流方程。 □

直观地讲，算法 9.11 尽量向前传播各个定值，直到该定值被杀死，这样做模拟了程序的所有可能的执行情况。算法 9.11 最终必然会终止，因为对于每个 B，OUT[B]绝对不会变小。一旦某

⊖ 细心的读者可能会注意到，可以很容易把(1)、(2)两行合并。但是，在类似的数据流算法中，初始化入口结点或出口结点时用的方法可能和初始化其他结点的方法不同。因此我们依照所有的迭代算法的模式，即像行(1)那样应用"边界条件"的动作，与行(2)中的初始化动作分开进行。

个定值被加入到 OUT 值中，它会一直待在那里。（见练习 9.2.6。）因为所有定值的集合是有限的，最终必然有一趟 while 循环的执行没有向任何 OUT 加入任何内容。此时算法就终止了。在此时终止迭代是安全的，因为如果各个 OUT 值没有改变，下一趟中各个 IN 值也不会改变。而如果各个 IN 值没有改变，OUT 值也不会改变，如此下去，所有后续的迭代都不会改变 IN 和 OUT 的值。

流图中的结点个数是 while 循环的迭代次数的上界。其理由是如果一个定值能够到达某个程序点，它必然可以通过无环的路径到达该点，而一个流图中的结点个数是无环路径中结点数的上界。在 while 循环的每次迭代中，每个定值至少沿着问题中的路径前进一个结点。而且，根据各个结点在内层循环中被访问的顺序，它经常一次前进多个结点。

实际上，如果我们适当地安排第(4)行中 for 循环访问基本块的顺序，经验表明 while 循环的平均迭代次数小于 5（见 9.6.7 节）。因为定值的集合可以使用位向量表示，而这些集合的运算可以使用位向量上的逻辑运算来实现，算法 9.11 在实际应用中出奇地高效。

例 9.12 我们将使用位向量来表示图 9-13 中的七个定值 d_1，d_2，…，d_7。其中左起第 i 个位表示 d_i。集合的并运算通过相应的位向量的逻辑 OR 运算实现。两个集合的差 S-T 的计算方法是首先计算 T 的位向量的补，然后再将这个补和 S 的位向量进行逻辑 AND 运算。

图 9-15 中显示的是算法 9.11 中的 IN 和 OUT 集的取值。其初始值用上标 0 表示，如 $\text{OUT}[B]^0$。它们由图 9-14 中的第(2)行的循环赋值。它们都是空集，用比特向量 000 0000 表示。算法的后续迭代中的取值也使用上标表示，第一趟迭代的值标记为 $\text{IN}[B]^1$ 和 $\text{OUT}[B]^1$，第二趟迭代的值标记为 $\text{IN}[B]^2$ 和 $\text{OUT}[B]^2$。

```
1)  OUT[ENTRY] = ∅;
2)  for (除ENTRY之外的每个基本块B) OUT[B] = ∅;
3)  while (某个OUT值发生了改变)
4)      for (除ENTRY之外的每个基本块B) {
5)          IN[B] = ∪_{P是B的一个前驱} OUT[P];
6)          OUT[B] = gen_B ∪ (IN[B] − kill_B);
        }
```

图 9-14 计算到达定值的迭代算法

假设第(4)行到第(6)行的 for 循环在执行时，B 依次取值

$$B_1, B_2, B_3, B_4, \text{EXIT}$$

当 $B=B_1$ 时，因为 $\text{OUT}[\text{ENTRY}]=\emptyset$，所以 $\text{IN}[B_1]^1$ 是空集，而 $\text{OUT}[B_1]^1$ 等于 gen_{B_1}。这个值和前面的值 $\text{OUT}[B_1]^0$ 不同，因此我们知道在第一轮中有些值发生了变化（因此会继续进行第二次循环）

然后我们考虑 $B=B_2$，并计算

$$\begin{aligned}\text{IN}[B_2]^1 &= \text{OUT}[B_1]^1 \cup \text{OUT}[B_4]^0 \\ &= 111\ 0000 + 000\ 0000 = 111\ 0000 \\ \text{OUT}[B_2]^1 &= gen_{B_2} \cup (\text{IN}[B_2]^1 - kill_{B_2}) \\ &= 000\ 1100 + (111\ 0000 - 110\ 0001) = 001\ 1100\end{aligned}$$

这个计算过程在图 9-15 中做了概括。比如，在第一趟循环的最后，$\text{OUT}[B_2]^1 = 001\ 1100$，反应了 d_4 和 d_5 在 B_2 中生成的事实，而 d_3 到达了 B_2 的开头但是没有在 B_2 中被杀死。

请注意，在第二轮之后，$\text{OUT}[B_2]$ 的值有所改变，反映了 d_6 也到达 B_2 的开头且没有被 B_2 杀死。在第一趟中我们没有了解到这个事实，因为从 d_6 到 B_2 结尾的路径（即 $B_3 \to B_4 \to B_2$）没有在一趟中被顺序经过。也就是说，当我们知道 d_6 到达 B_4 的结尾时，我们已经在第一趟中计算了 $\text{IN}[B_2]$ 和 $\text{OUT}[B_2]$。

在第二趟之后，OUT 集合中的所有值都没有改变。因此，算法在第三趟之后终止。此时，各个 IN 和 OUT 的值如图 9-15 中最后两列所示。 □

Block B	OUT$[B]^0$	IN$[B]^1$	OUT$[B]^1$	IN$[B]^2$	OUT$[B]^2$
B_1	000 0000	000 0000	111 0000	000 0000	111 0000
B_2	000 0000	111 0000	001 1100	111 0111	001 1110
B_3	000 0000	001 1100	000 1110	001 1110	000 1110
B_4	000 0000	001 1110	001 0111	001 1110	001 0111
EXIT	000 0000	001 0111	001 0111	001 0111	001 0111

图 9-15 IN 和 OUT 的计算过程

9.2.5 活跃变量分析

有些代码改进转换所依赖的信息是按照程序控制流的相反方向进行计算的，我们现在将要研究这样的一个例子。在*活跃变量分析*(live-variable analysis)中，我们希望知道对于变量 x 和程序点 p，x 在点 p 上的值是否会在流图中的某条从点 p 出发的路径中使用。如果是，我们就说 x 在 p 上*活跃*；否则就说 x 在 p 上是*死的*。

活跃变量信息的重要用途之一是为基本块进行寄存器分配。在 8.6 节和 8.8 节中已经介绍了这个问题的某些方面。在一个值被计算并保存到一个寄存器中后，它很可能会在基本块中使用。如果它在基本块的结尾处是死的，就不必在结尾处保存这个值。另外，在所有寄存器都被占用时，如果我们还需要申请一个寄存器的话，那么应该考虑使用一个存放了已死亡的值的寄存器，因为这个值不需要保存到内存。

这里我们直接以 IN[B]和 OUT[B]的方式定义数据流方程。IN[B]和 OUT[B]分别表示在紧靠基本块 B 之前和紧随 B 之后的点上的活跃变量集合。这些方程可以通过以下的方法得到：首先定义各个语句的传递函数，然后再把它们组合起来得到一个基本块的传递函数。我们给出下面的定义：

1) def_B 是指如下变量的集合，这些变量在 B 中的*定值*(即被明确地赋值)先于任何对它们的使用。

2) use_B 是指如下变量的集合，它们的值可能在 B 中先于任何对它们的定值被使用。

例 9.13 比如，图9-13 中的基本块 B_2 一定使用了 i。除非 i 和 j 互为对方的别名，否则会在对 j 的任何重新定值之前使用 j。假设图 9-13 中的变量之间没有别名关系，那么 $use_{B_2} = \{i, j\}$。另外，B_2 显然对 i 和 j 定值。假设没有别名问题，因为 B_2 在定值之前使用了 i 和 j，所以 $def_{B_2} = \{\}$。 □

根据这些定义，use_B 中的任何变量都必然被认为在基本块 B 的入口处活跃，而 def_B 中的变量在 B 的开头一定是死的。实际上，def_B 中的成员“杀死”了某个变量可能因从 B 开始的某条路径而成为活跃变量的任何机会。

这样，把 def 和 use 与未知的 IN 和 OUT 值联系起来的方程定义如下：

$$\text{IN}[\text{EXIT}] = \emptyset$$

且对于所有的不等于 EXIT 的基本块 B 来说：

$$\text{IN}[B] = use_B \cup (\text{OUT}[B] - def_B)$$

$$\text{OUT}[B] = \bigcup_{S\text{是}B\text{的一个后继}} \text{IN}[S]$$

第一个方程描述了边界条件，即在程序的出口处没有变量是活跃的。第二个方程说明一个变量要在进入一个基本块时活跃，必须满足下面两个条件中的一个：要么它在基本块中被重新定值之前就被使用；要么它在离开基本块时活跃且在基本块中没有对它重新定值。第三个方程说一个变量在离开一个基本块时活跃当且仅当它在进入该基本块的某个后继时活跃。

应该注意一下活跃性方程和到达定值方程之间的关系：

- 两组方程都以并集运算作为交汇运算。其原因是在各个数据流模式中，我们都沿着路径传播信息，并且我们只关心是否存在*任何*路径具有我们想要的性质，而不是关心某些结论是否在所有的路径上都成立。

- 但是，活跃性的信息流逆向遍历，这和控制流的方向相反。其中的原因是在这个问题中，我们试图保证在一个程序点 p 上对变量 x 的使用可以被传递到在某个执行路径中 p 之前的所有程序点，这样我们才知道在前面的这些点上 x 的值会被使用。

为了解决一个逆向传播的数据流问题，我们对 IN[EXIT]（而不是 OUT[ENTRY]）进行初始化。IN 和 OUT 集合的角色相互对调了，*use* 和 *def* 分别替代了 *gen* 和 *kill*。和到达定值问题一样，活跃性方程的解不必是唯一的，且我们希望得到具有最小活跃变量集合的解。解方程时使用的算法本质上是算法 9.11 的逆向传播版本。

算法 9.14 活跃变量分析。

输入： 一个流图，其中每个基本块的 *use* 和 *def* 已经计算出来。

输出： 该流图的各个基本块 B 的入口和出口处的活跃变量集合，即 IN[B] 和 OUT[B]。

方法： 执行图 9-16 中的程序。 □

```
IN[EXIT] = ∅;
for (除 EXIT 之外的每个基本块 B) IN[B] = ∅;
while (某个 IN 值发生了改变)
    for (除 EXIT 之外的每个基本块 B) {
        OUT[B] = ∪_{S 是 B 的一个后继} IN[S];
        IN[B] = use_B ∪ (OUT[B] − def_B);
    }
```

图 9-16 计算活跃变量的迭代算法

9.2.6 可用表达式

如果从流图入口结点到达程序点 p 的每条路径都对表达式 $x+y$ 求值，且从最后一个这样的求值之后到 p 点的路径上没有再次对 x 或 y 赋值[⊖]，那么 $x+y$ 在点 p 上可用（available）。对于可用表达式数据流模式而言，如果一个基本块对 x 或 y 赋值（或可能对它们赋值），并且之后没有再重新计算 $x+y$，我们就说该基本块"杀死"了表达式 $x+y$。如果一个基本块一定对 $x+y$ 求值，并且之后没有再对 x 或 y 定值，那么这个基本块生成表达式 $x+y$。

请注意，"杀死"或"生成"一个可用表达式的概念和达到定值中的概念并不完全相同。尽管如此，这些"杀死"或"生成"的概念在行为上和到达定值中的相应概念在本质上是一致的。

可用表达式信息的主要用途是寻找全局公共子表达式。比如，在图 9-17a 中，如果 $4*i$ 在基本块 B_3 的入口点可用，那么基本块 B_3 中的表达式 $4*i$ 就是一个公共子表达式。它在该处可用的条件是 i 在基本块 B_2 中没有被赋予一个新值，或者像图 9-17b 所示的那样在 B_2 中对 i 赋值后又重新计算了 $4*i$。

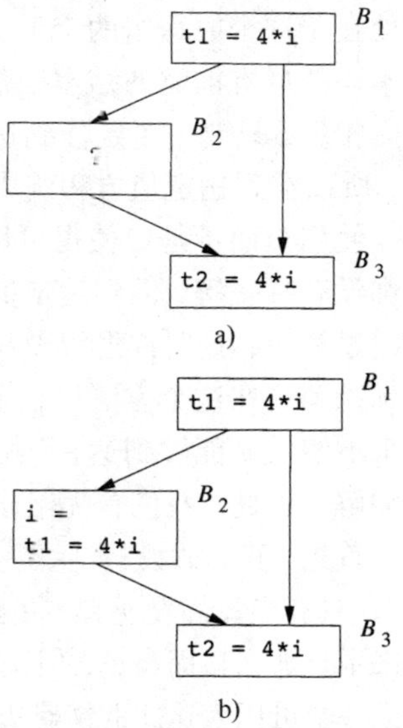

图 9-17 跨越多个基本块的潜在的公共子表达式

我们可以从头到尾地处理基本块内的各个语句，计算一个基本块内各个点上生成的表达式的集合。在基本块前面的点上没有任何生成的表达式。如果在点 p 处可用表达式的集合是 S，而 q 是 p 之后的点，且它们之间是语句 `x = y + z`，那么通过下面的两个步骤可得到点 q 上的可用表达式集合。

1）把表达式 $y+z$ 添加到 S 中。

2）从 S 中删除任何涉及变量 x 的表达式。

请注意，因为 x 可能和 y 或 z 相同，所以上面的步骤必须按照正确的顺序执行。在我们到达基本块的结尾处时，S 就是该基本

⊖ 请注意，如在本章中通常使用的，我们使用运算符 + 来代表一个一般性的运算符，不是一定指加法运算。

块生成的表达式集合。而被杀死的表达式的集合就是所有类似于 $y+z$ 的表达式，其中 y 或 z 在基本块中被定值，并且这个基本块没有生成 $y+z$。

例 9.15 考虑图 9-18 中的四个语句。在第一个语句之后 $b+c$ 可用。在第二个语句之后 $a-d$ 变得可用，但是因为 b 被重新定值，$b+c$ 变得不再可用。第三个语句并没有使 $b+c$ 可用，因为 c 的值立刻就被改变了。在最后一个语句之后，因为 d 的值已经改变，$a-d$ 不再可用。因此这个基本块没有生成任何可用表达式，所有涉及 a、b、c、d 的表达式都被杀死了。 □

语句	可用表达式
	$\emptyset$
`a = b + c`	
	$\{b+c\}$
`b = a - d`	
	$\{a-d\}$
`c = b + c`	
	$\{a-d\}$
`d = a - d`	
	$\emptyset$

图 9-18 可用表达式的计算

我们可以用类似于计算到达定值的方法来寻找可用表达式。假设 U 是所有出现在程序中一个或多个语句的右部的表达式的全集。对于每个基本块 B，令 IN[B]表示在 B 的开始处可用的 U 中的表达式的集合。令 OUT[B]表示在 B 的结尾处可用的表达式集合。定义 e_gen_B 为 B 生成的表达式的集合，而 e_kill_B 为被 B 杀死的 U 中的表达式的集合。请注意，IN、OUT、e_gen 和 e_kill 都可以使用位向量表示。下面的方程给出了未知的 IN 和 OUT 值之间，以及它们和已知量 e_gen 与 e_kill 之间的关系：

$$\text{OUT}[\text{ENTRY}] = \emptyset$$

并且对于除 ENTRY 之外的所有基本块 B，有

$$\text{OUT}[B] = e\_gen_B \cup (\text{IN}[B] - e\_kill_B)$$

$$\text{IN}[B] = \bigcap_{P\text{是}B\text{的一个前驱}} \text{OUT}[P]$$

上面的方程和到达定值方程组看起来几乎一样。和到达定值类似，这个方程组的边界条件也是 OUT[ENTRY] = $\emptyset$，这是因为在 ENTRY 的出口处没有任何可用表达式。其中最重要的不同之处在于这个方程组的交汇运算是交集运算，而不是并集运算。因为只有当一个表达式在一个基本块的所有前驱的结尾处都可用，它才会在该基本块的开头可用，因此使用交集运算是正确的。相反，只要一个定值到达了一个基本块的任何一个前驱的结尾处，它就到达了该基本块的开头，所以在到达定值方程组中使用并集运算作为交汇运算。

使用 $\cap$ 而不是 $\cup$ 使得可用表达式方程组的表现和到达定值方程组的表现不同。虽然两组方程都没有唯一解，但到达定值方程组的解是符合“到达”的定义的最小集合。在求解到达定值方程的过程中，我们首先假设任何地方都没有定值到达，然后逐渐增大到达定值的集合，最终构建得到该解。在这个方法里，除非找到一条能把某个定值 d 传播到某个点 p 的实际路径，否则我们从来不假设 d 能够到达 p。相反，对于可用表达式方程组，我们希望得到具有最大可用表达式集合的解。因此，我们首先给出较大的近似值，然后逐步消减。

首先，我们假设“在除了入口基本块结尾处之外的所有地方，所有表达式(即集合 U)都是可用的”。只有当我们发现有一条路径使得某个表达式不可用时，我们才删除这个表达式。这种方法看起来不是那么显而易见，但是我们可以得到一个真正的可用表达式的集合。在处理可用表达式时，生成一个可用表达式的精确集合的子集是保守的。之所以说使用子集是保守的，是因为我们将把这个信息用于把一个可用表达式的计算替换为之前计算得到的值。不知道一个表达式是可用的只会使我们失去改进代码的机会，而把一个不可用的表达式认为可用则会使我们改变程序的计算结果。

例 9.16 我们将把注意力集中在图 9-19 中的基本块 B_2 上，说明 OUT[B_2]的初始近似值对 IN[B_2]的影响。令 G 和 K 分别为 $e\_gen_{B_2}$ 和 $e\_kill_{B_2}$ 的缩写。B_2 的数据流方程为

$$\text{IN}[B_2] = \text{OUT}[B_1] \cap \text{OUT}[B_2]$$

$$OUT[B_2] = G \cup (IN[B_2] - K)$$

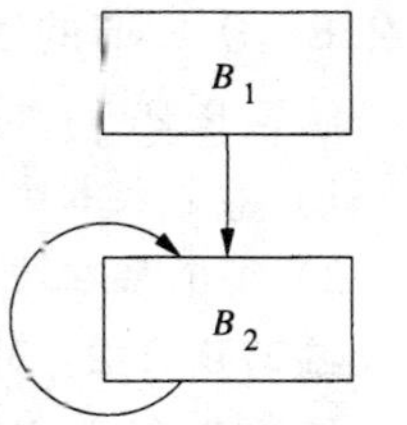

图 9-19　将 OUT 集合初始化为 ∅ 局限性太大

令 I^j 和 O^j 分别表示 $IN[B_2]$和 $OUT[B_2]$的第 j 次循环计算得到的近似值，这些方程式可以被写成下列的迭代计算式：

$$I^{j+1} = OUT[B_1] \cap O^j$$
$$O^{j+1} = G \cup (I^{j+1} - K)$$

从 $O^0 = \emptyset$ 开始，我们得到 $I^1 = OUT[B_1] \cap O^0 = \emptyset$。但是，如果我们从 $O^0 = U$ 开始，那么我们得到 $I^1 = OUT[B_1] \cap O^0 = OUT[B_1]$，而这才是我们应该得到的值。直观地讲，以 $O^0 = U$ 作为初始值得到的解更符合我们的期望，因为这个解正确地反映了下面的事实：如果 $OUT[B_1]$中的某个表达式没有被 B_2 杀死，那么它在 B_2 的结尾处可用。□

算法 9.17　可用表达式。

输入：一个流图，对其中的每个基本块 B，e_kill_B 和 e_gen_B 的值已经计算得到。流图的初始基本块是 B_1。

输出：在流图的各个基本块 B 的入口处和出口处的可用表达式集合，即 $IN[B]$和 $OUT[B]$。

方法：执行图 9-20 中的算法。图 9-20 中各个步骤的解释类似于图 9-14 的算法中的解释。□

```
OUT[ENTRY] = ∅;
for (除 ENTRY 之外的每个基本块 B) OUT[B] = U;
while (某个 OUT 值发生了改变)
        for (除 ENTRY 之外的每个基本块 B) {
                IN[B] = ∩_{P是B的一个前驱} OUT[P];
                OUT[B] = e_gen_B ∪ (IN[B] − e_kill_B);
        }
```

图 9-20　计算可用表达式的迭代算法

9.2.7　小结

在本节中，我们讨论了数据流问题的三个实例：到达定值、活跃变量和可用表达式。如图 9-21 中所总结的，每个问题的定义都是通过数据流值的域、数据流的方向、传递函数族、边界条件和交汇运算来定义的。我们一般用 ∧ 表示交汇运算。

图 9-21 的最后一列显示了迭代算法中使用的初始值。我们选择这些值的目的是使得迭代算法可以找到方程组的最精确解。严格地讲，这个选择并不是数据流问题的定义的一部分，因为它是为满足迭代算法的需要而人工给出的产品。还有其他途径可以解决数据流问题。比如，我们已经看到了如何把一个基本块中各个语句的传递函数组合起来得到该基本块的传递函数。我们可以用类似的组合方法来计算整个过程的传递函数，或者计算从过程的入口处到各个程序点的传递函数。我们将在 9.7 节中讨论这类方法的其中一种。

	到达定值	活跃变量	可用表达式
域	定值的集合	变量的集合	表达式的集合
方向	前向	后向	前向
传递函数	$gen_B \cup (x - kill_B)$	$use_B \cup (x - def_B)$	$e\_gen_B \cup (x - e\_kill_B)$
边界条件	$OUT[ENTRY] = \emptyset$	$IN[EXIT] = \emptyset$	$OUT[ENTRY] = \emptyset$
交汇运算(∧)	$\cup$	$\cup$	$\cap$
方程组	$OUT[B] = f_B(IN[B])$ $IN[B] = \bigwedge_{P,pred(B)} OUT[P]$	$IN[B] = f_B(OUT[B])$ $OUT[B] = \bigwedge_{S,succ(B)} IN[S]$	$OUT[B] = f_B(IN[B])$ $IN[B] = \bigwedge_{P,pred(B)} OUT[P]$
初始值	$OUT[B] = \emptyset$	$IN[B] = \emptyset$	$OUT[B] = U$

图 9-21　三个数据流问题的总结

9.2.8 9.2 节的练习

练习 9.2.1：对图 9-10 中的流图(见 9.1 节的练习)，计算下列值：

1）每个基本块的 *gen* 和 *kill* 集合。

2）每个基本块的 IN 和 OUT 集合。

练习 9.2.2：对图 9-10 的流图，计算可用表达式问题中的 *e_gen*、*e_kill*、IN 和 OUT 集合。

练习 9.2.3：对图 9-10 的流图，计算活跃变量分析中的 *def*、*use*、IN 和 OUT 集合。

! **练习 9.2.4**[⊖]：假设 V 是复数的集合。下面的哪个运算可以被用作 V 上的一个半格结构的交汇运算？

1）加法：$(a+ib)\wedge(c+id)=(a+c)+i(b+d)$

2）乘法：$(a+ib)\wedge(c+id)=(ac-bd)+i(ad+bc)$

3）按分量求最小：$(a+ib)\wedge(c+id)=\min(a, c)+i\min(b, d)$

4）按分量求最大：$(a+ib)\wedge(c+id)=\max(a, c)+i\max(b, d)$

! **练习 9.2.5**：我们曾经说过，如果一个基本块 B 由 n 个语句组成，并且第 i 个语句的 *gen* 集合和 *kill* 集合分别是 gen_i 和 $kill_i$，那么基本块 B 的传递函数的 *gen* 集合 gen_B 和 *kill* 集合 $kill_B$ 可以由下面的公式给出：

$$kill_B = kill_1 \cup kill_2 \cup \cdots \cup kill_n$$

$$gen_B = gen_n \cup (gen_{n-1} - kill_n) \cup (gen_{n-2} - kill_{n-1} - kill_n) \cup \cdots \cup (gen_1 - kill_2 - kill_3 - \cdots - kill_n)$$

请通过对 n 的归纳来证明这个说法。

! **练习 9.2.6**：请通过对算法 9.11 中第(4)到第(6)行的 for 循环的迭代次数的归纳，证明 IN 和 OUT 的值都不会缩小。也就是说，一但某个定值在某次循环的时候被放到其中的一个集合中，它决不会在以后的某次循环中消失。

! **练习 9.2.7**：证明算法 9.11 的正确性，也就是证明：

1）如果定值 d 被放到 IN[B]或 OUT[B]中，那么相应地必然有一条从 d 到基本块 B 的开始处或结尾处的路径。在这条路径中，由 d 定值的变量不会被重新定值。

2）如果定值 d 最后没有被放到 IN[B]或 OUT[B]中，那么相应地必然没有从 d 到基本块 B 的开始处或结尾处的路径。在这条路径中，由 d 定值的变量不会被重新定值。

! **练习 9.2.8**：证明有关算法 9.14 的下列性质：

1）各个 IN 和 OUT 的值不会缩小。

2）如果变量 x 被放到 IN[B]或 OUT[B]中，那么相应地有一条从基本块 B 的开始处或结尾处出发的路径，在这条路径上 x 可能被使用。

3）如果变量 x 没有被放到 IN[B]或 OUT[B]中，那么相应地没有从基本块 B 的开始处或结尾处出发的路径，使得 x 在这条路径上被使用。

为什么可用表达式算法是正确的

我们需要解释一下为什么下面的结论成立，即在一开始的时候把入口基本块之外的其他所有基本块的 OUT 值都设置为 U(即所有表达式的集合)，最终仍可以得到这些数据流方程的保守解。也就是说，找到的可用表达式确实都是可用的。第一，因为在这个数据流模式中的

⊖ 本练习在 9.3 节之后完成。

交汇运算是交集运算，任何发现 $x+y$ 在某个程序点上不可用的理由都会在流图中沿着所有可能的路径向前传播，直到 $x+y$ 被重新计算并再次变得可用为止。第二，只有两个理由可能会使 $x+y$ 变成不可用的。

1）因为 x 或 y 在基本块 B 中被定值且其后没有计算 $x+y$，因此 $x+y$ 被杀死。在这种情况下，我们第一次应用传递函数 f_B 的时候，$x+y$ 就会从 OUT[B] 中被删除。

2）在某些路径中，$x+y$ 一直没有被计算。因为 $x+y$ 肯定不会在 OUT[ENTRY] 中，并且它也不会在上面说的那条路径中被生成。我们可以通过对路径长度的归纳来证明 $x+y$ 最终会从这条路径的所有基本块的 IN 和 OUT 值中删除。

因此，当各个 IN 和 OUT 值不再改变的时候，图 9-20 中提到的迭代算法给出的解将只包含真正的可用表达式。

！**练习 9.2.9**：证明有关算法 9.17 的下列特性：

1）各个 IN 和 OUT 的值决不会增长。也就是说，这些集合在后来的取值总是它们前面取值的子集（不一定是真子集）。

2）如果表达式 e 从 IN[B] 或 OUT[B] 中被删除，那么必然相应地存在一条从流图入口到达 B 的开始处或结尾处的路径，要么 e 在这条路径上从没有被计算过，要么在最后一次对 e 计算之后，e 的某个参数被重新定值了。

3）如果表达式最终保留在 IN[B] 或 OUT[B] 中，那么相应地从流图入口到基本块 B 开始处或结尾处的所有路径中，e 都被计算，且在最后一次计算 e 之后，e 的参数都没有被重新定值。

！**练习 9.2.10**：细心的读者可能注意到在算法 9.11 中，我们可以把各个基本块 B 的 gen_B 初始化为 OUT[B]，这样可以减少一些运行时间。类似地，我们还可以在算法 9.14 中把 use_B 初始化为 IN[B]。我们没有这么做的原因是为了用统一的方法来处理这个主题。我们将在算法 9.25 中再次看到这一点。但是，可以在算法 9.17 中把 e_gen_B 初始化为 OUT[B] 吗？为什么可以或不可以？

！**练习 9.2.11**：至今为止，我们的数据流分析没有利用条件跳转的语义。假设我们在一个基本块的结尾处找到一个如下的测试：

```
if (x < 10) goto ...
```

我们如何利用对测试表达式 $x<10$ 的理解来改进有关到达定值的知识？请记住，在这里“改进”意味着我们要消除某些实际上永远不可能达到某个程序点的到达定值。

9.3 数据流分析基础

我们已经给出了几个数据流抽象的有用的例子，现在我们以整体的方式抽象地研究数据流模式族。我们将正式回答下列有关数据流算法的基本问题：

1）数据流分析中用到的迭代算法在什么情况下是正确的？

2）通过迭代算法得到的解有多精确？

3）迭代算法收敛吗？

4）这些方程组的解的含义是什么？

在 9.2 节中我们描述到达定值问题的时候已经非正式地回答了上面的问题。对于后来的几个数据流问题，我们并没有从头回答同样的提问，我们依靠新问题和已讨论的问题之间的相似之处来解释新问题。本节中我们试图做到一劳永逸。针对一大类的数据流问题，我们给出一个一般性的方法来严格地回答这些问题。我们首先确定数据流模式的预期特性，并证明这些特性所蕴含的信息，包括正确性、精确性、数据流算法的收敛性，以及方程组解的含义。这样，在理解老算法或者写新算法的时候，我们只需要给出相应的数据流问题定义所具有的特性，就可以立刻得到对上面各个问题的回答。

对一类模式给出一个统一的理论框架也有实践意义。这个框架有助于我们在软件设计中确定求解算法的可复用组件。因为不需要对类似的细节进行多次重复编码，所以不仅编码的工作量降低了，编程错误也会减少。

一个数据流分析框架(D, V, $\wedge$, F)由下列元素组成

1）一个数据流方向 D，它的取值包括 FORWARD(前向)或 BACKWARD(逆向)。

2）一个半格(定义请见 9.3.1 节)，它包括值集 V 和一个交汇运算 $\wedge$。

3）一个从 V 到 V 的传递函数族 F。这个传递函数族中必须包括可用于刻划边界条件的函数，即作用于任何数据流图中的特殊结点 ENTRY 和 EXIT 的常值传递函数。

9.3.1 半格

半格(semilattice)是满足下列条件的一个集合 V 和一个二元交汇运算 $\wedge$。对于 V 中的所有 x、y 和 z：

1）$x \wedge x = x$(交汇运算是等幂的)。

2）$x \wedge y = y \wedge x$(交汇运算是可交换的)。

3）$x \wedge (y \wedge z) = (x \wedge y) \wedge z$(交汇运算是符合结合律的)。

半格有一个顶元素，表示为$\top$，使得对于 V 中的所有 x，$\top \wedge x = x$。

半格可能还有一个底元素，表示为$\perp$，使得对于 V 中的所有 x，$\perp \wedge x = \perp$。

偏序

正如我们将看到的，一个半格的交汇运算定义了值域上的一个偏序。假设$\leqslant$为 V 上的一个关系，如果对于 V 上的所有 x、y 和 z 都有：

1）$x \leqslant x$(该偏序是自反的)。

2）如果 $x \leqslant y$ 且 $y \leqslant x$，那么 $x = y$(该偏序是反对称的)。

3）如果 $x \leqslant y$ 且 $y \leqslant z$，那么 $x \leqslant z$(该偏序是传递的)

那么$\leqslant$就是一个偏序(partial order)。

二元组$(V, \leqslant)$被称为偏序集(partially ordered set, poset)。对于一个偏序集，定义如下的关系$<$会带来一些方便：

$$x < y \text{ 当且仅当 } (x \leqslant y) \text{ 且 } x \neq y$$

半格的偏序

为半格$(V, \wedge)$定义一个如下的偏序$\leqslant$会有所帮助。对于 V 中的所有 x 和 y，我们定义

$$x \leqslant y \text{ 当且仅当 } x \wedge y = x$$

因为交汇运算$\wedge$是等幂的、可交换的且满足结合律，上面定义的序$\leqslant$就是自反的、反对称的和传递的。下面来说明其中的原因：

- 自反性：即对于所有的 x，$x \leqslant x$。因为交汇运算是等幂的，因此 $x \wedge x = x$。
- 反对称性：即如果 $x \leqslant y$ 且 $y \leqslant x$，那么 $x = y$。在证明中，$x \leqslant y$ 意味着 $x \wedge y = x$，而 $y \leqslant x$ 意味着 $y \wedge x = y$。根据$\wedge$的可交换性，$x = (x \wedge y) = (y \wedge x) = y$。
- 传递性：即如果$x \leqslant y$ 且 $y \leqslant z$，那么$x \leqslant z$。证明如下：$x \leqslant y$ 且 $y \leqslant z$ 意味着 $x \wedge y = x$ 且 $y \wedge z = y$。那么使用交汇运算的结合律得到$(x \wedge z) = ((x \wedge y) \wedge z) = (x \wedge (y \wedge z)) = (x \wedge y) = x$。因为已经证明了 $x \wedge z = x$，我们有 $x \leqslant z$，从而证明了传递性。

例 9.18 在9.2节的例子中使用的交汇运算是集合的并集或交集运算。它们都是等幂的，可交换的和可结合的。对于集合的并运算，顶元素是 $\emptyset$，而底元素是全集 U。这是因为对于 U 的任何子集 x 都有 $\emptyset \cup x = x$ 且 $U \cup x = U$。对于集合的交汇运算，$\top$是 U 而 $\bot$ 是 $\emptyset$。半格的值域 V 就是全集 U 的所有子集的集合。这个集合有时被称为 U 的幂集(power set)，并用 2^U 表示。

对于 V 中的所有 x 和 y，$x \cup y = x$ 意味着 $x \supseteq y$。因此，并集运算确定的偏序为$\supseteq$，即集合的包含关系。相应地，集合的交集运算确定的偏序是$\subseteq$，即集合的被包含关系。也就是说，对于由交集运算所确定的偏序而言，元素较少的集合被认为是比较小的值；但是对于由并集运算确定的偏序而言，元素较多的集合却被认为是较小的。一个较大的集合在偏序中反而较小是违反直觉的。但是根据前面的定义，这种情况是不可避免的[⊖]。

9.2节中讨论过，一个数据流方程组通常有多个解，而(根据偏序关系$\leqslant$而言)最大的解是最精确的。比如，在到达定值问题中，所有的数据流方程的解中最精确的解是具有最少定值的解。这个解对应于由此问题的交汇运算(即并集运算)所定义的偏序中的最大元素。在可用表达式中，最精确的解是具有最多表达式的解。同样，它是相对于由交集运算(即此问题的交汇运算)定义的偏序的最大解。 □

最大下界

在交汇运算和它确定的偏序之间还有一个有用的关系。假设$(V, \wedge)$是一个半格。域元素 x 和 y 的最大下界(greatest lower bound, glb)是一个满足下列条件的元素 g：

1) $g \leqslant x$

2) $g \leqslant y$，且

3) 如果 z 是使得 $z \leqslant x$ 且 $z \leqslant y$ 成立的元素，那么 $z \leqslant g$。

我们的结论是，x 和 y 的交汇运算值就是它们的唯一最大下界。为了说明其中的原因，令 $g = x \wedge y$。可以观察到下列性质：

- 因为$(x \wedge y) \wedge x = x \wedge y$，所以 $g \leqslant x$。这个结论的证明只涉及结合性、可交换性和等幂性质。也就是，
  $g \wedge x = ((x \wedge y) \wedge x) = (x \wedge (y \wedge x)) = (x \wedge (x \wedge y)) = ((x \wedge x) \wedge y) = (x \wedge y) = g$
- 通过类似的论证可以得到 $g \leqslant y$。
- 假设 z 是任意的满足 $z \leqslant x$ 和 $z \leqslant y$ 的元素。已知 $z \leqslant g$，因此除非 z 就是 g，否则它不是 x 和 y 的一个最大下界。证明如下：$(z \wedge g) = (z \wedge (x \wedge y)) = ((z \wedge x) \wedge y)$。因为 $z \leqslant x$，我们知道$(z \wedge x) = z$，因此$(z \wedge g) = (z \wedge y)$。因为 $z \leqslant y$，我们知道 $z \wedge y = z$，因此 $z \wedge g = z$。我们已经证明了 $z \leqslant g$，并且得出结论 $g = x \wedge y$ 是 x 和 y 的唯一最大下界。

并函数、最小上界和格

和一个偏序集合中的元素的最大下界操作对应，我们可以把元素 x 和 y 的最小上界(least upper bound, lub)定义为满足下列条件的元素 b：$x \leqslant b$ 且 $y \leqslant b$，并且对于任何满足 $x \leqslant z$ 和 $y \leqslant z$ 的元素 z 都有 $b \leqslant z$。可以证明，如果存在最小上界，那么最多只有一个最小上界。

在一个真的格中有两个域元素上的运算：我们已经看到的交汇运算$\wedge$，以及记为$\vee$的并函数。并(join)函数给出了两个元素的最小上界。因此格中的元素总是存在最小上界。至今

⊖ 并且，如果我们把偏序定义为$\geqslant$而不是$\leqslant$，对于并集而言就不会产生这样的问题，但是对于交集而言还是会有这样的问题。

为止我们一直讨论的是“半个”格，即只存在交汇运算和并函数之一。也就是说，我们的半格是一个交半格（meet semilattice）。人们也可以讨论并半格（join semilattice），即只有并函数的半格。实际上有些程序分析的文献就使用并半格的概念。因为传统的数据流文献讲的是交半格，所以在本书中我们也使用交半格。

格图

把域 V 画成一个格图对我们会有所帮助。格图的结点是 V 的元素，而它的边是向下的，即如果 $y \leqslant x$，那么从 x 到 y 有一个边。比如，图 9-22 给出了一个到达定值数据流模式的集合 V。其中有三个定值：d_1、d_2 和 d_3。因为半格中的偏序关系 $\leqslant$ 是 $\supseteq$，从这三个定值的集合的子集到其所有超集有一个向下的边。因为 $\leqslant$ 是传递的，如果图中有一条从 x 到 y 的路径，我们可以按照惯例省略从 x 到 y 的边。因此，虽然在这个例子中 $\{d_1, d_2, d_3\} \leqslant \{d_1\}$，我们并没有画出这条边，因为这个边可以用经过 $\{d_1, d_2\}$ 的路径来表示。

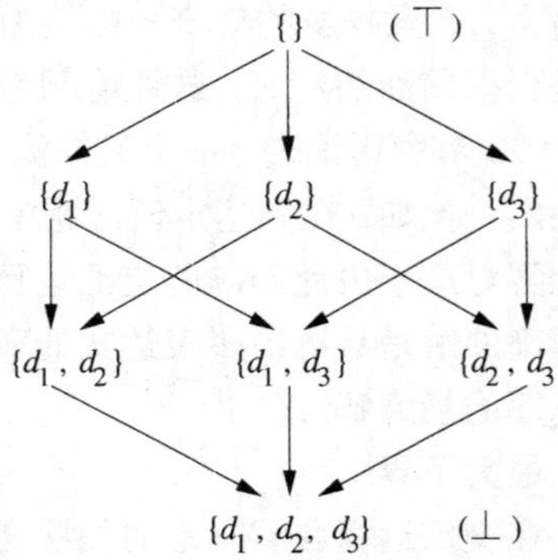

图 9-22 定值的子集的格

有一点也很有用，即我们可以从这样的图中读出交汇值。因为 $x \wedge y$ 就是它们的最大下界，因此这个值总是最高的、从 x 和 y 都有向下的路径到达的元素 z。比如，如果 x 是 $\{d_1\}$ 而 y 是 $\{d_2\}$，那么图 9-22 中的 z 就是 $\{d_1, d_2\}$。这是正确的，因为这里的交汇运算是并集运算。顶元素将出现在格图的顶部，也就是说，从 $\top$ 到图中的每个元素都有一条向下的路径。类似地，底元素将出现在图的底部，从每个元素都有一条边到达 $\bot$。

乘积格

图 9-22 中只涉及了三个定值，而一个典型程序的格图可能相当大。数据流值的集合是定值的幂集。因此如果一个程序中有 n 个定值，则该程序的数据流值集合包含 2^n 个元素。但是，一个定值是否到达某个程序点和其他定值的可达性无关。我们因此可以用“乘积格”的方式来表示定值的格㊀。这个乘积格由各个定值对应的简单格构造得到。也就是说，如果程序中只有一个定值 d，那么相应的格将只包括两个元素：空集 $\{\}$（它是顶元素）以及 $\{d\}$（它是底元素）。

严格地讲，我们按照下面的方式构造乘积格。假设 $\{A, \wedge_A\}$ 和 $\{B, \wedge_B\}$ 是两个（半）格。这两个格的**乘积格**定义如下：

1）乘积格的域是 $A \times B$。

2）乘积格的交汇运算 $\wedge$ 定义如下：如果 (a, b) 和 (a', b') 是乘积格域中的元素，那么

$$(a, b) \wedge (a', b') = (a \wedge_A a', b \wedge_B b') \tag{9.19}$$

乘积格的偏序可以很简单地用 A 的偏序 $\leqslant_A$ 和 B 的偏序 $\leqslant_B$ 来表示：

$$(a, b) \leqslant (a', b') \text{ 当且仅当 } a \leqslant_A a' \text{ 且 } b \leqslant_B b' \tag{9.20}$$

为了看出为什么从式(9.19)可以推出式(9.20)，请注意下面的性质：

$$(a, b) \wedge (a', b') = (a \wedge_A a', b \wedge_B b')$$

我们可能会问在什么情况下 $(a \wedge_A a', b \wedge_B b') = (a, b)$？当且仅当 $a \wedge_A a' = a$ 且 $b \wedge_B b' = b$ 的时候这个等式成立。而这两个条件和 $a \leqslant_A a'$ 和 $b \leqslant_B b'$ 是一回事。

㊀ 在这里及以后的讨论中，我们常常会把“半格”中的“半”字去掉，因为像我们现在讨论的那些格都有一个并（或者说 lub）运算符，虽然我们不会使用这个运算符。

格的乘积是一个满足结合律的运算，因此我们可以证明规则(9.19)和(9.20)可以被扩展到任意多个格。也就是说，如果我们有格$(A_i, \wedge_i)(i=1, 2, \cdots, k)$，那么这$k$个格按照这个顺序的乘积的域为$A_1 \times A_2 \times \cdots \times A_k$，其交汇运算定义为：

$$(a_1, a_2, \cdots, a_k) \wedge (b_1, b_2, \cdots, b_k) = (a_1 \wedge_1 b_1, a_2 \wedge_2 b_2, \cdots, a_k \wedge_k b_k)$$

而偏序定义为

$$(a_1, a_2, \cdots, a_k) \leqslant (b_1, b_2, \cdots, b_k) \text{ 当且仅当对于所有的 } i, a_i \leqslant b_i\text{。}$$

半格的高度

通过研究一个数据流问题中的半格的“高度”，我们可以知道一些关于数据流分析算法收敛速度的信息。偏序集$(V, \leqslant)$的一个上升链(ascending chain)是一个满足$x_1 < x_2 < \cdots < x_n$的序列。一个半格的高度(height)是所有上升链中的<关系个数的最大值。也就是说，高度比链中的元素个数少一。比如，一个有n个定值的程序的到达定值半格的高度是n。

如果一个半格具有有穷的高度，就可以比较容易地证明相应的迭代数据流算法的收敛性。显然，一个由有穷值集组成的格具有有穷的高度；一个具有无穷多个值的格也可能具有有穷的高度。在常量传播算法中使用的格就是一个这样的例子，我们将在9.4节中详细地说明这个例子。

9.3.2 传递函数

一个数据流框架中的传递函数族$F: V \to V$具有下列性质：

1）F有一个单元函数I，使得对于V中的所有x，$I(x)=x$。

2）F对函数组合运算封闭。也就是说，对于F中的任意函数f和g，定义为$h(x)=g(f(x))$的函数h也在F中。

例 9.21 在到达定值中，F有单元函数，即*gen*和*kill*都是空集的传递函数。对函数组合的封闭性实际上已经在9.2.4节中得到证明，我们在这里简单地重复一下证明过程。假设我们具有两个函数

$$f_1(x) = G_1 \cup (x - K_1) \text{ 和 } f_2(x) = G_2 \cup (x - K_2)$$

那么

$$f_2(f_1(x)) = G_2 \cup ((G_1 \cup (x - K_1)) - K_2)$$

根据代数规则，上式的右部和下式等价：

$$(G_2 \cup (G_1 - K_2)) \cup (x - (K_1 \cup K_2))$$

如果我们令$K = K_1 \cup K_2$，$G = G_2 \cup (G_1 - K_2)$，我们就证明了f_1和f_2的组合$f(x) = G \cup (x - K)$的形式表明它是F的成员。如果我们考虑可用表达式的问题，上面用于到达定值的证明也同样可以证明F具有单元函数并且对函数组合运算封闭。 □

单调的框架

要使得数据流分析问题的迭代算法能够完成任务，我们还要求数据流框架再满足一个条件。对于一个框架，如果框架中的所有传递函数都是单调的，那么我们就说这个框架是单调的。F中的传递函数f是单调函数的条件是对于域V中的任意两个元素，如果第一个元素大于第二个元素，那么f作用于第一个元素的结果也大于它作用于第二元素所得到的结果。

正式的定义如下，一个数据流框架$(D, F, V, \wedge)$是单调的(monotone)，如果

$$\text{对于所有的 } V \text{ 中的 } x \text{ 和 } y \text{ 以及 } F \text{ 中的 } f, x \leqslant y \text{ 蕴含 } f(x) \leqslant f(y) \qquad (9.22)$$

单调性可以被等价地定义为

$$\text{对于所有的 } V \text{ 中的 } x \text{ 和 } y \text{ 以及 } F \text{ 中的 } f, f(x \wedge y) \leqslant f(x) \wedge f(y) \qquad (9.23)$$

式(9.23)说明，如果我们对两个值应用交汇运算再应用函数f，那么得到的结果绝对不会大

于首先将 f 分别应用于两个值，然后再对结果应用交汇运算而得到的值。这两个关于单调的定义看起来很不相同，它们各有各的用处。我们会发现这两个定义分别适用于不同的环境。稍后我们将给出一个简略的证明，表明它们确实是等价的。

我们将首先假设式(9.22)成立并证明式(9.23)成立。因为 $x \wedge y$ 是 x 和 y 的最大下界，我们知道

$$x \wedge y \leqslant x \text{ 且 } x \wedge y \leqslant y$$

因此由式(9.22)可知：

$$f(x \wedge y) \leqslant f(x) \text{ 且 } f(x \wedge y) \leqslant f(y)$$

因为 $f(x) \wedge f(y)$ 是 $f(x)$ 和 $f(y)$ 的最大下界，我们证明了(9.23)。

反过来，我们假设式(9.23)成立并证明式(9.22)。我们假设 $x \leqslant y$ 并使用式(9.23)来得到 $f(x) \leqslant f(y)$ 的结论，从而证明式(9.22)。式(9.23)告诉我们

$$f(x \wedge y) \leqslant f(x) \wedge f(y)$$

但是因为我们已经假设了 $x \leqslant y$，根据定义有 $x \wedge y = x$。因此，式(9.23)表明

$$f(x) \leqslant f(x) \wedge f(y)$$

因为 $f(x) \wedge f(y)$ 是 $f(x)$ 和 $f(y)$ 的最大下界，我们得到 $f(x) \wedge f(y) \leqslant f(y)$。这样

$$f(x) \leqslant f(x) \wedge f(y) \leqslant f(y)$$

因此式(9.23)蕴含式(9.22)。

可分配的框架

数据流分析框架经常会遵守一个比式(9.23)更强的条件，我们把这个条件称为可分配条件(distributivity condition)，即对于 V 中的所有 x 和 y 以及 F 中的所有 f，有

$$f(x \wedge y) = f(x) \wedge f(y)$$

当然，如果 $a = b$，那么根据等幂性有 $a \wedge b = a$，因此 $a \leqslant b$。这样，可分配性蕴含了单调性，但是反过来并不成立。

例 9.24 令 y 和 z 为到达定值框架下的定值集合。令 f 是一个定义为 $f(x) = G \cup (x - K)$ 的函数，其中 G 和 K 为某个定值的集合。通过检验下面的等式

$$G \cup ((y \cup z) - K) = (G \cup (y - K)) \cup (G \cup (z - K))$$

我们就可以证明到达定值的框架满足可分配性条件。

虽然上面的等式看起来很难，但我们可以首先考虑在 G 中的那些定值。这些定值一定都在上面等式的左部和右部所定义的两个集合中。因此我们只需要考虑不在 G 中的定值的集合。在这种情况下，我们可以把 G 从所有的地方删除，并验证等式

$$(y \cup z) - K = (y - K) \cup (z - K)$$

通过 Venn 图就可以很容易地验证这个等式。 □

9.3.3 通用框架的迭代算法

我们可以对算法 9.11 进行推广，使之能够处理各种数据流问题。

算法 9.25 通用数据流框架的迭代解法。

输入：一个由下列部分组成的数据流框架：

1）一个数据流图，它有两个被特别标记为 ENTRY 和 EXIT 的结点。

2）数据流的方向 D。

3）一个值集 V。

4）一个交汇运算 $\wedge$。

5）一个函数的集合 F，其中 f_B 表示基本块 B 的传递函数。

6）V 中的一个常量值 v_{ENTRY} 或者 v_{EXIT}。它们分别表示前向和逆向框架的边界条件。

输出： 上述数据流图中各个基本块 B 的 IN[B] 和 OUT[B] 的值。这些值在 V 中。

方法： 解决前向和逆向数据流问题的算法分别显示在图 9-23a 和图 9-23b 中。和 9.2 节中的各个数据流迭代算法类似，我们通过不断近似逼近的方式来计算各个基本块的 IN 值和 OUT 值。 □

```
1)  OUT[ENTRY] = v_ENTRY;
2)  for (除 ENTRY 之外的每个基本块 B) OUT[B] = ⊤;
3)  while (某个 OUT 值发生了改变)
4)      for (除 ENTRY 之外的每个基本块 B) {
5)          IN[B] = ∧_{P 是 B 的一个前驱} OUT[P];
6)          OUT[B] = f_B(IN[B]);
        }
```

a) 前向数据流问题的迭代算法

```
1)  IN[EXIT] = v_EXIT;
2)  for (除 EXIT 之外的每个基本块 B) IN[B] = ⊤;
3)  while (某个 IN 值发生了改变)
4)      for (除 EXIT 之外的每个基本块 B) {
5)          OUT[B] = ∧_{S 是 B 的一个后继} IN[S];
6)          IN[B] = f_B(OUT[B]);
        }
```

b) 逆向数据流问题的迭代算法

图 9-23 数据流问题迭代算法的前向和逆向的版本

也可以改写算法 9.25，使得它把实现交汇运算的函数作为一个参数，同时也把实现各基本块的传递函数的函数作为参数。流图本身和边界值也都作为参数。使用这种方法，编译器的实现者就可以避免为编译器优化阶段所使用的每个数据流框架都从头编写基本迭代算法的代码。

我们可以使用至今为止讨论的抽象框架来证明该迭代算法的一组有用的性质：

1）如果算法 9.25 收敛，其结果就是数据流方程组的一个解。

2）如果框架是单调的，那么找到的解就是数据流方程组的最大不动点（Maximum FixedPoint，MFP）。一个最大不动点是一个具有下面性质的解：在任何其他解中，IN[B] 和 OUT[B] 的值和 MFP 中对应的值之间具有≤关系。

3）如果框架的半格是单调的，且高度有穷，那么这个迭代算法必定收敛。

论证这些论点时，我们首先假设框架是前向的。对于逆向框架的论证实质上是一样的。第一个性质很容易证明。如果在 while 循环结束的时候方程组没有被满足，那么各个 OUT 值（对前向框架）或 IN 值（对逆向框架）中至少有一个值改变了，我们必须再次运行该循环。

为了证明第二个性质，我们首先证明，在运行算法迭代时任意的基本块 B 的 IN[B] 和 OUT[B] 所取的值只能（相对于格中的≤关系而言）下降。这个性质可以通过归纳方法证明。

归纳基础： 归纳的基础步骤是证明 IN[B] 和 OUT[B] 的值在第一个迭代之后不大于初始值。这个论断的正确性是显而易见的，因为所有不等于 ENTRY 的基本块 B 的 IN[B] 和 OUT[B] 都被初始化为⊤。

归纳步骤： 假设经过 k 次迭代之后，那些值都不大于第（$k-1$）次迭代后的值，我们要证明第 $k+1$ 次迭代和第 k 次迭代相比同样如此。图 9-23a 的第 5 行是：

$$\mathrm{IN}[B] = \bigwedge_{P\text{是}B\text{的一个前驱}} \mathrm{OUT}[P]$$

我们用 IN[B]^i 和 OUT[B]^i 标记 IN[B] 和 OUT[B] 在第 i 次迭代之后的值。假设 OUT[P]^k ≤ OUT[P]$^{k-1}$，由交汇运算的性质可知 IN[B]$^{k+1}$≤IN[B]^k。接下来，第(6)行说

$$\mathrm{OUT}[B] = f_B(\mathrm{IN}[B])$$

因为 IN[B]$^{k+1}$≤IN[B]^k，由单调性可知 OUT[B]$^{k+1}$≤OUT[B]^k。

请注意，每一个 IN[B] 和 OUT[B] 值的改变都必须满足上述等式。交汇运算返回的是其输入的最大下界，且传递函数返回的值是和基本块本身及它的给定输入一致的唯一解。因此，如果该迭代算法终止，其结果值至少和任何其他解的相应值一样大。也就是说，算法 9.25 的结果是数

据流方程式的最大不动点。

最后考虑第三点，即数据流框架具有有穷高度的情况。因为每个 IN[B]和 OUT[B]的值在每次被改变时都会减小，而程序在某一轮循环中没有值改变时就会停止，因此算法的迭代次数不会大于框架高度和流图结点个数的乘积，因此算法必然终止。

9.3.4 数据流解的含义

现在我们知道使用前面的迭代算法得到的解是最大不动点，但从程序语义的角度来看，这个结果又代表了什么呢？为了理解一个数据流框架$(D, F, V, \wedge)$的解，我们首先描述一下一个框架的理想解应该是什么样子。我们将给出下面的性质，即一般情况下不能得到理想解，但是算法 9.25 保守地给出了理想解的近似值。

理想解

不失一般性，我们假设现在感兴趣的数据流框架是一个前向的数据流问题。考虑一个基本块 B 的入口点。求理想解的第一步是要找到从程序入口到达 B 的开头的所有可能的执行路径。只有当程序的某次执行能够准确地沿着某条路径进行，这条路径才被称为“可能的”。然后，理想的求解方法将计算每个可能路径尾端的数据流值，并对这些数据流值应用交汇运算得到它们的最大下界。那么，程序的任何执行都不可能在该程序点上产生一个更小的数据流值。另外，这个界限还是紧致的：根据流图中到达 B 的所有可能路径计算得到的数据流值的集合的最大下界不可能变得更大。

我们现在更为正式地定义理想解。对于一个流图中的每个基本块 B，令 f_B 是 B 的传递函数。考虑任意从初始结点 ENTRY 到某个基本块 B_k 中的路径

$$P = \text{ENTRY} \to B_1 \to B_2 \to \cdots \to B_{k-1} \to B_k$$

程序的路径可能包含环，因此一个基本块可能在路径 P 中多次出现。定义 P 的传递函数 f_P 为 f_{B_1}，f_{B_2}，…，$f_{B_{k-1}}$的函数组合的结果。请注意，f_{B_k}没有参与组合运算，这表明这条路径只到达 B_k 的开头，而不是其结尾。执行这条路径而创建的数据流值就是$f_P(v_{\text{ENTRY}})$，其中 v_{ENTRY}是代表初始结点 ENTRY 的常值传递函数的结果。因此，基本块 B 的理想结果是

$$\text{IDEAL}[B] = \bigwedge_{P\text{是从ETNRY到}B\text{的一个可能路径}} f_P(v_{\text{ENTRY}})$$

按照问题中数据流框架的格理论偏序关系≤，我们有下面的结论：

- 任何比 IDEAL 更大的答案都是错误的。
- 任何小于或者等于这个理想值的值都是保守的，即安全的。

直观地讲，越接近理想值的值就越精确[⊖]。下面说明为什么方程的解和理想值之间必须具有≤关系。请注意，对于任何基本块，只要忽略程序可能执行的某些路径就可能得到该基本块的大于 IDEAL 的解。但是，如果我们基于这样的较大解来改进代码，就不能保证这些被忽略的路径中一定不会有某些执行效果使得我们的代码改进不正确。反过来，任何小于 IDEAL 的值都可以被看作是包含了某些不必要的路径，它们可能是流图中不存在的路径，也可能流图中存在此路径但程序却不会按这条路径执行。这些较小的解将只允许进行对程序的所有可能执行都正确的转换，但是它们会禁止 IDEAL 值原本允许的某些转换。

基于路径交汇运算的解

但是正如 9.1 节中所讨论的，寻找所有可能的执行路径是一个不可判定问题。因此，我们必

⊖ 请注意，在一个前向的问题中，我们希望 IN[B]的值等于 IDEAL[B]的值。我们没有在这里讨论逆向的问题。在逆向的问题中，我们把 IDEAL[B]定义为 OUT[B]的理想值。

须使用近似方法。在数据流抽象中，假设流图中的每条路径都可能被执行。因此，我们可以用如下方法定义 B 的基于路径交汇运算的解。

$$\text{MOP}[B] = \bigwedge_{P\text{是从ETNRY到}B\text{的一个流图路径}} f_P(v_{\text{ENTRY}})$$

请注意，和前面讨论 IDEAL 时一样，MOP[B]解给出的是前向数据流框架中 IN[B]的值。如果我们要考虑反向数据流框架，那么我们会把 MOP[B]当作 OUT[B]的值。

在 MOP 解中考虑的路径是所有可能被执行路径的超集。因此，MOP 解中交汇运算的输入不仅包括所有可执行路径的数据流值，还包括了一些和不可能执行路径相关的数据流值。把理想解和一些其他的值进行交汇运算不可能创造出一个大于理想值的解。因此，对所有的 B，我们有 MOP[B] $\leqslant$IDEAL[B]。我们简单地说 MOP$\leqslant$IDEAL。

最大不动点和 MOP 解

请注意，如果流图包含环，那么在 MOP 解中需要考虑的路径数量仍然是无界的。因此，不能直接由 MOP 的定义得到算法。当然，迭代算法也不是先找到所有到达一个基本块的路径，然后再应用交汇运算的，而是采用如下方法：

1）这个迭代算法访问各个基本块，其访问的顺序并不一定是执行的顺序。

2）在每个路径交汇点，算法对当前已经得到的数据流值应用交汇运算。其中一部分被使用的值可能是在初始化过程中人为加入的，并不表示从程序开始的执行结果。

那么，MOP 解和算法 9.25 产生的 MFP 解之间有何关系呢？

我们首先讨论一下访问结点的顺序。在一次迭代中，我们可能在访问一个结点的前驱之前就访问这个结点。如果其前驱为 ENTRY 结点，OUT[ENTRY]已被初始化为正确的常量值。其他结点的 OUT 值被初始化为顶元素$\top$，这个值不小于最后的结果。由单调性可知，使用$\top$作为输入得到的结果不小于期望解。从某种意义上说，我们把$\top$当作表示不包含任何信息的值。

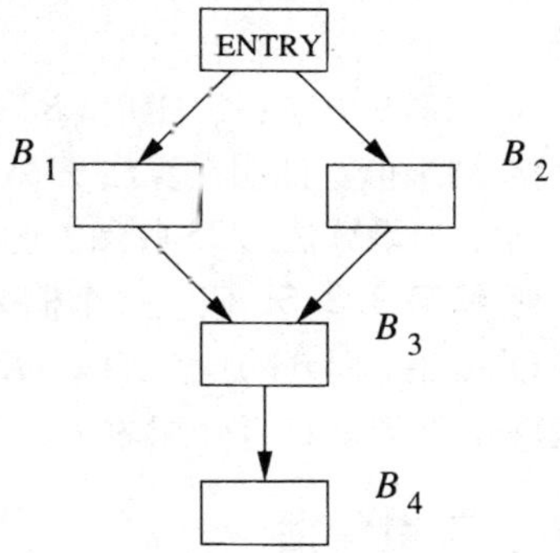

图 9-24　说明提前应用路径交汇运算的效果的流图

提前应用交汇运算的效果是什么呢？考虑图 9-24 中的简单例子，并假设我们对 IN[B_4]的值感兴趣。根据 MOP 的定义：

$$\text{MOP}[B_4] = ((f_{B_3} \circ f_{B_1}) \wedge (f_{B_3} \circ f_{B_2}))(v_{\text{ENTRY}})$$

在迭代算法中，如果我们按照 B_1、B_2、B_3、B_4 的顺序访问结点，那么

$$\text{IN}[B_4] = f_{B_3}((f_{B_1}(v_{\text{ENTRY}}) \wedge f_{B_2}(v_{\text{ENTRY}})))$$

在 MOP 的定义中最后才应用交汇运算，而迭代算法则提早使用这个函数。只有当数据流框架为可分配时得到的解才是相同的。如果一个数据流框架单调但不可分配，我们仍然有 IN[B_4] $\leqslant$MOP[B_4]。回忆一下，总的来说，如果对所有的基本块 B 都有 IN[B] $\leqslant$IDEAL[B]，那么这个解就是安全的(保守的)。这个解当然是安全的，因为 MOP[B] $\leqslant$IDEAL[B]。

我们现在简略说明一下为什么迭代算法提供的 MFP 解总是安全的。对 i 进行简单的归纳就可以表明在第 i 次迭代之后得到的值小于或等于对所有长度小于等于 i 的路径进行交汇运算而得到的值。但是当迭代算法终止的时候，它得到的值和再进行任意多次迭代所得到的值相同。因此其结果不会大于 MOP 解。因为 MOP$\leqslant$IDEAL 且 MFP$\leqslant$MOP，我们知道 MFP$\leqslant$IDEAL，因此由迭代算法提供的 MFP 解是安全的。

9.3.5 9.3 节的练习

练习 9.3.1：构造一个三个格的乘积的格图。其中的每个格都是基于单一定值 $d_i(i=1,2,3)$。得到的格图和图 9-22 中的格图有什么关系？

！**练习 9.3.2：**在 9.3.3 节中，我们说如果框架具有有限的高度，那么迭代算法收敛。这里给出一个框架没有有限高度且迭代算法也不收敛的例子。令值集 V 是非负实数，令交汇运算为取最小值运算。有三个传递函数：

1）单元函数 $f_I(x)=x$。

2）"半"函数，即函数 $f_H(x)=x/2$。

3）"一"函数，即函数 $f_O(x)=1$。

传递函数的集合 F 是这三个函数以及它们按照各种可能方式组合得到的函数。

1）描述函数集 F。

2）这个框架的 $\leqslant$ 关系是什么？

3）给出一个流图并在流图的各个结点上赋予传递函数，使得算法 9.25 对这个流图不收敛。

4）这个框架是单调的吗？它是可分配的吗？

！**练习 9.3.3：**我们说如果框架单调且具有有限高度，那么算法 9.25 收敛。这里给出一个框架的例子。它说明单调性是很重要，有穷高度不足以保证算法收敛。这个框架的域 V 是 $\{1,2\}$，交汇运算是 min，而函数集 F 只有单元函数(f_I)和"替换"函数($f_S(x)=3-x$)，它的功能是使得值在 1 和 2 之间互换。

1）说明这个框架具有有限高度，但是不单调。

2）给出一个流图的例子，并给每个结点赋予一个传递函数，使得算法 9.25 对这个流图不收敛。

！**练习 9.3.4：**令 $\text{MOP}_i[B]$ 为所有从程序入口结点到达基本块 B 的长度不大于 i 的路径的交汇运算结果值。证明在算法 9.25 迭代 i 次之后，$\text{IN}[B] \leqslant \text{MOP}_i[B]$。同时证明，作为上面结论的推论，如果算法 9.25 收敛，它必然收敛于某个和 MOP 解具有 $\leqslant$ 关系的值。

！**练习 9.3.5：**假设一个框架的传递函数集合 F 具有 gen-kill 形式。也就是说，域 V 是某个集合的幂集，而 $f(x)=G\cup(x-K)$，其中 G 和 K 是两个集合。证明如果交汇运算是并集运算或交集运算，框架都是可分配的。

9.4 常量传播

在 9.2 节中讨论的所有数据流模式实际上都是具有有限高度的可分配框架的简单例子。这样，迭代算法 9.25 的前向或逆向版本可以用来解决这些问题，并求出每个问题的 MOP 解。在本节中，我们将深入研究一个具有更多有趣性质的有用的数据流框架。

回忆一下常量传播(或者说"常量折叠")，即把那些在每次运行时总是得到相同常量值的表达式替换为该常量值。下面描述的常量传播框架和至今已经讨论的数据流问题都有所不同。不同之处在于：

1）它的可能数据流值的集合是无界的。即使对于一个确定的流图也是如此。

2）它不是可分配的。

常量传播是一个前向数据流问题。表示此问题数据流值的半格和问题的传递函数族在下面给出。

9.4.1 常量传播框架的数据流值

这个问题的数据流值的集合是一个乘积格，其中每个分量对应于程序中的一个变量。单个变量的格由下列元素组成：

1）所有符合该变量的类型的常量值。

2）值 NAC，即 not-a-constant，表示非常量值。当确定一个变量的值不是常量值时，该变量就被映射到值 NAC。这个变量被映射到 NAC 值的原因可能是它被赋予了一个输入变量的值，或者它从一个不具常量值的变量中获得值，也可能是在到达同一程序点的不同路径上被赋予不同的常量值。

3）值 UNDEF，代表未定义。如果还不能确定任何有关这个变量的信息，就把它映射到这个值上。原因很可能是还没有发现有哪个对这个变量的定值能够到达问题中的程序点。

请注意，NAC 和 UNDEF 是不同的，实质上它们是对立的。NAC 说我们已经知道一个变量有多种定值方式，因此我们知道它不是常量；UNDEF 是说有关这个变量我们知道得非常少，以至于我们根本不能确定任何事情。

一个典型的整数类型变量的半格如图 9-25 所示。这里，顶元素是 UNDEF，底元素是 NAC。也就是说，半格的偏序的最大值是 UNDEF，最小值是 NAC。其他的常量值是无序的，但是它们都比 UNDEF 小而比 NAC 大。如 9.3.1 节所讨论的，两个值的交是它们的最大下界。因此，对于所有的值 v，有

$$\text{UNDEF} \wedge v = v \text{ 且 } \text{NAC} \wedge v = \text{NAC}$$

对于任意的常量 c，有

$$c \wedge c = c$$

且给定两个不同的常量 c_1 和 c_2，有

$$c_1 \wedge c_2 = \text{NAC}$$

这个框架中的一个数据流值是从程序中的各个变量到上面的常量半格中的某个值的映射。变量 v 在一个映射 m 中的值记为 $m(v)$。

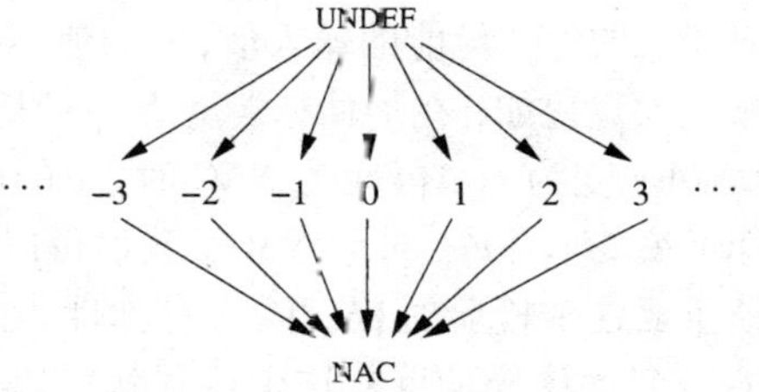

图 9-25　表示了一个整数类型变量的所有可能“取值”的半格

9.4.2　常量传播框架的交汇运算

这个数据流问题的数据流值的半格就是图 9-25 中所示半格的乘积，对于每个变量有一个图 9-25 中所示的半格。因此，$m \leqslant m'$ 当且仅当对于所有的变量 v 都有 $m(v) \leqslant m'(v)$。换句话说，$m \wedge m' = m''$ 当且仅当对于所有的变量 v，$m(v) \wedge m'(v) = m''(v)$。

9.4.3　常量传播框架的传递函数

下面我们假设一个基本块只包含一个语句。包含多个语句的基本块的传递函数可以通过将各个语句对应的传递函数组合起来而构造得到。函数集合 F 由一组传递函数组成，这些传递函数接受的输入是一个从程序变量到常量格中元素的映射，而其返回值则是另一个这样的映射。

F 包含一个单元函数，它接受一个映射作为输入并返回相同的映射。F 也包含了对应于 ENTRY 结点的常值传递函数。这个传递函数对于任意的输入映射都返回映射 m_0，而对于所有的变量 v，$m_0(v) = \text{UNDEF}$。因为在执行任何程序语句之前任何变量都没有定义，因此这个边界条件是合理的。

一般来说，令 f_s 为语句 s 的传递函数，并令 m 和 m' 表示满足 $m' = f_s(m)$ 的两个数据流值。我们将用 m 和 m' 之间的关系来描述 f_s。

1）如果 s 不是一个赋值语句，那么 f_s 就是单元函数。

2）如果 s 是一个对变量 x 的赋值，那么对于所有变量 $v \neq x$，$m'(v) = m(v)$；其中 $m'(x)$ 的定

义如下：

ⓐ 如果语句 s 的右部(RHS)是一个常量 c，那么 $m'(x)=c$。

ⓑ 如果 RHS 形如 $y+z$[⊖]，那么

$$m'(x)=\begin{cases} m(y)+m(z) & \text{如果 } m(y) \text{ 和 } m(z) \text{ 都是常量值} \\ \text{NAC} & \text{如果 } m(y) \text{ 或者 } m(z) \text{ 是 NAC} \\ \text{UNDEF} & \text{否则} \end{cases}$$

ⓒ 如果 RHS 是其他表达式(比如一个函数调用，或者使用指针的赋值)，那么 $m'(x)=\text{NAC}$。

9.4.4 常量传递框架的单调性

现在我们来证明常量传递框架是单调的。首先，我们可以考虑一个函数 f_s 对于单个变量的影响。除了情况 2(b)之外，f_s 要么没有改变 $m(x)$ 的值，要么把 x 的映射值改成一个常量或者 NAC。在这些情况下，f_s 无疑是单调的。

对于情况 2(b)，f_s 的影响如图 9-26 所示。第一列和第二列代表 y 及 z 的可能输入值，最后一列表示 x 的输出值。每列(或者每个子列)中的值按照从大到小的方式排列。为了说明函数的单调的，我们将检验下面的性质，即对于 y 的每个可能的输入值，x 的值不会在 z 值变小的时候变大。比如，在 y 具有常量值 c_1 的情况下，当 z 的值从 UNDEF 变为 c_2、再变为 NAC 时，x 的取值相应地从 UNDEF 变为 c_1+c_2、再到 NAC。我们可以对 y 的所有可能取值重复这个检验过程。因为对称性，我们甚至不需要对第二个运算分量重复这个过程就可以得出结论：当输入变小的时候输出不会变大。

$m(y)$	$m(z)$	$m'(x)$
UNDEF	UNDEF	UNDEF
	c_2	UNDEF
	NAC	NAC
c_1	UNDEF	UNDEF
	c_2	c_1+c_2
	NAC	NAC
NAC	UNDEF	NAC
	c_2	NAC
	NAC	NAC

图 9-26 x = y + z 的常量传播函数

9.4.5 常量传播框架的不可分配性

上面定义的常量传播框架是单调的，但不是可分配的。也就是说，迭代解 MFP 是安全的，但是可能比 MOP 解小。可以用一个例子来证明这个框架不是可分配的。

例 9.26 在图 9-27 的程序中，x 和 y 在基本块 B_1 中被分别设置为 2 和 3，而在基本块 B_2 中被分别设置为 3 和 2。我们知道，不管按照哪条路径执行，在基本块 B_3 的结尾处 z 的值都是 5。但是，上面的迭代算法没有发现这个事实。相反地，它在 B_3 的入口处应用交汇运算，并把 x 和 y 的值都设置为 NAC。因为两个 NAC 相加的结果还是 NAC，算法 9.25 在程序的出口处产生的输出是 $z=\text{NAC}$。这个结果是安全的，但是不够精确。算法 9.25 不够精确的原因是它没有跟踪 x 和 y 之间的相关性：当 x 是 2 时 y 必然是 3，而当 x 是 3 时 y 必然是 2。可以使用一个更加复杂的框架来跟踪包含程序变量的表达式之间的相等关系，但是这个方法的代价要高得多。这个方法将在练习 9.4.2 中讨论。

从理论上讲，我们可以把精确度的丧失归因于常量传播框架的不可分配性。令 f_1、f_2、f_3 分别是代表基本块 B_1、B_2、B_3 的传递函数。如图 9-28 所示，

$$f_3(f_1(m_0)\wedge f_2(m_0))<f_3(f_1(m_0))\wedge f_3(f_2(m_0))$$

体现了这个框架的不可分配性。 □

⊖ 和往常一样，+表示一个一般性的运算符号，而不是只表示加法。

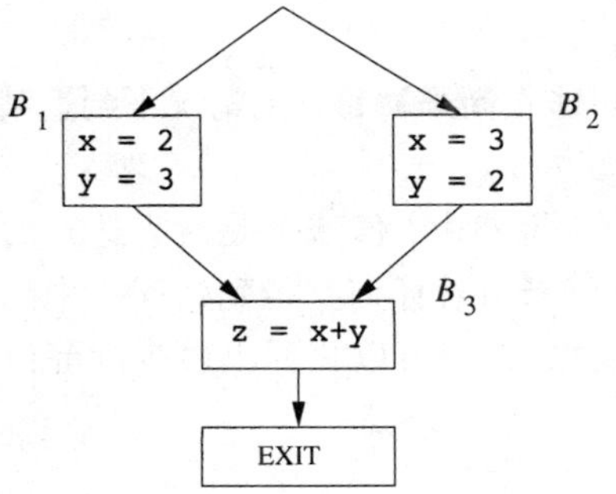

图 9-27　一个说明常量传播框架不可分配的例子

m	$m(x)$	$m(y)$	$m(z)$
m_0	UNDEF	UNDEF	UNDEF
$f_1(m_0)$	2	3	UNDEF
$f_2(m_0)$	3	2	UNDEF
$f_1(m_0) \wedge f_2(m_0)$	NAC	NAC	UNDEF
$f_3(f_1(m_0) \wedge f_2(m_0))$	NAC	NAC	NAC
$f_3(f_1(m_0))$	2	3	5
$f_3(f_2(m_0))$	3	2	5
$f_3(f_1(m_0)) \wedge f_3(f_2(m_0))$	NAC	NAC	5

图 9-28　不可分配的传递函数的例子

9.4.6 对算法结果的解释

在迭代算法中使用值 UNDEF 有两个目的：初始化 ENTRY 结点，以及在迭代之前对程序内部的点进行初始化。UNDEF 在这两种情况下的含义略有不同。第一种情况是说变量在程序开始执行的时候是没有定值的；第二种情况是表示因为在迭代过程开始的时候缺乏信息，因此我们把解近似估算为顶元素 UNDEF。在迭代过程结束后，在 ENTRY 结点的出口处各个变量的值仍然是 UNDEF，因为 OUT[ENTRY] 不会改变。

UNDEF 值也可能出现在某些其他的程序点上。它们的出现意味着在到达该程序点的所有路径中尚未发现任何对该变量的定值。请注意，根据我们定义交汇运算的方式，只要有一个对该变量定值的路径到达该程序点，变量的值就不是 UNDEF 了。如果到达一个程序点的所有定值都有同样的常量值，那么即使该变量可能在某些路径上没有被定值，它仍然会被当作是常量。

如果假设被分析的程序是正确的，我们的算法就可以发现比不做这个假设时更多的常量。也就是说，我们的算法会为可能未定值的变量选择适当的值，以便程序能够更加高效地执行。在大多数程序设计语言中，这种改变是合法的，因为在这些语言中未定值的变量可以取任何值。如果语言的语义要求所有未定值的变量取某个特定的值，那么我们就必须相应地改变在这个数据流问题中使用的公式。如果我们对寻找程序中可能未定值的变量感兴趣，就可以用公式刻画出一个不同的数据流分析问题，以提供相应的结果（见练习 9.4.1）。

例 9.27　在图 9-29 中，变量 x 在基本块 B_2 和 B_3 的出口处的值分别为 10 和 UNDEF。因为 UNDEF $\wedge$ 10 = 10，x 在基本块 B_4 的入口点的值是 10。因此可以在使用 x 的基本块 B_5 中把 x 替换为常量 10，从而对 B_5 进行优化。如果被执行的路径是 $B_1 \rightarrow B_3 \rightarrow B_4 \rightarrow B_5$，那么到达基本块 B_5 时 x 的值尚未定值。因此把对 x 的使用替换为 10 看起来是不正确的。

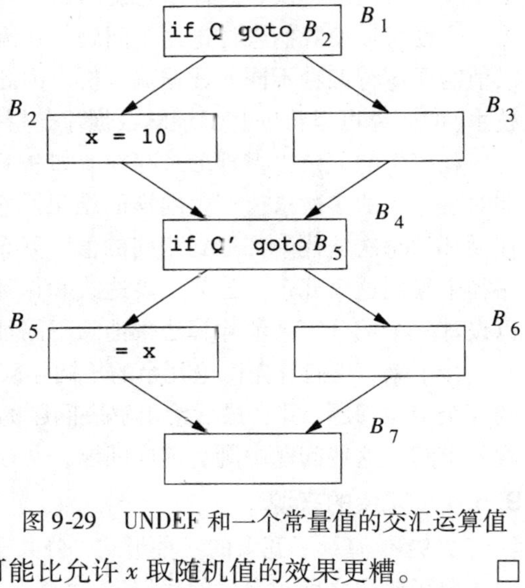

图 9-29　UNDEF 和一个常量值的交汇运算值

但是如果断言 Q' 为真时断言 Q 不可能为假，那么这个执行路径实际上不可能出现。虽然程序员可能知道这个事实，但判定这个事实已经超出了任何数据流分析技术的能力。因此，如果我们假设程序是正确的，并且所有变量在被使用之前都已经定值，那么 x 在基本块 B_5 开始处的值只能是 10。如果程序一开始就是不正确的，那么选择 10 作为 x 的值不可能比允许 x 取随机值的效果更糟。□

9.4.7 9.4 节的练习

！**练习 9.4.1**：假设我们希望检测一个变量是否有可能在尚未初始化的情况下到达某个使用它的程序点。你将如何修改本节中的框架来检测这种情况？

!! **练习 9.4.2**：在一个有趣且功能强大的数据流分析框架中，值域 V 是对表达式的所有可能的分划。两个表达式在此分划的同一个等价类中当且仅当沿着任何路径到达问题中的程序点时它们一定具有相同的值。为了避免列出无穷多个表达式，我们可以只列出最少的等值表达式对来表示 V。比如，如果我们执行语句

```
a = b
c = a + d
```

那么最小的等值表达式对的集合是 $\{a \equiv b,\ c \equiv a - d\}$。从这些表达式对可以推出其他的等值关系，比如 $c \equiv b + d$ 和 $a + e \equiv b + e$ 等，但是没有必要明确地把这些表达式都列出来。

1）适用于这个框架的交汇运算是什么？

2）给出一个数据结构来表示域中的值，并给出一个算法来实现交汇运算。

3）适用于各个语句的传递函数是什么？解释一下 $a = b + c$ 这样的语句对于一个表达式分划（即 V 中的一个值）的影响。

4）这个框架是单调的吗？是可分配的吗？

9.5 部分冗余消除

在本节中，我们详细考虑如何尽量减少表达式求值的次数。也就是说，我们希望考虑一个流图中所有可能的执行顺序并检查 $x + y$ 这样的表达式被求值的次数。通过移动各个对 $x + y$ 求值的位置，并在必要时把求值结果保存在临时变量中，我们常常可以在很多执行路径中减少这个表达式被求值的次数，并保证不增加任何路径中的求值次数。请注意，在流图中 $x + y$ 被求值的位置可能增多，但是相对来说这一点并不重要，只要对表达式 $x + y$ 求值的次数被减少就行了。

应用本节开发的代码转换可以提高所生成的代码的性能。这是因为，正如我们即将看到的，在改进后的代码中，只有在绝对必要时才会进行一次运算。每个优化编译器都或多或少地实现了本节中描述的转换，虽然有些编译器使用的算法没有本节中的算法那么“激进”。但是，还有另一个动机促使我们来讨论这个问题。在流图中寻找（一个或多个）适当的位置来对各个表达式求值需要进行四种不同的数据流分析。因此，对“部分冗余消除”（即尽量减少表达式求值次数的技术）的研究可以帮助我们理解数据流分析技术在编译器中所扮演的角色。

程序中的冗余以多种形式存在。如 9.1.4 节所讨论的，它可能以公共子表达式的形式存在，即对表达式的多次求值产生同样的结果。它也可能以循环不变表达式的方式存在，这个表达式在循环的每次迭代中都得到相同的值。冗余也可能是部分性的，即只能在部分路径而不是全部路径中找到这个冗余。公共子表达式和循环不变表达式可以被看作是部分冗余的特例。因此可以设计一个部分冗余消除算法来消除不同种类的冗余。

接下来，我们首先讨论冗余的不同形式，以便对这个问题有直观的理解。然后再描述一般性的冗余消除问题，并在最后给出解决问题的算法。这个算法很有意思，因为它涉及多种数据流问题的求解。这些问题中既有前向问题，也有逆向问题。

9.5.1 冗余的来源

图 9-30 演示了冗余的三种形式：公共子表达式、循环不变表达式和部分冗余表达式。该图中给出了优化之前和之后的代码。

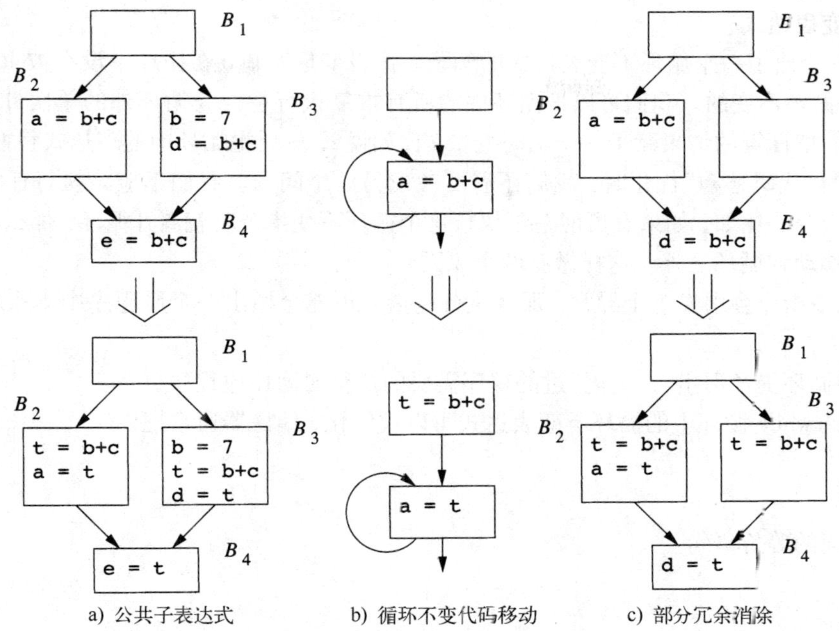

图 9-30　各种冗余的例子

全局公共子表达式

在图 9-30a 中，基本块 B_4 中计算的表达式 $b+c$ 是冗余的。不管按照哪条路径，当控制流到达 B_4 时这个表达式在之前已经被求过值了。正如我们在这个例子中观察到的，在不同的路径上表达式可能取不同的值。我们可以按照下面的方法优化代码。在基本块 B_2 和 B_3 中把 $b+c$ 的计算结果存放到同一个临时变量（比如说 t）中。然后在基本块 B_4 中不再重新计算这个表达式，而是直接把 t 的值赋给 e。如果在对 $b+c$ 的最后一次求值之后以及基本块 B_4 之前对 b 或 c 有一个赋值运算，那么 B_4 中的这个表达式就不再是冗余的。

正式地讲，如果按照 9.2.6 节的说法，一个表达式 $b+c$ 在程序点 p 上是一个可用表达式，我们就说该表达式在该点上是（完全）冗余的。也就是说，在所有到达 p 的路径中，表达式 $b+c$ 已经被求过值，并且在最后一次求值之后变量 b 和 c 没有被重新定值。后一个条件是必须的，因为虽然从字面上看表达式 $b+c$ 在到达点 p 时已经执行过了，但在 p 点计算得到的 $b+c$ 的值可能是不同的，因为运算分量可能已经改变了。

寻找“深层”公共子表达式

使用可用表达式分析来寻找冗余表达式时只能够找出字面上相同的可用表达式。比如，如果两个代码片断

```
t1 = b + c; a = t1 + d;
```

和

```
t2 = b + c; e = t2 + d;
```

之间 b 和 c 没有被重新定值，那么应用公共子表达式消除可以发现在第一个代码片断中的 $t1$ 和第二个代码片断中的 $t2$ 具有相同的值。但是它无法发现 a 和 e 的值也相同。如果要找出这一类“深层”的公共子表达式，我们可以重复应用公共子表达式消除技术，直到某一次应用时找不到新的公共子表达式为止。另一种可能的方法是使用练习 9.4.2 中的框架来找出“深层”公共子表达式。

循环不变表达式

图 9-30b 给出了一个循环不变表达式的例子。假设变量 b 和 c 在循环中没有被重新定值，那么 $b+c$ 就是循环不变的。我们可以把循环中的所有重复执行替换为循环外的单次计算，从而优化程序。我们把计算的结果赋予一个临时变量，比如说 t，然后把循环中的表达式替换为 t。当进行与此类似的“代码移动”优化时，我们还需要考虑另一个问题。我们不应该执行任何在未优化时不执行的指令。比如，如果有可能在不执行这个循环不变指令时就离开循环，那么我们就不应该把该指令移动到循环之外。这样做有两个原因。

1）如果该指令会引发一个异常，那么执行此指令可能会抛出一个原程序中本来不会发生的异常。

2）如果循环提早退出，“优化”过的程序需要的执行时间比原程序更多。

为了保证 while 循环中的循环不变表达式可以被优化，编译器通常把语句

```
while c {
    S;
}
```

表示成为下面的等价语句

```
if c {
    repeat
        S;
    until not c;
}
```

通过这种方法，各个循环不变表达式可以直接放置在 repeat-until 结构之前。

在公共子表达式消除中，一个冗余的表达式计算被直接丢弃。循环不变表达式消除和公共子表达式消除不同，它要求把循环内的一个表达式移动到循环之外。因此，这个优化通常叫做“循环不变代码移动”。循环不变代码移动可能需要重复进行，因为一旦一个变量被确定具有循环不变的值，使用这个变量的某些表达式也可能成为循环不变的。

部分冗余表达式

一个部分冗余表达式的例子如图 9-30c 所示。基本块 B_4 中的表达式 $b+c$ 在路径 $B_1 \to B_2 \to B_4$ 上冗余，但是在路径 $B_1 \to B_3 \to B_4$ 上不冗余。我们可以在基本块 B_3 上放一个计算 $b+c$ 的指令，从而消除前一条路径上的冗余。所有 $b+c$ 的计算结果都被写进临时变量 t，并且 B_4 中对 $b+c$ 的计算用 t 替代。因此，和循环不变代码移动一样，部分冗余消除需要放置一些新的表达式计算指令。

9.5.2 可能消除所有冗余吗

可能消除各条路径上的所有冗余计算吗？除非我们能够通过创建新的基本块来改变流图，否则答案是“不能”。

例 9.28 在图 9-31a 显示的例子中，如果程序的执行路径是 $B_1 \to B_2 \to B_4$，则表达式 $b+c$ 在基本块 B_4 中冗余地计算。但是，我们不能简单地把 $b+c$ 的计算指令移动到 B_3，因为这么做会在执行路径为 $B_1 \to B_3 \to B_5$ 时多计算一次 $b+c$。

我们想做的是在基本块 B_3 和 B_4 之间的边上插入 $b+c$ 的计算指令。为了插入这个指令，我们可以创建一个新的基本块，比如 B_6，把该指令放到 B_6 中，并使得从 B_3 开始的控制流首先经过 B_6 再到达 B_4。这个转换显示在图 9-31b 中。 □

我们把所有从一个具有多个后继的结点到达另一个具有多个前驱的结点的边定义为流图的关键边（critical edge）。通过在关键边上引入新的基本块，我们总是可以找到一个基本块作为放置表达式的适当位置。比如在图 9-31b 中从 B_3 到 B_4 的边就是关键边，因为 B_3 具有两个后继而 B_4 有两个前驱。

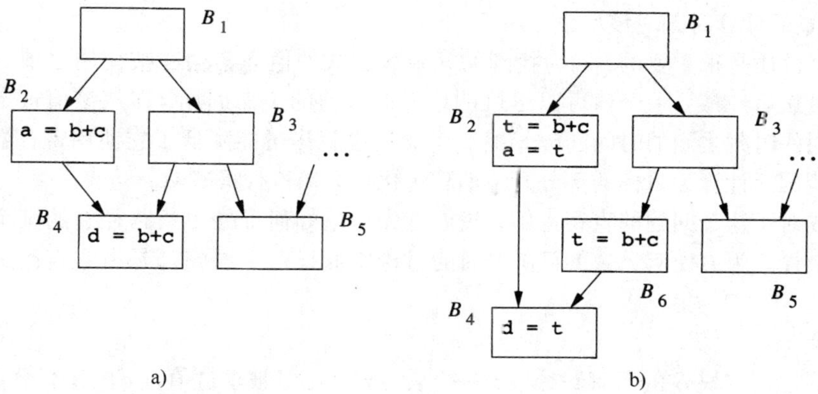

图 9-31 $B_3 \to B_4$ 是一条关键边

仅靠增加基本块可能不足以消除所有的冗余计算。如例 9.29 所示，我们要复制代码，以便把找到的具有冗余特性的路径隔离开来。

例 9.29 在图 9-32a 所示的例子中，表达式 $b+c$ 沿着路径 $B_1 \to B_2 \to B_4 \to B_6$ 被冗余地计算。我们可能愿意从这条路径的基本块 B_6 中删除 $b+c$ 的冗余计算，并只在路径 $B_1 \to B_3 \to B_4 \to B_4$ 上计算这个表达式。但是，源程序中没有哪个程序点或边唯一地对应于第二条路径。为了创建这样一个程序点，我们可以复制一对基本块 B_4 和 B_6，其中的一对经过 B_2 到达，而另一对经过 B_3 到达，如图 9-32b 所示。基本块 B_2 中的表达式 $b+c$ 的结果存放在 t 中，并在 B'_6 中被移动到变量 d 中。B'_6 是从 B_2 到达的 B_6 的拷贝。 □

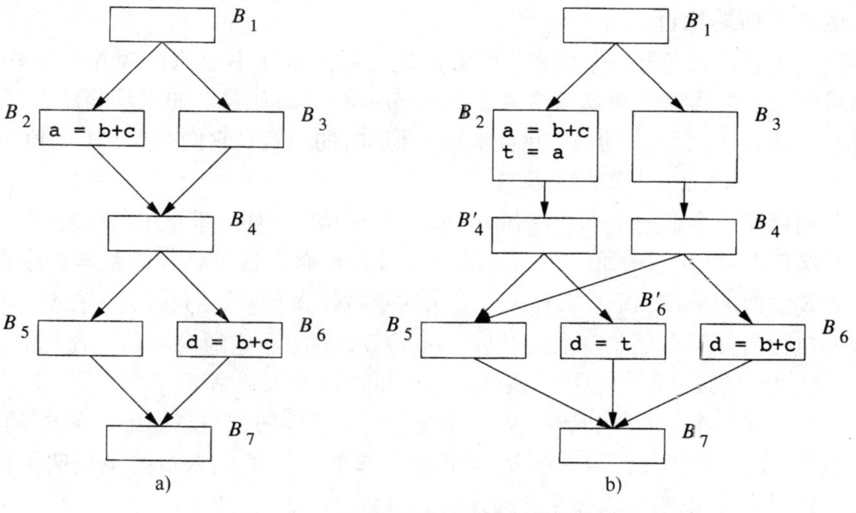

图 9-32 为消除冗余所做的代码复制

因为路径数目和程序中条件分支的数目之间具有指数关系，所以消除所有的冗余表达式可能会大大增加优化后代码的大小。因此我们对所讨论的冗余消除技术做了一些限制，即只允许引入新的基本块，但是不允许复制控制流图的任何部分。

9.5.3 懒惰代码移动问题

我们期望使用部分冗余消除算法进行优化而得到的程序能够具有下列性质：

1）所有不复制代码就可以消除的表达式冗余计算都被消除掉了。

2）优化后的程序不会执行原来的程序中不执行的任何计算。

3）表达式的计算时刻应该尽量靠后。

最后一个性质是很重要的，因为找到的冗余表达式的值通常会在被使用之前一直存放在寄存器中。尽量靠后地计算一个值可以尽可能地降低该值的生命周期，即从该值被定值的时刻到它最后被使用的时刻之间的时间间隔。缩短生命期也就尽可能降低了它使用寄存器的时间。我们把以尽可能延迟计算为目标的部分冗余消除优化称为*懒惰代码移动*。

为了形成对于这个问题的直观理解，我们首先讨论如何推导单条路径上的某个表达式是否具有部分冗余性。为方便起见，我们在下面的讨论中假设每个语句都是由它自己组成的单语句基本块。

完全冗余

如果在到达基本块 B 的所有路径中，一个表达式 e 已经被求过值且 e 的运算分量在其后没有被重新定值，那么 B 中的 e 就是冗余的。令 S 是那些使得基本块 B 中的 e 变得冗余，并且包含表达式 e 的基本块的集合。所有的从 S 中的某个基本块离开的边必然形成一个*割集*（cut set）。如果把这些边删除，那么基本块 B 必然和程序的入口点分离。而且，在从 S 中的基本块到 B 的路径中，e 的所有运算分量都没有被重新定值。

部分冗余

如果基本块 B 中的一个表达式 e 只是部分冗余，那么懒惰代码移动算法将在该流图中放置这个表达式的附加拷贝，试图使得 B 中的 e 成为完全冗余的。如果该尝试成功，那么经过优化后的流图也会有一个基本块的集合 S，其中的每个基本块都包含表达式 e，并且离开它们的边成为程序入口和 B 的割集。和完全冗余的情况一样，e 的所有运算分量都不会在从 S 中的基本块到 B 的路径上被重新定值。

9.5.4 表达式的预期执行

对于被插入的表达式还有一个约束，即保证优化后的程序不会执行额外的运算。一个表达式的各个拷贝所放置的程序点必须*预期执行*（anticipated）此表达式。如果从程序点 p 出发的所有路径最终都会计算表达式 $b+c$ 的值，并且 b 和 c 在那时的值就是它们在点 p 上的值，那么我们说一个表达式 $b+c$ 在程序点 p 上被预期执行。

现在让我们研究一下在一个无环路径 $B_1 \to B_2 \to \cdots \to B_n$ 中消除部分冗余时应该做些什么。假设表达式 e 仅仅在 B_1 和 B_n 中求值，并且 e 的运算分量没有在这条路径的基本块中被重新定值。假设有一些边和上面的路径交汇，也有一些边从这条路径离开。我们看到，e 在基本块 B_i 的入口处没有被预期执行当且仅当存在一个从 $B_j(i \leqslant j < n)$ 发出的边，它通向一条不使用 e㊀的值的执行路径。因此，对执行的预期限制了一个表达式最前可以被插入到哪里。

我们就可以创建一个包含了边 $B_{i-1} \to B_i$ 的满足下面条件的割集。如果 e 在 B_i 的入口处可用或者被预期执行，这个割集就使得 e 在 B_n 中冗余。如果 e 在 B_i 的入口处被预期执行却不可用，我们必须在这条进入 B_i 的边上放一个 e 的拷贝。

我们可以选择放置表达式拷贝的位置，因为流图中通常有多个割集满足所有要求。在上面的讨论中，表达式的计算在进入我们所关心的路径的边上引入。这样做可以在不引入冗余计算的情况下使得表达式的计算尽量靠近对表达式值的使用。请注意，这些被引入的运算本身可能因为程序中同一个表达式的其他实例而体现出部分冗余性。这种部分冗余性可以通过进一步上移计算过程而消除。

㊀ 请注意，对表达式值的使用和对变量值的使用不同，它实际上是说该表达式出现在某个语句的右部。——译者注

总结一下，对表达式的预期执行限制了一个表达式可以被放置得有多靠前。不能把它放置得太靠前，以至于放置它的地方还没有预期执行它。一个表达式被放置得越靠前，能够删除的冗余性就越多。在能够消除同样的冗余性的各个解中，最后一个计算该表达式的位置可以使存放该表达式的寄存器的生命周期最小化。

9.5.5 懒惰代码移动算法

至此，这里的讨论给出了一个包含四个步骤的算法。第一步使用执行预期来确定表达式可以被放在哪里；第二步寻找最前的能够在不复制代码且不引入不必要计算的情况下消除最多的冗余运算的割集。这个步骤把表达式的计算放置在最前的预期执行这些表达式的程序点上。第三步把割集尽量向后推，直到继续后推会改变程序语义或引入新的冗余为止。最后的第四步很简单，它删除那些给只使用一次的对临时变量赋值的语句，达到清洗代码的目的。每一个步骤都伴随一个数据流分析过程：第一个和第四个是逆向数据流问题，而第二个和第三个是前向的数据流问题。

算法概览

1）使用一个逆向数据流分析过程找到各个程序点上预期执行的所有表达式。

2）第二步把对表达式的计算放置在满足下面条件的程序点上。对于每个这样的点，总存在某条路径使得这些点是此路径中第一个预期执行这个表达式的点。我们在一个表达式最先被预期执行的地方放置了该表达式的拷贝之后，假设有一个这样的程序点 p，所有到达它的原有路径中该表达式都被预期执行，那么现在该表达式在程序点 p 上可用。可用性可以用一个前向的数据流分析过程完成。如果我们希望把这个表达式放置在尽量靠前的地方，我们只要找出满足下面条件的程序点就可以了：在这些点上此表达式被预期执行但是不可用。

3）在一个表达式最早被预期执行的地方对表达式求值可能会使得表达式的值在被使用之前很久就被生成了。一个表达式可被后延到某个程序点的条件如下：在到达这个点的所有路径上，这个表达式在这个程序点之前已经被预期执行，但是还没有使用这个值。可后延表达式通过使用一个前向的数据流分析过程找到。我们把表达式放置在不能再后延的程序点上。

4）使用一个简单的逆向数据流分析过程来删除那些给程序中只使用一次的临时变量赋值的语句。

预处理步骤

我们现在给出完整的懒惰代码移动算法。为了使算法简单一些，我们假设开始时每个语句自己组成一个基本块，而且我们只在基本块的开头引入新的表达式计算指令。为了保证这个简化不会降低这个技术的有效性，如果一个边的目标结点有多个前驱，我们就在这个边的源结点和目标结点之间插入一个新的基本块。这么做显然也考虑了对程序中所有的关键边。

我们把每个基本块 B 的语义抽象为两个集合：e_use_B 表示 B 中计算的表达式，而 e_kill_B 表示被 B 杀死的表达式，即某个运算分量在 B 中定值的表达式的集合。在对懒惰代码移动技术中的四个数据流分析模式进行讨论时，将会一直使用例 9.30。这四个数据流分析模式在图 9-34 中进行了简单的定义。

例 9.30 在图 9-33a 的流图中，表达式 $b+c$ 出现三次。因为基本块 B_9 是一个循环的一部分，块中的表达式 $b+c$ 可能被执行很多次。在 B_9 中对此表达式的计算不仅是循环不变的，它还是一个冗余表达式，因为表达式的值已经在基本块 B_7 中使用。对于这个例子来说，我们只需要计算 $b+c$ 两次：一次在基本块 B_5 中计算，而另一次在 B_2 之后到 B_7 之前的路径上计算。本节讨论的懒惰代码移动算法将把表达式计算放置在基本块 B_4 和 B_5 的开头。□

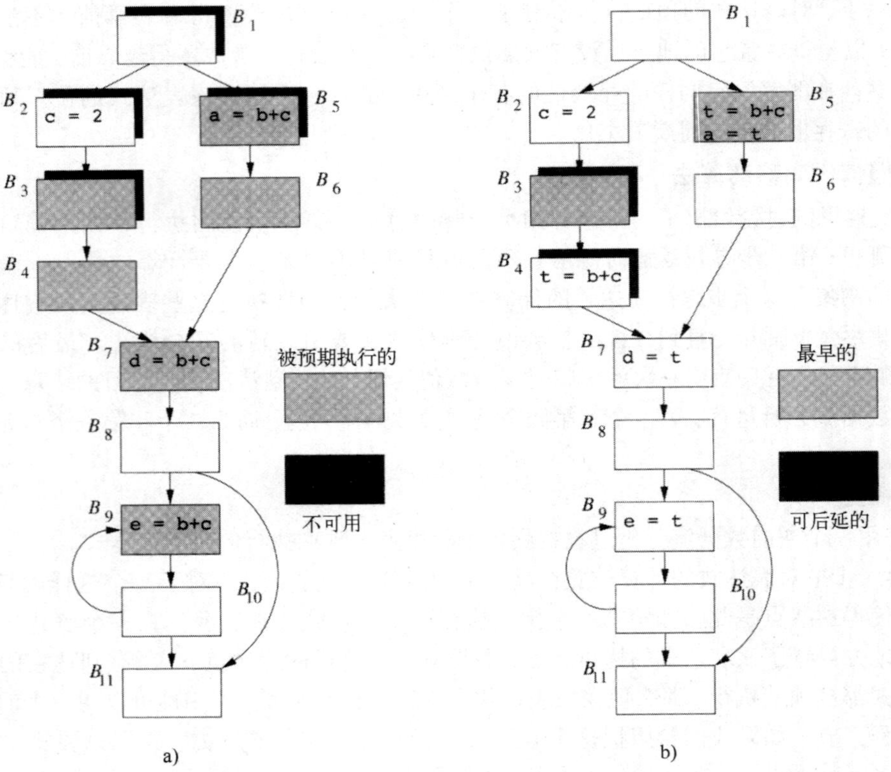

图 9-33 例 9.30 的流图

预期执行的(anticipated)表达式

回顾一下预期执行的定义。如果从程序点 p 出发的所有路径最终都会计算表达式 $b+c$ 的值，并且计算时 b 和 c 的值就是它们在点 p 上的值，那么我们说表达式 $b+c$ 在程序点 p 上被预期执行。

在图 9-33a 中，所有在其入口处预期执行表达式 $b+c$ 的基本块都用浅灰色方块表示。表达式 $b+c$ 在基本块 B_3、B_4、B_5、B_6、B_7 和 B_9 中被预期执行。它在 B_2 的入口处没有被预期执行，这是因为 c 的值在该基本块内被重新计算，因此假如在 B_2 的开始处计算 $b+c$ 的值，这个计算结果不会在任何路径上被使用。在 B_1 的入口处也没有预期执行 $b+c$，因为在从 B_1 到 B_2 的分支上这个计算是不必要的(虽然在路径 $B_1 \to B_5 \to B_6$ 上使用了这个计算)。类似地，因为有 B_8 到 B_{11} 的分支，该表达式也没有在 B_8 的开头被预期执行。一条路径上的各个结点是否预期执行一个表达式可能会不断交替变化，如路径 $B_7 \to B_8 \to B_9$ 所示。

预期执行表达式问题的数据流方程组如图 9-34b 所示。问题的分析过程是逆向的。只有当一个表达式在基本块 B 的出口处被预期执行，且它不在 e_kill_B 集合中，那么它在基本块的入口处也被预期执行。基本块 B 同时也生成一个表达式集合 e_use_B，表示基本块 B 新使用了其中的表达式。在一个程序的出口处没有表达式被预期执行。我们关心的是在所有后继路径中都被预期执行的表达式，因此交汇运算是交集运算。因此，和我们在 9.2.6 节中讨论可用表达式时类似，内部程序点的初始值是表达式的全集 U。

可用(avaiable)表达式

第二步之后，一个表达式的多个拷贝会被分别放置到该表达式首次被预期执行的程序点上。

这么做之后，如果原来的程序中所有到达程序点 p 的路径都预期执行这个表达式，那么现在这个表达式就在点 p 上可用。这个问题和 9.2.6 节中描述的可用表达式问题类似。但是这里使用的传递函数略有不同。一个表达式在一个基本块的出口处可用的条件有两个：

	a) 被预期执行的表达式	b) 可用表达式
域	表达式集合	表达式集合
方向	逆向	前向
传递函数	$f_B(x) = e\_use_B \cup (x - e\_kill_B)$	$f_B(x) = (anticipated[B].in \cup x) - e\_kill_B$
边界条件	$\text{IN[EXIT]} = \emptyset$	$\text{OUT[ENTRY]} = \emptyset$
交汇运算(∧)	$\cap$	$\cap$
方程组	$\text{IN}[B] = f_B(\text{OUT}[B])$ $\text{OUT}[B] = \bigwedge_{S,succ(B)} \text{IN}[S]$	$\text{OUT}[B] = f_B(\text{IN}[B])$ $\text{IN}[B] = \bigwedge_{P,pred(B)} \text{OUT}[P]$
初始化	$\text{IN}[B] = U$	$\text{OUT}[B] = U$

	c) 可后延表达式	d) 被使用的表达式
域	表达式集合	表达式集合
方向	前向	逆向
传递函数	$f_B(x) = (earliest[B] \cup x) - e\_use_B$	$f_B(x) = (e\_use_B \cup x) - latest[B]$
边界条件	$\text{OUT[ENTRY]} = \emptyset$	$\text{IN[EXIT]} = \emptyset$
交汇运算(∧)	$\cap$	$\cup$
方程组	$\text{OUT}[B] = f_B(\text{IN}[B])$ $\text{IN}[B] = \bigwedge_{P,pred(B)} \text{OUT}[P]$	$\text{IN}[B] = f_B(\text{OUT}[B])$ $\text{OUT}[B] = \bigwedge_{S,succ(B)} \text{IN}[S]$
初始化	$\text{OUT}[B] = U$	$\text{IN}[B] = \emptyset$

$$\begin{aligned} earliest[B] &= anticipated[B].in - available[B].in \\ latest[B] &= (earliest[B] \cup postponable[B].in) \cap \\ &\quad \left(e\_use_B \cup \neg\left(\bigcap_{S,succ(B)} (earliest[S] \cup postponable[S].in)\right)\right) \end{aligned}$$

图 9-34 部分冗余消除中的四个数据流分析过程

1）下列条件之一成立

① 在入口处可用。

② 在基本块的入口处所预期执行的表达式集合中（即如果我们选择在入口处计算这个表达式，它就会在入口处变得可用）。

2）没有被这个基本块杀死。

用于可用表达式的数据流方程组如图 9-34b 所示。为了避免混淆 IN 的含义，我们在数据流分析问题的名字后加上“$[B].in$”，以这个方式来表示某次分析所得到的结果。

依据最前放置的策略而在一个基本块 B 上放置的表达式的集合（即 $earliest[B]$）被定义为被预期执行但不可用的表达式集合，即

$$earliest[B] = anticipated[B].in - available[B].in$$

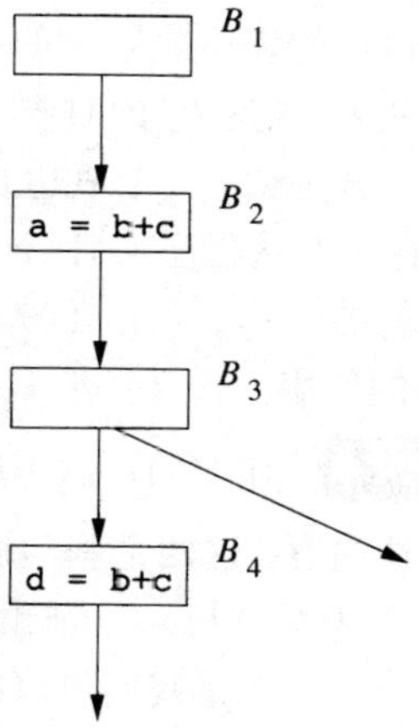

图 9-35 例 9.31 的流图，用以说明可用表达式的使用

例 9.31 图 9-35 的流图中表达式 $b+c$ 在基本块 B_3 的入口点没

有被预期执行，但是在基本块 B_4 的入口处被预期执行。然而，没有必要在基本块 B_4 中计算表达式 $b+c$，因为 B_2 使得表达式 $b+c$ 在此处变得可用。 □

例 9.32 图 9-33a 中带有黑色阴影的各个基本块上的表达式 $b+c$ 不可用，这些基本块是 B_1、B_2、B_3 和 B_5。该表达式的靠前放置的位置使用带有黑色阴影的灰色方块表示，它们是 B_3 和 B_5。请注意，$b+c$ 被认为在 B_4 的入口处可用，因为在一条路径 $B_1 \to B_2 \to B_3 \to B_4$ 中，$b+c$ 至少被预期执行一次——在这个例子里是 B_3——并且从 B_3 的入口点开始，b 和 c 都没有被重新计算。 □

2×2 方块的补全

被预期执行的表达式(其他文献中也称之为“很忙的表达式”)是一类我们之前没有看到的数据流分析。虽然我们已经看到了活跃变量分析(见 9.2.5 节)这样的逆向框架，且我们看到了可用表达式分析(9.2.6 节)那样使用交集运算作为交汇运算的框架。这是第一个具有这两个特点的有用分析技术的例子。几乎我们使用的所有分析技术都可以放到四个分组中的某一个中。这四个组按照下面的方法进行刻划：它们是前向的还是逆向的，它们是使用并集运算还是交集运算作为交汇运算(可以按照这两个特性的不同取值把各个数据流分析模式分别放到一个 2×2 方块中的某个空格中,而本节的分析技术填补了方阵中的一个空格,译者注)。同时请注意,使用并集的分析总是涉及是否存在一条路径使得某件事情为真,而使用交集的分析考虑的是某些事情是否对于所有的路径都为真。

可后延(postponable)表达式

算法的第三步在保持原程序语义并将冗余最小化的情况下把表达式的计算尽量地延后。例 9.33 说明了这个步骤的重要性。

例 9.33 在图 9-36 所示的流图中，表达式 $b+c$ 在路径 $B_1 \to B_5 \to B_6 \to B_7$ 中被计算两次。表达式 $b+c$ 甚至在基本块 B_1 的开头就被预期执行了。如果我们在表达式被预期执行的时候立刻计算它的值，那么我们就要在 B_1 中计算 $b+c$ 的值。计算结果将在一开始就被保存起来，经过由基本块 B_2、B_3 组成的循环的执行，最后由基本块 B_7 使用。在另一种方法中，我们可以把表达式$b+c$ 的计算推迟到 B_5 的开始以及控制流即将从 B_4 到达 B_7 的时候。 □

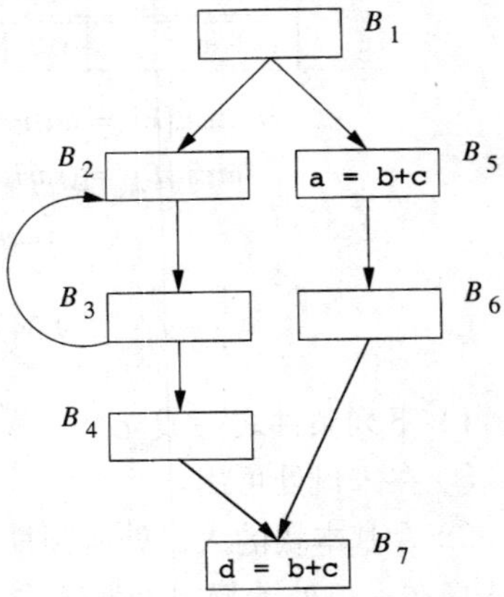

图 9-36 例 9.33 的流图，用以说明后延一个表达式的需求

正式地讲，一个表达式 $x+y$ 可后延到程序点 p 的前提如下：在所有从程序入口结点到达 p 的路径中都会碰到一个位置较前的 $x+y$，并且在最后一个这样的位置到 p 之间没有对 $x+y$ 的使用。

例 9.34 让我们再次考虑图 9-33 中的表达式 $b+c$。其中可放置 $b+c$ 的两个最前的点是 B_3 和 B_5。请注意，这两个基本块在图 9-33a 中都被表示为带有黑色阴影的灰色方块，这表示在且只在这两个基本块上 $b+c$ 被预期执行但不可用。我们不能把 $b+c$ 从 B_5 后延到 B_6，因为 $b+c$ 在 B_5 中被使用了。但是我们可以把它从 B_3 后延到 B_4。

但是，我们不能把 $b+c$ 从 B_4 后延到 B_7。原因是虽然 $b+c$ 在 B_4 中没有使用，把它放到 B_7 中而不是 B_4 中会引起路径 $B_5 \to B_6 \to B_7$ 上的冗余计算。我们将看到，B_4 是我们能够计算 $b+c$ 的最后位置之一。 □

可后延表达式问题的数据流方程组如图 9-34c 所示。这个分析过程是前向的。我们不能把一个表达式“后延”到程序的入口处，因此 OUT[ENTRY] = ∅。如果一个表达式在 B 中没有使用，且它可以后延到 B 的入口处，或者它在 *earliest*[B]中，那么它就可以被后延到 B 的出口处。除非一个基本块的所有前驱结点出口处的可后延集合中都包含某个表达式，否则该表达式不能被后延到这个基本块的入口处。因此，这个数据流分析的交汇运算是交集运算，并且各个内部程序点必须被初始化为相应半格的顶元素——全集。

粗略地说，一个表达式将被放置在边界上，即一个表达式从可后延转变成为不可后延的地方。更加明确地说，表达式 e 可以被放置在基本块 B 的开始处的前提条件是该表达式在 B 入口处的 *earliest* 集合或可后延集合中。另外，当下列条件之一成立时，B 在 e 的后延边界中：

1）e 不在集合 *postponable*[B]. *out* 中。换句话说，e 在 e_use_B 中。

2）e 不能被后延到 B 的某个后继基本块。换句话说，存在一个 B 的后继基本块使得 e 不在该后继入口处的 *earliest* 集合和可后延集合中。

因为在算法的预处理阶段引入了新的基本块，所以在上述两种情形中，表达式 e 可以放在基本块 B 的前面。

例 9.35 图 9-33b 显示了上述分析的结果。其中的灰色方块表示了相应 *earliest* 集合中包含 $b+c$ 的基本块，而黑色阴影的方块表示了相应可后延集合中包含 $b+c$ 的基本块。因此，表达式 $b+c$ 的最后放置位置在基本块 B_4 和 B_5 的入口处，这是因为

1）$b+c$ 在 B_4 的可后延集合中，但是不在 B_7 的可后延集中，并且

2）B_5 的 earliest 集合包含了 $b+c$，并且它使用了 $b+c$。

如图所示，该表达式的值在基本块 B_4 和 B_5 中被存放到临时变量 t 中，在任何其他地方的 $b+c$ 都被替换为 t。 □

被使用的(used)表达式

最后，用一个逆向分析过程来确定一个被引入的临时变量是否在它所在基本块之外的其他地方使用。如果从程序点 p 出发的一条路径在表达式被重新求值之前使用了该表达式，那么我们说该表达式在点 p 上被使用。这个分析实质上是活跃性分析(是对表达式而言，而不是对变量而言)。

被使用的表达式问题的数据流方程组如图 9-34d 所示。这个分析过程是逆向的。如果一个在基本块 B 的出口点被使用的表达式不在 B 的最后放置(*latest*)集合中，那么它也是一个在 B 的入口点处被使用的表达式。一个基本块生成了 e_use_B 集合中的全部表达式，就是说新近使用了这些表达式。在程序的出口处没有表达式被使用。因为我们关心的是找出被任何后续路径所使用的表达式，因此这个问题的交汇运算是并集运算。因此，各个内部点必须被初始化为相应的半格的顶元素——空集。

综合全部步骤

本算法的各个步骤在算法 9.36 中进行了汇总。

算法 9.36 懒惰代码移动。

输入：一个流图，其中每个基本块 B 的 e_use_B 和 e_kill_B 已经计算得到了。

输出：一个经过修改且满足 9.5.3 节所描述的懒惰代码移动的四个条件的数据流图。

方法：

1）在每条进入某个具有多个前驱的基本块的边上插入一个空基本块。

2）按照 9-34a 中的定义，计算出所有基本块 B 的 *anticipated*[B]. *in* 的值。

3）按照 9-34b 中的定义，计算出所有基本块 B 的 $available[B].in$ 的值。

4）为每个基本块 B 计算它的最早放置位置；

$$earliest[B] = anticipated[B].in - available[B].in$$

5）按照图 9-34c 的定义，计算出所有基本块 B 的 $postponable[B].in$ 的值。

6）计算所有基本块 B 的最后放置集合：

$$latest[B] = (earliest[B] \cup postponable[B].in) \cap \\ (e\_use_B \cap \neg\ (\bigcup_{S\text{在}succ[B]\text{中}} (earliest[S] \cup postponable[S].in)))$$

请注意，其中的¬ 表示的是以程序中所计算的全部表达式的集合作为全集的补集运算。

7）按照图 9-34d 中的定义，找到所有基本块 B 的 $used[B].out$ 值。

8）对于程序计算的每个表达式，比如 $x+y$，做下列处理：

① 为 $x+y$ 创建一个新的临时变量，比如说 t。

② 对于所有基本块 B，如果 $x+y$ 在 $latest[B] \cap used[B].out$ 中，就把 $t=x+y$ 加入到 B 的开头。

③ 对于所有基本块 B，如果 $x+y$ 在集合 $e\_use_B \cap (\neg\ latest[B] \cup used.out[B])$ 中，就用 t 来替换原来的每个 $x+y$。 □

总结

部分冗余消除技术用统一的算法归纳出不同类型的冗余计算。这个算法说明了如何使用多个数据流问题来寻找最优的表达式位置。

1）有关位置的约束由预期执行表达式分析提供。预期执行表达式分析是一个逆向的数据流分析，并使用交集运算作为交汇运算。因为它确定的是对于各个程序点，一个表达式是否在该点之后的所有路径中被使用。

2）一个表达式的最前放置位置就是该表达式在其上被预期执行但又不可用的程序点。可用表达式是通过一个前向数据流分析找到的，它使用交集运算作为交汇运算。对各个程序点，这个数据流分析技术计算了一个表达式是否在所有路径中都在该点之前被预期执行。

3）一个表达式的最后放置位置就是该表达式在其上不可再后延的程序点。如果到达一个程序点的所有路径都没有碰到某个表达式，那么该表达式在此程序点上可以后延。可后延表达式是通过一个前向的数据流分析技术找到的，这个分析技术使用交集运算作为交汇运算。

4）除非一个临时赋值语句被其后的某条路径使用，否则该赋值语句可以被消除。我们通过一个逆向的数据流分析来发现被使用的表达式，它使用并集运算作为交汇运算。

9.5.6 9.5 节的练习

练习 9.5.1：对于图 9-37 中的流图：

1）计算各个基本块的开头和结尾的预期执行的（anticipated）表达式集合。

2）计算各个基本块的开头和结尾的可用（available）表达式集合。

3）计算各个基本块的 *earliest* 集合。

4）计算各个基本块的开头和结尾的可后延（*postponable*）表达式集合。

5）计算各个基本块的开头和结尾的被使用的（*used*）表达式集合。

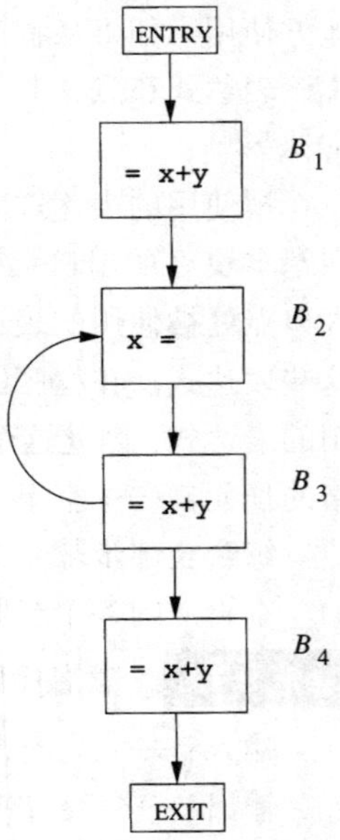

图 9-37 练习 9.5.1 的流图

6）计算各个基本块的 *latest* 集合。

7）引入临时变量 t，指出它在什么地方被计算，并在什么地方被使用。

练习 9.5.2：对于图 9-10 中的流图（见 9.1 节的练习）重复练习 9.5.1。你可以只分析表达式 $a+b$、$c-a$ 和 $b*d$。

!! **练习 9.5.3**：在本节中讨论的概念也可以应用到部分死亡代码的消除。如果一个变量的定值仅仅对于部分路径活跃，但对于其他路径是死亡的，那么这个定值就是部分死亡的（partially dead）。我们可以只在该变量活跃的路径上执行这个定值，从而优化这个程序的执行效率。在消除部分冗余时，表达式被移动到原来的表达式之前；和消除部分冗余相反，部分死亡代码消除中新的定值被放在原来的定值之后。设计一个算法来删除部分死亡代码，使得表达式只在一定会被使用时才进行求值。

9.6 流图中的循环

在至今为止的讨论中，循环并没有被区别对待，对它们的处理方式和其他类型的控制流没有什么不同。但是，循环的重要性在于程序花费大部分时间来执行循环，改进循环效率的优化有很大的影响。因此，识别循环并有针对性地处理它们是很重要的。

循环也会影响程序分析所需的时间。如果一个程序不包含任何循环，我们只需要对程序进行一趟扫描就可以得到数据流问题的答案。比如，一个前向数据问题只需要按照拓扑次序对所有的结点进行一次访问就可以解决。

在这一节中，我们将介绍下列概念：支配结点、深度优先排序、回边、图的深度和可归约性。我们在后面进行的对寻找循环及迭代式数据流分析的收敛速度的讨论中需要用到这些概念。

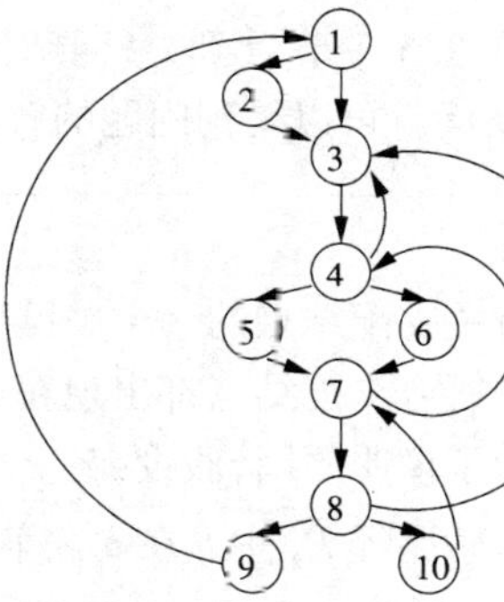

图 9-38 一个流图

9.6.1 支配结点

如果每一条从流图的入口结点到结点 n 的路径都经过结点 d，我们就说 d 支配（dominate）n，记为 d *dom* n。请注意，在这个定义下每个结点支配它自己。

例 9.37 考虑图 9-38 中的以结点 1 作为入口结点的流图。入口结点支配所有结点（这个结论对所有的流图都成立）。结点 2 只能支配它自己，因为控制流可以通过以 1→3 开头的路径到达所有其他结点，所以结点 3 支配除 1、2 之外的所有结点。结点 4 支配除 1、2、3 之外的所有其他结点，因为所有从 1 开始的路径的开头要么是 1→2→3→4，要么是 1→3→4。结点 5 和 6 都只支配它们自身，因为控制流可以选择从它们中的某一个结点通过，从而绕过另一个结点。最后，结点 7 支配结点 7、8、9、10；结点 8 支配结点 8、9、10；9 和 10 只支配它们自身。□

一种有用的表示支配结点信息的方法是用所谓的支配结点树（dominator tree）来表示。在树中，入口结点就是根结点，并且每个结点 d 只支配它在树中的后代结点。比如，图 9-39 显示了图 9-38 中流图的支配结点树。

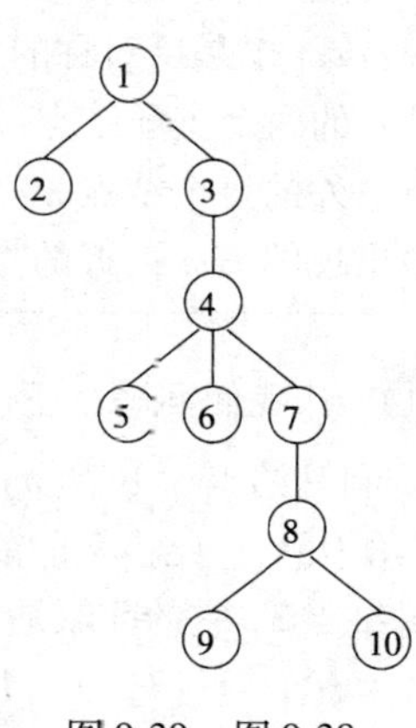

图 9-39 图 9-38 中流图的支配结点树

支配结点的一个性质决定了一定存在支配结点树：每个结点 n 具有唯一的直接支配结点(immediate dominator) m。在从入口结点到达结点 n 的任何路径中，它是 n 的最后一个支配结点。用 *dom* 关系来表示，n 的直接支配结点 m 具有以下性质：如果 $d \neq n$ 且 d *dom* n，那么 d *dom* m。

我们将给出一个简单的算法来计算流图中各个结点 n 的所有支配结点。这个算法基于如下原理：如果 $p_1, p_2, \cdots, p_k$ 是 n 的所有前驱并且 $d \neq n$，那么 d *dom* n 当且仅当对于每个 i，d *dom* p_i。这个问题可以写成一个前向数据流分析问题。数据流的值域是基本块的集合。一个结点的支配结点集合(它自己除外)是它的所有前驱的支配结点的交集；因此这个问题的交汇运算是交集运算。基本块 B 的传递函数直接把 B 自身加入到输入结点集合中。问题的边界条件是 ENTRY 结点支配它自身。最后，内部结点的初始值是全集，也就是所有结点的集合。

算法 9.38　寻找支配结点。

输入：一个流图 G，G 的结点集是 N，边集是 E，而入口结点是 ENTRY。

输出：对于 N 中的各个结点 n，给出 $D(n)$，即支配 n 的所有结点的集合。

方法：求出由图 9-40 给定参数的数据流问题的解。输入流图的基本块就是结点。对于 N 中的所有结点 n，$D(n) = OUT[n]$。□

	支配结点
域	N的幂集
方向	前向
传递函数	$f_B(x) = x \cup \{B\}$
边界条件	$\text{OUT}[\text{ENTRY}] = \{\text{ENTRY}\}$
交汇运算(∧)	$\cap$
方程式	$\text{OUT}[B] = f_B(\text{IN}[B])$ $\text{IN}[B] = \bigwedge_{P,pred(B)} \text{OUT}[P]$
初始化设置	$\text{OUT}[B] = N$

图 9-40　一个计算支配结点的数据流算法

使用这个数据流算法来寻找支配结点很高效。我们将在 9.6.7 节看到，只要对流图中的结点进行几次访问就可以得到问题的解。

关系 dom 的性质

有关支配结点的一个关键性质是如果我们从入口结点沿着一个无环路径到达结点 n，那么 n 的所有支配结点都出现在这条路径中，并且它们总是以相同顺序出现在所有这样的路径中。为了说明原因，假设在一个到达 n 的无环路径 P_1 中支配结点 a 和 b 的顺序为先 a 后 b，而在另一条路径 P_2 中 b 在 a 之前。那么我们可以沿着 P_1 到达 a 然后再沿着 P_2 到达 n，从而避开了 b。因此，b 实际上不支配 n。

通过这个推理过程，我们可以证明 *dom* 是传递的：如果 a *dom* b 并且 b *dom* c，那么 a *dom* c。关系 *dom* 也是反对称的：如果 $a \neq b$，那么 a *dom* b 和 b *dom* a 不可能同时成立。而且，如果 a 和 b 是 n 的两个支配结点，那么 a *dom* b 或 b *dom* a 中必然有一个成立。最后可以推出除了入口结点之外的每个结点 n 必然有一个唯一的直接支配结点，即在从入口结点到 n 的任何无环路径中出现的离 n 最近的支配结点。

例 9.39　让我们回顾一下图 9-38 中的流图，并假设图 9-23 中第(4)到(6)行的 for 循环依照数字顺序访问其结点。令 $D(n)$ 为 $OUT[n]$ 中的结点的集合。因为 1 是入口结点，算法的第一行首先把 $\{1\}$ 赋给 $D(1)$。结点 2 的前驱只有 1，因此 $D(2) = \{2\} \cup D(1)$。这样 $D(2)$ 就被设置为 $\{1, 2\}$。然后考虑结点 3，它的前驱是 1、2、4 和 8。因为所有内部结点的值都被初始化为结点的全集 N，

$$D(3) = \{3\} \cup (\{1\} \cap \{1, 2\} \cap \{1, 2, \cdots, 10\} \cap \{1, 2, \cdots, 10\}) = \{1, 3\}$$

其余的计算过程如图 9-41 所示。因为在图 9-23a 中，第(3)到(6)行的外层循环的第二次迭代中这些值不再改变，它们就是这个支配结点问题的最终答案。□

$$
\begin{aligned}
D(4) &= \{4\} \cup (D(3) \cap D(7)) = \{4\} \cup (\{1,3\} \cap \{1,2,\ldots,10\}) = \{1,3,4\} \\
D(5) &= \{5\} \cup D(4) = \{5\} \cup \{1,3,4\} = \{1,3,4,5\} \\
D(6) &= \{6\} \cup D(4) = \{6\} \cup \{1,3,4\} = \{1,3,4,6\} \\
D(7) &= \{7\} \cup (D(5) \cap D(6) \cap D(10)) \\
&= \{7\} \cup (\{1,3,4,5\} \cap \{1,3,4,6\} \cap \{1,2,\ldots,10\}) = \{1,3,4,7\} \\
D(8) &= \{8\} \cup D(7) = \{8\} \cup \{1,3,4,7\} = \{1,3,4,7,8\} \\
D(9) &= \{9\} \cup D(8) = \{9\} \cup \{1,3,4,7,8\} = \{1,3,4,7,8,9\} \\
D(10) &= \{10\} \cup D(8) = \{10\} \cup \{1,3,4,7,8\} = \{1,3,4,7,8,10\}
\end{aligned}
$$

图 9-41　例 9.39 中支配结点计算的最终结果

9.6.2　深度优先排序

如 2.3.4 节中所介绍的，对一个流图的*深度优先搜索*(depth-first search)逐一访问图的所有结点。搜索过程从入口结点开始，并首先访问离入口结点最远的结点。一个深度优先过程中的搜索路线形成了一个*深度优先生成树*(Depth-First Spanning Tree，DFST)。2.3.4 节介绍过，一个先序遍历过程首先访问一个结点，然后从左到右递归地访问该结点的子结点。另外，一个后序遍历过程首先递归地从左到右访问一个结点的子结点，然后访问该结点本身。

还有一种排序方式对于流图分析很重要：*深度优先排序*(depth-first ordering)。它的顺序正好和后序遍历的顺序相反。也就是说，在深度优先排序中，我们首先访问一个结点，然后遍历该结点的最右子结点，再遍历这个子结点左边的子结点，依此类推。但是在我们为流图构造生成树之前，我们可以选择把一个结点的哪个后继作为它在树中的最右子结点，再选择哪个后继是下一个子结点，等等。在我们给出深度优先排序的算法之前，首先考虑一个例子。

例 9.40　图 9-38 中流图的一个可能的深度优先表示法如图 9-42 所示。实线边形成了这棵树，虚线边是流图中其他的边。这棵树的深度优先遍历是 1→3→4→6→7→8→10，然后回到 8，再到 9。我们再一次回到 8，再回到 7、6 和 4，然后前进到 5。我们从 5 回到 4，然后回到 3 和 1。我们从 1 前进到 2，然后从 2 回到 1。这样我们就遍历了整棵树。

因此，这次遍历的前序序列是：

1，3，4，6，7，8，10，9，5，2

图 9-42 中树的后序遍历顺序是：

10，9，8，7，6，5，4，3，2，1

深度优先排序的顺序和后序遍历序列相反，即

1，2，3，4，5，6，7，8，9，10　□

现在我们给出一个算法来寻找一个流图的深度优先生成树和相应的深度优先排序。正是这个算法从图 9-38 的流图中找到了图 9-42 中的 DFST。

算法 9.41　深度优先生成树和深度优先排序。

输入：一个流图 G。

输出：G 的一个 DFST 树 T 和 G 中结点的一个深度优先排序。

方法：我们使用图 9-43 的递归过程 $search(n)$。这个算法首先把 G 的所有结点初始化为 "unvisited"，然后调用 $search(n_0)$，其中 n_0 是入口结点。当它调用 $search(n)$ 的时候，首先把 n 标记为"visited"，以免把 n 再次加入到树中。它使用 c 作为计数器，从 G 的结点总数一直倒计数到 1。在算法执行的时候把 c 的值赋给结点 n 的深度优先编号 $dfn[n]$。边的集合 T 形成了 G 的深度优先生成树。　□

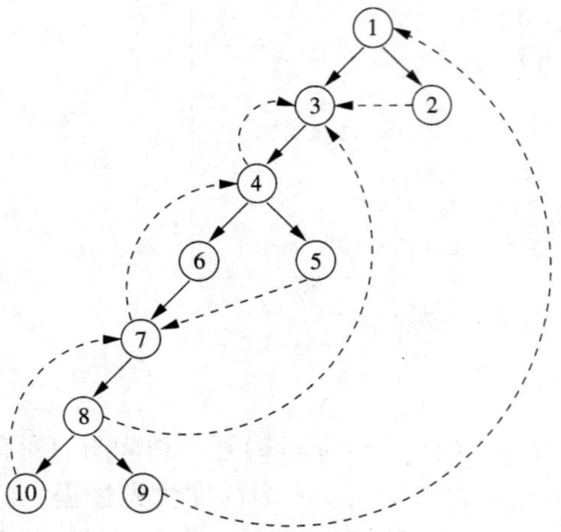

图 9-42 图 9-38 中流图的一个深度优化表示

```
void search(n) {
    将n标记为"visited";
    for (n的各个后继s)
        if (s标记为"unvisited") {
            将边 n→s 加入到T中;
            search(s);
        }
    dfn[n] = c;
    c = c − 1;
}

main() {
    T = ∅; /* 边集*/
    for (G的各个结点n)
        把n标记为 "unvisited";
    c = G的结点个数;
    search(n0);
}
```

图 9-43 深度优先搜索算法

例 9.42 对于图 9-42 中的流图，算法 9.41 把 c 设置为 10，并调用 *search*(1) 开始搜索。其余的执行序列显示在图 9-44 中。□

调用 *search*(1)	结点 1 有两个后继。假设首先考虑 $s=3$，把边 $1\to3$ 加入到 T 中。
调用 *search*(3)	把边 $3\to4$ 加入到 T 中。
调用 *search*(4)	结点 4 有两个后继，4 和 6。假设首先考虑 $s=6$，把边 $4\to6$ 加入到 T 中。
调用 *search*(6)	把边 $6\to7$ 加入到 T 中。
调用 *search*(7)	结点 7 有两个后继结点 4 和 8。但是 4 已经被 *search*(4) 标记为"visited"，因此当 $s=4$ 时不做任何处理。对于 $s=8$，把边 $7\to8$ 加入到 T 中。
调用 *search*(8)	结点 8 有两个后继，9 和 10。假设首先考虑 $s=10$，把边 $8\to10$ 加入到 T 中。
调用 *search*(10)	10 有后继 7，但是 7 已经被标记为"visited"。因此 *search*(10) 设置 $dfn[10]=10$，$c=9$ 并结束。
回到 *search*(8)	把 s 设置为 9，并把边 $8\to9$ 加入到 T 中。
调用 *search*(9)	9 的唯一后继 1 已经被设置为"visited"，因此设置 $dfn[9]=9$，$c=9$。
回到 *search*(8)	8 的最后一个后继 3 已经是"visited"，因此不处理 $s=3$ 的情况。到此为止，8 的所有后继都已经处理过了，因此设置 $dfn[8]=8$，$c=7$。
回到 *search*(7)	7 的所有后继都已经处理过了，因此设置 $dfn[7]=7$，$c=6$。
回到 *search*(6)	6 的所有后继都已经处理过了，因此设置 $dfn[6]=6$，$c=5$。
回到 *search*(4)	4 的后继 3 已经是"visited"，但是 5 还没有，因此把边 $4\to5$ 加入到树中。
调用 *search*(5)	5 的后继 7 已经是"visited"，因此设置 $dfn[5]=5$，$c=4$。
回到 *search*(4)	4 的所有后继都已经处理过了，因此设置 $dfn[4]=4$，$c=3$。
回到 *search*(3)	设置 $dfn[3]=3$，$c=2$。
回到 *search*(1)	2 尚未被处理，因此把边 $1\to2$ 加入到 T 中。
调用 *search*(2)	设置 $dfn[2]=2$，$c=1$。
回到 *search*(1)	设置 $dfn[1]=1$，$c=0$。

图 9-44 算法 9.41 在图 9-42 的流图上执行的过程

9.6.3　深度优先生成树中的边

当我们为一个流图构造 DFST 时，流图的边可以被分为三大类：

1）前进边（advancing edge），即那些从一个结点 m 到达 m 在树中的一个真后代结点的边。DFST 中的所有边本身都是前进边。在图 9-42 中没有其他的前进边。但是，假如有一条边 $4\to8$，那么这条边就是前进边。

2）有些边从一个结点 m 到达 m 在树中的某个祖先（包括 m 自身），我们将把这些边称为后退边（retreating edge）。比如，图 9-42 中的 $4\to3$、$7\to4$、$8\to3$、$10\to7$ 和 $9\to1$ 都是后退边。

3）对于有些边 $m\to n$，在 DFST 中 m 和 n 都不是对方的祖先。边 $2\to3$ 和 $5\to7$ 是图 9-42 中这种边的例子。我们把这种边称为交叉边（cross edge）。交叉边的一个重要性质是：如果我们把一个结点的子结点按照它们被加入到树中的顺序从左到右排列，那么所有的交叉边都是从右到左的。

应该注意，边 $m\to n$ 是一个后退边当且仅当 $dfn[m]\geqslant dfn[n]$。为了说明原因，请注意如果 m 是 n 在 DFST 中的一个后代，那么 *search*(m) 在 *search*(n) 之前运行结束，因此 $dfn[m]\geqslant dfn[n]$。反过来，如果 $dfn[m]\geqslant dfn[n]$，那么要么 *search*(m) 在 *search*(n) 之前结束，要么 $m=n$。但是如果有一条边 $m\to n$，那么 *search*(n) 必须在 *search*(m) 之前开始，否则 n 是 m 的后继的事实将使得 m 成为 n 在 DFST 中的一个后代。因此，*search*(m) 运行的时间是 *search*(n) 运行时间中的一个区间，由此我们可以知道 n 是 m 在 DFST 中的一个祖先。

9.6.4　回边和可归约性

回边是指一条边 $a\to b$，它的头 b 支配了它的尾 a。对于任何流图，每条回边都是后退边，但并不是所有的后退边都是回边。如果一个流图的任何深度优先生成树中所有后退边都是回边，那么该流图被称为可归约的（reducible）。换句话说，如果一个流图是可归约的，那么它的所有 DFST 的后退边的集合都是相同的，并且就是流图的回边集合。但如果流图是不可归约的（即不是可归约的），那么所有的回边在任何 DFST 中都是后退边，但是每个 DFST 中都可能另有一些后退边不是回边。这样的后退边集合在不同的 DFST 中有所不同。因此，如果我们删除流图中所有回边后得到的流图带有环，那么该图就是不可归约的。反过来也成立。

为什么回边是后退边

假设 $a\to b$ 是一条回边，即它的头支配它的尾。当图 9-43 中的 *search* 函数到达 a 时，对 *search* 的调用序列必然是流图中的一条路径。当然，这条路径必然包含 a 的所有支配结点。由此可知，当 *search*(a) 被调用时，对 *serach*(b) 的调用必然已经开始但尚未结束。因此，当 a 被加入到树中时 b 已经在树中，并且 a 是作为 b 的一个后代被加入的。因此 $a\to b$ 必然是一条后退边。

在实践中出现的流图几乎都是可归约的。如果只使用诸如 if-then-else、while-do、continue 和 break 语句这样的结构化控制流语句，那么得到的程序的流图总是可归约的。即使使用了 goto 语句，程序也经常是可归约的，因为程序员在逻辑上会使用循环和分支的方式思考问题。

例 9.43　图 9-38 的流图是可归约的。图中的所有后退边都是回边。也就是说，这些边的头支配各自边的尾。□

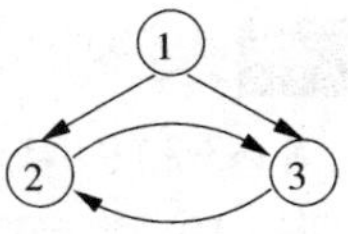

图 9-45　不可归约流图的规范形式

例 9.44　考虑图 9-45 中的流图，它的初始结点是 1。结点 1 支配结点

2 和 3，但是 2 不支配 3，3 也不支配 2。因此，这个流图没有回边，因为没有哪条边的头支配其尾结点。根据我们选择从 *search*(1) 首先调用 *search*(2) 还是 *search*(3)，可以得到两个可能的深度优先生成树。在第一种情况下，边 3→2 是一个后退边但不是回边；在第二种情况下，2→3 是一个后退边但不是回边。直观地讲，使得这个流图不可归约的原因是环 2-3 可以由两个不同的地方进入：结点 2 和结点 3。 □

9.6.5 流图的深度

给定一个流图的深度优先生成树，该流图的*深度*(depth)是各条无环路径上的后退边数目中的最大值。我们可以证明这个深度永远不会大于直观上所说的流图中循环嵌套的深度。如果一个流图是可归约的，那么我们可以用“回边”来替换上面的“深度”定义中的“后退边”，因为任何 DFST 中的后退边集合就是回边集合。深度的定义因此独立于实际所选的 DFST，我们确实可以说“一个流图的深度”，而不是流图的特定于某个深度优先生成树的深度。

例 9.45 图 9-42 中流图的深度是 3，因为有一条具有三条后退边的路径

$$10 \to 7 \to 4 \to 3$$

但是没有包含四个或更多后退边的无环路径。这里的最“深”的路径恰巧只包含了后退路径，这只是一个巧合。一般来说，在一个最深路径中可以包含后退边、前进边和交叉边。 □

9.6.6 自然循环

在一个源程序中，循环可以有很多种描述方法：它们可以被写成 for 循环、while 循环或 repeat 循环；它们甚至还可以用标号和 goto 语句来定义。从程序分析的角度来看，循环在源代码中以什么形式出现并不重要，重要的是它们是否具有易于被优化的性质。我们特别关心的是一个循环是否只有一个唯一的入口结点。如果是这样，编译器的分析可以假设某些初始条件在循环的每次迭代的开头成立。这种优化机会引发了定义“自然循环”的需求。

自然循环(natural loop)通过两个重要的性质来定义。

1）它必须具有一个唯一的入口结点，称为*循环头*(header)。这个入口结点支配了循环中的所有结点，否则它就不会成为循环的唯一入口。

2）必然存在一条进入循环头的回边，否则控制流就不可能从“循环”中直接回到循环头，也就是说实际上并没有循环。

给定一个回边 $n \to d$，我们定义*该边的自然循环*(natural loop of the edge)是 d 加上那些不经过 d 就能够到达 n 的结点的集合。结点 d 是这个循环的循环头。

算法 9.46 构造一条回边的自然循环。

输入：一个流图 G 和一条回边 $n \to d$。

输出：由回边 $n \to d$ 的自然循环中的所有结点组成的集合 *loop*。

方法：令 *loop* 等于 $\{n, d\}$。把 d 标记为“visited”，以便搜索过程不至于越过结点 d。从结点 n 开始对输入的反向控制流图进行深度优先的搜索。把所有访问到的结点都加入 *loop*。这个过程可以找到所有不经过 d 就可以到达 n 的结点。 □

例 9.47 在图 9-38 中有五条回边，这些边的头结点支配了它们的尾结点。它们是：10→7，7→4，4→3，8→3 和 9→1。请注意，这些边恰好就是所有的被认为在流图中形成循环的边。

回边 10→7 有自然循环 $\{7, 8, 10\}$，因为 8 和 10 是不经过 7 就能到达 10 的结点。回边 7→4 的自然循环由 $\{4, 5, 6, 7, 8, 10\}$ 组成，因此包含了回边 10→7 的循环。因此，我们假设后者是包含在前者中的一个内部循环。

回边 4→3 和 8→3 的自然循环具有同样的头，即结点 3；它们恰巧具有同样的结点集合：{3，4，5，6，7，8，10}。因此，我们将把这两个循环合并成为一个。这个循环包含了前面找到的两个较小的循环。

最后，回边 9→1 的自然循环是整个流图，因此是最外层的循环。在这个例子中，四个循环是逐层嵌套的。然而，通常会有两个互不包含的循环。 □

因为一个可归约的流图中的所有后退边都是回边，我们可以把每条后退边和一个自然循环关联起来。这个结论对于不可归约流图不成立。比如，图 9-45 中的不可归约流图中有一个由结点 2 和 3 组成的环。环中的边都不是回边，因此这个环不满足自然循环的定义。我们并不把这个环当作自然循环，因此也不会优化它。这种情况是可接受的，因为假设所有循环都有唯一的入口点可以使循环分析变得更加简单。而且不管怎么说，不可归约的程序在实践中很少见到。

如果我们只把自然循环当作"循环"，那么可以得到下面的有用性质，即除非两个循环具有同样的循环头，否则它们要么是分离的，要么一个嵌套在另一个中。这样我们就很自然地得到了*最内层循环*（innermost loop）的定义，即不包含其他循环的循环。

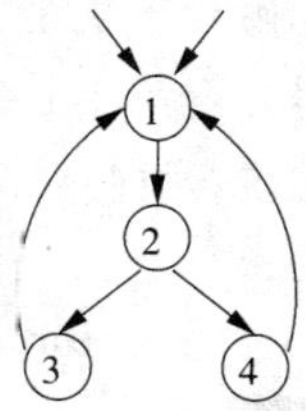

图 9-46　具有相同循环头的两个循环

当两个自然循环像图 9-46 中那样具有相同的循环头时，很难说谁是内层的循环。因此，如果两个自然循环具有相同的循环头且没有哪一个循环真正包含在另一个循环中，它们将被合并在一起，当作一个循环处理。

例 9.48　在图 9-46 中的回边 3→1 和 4→1 的自然循环分别是{1，2，3}和{1，2，4}。我们将把它们合并成一个循环{1，2，3，4}。

然而，假如图 9-46 中有另一个回边 2→1，它的循环是{1，2}。这个循环将是第三个以 1 为循环头的自然循环。这个循环真包含于循环{1，2，3，4}，因此它不会和其他两个自然循环合并，而是作为包含在{1，2，3，4}中的内层循环进行处理。 □

9.6.7　迭代数据流算法的收敛速度

我们现在可以讨论迭代算法的收敛速度了。如 9.3.3 节中所讨论的，算法的最大迭代次数可能是格的高度和流图结点数的乘积。对于很多数据流分析而言，我们可以对求值过程进行适当排序，使算法经过很少的迭代就能收敛。我们感兴趣的性质是是否所有影响一个结点的重要事件都可以通过一个无环的路径到达该点。在至今已经讨论过的数据流分析问题中，到达定值、可用表达式和活跃变量问题具有这个性质，而常量传递则不具有这个性质。更加明确地说：

- 如果一个定值 d 在 IN[B] 中，那么必然有一条从包含 d 的基本块到达 B 的无环路径使得 d 在该路径上的所有 IN 和 OUT 值中。
- 如果表达式 $x+y$ 在基本块 B 的入口处*不可用*，那么必然有一条具有下列性质的无环路径：要么该路径从程序的入口结点出发并且不包含任何杀死或产生 $x+y$ 的语句；要么该路径从一个杀死了 $x+y$ 的基本块出发，并且从此之后该路径中没有产生表达式 $x+y$。
- 如果 x 在基本块 B 的出口处活跃，那么必然有一个从 B 开始到达对 x 的某次使用的无环路径，在此路径上没有对 x 的定值。

我们可以检验出在上述各个情况中，带有环的路径不会增加任何内容。比如，如果可以通过一个带环的路径从基本块 B 的结尾到达 x 的使用点，那么我们可以消除这个环，得到一个更短的路径。沿着这个较短路径依然可以从 B 到达 x 的这个使用点。

反过来，常量传播就没有这个性质。考虑如下一个简单程序，它仅包含一个由单个基本块组

成的循环，基本块中的代码为

```
L:    a = b
      b = c
      c = 1
      goto L
```

当第一次访问这个基本块时，我们发现 c 具有常量值 1，但是 a 和 b 没有定值。第二次访问该基本块时，我们发现 b 和 c 都有常量值 1。经过对该基本块的三次访问之后，赋给 c 的常量值 1 才到达 a。

如果所有有用的信息都通过无环路径传播，我们就有可能调整迭代数据流算法中访问结点的顺序，以便经过几轮结点访问就可以保证这些信息已经沿着所有的无环路径传递完毕。

回顾一下 9.6.3 节中说过，如果 $a \to b$ 是一条边，那么只有当该边是后退边的时候 b 的深度优先编号才会小于 a 的编号。对于前向的数据流问题，按照深度优先顺序来访问结点是很合适的。明确地说，我们对图 9-23a 中的算法进行修改，把算法中访问流图中各个基本块的第(4)行代码替换为：

for（按照深度优先顺序，对所有不同于 ENTRY 的各个基本块 B）{

例 9.49 假设一个定值 d 在如下路径上传播，

$$3 \to 5 \to 19 \to 35 \to 16 \to 23 \to 45 \to 4 \to 10 \to 17$$

其中的整数表示该路径上的各个基本块的深度优先编号。那么，图 9-23a 中算法的第(4)到(6)行的循环第一次运行时，d 将从 OUT[3] 传播到 IN[5] 再传播到 OUT[5]，…，最后到达 OUT[35]。因为 16 排在 35 之前，d 不会在这一轮中到达 IN[16]。在 d 被放进 OUT[35] 的时候，我们已经计算了 IN[16]。但是下次我们运行第(4)到(6)行的循环时，因为此时 d 已经在 OUT[35] 中，它将在计算 IN[16] 的时候被加入进去。定值 d 同时会被传播到 OUT[16]，IN[23]，…，最后到达 OUT[45]。它必须在这里等待下一轮计算，因为这一轮中已经计算过 IN[4] 了。在第三轮中，d 将传播到 IN[4]，OUT[4]，IN[10] 和 IN[17]。因此在三轮之后我们使得定值 d 到达了基本块 17。 □

从这个例子中不难抽取出一般规律。如果我们在图 9-23a 中使用深度优先排序，那么把任何到达定值沿着一条无环路径传播所需要的迭代轮次不会大于路径中从高编号基本块到低编号基本块的边的个数加一。这些边恰好就是后退边，因此，所需轮次就是流图的深度加一。当然，算法 9.11 还需要再做一次不改变任何值的迭代，才能检测出所有定值都已经被传播到了所有它能够到达的地方。因此，使用了深度优先基本块排序的这个算法所执行的迭代轮次的上限实际上是深度加二。一项研究[⊖]表明，常见流图的平均深度大约是 2.75。因此这个算法的收敛速度很快。

产生不可归约数据流图的一个原因

在一种情况下我们通常不能指望一个流图是可归约的。如果像我们在算法 9.46 中寻找自然循环所做的那样，把一个程序的流图的边反向，那么我们不大可能得到一个可归约流图。直观的理由是，虽然典型程序的循环只有一个入口，但这些循环有时会有几个出口。当我们把流图的边反向时，这些出口就变成了入口。

⊖ D. E. Knuth, "An empirical study of FORTRAN programs," *Software: Practice and Experience* 1:2(1971), pp. 105-133.

在类似于活跃变量这样的逆向数据流问题中，我们以深度优先排序的逆序来访问结点。这样，我们可以沿着路径

$$3 \to 5 \to 19 \to 35 \to 16 \to 23 \to 45 \to 4 \to 10 \to 17$$

经过一个轮次把基本块 17 中对某个变量的一次使用逆向传播到 IN[4]。然后在这里等待下一次迭代，以便把它传播到 OUT[45]。在第二轮迭代中，它到达 IN[16]，在第三轮中它从 OUT[35] 到达 OUT[3]。

总的来说，深度加一次迭代足以把一个变量的使用沿着任何无环路径逆向传递完毕。但是，我们必须在每次迭代中按照深度优先排序的逆序来访问各个结点，因为这样才能在一次迭代中把变量的使用沿着任意长的下降结点序列传递。

在一些数据流分析问题中，环形路径不会给分析增加任何信息。至今为止讨论的界限是所有此类问题的上界。在一些特殊的问题中，比如对于支配结点问题，迭代算法的收敛速度更快。在输入流图是可归约的情况下，如果以深度优先顺序访问各个结点，那么数据流算法的第一轮迭代就可以得到各个结点的支配结点集合。如果我们之前不知道输入流图是可归约的，那么我们需要一次额外的迭代来确定算法已经收敛了。

9.6.8 9.6 节的练习

练习 9.6.1：对于图 9-10 中的流图（见 9.1 节的练习）：

1）计算支配关系。

2）寻找每个结点的直接支配结点。

3）构造支配结点树。

4）找出该流图的一个深度优先排序。

5）根据问题 4 的答案，指明其中的前进、后退和交叉边以及树的边。

6）这个流图是可归约的吗？

7）计算这个流图的深度。

8）找出这个流图的自然循环。

练习 9.6.2：对于下列流图重复练习 9.6.1。

1）图 9-3。

2）图 8.9。

3）从练习 8.4.1 得到的流图。

4）从练习 8.4.2 得到的流图。

! **练习 9.6.3**：证明下列有关 *dom* 关系的性质。

1）如果 *a dom b* 且 *b dom c*，那么 a dom c（传递性）。

2）如果 $a \neq b$，那么 *a dom b* 和 *b dom a* 不可能同时成立（反对称性）。

3）如果 *a* 和 *b* 是 *n* 的两个支配结点，那么 *a dom b* 和 *b dom a* 之一必然成立。

4）除了入口结点，每个结点 *n* 都有一个唯一的*直接支配结点*——在任何从入口结点到达 *n* 的无环路径中，这个支配结点是离 *n* 最近的支配结点。

! **练习 9.6.4**：图 9-42 是图 9-38 中流图的一个深度优先表示。这个流图有多少个其他的深度优先表示？请记住，不同的子结点顺序表示不同的深度优先表示。

!! **练习 9.6.5**：证明一个流图是可归约的当且仅当我们删除所有回边（即头结点支配尾结点的边）后得到的流图是无环的。

! **练习 9.6.6**：一个具有 *n* 个结点的*完全流图*在任意两个结点 *i* 和 *j* 之间（在两个方向上）都有边 $i \to j$。*n* 取什么值的时候这个完全流图是可归约的？

! **练习 9.6.7**：一个在 n 个结点 $1, 2, \cdots, n$ 上的无环完全流图对于所有的结点 i 和 $j(i<j)$ 都有边 $i \to j$。其中结点 1 是入口结点。

1）n 取什么值的时候这个图是可归约的？

2）如果给所有的结点 i 都加上自循环边 $i \to i$，是否会改变对问题 a 的答案？

! **练习 9.6.8**：一个回边 $n \to h$ 的自然循环被定义为 h 加上所有能够不经过 h 而直接到达 n 的结点的集合。说明 h 支配 $n \to h$ 的自然循环中的所有结点。

!! **练习 9.6.9**：我们说过，图 9-45 的流图是不可归约的。如果图中的那些边被替换为不同的路径(当然结束点除外)，且各条路径的结点集合两两不相交，那么得到的流图还是不可归约的。实际上，结点 1 不一定要是入口结点，它可以是任何能够从入口结点沿着某条路径到达的结点，只要该条路径的所有中间结点都不是上面明确给出的四条路径中的一部分。证明上面的论述反过来也成立：每个不可归约流图都有一个如下的子图。这个子图和图 9-45 中的流图类似，只是该流图的边可以被替换为结点互不相交的路径，而结点 1 可以是任意能够从入口结点经过某条不和其他四条路径相交的路径到达的结点。

!! **练习 9.6.10**：说明每个不可归约流图的每个深度优先表示都有一条不是回边的后退边。

!! **练习 9.6.11**：说明如果条件

$$f(a) \wedge g(a) \wedge a \leqslant f(g(a))$$

对于所有的函数 f、g 和值 a 成立，那么通用迭代算法，即算法 9.25，在按照深度优先排序执行每次迭代时，经过深度加二次迭代之后必然收敛。

! **练习 9.6.12**：找到一个具有两棵不同深度的 DFST 的不可归约流图。

! **练习 9.6.13**：证明下列结论：

1）如果一个定值 d 在 IN[B]中，那么存在某条从包含 d 的基本块到达 B 的无环路径，使得 d 在该路径上的所有 IN 和 OUT 值中。

2）如果一个表达式 $x+y$ 在基本块 B 的入口处不可用，那么必然存在某条到达 B 的无环路径满足下面的条件：要么该路径从程序入口结点开始并且不包含任何杀死或生成 $x+y$ 的语句；要么该路径从一个杀死了 $x+y$ 的基本块开始，并且路径中不包含任何生成 $x+y$ 的语句。

3）如果 x 在基本块 B 的出口处活跃，那么必然有一条从 B 到 x 的某个使用点的路径，在该路径上没有对 x 的定值。

9.7 基于区域的分析

至今为止我们讨论的迭代数据流分析算法只是解决数据流问题的方法之一。接下来我们讨论另一种被称为基于区域的分析(region-based analysis)的方法。回顾一下，在迭代分析方法中，我们为各个基本块创建传递函数，然后通过在基本块上进行反复扫描来寻找不动点解。一个基于区域的分析技术并不仅仅为各个基本块创建传递函数，它为越来越大的程序区域构造用以描述该区域运行情况的传递函数。最终构造出整个过程的传递函数，并用这个传递函数直接得到想要的数据流值。

一个使用迭代算法的数据流框架通过一个数据流值的半格和一组对函数组合运算封闭的传递函数来描述，而基于区域的分析还需要更多的元素。一个基于区域的框架包括一个数据流值的半格和一个传递函数的半格。后一种半格必须包括一个交汇运算、一个组合运算符和一个闭包运算符。我们将在 9.7.4 节看到所有这些元素的作用。

基于区域的分析技术特别适用于那些包含环的路径可能改变数据流值的数据流问题。它的闭包运算符允许我们概括描述一个循环的运行效果，这种方法比迭代分析中的方法更加有效。

这个技术对过程间分析也是有用的。在进行过程间分析时，和一次过程调用关联的传递函数可以和那些与基本块相关联的传递函数一样处理。

为简单起见，我们在这一节中将只考虑前向数据流问题。我们将首先通过大家熟知的到达定值的例子来说明基于区域的分析技术的工作原理。在9.8节中，当我们研究归纳变量的时候，我们将给出一个有关这个技术的更有说服力的例子。

9.7.1 区域

在基于区域的分析中，程序被看作是一个区域(region)的层次结构。区域(粗略地讲)就是一个流图中只具有单个入口结点的部分。我们会发现，把代码看作区域层次结构的概念是很直观的，因为一个基于块结构的过程很自然地被组织成一个区域层次结构。在一个块结构的程序中，每个语句就是一个区域，因为控制流只能从一个语句的开头进入。每个语句嵌套层次对应于区域层次结构中的一层。

正式地讲，流图的一个区域是满足如下条件的一个结点集 N 和边集 E：

1）在 N 中有一个支配 N 中所有结点的头结点 h。

2）如果某个结点 m 能够不经过 h 到达 N 中的 n，那么 m 也在 N 中。

3）E 是所有位于 N 中的任意两个结点 n_1 和 n_2 之间的控制流边的集合。有些进入 h 的边(可能)不在其中。

例 9.50 显然，一个自然循环就是一个区域，但是一个区域不一定包含一条回边，也不需要包含任何环。比如，图9-47中的结点 B_1 和 B_2 以及边 $B_1 \rightarrow B_2$ 形成了一个区域；结点 B_1、B_2、B_3 以及边 $B_1 \rightarrow B_2$、$B_2 \rightarrow B_3$ 和 $B_1 \rightarrow B_3$ 也形成一个区域。

但是由结点 B_2、B_3 以及边 $B_2 \rightarrow B_3$ 组成的子图不是一个区域，因为控制流可能从结点 B_2 或 B_3 进入这个子图。更准确地说，B_2 和 B_3 都不支配另一个结点，因此违反了区域定义中的条件(1)。即使我们"选择"某个结点(比如 B_2)作为"头结点"，我们还是会违反条件(2)，因为我们可以不经过 B_2 就从 B_1 到达 B_3，而 B_1 不在这个"区域"中。 □

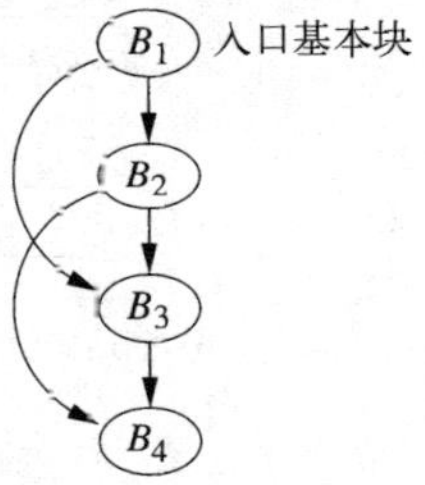

图9-47 区域的例子

9.7.2 可归约流图的区域层次结构

在接下来的内容中，我们将假设流图是可归约的。如果我们偶尔必须处理不可归约流图的话，我们可以使用一种被称为"结点分割"的技术。该技术将在9.7.6节中讨论。

为了构造区域的层次结构，我们需要找出自然循环。回顾一下9.6.6节，在一个可归约流图中，任何两个自然循环要么不相交，要么一个循环嵌套在另一个循环里。在对一个流图进行"分析"并得到它的区域层次结构的过程在一开始的时候把每个基本块本身看作一个区域。我们把这些区域称为叶子区域(leaf region)。然后，我们把自然循环从内到外(即从最内层的循环开始)排序。处理一个循环时，我们用两个步骤把整个循环替换为一个结点：

1）首先，循环 L 的循环体(所有的结点以及除了到达循环头的回边之外的所有边)被替换为一个结点，该结点代表一个区域 R。原先到达 L 的循环头的边现在进入代表 R 的结点。从 L 的任意出口结点出发的边被替换为从代表 R 的结点到达同一个目标结点的边。但是，如果该边是一个回边，那么它变成了 R 上的一个圈。我们把 R 称为循环体区域(body region)。

2）然后，我们构造一个代表整个自然循环 L 的区域 R'，R' 称为一个循环区域(loop region)。R 和 R' 之间的唯一区别在于后者包含了到达 L 的循环头的回边。换句话说，在流图中用 R' 替换 R 时，我们要做的是删除从 R 到其自身的边。

我们按照这个方法不断进行处理，把越来越大的循环替换成为单个结点。在处理时先把循环替换成为带有圈的结点，再替换成为不带圈的结点。因为可归约流图中的循环要么相互嵌套，要么相互不相交，所以在按照这个归约过程构造得到的一系列流图中，循环区域结点可以表示对应的自然循环的所有结点。

各个自然循环最终都会归约成为单一的结点。此时，要么这个流图被归约为单个结点；要么还有多个结点但是不包含循环，即归约得到的流图是一个包含多个结点的无环图。在前一种情况下，我们已经完成了对区域层次结构的构造；而在后一种情况下，我们需要为整个流图再构造一个循环体区域。

例 9.51　考虑图 9-48a 中的控制流图。在这个流图中有一条从 B_4 到 B_2 的回边。相应的区域层次结构在图 9-48b 中显示，图中显示的边是区域流图的边。图中总共有 8 个区域：

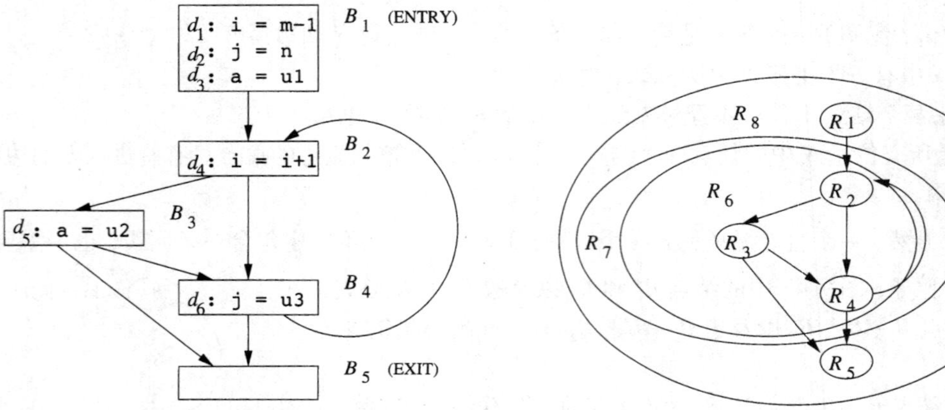

a) 到达定值问题的例子流图　　　　b) 它的区域层次结构

图 9-48　例 9.51 的控制流图

1）区域 R_1，⋯，R_5 是叶子区域，分别代表了基本块 B_1 到 B_5。每个基本块也是它的区域的出口基本块。

2）循环体区域 R_6 表示流图中唯一循环的循环体。它由区域 R_2、R_3 和 R_4 组成，并包括了三个区域之间的边：$B_2 \to B_3$、$B_2 \to B_4$ 和 $B_3 \to B_4$。这个区域有两个基本块：B_3 和 B_4，因为它们有不包含在区域内的、离开它们的边。图 9-49a 显示了把 R_6 归约为一个结点之后得到的流图。请注意，虽然边 $R_3 \to R_5$ 和 $R_4 \to R_5$ 都被替换为边 $R_6 \to R_5$，记住 $R_6 \to R_5$ 实际上代表了两条原来的边是很重要的。因为我们最终要沿着这条边传播传递函数，所以需要记住从 B_3 或 B_4 出发的传递函数将到达 R_5 的头结点。

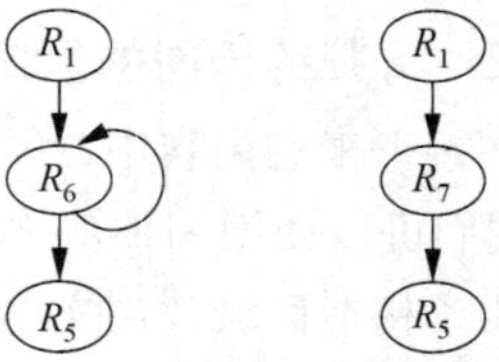

a) 在归约为一个循环体区域之后　　b) 在归约为一个循环区域之后

图 9-49　把图 9-48 的流图归约为单个区域的步骤

3）循环区域 R_7 代表整个自然循环。它包含了一个子区域 R_6 和一条回边 $B_4 \to B_2$。它也有两个出口结点，仍然是 B_3 和 B_4。图 9-49b 中显示了把整个自然循环归约为 R_7 之后得到的流图。

4）最后，区域 R_8 是顶层区域。它包含三个区域：R_1、R_7 和 R_5，以及三条区域之间的边 $B_1 \to B_2$、$B_3 \to B_5$ 和 $B_4 \to B_5$。当我们把流图归约为 R_8 的时候，它就变成单个结点。因为没有回边到达它的头结点 B_1，因此不需要再执行一个最后的步骤，把这个区域 R_8 归约成为一个循环区域。　□

我们用下面的算法来概括按照层次结构分解一个可归约流图的过程。

算法 9.52 构造一个可归约流图的自底向上的区域序列。

输入： 一个可归约流图 G。

输出： G 的区域的列表，该列表可用于基于区域的数据流问题。

方法：

1）一开始，列表中以某种顺序包含了由 G 的各个基本块组成的所有叶子区域。

2）不断选择满足如下条件的自然循环 L：如果 L 中包含了其他的自然循环，那么这些被包含的循环对应的循环体区域和循环区域已经被加入到列表中。首先把由 L 的循环体（即循环 L 中除了到达 L 的循环头的各条回边之外的其余部分）组成的区域加入到列表中，然后再加入 L 的循环区域。

3）如果整个流图本身不是一个自然循环，在列表的最后加入由整个流图组成的区域。 □

为什么叫做"可归约的"

现在我们可以知道可归约流图得名的原因了。虽然我们不会证明下面的性质，但本书中用涉及流图的回边来定义的"可归约流图"和其他几个按照能否把一个流图机械地归约成一个结点的定义方式实际上是等价的。在 9.7.2 节中描述的把自然循环塌缩成为一个结点的过程是上述机械化归约过程的一种。可归约流图的另一个有趣的定义是可以按照下列方法被归约成为一个结点的所有流图：

T_1：删除从一个结点到达自身的边。

T_2：如果结点 n 有唯一的前驱 m，并且 n 不是流图的入口结点，那么把 m 和 n 合并。

9.7.3 基于区域的分析技术概述

对于每个区域 R 以及每个 R 中的子区域 R'，我们计算一个传递函数 $f_{R,\ \mathrm{IN}[R']}$ 来概括在 R 内部的从 R 的入口到 R' 的入口的全部可能路径的执行效果。如果存在一条从区域 R 中的基本块 B 到达 R 之外的基本块的边，我们就说 B 是 R 的一个出口基本块（exit block）。我们也为 R 中的每个出口基本块 B 计算一个传递函数，记为 $f_{R,\ \mathrm{OUT}[B]}$。这个传递函数概括了所有在 R 中从 R 的入口基本块到达 B 的出口处的所有可能路径的执行效果。

然后我们沿着这个区域层次结构逐步向上，为越来越大的区域计算传递函数。我们从由单个基本块组成的区域开始。对于任何一个这样的区域 B，$f_{B,\ \mathrm{IN}[B]}$ 就是一个单元函数，而 $f_{B,\ \mathrm{OUT}[B]}$ 则是基本块 B 自身的传递函数。当我们沿着层次结构向上时，

- 如果 R 是一个体区域，那么属于 R 的边构成了 R 的子区域的一个无环图。我们可以按照子区域的拓扑排序计算传递函数。
- 如果 R 是一个循环区域，那么我们只需要考虑到达 R 的头结点的回边的效果。

最终我们必然会到达层次结构的顶部，并计算得到对应于整个流图的区域 R_n 的传递函数。在算法 9.53 中描述了计算过程。

下一步是计算各个基本块的入口和出口处的数据流值。我们按照相反的方向，从区域 R_n 开始沿着层次结构向下处理各个区域。对于每个区域，我们计算其入口处的数据流值。对于区域 R_n，我们应用 $f_{R_n,\ \mathrm{IN}[R]}(\mathrm{IN}[\mathrm{ENTRY}])$ 来计算 R_n 的子区域 R 的入口处的数据流值。我们重复这个过程，直到到达位于区域层次结构中的叶子上的基本块为止。

9.7.4 有关传递函数的必要假设

为了使得基于区域的分析能够解决问题，我们要对框架中的传递函数集合的性质作出某些

假设。明确地说，我们需要作用于传递函数之上的三个基本原子运算：组合、交汇运算和闭包运算。使用迭代算法的数据流框架只需要其中的第一个运算。

组合

一个结点序列的传递函数可以把表示各个结点的传递函数组合起来得到。令 f_1 和 f_2 是结点 n_1 和 n_2 的传递函数。执行 n_1 再执行 n_2 的效果可以用函数 $f_2 \circ f_1$ 来表示。函数组合已经在 9.2.2 节中讨论过，并且在 9.2.4 节中用到达定值给出了一个例子。为了回顾一下，令 gen_i 和 $kill_i$ 是 f_i 的 *gen* 和 *kill* 集合。那么

$$\begin{aligned} f_2 \circ f_1(x) &= gen_2 \cup ((gen_1 \cup (x - kill_1)) - kill_2) \\ &= (gen_2 \cup (gen_1 - kill_2)) \cup (x - (kill_1 \cup kill_2)) \end{aligned}$$

因此，$f_2 \circ f_1$ 的 *gen* 和 *kill* 集合分别是 $(gen_2 \cup (gen_1 - kill_2))$ 和 $(kill_1 \cup kill_2)$。对于所有具有 *gen-kill* 形式的传递函数，这个想法都是可行的。其他形式的传递函数可能也对组合运算封闭，但是我们必须单独考虑各种情况。

交汇运算

这里，传递函数集合本身就是一个具有交汇运算 $\wedge_f$ 的半格的值域。两个传递函数 f_1 和 f_2 的交，即 $f_1 \wedge_f f_2$，被定义为 $(f_1 \wedge_f f_2)(x) = f_1(x) \wedge f_2(x)$，其中 $\wedge$ 是数据流值的交汇运算。传递函数上的交汇运算用来把具有相同结尾点的不同执行路径的执行效果组合起来。从现在开始，在不会引起歧义时我们把传递函数的交汇运算也写成 $\wedge$。对于到达定值框架，我们有

$$\begin{aligned} (f_1 \wedge f_2)(x) &= f_1(x) \wedge f_2(x) \\ &= (gen_1 \cup (x - kill_1)) \cup (gen_2 \cup (x - kill_2)) \\ &= (gen_1 \cup gen_2) \cup (x - (kill_1 \cap kill_2)) \end{aligned}$$

也就是说，$f_1 \wedge f_2$ 的 *gen* 和 *kill* 集合分别是 $gen_1 \cup gen_2$ 和 $kill_1 \cap kill_2$。仍然和处理组合运算一样，对于任何 *gen-kill* 形式的传递函数集合都可以进行同样的处理。

闭包

如果 f 表示一个环的传递函数，那么 f^n 表示沿着这个环执行 n 次的效果。当不知道迭代次数的时候，我们必须假设这个环将被执行 0 到多次。我们用 f^*，即 f 的闭包来表示这样的循环的传递函数。闭包 f^* 的定义如下

$$f^* = \bigwedge_{n \geq 0} f^n$$

请注意，f^0 必须是单元传递函数，因为它代表把这个循环执行 0 次的效果，即从入口处开始但不运行的效果。如果令 I 表示单元传递函数，那么可以把上式写成

$$f^* = I \wedge (\bigwedge_{n > 0} f^n)$$

假设在一个到达定值框架中的传递函数 f 有一个 *gen* 集和一个 *kill* 集。那么，

$$\begin{aligned} f^2(x) &= f(f(x)) \\ &= gen \cup ((gen \cup (x - kill)) - kill) \\ &= gen \cup (x - kill) \\ f^3(x) &= f(f^2(x)) \\ &= gen \cup (x - kill) \end{aligned}$$

以此类推，即所有的 f^n 都是 $gen \cup (x\text{-}kill)$。也就是说，如果传递函数具有 *gen-kill* 形式，那么沿着一个循环执行的次数对该函数没有影响。因此，

$$\begin{aligned} f^*(x) &= I \wedge f^1(x) \wedge f^2(x) \wedge \cdots \\ &= x \cup (gen \cup (x - kill)) \\ &= gen \cup x \end{aligned}$$

也就是说，传递函数f^*的 *gen* 和 *kill* 集合分别是 *gen* 和 ∅。直观地讲，因为我们可能根本不沿着这个循环执行，x 中的任何元素都可以到达这个循环的入口处。在此后的所有迭代中，到达定值中总是包括所有在 *gen* 集合中的元素。

9.7.5 一个基于区域的分析算法

下面的算法根据某个满足 9.7.4 节中假设的框架，解决了一个可归约流图上的前向数据流分析问题。回顾一下，$f_{R,\mathrm{IN}[R']}$ 和 $f_{R,\mathrm{OUT}[B]}$ 是两个传递函数，它们把区域 R 的入口点上的数据流值分别转换为在子区域 R' 入口处和出口基本块 B 的出口处的数据流值。

算法 9.53 基于区域的分析。

输入： 一个具有 9.7.4 节中所列性质的数据流框架和一个可归约流图 G。

输出： G 中的每个基本块 B 的数据流值 $\mathrm{IN}[B]$。

方法：

1）使用算法 9.52 来构造 G 的自底向上的区域序列，假设它们是 $R_1, R_2, \cdots, R_n$，其中 R_n 是最顶层的区域。

2）进行自底向上的分析，计算概括了每个区域的执行效果的传递函数。对于按照自底向上顺序排列的每个区域 $R_1, R_2, \cdots, R_n$，进行下列计算：

ⓐ 如果 R 是一个对应于基本块 B 的叶子区域，令 $f_{R,\mathrm{IN}[B]} = I$，$f_{R,\mathrm{OUT}[B]} = f_B$。其中，$f_B$ 是基本块 B 的传递函数。

ⓑ 如果 R 是一个循环体区域，执行图 9-50a 中的计算。

ⓒ 如果 R 是一个循环区域，执行图 9-50b 中的计算。

3）进行自顶向下的扫描，找出各个区域开始处的数据流值。

ⓐ $\mathrm{IN}[R_n] = \mathrm{IN}[\mathrm{ENTRY}]$。

ⓑ 按照自顶向下的顺序，对 $\{R_1, R_2, \cdots, R_{n-1}\}$ 中的每个区域 R 计算

$$\mathrm{IN}[R] = f_{R',\mathrm{IN}[R]}(\mathrm{IN}[R'])$$

其中 R' 是直接包含区域 R 的区域。

for (按照拓扑排序，对于每个直接包含于 R 的子区域 S) {
  $f_{R,\mathrm{IN}[S]} = \bigwedge_{S\text{的头结点在}R\text{中的前驱}B} f_{R,\mathrm{OUT}[B]}$;
  /* 如果 S 是区域 R 的头，那么 $f_{R,\mathrm{IN}[S]}$ 就是对空集应用交汇运算的结果，也就是单元函数 */
  for (S 中的每个出口基本块 B)
    $f_{R,\mathrm{OUT}[B]} = f_{S,\mathrm{OUT}[B]} \circ f_{R,\mathrm{IN}[S]}$;
}

a) 构造一个循环体区域 R 的传递函数

令 S 为直接包含于 R 的循环体区域；就是说 S 就是从 R 中删除了到达 R 的头结点的回边后得到的区域
$f_{R,\mathrm{IN}[S]} = (\bigwedge_{S\text{的头结点在}R\text{中的前驱}B} f_{S,\mathrm{OUT}[B]})^*$;
for (R 中的每个出口基本块 B)
  $f_{R,\mathrm{OUT}[B]} = f_{S,\mathrm{OUT}[B]} \circ f_{R,\mathrm{IN}[S]}$;

b) 为一个循环区域 R' 构造传递函数

图 9-50 基于区域的数据流计算的细节

让我们首先看一下算法中自底向上分析过程的工作细节。在图 9-50a 的第(1)行中，我们按照某个拓扑排序访问一个循环体区域的各个子区域。第(2)行中计算的传递函数代表了所有从 R 的头结点到 S 的头结点的可能路径的执行效果；第(3)和(4)行中计算的传递函数代表了所有从 R 的头结点到 R 的出口点(即所有的某个后继在 S 之外的基本块的出口点)的可能路径的执行效果。请注意，按照第(1)行所构造的拓扑排序，R 的所有前驱 B' 必然在 S 之前的区域中。这样，$f_{R,\,\mathrm{OUT}[B']}$ 一定已经在算法的外层循环的前面某次迭代中由第(4)行计算完毕。

对于循环区域，我们执行图 9-50b 中第(1)到(4)行的各个步骤。其中，第(2)行计算了沿着循环体区域 S 重复执行零次或多次的效果。第(3)和第(4)行计算了进行一次或多次迭代之后在循环出口处的效果。

在算法的自顶向下扫描中，步骤 3(a)首先把问题的边界条件作为最顶层区域的输入。然后，如果 R 直接包含于 R'，我们只需要将传递函数 $f_{R',\,\mathrm{IN}[R]}$ 应用到 $\mathrm{IN}[R']$ 就可以计算得到 $\mathrm{IN}[R]$。 □

例 9.54 让我们应用算法 9.53 来寻找图 9-48a 中流图的到达定值。第一步构造出自底向上访问各个区域的顺序；这个顺序将作为各个区域的下标，比如 R_1，R_2，…，R_n。

五个基本块的 *gen* 集和 *kill* 集的值概括如下：

B	B_1	B_2	B_3	B_4	B_5
gen_B	$\{d_1, d_2, d_3\}$	$\{d_4\}$	$\{d_5\}$	$\{d_6\}$	$\emptyset$
$kill_B$	$\{d_4, d_5, d_6\}$	$\{d_1\}$	$\{d_3\}$	$\{d_2\}$	$\emptyset$

请回忆一下 9.7.4 节中对 *gen-kill* 形式的传递函数的简化后的规则：

- 要计算传递函数的交汇，只要计算 *gen* 集合的并集和 *kill* 集合的交集。
- 组合传递函数时，计算两个函数的 *gen* 集的并集和 *kill* 集的并集。但是这个规则有一个例外，当一个表达式被第一个函数生成且没有被第二个函数生成，同时又被第二个函数杀死的时候，这个表达式不在最后的 *gen* 中。
- 在计算一个传递函数的闭包时，保持原来的 *gen* 集合，但是用 $\emptyset$ 替代原来的 *kill* 集合。

前面的五个区域 R_1，…，R_5 分别是基本块 B_1，…，B_5。对于 $1 \leqslant i \leqslant 5$，$f_{R_i,\,\mathrm{IN}[B_i]}$ 都是单元函数，$f_{R_i,\,\mathrm{OUT}[B_i]}$ 是 B_i 的传递函数：

$$f_{B_i,\,\mathrm{OUT}[B_i]}(x) = (x - kill_{B_i}) \cup gen_{B_i}$$

算法 9.53 的第二步构造的其他传递函数如图 9-51 中。区域 R_6 由区域 R_2、R_3 和 R_4 组成，R_6 代表该循环的循环体，因此不包含回边 $B_4 \to B_2$。对这些区域的处理顺序就是它们的唯一的拓扑排序：R_2、R_3、R_4。首先请记住边 $B_4 \to B_2$ 到达了 R_6 之外，R_2 在 R_6 中没有前驱。因此 $f_{R_6,\,\mathrm{IN}[B_2]}$ 是单元函数㊀，而 $f_{R_6,\,\mathrm{OUT}[B_2]}$ 是 B_2 本身的传递函数。

区域 B_3 的头结点有一个 R_6 中的前驱，即 R_2。到达它的入口处的传递函数就是到达 B_2 出口处的传递函数 $f_{R_6,\,\mathrm{OUTN}[B_2]}$。这个函数已经被计算出来。我们把这个函数和 B_3 的传递函数组合起来，计算出到达 B_3 出口处的传递函数。B_3 就在由它自身组成的区域中。

最后，因为 B_2 和 B_3 都是 R_4 的头结点 B_4 的前驱，对于到达 R_4 入口处的传递函数，我们必须计算

㊀ 严格地讲，我们说的是 $f_{R_6,\,\mathrm{IN}[R_2]}$，但是对类似于 R_2 这样的单基本块区域，如果我们在这个上下文环境下使用基本块名字而不是区域名字的话，文字表述通常会更清楚。

	传递函数	*gen*	*kill*
R_6	$f_{R_6,\mathrm{IN}[R_2]} = I$	$\emptyset$	$\emptyset$
	$f_{R_6,\mathrm{OUT}[B_2]} = f_{R_2,\mathrm{OUT}[B_2]} \circ f_{R_6,\mathrm{IN}[R_2]}$	$\{d_4\}$	$\{d_1\}$
	$f_{R_6,\mathrm{IN}[R_3]} = f_{R_6,\mathrm{OUT}[B_2]}$	$\{d_4\}$	$\{d_1\}$
	$f_{R_6,\mathrm{OUT}[B_3]} = f_{R_3,\mathrm{OUT}[B_3]} \circ f_{R_6,\mathrm{IN}[R_3]}$	$\{d_4, d_5\}$	$\{d_1, d_3\}$
	$f_{R_6,\mathrm{IN}[R_4]} = f_{R_6,\mathrm{OUT}[B_2]} \wedge f_{R_6,\mathrm{OUT}[B_3]}$	$\{d_4, d_5\}$	$\{d_1\}$
	$f_{R_6,\mathrm{OUT}[B_4]} = f_{R_4,\mathrm{OUT}[B_4]} \circ f_{R_6,\mathrm{IN}[R_4]}$	$\{d_4, d_5, d_6\}$	$\{d_1, d_2\}$
R_7	$f_{R_7,\mathrm{IN}[R_6]} = f^*_{R_6,\mathrm{OUT}[B_4]}$	$\{d_4, d_5, d_6\}$	$\emptyset$
	$f_{R_7,\mathrm{OUT}[B_3]} = f_{R_6,\mathrm{OUT}[B_3]} \circ f_{R_7,\mathrm{IN}[R_6]}$	$\{d_4, d_5, d_6\}$	$\{d_1, d_3\}$
	$f_{R_7,\mathrm{OUT}[B_4]} = f_{R_6,\mathrm{OUT}[B_4]} \circ f_{R_7,\mathrm{IN}[R_6]}$	$\{d_4, d_5, d_6\}$	$\{d_1, d_2\}$
R_8	$f_{R_8,\mathrm{IN}[R_1]} = I$	$\emptyset$	$\emptyset$
	$f_{R_8,\mathrm{OUT}[B_1]} = f_{R_1,\mathrm{OUT}[B_1]}$	$\{d_1, d_2, d_3\}$	$\{d_4, d_5, d_6\}$
	$f_{R_8,\mathrm{IN}[R_7]} = f_{R_8,\mathrm{OUT}[B_1]}$	$\{d_1, d_2, d_3\}$	$\{d_4, d_5, d_6\}$
	$f_{R_8,\mathrm{OUT}[B_3]} = f_{R_7,\mathrm{OUT}[B_3]} \circ f_{R_8,\mathrm{IN}[R_7]}$	$\{d_2, d_4, d_5, d_6\}$	$\{d_1, d_3\}$
	$f_{R_8,\mathrm{OUT}[B_4]} = f_{R_7,\mathrm{OUT}[B_4]} \circ f_{R_8,\mathrm{IN}[R_7]}$	$\{d_3, d_4, d_5, d_6\}$	$\{d_1, d_2\}$
	$f_{R_8,\mathrm{IN}[R_5]} = f_{R_8,\mathrm{OUT}[B_3]} \wedge f_{R_8,\mathrm{OUT}[B_4]}$	$\{d_2, d_3, d_4, d_5, d_6\}$	$\{d_1\}$
	$f_{R_8,\mathrm{OUT}[B_5]} = f_{R_5,\mathrm{OUT}[B_5]} \circ f_{R_8,\mathrm{IN}[R_5]}$	$\{d_2, d_3, d_4, d_5, d_6\}$	$\{d_1\}$

图 9-51　使用基于区域的流分析计算图 9-48a 中流图的传递函数

$$f_{R_6,\ \mathrm{OUT}[B_2]} \wedge f_{R_6,\ \mathrm{OUT}[B_3]}$$

这个传递函数和传递函数$f_{R_4,\ \mathrm{OUT}[B_4]}$组合，得到我们想要的函数$f_{R_6,\ \mathrm{OUT}[B_4]}$。请注意，比如，$d_3$ 没有在这个函数中被杀死，因为路径 $B_2 \to B_4$ 没有对变量 a 重新定值。

现在考虑循环区域 R_7。它只包含一个表示它的循环体的区域 R_6。因为只有一个到达 R_6 的头结点的回边 $B_4 \to B_2$，代表这个循环体执行 0 次或者多次的传递函数就是$f^*_{R_6,\ \mathrm{OUT}[B_4]}$：这个函数的 *gen* 集合是$\{d_4, d_5, d_6\}$，而 *kill* 集合是 $\emptyset$。区域 R_7 有两个出口，即基本块 B_3 和 B_4。因此，这个传递函数和 R_6 的各个传递函数相组合，得到对应于 R_7 的传递函数。请注意某些定值，比如 d_6，是怎样因为路径 $B_2 \to B_4 \to B_2 \to B_3$，甚至路径 $B_2 \to B_3 \to B_4 \to B_2 \to B_3$ 的原因而被加入到函数$f_{R_7,\ \mathrm{OUT}[B_3]}$ 的 *gen* 集中去的。

最后考虑区域 R_8，即整个流图。它的子区域是 R_1、R_7 和 R_5。我们将按照这个拓扑顺序考虑这些子区域。和前面一样，传递函数$f_{R_8,\ \mathrm{IN}[B_1]}$是一个单元函数，而传递函数$f_{R_8,\ \mathrm{OUT}[B_1]}$是$f_{R_1,\ \mathrm{OUT}[B_1]}$，也就是$f_{B_1}$。

R_7 的头结点 B_2 只有一个前驱 B_1，因此到达它的入口的传递函数就是 R_8 中从 B_1 离开的传递函数。我们把$f_{R_8,\ \mathrm{OUT}[B_1]}$和 R_7 中到达 B_3 和 B_4 出口处的传递函数相组合，得到它们在 R_8 中相应的传递函数。最后我们考虑 R_5，它的头结点 B_5 在 R_8 中有两个前驱，即 B_3 和 B_4。因此，我们计算$f_{R_8,\ \mathrm{OUT}[B_3]} \wedge f_{R_8,\ \mathrm{OUT}[B_4]}$可以得到$f_{R_8,\ \mathrm{IN}[B_5]}$。因为基本块 B_5 的传递函数是单元函数，因此$f_{R_8,\ \mathrm{OUT}[B_5]} = f_{R_8,\ \mathrm{IN}[B_5]}$。

第三步根据传递函数计算实际的到达定值。在步骤 3(a)，$\mathrm{IN}[R_8] = \emptyset$，因为在程序的开头没有到达定值。图 9-52 显示了步骤 3(b)是如何计算其余的数据流值的。这个步骤从 R_8 的各个子区域开始。因为从 R_8 的开始处到它的各个子区域开始处的传递函数已经计算出来了，通过简单地应用这些传递函数就可以找到各个子区域的开始处的数据流值。我们重复这个步骤，直到得到各个叶子区域的数据流值为止。这些叶子区域就是各个基本块。请注意，图 9-52 中显示的数据流值和我们对相同流图应用迭代数据流分析技术而得到的值是完全一致的。当然，这两组值必须一致。 □

$$
\begin{array}{lclcl}
\text{IN}[R_8] & = & \emptyset & & \\
\text{IN}[R_1] & = & f_{R_8,\text{IN}[R_1]}(\text{IN}[R_8]) & = & \emptyset \\
\text{IN}[R_7] & = & f_{R_8,\text{IN}[R_7]}(\text{IN}[R_8]) & = & \{d_1,d_2,d_3\} \\
\text{IN}[R_5] & = & f_{R_8,\text{IN}[R_5]}(\text{IN}[R_8]) & = & \{d_2,d_3,d_4,d_5,d_6\} \\
\text{IN}[R_6] & = & f_{R_7,\text{IN}[R_6]}(\text{IN}[R_7]) & = & \{d_1,d_2,d_3,d_4,d_5,d_6\} \\
\text{IN}[R_4] & = & f_{R_6,\text{IN}[R_4]}(\text{IN}[R_6]) & = & \{d_2,d_3,d_4,d_5,d_6\} \\
\text{IN}[R_3] & = & f_{R_6,\text{IN}[R_3]}(\text{IN}[R_6]) & = & \{d_2,d_3,d_4,d_5,d_6\} \\
\text{IN}[R_2] & = & f_{R_6,\text{IN}[R_2]}(\text{IN}[R_6]) & = & \{d_1,d_2,d_3,d_4,d_5,d_6\}
\end{array}
$$

图 9-52　基于区域的流分析的最后一步

9.7.6　处理不可归约流图

如果预计到需要用编译器或其他程序处理软件进行处理的程序中经常会有不可归约流图，那么我们建议使用迭代算法，而不是基于层次结构的方法来解决数据流分析问题。但是，如果我们只准备偶尔处理一下不可归约流图，那么使用下面的“结点分割”技术就足够了。

首先尽可能依据自然循环构造区域。如果流图是不可归约的，我们会发现得到的流图包含环，但是没有回边，因此我们不能进一步对这个流图进行分析。在图 9-53a 中显示了一种典型的情形。这个流图和图 9-45 中的不可归约流图具有同样的结构，但是就像图 9-53 中的结点内的小结点所显示的，这个流图的结点可能实际上是一个复杂的区域。

我们选取一个具有多个前驱，且不是整个流图的头结点的区域 R。如果 R 有 k 个前驱，那么建立 k 个对应于 R 的整个流图的拷贝，并将 R 的头结点的 k 个前驱分别连接到不同的拷贝。请记住，只有一个区域的头才可能具有区域之外的前驱。我们只是给出(而不准备证明)下面的结论：这样的结点分割的结果是，在寻找新的回边并构造出这些回边的区域之后，区域的个数至少减少了一。这样得到的流图可能还是不可归约的，但是我们可以不断交替进行两个步骤：结点分割步骤；寻找新自然循环并将其塌缩为单个结点的步骤。最终我们会得到单个区域，即流图已经被完全归约。

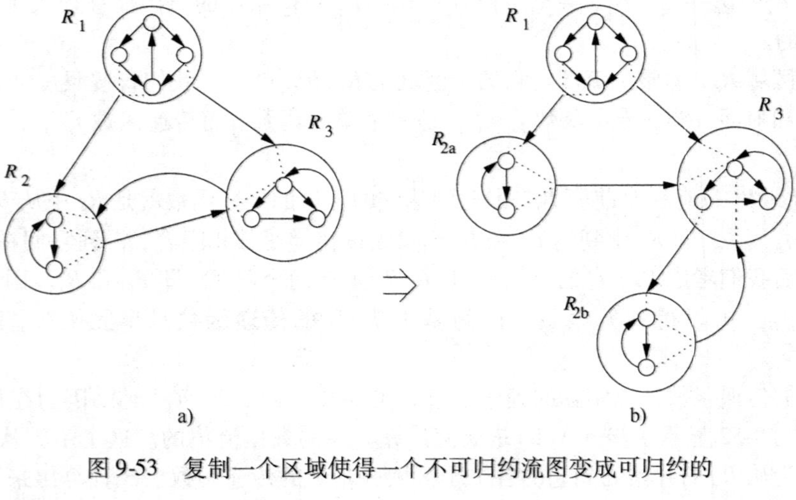

图 9-53　复制一个区域使得一个不可归约流图变成可归约的

例 9.55　图 9-53b 中显示的结点分割把边 $R_{2b} \rightarrow R_3$ 变成了一个回边，因为现在 R_3 支配 R_{2b}。因此这两个区域可以合二为一。得到的三个区域——R_1、R_{2a} 及新产生的区域——组成了一个新的无环的流图，因此可能被组合到单个循环体区域中。这样我们就把整个流图归约为单个区域。一般来讲，可能还需要更多的分割处理，在最坏的情况下，最后得到的基本块的个数可能和原流图中基本块的个数成指数关系。□

我们想要的是针对原流图的答案。因此我们还必须考虑对分割所得流图的数据流分析结果和这个答案之间的关系。我们可以考虑两个方法：

1）分割区域可能有益于优化过程，我们可以简单地修订这个流图使得只有某些基本块被复制。到达每个基本块副本的路径可能只是到达原基本块的路径的一个子集。因此相对于原基本块上的数据流值而言，在这些基本块副本上的数据流值可能包含更加精确的信息。比如，到达每个基本块副本的定值要少于到达原基本块的定值。

2）如果我们希望不是真的分割而是想保留原来的流图，那么在分析完分割所得的流图之后，我们可以查看每个被分割基本块 B，以及它对应的拷贝集合 B_1，B_2，…，B_k。我们可以计算 $\text{IN}[B]=\text{IN}[B_1]\wedge\text{IN}[B_2]\wedge\cdots\wedge\text{IN}[B_k]$，并且类似地计算 OUT 值。

9.7.7 9.7 节的练习

练习 9.7.1：对于图 9-10 的流图（见 9.1 节中的练习）：

1）寻找所有可能的区域。但是你可以忽略区域列表中那些只有一个结点且没有边的区域。

2）给出算法 9.52 所构造的嵌套区域的集合。

3）按照 9.7.2 节中“为什么叫做可归约的”部分中所描述的方法，给出该流图的一个 T_1-T_2 归约。

练习 9.7.2：在下列流图上重复练习 9.7.1：

1）图 9-3。

2）图 8-9。

3）你在练习 8.4.1 中得到的流图。

4）你在练习 8.4.2 中得到的流图。

练习 9.7.3：证明每个自然循环都是一个区域。

!! **练习 9.7.4**：说明一个流图是可归约的当且仅当它可以按照下列方式被转化成为单一结点：

1）9.7.2 节的“为什么叫做可归约的”部分中描述的 T_1 和 T_2 运算。

2）9.7.2 节中引入的区域定义。

! **练习 9.7.5**：说明如果你对一个不可归约流图应用结点分割技术，然后对分割后得到的流图进行 T_1-T_2 归约，你最后得到的流图的结点一定严格少于原流图的结点数目。

! **练习 9.7.6**：如果你交替地使用结点分割技术和 T_1-T_2 归约来归约一个具有 n 个结点的完全有向图，会发生什么情况？

9.8 符号分析

在本节中，我们将使用符号分析来说明基于区域的分析技术的使用。在这个分析中，我们用符号表示的方式跟踪程序中的变量的值，把这些变量的值表示为关于输入变量及其他变量的表达式。我们把这些变量称为*参考变量*。用同一组参考变量来表示变量的值可以描绘出这些变量之间的关系。符号分析可以被用于多种目的，比如优化、并行化和用于程序理解的分析。

```
1)  x = input();
2)  y = x-1;
3)  z = y-1;
4)  A[x] = 10;
5)  A[y] = 11;
6)  if (z > x)
7)       z = x;
```

图 9-54 说明符号分析动机的一个例子程序

例 9.56 考虑图 9-54 中的简单程序的例子。这里我们使用 x 作为唯一的参考变量。符号分析会发现在第 2 行和第 3 行中分别对 y 和 z 赋值的语句执行之后，y 和 z 的值分别是 $x-1$ 和 $x-2$。这个信息是很有用的。比如，可以用来确定在第 4 行和第 5 行中的赋值语句将会在不同的内存位置上进行写运算，因而是可以并行执行的。并且，我们还可以指出条件 $z > x$ 永远不可能为真，从而允许优化程序把第 6 行和第 7 行的条件语句全部删除。 □

9.8.1 参考变量的仿射表达式

因为我们不可能为所有计算得到的值创建一种简洁而又封闭的符号表达式，所以选择了一个抽象域，并且使用域中的最精确的表达式来近似表达计算结果。在此之前我们已经看到了这个策略的一个例子：常量传播。在常量传播中，我们的抽象域由所有常量值和特殊符号 UNDEF 及 NAC 组成。其中，UNDEF 表示我们尚未决定该值是否为常量，而当已经发现一个变量不是常量的时候使用 NAC。

我们在这里给出的符号化分析技术尽可能地把值表示成为参考变量的仿射表达式。如果一个关于变量 v_1，v_2，…，v_n 的表达式可以被表示为 $c_0 + c_1v_1 + \cdots + c_nv_n$，那么这个表达式就是仿射的，其中 c_0，c_1，…，c_n 都是常量。这样的表达式也被非正式地称为线性表达式。严格地讲，只有当 $c_0 = 0$ 的时候，仿射表达式才是线性的。我们对仿射表达式感兴趣的原因是循环中的数组下标经常可以表示成仿射表达式——这些信息可用于优化和并行化处理。在第 11 章中，我们将更详细地讨论这个主题。

归纳变量

一个仿射表达式不一定只能使用程序变量作为参考变量，它也可以使用一个循环的迭代次数作为参考变量。如果一个变量在某个程序点上的值能够被表示为 $c_1i + c_0$，其中 i 是包含该程序点的最内层循环的迭代次数，那么这个变量称为*归纳变量*(induction variable)。

例 9.57 考虑代码片断

```
for (m = 10; m < 20; m++)
    { x = m*3; A[x] = 0; }
```

假设我们为该循环引入一个变量 i 来表示已执行的迭代次数。在循环第一次迭代时，i 的值是 0，第二次迭代的时候 i 的值是 1，以此类推。我们可以把变量 m 表示成为 i 的一个仿射表达式，也就是 $m = i + 10$。变量 x，也就是 $3m$，在循环的连续迭代中的取值是 30，33，…，57。因此 x 具有仿射表达式 $x = 30 + 3i$。我们说 m 和 x 都是这个循环的归纳变量。 □

把变量表示成为循环次数的仿射表达式使得我们可以直接计算该变量在各次迭代中的值，而且能够实现多种代码转换。一个归纳变量在循环的各次迭代中所取的值可以通过加法运算，而不是乘法运算计算得到。这个转换称为“强度消减”。它已经在 8.7 节和 9.1 节中介绍过了。比如，我们可以从例 9.57 的循环中消除乘法运算 $x = m * 3$，只要把程序改写为：

```
x = 27;
for (m = 10; m < 20; m++)
    { x = x+3; A[x] = 0; }
```

另外，请注意在该循环中被赋予 0 值的内存位置，即 $\&A + 30$，$\&A + 33$，…，$\&A + 57$，也都是循环迭代次数的仿射表达式。实际上，这些整数值是该循环中唯一需要进行计算的值；我们只需要保留 m 或 x 中的一个。上面的代码可以直接替换为下面的代码：

```
for (x = &A+30; x <= &A+57; x = x+3)
    *x = 0;
```

除了加快计算速度，符号化分析对于实现并行化也是有用的。当循环中的数组下标是循环迭代次数的仿射表达式时，我们可以考虑不同迭代中的数据访问的关系。比如，我们可以指出在每次迭代中被写入的内存位置是不同的，因此循环的全部迭代可以在不同的处理器上并行执行。这样的信息在第 10 章和第 11 章中被用来从顺序程序中抽取并行性。

其他参考变量

如果一个变量不是我们已选取的参考变量的线性函数，我们还可以选择把它的值当作将来进行的运算的参考变量。比如，考虑下面的代码片段：

```
a = f();
b = a + 10;
c = a + 11;
```

虽然在上面的函数调用之后 a 的值本身不能被表示成任何参考变量的线性函数，但它仍可以被用作后继语句的参考变量。比如，使用 a 作为参考变量，我们就可以发现在程序的结尾处 c 比 b 大 1。

例 9.58 本节中多次使用的例子是基于图 9-55 中显示的源代码的。其中的内层循环和外层循环是很容易理解的，因为除了在 for 循环的头部，f 和 g 的值都没有被改变。因此有可能把 f 和 g 替代为分别对外层和内层循环的迭代次数进行计数的参考变量 i 和 j。也就是说，我们可以令 $f = i + 99$ 和 $g = j + 9$，然后把 f 和 g 完全替换掉。在翻译成中间代码时，我们可以利用每个循环至少会迭代一次的信息，把对 $i \leqslant 100$ 和 $j \leqslant 10$ 的测试推迟到循环的尾部进行。在图 9-55 的代码中引入 i 和 j，并把 for 循环当作 repeat 循环处理之后，就可以得到如图 9-56 中显示的流图。

```
1)  a = 0;
2)  for (f = 100; f < 200; f++) {
3)          a = a + 1;
4)          b = 10 * a;
5)          c = 0;
6)          for (g = 10; g < 20; g++) {
7)                  d = b + c;
8)                  c = c + 1;
            }
    }
```

图 9-55 例 9.58 的源代码

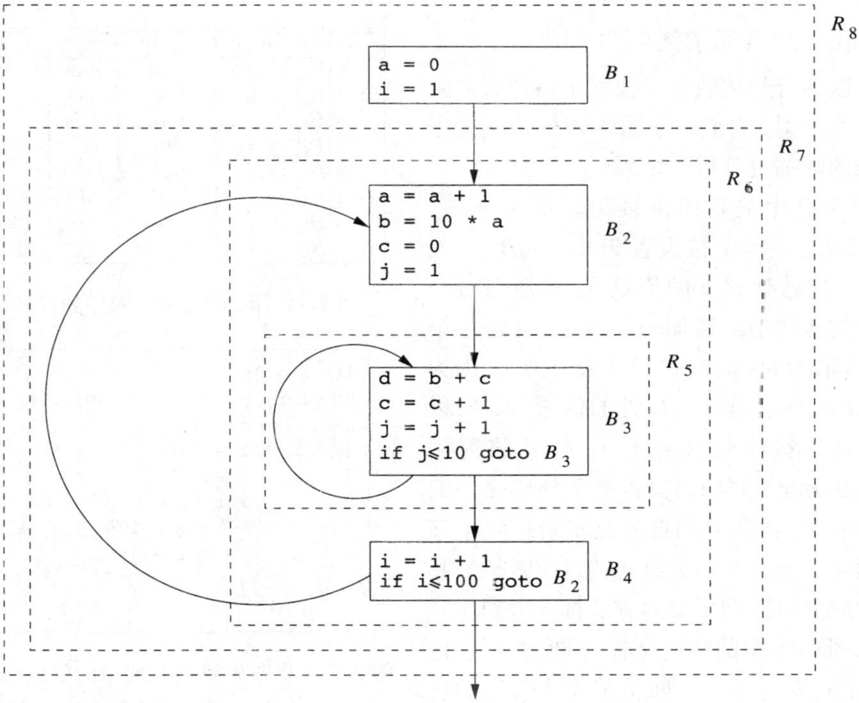

图 9-56 例 9.58 的流图和它的区域层次结构

可以发现，a、b、c 和 d 都是归纳变量。在代码的每一行上赋给这些变量的值的序列被显示在图 9-57 中。我们将看到，我们可以找出用参考变量 i 和 j 表示的这些变量的仿射表达式。它们是，在第 4 行的 $a = i$，第 7 行的 $d = 10i + j - 1$ 和第 8 行的 $c = j$。 □

行	变量	$i=1$ $j=1,\cdots,10$	$i=2$ $j=1,\cdots,10$	$1\leqslant i\leqslant 100$ $j=1,\cdots,10$	$i=100$ $j=1,\cdots,10$
3	a	1	2	i	100
4	b	10	20	$10i$	1000
7	d	$10,\cdots,19$	$20,\cdots,29$	$10i,\cdots,10i+9$	$1000,\cdots,1009$
8	c	$1,\cdots,10$	$1,\cdots,10$	$1,\cdots,10$	$1,\cdots,10$

图 9-57 例 9.58 中的各个程序点上看到的值的序列

9.8.2 数据流问题的公式化

这个分析寻找关于某些参考变量的仿射表达式。这些参考变量包括(1)用于对各个循环所执行的迭代进行计数的参考变量，(2)在必要时存放区域入口处的值的参考变量。这个分析也可以找到归纳变量、循环不变表达式以及常量。这里常量可以看作是仿射表达式的退化情况。请注意，这个分析不能够找到所有的常量，因为它只跟踪参考变量的表达式。

数据流值：符号化映射

这个分析使用的数据流值的域是符号化映射，它是将程序中的变量映射到值的函数。这个值可以是一个参考值的仿射函数或者表示非仿射表达式的特殊符号 NAA。如果只有一个变量，那么相应半格的底元素值就是一个把该变量映射为 NAA 的映射。n 个变量的半格就是各个变量的半格的积。我们使用 m_{NAA} 来表示这个半格的底元素，它把所有变量都映射为 NAA。就像在常量传播中所做的那样，我们可以把顶层数据流值定义为把所有变量都映射为一个未知值的符号化映射。但是，在基于区域的分析中我们不需要顶元素的值。

例 9.59 图 9-58 显示了例 9.58 的代码中和各个基本块关联的符号化映射。我们将在稍后看到如何发现这些映射，它们是在图 9-56 的流图上进行基于区域的数据流分析的结果。

和程序入口相关联的符号化映射是 m_{NAA}。在 B_1 的出口处，a 的值被设置为 0。在 B_2 的入口处，在第一次迭代时 a 的值是 0，然后在每一次外层循环的迭代中都增加一。因此，在进入第 i 次迭代时其值为 $i-1$，在迭代结束时为 i。因为变量 b、c、d 在外层循环入口处的值未知，所以在 B_2 入口处的符号化映射把 b、c、d 映射到 NAA。到现在为止，它们的值依赖于外层循环的迭代次数。在 B_2 出口处的符号化映射反映了该基本块中对 a、b 和 c 赋值的语句的运行效果。其他的符号化映射可以用类似的方法推导得到。一旦我们确认图 9-58 中的映射是有效的，就可以把图 9-55 中对 a、b、c 和 d 的赋值替换为适当的仿射表达式。也就是说，我们可以把图 9-55 替换为图 9-59 中的代码。

m	$m(a)$	$m(b)$	$m(c)$	$m(d)$
IN$[B_1]$	NAA	NAA	NAA	NAA
OUT$[B_1]$	0	NAA	NAA	NAA
IN$[B_2]$	$i-1$	NAA	NAA	NAA
OUT$[B_2]$	i	$10i$	0	NAA
IN$[B_3]$	i	$10i$	$j-1$	NAA
OUT$[B_3]$	i	$10i$	j	$10i+j-1$
IN$[B_4]$	i	$10i$	j	$10i+j-1$
OUT$[B_4]$	$i-1$	$10i-10$	j	$10i+j-11$

图 9-58 例 9.58 中的程序的符号化映射

```
1)  a = 0;
2)  for (i = 1; i <= 100; i++) {
3)          a = i;
4)          b = 10*i;
5)          c = 0;
6)          for (j = 1; j <= 10; j++) {
7)                  d = 10*i + j -1;
8)                  c = j;
            }
    }
```

图 9-59 将图 9-55 的代码中的赋值语句替换为关于参考变量 i 和 j 的仿射表达式之后的代码

□

单个语句的传递函数

这个数据流问题中的传递函数根据符号化映射计算得到新的符号化映射。为了计算一个赋值语句的传递函数，我们解释该语句的语义，并决定被赋值的变量能否被表示为赋值语句右边的值的仿射表达式。所有其他变量的值保持不变。

一个语句 s 的传递函数记为 f_s，其定义如下：

1）如果 s 不是一个赋值语句，那么 f_s 就是一个单元函数。

2）如果 s 是一个对 x 赋值的语句，那么

$$f_s(m)(x)=\begin{cases} m(v) & \text{对于所有的变量 } v\neq x \\ c_0+c_1m(y)+c_2m(z) & \text{如果 } x \text{ 被赋值为 } c_0+c_1y+c_2z, \\ & (c_1=0\text{，或者 } m(y)\neq \text{NAA})\text{，并且} \\ & (c_2=0\text{，或者 } m(z)\neq \text{NAA}) \\ \text{NAA} & \text{否则} \end{cases}$$

其中表达式 $c_0+c_1m(y)+c_2m(z)$ 用来表示所有可能出现在对 x 赋值的语句的右部、关于变量 y 和 z 的各种形式的表达式。这些表达式向 x 赋予的值是变量之前的值的一次仿射变换的结果。这些表达式是 c_0，c_0+y，c_0-y，$y+z$，$x-y$，c_1*y 和 $y/(1/c_1)$。请注意，在很多情况下，c_0、c_1 和 c_2 中的一个或者多个的值为 0。

例 9.60 如果该赋值语句是 `x=y+z`，那么 $c_0=0$ 而 $c_1=c_2=1$。如果该赋值表达式是 `x=y/5`，那么 $c_0=c_2=0$ 而 $c_1=1/5$。□

> **关于值映射上的传递函数的注意事项**
>
> 我们定义符号化映射上的传递函数的方法中有一个微妙之处，即可以选择不同的方式来表示一个计算的效果。如果 m 是一个传递函数的输入映射，那么 $m(x)$ 实际上表示的是"变量 x 在入口处可能具有的任何值"。我们努力尝试把该传递函数的结果表示为输入映射中用到的参考变量的仿射表达式。
>
> 你应该知道对 $f(m)(x)$ 这样的表达式的正确解释，其中 f 是一个传递函数，m 是一个映射，而 x 是一个变量。按照数学上的约定，我们从左边开始应用函数，也就是说我们首先计算 $f(m)$，结果是一个映射。因为映射也是函数，随后我们可以把它应用于一个变量 x 并得到一个值。

传递函数的组合

令 f_1 和 f_2 是两个以其输入映射 m 来定义的传递函数。为了计算 $f_2\circ f_1$，我们把 f_2 的定义中的 $m(v_i)$ 的值替换为 $f_1(m)(v_i)$ 的定义。我们把所有对 NAA 的运算都替换为 NAA。也就是：

1）如果 $f_2(m)(v)=\text{NAA}$，那么 $(f_2\circ f_1)(m)(v)=\text{NAA}$。

2）如果 $f_2(m)(v)=c_0+\sum_i c_i m(v_i)$，那么

$$(f_2\circ f_1)(m)(v)=\begin{cases} \text{NAA} & \text{如果对于某个 } i\neq 0\text{，} c_i\neq 0 \text{ 且 } f_1(m)(v_i)=\text{NAA} \\ c_0+\sum_i c_i f_1(m)(v_i) & \text{否则} \end{cases}$$

例 9.61 例 9.58 中的各个基本块的传递函数可以通过把组成它们的语句的传递函数组合起来计算得到。这些传递函数在图 9-60 中定义。□

数据流问题的解决方法

我们使用 $\text{IN}_{i,j}[B_3]$ 和 $\text{OUT}_{i,j}[B_3]$ 来表示在内层循环的第 j 次迭代和外层循环的第 i 次迭代时基本块 B_3 的输入和输出数据流值。对于其他的基本块，我们使用 $\text{IN}_i[B_k]$ 和 $\text{OUT}_i[B_k]$ 来表示在外层循环的第 i 次迭代时的相应数据流值。我们还可以看到，图 9-58 中显示的符号化映射满足传递函数给出的约束。这些约束在图 9-61 中列出。

f	$f(m)(a)$	$f(m)(b)$	$f(m)(c)$	$f(m)(d)$
f_{B_1}	0	$m(b)$	$m(c)$	$m(d)$
f_{B_2}	$m(a)+1$	$10m(a)+10$	0	$m(d)$
f_{B_3}	$m(a)$	$m(b)$	$m(c)+1$	$m(b)+m(c)$
f_{B_4}	$m(a)$	$m(b)$	$m(c)$	$m(d)$

图 9-60 例 9.58 的传递函数

$$
\begin{array}{rcll}
\text{OUT}[B_k] & = & f_B(\text{IN}[B_k]), & \text{对所有的}B_k \\
\text{OUT}[B_1] & \geqslant & \text{IN}_1[B_2] & \\
\text{OUT}_i[B_2] & \geqslant & \text{IN}_{i,1}[B_3], & 1 \leqslant i \leqslant 10 \\
\text{OUT}_{i,j-1}[B_3] & \geqslant & \text{IN}_{i,j}[B_3], & 1 \leqslant i \leqslant 100,\ 2 \leqslant j \leqslant 10 \\
\text{OUT}_{i,10}[B_3] & \geqslant & \text{IN}_i[B_4], & 2 \leqslant i \leqslant 100 \\
\text{OUT}_{i-1}[B_4] & \geqslant & \text{IN}_i[B_2], & 1 \leqslant i \leqslant 100
\end{array}
$$

图 9-61 嵌套循环的每次迭代上满足的约束

第一个约束说明，一个基本块的输出映射是通过把基本块的传递函数应用到输入映射上而得到的。其余的约束说明，在程序执行的时候，一个基本块的输出映射必须大于或等于后继基本块的输入映射。

请注意，我们的迭代数据流算法不能给出上面的解，因为它无法用已执行的迭代次数来表达数据流值。正如我们将在下一节看到的，可以用基于区域的分析来找出这样的解。

9.8.3 基于区域的符号化分析

我们可以把 9.7 节中描述的基于区域的分析技术进行扩展，用以寻找一个循环的第 i 次迭代中各个变量的表达式。和其他基于区域的算法一样，一个基于区域的符号化分析也有一个自底向上的处理过程和一个自顶向下的处理过程。这个自底向上的处理过程用一个传递函数来概括一个区域的执行效果。这个传递函数把入口处的符号化映射转变为出口处的输出符号化映射。在自顶向下的处理过程中，符号化映射的值被向下传播到内层区域。

不同之处在于我们处理循环的方法。在 9.7 节，循环的效果是用闭包运算来概括的。给定一个其循环体传递函数为 f 的循环，f 的闭包 f^* 被定义为在任意多次应用 f 可能产生的所有效果之上无穷多次应用交汇运算而得到的结果。但是，为了找到一个归纳变量，我们需要确定一个变量的值是否为至今已执行的迭代次数的仿射函数。相应的符号化映射必须把正在执行的迭代的序号作为参数。不仅如此，只要我们知道一个循环执行迭代的总次数，就可以使用这个数字来找到循环之后归纳变量的值。比如，在例 9.58 中我们断定在执行了第 i 次迭代之后，a 的值是 i。因为循环共有 100 次迭代，在循环结束的时候 a 的值一定是 100。

接下来，我们首先定义基本运算符：用于符号化分析的传递函数的交汇运算和组合运算。然后说明如何使用它们进行基于区域的归纳变量分析。

传递函数的交汇运算

当计算两个函数的交时，除非两个函数把一个变量映射成为同一个不是 NAA 的值，这个变量的值就是 NAA。因此

$$
(f_1 \wedge f_2)(m)(v) = \begin{cases} f_1(m)(v) & \text{如果} f_1(m)(v) = f_2(m)(v) \\ \text{NAA} & \text{否则} \end{cases}
$$

带参数的函数组合

为了把一个变量表示成为一个关于循环下标的仿射函数，我们要计算出将某个函数组合给定多次后的效果。如果一次迭代的效果可以用一个传递函数 f 概括，那么对某个 $i \geqslant 0$，执行 i 次迭代的效果记为 f^i。请注意，当 $i=0$ 时，$f^i = f^0 = I$ 是一个单元函数。

程序中的变量可以分成四种类型：

1）如果 $f(m)(x) = m(x) + c$，其中 c 是一个常数，那么对于所有的 $i \geqslant 0$，$f^i(m)(x) = m(x) + ci$。如果一个循环的循环体可以用传递函数 f 表示，我们说 x 是这个循环的一个基本归纳变量（basic induction variable）。

2）如果$f(m)(x)=m(x)$，那么对于所有的$i\geqslant 0$，$f^i(m)(x)=m(x)$。变量x没有被改变。如果循环的循环体具有传递函数f，那么x的值在循环的任意多次迭代结束之后依然保持不变。我们说x是该循环的符号化常量(symbolic constant)。

3）如果$f(m)(x)=c_0+c_1m(x_1)+\cdots+c_n m(x_n)$，其中每个$x_k$要么是基本归纳变量，要么是符号化常量，那么对于$i>0$，有

$$f^i(m)(x)=c_0+c_1f^i(m)(x_1)+\cdots+c_nf^i(m)(x_n)$$

我们说x虽然不是基本归纳变量，但它依然是一个归纳变量。请注意，上述公式对于$i=0$不成立。

4）在其他情况下，$f^i(m)(x)=\text{NAA}$。

要得到执行固定多次迭代的效果，我们只需要把上面的i替换成为该迭代次数即可。当迭代次数未知时，在最后一次迭代开始时变量的值由f^*给出。在这种情况下，其值仍然可以用仿射函数表示的变量只有那些循环不变变量。

$$f^*(m)(v)=\begin{cases}m(v) & \text{如果} f(m)(v)=m(v)\\ \text{NAA} & \text{否则}\end{cases}$$

例 9.62 对于例 9.58 的最内层循环，执行$i(i>0)$次迭代的效果由传递函数$f^i_{B_3}$描述。根据f_{B_3}的定义，我们看到a和b是符号化常量。因为c在每次迭代中增加一，所以它是一个基本归纳变量。因为d是符号化常量b和基本归纳变量c的仿射函数，所以它是一个归纳变量。由此可得：

$$f^i_{B_3}(m)(v)=\begin{cases}m(a) & \text{如果 } v=a\\ m(b) & \text{如果 } v=b\\ m(c)+i & \text{如果 } v=c\\ m(b)+m(c)+i & \text{如果 } v=d\end{cases}$$

如果我们不能指出基本块B_3的循环迭代了多少次，那么就不能使用f^i，而必须使用f^*来表示在循环结束时的条件。此时我们有

$$f^*_{B_3}(m)(v)=\begin{cases}m(a) & \text{如果 } v=a\\ m(b) & \text{如果 } v=b\\ \text{NAA} & \text{如果 } v=c\\ \text{NAA} & \text{如果 } v=d\end{cases}$$

□

一个基于区域的算法

算法 9.63 基于区域的符号化分析。

输入：一个可归约的流图G。

输出：G的每个基本块B的符号化映射$\text{IN}[B]$。

方法：我们对算法 9.53 做出如下的修改。

1）我们改变了为一个循环区域构造传递函数的方法。在原来的算法中，我们使用传递函数$f_{R,\text{IN}[S]}$来把循环区域R入口处的符号化映射变换为经过未知多次迭代之后位于循环体S的入口处的符号化映射。如图 9-50b 所示，这个函数被定义为代表了所有回到循环入口处的路径的传递函数的闭包。在这里，我们定义$f_{R,i,\text{IN}[S]}$来表示从循环区域入口处开始直到第i次迭代的入口处的执行效果。因此，

$$f_{R,i,\text{IN}[S]}=\Big(\bigwedge_{\text{头结点}S\text{的在}R\text{中的前驱}B} f_{S,\text{OUT}[B]}\Big)^{i-1}$$

2）如果一个区域的迭代次数已知，该区域的执行效果的描述是把上面定义中的i替换为实际迭代次数。

3）在算法的自顶向下处理过程中，我们计算 $f_{R,\, i,\, \mathrm{IN}[S]}$ 就可以找出与一个循环的第 i 次迭代的入口处相关的符号化映射。

4）如果一个变量的输入值 $m(v)$ 被区域 R 中的某个符号化映射的右部使用，并且在该区域的入口处 $m(v)$ = NAA，则我们引入一个新的参考变量 t，在区域 R 的开始处加上赋值语句 `t = v`，并且所有对 $m(v)$ 的引用都被替换为 t。如果我们不在这个点上引入一个参考变量，那么 v 的取值 NAA 将被传递到内层循环。□

例 9.64　对于例 9.58，我们在图 9-62 中显示了该程序的传递函数是如何在算法的自底向上处理过程中被计算出来的。区域 R_5 是内层循环，它的循环体是 B_5。表示从区域 R_5 的入口处到达第 $j(j \geqslant 1)$ 次迭代开始处的路径的传递函数是 $f_{B_3}^{j-1}$；表示到达第 j 次迭代结尾处的路径的传递函数是 $f_{B_3}^{j}$。

$$
\begin{aligned}
f_{R_5,j,\mathrm{IN}[B_3]} &= f_{B_3}^{j-1} \\
f_{R_5,j,\mathrm{OUT}[B_3]} &= f_{B_3}^{j} \\[1em]
f_{R_6,\mathrm{IN}[B_2]} &= I \\
f_{R_6,\mathrm{IN}[R_5]} &= f_{B_2} \\
f_{R_6,\mathrm{OUT}[B_4]} &= I \circ f_{R_5,10,\mathrm{OUT}[B_3]} \circ f_{B_2} \\[1em]
f_{R_7,i,\mathrm{IN}[R_6]} &= f_{R_6,\mathrm{OUT}[B_4]}^{i-1} \\
f_{R_7,i,\mathrm{OUT}[B_4]} &= f_{R_6,\mathrm{OUT}[B_4]}^{i} \\[1em]
f_{R_8,\mathrm{IN}[B_1]} &= I \\
f_{R_8,\mathrm{IN}[R_7]} &= f_{B_1} \\
f_{R_8,\mathrm{OUT}[B_4]} &= f_{R_7,100,\mathrm{OUT}[B_4]} \circ f_{B_1}
\end{aligned}
$$

图 9-62　例 9.58 的自底向上处理过程中的传递函数的关系

区域 R_6 由基本块 B_2 和 B_4 以及它们之间的循环区域 R_5 组成。从 B_2 和 R_5 的入口处开始的传递函数可以用原算法中的同样方法来计算。因为 f_{B_4} 是一个单元函数，所以传递函数 $f_{R_6,\, \mathrm{OUT}[B_3]}$ 表示了基本块 B_2 和整个内层循环的执行效果的组合。因为已知内层循环将迭代 10 次，所以我们可以把 j 替换为 10 来精确描述内层循环的执行效果。其余的传递函数可以用类似的方式计算得到。计算得到的实际传递函数显示在图 9-63 中。

f	$f(m)(a)$	$f(m)(b)$	$f(m)(c)$	$f(m)(d)$
$f_{R_5,j,\mathrm{IN}[B_3]}$	$m(a)$	$m(b)$	$m(c)+j-1$	NAA
$f_{R_5,j,\mathrm{OUT}[B_3]}$	$m(a)$	$m(b)$	$m(c)+j$	$m(b)+m(c)+j-1$
$f_{R_6,\mathrm{IN}[B_2]}$	$m(a)$	$m(b)$	$m(c)$	$m(d)$
$f_{R_6,\mathrm{IN}[R_5]}$	$m(a)+1$	$10m(a)+10$	0	$m(d)$
$f_{R_6,\mathrm{OUT}[B_4]}$	$m(a)+1$	$10m(a)+10$	10	$10m(a)+9$
$f_{R_7,i,\mathrm{IN}[R_6]}$	$m(a)+i-1$	NAA	NAA	NAA
$f_{R_7,i,\mathrm{OUT}[B_4]}$	$m(a)+i$	$10m(a)+10i$	10	$10m(a)+10i+9$
$f_{R_8,\mathrm{IN}[B_1]}$	$m(a)$	$m(b)$	$m(c)$	$m(d)$
$f_{R_8,\mathrm{IN}[R_7]}$	0	$m(b)$	$m(c)$	$m(d)$
$f_{R_8,\mathrm{OUT}[B_4]}$	100	1000	10	1009

图 9-63　在例 9.58 的自底向上处理过程中计算得到的传递函数

在程序入口处的符号化映射就是 m_{NAA}。我们使用自顶向下处理过程来计算到达逐层嵌套的区域的入口处的符号化映射，直到我们得到了所有基本块的符号化映射为止。一开始的时候我们首先计算区域 R_8 中的基本块 B_1 的数据流值：

$$\mathrm{IN}[B_1] = m_{\mathrm{NAA}}$$

$$\mathrm{OUT}[B_1] = f_{B_1}(\mathrm{IN}[B_1])$$

再向下到达区域 R_7 和 R_6，我们得到

$$\mathrm{IN}_i[B_2] = f_{R_7,\, i,\, \mathrm{IN}[R_6]}(\mathrm{OUT}[B_1])$$

$$\mathrm{OUT}_i[B_2] = f_{B_2}(\mathrm{IN}_i[B_2])$$

最后，在区域 R_5 中我们得到

$$\mathrm{IN}_{i,j}[B_3] = f_{R_5,j,\mathrm{IN}[B_3]}(\mathrm{OUT}_i[B_2])$$
$$\mathrm{OUT}_{i,j}[B_3] = f_{B_3}(\mathrm{IN}_{i,j}[B_3])$$

毫不奇怪，这些等式产生的就是我们在图 9-58 中显示的结果。 □

例 9.58 显示了一个简单的程序，其中的各个符号化映射中的每个变量都有一个仿射表达式。我们使用例 9.65 来说明为什么以及如何在算法 9.63 中引入参考变量。

例 9.65 考虑图 9-64a 中的简单例子。令 f_j 为描述内层循环迭代 j 次的执行效果的传递函数。即使 a 的值可能在该循环的执行中上下变动，我们看到 b 是一个基于 a 在此循环的入口处的取值的归纳变量。也就是说，$f_j(m)(b) = m(a) - 1 + j$。因为 a 被赋予了一个输入值，所以在内层循环入口处的符号化映射把 a 映射为 NAA。我们在该入口处引入一个新的参考变量 t 来保存 a 的值，并像图 9-64b 中那样进行替换。 □

```
for (i = 1; i < n; i++) {
    a = input();
    for (j = 1; j < 10; j++) {
      a = a - 1;
      b = j + a;
      a = a + 1;
    }
}
```

a) 变量 a 在其中上下变动的一个循环

```
for (i = 1; i < n; i++} {
    a = input();
    t = a;
    for (j = 1; j < 10; j++) {
      a = t - 1;
      b = t - 1 + j;
      a = t;
    }
}
```

b) 参考变量 t 使得 b 成为一个归纳变量

图 9-64 引入参考变量的需求

9.8.4 9.8 节的练习

练习 9.8.1：对于图 9-10 中的流图（见 9.1 节的练习），给出下列基本块的传递函数。

1）基本块 B_2。

2）基本块 B_4。

3）基本块 B_5。

练习 9.8.2：考虑图 9-10 中由基本块 B_3 和 B_4 组成的内层循环。如果 i 表示了该循环的迭代执行次数，而 f 是从该循环的入口（即 B_3 的开始处）到 B_4 的出口处的循环体（即不包含 B_4 到 B_3 的边）的传递函数，那么 f^i 是什么？请记住，f 把一个映射 m 作为参数，而 m 给变量 a、b、d、e 中的每一个赋予一个值。虽然我们不知道这些变量的值，但是我们用 $m(a)$ 等来表示它们。

! **练习 9.8.3**：现在考虑图 9-10 中由 B_2、B_3、B_4、B_5 组成的外层循环。令 g 为循环的入口处 B_2 到它的出口处 B_5 的循环体的传递函数。令 i 表示由 B_3 和 B_4 组成的内层循环的迭代次数（我们无法知道迭代的具体次数），并令 j 表示外层循环的迭代次数（我们还是无法知道迭代的具体次数）。那么 g^j 是什么？

9.9 第 9 章总结

- *全局公共子表达式*：一个重要的优化方法是寻找同一个表达式在两个不同基本块中的计算过程。如果一个在另一个前面，我们可以把第一次计算该表达式时得到的结果存放起来，并在再次计算该表达式时使用这个结果。
- *复制传播*：一个复制语句 $u = v$ 把一个变量 v 赋值给另一个变量 u。在有些情况下，我们可以把所有对 u 的使用替换为对 v 的使用，从而消除这个赋值语句以及变量 u。
- *代码移动*：另一种优化方法是把一个计算过程移动到它所在的循环之外。只有当循环的每次迭代中这个计算过程都生成同样的值，这种改变才是正确的。
- *归纳变量*：很多循环都有归纳变量。这些变量在循环执行时的不同迭代中的取值是一个线性序列。有些归纳变量仅仅用于对迭代进行计数，它们经常可以被消除，从而降低了循环的一次迭代所需要的时间。

- *数据流分析*：一个数据流分析模式在程序的每个点上都定义了一个值。程序的各个语句都有相关联的传递函数。这些函数给出了一个语句之前和之后的数据流值之间的关系。具有多个前驱的语句的值是它的各个前驱的值的组合。这个组合通过交汇(或者说汇流)函数计算得到。
- *基本块的数据流分析*：因为数据流值在一个基本块内的传播过程通常很简单，所以数据流方程通常给每个基本块设置两个值，称为 IN 值和 OUT 值。这两个值分别表示该基本块在开始处和结尾处的数据流值。把基本块中各个语句的传递函数组合起来就可以得到代表整个基本块的传递函数。
- *到达定值*：到达定值数据流框架的数据流值是程序中的语句的集合。这些语句给一个或者多个变量定值。如果一个变量肯定在一个基本块内被重新定值，那么该基本块的传递函数杀死了对这个变量的定值，同时它还加入("生成")了在该模块中发生的对变量的定值。只要一个定值到达某个点的任意一个前驱，它就到达了该点，因此交汇运算是并集运算。
- *活跃变量*：另一个重要的数据流框架计算了在各个程序点上活跃的(将在重新定值之前被使用的)变量。这个框架和到达定值框架类似，但是传递函数是逆向传递数据流值的。一个变量在某个基本块的开始处活跃的条件是，要么在该基本块中它在定值之前就被使用，要么该基本块中没有对它重新定值且它在该基本块结尾处活跃。
- *可用表达式*：为了寻找全局公共子表达式，我们要确定各个程序点上的可用表达式。所谓可用表达式就是之前已经计算过，且在最后一次计算之后它的运算分量都没有被重新定值的表达式。这个问题的数据流框架和到达定值框架类似，但是其交汇运算是交集运算，而不是并集运算。
- *数据流问题的抽象*：常见的数据流问题，比如前面提到过的那些，都可以用一个通用的数学结构表达。数据流值是一个半格的成员，这个半格的交汇运算就是数据流问题的交汇(汇流)函数。传递函数把半格元素映射到半格元素。要求传递函数的集合必须对于组合运算封闭，并且包含单元函数。
- *单调框架*：每个半格都有一个≤关系 $a \leq b$ 当且仅当 $a \wedge b = a$。单调框架具有以下性质：每个传递函数都保持了≤关系。也就是说，对于任意的格元素 a 和 b 以及传递函数 f，$a \leq b$ 蕴含了 $f(a) \leq f(b)$。
- *可分配框架*：这种框架满足下面的条件：对于所有的格元素 a 和 b 以及传递函数 f，$f(a \wedge b) = f(a) \wedge f(b)$。可以证明可分配框架的条件蕴含了单调框架的条件。
- *抽象框架的迭代解法*：所有的单调数据流框架可以通过一个迭代算法来解决。在这个解法中，首先(按照不同的框架)适当地初始化各个基本块的 IN 和 OUT 值，然后应用传递函数和交汇运算不断地计算这些变量的新值。这个解法总是安全的(即按照它的解对程序进行优化不会改变程序所做的计算)。但是只有当框架是可分配的时，这个解才一定是可能的解中最好的。
- *常量传播框架*：虽然诸如到达定值这类的基本框架都是可分配的，但存在一些单调但不可分配的框架。这类框架中的一个例子是关于常量传播的。在常量传播框架使用的半格中，格元素是从程序变量到常量以及两个特殊值的映射。这两个特殊值分别代表"无信息"和"一定不是常量"。
- *部分冗余消除*：很多有用的优化，比如代码移动和全局公共子表达式消除，可以被扩展为同一个问题。该问题称为部分冗余消除。如果在某个点上需要计算一个表达式，但是这个表达式只在到达这个点的部分路径上可用，那么我们可以只在该表达式不可用的路径上进行计算。正确地应用这个想法要求解决四个不同的数据流问题，并做一些其他的操作。

- *支配结点*：如果在一个流图中所有到达某结点的路径都必须经过另一个结点，那么后一个结点就支配前一个结点。一个真支配结点是不同于被支配结点的支配结点。除了入口结点，每个结点都有一个直接支配结点——被该结点的所有其他真支配结点所支配的真支配结点。
- *流图的深度优先排序*：如果我们从一个流图的入口结点开始对它进行深度优先搜索，我们会得到一个深度优先生成树。结点的深度优先排序是这棵树的后序遍历次序的逆序。
- *边的分类*：当我们构造一个深度优先生成树之后，相应流图的全部边可以分成三大类：前进边（即从祖先结点到真后代结点的边）、后退边（即从后代结点到祖先结点的边）和交叉边（其他）。生成树的一个重要性质是所有的交叉边都是从树的右边到达左边。另一个重要性质是在这些边中，如果按照深度优先排序（即后序次序的逆序），只有后退边的头比它的尾的排序更靠前。
- *回边*：回边就是其头结点支配尾结点的边。不管选择流图的哪一棵深度优先生成树，每条回边都是一条后退边。
- *可归约流图*：如果不管选择哪个深度优先生成树，该树的每个后退边都是一条回边，那么这个流图就是可归约的。绝大部分流图都是可归约的，控制流语句都是通常的循环和分支语句的程序的流图一定是可归约的。
- *自然循环*：一个自然循环是一个结点的集合。集合中有一个头结点，它支配了该集合中的所有其他结点，并且至少有一条回边进入这个头结点。给定任意的回边，我们可以构造出它的自然循环。循环中包括回边的头结点，以及所有不经过头结点就能够到达此回边的尾结点的其他结点。两个具有不同头结点的自然循环要么互不相交，要么一个循环完全包含在另一个循环里面。这个性质使得我们可以讨论嵌套循环的层次结构，前提是“循环”指的是自然循环。
- *深度优先排序提高了迭代算法的效率*：如果沿着无环路径传播信息足以得到正确结果，即环路不会增加信息，那么相应的迭代算法只需要很少几次迭代就可以得到正确结果。如果我们按照深度优先顺序访问结点，那么任何向前传递信息的数据流框架（比如到达定值）都可以在确定次数内收敛。收敛次数不大于所有无环路径中的后退边的最大个数加上 2。如果我们用深度优先顺序的逆序（即后序次序）访问结点，上面的结论对于逆向传播的框架（比如活跃变量）也成立。
- *区域*：区域是一个结点和边的集合。区域中有一个头结点 h 支配了其中的所有结点。除了 h 之外，区域中所有结点的前驱必须也在此区域中。区域的边集包含了区域中的任意两个结点之间的边，但是可能不包含某些或所有到达头结点的边。
- *区域和可归约流图*：可归约流图可以被扫描分析成为一个由区域组成的层次结构。这些区域要么是循环区域，要么是循环体区域。循环区域包含了所有进入头结点的边，而循环体区域不包含到达头结点的边。
- *基于区域的数据流分析*：不同于迭代方法的另一种数据流分析方法是沿着区域层次结构向上然后再向下扫描，计算从各个区域的头到达该区域中各个结点的传递函数。
- *基于区域的归纳变量检测*：基于区域的分析技术的重要应用之一是用以寻找归纳变量的数据流框架。该框架试图找出循环区域中每个满足下面条件的变量的公式。这些变量的值可表示为循环迭代次数的仿射（线性）函数。

9.10 第9章参考文献

两个对代码作充分优化的早期编译器是 Alpha[7]和 Fortran H[16]。关于循环优化技术(比如代码移动)的基础性论文是[1],虽然论文中的某些思想的早期版本出现在[8]中。一本非正式发行的书[4]在传播代码优化思想方面很有影响。

对数据流分析的迭代算法的第一个描述来自于 Vyssotsky 和 Wegner 的未发表的技术报告[20]。对于数据流分析的科学研究被认为是从 Allen[2]和 Cocke[3]的两篇文章开始的。

本节描述的基于格理论的抽象是基于 Kildall[13]的文章。文中假设这些框架具有可分配性,但是很多框架不满足这个性质。在很多这样的框架出现后,论文[5]和[11]把单调性条件加入到模型中去。

部分冗余消除是[17]首先提出的。而本章中描述的懒惰代码移动算法是基于[14]。

支配结点的概念由[13]中描述的编译器首先使用。但是这个思想最早出现在[18]中。

可归约流图的概念来自于[2]。像本章中表示的这些流图的结构来自于[9]和[10]。[12]和[15]首先把流图的可归约性与常见的嵌套式控制流结构联系起来。这种联系解释了为什么这一类流图是如此的常见。

通过 $T_1 - T_2$ 归约来定义流图可归约性的思想来自于[19]。在基于区域的分析技术中使用了这个定义。基于区域的方法首先被[21]中所描述的编译器使用。

在6.2.4节中介绍的静态单赋值(Static Single-Assignment, SSA)中间表示形式把数据流和控制流都合并到其表示方法中。SSA 表示法支持了同一个公共框架中的很多种优化转换的实现[6]。

1. Allen, F. E., "Program optimization," *Annual Review in Automatic Programming* **5** (1969), pp. 239–307.

2. Allen, F. E., "Control flow analysis," *ACM Sigplan Notices* **5**:7 (1970), pp. 1–19.

3. Cocke, J., "Global common subexpression elimination," *ACM SIGPLAN Notices* **5**:7 (1970), pp. 20–24.

4. Cocke, J. and J. T. Schwartz, *Programming Languages and Their Compilers: Preliminary Notes*, Courant Institute of Mathematical Sciences, New York Univ., New York, 1970.

5. Cousot, P. and R. Cousot, "Abstract interpretation: a unified lattice model for static analysis of programs by construction or approximation of fixpoints," *Fourth ACM Symposium on Principles of Programming Languages* (1977), pp. 238–252.

6. Cytron, R., J. Ferrante, B. K. Rosen, M. N. Wegman, and F. K. Zadeck, "Efficiently computing static single assignment form and the control dependence graph," *ACM Transactions on Programming Languages and Systems* **13**:4 (1991), pp. 451–490.

7. Ershov, A. P., "Alpha — an automatic programming system of high efficiency," *J. ACM* **13**:1 (1966), pp. 17–24.

8. Gear, C. W., "High speed compilation of efficient object code," *Comm. ACM* **8**:8 (1965), pp. 483–488.

9. Hecht, M. S. and J. D. Ullman, "Flow graph reducibility," *SIAM J. Computing* **1** (1972), pp. 188–202.

10. Hecht, M. S. and J. D. Ullman, "Characterizations of reducible flow graphs," *J. ACM* **21** (1974), pp. 367–375.

11. Kam, J. B. and J. D. Ullman, "Monotone data flow analysis frameworks," *Acta Informatica* **7**:3 (1977), pp. 305–318.

12. Kasami, T., W. W. Peterson, and N. Tokura, "On the capabilities of while, repeat, and exit statements," *Comm. ACM* **16**:8 (1973), pp. 503–512.

13. Kildall, G., "A unified approach to global program optimization," *ACM Symposium on Principles of Programming Languages* (1973), pp. 194–206.

14. Knoop, J., "Lazy code motion," *Proc. ACM SIGPLAN 1992 conference on Programming Language Design and Implementation*, pp. 224–234.

15. Kosaraju, S. R., "Analysis of structured programs," *J. Computer and System Sciences* **9**:3 (1974), pp. 232–255.

16. Lowry, E. S. and C. W. Medlock, "Object code optimization," *Comm. ACM* **12**:1 (1969), pp. 13–22.

17. Morel, E. and C. Renvoise, "Global optimization by suppression of partial redundancies," *Comm. ACM* **22** (1979), pp. 96–103.

18. Prosser, R. T., "Application of boolean matrices to the analysis of flow diagrams," *AFIPS Eastern Joint Computer Conference* (1959), Spartan Books, Baltimore MD, pp. 133–138.

19. Ullman, J. D., "Fast algorithms for the elimination of common subexpressions," *Acta Informatica* **2** (1973), pp. 191–213.

20. Vyssotsky, V. and P. Wegner, "A graph theoretical Fortran source language analyzer," unpublished technical report, Bell Laboratories, Murray Hill NJ, 1963.

21. Wulf, W. A., R. K. Johnson, C. B. Weinstock, S. O. Hobbs, and C. M. Geschke, *The Design of an Optimizing Compiler*, Elsevier, New York, 1975.

第 10 章 指令级并行性

每一个现代高性能处理器都能够在一个时钟周期内执行多条指令。在一个具有指令级并行机制的处理器上一个程序能够以多快的速度运行？这可是一个“价值十亿美元的问题”。对这个问题的回答要考虑下列因素：

1）该程序中潜在的并行性。

2）该处理器上可用的并行性。

3）从原来的顺序程序中抽取并行性的能力。

4）在给定的指令调度约束之下找到最好的并行调度方案的能力。

如果一个程序中的所有运算之间都是高度依赖的，那么再多的硬件或采用并行化技术都无法使这个程序快速并行执行。关于并行化的限制方面已经有了很多研究。典型的非数值应用有很多固有的依赖性。比如，这些程序具有很多依赖于数据的分支，使得哪怕预测一下下面将执行哪条指令都变得很困难，更不要说去决定哪些运算可以并行执行了。因此，这个领域中的研究工作集中在放松调度约束的技术，包括引入新的体系结构特性，而不是调度技术本身。

数值应用(比如科学计算和信号处理)往往具有更好的并行性。这些应用处理大型的聚合数据结构。在该结构的不同元素上的运算通常是相互独立的，可以并行地执行。在高性能通用机器和数字信号处理器中都提供了附加的硬件资源来利用这些并行性。这些程序通常具有简单的控制结构和规则的数据访问模式。已经有一些静态技术可以用来从这些程序中抽取出可用的并行性。这类应用的代码调度很有意思也很重要，因为它们允许大量的独立运算被映射到大量的资源上运行。

并行性抽取和并行执行的调度可以通过软件静态完成，也可以通过硬件动态进行。实际上，即使是具有硬件调度机制的机器也可以辅以软件调度。本章将首先解释使用指令级并行性的一些基本问题。不管是硬件管理的并行性还是软件管理的并行性，这些问题都是一样的。然后我们给出并行性抽取所需的基本数据依赖性分析。这些分析也可用于指令级并行性之外的其他优化。我们将在第 11 章中看到这些分析技术的其他应用。

最后，我们给出代码调度中的基本思想。我们将描述一个用于基本块调度的技术，并给出一个方法来处理通用程序中高度数据依赖的控制流，最后给出一个称为“软件流水线化”的技术。软件流水线化技术主要用于数值计算程序的调度。

10.1 处理器体系结构

当我们考虑指令级并行性的时候，通常设想的是一个在每个时钟周期内发出多条运算指令的处理器。实际上，如果使用流水线(pipelining)的概念，即使一个机器每个时钟周期[⊖]发送一条运算指令，我们仍然能够得到指令级并行性。下面，我们将首先解释流水线的概念，然后再讨论多指令发送。

⊖ 在含义明确的时候，我们将把时钟“嘀嗒”或者时钟周期简称为“时钟”。

10.1.1 指令流水线和分支延时

在实践中，不管是高性能超级计算机还是普通的机器，每个处理器都使用*指令流水线*(instruction pipeline)。使用指令流水线，每个时钟周期都可以取得一个新指令，而此时前面的指令还在流水线中执行。图 10-1 显示的是一个简单的 5 阶段指令流水线：它首先获取指令(IF)，对该指令解码(ID)，执行运算(EX)，访问内存(MEM)，然后回写结果(WB)。该图显示了指令 i、$i+1$、$i+2$、$i+3$ 和 $i+4$ 是如何在同一时刻并行运行的。图中的每一行对应于一个时钟周期，而每一列指明了各条指令在各时钟周期中所在的阶段。

	i	$i+1$	$i+2$	$i+3$	$i+4$
1.	IF				
2.	ID	IF			
3.	EX	ID	IF		
4.	MEM	EX	ID	IF	
5.	WB	MEM	EX	ID	IF
6.		WB	MEM	EX	ID
7.			WB	MEM	EX
8				WB	MEM
9.					WB

图 10-1 在一个 5 阶段指令流水线中的五个连续指令

如果在后续指令需要某条指令的结果时此结果已经可用，那么处理器就可以在每个时钟周期内发出一条指令。分支指令特别容易出现问题，因为只有在它们被获取、解码并执行之后，处理器才能够知道下面该执行哪条指令。很多处理器假设分支不会跳转，投机性地选取下一条指令并解码。但是当这个分支真的需要跳转的时候，指令流水线被清空并获取分支跳转的目标指令。因此，分支跳转引入了为获取分支跳转目标而引起的延时，并使得指令流水线“打嗝”。先进的处理器使用硬件根据分支运行的历史来预测它们的结果，并从预测的目标位置预取指令。但是如果分支预测错误，依然会出现分支延时。

10.1.2 流水线执行

有些指令的执行需要几个时钟周期。一个常见的例子是内存加载运算。即使某次内存访问的目标数据已经在高速缓存中，高速缓存仍然需要多个时钟周期才会返回数据。如果一条指令的后继指令在不需要该指令的运算结果时可以立刻往下执行，我们就说该指令的执行被*流水线化*(pipelined)了。因此，即使一个处理器在每个时钟周期内只能发送一条指令，但仍然可能在同一时刻有多条指令在它们各自的阶段上执行。如果最深的执行流水线有 n 个阶段，那么在同一时刻最多可允许 n 条指令处于执行状态。请注意，不是所有的指令都是完全流水线化的。虽然浮点数加法和乘法通常都被完全地流水线化了，但更加复杂且很少执行的浮点数除法却没有做到这一点。

大多数通用处理器动态地检测连续指令之间的依赖关系，并在指令的运算分量尚不可用时自动阻塞这些指令的执行。有些处理器，特别是手持设备中的嵌入式芯片，则把依赖关系检查工作留给软件来做，以便简化硬件并降低能耗。在这种情况下，相应的编译器负责在必要时向代码中插入“no-op”指令(即不做任何处理的指令——译者注)，以保证需要某条指令的计算结果时该结果一定可用。

10.1.3 多指令发送

通过在每个时钟周期发送多条指令，处理器可以在同一时刻运行更多指令。可同时执行的指令数目是指令发送宽度和指令执行流水线中平均阶段数目的乘积。

和流水线处理类似，多发送机器的并行性既可以通过硬件管理，也可以通过软件管理。依靠软件管理其并发性的机器称为 VLIW(非常长指令字，Very-Long-Instruction-Word)机器，而那些使用硬件管理其并发性的机器称为*超标量*(superscalar)机器。顾名思义，VLIW 机器的指令字宽度比一般指令字更长。每条这样的指令字是要在同一时钟周期内发送的多条指令的编码。编译器决定哪些运算将被并行地发送，并把这些信息在机器代码中明确地编码。另一方面，超标量机器有一个普通的指令集，并且具有普通的顺序执行语义。超标量机器自动检测指令之间的依赖关系，并在这些指令的运算分量变得可用时发送它们。有些处理器同时包含 VLIW 和超标量两种功能。

简单的硬件指令调度器按照指令获取的顺序执行指令。如果指令调度器碰到一个依赖前面指令的指令，那么该指令及其全部后继指令必须等待依赖关系的解除(即等待它所需的其他指令的计算结果变得可用)。如果有一个静态指令调度器能够把相互独立的运算按执行顺序放在一起,那么这样的机器显然能够从这个静态指令调度器获益。

更加复杂的指令调度器可以“颠三倒四”地执行指令。指令可以被单独地阻塞，直到被阻塞指令所需的所有值都已经生成后再继续执行。即使是这些指令调度器也可以从静态调度获益，因为硬件指令调度器只有有限的空间来缓冲那些必须被阻塞的指令。静态调度可以把相互独立的指令放得比较靠近，以便更好地利用硬件设施。更重要的是，不管动态指令调度器有多复杂，它都不能执行它还没有获取的指令。当处理器不得不执行一个未预见的分支时，它只能在新近获取的指令中寻找并行性。编译器可以设法保证这些新获取的指令可以并行执行，以此来增强动态指令调度器的性能。

10.2 代码调度约束

代码调度是程序优化的一种形式，它应用于由代码生成器生成的机器代码。代码调度要遵守下面三种约束：

1) *控制依赖约束*。所有在原程序中执行的运算都必须在优化后的程序中执行。

2) *数据依赖约束*。优化后的程序中的运算必须和原程序中的相应运算生成相同的结果。

3) *资源约束*。调度不能够超额使用机器上的资源。

这些调度约束保证了优化后的程序和原程序生成同样的结果。但是，因为代码调度改变了运算执行的顺序，所以优化后的程序执行时某一点上的内存状态可能和顺序执行时任一点上的内存状态都不匹配。如果一个程序的执行因异常或用户设定的断点而中断时，就会产生问题。因此经过优化的程序比较难以调试。请注意,这个问题不是代码调度专有的，所有的优化技术都会出现这个问题，包括部分冗余消除(见 9.5 节)和寄存器分配(见 8.8 节)。

10.2.1 数据依赖

显然，如果两个运算不接触同一个变量，那么改变这两个运算的执行顺序肯定不会影响它们的执行结果。实际上，即使这两个运算读取同一个变量的值，我们仍然可以交换它们的执行次序。只有当一个运算向一个变量写值，而另一个运算对这个变量执行读或写运算时，改变它们的执行次序才会改变它们的结果。这样的一对操作之间被认为存在*数据依赖*(data dependence)关系，并且它们的相对执行顺序必须保持不变。有三种类型的数据依赖关系：

1) *真依赖*：写之后再读。如果一个写运算后面跟随一个对同一个位置的读运算，那么这个读操作就依赖于被写入的值，这种依赖关系被认为是一个真依赖关系。

2) *反依赖*：读之后再写。如果一个读运算之后跟随一个对同一个位置的写运算，我们说存在一个从读运算到写运算的反依赖关系。写运算本质上不依赖于读运算，但是如果写运算在读运算之前发生，那么这个读运算将读取到错误的值。反依赖关系是强制式编程的一个副产品。这种语言中同一个内存位置可以在不同时刻存放不同的值。这不是一个“真”依赖关系，可以把值存放在不同的位置上以达到消除反依赖关系的目的。

3) *输出依赖*：写之后再写。对同一个位置的两个写运算之间有输出依赖关系。如果违反了这个关系，那么在这两个运算都完成之后，被写内存位置上存放的是错误的值。

反依赖关系和输出依赖关系被称为*存储相关的依赖*(storage-related dependence)。这些都不是“真”的依赖关系，可以通过使用不同的内存位置存放不同的值来消除这些依赖关系。请注意，数据依赖关系对于内存访问和寄存器访问同样有效。

10.2.2 寻找内存访问之间的依赖关系

要检查两个内存访问之间是否有数据依赖关系，我们只需要指出它们是否可能指向同一个内存位置，而不需要知道到底访问哪个位置。比如，虽然我们可能不知道指针 p 到底指向哪里，但仍然可以指出两个访问*p 和*(p+4)(原文为(*p)+4——译者注)不可能指向同一个位置。总的来说，数据依赖关系是不可能在编译时刻完全确定的。除非能够证明两个运算指向不同的位置，否则编译器必须假设它们可能会指向同一个位置。

例 10.1 给定下面的代码序列

```
1) a  = 1;
2) *p = 2;
3) x  = a;
```

除非编译器知道 p 不可能指向 a，否则它必须决定这三个运算需要顺序执行。从语句(1)到语句(2)有一个输出依赖关系，从语句(1)、(2)到语句(3)有两个真依赖关系。 □

数据依赖分析对于程序所使用的程序设计语言是很敏感的。对于非类型安全的语言，比如 C 和 C++，一个指针可以被强制转换，指向任何类型的数据对象，因此要证明任意一对基于指针的内存访问之间的独立性需要复杂的分析过程。即使对于局部变量和全局标量变量，除非可以证明它们的地址没有被程序中的指令存放到任何地方，它们也有可能通过指针被间接访问。在像 Java 这样的类型安全的语言中，不同类型的对象一定是相互独立的。类似地，栈中的局部简单变量不可能通过其他的变量名字进行访问。

发现正确的数据依赖关系需要多种不同类型的分析。我们将关注那些主要的问题。如果编译器想要检测一个程序中的所有数据依赖关系，它必须首先解决这些问题，并说明如何使用这些信息进行代码调度。后面的章节将说明这些分析是如何完成的。

数组的数据依赖分析

数组的数据依赖分析问题主要是区分数组元素访问中的下标值。比如，下面的循环

```
for (i = 0; i < n; i++)
    A[2*i] = A[2*i+1];
```

把数组 A 的奇数号元素拷贝到紧靠在该元素之前的偶数号元素中去。因为这个循环中所有的读/写运算的位置互不相同，这些访问之间没有任何依赖关系，所以循环中所有的迭代都可以并行执行。数组的数据依赖分析，简称为*数据依赖分析*(data-dependence analysis)，对于数值应用的优化来说是非常重要的。这个主题将在 11.6 节中详细讨论。

指针别名分析

如果两个指针指向同一个对象，我们就说它们*互为别名*(aliased)。指针别名的分析很困难，原因是一个程序中具有很多可能互为别名的指针。随着时间的发展，它们中的每个都可能指向无限多个动态对象。为了得到精确的信息，进行指针别名分析时必须跨越程序中的各个函数。这个主题从 12.4 节开始讨论。

过程间分析

对于通过引用传递参数的语言，需要使用过程间分析来确定是否同一个变量被当作两个或多个不同的参数进行传递。这类别名看起来可能会在不同的参数之间建立依赖关系。类似地，全局变量可能被用作参数，由此会建立参数访问和全局变量访问之间的依赖。在确定这些别名

时，第 12 章中讨论的过程间分析技术是必需的。

10.2.3 寄存器使用和并行性之间的折衷

在这一章中，我们将假设源程序的机器无关中间表示形式使用了无限多个*伪寄存器*（pseudoregister）。这些伪寄存器代表了可以分配到寄存器的变量。这些变量包括源程序中不能通过任何其他名字访问的标量，也包括由编译器生成的用于存放表达式的部分结果的临时变量。和内存位置不同，寄存器的命名是唯一的。因此可以很容易地为寄存器访问生成精确的数据依赖约束。

在中间表示形式中使用的无限多个伪寄存器最终必须被映射到在目标机器上可用的少量物理寄存器。把几个伪寄存器映射为同一个物理寄存器有一个副作用。这种映射会生成人为的存储依赖，这限制了指令级的并行性。反过来，并行执行指令产生了更多的存储需求，以便存放同时计算出来的值。因此，尽量降低寄存器使用数量的目标和最大化指令级并行性的目标直接冲突。下面的例 10.2 和例 10.3 说明了存储和并行性之间的典型折衷处理。

硬件寄存器重命名

指令级并行性首先是作为一种加快普通的顺序机器代码执行速度的手段在计算机体系结构中使用的。当时的编译器还不知道机器上的指令级并行性，其目标是优化寄存器的使用。它们仔细地重新排列指令以使所用的寄存器数目最少，但同时也使可用的并行性的数量减到最少。例 10.3 说明的是在表达式树的计算过程中最小化寄存器使用的同时也限制了它的并行性。

在顺序代码中的并行性太少了，计算机体系结构设计师不得不发明了*硬件寄存器重命名*（hardware register renaming）的概念，试图通过寄存器重命名来撤销寄存器优化所带来的影响。硬件寄存器重命名在程序运行时动态地改变寄存器的指派。它对机器代码进行解释，把本来存放在同一个寄存器中的值存放在不同的内部寄存器中，并把对这些值的使用修正到相应的内部寄存器。

因为人为的寄存器依赖约束首先是由编译器引入的，如果使用了一个认识到指令级并行性的寄存器分配算法，这些约束就可以被消除。当一个机器的指令集只能引用少量寄存器时，硬件寄存器重命名机制仍然是有用的。这种能力使得我们可以给出这个指令集体系结构的更好的实现，把代码中的由指令集体系结构规定的少量寄存器动态地映射到多得多的内部寄存器上。

例 10.2 下面的代码使用伪寄存器 `t1` 和 `t2` 把位于位置 `a` 和 `c` 上的变量的值分别复制到在位置 `b` 和 `d` 上的变量中。

```
LD t1, a     // t1 = a
ST b, t1     // b  = t1
LD t2, c     // t2 = c
ST d, t2     // d  = t2
```

如果已知所有被访问的内存位置都互不相同，那么上面的复制过程可以并行进行。但是，如果为了尽量降低所用寄存器的数量而把 `t1` 和 `t2` 赋给同一个寄存器，那么复制过程就只能顺序进行了。 □

例 10.3 传统的寄存器分配技术的目标是尽可能减少一个计算过程所需要的寄存器数目。考虑表达式

```
(a + b) + c + (d + e)
```

图 10-2 显示了它的语法树。如图 10-3 的机器代码所示，可以使用 3 个寄存器来完成这个表达式的计算。

但是，对寄存器的复用使得计算串行化。唯一可以并行执行的运算是把位置 a 和 b 的值加载到寄存器，以及把位置 d 和 e 的值加载到寄存器。因此并行地完成这个计算共需要 7 步。

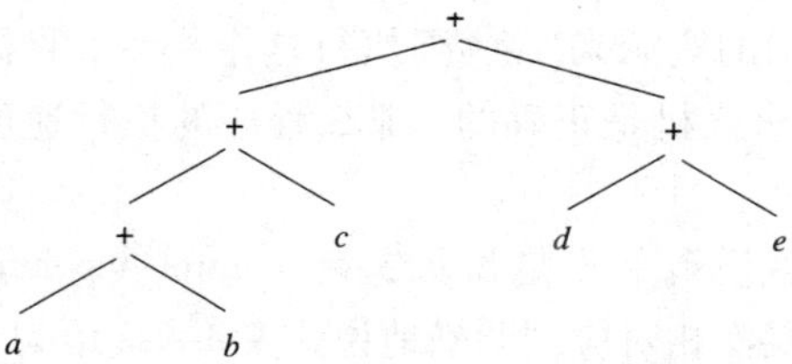

图 10-2 例 10.3 中的表达式树

```
LD r1, a          // r1 = a
LD r2, b          // r2 = b
ADD r1, r1, r2    // r1 = r1+r2
LD r2, c          // r2 = c
ADD r1, r1, r2    // r1 = r1+r2
LD r2, d          // r2 = d
LD r3, e          // r3 = e
ADD r2, r2, r3    // r2 = r2+r3
ADD r1, r1, r2    // r1 = r1+r2
```

图 10-3 图 10-2 中表达式的机器代码

假如我们使用不同的寄存器来存放各个部分和，这个表达式可以在 4 步内完成求值。这个步数正好是图 10-2 中的表达式树的高度。图 10-4 给出了这样的并行计算过程。 □

r1 = a r6 = r1+r2 r8 = r6+r3 r9 = r8+r7	r2 = b r7 = r4+r5	r3 = c	r4 = d	r5 = e

图 10-4 图 10-2 中表达式的并行求值过程

10.2.4 寄存器分配阶段和代码调度阶段之间的顺序

如果在代码调度之前进行寄存器分配，那么得到的代码往往会有很多存储依赖，而这会限制代码调度。另一方面，如果在寄存器分配之前先进行代码调度，那么得到的代码调度方案可能需要太多的寄存器，以至于寄存器溢出(spilling)会抵消指令级并行性所带来的好处。所谓寄存器溢出是指把一个寄存器中的内容保存到一个内存位置上，使得该寄存器可以用于其他目的。一个编译器应该首先分配寄存器然后再进行代码调度吗？还是应该按照相反顺序处理？或者我们同时解决这两个问题？

为了回答上面的问题，我们必须考虑被编译程序的特性。很多非数值应用没有那么多可用的并行性。把少量的寄存器专门用于保存表达式的临时结果就足够了。我们可以首先应用 8.8.4 节中所述的着色算法，为所有非临时变量分配寄存器，然后进行代码调度，最后为临时变量分配寄存器。

这个方法对于数值应用的效果就不太好(数值应用中有很多大型表达式)。我们可以使用层次化的方法来处理。代码优化首先从最内层循环开始，按照从内向外的顺序进行。首先进行指令调度，此时假设可以给每个伪寄存器分配一个独占的物理寄存器。然后进行寄存器分配，并在需要的地方加入处理寄存器溢出的代码，然后再次对代码进行调度。然后我们对较外层的循环重复这个过程。当把同一个外层循环中的多个内层循环一起考虑时，同一个变量可能在不同内层循环中被分配到不同的寄存器中。我们可以改变寄存器的分配方案，以避免把值从一个寄存器复制到另一个寄存器。在 10.5 节中，我们将在特定调度算法的上下文环境下进一步讨论寄存器分配和指令调度之间的关系。

10.2.5 控制依赖

对一个基本块内的运算进行调度是相对容易的。因为一旦控制流到达基本块的开头，所有的指令都必然会执行。只要满足所有的数据依赖，一个基本块内的指令可以进行任意重新排序。遗憾的是，基本块通常都很小，对非数值程序而言尤其如此。一个基本块平均只有大约五条指令。另外，同一个基本块内的运算经常是紧密相关的，因此很少有并行性。可见，利用基本块之间的并发性是至关重要的。

一个优化后的程序必须执行原程序中的所有运算。它可以比原程序执行更多的指令，前提是额外增加的指令没有改变程序所做的计算。为什么执行额外的指令能够加快一个程序的执行速度？如果我们知道一条指令可能会执行，而且有空闲的资源来"免费"执行这个指令，我们就可以先投机性地(speculatively)执行这条指令。如果这个投机是正确的，那么程序的执行速度就会变快。

如果指令 i_2 的结果决定了指令 i_1 是否执行，那么就说指令 i_1 是控制依赖(control-dependent)于指令 i_2 的。控制依赖的概念和块结构程序中的嵌套层次相对应。明确地说，在 if-else 语句

```
if (c) s1; else s2;
```

中，s1 和 s2 是控制依赖于 c 的。类似地，在 while 语句

```
while (c) s;
```

中，循环体 s 控制依赖于 c。

例 10.4 在代码片段

```
if (a > t)
    b = a*a;
d = a+c;
```

中，语句 b = a * a 和 d = a + c 和此片断中的其他部分都没有数据依赖关系。语句 b = a * a 依赖于比较表达式 $a > t$。但是，语句 d = a + c 不依赖于这个比较表达式，它可以在任何时刻运行。假设乘法运算 $a * a$ 不会引起任何副作用，那么它就可以被投机地执行，前提是只有在发现 a 大于 t 之后才把结果写入 b 中。 □

10.2.6 对投机执行的支持

内存加载指令是能够从投机执行中获得很大好处的指令类型。当然，内存加载是很常见的。它们有比较长的执行延时，加载指令中使用的地址通常可以预先知道，且结果可以存放到一个新的临时变量中而不会破坏任何其他变量的值。遗憾的是，如果它们的地址是非法的，内存加载可能会引发异常，因此投机性地访问非法地址可能会使一个正确的程序意外地停止执行。另外，预测错误的内存加载可能引起额外的高速缓存脱靶和页面错误，这些问题的代价都非常大。

例 10.5 在代码片段

```
if (p != null)
    q = *p;
```

中，如果 p 的值是 null，投机性地对 p 解引用可能会使得正确的程序停止执行。 □

很多高性能处理器都提供了特殊的功能来支持投机性内存访问。下面我们给出其中一些最重要的特殊功能。

预取指令

人们发明了预取(prefetch)指令，以便在数据被使用之前将其从内存移动到高速缓存。一个预取指令向处理器表明该程序可能很快就要使用特定内存字。如果指定的内存位置不可用，或者访问该位置会引起页面错误，那么处理器可以直接忽略这个指令。否则，如果该数据不在高速缓存中，处理器将把该数据从内存移动到高速缓存。

毒药位

另一个体系结构特征被称为*毒药位*(poison bit)。人们发明毒药位以便投机性地把数据从内存加载到寄存器文件。该机器上的每个寄存器都增加了一个毒药位。如果访问了非法内存，或者被访问的页面不在内存中，处理器并不立刻引发异常，而是仅仅设置目标寄存器的毒药位。只有当其毒药位被置位的寄存器中的内容被使用时才会引发一个异常。

带断言的执行

因为分支运算的开销很大，而预测错误的分支的开销更大(见 10.1 节)，人们发明了*带断言的指令*(predicated instruction)以减少一个程序中的分支数量。一条带断言的指令和一条普通指令类似，但是它有一个额外的断言运算分量，作为它的执行条件。只有在该断言被满足时指令才会执行。

例如，一个带条件的移动指令 `CMOVZ R2, R3, R1` 的语义是只有当寄存器 R1 的值为零时寄存器 R3 的内容才会被移动到寄存器 R2。假设 a、b、c 和 d 分别分配到寄存器 R1、R2、R4、R5 中，下面的代码

```
if (a == 0)
    b = c+d;
```

可以使用如下两条机器指令实现：

```
ADD   R3, R4, R5
CMOVZ R2, R3, R1
```

这个转换把一系列具有控制依赖关系的指令替换为只有数据依赖关系的指令。替换后的这些指令可以和相邻的基本块合并，形成更大的基本块。更重要的是，使用这些代码，处理器就不会产生预测错误，因此保证了指令流水线的平滑运行。

带断言的执行也是有代价的。即使最后不需要执行带断言的指令，处理器也必须获取该指令并解码。静态调度器必须保留执行它们所需要的资源，并保证所有可能的数据依赖都得到满足。除非机器拥有的资源大大多于不使用带断言指令时所需要的资源，否则不应该过度使用带断言指令。

动态调度机器

使用静态调度的机器的指令集明确地定义了哪些指令可以并行执行。但是，回顾一下 10.1.2 节，有些机器的体系结构允许到运行时刻再确定哪些指令可以并行运行。使用动态调度，同样的机器代码可以在同一系列的不同机器上运行。这些机器实现了同样的指令集，但是拥有不同数量的并行执行支持设施。实际上，机器代码级的兼容是动态调度机器的一个主要优点。

用软件方式在编译器中实现的静态调度器可以帮助(用机器硬件实现的)动态调度器更好地利用机器资源。在为一个动态调度机器构造一个静态调度器时，我们几乎可以照搬为静态调度机器设计的调度算法，只是新算法不需要明确地生成原算法放置在调度方案中的 `no-op` 指令。这个问题将在 10.4.7 中进一步讨论。

10.2.7 一个基本的机器模型

很多机器可以使用下面的简单模型表示。一个机器 $M = \langle R, T \rangle$ 由下列元素组成：

1) 一个运算类型的集合 T。这些运算类型包括加载、保存、算术运算等。

2) 一个代表硬件资源的向量 $R = [r_1, r_2, \cdots]$，其中 r_i 表示第 i 种资源的可用单元的数目。典型资源的例子包括：内存访问单元、算术逻辑单元(ALU)和浮点功能单元。

每条指令具有一组输入运算分量、一组输出运算分量和一个资源需求。每一个输入运算分量都有一个对应的输入延时。这个延时表示输入值（相对于运算开始时刻）必须在什么时候可用。典型的输入运算分量的延时是零，表明立刻就需要使用这些值。类似地，每个输出运算分量有一个对应的输出延时。这个延时表明了运算结果（相对于运算开始时刻）什么时候可用。

每个 t 类型的机器运算指令需要使用的资源可以建模为一个二维的*资源预约表*（resource-reservation table），RT_t。该表的宽度是机器中资源的种类数量，它的长度是该运算使用资源的时间长度。表格中的条目 $RT_t[i,j]$ 表示在 t 类型的运算指令被发出 i 个时钟周期后该运算指令占用的第 j 种资源的数量。为了简化表示方法，如果 i 指向一个表格中不存在的条目（也就是 i 比执行该运算所需的时钟数大），我们假定 $RT_t[i,j]=0$。当然，对于任何 t、i 和 j，$RT_t[i,j]$ 必须小于或等于 $R[j]$，也就是该机器拥有的第 j 种资源的总数。

典型的机器运算指令在其被发出时只占用一个单元的资源。有些运算可能使用多个功能单元。比如，一个相乘再相加的指令可能在第一个时钟周期使用一个乘法器，在第二个周期使用一个加法器。有些运算（比如除法运算）可能需要占用一个资源多个时钟周期。*完全流水线化*（fully pipelined）的运算是指那些在每个时钟周期都可以发出一条指令的运算，虽然这些运算的结果可能要等到几个时钟周期之后才可用。我们不需要明确地对一条流水线的各个阶段的资源建模，只需要用一个单元对第一个阶段建模就可以了。占用了某条流水线的第一阶段的运算一定能够在下一个时钟周期进入下一个阶段。

10.2.8 10.2 节的练习

练习 10.2.1： 图 10-5 中的多个赋值语句具有某些依赖关系。对于下列的每个语句对，将它们之间的依赖关系按照下列四种情况进行分类。(1)真依赖，(2)反依赖，(3)输出依赖，(4)无依赖关系（即两条指令可以按照任何顺序出现）。

1）语句(1)和(4)。

2）语句(3)和(5)。

3）语句(1)和(6)。

4）语句(3)和(6)。

5）语句(4)和(6)。

```
1)  a  =  b
2)  c  =  d
3)  b  =  c
4)  d  =  a
5)  c  =  d
6)  a  =  b
```

图 10-5 一组展示了数据依赖性的赋值语句序列

练习 10.2.2： 严格按照括号顺序（即不使用交换律和结合律来改变加法的顺序）对表达式 $((u+v)+(w+x))+(y+z)$ 求值。给出寄存器层次的机器代码，要求此代码具有尽可能大的并行性。

练习 10.2.3： 对下列表达式重复练习 10.2.2。

1）$(u+(v+(w+x)))+(y+z)$

2）$(u+(v+w))+(x+(y+z))$

如果我们不是要把并行性最大化，而是要最小化所用的寄存器数目，这个计算过程将执行多少步？通过将并行性最大化，我们省下了多少步骤？

练习 10.2.4： 练习 10.2.2 中的表达式可以使用图 10-6 中的指令序列来执行。如果我们有足够多的并行机制，执行这些指令需要多少步？

```
LD r1, u            // r1 = u
LD r2, v            // r2 = v
ADD r1, r1, r2      // r1 = r1 + r2
LD r2, w            // r2 = w
LD r3, x            // r3 = x
ADD r2, r2, r3      // r2 = r2 + r3
ADD r1, r1, r2      // r1 = r1 + r2
LD r2, y            // r2 = y
LD r3, z            // r3 = z
ADD r2, r2, r3      // r2 = r2 + r3
ADD r1, r1, r2      // r1 = r1 + r2
```

图 10-6 一个算术表达式的使用最少寄存器的实现

！**练习 10.2.5**：使用 10.2.6 节中的条件拷贝指令 CMOVZ 来翻译例 10.4 中的代码片断。机器代码中的数据依赖关系是什么？

10.3 基本块调度

我们现在可以开始讨论代码调度算法了。我们从最简单的问题开始：对一个由机器指令组成的基本块进行调度。给出这个问题的最优解的复杂度是 NP 完全的。但是在实践中，一个典型的基本块只有少量相互之间高度约束的运算，因此使用简单的调度算法就足够了。我们将介绍一个称为*列表调度*(list scheduling)的简单且非常高效的算法来解决这个问题。

10.3.1 数据依赖图

我们把每个由机器指令组成的基本块表示成为一个*数据依赖图*(data-dependence graph)，$G=(N,E)$，其中结点集合 N 表示基本块中机器指令的运算，而有向边集合 E 表示运算之间的数据依赖约束。G 的结点集合和边集按照如下方式构造：

1）在 N 中的每个运算 n 有一个资源预约表 RT_n，其值就是 n 的运算类型所对应的资源预约表。

2）E 中的每条边 e 有一个表示延时的标号 d_e。该标号表明目标结点必须在源结点发出后至少 d_e 个时钟周期之后发出。假设运算 n_1 之后跟有运算 n_2，并且两条指令访问同一个内存位置，访问的延时分别为 l_1 和 l_2。也就是说，该位置上的值在第一条指令开始之后的第 l_1 个时钟周期生成，且第二条指令在其开始后的第 l_2 个时钟周期需要这个值。请注意，在通常情况下 $l_1=1$ 而 $l_2=0$。那么，E 中有一个延时标号为 l_1-l_2 的边 $n_1 \to n_2$。

例 10.6 考虑一个可以在每个时钟周期内执行两个运算的机器。其中第一个运算必须是分支运算或者以下形式的 ALU 运算：

```
OP dst, src1, src2
```

第二个运算必须是如下形式的加载运算或者保存运算：

```
LD dst, addr
ST addr, src
```

其中的加载运算(LD)是完全流水线化的并占用两个时钟周期。但是，一个加载运算后面可以立刻跟一个向被读内存地址进行写运算的保存运算 ST。所有其他的运算都在一个时钟周期内完成。

> **资源预约表的图示方法**
>
> 把一个运算的资源预约表用实心和空心方块组成的网格可视化地表示出来是非常有用的。在网格中，每一列对应于目标机器上的一种资源，而每一行表示该运算执行中的一个时钟周期。假设对于每种类型的资源，这个运算最多只需要一个单元，我们就可以使用实心方块表示 1，用空心方块表示 0。另外，如果该指令是完全流水线化的，那么只需要指明在第一行中使用的资源，相应的资源预约表变成了单独的一行。
>
> 例如，这个表示方式在例 10.6 中使用。在图 10-7 中，我们可以看到各个资源预约表都是单行的。其中的两个加法运算需要“alu”资源，而加载和保存运算需要“mem”资源。

图 10-7 中显示的是一个基本块例子的依赖图和它的资源需求。我们可以想像 R1 是一个栈指针，用来通过诸如 0 或者 12 这样的偏移量访问栈中的数据。第一条指令向寄存器 R2 中加载数

据，直到两个时钟周期之后这个数据才变得在 R2 中可用。这就是从第一条指令到第二及第五条指令的边的标号为 2 的原因，这两条指令都需要 R2 中的值。类似地，从第三条指令到第四条指令的边也有标号表明延时为 2；第四条指令需要被加载到 R3 中的值，而这个值要在第三条指令开始之后两个时钟周期才变得可用。

因为我们不知道 R1 和 R7 的值之间有什么样的关系，所以不得不考虑地址 8(R1) 和地址 0(R1) 相同的可能性。也就是说，最后一条指令可能正在把值保存到第三条指令读取数据的位置。我们正使用的机器模型允许我们在从某个位置开始读取数据的一个时钟周期之后把数据存放到这个位置上，即使被读出的数据需要再等一个时钟周期才出现在寄存器中。这就是从第三条指令到最后一条指令的边的标号为 1 的原因。这也同样是从第一条指令到最后一条指令有一条标号为 1 的边的原因。其他标号为 1 的边产生的原因是指令间的数据依赖关系，或者当 R7 取某些值时可能产生的依赖关系。

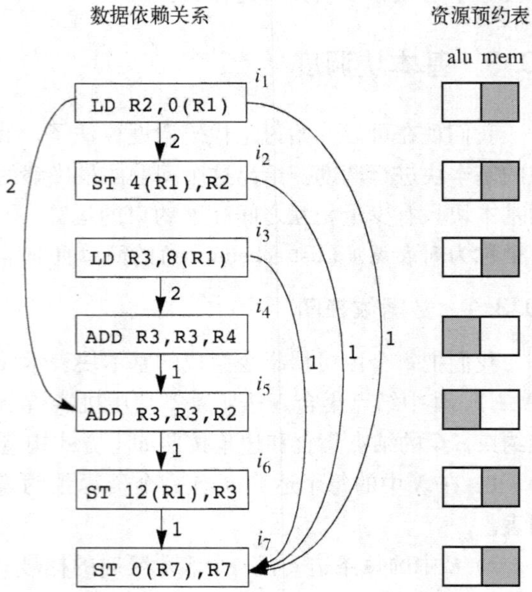

图 10-7 例 10.6 的数据依赖图

□

10.3.2 基本块的列表调度方法

基本块调度的最简单的方法是以“带有优先级的拓扑排序”访问数据依赖图的各个结点。因为一个数据依赖图中不可能有环，因此总是至少存在一个各个结点之间的拓扑顺序。但是，在所有可能的拓扑排序中，有些排序可能比其他排序更好。我们将在 10.3.3 节中讨论选择拓扑排序的一些策略。但是现在我们仅仅假设存在某种算法来选择一个较好的拓扑排序。

下面我们将讨论的列表调度算法按照被选中的带优先级的拓扑排序访问各个结点。最后，这些结点并不一定按照它们被访问的顺序进行调度。但是指令被尽可能早地放置在调度方案中，因此指令被调度的顺序往往和它们被访问的顺序差不多。

更详细地讲，算法根据每个结点和之前已调度的结点之间的数据依赖约束，计算出能够执行该结点的最早时间位置。然后，算法根据一个资源预约表来检验该结点所需要的资源是否得到满足。这个资源预约表收集了至今已经分配出去的资源的信息。该结点被安排在最早的能够获得足够资源的时间位置上。

算法 10.7 对一个基本块进行列表调度

输入：一个机器 - 资源向量 $R=[r_1,r_2,\cdots]$，其中 r_i 是第 i 种资源的可用单元的数目；一个数据依赖图 $G=(N,E)$。N 中的每个运算 n 的标号是它的资源预约表 RT_n；E 中的每个边 $e=n_1\to n_2$ 都有标号 d_e，表明了 n_2 不能在 n_1 执行之后的 d_e 个时钟周期之内执行。

输出：一个调度方案 S。它把 N 中的每个运算映射到时间位置中。各个运算在方案所确定的时间位置开始执行，就可以保证所有的数据依赖关系和资源约束都得到满足。

方法：执行图 10-8 中的程序。关于什么是“带优先级的拓扑排序”的讨论将在 10.3.3 节中给出。

$RT =$ 一个空的资源预约表；
for (按照带优先级的拓扑排序访问 N 中的每个结点 n) {
    $s = \max_{e=p \to n \text{ in } E}(S(p) + d_e)$;
        /* 根据一个指令的各个前驱在何时开始，
           计算这个指令最早可以在何时开始 */
    while (存在 i 使得 $RT[s+i] + RT_n[i] > R$)
        $s = s + 1$;
            /* 进一步把这个指令后延，直到所需资源
               都变得可用为止 */
    $S(n) = s$;
    for (所有 i)
        $RT[s+i] = RT[s+i] + RT_n[i]$
}

图 10-8 一个列表指令调度算法

10.3.3 带优先级的拓扑排序

列表调度算法不会回溯，它对每个结点进行一次且只进行一次指令调度。它使用一个启发式的优先级函数来从已经就绪的结点中选择下一个调度的结点。下面是一些关于结点的所有可能的带优先级的拓扑排序的性质：

- 如果不考虑资源约束，最短的调度方案可以根据关键路径(critical path)给出。所谓关键路径就是数据依赖图中的最长路径。一个可以被用作优先级函数的度量是结点的高度(height)，就是从这个结点开始的最长路径的长度。
- 从另一方面考虑，如果所有的运算都是独立的，那么调度方案的长度受到可用资源的约束。关键资源就是具有最大的资源使用/可用数量比值的资源。所谓资源使用/可用数量比值是指对资源的使用和可用资源的单元数目的比值。使用较多关键资源的运算具有较高的优先级。
- 最后，我们可以使用源代码中的顺序来解决运算之间难分先后的问题，在源程序中先出现的运算应该首先被安排。

例 10.8 对于图 10-7 中的数据依赖关系，它的关键路径的(包含了执行最后一条指令的时间)长度是6个时钟周期。也就是说，关键路径是最后的五个结点，从 R3 的加载运算开始到对 R7 的保存运算结束。这条路径中的所有边上的总延时是 5，此外我们还要再加上执行最后一条指令所需的 1 个时钟周期。

使用结点高度作为优先级函数，算法 10.7 找到了一个如图 10-9 所示的优化的调度方案。请注意，因为 R3 的加载具有最大的高度，因此安排这条指令首先执行。R3 和 R4 的加法在第二个时钟周期就有足够的资源，但是一条加载指令有 2 个时钟周期的延时，因此我们把这个加法安排到第三个时钟周期。也就是说，在第 3 个时钟周期开始之前我们不能保证 R3 中已经保存了需要的值。 □

调度方案

	LD R3,8(R1)
	LD R2,0(R1)
ADD R3,R3,R4	
ADD R3,R3,R2	ST 4(R1),R2
	ST 12(R1),R3
	ST 0(R7),R7

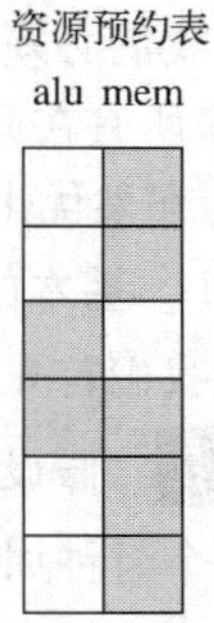

图 10-9 将列表调度算法应用到图 10-7 后得到的结果

10.3.4 10.3 节的练习

练习 10.3.1： 对于图 10-10 中的每个代码片段，画出数据依赖图。

```
1)  LD R1, a
2)  LD R2, b
3)  SUB R3, R1, R2
4)  ADD R2, R1, R2
5)  ST a, R3
6)  ST b, R2
```

a)

```
LD R1, a
LD R2, b
SUB R1, R1, R2
ADD R2, R1, R2
ST a, R1
ST b, R2
```

b)

```
LD R1, a
LD R2, b
SUB R3, R1, R2
ADD R4, R1, R2
ST a, R3
ST b, R4
```

c)

图 10-10 练习 10.3.1 的机器代码

练习 10.3.2：假设一个机器具有一个 ALU 资源(用于 ADD 和 SUB 运算)和一个 MEM 资源(用于 LD 和 ST 运算)。假设除了 LD 运算需要两个时钟周期之外，其余所有运算都只需要一个时钟周期。但是，如例 10.6 中所说，在一个对某内存位置的 LD 运算执行一个时钟周期之后就可以执行对同一个位置的 ST 运算。为图 10-10 中的每个代码片断寻找一个最短调度方案。

练习 10.3.3：在如下假设下重复练习 10.3.2。

1）该机器具有一个 ALU 资源和两个 MEM 资源。

2）该机器具有两个 ALU 资源和一个 MEM 资源。

3）该机器具有两个 ALU 资源和两个 MEM 资源。

练习 10.3.4：使用例 10.6 中的机器模型(和练习 10.3.2 一样)：

1）为图 10-11 中的代码画出数据依赖图。

2）对于问题(1)得到的数据依赖图，全部关键路径包括哪些？

3）假设有无限多个 MEM 资源，对于这七条指令的所有可能的调度方案是什么？

```
1)  LD R1, a
2)  ST b, R1
3)  LD R2, c
4)  ST c, R1
5)  LD R1, d
6)  ST d, R2
7)  ST a, R1
```

图 10-11 练习 10.3.4 的机器代码

10.4 全局代码调度

对于一个具有中等数量的指令并行机制的机器，通过压缩各个基本块而得到的调度方案往往会留下很多空闲的资源。为了更好地利用机器资源，有必要考虑把一些指令从一个基本块移动到另一个基本块的代码生成策略。同时考虑多个基本块的策略称为*全局调度*(global scheduling)算法。为了正确地进行全局调度，我们需要考虑的问题不仅包括数据依赖关系，还包括控制依赖。我们必须保证

1）所有在原程序中执行的指令都会在优化后的程序中运行，并且

2）虽然优化后的程序可以投机性地执行一些额外指令，但这些指令不能产生任何有害的副作用。

10.4.1 基本的代码移动

让我们首先通过一个简单的例子来研究一下指令移动可能涉及的问题。

例 10.9 假设我们有一个可以在单个时钟周期内同时执行任意两条指令的机器。除了加载运算有两个时钟周期的延时外，其余每个运算的执行延时为一个时钟周期。为简单起见，我们假设例子中所有的内存访问都是正确的，且访问的数据都在高速缓存中。图 10-12a 显示了一个包括三个基本块的简单流图。其中的代码被扩展为图 10-12b 所示的机器指令。因为数据依赖关系，每个基本块中的所有指令必须顺序执行。实际上，每个基本块中都必须插入一个 no-op 指令。

假设变量 a、b、c、d 和 e 的地址互不相同，并且这些地址被分别存放在寄存器 R1 ~ R5 中。因此不同基本块中的计算之间没有数据依赖关系。我们发现，不管是否选择图中的分支跳转，基本块 B_3 中的所有运算都会被执行，因此它可以和基本块 B_1 中的运算并行执行。我们不能把 B_1 中

的运算移动到 B_3，因为需要它们来决定分支跳转的出口。

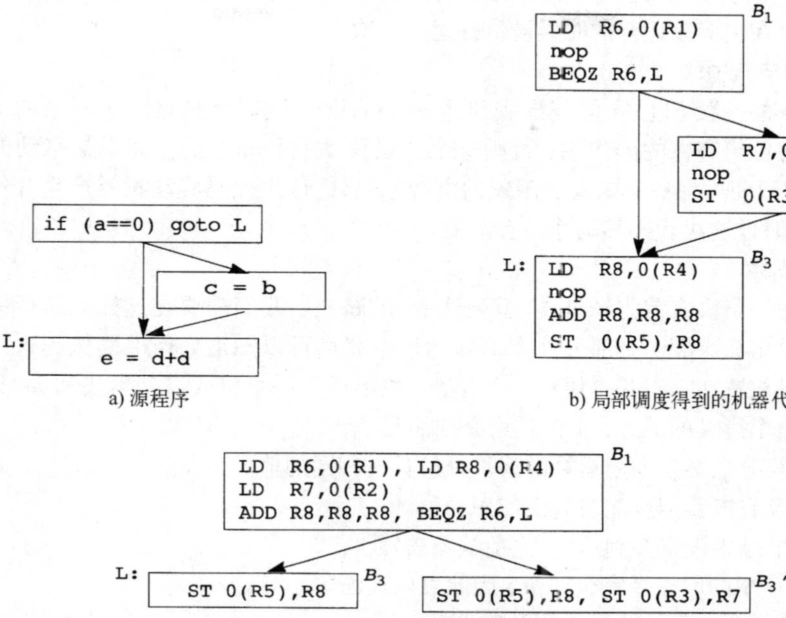

a) 源程序

b) 局部调度得到的机器代码

c) 全局调度得到的机器代码

图 10-12　例 10.9 中全局调度之前和之后的流图

B_2 中的运算和基本块 B_1 中的测试指令之间具有控制依赖关系。我们可以在基本块 B_1 中投机性执行 B_2 中的加载运算而不会产生任何附加开销，并且只要该分支执行，就可以节约两个时钟周期。

保存运算不应该投机性地执行，因为它们覆写了某个内存位置上的原值。但是可以延迟执行一个保存运算。我们不能直接把 B_2 中的保存运算放到基本块 B_3 中，因为只有当控制流经过基本块 B_2 时才能执行这个保存运算。但是，我们可以把保存运算放在 B_3 的一个拷贝中。图 10-12c 中显示了经过这样优化后的调度方案。优化后的代码在 4 个时钟周期内执行完毕，这和单独执行基本块 B_3 所需的时间一样。□

例 10.9 表明我们可以沿着一个执行路径上下移动指令。在这个例子中，每一对基本块都有一个不同的“支配关系”，因此关于何时以及如何在每一对基本块之间移动指令的考虑是不同的。如 9.6.1 节中所讨论的，如果每一个从控制流图入口处到达基本块 B' 的路径都经过一个基本块 B，那么就认为 B 支配 B'。类似地，如果从 B' 到达流图出口处的路径都经过 B，我们说 B 反向支配(postdominate) B'。当 B 支配 B' 并且 B' 反向支配 B 的时候，我们就说 B 和 B' 是控制等价的(control equivalent)，其含义是一个基本块会被执行当且仅当另一个基本块也会被执行。对于图 10-12 中的例子，假设 B_1 是流图入口，且 B_3 是出口，则

1) B_1 和 B_3 是控制等价的：B_1 支配 B_3 而 B_3 反向支配 B_1。

2) B_1 支配 B_2，但是 B_2 不反向支配 B_1。

3) B_2 不支配 B_3 但是 B_3 反向支配 B_2。

在一条路径上的一对基本块之间也可能既不具有支配关系，也不具有反向支配关系。

10.4.2　向上的代码移动

我们现在仔细考查把一个运算沿着一条路径向上移动意味着什么。假设我们希望把一个运

算从基本块 *src* 沿着一条控制流路径向上移动到基本块 *dst*。同时假设这样的移动没有违反任何数据依赖关系，并且使得从 *dst* 到 *src* 的路径运行得更快。如果 *dst* 支配 *src* 并且 *src* 反向支配 *dst*，那么被移动的运算会在它应该运行的时候被恰好运行一次。

如果 src 不反向支配 dst

这种情况下，存在一条经过 *dst* 但是没有到达 *src* 的路径。此时会执行一个多余的运算。除非被移动的运算没有任何有害的副作用，否则这个代码移动就是非法的。如果被移动的运算是"免费"执行的(即它只使用那些本来会被闲置的资源)，那么这次代码移动没有产生开销。只有当控制流到达 *src* 的时候这次代码移动才是有益的。

如果 dst 不支配 src

这种情况下存在一条没有首先经过 *dst* 就到达 *src* 的路径。我们需要在这样的路径中插入被移动运算的拷贝。根据 9.5 节中对部分冗余消除的讨论我们可以知道如何准确做到这一点。我们把这个运算的拷贝放置在一组基本块中，这组基本块形成了一个将入口基本块和 *src* 分割开的割集。在每个插入这个拷贝的地方，下列约束必须满足：

1）该运算的运算分量必须和原运算的运算分量具有相同的值。

2）运算的结果没有覆盖掉可能在后面使用的值。

3）此运算本身的结果没有在到达 *src* 之前被覆盖掉。

这些拷贝使得 *src* 中的原指令完全冗余，因此可以被消除。

我们把这个运算指令的额外拷贝称为补偿代码(compen sation code)。9.5 节讨论过，可以在关键边上插入基本块来放置这些拷贝。补偿代码可能使得某些路径的执行变慢。因此，只有当被优化路径的执行频率高于其他未被优化的路径时，这个代码移动才会提高程序执行的性能。

10.4.3 向下的代码移动

假设我们感兴趣的是把一个运算从基本块 *src* 沿着一条控制流路径向下移动到基本块 *dst*。我们可以像上面介绍的那样考虑这样的代码移动。

如果 src 不支配 dst

在这种情况下，存在一条没有先访问 *src* 就到达 *dst* 的路径。同样，在这种情况下会执行一个额外的运算。遗憾的是，向下代码移动经常用于写运算。这种运算具有副作用，会覆盖原来的值。我们可以设法绕过这个问题，方法是复制从 *src* 到 *dst* 的路径上的基本块，并且只在 *dst* 的新拷贝中放置这个运算。另一个方法是，如果可以在使用带断言的指令时使用这种指令。我们用基本块 src 的卫式断言作为被移动运算的卫式断言。请注意，这些带断言的指令只能被安排在由计算该断言的基本块所支配的基本块中，否则该断言的值会不可用。

如果 dst 不反向支配 src

和上面的讨论一样，我们必须插入补偿代码以使得被移动的运算在所有没有到达 *dst* 的路径上都被执行了。这个转换仍然和部分冗余消除类似，不同之处在于运算的拷贝被放置在基本块 *src* 之后、把 *src* 和流图出口处分开的割集中。

关于向上和向下代码移动的总结

从上面的讨论中可知，我们看到存在一组可能的全局代码移动的方法。这些方法的收益、代价以及实现复杂度各不相同。图 10-13 中给出了这些代码移动方法的总结。图中的各行对应于下面四种情况：

1）在控制等价的基本块之间移动指令最简单且性价比最高。不需要执行额外的运算，也不需要补偿代码。

2）在向上(向下)代码移动中，如果源基本块不反向支配(支配)目标基本块，那么就可能需要执行额外的运算。当该额外运算能够免费执行并且通过源基本块的路径被执行时，这个代码移动就是有益的。

3）在向上(向下)代码移动中，如果目标基本块不支配(反向支配)源基本块，就需要补偿代码。带有补偿代码的路径的运行可能会变慢，因此保证被优化的路径具有较高的执行频率是很重要的。

4）最后一种情况把第二和第三种情况的不利之处合并了起来：可能既需要执行额外运算，又需要补偿代码。

	向上：*src*反向支配*dst* 向下：*src*支配*dst*	*dst* 支配 *src* *dst* 反向支配 *src*	投机 代码复制	补偿代码
1	是	是	否	否
2	否	是	是	否
3	是	否	否	是
4	否	否	是	是

图 10-13　代码移动的总结

10.4.4　更新数据依赖关系

如下面的例 10.10 所示，代码移动可能会改变运算之间的数据依赖关系。因此在每次代码移动之后都必须更新数据依赖关系。

例 10.10　对于图 10-14 中显示的流图，对 x 的两个赋值之一可以被向上移动到顶部的基本块，因为这样的转换保持了原程序中的所有依赖关系。但是，一但我们把其中一个赋值语句上移，就不能再移动另一个。更明确地说，我们看到在代码移动之前顶部的基本块的出口处 x 是不活跃的，但是在移动之后就变得活跃了。如果一个变量在一个程序点上活跃，那么我们不能把对该变量的投机性定值移动到该程序点的前面。□

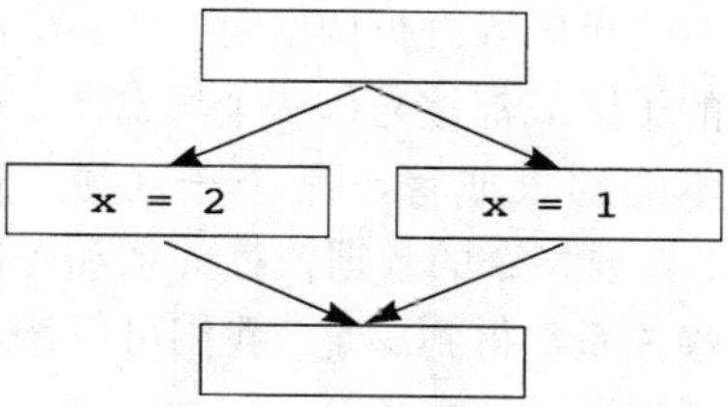

图 10-14　说明因为代码移动而改变数据依赖关系的例子

10.4.5　全局调度算法

在上一节中，我们看到代码移动对某些路径有益，但是会损害另外一些路径的性能。好消息是指令并不是生而平等的。实际上，我们知道，一个程序的 90% 以上的执行时间被花在不到 10% 的代码上。因此，我们可以把目标确定为使得频繁执行的路径更快运行，虽然有可能降低不频繁路径的运行速度。

编译器有多种技术来估算执行频率。我们有理由假设在最内层的循环中的指令比外层循环中的指令执行得更频繁，也有理由假设选择向回跳转分支的使用频率高过不选择这个分支的使用频率。另外，转向程序出口或者异常处理例程的分支不大可能被选择执行。但是，最好的频率估算来自于动态获取的程序运行剖面。在这个技术中，程序经过插装以记录程序运行时刻各个条件分支的出口选择情况。然后，程序就在有代表性的输入上运行，确定程序总体的运行行为。人们发现应用这个技术得到的结果相当精确。这样的信息可以反馈给编译器，由编译器在其优化过程中使用。

基于区域的调度

现在我们描述一个简单的全局调度器，它支持两种最容易的代码移动：

1）把运算向上移动到控制等价的基本块。

2）把运算向上移动一个分支，移动到一个支配前驱中。

9.7.1 节介绍过，一个区域是一个控制流图的子集，它只能通过一个入口基本块到达。我们可以把任何过程表示为一个区域的层次结构。顶层区域包括整个过程，而嵌套在其中的子区域代表该过程中的自然循环。我们假设控制流图是可归约的。

算法 10.11 基于区域的调度。

输入：一个控制流图和一个机器-资源描述。

输出：一个调度方案 S。它把每条指令映射到一个基本块和一个时间位置。

方法：执行图 10-15 中的程序。其中的一些术语缩写的含义是很明显的：*ControlEquiv*(B)表示和基本块 B 控制等价的基本块的集合，而作用于一个基本块集合的 *DominatedSucc* 表示下面的基本块集合：它们是该基本块集合中一个或多个基本块的后继，且被该集合中的所有基本块支配。

```
for (按照拓扑排序访问各个区域R，使得内层区域先于
        外层区域被访问 )
    {计算数据依赖关系；
     for (按照带优先级的拓扑排序访问 R 中的每个基本块B ) {
         CandBlocks = ControlEquiv(B) ∪
             DominatedSucc(ControlEquiv(B));
         CandInsts = CandBlocks 中已可以被调度的指令;
         for (t = 0,1,... 直到 B 中的所有指令都已经调度完毕 ) {
             for (按照优先顺序访问CandInsts 中的每个指令 n )
                 if ( n 在时刻t 上没有资源冲突 ) {
                     S(n) = ⟨B,t⟩;
                     更新已分配资源的信息;
                     更新数据依赖关系；
                 }
             更新 CandInsts;
         }
     }
}
```

图 10-15 一个基于区域的全局调度算法

算法 10.11 中的代码调度从最内层的区域开始逐渐扩展到最外层。在对一个区域进行调度时，每一个内嵌的子区域都被当作一个黑盒子，指令不能移入或移出某个子区域。但是，只要指令的数据依赖关系和控制依赖关系都得到满足，我们可以绕着子区域移动这些指令。

算法忽略了所有流回区域头基本块的控制和依赖边，因此最后得到的控制流和数据依赖图都是无环的。对每个区域中的各基本块的访问遵守拓扑排序。这个顺序保证了只有在该基本块所依赖的所有指令都被调度好之后才对这个基本块进行调度。将被安排在一个基本块 B 中的指令来自于所有和基本块 B 控制等价的基本块（包含 B），以及这些等价基本块的、被 B 支配的直接后继。

为各个基本块创建调度方案时使用的是列表调度算法。该算法有一个候选指令列表 *CandInsts*，这个列表中包含了候选基本块中的所有其前驱已调度好的指令。该算法逐个时钟周期地构造调度方案。对于每个时钟周期，它按照优先级顺序检查 *CandInsts* 中的各条指令，在资源允许的情况下把指令安排在该时钟周期上。然后，算法 10.11 更新 *CandInsts* 并重复这个过程，直到 B 中所有指令都被安排完毕。

CandInsts 中的指令的优先级顺序所使用的优先级函数和 10.3 节中讨论过的函数类似。然而，我们作了一个重要的修改。我们把较高的优先级赋予那些来自和基本块 B 控制等价的基本块的指令，而对来自于后继基本块的指令赋予较低的优先级。这么做的原因是后一种类型的指令只是在基本块 B 中被投机性执行。 □

循环展开

在基于区域的调度中，一个循环中迭代之间的界限是代码移动的障碍。来自一个迭代的运算不能和来自其他迭代的运算重叠。可缓解这一问题的简单且高效的技术是在代码调度之前少量地展开该循环。如下的 for 循环

```
for (i = 0; i < N; i++) {
    S(i);
}
```

可以被写成图 10-16a 所示的代码。类似地，如下的 repeat 循环

```
repeat
    S;
until C;
```

可以被写成图 10-16b 所示的代码。循环展开在循环体中产生了更多的指令，使全局调度算法找到更多的并行性。

```
for (i = 0; i+4 < N; i+=4) {
    S(i);
    S(i+1);
    S(i+2);
    S(i+3);
}
for ( ; i < N; i++) {
    S(i);
}
```

a) 展开一个for循环

```
repeat {
    S;
    if (C) break;
    S;
    if (C) break;
    S;
    if (C) break;
    S;
} until C;
```

b) 展开一个repeat循环

图 10-16 循环的展开

相邻压缩

算法 10.11 只支持 10.4.1 节中描述的前两种形式的代码移动。需要引入补偿代码的代码移动有时也是有用的。支持这种代码移动的方法之一是在基于区域的调度之后再跟一个简单的处理过程。在这个过程中，我们可以检查各对连续执行的基本块，检查是否有运算可以在它们之间上移或下移，以改进这些基本块的执行时间。如果找到了一对这样的基本块，我们检查是否需要在别的路径中复制将被移动的指令。如果移动之后的预期收益是正的，就可以进行这样的代码移动。

这个简单的扩展能够有效提高循环的性能。比如，它可以把一个迭代开始处的运算移动到上一个迭代的结尾，同样也可以把运算从第一个迭代移动到循环之外。对于较紧密的循环，即每个迭代过程只执行少量指令的循环，这种优化特别具有吸引力。但是，由于每个代码移动的决定是局部地独立做出的，因此这个技术的效果受到一定的限制。

10.4.6 高级代码移动技术

如果我们的目标机器是静态调度的，并且具有丰富的指令级并行机制，我们可能需要更加积极的调度算法。下面是有关进一步扩展代码移动技术的一些高级描述：

1）为了便于进行下面的扩展，我们可以在那些从具有多个前驱的基本块出发的控制流边上增加新的基本块。在代码调度结束后将删除这些基本块中的空基本块。一个有用的启发式规则是试图把指令移出几乎为空的基本块，使得这个基本块可以被完全删除。

2）在算法 10.11 中，各基本块内执行的代码在此基本块被访问时一次性调度完毕。这个简单的方法已经足够了，因为这个算法只能够把运算上移到前面的支配基本块。为了进行需要额外补偿代码的代码移动，我们选用了一个略微不同的方法。当我们访问基本块 B 的时候，只对 B 以及和 B 控制等价的基本块中的指令进行调度。我们首先试图把这些指令放置到之前已经被访问过的前驱基本块中。这些基本块已经有了一个部分调度方案。我们试图找到一个目标基本块，使得移动后可以改进一个频繁执行的路径，然后在其他路径上放置这条指令的拷贝来保证移动的正确性。如果指令不能向上移动，那么它们和以前一样在当前的基本块中进行调度。

3）在以拓扑顺序访问基本块的算法中，实现向下的代码移动要更加困难一些，原因是目标基本块还在等待调度。虽然机会较少，但还是存在一些机会进行这样的代码移动。我们会移动所有同时满足下列条件的运算：

① 它们可以被移动。

② 在原来的基本块中它们不能免费执行。

如果目标机器有很多没有使用到的硬件资源，这个简单的策略会很有效。

10.4.7 和动态调度器的交互

一个动态调度器的优势是它可以根据运行时刻的情况产生新的调度方案，而不必在运行之前对所有可能的调度进行编码。如果目标机器有一个动态调度器，那么静态调度器的主要功能是保证尽早获得高延时指令，使得动态调度器可以尽早发出这些指令。

高速缓存脱靶是一类不可预测的事件，它们可能使得程序的性能有很大的不同。如果可以使用数据预取指令，那么静态调度器可以较早地放置这些预取指令以使得在需要相应数据时，数据已经在高速缓存之中。静态调度器通过这种方式有效地帮助动态调度器。如果没有预取指令可用，编译器可以估算一下哪些运算可能会发生高速缓存脱靶，并试图早一点发出这些运算指令。

如果在目标机器上没有动态调度机制，静态调度器必须保守地处理调度问题，把每对具有数据依赖关系的运算分开，使它们之间的间隔不小于最小延时。但是，如果有动态调度器可用，编译器只需要把具有数据依赖关系的运算指令按照正确的顺序排列，以保证程序的正确性。为了得到最佳性能，编译器应该给较有可能发生的依赖赋予较长的延时，给不大可能发生的依赖赋予较短的延时。

分支的错误预测是性能下降的重要原因之一。因为错误预测会带来较长的时间损失，较少执行路径上的指令仍然会对整个执行时间产生较大的影响。所以，应该给这类指令赋予较高的优先级，以便降低错误预测的代价。

10.4.8 10.4 节的练习

练习 10.4.1：指出如何展开一般的 while 循环

```
while (C)
    S;
```

! **练习 10.4.2**：考虑代码片断：

```
if (x == 0) a = b;
else a = c;
d = a;
```

假设有一个机器使用了例 10.6 中的延时模型（即加载运算需要两个时钟周期，其他指令需要一个时钟周期）。同时假设该机器可以一次执行任意两条指令。为这个片断找出一个最短的执行方法。不要忘记考虑在各个复制步骤中使用哪个寄存器最好。同时，记住利用 8.6 节中描述的寄存器描述符所提供的信息，以避免不必要的加载和保存运算。

10.5 软件流水线化

正如在本章的引言部分所讨论的，数值应用往往具有很大的并行性。特别地，它们经常含有各次迭代之间相互完全独立的循环。从并行化的角度看，这些被称为 do-all 循环的循环很有吸引力，原因是它们的迭代可以并行执行，其加速比和循环的迭代数目呈线性关系。具有很多迭代的 do-all 循环具有的并行性足以充满一个处理器的所有资源。能否充分利用循环中的可用并行性完全依赖于调度器的能力。本节描述一个被称为软件流水线化（software pipelining）的算法。它可以同时对整个循环进行调度，充分利用各个迭代之间的并行性。

10.5.1 引言

在本节中，我们将使用例 10.12 中的 do-all 循环来解释软件流水线化。我们首先说明跨越迭代的调度极其重要，原因是在单一迭代过程中的运算之间的并行性相对较小。然后，我们说明循环展开技术通过让被展开迭代相互重叠执行来提高程序的性能。但是，被展开循环之间的界限仍然为代码移动设置了障碍，还有很多可改进性能机会没有被循环展开技术充分利用。另一方面，软件流水线化技术将多个连续的迭代持续地交叠执行，直到所有迭代执行完毕为止。这个技术使得软件流水线化技术可以生成高效紧凑的代码。

例 10.12 下面是一个典型的 do-all 循环：

```
for (i = 0; i < n; i++)
    D[i] = A[i]*B[i] + c;
```

上面循环中各个迭代对不同的内存位置执行写运算，而这些被写的位置不同于任何被读的位置。因此各个迭代之间没有内存依赖关系，所有的迭代都可以并行地进行。

在本节中，我们选择下面的模型作为目标机器。在这个模型中，

- 机器可以在同一个时钟周期内发出：一个加载运算、一个保存运算、一个算术运算和一个分支运算。
- 机器有一个如下形式的循环回归运算指令

  `BL R, L`

这个运算把寄存器 R 的值减一，并且在结果不为 0 的情况下跳转到位置 L。

- 内存运算有一个自动加一的寻址模式，通过寄存器之后的 ++ 符号表示。在每次访问之后，寄存器自动地加一，指向接下来的一个地址。
- 算术运算是完全流水线化的。每个时钟周期可以启动一个算术运算，但是结果要到 2 个时钟周期后才可用。所有其他指令的执行延时为一个时钟周期。

如果每次只对一个迭代进行调度，那么在这个机器模型上得到的最好调度方案如图 10-17 所示。该图中也指明了一些有关数据布局的假设：寄存器 R1、R2 和 R3 存放数组 A、B 和 D 的开始地址，寄存器 R4 存放常量 c，而寄存器 R10 存放值 $n-1$，这个值在循环之外计算。这个计算过程大部分是串行的，共需要 7 个时钟周期。只有循环回归运算指令的执行和迭代的最后一个运算的执行重叠。 □

```
    //  R1, R2, R3 = &A, &B, &D
    //  R4         = c
    //  R10        = n-1

L:  LD  R5, 0(R1++)
    LD  R6, 0(R2++)
    MUL R7, R5, R6
    nop
    ADD R8, R7, R4
    nop
    ST  0(R3++), R8        BL R10, L
```

图 10-17 例 10.12 的局部调度代码

一般来说，我们可以展开一个循环的多个迭代来获得较好的硬件利用率。但是这么做会增加代码的大小，会对程序的整体性能产生负面影响。因此，我们必须选择一个折衷方案，选择适当的迭代展开次数以选择最大的性能提升，但是又不能过度扩展代码。下面的例子解释了这种折衷方案。

例 10.13 虽然在例 10.12 中循环的各个迭代内部几乎找不到并行性，但各个迭代之间依然具有很多并行性。循环展开技术把该循环的多个迭代放到一个大基本块中，然后使用一个简单的列表调度算法来对这些运算进行调度，使之并行运行。如果把我们的例子中的循环展开四次并把算法 10.7 应用于展开得到的代码，那么就可以得到图 10-18 显示的调度方案(为简单起见，我们忽略寄存器分配的细节)。这个循环执行了 13 个时钟周期，或者说每个迭代执行 3.25 个周期。

```
L: LD
   LD
        LD
   MUL  LD
        MUL  LD
   ADD       LD
        ADD       LD
   ST        MUL  LD
        ST        MUL
             ADD
                  ADD
             ST
                  ST   BL (L)
```

图 10-18 例 10.12 的未展开的代码

一个被 k 次展开的循环至少需要 $2k+5$ 个时钟周期，得到的吞吐量是每 $2+5/k$ 个时钟周期一个迭代。因此，我们展开的迭代越多，循环就运行得越快。当 $k\to\infty$ 时，一个完全展开的循环可以平均每两个时钟周期执行一次迭代。但是，我们展开的迭代越多，得到的代码也越大。我们当然承担不起把一个循环的全部迭代都展开的代价。把这个循环展开 4 次生成了有 13 条指令的代码，执行

时间是最优情况的 163%；把这个循环展开 8 次生成了带有 21 条指令的代码，执行时间是最优情况的 131%。反过来，如果我们希望执行时间只是最优情况的 110%，我们需要把这个循环展开 25 次，这将产生带有 55 条指令的代码。 □

10.5.2 循环的软件流水线化

软件流水线化提供了一个方便的优化方法，能够在优化资源使用的同时保持代码的简洁。让我们用一个连续的例子来说明这个想法。

例 10.14 图 10-19 中显示的是把例 10.12 展开 5 次之后得到的代码（我们再次忽略了对寄存器使用方面的考虑）。第 i 行中显示的是在第 i 个时钟周期发出的所有运算指令；第 j 列中显示的是第 j 次迭代的全部运算。请注意，相对于各个迭代的开始时间，每个迭代都有同样的调度方案，同时要注意每个迭代都在前一个迭代开始两个时钟周期之后开始。可见，这个调度方案满足所有的资源和数据依赖约束。

时钟	$j=1$	$j=2$	$j=3$	$j=4$	$j=5$
1	LD				
2	LD				
3	MUL	LD			
4		LD			
5		MUL	LD		
6	ADD		LD		
7			MUL	LD	
8	ST	ADD		LD	
9				MUL	LD
10		ST	ADD		LD
11					MUL
12			ST	ADD	
13					
14				ST	ADD
15					
16					ST

图 10-19 例 10.12 经过 5 次迭代展开后得到的代码

我们看到，在第 7 和第 8 个时钟周期运行的运算和在第 9 和第 10 个周期运行的运算是一样的。第 7 和第 8 个时钟周期执行的运算来自原程序中的前四个迭代。第 9 和第 10 个时钟周期执行的运算也是来自四个迭代，不过这次是来自第 2 到第 5 个迭代。实际上，我们可以不停地执行同样的多运算指令对，不断有一个最老的迭代退出，又有一个新的迭代加入，直到运行完所有的迭代。

如果假设这个循环至少有 4 个迭代，那么这样的动态行为可以用图 10-20 中显示的代码简洁地编码。图中的每一行对应于一条机器指令。第 7 行和第 8 行形成了一个两个时钟周期的循环。这个循环将执行 $n-3$ 次，其中 n 是原循环中的迭代次数。 □

```
 1)         LD
 2)         LD
 3)         MUL   LD
 4)               LD
 5)               MUL   LD
 6)         ADD         LD
 7)    L:               MUL   LD
 8)         ST    ADD         LD    BL (L)
 9)                           MUL
10)               ST    ADD
11)
12)                     ST    ADD
13)
14)                           ST
```

图 10-20 例 10.12 的经软件流水线化的代码

上面描述的技术被称为*软件流水线化*技术，因为这是原本用于硬件流水线调度的技术在软件中的对应。我们可以把这个例子中各个迭代执行的调度方案当作一个 8 阶段的流水线。每两个时钟周期就可以在这条流水线上启动一个新迭代。在开始的时候，这条流水线中只有一个迭代在运行。在第一个迭代进行到第三阶段的时候，第二个迭代开始进入它的第一个执行阶段。

到第 7 个时钟周期时，流水线被前面四个迭代充满。在稳定状态下有四个连续的迭代同时运行。每当流水线中最老的迭代退出时就有一个新的迭代被启动。当我们运行完所有的迭代时，流水线开始排空，其中的所有迭代运行结束。用来填充流水线的指令序列（在这个例子中是第 1 到第 6 行）被称为*序言*（prolog）；第 7 和第 8 行被称为*稳定状态*（steady state）；用来排空流水线的指令序列（即第 9 行到第 14 行）被称为*尾声*（epilog）。

对于这个例子，我们知道这个循环不可能运行得比每两个时钟周期一个迭代更快。原因是目标机器每个时钟周期只能发出一个读指令，而每个迭代有两个读指令。上面的经软件流水线化的循环在 $2n+6$ 个时钟周期内执行完毕，其中 n 是原循环的迭代次数。当 $n \to \infty$ 时，这个循环的通量接近每两个时钟周期一次迭代。因此，和循环展开技术不同，软件调度可以用一个非常简洁的代码序列给出最优调度方案的编码。

请注意，对于单个迭代而言，这个调度方案的运行时间并不是最短的。和图 10-17 中显示的局部优化的调度方案相比，这个方案在 ADD 运算之前引入了一个延时。引入这个延时是调度策略之一，其目的是使这个调度方案可以在保证没有资源冲突的情况下每两个时钟周期启动一个迭代。如果我们坚持使用局部紧凑的调度方案，为了避免资源冲突，各次启动之间的间隔不得不延长到 4 个时钟周期，而吞吐率将被减半。这个例子说明了流水线调度的一个重要原则：必须小心选择调度方案以便优化吞吐量。虽然一个局部紧凑的调度方案可以使完成一个迭代的时间降到最低，但是在流水线化之后得到的吞吐量却可能是次优的。

10.5.3 寄存器分配和代码生成

我们首先讨论例 10.14 中经过软件流水线化的循环的寄存器分配。

例 10.15 在例 10.14 中，第一个迭代中的乘法运算结果在第 3 个时钟周期生成，在第 6 个时钟周期使用。在这两个时钟周期之间，第二次迭代中的这个乘法运算又在第 5 个时钟周期生成一个新的结果，这个值在第 8 个时钟周期使用。这两次迭代的结果必须保存到不同的寄存器中，以防止它们之间互相干扰。因为干扰只会在两个相邻的迭代之间发生，使用两个寄存器就可以避免这种干扰：一个寄存器用于奇数次迭代，另一个寄存器用于偶数次迭代。因为奇数次迭代的代码和偶数次迭代的代码不同，稳定状态循环的代码大小是原来的两倍。这个代码可以用于执行任何具有大于等于 5 的奇数次迭代的循环。

```
if (N >= 5)
    N2 = 3 + 2 * floor((N-3)/2);
else
    N2 = 0;
for (i = 0; i < N2; i++)
    D[i] = A[i]* B[i] + c;
for (i = N2; i < N; i++)
    D[i] = A[i]* B[i] + c;
```

图 10-21 例 10.12 中循环在源语言层次上的展开

为了处理迭代次数小于 5 的循环和具有偶数次迭代的循环，我们生成的代码在源语言层次上和图 10-21 中的代码等价。第一个循环被流水线化了，它的机器语言层次的等价表示见图 10-22。图 10-21 的第二个循环不需要优化，因为它最多迭代 4 次。 □

```
 1.       LD R5,0(R1++)
 2.       LD R6,0(R2++)
 3.       LD R5,0(R1++)   MUL R7,R5,R6
 4.       LD R6,0(R2++)
 5.       LD R5,0(R1++)   MUL R9,R5,R6
 6.       LD R6,0(R2++)   ADD R8,R7,R4
 7.   L:  LD R5,0(R1++)   MUL R7,R5,R6
 8.       LD R6,0(R2++)   ADD R8,R9,R4   ST 0(R3++),R8
 9.       LD R5,0(R1++)   MUL R9,R5,R6
10.       LD R6,0(R2++)   ADD R8,R7,R4   ST 0(R3++),R8   BL R10,L
11.                       MUL R7,R5,R6
12.                       ADD R8,R9,R4   ST 0(R3++),R8
13.
14.                       ADD R8,R7,R4   ST 0(R3++),R8
15.
16.                                      ST 0(R3++),R8
```

图 10-22 在例 10.15 中经过软件流水线化和寄存器分配之后得到的代码

10.5.4 Do-Across 循环

软件流水线化技术也可以用于各个迭代之间存在数据依赖关系的循环。这样的循环被称为 *do-across* 循环。

例 10.16 代码

```
for (i = 0; i < n; i++) {
    sum = sum + A[i];
    B[i] = A[i] * b;
}
```

的两个连续迭代之间具有数据依赖关系，因为前一次的 sum 值和 $A[i]$ 相加得到新的 sum 值。如果目标机器可以提供足够的并行性，这个求和运算可以在 $O(\log n)$ 时间内完成。但是为了本次讨论，我们假设必须遵守所有的顺序依赖关系，上面的加法必须以原来的顺序完成。因为我们假设的机器模型需要两个时钟周期才能完成一个 ADD 运算，所以循环的运行不可能快过每两个时钟周期一个迭代。给该机器增加更多的加法器和乘法器都不会使循环运行得更快。像这样的 do-across 循环的吞吐量受迭代之间的依赖链的限制。

图 10-23a 显示了每个迭代的最好的局部紧凑的调度方案，经过软件流水线化处理的代码在图 10-23b 中显示。这个软件流水线化的循环每两个时钟启动一次迭代，因此运行的速度是最优的。 □

```
    // R1 = &A; R2 = &B
    // R3 = sum
    // R4 = b
    // R10 = n-1

L:  LD R5, 0(R1++)
    MUL R6, R5, R4
    ADD R3, R3, R4
    ST R6, 0(R2++)           BL R10, L
```

a) 最好的局部紧凑的调度方案

```
    // R1 = &A; R2 = &B
    // R3 = sum
    // R4 = b
    // R10 = n-2

    LD R5, 0(R1++)
    MUL R6, R5, R4
L:  ADD R3, R3, R4        LD R5, 0(R1++)
    ST R6, 0(R2++)        MUL R6, R5, R4   BL R10, L
                          ADD R3, R3, R4
                          ST R6, 0(R2++)
```

b) 调度方案的软件流水线化版本

图 10-23 一个 do-across 循环的软件流水线化

10.5.5 软件流水线化的目标和约束

软件流水线化的主要目标是使一个长时间运行的循环的吞吐量最大，次要目标之一是使生成代码保持合理的大小。换句话说，经过软件流水线化的循环应该有一个较小的流水线稳定状态。我们可以要求每个迭代的相对调度方案相同，并要求各个迭代启动的时间间隔相同，从而得到一个较小的稳定状态。因为循环的吞吐量是启动间隔的倒数，所以软件流水线化的目标是使这个间隔最小化。

一个数据依赖图 $G=(N,E)$ 的软件流水线调度方案可以描述为

1）一个启动间隔 T。

2）一个相对调度方案 S。对每个运算，它给定了该运算相对于它所处迭代的开始时刻的执行时间。

因此，如果从 0 开始计算时钟周期的话，第 i 个迭代的一个运算 n 将会在第 $i \times T + S(n)$ 个时钟周期上运行。和所有其他的调度问题一样，软件流水线化有两种约束：资源和数据依赖关系。

下面我们详细讨论每一种约束。

模数资源预约

令一个机器的资源表示为 $R=[r_1,r_2,\cdots]$，其中 r_i 表示第 i 种资源的可用数目。如果一个循环的单次迭代需要 n_i 个单元的第 i 种资源，那么一条流水线化的循环的平均启动间隔至少是 $\max_i(n_i/r_i)$ 个时钟周期。软件流水线化要求在任何一对相邻迭代之间的启动间隔是一个常量值。因此，它的启动间隔至少是 $\max_i\lceil n_i/r_i\rceil$ 个时钟周期。如果 $\max_i(n_i/r_i)$ 小于 1，那么把源代码少量展开几次就有助于提高代码效率。

例 10.17 让我们回到图 10-20 所示的经过软件流水线化处理的循环。回顾一下，目标机器可以在每个时钟周期内发出一个加载指令、一个算术运算指令、一个保存指令和一个循环回归分支指令。因为这个循环有两个加载运算、两个算术运算和一个保存运算，所以根据资源约束，这个循环的最小启动间隔是 2 个时钟周期。

图 10-24 显示了四个连续迭代在不同时刻的资源需求。随着被启动迭代数量的增加，所需的资源也越来越多，最终达到稳定状态下的最大资源需求。令 RT 为表示单个迭代所需资源的资源预约表，并令 RT_S 表示循环的稳定状态所需要的资源。RT_S 把每隔 T 个时钟周期启动的四个相邻迭代所需的资源组合起来。RT_S 表的第 0 行所需的资源是 $RT[0]$、$RT[2]$、$RT[4]$ 和 $RT[6]$ 所需资源的总和。类似地，表中第 1 行所需资源对应于 $RT[1]$、$RT[3]$、$RT[5]$ 和 $RT[7]$ 所需资源的总和。也就是说，稳定状态下第 i 行所需资源可以由下面的公式给出：

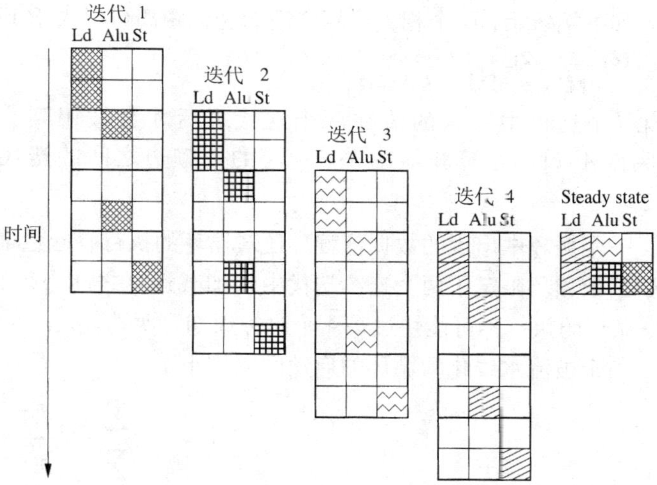

图 10-24 例 10.13 中的代码的四个连续迭代的资源需求

$$RT_S[i]=\sum_{\{t\mid(t \bmod 2)=i\}} RT[t]$$

我们把表示稳定状态的资源预约表称为这条流水线化的循环的模数资源预约表（modular resource-reservation）。

为了检查软件流水线调度方案是否存在冲突，我们只需要检查模数资源预约表中指出的资源需求。如果在稳定状态下的资源需求可以被满足，那么在序言和尾声中，即在稳定状态循环之前和之后的代码部分中，资源需求也一定可以被满足。 □

总的来说，给定一个启动间隔 T 和单个迭代的一个资源预约表 RT，流水线化的调度方案在一个资源向量为 R 的机器上没有资源冲突，当且仅当 $RT_S[i]\leqslant R$ 对 $i=0,1,\cdots,T-1$ 都成立。

数据依赖约束

在软件流水线化中的数据依赖关系和我们至今为止遇到的依赖关系不同，因为它们可能会形成环。一个运算可能会依赖于前一个迭代中同一个运算的结果。现在仅仅在依赖边上加上一个表示延时的标号已经不够了，我们还需要区分同一个运算在不同迭代中的实例。如果在第 i 次迭代中的运算 n_2 必须在第 $i-\delta$ 次迭代中的运算 n_1 执行至少 d 个时钟之后才可以执行，那么我们给依赖边 $n_1\to n_2$ 加上标号 $<\delta,d>$。令 S 是软件流水线化的调度方案，它是一个从数据依赖图中

的结点到整数的函数，并令 T 为启动时间间隔的目标，那么

$$(\delta \times T) + S(n_2) - S(n_1) \geqslant d$$

其中的迭代距离 δ 必须是非负的。而且，给定一个由数据依赖图的边组成的环，至少一个边具有正的迭代距离。

例 10.18 考虑下面的循环，并假设我们不知道 p 和 q 的值：

```
for (i = 0; i < n; i++)
    *(p++) = *(q++) + c;
```

我们必须假设任何一对 *(p++) 和 *(q++) 都可能访问同一个内存位置。因此，所有的读和写运算都必须按照原来的串行顺序进行。假设本例中目标机器和例 10.12 中描述的机器有同样的特性，这段代码的数据依赖边如图 10-25 所示。但是，请注意我们忽略了循环控制指令。本来应该有这条指令的，它要么计算并测试 i 的值，要么根据 R1 或 R2 的值来完成这个测试。 □

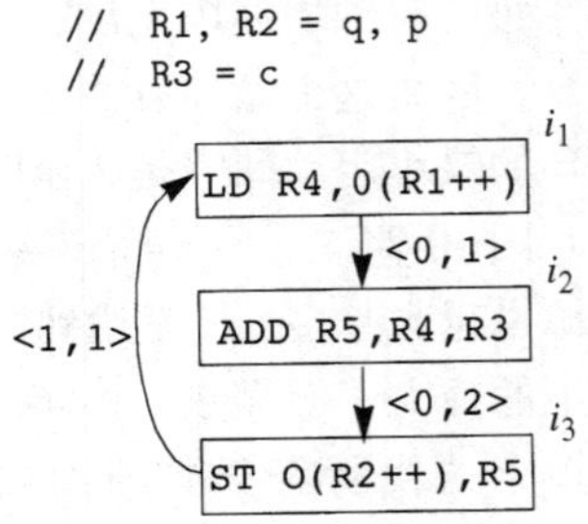

图 10-25 例 10.18 的数据依赖图

如下例所示，两个相关运算之间的迭代距离可以大于 1：

```
for (i = 2; i < n; i++)
    A[i] = B[i] + A[i-2];
```

在第 i 个迭代中写入的值在两个迭代之后才会被用到。因此在保存 $A[i]$ 的运算和加载 $A[i-2]$ 的依赖边之间的迭代距离是 2。

一个循环中出现的数据依赖环还对循环的执行吞吐量增加了另一个限制。比如，图 10-25 中的数据依赖环限定了两个连续迭代中的加载运算之间必须有至少 4 个时钟周期的延时。也就是说，循环的执行不可能快过每 4 个时钟周期一次迭代。

一个被流水线化的循环的启动间隔不小于

$$\max_{c\text{是一个}G\text{中的圈}} \left\lceil \frac{\sum_{e\text{在}c\text{中}} d_e}{\sum_{e\text{在}c\text{中}} \delta_e} \right\rceil$$

个时钟周期。

总结一下，每个被软件流水线化的循环的启动间隔受到每个迭代的资源使用情况限制。也就是说，对于每一类资源，启动间隔必须不小于一次迭代所需该类资源的数目除以机器上该类资源的可用数量所得的商。另外，如果循环中存在数据依赖环，那么它的启动间隔还必须不小于这个环中的延时总数除以环中迭代距离之和得到的商。这些量的最大值定义了启动间隔的下界。

10.5.6 一个软件流水线化算法

软件流水线化的目标是找到一个具有最小启动间隔的调度方案。这个问题是 NP 完全的，并且可以被写成一个整数线性规划问题。我们已经说明，如果知道最小的启动间隔，那么调度算法可以在放置各个运算时使用模数资源预约表来避免资源冲突。但是只有当我们找到一个调度方案之后才能知道最小启动间隔是什么。我们怎样才能解开这样的循环套?

我们可以按照上面讨论的方法根据循环的资源需求和依赖环计算得到启动间隔的下界。我们已知启动间隔必须大于这个下界。如果我们可以找到一个调度方案使得启动间隔就是这个下界，那么就找到了最优的调度方案。如果我们找不到这样的调度方案，可以再使用大一点的启动间隔进行尝试，直到找到一个符合要求的调度方案为止。请注意，如果使用启发式搜索而不是穷尽搜索，那么这个过程找到的可能不是最优的调度方案。

我们能否找到接近下界的调度方案依赖于相应数据依赖图的性质以及目标机的体系结构。如果依赖图是无环的，并且每条机器指令只需要一个单元的某种资源，那么我们可以很容易地找到最优的调度方案。如果可用的硬件资源超过了有环的依赖图所需要的资源，那么也很容易找到启动间隔接近于下界的调度方案。对于这些情况，建议一开始就把下界作为初始的启动间隔目标，然后逐渐把目标增加一个时钟周期，并且每增加一次进行一次调度尝试。另一种可能性是使用二分搜索法来寻找启动间隔。我们可以把列表调度法为单次迭代生成的调度方案的长度作为启动间隔的上界。

10.5.7 对无环数据依赖图进行调度

为简单起见，我们现在假设即将进行软件流水线化处理的循环只包含一个基本块。在 10.5.11 节中将放宽这个假设条件。

算法 10.19 对一个无环依赖图进行软件流水线化处理。

输入：一个机器资源向量 $R=[r_1, r_2, \cdots]$，其中 r_i 表示第 i 种资源的可用单元数量；一个数据依赖图 $G=(N,E)$。N 中的每个运算 n 用它的资源预约表 RT_n 作为标号；E 中的每条边 $e=n_1 \to n_2$ 上有标号 $<\delta_e, d_e>$。这个标号表示 n_2 只能在往前第 δ_e 个迭代中的结点 n_1 执行 d_e 个时钟周期之后才可以执行。

输出：一个经过软件流水线化的调度方案 S 和一个启动间隔 T。

方法：执行图 10-26 中的程序。 □

算法 10.19 将无环的数据依赖图进行软件流水线化处理。这个算法首先基于图中运算的资源需求找到启动间隔的界限 T_0。然后它尝试以 T_0 为启动间隔的目标，寻找一个软件流水线化的调度方案。如果算法不能为当前目标找到一个调度方案，它就不断增加启动间隔并重复尝试。

这个算法在每次尝试中使用了一个列表调度方法。它使用一个模数资源预约表 RT 来跟踪流水线的稳定状态所要求的资源。运算按照拓扑顺序进行调度，以便总是能够通过推迟运算来满足数据依赖关系。为了调度一个运算，它首先根据数据依赖约束找到一个下界 s_0。然后，它调用 *NodeScheduled* 来检测在稳定状态上可能发生的资源冲突。如果发现了资源冲突，该算法试图把这个运算安排在下一个时钟周期。因为资源冲突检测的取模特性，如果发现该运算在连续 T 个时钟周期上都有冲突，那么继续尝试也不会有用。此时，这个算法认为对当前启动间隔目标的尝试已经失败，继续尝试另一个启动间隔。

```
main() {
    T0 = max_j ⌈ (Σ_{n,i} RT_n(i,j)) / r_j ⌉;
    for (T = T0, T0 + 1, ... , 直到 N 中的所有结点都已经被调度完毕) {
        RT = 一个具有 T 行的空的资源预约表;
        for (按照带优先级的拓扑顺序访问 N 中的每个结点 n) {
            s0 = max_{E中的边 e=p→n} (S(p) + d_e);
            for (s = s0, s0 + 1, ... , s0 + T − 1)
                if (NodeScheduled(RT, T, n, s)) break;
            if ( n 无法在 RT 中调度 ) break;
        }
    }
}

NodeScheduled(RT, T, n, s) {
    RT' = RT;
    for (在 RT_n 中的每一行 i )
        RT'[(s + i) mod T] = RT'[(s + i) mod T] + RT_n[i];
    if (对于所有i, RT'(i) ≤ R) {
        RT = RT';
        S(n) = s;
        return true;
    }
    else return false;
}
```

图 10-26 无环依赖图的软件流水线化算法

把各个运算尽早安排的启发式规则往往会使单个迭代的调度方案的长度最小化。但是，尽早安排一条指令可能会加长某些变量的生命期。比如，加载数据的运算往往会被较早安排，有时候会在数据被使用前很早就执行。处理这个问题的一个简单的启发规则是逆向地调度一个依赖图，理由是加载运算通常要多于保存运算。

10.5.8 对有环数据依赖图进行调度

依赖环明显地增加了软件流水线化的复杂性。当按照拓扑顺序对一个无环图中的运算进行调度时，被调度的运算之间的数据依赖关系只能给出每个运算位置的下界。结果，算法总是能够通过推迟运算来满足数据依赖关系。有环的图没有“拓扑排序”的概念。实际上，给定一个环中的一对运算，放置一个运算会限定第二个运算的位置的下界和上界。

令 n_1 和 n_2 是一个依赖环中的两个运算，S 是一个软件流水线调度方案，而 T 是这个调度方案的启动间隔。一个带有标号 $<\delta_1, d_1>$ 的依赖边 $n_1 \to n_2$ 对 $S(n_1)$ 和 $S(n_2)$ 加上了如下约束：

$$(\delta_1 \times T) + S(n_2) - S(n_1) \geqslant d_1$$

类似地，一个带有标号 $<\delta_2, d_2>$ 的依赖边 $n_2 \to n_1$ 增加了如下约束：

$$(\delta_2 \times T) + S(n_1) - S(n_2) \geqslant d_2$$

因此

$$S(n_1) + d_1 - (\delta_1 \times T) \leqslant S(n_2) \leqslant S(n_1) - d_2 + (\delta_2 \times T)$$

一个图的**强连通分量**(Strongly Connected Component, SCC)是满足如下条件的一个结点集合，其中的每个结点都可以从集合中的所有其他结点到达。对 SCC 中的一个结点进行调度将会从上下两个方向限制其他各个结点的可行时间。如果存在一个从 n_1 到 n_2 的路径 p，那么有

$$S(n_2) - S(n_1) \geqslant \sum_{e\text{在}p\text{中}} (d_e - (\delta_e \times T)) \tag{10.1}$$

请注意下面的情况：

1）沿着任何一个环，各个边上的 δ 值的总和必须为正。如果和是 0 或者负数，就表明环中的一个运算要么必须在它自己之前执行，要么所有迭代中的该运算都在同一时钟周期执行。

2）一个迭代中的各运算的调度方案和所有迭代中的调度方案相同，这个要求实质上就是“软件流水线”的含义。结果，一个环上的延时(即数据依赖图中边的标号的第二个元素)的总和除以环上的迭代距离的总和所得的商就是启动间隔 T 的一个下界。

当我们把这两点联系起来，就可以看到，如果 p 是一个环，那么对于任何可行的启动间隔 T，式(10.1)的右边部分的值必然是负数或零。由此可见，对于结点位置的最强约束来自于简单路径——那些不包含环的路径。

因此，对于每个可行的启动间隔 T，计算每对结点之间的数据依赖关系的传递效果就等同于寻找从第一个结点到达第二个结点的最长的简单路径。不仅如此，因为环不会增加一条路径的长度，所以可以用一个简单的动态规划算法在没有“简单路径”需求的情况下来寻找最长路径。这样得到的长度也一定是最长简单路径的长度(见练习 10.5.7)。

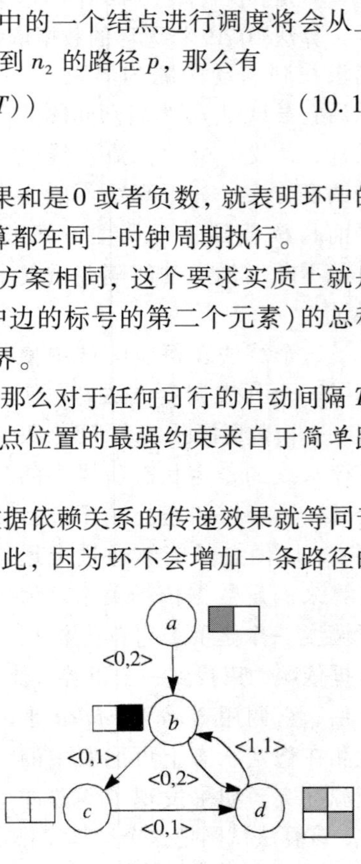

图 10-27 例 10.20 中的依赖图和资源需求

例 10.20 图 10-27 显示了有四个结点 a、b、c、d 的数据依赖图。每个结点上附加了该结点的资源预约表，每条边上附加了它的迭代距离和延时。假设这个例子中的目标机器的每一种资源都有一个单元。因为对第一种资源有三处使用，而第二种资源有两处使用，所以启动间隔必须不小于 3 个时钟。在这个图中有两个连通分量：第一个是只包含了

结点 a 的分量，第二个包含了结点 b、c 和 d。最长的环 b、c、d、b 的总延时是 3 个时钟周期。这个环把相隔一个迭代的结点连接起来。因此，根据数据依赖环约束得到的启动间隔的下界也是 3 个时钟周期。

对 b、c 或 d 中的任何一个进行调度都会对分量中的其他结点产生约束。令 T 为启动间隔。图 10-28 显示了传递依赖关系。图 10-28a 显示了每条边的延时和迭代距离 δ。其中的延时是直接表示的，而 δ 则是通过在延时上“加”上 $-\delta T$ 来表示的。

如果两个结点之间存在简单路径，那么图 10-28b 中就显示了这两个结点之间的最长简单路径的长度。表中的项是图 10-28a 中给出的路径上各条边的表达式的和。然后，在图 10-28c 和图 10-28d 中，我们看到的表达式是将图 10-28b 的表达式中的 T 替换为两个相关值(即 3 和 4)之后得到的表达式。根据不同的 T 值，两个结点 n_1 和 n_2 的调度时间位置之差 $S(n_2)-S(n_1)$ 必须不小于在图10-28c 或图 10-28d 中的项(n_1,n_2)的值。

	a	b	c	d
a		2		
b			1	2
c				1
d		1−T		

a) 原图的边

	a	b	c	d
a		2	3	4
b			1	2
c		2−T		1
d		1−T	2−T	

b) 最长简单路径

	a	b	c	d
a		2	3	4
b			1	2
c		−1		1
d		−2	−1	

c) 最长简单路径(T=3)

	a	b	c	d
a		2	3	4
b			1	2
c		−2		1
d		−3	−2	

d) 最长简单路径(T=4)

图 10-28 例 10.20 中的传递约束

比如，考虑图 10-28 中给出的表示从 c 到 b 的最长(简单)路径的项 $2-T$。从 c 到 b 的最长简单路径是 $c \rightarrow d \rightarrow b$。这条路径上的总延时是 2，而 δ 的和是 1，它表明迭代编号必须加 1。因为 T 表示每个迭代和前一个迭代的时间差异，为 b 安排的时钟周期必须至少是安排给 c 的时钟周期之后的第 $2-T$ 个时钟周期。因为 T 至少是 3，我们实际上是说 b 必须被安排在 c 之前的 $T-2$ 个时钟周期或再晚一些，但是不能更早了。

请注意，考虑从 c 到 b 的非简单路径并不会产生更强的约束。我们可以在路径 $c \rightarrow d \rightarrow b$ 上加上由 d 和 b 组成的环的任意多次迭代。如果我们加上 k 个这样的环，因为路径的总延时为 3，而环上的 δ 的总和是 1，我们得到的路径长度为 $2-T+k(3-T)$。因为 $T \geqslant 3$，所以这个长度绝不会超过 $2-T$，即 b 的时钟和 c 的时钟的差的下界是 $2-T$，也就是我们考虑最长简单路径时得到的界限。

比如，从项(b,c)和(c,d)我们可以知道

$$S(c) - S(b) \geqslant 1$$

$$S(b) - S(c) \geqslant 2-T。$$

也就是说，

$$S(b)+1 \leqslant S(c) \leqslant S(b) -2+T$$

如果 $T=3$，则

$$S(b)+1 \leqslant S(c) \leqslant S(b)+1$$

等价地说，c 必须被安排在 b 后一个时钟周期上。但是，如果 $T=4$，则

$$S(b)+1 \leqslant S(c) \leqslant S(b)+2$$

也就是说，c 可以被安排在 b 后的一个或两个时钟周期上。

给定所有点对之间的最长路径的信息，我们可以很容易地计算出由于数据依赖的原因，一个结点可以放置在什么位置。我们看到，当 $T=3$ 时放置结点 b 的位置是没有松弛度的，而当 T 增加的时候这个松弛度会增加。 □

算法 10.21 软件流水线化。

输入：一个机器资源向量 $R=[r_1, r_2, \cdots]$，其中 r_i 表示第 i 种资源的可用单元的数量；一个数据依赖图 $G=(N,E)$。N 中的每个运算 n 的标号为它的资源预约表 RT_n；E 中的每条边 $e=n_1 \to n_2$ 上有标号 $<\delta_e, d_e>$，这个标号表示 n_2 的执行时刻不能早于向前第 δ_e 个迭代中的结点 n_1 之后的 d_e 个时钟周期。

输出：一个软件流水线化的调度方案 S 和一个启动间隔 T。

方法：执行图 10-29 中的程序。 □

```
main() {
    E' = {e|e in E, δ_e = 0};
    T_0 = max( max_j ⌈ Σ_{n,i} RT_n(i,j) / r_j ⌉ , max_{c a cycle in G} ⌈ Σ_{e in c} d_e / Σ_{e in c} δ_e ⌉ );
    for (T = T_0, T_0 + 1, ... 或者直到 G 中的所有 SCC 都已经被调度完毕){
        RT = 一个 T 行的空资源预约表;
        E* = AllPairsLongestPath(G, T);
        for (以带优先级的拓扑顺序遍历 G 中的每个 SCC C) {
            for (对 C 中的各个 n)
                s_0(n) = max_{e=p→n in E*, p scheduled} (S(p) + d_e);
            first = 某个使得 s_0(n) 取最小值的 n ;
            s_0 = s_0(first);
            for (s = s_0; s < s_0 + T; s = s + 1)
                if (SccScheduled (RT, T, C, first, s)) break;
            if (C 不能在 RT 中调度) break;
        }
    }
}

SccScheduled(RT, T, c, first, s) {
    RT' = RT;
    if (not NodeScheduled (RT', T, first, s)) return false;
    for (按照 E' 中各条边的带优先级的拓扑排序
                        访问 c 中余下的每个 n ) {
        s_l = max_{e=n'→n in E*, n' in c, n' scheduled}(S(n') + d_e − (δ_e × T));
        s_u = min_{e=n→n' in E*, n' in c, n' scheduled}(S(n') − d_e + (δ_e × T));
        for (s = s_l; s ≤ min(s_u, s_l + T − 1); s = s + 1)
            if (NodeScheduled(RT', T, n, s)) break;
        if ( n 不能够在 RT' 中调度 ) return false;
    }
    RT = RT';
    return true;
}
```

图 10-29 一个针对有环依赖图的软件流水线化算法

算法 10.21 在高层结构上和只能处理无环图的算法 10.19 类似。在本算法处理的情况中，最小的启动间隔不仅受到资源需求的限制，也受到图中数据依赖环的限制。整个图是按照每次处理一个强连通分量的方式进行调度的。通过把每个强连通分量当作一个单元，在强连通分量之间的边必然形成一个无环图。算法 10.19 的顶层循环按照拓扑顺序来调度图中的结点，而算法 10.21 的顶层循环按照拓扑顺序调度各个强连通分量。和前面一样，如果算法不能调度所有的分量，那么它就会尝试较大的启动间隔。请注意，如果给定一个无环的数据依赖图，算法 10.21 和算法 10.19 的做法是完全一样的。

算法 10.21 要计算得到额外两个边集：E' 是所有的迭代距离为 0 的边，而 E^* 是所有点对之间的最长路径边集。也就是说，对每个结点对(p,n)，只要有一条从p到n的路径，在E^*中就有一条边e，该边所关联的长度d_e是从p到n的最长简单路径的长度。对于启动间隔目标T的每一个取值都需要计算相应的E^*。也可以像我们在练习10.20中所做的那样，先使用T的符号化值一次性完成这个计算过程，然后在每一次迭代的时候把T替换为实际的启动间隔的值。

算法10.21使用了回溯。如果它不能完成一个SCC的调度，它就会延后一个时钟周期再次对整个SCC进行调度。这些调度尝试会持续T个时钟周期。回溯是很重要的，因为如例10.20所示，对于一个SCC中的第一个结点的调度安排可能会完全地决定所有其他结点的调度安排。如果这个调度方案不能和至今已经产生的调度方案配合，那么这次尝试就失败了。

在对一个SCC进行调度时，对该分量中的每个结点，此算法确定了满足E^*中的传递数据依赖关系的最早可调度的时间。然后，算法选择具有最早开始时间的结点作为第一个被调度的结点。然后，此算法调用*SccScheduled*，试图根据这个最早开始时间实际调度这个分量。如果尝试失败，此算法将逐次增大开始时间，不断尝试。该算法最多做T次尝试。如果T次尝试失败了，该算法就会尝试另一个启动间隔。

算法*SccScheduled*和算法10.19类似，但是有三大不同之处：

1）*SccScheduled*的目标是对输入的强连通分量在给定时间位置s上进行调度。如果该强连通分量的第一个结点不能被安排在s上，*SccScheduled*就返回*false*。在需要时，主函数*main*可以使用一个较晚的时间位置再次调用*SccScheduled*。

2）在强连通分量中的结点按照E'中的边集所确定的拓扑顺序进行调度。因为E'中的所有边的迭代距离都是0，这些边不会穿越任何迭代边界，也就不会形成环(穿越迭代边界的边被称为穿越循环的)。只有穿越循环的依赖会设置指令可调度位置的上界。因此，这个调度顺序以及尽早调度安排各条指令的策略把后继结点的可调度范围最大化了。

3）对于强连通分量，依赖关系既给出了一个结点的可调度范围的下界，又给出了其上界。*SccScheduled*计算了这些范围，并使用它们进一步限制调度尝试。

例10.22 让我们把算法10.21应用到例10.20中的有环的数据依赖图上。算法首先计算出这个例子的启动间隔的下界是3个时钟周期。注意，这个下界不可能达到。当启动间隔T是3时，图10-28中的传递依赖关系决定了$S(d)-S(b)=2$。把结点b和d安排在间隔两个时钟的位置会在长度为3的模数资源预约表中产生一个冲突。

尝试	启动间隔	结点	区间	调度安排	模数资源预约表
1	$T=3$	a b c	$(0,\infty)$ $(2,\infty)$ $(3,3)$	0 2 --	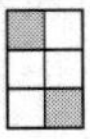
2	$T=3$	a b c d	$(0,\infty)$ $(2,\infty)$ $(4,4)$ $(5,5)$	0 3 4 --	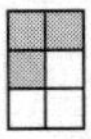
3	$T=3$	a b c d	$(0,\infty)$ $(2,\infty)$ $(5,5)$ $(6,6)$	0 4 5 --	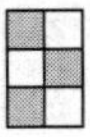
4	$T=4$	a b c d	$(0,\infty)$ $(2,\infty)$ $(3,4)$ $(4,5)$	0 2 3 --	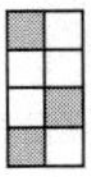
5	$T=4$	a b c d	$(0,\infty)$ $(2,\infty)$ $(4,5)$ $(5,5)$	0 3 5 --	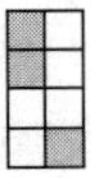
6	$T=4$	a b c d	$(0,\infty)$ $(2,\infty)$ $(5,6)$ $(6,7)$	0 4 5 6	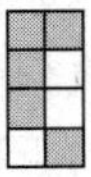

图10-30 算法10.21在处理例10.20时的行为

图10-30说明了算法10.21是如何处理这个例子的。它首先试图找到一个启动间隔为3个时钟

周期的调度方案。这次尝试开始时，算法尽可能早地调度结点 a 和 b。但是，一旦结点 b 被安排在第二个时钟周期，结点 c 就只能安排在第 3 个时钟周期。这和结点 a 的资源使用相冲突。也就是说，a 和 c 在能够被 3 整除的时钟周期上都需要第一种资源。

这个算法执行回溯，试图延后一个时钟周期再对强连通分量 $\{b,c,d\}$ 进行调度。这一次结点 b 被安排在第三个时钟周期上，而结点 c 可以被成功地安排在第 4 个时钟周期上。但是，结点 d 不能被安排在第 5 个时钟周期上。也就是说，在能够被 3 整除的时钟周期上，b 和 d 都需要第二种资源。请注意，虽然至今为止找到的两个冲突都发生在除以 3 的余数都是 0 的时钟位置上，但是这只是一个巧合；在其他的例子中，冲突可能在余数为 1 或 2 的时钟周期上发生。

算法再次延后一个时钟周期尝试对强连通分量 $\{b,c,d\}$ 进行调度。但是，前面讨论过，当启动间隔是 3 个时钟周期时，这个强连通分量实际上永远不可能被成功地调度，因此这次尝试一定会失败。此时，这个算法放弃尝试，并试图找到一个启动间隔为 4 个时钟的调度方案。这个算法最终在第 6 次尝试时找到了最优调度方案。□

10.5.9 对流水线化算法的改进

算法 10.21 是一个相当简单的算法，尽管人们发现它能够在实际的目标机器上很好地完成任务。这个算法中的要素包括：

1）使用一个模数资源预约表来检查稳定状态下的资源冲突。

2）需要计算传递依赖关系，以便在出现依赖环的时候找到各个结点可以被调度的合法范围。

3）回溯是有用的，而*关键环*（即给出了启动间隔 T 的最高下界的环）上的结点都必须一起重新调度，因为它们之间的时间间隔是没有松弛度的。

有很多种方法可以改进算法 10.21。比如，这个算法花了一段时间才发现对于简单的例子 10.22 来说，采用 3 个时钟的启动间隔是不可行的。我们可以首先对各个强连通分量进行独立调度，确定当前的启动间隔对于各个分量是否可行。

我们也可以改变结点被调度的顺序。算法 10.21 中使用的顺序有一些不利之处。第一，因为非平凡的 SCC 难以调度，所以首先对它们进行调度是较好的选择。第二，有些寄存器的生命期可能不需要那么长。因此期望能够使定值位置靠近使用位置。可行方法之一是首先调度带有关键环的强连通分量，然后向两端扩展调度方案。

10.5.10 模数变量扩展

如果一个标量变量的活跃范围处于循环的一个迭代之内，那么该标量变量被称为*可私有化的*（privatizable）。换句话说，一个可私有化变量不能在任何迭代的入口或者出口处活跃。这些变量会这样命名的原因是执行一个循环中的不同迭代的各个处理器可以拥有这些变量的私有拷贝，使得它们不会互相干扰。

变量扩展（variable expansion）指的是这样一种变换技术：它把一个可私有化的标量变量转换成为一个数组，并让循环的第 i 个迭代读写第 i 个元素。这个转换消除了一个迭代中的读运算和后一个迭代中的写运算之间的反依赖关系，以及不同迭代的写运算之间的输出依赖关系。如果所有的穿越循环的依赖关系都可以被消除，那么循环的各个迭代就可以并行执行。

消除穿越循环的依赖关系也就消除了数据依赖图中的环，这样可以大大提高软件流水线化的效率。如例 10.15 所示，我们不需要根据循环的迭代次数来完全扩展可私有化变量。同一时间内只能执行少量的迭代，而在同一时刻私有变量在其中活跃的迭代数量更少。因此，同一个内存位置可用于存放其生命周期不交叠的多个变量的值。更明确地讲，如果一个寄存器的生命周期是 l 个时钟，且启动间隔是 T，那么在一个时间点上只有 $q = \left\lceil \frac{l}{T} \right\rceil$ 个值是活跃的。我们可以为该

变量分配 q 个寄存器，而第 i 个迭代中的变量使用第($i \bmod q$)个寄存器。我们把这种转换称为模数变量扩展(modular variable expansion)。

存在不同于启发式的方法吗？

我们可以把同时寻找最优软件流水线调度方案和寄存器分配方案的问题写成一个整数线性规划问题。虽然很多整数线性规划问题可以很快地得出解，但有些问题需要特别长的时间。在编译器中使用一个求解整数线性规划问题的程序时，我们必须能够在它无法在某个预设时间内完成解答时退出求解过程。

这个方法曾经在一个目标机器上(SGI R8000)实验性地尝试过，结果发现规划求解器可以在一个合理的时间内为大部分试验程序找到最优解决方案。我们发现，用启发式方法得到的调度方案和最优解相当接近。这个结果说明，至少对于那个目标机器，使用整数线性规划方法是没有什么意义的。从一个软件工程师的角度来看尤其如此。因为整数线性规划求解程序可能不会按时结束，在编译器中实现某种启发式调度程序仍然是必要的。一旦有了一个这样的启发式调度器,也就不需要再去实现一个基于整数规划技术的调度器了。

算法 10.23 使用模数变量扩展技术的软件流水线化。

输入：一个数据依赖图和一个机器资源描述。

输出：两个循环，一个经过软件流水线化处理，另一个没有。

方法：

1）从输入的数据依赖图中删除和可私有化变量相关的穿越循环的反依赖关系和输出依赖关系。

2）使用算法 10.21 对第一步得到的数据依赖图进行软件流水线化。令 T 是已经找到相应调度方案的启动间隔，L 是一个迭代的调度方案的长度。

3）对于每个可私有化变量 v，依据得到的调度方案计算 q_v，即 v 所需要的最小寄存器数目。令 $Q = \max_v q_v$。

4）生成两个循环：一个经过软件流水线化的循环和一个没有被流水线化的循环。被软件流水线化的循环有

$$\left\lceil \frac{L}{T} \right\rceil + Q - 1$$

个迭代的拷贝，各个拷贝之间相距 T 个时钟。它有一个带有

$$\left(\left\lceil \frac{L}{T} \right\rceil - 1\right)T$$

条指令的序言部分，一个带有 QT 条指令的稳定状态和一个具有 L-T 条指令的尾声部分。插入一个从稳定状态的尾部到稳定状态顶端的循环回归指令。

分配给可私有化变量 v 的寄存器数目是

$$q'_v = \begin{cases} q_v & \text{如果 } Q \bmod q_v = 0 \\ Q & \text{否则} \end{cases}$$

在第 i 个迭代中的变量 v 使用的是被分配给 v 的第($i \bmod q'_i$)个寄存器。

令 n 为源代码循环中表示迭代数目的变量。这个软件流水线化的循环被执行的前提是

$$n \geqslant \left\lceil \frac{L}{T} \right\rceil - Q - 1$$

循环回归分支的执行次数是

$$n_1 = \left\lfloor \frac{n - \left\lceil \frac{L}{T} \right\rceil + 1}{Q} \right\rfloor$$

因此，软件流水线化的循环所执行的源代码中的迭代的次数是

$$n_2 = \begin{cases} \left\lceil \frac{L}{T} \right\rceil - 1 + Qn_1 & \text{如果 } n \geqslant \left\lceil \frac{L}{T} \right\rceil + Q - 1 \\ 0 & \text{否则} \end{cases}$$

未被流水线化的循环执行的迭代数目是 $n_3 = n - n_2$。

例 10.24 在图 10-22 中经过软件流水线化的循环中，$L=8$，$T=2$ 且 $Q=2$。这个软件流水线化的循环有 7 个迭代的拷贝，其中的序言、稳定状态和尾声部分分别有 6、4、6 条指令。令 n 为源代码循环中的迭代次数。这个软件流水线化的循环在 $n \geqslant 5$ 的时候被执行，在这种情况下循环回归分支被执行

$$\left\lfloor \frac{n-3}{2} \right\rfloor$$

次，且软件流水线化的循环负责执行

$$3 + 2 \times \left\lfloor \frac{n-3}{2} \right\rfloor$$

个源代码循环中的迭代。□

模数扩展会把稳定阶段代码的大小增加到 Q 倍。虽然如此，由算法 10.23 生成的代码仍然是相当精简的。在最坏情况下，经过软件流水线化的循环的指令数目是单个迭代的调度方案中指令数目的三倍。粗略地讲，把用来处理零星迭代的额外循环加在一起，整个代码的大小大约是原代码大小的四倍。这个技术通常应用于紧凑的内层循环，因此这样的代码增加量是可接受的。

算法 10.23 可以使用更多的寄存器来使代码的扩展量降到最低。我们可以通过生成更多的代码来降低对寄存器的使用。如果我们使用一个具有

$$T \times LCM_v q_v$$

条指令的稳定状态，我们最少可以为每个变量 v 使用 q_v 个寄存器。这里，LCM_v 是求解所有 q_v 的最小公倍数（即能够被所有 q_v 整除的最小整数）的函数，v 的取值范围是所有的可私有化变量。遗憾的是，即使对少量很小的 q_v 值，最小公倍数也可能变得相当大。

10.5.11 条件语句

如果可以使用带断言的指令，我们可以把控制依赖的指令转换成为带断言的指令。带断言的指令可以和其他指令一样进行软件流水线化处理。但是，如果在循环体内有很多依赖于数据的控制流，那么就更加适合使用 10.4 节中的算法进行调度。

如果一个机器没有带断言的指令，那么可以使用下面描述的*层次结构归约*（hierarchical reduction）技术来处理少量的依赖于数据的控制流。和算法 10.11 类似，在层次结构归约中，对一个循环控制结构的调度是从嵌套在最内层的结构开始，以从内到外的顺序进行调度的。当每个结构被调度时，整个结构被归约为一个结点。这个结点代表了它的所有组成部分和程序的其他部分之间的调度约束。然后，这个结点可以当作它外围的控制结构中的单个结点进行调度。当整个程序被归约为单个结点的时候，调度过程就结束了。

当处理一个带有“then”分支和“else”分支的条件语句时，我们首先独立地对各个分支进行调度。然后：

1）整个条件语句的约束被保守地设定为来自两个分支的约束的并集。

2）它的资源使用情况是各个分支所用资源的最大值。

3）它的先后次序约束是各个分支中此类约束的并集。通过假设两个分支都被执行就可以求得这个约束集合。

然后，这个结点就可以和其他结点一样进行调度。需要生成分别对应于两个分支的两组代码。任何被安排与这个条件语句并行执行的代码都需要在这两个分支中分别进行复制。如果多个条件语句相互交叠，那么对并行执行的每个分支组合都要生成单独的代码。

10.5.12 软件流水线化的硬件支持

人们提出了特殊的硬件支持机制来使软件流水线代码的大小降到最低。在 Itanium 体系结构中的轮转寄存器文件(rotating register file)就是这样的一个例子。轮转寄存器文件有一个基寄存器(base register)，可以把基寄存器中的内容加到代码中给定的寄存器编号来得到实际被访问的寄存器。我们只需要在每个迭代的边界上改变基寄存器中的内容，就可以让一个循环中的不同迭代使用不同的寄存器。Itanium 体系结构也支持广泛的带断言指令。断言不仅可以把控制依赖转换成数据依赖，它也可以用来避免生成序言代码和尾声代码。一个软件流水线化的循环体中包含了所有在序言和尾声中的指令。我们只需要为稳定状态生成代码，并适当地使用断言来抑制多余的运算，使得代码的运行效果就像是存在一个序言和一个尾声。

虽然 Itanium 的硬件支持机制提高了经软件流水线化的代码的密度，我们必须知道这种支持机制可不便宜。因为软件流水线化技术主要用于最内层循环，被流水线化处理的循环往往很小。原则上，对于那些预期会用于执行很多软件流水线化的循环且尽可能降低代码大小又很重要的机器，为软件流水线化提供专门的支持机制是合理的。

10.5.13 10.5 节的练习

练习 10.5.1：在例 10.20 中，我们说明了如何求出 b 和 c 之间的相对时钟距离的上下界。分别①为一般化的 T，②为 $T=3$，③为 $T=4$，计算另外五对结点的上下界。

练习 10.5.2：图 10-31 显示的是一个循环的循环体。a(R9)这样的地址是内存位置，其中 a 是一个常数，而 R9 是对该循环的迭代进行计数的寄存器。因为对于不同的迭代有不同的 R9 的值，所以可以假设该循环的每个迭代访问不同的位置。使用例 10.12 中的机器模型，按照下面的方法对图 10-31 中的循环进行调度。

```
L:  LD   R1, a(R9)
    ST   b(R9), R1
    LD   R2, c(R9)
    ADD  R3, R1, R2
    ST   c(R9), R3
    SUB  R4, R1, R2
    ST   b(R9), R4
    BL   R9, L
```

图 10-31 练习 10.5.2 的机器代码

1）尽量保持各个迭代紧致(即在每个算术运算之后只引入一个 nop 运算)，把该循环展开两次。该机器在任意时钟周期上只能做一次加载运算、一个保存运算、一个算术运算以及一个分支运算。在不破坏上面约束的情况下，调度第二次迭代使之在尽可能早的时刻开始。

2）重复(1)部分，但是把这个循环展开三次。同样，在遵守机器资源约束的情况下让各个迭代尽可能早地启动。

！3）在遵守机器约束的情况下构造完全流水线化的代码。在这一部分，可以在必要时引入 nop 运算，但是你必须每两个时钟周期启动一个新迭代。

练习 10.5.3：某一个循环需要 5 个加载运算、7 个保存运算和 8 个算术运算。假设有这样一台机器，它的每个运算都能够在一个时钟周期内完成，并且有足够的资源在一个时钟周期内执行：

1）3 个加载运算，4 个保存运算和 5 个算术运算。

2）3 个加载运算，3 个保存运算和 3 个算术运算。

请问对于上面的两种情况，这个循环经软件流水线化后的启动间隔最小是多少？

! **练习 10.5.4**：使用例 10.12 中的机器模型，为下列循环

```
for (i = 1; i < n; i++) {
    A[i] = B[i-1] + 1;
    B[i] = A[i-1] + 2;
}
```

寻找最小的启动间隔以及对此循环的各个迭代的统一调度方案。请记住，对迭代的计数是通过寄存器的自动增一运算实现的，不需要专门的对 for 循环计数的运算指令。

! **练习 10.5.5**：请证明，如果每个运算都只需要一个单元的某种资源，算法 10.19 总能够找到一个使用启动间隔下界的软件流水线调度方案。

! **练习 10.5.6**：假设有一个结点集合为 a、b、c、d 的有环的数据依赖图。从 a 到 b 以及从 c 到 d 都有标号为(0, 1)的边；从 b 到 c 及从 d 到 a 都有标号为(1,1) 的边。此外，再没有其他的边。

1）画出这个有环的依赖图。

2）计算记录了结点之间的最长简单路径的表。

3）如果启动间隔 T 的值为 2，指出最长简单路径的长度。

4）设 $T=3$，重复(3)。

5）对于 $T=3$ 的情况，在调度 a、b、c、d 所表示的各条指令时，它们之间的相对时间的约束是什么？

! **练习 10.5.7**：假设在一个有 n 个结点的图中没有长度为正的环，给出一个 $O(n^3)$ 的寻找该图中最长简单路径长度的算法。提示：修正 Floyd 的最短路径算法（见 A. V. Aho 和 J. D. Ullman, Foundations of Computer Science, Computer Science Press, New York, 1992）。

!! **练习 10.5.8**：假设我们有一个带有三种指令类型的机器，我们把这三种指令称作 A、B 和 C。所有的指令都需要一个时钟周期，并且该机器可以在每个时钟周期执行每个类型的各一条指令。假设一个循环由六条指令组成，每种两个，那么一个软件流水线能够以 2 作为启动间隔执行这个循环式。但是，这六条指令的某些序列要求插入一个延时，而另外一些序列需要插入两个延时。在 90 种可能的由两个 A 型指令、两个 B 型指令和两个 C 型指令组成的序列中，多少个序列不需要延时？多少个序列需要一个延时？*提示*：在这三类指令中存在对称性，因此如果两个序列能够通过交换 A、B 和 C 的名字相互转换，那么它们就需要同样多的延时。比如，*ABBCAC* 一定和 *BCCABA* 一样。

10.6 第 10 章总结

- *体系结构问题*：被优化的代码调度利用了现代计算机体系结构的一些特性。这样的机器常常允许以流水线方式执行代码，也就是多条指令在同一个时刻处于不同的执行阶段。有些机器还允许多条指令在同一个时刻开始执行。
- *数据依赖*：在调度运算指令时，我们必须知道这些指令对于每个内存位置和寄存器的影响。如果一条指令必须在另一指令对某个内存位置写入之后才读取该位置的值，那么这两条指令之间具有真依赖关系。如果有一个对同一位置的读指令之后的写指令，那么两条指令之间就出现反依赖关系；当有两个对同一位置的写指令时就会出现输出依赖。

- *消除依赖关系*：通过使用附加的位置存放数据，可以消除反依赖和输出依赖。只有真依赖不能被消除，并且在调度代码时必须保证遵守这类依赖关系。
- *基本块的数据依赖图*：这些图表示了一个基本块中的语句之间的时间安排约束。图的结点对应于这些语句。从 n 到 m 的标号为 d 的边表明指令 m 的开始时刻必须比 n 的开始时刻晚至少 d 个时钟周期。
- *带优先级的拓扑排序*：一个基本块的数据依赖图总是无环的，通常有很多个与这个依赖图一致的拓扑排序。为一个给定依赖图选择较好的拓扑排序的启发式规则之一是首先选择具有最长关键路径的结点。
- *列表调度*：给定一个数据依赖图的带优先级的拓扑排序，我们可以按照这个顺序考虑对结点的调度。在对每个结点进行调度时，把每个结点安排在最早的满足下列条件的时钟周期上：满足图的边所蕴涵的时间安排约束，并且和所有之前已经调度好的结点的调度方案一致，同时满足该机器的资源约束。
- *基本块之间的代码移动*：在某些情况下，可以把一些语句从它所在的基本块移动到该基本块的前驱或后继。进行这种移动的好处在于有机会在新的位置上并行执行新指令，而在原位置上可能没有这个机会。如果原基本块和新位置之间没有支配关系，那么有必要在某些路径上插入补偿代码，以保证不管控制流如何运行，被执行的总是相同的代码序列。
- *do-all 循环*：一个 do-all 循环的迭代之间不存在依赖关系，因此各个迭代都可以并行运行。
- *do-all 循环的软件流水线化*：软件流水线化技术充分利用了目标机器能够同时执行多条指令的能力。通过调度使得循环的各个迭代的开始时刻只相隔很短的时间。在此过程中可能需要在迭代中插入 no-op 指令以避免迭代之间产生机器资源冲突。结果，循环可以很快地执行，其中包括序言、尾声和(通常)较小的内部循环。
- *do-across 循环*：很多循环具有从每个迭代到后续迭代的依赖关系。这些循环称为 do-across 循环。
- *do-across 循环的数据依赖图*：为了表示一个 do-across 循环的指令之间的依赖关系，依赖图中的边的标号由两个值组成：必须的延时(和表示基本块的依赖图中的延时含义相同)以及在具有依赖关系的两条指令之间相隔的迭代数量。
- *循环的列表调度算法*：为了调度一个循环，我们必须为所有的迭代选择同一个调度方案，并选择启动间隔，即连续迭代的启动时刻的间隔。这个算法还需要获取针对循环中不同指令的相对调度方案的约束。它通过计算两个结点之间的最长无环路径的长度来获得这种约束。算法求得的这些长度把启动间隔作为参数，因此给启动间隔设定了一个下界。

10.7 第 10 章参考文献

如果希望对处理器体系结构和设计进行更深入的研究，我们推荐 Hennessy 和 Patterson[5]。

数据依赖的概念首先出现在 Kuch、Muraoka 和 Chen[6]以及 Lamport[8]中，在多处理器和向量机编译代码的上下文中讨论。

指令调度首先在水平微代码调度中使用([2, 3, 11 和 12])。Fisher 在微代码压缩上的研究成果使他提出了 VLIW 机器的概念。在这种机器上，编译器可以直接控制运算的并行执行[3]。Gross 和 Hennessy[4]在第一个 MIPS RISC 指令集中使用指令调度方法来处理被延时的分支。本章的算法是基于 Bernstein 和 Rodeh[1]的研究成果的。他们的工作对具有指令级并行机制的机器的运算调度作出了更一般化的处理。

软件流水线化的基本思想首先由 Patel 和 Davidson[9]为硬件流水线调度而提出。软件流水线化技术首先由 Rau 和 Glaseser[10]用于为一个具有支持软件流水线化的特殊硬件机制的机器编译代码。这里描述的算法基于 Lam[7]，该文中假设没有特殊硬件的支持。

1. Bernstein, D. and M. Rodeh, "Global instruction scheduling for superscalar machines," *Proc. ACM SIGPLAN 1991 Conference on Programming Language Design and Implementation*, pp. 241–255.

2. Dasgupta, S., "The organization of microprogram stores," *Computing Surveys* **11**:1 (1979), pp. 39–65.

3. Fisher, J. A., "Trace scheduling: a technique for global microcode compaction," *IEEE Trans. on Computers* **C-30**:7 (1981), pp. 478–490.

4. Gross, T. R. and Hennessy, J. L., "Optimizing delayed branches," *Proc. 15th Annual Workshop on Microprogramming* (1982), pp. 114–120.

5. Hennessy, J. L. and D. A. Patterson, *Computer Architecture: A Quantitative Approach*, Third Edition, Morgan Kaufman, San Francisco, 2003.

6. Kuck, D., Y. Muraoka, and S. Chen, "On the number of operations simultaneously executable in Fortran-like programs and their resulting speedup," *IEEE Transactions on Computers* **C-21**:12 (1972), pp. 1293–1310.

7. Lam, M. S., "Software pipelining: an effective scheduling technique for VLIW machines," *Proc. ACM SIGPLAN 1988 Conference on Programming Language Design and Implementation*, pp. 318–328.

8. Lamport, L., "The parallel execution of DO loops," *Comm. ACM* **17**:2 (1974), pp. 83–93.

9. Patel, J. H. and E. S. Davidson, "Improving the throughput of a pipeline by insertion of delays," *Proc. Third Annual Symposium on Computer Architecture* (1976), pp. 159–164.

10. Rau, B. R. and C. D. Glaeser, "Some scheduling techniques and an easily schedulable horizontal architecture for high performance scientific computing," *Proc. 14th Annual Workshop on Microprogramming* (1981), pp. 183–198.

11. Tokoro, M., E. Tamura, and T. Takizuka, "Optimization of microprograms," *IEEE Trans. on Computers* **C-30**:7 (1981), pp. 491–504.

12. Wood, G., "Global optimization of microprograms through modular control constructs," *Proc. 12th Annual Workshop in Microprogramming* (1979), pp. 1–6.

第 11 章　并行性和局部性优化

本章将介绍一个编译器如何增强处理数组的计算密集型程序中的并行性和局部性，以便提高目标程序在多处理器系统上的运行速度。很多科学、工程和商业领域的应用对计算能力的要求是永无止境的。这些例子包括气象预报，用于药物设计的蛋白质折叠，用于设计航空推进系统的流体动力学和用于高能物理中强相互作用研究的量子色动力学。

加快计算过程的方法之一就是使用并行技术。遗憾的是，开发可以利用并行机器的软件并不是容易的事情。把计算过程分割为多个可以在不同并行处理器上执行的单元已经是很困难的事情了，但是这样的分割还不一定能保证提高速度。我们还必须把处理器之间的通信量减到最小，因为通信开销很容易使并行代码运行得甚至比串行代码还慢！

尽可能降低通信开销可以被当作是提高程序的*数据局部性*(data locality)的一个特殊情况。一般来说，如果一个处理器经常访问它最近使用的同一组数据，我们就说这个程序具有良好的数据局部性。如果并行机上的一个处理器具有良好的局部性，它就不需要和其他处理器频繁通信。因此，并行性和数据局部性必须放在一起考虑。数据局部性本身对于单个处理器的性能也是很重要的。现代处理器的内存层次结构中都有一层或多层高速缓存，一次内存访问可能会需要几十个机器周期，而在高速缓存中命中的运算只需要几个机器周期。如果一个程序没有良好的数据局部性，并经常在缓存访问中脱靶，那么它的性能就会受到影响。

在本章中同时处理并行性和数据局部性的另一个理由是它们使用的理论相同。如果我们知道如何优化数据局部性，也就知道了并行性在哪里。在本章，你将看到第 9 章中为进行数据流分析而使用的程序模型对并行化和局部性优化来说是不够的。原因是在数据流分析中的工作假设我们不需要区分到达一个给定语句的不同路径。实际上，第 9 章中的那些技术利用了不需要区分同一个语句的(例如，在循环中的)不同执行的事实。为了实现代码并行化，需要考虑同一语句的不同动态执行实例之间的依赖关系，以决定它们是否可以在不同处理器上同时执行。

本章关注的是用于优化某一类数值应用的技术。这类应用使用数组作为数据结构，并且以一种简单且规则的模式访问这些数据结构。更明确地说，我们研究的程序中包含的数组访问与外围循环的下标变量之间具有仿射关系。例如，如果 i 和 j 是外围循环的下标变量，那么 $Z[i][j]$ 和 $Z[i][i+j]$ 都是仿射访问。如果关于一个或多个变量 x_1、x_2、…、x_n 的函数可以被表示为一个常数加上常数乘以这些变量的和，即 $c_0+c_1x_1+c_2x_2+\cdots+c_nx_n$，其中 c_0，c_1，c_2，…，c_n 是常数，那么这个函数就是*仿射的*。仿射函数通常称为线性函数，虽然严格地讲线性函数不能有 c_0 项。

下面是这个领域内的循环的一个简单的例子：

```
for (i = 0; i < 10; i++) {
    Z[i] = 0;
}
```

因为这个循环的各个迭代对不同的内存位置进行写运算，不同的处理器可以并发地执行不同的迭代。另一方面，如果有另一个语句 $Z[j]=1$ 正在执行，我们就要担心 i 是否可能和 j 相同，以及如果相同的话，要按照什么顺序来执行这两个具有相同数组下标值的语句的实例。

知道哪些迭代可能指向同一个内存位置是很重要的。这个知识使我们可以描述调度代码时必须遵守的数据依赖，不管被调度的代码是在单处理器上运行还是在多处理器上运行。我们的目标是找到一个遵守所有数据依赖关系的调度方案，使得访问相同内存位置或高速缓存线的运算尽可能靠近执行；并且在多处理器的情况下，把这些代码放在同一个处理器上执行。

本章中给出的理论是基于线性代数和整数规划技术的。我们把一个深度为 n 的循环嵌套结构中的迭代建模为一个 n 维多面体。该多面体的边界用代码中循环的界限来描述。仿射函数把每个迭代映射成为它所访问的数组位置。我们可以使用整数线性规划技术来确定是否存在可能指向同一个位置的两个迭代。

我们在这里讨论的代码转换方法的集合可以分成两类：仿射分划(affine partitioning)和分块(blocking)。仿射分划把迭代的多面体分割成为多个部分，在不同的机器上执行各个部分，或者一个一个地顺序执行各个部分。另一方面，分块技术创建了一个由迭代组成的层次结构。假设有一个以逐行方式扫描整个数组的循环。我们可以把这个数组分成多个块，并且逐块访问其中的元素。最后得到的代码由遍历这些块的外层循环和扫描各块中元素的内层循环组成。线性代数技术用来确定最好的仿射分划和最好的分块方案。

在接下来的内容中，我们先在 11.1 节中概述关于并行计算和局部性优化的概念。然后，在 11.2 节中给出一个具体例子——矩阵乘法。这个例子用于说明循环转换，即对一个循环内的计算过程进行重新排序，是如何既提高局部性又提高并行化效率的。

11.3 节到 11.6 节给出了循环转换所必需的基本信息。11.3 节介绍如何对一个循环嵌套结构中的各个迭代进行建模；11.4 介绍如何对数组下标函数建模。这类函数把每个循环迭代映射到被该迭代访问的数组位置；11.5 节介绍如何使用标准线性代数算法来确定一个循环中的哪些迭代访问了相同的数组位置或高速缓存线；11.6 节说明如何找到一个程序中的数组引用之间的所有数据依赖关系。

本章的其余部分应用这些基本技术来进行优化。11.7 节首先考虑一个比较简单的问题，即寻找不需要同步的并行性。为了找到最佳的仿射分划方案，我们只需要找到满足下面约束的解：具有数据依赖关系的运算必须被分配到同一个处理器上。

当然，没有多少程序能够在不需要任何同步的情况下实现并行化。因此，在 11.8 节到 11.9.9 节将探讨寻找需要同步的并行性的一般情况。我们引入了流水线化的概念，说明如何寻找能够达到一个程序所允许的最大流水线化程度的仿射分划。我们将在 11.10 节中说明如何优化数据局部性。最后，我们讨论如何把仿射变换用于其他形式的并行性。

11.1 基本概念

本节介绍了一些和并行化及局部性优化相关的基本概念。如果运算可以并行执行，它们也可以为了其他目的(比如局部性)而重新排序。反过来，如果一个程序中的数据依赖关系决定了一个程序中的指令必须串行执行，这个程序显然不具有并行性，同时也没有任何机会对指令重新排序以提高数据局部性。因此，并行化分析也可以寻找可用的机会，为了提高数据局部性而进行移动代码。

为了尽可能降低并行代码之间的通信量，我们把所有相关的运算都组合在一起，并把它们分配给同一个处理器。因此得到的代码必然具有数据局部性。在单处理器上获得良好数据局部性的一个粗略的方法是让该处理器顺序执行在并行化时分配给各个处理器的代码。

在本节中，我们首先概述并行计算机体系结构。然后给出并行化的基本概念。并行化是一种可以引起巨大变化的转换技术；同时会介绍一些对并行化有用的概念。然后我们讨论了如何把这些类似的考虑用于优化数据局部性。最后，我们将非正式地介绍本章中使用到的数学概念。

11.1.1 多处理器

最流行的并行机体系结构是对称多处理器(Symmetric MultiProcessor, SMP)结构。高性能个人计算机通常有两个处理器，而很多服务器有四个、八个，甚至几十个处理器。不仅如此，因为现在已经能够实现把多个高性能处理器集成在一个芯片上，所以多处理器得到了更加广泛的应用。

一个对称多处理器结构中的各个处理器共享同一个地址空间。进行通信时，一个处理器把数据写到某个内存位置，然后由其他处理器来读取。对称多处理器的名字就是源于所有的处理器能够以统一的访问时间来访问系统中所有的内存。图 11-1 给出了一个多处理器的高层体系结构。各个处理器都拥有自己的第一层、第二层高速缓存，有时甚至拥有第三层高速缓存。最高层的高速缓存通过通常的共享总线连接到物理内存。

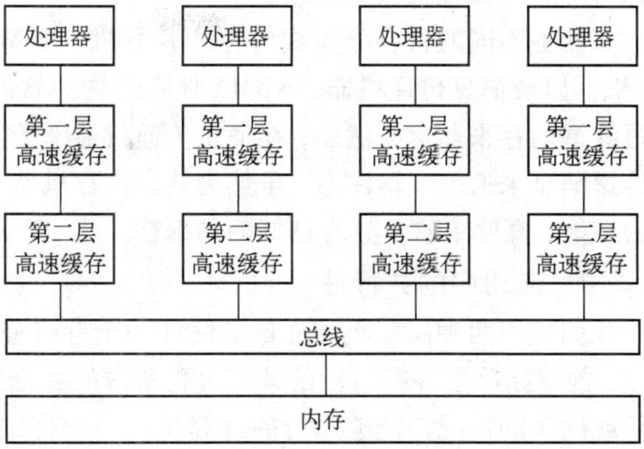

图 11-1 对称多处理器体系结构

对称多处理器使用一致缓存协议（coherent cache protocol）来对程序员隐藏高速缓存的存在。在这样的协议下，多个处理器可以同时保存同一高速缓存线的多个拷贝[⊖]，前提是它们都只是读取数据。当一个处理器想向一个高速缓存线写数据时，所有其他的高速缓存拷贝都被删除。当一个处理器请求的数据不在高速缓存中时，该请求会向外传递到共享总线，并从内存或其他处理器的高速缓存中获取数据。

一个处理器和另一个处理器通信所花的时间大约是内存访问时间的两倍。以缓存线为单位的数据必须首先从源处理器的高速缓存写到内存中，然后再从内存取出放到第二个处理器的高速缓存中。你可能认为处理器之间的通信相对便宜，因为它只需要大约两倍于内存访问的时间。但是，必须记住，相对于在高速缓存中命中的访问运算，内存访问已经非常昂贵了——内存访问可能慢几百倍。这个分析十分清楚地说明了高效并行化和局部性分析之间的相似性。不管是单独工作的处理器还是多处理器环境下的处理器，要使它高效工作就必须使它能够在高速缓存中找到运算所需的大部分数据。

在 21 世纪早期，对称多处理器的设计超不过几十个处理器的规模，原因是受到共享总线或任何其他用于此目的的互联设施的限制。它们在速度上不能应对不断增加的处理器数量。为了使得处理器设计可不断扩大规模，体系结构设计师们又在内存层次结构中引入了新的一层。他们不再使用和各个处理器距离一样远的内存，而是把内存分配给各个处理器，以便每个处理器能够快速访问它的局部内存，如图 11-2 所示。因此远程内存成为内存层次的下一级，它们的总量要比局部内存大，但是访问时花费的时间也更长。和

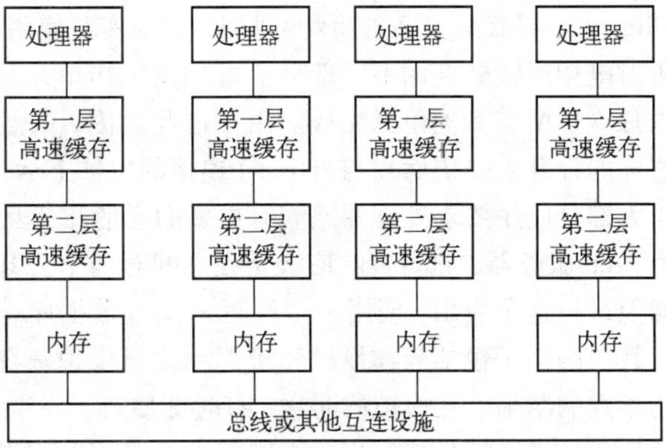

图 11-2 分布式内存的机器

⊖ 你可以复习一下 7.4 节中对高速缓存和高速缓存线的讨论。

内存体系结构设计时高速存储设备必然容量较小的原理类似，支持处理器之间快速通信的机器所拥有的处理器数量也必然较少。

有两种不同的带有分布式内存的并行机：NUMA(NonUniform Memory Access，不一致内存访问)机器以及消息传递机器。NUMA 体系结构为软件提供了一个共享地址空间，允许处理器通过读写共享内存来通信。然而，在消息传递机器上的处理器有各自的地址空间，处理器之间通过相互传递消息来通信。请注意，虽然为共享内存机器写代码要相对简单，但任何一种机器要想具有好的性能，都要求软件具有良好的局部性。

11.1.2 应用中的并行性

我们使用两种高层次的度量来估计一个并行应用性能运行的好坏：并行性覆盖率和并行性粒度，前者指明了并行执行的计算过程所占的百分比；后者指出了各个处理器在不和其他处理器通信或同步的情况下能够运行的计算量。一个特别有吸引力的并行化目标是循环：一个循环可能有很多个迭代，并且如果它们之间相互独立，我们就找到了一个很大的并行性的源头。

Amdahl 定律

并行性覆盖率的重要性可以用 Amdahl 定律简洁地表示。Amdahl 定律的内容是，如果 f 是被并行化代码的比率，并且如果并行化版本在一个有 p 个处理器的机器上运行，且没有任何通信或者并行化开销，那么此时的加速比是：

$$\frac{1}{(1-f)+(f/p)}$$

比如，如果有一半的计算是串行执行的，那么不管我们使用多少个处理器，计算过程最多能够以双倍速度运行。如果我们有 4 个处理器，可达到的加速比是 1.6。即使并行化覆盖率达到 90%，我们在 4 个处理器上最多能够得到 3 倍的加速比，而在无限多的处理器上得到的加速比最多为 10。

并行化的粒度

理想情况是一个应用的全部计算过程能够被划分成为很多粗粒度的独立任务，因为我们可以直接把不同的任务分配给不同的处理器。这样的例子之一是 SETI(Search for Extra Terrestrial Intelligence，寻找外星智慧生物)项目，这个实验使用很多通过 Internet 相连的家庭计算机来并行分析射电望远镜数据的不同部分。每一个工作单元只需要少量的输入并生成少量的输出，并且可以独立于所有其他单元完成。由于这些原因，虽然 Internet 具有相对高的通信延时和低带宽，但这样的计算工作仍然在与 Internet 连接的机器上运行得很好。

大部分应用要求处理器之间有更多的通信和交互，但仍然支持粗粒度的并行性。比如，考虑一个 Web 服务器，它负责响应大量独立的对一个公共数据库的请求。我们可以在一个多处理器机器上运行这个应用，使用一个线程来实现数据库访问，并使用其他线程来对用户请求提供服务。其他的例子包括药物设计和机翼动力学模拟。在这些例子中，人们可以独立地求解针对不同的参数的结果。在模拟的时候，有时即使对于一组参数求解也会花很长时间，因此期望能够使用并行化技术进行加速。当一个应用中的可用并行性的粒度降低时，就需要更好的处理器之间的通信支持和更多的编程工作量。

很多运行时间很长的科学及工程应用具有简单的控制结构和很大的数据集合，因此它们要比上面讨论的应用更容易实现更细粒度的并行化。因此，本章主要考虑的是那些用于数值应用的技术，特别是那些把大部分时间用于多维数组中的数据运算的应用。下面我们就探讨一下这类程序。

11.1.3 循环层次上的并行性

循环是并行化的主要目标，在使用数组的应用中更是如此。运行时间较长的应用通常具有大型数组，从而产生具有很多迭代的循环。其中的每一个迭代处理数组中的一个元素。迭代之间相互独立的循环并不难找到。我们可以把这类循环的大量迭代分配给多个处理器。如果每个迭代的工作量基本相同，那么简单地在处理器之间平均分配迭代就可以得到最大的并行性。例 11.1 是一个特别简单的例子，它说明我们如何利用循环层次的并行性。

例 11.1 下面的循环

```
for (i = 0; i < n; i++) {
    Z[i] = X[i] - Y[i];
    Z[i] = Z[i] * Z[i];
}
```

计算了向量 X 和 Y 的元素之间的平方差，并把它们存放到数组 Z 中。这个循环是可并行化的，因为每个迭代访问不同的数据集合。我们可以在具有 M 个处理器的计算机上执行这个循环。给每个处理器赋予唯一的 ID $p=0, 1, 2, \cdots, M-1$，并让每个处理器执行同样的代码：

```
b = ceil(n/M);
for (i = b*p; i < min(n,b*(p+1)); i++) {
    Z[i] = X[i] - Y[i];
    Z[i] = Z[i] * Z[i];
}
```

我们把这个循环中的迭代平均分配给各个处理器，第 p 个处理器被分配执行第 p 组迭代。请注意，迭代数目不一定能够被 M 整除，因此我们通过在程序中引入一个求最小值的运算来保证最后一个处理器执行的时候不会越过原来的循环界限。 □

任务层次的并行

有可能在一个循环的迭代之外找到并行性。比如，我们可以把两个不同的函数调用或两个独立的循环分配给两个处理器。这种形式的并行性称为*任务并行性*(task parallelism)。和循环层次的并行性相比，任务层次的并行性作为一个并行性来源的吸引力较弱。原因是对于每个程序来说，其独立任务的数量是固定的，并且不能随着数据大小的增加而增加。而一个典型循环的迭代次数则会随数据的增加而增加。不仅如此，这些任务的大小通常并不相等，因此难以让所有的处理器在所有时间都有事可做。

例 11.1 中显示的并行代码是一个 SPMD(Single Program Multiple Data，单程序多数据)程序。所有的处理器都执行相同的代码，只是这些代码都带有各个处理器的唯一标识作为参数，因此不同的处理器完成不同的动作。通常会有一个被称为*主处理器*(master)的处理器来执行计算中的所有串行部分。在到达代码中已并行化的部分时，主处理器激活所有从处理器(slave)。所有从处理器同时执行代码中已经被并行化的区域。在每个并行化代码区域的尾部，所有这些处理器参与*栅障同步*(Barrier Synchronization)。只有等到所有处理器都已经执行完它们进入一个同步栅障之前的全部运算之后，各个处理器才会被允许离开这个栅障并执行栅障之后的运算。

如果我们只是把类似于例 11.1 中的简单循环并行化，那么得到的代码通常具有较低的并行性覆盖率和相对较细的并行性粒度。我们倾向于把一个程序的最外层循环并行化，因为这样会得到最粗的并行性粒度。比如，考虑二维 FFT 变换的应用，它在一个 $n \times n$ 的数据集上运行。这个程序对各行数据执行 n 次 FFT 变换，然后再对各列数据执行 n 次 FFT 变换。我们倾向于把 n 个独立 FFT 变换中的每一个分配给一个处理器，而不是使用多个处理器协作完成一次 FFT 变换。

这样做使得代码容易书写，算法的并行性覆盖率达到 100%，并且代码具有很好的数据局部性，因为在计算一个 FFT 时不需要进行任何通信。

很多应用没有可并行化的大的最外层循环。然而，这些应用的执行时间通常由耗时的内核决定。这些内核可能具有几百行代码，包含了不同嵌套层次的循环。有时可以单独地处理内核部分，通过集中考虑它的局部性，重新组织它的计算过程并把它分划成为多个独立的单元。

11.1.4 数据局部性

在对程序进行并行化的时候，需要考虑两种略微不同的数据局部性概念。当同一个数据在短时间内被多次使用时就产生了*时间局部性*(temporal locality)。当位置相近的不同数据元素在短时间内被使用的时候就产生了*空间局部性*(spatial locality)。空间局部性的一个很重要的形式是在同一个高速缓存线中出现的所有数据元素被一起使用。这种形式之所以重要的理由是当需要一个来自某高速缓存线的元素时，这个高速缓存线的所有元素都会被加载到高速缓存中。如果很快就会使用这些元素，那么它们很可能还在高速缓存中。这种空间局部性的效果使得高速缓存脱靶的概率降到最小，也使得该程序得到了较好的加速比。

程序的内核经常可以使用多种不同的方式来书写。它们之间在语义上等价，但是数据局部性和性能却相差很大。例 11.2 给出了例 11.1 中的计算过程的另一种表示方法。

例 11.2 和例 11.1 类似，下面的代码也能够计算得到向量 X 和 Y 的元素之间的差的平方。

```
for (i = 0; i < n; i++)
    Z[i] = X[i] - Y[i];
for (i = 0; i < n; i++)
    Z[i] = Z[i] * Z[i];
```

第一个循环计算元素之间的差，第二个循环计算差的平方。这样的代码经常会在实际程序中遇到，因为这就是我们为*向量机*(vector machine)优化程序的办法。向量机是一种超级计算机，拥有可以一次性对整个向量进行简单算术运算的指令。我们可以看到，这里的两个循环在例 11.1 中被*融合*(fuse)为一个循环。

我们已经知道这两个程序完成同样的计算工作，那么哪一个程序比较好呢？例 11.1 中被融合在一起的循环拥有比较好的性能，因为它具有较好的数据局部性。每个差值一生成就立刻进行平方运算。实际上，我们可以将差值存放在一个寄存器中，求它的平方，并把结果一次性写入内存位置 $Z[i]$。反过来，本例中的代码需要获取 $Z[i]$ 值一次，并对它写两次。不仅如此，如果数组的大小比高速缓存大，那么当 $Z[i]$ 在这个例子中被第二次使用时，需要从内存中重新获取这个值。因此，这个代码的运行速度可能低很多。□

例 11.3 假设我们希望把按行存放(回忆一下 6.4.3 节)的数组 Z 设置为全零。图 11-3a 和图 11-3b 分别对这个数组进行逐列和逐行扫描。我们可以对图 11-3a 中的循环进行变换得到图 11-3b 的循环。从空间局部性的角度看，以逐行方式执行置零运算是比较好的，因为在一个高速缓存线中的所有字都被顺序置零了。在逐列处理的方法中，虽然每个高速缓存线都被外层循环的下一个迭代复用，但当列的大小比高速缓存大的时候，高速缓存线在被复用之前就会被抛出高速缓存。为了得到最好的性能，我们使用类似于例 11.1 中所使用的方法，把图 11-3b 的外层循环并行化，结果如图 11-3c 所示。□

上面的两个例子解释了和操作数组的数值应用相关的几个重要性质：

- 数组代码经常有很多可并行化的循环。
- 当循环具有并行性的时候，它们的迭代可以按照任意的顺序执行。它们可以通过重新排序大幅提高数据局部性。
- 当我们创建出大的相互独立的并行计算单元时，以串行方式执行它们往往会得到良好的数据局部性。

```
for (j = 0; j < n; j++)
    for (i = 0; i < n; i++)
        Z[i,j] = 0;
```

a) 逐列将一个数组置零

```
for (i = 0; i < n; i++)
    for (j = 0; j < n; j++)
        Z[i,j] = 0;
```

b) 逐行将一个数组置零

```
b = ceil(n/M);
for (i = b*p; i < min(n,b*(p+1)); i++)
    for (j = 0; j < n; j++)
        Z[i,j] = 0;
```

c) 并行地按照逐行方式将一个数组置零

图 11-3 将一个数组置零的顺序代码和并行代码

11.1.5 仿射变换理论概述

编写正确且高效的串行程序是困难的，编写正确且高效的并行程序则更加困难。编写的难度随着所利用的并发性粒度的降低而增长。我们在上面看到过，程序员必须注意数据局部性以获取高性能。此外，把一个已有的串行程序并行化的任务是极端困难的。找出程序中的所有依赖关系很困难，当这个程序并不是我们所熟悉的类型时尤其如此。调试一个并行程序也很困难，因为错误可能是不确定的。

在理想情况下，一个并行的编译器自动地把普通的串行程序翻译成高效的并行程序，并对这些程序的局部性进行优化。遗憾的是，编译器并不知道有关这个应用的高层知识，它只能保持原算法的语义，而这些算法未必适合进行并行化。而且，程序员也可能随意地做出选择，结果限制了程序的并行性。

一些 Fortran 数值应用显示了并行化和局部性优化的成功。这些应用以仿射访问的方式对数组进行操作。因为没有指针和指针运算，所以对 Fortran 的分析相对容易。请注意，不是所有的应用都有仿射访问。最值得注意的是，很多数值应用是在稀疏矩阵上运算的。这些矩阵的元素是通过另一个数组间接访问的。本章关注的是内核的并行化和优化，这些内核通常由几十行代码组成。

如例 11.2 和例 11.3 所示，并行化和局部性优化需要我们考虑一个循环的不同实例以及实例之间的关系。这个情况和数据流分析有着很大的不同。在数据流分析中，我们把所有实例的相关信息组合在一起考虑。

对于带有数组访问的循环的优化问题，我们使用三种类型的空间。每个空间可以看成是一维或多维栅格中的点集。

1）迭代空间（iteration space）是在一次计算过程中动态执行实例的集合，也就是各个循环下标的取值的组合。

2）数据空间（data space）是被访问的数组元素的集合。

3）处理器空间（processor space）是系统中的处理器的集合。通常情况下，这些处理器使用整数或者整数向量进行编号，以便相互区分。

优化问题的输入是各个迭代被执行的串行顺序以及一个仿射的数组访问函数（例如，$X[i,j+1]$）。这个函数描述了迭代空间中的哪个实例访问数据空间中的哪个元素。

这个优化的输出也是用仿射函数表示的，它定义了每个处理器在什么时候做什么事情。为了指明每个处理器所做的工作，我们使用一个仿射函数把原迭代空间中的实例映射到各个处理器上。为了描述什么时候执行迭代，我们使用一个仿射函数把迭代空间中的实例映射成为一个新的顺序。通过分析程序中的数组访问函数所蕴涵的数据依赖关系和复用模式，就可以得到调度方案。

下面的例子将说明上述三个空间——迭代空间、数据空间和处理器空间。它也非正式地介绍使用这些空间来并行化代码时涉及的重要概念和需要解决的问题。在后面的各节中将详细介绍这些概念。

例 11.4 图 11-4 解释了下面程序中用到的不同空间和这些空间之间的关系。

```
float Z[100];
for (i = 0; i < 10; i++)
    Z[i+10] = Z[i];
```

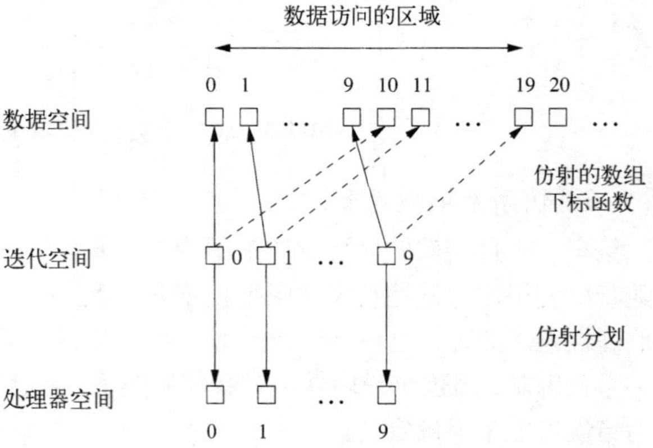

图 11-4 例 11.4 的迭代空间、数据空间和处理器空间

这三个空间和它们之间的映射如下：

1）*迭代空间*：迭代空间是循环的迭代的集合。各个迭代的 ID 通过循环下标变量的取值给出。一个深度为 d 的循环嵌套结构（即有 d 层嵌套的循环）有 d 个下标变量，因此被建模为一个 d 维空间。迭代空间通过循环下标变量的上下界来限定。这个例子的循环定义了一个由 10 个迭代组成的一维空间。空间中的迭代用循环下标变量的值：$i=0, 1, \cdots, 9$ 表示。

2）*数据空间*：数据空间由数组声明直接给出。在这个例子里，数组中的元素用 $a=0, 1, \cdots, 99$ 作为下标。虽然所有的数组在一个程序的地址空间中是线性存放的，我们还是把 n 维向量当作 n 维空间处理，并假设各个下标总是在它们的界限之内。当然，这个例子里的数组是一维的。

3）*处理器空间*：在我们开始并行化时，假设系统中有无限多个虚拟处理器。这些处理器以多维空间的方式进行组织，每一个维度对应于我们试图并行化的循环嵌套结构中的一个循环。在并行化完成之后，如果我们拥有的物理处理器少于虚拟处理器，就把虚拟处理器等分成多个块，每一块分配给一个物理处理器。在这个例子中，我们只需要 10 个处理器，循环的每一个迭代分配一个处理器。在图 11-4 中，我们假设处理器被组织成一个一维空间且用 0, 1, …, 9 进行编号。循环的第 i 个迭代被分配给处理器 i。假如只有五个处理器，我们可以把迭代 0 和 1 分配给处理器 0，迭代 2 和 3 分配给处理器 1，以此类推。因为迭代是独立的，所以只要五个处理器中的每一个分得两个迭代，我们怎么进行分配并不重要。

4）*仿射数组下标函数*：代码中的每个数组访问都描述了一个从迭代空间中的迭代到数据空间中的数组元素的映射。如果这个访问函数是把各个循环下标变量乘以常量并求和，然后加上一些常量值，那么这个函数就是仿射的。本例中的两个数组下标函数 $i+10$ 和 i 都是仿射的。我们可以根据访问函数求出被访问数据的*维度*（dimension）。在本例中，因为每个下标函数只有一个循环变量，所以被访问数组元素的空间是一维的。

5）*仿射分划*：我们使用一个仿射函数把一个迭代空间中的各个迭代分配给处理器空间中的各个处理器，由此把一个循环并行化。在我们的例子中，我们直接把迭代 i 分配给处理器 i，也可以使用仿射函数来指定一个新的执行顺序。如果我们希望以相反的顺序串行地执行上面的循环，那么可以用一个仿射表达式 $10-i$ 明确指定排序函数。这样，第九个迭代就是被第一个执行的迭代，以此类推。

6）被访问数据的区域：知道一个迭代所访问数据的区域有助于找到最好的仿射分划。把迭代空间的信息和数组下标函数结合起来，我们就可以得出被访问数据的区域。在本例中，数组访问 $Z[i+10]$ 触及的空间是 $\{a \mid 10 \leq a < 20\}$，而数组访问 $Z[i]$ 触及的空间是 $\{a \mid 0 \leq a < 10\}$。

7）数据依赖：为了确定被处理的循环是否可被并行化，我们需要知道在各个迭代之间是否存在数据依赖关系。在这个例子中，我们首先考虑该循环中的写访问之间的依赖关系。因为访问函数 $Z[i+10]$ 把不同迭代映射到不同的数组位置，不同迭代向数组写数据的顺序上不存在依赖关系。那么在读访问和写访问之间存在依赖关系吗？因为只有 $Z[10]$，$Z[11]$，…，$Z[19]$（通过访问 $Z[i+10]$）被写，而只有 $Z[0]$，$Z[1]$，…，$Z[9]$（通过访问 $Z[i]$）被读，因此一个读访问和一个写访问的相对顺序不存在依赖关系。因此，这个循环是可并行化的。也就是说，这个循环的各个迭代独立于其他所有的迭代，我们可以并行地执行这些迭代，或者按照我们选择的任意顺序执行这些迭代。但是请注意，如果我们做一些细微的改动，比如把循环下标 i 的上界改成 10 或者更大，那么就会存在依赖关系。因为数组 Z 的某些元素会在一个迭代中被写，然后在 10 个迭代之后被读。在那种情况下，这个循环不能被完全地并行化，我们将不得不仔细考虑如何在处理器之间分配迭代，以及如何对迭代进行排序。 □

把并行化问题写成多维空间和这些空间之间的仿射映射使得我们可以使用标准的数学技术来解决并行化和局部性优化问题。比如，可以通过使用 Fourier-Motzkin 消除算法消除相应的变量，找出被访问数据的区域。已经证明数据依赖性和整数线性规划问题等价。最后，寻找仿射分划的问题则对应于对一组线性约束求解。如果你不熟悉这些概念也不用着急，因为从 11.3 节开始将对这些概念进行解释。

11.2 矩阵乘法：一个深入的例子

我们将使用一个较大的例子来介绍并行编译器所使用的很多技术。在本节中，我们将研究大家熟悉的矩阵相乘算法，以说明即使对一个简单且易于并行化的程序进行优化也不是轻而易举的事。我们将看到代码改写可以如何提高数据局部性。也就是说，和选择直接运行该程序相比，处理器只需要通过少得多的（根据不同的体系结构，和全局内存或其他处理器之间的）通信量就可以完成它们的工作。我们也将讨论如何利用可以存放多个连续数据元素的高速缓存线的特性来改进像矩阵乘法这样的程序的运行时间。

11.2.1 矩阵相乘算法

在图 11-5 中，我们看到一个典型的矩阵乘法程序[⊖]。它的输入是两个 $n \times n$ 的矩阵 X 和 Y，它产生的输出存放在第三个 $n \times n$ 矩阵 Z 中。注意，Z_{ij}，即矩阵 Z 在第 i 行第 j 列上的元素将变成 $\sum_{k=1}^{n} X_{ik} Y_{kj}$。

```
for (i = 0; i < n; i++)
   for (j = 0; j < n; j++) {
      Z[i,j] = 0.0;
      for (k = 0; k < n; k++)
         Z[i,j] = Z[i,j] + X[i,k]*Y[k,j];
   }
```

图 11-5 基本的矩阵相乘算法

图 11-5 中的代码生成 n^2 个结果，每个结果都是矩阵 X 的某行和矩阵 Y 的某列的内积。显然，矩阵 Z 的每一个元素的计算都是独立的，因此可

⊖ 在本章中的程序中，我们通常将使用 C 语言的语法，但是为了使得多维数组访问（这是本章大部分内容的中心问题）的代码更加易于理解，我们将使用 Fortran 风格的数组访问，也就是说，使用 $Z[i,j]$ 而不是 $Z[i][j]$。

以并行执行。

n 的值越大，算法访问各个元素的次数就越多。也就是说，这三个矩阵中有 $3n^2$ 个位置，但是这个算法执行 n^3 次运算，每次运算把 X 的一个元素和 Y 的一个元素相乘并把乘积加到 Z 的一个元素中。因此算法是计算密集型的，从原则上来讲内存访问不应该成为瓶颈。

矩阵乘法的串行执行

我们首先考虑这个程序在单处理器上顺序运行时是如何工作的。最内层循环读写 Z 的同一个元素，并使用 X 的一行和 Y 的一列。可以很容易地把 $Z[i,j]$ 放到一个寄存器中，不需要进行内存访问。不失一般性，假设这个矩阵是按行存放的，并假设 c 是高速缓存线中的数组元素的个数。

图 11-6 给出了当我们执行图 11-5 中的外层循环的一个迭代时的访问模式。这张图显示的是第一个迭代的情况，此时 $i=0$。每次我们从 X 的第一行的一个元素移动到下一个元素时，都会访问 Y 的某一列中的各个元素。在图 11-6 中可以看到假设的将各个矩阵组织成高速缓存线的方法。也就是说，每个小矩形表示了一个存放四个数组元素的高速缓存线（即在此图中，$c=4$ 且 $n=12$）。

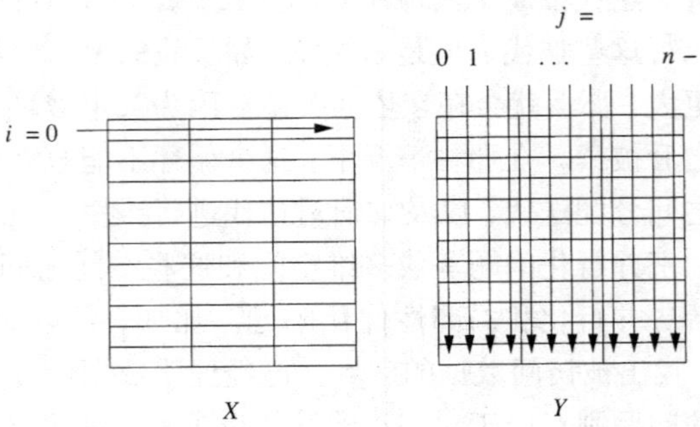

图 11-6 在矩阵乘法中的数据访问模式

对 X 的访问几乎没有增加高速缓存的负担。X 的一行只分布在 n/c 个高速缓存线中。如果这一行元素可以被一起放到高速缓存中，对于一个给定的下标 i 的值只会发生 n/c 次高速缓存脱靶，而整个 X 的脱靶数量在最少情况下为 n^2/c（为方便起见，我们假设 n 可以被 c 整除）。

但是，当使用 X 的一行时，该矩阵相乘算法逐列访问 Y 的所有元素。也就是说，当 $j=0$ 时，内层循环把 Y 的整个第一列都搬到了高速缓存中。请注意，该列的所有元素存放在 n 个不同的高速缓存线中。如果高速缓存大到（或者 n 小到）可以存放所有这 n 个高速缓存线，并且没有对高速缓存的其他使用使得某些高速缓存线被清除出高速缓存，那么当需要 Y 的第二列时，对应于 $j=0$ 的列仍然在高速缓存中。在此情况下，在 $j=c$ 之前就不会产生 n 次对 Y 的脱靶。当 $j=c$ 时，我们需要把对应于 Y 的另一组完全不同的高速缓存线载入到高速缓存中。因此，完成外层循环的第一个迭代（即 $i=0$）所碰到的高速缓存脱靶次数在 n^2/c 到 n^2 之间。具体的脱靶次数取决于 Y 的高速缓存线列能否从第二个循环的一次迭代存活到下一个迭代。

不仅如此，当我们完成 $i=1,2,\cdots$ 外层循环时，在读取 Y 的元素时可能会碰到更多的高速缓存脱靶，也可能完全没有脱靶。如果高速缓存大到可以把 Y 的所有 n^2/c 个高速缓存线一起存放在高速缓存中，那么就不会再碰到任何脱靶。因此，整个脱靶次数是 $2n^2/c$，一半在访问 X 时发生，另一半在访问 Y 时发生。但是，如果目标机器的高速缓存只能存放 Y 的一列，而不是全部 Y，那么每次执行外层循环的一个迭代时，我们需要把 Y 的所有元素再次载入到高速缓存中。也就是说，高速缓存脱靶的次数是 $n^2/c+n^3/c$，其中的第一项是访问 X 时的脱靶次数，而第二项是访问 Y 时的脱靶次数。在最坏情况下，如果我们甚至不能把 Y 的一列一起存放在高速缓存中，那么外层循环的每次迭代都有 n^2 个高速缓存脱靶，总计有 $n^2/c+n^3$ 次脱靶。

逐行并行化

现在我们考虑可以如何使用多个处理器（比如说 p 个）来加快图 11-5 中程序的执行。一个很显然的并行化矩阵乘法的方法是把 Z 的各行分配给不同的处理器。每个处理器负责 n/p 个连续的行（为方便起见，我们假设 n 可以被 p 整除）。通过这样分配工作量，每个处理器只需要访问矩阵 X 和 Z 的 n/p 行，但是要访问整个 Y 矩阵。每个处理器将计算 Z 的 n^2/p 个元素。为了计算得到这些元素，它需要进行 n^3/p 次乘-加法运算。

这样做之后，虽然计算时间减少和 p 成正比，但通信开销的增长实际上和 p 成正比。也就是说，每个 p 处理器必须读取 n^2/p 个 X 的元素，但是要读取 Y 的所有 n^2 个元素。必须被加载到这 p 个处理器的高速缓存中的高速缓存线的总数最少为 $n^2/c+pn^2/c$，这两项分别对应于加载 X 和加载 Y 副本的数量。当 p 的值趋近于 n 时，计算时间变为 $O(n^2)$，但是通信开销为 $O(n^3)$。也就是说，在内存和处理器高速缓存之间移动数据的总线成为性能瓶颈。因此，对于给定的数据布局而言，使用大量的处理器来平分计算量实际上会降低计算速度，而不是加快计算速度。

11.2.2 优化

图 11-5 中的矩阵相乘算法说明了这样的事实：即使一个算法可能复用同样的数据，它的数据局部性仍然可能很差。要使得一次数据复用能够在高逗缓存中命中，它就必须在该数据被转移出高速缓存之前发生。在本例中，n^2 个乘-加法把对矩阵 Y 中同一个元素的复用分开了，因此数据局部性变得很差。实际上，n 次运算把对 Y 中同一高速缓存线内的数据的复用分开。另外，在一个多处理器系统中，只有当数据被同一个处理器复用时才可能发生高速缓存命中事件。当我们在 11.2.1 节中考虑一个并行实现时，我们看到 Y 的元素必须被每一个处理器使用。因此，对 Y 的复用并没有转化为局部性。

改变数据布局

改善一个程序的局部性的方法之一是改变它的数据结构的布局。比如，把 Y 按列存放将提高对矩阵 Y 的高速缓存线的复用。这个方法的应用范围是有限的，因为同一个矩阵通常会在不同的运算中使用。如果在另一个矩阵乘法运算中 Y 扮演了 X 的角色，那么又会因为按列存放而损害效率，因为在一个乘法运算中的第一个矩阵按行存放比较好。

分块

有时可以通过改变指令执行的顺序来改善数据局部性。但是循环互换的技术并不能提高矩阵乘法例程的效率。假设把这个例程改写成每次生成矩阵 Z 的一列，而不是一行。也就是说，把 j 循环变成外层循环而 i 循环变成内层循环。假设这些矩阵仍旧按行存放，矩阵 Y 就有比较好的空间局部性和时间局部性，但会损害矩阵 X 的局部性。

分块（blocking）是另一种对循环中的迭代重新排序的方法，它可以大大提高一个程序的局部性。我们不再一次计算结果矩阵的一行或者一列，而是按照图 11-7 中所示把矩阵分割成为子矩阵，或者说块。然后，我们对运算重新排序，使得整个块只在一小段时间内使用。通常情况下，这些块是边长为 B 的正方形。如果 B 整除 n，那么所有的块都是正方形。如集 B 不能整除 n，那么在矩阵下面或右面的边上的块的一条或者两条边的长度小于 B。

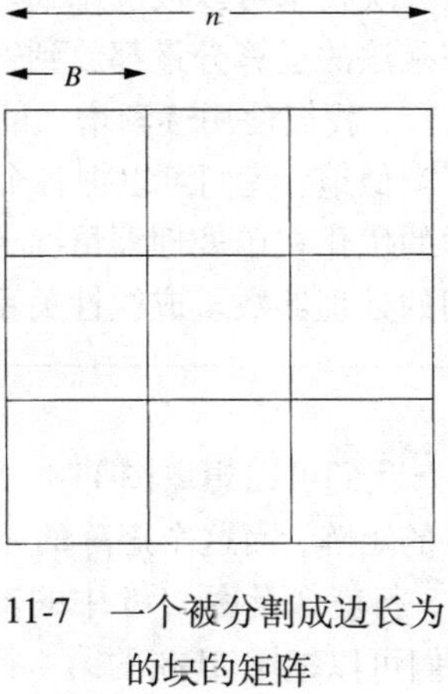

图 11-7 一个被分割成边长为 B 的块的矩阵

图 11-8 显示了基本矩阵相乘算法的一个版本。在这个版本中，全部三个矩阵被划分为边长为 B 的正方形。和图 11-5 中一样，假设 Z 已经被初始化为全 0 矩阵。我们假设 B 整除 n，如果不是这样的话，就需要把第(4)行中的上限修改为 $\min(ii+B,n)$，并对第 5 和 6 行做类似的修改。

```
1)  for (ii = 0; ii < n; ii = ii+B)
2)      for (jj = 0; jj < n; jj = jj+B)
3)          for (kk = 0; kk < n; kk = kk+B)
4)              for (i = ii; i < ii+B; i++)
5)                  for (j = jj; j < jj+B; j++)
6)                      for (k = kk; k < kk+B; k++)
7)                          Z[i,j] = Z[i,j] + X[i,k]*Y[k,j];
```

图 11-8　基于分块技术的矩阵乘法

外面的三层循环，即第 1 行到第 3 行，使用下标变量 ii、jj 和 kk。这些变量的增量总是 B，因此它们总是表示了某个块的左面或上面的边。对于固定的 ii、jj、kk 的值，第 4 行到第 7 行计算了以 $X[ii,kk]$ 和 $Y[kk,jj]$ 为左上角的两个块的乘积并加到以 $Z[ii,jj]$ 为左上角的块中去。

当不能够把 X、Y、Z 一起放到高速缓存中时，如果我们选择了适当的 B 值，和基本算法相比，我们可以明显地降低高速缓存脱靶的数量。选择 B 使得可以把每个矩阵的各个块一起放到缓存中去。因为上面的算法中各个循环的顺序，我们实际上只需要把 Z 中的每个块放到高速缓存中一次就可以了。因此(像我们在 11.2.1 节中对基本算法所作的分析那样)我们将不需要计算因为 Z 而产生的高速缓存脱靶。

把 X 或 Y 的一个块载入到高速缓存需要 B^2/c 次高速缓存脱靶。请记住，c 是一个高速缓存线中的元素的个数。但是，对于确定的分别来自 X 和 Y 的块，我们在图 11-8 的第 4 行到第 7 行中进行了 B^3 次乘－加法运算。因为整个矩阵乘法需要 n^3 次乘－加法运算，所以把两个块加载进缓存的次数是 n^3/B^3。因为每次加载一个块时会碰到 $2B^2/c$ 次高速缓存脱靶，所以总的缓存脱靶数量是 $2n^3/Bc$。

把这个数字 $2n^3/Bc$ 和 11.2.1 节中给出的估计值相比是很有意思的。在那一节中，我们说，如果整个矩阵可以一起放到高速缓存中的话，就将出现 $O(n^2/c)$ 次高速缓存脱靶。然而，在那种情况下，我们可以令 $B=n$，即把每个矩阵当成一个块。我们仍然可以得到前面估算的 $O(n^2/c)$ 次高速缓存脱靶。另一方面，我们观察到如果不能把整个矩阵放到高速缓存中，就需要 $O(n^3/c)$ 次高速缓存脱靶，甚至 $O(n^3)$ 次脱靶。在这种情况下，假设我们可以选择相当大的 B 值(比如 B 可以是 200，此时仍然可以把三个 8 字节数字的块放到一个 1 MB 的高速缓存中)，在矩阵乘法中使用分块技术有很大的优越性。

分块技术可以被应用到内存层次结构的各个层次上。比如，我们可能希望通过把一个 2×2 矩阵乘法的运算分量都放到寄存器中，以优化对寄存器的使用。对于不同层次的高速缓存和物理内存，我们使用逐渐增大的分块尺寸。

类似地，我们可以把各个块分布到不同的处理器上，以便使数据流量达到最小。实验显示，这样的优化在单处理器情况下的性能加速比可以达到 3，而在多处理器系统上的加速比几乎和所使用的处理器数量成线性关系。

基于块的矩阵乘法的另一个视点

我们可以想象图 11-8 中的矩阵 X、Y、Z 并不是 $n\times n$ 的浮点数的矩阵，而是 $(n/B)\times(n/B)$ 的矩阵，而这个矩阵的元素本身又是 $B\times B$ 的浮点数的矩阵。那么，图 11-8 中的第 1 行到第 3 行就像是图 11-5 中的基本算法的三个循环，但是它们处理的矩阵的大小是 n/B，而不是 n。我们可以把图 11-8 的第 4 行到第 7 行看作是图 11-5 中的单个乘－加法运算的实现。请注意，在这个运算中的单个乘法步骤对应于一个矩阵乘法步骤，使用了图 11-5 中对元素为浮点数的两个矩阵相乘的基本算法。矩阵加法就是各个元素上的浮点数加法。

11.2.3 高速缓存干扰

遗憾的是，对于高速缓存的利用还有一些问题要解决。大部分高速缓存不是完全结合的（见7.4.2节）。在一个直接映射的高速缓存中，如果 n 是高速缓存大小的倍数，那么一个 $n \times n$ 的矩阵的同一行中的各个元素将竞争同样的高速缓存位置。在那种情况下，把某列的第二个元素加载进高速缓存将会把第一个元素的高速缓存线挤出高速缓存。即使高速缓存有能力同时存放所有这些高速缓存线，这样的情况仍然会发生。这种情况被称为*高速缓存干扰*（cache interference）。

对于这个问题有多种解决方法。第一个方法是一劳永逸地重新排列数据，使得被访问的数据放在连续的数据位置上。第二个方法是把 $n \times n$ 的数组放在一个较大的 $m \times n$ 的数组中，我们可以选择适当的 m 来最小化干扰问题。第三种方法是选择一个可以保证避免干扰的分块大小。

11.2.4 11.2节的练习

练习11.2.1：和图11-5中的代码不同，图11-8中的基于块的矩阵相乘算法中不包含把矩阵 Z 的所有元素清零的初始化部分。在图11-8中加入把 Z 初始化为全零矩阵的步骤。

11.3 迭代空间

本节的研究动机是充分利用11.2节中提到的优化技术。对于一些简单情况，比如矩阵乘法，这些技术是相当简单明了的。对于更加一般的情况，同样的技术仍然可用，但此时它们的应用就远没有那么直观了。然而，通过应用一些线性代数技术，我们可以使得这些技术能够完成对一般情况的优化。

11.1.5节中讨论过，我们的转换模型中有三种空间：迭代空间、数据空间和处理器空间。这里我们首先从迭代空间开始。一个循环嵌套结构的迭代空间被定义为该嵌套结构中所有循环下标变量取值的组合。

和图11-5中的矩阵乘法的例子一样，迭代空间常常是矩形的。在那种情况下，每个嵌套中的循环具有下界0和上界 $n-1$。但是，在更复杂但相当现实的循环嵌套结构中，一个循环下标的上界和下界可能依赖于较外层循环的下标值。我们很快会看到这样的一个例子。

11.3.1 从循环嵌套结构中构建迭代空间

让我们首先描述一下即将学习的技术能够处理哪些类型的循环嵌套结构。每个循环有一个唯一的循环下标，我们假设每次迭代这个下标增加1。这个假设并没有失去一般性，因为如果每次迭代的增量是大于1的整数 c，那么总是可以把对下标 i 的使用替代为 $ci+a$，其中 a 是某个正或负的常数，然后循环中的每次迭代将 i 加1。这个循环的上下界必须写成其外层循环的下标的仿射表达式。

例11.5 考虑下面的循环

```
for (i = 2; i <= 100; i = i+3)
    Z[i] = 0;
```

该循环的每轮运行把循环下标 i 加3，它的效果是把各个数组元素 $Z[2]$，$Z[5]$，$Z[8]$，…，$Z[98]$ 设置为0。我们可以使用下面的循环来得到同样的效果：

```
for (j = 0; j <= 32; j++)
    Z[3*j+2] = 0;
```

也就是说，我们用 $3j+2$ 替代了 i。下界 $i=2$ 变成了 $j=0$（只需要求解方程 $3j+2=2$ 就可得到 j 的值），而上界 $i \leqslant 100$ 变成了 $j \leqslant 32$（将 $3j+2 \leqslant 100$ 简化可得 $j \leqslant 32.67$，又因为 j 必须是整数，所以要舍弃小数部分）。 □

通常情况下，我们将在循环嵌套结构中使用 for 循环结构。对于一个 while 循环或者 repeat 循环，如果存在一个下标以及该下标的上下界，那么它就可以被替换为一个 for 循环。图 11-9a 中的循环就是这样的情况。一个像 for(i=0;i<100;i++)这样的 for 循环可以达到同样的目标。

```
i = 0;
while (i<100) {
    <一些和i无关的语句>
    i = i+1;
}
```

a) 一个具有明显界限的while循环

```
i = 0;
while (1) {
    <一些语句>
    i = i+1;
}
```

b) 不清楚这个循环在什么时候或是否会终止

```
i = 0;
while (i<n) {
    <一些与i及n无关的语句>
    i = i+1;
}
```

c) 我们不知道n的值,因此我们不知道这个循环什么时候终止

图 11-9　一些 while 循环

但是有些 while 循环或 repeat 循环没有明显的界限。比如，图 11-9b 中的例子可能会中止，也可能不会终止，但是没有办法指出在未知的循环体中 i 满足什么条件时程序会跳出该循环。图 11-9c 是另一个会出现问题的情况。例如，变量 n 可能是一个函数的参数。我们知道循环迭代 n 次，但是在编译时刻我们不知道 n 的值是什么。实际上，我们可能期望该循环在不同的执行中迭代的次数不同。在图 11-9b 和图 11-9c 这样的情况下，我们必须把 i 的上界当作无限来处理。

一个深度为 d 的循环嵌套结构可以被建模为一个 d 维空间。空间的各个维是有序的，第 k 维表示该嵌套结构中从最外层循环起的第 k 个循环。这个空间中的一个点$(x_1,x_2,\cdots,x_d)$表示所有这些循环下标的值，最外层循环下标的值是 x_1，第二个循环下标的值是 x_2，以此类推。最内层循环下标的值是 x_d。

但并不是这个空间中的每个点都代表了一个在该循环嵌套结构执行时实际出现的下标取值组合。作为外层循环下标的一个仿射函数，每个循环的上下界都定义了一个不等式，它把空间分成两半：对应于循环迭代的部分(即正的半空间)和不对应于迭代的部分(即负的半空间)。所有线性不等式的交(逻辑 AND)表示这些正的半空间的交集，该交集定义了一个凸多面体(convex polyhedron)。我们把这个多面体称为这个循环嵌套结构的迭代空间(iteration space)。一个凸多面体具有以下性质：如果两个点在该多面体内，那么它们之间的连线上的所有点都在该多面体内。多面体使用循环界限不等式描述。循环的每个迭代都可以由该多面体中的具有整数坐标的点表示。反过来，在多面体内的每个整数点都代表了该循环嵌套结构在某个时候执行的一个迭代。

例 11.6　考虑图 11-10 中的二维循环嵌套结构。我们可以使用图 11-11 中显示的二维多面体对这个深度为 2 的循环嵌套结构建模。图中的两个轴表示循环下标 i 和 j 的值。下标 i 可以取 0～5 之间的任何整数值；下标 j 可以取满足 $i\leqslant j\leqslant 7$ 的任何整数值。□

```
for (i = 0; i <= 5; i++)
    for (j = i; j <= 7; j++)
        Z[j,i] = 0;
```

图 11-10　一个二维循环嵌套结构

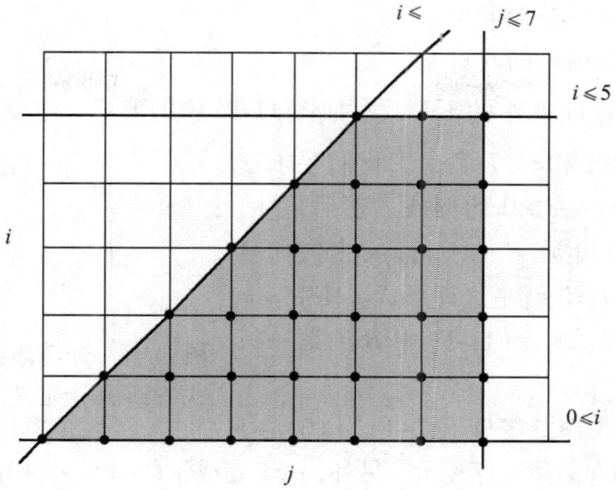

图 11-11　例 11.6 的迭代空间

> **迭代空间和数组访问**
>
> 在图 11-10 的代码中，迭代空间也是数组 Z 中被该代码访问到的部分。这种类型的访问是很常见的，它们的数组下标就是按某种顺序排列的循环下标。但是，我们不应该把迭代空间和数据空间相混淆。迭代空间的各个维度是各循环下标。假设我们在图 11-10 的代码中使用一个类似于 $Z[2*i, i+j]$ 的数组访问来替换 $Z[j,i]$，那么迭代空间和数据空间之间的区别就很明显了。

11.3.2　循环嵌套结构的执行顺序

一个循环嵌套结构的顺序执行按照上升的词典顺序逐个执行它的迭代空间中的各个迭代。一个向量 $\boldsymbol{i}=[i_0,i_1,\cdots,i_n]$ 按照词典排序小于另一个向量 $\boldsymbol{i}'=[i'_0,i'_1,\cdots,i'_{n'}]$，记为 $\boldsymbol{i}<\boldsymbol{i}'$，当且仅当存在一个 $m<\min(n,n')$ 使得 $[i_0,i_1,\cdots,i_m]=[i'_0,i'_1,\cdots,i'_m]$ 并且 $i_{m+1}<i'_{m+1}$。请注意，m 可以等于 0，实际上这种情况很常见。

例 11.7　把 i 当作外层循环，例 11.6 中的循环嵌套结构的迭代按照图 11-12 所示的顺序执行。□

[0,0],	[0,1],	[0,2],	[0,3],	[0,4],	[0,5],	[0,6],	[0,7]
	[1,1],	[1,2],	[1,3],	[1,4],	[1,5],	[1,6],	[1,7]
		[2,2],	[2,3],	[2,4],	[2,5],	[2,6],	[2,7]
			[3,3],	[3,4],	[3,5],	[3,6],	[3,7]
				[4,4],	[4,5],	[4,6],	[4,7]
					[5,5],	[5,6],	[5,7]

图 11-12　图 11-10 中的循环嵌套的迭代的执行顺序

11.3.3　不等式组的矩阵表示方法

在一个深度为 d 的循环嵌套中的迭代可以用数学方式表示为

$$\{\boldsymbol{i}\ 在\ Z^d\ 中 \mid \boldsymbol{B}\boldsymbol{i}+\boldsymbol{b}\geqslant \boldsymbol{0}\} \tag{11.1}$$

其中：

1）Z（按照数学惯例）表示整数的集合——包括正整数、负整数和零。

2）$\boldsymbol{B}$ 是一个 $d\times d$ 的整数矩阵。

3）$\boldsymbol{b}$ 是一个长度为 d 的整数向量。

4）$\boldsymbol{0}$ 是一个由 d 个零组成的向量。

例 11.8 我们可以把例 11.6 中的不等式写成图 11-13 中的形式。也就是说，i 的范围用 $i \geqslant 0$ 和 $i \leqslant 5$ 表示；j 的范围用 $j \geqslant i$ 和 $j \leqslant 7$ 表示。我们要求这些不等式都能写成 $ui+vj+w \geqslant 0$ 的形式。然后，$[u, v]$ 变成了不等式(11.1)中矩阵 $\boldsymbol{B}$ 的一行，w 变成向量 $\boldsymbol{b}$ 中的相应元素。比如，$i \geqslant 0$ 就是这种形式，其中 $u=1$，$v=0$，$w=0$。这个不等式用图 11-13 中 $\boldsymbol{B}$ 的第一行和 $\boldsymbol{b}$ 的顶端元素表示。

$$\begin{bmatrix} 1 & 0 \\ -1 & 0 \\ -1 & 1 \\ 0 & -1 \end{bmatrix} \begin{bmatrix} i \\ j \end{bmatrix} + \begin{bmatrix} 0 \\ 5 \\ 0 \\ 7 \end{bmatrix} \geqslant \begin{bmatrix} 0 \\ 0 \\ 0 \\ 0 \end{bmatrix}$$

图 11-13 矩阵向量乘法和一个向量的不等式,表示用于定义一个迭代空间的不等式组

看另一个例子，不等式 $i \leqslant 5$ 等价于 $(-1)i+(0)j+5 \geqslant 0$，它由图 11-13 中 $\boldsymbol{B}$ 和 $\boldsymbol{b}$ 的第二行表示。另外，$j \geqslant i$ 变成了 $(-1)i+(1)j+0 \geqslant 0$，由第三行表示。最后，$j \leqslant 7$ 变成 $(0)i+(-1)j+7 \geqslant 0$，由图中矩阵和向量的最后一行表示。 □

处理不等式

为了像例 11.8 中那样转换不等式，我们可以像处理等式一样进行转换。比如，在不等式两边都增加或减少同样的值，或将两边都乘以同样的常量。我们必须记住的唯一特殊规则是，当我们把不等式两边都乘以一个负数的时候，必须改变不等号的方向。因此，$i \leqslant 5$ 乘以 -1 就变成 $-i \geqslant -5$。给不等式两边都加上 5 得到 $-i+5 \geqslant 0$，实际上就是图 11-13 的第二行。

11.3.4 混合使用符号常量

有时我们需要对涉及某些变量的循环嵌套结构进行优化，这些变量对于该嵌套中的所有循环都是循环不变的。我们把这样的变量称为*符号常量*(symbolic constant)，但是为了描述一个迭代空间的边界，我们需要把它们当作变量进行处理，并在循环下标变量组成的向量中为它们创建一个条目。这个向量就是通用不等式(11.1)中的向量 $\boldsymbol{i}$。

例 11.9 考虑下面的简单循环：

```
for (i = 0; i <= n; i++) {
    ...
}
```

这个循环定义了一个一维的迭代空间，下标变量是 i，界限是 $i \geqslant 0$ 和 $i \leqslant n$。因为 n 是一个符号常量，我们需要把它当作一个变量包括进来，得到一个循环下标的向量 $[i,n]$。按照矩阵－向量的形式，这个迭代空间被定义为

$$\left\{ i \text{ 在 } Z \text{ 中} \;\middle|\; \begin{bmatrix} -1 & 1 \\ 1 & 0 \end{bmatrix} \begin{bmatrix} i \\ n \end{bmatrix} \geqslant \begin{bmatrix} 0 \\ 0 \end{bmatrix} \right\}$$

请注意，虽然数组下标的向量具有两个维度，但它们中只有表示 i 的第一维是输出部分，即迭代空间的点集。

11.3.5 控制执行的顺序

从一个循环体的上下界中抽取到的线性不等式定义了一个凸多面体上的迭代的集合。这个表示方法并没有假定在迭代空间中的迭代之间的任何执行顺序。原程序在迭代之上强加了一个串行顺序，该顺序就是按照从外到内方式排列的循环下标变量取值的词典排序。但是，只要遵守它们之间的数据依赖关系(即循环嵌套结构中不同赋值语句所执行的对任一数组元素的写/读操

作的顺序没有改变)，就可以按照任何顺序执行该空间中的迭代。

如何选择一个既遵守数据依赖关系，又能优化数据局部性和并行性的顺序是很困难的问题，我们稍后将从 11.7 节开始处理这个问题。这里我们假设已经有了一个合法且令人满意的排序，说明如何生成遵守这个顺序的代码。首先让我们讨论例 11.6 中的另一个排序。

例 11.10 在例 11.6 的程序中，迭代之间没有数据依赖关系。因此，可以用串行或者并行的方式执行这些迭代。因为在此代码中迭代$[i,j]$访问了元素 $Z[j,i]$，原程序按照图 11-14a 中的顺序访问数组。为了提高空间局部性，我们更愿意像图 11-14b 所显示的那样连续地访问数组中的邻近元素。

Z[0,0],	Z[1,0],	Z[2,0],	Z[3,0].	Z[4,0],	Z[5,0],	Z[6,0],	Z[7,0]
	Z[1,1],	Z[2,1],	Z[3,1],	Z[4,1],	Z[5,1],	Z[6,1],	Z[1,7]
		Z[2,2],	Z[3,2],	Z[4,2],	Z[5,2],	Z[6,2],	Z[7,2]
			Z[3,3],	Z[4,3],	Z[5,3],	Z[6,3],	Z[7,3]
				Z[4,4],	Z[5,4],	Z[6,4],	Z[7,4]
					Z[5,5],	Z[6,5],	Z[7,5]

a) 原来的访问顺序

Z[0,0]					
Z[1,0],	Z[1,1]				
Z[2,0],	Z[2,1],	Z[2,2]			
Z[3,0],	Z[3,1],	Z[3,2],	Z[3,3]		
Z[4,0],	Z[4,1],	Z[4,2],	Z[4,3],	Z[4,4]	
Z[5,0],	Z[5,1],	Z[5,2],	Z[5,3],	Z[5,4],	Z[5,5]
Z[6,0],	Z[6,1],	Z[6,2],	Z[6,3],	Z[6,4],	Z[6,5]
Z[7,0],	Z[7,1],	Z[7,2],	Z[7,3],	Z[7,4],	Z[7,5]

b) 更好的访问顺序

[0,0]					
[0,1],	[1,1]				
[0,2],	[1,2],	[2,2]			
[0,3],	[1,3],	[2,3],	[3,3]		
[0,4],	[1,4],	[2,4],	[3,4],	[4,4]	
[0,5],	[1,5],	[2,5],	[3,5],	[4,5],	[5,5]
[0,6],	[1,6],	[2,6],	[3,6],	[4,6],	[5,6]
[0,7],	[1,7],	[2,7],	[3,7],	[4,7],	[5,7]

c) 更好的迭代顺序

图 11-14 一个循环嵌套结构的访问和迭代的重新排序

如果我们按照图 11-14c 中的顺序执行循环的迭代，就能够得到上面的访问模式。也就是说，我们垂直地(而不是水平地)扫描图 11-11 中的迭代空间，因此 j 变成了外层循环的下标。按照上面的顺序执行这些迭代的代码是

```
for (j = 0; j <= 7; j++)
    for (i = 0; i <= min(5,j); i++)
        Z[j,i] = 0;
```

□

给定一个凸多面体和一个下标变量的排序，我们该如何生成循环的界限，使得循环能够按照这些变量的词典排序扫描这个迭代空间？在上面的例子中，约束 $i \leqslant j$ 在原程序中是作为内层循环下标 j 的下界出现的，但是在转换得到的程序中它作为内层循环下标 i 的上界出现。

最外层循环的界限是用符号常量和常量的线性组合来表示的，它定义了该循环下标的全部取值的范围。内层循环的下标变量的界限用较外层循环的下标变量、符号常量和常量的线性组合来表示。对于给定的较外层循环下标变量的每个取值组合，它们定义了该循环下标变量的取值范围。

投影

从几何学的角度来讲，我们可以把表示迭代空间的凸多面体投影(projectiog)到该空间中对应于较外层循环的维度上，以得到一个深度为 2 的循环嵌套结构中外层循环下标变量的循环界限。直观地讲，一个多面体在一个较低维度空间的投影就是该物体在这个空间中的影子。图 11-11 中的二维迭代空间到 i 轴上的投影是从 0 到 5 的垂直线；而到 j 轴的投影是从 0 到 7 的水平

线。当我们把一个 3 维物体沿着 z 轴投影到一个二维的 $x-y$ 的平面上时，我们消除变量 z，失去了各个点的高度信息，而仅仅记录下该物体在 $x-y$ 平面上的二维覆盖区域。

循环界限生成只是投影的多种用途之一。投影的正式定义如下。令 S 为一个 n 维多面体。S 到它的前 m 个维度的投影是满足如下条件的点 $(x_1, x_2, \cdots, x_m)$：存在 $x_{m+1}, x_{m+2}, \cdots, x_n$ 使得向量 $[x_1, x_2, \cdots, x_n]$ 在 S 中。我们可以使用 Fourier-Motzkin 消除算法来计算投影。下面介绍该算法。

算法 11.11 Fourier-Motzkin 消除算法。

输入： 一个带有变量 $x_1, x_2, \cdots, x_n$ 的多面体 S。也就是说，S 是关于变量 x_i 的一组线性约束。一个给定的变量 x_m 是被指定需要消除的变量。

输出： 一个关于变量 $x_1, x_2, \cdots x_{m-1}, x_{m+1}, \cdots, x_n$（即除 x_m 之外的所有 S 的变量）的多面体 S'。S' 是 S 到除第 m 个维度之外的所有维度的投影。

方法： 令 C 是 S 中所有涉及 x_m 的约束的集合。执行下列步骤：

1）对于 C 中关于 x_m 的每一对上界和下界，比如

$$L \leqslant c_1 x_m$$
$$c_2 x_m \leqslant U$$

建立一个新的约束

$$c_2 L \leqslant c_1 U$$

请注意，c_1 和 c_2 是整数，但 L 和 U 可能是关于除 x_m 之外的其他变量的表达式。

2）如果整数 c_1 和 c_2 有公因子，将上面约束的两边都除以这个因子。

3）如果新的约束是不可满足的，那么 S 无解，即多面体 S 和 S' 都是空的空间。

4）S' 是约束集合 $S-C$ 加上在第 2 步中生成的所有约束。

顺便说一下，如果 x_m 具有 u 个下界和 v 个上界，消除 x_m 最多会产生 uv 个不等式。 □

在算法 11.11 的第一步中引入的约束对应于约束集合 C 所蕴涵的对系统中其余变量的约束。因此，S' 中有一个解的充要条件是 S 中至少有一个对应的解。给定 S' 中的一个解，把约束集合 C 中除了 x_m 之外的所有变量替换为它们在这个解中的实际取值，就可以得到 x_m 的取值范围。

例 11.12 考虑定义了图 11-11 中的迭代空间的不等式组。假设我们希望使用 Fourier-Motzkin 消除算法来消除 i 维度，从而把这个二维空间投影到 j 维度上。存在一个 i 的下界 $0 \leqslant i$ 和两个上界 $i \leqslant j$ 和 $i \leqslant 5$。这可以生成两个约束 $0 \leqslant j$ 和 $0 \leqslant 5$。后一个约束是永真式，可以忽略。前一个约束给出了 j 的下界，j 的上界就是原来的上界 $j \leqslant 7$。 □

循环界限的生成

既然我们已经定义了 Fourier-Motzkin 消除算法，生成循环界限来遍历一个凸多面体的算法（算法 11.13）就很容易得到了。我们按照从最内层到最外层循环的顺序计算循环界限。所有涉及最内层循环下标变量的不等式都被改写成为该变量的下上界的形式。然后，我们通过投影消除代表了最内层循环的维度，得到减少了一个维度的多面体。我们重复这个过程，直到找出所有循环下标变量的界限。

算法 11.13 给定一组变量的顺序，计算这些变量的界限。

输入： 一个在变量 $v_1, v_2, \cdots, v_n$ 之上的凸多面体 S。

输出： 每个变量 v_i 的下界 L_i 和上界 U_i，这些界限只使用排在 v_i 之前的变量 $v_j (j<i)$ 来表示。

方法： 该算法在图 11-15 中描述。 □

```
Sn = S; /* 使用算法 11.11 来计算循环界限 */
for ( i = n; i ≥ 1; i - - ) {
        Lvi = Si 中 vi 的所有下界;
        Uvi = Si 中 vi 的所有上界;
        Si-1 = 将算法 11.11 应用于消除约束集合 Si 中的 vi 后得到
               的约束集合;
}
/* 消除冗余性 */
S' = ∅;
for ( i = 1; i ≤ n; i + + ) {
        消除所有由 S' 蕴涵的 Lvi 和 Uvi 中的界限;
        把 Lvi 和 Uvi 中其余关于 vi 的约束加到 S' 中。
}
```

图 11-15 按照一个给定的变量顺序表示变量界限的代码

例 11.14 我们应用算法 11.13 来生成用于垂直扫描图 11-11 中的迭代空间的循环界限。下标变量的顺序是 j, i。该算法生成了如下的界限：

$$L_i: 0$$
$$U_i: 5, j$$
$$L_j: 0$$
$$U_j: 7$$

我们要满足所有这些约束，因此 i 的上界是 $\min(5,j)$。这个例子中没有冗余的界限。 □

11.3.6 坐标轴的变换

请注意，上面讨论的对迭代空间进行水平扫描或垂直扫描只是两种最常见的访问迭代空间的方法。还有很多其他的可行方法，比如，我们可以按照逐条斜线的方式来扫描例 11.6 中的迭代空间。下面的例 11.15 就讨论这种扫描方法。

例 11.15 我们可以按照逐条斜线的方式来扫描图 11-11 中的迭代空间，使用的顺序如图 11-16 所示。每条斜线上的点的坐标 j 和 i 之间的差值是一个常量。开始的时候这个差值是 0，而结束的时候是 7。因此，我们定义一个新的变量 $k=j-i$，并按照针对 k, j 的词典顺序来扫描上面的迭代空间。在不等式中用 $j-k$ 替代 i，我们得到：

$$0 \leq j-k \leq 5$$
$$j-k \leq j \leq 7$$

[0,0],	[1,1],	[2,2],	[3,3],	[4,4],	[5,5]
[0,1],	[1,2],	[2,3],	[3,4],	[4,5],	[5,6]
[0,2],	[1,3],	[2,4],	[3,5],	[4,6],	[5,7]
[0,3],	[1,4],	[2,5],	[3,6],	[4,7]	
[0,4],	[1,5],	[2,6],	[3,7]		
[0,5],	[1,6],	[2,7]			
[0,6],	[1,7]				
[0,7]					

图 11-16 图 11-11 的迭代空间的斜向排序

要为上面描述的顺序建立循环界限，可以对上面的不等式集合按照变量顺序 k、j 应用算法 11.13，得到

$$L_j: k$$
$$U_j: 5+k, 7$$
$$L_k: 0$$
$$U_k: 7$$

根据这些不等式，我们可以生成下列代码。在访问数组的时候，i 被替换为 $j-k$。

```
for (k = 0; k <= 7; k++)
    for (j = k; j <= min(5+k,7); j++)
        Z[j,j-k] = 0;
```

□

一般来说，我们可以通过创建新的循环下标变量并定义这些变量的顺序，从而改变一个多面体的坐标轴。这些新的循环下标变量表示了原来变量的仿射组合。这个问题的难点在于如何选择适当的坐标轴，使得在满足数据依赖关系的同时达到并行性和局部性目标。我们将从 11.7 节开始讨论这个问题。在这里，我们的结果表明一旦选择好坐标轴，就可以像例 11.15 所示那样直接生成想要的代码。

还有很多遍历 - 迭代的顺序不能使用这个技术处理。比如，我们可能希望首先访问一个迭代空间中的奇数行，然后再访问其偶数行。或者我们可能想从迭代空间的中间开始然后逐渐到达边缘地带。但是，对于具有仿射访问函数的应用程序而言，这里描述的技术覆盖了人们期望的大部分迭代排序。

11.3.7 11.3 节的练习

练习 11.3.1：把下面的循环转换成为另一种形式，其中循环下标每次增加 1：

1) `for (i=10; i<50; i=i+7) X[i,i+1] = 0;`

2) `for (i= -3; i<=10; i=i+2) X[i] = X[i+1];`

3) `for (i=50; i>=10; i--) X[i] = 0;`

练习 11.3.2：画出或描述下面的每个循环嵌套结构的迭代空间：

1）图 11-17a 中的循环嵌套结构。

2）图 11-17b 中的循环嵌套结构。

3）图 11-17c 中的循环嵌套结构。

```
for (i = 1; i < 30; i++)
    for (j = i+2; j < 40-i; j++)
        X[i,j] = 0;
```

a) 练习11.3.2(1)的循环嵌套结构

```
for (i = 10; i <= 1000; i++)
    for (j = i; j < i+10; j++)
        X[i,j] = 0;
```

b) 练习11.3.2(2)的循环嵌套结构

```
for (i = 0; i < 100; i++)
    for (j = 0; j < 100+i; j++)
        for (k = i+j; k < 100-i-j; k++)
            X[i,j,k] = 0;
```

c) 练习11.3.2(3)的循环嵌套结构

图 11-17 练习 11.3.2 的循环嵌套结构

练习 11.3.3：按照(11.1)的形式写出图 11-17 中的每个循环嵌套结构所蕴涵的约束。也就是给出向量 **i** 和 **b** 以及矩阵 **B** 的值。

练习 11.3.4：颠倒图 11-17 中的各个嵌套结构的循环嵌套顺序。

练习 11.3.5：使用 Fourier-Motzkin 消除算法从练习 11.3.3 中得到的各个约束集合中消除 i。

练习 11.3.6：使用 Fourier-Motzkin 消除算法从练习 11.3.3 中得到的各个约束集合中消除 j。

练习 11.3.7：对于图 11-17 中的每个循环嵌套结构，改写相应的代码，使得坐标轴 i 被替换为主对角线，即新的坐标轴可以用 $i=j$ 描述。新的坐标轴应该对应于最外层循环。

练习 11.3.8：对于下列的坐标轴变换，重复练习 11.3.7：

1）将 i 替换为 $i+j$，即新的坐标轴的方向是 $i+j$ 等于常量的直线。新的坐标轴对应于最外层的循环。

2）将 j 替换为 $i-2j$。新的坐标轴对应于最外层循环。

！**练习 11.3.9**：在下列循环中，令 A、B 和 C 为常整数并且 $C>1$，$B>A$：

```
for (i = A; i <= B; i = i + C)
    Z[i] = 0;
```

改写这个循环使得该循环的下标变量的增量为 1，并且初值为 0。也就是说，新循环的形式如下：

```
for (j = 0; j <= D; j++)
    Z[E*j + F] = 0;
```

其中 D、E、F 为整数。把 D、E、F 表示为 A、B、C 的表达式。

练习 11.3.10：对于一个通用的深度为 2 的循环嵌套结构

```
for (i = 0; i <= A; i++)
    for(j = B*i+C; j <= D*i+E; j++)
```

其中 A 到 E 是常整数。以矩阵－向量的形式，即 $\mathbf{Bi}+\mathbf{b}=\mathbf{0}$ 的形式写出这个循环嵌套结构的迭代空间的约束。

练习 11.3.11：对于如下的带有整数符号常量 m 和 n 的通用的深度为 2 的循环嵌套结构

```
for (i = 0; i <= m; i++)
    for(j = A*i+B; j <= C*i+n; j++)
```

重复练习 11.3.10。和前面一样，A、B 和 C 表示特定的整数常量。只有 i、j、m 和 n 可以在未知量的向量中出现。另外请记住，只有 i 和 j 是表达式的输出变量。

11.4 仿射的数组下标

本章关注的是仿射数组访问，即每个数组下标都被表示为循环下标和符号常量的仿射表达式。仿射函数提供了从迭代空间到数据空间的简明的映射关系，这使得我们容易确定哪些迭代被映射到同一个数据或同一个高速缓存线。

就像一个循环的仿射上下界可以表示成一个矩阵－向量的计算一样，我们可以使用同样的方法来处理仿射访问函数。只要把仿射访问函数表示成矩阵－向量的形式，我们就可以应用标准的线性代数技术来寻找相关的信息，比如被访问数据的维度以及哪些迭代指向同一个数据。

11.4.1 仿射访问

如果下列条件成立，我们就说一个循环中的一个数组访问是*仿射的*。

1）该循环的上下界被表示为外围循环变量和符号常量的仿射表达式，且

2）该数组的每个维度的下标也是外围循环变量和符号常量的仿射表达式。

例 11.16 假设 i 和 j 是循环下标变量，其上下界通过仿射表达式给出。仿射数组访问的例子有 $Z[i]$，$Z[i+j+1]$，$Z[0]$，$Z[i,i]$ 和 $Z[2*i+1,3*j-10]$。如果 n 是一个循环嵌套结构中的符号常量，那么 $Z[3*n,n-j]$ 是仿射数组访问的另一个例子。但是 $Z[i*j]$ 和 $Z[n*j]$ 不是仿射访问。□

每个仿射数组访问可以用两个矩阵和两个向量来描述。第一个矩阵－向量对是 $\mathbf{B}$ 和 $\mathbf{b}$，它们以式(11.1)中的不等式的方式描述了该访问的迭代空间。我们通常用 $\mathbf{F}$ 和 $\mathbf{f}$ 来表示第二对矩阵－向量对。它们表示循环下标变量的函数，这些函数生成了在数组访问的不同维度中使用的数组下标。

正式地说，我们把使用了下标变量向量 $\mathbf{i}$ 的一个循环嵌套结构中的数组访问表示为一个四元组 $\mathscr{F}=\langle \mathbf{F},\mathbf{f},\mathbf{B},\mathbf{b}\rangle$；它把界限

$$\mathbf{Bi}+\mathbf{b}\geqslant\mathbf{0}$$

中的向量 $\mathbf{i}$ 映射到数组元素位置

$$\mathbf{Fi}+\mathbf{f}$$

例 11.17 图 11-18 中是一些常见的用矩阵表示法表示的数组访问。两个循环下标 i 和 j 组成了向量 $\boldsymbol{i}$。另外，X、Y 和 Z 分别是维度为 1、2 和 3 的数组。

第一个数组访问 $X[i-1]$ 由一个 1×2 的矩阵 $\boldsymbol{F}$ 和一个长度为 1 的向量 $\boldsymbol{f}$ 表示。请注意，当我们执行矩阵 - 向量乘法并加到 $\boldsymbol{f}$ 中时，我们得到一个函数 $i-1$。这个函数就是前面提到的对一维数组 X 进行访问所使用的公式。同时请注意，第三个访问 $Y[j, j+1]$ 在进行矩阵 - 向量乘法和加法之后，得到一个函数对 $(j, j+1)$。它们就是这个二维数组访问的下标。

最后，我们观察第四个数组访问 $Y[1,2]$。这个访问是一个常量，毫无疑问，矩阵 $\boldsymbol{F}$ 是全零矩阵。因此，循环下标的向量 **i** 没有出现在访问函数中。□

数组访问	仿射表达式
`X[i-1]`	$\begin{bmatrix} 1 & 0 \end{bmatrix} \begin{bmatrix} i \\ j \end{bmatrix} + \begin{bmatrix} -1 \end{bmatrix}$
`Y[i,j]`	$\begin{bmatrix} 1 & 0 \\ 0 & 1 \end{bmatrix} \begin{bmatrix} i \\ j \end{bmatrix} + \begin{bmatrix} 0 \\ 0 \end{bmatrix}$
`Y[j,j+1]`	$\begin{bmatrix} 0 & 1 \\ 0 & 1 \end{bmatrix} \begin{bmatrix} i \\ j \end{bmatrix} + \begin{bmatrix} 0 \\ 1 \end{bmatrix}$
`Y[1,2]`	$\begin{bmatrix} 0 & 0 \\ 0 & 0 \end{bmatrix} \begin{bmatrix} i \\ j \end{bmatrix} + \begin{bmatrix} 1 \\ 2 \end{bmatrix}$
`Z[1,i,2*i+j]`	$\begin{bmatrix} 0 & 0 \\ 1 & 0 \\ 2 & 1 \end{bmatrix} \begin{bmatrix} i \\ j \end{bmatrix} + \begin{bmatrix} 1 \\ 0 \\ 0 \end{bmatrix}$

图 11-18　一些数组访问和它们的矩阵 - 向量表示

11.4.2　实践中的仿射访问和非仿射访问

在数值计算程序中，有一些常见的数据访问模式不是仿射的。涉及稀疏矩阵的程序是一个重要的例子。稀疏矩阵的常用表示方法之一是只保存一个向量中的非零元素，并使用辅助的下标数组来记录某一行从哪里开始，以及哪些列包含非零元素。访问这样的数据时要使用间接数组访问。这种类型的访问，比如 $X[Y[i]]$，是对数组 X 的非仿射访问。如果矩阵的稀疏情况是有规律的，比如在一个带状矩阵中只有在对角线周围才有非零元素，那么可以使用紧密数组来表示带有非零元素的子区域。在这样的情况下，数组访问仍可能是仿射的。

另一个常见的非仿射访问的例子是线性化的数组。程序员有时使用一个线性数组来存放一个在逻辑上多维的对象。这么做的原因之一是多维数组的维度可能在编译时刻未知。在正常情况下写成 $Z[i,j]$ 形式的访问现在变成了 $Z[i*n+j]$，其下标是一个二次函数。如果对线性化数组的每个访问都可以被分解为不同维度的分量并保证每个分量都不会超过维度界限，那么我们可以把这个线性访问转换成为一个多维的访问。最后，如例 11.18 所示，我们注意到可以使用归纳变量分析把一些非仿射访问转换成为仿射访问。

例 11.18 我们可以把下面的代码

```
j = n;
for (i = 0; i <= n; i++) {
    Z[j] = 0;
    j = j+2;
}
```

写成

```
j = n;
for (i = 0; i <= n; i++) {
    Z[n+2*i] = 0;
}
```

这样做使得这个对矩阵 Z 的访问变成仿射的。□

11.4.3　11.4 节的练习

练习 11.4.1： 对于下面的每个数组访问，给出描述它们的向量 $\boldsymbol{f}$ 和矩阵 $\boldsymbol{F}$。假设下标向量 $\boldsymbol{i}$

是 $i,j,\cdots$，并且所有的循环下标都有仿射的界限。

1) $X[2*i+3, 2*j-i]$

2) $Y[i-j, j-k, k-i]$

3) $Z[3, 2*j, k-2*i+1]$

11.5 数据复用

从数组访问函数中我们得到了两种可用于局部性优化和并行化的有用信息：

1）*数据复用*：对于局部性优化，我们希望识别出访问相同数据或相同高速缓存线的迭代集合。

2）*数据依赖*：为了并行化和局部性循环转换的正确性，我们希望找出代码中的所有数据依赖关系。回顾一下，如果两个(不一定不同的)访问的实例可能指向相同的内存位置，并且其中至少有一个是写运算，那么这两个访问之间具有数据依赖关系。

在很多情况下，只要我们找到了复用相同数据的迭代，就知道它们之间必然存在数据依赖关系。

只要存在数据依赖关系，显然就会有相同的数据被复用。比如，在矩阵乘法中，输出数组中的同一个元素被写 $O(n)$ 次。这些写运算必须按照原来的顺序执行[⊖]，我们可以分配一个寄存器，令它在计算输出数组的一个元素时存放该元素。这个就可以利用这个数据复用机会。

不过，并不是所有的数据复用都可以用到局部性优化中，下面的例子说明了这个问题。

例 11.19 考虑下面的循环：

```
for (i = 0; i < n; i++)
    Z[7*i+3] = Z[3*i+5];
```

我们观察到这个循环在每次迭代时都对不同的内存位置进行写运算，因此在不同的写操作之间没有复用或者依赖关系。但是，这个循环从位置 5、8、11、14、17、…读取数据，而向位置 3、10、17、24…写入数据。不同迭代的读运算和写运算访问了共同的元素 17、38 和 59…。也就是说，对于 $j=0,1,2,\cdots$，形如 $17+21j(j=0,1,2,\cdots)$ 的整数就是所有既可以写作 $7i_1-3$，又可以写作 $3i_2+5$ 的整数，这里 i_1, i_2 是两个整数。但是这种复用很少发生，因此即使有可能利用这种复用，也不容易做到。 □

数据依赖和复用分析的不同之处在于：具有数据依赖关系的访问中必须有一个访问是写访问。更重要的是，数据依赖关系必须既正确又精确。为了保持正确性，它必须找到所有的依赖关系。但是，它又不应该找出假的依赖关系，因为这些假依赖关系会引起不必要的串行执行。

考虑数据复用时，我们只需要找出大部分可利用的复用在哪里。这个问题就简单多了，因此我们在本节中就讨论这个主题，接下来再讨论数据依赖问题。因为循环界限很少改变复用区域的形状，所以可以通过忽视循环界限来简化对复用的分析。可以被仿射分划利用的很多数据复用位于相同数组访问的不同实例之间，以及使用相同的*系数矩阵*(即在仿射下标函数中通常被称为 **F** 的矩阵)的访问之间。上面介绍过，像 $7i+3$ 和 $3i+5$ 这样的访问模式没有令人感兴趣的复用。

11.5.1 数据复用的类型

我们首先用例 11.20 来说明不同种类的数据复用。在下面的内容中，我们需要区分作为程序

⊖ 这里有一个微妙之处。根据加法的交换率，不管我们按照什么顺序执行加法，我们依然得到相同的结果。但是，这种情况是很特别的。一般来说，让编译器来决定在一个写运算之前的一系列算术运算步骤完成哪些计算过于复杂。我们也不能依赖于会有任何代数规则来帮助我们安全地重新排列这些步骤。

中的一个指令的访问（比如 $x = Z[i,j]$）和我们执行循环嵌套结构时指令的多次执行。为了强调它们之间的区别，我们将把访问指令本身称为*静态访问*(static access)，而当我们执行该循环嵌套结构时该语句的多次迭代称为*动态访问*(dynamic access)。

数据复用可以分为*自复用*和*组复用*两种。如果复用同样数据的多个迭代源于同一个静态访问，我们就把这样的复用称为自复用；如果它们源于不同的静态访问，那么我们称这个复用为组复用。如果一个复用指向完全相同的位置，那么它就是*时间复用*；如果指向同一个高速缓存线，那么它就是*空间复用*。

例 11.20 考虑下面的循环嵌套结构：

```
float Z[n];
for (i = 0; i < n; i++)
    for (j = 0; j < n; j++)
        Z[j+1] = (Z[j] + Z[j+1] + Z[j+2])/3;
```

数组访问 $Z[j]$、$Z[j+1]$ 和 $Z[j+2]$ 都具有自空间复用性，因为同一个访问的连续迭代指向连续的数组元素。我们假定连续元素很可能存放在同一个高速缓存线中。另外，这些访问都具有自时间复用性，因为在外层循环的每次迭代中，同一个元素被多次使用。再者，它们都具有同样的系数矩阵，因此具有组复用性。在不同的访问之间具有组复用性，而且既是时间性复用，又是空间性复用。当这些复用都可以利用时，虽然在代码中有 $4n^2$ 次访问，我们只需要把大约 n/c 个高速缓存线加载到高速缓存中即可，其中 c 是一个高速缓存线中的内存字的数量。因为具有自空间复用性，我们从 $4n^2$ 中消除了一个因子 n；因为存在空间局部性，我们又把加载次数降低了 c 倍；最后因为组复用的原因又降低了 4 倍。 □

下面我们说明如何使用线性代数从仿射数组访问中抽取复用信息。我们感兴趣的不仅仅是找出有多大的提高性能的潜力，而且要找出哪些迭代在复用数据，以便把这些迭代移近从而利用这些复用。

11.5.2 自复用

通过利用自复用可以有效节约在内存访问方面的开销。如果一个静态访问所指向的数据具有 k 个维度，且这个访问嵌套在一个深度为 $d(d>k)$ 的循环结构中，那么同一个数据可以被复用 n^{d-k} 次。其中，n 是每个循环的迭代次数。比如，如果一个深度为 3 的循环嵌套结构访问一个数组的某一列，那么访问节约系数就可能达到 n^2。实际上，一个访问的维度和这个访问的系数矩阵的秩相对应。我们可以通过寻找该矩阵的*零空间*来找出哪些迭代指向同一个位置。具体方法在下面解释。

矩阵的秩

矩阵 $\boldsymbol{F}$ 的秩是 $\boldsymbol{F}$ 的线性无关列(或者等价地，行)的最大数目。一个向量集合被称为*线性无关*(linearly independent)的条件是没有向量可以被写成该集合中有限多个其他向量的线性组合。

例 11.21 考虑矩阵

$$\begin{bmatrix} 1 & 2 & 3 \\ 5 & 7 & 9 \\ 4 & 5 & 6 \\ 2 & 1 & 0 \end{bmatrix}$$

请注意，第二行是第一和第三行的和，而第四行是第三行减去第一行的两倍。但是，第一行和第三行是线性独立的；其中的任何一行都不是另一行的倍数。因此，矩阵的秩是 2。

我们也可以通过检查各列来得到这个结果。第三列是第二列的两倍减去第一列。另一方面，

任何两列都是线性独立的。我们同样可以确定矩阵的秩为 2。□

例 11.22 我们看一下图 11-18 中的数组访问。第一个访问 $X[i-1]$ 的维度为 1，因为矩阵 $[1\ 0]$ 的秩为 1。也就是说，唯一的一行是线性独立的，同样第一列也是线性独立的。

第二个访问 $Y[i,j]$ 的维度为 2。原因是矩阵

$$\begin{bmatrix} 1 & 0 \\ 0 & 1 \end{bmatrix}$$

具有两个独立的行（当然，因此也具有两个独立的列）。

第三个访问 $Y[j,j+1]$ 的维度为 1，因为矩阵

$$\begin{bmatrix} 0 & 1 \\ 0 & 1 \end{bmatrix}$$

的秩为 1。请注意，矩阵中的两行是相同的，因此只有一行是线性独立的。等价地，第一列是第二列乘以 0，因此这两列不是独立的。直观地讲，在一个大的正方形数组 Y 中，所有被访问的元素都排列在紧靠主对角线之上的一条斜线上。

第四个访问 $Y[1,2]$ 的维度为 0，因为一个全零矩阵的秩为 0。请注意，对于这样的一个矩阵，我们找不出非零的矩阵的行（哪怕只有一行）的线性和。最后一个访问 $Z[i,i,2*i+j]$ 的维度为 2。请注意在这个访问的矩阵

$$\begin{bmatrix} 0 & 0 \\ 1 & 0 \\ 2 & 1 \end{bmatrix}$$

中，最后两行是线性独立的，任何一行都不是另一行的倍数。但是，第一行是另两行的线性"和"，其中的系数都是 0。□

矩阵的零空间

在一个深度为 d 的循环嵌套结构中的秩为 r 的数据引用在 $O(n^d)$ 个迭代中访问了 $O(n^r)$ 个数据元素，因此平均一定有 $O(n^{d-r})$ 个迭代指向同一个数组元素。哪些迭代访问了同一个数据呢？假设在这个循环嵌套结构中的一个访问用 $\boldsymbol{F}$ 和 $\boldsymbol{f}$ 的矩阵－向量组合来表示。令 $\boldsymbol{i}$ 和 $\boldsymbol{i}'$ 为指向同一个数组元素的两个迭代，那么 $\boldsymbol{Fi}+\boldsymbol{f}=\boldsymbol{Fi}'+\boldsymbol{f}$。重新排列这个等式中的各项，我们得到

$$\boldsymbol{F}(\boldsymbol{i}-\boldsymbol{i}')=\boldsymbol{0}$$

有一个众所周知的线性代数概念可以刻划 $\boldsymbol{i}$ 和 $\boldsymbol{i}'$ 在什么时候满足上述等式。满足等式 $\boldsymbol{Fv}=\boldsymbol{0}$ 的所有解的集合称为 $\boldsymbol{F}$ 的零空间。因此，如果两个迭代的循环下标向量的差属于矩阵 $\boldsymbol{F}$ 的零空间，那么它们指向同一个数组元素。

显然，零向量 $\boldsymbol{v}=\boldsymbol{0}$ 总是满足 $\boldsymbol{Fv}=0$。也就是说，如果两个向量的差为 $\boldsymbol{0}$，那么它们一定指向同一个数组元素。换句话说，如果它们实际上是同一个迭代，它们就指向同一个元素。另外，零空间确实是一个向量空间。也就是说，如果 $\boldsymbol{Fv}_1=\boldsymbol{0}$ 且 $\boldsymbol{Fv}_2=\boldsymbol{0}$，那么 $\boldsymbol{F}(\boldsymbol{v}_1+\boldsymbol{v}_2)=0$ 且 $\boldsymbol{F}(c\boldsymbol{v}_1)=0$。

如果矩阵 $\boldsymbol{F}$ 是全秩的（fully ranked），也就是说它的秩为 d，那么 $\boldsymbol{F}$ 的零空间只包含零向量。在这种情况下，一个循环嵌套的各个迭代指向不同的数据。一般来说，零空间的维度，或者说零数（nullity），就是 $d-r$。如果 $d>r$，那么对于每个元素，访问该元素的迭代组成一个 $(d-r)$ 维空间。

零空间可以用它的基本向量表示。一个 k 维的零空间可以由 k 个独立的向量表示，任何可以被表示为这些基本向量的线性组合的向量都属于这个空间。

例 11.23 重新考虑例 11.21 的矩阵

$$\begin{bmatrix}1 & 2 & 3\\5 & 7 & 9\\4 & 5 & 6\\2 & 1 & 0\end{bmatrix}$$

在例 11.21 中，我们确定这个矩阵的秩为 2，因此其零数为 3 - 2 = 1。在这个例子中，零空间的基本向量必然是一个长度为 3 的非零向量。为了找到这个零空间的基本向量，我们假设零空间中的一个向量为 $[x,y,z]$，并尝试求解下面的方程

$$\begin{bmatrix}1 & 2 & 3\\5 & 7 & 9\\4 & 5 & 6\\2 & 1 & 0\end{bmatrix}\begin{bmatrix}x\\y\\z\end{bmatrix}=\begin{bmatrix}0\\0\\0\end{bmatrix}$$

如果我们将前面两行乘以未知向量，就得到两个方程

$$x+2y+3z = 0$$
$$5x+7y+9z = 0$$

我们也可以根据第三和第四行写出这样的方程，但是因为不存在三个线性独立的行，所以增加方程不会对 x、y 和 z 增加新的约束。比如，我们从第三行得到的方程 $4x+5y+6z=0$ 就是通过从第二个方程中减去第一个方程得到的。

我们必须尽可能地从上面的等式中消除变量。首先使用第一个方程求解 x，得到 $x=-2y-3z$。然后在第二个方程中替换 x，得到 $-3y=6z$，即 $y=-2z$。由 $x=-2y-3z$ 且 $y=-2z$ 可知 $x=z$。因此，变量 $[x,y,z]$ 实际上是 $[z,-2z,z]$。我们可以选择任意的非零 z 值，得到这个零空间的唯一基本向量。比如，我们可以选择 $z=1$ 并把 $[1,-2,1]$ 当作这个零空间的基本向量。 □

例 11.24 例 11.17 中的所有数组访问的秩、零数和零空间显示在图 11-19 中，请注意，在所有情况下秩和零数的和都等于该循环嵌套的深度 2。因为数组访问 $Y[i,j]$ 和 $Z[1,i,2*i+j]$ 的秩都是 2，因此所有的迭代都指向不同的位置。

访问	仿射表达式	秩	零数	零空间的基本向量
`X[i-1]`	$\begin{bmatrix}1 & 0\end{bmatrix}\begin{bmatrix}i\\j\end{bmatrix}+\begin{bmatrix}-1\end{bmatrix}$	1	1	$\begin{bmatrix}0\\1\end{bmatrix}$
`Y[i,j]`	$\begin{bmatrix}1 & 0\\0 & 1\end{bmatrix}\begin{bmatrix}i\\j\end{bmatrix}+\begin{bmatrix}0\\0\end{bmatrix}$	2	0	
`Y[j,j+1]`	$\begin{bmatrix}0 & 1\\0 & 1\end{bmatrix}\begin{bmatrix}i\\j\end{bmatrix}+\begin{bmatrix}0\\1\end{bmatrix}$	1	1	$\begin{bmatrix}1\\0\end{bmatrix}$
`Y[1,2]`	$\begin{bmatrix}0 & 0\\0 & 0\end{bmatrix}\begin{bmatrix}i\\j\end{bmatrix}+\begin{bmatrix}1\\2\end{bmatrix}$	0	2	$\begin{bmatrix}1\\0\end{bmatrix},\begin{bmatrix}0\\1\end{bmatrix}$
`Z[1,i,2*i+j]`	$\begin{bmatrix}0 & 0\\1 & 0\\2 & 1\end{bmatrix}\begin{bmatrix}i\\j\end{bmatrix}+\begin{bmatrix}1\\0\\0\end{bmatrix}$	2	0	

图 11-19 仿射访问的秩和零数

数组访问 $X[i-1]$ 和 $Y[j,j+1]$ 的矩阵的秩都是 1，因此 $O(n)$ 个迭代指向同一个位置。在前一种情况下，迭代空间的一整行都指向同一个位置。换句话说，仅仅 j 值不同的所有迭代指向同一个位置。这一事实由相应零空间的基本向量[0,1]明确表示。对于 $Y[j,j+1]$，迭代空间中的整列指向同一个位置。这个事实由相应零空间的基本向量[1,0]明确表示。

最后，数组访问 $Y[1,2]$ 在所有迭代中指向同一个位置。相应的零空间有两个基本向量[0,1]和[1,0]，这表示这个循环嵌套中的任何一对迭代都准确地指向同一个位置。 □

11.5.3 自空间复用

空间复用的分析依赖于矩阵的数据布局。C 语言的矩阵是按行存放的，而 Fortran 语言的矩阵按列存放。换句话说，在 C 语言中数组元素 $X[i,j]$ 和 $X[i,j+1]$ 相邻，而在 Fortran 语言中 $X[i,j]$ 和 $X[i+1,j]$ 相邻。不失一般性，在本章余下的部分，我们将选用 C 语言的数组布局方式（按行存放方式）。

首先作出如下的近似，当且仅当两个数组元素位于一个二维数组的同一行中时，我们认为它们共享一个高速缓存线。更加一般地讲，在一个 d 维数组中，如果两个元素只在最后一维的下标值上有所不同，我们就认为它们共享一个高速缓存线。因为对于通常的数组和高速缓存线，多个数组元素可以被放到同一高速缓存线中，以整行的方式顺序访问一个数组可以明显提高访问速度。虽然严格地讲，我们有时还需要等待加载一个新的高速缓存线。

发现和利用自空间复用的技巧是不考虑系数矩阵 **F** 中的最后一行。如果得到的截短后的矩阵的秩小于循环嵌套结构的深度，那么我们就可以确保最内层循环只改变数组的最后下标的值，从而保证空间局部性。

例 11.25 考虑图 11-19 中的最后一个数组访问 $Z[1,i,2*i+j]$。如果我们删除最后一行，就会得到下面的截短后的矩阵

$$\begin{bmatrix} 0 & 0 \\ 1 & 0 \end{bmatrix}$$

这个矩阵的秩显然是 1。因为该循环嵌套结构的深度为 2，所以存在空间复用的机会。在这个例子中，因为 j 是内层循环的下标且 Z 是按行存放的，所以内层循环访问 Z 的连续元素。让 i 成为内层循环的下标不会产生空间局部性。因为当 i 改变时，第二和第三个维度都会改变。 □

确定是否存在自空间复用的一般规则如下。如我们一直所做的，假设各循环的下标和系数矩阵的各列顺序对应，其中最外层循环对应于第一列，最内层循环对应于最后一列。然后，为了确保存在空间复用，向量 $[0,0,\cdots,0,1]$ 必须在被截短的矩阵的零空间中。理由是如果这个向量在零空间中，那么当我们把除了最内层下标之外的所有下标都固定下来的时候，就知道在最内层循环的一次执行中所有的动态访问都只在最后的数组下标上取不同的值。如果数组是按行存放的，那么这些元素之间距离接近，有可能在同一高速缓存线中。

例 11.26 请注意，[0,1]（转置为一个列向量）位于例 11.25 中的被截短矩阵的零空间中。因此，我们期望当把 j 当作内层循环下标时会出现空间局部性。另一方面，如果我们颠倒循环的顺序使得 i 成为内层循环，那么系数矩阵就变成

$$\begin{bmatrix} 0 & 0 \\ 0 & 1 \end{bmatrix}$$

现在，[0,1] 就不在这个矩阵的零空间中了。相反地，零空间由基本向量[1,0]生成。因此，如我们在例 11.25 中所建议的，如果 i 是内层循环，我们不再期望这个循环具有空间局部性。

但是，我们应该观察到向量 $[0,0,\cdots,0,1]$ 在零空间里远不足以保证空间局部性。比如，假设

该访问不是 $Z[1,i,2*i+j]$ 而是 $Z[1,i,2*i+50*j]$。那么在内层循环的一次运行中，Z 的每 50 个元素只有一个元素会被访问，除非一个高速缓存线长到足以保存 50 个以上的元素，否则我们将无法复用一个高速缓存线。 □

11.5.4 组复用

我们只在同一个循环中的具有相同系数矩阵的数组访问之间计算组复用。给定两个动态访问 $\boldsymbol{Fi}_1+\boldsymbol{f}_1$ 和 $\boldsymbol{Fi}_2+\boldsymbol{f}_2$，它们复用相同的数据的条件是

$$\boldsymbol{Fi}_1+\boldsymbol{f}_1=\boldsymbol{Fi}_2+\boldsymbol{f}_2$$

或者说

$$\boldsymbol{F}(\boldsymbol{i}_1-\boldsymbol{i}_2)=(\boldsymbol{f}_2-\boldsymbol{f}_1)$$

假设 $\boldsymbol{v}$ 是这个等式的一个解，如果 $\boldsymbol{w}$ 是 $\boldsymbol{F}$ 的零空间中的任意向量，那么 $\boldsymbol{w}+\boldsymbol{v}$ 也是一个解。实际上，这样的向量就是该方程的全部解。

例 11.27 下面的深度为 2 的循环嵌套结构

```
for (i = 1; i <= n; i++)
    for (j = 1; j <= n; j++)
        Z[i,j] = Z[i-1,j];
```

有两个数组访问 $Z[i,j]$ 和 $Z[i-1,j]$。请注意，这两个访问都可以使用系数矩阵

$$\begin{bmatrix}1 & 0\\0 & 1\end{bmatrix}$$

来刻划。这个矩阵和图 11-19 中的第二个访问 $Y[i,j]$ 的矩阵一样。这个矩阵的秩为 2，因此没有自时间复用。

但是，每个访问都展示了自空间复用。如 11.5.3 节中所述，当我们删除该矩阵的最下面一行后，只留下最上面的一行 $[1,0]$，其秩为 1。因为 $[0,1]$ 位于这个被截短矩阵的零空间中，所以我们期望找到空间复用。内层循环下标 j 的每次增加都会把第二个下标的值增加 1，实际上确实访问了连续的数组元素，并将充分利用每个高速缓存线。

虽然两个访问都没有自时间复用性，请注意这两个访问 $Z[i,j]$ 和 $Z[i-1,j]$ 所访问的几乎是同一个集合的数组元素。也就是说，除了 $i=1$ 的情况之外，数组访问 $Z[i-1,j]$ 所读取的数据和数组访问 $Z[i,j]$ 所写入的数据相同，因此它们之间存在组时间复用。这个简单的访问模式对于整个迭代空间都成立，可以利用这个模式来提高代码的数据局部性。正式地讲，如果不考虑循环界限，那么只要

$$\begin{bmatrix}1 & 0\\0 & 1\end{bmatrix}\begin{bmatrix}i_1\\j_1\end{bmatrix}+\begin{bmatrix}0\\0\end{bmatrix}=\begin{bmatrix}1 & 0\\0 & 1\end{bmatrix}\begin{bmatrix}i_2\\j_2\end{bmatrix}+\begin{bmatrix}-1\\0\end{bmatrix}$$

成立，分别位于迭代 (i_1,j_1) 和迭代 (i_2,j_2) 中的两个数组访问 $Z[i,j]$ 和 $Z[i-1,j]$ 指向同一个位置。改写这些项，我们得到

$$\begin{bmatrix}1 & 0\\0 & 1\end{bmatrix}\begin{bmatrix}i_1-i_2\\j_1-j_2\end{bmatrix}=\begin{bmatrix}-1\\0\end{bmatrix}$$

也就是说，$j_1=j_2$ 且 $i_2=i_1+1$。

请注意，这个复用是沿着迭代空间的 i 轴发生的。也就是说，迭代 (i_2,j_2) 在迭代 (i_1,j_1) 发生之后的 n 次（内层循环的）迭代之后才发生。因此，在被写入数据被复用之前要执行很多个迭代。此时这个数据有可能在（也有可能不在）高速缓存中了。如果高速缓存中存放了矩阵 Z 的连续两行，那么数组访问 $Z[i-1,j]$ 不会发生高速缓存脱靶现象，整个循环嵌套结构的总的高速缓存脱靶数量为 n^2/c，其中 c 是每个高速缓存线中的元素数量。否则，脱靶次数将会为原来的两倍，因

为这两个静态访问对于每 c 个动态访问都要求加载一个新的高速缓存线。 □

例 11.28 假设在一个深度为 3 的循环嵌套结构中有两个访问 $A[i,j,i+j]$ 和 $A[i+1,j-1,i+j]$。该嵌套结构的下标从外到内分别是 i、j、k。那么对于两个访问 $\boldsymbol{i}_1=[i_1,j_1,k_1]$ 和 $\boldsymbol{i}_2=[i_2,j_2,k_2]$，只要

$$\begin{bmatrix}1&0&0\\0&1&0\\1&1&0\end{bmatrix}\begin{bmatrix}i_1\\j_1\\k_1\end{bmatrix}+\begin{bmatrix}0\\0\\0\end{bmatrix}=\begin{bmatrix}1&0&0\\0&1&0\\1&1&0\end{bmatrix}\begin{bmatrix}i_2\\j_2\\k_2\end{bmatrix}+\begin{bmatrix}1\\-1\\0\end{bmatrix}$$

成立，它们就能复用同一个数组元素。

这个方程成立时，向量 $\boldsymbol{v}=[i_1-i_2,j_1-j_2,k_1-k_2]$ 的一个解为 $\boldsymbol{v}=[1,-1,0]$。也就是说 $i_1=i_2+1$，$j_1=j_2-1$ 且 $k_1=k_2$。[⊖] 然而，矩阵

$$\boldsymbol{F}=\begin{bmatrix}1&0&0\\0&1&0\\1&1&0\end{bmatrix}$$

的零空间是由基本向量 $[0,0,1]$ 生成的。也就是说，第三个循环下标 k 可以是任意值。因此，上面方程的解 $\boldsymbol{v}$ 可以是 $[1,-1,m]$，其中 m 为任意值。换句话说，在一个下标为 i、j、k 的循环嵌套结构中，$A[i,j,i+j]$ 的一个动态访问不仅被 $A[i,j,i+j]$ 的具有同样 i、j 值和不同 k 值的其他动态访问所复用，也被 $A[i+1,j-1,i+j]$ 的其循环下标值为 $i+1$、$j-1$ 和任意 k 值的动态访问所复用。 □

我们可以用类似的方法来考虑组空间复用，虽然不会在这里这么做。和针对自空间复用的讨论一样，我们只需要舍弃被考虑矩阵的最后一维就可以了。

对于不同种类的复用，复用的程度是不同的。自时间复用的好处最多：一个具有 k 维零空间的数组访问对同一个数据会复用 $O(n^k)$ 次。自空间复用的程度受到高速缓存线长度的限制。最后，组复用的程度受一个组中共享该复用的数组访问数目的限制。

11.5.5 11.5 节的练习

练习 11.5.1：计算图 11-20 中各个矩阵的秩。并给出每个矩阵的最大线性独立列的集合，以及最大的线性独立行的集合。

练习 11.5.2：找出图 11-20 中各个矩阵的零空间的基本向量。

$$\begin{bmatrix}0&1&5\\1&2&6\\2&3&7\\3&4&8\end{bmatrix}\quad\begin{bmatrix}1&2&3&4\\5&6&7&8\\9&10&12&15\\3&2&2&3\end{bmatrix}\quad\begin{bmatrix}0&0&1\\0&1&1\\1&1&1\\5&6&3\end{bmatrix}$$

a) b) c)

图 11-20 计算这些矩阵的秩和零空间

练习 11.5.3：假设一个迭代空间的维度（变量）为 i、j 和 k。对于下面的每个访问，描述指向下列数组元素的子空间：

1) $A[i,j,i+j]$

2) $A[i,i+1,i+2]$

! 3) $A[i,i,j+k]$

⊖ 在这里可以观察到一件很有意思的事情。虽然这个例子有一个解，但如果我们把第三个分量 $i+j$ 改成 $i+j+1$，解就不存在了。也就是说，在这个给定的例子中，两个访问所触及的数组元素都存在于一个二维的子空间 S 中。该空间可以定义为“第三个分量是前面两个分量的和”。如果我们把 $i+j$ 改成 $i+j+1$，则第二个访问所触及的元素都不在 S 中，因此也不存在任何复用。

! 4) $A[i-j, j-k, k-i]$

! **练习 11.5.4:** 假设数组 A 按行存放，并在下面的循环嵌套结构中被访问：

```
for (i = 0; i < 100; i++)
    for (j = 0; j < 100; j++)
        for (k = 0; k < 100; k++)
            <某个对 A 的访问>
```

对于下列的各个访问，指出是否可能改写该循环结构，使得对 A 的访问具有自空间复用特性。也就是说，整个高速缓存线被连续使用。如果可以，指明如何改写这个循环。注意，对循环的改写可以包括对下标变量重新排序或引入新的循环下标。但是不能改变数组的布局，比如把数组改成按列存放的。还要注意的是，一般来说，循环下标的重新排序可能是合法的，也可能是非法的。我们将在下一节给出判断重新排序是否合法的标准。但是在这个例子中，因为每个访问的效果就是把一个数组元素设置为 0，所以不需要担心循环重新排列的效果会影响程序的语义。

1) `A[i+1,i+k,j] = 0`

!! 2) `A[j+k,i,i] = 0`

3) `A[i,j,k,i+j+k] = 0`

!! 4) `A[i,j-k,i+j,i+k] = 0`

练习 11.5.5: 在 11.5.3 节中,我们说如果最内层循环只改变一个数组访问的最后一个下标值，我们就能获得空间局部性。但是这个断言依赖于：数组是按行存放的假设。如果数组是按列存放的，那么什么样的条件可以保证空间局部性?

! **练习 11.5.6:** 在例 11.28 中，我们看到两个相似的数组访问之间是否存在复用很大程度上依赖于特定的数组下标表达式。将在例 11.28 中观察到的事实进行推广，并决定对什么样的函数 $f(i,j)$，访问 $A[i,j,i+j]$ 和 $A[i+1,j-1,f(i,j)]$ 之间存在复用。

! **练习 11.5.7:** 在例 11.27 中，我们指出，如果矩阵 Z 的行的长度很长，以至于不能一起存放到高速缓存中，就会产生更多的不必要的高速缓存脱靶。如果出现了这样的情况，应怎样改写循环嵌套以保证组空间复用?

11.6 数组数据依赖关系分析

并行化或局部性优化经常对原程序中执行的运算重新排序。和所有的优化一样，只有当对运算的重新排序不会改变程序输出时才可以对这些运算重新排序。一般来说，我们不可能深入理解一个程序到底做了什么，代码优化通常选用一个较简单的、保守的测试方法来决定在什么时候可以肯定程序的输出不会受到优化的影响：检查在原程序中和在修改后的程序中，对同一内存位置的各个运算被执行的顺序是否一样。在当前的研究中，我们关注的是数组访问，因此数组元素就是需要考虑的内存位置。

如果两个访问(不管是读还是写) 指向两个不同的位置，显然它们是*相互独立的*(可以被重新排序)。另外，读运算不会改变内存的状态，因此各个读运算之间是独立的。根据 11.5 节的介绍，如果两个访问指向同一个内存位置并且其中至少有一个写运算，那么就说这两个访问是*数据依赖的*。为了保证修改后的程序和原程序做同样的事情，每一对有数据依赖关系的运算在原程序中的执行顺序必须在新的程序中得到保持。

回顾一下 10.2.1 节，可知存在三种类型的数据依赖：

1) *真依赖*，一个写运算后面跟一个对同一个内存位置的读运算。

2) *反依赖*，一个读运算后面跟一个对同一个内存位置的写运算。

3）输出依赖，是两个针对同一个位置的写运算。

在上面的讨论中，数据依赖是针对动态访问定义的。只要一个程序的某个静态访问的某个动态实例依赖于另一个静态访问的某个动态实例，我们就说第一个静态访问依赖于第二个静态访问[⊖]。

我们可以很容易看出数据依赖关系如何应用到并行化中。比如，如果在一个循环的各个访问之间没有发现数据依赖关系，那么就可以很容易地把不同的迭代分配给不同的处理器。11.7节将讨论如何系统化地将这个信息应用到并行化中。

11.6.1 数组访问的数据依赖关系的定义

让我们考虑对同一个数组的两个静态访问，它们可能位于不同的循环中。第一个访问用访问函数和界限表示为 $\mathscr{F} = \langle \boldsymbol{F}, \boldsymbol{f}, \boldsymbol{B}, \boldsymbol{b} \rangle$，它位于一个深度为 d 的循环嵌套结构中；第二个访问表示为 $\mathscr{F} = \langle \boldsymbol{F}', \boldsymbol{f}', \boldsymbol{B}', \boldsymbol{b}' \rangle$，它位于一个深度为 d' 的程序嵌套结构中。如果下面的条件成立，这两个访问就是数据依赖的。

1）它们中至少有一个是写运算，且

2）存在 Z^d 中的向量 $\boldsymbol{i}$ 和 $Z^{d'}$ 中的向量 $\boldsymbol{i}'$ 使得

① $\boldsymbol{Bi} + \boldsymbol{b} \geqslant \boldsymbol{0}$

② $\boldsymbol{B}'\boldsymbol{i}' + \boldsymbol{b} \geqslant \boldsymbol{0}$

③ $\boldsymbol{Fi} + \boldsymbol{f} = \boldsymbol{F}'\boldsymbol{i}' + \boldsymbol{f}'$

因为一个静态访问通常会产生多个动态访问，所以考虑它的多个动态访问是否可能指向同一个内存位置也是有意义的。为了寻找同一个静态访问的不同实例之间的依赖关系，我们假设 $\mathscr{F} = \mathscr{F}'$ 并在上面的定义中加入附加条件 $\boldsymbol{i} \neq \boldsymbol{i}'$ 以剔除平凡解。

例 11.29 考虑下面的深度为 1 的循环嵌套结构：

```
for (i = 1; i ≤ 10; i++) {
    Z[i] = Z[i-1];
}
```

这个循环具有两个数组访问：$Z[i-1]$ 和 $Z[i]$。第一个访问是读运算，而第二个访问是写运算。为了找到这个程序中的所有数据依赖关系，我们需要检查这个写运算和它自身以及上面的读运算之间是否具有依赖关系：

1）$Z[i-1]$和 $Z[i]$之间的数据依赖关系。除了第一个迭代，每个迭代都会读取前一个迭代写入的值。从数学的角度看，因为存在整数 i 和 i' 使得

$$1 \leqslant i \leqslant 10,\ 1 \leqslant i' \leqslant 10,\ 且\ i-1=i'$$

所以我们知道它们之间存在一个依赖关系。上面的约束系统有九个解：$(i=2, i'=1)$，$(i=3, i'=2)$，等等。

2）$Z[i]$和它自身之间的依赖关系。可以看到，这个循环的不同迭代向不同的位置写入数据。也就是说，写访问 $Z[i]$ 的各个实例之间不存在数据依赖关系。从数学的角度看，因为不存在整数 i 和 i'满足条件

$$1 \leqslant i \leqslant 10,\ 1 \leqslant i' \leqslant 10,\ i=i',\ 且\ i \neq i'$$

因此我们知道实例之间不存在依赖关系。请注意，之所以有第三个条件 $i=i'$ 是因为要求 $Z[i]$ 和 $Z[i']$ 必须在同一个位置上。和这个条件矛盾的第四个条件 $i \neq i'$ 是因为要求依赖关系必

⊖ 回忆一下静态访问和动态访问之间的区别。一个静态访问是程序中某个位置上的数组引用，而一个动态访问是这个引用的一次执行。

须是非平凡的——必须是不同动态访问之间的依赖关系。

任意两个读访问总是独立的，因此不需要考虑上面的读引用 $Z[i-1]$ 和它自身之间的依赖关系。 □

11.6.2 整数线性规划

对数据依赖关系的分析要求找出是否存在一些整数满足由等式和不等式组成的约束系统。其中的等式是从数组访问的矩阵 - 向量表示中得到的；不等式是从循环界限中得到的。等式可以用不等式表示：等式 $x=y$ 可以用两个不等式 $x \geq y$ 和 $y \geq x$ 表示。

因此，数据依赖关系问题可以被表示为寻找满足一组线性不等式的整数解，这个问题就是众所周知的*整数线性规划*(integer linear programming)。整数线性规划是一个 NP 完全问题。虽然没有已知的多项式复杂性的算法，但人们研发了多种启发式解法来解决涉及很多变量的线性规划问题。这些解法在很多情况下运行得是相当快的。遗憾的是，这样的标准启发式解法并不适合数据依赖关系分析。在数据依赖分析中，问题的难点在于如何解决很多小且简单的整数线性规划，而不是大型的复杂整数线性规划。

数据依赖关系分析算法由三个部分组成：

1）使用丢番图方程的理论，应用 GCD(Greatest Common Divisor，最大公约数)测试来检验是否存在满足问题中所有等式的整数解。如果没有整数解，那么就不存在数据依赖关系，否则就用等式来替换其中的某些变量，从而得到较简单的不等式组。

2）使用一组简单的启发规则来处理大量的典型不等式。

3）在少数情况下，这些启发式规则可能还解决不了问题。此时，我们使用线性整数规划求解程序来解决问题。这个程序基于 Fourier-Motzkin 消除算法，使用了一种分支并设限的方法来求解。

11.6.3 GCD 测试

第一个子程序检验是否存在满足约束中各个等式的整数解。只考虑整数解的方程称为*丢番图方程*(Diophantine equation)。下面的例子说明了只考虑整数解会带来什么问题；同时它也说明，虽然很多例子中每次只涉及单个循环嵌套结构，数据依赖关系的公式表达还可以被应用到位于不同循环中的数组访问。

例 11.30 考虑下面的代码片段：

```
for (i = 1; i < 10; i++) {
    Z[2*i] = ...;
}
for (j = 1; j < 10; j++) {
    Z[2*j+1] = ...;
}
```

访问 $Z[2*i]$ 只触及 Z 的偶数号元素，而访问 $Z[2*j+1]$ 只触及奇数号元素。显然，如果省略号表示的右部不涉及 Z 的运算，那么不管循环的界限如何，这两个访问之间没有数据依赖关系。我们可以在第一个循环执行之前就执行第二个循环，或者交叉执行这两个循环的迭代。这个例子看起来是人为设计的、没有实际意义，其实不然。数组的偶数号元素与奇数号元素被分开处理的一个实际例子是复数数组，其中各个复数的实部和虚部各占一个元素，并列存放。

为了证明这个例子中没有数据依赖关系，我们做如下论证。假设存在整数 i 和 j 使得 $Z[2*i]$ 和 $Z[2*j+1]$ 是同一个数组元素，我们得到丢番图方程

$$2i = 2j + 1$$

没有整数 i 和 j 可以满足上面的方程。证明如下：如果 i 是一个整数，那么 $2i$ 就是偶数。如

果 j 是一个整数，那么 $2j$ 是偶数，因此 $2j+1$ 是奇数。没有哪个偶数同时也是奇数。因此，这个方程没有整数解，因此这两个写访问之间没有依赖关系。 □

为了描述一个线性丢番图方程什么时候有解，我们需要引入两个或多个整数的最大公约数的概念。多个整数 a_1，a_2，…，a_n 的 GCD，记为 $\gcd(a_1, a_2, \cdots, a_n)$，是能够整除这些整数的最大整数。GCD 可以使用著名的欧几里德算法（见下面的“欧几里德算法”部分）快速地计算。

例 11.31 $\gcd(24, 36, 54) = 6$，因为 24/6、36/6 和 54/6 的余数都是 0，而且用任何大于 6 的整数去除 24、36、54 时，至少有一个余数非零。比如，12 能够整除 24 和 36，但是不能整除 54。 □

GCD 的重要性体现在下面的定理中。

定理 11.32 线性丢番图方程

$$a_1x_1 + a_2x_2 + \cdots + a_nx_n = c$$

有 $x_1, x_2, \cdots, x_n$ 的一个整数解，当且仅当 $\gcd(a_1, a_2, \cdots, a_n)$ 能够整除 c。 □

例 11.33 在例 11.30 中，我们看到线性丢番图方程 $2i = 2j+1$ 无解。我们可以把这个方程写作

$$2i - 2j = 1$$

现在 $\gcd(2, -2) = 2$ 且 2 不能整除 1。因此方程无解。

再看另一个例子，考虑方程

$$24x + 36y + 54z = 30$$

因为 $\gcd(24, 36, 54) = 6$ 且 $30/6 = 5$，因此存在 x、y 和 z 的整数解。其中的一个解是 $x = -1$，$y = 0$ 且 $z = 1$，但是存在无穷多个其他的解。 □

数据依赖关系问题的第一步是使用一个诸如高斯消除算法的标准方法来求解给定的方程组。每构造出一个线性方程，就应用定理 11.32 尽可能地排除整数解的存在。如果我们能够排除这样的整数解，那么答案就是“否”。否则我们使用这些方程的解来减少不等式中的变量数目。

例 11.34 考虑两个方程

$$x - 2y + z = 0$$
$$3x + 2y + z = 5$$

从各个方程本身来看是存在解的。对于第一个方程，$\gcd(1, -2, 1) = 1$ 能够整除 0，而对于第二个方程，$\gcd(3, 2, 1) = 1$ 能够整除 5。但是，如果我们求解第一个方程得到 $z = 2y - x$，并以此替代第二个方程中的 z，我们得到 $2x + 4y = 5$。因为 $\gcd(2, 4) = 2$ 不能整除 5，所以这个丢番图方程无解。 □

欧几里德算法

欧几里德算法按照下面的方法找出 $\gcd(a, b)$ 的值。首先，假设 a 和 b 为正整数，且 $a \geqslant b$。请注意，多个负数的 GCD，或一个负数与一个正数的 GCD 等于它们的绝对值的 GCD，因此可以假设所有的整数都是正的。

如果 $a = b$，那么 $\gcd(a, b) = a$。如果 $a > b$，令 c 为 a/b 的余数。如果 $c = 0$，那么 b 整除 a，因此 $\gcd(a, b) = b$。否则，计算 $\gcd(b, c)$ 得到的结果也是 $\gcd(a, b)$。

为了计算 $n > 2$ 时的 $\gcd(a_1, a_2, \cdots, a_n)$，使用欧几里德算法来计算 $\gcd(a_1, a_2) = c$，然后递归地计算 $\gcd(c, a_3, a_4, \cdots, a_n)$。

11.6.4 解决整数线性规划的启发式规则

数据依赖关系问题需要求解很多简单的整数线性规划问题。现在我们讨论处理简单不等式组的几个技术，以及一个可以利用在数据依赖关系分析时发现的相似性的技术。

独立变量测试

从数据依赖关系分析中得到的很多整数线性规划问题由多个只涉及一个未知量的不等式组成。这类规划问题的解法很简单，只需要分别测试常量上界和常量下界之间是否存在整数即可。

例 11.35 考虑嵌套循环结构

```
for (i = 0; i <= 10; i++)
    for (j = 0; j <= 10; j++)
        Z[i,j] = Z[j+10,i+11];
```

为了找出 $Z[i,j]$ 和 $Z[j+10,i+11]$ 之间是否存在数据依赖关系，我们考虑是否存在整数 i, j, i'和 j',使得

$$0 \leqslant i,j,i',j' \leqslant 10$$
$$i = j' + 10$$
$$j = i' + 11$$

对其中的方程应用 GCD 测试可以确定可能存在一个整数解。这些方程的整数解可表示如下：

$$i = t_1, j = t_2, i' = t_2 - 11, j' = t_1 - 10$$

其中，t_1 和 t_2 是任意整数。把变量 t_1 和 t_2 代入上面的线性不等式，我们得到

$$0 \leqslant t_1 \leqslant 10$$
$$0 \leqslant t_2 \leqslant 10$$
$$0 \leqslant t_2 - 11 \leqslant 10$$
$$0 \leqslant t_1 - 10 \leqslant 10$$

这样，把根据后两个不等式得到的下界与根据前两个不等式得到的上界组合起来，我们推出

$$10 \leqslant t_1 \leqslant 10$$
$$11 \leqslant t_2 \leqslant 10$$

因为 t_2 的下界大于它的上界，因此不存在整数解，也就没有数据依赖关系。这个例子说明，即使存在涉及多个变量的等式，GCD 测试(原文如此，实际应该是独立变量测试，译者注)依然可以构造出每个不等式只涉及一个变量的线性不等式组。 □

无环测试

另一个简单的启发式规则是寻找是否存在一个其上界或下界为常量的变量。在某些情况下，我们可以安全地用这个常量来替换这个变量。简化后的不等式组有一个整数解当且仅当原来的不等式组有一个整数解。明确地说，假设 v_i 的每个下界都具有如下形式：

$$\text{对于某个 } c_i > 0,\ c_0 \leqslant c_i v_i$$

同时 v_i 的上界都具有如下形式：

$$c_i v_i \leqslant c_0 + c_1 v_1 + \cdots + c_{i-1} v_{i-1} + c_{i+1} v_{i+1} + \cdots + c_n v_n$$

其中，c_i 是非负整数。那么我们可以把变量 v_i 替换为最小的可能整数值。如果没有这样的下界，我们可以把 v_i 替换为 $-\infty$。类似地，如果涉及 v_i 的所有约束都可以表示成上面的两种形式，但是不等号的方向相反，那么我们可以把变量 v_i 替换为最大的可能整数值，或者在没有常量上界时替换为 ∞。可以重复这个步骤对不等式不断化简，在某些情况下可以确定不等式无解。

例 11.36 考虑下面的不等式：

$$\begin{array}{rcl} 1\leqslant & v_1, v_2 & \leqslant 10 \\ 0\leqslant & v_3 & \leqslant 4 \\ v_2\leqslant & v_1 & \\ & v_1 & \leqslant v_3+4 \end{array}$$

变量 v_1 的下界由 v_2 确定，而上界由 v_3+4 确定。但是，界定 v_2 下界的只有常量 1，界定 v_3 上界的只有常量 4。因此，在这些不等式中把 v_2 替换为 1 并把 v_3 替换为 4，我们得到

$$\begin{array}{rcl} 1\leqslant & v_1 & \leqslant 10 \\ 1\leqslant & v_1 & \\ & v_1 & \leqslant 8 \end{array}$$

现在这个不等式组可以很容易地使用独立变量测试的方法求解。□

循环残数测试

现在让我们考虑每个变量的上下界都由其他变量确定的情况。在数据依赖分析中经常会碰到形如 $v_i\leqslant v_j+c$ 的约束。这种情况可以使用 Shostak 提出的*循环残数测试*(loop-residue test)的一个简化版本来求解。这样的一组约束可以用一个有向图表示。这个图的结点标号为不等式中的变量。对于每一个约束 $v_i\leqslant v_j+c$，都有一条从结点 v_i 到 v_j 的标号为 c 的对应边。

我们把一条路径的*权重*(weight)定义为该路径上所有边的标号的和。图中的每条路径表示此约束系统中的一组约束的组合。也就是说，只要存在一条从 v 到 v'的权重为 c 的边，我们就可以推断出 $v\leqslant v'+c$。图中的一条权重为 c 的环表示对环中的每个结点 v 都存在约束 $v\leqslant v+c$。如果我们能够在图中找到一个权重为负的环，那么就可以推断出 $v<v$，而这是不可能成立的。此时，我们断定不等式组无解，因此也就没有依赖关系。

我们也可以把形如 $c\leqslant v$ 或 $v\leqslant c$ 的约束放到循环残数测试中去，这里 v 是一个变量，c 是一个常量。我们向不等式系统引入一个新的哑变量 v_0。这个哑变量被加到每个常量上界和常量下界上。当然 v_0 的值一定是 0，但是因为循环残数测试只寻找图中的环，变量的实际值并不重要。为了处理常量上下界，我们把

$$v\leqslant c \text{ 替换为 } v\leqslant v_0+c$$
$$c\leqslant v \text{ 替换为 } v_0\leqslant v-c。$$

例 11.37 考虑不等式

$$\begin{array}{rcl} 1\leqslant & v_1, v_2 & \leqslant 10 \\ 0\leqslant & v_3 & \leqslant 4 \\ v_2\leqslant & v_1 & \\ & 2v_1 & \leqslant 2v_3-7 \end{array}$$

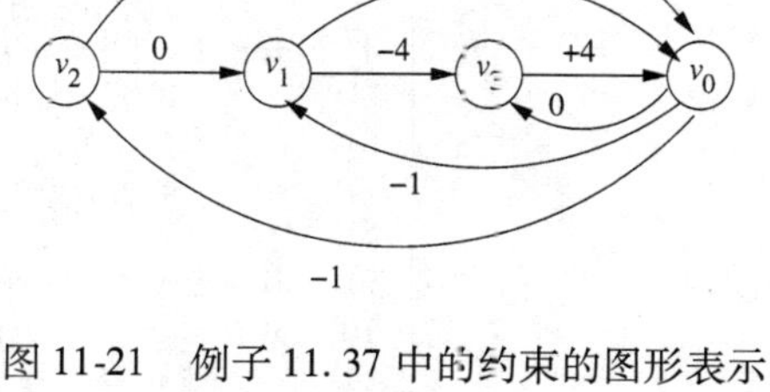

图 11-21 例子 11.37 中的约束的图形表示

变量 v_1 的常量上下界变成了 $v_0\leqslant v_1-1$ 和 $v_1\leqslant v_0+10$；v_2 和 v_3 的常量界限也可以做类似的处理。然后，把最后一个约束转换成 $v_1\leqslant v_3-4$，我们就得到图 11-21 中显示的图。环 v_1、v_3、v_0、v_1 的权重为 -1，因此这个不等式组无解。□

记忆模式

因为一些简单的访问模式会在整个程序中重复出现，我们经常需要重复求解类似的数据依赖关系问题。提高数据依赖关系的处理速度的重要技术之一是使用*记忆模式*(memoization)。这

个模式在生成一个问题的结果之后就把这个结果用表格记录下来。每次处理此类问题的时候，算法都会查询这个表。只有在表中找不到被处理问题的结果时才需要从头求解这个问题。

11.6.5 解决一般性的整数线性规划问题

现在我们描述一个解决整数线性规划问题的一般性方法。这个问题是 NP - 完全的。我们的算法使用了一个分支 - 界定方法，这种方法在最坏情况下花费的时间为指数级。但是，11.6.4 节中的启发式规则未能解决问题的情况很少出现。并且即使我们需要应用本节中的算法，也很少需要执行算法中的分支 - 界定步骤。

这个方法首先检查不等式组是否存在有理数解。这个问题是标准的线性规划问题。如果不等式组不存在有理数解，问题中的数组访问所触及的数据区域就一定不相交，因此一定不存在数据依赖关系。如果存在有理数解，我们首先试图证明存在一个整数解(通常会有这样的解)。如果不能证明这一点，我们就把这个不等式组界定的多面体分割为两个较小的问题，并递归地解决问题。

例 11.38 考虑下面的简单循环：

```
for (i = 1; i < 10; i++)
    Z[i] = Z[i+10];
```

访问 $Z[i]$所触及的元素是 $Z[1]$、…、$Z[9]$，而访问 $Z[i+10]$所触及的元素是 $Z[11]$、…、$Z[19]$。这两个范围并不相交，因此不存在数据依赖关系。更严格地讲，我们需要说明不存在两个动态访问 i 和 i'满足 $1 \leqslant i \leqslant 9$，$1 \leqslant i' \leqslant 9$ 且 $i = i' + 10$。如果存在这样的整数 i 和 i'，那么可以用 $i' + 10$ 来替代 i，并得到四个关于 i'的约束：$1 \leqslant i' \leqslant 9$ 和 $1 \leqslant i' + 10 \leqslant 9$。但是，$i' + 10 \leqslant 9$ 蕴含 $i' \leqslant -1$，这和 $1 \leqslant i'$矛盾。因此不存在这样的整数 i 和 i'。 □

算法 11.39 描述了如何基于 Fourier-Motzkin 消除算法来确定是否可以找到一组线性不等式的整数解。

算法 11.39 整数线性规划问题的分支界定解法。

输入： 一个变量 v_1，…，v_n 上的多面体 S_n。

输出： 如果 S_n 有一个整数解，输出"yes"，否则输出"no"。

方法： 图 11-22 中给出的算法。 □

```
1)  对 S_n 应用算法 11.11，把变量
        v_n, v_{n-1}, ..., v_1 按顺序通过投影消除；
2)  令 S_i 为通过投影消除掉 v_{i+1} 之后得到的多面体，其中
        i = n-1, n-2, ..., 0;
3)  if S_0 为空 return "no";
        /* 如果只涉及常量的 S_0 具有不可满足的约束，
        就不存在有理数解 */
4)  for (i = 1; i ⩽ n; i++) {
5)      if (S_i 不包含整数解) break;
6)      令 c_i 为 S_i 中 v_i 的取值范围正中的整数值；
7)      把 v_i 替换为 c_i，修改 S_i；
8)  }
9)  if (i == n+1) return "yes";
10) if (i == 1) return "no";
11) 令 S_i 中 v_i 的下界和上界分别为 l_i 和 u_i；
12) 对 S_n ∪ {v_i ⩽ ⌊l_i⌋} 和 S_n ∪ {v_i ⩾ ⌈u_i⌉} 递归应用
        这个算法且 S_n ∪ {v_i ⩾ ⌈u_i⌉}；
13) if (有一个结果为"yes") return "yes" else return "no";
```

图 11-22 寻找不等式的整数解

第 1 行到第 3 行试图找出不等式组的一个有理数解。如果没有有理数解，就没有整数解。如果找到一个有理数解，就表明这个不等式组定义了一个非空的多面体。这样的一个多面体不包含整数解的情况相对较少——要是出现这种情况，这个多面体在某些维度上必然很薄，而且位于整数点之间。

因此，第 4 行到第 9 行试图快速检查是否存在一个整数解。Fourier-Motzkin 消除算法的每一步都会产生一个多面体，其维度比前一个多面体的维度小 1。我们反向考虑这些多面体。我们从只有一个变量的多面体开始，在可能的情况下，向这个变量赋予一个大概处于它的取值范围中间的整数值。然后，我们在所有其他的多面体中用这个值来替代这个变量，把这些多面体的未知量的数目减一。不断重复这个过程，直到所有的多面体都得到处理，或者找到了一个没有整数解的变量。在前一种情况下，我们可以找到一个整数解。

如果我们甚至不能为第一个变量找到整数值，那么整个不等式组就不存在整数解(第 10 行)。否则，我们所知道的全部情况就是没有哪个整数解会包含至今为止我们为一些变量选择的特定整数值。这个结论不是决定性的。第 11 行到第 13 行表示算法的分支 - 界定步骤。如果发现变量 v_i 具有有理数解但是没有整数解，就把问题中的多面体分成两个多面体，第一个要求 v_i 必须是小于已找到的有理数的整数，第二个要求 v_i 必须是一个大于此有理数解的整数。如果两个多面体都没有整数解，那么就不存在依赖关系。

11.6.6 小结

我们已经说明一个编译器能够从数组引用中收集到的信息的主要部分和某些标准数学概念等价。给定一个访问函数 $\mathcal{F} = \langle \boldsymbol{F}, \boldsymbol{f}, \boldsymbol{B}, \boldsymbol{b} \rangle$：

1）被访问的数据区域的维度由矩阵 $\boldsymbol{F}$ 的秩给出。访问同一位置的访问空间的维度就是 $\boldsymbol{F}$ 的零数。如果两个迭代向量的差值属于 $\boldsymbol{F}$ 的零空间，那么这两个迭代指向同一个数组元素。

2）同一个数组访问的具有自时间复用关系的多个迭代之间的差距是 $\boldsymbol{F}$ 的零空间中的向量。自空间复用可以用类似的方式计算得到，但不是考虑两个迭代何时使用同一个元素，而是考虑它们何时使用同一行元素。两个访问 $\boldsymbol{F}\boldsymbol{i}_1 + \boldsymbol{f}_1$ 和 $\boldsymbol{F}\boldsymbol{i}_2 + \boldsymbol{f}_2$ 沿着向量 $\boldsymbol{d}$ 的方向具有易于利用的局部性，其中 $\boldsymbol{d}$ 是方程 $\boldsymbol{F}\boldsymbol{d} = (\boldsymbol{f}_1 - \boldsymbol{f}_2)$ 的某个解。特别是当 $\boldsymbol{d}$ 的方向和最内层循环对应时，即 $\boldsymbol{d}$ 为向量$[0, 0, \cdots, 0, 1]$时，如果数组是按行存放的，那么就会存在空间局部性。

3）数据依赖关系问题——两个引用是否可能指向同一个位置——和整数线性规划等价。两个访问函数之间具有数据依赖关系的条件是存在值为整数的向量 $\boldsymbol{i}$ 和 $\boldsymbol{i}'$，使得$\boldsymbol{B}\boldsymbol{i} \geq 0$，$\boldsymbol{B}'\boldsymbol{i}' \geq 0$，并且 $\boldsymbol{F}\boldsymbol{i} + \boldsymbol{f} = \boldsymbol{F}'\boldsymbol{i}' + \boldsymbol{f}'$。

11.6.7 11.6 节的练习

练习 11.6.1：找出下列整数集合的 GCD：

1）{16,24,56}。

2）{-45,105,240}。

! 3）{84,105,180,315,350}。

练习 11.6.2：对于下面的循环

```
for (i = 0; i < 10; i++)
    A[i] = A[10-i];
```

指出所有的

1）真依赖关系(即写运算后跟着对同一个位置的读运算)。

2）反依赖关系(即读运算后跟着对同一个位置的写运算)。

3）输出依赖关系(即写运算后跟着对同一个位置的另一个写运算)。

！**练习 11.6.3**：在介绍欧几里得算法的部分中，我们未经证明就给出了一些断言。证明下面的每一个断言：

1）该部分所述的欧几里得算法总是能够工作。特别地，$\gcd(b,c)=\gcd(a,b)$，其中 c 是 a/b 的非零余数。

2）$\gcd(a,b)=\gcd(a,-b)$。

3）当 $n>2$ 时，$\gcd(a_1,a_2,\cdots,a_n)=\gcd(\gcd(a_1,a_2),a_3,\cdots,a_n)$。

4）GCD 实际上是一个整数集合上函数，即整数的顺序并不重要。说明 GCD 的交换率：$\gcd(a,b)=\gcd(b,a)$。然后证明更加困难的结论，即 GCD 的结合律：$\gcd(\gcd(a,b),c)=\gcd(a,\gcd(b,c))$。最后，说明上述这些定律蕴含了下面的性质：不管按照什么样的顺序来计算各个整数对的 GCD，得到的一个整数集合的 GCD 总是相同的。

5）如果 S 和 T 都是整数集合，那么 $\gcd(S\cup T)=\gcd(\gcd(S),\gcd(T))$。

！**练习 11.6.4**：找出例 11.33 中的第二个丢番图方程的另一个解。

练习 11.6.5：在下面的情况中应用独立变量测试。循环嵌套结构是

```
for (i=0; i<100; i++)
    for (j=0; j<100; j++)
        for (k=0; k<100; k++)
```

在嵌套结构中是一个关于数组访问的赋值语句。确定下面的每一个语句是否会引起某些数据依赖关系。

1） `A[i,j,k] = A[i+100,j+100,k+100]`

2） `A[i,j,k] = A[j+100,k+100,i+100]`

3） `A[i,j,k] = A[j-50,k-50,i-50]`

4） `A[i,j,k] = A[i+99,k+100,j]`

练习 11.6.6：在下面的约束中，通过把 x 替换为 y（原文如此，译者注）的常量下界来消除 x。

$$1\le x\le y-100$$
$$3\le x\le 2y-50$$

练习 11.6.7：对下面的约束集合应用循环残数测试：

$$0\le x\le 99 \quad y\le x-50$$
$$0\le y\le 99 \quad z\le y-60$$
$$0\le z\le 99$$

练习 11.6.8：对下面的约束集合应用循环残数测试：

$$1\le x\le 99 \quad y\le x-50$$
$$0\le y\le 99 \quad z\le y+40$$
$$0\le z\le 99 \quad x\le z+20$$

练习 11.6.9：对下面的约束集合应用循环残数测试：

$$0\le x\le 99 \quad y\le x-100$$
$$0\le y\le 99 \quad z\le y+60$$
$$0\le z\le 99 \quad x\le z+50$$

11.7 寻找无同步的并行性

我们已经得到了关于仿射数组访问，访问之间对数据的复用，以及它们之间的依赖关系的理论。现在我们将应用这些理论来对实际程序进行并行化及优化处理。如 11.1.4 节中所讨论的，

在找到并行性的同时保证处理器之间通信量的最小化是很重要的。我们首先研究如何在完全不允许处理器之间进行通信或同步的情况下实现并行化的问题。这个约束可能看起来像是一个纯学术的练习，我们有多大的机会会碰到具有这种形式的并行性的程序或过程？实际上，在现实生活中存在很多这样的程序，因此解决这个并行化问题的算法本身就是有用的。另外，可以扩展解决这个问题时使用的概念以处理同步和通信。

11.7.1 一个介绍性的例子

图 11-23 中显示的是从一个 5000 行的 Fortran 代码程序中摘录的并以 C 语言表示的程序片段。为清晰起见，代码中仍然保留了 Fortran 风格的数组访问语法。原来的程序实现了用来解决三维欧拉方程的多重网格算法。这个程序的大部分运行时间都花费在少数几个如图所示的子程序上。它是很多数值程序的典型代表。这些数值程序经常由很多处在不同嵌套层次上的 for 循环组成。它们包含了很多数组访问，所有数组访问的下标都是外围循环下标的仿射表达式。为了使这个例子比较简短，我们已经从原来的程序中删除了一些具有类似性质的代码行。

```
for (j = 2; j <= jl; j++)
   for (i = 2, i <= il, i++) {
      AP[j,i]      = ...;
      T            = 1.0/(1.0 + AP[j,i]);
      D[2,j,i]     = T*AP[j,i];
      DW[1,2,j,i] = T*DW[1,2,j,i];
   }
for (k = 3; k <= kl-1; k++)
   for (j = 2; j <= jl; j++)
      for (i = 2; i <= il; i++) {
         AM[j,i]      = AP[j,i];
         AP[j,i]      = ...;
         T            = ...AP[j,i] - AM[j,i]*D[k-1,j,i]...;
         D[k,j,i]     = T*AP[j,i];
         DW[1,k,j,i] = T*(DW[1,k,j,i] + DW[1,k-1,j,i])...;
      }
...
for (k = kl-1; k >= 2; k--)
   for (j = 2; j <= jl; j++)
      for (i = 2; i <= il; i++)
         DW[1,k,j,i] = DW[1,k,j,i] + D[k,j,i]*DW[1,k+1,j,i];
```

图 11-23 一个多重网格算法的代码片断

图 11-23 的代码在一个标量变量 T 和一些具有不同维度的多个数组上运行。我们首先来看一下对变量 T 的使用。因为一个循环中的每个迭代使用同一个变量 T，我们不能并行执行这些迭代。但是 T 只是用于存放在一个迭代中使用两次的公共子表达式的值。在图 11-23 中的前两个循环嵌套中，最内层循环的各个迭代向 T 中写入一个值，然后立刻在同一个迭代中两次使用这个值。我们可以把对 T 的每次使用替换为前面对 T 的赋值语句的右部表达式，从而在不改变程序语义的前提下消除依赖关系。我们也可以把标量 T 替换为一个数组。然后我们让每个迭代 (j,i) 使用它自己的数组元素 $T[j,i]$。

经过这样的修改，每个赋值语句中对一个数组元素的计算只依赖于最后两个下标分量值（分别是 j 和 i）相同的其他数组元素。因此，我们可以把对各个数组的第 (j,i) 个元素进行操作的所有运算组合成为一个计算单元，并按照原来的串行顺序执行它们。这个修改产生了 $(jl-1)\times(il-1)$ 个相互独立的计算单元。请注意，原程序里第二和第三个循环嵌套结构涉及下标为 k 的第三个循环。但是，因为具有同样的 j 和 i 值的动态访问之间不存在依赖关系，所以可以安全地在 j 和 i 的循环内部——就是说在一个计算单元中——执行 k 的循环。

知道这些计算单元是独立的，我们就可以对代码进行多个合法的转换。比如，一个单处理器系统可以不按照原来的代码执行，而是逐个执行独立的运算单元，最终完成同样的计算工作。转换所得代码显示在图 11-24 中。这个代码具有更好的时间局部性，因为计算中生成的结果立刻就被用掉了。

```
for (j = 2; j <= jl; j++)
   for (i = 2; i <= il; i++) {
      AP[j,i]       = ...;
      T[j,i]        = 1.0/(1.0 + AP[j,i]);
      D[2,j,i]      = T[j,i]*AP[j,i];
      DW[1,2,j,i]   = T[j,i]*DW[1,2,j,i];
      for (k = 3; k <= kl-1; k++) {
         AM[j,i]      = AP[j,i];
         AP[j,i]      = ...;
         T[j,i]       = ...AP[j,i] - AM[j,i]*D[k-1,j,i]...;
         D[k,j,i]     = T[j,i]*AP[j,i];
         DW[1,k,j,i] = T[j,i]*(DW[1,k,j,i] + DW[1,k-1,j,i])...;
      }
      ...
      for (k = kl-1; k >= 2; k--)
         DW[1,k,j,i] = DW[1,k,j,i] + D[k,j,i]*DW[1,k+1,j,i];
   }
```

图 11-24 经过改写的图 11-23 的代码，最外层是并行循环

这些独立的计算单元也可以被分配给不同的处理器并行执行。这些处理器之间不需要任何同步或通信。因为有(`jl -1`) × (`il -1`)个相互独立的计算单元，我们最多可以利用(`jl -1`) × (`il -1`)个处理器。我们可以按照二维数组的方式组织处理器，每个处理器的 ID 是(j,i)，其中 $2 \leqslant j \leqslant$ `jl`，$2 \leqslant i \leqslant$ `il`。由各个处理器执行的 SPMD 程序就是图 11-24 中的内层循环的循环体。

上面的例子说明了寻找无同步的并行性的基本方法。我们首先把计算任务分解成尽可能多的独立单元。这个分解揭示了可行的调度选择。然后，我们依照拥有的处理器数目把这些计算单元分配给各个处理器。最后，我们生成一个在各个处理器上执行的 SPMD 程序。

11.7.2 仿射空间分划

如果一个循环嵌套结构内部具有 k 个可并行化的循环，那么这个循环嵌套结构就有 k 度的并行性。一个可并行化循环的不同迭代之间不存在数据依赖关系。比如，图 11-24 中的代码就具有 2 度并行性。把具有 k 度并行性的计算任务分配给一个 k 维的处理器阵列是很方便的。

一开始，我们将假设处理器阵列的每个维度上的处理器数目和相应循环的迭代个数一样多。在找到所有这些独立计算单元后，我们将把这些“虚拟”处理器映射到实际的处理器上。在实践中，每个处理器要负责相当多的迭代，否则就没有足够的工作量来分摊并行化所带来的额外开销。

我们把需要并行化的程序分解成为类似于三地址语句这样的基本语句。对于每个语句，我们找出一个*仿射空间分划*(affine space partition)。这个分划把这些语句的各个动态实例映射到一个处理器 ID。这些动态实例使用其循环下标来标记。

例 11.40 如上面所讨论的，图 11-24 的代码具有 2 度的并行性。我们把处理器阵列看作一个二维空间。令(p_1, p_2)为这个阵列中的一个处理器的 ID。在 11.7.1 节中所讨论的并行化方案可以使用一个简单的仿射分划函数来描述。在第一个循环嵌套结构中的所有语句都有下面的仿射分划：

$$\begin{bmatrix} p_1 \\ p_2 \end{bmatrix} = \begin{bmatrix} 1 & 0 \\ 0 & 1 \end{bmatrix} \begin{bmatrix} j \\ i \end{bmatrix} + \begin{bmatrix} 0 \\ 0 \end{bmatrix}$$

在第二个和第三个循环嵌套结构中的所有语句共享如下的相同的仿射分划：

$$\begin{bmatrix} p_1 \\ p_2 \end{bmatrix} = \begin{bmatrix} 0 & 1 & 0 \\ 0 & 0 & 1 \end{bmatrix} \begin{bmatrix} k \\ j \\ i \end{bmatrix} + \begin{bmatrix} 0 \\ 0 \end{bmatrix}$$ □

寻找无同步并行性的算法由三个步骤组成：

1）为程序中的每个语句寻找一个能够最大化并行性度数的仿射分划。请注意，我们通常把语句(而不是单个访问)作为计算的单元。对于一个语句中的所有访问必须应用同样的仿射分划。这种对访问的分组方法是有意义的，因为在同一个语句中的访问之间几乎总是存在依赖关系。

2）在处理器之间分配由第1步得到的独立计算单元，并选择在每个处理器上执行的各个步骤之间的交替顺序关系。这个分配主要要考虑局部性。

3）生成一个将在各个处理器上执行的 SPMD 程序。

下面我们将讨论如何寻找仿射分划函数，如何生成一个顺序程序来串行执行各个分划，以及如何生成一个在不同处理器上执行各个分划的 SPMD 程序。在从 11.8 节到 11.9.9 节讨论了如何处理带有同步的并行性之后，我们将在 11.10 节回到上面的第 2 步，并讨论如何针对单处理器和多处理器系统进行局部性优化。

11.7.3 空间分划约束

因为要求没有通信，所以每一对具有数据依赖关系的运算都必须被分配在同一个处理器上。我们把这些约束称为“空间分划约束”。任何满足这些约束的映射所创建的分划都是相互独立的。请注意，只要把所有运算都放到一个分划单元，就可以满足这样的约束。遗憾的是，这样的“解”没有给出任何并行性。我们的目标是在满足这些空间分划约束的同时得到尽可能多的独立分划。也就是说，只有在必要的时候才会把不同的运算放到同一个处理器上。

当我们限制自己只考虑仿射分划时，可以将并行性的度数(即维度)最大化，而不是将独立单元的数目最大化。如果我们使用分段(piecewise)仿射分划，有时有可能创建出更多的独立单元。一个分段仿射分划把单个访问的实例分割成为不同的集合，并允许对每个集合使用不同的仿射分划。但是这里我们不考虑这样的选项。

正式地讲，一个程序的仿射分划是*无同步的*(synchronization free)当且仅当对于两个具有数据依赖关系的(不一定不同的)访问，即在循环嵌套结构 d_1 中的语句 s_1 中的访问 $\mathcal{F}_1 = \langle \boldsymbol{F}_1, \boldsymbol{f}_1, \boldsymbol{B}_1, \boldsymbol{b}_1 \rangle$ 和循环嵌套结构 d_2 中的语句 s_2 中的访问 $\mathcal{F}_2 = \langle \boldsymbol{F}_2, \boldsymbol{f}_2, \boldsymbol{B}_2, \boldsymbol{b}_2 \rangle$，对语句 s_1 和 s_2 的分划 $\langle \boldsymbol{C}_1, \boldsymbol{c}_1 \rangle$ 和 $\langle \boldsymbol{C}_2, \boldsymbol{c}_2 \rangle$ 满足下面的*空间分划约束*(space-partition constraint)：

- 对于所有满足下列条件的 Z^{d_1} 中的 $\boldsymbol{i}_1$ 和 Z^{d_2} 的 $\boldsymbol{i}_2$：

1）$\boldsymbol{B}_1\boldsymbol{i}_1 + \boldsymbol{b}_1 \geqslant \boldsymbol{0}$

2）$\boldsymbol{B}_2\boldsymbol{i}_2 + \boldsymbol{b}_2 \geqslant \boldsymbol{0}$

3）$\boldsymbol{F}_1\boldsymbol{i}_1 + \boldsymbol{f}_1 = \boldsymbol{F}_2\boldsymbol{i}_2 + \boldsymbol{f}_2$

$\boldsymbol{C}_1\boldsymbol{i}_1 + \boldsymbol{c}_1 = \boldsymbol{C}_2\boldsymbol{i}_2 + \boldsymbol{c}_2$ 一定成立。

并行化算法的目标是为每个语句找出满足这些约束的具有最高秩的分划。

图 11-25 中的图说明了空间分划约束的本质。假设有两个静态访问分别处于两个循环嵌套结构中，它们的下标向量分别为 $\boldsymbol{i}_1$ 和 $\boldsymbol{i}_2$。假设它们共同访问了至少一个数组元素，且至少其中之一

是写运算，那么它们之间具有依赖关系。根据仿射访问函数 $\boldsymbol{F}_1\boldsymbol{i}_1+\boldsymbol{f}_1$ 和 $\boldsymbol{F}_2\boldsymbol{i}_2+\boldsymbol{f}_2$，该图显示了在这两个循环中恰巧访问同一个数组元素的动态访问。除非这两个静态访问的仿射分划 $\boldsymbol{C}_1\boldsymbol{i}_1+\boldsymbol{c}_1$ 和 $\boldsymbol{C}_2\boldsymbol{i}_2+\boldsymbol{c}_2$ 把它们的动态访问分配到同一个处理器上，否则不同处理器之间必须进行同步。

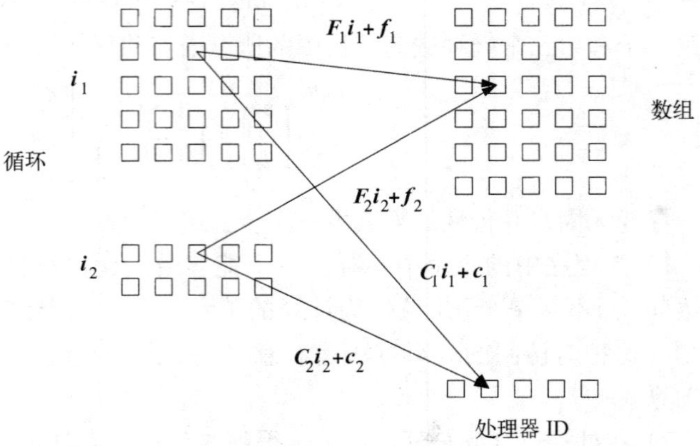

图 11-25 空间分划约束

如果我们选择一个仿射分划，它的秩为所有语句的秩的最大值，那么就得到了最大可能的并行性。但是，在这种划分下，有些处理器有时可能会空闲，而其他处理器却忙于执行那些具有较小秩的仿射分划的语句。如果执行这些语句的时间相对较短，这种情况还是可接受的。否则，我们可以选择秩小于最大可能值的仿射分划，只要这个分划的秩大于 0 即可。

在例 11.41 中，我们给出了一个用于说明这个技术的功能的小程序。实际应用通常要比这个程序简单，但是它们的边界条件可能和这里显示的一些问题类似。我们将在本章的各个部分使用这个例子来说明下面的事实：具有仿射访问的程序具有相对简单的空间分划约束，这些约束可以通过标准线性代数技术来解决，并且最终需要的 SPMD 程序能够从仿射分划中机械化地生成。

例 11.41 这个例子说明了我们如何把一个程序的空间分划约束用公式表达出来。这个程序显示在图 11-26 中，它由具有两个语句 s_1 和 s_2 的小循环嵌套结构组成。

```
for (i = 1; i <= 100; i++)
    for (j = 1; j <= 100; j++) {
        X[i,j] = X[i,j] + Y[i-1,j];   /* (s1) */
        Y[i,j] = Y[i,j] + X[i,j-1];   /* (s2) */
  }
```

图 11-26 一个用以说明相互依赖的长运算链的循环嵌套结构

我们在图 11-27 中显示了程序中的数据依赖关系。在图中，每个黑点表示语句 s_1 的一个实例，而每个白点表示了语句 s_2 的一个实例。在坐标 (i,j) 处的点表示该语句在下标变量的取值为 (i,j) 时的实例。但是请注意，s_2 的实例位于对应于相同 (i,j) 对的 s_1 的实例的下方，因此图中对应于 j 的垂直刻度要比对应于 i 的水平刻度长。

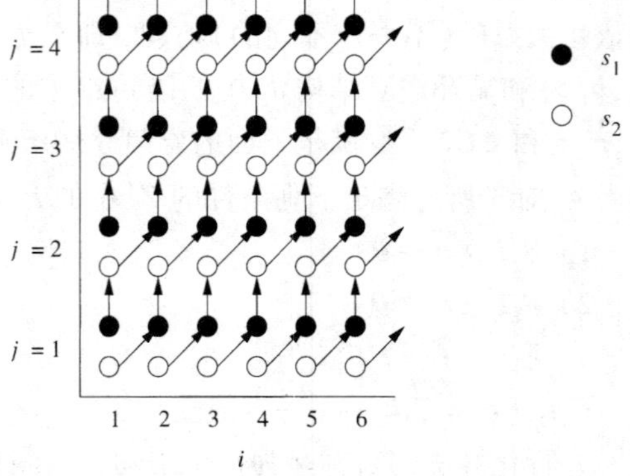

图 11-27 例 11.41 的代码中的依赖关系

请注意，$X[i,j]$ 是由 $s_1(i,j)$ 写入的，$s_1(i,j)$ 就是语句 s_1 对应于循环下标值 i 和 j 的实例。之后它被 $s_2(i,j+1)$ 读出，因此 $s_1(i,j)$ 必须在 $s_2(i,j+1)$ 之前执行。这个事实解释了图中从黑点到白点的垂直箭头。类似地，$Y[i,j]$ 被 $s_2(i,j)$ 写入再

由 $s_1(i+1,j)$ 读出，这个事实解释了从白点到黑点的箭头。

从图中很容易看出，代码可以被并行化为无同步关系的几个部分，方法是把各个相互依赖的运算链分配给同一个处理器。但是，写出一个实现这样的映射方案的 SPMD 程序并不容易。在原来的程序中每个循环有 100 个迭代，因此存在 200 个运算链。在这些运算链中，其中的一半由 s_1 开始并以 s_1 结束，另一半从 s_2 开始并以 s_2 结束。这些链的长度从 1 ~ 100 个迭代不等。

因为有两个语句，所以我们需要为每个语句寻找一个仿射分划。我们只需要表示出一维仿射分划的空间分划约束。这些约束稍后将由试图寻找所有独立的一维仿射分划的解方法所使用。这个方法还将把这些一维分划组合起来得到多维仿射分划。因此，我们可以把每个语句的仿射分划表示为一个 1×2 的矩阵和一个 1×1 的向量，并把下标向量 $[i,j]$ 转换成为一个处理器的编号。令 $<[C_{11}C_{12}],[c_1]>$，$<[C_{21}C_{22}],[c_2]>$ 分别为语句 s_1 和 s_2 的一维仿射分划。

我们将应用六个数据依赖测试：

1）语句 s_1 中的写访问 $X[i,j]$ 和其自身之间的依赖关系。

2）语句 s_1 中的写访问 $X[i,j]$ 和读访问 $X[i,j]$ 之间的依赖关系。

3）语句 s_1 中的写访问 $X[i,j]$ 和语句 s_2 中的读访问 $X[i,j-1]$ 之间的依赖关系。

4）语句 s_2 中的写访问 $Y[i,j]$ 和其自身之间的依赖关系。

5）语句 s_2 中的写访问 $Y[i,j]$ 和读访问 $Y[i,j]$ 之间的依赖关系。

6）语句 s_2 中的写访问 $Y[i,j]$ 和语句 s_1 中的写访问 $Y[i-1,j]$ 之间的依赖关系。

我们可以看到，这些依赖关系测试都很简单，而且高度重复。这个代码中出现的依赖关系发生在第(3)种情况下访问 $X[i,j]$ 和 $X[i,j-1]$ 的实例之间以及第(6)种情况下访问 $Y[i,j]$ 和 $Y[i-1,j]$ 的实例之间。

由语句 s_1 中的 $X[i,j]$ 和 s_2 中的 $X[i,j-1]$ 之间的数据依赖关系而导致的空间分划约束可以表示成下列各项：

对于所有满足下面条件的 (i,j) 和 (i',j')

$$\begin{array}{cc} 1\leqslant i\leqslant 100 & 1\leqslant j\leqslant 100 \\ 1\leqslant i'\leqslant 100 & 1\leqslant j'\leqslant 100 \\ i=i' & j=j'-1 \end{array}$$

我们有

$$[C_{11}\quad C_{12}]\begin{bmatrix} i \\ j \end{bmatrix}+[c_1]=[C_{21}\quad C_{22}]\begin{bmatrix} i' \\ j' \end{bmatrix}+[c_2]$$

也就是说，前四个条件是说 (i,j) 和 (i',j') 处于这个循环嵌套结构的迭代空间中，后两个条件是说动态访问 $X[i,j]$ 和 $X[i,j-1]$ 触及同一个数据元素。我们可用类似的方法得到针对语句 s_2 中的访问 $Y[i-1,j]$ 和语句 s_1 中的访问 $Y[i,j]$ 的空间分划约束。 □

11.7.4 求解空间分划约束

一旦抽取得到空间分划约束之后，我们就可以使用标准线性代数技术来寻找满足这个约束的仿射分划。让我们首先说明如何找出例 11.41 的解。

例 11.42 我们可以使用下面的步骤来找出例 11.41 的仿射分划：

1）建立例 11.41 中显示的空间分划约束。我们在决定数据依赖关系的时候使用了循环界限，但是在算法的其余部分不再使用循环界限。

2）在不等式中的未知变量是 i、i'、j、j'、C_{11}、C_{12}、c_1、C_{21}、C_{22} 和 c_2。根据访问函数可得到等式 $i=i'$ 和 $j=j'-1$。使用这些等式来减少未知量的数目。我们使用高斯消除法来完成这个工作，它把四个变量减少为两个变量，也就是说 $t_1 = i = i'$ 和 $t_2 = j = j' - 1$。分划的等式变为

$$[C_{11} - C_{21} \quad C_{12} - C_{22}]\begin{bmatrix} t_1 \\ t_2 \end{bmatrix} + [c_1 - c_2 - C_{22}] = 0$$

3）上面的等式对于所有的 t_1 和 t_2 组合都成立。因此必然有下面的结论：

$$C_{11} - C_{21} = 0$$
$$C_{12} - C_{22} = 0$$
$$c_1 - c_2 - C_{22} = 0$$

如果我们对访问 $Y[i-1,j]$ 和 $Y[i,j]$ 之间的约束执行同样的处理步骤，我们得到

$$C_{11} - C_{21} = 0$$
$$C_{12} - C_{22} = 0$$
$$c_1 - c_2 + C_{21} = 0$$

把所有这些约束一起进行简化，我们得到下面的关系：

$$C_{11} = C_{21} = -C_{22} = -C_{12} = c_2 - c_1$$

4）找出那些只涉及系数矩阵中的未知量的等式的所有独立解。在这一步中忽略常量向量中的未知量。在系数矩阵中只有一个独立的选择，因此我们寻找的仿射分划的秩最多为一。为了使得分划尽量简单，我们把 C_{11} 设置为 1。我们不能把 0 赋值给 C_{11}，因为这会建立一个零秩的系数矩阵。零秩矩阵会把所有的迭代都映射到同一个处理器上。由 $C_{11} = 1$ 可得 $C_{21} = 1$，$C_{22} = -1$，$C_{12} = -1$。

5）找出常数项。我们知道常数项之间的差 $c_2 - c_1$ 必须是 -1。但是我们必须选择实际的值。为了使分划简单，我们选择 $c_2 = 0$，因此 $c_1 = -1$。

令 p 为执行迭代 (i,j) 的处理器的 ID。这个仿射分划用 p 表示就是

$$s_1 : [p] = [1 \quad -1]\begin{bmatrix} i \\ j \end{bmatrix} + [-1]$$

$$s_2 : [p] = [1 \quad -1]\begin{bmatrix} i \\ j \end{bmatrix} + [0]$$

也就是说，s_1 的第 (i,j) 个迭代被分配给处理器 $p = i - j - 1$；而 s_2 的第 (i,j) 个迭代被分配给处理器 $p = i - j$。 □

算法 11.43 找出一个程序的具有最高秩的无同步仿射分划。

输入：一个带有仿射数组访问的程序。

输出：一个分划。

方法：执行下列步骤：

1）找出程序中所有的具有数据依赖关系的访问对。对于每一对具有数据依赖关系的访问：嵌套在循环 d_1 中的语句 s_1 的访问 $\mathscr{F}_1 = \langle \boldsymbol{F}_1, \boldsymbol{f}_1, \boldsymbol{B}_1, \boldsymbol{b}_1 \rangle$ 和嵌套在循环 d_2 中的语句 s_2 的访问 $\mathscr{F}_2 = \langle \boldsymbol{F}_2, \boldsymbol{f}_2, \boldsymbol{B}_2, \boldsymbol{b}_2 \rangle$。令 $\langle \boldsymbol{C}_1, \boldsymbol{c}_1 \rangle$ 和 $\langle \boldsymbol{C}_2, \boldsymbol{c}_2 \rangle$ 分别是语句 s_1 和 s_2 的（当前未知的）分划。相应的空间分划约束表明对于分别处于各自循环界限中的 $\boldsymbol{i}_1$ 和 $\boldsymbol{i}_2$，如果

$$\boldsymbol{F}_1 \boldsymbol{i}_1 + \boldsymbol{f}_1 = \boldsymbol{F}_2 \boldsymbol{i}_2 + \boldsymbol{f}_2$$

那么

$$\boldsymbol{C}_1 \boldsymbol{i}_1 + \boldsymbol{c}_1 = \boldsymbol{C}_2 \boldsymbol{i}_2 + \boldsymbol{c}_2$$

我们将扩展迭代的域，使之包含 Z^{d_1} 中的所有 $\boldsymbol{i}_1$ 和 Z^{d_2} 中的所有 $\boldsymbol{i}_2$。也就是说，假设所有的界限都是从负无穷大到正无穷大。这样的假设是有道理的，因为一个仿射分划不能利用如下的性质：一

个下标变量的取值范围是一个有限整数集合。

2）对于每一对相互依赖的访问，我们减少其下标向量中的未知量的数目。

ⓐ 请注意 $\boldsymbol{Fi}+\boldsymbol{f}$ 和向量

$$[\boldsymbol{F}\quad \boldsymbol{f}]\begin{bmatrix}\boldsymbol{i}\\1\end{bmatrix}$$

相同。也就是说，通过在列向量 $\boldsymbol{i}$ 的底部加上一个额外的分量 1，我们可以使列向量 $\boldsymbol{f}$ 成为附加到矩阵 $\boldsymbol{F}$ 中的最后一列。这样，可以把访问函数的等式 $\boldsymbol{F}_1\boldsymbol{i}_1+\boldsymbol{f}_1=\boldsymbol{F}_2\boldsymbol{i}_2+\boldsymbol{f}_2$ 改写为

$$[\boldsymbol{F}_1\ -\boldsymbol{F}_2\quad (\boldsymbol{f}_1-\boldsymbol{f}_2)]\begin{bmatrix}\boldsymbol{i}_1\\\boldsymbol{i}_2\\1\end{bmatrix}=0$$

ⓑ 一般来说，上面的等式具有多个解。但是，我们仍然可以使用高斯消除法尽可能地求解这个关于分量 $\boldsymbol{i}_1$ 和 $\boldsymbol{i}_2$ 的方程组。也就是说，尽量多地消除变量，直到只剩下无法消除的变量为止。最后得到的 $\boldsymbol{i}_1$ 和 $\boldsymbol{i}_2$ 的解将具有如下形式

$$\begin{bmatrix}\boldsymbol{i}_1\\\boldsymbol{i}_2\\1\end{bmatrix}=\boldsymbol{U}\begin{bmatrix}\boldsymbol{t}\\1\end{bmatrix}$$

其中 $\boldsymbol{U}$ 是一个上三角形矩阵，$\boldsymbol{t}$ 是一个由取值范围为所有整数的自由变量组成的向量。

ⓒ 我们可以使用步骤 2ⓐ 中的技巧来改写关于分划的等式。用步骤 2ⓑ的结果替代向量($\mathbf{i}_1$, $\mathbf{i}_2$,1)，我们可以把关于分划的约束写成

$$[\boldsymbol{C}_1\ -\boldsymbol{C}_2\quad (\boldsymbol{c}_1-\boldsymbol{c}_2)]\boldsymbol{U}\begin{bmatrix}\boldsymbol{t}\\1\end{bmatrix}=0$$

3）舍弃和分划无关的变量。上面的等式对所有的 $\boldsymbol{t}$ 都成立的条件是

$$[\boldsymbol{C}_1\ -\boldsymbol{C}_2\quad (\boldsymbol{c}_1-\boldsymbol{c}_2)]\boldsymbol{U}=0$$

把这些等式改写成 $\boldsymbol{Ax}=\boldsymbol{0}$ 的形式，其中 $\boldsymbol{x}$ 是一个由仿射分划的所有未知系数组成的向量。

4）找出这个仿射分划的秩并求解系数矩阵。因为一个仿射分划的秩和分划中常量项的值无关，所以消除所有来自于 $\boldsymbol{c}_1$ 和 $\boldsymbol{c}_2$ 等常量向量的未知量，从而把 $\boldsymbol{Ax}=\boldsymbol{0}$ 替换为经过简化的约束 $\boldsymbol{A'x'}=0$ 。找出 $\boldsymbol{A'x'}=0$ 的解，并把它们表示为 $\boldsymbol{B}$，也就是可以生成 $\boldsymbol{A'}$ 的零空间的一组基本向量的集合。

5）找出常量项。从 $\boldsymbol{B}$ 中的每个基本向量中得到所求仿射分划的一行，并使用 $\boldsymbol{Ax}=\boldsymbol{0}$ 来获得常量项。 □

请注意，步骤 3 忽略了因循环界限而加在变量 $\boldsymbol{t}$ 上的约束。由此而得到的仿射分划约束会更加严格，因此这个算法一定是安全的。也就是说，我们在假设 $\boldsymbol{t}$ 可取任意值的情况下生成了对 $\boldsymbol{C}$ 和 $\boldsymbol{c}$ 的约束。可以想象，如果考虑到对变量 t 的约束会使得 $\boldsymbol{t}$ 不可能取某些值，那么可能还会存在一些 $\boldsymbol{C}$ 和 $\boldsymbol{c}$ 的其他解。没有搜寻这样的解会使我们失去一些优化的机会，但不会使得被处理的程序所完成工作和原程序不同。

11.7.5 一个简单的代码生成算法

算法 11.43 生成了能够把计算任务分割成独立分划单元的仿射分划。因为分划单元之间是相互独立的，因此它们可以被任意分配到不同处理器上。一个处理器可以被分配给多个分划单元，并且处理器可以交替执行分配给它的分划单元。但是每个分划单元中的运算需要顺序执行，这是因为它们之间通常具有数据依赖关系。

为一个给定的仿射分划生成一个正确的程序相对容易一些。我们首先介绍算法 11.45。这是一个简单的代码生成方法，它能够为单处理器系统生成顺序地执行各个独立分划单元的代码。这样的代码优化了时间局部性，因为对相同数组元素的多次数组访问在时间上相当靠近。不仅如此，这个代码很容易被转换成为一个 SPMD 程序，这个程序在不同的处理器上执行各个分划单元。遗憾的是，这样生成的代码是低效的，我们下一步将讨论使这些代码高效执行的优化方法。

我们的基本思想如下。我们已经知道了一个循环嵌套结构的各个下标变量的界限，也在算法 11.43 中确定了某个语句 s 中的访问的分划。假设我们希望生成一个能够顺序执行各个处理器上的动作的代码，那么可以创建一个最外层的循环，该循环遍历各个处理器 ID。也就是说，这个循环的每个迭代执行了分配给某个处理器 ID 的运算。原来的程序作为这个循环的循环体被插入到代码中。另外，对代码中的每个运算都增加了一个测试条件作为卫式，以保证每个处理器只执行赋予它的运算。通过这个方法，我们保证一个处理器按照原来的顺序执行了所有赋予它的指令。

例 11.44　我们希望生成能够顺序执行例 11.41 中的各个独立分划单元的代码。原来的顺序程序来自图 11-26，我们在图 11-28 中重复这段代码。

```
for (i = 1; i <= 100; i++)
    for (j = 1; j <= 100; j++) {
        X[i,j] = X[i,j] + Y[i-1,j];  /* (s1) */
        Y[i,j] = Y[i,j] + X[i,j-1];  /* (s2) */
    }
```

图 11-28　重复图 11-26

在例 11.42 中，仿射分划算法找到了度数为一的并行性。因此，处理器空间可以用单个变量 p 表示。请回忆一下，我们在那个例子中选择了如下的仿射分划，对于所有满足 $1 \leqslant i \leqslant 100$ 和 $1 \leqslant j \leqslant 100$ 的下标变量 i 和 j：

1）将语句 s_1 的实例 (i,j) 分配给处理器 $p = i - j - 1$。

2）将语句 s_2 的实例 (i,j) 分配给处理器 $p = i - j$。

我们可以分三步生成代码：

1）对于每个语句，找出所有参与该语句计算的处理器的 ID。我们把约束 $1 \leqslant i \leqslant 100$ 及 $1 \leqslant j \leqslant 100$ 和等式 $p = i - j - 1$ 和 $p = i - j$ 中的一个组合起来，并通过投影消除 i 和 j，得到新的约束。

① 如果我们使用为语句 s_1 得到的函数 $p = i - j - 1$，那么得到 $-100 \leqslant p \leqslant 98$。

② 如果我们使用语句 s_2 的函数 $p = i - j$，那么得到 $-99 \leqslant p \leqslant 99$。

2）找出所有参与了任一语句的计算工作的处理器的 ID。我们取这些范围的并集，得到 $-100 \leqslant p \leqslant 99$，这些界限足以覆盖语句 s_1 和 s_2 的所有的实例。

3）生成能够顺序遍历每个分划单元中的计算工作的代码。图 11-29 中显示的代码有一个外层循环，它迭代遍历了所有参与计算的分划单元的 ID（第 1 行）。在第 2 行和第 3 行，每个分划单元都会经历原串行程序生成所有迭代下标的过程，然后它可以选出应该由处理器 p 执行的迭代。第 4 行和第 6 行的代码保证了只有当处理器 p 应该执行语句 s_1 和 s_2 时，这两个语句才可以执行。

虽然生成的代码是正确的，但是特别低效。首先，虽然每个处理器最多执行 99 个迭代的计算任务，但是它生成了 100×100 个迭代的循环下标值，比必须的下标值数目多了一个量级。其次，最内层循环的每一个加法都带有一个条件测试，在原有开销上又增加了一个常量因子。这两种低效率问题的处理将分别在 11.7.6 节和 11.7.7 节中处理。□

```
1)    for (p = -100; p <= 99; p++)
2)        for (i = 1; i <= 100; i++)
3)            for (j = 1; j <= 100; j++) {
4)                if (p == i-j-1)
5)                    X[i,j] = X[i,j] + Y[i-1,j];  /* (s1) */
6)                if (p == i-j)
7)                    Y[i,j] = X[i,j-1] + Y[i,j];  /* (s2) */
8)            }
```

图 11-29　图 11-28 中的代码的简单改写，它在执行时遍历处理器空间

虽然图 11-29 的代码看起来被设计成在单处理器上执行的代码，但我们将把第 2 行到第 8 行的内层循环拿出来在 200 个不同的处理器上执行它们。每个处理器都有一个不同的从 −100 ~ 99 的 p 值。只要我们安排得当，使得每个处理器都知道各自负责 p 的哪些值，并且只执行对应于这些值的第 2 行到第 8 行代码，那么就可以在少于 200 个处理器上分划内层循环的计算。

算法 11.45　创建顺序执行一个程序的各个分划单元的代码。

输入： 一个具有仿射数组访问的程序 P。程序中的每个语句 s 具有形如 $\boldsymbol{B}_s\boldsymbol{i}+\boldsymbol{b}_s \geq \boldsymbol{0}$ 的界限，其中 $\boldsymbol{i}$ 是 s 所在循环嵌套结构的循环下标变量的向量。每个语句 s 还附有一个分划 $\mathbf{C}_s\boldsymbol{i}+\boldsymbol{c}_s=\boldsymbol{p}$，其中 $\boldsymbol{p}$ 是一个由表示处理器 ID 的变量组成的 m 维向量。m 是程序 P 中的各个语句的分划的秩的最大值。

输出： 一个等价于 P 的程序，但是它在处理器空间上（而不是原来的循环下标上）进行迭代遍历。

方法： 执行下列各步骤：

1）对于每个语句，使用 Fourier-Motzkin 消除法从界限中通过投影消除所有的循环下标变量。

2）使用算法 11.13 来决定分划单元 ID 的界限。

3）为处理器空间的 m 个维度中的每一维生成一个循环。令 $\boldsymbol{p}=[p_1,p_2,\cdots,p_m]$ 为这些循环的变量的向量。也就是说，对于处理器空间的每一个维度都有一个变量。每个循环变量 p_i 遍历程序 P 中所有语句的分划空间的并集。

请注意，分划空间的并集不一定是凸的。为了保证算法简单，我们不必做到只枚举那些确实有计算任务的分划单元；我们可以把每个 p_i 的下界设置为由各个语句确定的全部下界的最小值，并把每个 p_i 的上界设置为由各个语句确定的全部上界的最大值。因此 p 的某些取值可能没有运算。

由每个分划单元执行的代码就是原来的串行程序。但每个语句都带有一个断言作为卫式条件，以保证只有属于这个分划单元的代码才会被执行。□

我们很快就会给出算法 11.45 的一个例子。但是请记住，要得到典型例子的优化代码还有很多工作要做。

11.7.6　消除空迭代

现在我们讨论生成高效 SPMD 代码所必须的两个转换中的第一个。每个处理器执行的代码循环遍历原程序中的所有迭代，并选择应该由它执行的运算。如果代码具有 k 度的并行性，这么做的后果就是每个处理器的工作量增大了 k 个数量级。第一个转换的目的是收紧循环的界限以便消除所有的空迭代。

首先我们逐条考虑程序中的语句。由一个分划单元执行的一个语句的迭代空间是原来的迭代空间加上仿射分划给出的约束。我们可以把算法 11.13 应用到新的迭代空间，为每个语句生成一个紧致的界限。新的下标向量和原顺序程序的下标向量类似，但加上了处理器 ID 作为最外层

的下标。请注意，这个算法会为每个下标生成以外围下标表示的紧致的界限。

在找到不同语句的迭代空间之后，我们按照逐个循环的方式把它们组合起来，使得下标的界限为各个语句的界限的并集。如下面的例 11.46 所示，最后有些循环可能只有一个迭代，我们可以简单地消除这个循环，并直接把循环下标设置为该迭代对应的值。

例 11.46 对于图 11-30a 中的循环，算法 11.43 将生成仿射分划

$$s_1 : p = i$$
$$s_2 : p = j$$

算法 11.45 将生成图 11-30b 中的代码。对语句 s_1 应用算法 11.13 得到界限 $p \leqslant i \leqslant p$，即 $i = p$。类似地，这个算法确定对于语句 s_2 有 $j = p$。这样我们就得到了图 11-30c 所示的代码。对变量 i 和 j 的传播将会消除不必要的测试而得到图 11-30d 中的代码。 □

```
for (i=1; i<=N; i++)
    Y[i] = Z[i]; /* (s1) */
for (j=1; j<=N; j++)
    X[j] = Y[j]; /* (s2) */
```

a) 初始代码

```
for (p=1; p<=N; p++) {
    for (i=1; i<=N; i++)
        if (p == i)
            Y[i] = Z[i]; /* (s1) */
    for (j=1; j<=N; j++)
        if (p == j)
            X[j] = Y[j]; /* (s2) */
}
```

b) 应用算法11.45后得到的代码

```
for (p=1; p<=N; p++) {
    i = p;
    if (p == i)
        Y[i] = Z[i]; /* (s1) */
    j = p;
    if (p == j)
        X[j] = Y[j]; /* (s2) */
}
```

c) 应用算法11.13后得到的代码

```
for (p=1; p<=N; p++) {
    Y[p] = Z[p]; /* (s1) */
    X[p] = Y[p]; /* (s2) */
}
```

d) 最终的代码

图 11-30 例 11.46 的代码

现在我们回到例 11.44，并说明把不同语句的多个迭代空间合并到一起的步骤。

例 11.47 现在让我们收紧例 11.44 中代码的循环界限。由分划单元 p 执行的语句 s_1 的迭代空间由下面的等式和不等式定义：

$$-100 \leqslant p \leqslant 99$$
$$1 \leqslant i \leqslant 100$$
$$1 \leqslant j \leqslant 100$$
$$i - p - 1 = j$$

对上面的算式应用算法 11.13 生成了图 11-31a 中显示的约束。算法 11.13 根据 $i - p - 1 = j$ 和 $1 \leqslant j \leqslant 100$ 生成约束 $p + 2 \leqslant i \leqslant 100 + p + 1$，并把 p 的上界收紧为 98。类似地，对于语句 s_2 的各个变量的界限在图 11-31b 中显示。

图 11-31 中语句 s_1 和 s_2 的迭代空间是相似的，但是如图 11-27 中所期望的，两个空间在某些界限上相差 1。图 11-32 中的代码在这两个迭代空间的并集上运行。比如，使用 $\max(1, p+1)$ 作为 i 的

下界，min(100,100 + p + 1)作为其上界。请注意，最内层循环在第一次和最后一次执行时只有一个迭代，而在其他情况下有两个迭代。生成循环下标的开销因此降低了一个数量级。因为被执行的迭代空间比 s_1 和 s_2 的迭代空间都大，在执行这些语句的时候仍然需要使用条件判断来进行选择。 □

a) 语句s_1的界限

$$\begin{array}{lrcccl} j: & i-p-1 & \leqslant & j & \leqslant & i-p-1 \\ & 1 & \leqslant & j & \leqslant & 100 \\ i: & p+2 & \leqslant & i & \leqslant & 100+p+1 \\ & 1 & \leqslant & i & \leqslant & 100 \\ p: & -100 & \leqslant & p & \leqslant & 98 \end{array}$$

b) 语句s_2的界限

$$\begin{array}{lrcccl} j: & i-p & \leqslant & j & \leqslant & i-p \\ & 1 & \leqslant & j & \leqslant & 100 \\ i: & p+1 & \leqslant & i & \leqslant & 100+p \\ & 1 & \leqslant & i & \leqslant & 100 \\ p: & -99 & \leqslant & p & \leqslant & 99 \end{array}$$

图 11-31　图 11-29 中 p、i 和 j 的较紧致的界限

11.7.7　从最内层循环中消除条件测试

第二个转换是从内层循环中消除条件测试。如上面的例子所示，如果循环中各个语句的迭代空间相交但是不重合，就需要保留条件测试语句。为了消除对条件测试的需求，我们把迭代空间分割成为子空间，每个子空间执行同样的语句集合。这个优化过程要求复制代码，且只应该用于消除内层循环的条件测试。

为了分割一个迭代空间以消除内层循环的条件测试，我们重复应用下列步骤直到消除内层循环中的所有条件测试：

1）选择一个由界限不同的多个语句组成的循环。

2）使用一个条件来分割循环，使得某个语句从至少一个分循环中被剔除。我们从相互重叠的不同多面体的边界中选择这个条件。如果某个语句的所有迭代都只位于这个条件的某个半个平面中，那么这个条件就是有用的。

3）为每一个迭代空间生成代码。

例 11.48　让我们从图 11-32 的代码中删除条件测试。除了在两端的边界分划单元，语句 s_1 和 s_2 被映射到同一个分划单元 ID。因此，我们把分划空间分成三个子空间：

1）$p = -100$

2）$-99 \leqslant p \leqslant 98$

3）$p = 99$

然后，就可以针对每个子空间中所包含的 p 的值对它的代码进行特化。图 11-33 中显示了这三个迭代空间的代码。

```
for (p = -100; p <= 99; p++)
    for (i = max(1,p+1); i <= min(100,101+p); i++)
        for (j = max(1,i-p-1); j <= min(100,i-p); j++) {
            if (p == i-j-1)
                X[i,j] = X[i,j] + Y[i-1,j];   /* (s1) */
            if (p == i-j)
                Y[i,j] = X[i,j-1] + Y[i,j];   /* (s2) */
        }
```

图 11-32　通过收紧循环界限进行改进之后的图 11-29 的代码

请注意，第一个和第三个空间不需要 i 或 j 的循环，因为定义这两个空间的 p 值是确定的，这些循环都是退化的，它们只有一个迭代。比如，在空间 1 中，在循环界限中把 p 替换为 -100 会把 i 限制为 1，从而把 j 限定为 100。在空间 1 和 3 中对 p 的赋值显然是死代码，因此可以被消除。

下面我们在空间 2 中分割下标为 i 的循环。循环下标 i 的第一次和最后一次迭代是不同的。因此，我们把这个循环分割为三个子空间：

1）$\max(1,p+1) \leqslant i < p+2$，其中只有 s_2 被执行。

2）$\max(1,p+2) \leqslant i \leqslant \min(100,100+p)$，其中 s_1 和 s_2 都被执行。

3）$101+p < i \leqslant \min(101+p,100)$，其中只有 s_1 被执行。

图 11-33 中第二个空间的循环嵌套因此可以被写成图 11-34a 所示的代码。

图 11-34b 显示了经过优化的程序。我们已经用图 11-34a 替换了图 11-33 中相应的循环迭代结构。我们也已经把对 p、i 和 j 的赋值传播到数组访问中。当在中间代码层次上进行优化时，其中的一些赋值会被识别为公共子表达式，并从数组访问代码中重新抽取出来。 □

```
/* 空间(1) */
p = -100;
i = 1;
j = 100;
X[i,j] = X[i,j] + Y[i-1,j];  /* (s1) */

/* 空间(2) */
for (p = -99; p <= 98; p++)
    for (i = max(1,p+1); i <= min(100,101+p); i++)
        for (j = max(1,i-p-1); j <= min(100,i-p); j++) {
            if (p == i-j-1)
                X[i,j] = X[i,j] + Y[i-1,j]; /* (s1) */
            if (p == i-j)
                Y[i,j] = X[i,j-1] + Y[i,j];  /* (s2) */
        }

/* 空间(3) */
p = 99;
i = 100;
j = 1;
Y[i,j] = X[i,j-1] + Y[i,j];  /* (s2) */
```

图 11-33　根据 p 的值分割迭代空间

```
/* 空间(2) */
for (p = -99; p <= 98; p++) {
    /* 空间(2a) */
    if (p >= 0) {
        i = p+1;
        j = 1;
        Y[i,j] = X[i,j-1] + Y[i,j];  /* (s2) */
    }
    /* 空间(2b) */
    for (i = max(1,p+2); i <= min(100,100+p); i++) {
        j = i-p-1;
        X[i,j] = X[i,j] + Y[i-1,j];  /* (s1) */
        j = i-p;
        Y[i,j] = X[i,j-1] + Y[i,j];  /* (s2) */
    }
    /* 空间(2c) */
    if (p <= -1) {
        i = 101+p;
        j = 100;
        X[i,j] = X[i,j] + Y[i-1,j];  /* (s1) */
    }
}
```

a) 根据 i 的值分割空间(2)

图 11-34　例 11.48 的代码

```
/* 空间 (1); p = -100  */
X[1,100] = X[1,100] + Y[0,100];                         /* (s1) */

/* 空间(2) */
for (p = -99; p <= 98; p++) {
    if (p >= 0)
        Y[p+1,1] = X[p+1,0] + Y[p+1,1];                  /* (s2) */
    for (i = max(1,p+2); i <= min(100,100+p); i++) {
        X[i,i-p-1] = X[i,i-p-1] + Y[i-1,i-p-1];          /* (s1) */
        Y[i,i-p] = X[i,i-p-1] + Y[i,i-p];                /* (s2) */
    }
    if (p <= -1)
        X[101+p,100] = X[101+p,100] + Y[101+p-1,100]; /* (s1) */
}
/* 空间(3); p = 99  */
Y[100,1] = X[100,0] + Y[100,1];                         /* (s2) */
```

b) 和图11-28等价的优化代码

图 11-34 （续）

11.7.8 源代码转换

我们已经看到如何根据各个语句的简单仿射分划得到和原来的源代码明显不同的程序。但是，至今为止看到的例子中都没有明确显示出仿射分划是如何与源代码层次上的改变联系起来的。本节将说明，通过把仿射变换分解成为一系列基本变换，我们可以相对容易地论证对源代码的修改。

七个基本仿射转换

每个仿射分划可以表示为一个由的基本仿射转换组成的序列。每个基本仿射转换对应于源代码层次上的一个简单改变。总共有七个基本仿射转换：前四个基本转换在图 11-35 中说明，后三个转换被称为*幺模转换*(unimodular transform)，在图 11-36 中解释。

图中给出了每个基本转换的一个例子：一个源代码、一个仿射分划和一个结果代码。我们也画出了转换之前和之后的代码中的数据依赖关系。在数据依赖关系图中，我们看到每个基本转换对应于一个简单的几何转换，对应于一个简单的代码转换。这七个基本转换为：

1）融合(fusion)。融合转换的特点是把原程序中的多个循环下标映射到同一个循环下标上。新的循环融合了来自不同循环的语句。

2）裂变(fission)。裂变转换是融合的逆向转换。它把不同语句的同一个循环下标映射到转换得到的代码中的不同循环下标。这个转换把原来的一个循环分解为多个循环。

3）重新索引(re-indexing)。重新索引技术把一个语句的动态执行偏移固定多个迭代。这个仿射变换有一个常量项。

4）比例变换(scaling)。源程序中的连续迭代被一个常量因子隔开。这个仿射变换具有一个正的非单元系数。

5）反置(reversal)。按照相反顺序执行循环中的迭代。反置转换的特点是有一个系数为 -1。

6）交换(permutation)。交换内层循环和外层循环。这个仿射变换由单位矩阵中的经过交换的各行组成。

7）倾斜(skewing)。沿着一个角度来遍历循环的迭代空间。这个仿射变换是一个幺模矩阵，其对角线上都是 1。

源代码	分划	转换后的代码

`for (i=1; i<=N; i++)`
`  Y[i] = Z[i]; /*s1*/`
`for (j=1; j<=N; j++)`
`  X[j] = Y[j]; /*s2*/`
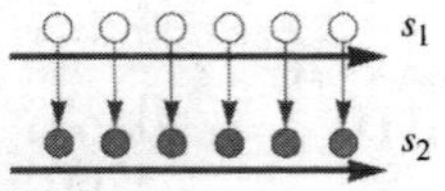
 	
	融合
	$s_1 : p = i$
	$s_2 : p = j$
		`for (p=1; p<=N; p++){`
		`  Y[p] = Z[p];`
		`  X[p] = Y[p];`
		`}`
		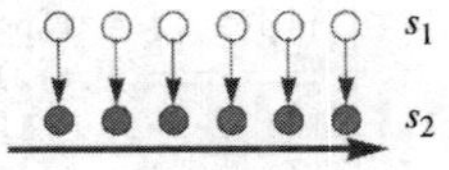

`for (p=1; p<=N; p++){`
`  Y[p] = Z[p];`
`  X[p] = Y[p];`
`}`
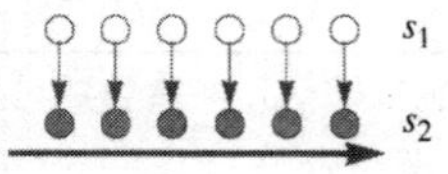
 	
	裂变
	$s_1 : i = p$
	$s_2 : j = p$
		`for (i=1; i<=N; i++)`
		`  Y[i] = Z[i]; /*s1*/`
		`for (j=1; j<=N; j++)`
		`  X[j] = Y[j]; /*s2*/`
		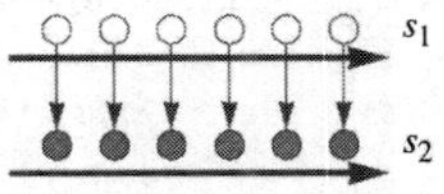

`for (i=1; i<=N; i++) {`
`  Y[i] = Z[i];   /*s1*/`
`  X[i] = Y[i-1]; /*s2*/`
`}`
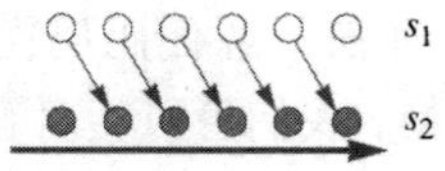
 	
	重新索引
	$s_1 : p = i$
	$s_2 : p = i - 1$
		`if (N>=1) X[1]=Y[0];`
		`for (p=1; p<=N-1; p++){`
		`  Y[p]=Z[p];`
		`  X[p+1]=Y[p];`
		`}`
		`if (N>=1) Y[N]=Z[N];`
		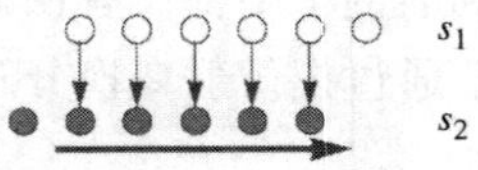

`for (i=1; i<=N; i++)`
`  Y[2*i] = Z[2*i]; /*s1*/`
`for (j=1; j<=2*N; j++)`
`  X[j]=Y[j];        /*s2*/`
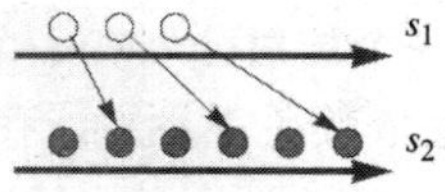
 	
	比例变换
	$s_1 : p = 2 * i$
	$(s_2 : p = j)$
		`for (p=1; p<=2*N; p++){`
		`  if (p mod 2 == 0)`
		`    Y[p] = Z[p];`
		`  X[p] = Y[p];`
		`}`
		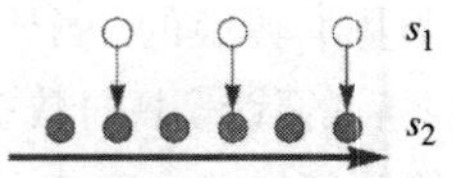

图 11-35 基本仿射转换(Ⅰ)

> **幺模转换**
>
> 一个幺模转换仅由一个幺模系数矩阵组成，没有常量向量。幺模矩阵是一个正方形矩阵，其行列式为 ±1。幺模转换的重要性在于它把一个 n 维迭代空间映射到另一个 n 维的多面体，并且两个空间之间的迭代具有一一对应关系。

并行化的几何解释

在上面的例子中，除裂变之外，其他的仿射转换都是通过把无同步仿射分划算法应用到各自的源代码上而得到的。(下一节中将讨论如何把裂变转换应用于带有同步的代码的并行化。)在每一个例子中，生成的代码有一个(最外层的)可并行化循环，这个循环的各个迭代可以分配给不同的处理器，并且不需要同步。

源代码	分划	转换后的代码

`for (i=0; i<=N; i++)`
`  Y[N-i] = Z[i];   /*s1*/`
`for (j=0; j<=N; j++)`
`  X[j] = Y[j];   /*s2*/`
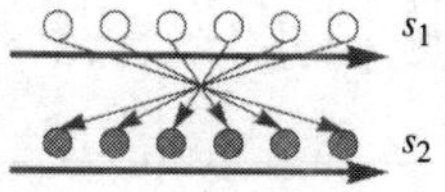
	反置
	$s_1 : p = N - i$
	$(s_2 : p = j)$
		`for (p=0; p<=N; p++){`
		`  Y[p] = Z[N-p];`
		`  X[p] = Y[p];`
		`}`
		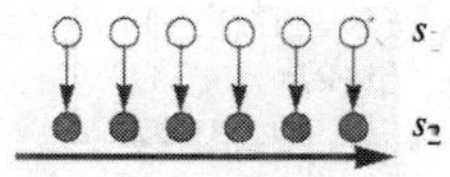

`for (i=1; i<=N; i++)`
`  for (j=0; j<=M; j++)`
`    Z[i,j] =`
`        Z[i-1,j];`
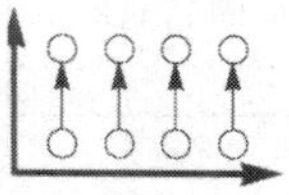
	交换
	$\begin{bmatrix}p\\q\end{bmatrix} = \begin{bmatrix}0 & 1\\1 & 0\end{bmatrix}\begin{bmatrix}i\\j\end{bmatrix}$
		`for (p=0; p<=M; p++)`
		`  for (q=1; q<=N; q++)`
		`    Z[q,p] = Z[q-1,p];`
		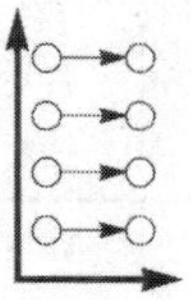

`for (i=1; i<=N+M-1; i++)`
`  for (j=max(1,i+N);`
`       j<=min(i,M); j++)`
`    Z[i,j] =`
`      Z[i-1,j-1];`
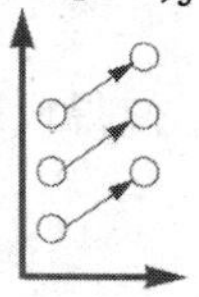
	倾斜
	$\begin{bmatrix}p\\q\end{bmatrix} = \begin{bmatrix}1 & -1\\0 & 1\end{bmatrix}\begin{bmatrix}i\\j\end{bmatrix} + \begin{bmatrix}0\\1\end{bmatrix}$
		`for (p=1; p<=N; p++)`
		`  for (q=1; q<=M; q++)`
		`    Z[p,q-p] =`
		`      Z[p-1,q-p-1];`
		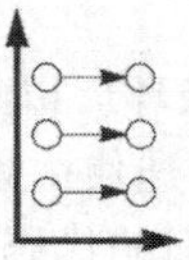

图 11-36 基本仿射转换(Ⅱ)

这些例子说明可以使用几何学的方法来简单地解释并行化技术是如何工作的。依赖边总是从一个较早的实例指向较晚的实例。因此，嵌套在不同循环中的不同语句之间的依赖关系遵循程序文本中的顺序；嵌套在同一循环中的语句之间的依赖关系遵循词典顺序。从几何学角度讲，一个二维循环嵌套结构的依赖关系总是在[0°,180°)的范围之内，也就是说这些依赖关系的角度必然低于180°，但是不小于0°。

仿射转换改变了迭代的顺序，使得只有最外层循环的同一迭代之内的运算之间才有依赖关系。换句话说，在最外层循环的迭代边界上没有依赖边。在对简单的源代码进行并行化时，我们可以画出它们的依赖关系，并用几何方法找出这样的转换。

11.7.9 11.7 节的练习

练习 11.7.1：对于下面的循环

```
for (i = 2; i < 100; i++)
    A[i] = A[i-2];
```

1）最多可以用多少个处理器来有效运行这个循环？

2）以处理器编号 p 作为参数改写这个代码。

3）给出这个循环的空间分划约束，并找出这个约束的一个解。

4）这个循环的具有最高秩的仿射分划是什么？

练习 11.7.2：对于图 11-37 中的循环嵌套结构重复练习 11.7.1。

```
for (i = 0; i <= 97; i++)
    A[i] = A[i+2];
```

a)

```
for (i = 1; i <= 100; i++)
    for (j = 1; j <= 100; j++)
        for (k = 1; k <= 100; k++) {
            A[i,j,k] = A[i,j,k] + B[i-1,j,k];
            B[i,j,k] = B[i,j,k] + C[i,j-1,k];
            C[i,j,k] = C[i,j,k] + A[i,j,k-1];
        }
```

b)

```
for (i = 1; i <= 100; i++)
    for (j = 1; j <= 100; j++)
        for (k = 1; k <= 100; k++) {
            A[i,j,k] = A[i,j,k] + B[i-1,j,k];
            B[i,j,k] = B[i,j,k] + A[i,j-1,k];
            C[i,j,k] = C[i,j,k] + A[i,j,k-1] + B[i,j,k];
        }
```

c)

图 11-37　练习 11.7.2 的代码

练习 11.7.3：改写下面的代码

```
for (i = 0; i < 100; i++)
    A[i] = 2*A[i];
for (j = 0; j < 100; j++)
    A[j] = A[j] + 1;
```

使得新代码只包含一个循环。以处理器编号 p 为下标改写这个循环，使得代码可以在 100 个处理器之间分配，其中第 p 个迭代由处理器 p 执行。

练习 11.7.4：在下面的代码中

```
        for (i = 1; i < 100; i++)
            for (j = 1; j < 100; j++)
/* (s) */    A[i,j] =(A[i-1,j] + A[i+1,j] + A[i,j-1] + A[i,j+1])/4;
```

唯一的约束是作为该循环嵌套结构的循环体的语句 s 必须首先执行迭代 $s(i-1,j)$ 和 $s(i,j-1)$，然后执行迭代 $s(i,j)$。证明这些约束就是全部的必要约束。然后改写代码使得最外层循环的下标变量为 p，并且所有满足 $i+j=p$ 的实例 $s(i,j)$ 都在外层循环的第 p 个迭代上执行。

练习 11.7.5：重复练习 11.7.4，但是重新安排执行方案，使得 s 的满足 $i-j=p$ 的实例在外层循环的第 p 个迭代上运行。

！**练习 11.7.6**：把下面的循环

```
for (i = 0; i < 100; i++)
    A[i] = B[i];
for (j = 98; j >= 0; j = j-2)
    B[i] = i;
```

合并为一个循环，要求保持所有的依赖关系。

练习 11.7.7：证明矩阵

$$\begin{bmatrix} 2 & 1 \\ 1 & 1 \end{bmatrix}$$

是幺模的。描述一下它对一个二维循环嵌套结构所做的转换。

练习 11.7.8：对下面的矩阵重复练习 11.7.7。

$$\begin{bmatrix} 1 & 3 \\ 2 & 5 \end{bmatrix}$$

11.8 并行循环之间的同步

如果我们不允许处理器之间进行任何同步，很多程序就没有任何并行性。但是通过向一个程序中增加少量固定多个同步运算之后，可以找到更多的并行性。在本节中，我们将首先讨论因为引入固定多个同步运算而获得的并行性。下一节中将讨论一般情况，即把同步运算嵌入到循环中的情况。

11.8.1 固定多个同步运算

没有无同步并行性的程序可能包含一系列循环。如果独立地考虑这些循环，其中的某些循环是可以并行化的。我们可以在这些循环执行之前和之后引入同步栅障，从而把这些循环并行化。例 11.49 说明了这一点。

例 11.49 图 11-38 给出了一个实现了 ADI(交替方向隐式方法，一种数值计算方法，Alternating Dirrection Implicit)积分算法的典型程序。它没有无同步并行性。在第一个循环嵌套结构中的依赖关系要求每个处理器在数组 X 的一列上工作；但是在第二个循环嵌套结构中的依赖关系要求每个处理器在数组 X 的一行上工作。如果要求没有通信运算，整个数组必须放在同一个处理器上，因此不存在并行性。但是，我们观察到两个循环都是可以单独并行化的。

```
for (i = 1; i < n; i++)
    for (j = 0; j < n; j++)
        X[i,j] = f(X[i,j] + X[i-1,j]);
for (i = 0; i < n; i++)
    for (j = 1; j < n; j++)
        X[i,j] = g(X[i,j] + X[i,j-1]);
```

图 11-38 两个顺序的循环嵌套结构

并行化代码的方法之一是在第一个循环中让不同的处理器在数组的不同列上工作，同步并等待所有的处理器完成任务后，各个处理器再在各个行上进行运算。使用这个方法，只需要引入一个同步操作就可以使算法中的所有计算都被并行化。但是，我们注意到虽然只进行了一次同步，但是这个并行化方案要求几乎所有的矩阵 X 中的数据在不同的处理器之间传递。通过引入更多的同步计算有可能降低通信量。我们将在 11.9.9 节中讨论这个问题。 □

看起来，这个方法可能只适用于由一系列循环嵌套组成的程序。但是，我们可以通过代码转换创造出更多的优化机会。我们可以应用循环裂变转换把原程序中的循环分解成为几个较小的循环。利用同步栅障把它们隔开，然后逐一将它们并行化。我们用例 11.50 来解释这个技术。

例 11.50 考虑下面的循环：

```
for (i=1; i<=n; i++) {
    X[i] = Y[i] + Z[i];     /* (s1) */
    W[A[i]] = X[i];         /* (s2) */
}
```

因为不知道数组 A 中的值，我们必须假设语句 s_2 中的访问可以写到 W 的任何元素上。因此，s_2 的实例的执行顺序必须和它们在原程序中的顺序一致。

代码中没有无同步的并行性，算法 11.43 将简单地把所有的计算任务都赋予同一个处理器。但是，至少语句 s_1 的实例可以并行执行。我们可以把这个代码的一部分并行化，方法是让不同的处理器执行语句 s_1 的不同实例。然后在另一个独立的顺序循环中，用一个处理器（比如说 0 号处理器）执行 s_2。相应的 SPMD 代码显示在图 11-39 中。 □

```
X[p] = Y[p] + Z[p];     /* (s1) */
/* synchronization barrier */
if (p == 0)
    for (i=1; i<=n; i++)
        W[A[i]] = X[i];   /* (s2) */
```

图 11-39 例 11.50 中的循环的 SPMD 代码，其中 p 是存放处理器 ID 的变量

11.8.2 程序依赖图

为了找出所有可以通过加入固定多个同步运算而变得可用的并行性，我们可以尽可能地对原程序应用裂变转换。把循环尽可能分解为独立循环，然后独立地并行化每个循环。

为了揭示出所有可以进行循环裂变的机会，我们使用*程序依赖图*(Program Dependence Graph，PDG)的抽象表示方法。程序的程序依赖图中的各个结点是程序的赋值语句，图中的边表示语句之间的数据依赖关系以及依赖的方向。只要语句 s_1 的某个动态实例和后面的语句 s_2 的一个动态实例之间存在数据依赖关系，就存在一条从语句 s_1 到语句 s_2 的边。

构造一个程序的 PDG 时，我们首先找出每一对语句中的两个静态访问之间的数据依赖关系。一个语句对中的两个语句可以相同，这两个静态访问也可以相同。假设确定了语句 s_1 中的访问 $\mathscr{F}_1$ 和语句 s_2 中的访问 $\mathscr{F}_2$ 之间有依赖关系。请注意，一个语句的实例可以使用下标向量 $\mathbf{i}=[i_1,i_2,\cdots,i_m]$ 来刻画，其中 i_k 是该语句所在循环嵌套结构中从最外层开始的第 k 个循环的下标。

1）如果有两个语句实例，s_1 的实例 $\mathbf{i}_1$ 和 s_2 的实例 $\mathbf{i}_2$，它们之间具有数据依赖关系，并且在原程序中，$\mathbf{i}_1$ 在 $\mathbf{i}_2$ 之前执行，记作 $\mathbf{i}_1 \prec_{s_1s_2} \mathbf{i}_2$，那么有一条从 s_1 到 s_2 的边。

2）类似地，如果有两个语句实例，s_1 的实例 $\mathbf{i}_1$ 和 s_2 的实例 $\mathbf{i}_2$，它们之间具有数据依赖关系，记作 $\mathbf{i}_2 \prec_{s_1s_2} \mathbf{i}_1$，那么有一条从 s_2 到 s_1 的边。

请注意，有可能根据两个语句 s_1 和 s_2 之间的数据依赖关系，在 PDG 中既生成了从 s_1 到 s_2 的边，又生成了从 s_2 到 s_1 的边。

在语句 s_1 和 s_2 相同的特殊情况下，$\mathbf{i}_1 \prec_{s_1s_2} \mathbf{i}_2$ 当且仅当 $\mathbf{i}_1 \prec \mathbf{i}_2$(即 $\mathbf{i}_1$ 按照词典排序比 $\mathbf{i}_2$ 小)。在一般情况下，s_1 和 s_2 可以是不同的语句，有可能属于不同的循环嵌套结构。

例 11.51 对于例 11.50 中的程序，在语句 s_1 的实例之间没有依赖关系。但是，语句 s_2 的第 i 个实例必须在语句 s_1 的第 i 个实例之后发生。更糟糕的是，因为数组引用 $W[A[i]]$ 可以对数组的 W 的每个元素进行写运算，s_2 的第 i 个实例依赖于所有之前的 s_2 的实例。也就是说，语句 s_2 依赖于它本身。例 11.50 的程序的 PDG 显示在图 11-40 中。请注意图中有一个只包含 s_2 的环。 □

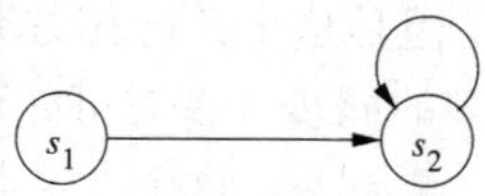

图 11-40 例 11.50 的程序的 PDG

程序依赖图使得我们可以很容易地确定是否可以分割一个循环中的多个语句。在一个 PDG 中，一个环所连接的各个语句不能被分割开。如果 $s_1 \to s_2$ 是一个环中两个语句之间的依赖关系，那么 s_1 的某些实例必须在 s_2 的某些实例之后发生，反过来也成立。请注意，只有当 s_1 和 s_2 嵌入在同一个循环中的时候才可能有这种相互依赖关系。因为有这种相互依赖关系，我们不能先执行完一个语句的所有实例之后再执行另一个语句的所有实例，因此不允许进行循环裂变转换。另一方面，如果依赖关系 $s_1 \to s_2$ 是单向的，我们就可以对这个循环进行分割，首先执行 s_1 的所有实例，然后执行 s_2 的实例。

例 11.52 图 11-41b 显示了图 11-41a 中程序的程序依赖图。图中语句 s_1 和 s_3 属于一个环，因此不能被放到不同的循环中去。但是我们可以把语句 s_2 分割出去，并在执行其他计算之前执行它的所有实例，如图 11-42 所示。第一个循环是可以并行化的，但是第二个循环不能被并行化。我们可以在第一个循环的并行执行之前和之后放上一个同步栅障，从而把第一个循环并行化。

□

```
for (i = 0; i < n; i++) {
   Z[i] = Z[i] / W[i];                /* (s1) */
   for (j = i; j < n; j++) {
      X[i,j] = Y[i,j]*Y[i,j];         /* (s2) */
      Z[j] = Z[j] + X[i,j];           /* (s3) */
   }
}
```

a) 一个程序

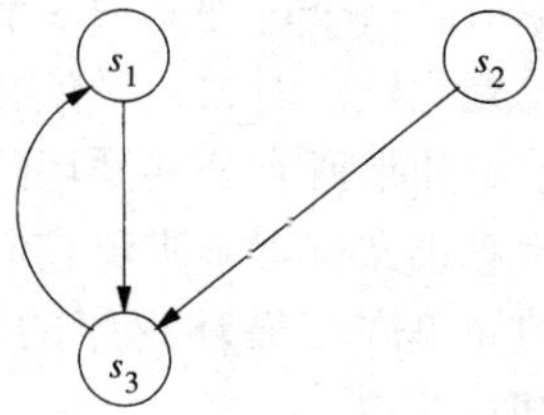

b) 它的依赖图

图 11-41　例 11.5.2 的程序和依赖图

```
for (i = 0; i < n; i++)
   for (j = i; j < n; j++)
      X[i,j] = Y[i,j]*Y[i,j];     /* (s2) */
for (i = 0; i < n; i++) {
   Z[i] = Z[i] / W[i];            /* (s1) */
   for (j = i; j < n; j++)
      Z[j] = Z[j] + X[i,j];       /* (s3) */
}
```

图 11-42　对一个循环嵌套结构的强连通子图进行分组

11.8.3　层次结构化的时间

在一般情况下，关系$\prec_{s_1 s_2}$的计算是很困难的。但是对于某些类型的程序而言，我们有一个直接的方法来计算这种依赖关系。本节中的优化技术经常被应用于这一类程序。假设这个程序是块结构的，由循环和简单的算术运算组成，并且不包含其他控制结构。该程序中的语句要么是一个赋值语句，要么是一个语句序列，要么是一个其循环体为单个语句的循环结构。这样，这个程序的控制结构就形成了一个层次结构。这个层次结构的顶层结点表示对应于整个程序的语句。单个赋值语句是一个叶子结点。如果某语句是一个语句序列，那么它的子结点就是该序列中的语句。这些子结点按照语句的词典排序从左到右排列。如果某语句是一个循环结构，那么它的子结点就是循环体对应的子图，通常是由一个或多个语句组成的序列。

例 11.53　图 11-43 中程序的层次结构显示在图 11-44 中。执行序列的层次结构特性在图 11-45 中着重显示。语句 s_0 的唯一实例在所有其他运算之前进行，因为它是被执行的第一个语句。接下来，我们执行来自外层循环的第一个迭代的所有指令，然后再执行第二个迭代中的指令，这样一直向前执行。对于循环下标 i 的值为 0 的所有动态实例，语句 s_1、L_2、L_3 和 s_5 按照正文顺序执行。我们可以重复上面的讨论，生成执行顺序的其他部分。□

```
s0;
L1: for (i = 0; ...) {
        s1;
        L2: for (j = 0; ...) {
                s2;
                s3;
            }
        L3: for (k = 0; ... )
                s4;
        s5;
    }
```

图 11-43　一个按层次结构组织的程序

我们可以用一种层次结构化的方式来解决由两个不同语句生成的两个实例之间的顺序问题。如果两个语句处于同一个循环中，我们从最外层循环开始比较它们的共同循环的下标变量的值。当我们发现它们的某个下标具有不同值时，这个差值就决定了它们之间的顺序。只有当较外层循环的下标值都相同的时候，我们才需要比较下一个内层循环的下标值。这个过程类似于我们比较以小时/分钟/秒的方式所表示的时间。比较两个时间时，我们首先比较小时数，只有当它们的小时数相同的时候，我们才比较分钟，以此类推。如果所有公共循环的下标值都相同，那么我们根据它们的相对正文位置来决定它们之间的顺序。因此，我们一直在讨论的简单嵌套循环程序的执行顺序经常被称为"层次结构化"的时间。

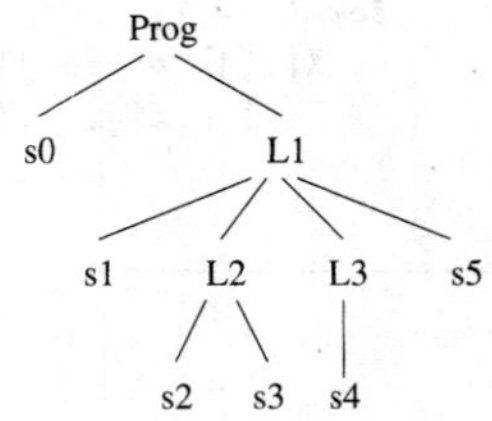

图 11-44　例 11.53 中的程序的层次结构

令 s_1 为一个嵌套在深度为 d_1 的循环中的语句，而 s_2 嵌套在深度为 d_2 的循环中，它们之间有 d 个公共（外层）循环。当然 $d \leqslant d_1$ 且 $d \leqslant d_2$。假设 $\boldsymbol{i} = [i_1, i_2, \cdots i_{d_1}]$ 为 s_1 的一个实例，而 $\boldsymbol{j} = [j_1, j_2, \cdots j_{d_2}]$ 为 s_2 的一个实例。

$\boldsymbol{i} \prec_{s_1 s_2} \boldsymbol{j}$ 当且仅当下列条件之一成立：

1）$[i_1, i_2, \cdots i_d] \prec [j_1, j_2, \cdots j_d]$，或者

2）$[i_1, i_2, \cdots i_d] = [j_1, j_2, \cdots j_d]$，且在正文上 s_1 出现在 s_2 之前。

断言 $[i_1, i_2, \cdots i_d] \prec [j_1, j_2, \cdots j_d]$ 可以写成如下的线性不等式的析取式。

$$(i_1 < j_1) \vee (i_1 = j_1 \wedge i_2 < j_2) \vee \cdots \vee$$
$$(i_1 = j_1 \wedge \cdots \wedge i_{d-1} = j_{d-1} \wedge i_d < j_d)$$

只要数据依赖关系的条件和上面的析取式中的某个子句同时成立，就存在一个从 s_1 到 s_2 的 PDG 边。因此，我们可能需要求解多达 d 或 $d+1$ 个整数线性规划问题来决定某一条边是否存在。要求解的问题个数依赖于语句 s_1 是否按照正文顺序出现在 s_2 之前。

1:	s_0				
2:	L_1	$i=0$	s_1		
3:			L_2	$j=0$	s_2
4:					s_3
5:				$j=1$	s_2
6:					s_3
7:				...	
8:			L_3	$k=0$	s_4
9:				$k=1$	s_4
10:				...	
11:			s_5		
12:		$i=1$	s_1		
13:			...		

图 11-45　例 11.53 中的程序的执行顺序

11.8.4　并行化算法

现在我们给出一个简单的并行化算法。它首先把计算任务分解到尽可能多的不同循环中，然后独立地并行化各个循环。

算法 11.54　在允许 $O(1)$ 次同步的情况下最大化并行性的度数。

输入：一个带有数组访问的程序。

输出：带有固定多个同步栅障的 SPMD 代码。

方法：

1）构造程序的程序依赖图，并把语句分划为强连通分量（SCC）。回忆一下 10.5.8 节介绍过，一个强连通分量是原图的一个满足下列条件的最大的分量：其中的每个结点都可以到达所有其他结点。

2）转换代码，使之按照拓扑顺序执行各个 SCC。必要时可以应用裂变转换。

3）对每个 SCC 应用算法 11.43，寻找出所有的无同步并行性。在每个被并行化的 SCC 的前后都插入同步栅障。□

虽然算法 11.54 能够找到带有 $O(1)$ 次同步的所有并行性度数，它仍然存在一些缺点。第一，它可能引入不必要的同步。作为一个现实问题，如果我们把这个算法应用到一个可以被无同步地并行化的程序上，这个算法会对每个语句进行并行化，并且在执行各个语句的并行循环之间引入同步栅障。第二，虽然只会有固定多个同步，但得到的并行化方案会在每次同步的时候在不同

的处理器之间传递很多数据。有些情况下，通信开销会使得并行化的代价太过昂贵，有时甚至不如在一个单处理器上顺序执行这个程序。在后面的各节中，我们将继续给出提高数据局部性的手段，从而降低通信量。

11.8.5 11.8 节的练习

练习 11.8.1：把算法 11.54 应用到图 11-46 的代码上。

```
for (i=0; i<100; i++)
    A[i] = A[i] + X[i];  /* (s1) */
for (i=0; i<100; i++)
    for (j=0; j<100; j++)
        B[i,j] = Y[i,j] + A[i] + A[j];  /* (s2) */
```

图 11-46 练习 11.8.1 的代码

练习 11.8.2：把算法 11.54 应用到图 11-47 的代码上。

练习 11.8.3：把算法 11.54 应用到图 11-48 的代码上。

```
for (i=0; i<100; i++)
    A[i] = A[i] + X[i];  /* (s1) */
for (i=0; i<100; i++) {
    B[i] = B[i] + A[i];  /* (s2) */
    for (j=0; j<100; j++)
        C[j] = Y[j] + B[j];  /* (s3) */
}
```

图 11-47 练习 11.8.2 的代码

```
for (i=0; i<100; i++)
    A[i] = A[i] + X[i];  /* (s1) */
for (i=0; i<100; i++) {
    for (j=0; j<100; j++)
        B[j] = A[i] + Y[j];  /* (s2) */
    C[i] = B[i] + Z[i];  /* (s3) */
    for (j=0; j<100; j++)
        D[i,j] = A[i] + B[j];  /* (s4) */
}
```

图 11-48 练习 11.8.3 的代码

11.9 流水线化技术

在流水线化技术中，一个任务被分成数个阶段，各个阶段在不同的处理器上进行。比如，一个具有 n 个迭代的循环可以被构造一个 n 阶段的流水线。每个阶段被分配给不同的处理器，当一个处理器完成了它负责的阶段后，结果就作为输入传送到流水线中的下一个处理器。

下面我们首先更加详细地解释流水线化的概念。然后我们在 11.9.2 节中给出了一个实际生活中的被称为“连续过松弛方法”的数值算法。我们用这个例子说明在什么样的情况下可以应用流水线化技术。然后我们在 11.9.6 节中正式定义需要求解的约束，并在 11.9.7 节中描述一个求解这些问题的算法。如果一个程序的时间分划约束具有多个独立解，那么就可以认为它具有最外层的*完全可交换循环*(fully permutable loop)。正如 11.9.8 节中将讨论的，这样的循环可以很容易地被流水线化。

11.9.1 什么是流水线化

前面我们尝试对一个循环嵌套结构进行并行化时，我们对这个循环嵌套结构中的迭代进行分划，使得任意两个共享数据的迭代都被分配给同一个处理器上。流水线化技术允许不同处理器共享数据，但是一般只能以“局部的”方式来共享数据，数据只能从一个处理器传递到所在处理器空间中的邻近处理器上。下面给出一个简单的例子。

例 11.55 考虑循环：

```
for (i = 1; i <= m; i++)
    for (j = 1; j <= n; j++)
        X[i] = X[i] + Y[i,j];
```

这个代码把 Y 的第 i 行中的值相加，并把结果加到 X 的第 i 个元素上。其中的内层循环对应于求和过程。因为数据依赖的原因，这个循环必须顺序执行[㊀]，但是不同的求和过程之间是独立的。我们可以让每个处理器执行一个独立的求和过程，从而实现代码的并行化。处理器 i 访问 Y 的第 i 行并修改 X 的第 i 个元素。

我们还可以把多个处理器组织成一个流水线来执行这个求和过程，并通过求和过程的重叠来获取并行性，如图 11-49 所示。更明确地讲，内层循环的每个迭代都可以被当作流水线的一个阶段：第 j 个阶段获取在前一阶段生成的 X 的一个元素，将它和 Y 的一个元素相加，并把结果传递到下一个阶段。请注意在这种情况下，每个处理器访问 Y 的一列，而不是一行。如果 Y 是按列存放的，那么通过按列分划（而不是按行分划）就可以提高局部性。

时间	处理器		
	1	2	3
1	X[1]+=Y[1,1]		
2	X[2]+=Y[2,1]	X[1]+=Y[1,2]	
3	X[3]+=Y[3,1]	X[2]+=Y[2,2]	X[1]+=Y[1,3]
4	X[4]+=Y[4,1]	X[3]+=Y[3,2]	X[2]+=Y[2,3]
5		X[4]+=Y[4,2]	X[3]+=Y[3,3]
6			X[4]+=Y[4,3]

图 11-49 例 11.55 中的流水线化的执行过程，其中 $m=4$，$n=3$

第一个处理器处理完前一个任务的第一个阶段之后，我们就可以立刻启动一个新的任务。流水线在开始时是空的，只有第一个处理器在执行第一个阶段。在它完成处理之后，结果被传送到第二个处理器，同时第一个处理器开始处理第二个任务，如此继续。按照这种方式，流水线被逐渐填满，直到所有的处理器都进入忙状态。当第一个处理器完成了最后一个任务后，流水线开始排空，越来越多的处理器进入空闲状态，直到最后一个处理器完成最后一个任务。在稳定状态下，n 个任务在由 n 个处理器组成的流水线中并行执行。 □

把流水线技术和不同处理器处理不同任务的简单并行性进行比较是很有意思的：

- 流水线化技术只能应用于深度至少为 2 的循环嵌套结构。我们可以把外层循环的每个迭代当作一个任务，而把内层循环的各个迭代当作任务的各个阶段。
- 在一个流水线中运行的任务可以具有数据依赖关系。属于各个任务的同一个阶段的信息被存放在同一个处理器上。因此，由一个任务的第 i 个阶段生成的结果可以直接被后继任务的第 i 个阶段使用，不会产生通信开销。类似地，由不同任务的同一个阶段所使用的每个输入数据元素必须存放在同一个处理器内，如例 11.55 所示。
- 如果任务是独立的，那么简单的并行化方案具有较好的处理器利用率，原因是各个处理器可以一起开始执行，而不会产生填满和排空流水线的开销。但是，如例 11.55 所示，在一个流水线方案中的数据访问模式和简单并行化方案中的模式不同。如果流水线化技术可以降低通信量，那么就应该选择这个技术。

11.9.2 连续过松弛方法：一个例子

连续过松弛法（Successive Over Relaxation, SOR）是一个在使用松弛方法求解联立线性方程式时加快收敛速度的技术。图 11-50a 中显示的相对简单的模板解释了这个技术的数据访问模式。在这里，数组中的一个元素的新值依赖于它的相邻元素的值。这个运算会被重复执行，直到满足某种收敛标准为止。

图 11-50b 中显示的是关键数据依赖关系。我们没有显示能够从该图中已包含的依赖关系推导出的依赖关系。比如，迭代 $[i,j]$ 依赖于迭代 $[i,j-1]$，$[i,j-2]$，等等。从这个依赖关系可以清

㊀ 请记住，我们没有利用加法的交换率和结合率。

楚地看出不存在无同步并行性。因为最长的依赖关系链包含了 $O(m+n)$ 个边。通过引入同步，我们应该可以找到度数为 1 的并行性，并在 $O(m-n)$ 个时间单位内执行 $O(mn)$ 运算。

```
for (i = 0; i <= m; i++)
    for (j = 0; j <= n; j++)
        X[j+1] = 1/3 * (X[j] + X[j+1] + X[j+2])
```

a) 原来的源代码

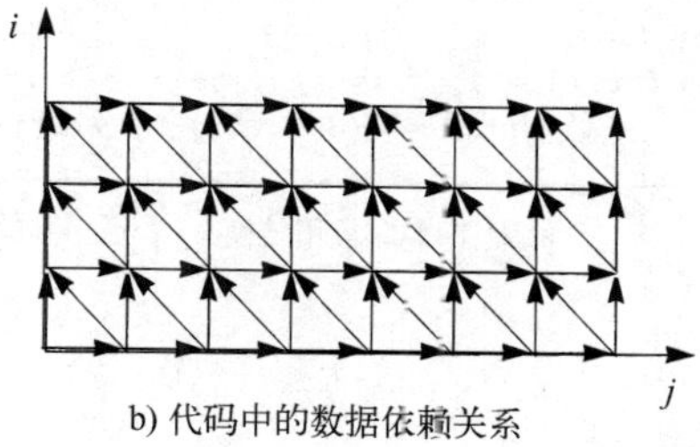

b) 代码中的数据依赖关系

图 11-50 连续过松弛法(SOR)的例子

特别地，我们看到图 11-50b 中角度为 150°[⊖] 的斜线上的各个迭代之间没有数据依赖关系。它们只依赖于比较靠近原点的斜线上的迭代。因此，我们可以从原点上的斜线开始逐步向外，逐条斜线地执行线上的迭代，从而达到并行化这个代码的目的。我们把一个斜线上的全部迭代称为*波阵面*(wave front)，而这样的并行化方案被称为*波阵面推进*(wavefronting)。

11.9.3 完全可交换循环

我们首先介绍一下*完全可交换*(full permutability)的概念。这个概念对于流水线化和其他一些优化技术都是有用的。多个循环是完全可交换的条件是它们可以任意地排列而不会改变原程序的语义。一旦多个循环具有完全可交换的性质，我们可以很容易地把相应的代码流水线化，并对代码应用某些转换(比如分块技术)来提高数据局部性。

图 11-50a 中给出的 SOR 代码不是完全可交换的。如 11.7.8 节所示，交换两个循环的位置意味着原来的迭代空间中的迭代按照逐列(而不是逐行)的方式执行。比如，原来在迭代[2,3]中的计算将会在迭代[1,4]的计算之前执行，这就违反了图 11-50b 中的依赖关系。

然而，我们可以通过代码转换使得上面的 SOR 代码变成完全可交换的。对这个代码应用仿射转换

$$\begin{bmatrix}1 & 0\\1 & 1\end{bmatrix}$$

可得到图 11-51a 中所示代码。经过转换得到的代码是完全可交换的，交换后的版本如图 11-51c 所示。我们在图 11-51b 和图 11-51d 中分别显示了这两个程序的迭代空间和数据依赖关系。从这个图中可以很容易看出这个重新排序保持了每一对具有数据依赖关系的访问之间的相对顺序。

当我们交换循环时，我们极大地改变了最外层循环的各个迭代所执行的运算集合。我们在调度这些运算时具有这样的自由度，说明在对程序的运算进行排序时有很大的回旋余地。调度的余地意味着存在并行化的机会。在本节的稍后我们将说明如果一个循环嵌套结构具有 k 个最外层的完全可交换循环，我们仅仅需要引入 $O(n)$ 个同步运算，就可以得到 $O(k-1)$ 度的并行性(n 是一个循环中的迭代的个数)。

⊖ 即不断下移一步再右移两步所得到的点的序列。

```
for (i = 0; i <= m; i++)
   for (j = i; j <= i+n; j++)
      X[j-i+1] = 1/3 * (X[j-i] + X[j-i+1] + X[j-i+2])
```

a) 对图11-50应用转换$\begin{bmatrix}1 & 0\\1 & 1\end{bmatrix}$后得到的代码

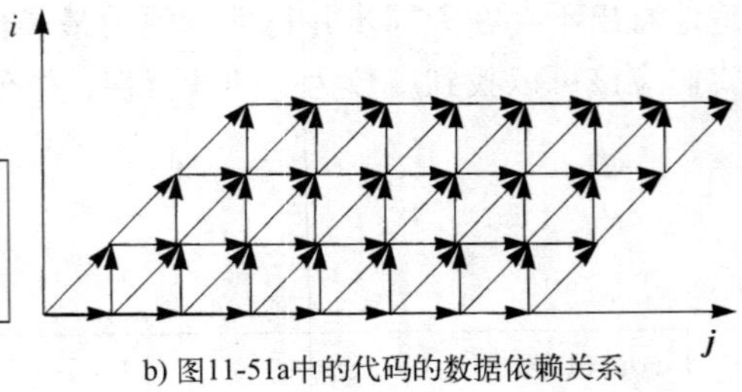

b) 图11-51a中的代码的数据依赖关系

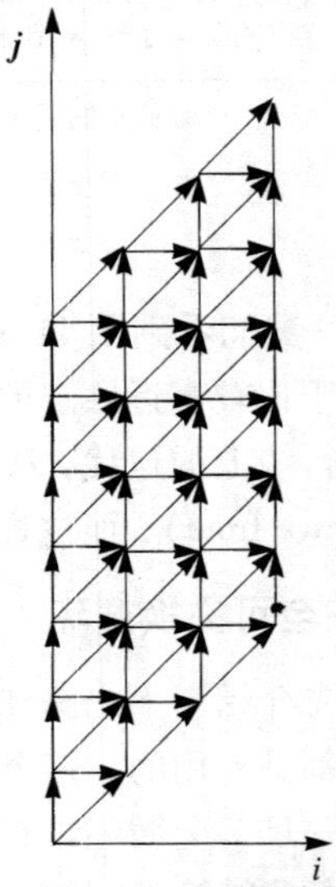


```
for (j = 0; j <= m+n; j++)
   for (i = max(0,j); i <= min(m,j), i++)
      X[j-i+1] = 1/3 * (X[j-i] + X[j-i+1] + X[j-i+2])
```

c) 图11-51a中的两个循环的一个重新排列

d) 图11-51c中代码的数据依赖关系

图 11-51　图 11-50 中代码的完全可交换版本

11.9.4　把完全可交换循环流水线化

一个具有 k 个最外层完全可交换循环的循环嵌套结构可以被构造为一个 $O(k-1)$ 维的流水线。在 SOR 的例子中，$k=2$，因此我们可以把处理器构造成一个线性流水线。

我们可以用两种不同的方法对上面的 SOR 代码进行流水线化，如图 11-52a 和图 11-52b 所示。这两种流水线化方案分别对应于图 11-51a 和图 11-51c 所示的两种可能的排列。在每一种情况下，相应迭代空间的每一列组成一个任务，而每一行组成一个流水线阶段。我们把第 i 个阶段分配给处理器 i，因此每个处理器执行内层循环的代码。不考虑边界条件，只有在处理器$p-1$ 执行了迭代 $i-1$ 之后，处理器 p 才可以执行迭代 i。

```
/* 0 <= p <= m */
for (j = p; j <= p+n; j++) {
    if (p > 0) wait (p-1);
    X[j-p+1] = 1/3 * (X[j-p] + X[j-p+1] + X[j-p+2]);
    if (p < min (m,j)) signal (p+1);
}
```

a) 把处理器分配给各行

```
/* 0 <= p <= m+n */
for (i = max(0,p); i <= min(m,p); i++) {
   if (p > max(0,i)) wait (p-1);
   X[p-i+1] = 1/3 * (X[p-i] + X[p-i+1] + X[p-i+2]);
   if (p < m+n) & (p > i) signal (p+1);
}
```

b) 把处理器分配给各列

图 11-52　图 11-51 中的代码的两个流水线化实现

假设每个处理器用同样的时间来执行一个迭代，并且同步运算在瞬时发生。这两个流水线化方案将并行执行同样的迭代，唯一的区别是它们的处理器分配方法不同。在图 11-51b 中的迭代空间中，所有并行执行的迭代处于 135°的斜线上，这些斜线对应于原迭代空间中的 150°斜线，见图 11-50b。

但是在实践中，带有高速缓存的处理器执行同一代码所花的时间并不总是相同的，用于同步运算的时间也会有所变化。使用同步栅障将使所有的处理器按照一致的步调进行运算。和同步栅障方法不同，流水线化技术最多要求处理器和另外两个处理器进行同步和通信。因此，流水线化的波阵面更加松弛，允许有些处理器领先而其他处理器暂时落后。这个灵活性降低了处理器在等待其他处理器时所花的时间，提高了并行性能。

可以把这个计算任务流水线化的方法有很多，上面显示的流水线化方案只是其中的两个。我们说过，只要一个循环嵌套结构是完全可交换的，我们在选择代码并行化方案方面就有很大的自由度。第一个流水线方案把迭代[i,j]映射到处理器 i；第二个方案把迭代[i,j]映射到处理器 j。只要 c_0 和 c_1 是正常数，我们就可以把迭代[i,j]映射到处理器 c_0i+c_1j，从而得到其他的流水线化方案。这样的方案将创建出不同的流水线，它们的松弛波阵面位于 90°(不含)到 180°(不含)之间。

11.9.5 一般性的理论

刚刚讨论的例子解释了关于流水线化的一般性理论：如果我们能够在一个循环嵌套结构中找到至少两个不同的最外层循环，并满足所有的依赖关系，那么就可以把这个计算过程流水线化。一个具有 k 个最外层完全可交换循环的循环嵌套结构具有 $k-1$ 度的流水线化并行度。

不能被流水线化的循环嵌套结构没有可交换的外层循环。例 11.56 给出了这样的例子。为了遵循所有的依赖关系，在最外层循环中的每个迭代必须精确执行原来代码中的计算任务。但是，这样的代码仍然可能在内层循环中包含并行性。要利用这种并行性，我们必须引入至少 n 个同步运算，其中 n 是最外层循环中的迭代个数。

例 11.56 图 11-53 是我们在例 11.50 中所见程序的一个更复杂的版本。如图 11-53b 的程序依赖图所示，语句 s_1 和 s_2 属于同一个强连通分量。因为我们不知道矩阵 A 中的内容，所以必须假设语句 s_2 中的访问可以读取 X 的任何元素。从语句 s_1 到语句 s_2 之间有一个真依赖关系，并且从语句 s_2 到语句 s_1 存在一个反依赖关系。这两个语句都没有进行流水线化的机会，因为属于外层循环的迭代 i 的所有运算必须在属于迭代 $i+1$ 的所有运算之前进行。为了找到更多的并行性，我们对内层循环重复并行化过程。第二个循环中的迭代可以被无同步地并行化。因此，我们需要 200 个同步栅障，在内层循环的每次执行之前和之后各需要一个。 □

```
for (i = 0; i < 100; i++) {
    for (j = 0; j < 100; j++)
        X[j] = X[j] + Y[i,j];     /* (s1) */
    Z[i] = X[A[i]];               /* (s2) */
}
```

a)

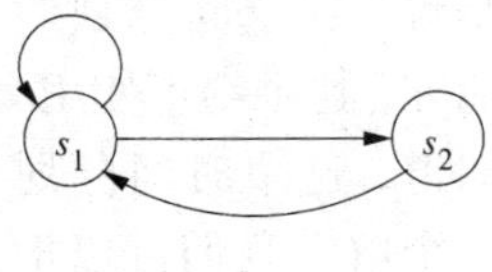

b)

图 11-53 一个顺序化的外层循环(参见图 a)以及它的 PDG 图(参见图 b)

11.9.6 时间分划约束

现在我们关注寻找流水线化并行性的问题。我们的目标是把一个计算任务转变成为一组可流水线化的任务。为了找到流水线化的并行性，我们没有像处理循环并行性时那样直接求出各个处理器上将执行哪些计算，而是提出了下面的根本性问题：所有可能的遵循循环中原有数据依赖关系的执行序列有哪些？显然，原来的执行序列满足所有的数据依赖关系。问题是是否存在这样的仿射转换，由它可以创建另一种调度，使得最外层循环的各个迭代执行的运算集合和原来不同，但是依然满足所有的依赖关系。如果我们能够找到这样的转换，就能够把这个循环结构流水线化。要点在于如果在调度运算时存在自由度，那么就存在并行性。后面将会解释如何从这样的转换中获取流水线化并行性的细节问题。

为了找出可接受的外层循环的重新排序，我们希望为每个语句找到一个一维仿射变换，这个变换把原来的循环下标值映射到最外层循环的迭代编号上。如果这样的分配能够满足程序中的所有数据依赖关系，那么变换就是合法的。下面显示的“时间分划约束”就是说如果一个运算依赖于另一个运算，那么分配给前一个运算的最外层循环的迭代必须不早于分配给第二个运算的迭代。如果它们被分配到同一个迭代，我们都知道在此迭代中第一个运算必须在第二个之后执行。

程序的一个仿射分划映射是一个合法的时间分划(legal-time partition)当且仅当对于任意两个具有依赖关系的(可能相同的)访问，比如嵌套在循环结构 d_1 中的语句 s_1 中的访问

$$\mathscr{F}_1 = <\boldsymbol{F}_1, \boldsymbol{f}_1, \boldsymbol{B}_1, \boldsymbol{b}_1>$$

和嵌套在循环结构 d_2 中的语句 s_2 的访问

$$\mathscr{F}_2 = <\boldsymbol{F}_2, \boldsymbol{f}_2, \boldsymbol{B}_2, \boldsymbol{b}_2>$$

分别对应于语句 s_1 和 s_2 的一维分划映射 $<\boldsymbol{C}_1, \boldsymbol{c}_1>$ 和 $<\boldsymbol{C}_2, \boldsymbol{c}_2>$ 满足下面的时间分划约束(time-partition constraint)：

- 对于满足下列条件的 Z^{d_1} 中所有的 $\mathbf{i}_1$ 和 Z^{d_2} 中的所有 $\mathbf{i}_2$

  1) $\boldsymbol{i}_1 \prec_{s_1s_2} \boldsymbol{i}_2$

  2) $\boldsymbol{B}_1\boldsymbol{i}_1 + \boldsymbol{b}_1 \geqslant 0$

  3) $\boldsymbol{B}_2\boldsymbol{i}_2 + \boldsymbol{b}_2 \geqslant 0$

  4) $\boldsymbol{F}_1\boldsymbol{i}_1 + \boldsymbol{f}_1 = \boldsymbol{F}_2\boldsymbol{i}_2 + \boldsymbol{f}_2$

  必然有 $\boldsymbol{C}_1\boldsymbol{i}_1 + \boldsymbol{c}_1 \leqslant \boldsymbol{C}_2\boldsymbol{i}_2 + \boldsymbol{c}_2$。

图 11-54 中显示的这个约束和空间分划约束看起来非常相似。它是空间分划约束的一个放松版本。如果两个迭代指向同一个位置，这个约束不要求它们被映射到同一个分划单元。我们只要求这两个迭代之间的相对执行顺序保持不变。也就是说，在空间分划约束中使用 = 的地方，这个约束使用≤。

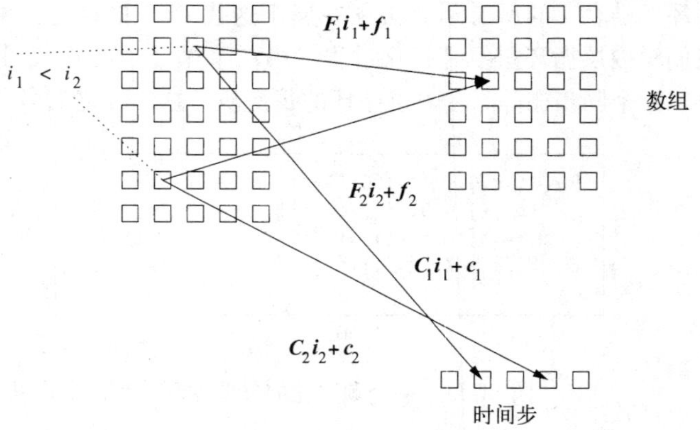

图 11-54 时间分划约束

我们知道，这个时间分划约束至少存在一个解。我们可以把最外层循环的每个迭代中的运算映射到同一个迭代中去，此时所有的数据依赖关系都得到满足。对于那些不能被流水线化的程序，这个解是它们的时间分划约束的唯一解。另一方面，如果我们能够找到时间分划约束的多个独立解，这个程序就能够被流水线化。每个独立解对应于最外层完全可交换循环嵌套结构中的一个循环。如你所期望的，因为例 11.56 中的程序没

有可流水线化的并行性，因此从中抽取得到的时间分划约束只有一个独立解。而上面的 SOR 代码的例子则存在两个独立解。

例 11.57 我们考虑一下例 11.56，特别是考虑语句 s_1 和 s_2 中对数组 X 的引用之间的依赖关系。因为语句 s_2 中的访问不是仿射的，所以在涉及语句 s_2 的依赖分析中，我们把矩阵 X 建模为一个标量变量，从而近似地处理这个访问。令(i,j)为 s_1 的一个动态实例的下标值，令 i'为 s_2 的一个动态实例的下标值。令语句 s_1 和 s_2 的计算任务的映射分别为 $<[C_{11}, C_{12}], c_1>$ 和$<[C_{21}], c_2>$。

让我们首先考虑从 s_1 到 s_2 的依赖关系所决定的时间分划约束。这样，如果 $i \leqslant i'$，那么转换之后的 s_1 的第(i,j)个迭代不得晚于转换之后的 s_2 的第 i'个迭代。也就是说

$$[C_{11} \quad C_{12}]\begin{bmatrix} i \\ j \end{bmatrix} + c_1 \leqslant C_{21}i' + c_2$$

展开后得到

$$C_{11}i + C_{12}j + c_1 \leqslant C_{21}i' + c_2$$

因为 j 和 i 及 i'无关，所以可以取任意大的值，因此 $C_{12}=0$ 必须成立。可知，这个约束的一个可能的解是

$$C_{11} = C_{21} = 1 \text{ 且 } C_{12} = c_1 = c_2 = 0$$

对于从 s_2 到 s_1 以及从 s_2 到其自身的依赖关系的分析将得到类似的结果。外层循环的第 i 个迭代由 s_2 的第 i 个实例和 s_1 的所有实例(i,j)组成。在这个特定的解中，这个迭代将被分配给第 i 个时间步骤。选择其他的 C_{11}、C_{12}、C_{21}、c_1、c_2 的值会得到类似的分配方法，但是会存在一些不进行任何运算的时间步骤。也就是说，调度这个外层循环的所有方法都要求其中的迭代按照与原代码同样的顺序进行。不管全部的 100 个迭代是在同一个处理器上执行，还是在 100 个不同的处理器上执行，又或在 1 ~ 100 之间的任意多个处理器上运行，上面的论断都成立。 □

例 11.58 在图 11-50a 中显示的 SOR 代码中，写引用 $X[j+1]$和它本身，以及代码中的三个读引用之间具有依赖关系。我们要为该赋值语句寻找计算任务的映射$<[C_1, C_2], c>$，使得如果存在从(i,j)到(i',j') 的依赖关系，那么

$$[C_1 \quad C_2]\begin{bmatrix} i \\ j \end{bmatrix} + [c] \leqslant [C_1 \quad C_2]\begin{bmatrix} i' \\ j' \end{bmatrix} + [C]$$

根据定义，$(i,j) \prec (i',j')$，也就是说，要么 $i<i'$，要么$(i=i' \wedge j<j')$。

让我们考虑三对数据依赖关系：

1）从写访问 $X[j+1]$到读访问 $X[j+2]$之间的真依赖关系。因为它们的实例必须访问同一个位置，因此 $j+1=j'+2$，或者说 $j=j'+1$。把 $j=j'+1$ 替换到时间约束中，我们得到

$$C_1(i'-i) - C_2 \geqslant 0$$

由 $j=j'+1$ 可知 $j>j'$，上面的先后关系约束归约为 $i<i'$。因此

$$C_1 - C_2 \geqslant 0$$

2）从读访问 $X[j+2]$到写访问 $X[j+1]$的反依赖关系。这里 $j+2=j'+1$，即 $j=j'-1$。把 $j=j'-1$ 代入时间约束我们得到

$$C_1(i'-i) + C_2 \geqslant 0$$

当 $i=i'$时得

$$C_2 \geqslant 0$$

当 $i<i'$时，因为 $C_2 \geqslant 0$，我们得到

$$C_1 \geqslant 0$$

3）从写访问 $X[j+1]$ 到自身的输出依赖。这里 $j=j'$。时间约束被归约为

$$C_1(i'-i) \geqslant 0$$

因为只有 $i<i'$ 是相关的，我们还是得到

$$C_1 \geqslant 0$$

其余的依赖关系没有产生任何新的约束。总共有三个约束：

$$C_1 \geqslant 0$$

$$C_2 \geqslant 0$$

$$C_1 - C_2 \geqslant 0$$

下面是这些约束的两个独立解：

$$\begin{bmatrix}1\\0\end{bmatrix}, \begin{bmatrix}1\\1\end{bmatrix}$$

第一个解保持了最外层循环的迭代执行顺序。图 11-50a 中原来的 SOR 代码和图 11-51a 中转换得到的代码都是这种安排的例子。第二个解把沿着 135°斜线上的迭代放置在外层循环的同一个迭代中。图 11-51b 中显示的是具有这种最外层循环组成方式的代码的一个例子。

请注意，存在多个其他可能的独立解对，比如

$$\begin{bmatrix}1\\1\end{bmatrix}, \begin{bmatrix}2\\1\end{bmatrix}$$

也是具有同样约束的独立解。我们选择最简单的向量来简化代码转换。 □

11.9.7 用 Farkas 引理求解时间分划约束

因为时间分划约束和空间分划约束类似，那么是否可以用一个类似的算法来求解这些约束呢？遗憾的是，两类问题之间的少许不同使得两个解决方法在技术上存在很大不同。算法 11.43 直接求解 $\boldsymbol{C}_1$、$\boldsymbol{c}_1$、$\boldsymbol{C}_2$ 和 $\boldsymbol{c}_2$ 的满足下面条件的值，使得对于所有 Z^{d_1} 中 $\boldsymbol{i}_1$ 和 Z^{d_2} 中的 $\boldsymbol{i}_2$，如果

$$\boldsymbol{F}_1\boldsymbol{i}_1 + \boldsymbol{f}_1 = \boldsymbol{F}_2\boldsymbol{i}_2 + \boldsymbol{f}_2$$

成立，那么

$$\boldsymbol{C}_1\boldsymbol{i}_1 + \boldsymbol{c}_1 = \boldsymbol{C}_2\boldsymbol{i}_2 + \boldsymbol{c}_2$$

根据循环界限而得到的线性不等式只用于确定两个引用是否具有数据依赖关系，没有其他用途。

为了找出时间分划约束的解，我们不能忽略线性不等式 $\boldsymbol{i} \prec \boldsymbol{i}'$，忽略它们经常会使得只存在平凡解，而平凡解会把所有的迭代都放到同一个分划单元中。因此，寻找时间分划约束解的算法必须同时处理等式和不等式。

我们希望解决的一般性问题是：给定一个矩阵 $\boldsymbol{A}$，找出一个向量 $\boldsymbol{c}$ 使得对于所有满足 $\boldsymbol{Ax} \geqslant \boldsymbol{0}$ 的向量 $\boldsymbol{x}$，都有 $\boldsymbol{c}^{\mathrm{T}}\boldsymbol{x} \geqslant 0$。换句话说，我们在寻找向量 $\boldsymbol{c}$，使得 $\boldsymbol{c}$ 和 $\boldsymbol{Ax} \geqslant 0$ 所定义的多面体之内任何向量的内积总是大于 0。

这个问题可以用 *Farkas* 引理解决。令 $\boldsymbol{A}$ 为一个 $m \times n$ 的实数矩阵，且 $\boldsymbol{c}$ 为一个实数、非零的 n 维向量。Farkas 引理说要么原不等式系统

$$\boldsymbol{Ax} \geqslant \boldsymbol{0} \qquad \boldsymbol{c}^{\mathrm{T}}\boldsymbol{x} < 0$$

具有一个实数解 $\boldsymbol{x}$，要么相应的对偶系统

$$\boldsymbol{A}^{\mathrm{T}}\boldsymbol{y} = \boldsymbol{c},\ \boldsymbol{y} \geqslant \boldsymbol{0}$$

具有一个实数解 $\boldsymbol{y}$，但是两者不会同时成立。

这个对偶系统可以用 Fourier-Motzkin 消除法进行处理，通过投影消除变量 $\boldsymbol{y}$。这个引理保证，对于每个对偶系统中有解的向量 $\boldsymbol{c}$，原系统不存在解。换句话说，我们可以找到对偶系统 $\boldsymbol{A}^{\mathrm{T}}\boldsymbol{y}=\boldsymbol{c}$，$\boldsymbol{y}\geqslant\boldsymbol{0}$ 的解，从而证明系统的否命题，即对于所有满足 $\boldsymbol{Ax}\geqslant\boldsymbol{0}$ 的 $\boldsymbol{x}$，都有 $\boldsymbol{c}^{\mathrm{T}}\boldsymbol{x}\geqslant 0$。

关于 Farkas 引理

关于这个引理的证明可以在很多关于线性规划的标准课本中找到。最早在 1901 年被证明的 Farkas 引理是择一性定理之一。这些定理相互等价，但是尽管经过了多年的尝试，人们仍然没有找到有关这个引理或者它的某个等价定理的简单、直观的证明。

算法 11.59 为一个外层的顺序循环找到一个合法的最大线性独立的仿射时间分划映射。

输入：一个带有数组访问的循环嵌套结构。

输出：线性独立时间分划映射的最大集。

方法：算法包括以下步骤：

1）找出程序中所有具有数据依赖关系的访问对。

2）对于每一对具有数据依赖的访问，在循环结构 d_1 中的语句 s_1 中的访问 $\mathscr{F}_1=\langle\boldsymbol{F}_1,\boldsymbol{f}_1,\boldsymbol{B}_1,\boldsymbol{b}_1\rangle$ 和嵌套在循环结构 d_2 中的语句 s_2 的访问 $\mathscr{F}_2=\langle\boldsymbol{F}_2,\boldsymbol{f}_2,\boldsymbol{B}_2,\boldsymbol{b}_2\rangle$，令 $\langle\boldsymbol{C}_1,\boldsymbol{c}_1\rangle$ 和 $\langle\boldsymbol{C}_2,\boldsymbol{c}_2\rangle$ 分别为语句 s_1 和 s_2 的(未知的)时间分划映射。回顾一下，时间分划约束是说：

- 如果 Z^{d_1} 中所有的 $\boldsymbol{i}_1$ 和 Z^{d_2} 中的 $\boldsymbol{i}_2$ 满足下列条件，

1）$\boldsymbol{i}_1\prec_{s_1s_2}\boldsymbol{i}_2$

2）$\boldsymbol{B}_1\boldsymbol{i}_1+\boldsymbol{b}_1\geqslant\boldsymbol{0}$

3）$\boldsymbol{B}_2\boldsymbol{i}_2+\boldsymbol{b}_2\geqslant\boldsymbol{0}$

4）$\boldsymbol{F}_1\boldsymbol{i}_1+\boldsymbol{f}_1=\boldsymbol{F}_2\boldsymbol{i}_2+\boldsymbol{f}_2$

那么必然有 $\boldsymbol{C}_1\boldsymbol{i}_1+\boldsymbol{c}_1\leqslant\boldsymbol{C}_2\boldsymbol{i}_2+\boldsymbol{c}_2$

因为 $\boldsymbol{i}_1\prec_{s_1s_2}\boldsymbol{i}_2$ 是多个子句的析取式，因此我们可以为每个子句创立一个约束系统，并单独对它们求解。方法如下：

ⓐ 和算法 11.43 的步骤 2ⓐ 类似，对方程

$$\boldsymbol{F}_1\boldsymbol{i}_1+\boldsymbol{f}_1=\boldsymbol{F}_2\boldsymbol{i}_2+\boldsymbol{f}_2$$

应用高斯消除法把向量

$$\begin{bmatrix}\boldsymbol{i}_1\\ \boldsymbol{i}_2\\ 1\end{bmatrix}$$

归约为某个未知量的向量 $\boldsymbol{x}$。

ⓑ 令 $\boldsymbol{c}$ 为这个分划映射中的所有未知量。把因为分划映射而产生的线性不等式约束可写成

$$\boldsymbol{c}^{\mathrm{T}}\boldsymbol{Dx}\geqslant 0$$

其中 $\boldsymbol{D}$ 为一个矩阵。

ⓒ 把循环下标变量的先后关系约束和循环边界表示为

$$\boldsymbol{Ax}\geqslant\boldsymbol{0}$$

其中 $\boldsymbol{A}$ 为一个矩阵。

ⓓ 应用 Farkas 引理。找到满足上面两个约束的 $\boldsymbol{x}$ 的任务等价于寻找满足下列条件的 $\boldsymbol{y}$：

$$\boldsymbol{A}^{\mathrm{T}}\boldsymbol{y}=\boldsymbol{D}^{\mathrm{T}}\boldsymbol{c}\ 且\ \boldsymbol{y}\geqslant\boldsymbol{0}$$

请注意，这里的 $\boldsymbol{c}^{\mathrm{T}}\boldsymbol{D}$ 就是 Farkas 引理中的 $\boldsymbol{c}^{\mathrm{T}}$，而且我们使用的是这个引理的否定形式。

ⓔ 在这个形式中，应用 Fourier-Motzkin 消除法把 $\boldsymbol{y}$ 的变量通过投影消除，并把关于系数 $\boldsymbol{c}$ 的约束表示为 $\boldsymbol{Ec}\geqslant\boldsymbol{0}$。

ⓕ 令 $\boldsymbol{E}'\boldsymbol{c}'\geqslant\boldsymbol{0}$ 为不包含常量项的约束。

3）使用附录 B 中的算法 B.1，找出 $\boldsymbol{E}'\boldsymbol{c}'\geqslant\boldsymbol{0}$ 的线性独立解的最大集合。这一复杂的算法的基本思路是跟踪每个语句的当前解集，并通过插入一些约束不断寻找更多的独立解。这些被插入的约束会保证相应的解至少对于一个语句来说是线性独立的。

4）根据找到的每个解 $\boldsymbol{c}'$ 得到一个仿射时间分划映射。映射的常量项通过不等式 $\boldsymbol{Ec}\geqslant\boldsymbol{0}$ 得到。□

例 11.60 例 11.57 的约束可以写作

$$[-C_{11}\quad -C_{12}\quad C_{21}\quad (c_2-c_1)]\begin{bmatrix} i \\ j \\ i' \\ 1 \end{bmatrix}\geqslant\boldsymbol{0}$$

$$[-1\quad 0\quad 1\quad 0]\begin{bmatrix} i \\ j \\ i' \\ 1 \end{bmatrix}\geqslant\boldsymbol{0}$$

Farkas 引理说这些约束和

$$\begin{bmatrix} -1 \\ 0 \\ 1 \\ 0 \end{bmatrix}[z]=\begin{bmatrix} -C_{11} \\ -C_{12} \\ C_{21} \\ c_2-c_1 \end{bmatrix}\text{且 } z\geqslant 0$$

等价。解这个不等式系统，我们得到

$$C_{11}=C_{21}\geqslant 0\text{ 且 }C_{12}=c_2-c_1=0$$

请注意，我们在例 11.57 中得到的特定解满足这些约束。□

11.9.8 代码转换

如果一个循环嵌套结构的时间分划约束存在 k 个独立解，那么就可能把这个循环嵌套结构转换成为具有 k 个最外层完全可交换循环的结构。可以对这个结构进行转换得到 $k-1$ 度的流水线，或得到 $k-1$ 个可并行化的内层循环。而且，我们还可以对完全可交换循环应用分块技术，以提高单处理器系统的数据局部性或降低并行执行中的处理器之间的同步开销。

利用完全可交换循环

如果一个循环嵌套结构的时间分划约束具有 k 个独立解，我们就可以容易地根据这些解生成一个循环嵌套结构，其最外层的 k 个循环是完全可交换的循环。通过直接把第 k 个解变成新转换的第 k 行，我们就可以得到这样的转换。一旦构造出这个仿射变换，我们就可以使用算法 11.45 来生成代码。

例 11.61 在例 11.58 中为我们的 SOR 例子找到的解是

$$\begin{bmatrix} 1 \\ 0 \end{bmatrix},\begin{bmatrix} 1 \\ 1 \end{bmatrix}$$

令第一个解为转换后的第一行且第二个解为转换后的第二行，我们得到转换

$$\begin{bmatrix}1 & 0\\1 & 1\end{bmatrix}$$

这个转换生成图 11-51a 中的代码。

如果我们把第二个解作为第一行，我们可以得到转换

$$\begin{bmatrix}1 & 1\\1 & 0\end{bmatrix}$$

它生成图 11-51c 中的代码。 □

显然，这样的转换产生了一个合法的顺序程序。第一行按照第一个解来分划整个迭代空间。时间约束保证这样的分解不会违反任何数据依赖关系。然后，我们根据第二个解对各个最外层循环中的迭代进行分划。这个分划必然是合法的，原因是我们处理的是原来的迭代空间的子集。对于矩阵中的其余各行，以上讨论仍然成立。因为我们可以任意排列这些解，所以这些循环是完全可交换的。

利用流水线化技术

我们可以轻易地把一个具有 k 个最外层完全可交换循环的循环嵌套结构转换成为一个具有 $k-1$ 度流水线并行性的代码。

例 11.62 让我们回到 SOR 的例子。在例子中的循环都被转换为完全可交换的循环之后，我们知道只要在迭代$[i_1,i_2-1]$和$[i_1-1,i_2]$执行之后，迭代$[i_1,i_2]$就可以被执行。我们可以用如下方法在一个流水线中保证这个顺序。我们把迭代 i_1 分配给处理器 p_1。每个处理器按照原来的顺序执行内层循环中的迭代，因此保证了迭代$[i_1,i_2]$在迭代$[i_1,i_2-1]$之后执行。另外，我们要求处理器 p 在执行迭代$[p,i_2]$之前必须等待处理器 $p-1$ 的信号，这个信号表明处理器 $p-1$ 已经执行了迭代$[p-1,i_2]$。这个技术可以根据图 11-51a 和图 11-51b 中的完全可交换循环分别生成图 11-52a 和图 11-52b 中的代码。 □

一般来说，给定 k 个最外层的完全可交换循环，具有下标值$(i_1,\cdots,i_k)$的迭代可以执行且不违反数据依赖约束的前提是下列迭代

$$[i_1-1,i_2,\cdots,i_k],\ [i_1,i_2-1,i_3,\cdots,i_k],\ \cdots,\ [i_1,\cdots,i_{k-1},i_{k-1}]$$

已经执行完毕。因此，我们可以按照如下方法把这个迭代空间的前 $k-1$ 个维度的分划分配到 $O(n^{k-1})$ 个处理器上。每个处理器负责一个迭代的集合，该集合中迭代的下标值在前 $k-1$ 个维度上相同，而第 k 个下标值则包括了该下标的全部可能值。每个处理器顺序地执行第 k 个循环中的迭代。前 $k-1$ 个循环下标值$[p_1,p_2,\cdots,p_{k-1}]$所对应的处理器可以执行第 k 个循环的第 i 个迭代的前提是它收到了处理器

$$[p_1-1,p_2,\cdots,p_{k-1}],\ \cdots,\ [p_1,\cdots,p_{k-2},p_{k-1}-1]$$

发出的信号，表明它们已经执行完了各自的第 k 个循环中的第 i 个迭代。

波阵面化

根据一个具有 k 个最外层完全可交换循环的循环结构生成 $k-1$ 个可并行化内层循环是比较容易的。虽然我们更倾向于使用流水线化，但为完整起见，我们仍在这里给出这个方法。

我们使用一个新的下标变量 i' 来分划一个具有 k 个最外层完全可交换循环的循环结构的计算任务，其中 i' 被定义为这 k 个可交换循环中所有下标的某种组合。比如，$i'=i_1+\cdots+i_k$ 就是这样的一个组合。

我们创建一个最外层的顺序循环，该循环以升序遍历这个 i' 分划，在各个分划单元中的计算任务依然按以前的顺序执行。每个分划单元中的前 $k-1$ 个循环一定是可并行化的。直观地讲，

如果给定一个二维的迭代空间，这个转换沿着135°的斜线把迭代组合起来，作为外层循环的一次执行。这个策略保证了在最外层循环中的各个迭代之间没有数据依赖。

分块

一个深度为 k 的完全可交换的循环嵌套结构可以在 k 个维度上进行分块。我们可以把多个迭代的块组合成为一个单元，而不是根据最外层或者最内层的循环下标值把迭代分配给处理器。分块技术可以用于增强数据局部性并最小化流水线的开销。

假设我们有一个二维完全可交换的循环嵌套结构，如图 11-55a 所示，且我们希望把这个结构的计算任务分成 $b\times b$ 块。分块后的代码的执行顺序如图 11-56 所示，等价的代码显示在图 11-55b 中。

```
for (i=0; i<n; i++)
   for (j=1; j<n; j++) {
      <S>
   }
```

a) 一个简单的循环嵌套结构

```
for (ii = 0; ii<n; i+=b)
   for (jj = 0; jj<n; jj+=b)
      for (i = ii*b; i <= min(ii*b-1, n); i++)
         for (j = ii*b; j <= min(jj*b-1, n); j++) {
            <S>
         }
```

b) 这个循环嵌套结构的分块版本

图 11-55　一个二维循环嵌套结构和它的分块版本

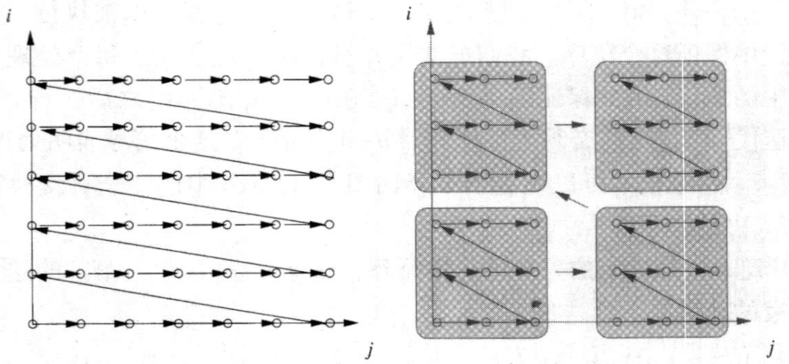

a) 之前　　b) 之后

图 11-56　在对一个深度为 2 的循环嵌套结构分块之前和分块之后的执行顺序

如果我们把每个块分配给一个处理器，那么在同一个块中从一个迭代到另一个迭代的数据传递不需要处理器之间的通信。我们还可以把块的一列分配给一个处理器，以便加粗流水线的粒度。请注意，每个处理器只在块的边界上和它的前驱及后继进行通信。因此，分块的另一个优点是程序只需要在块和它的邻居块的边界上交换被访问的数据。处于块内部的数据仅由一个处理器处理。

```
for (i = 1; i <= N; i++) {
    for (j = 1; j <= i-1; j++) {
        for (k = 1; k <= j-1; k++)
            X[i,j] = X[i,j] - X[i,k] * X[j,k];
        X[i,j] = X[i,j] / X[j,j];
    }
    for (m = 1; m <= i-1; m++)
        X[i,i] = X[i,i] - X[i,m] * X[i,m];
    X[i,i] = sqrt(X[i,i]);
}
```

图 11-57　Cholesky 分解

例 11.63　现在我们使用一个真实的数值算法——Cholesky 分解——来说明算法 11.59 是如何在只有流水线化并行性的情况下处理单循环嵌套结构的。图 11-57 中显示的代码实现了一个 $O(n^3)$ 的算法，该算法对一个二维数据数组进行运算。被执行的迭代空间是一个三角形的金字塔结构，因为 j 只会遍历到外层循环下标 i 的值，而 k 只会遍历到 j 的值。这个循环结构有四个语句，各个语句都嵌套在不同的循环中。

对这个程序应用算法 11.59 可以找到三个合法的时间维度。它把所有的运算都嵌入到一个三维的完全可交换的循环嵌套结构中去。其中的某些运算在原程序中是嵌套在深度为 1 或 2 的循环结构中的。图 11-58 中显示了得到的代码和相应的映射。

```
for (i2 = 1; i2 <= N; i2++)
    for (j2 = 1; j2 <= i2; j2++) {
        /* 处理器(i2,j2)的代码的开始 */
        for (k2 = 1; k2 <= i2; k2++) {

            // 映射: i2 = i, j2 = j, k2 = k
            if (j2<i2 && k2<j2)
                X[i2,j2] = X[i2,j2] - X[i2,k2] * X[j2,k2];

            // 映射: i2 = i, j2 = j, k2 = j
            if (j2==k2 && j2<i2)
                X[i2,j2] = X[i2,j2] / X[j2,j2];

            // 映射: i2 = i, j2 = i, k2 = m
            if (i2==j2 && k2<i2)
                X[i2,i2] = X[i2,i2] - X[i2,k2] * X[i2,k2];

            // 映射: i2 = i, j2 = i, k2 = i
            if (i2==j2 && j2==k2)
                X[k2,k2] = sqrt(X[k2,k2]);
        }
        /* 处理器(i2,j2)的代码的结束 */
    }
```

图 11-58　写成完全可交换循环结构的图 11-57 的代码

代码生成例程保证了运算的执行都位于原来的循环界限中，以保证新的程序只执行原来代码中的运算。我们可以把这个代码流水线化，方法是把这个三维结构映射到二维的处理器空间中。迭代$(i2,j2,k2)$被分配给 ID 为$(i2,j2)$的处理器。每个处理器执行循环下标为 $k2$ 的最内层的循环。在它执行第 k 个迭代之前，这个处理器会等待 ID 为$(i2-1,j2)$和$(i2,j2-1)$的处理器发来的信号。在它执行了它的迭代之后，它会给处理器$(i2+1,j2)$和$(i2,j2+1)$发出信号。 □

11.9.9　具有最小同步量的并行性

在前面的三节中，我们已经描述了三个功能强大的并行化算法：算法 11.43 可以找出所有不需要同步的并行性，算法 11.54 找出了所有只需要固定多次同步的并行性，而算法 11.59 找出了所有需要 $O(n)$ 次同步的可流水线化的并行性，其中 n 是最外层循环的迭代数量。粗略地说，我们的目标是尽可能多地把一个计算过程并行化，同时尽量少地引入同步运算。

下面的算法 11.64 从最粗糙的并行性粒度开始，找出了一个程序中存在的所有并行度。在实践中，在为某个多处理器系统并行化一个代码时，我们并不需要利用所有层次上的并行性。我们总是利用最外层的并行性，直到所有的计算任务都被并行化，并且所有的处理器都被完全利用为止。

算法 11.64　找出一个程序中存在的所有并行度，同时所有并行性的粒度都尽可能地粗糙。

输入：一个要进行并行化的程序。

输出：同一个程序的并行化版本。

方法：完成下列步骤：

1）找出不需要同步运算的并行性的最大度数，对这个程序应用算法 11.43。

2）找出需要 $O(1)$ 次同步运算的并行性的最大度数：对步骤 1 中找出的所有空间分划单元应用算法 11.54。（如果在步骤 1 中没有找到无同步的并行性，那么所有的计算任务都在同一个分划单元中。）

3）找出需要 $O(n)$ 次同步运算的最大并行性度数。对步骤 2 中找到的每个分划单元应用算法 11.59，以找出可流水线化的并行性。然后对分配给各个处理器的分划单元逐个应用算法 11.54。如果前面没有找到流水线化的并行性，就对串行循环的循环体应用算法 11.54。

4）在逐步增加同步度数的情况下寻找最大的并行性度数。递归地把步骤 3 应用到上一步生成的各个空间分划单元中的计算任务上。 □

例 11.65 现在让我们回到例 11.56。算法 11.64 的步骤 1 和 2 都没有找到并行性。也就是说，为了并行化这个代码，我们需要的同步量大于一个常量。在步骤 3 中，应用算法 11.59 确定了只有一个合法的外层循环，这个循环就是图 11-53 中的原代码中的循环。因此，这个循环不具有可流水线化的并行性。在步骤 3 的第二部分，我们应用算法 11.54 来并行化内层循环。我们像处理整个程序那样来处理一个分划单元中的代码，不同之处仅在于我们像处理符号常量那样处理了分划单元的编号。在这个例子中，我们发现内层循环是可并行化的，因此这个代码可以使用 n 个同步栅障进行并行化。 □

算法 11.64 找出了一个程序中在各个同步层面上的并行性。这个算法优先求出需要较少同步量的并行化方案，但是最少同步运算并不表示通信量是最少的。这里我们讨论这个算法的两个扩展，以解决此算法的弱点。

考虑通信开销

如果没有发现无同步的并行性，算法 11.64 的步骤 2 对每个强连通分量独立地进行并行化。但是，某些这样的分量仍然可能在无同步和通信的情况下被并行化。解决方法之一是尽可能地在程序依赖图中共享大部分数据的子集之间寻找无同步的并行性。

如果强连通分量之间的通信是必须的，我们注意到有些通信的开销要高过其他通信的开销。比如，转置一个矩阵的开销要比两个相邻处理器之间通信的开销高得多。假设 s_1 和 s_2 分别是两个分离的强连通图中的语句，它们分别在迭代 i_1 和 i_2 中访问相同的数据。如果我们不能分别为语句 s_1 和 s_2 找到分划映射 $<\mathbf{C}_1, \mathbf{c}_1>$ 和 $<\mathbf{C}_2, \mathbf{c}_2>$ 使得

$$\mathbf{C}_1\mathbf{i}_1 + \mathbf{c}_1 - \mathbf{C}_2\mathbf{i}_2 - \mathbf{c}_2 = \mathbf{0}$$

我们就试图满足约束

$$\mathbf{C}_1\mathbf{i}_1 + \mathbf{c}_1 - \mathbf{C}_2\mathbf{i}_2 - \mathbf{c}_2 \leqslant \delta$$

其中 δ 是一个小的常量。

用通信量交换同步量

有些时候，我们宁愿多进行一些同步运算以降低通信量。例 11.66 讨论了一个这样的例子。因此，如果我们不能在只允许相邻的强连通分量之间进行通信的情况下对一个代码进行并行化，我们将试图把这个计算任务流水线化，而不是独立地并行化各个分量。如例 11.66 所示，流水线化技术可以被应用到一个循环序列中。

例 11.66 对于例 11.49 中的 ADI 集成算法，我们已经说明对第一和第二个循环嵌套结构进行独立优化可以在每个嵌套结构中找到并行性。但是，这样的方案要求在循环之间进行矩阵转置，从而出现 $O(n^2)$ 的数据流量。如果我们使用算法 11.59 来寻找可流水线化的并行性，就可以把整

个程序转换成为一个完全可交换的循环嵌套结构，如图 11-59 所示。然后，我们可以应用分块技术来降低通信开销。这个方案将带来 $O(n)$ 次的同步，但是需要的通信量要小很多。 □

```
for (j = 0; j < n; j++)
   for (i = 1; i < n+1; i++) {
      if (i < n) X[i,j] = f(X[i,j] + X[i-1,j])
      if (j > 0) X[i-1,j] = g(X[i-1,j],X[i-1,j-1]);
   }
```

图 11-59 例 11.49 的代码的一个完全可交换循环嵌套结构

11.9.10 11.9 节的练习

练习 11.9.1：在 11.9.4 节中，我们讨论了使用倾斜的轴，而不是用水平轴或垂直轴来将图 11-51 中的代码流水线化的可能性。对于以下度数的斜线，写出和图 11-52 中的循环类似的代码：① 135°，②120°。

练习 11.9.2：如果 b 能够整除 n，那么图 11-55b 可以进一步简化。按照这种假设改写代码。

练习 11.9.3：图 11-60 中是一个计算 Pascal 三角形的前 100 行的程序。也就是说，对 $0 \leqslant j \leqslant i < 100$，$P[i,j]$ 将变成从 i 个物体中选择 j 个物体的方法总数。

1）把这个代码改写为单一的、完全可交换的循环嵌套结构。

2）在一个流水线中使用 100 个处理器来实现这个代码。为每个处理器 p 写出其代码，并指出必要的同步运算。

3）使用边长为 10 个迭代的块改写这个代码。因为迭代空间形成了一个三角形，总共只有 $1+2+\cdots+10=55$ 个块。用 p_1、p_2 作为参数来表示一个处理器(p_1,p_2)的代码，该处理器被分配给 i 方向上的第 p_1 个块和 j 方向上的第 p_2 个块。

```
for (i=0; i<100; i++) {
    P[i,0] = 1;  /* s1 */
    P[i,i] = 1;  /* s2 */
}
for (i=2; i<100; i++)
    for (j=1; j<i; j++)
        P[i,j] = P[i-1,j-1] + P[i-1,j];  /* s3 */
```

图 11-60 计算 Pascal 三角形

练习 11.9.4：对图 11-61 中的代码重复练习 11.9.3。但是请注意，这个问题的迭代形成了一个边长为 100 的三维立方体。因此，问题 3 中的块应该是 $10 \times 10 \times 10$，且有 1000 个块。

```
for (i=0; i<100; i++) {
    A[i, 0,0] = B1[i];  /* s1 */
    A[i,99,0] = B2[i];  /* s2 */
}
for (j=1; j<99; j++) {
    A[ 0,j,0] = B3[j];  /* s3 */
    A[99,j,0] = B4[j];  /* s4 */
}
for (i=0; i<99; i++)
    for (j=0; j<99; j++)
        for (k=1; k<100; k++)
            A[i,j,k] = 4*A[i,j,k-1] + A[i-1,j,k-1] +
                A[i+1,j,k-1] + A[i,j-1,k-1] +
                A[i,j+1,k-1];  /* s5 */
```

图 11-61 练习 11.94 的代码

! **练习 11.9.5**：让我们对一个简单的时间分划约束的例子应用算法 11.59。在下面的内容中假设向量 $\mathbf{i}_1$ 是(i_1,j_1)，向量 $\mathbf{i}_2$ 是(i_2,j_2)。从技术上讲，这两个向量都是转置的。条件 $\mathbf{i}_1 \prec_{s_1 s_2} \mathbf{i}_2$ 由下列子句的析取式构成：

① $i_1 < i_2$，或者

② $i_1 = i_2$ 且 $j_1 < j_2$

其他的等式和不等式是

$$2i_1 + j_1 - 10 \geqslant 0$$

$$i_2 + 2j_2 - 20 \geqslant 0$$

$$i_1 = i_2 + j_2 - 50$$

$$j_1 = j_2 + 40$$

最后，时间分划不等式如下，其中 c_1、d_1、e_1、c_2、d_2 和 e_2 为未知量：

$$c_1 i_1 + d_1 j_1 + e_1 \leqslant c_2 i_2 + d_2 j_2 + e_2$$

1）对情况①，即 $i_1 < i_2$，求解这个时间分划约束。特别地，你需要尽可能地消除 i_1、j_1、i_2 和 j_2，并像算法 11.59 中那样设置矩阵 $\boldsymbol{D}$ 和 $\boldsymbol{A}$。然后对得到的矩阵不等式应用 Farkas 引理。

2）对于情况②，即 $i_1 = i_2$ 且 $j_1 < j_2$，重复问题 1。

11.10 局部性优化

不管一个处理器是不是某个多处理器系统的一部分，它的性能和它的高速缓存的行为密切相关。高速缓存中的脱靶可能要花费几十个时钟周期，因此高速缓存的高脱靶率会使处理器性能降低。在带有公共内存总线的多处理器系统的背景下，对总线的竞争会进一步加剧低劣的数据局部性所带来的损失。

我们将看到，即使我们只是希望提高单处理器系统的数据局部性，用于并行化的仿射分划算法也是有用的。它是一个有效的寻找循环转换机会的工具。在本节中，我们描述了三种在单处理器系统和多处理器系统中提高数据局部性的技术。

1）我们试图在计算结果生成之后尽快地使用它们，以提高计算结果的时间局部性。提高时间局部性的方法是把一个计算任务分割成为独立的分划单元，并把各个分划单元中具有依赖关系的运算紧靠在一起执行。

2）*数组收缩*（array contraction）技术降低了一个数组的维度，且降低了被访问内存位置的数目。如果在任意给定时刻该数组只有一个位置被使用，我们就可以应用数组收缩技术。

3）除了提高计算结果的时间局部性，我们也需要优化计算结果的空间局部性，同时优化只读数据的时间和空间局部性。我们可以交替执行多个分划单元，而不是一个接一个地执行它们。这样做可以使得分划单元之间的复用更加靠近。

11.10.1 计算结果数据的时间局部性

仿射分划算法把所有相互依赖的运算放到一起。通过串行执行这些分划，我们提高了计算结果数据的时间局部性。让我们回顾一下 11.7.1 节中讨论的多网格的例子。应用算法 11.43 来并行化图 11-23 中的代码，找到了 2 度的并行性。图 11-24 中的代码包含两个外层循环，它们顺序遍历了各个独立的分划单元。转换得到的这个代码具有较好的局部性，因为计算得到的结果立刻就在同一个迭代中使用。

因此，即使我们的目标是优化顺序执行，使用并行化技术找出这些相关的运算并把它们放到一起也是很有好处的。我们在这里使用的算法和算法 11.64 类似，它从最外层循环开始寻找所有的并行性粒度。如 11.9.9 节中讨论的，如果我们在每个层次上都不能找到无同步的并行性，这个算法就对各个强连通分量单独进行并行化。这个并行化方法常常会增加通信量。因此，如果被单独并行化的强连通分量之间存在复用，我们就尽可能地把它们组合起来。

11.10.2 数组收缩

数组收缩优化给出了另一个在存储和并行性之间进行折衷处理的例子。这种折衷方案首先在 10.2.3 节中讨论指令级并行性时引入。使用更多寄存器可以得到更大的指令级并行性。同样，使用更多的内存可以得到更多的循环级并行性。如 11.7.1 节中的多网格例子所示，把一个临时的标量变量变成一个数组就可以允许不同的迭代使用这个临时变量的不同实例，也就允许它们同时执行。反过来，如果我们有一个每次只操作一个数组元素的顺序执行过程，就可以收缩这个数组，把它替换为一个标量，并让各个迭代使用同一个位置。

在图11-24中显示的转换得到的多网格程序中，内层循环的每个迭代生成并消耗了 AP、AM、T 以及 D 的一行中的不同元素。如果这些数组不会在这个代码段之外使用，这些迭代就可以串行地复用同一个数据存储位置，而不是把这些值分别存放在不同的元素中或者不同行中。图11-62显示了减少这些数组的维度之后的结果。这个代码比原来的代码运行得更快，因为它读写的数据更少。特别是当一个数组被归约成一个标量变量时，我们可以把这个变量放在一个寄存器中，并完全消除了对内存访问的需求。

```
for (j = 2, j <= jl, j++)
    for (i = 2, i <= il, i++) {
        AP           = ...;
        T            = 1.0/(1.0 +AP);
        D[2]         = T*AP;
        DW[1,2,j,i] = T*DW[1,2,j,i];
        for (k=3, k <= kl-1, k++) {
            AM           = AP;
            AP           = ...;
            T            = ...AP -AM*D[k-1]...
            D[k]         = T*AP;
            DW[1,k,j,i] = T*(DW[1,k,j,i]+DW[1,k-1,j,i])...;
        }
        ...
        for (k=kl-1, k>=2, k--)
            DW[1,k,j,i] = DW[1,k,j,i] +D[k]*DW[1,k+1,j,i];
    }
```

图11-62　对图11-23进行分划(图11-24)和数组收缩之后的得到的代码

因为使用的内存更少，所以可用的并行性也变少了。转换得到的图11-62中的代码的迭代之间有了数据依赖关系，因此不能再并行执行。为了把代码在 P 个处理器上并行执行，我们可以把每个标量变量扩展出 P 个副本，并让每个处理器访问自己的副本。这样，内存扩展的数量就和被利用的并行性直接相关了。

通常，要寻找数组收缩机会的理由有三个：

1) 用于科学应用的高级程序设计语言(比如Matlab和Fortran90)支持数组层次的运算。数组运算的每个子表达式都生成一个临时数组。因为这些数组可能很大，每个数组运算，比如乘法或加法，需要读写很多内存位置，同时对算术运算的需求相对较少。因此，我们对运算进行重新排序以便数据被生成后立刻就被消耗掉，同时也就把这些数组收缩成了标量变量。这样的处理是很重要的。

2) 在20世纪80和90年代构造的超级计算机都是向量机，因此那时开发的很多科学计算应用都是针对这样的机器进行优化的。虽然存在向量化编译器，但很多程序员依然把他们的代码写成每次完成一次向量运算的方式。本章中多网格代码的例子就是这种风格的程序的例子。

3) 收缩优化的机会也会由编译器引入。如多重网格例子中的变量 T 所演示的，一个编译器可能会扩展数组以提高并行性。如果这种空间扩展是不必要的，那么我们就必须对这个数组进行收缩处理。

例11.67　数组表达式 $Z = W + X + Y$ 被翻译成为

```
for (i=0; i<n; i++) T[i] = W[i] + X[i];
for (i=0; i<n; i++) Z[i] = T[i] + Y[i];
```

把这个代码改写成

```
for (i=0; i<n; i++) { T = W[i] + X[i]; Z[i] = T + Y[i] }
```

可以极大地提高代码的运行速度。当然，在C代码的层次上我们甚至不需要使用临时变量 T，而是可以把对 $Z[i]$ 的赋值语句写成单个语句。但这里我们正试图对中间代码层次进行建模。在这个层次上一个向量处理器将会处理这些运算。□

算法 11.68 数组收缩。

输入： 一个由算法 11.64 转换得到的程序。

输出： 一个等价的程序，但降低了数组的维度。

方法： 一个数组的维度可以被收缩为一个元素的条件如下：

1）每个独立的分划单元只使用这个数组的一个元素。

2）这个元素在分划单元入口处的值没有被这个分划单元使用，且

3）这个元素的值在这个单元的出口处不活跃。

找出可收缩的维度，也就是满足上面三个条件的维度，并把它们替换为单个元素。 □

算法 11.68 假设这个程序首先由算法 11.64 进行转换，把所有相互依赖的运算都分配到同一个分划单元中，并顺序地执行这些分划单元。它找出了其元素在不同迭代中活跃范围不相交的数组变量。如果这些变量在循环之后不再活跃，它就可以收缩这个数组并让处理器在同一个标量位置上进行运算。在数组收缩之后，可能还有必要选择性地扩展一些数组，以应对并行性和其他局部性优化问题。

这里要进行的活跃性分析比 9.2.5 节中所描述的分析更加复杂。如果数组被定义为一个全局变量，或者它是一个参数，我们就需要使用过程间分析技术来保证不使用出口处的值。不仅如此，我们还需要计算单个数组元素的活跃性，保守地把数组当作一个标量进行活跃性分析会使结果不够精确。

11.10.3 分划单元的交织

一个循环中的不同分划单元经常读取同样的数据，或者读写同样的高速缓存线。在本节和接下来的两节中，我们将讨论当发现了分划单元之间的复用时如何优化局部性。

最内层块的复用

我们采用一个简单的模型，即如果一个数据在少量迭代之后就被复用，那么就可以在高速缓存中找到这个数据。如果最内层循环具有很大或未知的界限，那么只有最内层循环的迭代之间的复用才能够带来更好的局部性。分块处理过程创建了具有较小且已知界限的内层循环，使得我们可以充分利用整个计算块之内或块之间的复用。因此，分块技术具有促进更多维度复用的作用。

例 11.69 考虑图 11-5 中显示的矩阵乘法代码以及图 11-7 中该代码的分块版本。矩阵乘法在它的三维迭代空间中的每一个维度上都有复用。在原来的代码中，最内层循环具有 n 个迭代，其中 n 是未知的，且可能很大。我们的简单模型假设只有跨越最内层循环迭代的被复用数据才可以在高速缓存中找到。

在分块版本中，最内层的三个循环执行了一个三维的计算任务块。这个三维块的每条边长都是 B 个迭代。这个块的大小是由编译器选择的。这个大小必须足够小，使得在计算分块时读写的所有高速缓存线能够一起放到高速缓存中。因此，跨越自外而内的第三层循环的迭代的复用数据可以在高速缓存中找到。 □

我们把具有较小且已知界限的最内层循环集合称为*最内层分块*（innermost block）。如果有可能，我们期望最内层块包含所有可能带有数据复用的迭代空间的维度。把分块边长最大化并不重要。以矩阵乘法为例，三维分块技术把对每个矩阵的数据访问量降低了 B^2 倍。如果存在数据复用，使用高维度小边长的分块要比低维度大边长的分块更好。

我们可以对具有复用关系的循环进行分块，从而优化最内层完全可交换循环嵌套结构的局

部性。我们也可以把分块概念泛化，以利用在较外层并行循环的迭代之间找到的复用。请注意，分块技术主要是交错地执行内层循环的少量实例。在矩阵乘法中，最内层循环的每个实例计算出结果数组的一个元素，总共有 n^2 个这样的元素。分块技术把一个块的实例执行交织起来，每次计算每个实例中的 B 个迭代。类似地，我们可以把并行循环中的迭代交替执行，以利用它们之间的数据复用。

下面我们定义了两个基本方法，它们可以降低跨越迭代的复用之间的距离。我们从最外层循环开始反复应用这两个基本方法，直到所有的复用都被移动到最内层块的相邻位置上。

在一个并行循环中交织内层循环

考虑一个外层可并行化循环包含一个内层循环的情况。为了利用外层循环迭代之间的数据复用，我们把固定多个内层循环的实例交织在一起执行，如图 11-63 所示。通过创建二维内层分块，这个转换降低了外层循环的连续迭代之间的数据复用之间的距离。

```
for (i=0; i<n; i++)
  for (j=0; j<n; j++)
    <S>
```

a) 源程序

```
for (ii=0; ii<n; ii+=4)
  for (j=0; j<n; j++)
    for (i=ii; i<min(n, ii+4); i++=4)
      <S>
```

b) 转换得到的代码

图 11-63　把内层循环的 4 个实例交织执行

把一个循环

```
for (i=0; i<n; i++)
    <S>
```

变成

```
for (ii=0; ii<n; ii+=4)
    for (i=ii; ii<min(n, ii+4); ii+=4)
        <S>
```

的步骤称为条状挖掘(stripmining)。当图 11-63 中的外层循环的界限较小且已知时，我们不需要对它进行条状挖掘，而是直接交换原程序中的两个循环。

交织执行一个并行循环中语句

考虑一个可并行化循环包含一个语句序列 $s_1, s_2, \cdots, s_m$ 的情况。如果其中的一些语句本身也是循环，那么连续迭代的语句之间可能还是相隔了很多运算。我们可以使用交织运行这些语句的方法来利用迭代之间的数据复用，如图 11-64 所示。这个转换在不同的语句之间分布那些经过了条状挖掘的循环。如果外层循环只有少量的固定多个迭代，我们不需要对循环进行条状挖掘，而是直接在各个语句上分布原来的循环。

```
for (i=0; i<n; i++) {
    <S1>
    <S2>
    ...
}
```

a) 源程序

```
for (ii=0; ii<n; ii+=4) {
  for (i=ii; i<min(n,ii+4); i++)
    <S1>
  for (i=ii; i<min(n,ii+4); i++)
    <S2>
  ...
}
```

b) 转换后的代码

图 11-64　交织语句的转换

我们使用 $s_i(j)$ 来表示语句 s_i 在第 j 个迭代中的运行。代码的执行不是按照图 11-65a 中显示的原执行顺序，而是按照图 11-65b 中显示的顺序执行。

$s_1(0)$, $s_2(0)$, …, $s_m(0)$,
$s_1(1)$, $s_2(1)$, …, $s_m(1)$,
$s_1(2)$, $s_2(2)$, …, $s_m(2)$,
$s_1(3)$, $s_2(3)$, …, $s_m(3)$,
$s_1(4)$, $s_2(4)$, …, $s_m(4)$,
$s_1(5)$, $s_2(5)$, …, $s_m(5)$,
$s_1(6)$, $s_2(6)$, …, $s_m(6)$,
$s_1(7)$, $s_2(7)$, …, $s_m(7)$,
…,

a) 原来的顺序

s_1 (0), s_1 (1), s_1 (2), s_1 (3),
s_2 (0), s_2 (1), s_2 (2), s_2 (3),
…,
s_m (0), $s_m(1)$, $s_m(2)$, $s_m(3)$,
s_1 (4), s_1 (5), s_1 (6), s_1 (7),
s_2 (4), s_2 (5), s_2 (6), s_2 (7),
…,
s_m (4), $s_m(5)$, $s_m(6)$, $s_m(7)$,
…,

b) 转换得到的顺序

图 11-65 分布一个经过条状挖掘的循环

例 11.70 我们现在回到多网格的例子，说明如何利用外层并行循环的迭代之间的数据复用。我们观察到，图 11-62 的代码的最内层循环中的引用 $DW[1,k,j,i]$、$DW[1,k-1,j,i]$ 和 $DW[1,k+1,j,i]$ 的空间局部性很差。根据 11.5 节中讨论的复用分析可知，下标变量为 i 的循环具有空间局部性，而下标为 k 的循环具有组复用性。下标为 k 的循环已经是最内层循环了，因此我们感兴趣的是交织执行来自一个具有连续 i 值的分划块中的对 DW 的运算。

我们应用这个转换来交织这个循环中的语句，得到图 11-66 中的代码，然后应用这个转换来交织内层循环，得到图 11-67 中的代码。请注意，当我们把来自下标为 i 的循环的 B 个迭代交错执行时，我们需要把变量 AP、AM、T 扩展为数组，以便一次存放 B 个结果。 □

```
for (j = 2, j <= jl, j++)
    for (ii = 2, ii <= il, ii+=b) {
        for (i = ii; i <= min(ii+b-1,il); i++) {
            ib          = i-ii+1;
            AP[ib]      = ...;
            T           = 1.0/(1.0 +AP[ib]);
            D[2,ib]     = T*AP[ib];
            DW[1,2,j,i] = T*DW[1,2,j,i];
        }
        for (i = ii; i <= min(ii+b-1,il); i++) {
            for (k=3, k <= kl-1, k++)
                ib          = i-ii+1;
                AM          = AP[ib];
                AP[ib]      = ...;
                T           = ...AP[ib]-AM*D[ib,k-1]...;
                D[ib,k]     = T*AP;
                DW[1,k,j,i] = T*(DW[1,k,j,i]+DW[1,k-1,j,i])...;
            }
        ...
        for (i = ii; i <= min(ii+b-1,il); i++)
            for (k=kl-1, k>=2, k--) {
                DW[1,k,j,i] = DW[1,k,j,i] +D[iw,k]*DW[1,k+1,j,i];
            /* Ends code to be executed by processor (j,i) */
        }
    }
```

图 11-66 对图 11-23 的代码进行分划、数组收缩、内层循环交错和分块后所得的部分代码

```
for (j = 2, j <= jl, j++)
    for (ii = 2, ii <= il, ii+=b) {
        for (i = ii; i <= min(ii+b-1,il); i++) {
            ib          = i-ii+1;
            AP[ib]      = ...;
            T           = 1.0/(1.0 +AP[ib]);
            D[2,ib]     = T*AP[ib];
            DW[1,2,j,i] = T*DW[1,2,j,i];
        }
        for (k=3, k <= kl-1, k++)
            for (i = ii; i <= min(ii+b-1,il); i++) {
                ib          = i-ii+1;
                AM          = AP[ib];
                AP[ib]      = ...;
                T           = ...AP[ib]-AM*D[ib,k-1]...;
                D[ib,k]     = T*AP;
                DW[1,k,j,i] = T*(DW[1,k,j,i]+DW[1,k-1,j,i])...;
            }
        ...
        for (k=kl-1, k>=2, k--) {
            for (i = ii; i <= min(ii+b-1,il); i++)
                DW[1,k,j,i] = DW[1,k,j,i] +D[iw,k]*DW[1,k+1,j,i];
            /* Ends code to be executed by processor (j,i) */
        }
    }
```

图 11-67　对图 11-23 的代码进行分划、数组收缩和分块后所得的部分代码

11.10.4　合成

算法 11.71 对一个单处理器系统的局部性进行了优化，而算法 11.72 则对一个多处理器系统的并行性和局部性进行了优化。

算法 11.71　在一个单处理器系统上优化数据局部性。

输入：一个带有仿射数组访问的程序。

输出：一个最大化数据局部性的等价程序。

方法：执行下列步骤：

1）应用算法 11.64 来优化计算结果的时间局部性。

2）应用算法 11.68 在可能的时候收缩数组。

3）利用 11.5 节中描述的技术，确定可能共享相同数据或高速缓存线的迭代子空间。对于每个语句，找出具有数据复用的外层并行循环的维度。

4）对每个带有数据复用的外层并行循环，重复使用基本的交织方法，把一个迭代分块移动到最内层块中。

5）对位于那些带有复用的最内层的完全可交换循环中的维度的子集应用分块技术。

6）对外层完全可交换循环嵌套结构进行分块，其目的是利用内存层次结构中的更高层存储设备，比如第三层高速缓存或物理内存。

7）在必要的地方按照块的边长扩展标量或者数组。　□

算法 11.72　针对多处理器系统优化并行性和数据局部性。

输入：一个带有仿射数组访问的程序。

输出：一个最大化并行性和数据局部性的等价程序。

方法：执行下列步骤：

1）使用算法 11.64 对这个程序进行并行化，并创建一个 SPMD 程序。

2）对步骤 1 中生成的 SPMD 程序应用算法 11.71，以优化它的局部性。 □

11.10.5 11.10 节的练习

练习 11.10.1：对下面的向量运算进行数组收缩变换：

```
for (i=0; i<n; i++) T[i] = A[i] * B[i];
for (i=0; i<n; i++) D[i] = T[i] + C[i];
```

练习 11.10.2：对下面的向量运算进行数组收缩变换：

```
for (i=0; i<n; i++) T[i] = A[i] + B[i];
for (i=0; i<n; i++) S[i] = C[i] + D[i];
for (i=0; i<n; i++) E[i] = T[i] * S[i];
```

练习 11.10.3：以 10 为宽度对下面的外层循环进行条状挖掘：

```
for (i=n-1; i>=0; i--)
    for (j=0; j<n; j++)
```

11.11 仿射转换的其他用途

至今为止，我们的注意力都集中在共享内存的计算机体系结构上，但是仿射循环转换的理论还有很多其他的应用。我们可以把仿射转换应用到其他形式的并行性上，包括分布式内存计算机、向量指令、SIMD(Single Instruction Multiple Data，单指令多数据)指令以及多指令发送计算机等。本章中介绍的复用分析技术也可以用于*数据预取*(prefetching)。数据预取是一个可以提高内存性能的有效技术。

11.11.1 分布式内存计算机

在分布式内存计算机中，处理器通过发送消息和其他处理器进行通信。对于这类机器，给各个处理器分配大型的、独立的计算单元显得更加重要。仿射分划算法可以生成这样的单元。除了计算任务的分划，还存在其他一些编译问题需要处理：

1）*数据分配*。如果处理器使用的是一个数组的不同部分，每一个处理器只需要分配足够的空间以存放各自使用的部分。我们可以使用投影的方式来决定每个处理器使用数组的哪个部分。在决定数据分配时，输入是一个线性不等式系统，该系统表示循环界限，数组访问函数，以及把迭代映射到处理器 ID 的仿射分划。我们通过投影消除循环下标，并找出每个处理器 ID 所使用的数组位置。

2）*通信代码*。我们需要明确生成向其他处理器发送以及从其他处理器接收数据的代码。在每个同步点上，

① 确定存放在某个处理器上且其他处理器需要使用的数据。

② 生成具有如下功能的代码：找出所有将被发送的数据并把它们打包放到一个缓冲区中。

③ 类似地，确定这个处理器需要的数据，解开接收到的消息的数据包，把数据移动到适当的内存位置。

如果所有的访问都是仿射的，那么这些任务仍然可以由编译器使用仿射框架来完成。

3）*优化*。并不是所有的通信都必须在同步点上进行。比较好的做法是每个处理器在数据可用时立刻发送数据，而每个处理器只有在需要数据时才开始等待。必须对这个优化和另一个目标(即不能生成太多消息)加以权衡，因为处理每个消息的开销都比较大。

这里描述的技术还有其他用途。比如，一个专用的嵌入式系统可能使用协处理器来减轻某些计算负担。嵌入式系统也可能使用一个独立的控制器把数据加载进高速缓存或其他数据缓冲区，或从中卸载，而不是自己要求把数据调入高速缓存；在独立控制器调动数据时，处理

器可同时在其他数据上执行运算。在这些情况下，我们可以使用类似的技术来生成移动数据的代码。

11.11.2 多指令发送处理器

我们也可以使用仿射循环转换来优化多指令发送计算机的性能。10.5 节讨论过，一个软件流水线化循环的性能受到两个因素的限制：先后关系约束中的环，以及对关键资源的使用。通过改变最内层循环的组成，我们可以改进这些限制。

首先，我们可以使用循环转换来创立最内层的可并行化循环，从而完全消除先后关系约束中的环。假设一个程序有两个循环，其中的外层循环是可并行化的，而内层循环不可并行化。我们可以交换这两个循环，使得内层循环变成可并行化的，从而创造出更多的指令级并行化机会。请注意，我们并不要求最内层循环的迭代之间一定是完全可并行化的。只要其依赖关系所确定的环短到可以充分利用硬件资源就足够了。

我们也可以通过改进一个循环中资源使用的平衡性来放松因资源使用而引起的限制。假设一个循环只使用加法器，而另一个只使用乘法器。假设一个循环因为内存而受到制约，另一个循环因为计算量而受到制约。比较好的做法是把这些例子中的循环对融合到一起，以便同时充分利用所有的功能单元。

11.11.3 向量和 SIMD 指令

除了多指令问题之外，还有其他两种重要的指令级并行性：向量和 SIMD 运算。在这两种情况下，发送一个指令可以对一个数据向量的所有元素进行相同运算。

前面提到过，很多早期的超级计算机使用了向量指令。向量运算以流水线化的方式执行，该向量的元素被串行获取，对不同元素的计算相互重叠。在先进的向量计算机中，向量运算可以链接起来：当生成结果向量的元素时，它们立刻被另一个向量指令的运算消耗掉，不需要等待所有的结果都计算完成。不仅如此，在具有*散播/收集*(scatter/gather)硬件的先进计算机中，向量的元素不要求是连续的，可以用一个下标向量确定这些元素该放在哪里。

SIMD 指令指定了对连续内存位置执行的相同运算。这些指令从内存中并行加载数据，把它们存放在宽寄存器中，并使用并行硬件来计算它们。很多媒体、图形和数字信号处理应用可以利用这些运算。低端媒体处理器只需要一次发射一个 SIMD 指令就可以获得指令级并行性。高端处理器可以把 SIMD 和多指令发射结合起来以获取更好的性能。

SIMD 及向量指令生成和数据局部性优化之间具有很多相似性。当我们找到在连续内存位置上运算的独立分划单元时，就对这些迭代进行条状挖掘，并把最内层循环中的运算交织起来。

生成 SIMD 指令有两个难点。首先，有些机器要求从内存中获取的 SIMD 数据是位对齐的。比如，它们可能要求将 256 字节的 SIMD 运算分量放在为 256 的倍数的地址上。如果源循环只在一个数据数组上运算，我们可以生成一个主循环来处理对齐的数据，而这个循环的前面和后面都有附加的代码来计算边界上的元素。但是对于在多个数组上运算的循环，就有可能无法同时对齐所有的数据。第二，一个循环的连续迭代所使用的数据可能不是连续的。这种例子包括很多重要的数字信号处理的算法，比如 Viterbi 解码器和快速傅里叶变换。要利用 SIMD 指令的话，有可能需要一些额外的用于移动数据的指令。

11.11.4 数据预取

没有哪个数据局部性优化方法可以消除所有的内存访问。首先，第一次使用的数据必须从内存中获取。为了隐藏内存访问的延时，*预取指令*(prefetch instruction)被很多高性能处理器采用。数据预取指令被用来向处理器指明某些数据有可能很快就会被用到，因此如果它现在还没有在高速缓存中，期望能把它加载到高速缓存中。

11.5 节中描述的复用分析可以用于估计什么时候可能发生高速缓存脱靶。当生成预取指令时，有两个重要问题需要考虑。如果将要访问连续的内存位置，我们只需要为每个高速缓存线发出一个预取指令。我们必须足够早地发出预取指令，以保证在使用这个数据时，它已经在高速缓存中了。但是，我们不应该过早地发出预取指令。预取指令可能会把高速缓存中还需要使用的数据转移出高速缓存，而预取到的数据也可能会因此在使用之前就被调出高速缓存了。

例 11.73 考虑下面的代码：

```
for (i=0; ii<3; i++)
    for (j=0; j<100; j++)
        A[i,j] = ···;
```

假设目标机器有一个预取指令。该指令可以一次预取两个字的数据，而一个预取指令的延时大约等于上面的循环中六次迭代的执行时间。图 11-68 中显示了这个例子的使用预取指令的代码。

```
for (i=0; ii<3; i++) {
    for (j=0; j<6; j+=2)
        prefetch(&A[i,j]);
    for (j=0; j<94; j+=2) {
        prefetch(&A[i,j+6]);
        A[i,j] = ...;
        A[i,j+1] = ...;
    }
    for (j=94; j<100; j++)
        A[i,j] = ...;
}
```

图 11-68 为预取数据而修改的代码

我们把最内层的循环展开两次，使得可以为每个高速缓存线发出一个预取指令。我们使用软件流水线化概念来保证在数据被使用的六个迭代之前预取数据。流水线的前言部分获取了前 6 个迭代中使用的数据，稳定状态循环在它进行计算的同时提前预取 6 个迭代。尾声部分没有预取指令，只是直接执行余下的迭代。 □

11.12 第 11 章总结

- *数组的并行性和局部性*。对于并行性和基于局部性的优化而言，最重要的机会来自于访问数组的循环。在这些循环中，对数组元素的各个访问之间的依赖关系通常是有限的，并且通常按照一个正则的模式访问数组元素。这些因素使程序可以获得很好的数据局部性，高效使用缓存。
- *仿射访问*。几乎所有的并行化及数据局部性优化的理论和技术都假设对数组的访问是仿射的：这些数组下标的表达式是循环下标的线性函数。
- *迭代空间*：一个具有 d 个循环的循环嵌套结构定义了一个 d 维的迭代空间。该空间中的点都是值的 d 元组，元组中的值对应于该嵌套循环结构运行时各个循环下标的取值。在仿射情况下，各个循环下标的界限是较外层循环下标的线性函数，因此迭代空间是一个多面体。
- *Fourier-Motzkin 消除算法*。对迭代空间的关键操作之一是把定义该空间的各个循环重新排列。这么做要求把一个多面体迭代空间投影到它的部分维度上。Fourier-Motzkin 算法把一个给定变量的上下界替换成为关于这些界限的不等式。
- *数据依赖与数组访问*。在为了并行性和局部性优化的目的而处理循环时，我们需要解决的一个中心问题是确定两个数组访问之间是否具有数据依赖关系(也就是它们是否可能触及同一个数组元素)。如果这些访问以及循环界限都是仿射的，迭代空间就可以被定义为一个多面体。而上面的问题可以被表示为一个特定的矩阵 - 向量方程是否具有位于该多面体中的解。

- *矩阵的秩和数据复用*。用来描述一个数组访问的矩阵可以给出多个关于该数组访问的重要信息。如果该矩阵的秩达到最大值（即矩阵的行数和列数的最小值），那么当这个循环迭代运行时，数据访问不会两次触及同一个元素。如果数组是按行（列）存放的，那么删除掉最后（最前）一行后得到的矩阵的秩可以告诉我们这个访问是否具有良好的局部性，即单个高速缓存线中的元素被几乎同时访问。
- *数据依赖关系和丢番图方程*。如果我们仅仅知道对同一数组的两个访问触及该数组的同一区域，我们并不能判定它们是否真的访问了某个公共元素。原因是每个访问都可能跳过某些元素。比如，一个访问读写偶数号元素，另一个访问读写奇数号元素。为了确定是否存在数据依赖关系，我们必须求一个丢番图方程（只要整数解）的解。
- *解丢番图线性方程*。关键技术是计算各个变量的系数的最大公约数（GCD）。只有当这个最大公约数能够整除常量项时，方程才可能存在整数解。
- *空间分划约束*。为了并行化一个循环嵌套结构的执行过程，我们需要把这个循环的迭代映射到一个处理器空间。这个处理器空间可能具有一个或多个维度。空间分划约束是说如果不同迭代中的两个访问之间具有数据依赖关系（即它们访问了同一个数据元素），那么它们必须被映射到同一个处理器上。只要这个从迭代到处理器的映射是仿射的，我们就可以把这个问题用矩阵 - 向量的方式表示出来。
- *基本代码转换*。用来并行化具有仿射数组访问的程序的转换是七个基本转换的组合，它们是：循环融合、循环裂变、重新索引（给循环下标加上一个常量）、比例变换（将循环下标乘以一个常量）、反置（倒转一个循环的下标）、交换（交换循环的顺序）和倾斜（改写循环使得迭代空间中的扫描线不再和某个坐标轴同向）。
- *并行运算的同步*。有时，如果我们在一个程序的步骤之间插入同步运算，就可以获得更多的并行性。比如，相邻的两个循环嵌套结构之间可能具有数据依赖关系，但是在这两个循环之间的同步运算可以使得各个循环被单独并行化。
- *流水线化*。这个并行化技术允许处理器共享数据，方法是把某些数据（通常是数组元素）从一个处理器同步传递到处理器空间中的相邻的处理器。这个方法可以提高每个处理器所访问数据的局部性。
- *时间分划约束*。为了找到流水线化的机会，我们要求出时间分划约束的解。这些约束是说只要两个数组访问会触及同一个数组元素，那么在此流水线中，首先发生的迭代中的访问所分配到的流水线阶段不得晚于第二个访问所分配的流水线阶段。
- *求解时间分划约束*。Farkas 引理提供了一个有力的求解技术。它可以找出一个带有数组访问的给定循环嵌套结构所允许的所有仿射时间分划映射。这个技术实质上是把原来的表达时间分划约束的线性不等式公式替换成为它的对偶系统。
- *分块*。这个技术把一个循环嵌套结构中的每个循环都分割成为两个循环。这个技术的优点在于可以使得我们在一个多维数组的小段（块）上进行计算，每次处理一个块。这么做提高了程序的局部性，使处理单个块时需要的数据都在高速缓存中。
- *条状挖掘*。和分块技术类似，这个技术只把一个循环嵌套结构中的一部分循环分解开，每个循环分成两个循环。这么做的好处是一个多维数组被一条一条地访问，从而得到最好的高速缓存利用率。

11.13 第 11 章参考文献

要得到关于多处理器体系结构的详细讨论，读者可参阅 Hennessy 和 Patterson 的教科书[9]。

Lamport[13]和 Kuck、Muraoka 及 Chen[10]引入了数据依赖分析的概念。早期的数据依赖分析测试使用启发式规则，通过确定丢番图方程和线性实数不等式系统是否无解来确定一对引用是否独立：[5, 6, 26]。Maydan、Hennessy 和 Lam[18]把数据依赖关系测试写成了整数线性规划的形式，并证明这个问题在实践中可以精确高效地求解。本章描述的数据依赖关系分析基于 Maydan、Hennessy、Lam[18]和 Pugh 及 Wonnacott[23]的工作。这些分析技术使用了 Fourier-Motzkin 消除算法[7]和 Shostak 的算法[25]。

在 20 世纪 70 年代和 80 年代早期已经有人利用循环转换来改进向量化和并行化：循环融合[3]、循环裂变[1]、条状挖掘[17]和循环互换[28]。在当时进行了三个主要的实验性的并行化/向量化项目：在 Illinois Urbana-Champaingn 大学由 Kuck 领导的 Parafrase 项目[21]，由 Rice 大学的 Kennedy 领导的 PFC 项目[4]和在 IBM 研究院由 Allen 领导的 PTRAN 项目[2]。

McKellar 和 Coffman[19]最先讨论了使用分块技术来提高数据局部性的理论。Lam、Rothbert 和 Wolf[12]率先在现代体系结构的高速缓存上对分块技术进行了深入的实验分析。Wolf 和 Lam[27]使用线性代数技术来计算循环中的数据复用。Sarkar 和 Gao[24]引入了数组收缩优化技术。

Lamport[13]首先把循环建模为迭代空间，并使用混合规划技术（仿射转换的一个特殊情况）来为多处理器系统寻找并行性。仿射转换的最原始出处是心跳阵列算法的设计[11]。作为直接实现在 VLSI 上的并行算法，心跳阵列要求在并行化的同时最小化通信量。代数技术用于把计算映射到空间和时间坐标上。仿射调度方案的概念以及在仿射转换中使用 Farkas 引理首先由 Feautrier[8]提出。本章描述的仿射转换算法基于 Lim 等人的工作[15, 14, 16]。

Porterfield 提出了第一个预取数据的编译器算法。Mowry、Lam 和 Gupta[20]应用复用分析来使预取数据的开销降到最小，并在整体上提高了性能。

1. Abu-Sufah, W., D. J. Kuck, and D. H. Lawrie, "On the performance enhancement of paging systems through program analysis and transformations," *IEEE Trans. on Computing* **C-30**:5 (1981), pp. 341–356.

2. Allen, F. E., M. Burke, P. Charles, R. Cytron, and J. Ferrante, "An overview of the PTRAN analysis system for multiprocessing," *J. Parallel and Distributed Computing* **5**:5 (1988), pp. 617–640.

3. Allen, F. E. and J. Cocke, "A Catalogue of optimizing transformations," in *Design and Optimization of Compilers* (R. Rustin, ed.), pp. 1–30, Prentice-Hall, 1972.

4. Allen, R. and K. Kennedy, "Automatic translation of Fortran programs to vector form," *ACM Transactions on Programming Languages and Systems* **9**:4 (1987), pp. 491–542.

5. Banerjee, U., *Data Dependence in Ordinary Programs*, Master's thesis, Department of Computer Science, University of Illinois Urbana-Champaign, 1976.

6. Banerjee, U., *Speedup of Ordinary Programs*, Ph.D. thesis, Department of Computer Science, University of Illinois Urbana-Champaign, 1979.

7. Dantzig, G. and B. C. Eaves, "Fourier-Motzkin elimination and its dual," *J. Combinatorial Theory*, **A(14)** (1973), pp. 288–297.

8. Feautrier, P., "Some efficient solutions to the affine scheduling problem: I. One-dimensional time," *International J. Parallel Programming* **21**:5 (1992), pp. 313–348,

9. Hennessy, J. L. and D. A. Patterson, *Computer Architecture: A Quantitative Approach*, Third Edition, Morgan Kaufman, San Francisco, 2003.

10. Kuck, D., Y. Muraoka, and S. Chen, "On the number of operations simultaneously executable in Fortran-like programs and their resulting speedup," *IEEE Transactions on Computers* **C-21**:12 (1972), pp. 1293–1310.

11. Kung, H. T. and C. E. Leiserson, "Systolic arrays (for VLSI)," in Duff, I. S. and G. W. Stewart (eds.), *Sparse Matrix Proceedings* pp. 256–282. Society for Industrial and Applied Mathematics, 1978.

12. Lam, M. S., E. E. Rothberg, and M. E. Wolf, "The cache performance and optimization of blocked algorithms," *Proc. Sixth International Conference on Architectural Support for Programming Languages and Operating Systems* (1991), pp. 63–74.

13. Lamport, L., "The parallel execution of DO loops," *Comm. ACM* **17**:2 (1974), pp. 83–93.

14. Lim, A. W., G. I. Cheong, and M. S. Lam, "An affine partitioning algorithm to maximize parallelism and minimize communication," *Proc. 13th International Conference on Supercomputing* (1999), pp. 228–237.

15. Lim, A. W. and M. S. Lam, "Maximizing parallelism and minimizing synchronization with affine transforms," *Proc. 24th ACM SIGPLAN-SIGACT Symposium on Principles of Programming Languages* (1997), pp. 201–214.

16. Lim, A. W., S.-W. Liao, and M. S. Lam, "Blocking and array contraction across arbitrarily nested loops using affine partitioning," *Proc. ACM SIGPLAN Symposium on Principles and Practice of Parallel Programming* (2001), pp. 103–112.

17. Loveman. D. B., "Program improvement by source-to-source transformation," *J. ACM* **24**:1 (1977), pp. 121–145.

18. Maydan, D. E., J. L. Hennessy, and M. S. Lam, "An efficient method for exact dependence analysis," *Proc. ACM SIGPLAN 1991 Conference on Programming Language Design and Implementation*, pp. 1–14.

19. McKeller, A. C. and E. G. Coffman, "The organization of matrices and matrix operations in a paged multiprogramming environment," *Comm. ACM*, **12**:3 (1969), pp. 153–165.

20. Mowry, T. C., M. S. Lam, and A. Gupta, "Design and evaluation of a compiler algorithm for prefetching," *Proc. Fifth International Conference on*

Architectural Support for Programming Languages and Operating Systems (1992), pp. 62–73.

21. Padua, D. A. and M. J. Wolfe, "Advanced compiler optimziations for supercomputers," *Comm. ACM*, **29**:12 (1986), pp. 1184–1201.

22. Porterfield, A., *Software Methods for Improving Cache Performance on Supercomputer Applications*, Ph.D. Thesis, Department of Computer Science, Rice University, 1989.

23. Pugh, W. and D. Wonnacott, "Eliminating false positives using the omega test," *Proc. ACM SIGPLAN 1992 Conference on Programming Language Design and Implementation*, pp. 140–151.

24. Sarkar, V. and G. Gao, "Optimization of array accesses by collective loop transformations," *Proc. 5th International Conference on Supercomputing* (1991), pp. 194–205.

25. R. Shostak, "Deciding linear inequalities by computing loop residues," *J. ACM*, **28**:4 (1981), pp. 769–779.

26. Towle, R. A., *Control and Data Dependence for Program Transformation*, Ph.D. thesis, Department of Computer Science, University of Illinois Urbana-Champaign, 1976.

27. Wolf, M. E. and M. S. Lam, "A data locality optimizing algorithm," *Proc. SIGPLAN 1991 Conference on Programming Language Design and Implementation*, pp. 30–44.

28. Wolfe, M. J., *Techniques for Improving the Inherent Parallelism in Programs*, Master's thesis, Department of Computer Science, University of Illinois Urbana-Champaign, 1978.

第 12 章　过程间分析

在这一章中，我们讨论一些不能使用过程内分析技术解决的优化问题，由此引出了过程间分析的重要性。我们将首先描述过程间分析的常见形式，并解释实现它们的难点。然后将描述过程间分析的应用。对于诸如 C 和 Java 这样广泛使用的程序设计语言，指针别名分析是所有过程间分析技术的关键之处。因此本章将用大量篇幅讨论获取程序中的指针别名信息所需要的技术。我们先给出 Datalog 的描述，这种表示方法极大地隐藏了一个高效指针分析技术的复杂性。然后我们描述一个用于指针别名分析的算法，并说明如何使用二分决策图(Binary Decision Diagram, BDD)来高效地实现这个算法。

大部分编译器优化技术，包括那些在第 9、10、11 章中描述的技术，都是每次在一个过程中执行的。我们把这样的分析称为*过程内分析*。这些分析保守地假设被调用的过程有可能改变过程可见的所有变量的状态，并且它们还可能产生某种副作用，比如改变此过程可见的任何变量的值，或产生导致调用栈释放的异常。因此，过程内分析虽然不精确，但是却相对简单。有些优化不需要过程间分析，而有些优化不借助过程间分析几乎不会产生有用的信息。

一个过程间分析处理的是整个程序，它将信息从调用者传送到被调用者，或者反向传送。一个相对简单但有用的技术是*过程内联*(inline)，就是把一个过程调用替换为被调用过程的过程体。在替换时需要考虑参数传递和返回值，因此需要进行适当修改。只有当我们知道这个过程调用的目标后才可以应用这个方法。

如果过程是通过一个指针或面向对象编程中常见的过程分发机制间接调用的，那么对程序指针或引用的分析有时可以确定这个间接调用的目标。如果目标是唯一的，那么就可以应用过程内联方法。

即使确定了每个过程调用只有一个调用目标，仍然必须谨慎使用内联转换。一般来说，不可能直接内联递归的过程，并且即使没有递归，内联转换也可能指数级地增加代码的大小。

12.1　基本概念

在本节中，我们将介绍调用图，就是告诉我们哪个过程调用了哪个过程的图。我们也会介绍“上下文相关”的思想，即进行数据流分析时需要认识到过程调用的序列是什么。也就是说，当上下文相关分析在区分程序中的不同“位置”时，它不仅考虑当前的程序点，还考虑当前栈中的活动记录的序列(或其大纲)。

12.1.1　调用图

一个程序的*调用图*(call graph)是一个结点和边的集合，并满足

1) 对程序中的每个过程都有一个结点。

2) 对于每个*调用点*(call site)都有一个结点。所谓调用点就是程序中调用某个过程的一个位置。

3) 如果调用点 c 调用了过程 p，就存在一条从 c 的结点到 p 的结点的边。

很多用诸如 C 或 Fortran 语言编写的程序直接进行过程调用，因此每个调用的调用目标可以静态地确定。在这种情况下，调用图中的每个调用点都恰好有一条边指向一个过程。但是，如果程序使用了过程参数或函数指针，一般来说，需要到程序运行时刻才能知道调用目标，而且实际

上可能各次调用的目标都有所不同。那么，一个调用点可能连接到调用图中的多个甚至所有的过程。

对于面向对象程序设计语言来说，间接调用是标准的调用方式。特别地，当存在子类对方法进行重载的情况时，对方法 m 的使用可能指向多个不同方法中的任意一个，这要取决于该调用所作用的接收对象的子类。使用这样的虚(virtual)方法调用意味着我们需要知道接收者的类型之后才可以确定调用了哪个方法。

例 12.1 图 12-1 显示了一个 C 程序。该程序声明 pf 是一个指向类型为“整数到整数”的函数的全局指针。有两个函数 fun1 和 fun2 是这个类型。此外，main 函数不是 pf 所指向的类型。图中显示了三个调用点，标记为 c1、c2 和 c3，这些标号不是程序的一部分。

```
        int (*pf)(int);

        int fun1(int x) {
            if (x < 10)
c1:             return (*pf)(x+1);
            else
                return x;
        }

        int fun2(int y) {
            pf = &fun1;
c2:         return (*pf)(y);
        }

        void main() {
            pf = &fun2;
c3:         (*pf)(5);
        }
```

图 12-1 一个具有函数指针的程序

最简单的对 pf 可能指向哪个函数的分析只查看函数的类型。函数 fun1 及 fun2 和 pf 所指向的对象具有相同的类型，而 main 则不同。因此，一个保守的调用图如图 12-2a 所示。对这个程序进行更深入的分析，就可以观察到 pf 在 main 中指向 fun2，而在 fun2 中指向 fun1。但是没有其他的对任何指针的赋值，因此 pf 不可能指向 main 函数。这个推理过程产生的调用图和图 12-2a 中的相同。

一个更加精确的分析将指出 pf 在 c3 上只可能指向 fun2，因为紧靠这个调用之前的赋值语句将 fun2 赋给 pf。类似地，pf 在 c2 处只可能指向 fun1。分析的结果是，对 fun1 的第一次调用必然是 fun2 做出的，且 fun1 不会改变 pf 的值，因此当我们在 fun1 中时，pf 就指向 fun1。特别地，我们可以确信 pf 在 c1 处指向 fun1。因此，图 12-2b 是一个更加精确、正确的调用图。 □

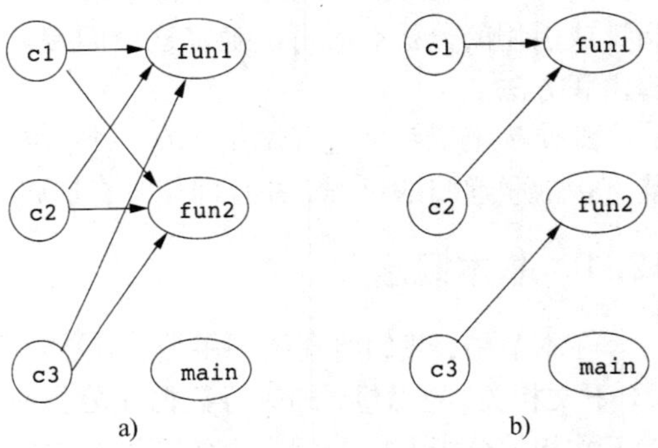

图 12-2 从图 12-1 得到的调用图

一般来说，当出现了对函数或方法的引用或指针时，要求我们对所有过程参数、指针、接收对象类型等的可能取值进行静态估计。要得到一个精确的估计值就必须进行过程间分析。这个分析从可以静态观察到的目标开始，迭代地进行。当发现一个新的调用目标时，分析过程就会把一条新边加入到调用图中，并不断寻找更多的目标，直到收敛。

12.1.2 上下文相关

过程间分析很具有挑战性，因为各个过程的行为和它被调用时所在的上下文相关。例 12.2 通过一个小程序上的过程间常量传播问题说明了上下文的重要性。

例 12.2 考虑图 12-3 中的程序片段。函数 f 在三个调用点 c1、c2 和 c3 上被调用。在循环的每次迭代中，常量 0 在 c1 上被作为实在参数传递，而常量 243 在 c2 和 c3 上被传递，这些调用分别返回常量 1 和 244。因此，在各个上下文中函数 f 的实在参数都是常量，但是常量的具体值要根据上下文而定。

```
       for (i = 0; i < n; i++) {
c1:        t1 = f(0);
c2:        t2 = f(243);
c3:        t3 = f(243);
           X[i] = t1+t2+t3;
       }

       int f (int v) {
           return (v+1);
       }
```

图 12-3 用来说明上下文相关分析的需求的一个程序片断

如我们将看到的，除非我们能够知道在上下文 c1 中调用 f 时返回 1，且在其他两个上下文中调用 f 时返回 244，否则不可能指出 t1、t2 和 t3 都被赋予了一个常量值（因此 $X[i]$ 也被赋予了常量值）。通过一个简单的分析就可以知道对 f 的各次调用的返回值可能是 1 或 244。 □

一种非常简单但是极端不精确的过程间分析方法称为上下文无关分析（context-insensitive analysis）。它把每个调用和返回语句看作一个"goto"操作。我们创建一个超级控制流图。图中除了一般的过程内控制流边外还有一些附加的边。这些边包括

1）从每个调用点到它所调用的过程的开始处的边。

2）从返回语句回到调用点的边[⊖]。

另外还增加了一些赋值语句，它们把实在参数赋给相应的形式参数，并把返回值赋给接收返回结果的变量。然后，我们就可以对这个超级控制流图应用那些为分析单个过程而设计的标准分析技术，找出上下文无关的过程间分析结果。这个模型虽然简单，但它抽象掉了过程调用中输入值和输出值之间的重要关系，使得分析结果不够精确。

例 12.3 图 12-3 中的程序的超级控制流图显示在图 12-4 中。块 B_6 就是函数 f。块 B_3 包含了调用点 c1，它把形式参数 v 设置为 0，然后跳转到 f 的开始处。类似地，B_4 和 B_5 分别表示调用点 c2 和 c3。B_4 可以从 f（基本块 B_6）的结尾处到达。我们在 B_4 中把 f 的返回值赋给 t1。然后把形式参数 v 设置成 243 并通过跳转到 B_6 再次调用 f。请注意，没有从 B_3 到达 B_4 的边。在从 B_3 到达 B_4 的路上，控制流必须穿越 f。

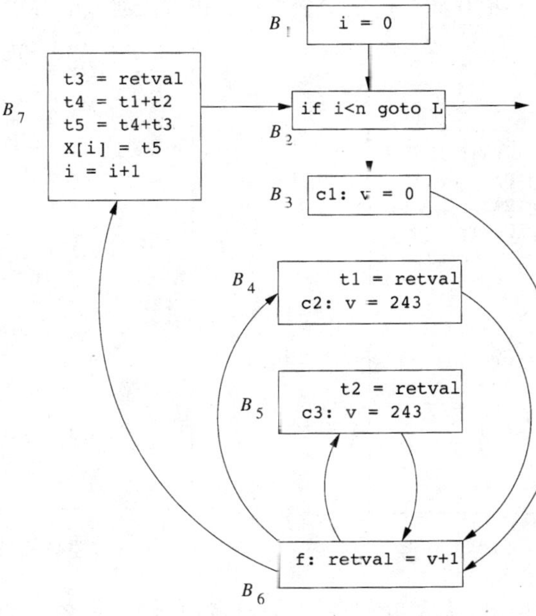

图 12-4 图 12-3 的控制流图，它把函数调用当作控制流处理

⊖ 实际上是从返回语句到跟在调用点之后的指令的边。

B_5 和 B_4 类似。它接收来自 f 的返回值并把返回值赋给 t2，并初始化对 f 的第三次调用。块 B_7 表示了第三次调用的返回和对 $X[i]$ 的赋值。

如果我们把图 12-4 当作单个过程的流图，那么可以断定当控制流进入 B_6 时，v 的值可以是 0 或 243。因此，我们最多能够断定 retval 的值是 1 或 244，而不会是其他值。类似地，关于 t1、t2 和 t3，我们只能断定它们的值是 1 或 244。因此，看起来 $X[i]$ 的值为 3、246、489 或 732 之一。反过来，一个上下文相关分析可以区分每次调用上下文的结果，并产生例 12.2 中描述的直觉结果：t1 总是 1，t2 和 t3 的值总是 244，而 $X[i]$ 的值为 489。 □

12.1.3 调用串

在例 12.2 中，我们只需要知道调用过程 f 的调用点就可以区分不同的上下文。一般情况下，一个调用上下文是通过整个调用栈中的内容来定义的。我们把栈中各个调用点组成的串称为调用串（call string）。

例 12.4 图 12-5 是对图 12-3 进行细微的修改后得到的。这里我们把对 f 的调用替换成对 g 的调用。函数 g 随后用同样的参数调用 f。函数 g 调用 f 的地点是 c4，这是一个新增的调用点。

有三个对应于 f 的调用串：(c1，c4)、(c2，c4)和(c3，c4)。如我们在这个例子中见到的，函数 f 中 v 的值并不由调用串中的直接（或者说最后）调用点 c4 决定。这些常量值实际上是由每个调用串中的第一个元素决定的。 □

例 12.4 表明，与分析相关的信息可能在调用链的早期就被引入。事实上，如例 12.5 所示，为了得到最精确的答案，有时甚至需要考虑计算整个调用串。

例 12.5 这个例子说明了对不限长度的调用串的分析能力是如何产生出更加精确的结果的。在图 12-6 中，我们看到如果用一个正数值 c 来调用 g，g 将会被递归地调用 c 次。每次 g 被调用的时候，它的参数 v 的值减一。因此，在调用串为 c2 (c4)^n 的上下文中，g 的参数 v 的值是 $243-n$。因此，g 的功能就是把 0 或任何负参数加一，并对任何大于等于 1 的参数返回 2。

```
        for (i = 0; i < n; i++) {
c1:             t1 = g(0);
c2:             t2 = g(243);
c3:             t3 = g(243);
                X[i] = t1+t2+t3;
        }

        int g (int v) {
c4:         return f(v);
        }

        int f (int v) {
            return (v+1);
        }
```

图 12-5 演示调用串的程序片段

```
        for (i = 0; i < n; i++) {
c1:         t1 = g(0);
c2:         t2 = g(243);
c3:         t3 = g(243);
            X[i] =  t1+t2+t3;
        }

        int g (int v) {
            if (v > 1) {
c4:             return g(v-1);
            } else {
c5:             return f(v);
        }

        int f (int v) {
            return (v+1);
        }
```

图 12-6 需要分析整个调用串的递归程序

函数 f 有三个可能的调用串。如果我们从 c1 处的调用开始，那么 g 可以立刻调用 f，因此(c1，c5)就是这样的一个串。如果我们从 c2 或 c3 开始，那么我们共调用 g 243 次，然后再调用 f。这些调用串是(c2，c4，c4，…，c5)和(c3，c4，c4，…，c5)，在这两种情况下的序列中都有 242 个 c4。在这些上下文中，在第一个上下文中 f 的参数 v 的值是 0，而在另外两个中的参数值为 1。 □

在设计一个上下文相关分析的时候，我们可以选择不同的精确度。比如，我们可以选择只使用调用串中最直接的 k 个调用点来区分上下文，而不是使用整个调用串来提高分析结果的质量。这个技术被称为 k-界限上下文分析技术。上下文无关分析就是 k - 界限上下文分析技术在 $k=0$ 时的特例。我们可以使用 1-界限分析技术找出例 12.2 中的所有常量，用 2-界限分析技术找出例 12.4 中的所有常量。但是，只要例 12.5 中的常量 243 被替换成为不同的任意大小的常量值，没有任何 k-界限分析可以找出该例中的所有常量。

如果不选定一个固定的 k 值，另一种可行方法是对所有*无环*调用串进行完全的上下文相关分析。所谓无环调用串就是不包含递归环的调用串。对于所有带有递归的调用串，我们可以把所有的递归环都塌缩成一个点，以便限定需要分析的不同上下文的数目。在例 12.5 中，从调用点 c2 开始的调用可以用调用串(c2, c4 *, c5)近似地表示。请注意，使用这种方案时，即使对于不带递归的程序，不同调用上下文的数目和程序中的过程数目呈指数关系。

12.1.4 基于克隆的上下文相关分析

上下文相关分析的另一个方法是在概念上克隆被调用过程，对于每个感兴趣的上下文都进行一次克隆。然后我们就可以对克隆过的调用图应用上下文无关分析。例 12.6 和 12.7 分别给出了和例 12.4 和 12.5 等价的克隆版本。在实际分析时，我们不需要真的克隆代码，而是可以直接使用一个高效的内部表示来跟踪各个克隆部分的分析结果。

例 12.6 图 12-5 的克隆版本显示在图 12-7 中。因为每个调用上下文指向一个不同的克隆，因此不存在混淆的情况。比如，g1 的输入为 0，产生输出 1；g2 和 g3 接受输入 243 并产生输出 244。 □

```
        for (i = 0; i < n; i++) {
c1:            t1 = g1(0);
c2:            t2 = g2(243);
c3:            t3 = g3(243);
               X[i] =  t1+t2+t3;
        }
        int g1 (int v) {
c4.1:          return f1(v);
        }
        int g2 (int v) {
c4.2:          return f2(v);
        }
        int g3 (int v) {
c4.3:          return f3(v);
        }

        int f1 (int v) {
            return (v+1);
        }
        int f2 (int v) {
            return (v+1);
        }
        int f3 (int v) {
            return (v+1);
        }
```

图 12-7 图 12-5 的克隆版本

例 12.7 例 12.5 的克隆版本显示在图 12-8 中。我们创建了过程 g 的一个克隆版本，它代表所有首先在 c1、c2 和 c3 处调用的 g 的实例。在这种情况下，如果一个分析技术能够从 $v=0$ 推导

出 $v>1$ 不成立，那么该分析将会确定在调用点 c1 处的调用将会返回 1。但是，这个分析不能很好地处理递归，不能分析得到调用点 c2 和 c3 处的常量值。 □

```
          for (i = 0; i < n; i++) {
c1:           t1 = g1(0);
c2:           t2 = g2(243);
c3:           t3 = g3(243);
              X[i] =  t1+t2+t3;
          }

          int g1 (int v) {
              if (v > 1) {
c4.1:             return g1(v-1);
              } else {
c5.1:             return f1(v);}
          }

          int g2 (int v) {
              if (v > 1) {
c4.2:             return g2(v-1);
              } else {
c5.2:             return f2(v);}
          }

          int g3 (int v) {
              if (v > 1) {
c4.3:             return g3(v-1);
              } else {
c5.3:             return f3(v);}
          }

          int f1 (int v) {
              return (v+1);
          }
          int f2 (int v) {
              return (v+1);
          }
          int f3 (int v) {
              return (v+1);
          }
```

图 12-8 图 12-6 的克隆版本

12.1.5 基于摘要的上下文相关分析

基于摘要的过程间分析是基于区域的分析技术的扩展。基本上，在一个基于摘要的分析中，每个过程使用一个简洁的描述(摘要)来刻划。这个描述包含这个过程的某些可观察行为。摘要的主要目的是避免在每个可能调用某过程的调用点上都重复分析该过程的过程体。

让我们首先考虑没有递归的情况。每个过程被建模为只有一个入口点的区域。每一对调用者 - 被调用者之间具有类似于外层区域 - 内层区域的关系。和过程内分析的唯一不同在于，在过程间分析时，一个过程区域可能嵌套在多个不同的外层区域中。

这个分析由两部分组成：

1）一个自底向上的阶段，它为每个过程计算出一个总结该过程的效果的传递函数。

2）一个自顶向下的阶段，它传播和调用者有关的信息，计算出被调用者的结果。

为了得到完全上下文相关的结果，来自不同调用上下文的信息必须被单独传递到被调用者。如果希望计算过程更高效，但是允许相对的不精确性，那么也可以使用一个交函数合并来自各个调用者的信息，然后再向下传播到被调用者。

例 12.8 对于常量传播，每个过程都使用一个传递函数作为其摘要，该传递函数描述了过程是如何通过它的过程体传播常量的。在例子 12.2 中，我们可以把 f 总结为如下的函数：如果把一个常量 c 作为 v 的实在参数，那么该函数返回常量 $c+1$。基于这个信息，这个分析过程将确定 `t1`、`t2` 和 `t3` 分别具有常量值 1、244 和 244。请注意，这个分析过程并没有因为不可实现的调用串而产生不精确的结果。

回忆一下，例子 12.4 扩展了例子 12.2，增加了一个函数 g 来调用 f。因此我们可以得出结论，g 的传递函数和 f 的传递函数是相同的。我们仍然可以确定 `t1`、`t2` 和 `t3` 分别具有常量值 1、244 和 244。

现在让我们考虑例子 12.2 中函数 f 内的参数 v 的值是什么。最初考虑时，我们可以把所有调用上下文的结果组合在一起。因为 v 的值可以是 0 或者 243，所以可以简单地确定 v 不是一个常量。这个结论是合理的，因为没有哪个常量可以替换代码中的 v。

如果我们希望得到更加精确的结果，那么可以为感兴趣的上下文计算特定值。必须把信息从我们感兴趣的上下文向下传递，以确定和这个上下文相关的答案。这个步骤和基于区域的分析中的自顶向下过程类似。比如，v 在调用点 `c1` 处的值为 0，而它在调用点 `c2` 和 `c3` 处的值为 243。为了利用 f 内部的常量传播性质，我们需要创建两个克隆来表示这两者的不同，第一个克隆是针对输入值 0 的特例，而后一个克隆是针对输入值 243 的特例，如图 12-9 所示。 □

```
        for (i = 0; i < n; i++) {
c1:         t1 = f0(0);
c2:         t2 = f243(243);
c3:         t3 = f243(243);
            X[i] = t1+t2+t3;
        }

        int f0 (int v) {
            return (1);
        }

        int f243 (int v) {
            return (244);
        }
```

图 12-9 将所有可能的常量参数传递给函数 f 后的分析结果

通过例子 12.8，最后我们看到如果希望在不同的上下文中以不同的方式编译代码，仍然需要克隆代码。本方法和基于克隆的方法的不同之处在于后者在分析之前就需要根据调用串进行克隆。在基于摘要的方法中，克隆是在分析之后，以分析结果为基础进行克隆。即使没有进行克隆，在基于摘要的方法中关于一个被调用过程的运行效果的推理结果也是精确的，不会出现不可实现路径的问题。

除了克隆一个函数，我们也可以对代码进行内联处理。内联的另一个效果是消除了过程调用的开销。

我们可以用计算不动点解的方法来处理递归。当出现递归时，我们首先找出调用图中的强连通分量。在自底向上阶段，只有当一个强连通分量的所有后继都已经被访问之后，我们才访问这个分量。对于一个非平凡的强连通分量，我们迭代地为该分量中的每个过程计算传递函数，直到重复过程收敛为止。也就是说，我们迭代地更新这些传递函数，直到它们不再发生改变为止。

12.1.6 12.1 节的练习

练习 12.1.1： 图 12-10 中是一个带有两个函数指针 p 和 q 的 C 程序。N 是常量，它可能比 10 小也可能比 10 大。请注意，这个程序会产生无穷的过程调用序列，但是这和

```
int (*p)(int);
int (*q)(int);

int f(int i) {
    if (i < 10)
        {p = &g; return (*q)(i);}
    else
        {p = &f; return (*p)(i);}
}

int g(int j) {
    if (j < 10)
        {q = &f; return (*p)(j);}
    else
        {q = &g; return (*q)(j);}
}

void main() {
    p = &f;
    q = &g;
    (*p)((*q)(N));
}
```

图 12-10 练习 12.1.1 的程序

我们当前考虑这个问题的目的无关。

1）找出本程序中的所有调用点。

2）对于每个调用点，p 可能指向哪些函数？q 可能指向哪些函数？

3）画出这个程序的调用图。

4）描述 f 和 g 的所有调用串。

练习 12.1.2： 图 12-11 中有一个函数 id，这个函数是一个“单位函数”。它的返回值就是传递给它的参数值。图中还有一个代码片段，该片段包含一个分支语句，后面跟随一个计算 $x+y$ 的和的赋值语句。

```
int id(int x) { return x;}

    ...
if (a == 1) { x = id(2); y = id(3); }
else        { x = id(3); y = id(2); }
z = x+y;
    ...
```

图 12-11　练习 12.1.2 的代码片断

1）检查这个代码，关于 z 在结尾处的值，我们可以有哪些结论？

2）把对 id 的调用当作控制流处理，为这个代码片段构造流图。

3）如果我们对问题 2 中得到的流图应用 9.4 节中描述的常量传播分析，可以确定哪些常量值？

4）图 12-11 中的全部调用点是哪些？

5）共有哪些调用了 id 的上下文？

6）改写图 12-11 中的代码，为每一个调用 id 的上下文克隆一个函数 id 的新版本。

7）把对 id 的调用作为控制流处理，构造你在问题 6 中得到的代码的流图。

8）对于在问题 7 中得到的流图进行常量传播分析。现在可以确定哪些常量值？

12.2 为什么需要过程间分析

我们已经说明了过程间分析有多么困难，现在让我们来解决一个重要的问题：我们为什么以及希望在什么时候使用过程间分析。虽然我们使用常量传播的例子来演示过程间分析，但这个过程间优化技术并不是容易使用的，而且进行这个分析也没有什么特别的好处。仅仅通过过程内分析和把最频繁执行的代码段中的过程调用进行内联处理，就可以获得常量传播的大部分好处。

但是，有很多理由可以说明为什么过程间调用是非常重要的。下面我们描述过程间分析的几个重要应用。

12.2.1 虚方法调用

上面提到过，面向对象程序有很多小的方法。如果我们每次只对一个方法进行优化，那么只能找到很少的优化机会。对方法调用进行解析就可以促成更多的优化。像 Java 这样的程序设计语言动态地载入它的类。结果，我们在编译时刻不知道在 $x.m(\ )$ 这样的调用中对 m 的某次使用到底指向(可能的)多个名为 m 的方法中的哪一个。

很多 Java 语言的实现使用了一个即时编译器，在运行时刻对它的字节码进行编译。一个常见的优化技术是找出程序执行的剖面图，并确定接收对象通常是什么类型。然后，我们可以把调用最频繁的方法内联到调用代码中。相应的代码包含了对这个类型的动态检查，如果运行时刻的接收对象具有预期的类型就执行内联的方法。

只要所有的源代码都在编译时刻可用，我们就可以使用另一种方法来解析对方法名字 m 的使用。然后，可以进行过程间分析，确定对象类型。如果变量 x 的类型是唯一的，那么 $x.m(\ )$ 的使用就可以被解析。我们明确地知道在这个上下文中 m 指向哪个方法。在这种情况下，我们可

以内联这个 m 的代码，编译器甚至不需要在生成的代码中加入对 x 的类型检查代码。

12.2.2 指针别名分析

即使我们不想执行诸如到达定值这样的常见数据流分析的过程间分析版本，这些分析实际上也可以从过程间指针分析中获益。第 9 章给出的所有分析只能应用于没有别名的局部标量变量。然而，指针的使用是很常见的，在像 C 这样的语言中尤其如此。如果知道多个指针是否可能互为别名（即可能指向同一个位置），我们就可以提高第 9 章中介绍的分析技术的精确度。

例 12.9 考虑下面的三个语句组成的序列，它们可能组成了一个基本块：

```
*p = 1;
*q = 2;
 x = *p;
```

如果不知道 p 和 q 是否可能指向同一个位置，也就是说，它们是否可能互为别名，那么就不能确定 x 在基本块的结尾处等于 1。 □

12.2.3 并行化

如第 11 章中所讨论的，将一个应用并行化的最有效方法是寻找最粗粒度的并行性，例如在一个程序的最外层循环中找到的并行性。要完成这个任务，过程间分析技术是非常重要的。标量优化（即基于简单变量的值的优化，比如第 9 章中讨论的技术）和并行化之间有很大的不同。在并行化中，一个可疑的数据依赖关系就可能使得整个循环不可并行化，从而大大降低优化的有效性。这种对不精确性的放大在标量优化中是看不到的。在标量优化中，我们只需要找出大部分优化机会即可。错过一两个机会并不会引起很大的不同。

12.2.4 软件错误和漏洞的检测

过程间分析不仅仅对优化代码很重要。同样的技术也可以用于分析已有软件，寻找各种编码错误。这些错误可能会使得软件变得不可靠，黑客可以利用这些错误来控制或毁坏一个计算机系统。计算机系统的代码错误可能引起严重的安全漏洞。

静态分析可以用于检测是否存在常见的多种错误模式。比如，一个数据项必须用一个锁来保护。另一个例子是，在操作系统中屏蔽一个中断后必须随后重新启用这个中断。这类错误的一个重要源头是跨越过程边界的代码之间的不一致性，因此过程间分析极为重要。PREfix 和 Metal 是两个实用的工具，它们有效地使用过程间分析技术在大型程序中寻找多种程序错误。这类工具可以静态地找到错误，从而大大提高软件可靠性。但是，这些工具既不完全也不健全。从这个意义上说，它们不能找到所有的错误，并且不是报告的所有警告都是错误。遗憾的是，它们使用的过程间分析技术相当地不精确，如果让这些工具报告所有可能的错误，大量的假报警会使得工具无法使用。无论如何，虽然这些工具不是完美的，但它们的系统化使用已经表明它们能够大大提高软件的可靠性。

当考虑安全缺陷时，我们非常期望找到一个程序中所有可能的错误。在 2006 年，黑客使用的两个“最流行”的威胁系统完全的入侵形式是：

1）Web 应用中输入确认机制的缺失：SQL 注入是这种攻击最流行的形式之一。黑客们利用这个弱点，通过操控被 Web 应用接收的输入来获取对数据库的控制。

2）C 和 C++ 程序中的缓冲区溢出。因为 C 和 C++ 不对数组访问进行边界检查，黑客就可以写出一个精心构造的字符串，使得它从缓冲区中延伸到未预料到的区域，从而控制这个程序的运行。

在下一节中，我们将讨论如何使用过程间分析技术来保护程序不受这样的攻击。

12.2.5 SQL 注入

SQL 注入是一种黑客攻击方法。黑客可以通过操纵一个 Web 应用的用户输入，从而获得对数据库的未授权访问。比如，银行可能希望只要它的用户能够提供正确的口令，他就可以在线完成业务处理。这类系统的一个常用体系结构是让用户在一个 Web 表单中输入字符串，然后把这些字符串组成某个用 SQL 语言编写的数据库查询的一部分。如果系统开发者不小心，用户提供的字符串可能以不可预料的方式改变这个 SQL 语句的含义。

例 12.10 假设一个银行向它的客户提供了对一个关系

```
AcctData(name, password, balance)
```

的访问。也就是说，这个关系是一个由多个三元组组成的表，每个三元组包含一个客户的名字、账户口令和该账户的余额。系统的本意是使得客户只有在提供了他们的名字和正确口令之后才能够看到账户余额。让一个黑客看到账户余额并不是可能发生的最糟糕的事情，但是这个简单例子是更复杂情况的典型代表，更复杂的情况是黑客可以使用那个账户付账。

系统可以按照如下方式实现一次余额查询：

1）用户调用一个 Web 表单，在表单中输入他们的名字和口令。

2）名字被拷贝到一个变量 n，口令被拷贝到另一个变量 p。

3）然后，可能在某些其他过程中，执行下列 SQL 查询：

```
SELECT balance FROM AcctData
WHERE name = ':n' and password = ':p'
```

我们向不熟悉 SQL 的读者解释一下这个查询含义。该语句的含义是："在表 AcctData 中找出一行，要求第一个分量(名字)等于变量 n 中的当前字符串，而第二个分量(口令)等于变量 p 中的当前字符串；然后打印这一行的第三个分量(余额)。"请注意，这个 SQL 语句使用了单引号而不是双引号来分割符号串，n 和 p 之前的冒号表明它们是外围语言的变量。

假设一个黑客想找到 Charles Dickens 的账户余额，他向 n 和 p 提供了下面的值：

n = Charles Dickens' -- p = who cares

这个奇怪的字符串的作用是把上面的查询转变成

```
SELECT balance FROM AcctData
WHERE name = 'Charles Dickens' --' and password = 'who cares'
```

在很多数据库系统中，--是一个注释引导符号，其作用是把该行中跟在其后的所有内容看作一个注释。结果，现在这个查询语句要求数据库系统打印出每个名字为'Charles Dickens'的个人的账户余额，而不考虑在 name-password-balance 三元组中和该名字一起出现的口令。也就是说，删除注释之后，这个查询变成了： □

```
SELECT balance FROM AcctData
WHERE name = 'Charles Dickens'
```

在例子 12.10 中，这个"坏"字符串被保存在两个变量中，它们可能在过程之间传递。但是，在更加真实的情况中，这些字符串可能被多次复制，或者和其他字符串组成完整的查询语句。如果我们不对整个程序进行全面的过程间分析，就不能指望能够检测到导致 SQL 注入攻击的代码错误。

12.2.6 缓冲区溢出

当一个由用户提供的精心制作的数据被写到了预想的缓冲区之外并操纵程序的执行时，就发生了*缓冲区溢出攻击*(buffer overflow attack)。比如，一个 C 程序可能从用户那里读取一个字符串 s，然后使用函数调用

```
strcpy(b,s);
```

把它拷贝到一个缓冲区 b 中。如果字符串 s 实际上比缓冲区 b 长，那么在缓冲区 b 之外的某些内存位置上的值将会被改变。这个情况本身可能会使程序产生故障，或者至少产生错误的答案，因为程序使用的某些数据可能已经被改变了。

但是实际情况会更糟糕，选择字符串 s 的黑客可以选择一个特别的值，使得它的作用不仅仅是引起一个错误。比如，如果该缓冲区位于一个运行时刻栈中，那么它可能离存放该函数的返回地址的位置很近。一个经过精心选择的恶意的 s 值可以覆盖掉这个地址，当函数返回时，它跳转到黑客选择的地方。如果黑客熟悉操作系统和硬件，那么他们就能够执行一个命令，让系统赋予他们控制这台计算机的能力。在有些情况下，他们甚至可以有能力让那个假的返回地址把控制传递到作为字符串 s 的一部分的代码中，这样就能将任何种类的程序插入到正在执行的代码中。

为了防止缓冲区溢出，我们要么必须通过静态的方法证明每个数组写运算都处于边界之内，要么必须进行适当的动态数组边界检查。因为在 C 和 C++ 程序中必须手工插入这些边界检查，程序员很容易忘记插入测试代码，或者插入错误的测试代码。人们已经开发了启发式工具来检查是否在调用一个 `strcpy` 之前至少进行了某些测试，虽然这些测试不一定是正确的。

动态边界检查是不可避免的，因为不可能静态地确定用户输入的大小。静态分析可以做的所有事情就是保证正确地插入了动态检查代码。因此，一个可行的策略是让编译器在每个写操作上插入动态边界检查，并以静态分析为手段尽可能优化掉动态检查代码。这样就不再需要去捕捉每个可能违背边界条件的情况。而且，我们只需要优化那些频繁执行的代码区域。

即使我们不在乎运行开销，在 C 程序中插入边界检查也不是容易的事情。一个指针可能指向某个数组的中间，而且我们还不知道这个数组的大小。可以使用已有的技术来动态跟踪各个指针指向的缓冲区的大小。这个信息允许编译器为所有的访问都插入数组边界测试。有意思的是，我们并不建议一检测到缓冲区溢出就停止执行程序。实际上，实践中确实会发生缓冲区溢出，如果我们不允许所有的缓冲区溢出，一个程序就很容易出错。解决的方法是动态扩展缓冲区的大小以应对缓冲区溢出。

可以利用过程间分析技术来提高动态的数组边界检查的速度。比如，假设我们只关注和用户输入字符串有关的缓冲区溢出，那么可以使用静态分析技术来决定哪个变量可能存放了用户提供的内容。和 SQL 注入一样，如果我们能够跟踪一个输入值在过程间传递复制的过程，就有利于消除不必要的边界检查。

12.3 数据流的一种逻辑表示方式

可以说，到现在为止，我们对数据流问题和解答的表示方法是基于集合理论的。也就是说，我们把信息表示成集合，并通过交、并这样的运算来计算结果。比如，当我们在 9.2.4 节中介绍到达定值问题时，我们为一个基本块 B 计算 IN[B] 和 OUT[B]，并把它们描述为定值的集合。我们用基本块 B 的 *gen* 和 *kill* 集合来表示这个基本块的内容。

为了应对过程间分析的复杂性，我们引入一个更加通用且更加明确的基于逻辑的表示方法。我们不再说诸如“定值 D 在 IN[B] 中”这样的断言，而是使用类似于 $in(B, D)$ 这样的表示方法来表示同样的意思。这么做使我们把那些用以推断程序性质的简明的“规则”表示出来。它也使我们能高效地实现这些规则，实现方法是对集合运算的位向量方法进行推广。最后，逻辑方法使我们能把几个看起来不一样的分析合并成为一个一体化的算法。比如，在 9.5 节中，我们用四个数据流分析组成的序列及两个中间步骤描述了部分冗余消除方法。在逻辑表示方法中，这些步骤可以被合并成为一组逻辑规则。我们可以同时求解这些规则。

12.3.1 Datalog 简介

Datalog 是一个使用类 Prolog 表示方法的语言，但是它的语义要比 Prolog 简单得多。首先，Datalog 的元素是形如 $p(X_1, X_2, \cdots, X_n)$ 的原子(atom)，其中：

1) p 是一个断言——一个表示了一类语句的符号，比如“一个定值到达了一个基本块的开始处”。

2）X_1、X_2、…、X_n 是变量或常量的项。我们也可以把一些简单表达式当作一个断言的参数。[⊖]

一个基础原子(ground atom)是一个其参数都是常量的断言。每个基础原子表明了一个特定的事实，它的值要么是真要么是假。把一个断言表示为一个关系(或者说令该断言取真值的基础原子的表)通常比较方便。每个基础原子表示成关系的一行，或者说一个元组。这个关系的列以属性命名，对于每个属性，每个元组都有一个对应的分量。这些属性对应于用关系方式表示的基础原子的分量。在该关系中的所有基础原子的值都是真，不在此关系中的基础原子的值都为假。

例 12.11　我们假设断言 $in(B, D)$ 表示“定值 D 到达了基本块 B 的开始处”，并假设对于特定的流图 $in(b_1, d_1)$ 为真且 $in(b_2, d_1)$ 和 $in(b_2, d_2)$ 也为真。我们也可以假设对于这个流图而言，所有其他关于 in 的描述都是假的。那么图 12-12 中的关系就表示了对应于这个流图的此断言的取值。

B	D
b_1	d_1
b_2	d_1
b_2	d_2

图 12-12　使用一个关系来表示一个断言的值

这个关系的属性为 B 和 D。这个关系有三个元组，分别是(b_1, d_1)、(b_2, d_1)和(b_2, d_2)。 □

有时我们也会看到一个实际上是变量及常量之间的比较运算的原子。比如 $X \neq Y$ 或者 $X = 10$。在这些例子中，断言实际上是比较运算符。也就是说，我们可以把 $X = 10$ 看作它的断言形式：$equals(X, 10)$。但是比较断言和其他断言有一个最大的不同之处。一个比较断言有它的标准解释，而像 in 这样的普通断言的含义是由一个 Datalog 程序(将在下面描述)定义的。

字面值(literal)是一个原子或其否定形式。我们在一个原子前加 NOT 来表示否定。因此，NOT $in(B, D)$是一个断言，表示定值 D 不能到达基本块 B 的开始处。

12.3.2　Datalog 规则

规则是表示逻辑推理关系的一种方法。在 Datalog 中，规则也说明了如何完成对正确的事实的计算。一个规则的形式为：

$$H :- B_1 \& B_2 \& \cdots \& B_n$$

其中的组成部分如下：

- H 和 B_1，B_2，…、B_n 是字面值，即原子或原子的否定形式。但 H 不能是否定形式。
- H 是规则的头，B_1、B_2、…、B_n 组成了规则的体。
- 每个 B_i 有时被称为规则的子目标(subgoal)。

我们应该把符号：- 读作“如果”。一个规则的含义是“如果规则体为真，那么规则头也为真”。更精确地说，我们按照下面的方法把规则应用到一组给定的基础原子集合上。考虑所有可能把规则中的变量替代为常量的替换方法。如果某个替换方法使得规则体的每个子目标都为真(假设所有且只有给定的基础原子为真)，那么我们可以推断：按照这个替换方法把规则头中的变量替换为常量之后得到的断言为真。不能使所有子目标都为真的替换方法没有给我们任何信息，替换后的规则头可能为真也可能为假。

一个 Datalog 程序是一组规则的集合。这个程序被应用于一组“数据”，即某些断言的基础原子集合。这个程序的结果也是一组基础原子的集合，这个集合通过应用程序中的规则推断得到。程序将不断应用其中的规则，直到不能推断出新的基础原子为止。

⊖ 严格地讲，这样的项是从函数符号构造而来的。它们大大增加了 Datalog 实现的复杂性。但是，只有在不把事情复杂化的情况下我们才会使用少量运算符，比如常量的加法和减法。

例 12.12　一个 Datalog 程序的简单例子是给定一个图的(有向)边，计算这个图的路径。也就是说，断言 *edge*(*X*, *Y*)表示“有一条从结点 *X* 到 *Y* 的边”；断言 *path*(*X*, *Y*)表示从 *X* 到 *Y* 有一条路径。定义路径的规则是：

1) *path*(*X*, *Y*) :- *edge*(*X*, *Y*)

2) *path*(*X*, *Y*) :- *path*(*X*, *Z*) & *path*(*Z*, *Y*)

第一个规则是说一条边就是一条路径。也就是说，只要我们把变量 *X* 替换为一个常量 *a* 且把变量 *Y* 替换为一个常量 *b*，并且 *edge*(*a*, *b*)为真(即有一条从结点 *a* 到结点 *b* 的边)，那么 *path*(*a*, *b*)也成立(即有一条从 *a* 到 *b* 的路径)。第二个规则是说如果有一条从某个结点 *X* 到某个结点 *Z* 的路径，并且还有一条路径从 *Z* 到结点 *Y*，那么存在一条从 *X* 到 *Y* 的路径。这个规则表示“传递封闭性”。请注意，任何路径都可以通过选取路径上的边并不断应用传递封闭性规则得到。

比如，假设下列事实(基础原子)为真：*edge*(1, 2)、*edge*(2, 3)和 *edge*(3, 4)。那么，我们可以使用第一个规则进行三次不同的替换，推断出 *path*(1, 2)、*path*(2, 3)和 *path*(3, 4)。例如，按照 $X=1$ 和 $Y=2$ 进行替换可以得到第一个规则的实例 *path*(1, 2) :- *edge*(1, 2)。因为 *edge*(1, 2)为真，所以可以推导出 *path*(1, 2)。

根据这三个关于 *path* 的事实，我们可以多次使用第二个规则。如果按照 $X=1$、$Z=2$ 和 $Y=3$ 进行替换，我们可以得到这个规则的实例 *path*(1, 3) :- *path*(1, 2)&*path*(2, 3)。因为规则体中的两个子目标都已经推导出来，已知它们为真，所以可以推出规则头：*path*(1, 3)。然后，使用替换方法 $X=1$、$Y=2$ 和 $Z=4$ 推出规则头 *path*(1, 4)。也就是说，从结点 1 到结点 4 有一条路径。□

Datalog 的编码规则

我们将在 Datalog 程序中使用如下编码规则：

1) 变量以大写字符开头。

2) 所有的其他元素以小写字符或其他符号(比如数字)开头。这些元素包括断言和用作断言参数的常量。

12.3.3　内涵断言和外延断言

按照 Datalog 程序的惯例，我们把断言分成两类：

1) EDB 断言，或者说*外延数据库*(extensional database)断言，是事先定义的断言。也就是说，它们的真值事实要么通过一个关系或表给出，要么根据断言的含义给出(比如一个比较断言的情况)。

2) IDB 断言，或者说*内涵数据库*(intensional database)断言，只能通过规则定义。

一个断言要么是 IDB，要么是 EDB，且只能是其中之一。这个规定的结果是，任何出现在一个或多个规则头中的断言必然是一个 IDB 断言。出现在规则体中的断言可以是 IDB，也可以是 EDB。比如，在例子 12.12 中，*edge* 是一个 *EDB* 断言，*path* 是一个 IDB 断言。回忆一下，我们给出了一些关于 *edge* 的事实，比如 *edge*(1, 2)，但是所有的 *path* 事实都是通过规则推导出来的。

当 Datalog 程序用于表示数据流算法时，其中的 EDB 断言是根据流图本身计算得到的。IDB 断言被表示成规则，而数据流问题的解决方法就是根据这些规则和给定的 EDB 事实中推导出所有可能的 IDB 事实。

例 12.13　让我们考虑可以如何在 Datalog 中表示到达定值问题。首先，在语句层次上(而不是在基本块层次上)考虑问题是有道理的。也就是说，从一个基本块构造它的 *gen* 和 *kill* 集合的计算过程将会和到达定值本身的计算集成在一起。因此，图 12-13 中给出的基本块 b_1 是很典型的。

请注意，如果一个基本块内有 n 个语句，那么我们用编号 1，2，…，n 来标记块内的程序点。第 i 个定值在第 i 点上出现，而在 0 点上没有定值出现。

程序中的一个点可以表示为一个二元组 (b, n)，其中 b 是一个基本块，而 n 是 0 到基本块 b 内的语句数量之间的一个整数。我们的表示方法需要两个 EDB 断言：

```
     0
        x = y+z
b1   1
        *p = u
     2
        x = v
     3
```

图 12-13 一个语句中包含指针的基本块

1）$def(B, N, X)$ 为真当且仅当基本块 B 中的第 N 个语句可以对变量 X 定值。比如，在图 12-13 中，$def(b_1, 1, x)$ 为真，$def(b_1, 3, x)$ 为真且 $def(b_1, 2, Y)$ 对所有可能在这个点上被指针 p 指向的变量 Y 都为真。现在我们将假设 Y 可以是任何具有 p 所指类型的变量。

2）$succ(B, N, C)$ 为真当且仅当在流图中基本块 C 是基本块 B 的后继，且 B 具有 N 个语句。也就是说，控制流可以从 B 的点 N 到达 C 的点 0。比如，假设 b_2 是图 12-13 中基本块 b_1 的前驱，且 b_2 具有 5 个语句，那么 $succ(b_2, 5, b_1)$ 为真。

这个 Datalog 程序有一个 IDB 断言 $rd(B, N, C, M, X)$。这个断言为真当且仅当在基本块 C 上的第 M 个语句中对变量 X 的定值到达了基本块 B 的点 N。定义断言 rd 的规则在图 12-14 中显示。

规则 1 说明，如果基本块 B 的第 N 个语句对 X 定值，那么 X 的这个定值到达 B 的第 N 个点（即紧跟在这个语句之后的点）。我们前面给出了到达定值问题的集合理论表示方法，而这个规则对应于该表示方法中的概念 gen。

规则 2 表示除非一个定值被某个语句杀死，否则它可以穿越这个语句。而杀死一个定值的唯一方法是 100% 肯定地对其中的变量重新定值。详细地说，规则 2 说明来自基本块 C 中的第 M 个语句的对变量 X 的定值到达基本块 B 中的点 N 的条件是

1）它到达了前一个结点，即 B 中的点 $N-1$。

2）同时至少有一个不同于 X 的变量 Y 可能在 B 的第 N 个语句中定值。

最后，规则 3 表示了流图的控制流。它说基本块 C 中第 M 个语句中对 X 的定值到达基本块 B 的第 0 点的条件是存在某个具有 N 个语句的基本块 D，使得这个对 X 的定值到达 D 的结尾处，并且 B 是 D 的一个后继。 □

例 12.13 中的 EDB 断言 $succ$ 显然可以从流图中获得。如果我们保守地估计一个指针可能指向任何地方，那么可以从流图中得到 def 断言。如果我们希望把一个指针所指向的范围限定在具有适当类型的变量中，那么我们可以从符号表中获取类型信息，从而使用一个较小的关系 def。另一种可选的方法是把 def 变成一个 IDB 断言，并通过规则来定义它。这些规则将使用更基本 EDB 断言，而这些断言本身可以从流图和符号表中获得。

例 12.14 假设我们引入两个新的 EDB 断言：

1）$assign(B, N, X)$ 为真当且仅当基本块 B 的第 N 个语句的左部为 X。请注意，X 可以是一个变量，也可以是一个具有左值的简单表达式，比如 $*p$。

2）如果 X 的类型为 T，那么 $type(X, T)$ 为真。同样，X 可以是具有左值的任意表达式，而 T 可以是任何合法的类型表达式。

1)	$rd(B,N,B,N,X)$	:-	$def(B,N,X)$
2)	$rd(B,N,C,M,X)$	:-	$rd(B,N-1,C,M,X)$ & $def(B,N,Y)$ & $X \neq Y$
3)	$rd(B,0,C,M,X)$	:-	$rd(D,N,C,M,X)$ & $succ(D,N,B)$

图 12-14 断言 rd 的规则集合

然后，我们就可以写出 def 的规则，使得 def 成为一个 IDB 断言。图 12-15 是对图 12-14 的一

个扩展，它增加了两个 *def* 的可能规则。规则 4 说明，如果基本块 B 的第 N 个语句对 X 赋值，那么这个语句就对 X 定值。规则 5 说明，如果基本块 B 的第 N 个语句对 $*P$ 赋值，且 X 是具有 P 所指类型的任何变量，那么这个语句也可能对 X 定值。其他类型的赋值语句需要其他的 *def* 规则。

现在举例说明如何使用图 12-15 中的规则进行推导。让我们重新考虑图 12-13 中的基本块 b_1。第一个语句把一个值赋给变量 x，因此事实 $assign(b_1, 1, x)$ 出现在 EDB 中。第三个语句也对 x 赋值，因此 $assign(b_1, 3, x)$ 也是一个 EDB 事实。第二个语句通过 p 间接赋值，因此第三个 EDB 事实是 $assign(b_1, 2, *p)$。规则 4 允许我们推导出 $def(b_1, 1, x)$ 和 $def(b_1, 3, x)$。

```
1)  rd(B,N,B,N,X)   :-  def(B,N,X)
2)  rd(B,N,C,M,X)   :-  rd(B,N-1,C,M,X) &
                        def(B,N,Y) &
                        X ≠ Y
3)  rd(B,0,C,M,X)   :-  rd(D,N,C,M,X) &
                        succ(D,N,B)
4)      def(B,N,X)  :-  assign(B,N,X)
5)      def(B,N,X)  :-  assign(B,N,*P) &
                        type(X,T) &
                        type(P,*T)
```

图 12-15　断言 *rd* 和 *def* 的规则

假设 p 的类型是指向整数的指针（$*int$），且 x 和 y 都是整数。那么我们可以使用规则 5，令 $B=b_1$，$N=2$，$P=p$，$T=\text{int}$，且 X 等于 x 或 y，推导得到 $def(b_1, 2, x)$ 和 $def(b_1, 2, y)$。类似地，我们可以对其他类型为整数或可转变为整数的变量推导出同样的结果。 □

12.3.4 Datalog 程序的执行

每一组 Datalog 规则都定义了它的 IDB 断言的关系。这些关系是程序中的 EDB 断言关系表的函数。开始时假设 IDB 关系为空（即对于所有可能的参数，各个 IDB 断言为假）。然后重复应用这些规则，根据这些规则不断推导出新的事实。当推导过程收敛时，就完成了程序的运行。运行得到的 IDB 关系就形成了程序的输出。这个过程将在下面的算法中正式给出。这个算法和第 9 章中讨论的迭代算法类似。

算法 12.15　Datalog 程序的简单求值。

输入：一个 Datalog 程序和各个 EDB 断言的事实集合。

输出：每个 IDB 断言的事实集合。

方法：对于程序中的每个断言 p，令 R_p 为使该断言为真的事实关系。如果 p 是一个 EDB 断言，那么 R_p 就是该断言给出的所有事实。如果 p 是一个 IDB 断言，我们将计算 R_p。执行图 12-16 中的算法。

```
for (p的每个断言IDB)
    R_p = ∅;
while (改变了任何 R_p 的值) {
    考虑所有可能的对各个规则中的变量进行常量
      替换的方法；
    对于每个替换方法，使用当前的 R_p 来确定EDB 和 IDB断言
      的真假值，确定是否某个规则体的所有子目标都为真；
    if (某个替换方法使得一个规则的规则体为真)
        设规则的头断言为q，将替换后的头加入到 R_q 中。
}
```

图 12-16　Datalog 程序的求值

□

例 12.16　例 12.12 中的程序计算一个图中的路径。应用算法 12.15 时，最初 EDB 断言 *edge* 保存了该图的所有边，而 *path* 的关系为空。第一轮的时候，规则 2 没有产生任何结果，因为此时还没有 *path* 的事实。但是规则 1 使得所有的 *edge* 事实都变成了 *path* 事实。也就是说，在第一轮过后，我们知道 $path(a, b)$ 成立当且仅当有一条从 a 到 b 的边。

在第二轮中，规则 1 没有生成新的 *path* 事实，因为 EDB 关系 *edge* 没有改变。但是，现在规则 2 令我们把两个长度为 1 的路径连接到一起生成一个长度为 2 的路径。也就是说，在第二轮之后，$path(a, b)$ 为真当且仅当从 a 到 b 有一条长度为 1 或 2 的路径。类似地，在第三轮中，我们可

以把长度不大于 2 的路径连接起来找到所有长度不大于 4 的路径。在第四轮，我们发现最大长度为 8 的路径，并且一般来说，在第 i 轮之后，$path(a, b)$ 为真当且仅当有一个从 a 到 b 且长度不大于 2^{i-1} 的路径。□

12.3.5 Datalog 程序的增量计算

有一个可行的方法可以提高算法 12.15 的效率。请注意，一个新的 IDB 事实只能在第 i 轮被发现的条件如下：它是对某一个规则进行常量替换后的结果，并且其中至少有一个子目标经过变换变成刚刚在第 $i-1$ 轮发现的新事实。这个论断的证明如下：如果子目标中的所有事实在第 $i-2$ 轮的时候都是已知的，那么这个“新”的事实应该在第 $i-1$ 轮进行同样的常量替换时就已经被发现了。

为了利用这个性质，我们为每个 IDB 断言 p 引入一个断言 $newP$，该断言只对上一轮中新发现的 p 事实成立。每一个在其子目标中包含了一个或多个 IDB 的规则都被替换为一组规则。这组规则中的每一个都是通过把原来规则体中的某一个 IDB 断言 q 替换为 $newQ$ 而得到的。最后，对于所有的规则，我们把规则头的断言 h 替换为 $newH$。得到的这些规则被称为具有增量式形式（incremental form）。

像算法 12.15 那样，对应于每个 IDB 断言 p 的关系累积了所有的 p 的事实。在每一轮中，我们

1）应用新的规则对 $newP$ 断言求值。

2）然后从 $newP$ 中减去 p，保证 $newP$ 中的事实确实是新的。

3）把这些 $newP$ 的事实加入到 p 中。

4）把所有 $newX$ 关系表设置为空，准备进行下一轮计算。

这个想法将在算法 12.18 中正式描述。在此之前，我们将先给出一个例子。

1)	$newPath(X,Y)$	:-	$edge(X,Y)$
2a)	$newPath(X,Y)$	:-	$path(X,Z)$ & $newPath(Z,Y)$
2b)	$newPath(X,Y)$	:-	$newPath(X,Z)$ & $path(Z,Y)$

图 12-17　Datalog 程序 path 的增量式规则

例 12.17　再次考虑例子 12.12 中的 Datalog 程序。该程序的规则的增量形式在图 12-17 中给出。规则 1 的规则体中没有 IDB 子目标，因此除了规则头之外没有任何改变。但是规则 2 中有两个 IDB 子目标，因此它变成了两个不同的规则。在每个规则中，$path$ 在规则体中的某次出现被替换为 $newPath$。这两个规则合起来保证了上面描述的思想得以实施，即根据规则连接起来的两条路径中至少有一条是在上一轮中发现的。□

算法 12.18　Datalog 程序的增量求值。

输入：一个 Datalog 程序和各个 EDB 断言的事实集合。

输出：各个 IDB 断言的事实集合。

方法：对于程序中的每个断言 p，令 R_p 表示使此断言为真的事实的关系。如果 p 是一个 EDB 断言，那么 R_p 就是该断言对应的事实集合。如果 p 是一个 IDB 断言，我们将计算得到 R_p。另外，对于每个 IDB 断言 p，令 R_{newP} 为对应于断言 p 的“新”事实的关系。

1）把程序的规则修改为上面描述的增量形式。

```
for (每个IDB断言 p) {
        R_p = φ;
        R_newP = φ;
}
repeat {
        考虑对所有规则中的变量的所有常量替换方案;
        对每个替换方案，利用 R_p 和 R_newP 来决定各个
        EDB和IDB断言的真假，从而确定是否有某个
        规则体的所有子目标都为真;
        if (某个替换方案使得一个规则的规则体为真)
                把替换后的该规则的头加入到R_newH 中，其中
                h是该规则的头的断言;
        for (每个断言 p) {
                R_newP = R_newP - R_p;
                R_p = R_p ∪ R_newP;
        }
} until (所有 R_newP 都为空);
```

图 12-18　Datalog 程序的求值

2）执行图 12-18 中的算法。 □

集合表示法的增量求值

以增量的方式来解决基于集合理论的数据流问题也是可行的。比如，在到达定值问题中，只有当一个定值刚被发现在基本块 B 的前驱 p 的 OUT[P] 中时，这个定值才能够在本次计算中出现在 IN[B] 中。我们之所以没有尝试以增量的方式来解决这样的数据流问题，因为位向量的实现方式已经非常高效了。一般来说，直接计算整个向量要比决定一个事实是否为新事实更加容易。

12.3.6 有问题的 Datalog 规则

有些 Datalog 规则，或者说程序，在技术上没有任何意义，因此不应该使用。两种最严重的风险是：

1）*不安全规则*：这些规则的头中有一个变量没有以适当的方法出现在规则体中。正确的方法必须限定这个变量只能取那些出现在 EDB 中的值。

2）*不可分层的程序*：一组规则之间存在涉及否定形式的循环定义。

我们将详细讨论这两个风险。

安全规则

出现在某个规则头的任何变量都必须出现在规则体中。不仅如此，这个变量所在的子目标必须是一个普通 IDB 或 EDB 原子。我们不能接受一个变量只出现在一个否定原子中或比较运算符中的情况。制定这个策略是为了避免那些可能使我们推导出无穷多个事实的规则。

例 12.19 规则

$$p(X, Y) \text{ :- } q(Z) \ \& \ \text{NOT } r(X) \ \& \ X \neq Y$$

是不安全的。原因有两个：变量 X 只出现在否定的子目标 $r(X)$ 和比较表达式 $X \neq Y$ 中；Y 只出现在比较式中。结果是只要 $r(X)$ 为假且 Y 不同于 X，p 对于无穷多个二元组 (X, Y) 为真。 □

可分层的 Datalog 程序

为了让一个程序有意义，递归定义和否定形式必须分开。正式要求如下。我们必须能够把 IDB 断言分割成为多个*层次*(strata)，使得如果存在一个规则，其头断言为 p 且有一个形如 NOT $q(\cdots)$ 的子目标，那么 q 要么是一个 EDB，要么是一个层次低于 p 的 IDB 断言。只要满足这个规则，我们就可以用算法 12.15 或算法 12.18 从低到高地对各个层次求值。首先处理处理较低层次的 IDB，在处理较高层次时把低层次上的 IDB 当作 EDB。但是，如果我们违反了这个规则，那么如下面的例子所示，迭代算法可能无法收敛。

例 12.20 考虑下面的由单个规则构成的 Datalog 程序：

$$p(X) \text{ :- } e(X) \ \& \ \text{NOT } p(X)$$

假设 e 是一个 EDB 断言，并且只有 $e(1)$ 为真。那么 $p(1)$ 为真吗？

这个程序是不可分层的。不管我们把 p 放在哪一层，它的规则中有一个子目标是某个 IDB（即 p 本身）的否定形式，且这个 IDB（即 p）所在的层次当然不会比 p 的层次更低。

如果我们应用上面的迭代算法，我们从 $R_p = \emptyset$ 开始，因此开始时的答案是“不；$p(1)$ 不为真。”但是，因为 $e(1)$ 和 NOT $p(1)$ 都为真，所以第一次迭代时推导出 $p(1)$。但是，之后的第二次迭代告诉我们 $p(1)$ 为假。也就是说，在这个规则中，把 X 替换为 1 不会令我们推导出 $p(1)$，因为子目标 NOT $p(1)$ 为假。类似地，第三次迭代说 $p(1)$ 为真，第四次迭代说它是假，如此往复。

我们断定这个不可分层的程序是无意义的，也不能把它看作一个正确的程序。 □

12.3.7 12.3 节的练习

！**练习 12.3.1**：在这个问题中，我们将考虑一个比例子 12.13 简单的到达定值数据流分析问题。假设每个语句本身就是一个基本块，并且一开始的时候假设每个语句对且只对一个变量定值。EDB 断言 *pred*(*I*, *J*)表示语句 *I* 是语句 *J* 的一个前驱。EDB 断言 *defines*(*I*, *X*) 表示语句 *I* 所定值的变量为 *X*。我们将使用 IDB 断言 *in*(*I*, *D*)和 *out*(*I*, *D*) 分别表示定值 *D* 到达语句 *I* 的开头和结尾。请注意，一个定值实际上是一个语句的编号。图 12-19 是一个 Datalog 程序，它表示计算到达定值的常用算法。

请注意，规则 1 是说明一个语句杀死了它自己，但是规则 2 保证一个语句总是在它自己的输出集合中。规则 3 是普通的传递函数。因为 *I* 可以有多个前驱，所以规则 4 表示了交汇运算的情况。

你要解决的问题是修改这些规则来处理常见的二义性定义的情况，比如通过一个指针进行赋值运算。在这种情况下，*defines*(*I*, *X*)对多个不同的 *X* 和一个 *I* 成立。一个定值最好表示为一个二元组(*D*, *X*)，其中 *D* 是一个语句，*X* 是一个可能被 *D* 定值的变量。这样做的结果是，*in* 和 *out* 变成了带有三个参数的断言。例如，*in*(*I*, *D*, *X*)表示在语句 *D* 上对 *X* 的(可能的)定值到达了语句 *I* 的开始处。

练习 12.3.2：编写一个和图 12-19 类似的 Datalog 程序来计算可用表达式。除了断言 *defines* 之外，再加上一个断言 *eval*(*I*, *X*, *O*, *Y*)。这个断言说明语句 *I* 使得表达式 *X O Y* 被求值。这里 *O* 是表达式中的运算符，例如 +。

```
1)  kill(I,D)  :-  defines(I,X) & defines(D,X)

2)  out(I,I)   :-  defines(I,X)
3)  out(I,D)   :-  in(I,D) & NOT kill(I,D)

4)  in(I,D)    :-  out(J,D) & pred(J,I)
```

图 12-19 一个简单的到达定义分析的 Datalog 程序

练习 12.3.3：编写一个和图 12-19 类似的 Datalog 程序来计算活跃变量。除了断言 *defines* 之外，假设一个断言 *use*(*I*, *X*)表示语句 *I* 使用了变量 *X*。

练习 12.3.4：在 9.5 节中，我们定义了一个涉及六个概念的数据流计算，这些概念包括：预期执行的、可用的、最早的(earlist)、可后延的、最后的(latest)和被使用的。假设我们已经编写了一个 Datalog 程序。程序中包含了一些以 EDB 断言方式定义的可以从程序中获得的概念(例如 gen 和 kill 信息)，并且使用这些 EDB 断言和这六个概念中的其他概念定义了每个概念。这六个概念中的哪些概念依赖于哪些其他概念？这些依赖关系中哪些是否定形式的？得到的 Datalog 程序是可分层的吗？

练习 12.3.5：假设 EDB 断言 *edge*(*X*, *Y*)包含下面的事实：

edge(1, 2) *edge*(2, 3) *edge*(3, 4)

edge(4, 1) *edge*(4, 5) *edge*(5, 6)

1) 使用算法 12.15 中的简单求值策略，在这个数据上模拟运行例子 12.12 中的 Datalog 程序。给出每一轮中找到的 *path* 事实。

2) 在这个数据上模拟执行图 12-17 中的 Datalog 程序。该程序实现了算法 12.18 中的增量式求值策略。给出每一轮中找出的 *path* 的事实。

练习 12.3.6：下面的规则

$$p(X,\ Y)\ :\text{-}\ q(X,\ Z)\ \&\ r(Z,\ W)\ \&\ \text{NOT}\ p(W,\ Y)$$

是一个较大的 Datalog 程序 *P* 的一部分。

1) 指出这个规则的头、规则体和各个子目标。

2）哪些断言一定是程序 P 的 IDB 断言？

3）哪些断言一定是 P 的 EDB 断言？

4）这个规则安全吗？

5）P 是可分层的吗？

练习 12.3.7：把图 12-14 中的规则转换成为增量形式。

12.4 一个简单的指针分析算法

在本节中，我们开始讨论一个非常简单的控制流无关的指针别名分析技术。这个技术假设被分析程序中没有过程调用。我们将在以后各节中说明如何处理过程，首先给出上下文无关的处理方法，然后再给出上下文相关的方法。控制流相关会增加很多复杂性，并且对于 Java 这样的语言来说，因为方法常常很小，所以控制流相关性和上下文相关性相比就不是那么重要。

在指针别名分析中，我们希望了解的基本问题是一对给定的指针是否可能互为别名。回答这个提问的方法之一是对每个指针计算下面问题的答案："这个指针可能指向哪些对象？"如果两个指针可能指向同一个对象，那么它们可能互为别名。

12.4.1 为什么指针分析有难度

对 C 语言程序进行指针别名分析特别困难，因为 C 程序可以对指针进行任何运算。实际上，程序可以读入一个整数并把它赋给一个指针，这么做会使得这个指针成为程序中所有其他指针变量的别名。Java 中的指针称为引用，对它们的分析要简单得多。它不支持算术运算，并且指针只能指向一个对象的开头。

指针别名分析必须是过程间分析。没有过程间分析，我们就必须假设任何方法调用都可能改变所有可被它访问的指针变量所指向的内容，造成所有过程内的指针别名分析非常低效。

支持间接函数调用的语言对指针别名分析提出了另一个挑战。在 C 语言中，人们可以通过调用一个解引用的函数指针来实现函数的间接调用。在分析被调用函数之前，我们需要知道这个函数指针指向哪里。显然，在分析被调用的函数之后，我们会发现这个函数指针可能指向更多的函数，因此这个过程需要迭代进行。

虽然 C 语言中的大部分函数是被直接调用的，但是 Java 中的虚方法使得很多调用成为间接调用。给定一个 Java 程序中的调用 x.m()，对象 x 可能属于很多个类，这些类都具有名为 m 的方法。我们对 x 的实际类型了解得越精确，我们的调用图也就越精确。在理想情况下，我们可以在编译时刻准确地确定 x 的类，从而准确知道 m 指向哪个方法。

例 12.21 考虑下面的 Java 语句序列：

```
Object o;
o = new String();
n = o.hashCode();
```

这里 o 被声明为一个 Object。如果不分析 o 指向什么，我们必须把在各个类中声明的名为"hashCode"的所有方法都当作可能的调用目标。知道 o 指向一个 String 对象将会使过程间分析把范围精确地缩小到在 String 中声明的方法。□

也可以使用近似的方法来减少目标的数量。比如，我们可以静态地确定被创建的对象的类型，然后把分析范围限定在这些类型中。但是，如果我们可以在做指针指向分析的同时，利用指针指向信息动态地构造调用图，就可以得到更加精确的结果。更加精确的调用图不仅仅可以获得更加精确的结果，也可以大大减少分析所需时间。

指针指向分析是很复杂的。它不是"简单的"数据流问题，在这类问题中我们只需要模拟单次执行一个语句循环的效果。在指针分析中，当我们发现一个新的指针目标时，我们必须重新分析所有把这个指针所指向的内容赋给其他指针的语句。

为简单起见，我们将主要关注 Java。我们将从控制流无关和上下文无关的分析开始。当前我们假设程序中没有方法调用。然后，我们描述如何在计算指针指向分析结果的同时动态地构造调用图。最后我们将描述一个处理上下文相关性的方法。

12.4.2 一个指针和引用的模型

假设我们的语言可以用下列方式来表示和操作引用：

1）某些程序变量的类型为“指向 T 的指针”或“指向 T 的引用”，其中 T 是一个类型。这些变量可以是静态的，也可能位于运行时刻栈中。我们简单地称它们为*变量*。

2）有一个对象的堆。所有变量都指向堆中的对象，不指向其他变量。这些对象称为*堆对象*（heap object）。

3）一个堆对象可以有多个*字段*（field），一个字段的值可以是指向一个堆对象的引用（但是不能指向一个变量）。

可以使用这个结构很好地对 Java 建模，我们将在例子中使用 Java 的语法。请注意，在对 C 语言建模时这个结构的效果就不太好，因为在 C 语言中指针变量可以指向其他指针变量。而且，从原则上讲，任何 C 语言的值都可以被强制转化成为一个指针。

因为我们进行的是上下文无关的分析，所以只需要断定一个给定的变量 v 能够指向一个给定的堆对象 h，不需要指出在程序中的什么地方 v 可能指向 h，或者在什么样的上下文中 v 可以指向 h。请注意，变量可以通过它的全名来命名。在 Java 中，这个全名包括了模块、类、方法和方法中的块以及变量名本身。因此，我们可以区分标识符相同的多个变量。

堆对象没有名字。因为可能动态创建出无限多个对象，所以人们经常使用近似方式给对象命名。一个惯例是使用创建对象的语句来指定对象。因为一个语句可以被执行多次，每次都可以创建一个新的对象，因此一个形如“v 可以指向 h”的断言实际上是说“v 可以指向标号为 h 的语句创建的一个或者多个对象。”

分析的目标是确定各个变量以及每个堆对象的各字段可能指向哪些对象。我们把这个分析称为*指针指向分析*（points-to analysis）。如果两个指针的指向集合相交，那么它们互为别名。这里我们描述的是一个*基于包含*（inclusion-based）的分析技术。也就是说，一个形如 `v = w` 的语句使得变量 v 指向 w 所指向的所有对象，但是反过来不成立。虽然这个方法看起来显而易见，但我们还可以使用其他的方法来定义指向分析。比如，我们可以定义一个*基于等价关系*（equivalence-based）的分析，使得形如 `v = w` 的语句把变量 v 和 w 转变成一个等价类。等价类中的变量指向同样的对象。虽然这种表示法不能很好地估算别名问题，但它仍然为哪些变量指向同一类对象的问题提供了一个快速的求解方法，而且效果通常很好。

12.4.3 控制流无关性

我们首先给出一个很简单的例子，说明在指针指向分析中忽略控制流带来的影响。

例 12.22 图 12-20 中创建了三个对象 h、i 和 j，并分别赋给变量 a、b 和 c。显然到第 3 行结束的时候，a 指向 h，b 指向 i，c 指向 j。

如果接着分析语句 4 ~ 6，会发现在第 4 行之后，a 只指向 i。第 5 行之后，b 只指向 j。第 6 行之后 c 只指向 i。 □

```
1)  h:  a = new Object();
2)  i:  b = new Object();
3)  j:  c = new Object();
4)      a = b;
5)      b = c;
6)      c = a;
```

图 12-20 例 12.22 的 Java 代码

上面的分析是控制流相关的，因为我们沿着控制流计算了在每个语句之后各个变量会指向哪个对象。换句话说，除了考虑各个语句生成哪些指向信息之外，我们也考虑了每个语句“杀死了”哪些指向信息。比如，语句 `b=c;` 杀死了之前的事实“b 指向 i”并生成了新的关系“b 指向 c 所指向的东西”。

一个控制流无关分析忽略了控制流。这么做实质上就是假设被分析程序中的各个语句可以按照任何顺序执行。它只计算一个全局性的指向映射，这个映射指明了每个变量在程序执行的各点上可能指向哪些对象。如果一个变量在程序中两个不同语句的执行之后指向两个不同的对象，我们只记录它可能指向这两个对象。换句话说，在控制流无关分析中，任何赋值都不会“杀死”任何指向关系，而是只能“生成”更多的指向关系。为了计算控制流无关分析的结果，我们不断向指针指向关系中加入各个语句的效果，直到无法找到新的关系为止。显然，缺乏控制流相关性大大弱化了分析的结果，但是这么做通常可以降低为表示分析结果而使用的数据的大小，并使得算法更快地收敛。

例 12.23 回到例 12.22，第 1 行到第 3 行仍然告诉我们 a 可以指向 h；b 可以指向 i；c 可以指向 j。根据第 4 行和第 5 行，a 可以指向 h 和 i；b 可以指向 i 和 j。根据第 6 行，c 可以指向 h、i 和 j。这个信息又影响了第 5 行，接着又影响了第 4 行。最后，我们只得到一个没有用的结论，即任何指针可能指向任何对象。 □

12.4.4 在 Datalog 中的表示方法

现在我们基于上面的讨论把一个控制流无关的指针别名分析正式表示出来。现在忽略过程调用，并将关注四种可能影响指针的语句：

1）对象创建：h：$T\ v = new\ T()$； 这个语句创建了一个新的堆对象，并且变量 v 可以指向它。

2）复制语句：`v=w;` 这里 v 和 w 是两个变量。这个语句使得 v 指向 w 当前所指的堆对象，即 w 被复制到 v 中。

3）字段保存：`v.f=w;` v 所指向的对象类型必须有一个字段 f，并且这个字段必须是某一种引用类型。令 v 指向堆对象 h，并令 w 指向 g。这个语句使得 h 中的字段 f 现在指向 g。请注意，变量 v 的值没有改变。

4）字段读取：`v=w.f;` 这里 w 是一个指向某个具有字段 f 的堆对象的变量，而 f 指向某个堆对象 h。这个语句使得变量 v 指向 h。

请注意，源代码中的复合字段访问，比如 `v=w.f.g`，可以被分解为两个基本的字段读取语句：

```
v1 = w.f;
v  = v1.g;
```

现在，我们把这个分析用 Datalog 规则正式表示出来。首先，只需要计算两个 IDB 断言：

1）$pts(V, H)$ 表示变量 V 可能指向一个堆对象 H。

2）$hpts(H, F, G)$ 表示堆对象 H 的字段 F 可能指向堆对象 G。

EDB 关系根据程序本身构造得到。因为在控制流无关的分析中，程序中语句的位置和分析无关，所以只需要在 EDB 中确定程序中是否存在某种形式的语句。在接下来的内容中，我们将做一个方便的简化。我们没有定义专门的 EDB 关系来存放从程序中获取的信息，而是使用带引号的语句的方式来指明一个或者多个 EDB 关系。这些关系表示程序中存在这样的语句。比如，“H:$T\ V = new\ T()$”是一个 EDB 事实，它表示在语句 H 中有一个赋值使得变量 V 指向一个新的类型为 T 的对象。在实践中，我们假设有一个对应的 EDB 关系，其中包含的基础原子和程序中这种形式的语句一一对应。

根据这种约定，我们在编写 Datalog 程序时要做的全部工作就是为上面的四种语句中的每一种写出一个规则。相应的程序在图 12-21 中给出。规则 1 说明如果语句 H 是把一个新对象赋给 V 的赋值语句，变量 V 就可能指向堆对象 H。规则 2 说明如果存在一个复制语句 `V=W`，并且 W 可以指向 H，那么 V 也可以指向 H。

```
1)        pts(V,H)    :-  "H : T V  = new T()"

2)        pts(V,H)    :-  "V = W" &
                          pts(W,H)

3)  hpts(H,F,G)       :-  "V.F = W" &
                          pts(W,G) &
                          pts(V,H)

4)        pts(V,H)    :-  "V = W.F" &
                          pts(W,G) &
                          hpts(G,F,H)
```

图 12-21　控制流无关指针分析的 Datalog 程序

规则 3 说明，如果存在一个形如 V.F = W 的语句，*W* 可以指向 *G*，并且 *V* 可以指向 *H*，那么 *H* 的字段 *F* 可以指向 *G*。最后，规则 4 说明，如果存在一个形如 V = W.F 的语句，*W* 可以指向 *G*，并且 *G* 的字段 *F* 可以指向 *H*，那么 *V* 可以指向 *H*。请注意，*pts* 和 *hpts* 是相互递归的，但是这个 Datalog 程序可以用任何一个在 12.3.4 节中讨论的迭代算法进行求值。

12.4.5　使用类型信息

因为 Java 是类型安全的，变量只能指向和它的声明类型相兼容的类型。比如，把一个属于一个变量的声明类型的超类的对象赋给这个变量将引发一个运行时刻异常。考虑图 12-22 中的简单例子，其中 *S* 是 *T* 的子类。如果 *p* 为真，这个程序将引发一个运行时刻异常，因为 *a* 不能被赋予一个类型为 *T* 的对象。这样，因为类型约束的原因，我们可以静态地断定 *a* 只能指向 *h* 而不能指向 *g*。

```
     S a;
     T b;
     if (p) {
g:       b = new T();
     } else
h:       b = new S();
     }
     a = b;
```

图 12-22　具有类型错误的 Java 程序

因此，我们在分析技术中引入三个 EDB 断言。这些断言反映了被分析代码中的重要类型信息。我们将使用下面的断言：

1）*vType*(*V*, *T*) 表示变量 *V* 被声明为类型 *T*。

2）*hType*(*H*, *T*) 表示堆对象 *H* 在分配时具有类型 *T*。如果一个被创建的对象是由某个核心代码例程返回的，那么有可能不能精确决定它的类型。此时，被创建对象的类型可以被保守地设定为所有可能的类型。

3）*assignable*(*T*, *S*) 表示类型为 *S* 的对象可以被赋值给一个类型为 *T* 的变量。这个信息通常是从程序中子类型的声明中收集的，同时也包含了关于语言中预定义类的信息。*assignable*(*T*, *T*) 总是取真值。

我们可以修改图 12-21 中的规则，使得只有当被赋值变量被赋予的堆对象的类型是可赋值类型时才可以进行推理。新的规则在图 12-23 中显示。

```
1)        pts(V,H)    :-  "H : T V  = new T()"

2)        pts(V,H)    :-  "V = W" &
                          pts(W,H) &
                          vType(V,T) &
                          hType(H,S) &
                          assignable(T,S)

3)  hpts(H,F,G)       :-  "V.F = W" &
                          pts(W,G) &
                          pts(V,H)

4)        pts(V,H)    :-  "V = W.F" &
                          pts(W,G) &
                          hpts(G,F,H) &
                          vType(V,T) &
                          hType(H,S) &
                          assignable(T,S)
```

图 12-23　向控制流无关指针分析增加类型约束

我们首先修改规则 2。新规则的最后三个子目标表示我们可以断定 *V* 可以指向 *H* 的条件是 *V* 和堆对象 *H* 的类型分别是 *T* 和 *S*，并且类型为 *S* 的对象可以被赋给指向类型 *T* 的变量。规则 4 中也增加了一个类似的附加约束。请注意，在规则 3 中没有附加约束，因为所有的保存运算必须通过变量进行，而这些变量的类型已经被检查过了。在其中加入的任何类型约束只能多处理一种情况，即基对象为 null 常量的情况。

12.4.6 12.4 节的练习

练习 12.4.1：在图 12-24 中，h 和 g 用于表示新创建对象的标号，它们不是代码的一部分。你可以假设类型为 T 的对象有一个字段 f。使用本节中的 Datalog 规则来推导出所有可能的 *pts* 和 *hpts* 事实。

```
h: T a = new T();
g: T b = new T();
   T c = a;
   a.f = b;
   b.f = c;
   T d = c.f;
```

图 12-24 练习 12.4.1 的代码

! **练习 12.4.2**：对下列代码

```
g: T a = new T();
h:   a = new T();
   T c = a;
```

应用本节中的算法将可以推导出 a 和 b 都可能指向 h 和 g。如果代码写成

```
g: T a = new T();
h: T b = new T();
   T c = b;
```

我们就能够精确地推导出 a 可能指向 h，且 b 和 c 可能指向 g。请给出一个可以避免这种不精确情况的过程内数据流分析技术。

! **练习 12.4.3**：如果我们用图 12-21 中的规则 2 所描述的复制运算来模拟函数调用和返回操作，就可以把本节中的分析技术扩展为过程间分析技术。也就是说，一个调用把实在参数复制到相应的形式参数中，而函数返回运算把存储返回值的变量复制到被赋予调用结果的变量中。考虑图 12-25 的程序。

1）对这个代码进行控制流无关的分析。

2）某些在问题 1 中做出的推导实际上是"假冒的"，也就是说它们并不表示任何可能在运行时刻产生的事件。这个问题的源头可以追溯到对变量 b 的多次赋值。改写图 12-25 中的代码，使得没有变量被多次赋值。对修改后的代码再次分析，说明每个推导得到的 *pts* 和 *hpts* 的事实都会在运行时刻发生。

```
t p(t x) {
    h: T a = new T();
       a.f = x;
       return a;
}

void main() {
    g: T b = new T();
       b = p(b);
       b = b.f;
}
```

图 12-25 指针指向分析的示例代码

12.5 上下文无关的过程间分析

现在我们考虑方法调用。我们首先解释如何使用指针指向分析技术来获得精确的调用图，而调用图又可以用于计算精确的指针指向分析结果。然后，我们正式描述如何动态地生成调用图，并说明如何用 Datalog 简洁地描述这个分析过程。

12.5.1 一个方法调用的效果

在 Java 中，一个形如 `x = y.n(z)` 的方法调用对指针指向关系的影响可以计算如下：

1）确定接收对象的类型，也就是 y 所指向对象的类型。假设它的类型是 t。令 m 是最低的具有名为 n 的例程的 t 的超类中的那个名为 n 的例程。请注意，一般情况下只能动态确定被调用的方法。

2）方法 m 的形式参数被赋予了实在参数所指向的对象。实在参数不仅仅包括直接传递的参数，也包括接收对象本身。每个方法调用把接收对象赋给 `this` 变量[⊖]。我们把 `this` 变量当作各个方法的第 0 个形式参数。在 `x = y.n(z)` 中有两个形式参数：y 所指向的对象被赋给变量 `this`，而 z 所指向的对象被赋给 m 中声明的第一个形式参数。

⊖ 请记住，变量是通过它们所属的方法进行区分的，因此有很多个名字为 `this` 的变量，程序中的每个方法有一个 `this` 变量。

3）方法 m 的返回对象被赋给这个赋值语句的左部变量。

在上下文无关分析中，参数和返回值都由复制语句建模。尚待解决的一个有意思的问题是如何确定接收对象的类型。我们可以根据这个变量的声明保守地确定它的类型。比如，被声明变量的类型为 t，那么只有 t 的某个子类型中名字为 n 的方法会被调用。遗憾的是，如果被声明变量的类型为 `Object`，那么所有名为 n 的方法都是可能的调用目标。在密集使用对象层次结构和包含了大型类库的实际程序中，这个方法可能会得到很多虚假的调用目标，使得分析过程既缓慢又不精确。

我们需要知道被分析的变量可能指向什么样的对象，以便计算出调用目标。但是，除非我们知道了调用目标，否则无法找出所有这些变量会指向什么样的对象。这个递归关系要求我们在计算指针指向集合的同时找出调用目标。这个分析需要不断进行，直到找不到新的调用目标和新的指针指向关系为止。

例 12.24 在图 12-26 的代码中，r 是 s 的一个子类，而 s 本身又是 t 的一个子类。如果只使用声明类型的信息进行分析，`a.n()`可以调用在上述代码中声明的三个名为 n 的方法中的任何一个，因为 s 和 r 都是 a 的声明类型 t 的子类型。不仅如此，看起来在第 5 行之后 a 可以指向对象 g、h 和 i。

通过分析程序中指针指向关系，我们首先确定 a 可以指向 j，而 j 是一个类型为 t 的对象。因此，第 1 行中声明的方法是一个调用目标。分析第 1 行，我们确定 a 也可能指向 g，而 g 是一个类型为 r 的对象。因此，第 3 行中声明的方法也可能是一个调用目标，且现在 a 可能也指向 i，而 i 是另一个类型为 r 的对象。因为没有发现更多的新调用目标，这个分析过程终止了。它既没有分析第 2 行中声明的方法，也没有断定 a 可能指向 h。 □

```
        class t {
1) g:       t n() { return new r(); }
        }
        class s extends t {
2) h:       t n() { return new s(); }
        }
        class r extends s {
3) i:       t n() { return new r(); }
        }

        main () {
4) j:       t a = new t();
5)              a = a.n();
        }
```

图 12-26 一个虚拟方法调用

12.5.2 在 Datalog 中发现调用图

为了写出上下文无关的过程间分析的 Datalog 规则，我们引入三个 EDB 断言，每个断言都能够从源代码中轻易获得：

1）$actual(S, I, V)$ 表示 V 是调用点 S 上的第 I 个实在参数。

2）$formal(M, I, V)$ 表示 V 是方法 M 中声明的第 I 个形式参数。

3）$cha(T, N, M)$ 表示在一个类型为 T 的接收对象上调用 N 时实际调用的方法是 M（cha 是 class hierarchy analysis（类层次结构分析）的缩写）。

调用图的每个边都被表示为一个 IDB 断言 *invokes*。当我们找到的调用图的边越来越多时，根据参数被传入及返回值被传出的情况，我们会得到越来越多的指针指向关系。这个效果被总结为图 12-27 中的规则。

```
1)  invokes(S,M)  :-  "S: V.N(...)" &
                      pts(V,H) &
                      hType(H,T) &
                      cha(T,N,M)

2)      pts(V,H)  :-  invokes(S,M) &
                      formal(M,I,V) &
                      actual(S,I,W) &
                      pts(W,H)
```

图 12-27 发现调用图的 Datalog 程序

第一个规则计算了调用点的调用目标。也就是说，“S: $V.N(...)$”表明存在一个标号为 S 的调用点，它调用了由 V 指向的接收对象的名为 N 的方法。这些子目标表示，如果 V 可以指向实际类型为 T 的堆对象 H，并且 M 是在调用 T 类型的对象时所使用的方法，

那么调用点 S 可能调用方法 M。

第二个规则说明，如果调用点 S 可以调用方法 M，那么 M 的每个形式参数都可能指向本次调用中相应的实在参数所指向的任何对象。处理返回值的规则留作练习请读者自行完成。

把这两个规则和 12.4 节中解释的规则组合起来，我们就建立了一个使用调用图的上下文无关的指针指向分析方法。其中的调用图是在分析的同时动态生成的。这个分析的副作用是使用上下文无关和控制流无关的指针指向分析生成了一个调月图。相对于那个只根据类型声明和语法分析得到的调用图，这个调用图要精确得多。

12.5.3 动态加载和反射

Java 这样的语言支持类的动态加载。因此分析一个程序执行的所有代码是不可能的，也就不可能静态地给出任何对调用图和指针别名的保守的估算。静态分析只能基于被分析代码给出一个近似。请记住，这里描述的所有分析都可以在 Java 字节码的层次上应用，因此不需要检查它们的源代码。这个选项非常重要，因为 Java 程序常常使用很多的类库。

即使假设已经分析了所有被执行的代码，还有一个更加复杂的机制使得我们不可能进行保守分析：反射机制。反射机制允许程序动态地决定将要创建的对象的类型、被调用的方法的名字以及被访问的字段名。这些类型、方法和字段名可以通过计算获得，也可以根据用户输入获得，因此一般情况下唯一可能的近似估算就是假设什么都有可能。

例 12.25 下面的例子给出了反射机制的常见用法：

```
1) String className = ...;
2) Class c = Class.forName(className);
3) Object o = c.newInstance();
4) T t = (T) o;
```

其中的 `Class` 库中的方法 `forName` 的输入是一个包含了类名的字符串，它返回这个类。方法 `newInstance` 返回该类的一个实例。对象 o 的类型被强制转换成为所有预期类的超类 T，而不是直接把 `Object` 当作 o 的类型。□

虽然很多大的 Java 应用使用反射机制，但它们通常使用一些常见的习惯用法，比如例子 12.25 中给出的用法。只要这个应用没有重新定义类加载器，我们就可以在知道 `className` 的值时指出这个对象所属的类。如果 `className` 的值是在程序中定义的，因为 Java 中的字符串是不可变的，那么知道 `className` 指向什么值就可以知道这个类的名字。这个技术是指针指向分析的另一个应用。如果 `className` 的值是基于用户输入的，那么指针指向分析可以帮助确定这个值是在哪里输入的，而开发者就可以限定这个值的取值范围。

类似地，我们可以利用类型强制转换语句，即例子 12.25 中的第 4 行，来估算动态创建的对象的类型。假设没有重新定义强制类型转换的异常处理程序，那么这个对象必然属于类型 T 的某一个子类。

12.5.4 12.5 节的练习

练习 12.5.1：对于图 12-26 中的代码，

1）构造 EDB 关系 *actual*、*formal* 和 *cha*。

2）推导出所有可能的 *pts* 和 *htps* 事实。

! **练习 12.5.2**：你将如何向 12.5.2 节中的 EDB 断言和规则中加入附加的断言和规则来处理下面的情况：如果一个方法调用返回了一个对象，那么被赋值为这个调用结果的变量可能指向任何用以存放返回值的变量所指向的任何对象。

12.6 上下文相关指针分析

12.1.2 节中讨论过，上下文相关性可以大大提高过程间分析的精确性。我们讨论了两种过程间分析的方法，一种基于克隆的方法(见 12.1.4 节)，另一种是基于摘要的方法(见 12.1.5 节)。那么我们应该使用哪一个方法呢?

在计算指针指向信息的摘要时有几个难点。首先，这些摘要很大。每个方法的摘要必须包括这个函数和所有被调用者可能做出的所有更新所产生的影响。这些影响需要用输入参数来表示。也就是说，一个方法可能改变的指向集合包括：所有可通过静态变量及输入参数到达的所有数据的指向集合，以及由该方法及被调用方法所创建的全部对象的指向集合。虽然人们已经给出了复杂的解决方案，但是现在还没有解决方法可以被应用到大型程序中。即使摘要可以通过自底向上的方式计算得到，但如何在一个典型的自顶向下处理过程中计算所有上下文环境下的指针指向集合是一个更大的问题。因为上下文环境的数量可能按照指数级增长。这样的信息对于一些全局性查询是必须的，比如在代码中找出指向某个特定对象的所有指针。

在本节中，我们将讨论基于克隆的上下文相关分析技术。基于克隆的分析直接为每个感兴趣的上下文都给出一个对应方法的克隆。然后，我们对克隆得到的调用图进行上下文无关分析。虽然这个方法看起来简单，但最大的难点在于如何处理大量克隆的细节。有多少个上下文？即使我们像 12.1.3 中讨论的那样把所有递归调用环塌缩为一个点，在一个 Java 应用中找到 10^{14} 个上下文的情况也并不少见。把这么多上下文的分析结果用某种方式表示出来是我们所面临的挑战。

我们把对上下文相关性的讨论分成两个部分：

1) 如何在逻辑上处理上下文相关性？这个部分较为简单，因为可以直接对克隆得到的调用图应用上下文无关的分析算法。

2) 如何表示指数量级的上下文？方法之一是把这个信息表示为一个二分决策图(BDD)。这是一个经过高度优化的数据结构，曾经用于很多其他的应用。

这个处理上下文相关性的方法很好地说明了抽象方面的重要性。我们将说明如何应用人们多年来在 BDD 抽象方面所做的工作来消除算法的复杂性。我们可以用很少几行 Datalog 程序来表示一个上下文相关的指针指向分析。而这个程序利用了已有的几千行用于 BDD 数据操作的代码。这个方法具有多个重要的优势。首先，它使得人们能够比较容易地表示那些利用指针指向分析结果进行深度分析的技术。无论如何，指针指向分析结果本身并不令人感兴趣。第二，它使得正确写出这个分析方法的任务变得容易得多，因为它利用了很多行经过充分调试的代码。

12.6.1 上下文和调用串

下面描述的上下文相关的指针指向分析假设我们已经计算得到了一个调用图。这个假设有助于我们使用紧凑的方式来表示多个调用上下文。为了得到调用图，我们首先运行一次上下文无关的指针指向分析过程。12.5 节讨论过，这个分析过程同时生成了调用图。现在我们描述如何创建克隆的调用图。

调用串形成了活跃的函数调用的历史，而一个上下文就是一个调用串的表示形式。另一个看待上下文的方法是把它看作一个调用序列的摘要。这些调用的活动记录当前位于运行时刻栈中。如果栈中没有递归函数，那么这个调用串(即调用了栈中函数的位置的序列)是一个完全表示。同时它也是一个可接受的表示方式，因为只有有限多个不同的上下文。虽然上下文的个数可能是程序中函数数量的指数级。

但如果程序中存在递归函数，那么可能的调用串的数目是无穷的，我们不能用所有可能的调用串来表示不同的上下文。可以使用多个方法来限制不同的上下文的数目。比如，我们可以编写一个描述了所有可能调用串的正则表达式，然后使用3.7节中的方法把这个表达式转化成为一个确定的有穷状态自动机。之后，各个上下文就可以使用这个自动机的状态来标识。

这里，我们将采用一个更简单的方案，它包含非递归调用的全部历史，但是把递归调用当作"难以分拆"的内容。我们首先找出程序中相互递归调用的函数的集合。这个过程很简单，因此这里不再详细讨论。考虑一个以程序中各个函数为结点的图。如果函数 p 调用了函数 q，那么图中就存在一条从结点 p 到 q 的边。这个图的强连通分量(SCC)就是相互递归调用函数的集合。下面的这个特例很常见。一个函数 p 调用了它自身，但是它不在包含了其他函数的 SCC 中，那么函数 p 本身是一个 SCC，而所有的非递归函数本身也是 SCC。如果一个 SCC 具有多个成员(即相互递归调用的情况)，或者它包含唯一一个递归成员，我们就说这个 SCC 是*非平凡的*(nontrivial)。单个非递归函数组成的 SCC 是*平凡* SCC。

前面有一个规则说任何调用串都是一个上下文，我们对这个规则做如下修改。给定一个调用串，如果下面情况成立就删除一个调用点 s 的出现：

1) s 在一个函数 p 中。

2) 函数 q 在调用点 s 处被调用(有可能 $q=p$)。

3) p 和 q 位于同一个强连通分量中(即 p 和 q 相互递归调用，或者 $p=q$ 且 p 是递归函数)。

这么做的结果是，当一个非平凡 SCC 的成员 S 被调用时，这个调用的调用点变成了上下文的一部分，但是在 S 中对同一 SCC 中其他函数的调用都不在这个上下文中。最后，当一个 S 之外的调用发生时，我们把该调用点记录为这个上下文的一部分。

例 12.26 图 12-28 中给出了五个函数的略图，图中给出了一些调用点和这些函数中的调用。检查一下这些调用就会发现，q 和 r 是相互递归的。但是 p、s 和 t 根本不会递归调用。因此，我们的上下文将是除了 s3 和 s5 之外的所有调用点的列表。函数 q 和 r 之间的递归调用就发生在 s3 和s5 处。

```
void p() {
        h: a   = new T();
       s1: T b = q(a);
       s2:       s(b);
    }

T    q(T w) {
       s3: c   = r(w);
        i: T d = new T();
       s4:       t(d);
           return d;
    }

T    r(T x) {
       s5: T e = q(x);
       s6:       s(e);
           return e;
    }

void s(T y) {
       s7: T f = t(y);
       s8:   f = t(f);
    }

T    t(T z) {
        j: T g = new T();
           return g;
    }
```

图 12-28 与一个运行实例对应的函数和调用点

让我们考虑从 p 到 t 的所有路径，也就是所有调用了 t 的上下文：

1) p 可以在 s2 处调用 s，然后 s 可以在 s7 或者 s8 处调用 t。因此，两个可能的调用串是(s2, s7)和(s2, s8)。

2) p 可以在 s1 处调用 q。然后，q 和 r 可以多次递归地调用对方。我们把这个环打开：

① 在 s4 处，t 直接被 q 调用。这个选择可以得到唯一的上下文(s1, s4)。

② 在 s6 处，r 调用 s。这里，我们可以通过在 s7 处或 s8 处的调用到达 t。这么做给出了两个新的上下文(s1, s6, s7)和(s1, s6, s8)。

因此，总共有五个不同的上下文调用了 t。请注意，所有这些上下文都省略了递归调用点 s3 和 s5。比如，上下文(s1, s4)实际上表示了对应于调用串(s1, s3, (s5, s3)^n, s4)的无穷集合，其中 $n \geq 0$。 □

现在我们描述一下如何得到克隆调用图。每一个被克隆的方法都使用程序中的方法 M 和一个上下文 C 来标识。在原调用图的边上加上相应的上下文就可以得到克隆后的调用图的边。请注意，在原调用图中有一条连接调用点 S 和方法 M 的边的条件是断言 *invokes*(S, M)为真。为了增加上下文以标识克隆调用图中的例程，我们可以定义一个相应的断言 *CSinvokes*，*CSinvokes*(S, C, M, D)为真的条件是上下文 C 中的调用点 S 调用了方法 M 的上下文 D。

12.6.2 在 Datalog 规则中加入上下文信息

为了找出上下文相关的指针指向关系，我们可以直接把相同的上下文无关指针指向分析技术应用到克隆的调用图上。因为在这个克隆的调用图中的方法是用原方法和它的上下文来表示的，我们相应地修正了所有的 Datalog 规则。为简单起见，下面的规则不包括类型约束，且符号"_"表示了任何新的变量。

IDB 断言 *pts* 中必须增加一个表示上下文的参数。断言 *pts*(V, C, H)表示上下文 C 中的变量 V 可以指向堆对象 H。所有这些规则都是不解自明的，但规则 5 是一个例外。规则 5 表示，如果上下文 C 中的调用点 S 调用了上下文 D 的方法 M，那么上下文 D 的方法 M 的形式参数可能指向由上下文 C 中的相应实在参数指向的对象。

1)	$pts(V,C,H)$	:-	"$H:\ T\ V\ =$ `new` $T()$" & $CSinvokes(H,C,\_,\_)$
2)	$pts(V,C,H)$	:-	"$V = W$" & $pts(W,C,H)$
3)	$hpts(H,F,G)$	:-	"$V.F = W$" & $pts(W,C,G)$ & $pts(V,C,H)$
4)	$pts(V,C,H)$	:-	"$V = W.F$" & $pts(W,C,G)$ & $hpts(G,F,H)$
5)	$pts(V,D,H)$	:-	$CSinvokes(S,C,M,D)$ & $formal(M,I,V)$ & $actual(S,I,W)$ & $pts(W,C,H)$

图 12-29 上下文相关的指针指向分析的 Datalog 图

12.6.3 关于相关性的更多讨论

上面我们描述的是一个上下文相关性的公式化表示。这个方法已经体现出实用性。使用下一节将要描述的一些技巧，它就能够处理很多真实的大型 Java 程序。虽然如此，这个算法还是不能处理最大型的 Java 应用。

在这个表示方法中，堆对象是通过它们的调用点来命名的，但是却不具有上下文相关性。这个简化处理可能引起一些问题。考虑一下对象工厂设计设计模式，这个设计模式中同一类型的所有对象都由同一个例程分配。当前的表示方案会使得那个类的所有对象都共享同一个名字。应对这一情况的比较容易的方法是把相应的对象创建代码进行实质上的内联处理。在处理更具一般性的情况时，我们期望提高对象命名的上下文相关性。虽然很容易向 Datalog 规则中加入对象的上下文相关信息，但是要使得相应的分析方法能够被用于大规模程序则是另一个问题了。

另一个相关性的重要形式是对象相关性。一个对象相关的技术可以区分在不同的接收对象上调用的方法。我们考虑一下这样的场景：在某个调用点所处的上下文中有一个变量可能指向同一个类的两个不同的接收对象。这两个不同的接收对象的字段可能指向不同的对象。如果不区分接收对象，在由 `this` 对象引用的字段之间的复制语句将产生虚假的指向关系，除非我们对不同的接收对象分别进行分析。在有些分析中，对象相关性要比上下文相关性更加有用。

```
void p() {
        h: T a = new T();
        i: T b = new T();
       c1: T c = q(a,b);
}

T    q(T x, T y) {
        j: T d = new T();
       c2:   d = q(x,d);
       c3:   d = q(d,y);
       c4:   d = r(d);
           return d;
}

T    r(T z) {
           return z;
}
```

图 12-30 练习 12.6.1 和练习 12.6.2 的代码

12.6.4 12.6 节的练习

练习 12.6.1：如果我们把本节中的方法应用到图 12-30 中的代码上，我们能够区分的上下文有哪些？

! **练习 12.6.2**：对图 12-30 中的代码进行上下文相关性分析。

! **练习 12.6.3**：按照 12.5 节中的方法，扩展本节中的 Datalog 规则，使之包含类型和子类型信息。

12.7 使用 BDD 的 Datalog 的实现

二分决策图(Binary Decision Diagram，BDD)是一个用图来表示布尔函数的方法。因为对 n 个变量有 2^{2^n} 个布尔函数，没有哪种表示方法能够很简洁地表示所有的布尔函数。但是，在实践中出现的布尔函数常常具有很多规律。因此，人们常常可以找到一个 BDD 来简洁地表示他们想要表示的布尔函数。

我们为了分析程序而开发了一些 Datalog 程序。事实表明，用这些 Datalog 程序描述的布尔函数也不例外，也可以使用 BDD 简洁地表示。BDD 方法在实践中是相当成功的，虽然我们需要通过商业 BDD 操作程序包中的一些启发式规则或技术才可以找到用以表示程序信息的简洁的 BDD。值得一提的是，它比使用传统数据库管理系统的方法具有更好的性能，因为传统数据库管理系统是为了在典型商业数据中出现的更加不规则的数据模式而设计的。

讨论经过多年开发才得到的所有 BDD 技术已经超出了本书的范围。我们将在这里介绍 BDD 的表示方法。然后，指出如何把一个关系数据表示成为 BDD。在用诸如算法 12.18 的算法来执行 Datalog 程序时需要进行某些运算。我们也指出了如何操作 BDD 来完成这些运算。最后，我们描述了如何在 BDD 中表示指数量级的上下文。这种表示法是在上下文相关性分析中成功应用 BDD 的关键。

12.7.1 二分决策图

一个 BDD 把一个布尔函数表示成为一个带根的 DAG 图。这个 DAG 的每个内部结点都用被表示函数的一个变量作为标号。在图的底部是两个叶子，一个标号为 0，另一个标号为 1。每个内部结点有两条指向子结点的边，这两条边分别称为“低边”和“高边”。低边对应于该结点对应变量取值为 0 时的情况，而高边对应于相应变量取值为 1 时的情况。

给定这些变量的一个真假赋值，我们可以从 DAG 的根开始确定函数的取值。在每个结点上，比如说标号为 x 的结点上，分别根据 x 的真假值为 0 或 1 来决定沿着相应的低边或高边前进。如果我们最后到达标号为 1 的叶结点，那么被表示的函数对于这个真假赋值取真值，否则该函数取假值。

例 12.27 在图 12-31 中，我们看到一个 BDD。稍后会看到它所表示的函数。请注意，我们已经把所有的“低”边标记为 0，所有的“高”边标记为 1。考虑对于变量 $wxyz$ 的真假赋值：$w=x=y=0$，$z=1$。从根结点开始，因为 $w=0$，我们选取低边，从而走到最左的标号为 x 的结点。因为 $x=0$，我们还是从这个结点沿着低边到达最左的标号为 y 的结点。因为 $y=0$，我们下一步移动到最左的标号为 z 的结点。现在，因为 $z=1$，我们将选择高边并最后到达标号为 1 的叶子结点。我们的结论是，这个函数相对于这个真假赋值取真值。

现在考虑真假赋值 $wxyz=0101$，也就是说 $w=y=0$，$x=z=1$。我们还是从根结点开始。因为 $w=0$，我们还是移动到最左边的标号为 x 的结点。但这一次因为 $x=1$，我们沿着高边直接跳到叶子结点 0。也就是说，我们不仅知道真假赋值 0101 使得这个函数为假，而且因为不需要查看 y 或者 z 的值，任何形如 $01yz$ 的真假赋值都会使得这个函数取值为 0。这个“短路”能力是 BDD 成为布尔函数的简洁表示方法的理由之一。 □

图 12-31 中内部结点分为多个层次——每个层中的结点都使用同一个特定的变量作为标号。虽然这并不是一个绝对的要求，但把我们的讨论范围限制在*排序 BDD* 之内会带来方便。在一个排序 BDD 中，相应的变量有一个排序 $x_1, x_2, \cdots, x_n$，并且不论何时有一条从标号为 x_i 的父结点到标号为 x_j 的子结点的边就意味着 $i<j$。我们将看到，操作排序 BDD 相对容易，并且从现在开始

我们假设所有的 BDD 都是排序的。

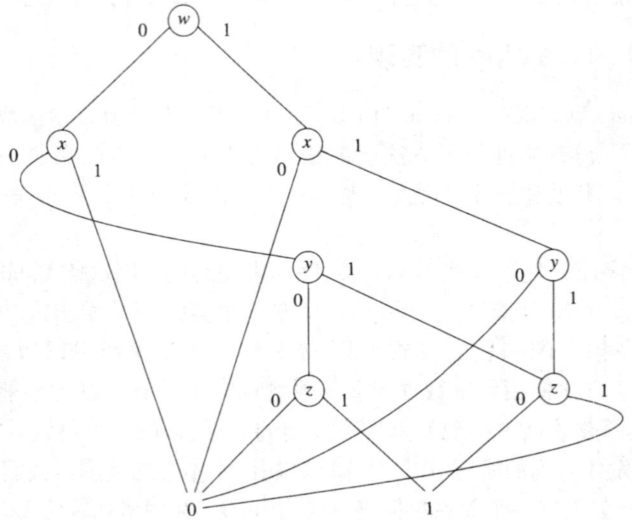

图 12-31　一个二分决策图

还需要注意的是，BDD 是有向无环图(DAG)，而不是树。不仅仅叶子结点 0 和 1 通常有很多父结点，内部结点也可能具有多个父结点。比如，在图 12-31 中最右的标号为 z 的结点有两个父结点。把得到同样结果的多个结点合并起来也是 BDD 通常比较简洁的理由之一。

12.7.2　对 BDD 的转换

在上面的讨论中，我们提到了两个简化 BDD 的方法，它们可以使得 BDD 更加简洁：

1）短路：如果一个结点 N 的低边和高边都到达同一个结点 M，那么我们可以消除 N。原来进入 N 的边直接进入 M。

2）结点合并：如果两个结点 N 和 M 的两条低边都到达同一个结点，并且两条高边也到达同一个结点，那么我们可以把 N 和 M 合并。原来进入 N 或者 M 的边都进入合并后的结点。

也可以在相反的方向上进行这两个转换。特别地，我们可以在从 N 到 M 的边上引入一个结点。从引入结点流出的高边和低边都到达结点 M，而原来从 N 到 M 的边现在到达这个刚被引入的结点。但是请注意，新结点的标记变量必须是按照排序处于 N 和 M 之间的某一个变量。图 12-32给出了这两个转换的图示。

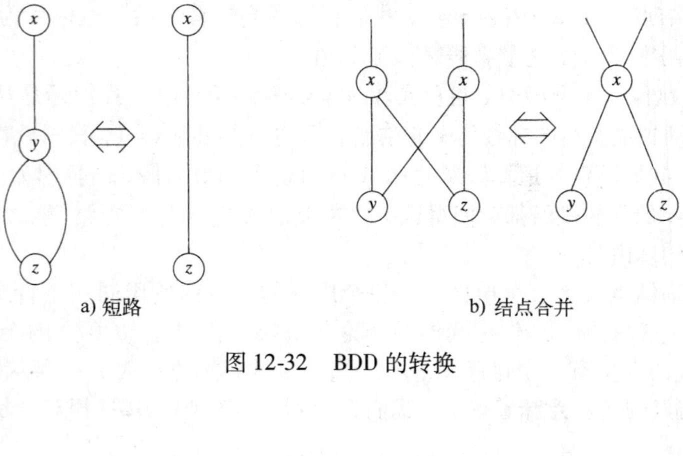

a) 短路　　b) 结点合并

图 12-32　BDD 的转换

12.7.3 用 BDD 表示关系

我们至今为止处理的关系都具有从“域”中取值的分量。一个关系的某个分量的域是该关系的各个元组的相应分量的可能取值的集合。比如，关系 $pts(V, H)$ 的第一个分量的域为所有程序变量，而第二个分量的域为所有对象创建语句。如果一个域具有多于 2^{n-1} 个可能取值且不多于 2^n 个可能值，那么它需要 n 个二进制位(或者说布尔变量)来表示这个域中的值。

因此，我们可以用一组布尔变量来表示关系元组的各个分量的域中的值。关系的一个元组可以被看作是这组布尔变量的真假赋值。我们可以把关系看作是这组布尔变量上的一个布尔函数。该函数对于某个真假赋值返回真值，当且仅当这个赋值表示了此关系中的一个元组。下面的例子可以说明这个想法。

例 12.28 考虑一个关系 $r(A, B)$，其中 A 和 B 的域都是 $\{a, b, c, d\}$。我们将把二进制位 00 作为 a 的编码，01 对应于 b，10 对应于 c 以及 11 对应于 d。令关系 r 的元组为：

A	B
a	b
a	c
d	c

我们使用布尔变量 wx 来对第一个分量(A)进行编码，使用变量 yz 为第二个分量(B)进行编码。那么关系 r 就变成了：

w	x	y	z
0	0	0	1
0	0	1	0
1	1	1	0

也就是说，关系 r 被转换成为一个对三个真假赋值 $wxyz = 0001$、0010 和 1110 取真值的布尔函数。请注意，这三个二进制序列恰巧就是图 12-31 中从根结点到达叶子结点 1 的路径上的标号。也就是说，如果使用上述编码方法，在那个图中的 BDD 表示了这个关系 r。 □

12.7.4 用 BDD 操作实现关系运算

现在，我们看到了如何把关系表示成 BDD。但是，要实现像算法 12.18(Datalog 程序的增量式求值)那样的算法，我们还需要能够操作 BDD 以反映相应关系上的运算。下面给出了我们要完成的主要的关系运算：

1) *初始化*：我们需要创建一个 BDD 来表示一个关系的单个元组。我们将通过合并运算把这些表示单个元组的 BDD 集成到表示大型关系的 BDD 中去。

2) *合并*：为了表示关系的合并，我们使用布尔函数的逻辑 OR 运算来表示得到的关系。这个运算不仅用来构造初始关系，也用于把具有相同头断言的多个规则的结果合并起来，还会用于把新的断言事实合并到老事实的集合中去。算法 12.18 要求实现这些运算。

3) *投影*：当我们对一个规则体求值的时候，我们需要构造出由那些使得规则体取真值的元组所蕴含的头断言的关系。从表示这个关系的 BDD 的角度来说，我们需要消除其中的一些结点，这些结点的布尔变量标号没有用来表示头关系中的分量。我们可能还需要对 BDD 中的某些变量重新命名，以使得它们和头关系分量的布尔变量相对应。

4) *连接*：为了找出令一个规则体为真的变量的赋值组合，我们需要把对应于各个子目标的关系“连接”起来。比如，假设我们有两个子目标 $r(A, B)\&s(B, C)$。这些子目标的关系的连接是满足下列条件的三元组(a, b, c)的集合：(a, b)是r的关系中的一个元组，且(b, c)是s的关系的一个元组。我们将看到，在对 BDD 中的布尔变量重新命名，使得对应于两个B分量的变量同名之后，这个 BDD 操作和逻辑 AND 运算类似，而逻辑 AND 运算和在 BDD 上实现关系合并的逻辑 OR 运算类似。

单一元组的 BDD

为了初始化一个关系，我们需要使用一种方法来为那些只对单个真假赋值取真值的函数构造 BDD。假设布尔变量为x_1，x_2，…，x_n，并且这个唯一的真假赋值为$a_1a_2\cdots a_n$，其中每个a_i是0或1。相应的 BDD 对于每个x_i有一个结点N_i。如果$a_i=0$，那么N_i的高边直接到达叶子结点0，而低边到达结点N_{i+1}，或在$i=n$时到达叶子1。如果$a_i=1$，我们进行同样的处理，只是高边和低边顺序相反。

这个策略给出了一个 BDD，它能够检查每个$x_i(i=1, 2, \cdots, n)$是否具有正确的值。一旦找到不正确的值，我们就直接跳转到叶子结点0。只有当所有变量的取值都正确时，我们才会在最后到达叶子结点1处。

作为例子，可以回到前面的图 12-33b。这个 BDD 表示了一个当且仅当$x=y=0$(即真假赋值为00时)才取真值的函数。

合并

我们将详细地给出一个算法来计算 BDD 的逻辑 OR，也就是这两个 BDD 所表示的关系的合并。

算法 12.29　BDD 的合并。

输入：两个排序的 BDD，它们的变量集合相同，且排序也相同。

输出：一个 BDD，它表示的函数是两个输入 BDD 所表示的布尔函数的逻辑 OR。

方法：我们将描述一个合并两个 BDD 的递归过程。这个过程按照 BDD 中出现的变量集合的大小进行归纳。

归纳基础：零个变量。这两个 BDD 必然都是叶子结点，其标号是1或0。如果两个输入中有一个是1，那么输出就是标号为1的叶子结点；如果两个输入都是0，那么输出叶子结点的标号是0。

归纳步骤：假设两个 BDD 中总共出现了k个变量y_1，y_2，…，y_k。执行下列步骤：

1）如果必要，使用反向的短路转换加入一个新的根，使得两个 BDD 的根的标号都是y_1。

2）设两个 BDD 的根为N和M，令它们的低边子结点分别为N_0和M_0，它们的高边子结点分别为N_1和M_1。对分别以N_0和M_0为根的两个 BDD 递归地应用这个算法。同时也对分别以N_1和M_1为根的两个 BDD 应用这个算法。在得到的两个 BDD 中，第一个 BDD 表示的函数取真值的条件是：相应的真假赋值中$y_1=0$，并且它使得两个输入 BDD 中的一个或全部取真值。第二个 BDD 表示同样的函数，不过其中的$y_1=1$。

3）创建一个新的标号为y_1的根结点。它的低边子结点是通过递归构造得到的第一个 BDD 的根结点，而它的高边子结点是第二个 BDD 的根结点。

4）在刚刚通过合并得到的 BDD 中把两个标号为0的叶子结点合并，同时把两个标号为1的叶子结点合并。

5）在可能的时候应用合并和短路转换，简化得到的 BDD。□

例 12.30　在图 12-33a 和图 12-33b 中有两个简单的 BDD。第一个 BDD 表示函数x OR y，而第二个 BDD 表示函数

$$\text{NOT } x \text{ AND NOT } y$$

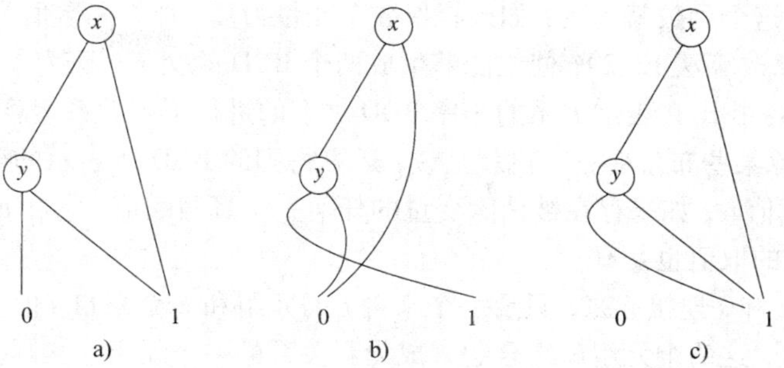

图 12-33　为逻辑 OR 构造 BDD

请注意，它们的逻辑 OR 的结果是常量函数 1，即永真函数。对这两个 BDD 应用算法 12.29 时，我们考虑两个根的低边子结点和它们的高边子结点。我们先考虑后者。

在图 12-33a 中，根的高边子结点是 1，而在图 12-33b 中的相应子结点是 0。因为这两个子结点都在叶子层次上，所以不需要在每条边上插入标号为 y 的结点，尽管我们这么做会得到同样的结果。结点 0 和 1 的合并是算法中归纳基础的情况，合并后生成一个标号为 1 的叶子结点。这个叶子结点将成为新的根结点的高边结点。

图 12-33a 和图 12-33b 中的根的低边结点的标号都是 y，因此我们递归地计算它们的合并 BDD。这两个结点的低边子结点的标号分别为 0 和 1，因此它们的低边子结点的合并是标号为 1 的叶子结点。当我们加入新的根结点 x 后，我们得到图 12-33c 中的 BDD。

我们还没有完成，因为图 12-33c 还可以进一步简化。标号为 y 的结点的两个子结点都是结点 1，因此我们可以把结点 y 删除，并把 1 当作根结点的低边子结点。现在，根结点的两个子结点都是叶子结点 1，因此我们可以消除根结点。也就是说，表示这个合并操作结果的最简单的 BDD 就是叶子 1 本身。 □

12.7.5　在指针指向分析中使用 BDD

要使上下文无关的指针指向分析能够正确工作已经很不容易了。BDD 变量的排序可以极大地影响表示的大小。要得到一个能够使得分析很快结束的 BDD 变量排序，需要各种各样的考虑，也包括尝试和犯错。

使得上下文相关的指针指向分析能够有效执行是一件更加困难的事情，因为程序中有指数量级的上下文。特别是，如果我们随意使用编号来表示一个调用图中的上下文，那么我们甚至不能处理很小的 Java 程序。按照适当的方式对上下文进行编号是很重要的，它可以使指针指向分析中的编码变得非常紧凑。同一方法的调用路径相似的两个上下文之间有很多共同点，因此对一个方法的 n 个上下文连续编码是比较合适的。类似地，因为同一个调用点上的调用者 - 被调用者对之间具有很多相似之处，所以我们希望对上下文进行编码的方式可以使得一个调用点上的每个调用者 - 被调用者对之间的编码的数值总是相差一个常数。

即使有了一个很合理的对调用上下文编码的方案，但高效地分析大型 Java 程序仍然困难重重。人们发现，主动机器学习有助于获取较好的变量排序，使得算法能够高效地处理大型应用。

12.7.6　12.7 节的练习

练习 12.7.1：使用例子 12.28 中的符号编码方式，生成一个 BDD 来表示由元组 (b, b)、(c, a) 和 (b, a) 组成的关系。你可以用任意方式对布尔变量进行排序，以获取最简洁的 BDD。

！**练习 12.7.2**：如果用最简洁的 BDD 来表示 n 个变量上的异或函数，那么这个 BDD 中有多少个结点？把它表示成为一个关于 n 的函数。n 个变量上的异或函数是说如果这 n 个变量中有奇数个变量为真，那么这个函数就为真；如果有偶数个变量为真，那么函数值为假。

练习 12.7.3：修改算法 12.29，使之能够生成两个 BDD 的交集(即逻辑 AND)。

!! **练习 12.7.4**：找出在表示关系的排序 BDD 之上的进行下列关系运算的算法：

1）通过投影消除某些布尔变量。也就是说，运算得到的 BDD 所表示的函数如下：给定一个被保留变量的真假赋值 α，如果存在被消除变量的任何一个真假赋值，它和 α 一起使得原函数取真值，那么结果函数的取值也是真。

2）把两个关系 r 和 s 连接起来，只要一个来自 r 的元组和一个来自 s 的元组在 r 和 s 的共同属性上具有相同的值，这两个元组就组合起来成为新关系的一个元组。实际上，只需要考虑下面的情况就足够了：这两个关系都只有两个分量，且它们有一个公共分量。也就是说，这两个关系是 $r(A, B)$ 和 $s(B, C)$。

12.8 第 12 章总结

- *过程间分析*：对跨越过程边界的信息进行跟踪的数据流分析称为过程间分析。很多分析技术，比如指针指向分析，只有当它是过程间分析的时候才可以完成有意义的分析工作。
- *调用点*：程序中调用其他过程的程序点称为*调用点*。在一个调用点上被调用的过程可能是显然的。但是，如果这个调用是通过指针间接进行的，或者它调用的是具有多个实现的虚方法，那么被调用的过程也可能是不明确的。
- *调用图*：一个程序的调用图是一个二分图，图的结点分为对应于调用点的结点和对应于过程的结点。如果一个过程在一个调用点上被调用，那么就有一条从这个调用点结点到这个过程结点的边。
- *内联*：只要一个程序中没有递归，原则上我们可以把所有的过程调用替换为过程代码的拷贝，并对得到的程序使用过程内分析技术。从效果上看，这个分析是过程间分析。
- *控制流相关性和上下文相关性*：如果一个数据流分析得到的事实和程序中的位置相关，那么它就是控制流相关的。如果一个数据流分析得到的事实和过程调用的历史相关，那么它就是上下文相关的。一个数据流分析可以是控制流相关的、上下文相关的、两者都相关或者都不相关。
- *基于克隆的上下文相关分析*：从原则上讲，一旦我们建立了过程调用的不同上下文，就可以想象对于每个上下文都有一个该过程的克隆。按照这种方法，一个上下文无关分析技术可以用来进行上下文相关分析。
- *基于摘要的上下文相关分析*：另一个过程间分析的方法，扩展原来为过程内分析而设计的基于区域的分析技术。每个过程有一个传递函数，并且在每一个调用该过程的地方它都被当作一个区域处理。
- *过程间分析技术的应用*：需要过程间分析技术的重要应用之一是检测软件的安全漏洞。这些漏洞的常见特性是一个过程从某个不可信的输入源读取数据，而另一个过程以可能被利用的方式使用这个输入。
- Datalog：Datalog 语言是 if-then 规则的简单表示方式，它可以用于在高层次上描述数据流分析。一组 Datalog 规则(或者说 Datalog 程序)可以使用多个标准算法中的任意一个算法进行求值。
- Datalog *规则*：一个 Datalog 规则由一个规则体(前提)和一个规则头(结果)组成。规则体是一个或多个原子，而规则头则是一个原子。原子就是作用于一组参数的断言，这些参数的值可以是变量或常量。规则体的多个原子通过逻辑 AND 连接，而规则体中的原子可能是断言的否定形式。

- *IDB 和 EDB 断言*：一个 Datalog 程序中的 EDB 断言的真值事实在事先给出。在一个数据流分析中，这些断言对应于那些可以从被分析代码中获取的事实。IDB 断言本身是通过规则定义的。在一个数据流分析中，它们对应于我们想从被分析代码中抽取的信息。
- *Datalog 程序的求值*：我们应用规则的方法是把规则中的变量替换为一些能够使该规则体取真值的常量。当我们做了这样的替换后，就可以推断将规则头中的变量进行相同替换后得到的断言也为真。这个操作不断重复，直到不能推导出更多的事实为止。
- *Datalog 程序的增量求值*：通过增量求值的方法可以改进 Datalog 程序的求值效率。我们将进行多轮求值。在每一轮中，我们只考虑如下的变量到常量的替换方法：它使得规则体中至少有一个原子是刚刚在上一轮中被发现的事实。
- *Java 指针分析*：我们可以用一个框架对 Java 中的指针分析建模。在这个框架中，有一些指向堆对象的引用变量，而这些堆对象中又有一些字段可以指向其他堆对象。可以用一个 Datalog 程序写出一个上下文无关的指针分析方法。这个分析可以推导出两种事实：一个变量可能指向一个堆对象，以及一个堆对象的字段可能指向另一个堆对象。
- *使用类型信息改进指针分析*：引用变量所指向的堆对象的类型要么和变量类型相同，要么是变量类型的子类型。如果我们能够利用这个事实，我们就可以得到更加精确的指针分析结果。
- *过程间指针分析*：为了进行过程间分析，我们必须增加一些规则来反映参数是如何传递的，返回值是如何被赋给变量的。这些规则实质上和把一个引用变量复制到另一个引用变量的规则相同。
- *寻找调用图*：因为 Java 具有虚方法，过程间分析要求我们首先界定有哪些过程可能在一个给定调用点上被调用。找出哪里可以调用哪些程序的限制的基本方法是分析对象的类型，并利用下面的事实：一个虚方法调用所指向的实际方法必须属于适当的类。
- *上下文相关分析*：当过程具有递归特性时，我们必须把调用串中所包含的信息浓缩到有限多个上下文中。做这件事的有效方法之一是从调用串中删除某个过程调用与之相互递归调用的另一个过程(可能是调用者本身)的调用点。使用这样的表示方式，我们可以修改过程内指针分析的规则，使断言中包含上下文信息。这个方法模拟了基于克隆的分析。
- *二分决策图*：BDD 是一种使用带根的 DAG 表示布尔函数的简洁方法。内部结点对应于布尔变量，并且有两个子结点，即低子结点(表示 0 值)和高子结点(表示 1 值)。图中有标号分别为 0 和 1 的两个叶子结点。一个真假赋值使得被表示函数取真值当且仅当从图的根结点有一条如下的路径到达叶子结点 1。这条路径从根结点开始，如果一个结点上的变量取值为 0，那么我们就走到低子结点，否则走到高子结点。
- *BDD 和关系*：一个 BDD 可以作为 Datalog 程序中的断言的简洁表示方法。常量被编码为一组布尔变量的真假赋值，BDD 表示的函数为真当且仅当它的布尔变量表示了使这个断言取真值的事实。
- *使用 BDD 实现数据流分析*：任何可以被表示为 Datalog 规则的数据流分析都可以使用 BDD 上的操作来实现。这些 BDD 表示了规则所涉及的断言。这个表示方法经常会得到一个比其他已知方法更加高效的实现。

12.9 第 12 章参考文献

过程间分析的一些基本概念可以在[1, 6, 7, 21]中找到。Callahan 等[11]描述了一个过程间常量传播算法。

Steensgaard[22]发布了第一个可伸缩的指针别名分析技术。这个技术是上下文无关、控制流无关的且基于等价关系。基于包含的指针指向分析的一个上下文无关版本首先由 Andersen[2]提出。之后，Heintze 和 Tardieu[15]描述了实现这个分析的高效算法。Fähndrich、Rehof 和 Das[14]给出了一个上下文相关、控制流无关且基于等价的分析技术，这个技术可以处理很大规模的程序，比如 gcc。在之前针对上下文相关的、基于包含关系的指针指向分析的各种尝试中，值得一提的是 Emami、Ghiya 和 Hendren[13]的工作。他们的工作是一个基于克隆的上下文相关、控制流相关、基于包含的指针指向分析算法。

二分决策图(BDD)首先出现在 Bryant[9]的工作中。它们第一次用于数据流分析是由 Berndl[4]等人提出的。DBB 在无关性指针分析中的应用由 Zhu[25]和 Berndl 等人[8]报告。Whaley 和 Lam[24]描述了第一个上下文相关、控制流无关、基于包含关系的算法。这个算法是第一个被证明可以用于实际应用的算法。这篇文章描述了一个称为 bddbddb 的工具，它可以把使用 Datalog 描述的分析自动地转化成为 BDD 代码。对象相关性首先由 Milanova、Rountev 和 Ryder[18]提出。

对 Datalog 的讨论见 Ullman 和 Widom[23]。在 Lam 等人的工作[16]中也可以看到有关把数据流分析和 Datalog 联系起来的讨论。

Metal 代码检查工具在 Engler 等的著作[12]中描述，而 PREfix 检查程序由 Bush、Pincus 和 Sielaff[10]创建。Ball 和 Rajamani[4]开发了一个名为 SLAM 的程序分析引擎，它使用了模型检查和符号执行技术来模拟一个系统的所有可能行为。Ball 等[5]已经基于 SLAM 建立了一个被称为 SDV 的静态分析工具，并通过把 BDD 应用到模型检查中，在 C 语言的设备驱动程序中寻找 API 的使用错误。

Livshits 和 Lam[17]描述了如何使用上下文相关的指针指向分析来寻找 Java Web 应用中的 SQL 漏洞。Ruwase 和 Lam[20]描述了如何跟踪数组长度并自动加入动态边界检查代码。Rinard 等[19]描述了如何动态扩展数组大小来应对溢出缓冲区的内容。Avots 等[3]把上下文相关的 Java 指针指向分析扩展到 C 语言中，并说明了如何使用它来降低动态检测缓冲区溢出的开销。

1. Allen, F. E., “Interprocedural data flow analysis,” *Proc. IFIP Congress 1974*, pp. 398–402, North Holland, Amsterdam, 1974.

2. Andersen, L., *Program Analysis and Specialization for the C Programming Language*, Ph.D. thesis, DIKU, Univ. of Copenhagen, Denmark, 1994.

3. Avots, D., M. Dalton, V. B. Livshits, and M. S. Lam, “Improving software security with a C pointer analysis,” *ICSE 2005: Proc. 27th International Conference on Software Engineering*, pp. 332–341.

4. Ball, T. and S. K. Rajamani, “A symbolic model checker for boolean programs,” *Proc. SPIN 2000 Workshop on Model Checking of Software*, pp. 113–130.

5. Ball, T., E. Bounimova, B. Cook, V. Levin, J. Lichtenber, C. McGarvey, B. Ondrusek, S. Rajamani, and A. Ustuner, “Thorough static analysis of device drivers,” *EuroSys* (2006), pp. 73–85.

6. Banning, J. P., “An efficient way to find the side effects of procedural calls and the aliases of variables,” *Proc. Sixth Annual Symposium on Principles of Programming Languages* (1979), pp. 29–41.

7. Barth, J. M., “A practical interprocedural data flow analysis algorithm,” *Comm. ACM* **21**:9 (1978), pp. 724–736.

8. Berndl, M., O. Lohtak, F. Qian, L. Hendren, and N. Umanee, “Points-

to analysis using BDD's," *Proc. ACM SIGPLAN 2003 Conference on Programming Language Design and Implementation*, pp. 103–114.

9. Bryant, R. E., "Graph-based algorithms for Boolean function manipulation," *IEEE Trans. on Computers* **C-35**:8 (1986), pp. 677–691.

10. Bush, W. R., J. D. Pincus, and D. J. Sielaff, "A static analyzer for finding dynamic programming errors," *Software–Practice and Experience*, **30**:7 (2000), pp. 775–802.

11. Callahan, D., K. D. Cooper, K. Kennedy, and L. Torczon, "Interprocedural constant propagation," *Proc. SIGPLAN 1986 Symposium on Compiler Construction, SIGPLAN Notices*, **21**:7 (1986), pp. 152–161.

12. Engler, D., B. Chelf, A. Chou, and S. Hallem, "Checking system rules using system-specific, programmer-written compiler extensions," *Proc. Sixth USENIX Conference on Operating Systems Design and Implementation* (2000). pp. 1–16.

13. Emami, M., R. Ghiya, and L. J. Hendren, "Context-sensitive interprocedural points-to analysis in the presence of function pointers," *Proc. SIGPLAN Conference on Programming Language Design and Implementation* (1994), pp. 224–256.

14. Fähndrich, M., J. Rehof, and M. Das, "Scalable context-sensitive flow analysis using instantiation constraints," *Proc. SIGPLAN Conference on Programming Language Design and Implementation* (2000), pp. 253–263.

15. Heintze, N. and O. Tardieu, ""Ultra-fast aliasing analysis using CLA: a million lines of C code in a second," *Proc. of the SIGPLAN Conference on Programming Language Design and Implementation* (2001), pp. 254–263.

16. Lam, M. S., J. Whaley, V. B. Livshits, M. C. Martin, D. Avots, M. Carbin, and C. Unkel, "Context-sensitive program analysis as database queries," *Proc. 2005 ACM Symposium on Principles of Database Systems*, pp. 1–12.

17. Livshits, V. B. and M. S. Lam. "Finding security vulnerabilities in Java applications using static analysis" *Proc. 14th USENIX Security Symposium* (2005), pp. 271–286.

18. Milanova, A., A. Rountev, and B. G. Ryder, "Parameterized object sensitivity for points-to and side-effect analyses for Java" *Proc. 2002 ACM SIGSOFT International Symposium on Software Testing and Analysis*, pp. 1–11.

19. Rinard, M., C. Cadar, D. Dumitran, D. Roy, and T. Leu, "A dynamic technique for eliminating buffer overflow vulnerabilities (and other memory errors)," *Proc. 2004 Annual Computer Security Applications Conference*, pp. 82–90.

20. Ruwase, O. and M. S. Lam, "A practical dynamic buffer overflow detector," *Proc. 11th Annual Network and Distributed System Security Symposium* (2004), pp. 159–169.

21. Sharir, M. and A. Pnueli, "Two approaches to interprocedural data flow analysis," in S. Muchnick and N. Jones (eds.) *Program Flow Analysis: Theory and Applications*, Chapter 7, pp. 189–234. Prentice-Hall, Upper Saddle River NJ, 1981.

22. Steensgaard, B., "Points-to analysis in linear time," *Twenty-Third ACM Symposium on Principles of Programming Languages* (1996).

23. Ullman, J. D. and J. Widom, *A First Course in Database Systems*, Prentice-Hall, Upper Saddle River NJ, 2002.

24. Whaley, J. and M. S. Lam, "Cloning-based context-sensitive pointer alias analysis using binary decision diagrams," *Proc. ACM SIGPLAN 2004 Conference on Programming Language Design and Implementation*, pp. 131–144.

25. Zhu, J., "Symbolic Pointer Analysis," *"Proc. International Conference in Computer-Aided Design* (2002), pp. 150–157.

附录 A 一个完整的编译器前端

这个附录给出了一个完整的编译器前端，它是基于 2.5 节至 2.8 节中非正式描述的简单编译器编写的。和第 2 章的主要不同之处在于，这个前端像 6.6 节中描述的那样为布尔表达式生成跳转代码。我们首先给出源语言的语法。描述这个语法所用的文法需要进行调整，以适应自顶向下的语法分析技术。

这个翻译器的 Java 代码由五个包组成：`main`、`lexer`、`symbol`、`parser` 和 `inter`。包 `inter` 中包含的类处理用抽象语法表示的语言结构。因为语法分析器的代码和其他各个包交互，所以它将在最后描述。每个包存放在一个独立的目录中，每个类都有一个单独的文件。

作为语法分析器的输入时，源程序就是一个由词法单元组成的流，因此面向对象特性和语法分析器的代码之间没有什么关系。当由语法分析器输出时，源程序就是一棵抽象语法树，树中的结构或结点被实现为对象。这些对象负责处理下列工作：构造一个抽象语法树结点、类型检查、生成三地址中间代码（见包 `inter`）。

A.1 源语言

这个语言的一个程序由一个块组成，该块中包含可选的声明和语句。语法符号 `basic` 表示基本类型。

$$
\begin{array}{rcl}
\textit{program} & \rightarrow & \textit{block} \\
\textit{block} & \rightarrow & \{\ \textit{decls stmts}\ \} \\
\textit{decls} & \rightarrow & \textit{decls decl} \ \mid\ \epsilon \\
\textit{decl} & \rightarrow & \textit{type}\ \textbf{id}\ ; \\
\textit{type} & \rightarrow & \textit{type}\ [\ \textbf{num}\ ] \ \mid\ \textbf{basic} \\
\textit{stmts} & \rightarrow & \textit{stmts stmt} \ \mid\ \epsilon
\end{array}
$$

把赋值当作一个语句（而不是表达式中的运算符）可以简化翻译工作。

> **面向对象与面向步骤**
>
> 在一个面向对象方法中，一个构造的所有代码都集中在这个与构造对应的类中。但是在面向步骤的方法中，这个方法中的代码是按照步骤进行组织的，因此一个类型检查过程中对每个构造都有一个 case 分支，且一个代码生成过程对每个构造也都有一个 case 分支，等等。
>
> 对这两者进行衡量，可知使用面向对象方法会使得改变或增加一个构造（比如 for 语句）变得较容易；而使用面向步骤的方法会使得改变或增加一个步骤（比如类型检查）变得比较容易。使用对象来实现时，增加一个新的构造可以通过写一个自包含的类来实现；但是如果要改变一个步骤，比如插入自动类型转换的代码，就需要改变所有受影响的类。使用面向步骤的方式时，增加一个新构造可能会引起各个步骤中的多个过程的改变。

$$
\begin{array}{rcl}
\textit{stmt} & \rightarrow & \textit{loc} = \textit{bool}\ ; \\
 & \mid & \textbf{if}\ (\ \textit{bool}\ )\ \textit{stmt} \\
 & \mid & \textbf{if}\ (\ \textit{bool}\ )\ \textit{stmt}\ \textbf{else}\ \textit{stmt} \\
 & \mid & \textbf{while}\ (\ \textit{bool}\ )\ \textit{stmt} \\
 & \mid & \textbf{do}\ \textit{stmt}\ \textbf{while}\ (\ \textit{bool}\ )\ ; \\
 & \mid & \textbf{break}\ ; \\
 & \mid & \textit{block} \\
\textit{loc} & \rightarrow & \textit{loc}\ [\ \textit{bool}\ ] \ \mid\ \textbf{id}
\end{array}
$$

表达式的产生式处理了运算符的结合性和优先级。它们对每个优先级级别都使用了一个非终结符号，而非终结符号 *factor* 用来表示括号中的表达式、标识符、数组引用和常量。

$$
\begin{array}{rcl}
bool & \rightarrow & bool \;\texttt{||}\; join \mid join \\
join & \rightarrow & join \;\texttt{\&\&}\; equality \mid equality \\
equality & \rightarrow & equality \;\texttt{==}\; rel \mid equality \;\texttt{!=}\; rel \mid rel \\
rel & \rightarrow & expr \;\texttt{<}\; expr \mid expr \;\texttt{<=}\; expr \mid expr \;\texttt{>=}\; expr \mid \\
 & & \quad expr \;\texttt{>}\; expr \mid expr \\
expr & \rightarrow & expr + term \mid expr - term \mid term \\
term & \rightarrow & term * unary \mid term \;/\; unary \mid unary \\
unary & \rightarrow & \texttt{!}\; unary \mid \texttt{-}\; unary \mid factor \\
factor & \rightarrow & (\; bool \;) \mid loc \mid \textbf{num} \mid \textbf{real} \mid \textbf{true} \mid \textbf{false}
\end{array}
$$

A.2 Main

程序的执行从类 Main 的方法 main 开始。方法 main 创建了一个词法分析器和一个语法分析器，然后调用语法分析器中的方法 program。

```
package main;                  // 文件 Main.java
import java.io.*; import lexer.*; import parser.*;
public class Main {
   public static void main(String[] args) throws IOException {
      Lexer lex = new Lexer();
      Parser parse = new Parser(lex);
      parse.program();
      System.out.write('\n');
   }
}
```

A.3 词法分析器

包 lexer 是 2.6.5 节中的词法分析器的代码的扩展。类 Tag 定义了各个词法单元对应的常量：

```
package lexer;                  // 文件 Tag.java
public class Tag {
   public final static int
      AND   = 256,  BASIC = 257,  BREAK = 258,  DO   = 259, ELSE  = 260,
      EQ    = 261,  FALSE = 262,  GE    = 263,  ID   = 264, IF    = 265,
      INDEX = 266,  LE    = 267,  MINUS = 268,  NE   = 269, NUM   = 270,
      OR    = 271,  REAL  = 272,  TEMP  = 273,  TRUE = 274, WHILE = 275;
}
```

其中的三个常量 INDEX、MINUS 和 TEMP 不是词法单元，它们将在抽象语法树中使用。

类 Token 和 Num 和 2.6.5 节的相同，但是增加了方法 toString：

```
package lexer;                  // 文件 Token.java
public class Token {
   public final int tag;
   public Token(int t) { tag = t; }
   public String toString() {return "" + (char)tag;}
}
```

```
package lexer;                  //文件 Num.java
public class Num extends Token {
   public final int value;
   public Num(int v) { super(Tag.NUM); value = v; }
   public String toString() { return "" + value; }
}
```

类 Word 用于管理保留字、标识符和像 && 这样的复合词法单元的词素。它也可以用来管理在中间代码中运算符的书写形式；比如单目减号。例如，源文本中的 -2 的中间形式是 minus 2。

```
package lexer;                    // 文件 Word.java
public class Word extends Token {
   public String lexeme = "";
   public Word(String s, int tag) { super(tag); lexeme = s; }
   public String toString() { return lexeme; }
   public static final Word
      and = new Word( "&&", Tag.AND ),  or = new Word( "||", Tag.OR ),
      eq  = new Word( "==", Tag.EQ  ),  ne = new Word( "!=", Tag.NE ),
      le  = new Word( "<=", Tag.LE  ),  ge = new Word( ">=", Tag.GE ),
      minus  = new Word( "minus", Tag.MINUS ),
      True   = new Word( "true",  Tag.TRUE  ),
      False  = new Word( "false", Tag.FALSE ),
      temp   = new Word( "t",     Tag.TEMP  );
}
```

类 Real 用于处理浮点数：

```
package lexer;                    // 文件 Real.java
public class Real extends Token {
   public final float value;
   public Real(float v) { super(Tag.REAL); value = v; }
   public String toString() { return "" + value; }
}
```

如我们在 2.6.5 节中讨论的，类 Lexer 的主方法，即函数 scan，识别数字、标识符和保留字。

类 Lexer 中的第 9 ~ 13 行保留了选定的关键字。第 14 ~ 16 行保留了在其他地方定义的对象的词素。对象 Word.True 和 Word.False 在类 Word 中定义。对应于基本类型 int、char、bool 和 float 的对象在类 Type 中定义。类 Type 是 Word 的一个子类。类 Type 来自包 symbols。

```
 1) package lexer;                    // 文件 Lexer.java
 2) import java.io.*; import java.util.*; import symbols.*;
 3) public class Lexer {
 4)    public static int line = 1;
 5)    char peek = ' ';
 6)    Hashtable words = new Hashtable();
 7)    void reserve(Word w) { words.put(w.lexeme, w); }
 8)    public Lexer() {
 9)       reserve( new Word("if",    Tag.IF)    );
10)       reserve( new Word("else",  Tag.ELSE)  );
11)       reserve( new Word("while", Tag.WHILE) );
12)       reserve( new Word("do",    Tag.DO)    );
13)       reserve( new Word("break", Tag.BREAK) );
14)       reserve( Word.True );  reserve( Word.False );
15)       reserve( Type.Int  );  reserve( Type.Char  );
16)       reserve( Type.Bool );  reserve( Type.Float );
17)    }
```

函数 readch( )(第 18 行)用于把下一个输入字符读到变量 peek 中。名字 readch 被复用或重载，(第 19 ~ 24 行)，以便帮助识别复合的词法单元。比如，一看到输入字符 <，调用 readch (" = ")就会把下一个字符读入peek，并检查它是否为 =。

```
18)    void readch() throws IOException { peek = (char)System.in.read(); }
19)    boolean readch(char c) throws IOException {
20)       readch();
21)       if( peek != c ) return false;
22)       peek = ' ';
23)       return true;
24)    }
```

函数 scan 一开始首先略过所有的空白字符(第 26 ~ 30 行)。它首先试图识别像 < = 这样的复合词法单元(第 31 ~ 34 行)和像 365 及 3.14 这样的数字(第 45 ~ 58 行)。如果不成功，它就试图读入一个字符串(第 59 ~ 70 行)。

```
25)    public Token scan() throws IOException {
26)       for( ; ; readch() ) {
27)          if( peek == ' ' || peek == '\t' ) continue;
28)          else if( peek == '\n' ) line = line + 1;
29)          else break;
30)       }
31)       switch( peek ) {
32)       case '&':
33)          if( readch('&') ) return Word.and;  else return new Token('&');
34)       case '|':
35)          if( readch('|') ) return Word.or;   else return new Token('|');
36)       case '=':
37)          if( readch('=') ) return Word.eq;   else return new Token('=');
38)       case '!':
39)          if( readch('=') ) return Word.ne;   else return new Token('!');
40)       case '<':
41)          if( readch('=') ) return Word.le;   else return new Token('<');
42)       case '>':
43)          if( readch('=') ) return Word.ge;   else return new Token('>');
44)       }
45)       if( Character.isDigit(peek) ) {
46)          int v = 0;
47)          do {
48)             v = 10*v + Character.digit(peek, 10); readch();
49)          } while( Character.isDigit(peek) );
50)          if( peek != '.' ) return new Num(v);
51)          float x = v; float d = 10;
52)          for(;;) {
53)             readch();
54)             if( ! Character.isDigit(peek) ) break;
55)             x = x + Character.digit(peek, 10) / d; d = d*10;
56)          }
57)          return new Real(x);
58)       }
59)       if( Character.isLetter(peek) ) {
60)          StringBuffer b = new StringBuffer();
61)          do {
62)             b.append(peek); readch();
63)          } while( Character.isLetterOrDigit(peek) );
64)          String s = b.toString();
65)          Word w = (Word)words.get(s);
66)          if( w != null ) return w;
67)          w = new Word(s, Tag.ID);
68)          words.put(s, w);
69)          return w;
70)       }
```

最后，peek 中的任意字符都被作为词法单元返回(第 71 ~72 行)。

```
71)       Token tok = new Token(peek); peek = ' ';
72)       return tok;
73)    }
74) }
```

A.4 符号表和类型

包 symbols 实现了符号表和类型。

类 Env 实质上和图 2-37 中的代码一样。类 Lexer 把字符串映射为字，类 Env 把字符串词法单元映射为类 Id 的对象。类 Id 和其他的对应于表达式和语句的类一起都在包 inter 中定义。

```
1) package symbols;                    // 文件 Env.java
2) import java.util.*; import lexer.*; import inter.*;
3) public class Env {
4)    private Hashtable table;
5)    protected Env prev;
6)    public Env(Env n) { table = new Hashtable(); prev = n; }
7)    public void put(Token w, Id i) { table.put(w, i); }
8)    public Id get(Token w) {
9)       for( Env e = this; e != null; e = e.prev ) {
10)         Id found = (Id)(e.table.get(w));
11)         if( found != null ) return found;
12)      }
13)      return null;
14)   }
15) }
```

我们把类 `Type` 定义为类 `Word` 的子类，因为像 `int` 这样的基本类型名字就是保留字，将被词法分析器从词素映射为适当的对象。对应于基本类型的对象是 `Type.Int`、`Type.Float`、`Type.Char` 和 `Type.Bool`(第7~10行)。这些对象从超类中继承了字段 `tag`，相应的值被设置为 `Tag.BASIC`，因此语法分析器以同样的方式处理它们。

```
1) package symbols;                    // 文件 Type.java
2) import lexer.*;
3) public class Type extends Word {
4)    public int width = 0;            //width用于存储分配
5)    public Type(String s, int tag, int w) { super(s, tag); width = w; }
6)    public static final Type
7)       Int   = new Type( "int",   Tag.BASIC, 4 ),
8)       Float = new Type( "float", Tag.BASIC, 8 ),
9)       Char  = new Type( "char",  Tag.BASIC, 1 ),
10)      Bool  = new Type( "bool",  Tag.BASIC, 1 );
```

函数 `numeric`(第11~14行)和 `max`(第15~20行)可用于类型转换。

```
11)   public static boolean numeric(Type p) {
12)      if (p == Type.Char || p == Type.Int || p == Type.Float) return true;
13)      else return false;
14)   }
15)   public static Type max(Type p1, Type p2 ) {
16)      if ( ! numeric(p1) || ! numeric(p2) ) return null;
17)      else if ( p1 == Type.Float || p2 == Type.Float ) return Type.Float;
18)      else if ( p1 == Type.Int   || p2 == Type.Int   ) return Type.Int;
19)      else return Type.Char;
20)   }
21) }
```

在两个"数字"类型之间允许进行类型转换，"数字"类型包括 `Type.Char`、`Type.Int` 和 `Type.Float`。当一个算术运算符应用于两个数字类型时，结果类型是这两个类型的"max"值。

数组是这个源语言中唯一的构造类型。在第7行中调用 `super` 设置字段 `width` 的值。这个值在计算地址时是必不可少的。它同时也把 `lexeme` 和 `tok` 设置为默认值，这些值没有被使用。

```
1) package symbols;                    // 文件 Array.java
2) import lexer.*;
3) public class Array extends Type {
4)    public Type of;                  // 数组的元素类型
5)    public int size = 1;             // 元素个数
6)    public Array(int sz, Type p) {
7)       super("[]", Tag.INDEX, sz*p.width); size = sz;  of = p;
8)    }
9)    public String toString() { return "[" + size + "] " + of.toString(); }
10) }
```

A.5 表达式的中间代码

包 inter 包含了 Node 的类层次结构。Node 有两个子类：对应于表达式结点的 Expr 和对应于语句结点的 Stmt。本节介绍 Expr 和它的子类。Expr 的某些方法处理布尔表达式和跳转代码，这些方法和 Expr 的其他子类将在 A.6 节中讨论。

抽象语法树中的结点被实现为类 Node 的对象。为了报告错误，字段 lexline（文件 Node.java 的第 4 行）保存了本结点对应的构造在源程序中的行号。第 7 ~ 10 行用来生成三地址代码。

```
1) package inter;                    // 文件 Node.java
2) import lexer.*;
3) public class Node {
4)    int lexline = 0;
5)    Node() { lexline = Lexer.line; }
6)    void error(String s) { throw new Error("near line "+lexline+": "+s); }
7)    static int labels = 0;
8)    public int newlabel() { return ++labels; }
9)    public void emitlabel(int i) { System.out.print("L" + i + ":"); }
10)   public void emit(String s) { System.out.println("\t" + s); }
11) }
```

表达式构造被实现为 Expr 的子类。类 Expr 包含字段 op 和 type（文件 Expr.java 的第 4 ~ 5 行），分别表示了一个结点上的运算符和类型。

```
1) package inter;                    // 文件 Expr.java
2) import lexer.*; import symbols.*;
3) public class Expr extends Node {
4)    public Token op;
5)    public Type type;
6)    Expr(Token tok, Type p) { op = tok; type = p; }
```

方法 gen（第 7 行）返回了一个"项"，该项可以成为一个三地址指令的右部。给定一个表达式 $E = E_1 + E_2$，方法 gen 返回一个项 $x_1 + x_2$，其中 x_1 和 x_2 分别是存放 E_1 和 E_2 值的地址。如果这个对象是一个地址，就可以返回 this 值。Expr 的子类通常会重新实现 gen。

方法 reduce（第 8 行）把一个表达式计算（或者说"归约"）成为一个单一的地址。也就是说，它返回一个常量、一个标识符，或者一个临时名字。给定一个表达式 E，方法 reduce 返回一个存放 E 的值的临时变量 t。如果这个对象是一个地址，那么 this 仍然是正确的返回值。

我们把对方法 jumping 和 emitjumps（第 9 ~ 18 行）的讨论推迟到 A.6 节中进行，它们为布尔表达式生成跳转代码。

```
7)    public Expr gen() { return this; }
8)    public Expr reduce() { return this; }
9)    public void jumping(int t, int f) { emitjumps(toString(), t, f); }
10)   public void emitjumps(String test, int t, int f) {
11)      if( t != 0 && f != 0 ) {
12)         emit("if " + test + " goto L" + t);
13)         emit("goto L" + f);
14)      }
15)      else if( t != 0 ) emit("if " + test + " goto L" + t);
16)      else if( f != 0 ) emit("iffalse " + test + " goto L" + f);
17)      else ; // 不生成指令，因为 t 和 f 都直接穿越
18)   }
19)   public String toString() { return op.toString(); }
20) }
```

因为一个标识符就是一个地址，类 Id 从类 Expr 中继承了 gen 和 reduce 的默认实现。

```
 1) package inter;                    // 文件 Id.java
 2) import lexer.*; import symbols.*;
 3) public class Id extends Expr {
 4)    public int offset;      // 相对地址
 5)    public Id(Word id, Type p, int b) { super(id, p); offset = b; }
 6) }
```

对应于一个标识符的类 Id 的结点是一个叶子结点。函数调用 super(id,p)(文件 *Id.java* 的第 5 行)把 id 和 p 分别保存在继承得到的字段 op 和 type 中。字段 offset(第 4 行)保存了这个标识符的相对地址。

类 Op 提供了 reduce 的一个实现(文件 Op.java 的第 5 ~ 10 行)。这个类的子类包括:表示算术运算符的子类 Arith,表示单目运算符的子类 Unary 和表示数组访问的子类 Access。这些子类都继承了这个实现。在每种情况下,reduce 调用 gen 来生成一个项,生成一个指令把这个项赋值给一个新的临时名字,并返回这个临时名字。

```
 1) package inter;                    // 文件 Op.java
 2) import lexer.*; import symbols.*;
 3) public class Op extends Expr {
 4)    public Op(Token tok, Type p)  { super(tok, p); }
 5)    public Expr reduce() {
 6)       Expr x = gen();
 7)       Temp t = new Temp(type);
 8)       emit( t.toString() + " = " + x.toString() );
 9)       return t;
10)    }
11) }
```

类 Arith 实现了双目运算符,比如 + 和 ∗。构造函数 Arith 首先调用 super(tok,null)(第 6 行),其中 tok 是一个表示该运算符的词法单元,null 是类型的占位符。相应的类型在第 7 行使用函数 Type.max 来确定,这个函数检查两个运算分量是否可以被类型强制为一个常见的数字类型;Type.max 的代码在 A.4 节中给出。如果它们能够进行自动类型转换,type 就被设置为结果类型;否则就报告一个类型错误(第 8 行)。这个简单编译器检查类型,但是它并不插入类型转换代码。

```
 1) package inter;                    // 文件 Arith.java
 2) import lexer.*; import symbols.*;
 3) public class Arith extends Op {
 4)    public Expr expr1, expr2;
 5)    public Arith(Token tok, Expr x1, Expr x2)  {
 6)       super(tok, null); expr1 = x1; expr2 = x2;
 7)       type = Type.max(expr1.type, expr2.type);
 8)       if (type == null ) error("type error");
 9)    }
10)    public Expr gen() {
11)       return new Arith(op, expr1.reduce(), expr2.reduce());
12)    }
13)    public String toString() {
14)       return expr1.toString()+" "+op.toString()+" "+expr2.toString();
15)    }
16) }
```

方法 gen 把表达式的子表达式归约为地址,并将表达式的运算符作用于这些地址(文件 *Arith.java* 的第 11 行),从而构造出了一个三地址指令的右部。比如,假设 gen 在 a + b ∗ c 的根部被调用。其中对 reduce 的调用返回 a 作为子表达式 a 的地址,并返回 t 作为 b ∗ c 的地址。同时,reduce 还生成指令 t = b ∗ c。方法 gen 返回了一个新的 Arith 结点,其中的运算符是 ∗,而运算分量是地址 a 和 t。[⊖]

⊖ 为了报告错误,在构造一个结点时,类 Node 中的字段 lexline 记录了当前的文本行号。我们把在中间代码生成过程中构造新的结点时跟踪行号的任务留给读者。

值得注意的是，和所有其他表达式一样，临时名字也有类型。因此，构造函数 Temp 被调用时有一个类型参数(文件 *Temp.java* 的第 6 行)。⊖

```
1) package inter;                    // 文件 Temp.java
2) import lexer.*; import symbols.*;
3) public class Temp extends Expr {
4)    static int count = 0;
5)    int number = 0;
6)    public Temp(Type p) { super(Word.temp, p); number = ++count; }
7)    public String toString() { return "t" + number; }
8) }
```

类 Unary 和类 Arith 对应，但是处理的是单目运算符：

```
package inter;                    // 文件 Unary.java
import lexer.*; import symbols.*;
public class Unary extends Op {
   public Expr expr;
   public Unary(Token tok, Expr x) {     // 处理单目减法，对 ! 的处理见 Not
      super(tok, null);  expr = x;
      type = Type.max(Type.Int, expr.type);
      if (type == null ) error("type error");
   }
   public Expr gen() { return new Unary(op, expr.reduce()); }
   public String toString() { return op.toString()+" "+expr.toString(); }
}
```

A.6 布尔表达式的跳转代码

布尔表达式 *B* 的跳转代码由方法 jumping 生成。这个方法的参数是两个标号 t 和 f，它们分别称为表达式 *B* 的 *true* 出口和 *false* 出口。如果 *B* 的值为真，代码中就包含一个目标为 t 的跳转指令；如果 *B* 的值为假，就有一个目标为 f 的指令。按照惯例，特殊标号 0 表示控制流从 *B* 穿越，到达 *B* 的代码之后的下一个指令。

我们从类 Constant 开始。第 4 行上的构造函数 Constant 的参数是一个词法单元 tok 和一个类型 p。它在抽象语法树中构造出一个标号为 tok、类型为 p 的叶子结点。为方便起见，构造函数 Constant 被重载(第 5 行)，重载后的构造函数可以根据一个整数创建一个常量对象。

```
 1) package inter;                    // 文件 Constant.java
 2) import lexer.*; import symbols.*;
 3) public class Constant extends Expr {
 4)    public Constant(Token tok, Type p) { super(tok, p); }
 5)    public Constant(int i) { super(new Num(i), Type.Int); }
 6)    public static final Constant
 7)       True  = new Constant(Word.True,  Type.Bool),
 8)       False = new Constant(Word.False, Type.Bool);
 9)    public void jumping(int t, int f) {
10)       if ( this == True && t != 0 ) emit("goto L" + t);
11)       else if ( this == False && f != 0) emit("goto L" + f);
12)    }
13) }
```

方法 jumping(文件 *Constant.java* 的第 9 ~ 12 行)有两个参数：标号为 t 和 f。如果这个常量是静态对象 True(在第 7 行中定义)，t 不是特殊标号 0，那么就会生成一个目标为 t 的跳转指令。否则，如果这是对象 False(在第 8 行中定义)且 f 非零，那么就会生成一个目标为 f 的跳转指令。

⊖ 另一种可行的方法是让这个构造函数以一个表达式结点作为参数，这样它就可以复制这个表达式结点的类型和文本位置。

类 Logical 为类 Or、And 和 Not 提供了一些常见功能。字段 expr1 和 expr2（第 4 行）对应于一个逻辑运算符的运算分量（虽然类 Not 实现了一个单目运算符，为方便起见，我们还是把它当作 Logical 的子类）。构造函数 Logical(tok,a,b)（第 5 ~ 10 行）构造出了一个语法树的结点，其运算符为 tok，而运算分量为 a 和 b。在完成这些工作时，它调用函数 check 来保证 a 和 b 都是布尔类型。方法 gen 将会在本节的最后讨论。

```
1) package inter;                    // 文件 Logical.java
2) import lexer.*; import symbols.*;
3) public class Logical extends Expr {
4)    public Expr expr1, expr2;
5)    Logical(Token tok, Expr x1, Expr x2) {
6)       super(tok, null);                          // 开始时类型设置为空
7)       expr1 = x1; expr2 = x2;
8)       type = check(expr1.type, expr2.type);
9)       if (type == null ) error("type error");
10)   }
11)   public Type check(Type p1, Type p2) {
12)      if ( p1 == Type.Bool && p2 == Type.Bool ) return Type.Bool;
13)      else return null;
14)   }
15)   public Expr gen() {
16)      int f = newlabel(); int a = newlabel();
17)      Temp temp = new Temp(type);
18)      this.jumping(0,f);
19)      emit(temp.toString() + " = true");
20)      emit("goto L" + a);
21)      emitlabel(f); emit(temp.toString() + " = false");
22)      emitlabel(a);
23)      return temp;
24)   }
25)   public String toString() {
26)      return expr1.toString()+" "+op.toString()+" "+expr2.toString();
27)   }
28) }
```

在类 Or 中，方法 jumping（第 5 ~ 10 行）生成了一个布尔表达式 $B = B_1 \parallel B_2$ 的跳转代码。当前假设 B 的 true 出口 t 和 false 出口 f 都不是特殊标号 0。因为如果 B_1 为真，B 必然为真，所以 B_1 的 true 出口必然是 t，而它的 false 出口对应于 B_2 的第一条指令。B_2 的 true 和 false 出口和 B 的相应出口相同。

```
1) package inter;                    // 文件 Or.java
2) import lexer.*; import symbols.*;
3) public class Or extends Logical {
4)    public Or(Token tok, Expr x1, Expr x2) { super(tok, x1, x2); }
5)    public void jumping(int t, int f) {
6)       int label = t != 0 ? t : newlabel();
7)       expr1.jumping(label, 0);
8)       expr2.jumping(t,f);
9)       if( t == 0 ) emitlabel(label);
10)   }
11) }
```

在一般情况下，B 的 true 出口 t 可能是特殊标号 0。变量 label（文件 Or.java 的第 6 行）保证了 B_1 的 true 出口被正确地设置为 B 的代码的结尾处。如果 t 为 0，那么 label 被设置为一个新的标号，并在 B_1 和 B_2 的代码被生成后再生成这个新标号。

类 And 的代码和 Or 的代码类似。

```
package inter;                    // 文件 And.java
import lexer.*; import symbols.*;
public class And extends Logical {
```

```
4)    public And(Token tok, Expr x1, Expr x2) { super(tok, x1, x2); }
5)    public void jumping(int t, int f) {
6)       int label = f != 0 ? f : newlabel();
7)       expr1.jumping(0, label);
8)       expr2.jumping(t,f);
9)       if( f == 0 ) emitlabel(label);
10)   }
11) }
```

虽然类 Not 实现的是一个单目运算符，这个类和其他布尔运算符之间仍然具有相当多的共同之处，因此我们把它作为 Logical 的一个子类。它的超类具有两个运算分量，因此在第 4 行对 super 的调用中 x2 出现了两次。在第 5 ~ 6 行的方法中，只有 expr2（文件 Logical.java 的第 4 行上声明）被用到。在第 5 行，方法 jumping 仅仅把 true 出口和 false 出口对调，调用 expr2.jumping。

```
1) package inter;                    // 文件 Not.java
2) import lexer.*; import symbols.*;
3) public class Not extends Logical {
4)    public Not(Token tok, Expr x2) { super(tok, x2, x2); }
5)    public void jumping(int t, int f) { expr2.jumping(f, t); }
6)    public String toString() { return op.toString()+" "+expr2.toString(); }
7) }
```

类 Rel 实现了运算符 <、<=、==、!=、>= 和 >。函数 check（第 5 ~ 9 行）检查两个运算分量是否具有相同的类型，但它们不是数组类型。为简单起见，这里不允许类型强制转换。

```
1) package inter;                    // 文件 Rel.java
2) import lexer.*; import symbols.*;
3) public class Rel extends Logical {
4)    public Rel(Token tok, Expr x1, Expr x2) { super(tok, x1, x2); }
5)    public Type check(Type p1, Type p2) {
6)       if ( p1 instanceof Array || p2 instanceof Array ) return null;
7)       else if( p1 == p2 ) return Type.Bool;
8)       else return null;
9)    }
10)   public void jumping(int t, int f) {
11)      Expr a = expr1.reduce();
12)      Expr b = expr2.reduce();
13)
  String test = a.toString() + " " + op.toString() + " " + b.toString();
14)      emitjumps(test, t, f);
15)   }
16) }
```

方法 jumping（文件 *Rel.java* 的第 10 ~ 15 行）首先为子表达式 expr1 和 expr2 生成代码（第 11 ~ 12 行）。然后它调用方法 emitjumps，这个方法在 A.5 节的文件 *Expr.java* 中的第 10 ~ 18 行中定义。如果 t 和 f 都不是特殊标号 0，那么 emitjumps 执行下列代码：

```
12)         emit("if " + test + " goto L" + t);          // 文件 Expr.java
13)         emit("goto L" + f);
```

如果 t 或 f 是特殊标号 0，那么最多只会生成一个指令（同样是来自文件 *Expr.java*）：

```
15)      else if( t != 0 ) emit("if " + test + " goto L" + t);
16)      else if( f != 0 ) emit("iffalse " + test + " goto L" + f);
17)      else ; // 不生成指令，因为t和f都直接穿越
```

在生成类 Access 的代码时演示了方法 emitjumps 的另一种用法。源语言允许把布尔值赋给标识符和数组元素，因此一个布尔表达式可能是一个数组访问。类 Access 有一个方法 gen，用来生成“正常”代码，另一个方法 jumping 用来生成跳转代码。方法 jumping（第 11 行）在把这个数组访问归约为一个临时变量后调用 emitjumps。这个类的构造函数（第 6 ~ 9 行）被调用

时的参数为一个平坦化的数组 a、一个下标 i 和该数组的元素类型 p。在生成数组地址计算代码的过程中完成了类型检查。

```
package inter;                    // 文件 Access.java
import lexer.*; import symbols.*;
public class Access extends Op {
   public Id array;
   public Expr index;
   public Access(Id a, Expr i, Type p) {     // p是将数组平坦化后的元素类型
      super(new Word("[]", Tag.INDEX), p);
      array = a; index = i;
   }
   public Expr gen() { return new Access(array, index.reduce(), type); }
   public void jumping(int t,int f) { emitjumps(reduce().toString(),t,f); }
   public String toString() {
      return array.toString() + " [ " + index.toString() + " ]";
   }
}
```

跳转代码还可以被用来返回一个布尔值。本节中较早描述的类 Logical 有一个方法 gen（第 15 ~ 24 行）。这个方法返回一个临时变量 temp。这个变量的值由这个表达式的跳转代码中的控制流决定。在这个布尔表达式的 true 出口，temp 被赋予 true 值；在 false 出口，temp 被赋予 false 值。这个临时变量在第 17 行声明。这个表达式的跳转代码在第 18 行生成，其中的 true 出口是下一条指令，而 false 出口是一个新标号 f。下一条指令把 true 值赋给 temp（第 19 行），后面紧跟目标为新标号 a 的跳转指令（第 20 行）。第 21 行上的代码生成标号 f 和一个把 false 赋给 temp 的指令。这个代码片段的结尾是标号 a，该标号在第 22 行生成。最后，gen 返回 temp（第 23 行）。

A.7 语句的中间代码

每个语句构造被实现为 Stmt 的一个子类。一个构造的组成部分对应的字段是相应子类的对象。例如，如我们将看到的，类 While 有一个对应于测试表达式的字段和一个子语句字段。

下面的类 Stmt 的代码中的第 3 ~ 4 行处理抽象语法树的构造。构造函数 Stmt( ) 不做任何事情，因为相关处理工作是在子类中完成的。静态对象 Stmt.Null（第 4 行）表示一个空的语句序列。

```
1) package inter;                    // 文件 Stmt.java
2) public class Stmt extends Node {
3)    public Stmt() { }
4)    public static Stmt Null = new Stmt();
5)    public void gen(int b, int a) {} // 调用时的参数是语句开始处的标号和语句的下一条指令的标号
6)    int after = 0;                   // 保存语句的下一条指令的标号
7)    public static Stmt Enclosing = Stmt.Null;  // 用于break 语句
8) }
```

第 5 ~ 7 行处理三地址代码的生成。方法 gen 被调用时两个参数分别是标号 a 和 b，其中 b 标记这个语句的代码的开始处，而 a 标记这个语句的代码之后的第一条指令。方法 gen（第 5 行）是子类中的 gen 方法的占位符。子类 While 和 Do 把它们的标号 a 存放在字段 after（第 6 行）中。当任何内层的 break 语句要跳出这个外层构造时就可以使用这些标号。对象 Stmt.Enclosing 在语法分析时被用于跟踪外层构造。（对于包含 continue 语句的源语言，我们可以使用同样的方法来跟踪一个 continue 语句的外层构造。）

类 If 的构造函数为语句 **if** (E) S 构造一个结点。字段 expr 和 stmt 分别保存了 E 和 S 对应的结点。请注意，小写字母组成的 expr 是一个类 Expr 的字段的名字。类似地，stmt 是类为

Stmt 的字段的名字。

```
1) package inter;              // 文件 If.java
2) import symbols.*;
3) public class If extends Stmt {
4)    Expr expr; Stmt stmt;
5)    public If(Expr x, Stmt s) {
6)       expr = x;  stmt = s;
7)       if( expr.type != Type.Bool ) expr.error("boolean required in if");
8)    }
9)    public void gen(int b, int a) {
10)      int label = newlabel(); // stmt的代码的标号
11)      expr.jumping(0, a);     // 为真时控制流穿越，为假时转向a
12)      emitlabel(label); stmt.gen(label, a);
13)   }
14) }
```

一个 If 对象的代码包含了 expr 的跳转代码，然后是 stmt 的代码。如 A.6 节中所讨论的，第 11 行的调用 expr.jumping(0,a)指明如果 expr 的值为真，控制流必须穿越 expr 的代码；否则控制流必须转向标号 a。

类 Else 处理条件语句的 else 部分。它的实现和类 If 的实现类似：

```
package inter;              // 文件 Else.java
import symbols.*;
public class Else extends Stmt {
   Expr expr; Stmt stmt1, stmt2;
   public Else(Expr x, Stmt s1, Stmt s2) {
      expr = x; stmt1 = s1; stmt2 = s2;
      if( expr.type != Type.Bool ) expr.error("boolean required in if");
   }
   public void gen(int b, int a) {
      int label1 = newlabel();   // label1用于语句stmt1
      int label2 = newlabel();   // label2用于语句stmt2
      expr.jumping(0,label2);    // 为真时控制流穿越到stmt1
      emitlabel(label1); stmt1.gen(label1, a); emit("goto L" + a);
      emitlabel(label2); stmt2.gen(label2, a);
   }
}
```

一个 While 对象的构造过程分为两个部分：构造函数 While( )创建了一个子结点为空的结点(第 5 行)；初始化函数 int(x,s)把子结点 expr 设置成为 x，把子结点 stmt 设置成为 s(第 6 ~ 9 行)。函数 gen(b,a)用于生成三地址代码(第 10 ~ 16 行)。它和类 If 中的相应函数gen( )在本质上有着相通之处。不同之处在于标号 a 被保存在字段 after 中(第 11 行)，且 stmt 的代码之后紧跟着一个目标为 b 的跳转指令(第 15 行)。这个指令使得 while 循环进入下一次迭代。

```
1) package inter;              // 文件 While.java
2) import symbols.*;
3) public class While extends Stmt {
4)    Expr expr; Stmt stmt;
5)    public While() { expr = null; stmt = null; }
6)    public void init(Expr x, Stmt s) {
7)       expr = x;  stmt = s;
8)       if( expr.type != Type.Bool ) expr.error("boolean required in while");
9)    }
10)   public void gen(int b, int a) {
11)      after = a;                 // 保存标号a
12)      expr.jumping(0, a);
13)      int label = newlabel();   // 用于stmt 的标号
14)      emitlabel(label); stmt.gen(label, b);
15)      emit("goto L" + b);
16)   }
17) }
```

类 Do 和类 While 非常相似。

```
package inter;                          // 文件 Do.java
import symbols.*;
public class Do extends Stmt {
   Expr expr; Stmt stmt;
   public Do() { expr = null; stmt = null; }
   public void init(Stmt s, Expr x) {
      expr = x; stmt = s;
      if( expr.type != Type.Bool ) expr.error("boolean required in do");
   }
   public void gen(int b, int a) {
      after = a;
      int label = newlabel();    // 用于 expr 的标号
      stmt.gen(b,label);
      emitlabel(label);
      expr.jumping(b,0);
   }
}
```

类 Set 实现了左部为标识符且右部为一个表达式的赋值语句。在类 Set 中的大部分代码的目的是构造一个结点并进行类型检查(第 5 ~ 13 行)。函数 gen 生成一个三地址指令(第 14 ~ 16 行)。

```
1) package inter;                          // 文件 Set.java
2) import lexer.*; import symbols.*;
3) public class Set extends Stmt {
4)    public Id id; public Expr expr;
5)    public Set(Id i, Expr x) {
6)       id = i; expr = x;
7)       if ( check(id.type, expr.type) == null ) error("type error");
8)    }
9)    public Type check(Type p1, Type p2) {
10)      if ( Type.numeric(p1) && Type.numeric(p2) ) return p2;
11)      else if ( p1 == Type.Bool && p2 == Type.Bool ) return p2;
12)      else return null;
13)   }
14)   public void gen(int b, int a) {
15)      emit( id.toString() + " = " + expr.gen().toString() );
16)   }
17) }
```

类 SetElem 实现了对数组元素的赋值。

```
package inter;                          // 文件 SetElem.java
import lexer.*; import symbols.*;
public class SetElem extends Stmt {
   public Id array; public Expr index; public Expr expr;
   public SetElem(Access x, Expr y) {
      array = x.array; index = x.index; expr = y;
      if ( check(x.type, expr.type) == null ) error("type error");
   }
   public Type check(Type p1, Type p2) {
      if ( p1 instanceof Array || p2 instanceof Array ) return null;
      else if ( p1 == p2 ) return p2;
      else if ( Type.numeric(p1) && Type.numeric(p2) ) return p2;
      else return null;
   }
   public void gen(int b, int a) {
      String s1 = index.reduce().toString();
      String s2 = expr.reduce().toString();
      emit(array.toString() + " [ " + s1 + " ] = " + s2);
   }
}
```

类 Seq 实现了一个语句序列。在第 6 ~ 7 行上对空语句的测试是为了避免使用标号。请注意，空语句 Stmt.Null 不会产生任何代码，因为类 Stmt 中的方法 gen 不做任何处理。

```
 1) package inter;                  // 文件 Seq.java
 2) public class Seq extends Stmt {
 3)    Stmt stmt1; Stmt stmt2;
 4)    public Seq(Stmt s1, Stmt s2) { stmt1 = s1; stmt2 = s2; }
 5)    public void gen(int b, int a) {
 6)       if ( stmt1 == Stmt.Null ) stmt2.gen(b, a);
 7)       else if ( stmt2 == Stmt.Null ) stmt1.gen(b, a);
 8)       else {
 9)          int label = newlabel();
10)          stmt1.gen(b,label);
11)          emitlabel(label);
12)          stmt2.gen(label,a);
13)       }
14)    }
15) }
```

一个 break 语句把控制流转出它的外围循环或外围 switch 语句。类 Break 使用字段 stmt 来保存它的外围语句构造（语法分析器保证 Stmt.Enclosing 表示了其外围构造对应的语法树结点）。一个 Break 对象的代码是一个目标为标号 stmt.after 的跳转指令。这个标号标记了紧跟在 stmt 的代码之后的指令。

```
package inter;                  // 文件 Break.java
public class Break extends Stmt {
   Stmt stmt;
   public Break() {
      if( Stmt.Enclosing == Stmt.null ) error("unenclosed break");
      stmt = Stmt.Enclosing;
   }
   public void gen(int b, int a) {
      emit( "goto L" + stmt.after);
   }
}
```

A.8 语法分析器

语法分析器读入一个由词法单元组成的流，并调用适当的在 A.5 ~ A.7 节中讨论的构造函数，构建出一棵抽象语法树。当前符号表按照 2.7 节中图 2-38 的翻译方案进行处理。

包 parser 包含一个类 Parser：

```
package parser;                  // 文件 Parser.java
import java.io.*; import lexer.*; import symbols.*; import inter.*;
public class Parser {
   private Lexer lex;    // 这个语法分析器的词法分析器
   private Token look;   // 向前看词法单元
   Env top = null;       // 当前或顶层的符号表
   int used = 0;         // 用于变量声明的存储位置
   public Parser(Lexer l) throws IOException { lex = l; move(); }
   void move() throws IOException { look = lex.scan(); }
   void error(String s) { throw new Error("near line "+lex.line+": "+s); }
   void match(int t) throws IOException {
      if( look.tag == t ) move();
      else error("syntax error");
   }
```

和 2.5 节中的简单表达式的翻译器类似，类 Parser 对每个非终结符号有一个过程。消除 A.1 节中源语言文法中的左递归后可以得到一个新的文法。这些过程就是基于这个新文法创建的。

语法分析过程首先调用了过程 program，这个过程又调用了 block( )(第 16 行)来对输入流进行语法分析，并构建出抽象语法树。第 17～18 行生成了中间代码。

```
15)    public void program() throws IOException {  // program -> block
16)       Stmt s = block();
17)       int begin = s.newlabel();   int after = s.newlabel();
18)       s.emitlabel(begin);   s.gen(begin, after);   s.emitlabel(after);
19)    }
```

对符号表的处理明确显示在过程 block 中[⊖]。变量 top(在第 5 行中声明)存放了最顶层的符号表，变量 savedEnv(第 21 行)是一个指向前面的符号表的连接。

```
20)    Stmt block() throws IOException {  // block -> { decls stmts }
21)       match('{');   Env savedEnv = top;   top = new Env(top);
22)       decls(); Stmt s = stmts();
23)       match('}');   top = savedEnv;
24)       return s;
25)    }
```

程序中的声明会被处理为符号表中有关标识符的条目(见第 30 行)。虽然这里没有显示，声明还可能生成在运行时刻为标识符保留存储空间的指令。

```
26)    void decls() throws IOException {
27)       while( look.tag == Tag.BASIC ) {    // D -> type ID ;
28)          Type p = type(); Token tok = look; match(Tag.ID); match(';');
29)          Id id = new Id((Word)tok, p, used);
30)          top.put( tok, id );
31)          used = used + p.width;
32)       }
33)    }
34)    Type type() throws IOException {
35)       Type p = (Type)look;              // 期望 look.tag == Tag.BASIC
36)       match(Tag.BASIC);
37)       if( look.tag != '[' ) return p; // T -> basic
38)       else return dims(p);              // 返回数组类型
39)    }
40)    Type dims(Type p) throws IOException {
41)       match('[');   Token tok = look;   match(Tag.NUM);   match(']');
42)       if( look.tag == '[' )
43)          p = dims(p);
44)       return new Array(((Num)tok).value, p);
45)    }
```

过程 stmt 有一个 switch 语句。这个语句的各个 case 分支对应于非终结符号 Stmt 的各个产生式。每个 case 分支都使用 A.7 节中讨论的构造函数来建立某个构造对应的结点。当语法分析器碰到 while 语句和 do 语句的开始关键字的时候，就会创建这些语句的结点。这些结点在相应语句进行完语法分析之前就构造出来，这可以使得任何内层的 break 语句回指到它的外层循环语句。当出现嵌套的循环时，我们通过使用类 Stmt 中的变量 Stmt.Enclosing 和 savedStmt (在第 52 行声明)来保存当前的外层循环的。

```
46)    Stmt stmts() throws IOException {
47)       if ( look.tag == '}' ) return Stmt.Null;
48)       else return new Seq(stmt(), stmts());
49)    }
50)    Stmt stmt() throws IOException {
51)       Expr x;  Stmt s, s1, s2;
52)       Stmt savedStmt;             // 用于为break语句保存外层的循环语句
```

⊖ 另一种很具有吸引力的方法是向类 Env 中添加方法 push 和 pop，而当前的符号表可以通过一个静态变量Env.top 来访问。

```
      switch( look.tag ) {
      case ';':
         move();
         return Stmt.Null;
      case Tag.IF:
         match(Tag.IF); match('('); x = bool(); match(')');
         s1 = stmt();
         if( look.tag != Tag.ELSE ) return new If(x, s1);
         match(Tag.ELSE);
         s2 = stmt();
         return new Else(x, s1, s2);
      case Tag.WHILE:
         While whilenode = new While();
         savedStmt = Stmt.Enclosing; Stmt.Enclosing = whilenode;
         match(Tag.WHILE); match('('); x = bool() ; match(')');
         s1 = stmt();
         whilenode.init(x, s1);
         Stmt.Enclosing = savedStmt;  // 重置 Stmt.Enclosing
         return whilenode;
      case Tag.DO:
         Do donode = new Do();
         savedStmt = Stmt.Enclosing; Stmt.Enclosing = donode;
         match(Tag.DO);
         s1 = stmt();
         match(Tag.WHILE); match('('); x = bool(); match(')'); match(';');
         donode.init(s1, x);
         Stmt.Enclosing = savedStmt;  // 重置 Stmt.Enclosing
         return donode;
      case Tag.BREAK:
         match(Tag.BREAK); match(';');
         return new Break();
      case '{':
         return block();
      default:
         return assign();
      }
   }
```

为方便起见，赋值语句的代码出现在一个辅助过程 assign 中。

```
   Stmt assign() throws IOException {
      Stmt stmt;  Token t = look;
      match(Tag.ID);
      Id id = top.get(t);
      if( id == null ) error(t.toString() + " undeclared");
      if( look.tag == '=' ) {       // S -> id = E ;
         move();  stmt = new Set(id, bool());
      }
      else {                        // S -> L = E ;
         Access x = offset(id);
         match('=');  stmt = new SetElem(x, bool());
      }
      match(';');
      return stmt;
   }
```

对算术运算和布尔表达式的语法分析很相似。在每种情况下都会创建一个正确的抽象语法树结点。如 A. 5 节和 A. 6 节所讨论的，这两者的代码生成方法有所不同。

```
   Expr bool() throws IOException {
      Expr x = join();
      while( look.tag == Tag.OR ) {
         Token tok = look;  move();  x = new Or(tok, x, join());
      }
      return x;
```

```
    }
    Expr join() throws IOException {
       Expr x = equality();
       while( look.tag == Tag.AND ) {
          Token tok = look;  move();  x = new And(tok, x, equality());
       }
       return x;
    }
    Expr equality() throws IOException {
       Expr x = rel();
       while( look.tag == Tag.EQ || look.tag == Tag.NE ) {
          Token tok = look;  move();  x = new Rel(tok, x, rel());
       }
       return x;
    }
    Expr rel() throws IOException {
       Expr x = expr();
       switch( look.tag ) {
       case '<': case Tag.LE: case Tag.GE: case '>':
          Token tok = look;  move();  return new Rel(tok, x, expr());
       default:
          return x;
       }
    }
    Expr expr() throws IOException {
       Expr x = term();
       while( look.tag == '+' || look.tag == '-' ) {
          Token tok = look;  move();  x = new Arith(tok, x, term());
       }
       return x;
    }
    Expr term() throws IOException {
       Expr x = unary();
       while(look.tag == '*' || look.tag == '/' ) {
          Token tok = look;  move();   x = new Arith(tok, x, unary());
       }
       return x;
    }
    Expr unary() throws IOException {
       if( look.tag == '-' ) {
          move();  return new Unary(Word.minus, unary());
       }
       else if( look.tag == '!' ) {
          Token tok = look;  move();  return new Not(tok, unary());
       }
       else return factor();
    }
```

在语法分析器中的其余代码处理表达式“因子”。辅助过程 offset 按照 6.4.3 节中讨论的方法为数组地址计算生成代码。

```
    Expr factor() throws IOException {
       Expr x = null;
       switch( look.tag ) {
       case '(':
          move(); x = bool(); match(')');
          return x;
       case Tag.NUM:
          x = new Constant(look, Type.Int);    move(); return x;
       case Tag.REAL:
          x = new Constant(look, Type.Float);  move(); return x;
       case Tag.TRUE:
          x = Constant.True;                   move(); return x;
       case Tag.FALSE:
```

```
            x = Constant.False;                  move(); return x;
         default:
            error("syntax error");
            return x;
         case Tag.ID:
            String s = look.toString();
            Id id = top.get(look);
            if( id == null ) error(look.toString() + " undeclared");
            move();
            if( look.tag != '[' ) return id;
            else return offset(id);
         }
      }
      Access offset(Id a) throws IOException {    // I -> [E] | [E] I
         Expr i; Expr w; Expr t1, t2; Expr loc;  // 继承 id
         Type type = a.type;
         match('['); i = bool(); match(']');     // 第一个下标，I->[E]
         type = ((Array)type).of;
         w = new Constant(type.width);
         t1 = new Arith(new Token('*'), i, w);
         loc = t1;
         while( look.tag == '[' ) {      // 多维下标，I->[E]I
            match('['); i = bool(); match(']');
            type = ((Array)type).of;
            w = new Constant(type.width);
            t1 = new Arith(new Token('*'), i, w);
            t2 = new Arith(new Token('+'), loc, t1);
            loc = t2;
         }
         return new Access(a, loc, type);
      }
   }
```

A.9 创建前端

这个编译器的各个包的代码存放在五个目录中：main、lexer、symbols、parser 和 inter。创建编译器的命令行根据系统的不同而不同。下面是编译器的 UNIX 实现：

```
javac lexer/*.java
javac symbols/*.java
javac inter/*.java
javac parser/*.java
javac main/*.java
```

上面的 javac 命令为每个类创建了 .class 文件。要练习使用我们的翻译器，只需要输入 java main.Main，后面跟上将要被翻译的源程序，比如文件 test 中的内容：

```
{                  // 文件 test
   int i; int j; float v; float x; float[100] a;
   while( true ) {
      do i = i+1; while( a[i] < v);
      do j = j-1; while( a[j] > v);
      if( i >= j ) break;
      x = a[i]; a[i] = a[j]; a[j] = x;
   }
}
```

对于这个输入，这个前端输出：

```
L1:L3: i = i + 1
L5:    t1 = i * 8
       t2 = a [ t1 ]
```

```
        if t2 < v goto L3
L4:     j = j - 1
L7:     t3 = j * 8
        t4 = a [ t3 ]
        if t4 > v goto L4
L6:     iffalse i >= j goto L8
L9:     goto L2
L8:     t5 = i * 8
        x = a [ t5 ]
L10:    t6 = i * 8
        t7 = j * 8
        t8 = a [ t7 ]
        a [ t6 ] = t8
L11:    t9 = j * 8
        a [ t9 ] = x
        goto L1
L2:
```

尝试一下。

附录 B 寻找线性独立解

算法 B.1 找出 $A\vec{x}\geqslant\vec{0}$ 的最大的线性独立解集合，并将它们表示为矩阵 B 的各行。

输入： 一个 $M\times N$ 的矩阵 A。

输出： 由 $A\vec{x}\geqslant\vec{0}$ 的各个线性独立解组成的矩阵 B。

方法： 算法以伪代码的方式在下面给出。请注意，$X[y]$ 表示矩阵 X 的第 y 行，$X[y:z]$ 表示矩阵 X 的第 $y\sim z$ 行，而 $X[y:z][u:v]$ 表示矩阵 X 中的第 $y\sim z$ 行及第 $u\sim v$ 列的方块。 □

```
M = A^T;
r0 = 1;
c0 = 1;
B = I_{n×n}; /* 一个 n×n 的单元矩阵 */

while ( true ) {

    /* 1. 使M[r0 : r' - 1][c0 : c' - 1] 为一个对角线元素为正的对角矩
            阵，并且满足 M[r' : n][c0 : m] = 0。M[r' : n]为解。*/
    r' = r0;
    c' = c'0;
    while ( 存在 M[r][c] ≠ 0 )使得
            r − r' 和 c − c' 都 ⩾ 0 ) {
        通过行列互换，把中心点 M[r][c] 移动到 M[r'][c']
        把 B 中的第 r 行和第 r' 行互换；
        if ( M[r'][c'] < 0 ) {
            M[r'] = −1 ∗ M[r'];
            B[r'] = −1 ∗ B[r'];
        }
        for ( row = r0 to n ) {
            if ( row ≠ r' and M[row][c'] ≠ 0 ){
                u = −(M[row][c']/M[r'][c']);
                M[row] = M[row] + u ∗ M[r'];
                B[row] = B[row] + u ∗ B[r'];
            }
        }
        r' = r' + 1;
        c' = c' + 1;
    }
    /* 2. 找出 M[r' : n]之外的一个解，这个解一定是
            M[r0 : r' - 1][c0 : m]的一个非负组合*/
    找出 k_{r0}, . . . , k_{r'−1} ⩾ 0 使得
            k_{r0}M[r0][c' : m] + · · · + k_{r'−1}M[r' - 1][c' : m] ⩾ 0;
    if ( 如果存在一个非平凡解，比如 k_r > 0 ) {
        M[r] = k_{r0}M[r0] + · · · + k_{r'−1}M[r' - 1];
        NoMoreSoln = false;
    }else /* M[r' : n] 就是全部解*/
        NoMoreSoln = true;

    /* 3. 使得 M[r0 : r_n - 1][c0 : m] ⩾ 0 */
    if ( NoMoreSoln ) { /* 把解 M[r' : n]移动到 M[r0 : r_n - 1] */
        for ( r = r' to n )
            交换 M和 B 中的行 r 和 r0 + r − r';
        r_n = r0 + n − r' + 1;}
    else { /* 使用行相加的方法来找出更多的解 */
```